国家级实验教学示范中心教材

基础化学实验与技术

宋毛平　何占航　主编

化学工业出版社

·北京·

本书编纂目的旨在提高本科生的化学实验理论思维能力，系统掌握化学实验方法与技术，优化实验教学体系与内容，为学生日后从事专业技术工作，开展相关科学研究打下良好基础。

本书将传统的以化学二级学科为架构分科设立实验课的体系进行重组统一，以达到基础化学实验真正独立设课之目的。全书立足于课程的基础性和整体性，强化化学实验基础理论、基本方法与技术内容，并以它们为纲引领实验项目。全书共由 5 篇内容组成：化学实验基础知识、化学实验常规技术、纯物质的制备与提取、物质基本物理量测定及性质、综合提高型实验。编选了 169 个实验项目，既有基础性和验证性实验，也有相当数量的综合性、设计性实验，构成了基础化学实验课程的完整框架。书末附录列出了实验常用的有关数据。

本书既可作为化学及近化学类本科专业基础化学实验课程改革教材使用，也可供材料、矿冶、轻工、环境类工科专业，医学、农学类等专业作为化学实验教材或参考书使用，对于从事有关化学研究和工矿中心化验室工作的相关人士亦具有一定参考价值。

图书在版编目（CIP）数据

基础化学实验与技术/宋毛平，何占航主编. —北京：化学工业出版社，2008.7（2019.8 重印）

国家级实验教学示范中心教材

ISBN 978-7-122-02602-6

Ⅰ. 基…　Ⅱ.①宋…②何…　Ⅲ. 化学实验-高等学校-教材　Ⅳ.O6-3

中国版本图书馆 CIP 数据核字（2008）第 110424 号

责任编辑：宋林青　　　　　　　　　　文字编辑：朱　恺
责任校对：战河红　　　　　　　　　　装帧设计：史利平

出版发行：化学工业出版社（北京市东城区青年湖南街 13 号　邮政编码 100011）
印　　装：大厂聚鑫印刷有限责任公司
787mm×1092mm　1/16　印张 36　字数 998 千字　　2019 年 8 月北京第 1 版第 10 次印刷

购书咨询：010-64518888　　　　　　　售后服务：010-64518899
网　　址：http://www.cip.com.cn
凡购买本书，如有缺损质量问题，本社销售中心负责调换。

定　价：58.00 元

前　言

对于高等学校化学教育而言，化学实验课程无疑是培养学生的科学思维与方法、创新意识与能力，全面推进素质教育的最基本教学形式之一。现行的按化学二级学科为架构分科设立实验课的课程体系和教材内容，对于人才培养方面固然起过重要的作用，但也存在着为理论课教学配套多、发挥自身主观能动性作用不足，导致与真正意义上的实验课独立开设目标的实现存在一定距离。另外，在实验基础理论、基本技术方面的条块分割，也使得在教学实践中存在内容重复、统一性不足、物质制备与结构性能基本关系展示不充分等局限性。

自2003年教育部实施高等学校本科教学质量与教学改革工程以来，我们配合郑州大学国家级实验教学示范中心的建设，边探究边实践，摸索出一条突破二级学科实验体系架构，按化学一级学科开设基础实验独立课程的道路，并在中心原有四门二级学科实验教材的基础上，重新组织、更新内容编写了这本教材。

本教材立足于课程的基础性和整体性，以化学实验基础理论、基本方法与技术引领实验内容，全书共5篇。较为详细地介绍了基础化学实验中涉及的大部分基础理论、基本方法与技术，以及它们的应用。按照这条主线，选编了169个实验项目。这样学生在预习实验内容时，可直接由本书获取所需的理论、方法与操作技能要领，使基础实验真正独立于理论课之外。

按照"强化基础，提高创新"的原则，本教材实验项目大体分为两类。一类为基础和验证性实验，旨在加强对学生基本理论、基础知识和基本技能的培养，这类实验项目约占总数的70%。充分反映了教材的基础性。编选的另一类项目为综合性、设计性实验，以培养提高学生解决复杂问题的综合能力和创新意识为主旨，完成这类实验所需教学时间占全部项目总学时数的40%。实验项目中既有一些经典的基础实验，也有结合教师科研成果移植来的新实验。编选时还特别注意到对不同学科专业学生特点的照顾，比如我们编入了2个土壤、4个食品、4个药学和3个环境等学科的项目，使本教材的适用面更宽一些，同时也有助于提高学生的兴趣。完成全部实验项目所需的教学时间远远多于教育部化学及化工专业教学指导委员会制订的《化学专业实验教学基本内容》规定时数，以便使用本教材时教师有更多的选择余地。

除此之外，本教材还有如下一些特点：

1. 充分考虑到与中学新课标教材的衔接。删减了新课标高中化学课程中已有的一些方法和仪器的介绍，最大限度降低了与中学化学实验教学的重复。同时特别注意反映化学学科在实验方法和仪器方面的新进展。比如，我们用相当的篇幅介绍了诸如液体密度-折光仪、半导体制冷设备、微波反应装置、超声化学方法及设备等较为先进的方法和设备的原理与应用，而分析天平则只介绍电子天平。

2. 实验前对于学生的预习做出明确的要求，并且体现到每一个具体实验项目中。甚至有的项目中还指出与其相关的参考文献的出处。

3. 为便于学生全方位利用各种信息资源做好实验前的预习工作，本教材对首次出现的重要化学物质均给出英文名称、CA登录号等信息。如"乙酰苯胺（acetanilide）【103-84-4】"。首次出现的基本操作的英文表达也一并同样处理。另外，对于制备的某些重要化合物，也尽可能的附上相关图谱（主要来自于 http://riodb01.ibase.aist.go.jp/sdbs/）。我们认为，这种编排方式对于学生利用互联网获取与实验相关的理论、方法和技术知识将起到积极的作用。

4. 对于实验中所用到的一些专用机电仪器，不再列入它们的使用操作方法。这不仅是压缩篇幅的需要，更是基于对学生信息处理能力培养的考虑。

5. 大幅度增加了实验室安全、三废处理等方面的知识介绍。使学生牢固树立绿色化学、可持续发展的科学观念。相当比例的实验项目中，对过程中产生的废弃物专门安排了处理它们的实验操作内容。

本书既可作为化学及近化学类本科专业基础化学实验课程教材使用，也可供材料、矿冶、轻工、环境类工科专业，医学、农学类等专业作为化学实验教材或参考书使用，对于从事化学实验室工作的相关人士亦具有一定参考价值。针对本书所涉及的基本操作、常规仪器使用及部分实验项目，郑州大学国家级化学实验教学示范中心均制作了配套的多媒体视频课件。

在本书编写工作中，重点参考了郑州大学化学系历年来编写的实验教材和实验讲义，以及兄弟院校的教材与专著。这些资料和专著中所包含的宝贵经验，是我国高等化学实验教学界几十年数代人辛勤耕耘和实践的结晶。编者从中汲取了丰富的营养，进行了有益的借鉴。因此可以说，我们是在化学实验教学前辈开辟的道路上前进的，在此向他们致以崇高的敬意！在参考文献中，这些成果将被一一列出，以示感谢。同时，我们也愿意以此书作为后继者在做同类工作时的基石。

参加本书编写工作的有刘金霞、郝新奇、武现丽、刘寿长、卢会杰、徐琰、宋毛平、何占航等，最后由宋毛平、何占航统一定稿。在本书编写过程中，得到了郑州大学化学系领导和实验中心老师的大力支持，唐明生教授、廖新成教授、李中军教授和冉春玲高级实验师对本书的编写提出了许多建设性意见。四川大学李梦龙教授对于本书从其主编的《化学数据速查手册》中摘录数据以充实附录内容，给予了慷慨的许可。化学工业出版社的编辑为本书的出版付出了艰辛的劳动，在此一并表示衷心感谢！

鉴于编者学识水平与经验有限，书中难免有不当之处，恳请有关专家和读者批评指正。

编者
2008 年 6 月于郑州

目　录

绪论 ………………………………………… 1
第一篇　化学实验基础知识 …………… 5
1.1　基础化学实验室导则 …………… 5
1.2　化学实验的安全与环境 ………… 5
1.2.1　安全守则 …………………… 5
1.2.2　化学实验室各类警示标志 … 7
1.2.3　环境保护及三废处理 ……… 11
1.2.4　有害化学品知识（危险品的
使用） ……………………… 13
1.3　化学实验中意外事故预防与处理 … 14
1.3.1　预防事故发生措施 ………… 14
1.3.2　意外事故的处理 …………… 16
1.4　化学实验的量与数据处理 ……… 19
1.4.1　单位与法定计量单位 ……… 19
1.4.2　有效数字及运算规则 ……… 23
1.4.3　误差及误差传递 …………… 25
1.4.4　测定结果的数据处理 ……… 30
1.5　实验预习、操作、记录和实验报告 … 34
1.5.1　实验预习 …………………… 35
1.5.2　实验实施 …………………… 35
1.5.3　实验记录 …………………… 35
1.5.4　实验报告 …………………… 36
1.6　化学实验文献与资料查询 ……… 38
1.6.1　工具书 ……………………… 38
1.6.2　期刊杂志 …………………… 42
1.6.3　网络资源 …………………… 42
第二篇　化学实验常规技术 ………… 44
2.1　玻璃仪器等常规实验材料的使用 … 44
2.1.1　玻璃仪器的使用、洗涤与干燥 … 46
2.1.2　常用度量玻璃仪器 ………… 48
实验1　认识实验室 …………… 58
实验2　容量仪器的校准 ……… 59
2.1.3　微型实验仪器介绍 ………… 61
2.1.4　各类试纸 …………………… 61
2.2　质量度量——天平的使用 ……… 64
2.2.1　电子天平 …………………… 64
2.2.2　专用天平 …………………… 66
实验3　电子天平的使用练习 … 67
2.3　加热与冷却 ………………………… 67
2.3.1　加热与灼烧 ………………… 67
2.3.2　冷却与制冷 ………………… 73
2.3.3　温度的测量与温度计 ……… 75
2.3.4　熔点及其测定 ……………… 75
实验4　熔点测定与温度计校正 ……… 78

2.3.5　沸点及其测定 ……………… 79
实验5　液体沸点及其测定 …… 80
实验6　凝固点降低法测定分子量 …… 81
2.4　物质的分离与提纯 ……………… 83
2.4.1　固-液分离 …………………… 86
实验7　土壤中可溶性全盐量的测定
（重量法） ………………… 99
实验8　氯化钠的提纯 ………… 102
2.4.2　结晶、沉淀与重结晶 ……… 103
实验9　硫酸锌的制备与提纯 … 108
实验10　乙酰苯胺、粗萘及苯甲酸的
重结晶纯化 ……………… 117
2.4.3　离子交换树脂 ……………… 118
实验11　难溶电解质溶度积的测定 … 120
实验12　离子交换色谱分离钴、镍 … 121
2.4.4　蒸馏 ………………………… 123
实验13　双液系的气-液平衡相图 … 127
实验14　工业乙醇的蒸馏 …… 130
实验15　甲醇和水的分馏 …… 131
实验16　溴苯的水蒸气蒸馏 … 133
实验17　苯甲醛的减压蒸馏 … 136
实验18　糠醛的减压蒸馏 …… 137
实验19　乙酰乙酸乙酯的减压蒸馏 … 138
2.4.5　萃取 ………………………… 139
实验20　半开放实验——由糠醛生产
废水中萃取有机酸 ……… 141
实验21　由油料作物种子中提取
油脂 ……………………… 142
实验22　半开放实验——对甲苯胺、
β-萘酚和萘的分离 ……… 143
2.4.6　升华 ………………………… 144
实验23　樟脑的升华 …………… 145
2.4.7　物质的干燥 ………………… 146
实验24　小麦面粉水分、粗灰分的
测定 ……………………… 147
实验25　氯化钡中结晶水的测定 … 149
2.4.8　吸附 ………………………… 152
实验26　染色废水的脱色处理 … 155
实验27　研究型实验——固体吸附
特性的研究 ……………… 157
2.4.9　气体发生与净化 …………… 162
实验28　硫酸亚铁晶体对 H_2S、氨的
吸收 ……………………… 170
2.4.10　色谱分离技术 …………… 172

实验 29　植物叶片色素提取及薄层
　　　　色谱分离 ·············· 174
实验 30　偶氮苯和苏丹Ⅲ的薄层
　　　　色谱分离鉴定 175
实验 31　APC 药片组分薄层色谱
　　　　鉴定 ·············· 176
实验 32　荧光黄和亚甲基蓝的色谱
　　　　分离 ·············· 177
实验 33　邻硝基苯胺和对硝基苯胺的
　　　　分离 ·············· 178
实验 34　纸层析法分离与鉴定 Fe^{3+}、
　　　　Co^{2+}、Ni^{2+} 和 Cu^{2+} 179
实验 35　氨基酸的纸上层析及薄层
　　　　层析 ·············· 181
2.5　反应操作技术 ·············· 184
　2.5.1　搅拌 ·············· 184
　2.5.2　加料方法 ·············· 189
　2.5.3　高压反应操作 ·············· 196
2.6　化学试剂与化学药品 ·············· 197
　2.6.1　化学试剂的规格和存取 ·············· 197
　2.6.2　常用溶剂与溶液 ·············· 199
　2.6.3　水溶液配制与浓度表示方法 ·············· 203
　　实验 36　溶液的配制 ·············· 204
2.7　物质的定性鉴定技术 ·············· 205
　2.7.1　无机离子鉴定 ·············· 206
　　实验 37　水溶液中阳离子的分离和
　　　　　检出 ·············· 211
　　实验 38　常见阴离子的分离与检出 ··· 213
　　实验 39　开放实验——未知无机
　　　　　混合物的分离与定性检出 ··· 215
　2.7.2　有机化合物的定性鉴定 ·············· 215
　　实验 40　有机物中杂元素的定性
　　　　　鉴定——钠熔法 ·············· 217
　　实验 41　有机化合物官能团定性
　　　　　鉴定 ·············· 218
2.8　化学样品定量分析的程序与方法 ·············· 221
　2.8.1　样品采集与预处理 ·············· 221
　2.8.2　化学滴定分析 ·············· 226
　　实验 42　酸碱中和滴定 ·············· 231
　　实验 43　有机酸摩尔质量的测定 ··· 233
　　实验 44　铵盐中氮含量的测定
　　　　　（甲醛法） ·············· 234
　　实验 45　半开放实验——啤酒总酸度
　　　　　测定 ·············· 236
　　实验 46　综合性实验——碳酸钠的
　　　　　制备及组成测定（双指示
　　　　　剂法） ·············· 237
　　实验 47　半开放实验——EDTA 制备
　　　　　及其标准溶液的配制、标定 ··· 242

实验 48　粗硫酸锌中锌含量的测定 ··· 245
实验 49　合金中铝含量的测定 ·············· 246
实验 50　铁、铝混合液中 Fe^{3+}、Al^{3+}
　　　　含量的连续测定 ·············· 248
实验 51　铅、铋混合液中 Pb^{2+}、Bi^{3+}
　　　　的连续测定 ·············· 250
实验 52　水样总硬度的测定 ·············· 251
实验 53　石灰石或白云石中钙、镁含量
　　　　的测定 ·············· 253
实验 54　软锰矿（MnO_2）氧化力的
　　　　测定 ·············· 259
实验 55　铁矿石中全铁的测定
　　　　（$K_2Cr_2O_7$ 法） ·············· 261
实验 56　综合性实验——$Na_2S_2O_3$ 制备
　　　　及其标准溶液配制与标定 ··· 263
实验 57　工业苯酚纯度的测定（溴酸
　　　　钾法） ·············· 267
实验 58　维生素 C（药片）的测定
　　　　（碘量法） ·············· 269
实验 59　设计性实验——84 消毒液中
　　　　有效氯含量的测定 ·············· 271
实验 60　莫尔法测定氯化物中氯的
　　　　含量 ·············· 274
实验 61　银合金中银含量的测定（佛尔
　　　　哈德法） ·············· 275
实验 62　双乙酸钠中乙酸钠含量的测定
　　　　（非水溶液法） ·············· 277
实验 63　α-氨基酸的测定（非水
　　　　滴定） ·············· 278
　2.8.3　重量分析法 ·············· 279
　　实验 64　土壤中硫酸根含量的测定 ··· 284
2.9　光学量测定与光谱技术简介 ·············· 286
　2.9.1　折射率与旋光度 ·············· 286
　　实验 65　商品味精纯度的测定 ·············· 288
　2.9.2　分子的电子光谱——紫外可见
　　　　光谱 ·············· 289
　　实验 66　光度法测定配位化合物的
　　　　　组成和稳定常数 ·············· 296
　　实验 67　溶液吸附法测定比表面积 ··· 298
　2.9.3　红外光谱 ·············· 300
　　实验 68　红外吸收光谱 ·············· 302
　2.9.4　核磁共振 ·············· 303

第三篇　纯物质的制备与提取 ·············· 306
3.1　无机物的制备与提取 ·············· 306
　3.1.1　复分解反应法 ·············· 306
　3.1.2　分子间化合物的制备 ·············· 307
　3.1.3　无水化合物的制备 ·············· 308
　3.1.4　由矿石、废渣（液）制取无机
　　　　化合物 ·············· 309

实验 69　硫酸亚铁铵的制备 …………… 312
实验 70　半开放综合实验——液体
　　　　碱式氯化铝的制备、性质
　　　　与组成测定 ……………… 313
实验 71　沉淀法制备二氧化硅 ………… 316
实验 72　焦磷酸钙制备 ………………… 317
实验 73　铬黄颜料的制备 ……………… 318
实验 74　铁黄颜料的制备及其氢氧根
　　　　含量的测定 ……………… 319
实验 75　氯化亚铜的制备与性质 ……… 320
实验 76　氢氧化铜制备与组成分析 … 322
实验 77　半开放实验——立德粉废渣
　　　　湿法制备氧化铅 ………… 323
实验 78　开放实验——NH_4FePO_4 制备
　　　　及 $Fe(II)$ 含量的测定 ……… 324
实验 79　设计实验——过碳酸钠制备及
　　　　活性氧的测定（$KMnO_4$ 法）……
　　　　……………………………… 326
3.2　有机化合物制备 ……………………… 327
　3.2.1　简单有机物的制备 ……………… 327
实验 80　环己烯的制备——醇的消除
　　　　反应 ……………………… 328
实验 81　溴乙烷和 1-氯戊烷的制备 … 330
实验 82　叔丁基氯的制备 ……………… 332
实验 83　3-溴环己烯的制备 …………… 333
实验 84　四溴双酚 A 的制备 ………… 334
实验 85　2-甲基-2-己醇的制备 ……… 336
实验 86　α-苯乙醇的制备 ……………… 338
实验 87　二苯甲醇的制备 ……………… 339
实验 88　乙醚和异戊醚的制备 ………… 340
实验 89　正丁醚的制备 ………………… 343
实验 90　β-萘甲醚的制备（微波
　　　　加热法） ………………… 344
实验 91　苯乙酮的制备 ………………… 345
实验 92　二苯甲酮的制备 ……………… 347
实验 93　己二酸的制备 ………………… 349
实验 94　乙酸乙酯和乙酸异戊酯的
　　　　制备 ……………………… 350
实验 95　综合实验——乙酰水杨酸的
　　　　制备及含量测定 ………… 353
实验 96　富马酸及其二甲酯 …………… 354
实验 97　硝基苯 ………………………… 356
实验 98　2-硝基雷锁辛 ………………… 357
实验 99　苯胺 …………………………… 359
实验 100　邻氨基苯甲酸 ………………… 360
实验 101　甲基橙 ………………………… 361
　3.2.2　利用特殊反应完成有机合成 … 362
实验 102　肉桂酸 ………………………… 362
实验 103　扁桃酸 ………………………… 364

实验 104　苯甲醇和苯甲酸 …………… 365
实验 105　呋喃甲醇和呋喃甲酸 ……… 367
实验 106　ε-己内酰胺 ………………… 368
实验 107　综合实验——8-羟基喹啉 … 371
实验 108　综合实验——非那西汀 …… 375
实验 109　综合实验——2,4-二氯苯氧
　　　　　乙酸及其含量测定 ……… 377
实验 110　止咳酮 ……………………… 380
实验 111　苯佐卡因 …………………… 382
3.3　配位化合物的制备 …………………… 385
实验 112　三草酸合铁（Ⅲ）酸钾制备
　　　　　及其光化学性质 ………… 385
实验 113　三氯化六氨合钴（Ⅲ）的合成
　　　　　与组成测定 ……………… 387
实验 114　设计实验——EDTA-Ca 钠盐
　　　　　的制备 …………………… 389
实验 115　四氯合铜二乙基铵盐及其
　　　　　热致变色 ………………… 390
实验 116　设计实验——固相反应制备
　　　　　Cr(Ⅲ)草酸根配合物 ……… 391
实验 117　由蚕砂出发制取叶绿素
　　　　　铜钠盐 …………………… 392
3.4　由天然产物出发提取纯物质 ………… 394
实验 118　从茶叶中提取咖啡因 ……… 394
实验 119　从槐花米中提取芦丁 ……… 395
实验 120　从黄连中提取黄连素 ……… 396
实验 121　由黄花烟草叶片出发制取
　　　　　烟碱苦味酸盐 …………… 397
实验 122　银杏叶中黄酮类有效成分的
　　　　　提取 ……………………… 398
实验 123　从黑胡椒中提取胡椒碱 …… 399

第四篇　物质基本物理量测定及性质 … 400
4.1　气体压力的测量与真空技术 ………… 400
　4.1.1　气体压力的测量 ………………… 400
　4.1.2　真空技术 ………………………… 402
实验 124　纯液体饱和蒸气压的
　　　　　测定 ……………………… 406
实验 125　最大气泡法测定溶液表面
　　　　　张力 ……………………… 409
4.2　物质密度的测定 ……………………… 413
　4.2.1　液体密度的测定 ………………… 413
　4.2.2　固体密度的测定 ………………… 415
实验 126　密度瓶法测定酱油的相对
　　　　　密度 ……………………… 416
实验 127　浸液法测定粉体真密度 …… 417
4.3　热力学量的测定 ……………………… 418
　4.3.1　温度的测量 ……………………… 419
　4.3.2　温度的控制 ……………………… 424
　4.3.3　量热技术 ………………………… 428

实验 128 置换法测定摩尔气体
　　　　常数 R ···················· 428
实验 129 化学反应热效应的简易
　　　　测定 ······················ 430
实验 130 燃烧热测定 ············ 432
实验 131 设计实验——测定苯的稳定
　　　　化能 ······················ 435
4.4 电化学测量方法 ················ 436
4.4.1 对消法 ···················· 436
4.4.2 惠斯登电桥法 ·············· 436
4.4.3 电极的种类及其选择 ········ 437
实验 132 原电池电动势和电极电势的
　　　　测定 ······················ 438
实验 133 弱酸电离常数的测定 ···· 443
实验 134 难溶电解质溶度积的
　　　　测定 ······················ 444
实验 135 用电导率仪测定电离平衡
　　　　常数 ······················ 445
实验 136 界面移动法测离子
　　　　迁移数 ···················· 450
实验 137 镍电极极化曲线的测定 ·· 452
实验 138 氢超电势的测定 ·········· 454
实验 139 设计实验——电极材料与
　　　　电催化性能 ················ 457
4.5 化学动力学实验 ················ 460
实验 140 过二硫酸根氧化碘离子反应
　　　　动力学参数的简易测定 ···· 460
实验 141 二级反应——乙酸乙酯皂化
　　　　反应 ······················ 462
实验 142 旋光法测定蔗糖转化反应的
　　　　速率常数 ·················· 465
实验 143 复杂反应——丙酮碘化
　　　　反应 ······················ 467
实验 144 过氧化氢催化分解反应 ·· 470
实验 145 连续流动法研究催化反应
　　　　动力学 ···················· 473
实验 146 催化剂活性与选择性 ···· 476
4.6 无机物及其在水溶液中的性质 ·· 478
实验 147 水溶液中的离子平衡 ···· 479
实验 148 氧化-还原反应与电化学 ·· 480
实验 149 卤素 ···················· 482
实验 150 过氧化氢与硫的化合物 ·· 484
实验 151 铬和锰的化合物 ·········· 487
实验 152 ⅠB 和ⅡB 元素性质 ······ 489
实验 153 铁、钴、镍 ·············· 492
4.7 结构性质实验 ·················· 495
实验 154 超细粒子的粒度分析 ···· 495
实验 155 配合物磁矩的测定 ······ 499
实验 156 偶极矩的测定 ·········· 502

第五篇　综合提高型实验 ·········· 508

实验 157 负载型杂多酸催化剂制备与
　　　　酯化反应应用 ·············· 508
实验 158 透明氧化铁黄的制备 ······ 510
实验 159 DL-苏氨酸的化学合成 ···· 511
实验 160 乳酸亚铁制备 ············ 513
实验 161 水垢样品成分分析 ········ 514
实验 162 卡尔·费休法测定植物油脂
　　　　中水含量 ·················· 515
实验 163 化学放大法测定地表水中
　　　　微量 Mn^{2+} ·············· 516
实验 164 腈菌唑 ·················· 516
实验 165 磺胺 ···················· 517
实验 166 催化氧化法由葡萄糖制取
　　　　葡萄糖酸盐 ················ 519
实验 167 绿色催化酯化反应及其
　　　　动力学 ···················· 520
实验 168 微乳液法制备 TiO_2 光
　　　　催化剂 ···················· 522
实验 169 手性 1,1'-联-2-萘酚 ···· 522

附录 ································ 524
1. 化学实验中常用基本物理常数 ···· 524
2. 基础化学实验部分常用基本玻璃仪器、
　　用具简介 ······················ 524
3. 常见无机化合物性质 ············ 531
3.1 常见单质的电导率、热导率、密度、
　　熔点和沸点 ···················· 531
3.2 常见无机化合物的一般性质 ···· 532
3.3 常见无机化合物的标准热力学
　　数据 ·························· 539
3.4 难溶化合物的溶度积常数 ···· 543
3.5 某些无机化合物在部分有机溶剂中
　　的溶解度 ······················ 544
3.6 水的各种数据 ·················· 544
4. 常见有机化合物的性质 ············ 546
4.1 常用有机化合物的一般性质 ···· 546
4.2 常见有机化合物的标准热力学
　　数据 ·························· 547
5. 物质水溶液的性质 ················ 550
5.1 常见酸、碱水溶液的密度与溶解度 ·· 550
5.2 常见无机物水溶液密度与质量
　　分数 ·························· 554
5.3 弱酸、弱碱的解离常数 ········ 555
5.4 标准电极电势 ················ 557
5.5 常用 pH 缓冲溶液的配制和
　　pH 值 ························ 560
5.6 常用各种指示剂 ················ 560
5.7 配合物稳定常数 ··············· 564
6. 常见二元恒沸混合物的组成和沸腾温度 ··· 566

主要参考书目 ······················ 568

绪　　论

　　科学实验是通过一定的仪器和设备，根据研究的目的，突出某些主要因素，排除其他次要的、偶然因素的干扰，使研究对象中为我们所需要的某些属性或关系在简化的、纯粹的形态下暴露出来，从而准确地认识它。科学实验的重要性主要是因为它直接指向研究对象，对现象作经验的研究是我们获得有关外部世界一切知识的基础。实验的方式使人们能够积极干预事物和现象的进程，以便详细而精确地把握它们。科学实验是帮助人们发现新的科学事实、获得新的科学规律的重要手段，又是证实或证伪假说和检验科学理论研究成果的重要手段。系统的实验方法的产生，不仅是科学方法发展史上的一次重大突破，而且也是科学发展最重要的基础，以至于人们常常把近代以来成熟的自然科学叫做实验科学。自实验从生产实践中分化出来成为一项具有独立性的社会实践活动，科学研究才有了最重要的手段，科学的发展才奠定了直接的基础。实验是近、现代科学最伟大的传统，离开实验传统，科学之树就丧失了成长壮大的肥沃土壤。当然，我们也重视理论思维，反对狭隘的经验主义。

　　19 世纪初，当时最卓越的化学家柏齐里乌斯（Berzelius Jons Jakob，1779～1848）的实验室就是他的厨房，在那里，化学和烹调一起进行。1817 年，英国格拉斯大学建立第一个供教学用的化学实验室；1824 年，李比希（Liebig Justus von，1803～1873）在德国吉森大学建立了另一个更出名的化学实验室，实验才成为科学家训练的必要组成部分。时值今天的科学实验，已成为千百万人参加的认识自然、改造自然的主要的社会实践活动形式之一。没有实验，就没有现代科学技术、更谈不上科学认识和科学发展。实验不仅塑造了近代自然科学，而且也为现代科学的发展奠定了坚实的基础，甚至成为科学的一种至关重要的认识论和方法论上的特点，成为科学的一种标志性特征。

　　化学是一门以实验为基础的自然科学，化学实验在培养造就未来化学家和化学工作者的教学环节中，占有特别重要的地位。基础化学实验与技术作为化学类及近化学类专业学生必修的实验课，在引导学生进入并重视化学实验、启迪学生的学习方法、训练学生的基础性操作、培养学生的学习兴趣和严谨作风、为以后其他实验课的学习打下扎实的基础等方面，具有独特的意义。基础化学实验是一门独立设置的课程，但与相应的理论课——无机化学、有机化学、分析化学和物理化学——有着密切的联系。

　　基础化学实验的研究对象可概括为：以实验为手段来了解基础化学中的主要原理、化合物的合成方法、分离手段、相关性能鉴定以及常用仪器的操作、近代大型仪器在基础化学实验中的应用等。本课程的目的和作用主要为以下几个方面。

　　① 培养将来能够从事科研的基本实验技能，加强和帮助理解课堂的理论知识，学会理论联系实际解决具体问题，培养进行科研的初步能力。在培养学生智力因素的同时，培养学生的科学精神和科学品德，使学生从一开始就要逐步树立严谨务实的科学态度、勤奋好学的思想品质、认真细致的工作作风、条理整洁的良好习惯和互助协作的团队精神。基础化学实验是对学生进行艰苦创业、勤奋不懈、谦虚好学、乐于协作、求实、求真、存疑等科学品德和科学精神训练的理想课程，这些都是一位化学工作者获得成功所不可缺少的因素。

　　② 学生经过基础实验的严格训练，能较规范地掌握实验的基本操作、基本技术和基本技能，学习并掌握基础化学的基本理论和基本知识，能够正确使用各类相关仪器，具有准确取得实验数据和作出结果判断的能力。基本了解科研的基本程序和方法并具备从事一般科研

的初步技能，由此掌握查阅文献、记录实验、总结撰写实验报告等科研所需的初步文字能力。

③ 学生通过各种层次的实验，直接获取大量的化学现象，经过思维、分析和归纳、总结，由感性认识提升为理性认识，从而学习有机化学、无机化学、分析化学和物理化学相关的基本理论和基本知识，并进一步用于指导实验。

④ 通过实验，掌握阐明化学原理的实验方法，掌握化合物的一般制备、分离、提纯及常见化合物和离子性质、鉴定的实验方法，掌握化学分析的常用方法并能在试样分析中加以应用。

⑤ 通过实验培养学生正确掌握实验记录、数据处理及结果表达的方法，确立严格的"量"的概念，并逐步提高对实验现象及实验结果进行分析判断、逻辑推理和做出正确试验结论的能力。

⑥ 学习化学实验的全过程，综合培养学生动手、观测、查阅、记忆、思维、想象及表达等全部智力因素，从而使学生具备分析问题、解决问题的独立工作能力。

⑦ 通过综合设计、研究性实验，使学生逐渐能自己动手进行整体的实验，包括查找资料、方案设计、动手实验、观察实验、获取数据、分析问题、解决问题，并加以处理和表达，最后得出结论等各个环节，提高学生的综合素质，使其初步具备从事科学研究的能力，增强学生的释疑欲望和创新意识，为今后的科研工作逐步奠定基础。

重视实验就是重视自身的综合素质培养！

基础化学实验是在教师的正确引导下由学生独立完成的，因此实验效果与正确的学习态度和学习方法密切相关。对于基础化学实验，不仅需要学生有一个正确的学习态度，而且还需要有一个好的学习方法。可归纳如下几个方面。

1. 课前充分预习，认真做好预习报告

实验前预习是必要的准备工作，是做好实验的前提。这个环节必须引起学生足够的重视，如果学生不预习，对实验的目的、要求和内容不清楚，是不允许进行实验的。为了确保实验质量，学生必须准备一个实验预习和记录本，实验前任课教师要检查每个学生的预习情况。实验预习一般应达到以下要求。①实验前认真阅读实验教材，查阅必要的参考资料，达到明确实验目的、理解实验原理、熟悉实验内容、掌握实验方法、切记实验中有关的注意事项、熟悉实验内容和步骤、了解该实验所涉及的基本操作和仪器的使用、掌握实验数据的处理方法、解答书上提出的思考题等，在此基础上简明、扼要地写出实验预习报告。②实验预习报告是进行实验的首要环节，应包括实验项目名称、资料综述、个人所理解的实验目的、基本原理、注意事项、简要的实验步骤与操作、测量数据记录的表格、定量实验的计算公式、仪器选用依据等；还应包括在预习中，通过自己的思维得到的学习心得、体会以及预习中不够清楚需问老师的问题等。并且要为记录实验现象和测量数据留有充足的位置，切忌抄书或草率应付，尽可能用方框、符号、箭号、表格等简明形式表达。③为规范实验操作，实验前必须按要求观看基础化学实验基本操作多媒体教学课件。

2. 积极参加实验课堂讨论，注意倾听老师的实验讲解

实验课上，指导老师也经常对实验内容进行讲解、操作示范或总结、讲评，学生必须认真注意听讲和领会，对一些重点、要点和注意事项还应该做好笔记，对不理解的问题及时发问，还可以对实验的内容、安排或其他问题提出意见或建议。实验之前或实验之后，指导老师经常组织学生进行课堂讨论，学生应认真准备，踊跃发言，将自己预习中的心得、体会，在实验中对现象的观察、思考，对实验结果的分析、判断，对整体实验的评说、创意等进行交流。这不仅是自己对实验的进一步学习和提高，而且是对自己口头交流、表达甚至是讲演能力的极好训练。

3. 课堂规范操作，实验中要做到"勤动手、勤观测、勤记录、勤思考"

实验是培养独立工作和思维能力的重要环节，必须认真、独立地完成。实验中应该认真务实，按预先安排好的顺序有条不紊的进行。实验中应做到下面几点。①实验过程中要积极开动脑筋，手脑并用，要善于思考实验中所观察到的现象，特别是那些与预期不相同的"反常现象"，更应深入的分析，寻找产生的原因，提出解决的办法。为了正确说明问题，可在教师指导下重做或补充某些实验，以培养独立分析、解决问题的能力。②在充分预习的基础上规范操作，独立动手实验，对于一些基本操作要反复练习，做到操作准确、熟练自如；实验中应胆大、心细，做到既不急于求成，匆忙做完实验了事，又不能磨蹭拖拉，完不成实验。③实验过程中，要集中精力，仔细观测实验现象及数据，诸如物态、颜色、温度、压力、流量等的变化或演变过程，善于捕捉某些细微的、瞬间的现象，寻找实验的"闪光点"，触发头脑的"灵感区"。④对实验中观测到的实验现象和数据，要一丝不苟、及时、如实地记录在专用的实验预习与记录本上，要书写端正，养成严谨、工整的习惯，不能用铅笔记录，不能记在草稿纸上或其他纸上，原始数据不得涂改或用橡皮擦拭，如有记错应在原数据上画一道杠，再于旁边写上正确值。⑤按要求处理好实验过程中所产生的废液、废气、废渣等"三废"物质。⑥对使用的公用仪器要自觉管理好，并在相关记录本上登记，这是养成良好科学素养必需的训练。⑦对于综合设计和研究性实验应该既有敢想敢做的思想，又有科学分析的态度，开拓思路，勇于创新，敢于试验。审题要确切，方案要合理，现象要清晰，在实验中发现设计方案存在问题时，应找出原因，及时修改方案，直至达到满意的结果。⑧实验中自觉养成良好的科学习惯，遵守实验工作规则。实验过程中始终保持桌面整洁和环境卫生。⑨实验结束，所得的实验结果必须经教师认可并在实验预习与记录本上签字后，才能离开实验室。

4. 实验后要及时、如实、认真、独立完成实验报告

实验报告是实验的结晶，是对每次所做实验的概括和总结，也是把直接的感性认识上升为理性认识的过程，必须严肃认真如实书写。写好实验报告是培养学生思维能力、书写能力和总结能力的有效方法。实验报告要求格式统一，简明扼要，表达清楚，字迹端正，条理清楚，数据表达及处理采用图、表的形式。实验报告的内容一般包括以下几个方面。①实验名称、日期。②实验目的、要求。③实验基本原理：包括理论依据、实验重要条件、反应方程式等。④实验方法、步骤及装置：实验内容是学生实际操作的简述，尽量用箭号、符号、方框、表格等形式简洁、清晰、明了地表达实验内容，避免抄书本。⑤实验现象及数据记录，主要包括时间、颜色、状态以及各种量度（质量、体积、温度、压力、湿度等）及它们的变化。实验现象要表达正确，数据记录要完整。绝对不允许主观臆造、抄袭他人的作业。⑥解释、结论或数据处理：对实验现象加以简明的解释，写出主要反应方程式，分标题小结或者最后得出结论；数据处理要表达清晰；完成实验教材中规定的作业。⑦结果与问题讨论：首先结合文献对实验结果进行评价，也要针对实验中遇到的异常现象或疑难问题提出自己的见解，对实验方法、教学方法和实验内容等提出意见或建议等。

学生实验成绩的评定是对学生实验综合素质和能力全面考察的结果，同时也是督促学生重视，并学好基础实验课程的重要环节，结合基础实验课程的具体特点和要求，对学生实验成绩的评定主要应依据以下几个方面。

① 对实验基础知识和基本原理的理解和掌握的情况，主要从学生的预习报告，实验课的讨论、提问，以及最后的实验报告中考查。

② 对实验方法、实验基本操作技能的掌握和熟练情况，主要从实验过程及专门的操作考查中体现。

③ 实验结果，包括对实验现象及原始数据的记录，数据记录的正确性及实验结果的精密度、精确性，同时包含运算技能、有效数字、图表技术的掌握等。

④ 思维能力和创新精神，体现在实验过程及报告中观察问题、分析问题和解决问题的能力，在设计性、研究性实验中的设计思想、创新意识、创新能力等。

⑤ 实验整个过程中的科学精神和品德，包括严谨求实、勤奋认真、条理整洁、团结协作、遵守规章等。

⑥ 每学期实验结束后，进行综合的实验笔试，笔试成绩占总成绩的一部分，其比例视具体情况确定。

根据基础化学实验不同类型实验的特点，成绩评定的侧重点有所不同，但可以肯定的是，实验结果绝不会是最后成绩的唯一决定因素。

第一篇 化学实验基础知识

1.1 基础化学实验室导则

① 认真学习实验室安全与防护知识，严格遵守实验室安全守则，严防触电、中毒、燃烧、爆炸、化学品伤害等安全事故的发生。

② 遵守实验纪律，不迟到，不早退，不无故缺席，实验中不得擅自离开实验岗位，实验完成后必须经指导老师确认方可离开实验室；保持实验室的安静，不大声喧哗或嬉笑；不得穿背心、赤脚或穿拖鞋进实验室，要注意衣冠整洁。

③ 实验中要集中精力，认真操作，仔细观察，积极动脑分析问题、解决问题。要及时、正确地把实验现象和数据记录在专用的实验预习与记录本上，不得记在其他任何地方，更不得随意涂改或伪造数据。根据原始记录认真处理数据，按时做好并提交实验报告。

④ 实验仪器、设备是国家的财产，务必小心使用，注意爱护。使用各种仪器、设备，必须严格遵守其操作规程，精密仪器必须经老师许可后方可使用，发现异常或故障，应立即停止使用，报告老师。若因严重违反操作规程造成仪器损坏者，应负担一定的赔偿责任。玻璃仪器破损时，应填写破损单并按一定比例赔偿。

⑤ 遵守实验试剂、药品取用规则，注意节约试剂、药品，应按规定的规格、浓度、用量取用，防止试剂的混错或沾污。公用试剂、物品或仪器用毕后应立即放回原位。要注意节约水、电、燃气等。

⑥ 实验中或实验后的废物、废液、碎玻璃等应分别放入废液缸或废液桶中，有毒物质应严格放入特定容器中，需回收的物品或药品应放入指定的回收瓶中。

⑦ 要始终保持实验室的整洁，实验台上的仪器要摆放整齐、有序，台上不留水滴，不放书包或与实验无关的书籍、物品。不准往地上乱扔纸屑或其他杂物。

⑧ 每次实验结束后要按照程序关好仪器的各种旋钮、开关，仔细检查并登记后交指导老师签名。玻璃仪器要认真洗净并有序地放入柜中。清理和擦净实验台和试剂架，最后检查水、电、燃气是否关妥。

⑨ 实验室实行学生轮值制度。值日生在实验过程中，有责任协助老师维持实验室的公共秩序、卫生，搬放仪器、试剂、实验用水。实验结束后，打扫、拖洗实验室，整理擦拭通风橱、公共台面、试剂架和仪器，清理废液、废物，检查水、电、燃气等安全情况，最后在值日生登记本上逐项检查登记后交指导老师签注。

⑩ 有下列情况之一者，不允许进行实验：没有预习；预习报告未完成者；违反操作规程又不听老师指导，造成较严重后果者；严重违反实验室规章制度又不听老师劝导，造成不良影响者；无正当理由超过规定时间者。

1.2 化学实验的安全与环境

1.2.1 安全守则

安全永远是做化学实验第一位的话题！其中包括两个方面：实验室的公共安全（防火、防爆炸、防室内毒气）和实验者自身安全（防玻璃割伤、划伤；防试剂烧伤、腐蚀；防仪器、设备烫伤、击伤等）。

实验室的公共安全问题，在实验室设计建设时已经考虑到了。作为学生，首次进入化学实验中心，进行本课程的学习，第一要做的事情是熟悉整个实验中心的建筑环境，所在实验室的环境。以下的这些环境要素是必须要特别熟悉的：

① 各楼层的紧急出口位置及你所在实验室与紧急出口的相对位置；

② 各楼层消防栓位置，及实验室灭火器放置位置；

③ 各楼层紧急淋浴器的地点，实验室洗眼器的安装位置（图 1.2-1）；

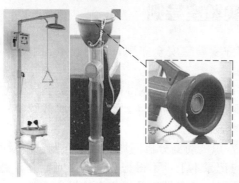

图 1.2-1　紧急淋浴器与洗眼器

④ 实验室的总电源控制柜的位置，燃气总阀、水阀位置。

在实验中，经常接触到各种化学药品，例如，易燃溶剂：乙醚、乙醇、丙酮、苯等；易燃易爆的气体和药品：氢气、乙炔和干燥的苦味酸（2,4,6-三硝基苯酚）等；有毒药品：氰化钠、硝基苯和某些有机磷化合物等；有腐蚀性的药品：氯磺酸、浓硫酸、浓硝酸、浓盐酸、烧碱及溴等。这些药品使用不当，就有可能产生爆炸、着火、中毒、灼伤等事故。此外，煤气、酒精灯、电炉以及电器设备等使用处理不当也会造成着火、爆炸、触电、漏水等事故；碎裂的玻璃器皿可能会导致割伤等。但是，只要实验者集中注意力，严格执行操作规程，树立爱护国家财产的观念，加强安全措施，这些事故都是可以预防和避免的。因此，实验者必须特别重视实验安全，绝不能麻痹大意，实验室必须做到如下各点。

① 必须先经过学习安全守则及安全防护知识，才准许进入实验室工作。

② 绝对禁止在实验室进食或吸烟，不准把食品放在实验容器中，严禁试食化学药品。

③ 指导老师需定期、经常的检查学生关于实验室安全知识掌握情况。

④ 进出实验室应经指导教师或实验工作人员的同意。

⑤ 做实验前必须充分预习。"充分预习"不是把讲义抄一遍或看一遍，而是要彻底掌握实验的内容，主副产物、原料、试剂是否有毒？是否易燃？反应过程中是否产生毒气？是否发热？加料时有没有先后顺序？后处理时应注意什么？只有充分的预习，才能保证胸有成竹，不出差错。

⑥ 养成良好的自我保护习惯，做实验时必须穿长袖工作服，戴眼镜，不能穿光脚的凉鞋。

⑦ 严格按照实验操作规程进行实验，实验时必须集中精力和注意力，不得在实验室嬉戏。扎堆聊天、听音乐、看其他与实验无关的书、擅离自己实验台、三心二意、心不在焉都是事故的根源和隐患，烫伤、烧伤、着火等事故往往都发生在精力不集中的时候。

⑧ 实验开始前应仔细检查仪器是否完整无损，装置是否正确稳妥。

⑨ 量取强腐蚀性的试剂必须带防护手套。可能发生危险的实验，都得有针对性地了解并制定预防事故发生的措施，在操作时应使用防护眼镜、面罩、手套等防护设备。在反应过程中可能生成有毒或有腐蚀性气体的实验应在通风橱内进行。并且实验开始后不要把头伸进橱内。

⑩ 实验进行时应该经常注意仪器有无漏气、碎裂，反应进行是否正常等情况。

⑪ 实验中所用药品，不得随意散失、遗弃。对反应中产生有害气体的实验应按规定处理，废弃药品按规定回收处理，以免污染环境，影响身体健康。

⑫ 充分熟悉实验室内各项安全用具、设备的情况，如石棉布、灭火器、沙桶、洗眼器、

淋浴器以及急救箱等器材的放置地点和使用方法，并加以爱护、定期检查与演练。安全用具及急救药品不准移作他用。

⑬ 在储有爆炸物、危险物和特殊器材的地方，需要履行特别的安全制度。例如，禁止明火、禁止吸烟、禁止可能产生火花的摩擦等。

⑭ 严格遵守化学试剂的领用和管理制度。除特殊原因经有关负责人批准外，不准将化学试剂带出实验室。

⑮ 将玻璃管（棒）或温度计插入塞中时，应先检查塞孔大小是否合适，玻璃是否平整光滑，并用布裹住或涂些甘油等润滑剂后旋转而入。握玻璃管（棒）的手应靠近塞子，防止因玻璃管折断割伤皮肤。

⑯ 使用高压气体钢瓶时，要严格按操作规程进行操作。

⑰ 实验结束后，应该仔细洗手，以防化学药品中毒。最后离开实验室的人员应仔细检查室内是否存在火灾、爆炸或漏水、漏气的隐患。例如，是否已完全熄灭了火源，是否关闭水电及各种气体开关。

⑱ 如果万一不小心发生被割伤、烫伤等小型事故，应赶快告诉老师，做初步的处理（如包扎、冷却、洗涤等）后，到医院请医生医治。如果自己的实验突然起火，不要惊慌失措，大呼小叫，更不可悄悄自己逃走。而应首先切断电源，然后用石棉布、湿布等物品将火源盖灭、或拍打、用沙子压灭，不可乱用水浇，必要时使用适当的灭火器。

1.2.2 化学实验室各类警示标志

在实验室里，做任何一个实验之前，都应当阅读实验指导内容。一些药品的性质可用这些简单的词来提醒：易燃、易爆、强氧化性、腐蚀性、毒性、致癌物质，有的药品可能会有几种危险性。这些提醒语和试剂瓶外包装上的提醒是相似的，它们都有一些特别的标志来表示，这些标志都是被统一规定、国际通用的。

① 标志的种类。根据常用危险化学品的危险特性和类别，设主标志 16 种，副标志 11 种。

② 标志的图形。主标志有表示危险特性的图案、文字说明、底色和危险品类别号四个部分组成的菱形标志。副标志图形中没有危险品类别号。

③ 标志的尺寸、颜色及印刷。按 GB 190 的有关规定执行。

④ 标志的使用。a. 标志的使用原则：当一种危险化学品具有一种以上的危险性时，应用主标志表示主要危险性类别，并用副标志来表示重要的其他的危险性类别。b. 标志的使用方法：按 GB 190 的有关规定执行。

主标志

底色：橙红色　　　　　　　　　　　　　　　底色：正红色
图形：正在爆炸的炸弹（黑色）　　　　　　　图形：火焰（黑色或白色）
文字：黑色　　　　　　　　　　　　　　　　文字：黑色或白色

标志 1　爆炸品标志　　　　　　　　　　　　标志 2　易燃气体标志

底色：绿色
图形：气瓶（黑色或白色）
文字：黑色或白色

底色：白色
图形：骷髅头和交叉骨形（黑色）
文字：黑色

标志 3　不燃气体标志

标志 4　有毒气体标志

底色：红色
图形：火焰（黑色或白色）
文字：黑色或白色

底色：红白相间的垂直宽条（红 7、白 6）
图形：火焰（黑色）
文字：黑色

标志 5　易燃液体标志

标志 6　易燃固体标志

底色：上半部白色，下半部红色
图形：火焰（黑色）
文字：黑色或白色

底色：蓝色
图形：火焰（黑色或白色）
文字：黑色

标志 7　自燃物品标志

标志 8　遇湿易燃物品标志

底色：柠檬黄色
图形：从圆圈中冒出的火焰（黑色）
文字：黑色

底色：柠檬黄色
图形：从圆圈中冒出的火焰（黑色）
文字：黑色

标志 9　氧化剂标志

标志 10　有机过氧化物标志

底色：白色
图形：骷髅头和交叉骨形（黑色）
文字：黑色

底色：白色
图形：骷髅头和交叉骨形（黑色）
文字：黑色

标志 11　有毒品标志

标志 12　剧毒品标志

底色：上半部黄色下半部白色
图形：上半部三叶形（黑色）下半部一条垂直的红
　　　色宽条
文字：黑色

底色：上半部黄色下半部白色
图形：上半部三叶形（黑色）下半部两条垂直的红
　　　色宽条
文字：黑色

标志 13　一级放射性物品标志

标志 14　二级放射性物品标志

底色：上半部黄色
　　　下半部白色
图形：上半部三叶形（黑色）
　　　下半部三条垂直的红色宽条
文字：黑色

底色：上半部白色
　　　下半部黑色
图形：上半部两个试管中液体分别向
　　　金属板和手上滴落（黑色）
文字：（下半部）白色

标志 15　三级放射性物品标志

标志 16　腐蚀品标志

副标志

底色：橙红色
图形：正在爆炸的炸弹（黑色）
文字：黑色

底色：红色
图形：火焰（黑色）
文字：黑色或白色

标志 17　爆炸品标志

标志 18　易燃气体标志

底色：绿色
图形：气瓶（黑色或白色）
文字：黑色

底色：白色
图形：骷髅头和交叉骨形（黑色）
文字：黑色

标志 19　不燃气体标志

标志 20　有毒气体标志

底色：红色

图形：火焰（黑色）

文字：黑色

底色：红白相间的垂直宽条（红7、白6）

图形：火焰（黑色）

文字：黑色

标志21　易燃液体标志

标志22　易燃固体标志

底色：上半部白色，下半部红色

图形：火焰（黑色）

文字：黑色或白色

底色：蓝色

图形：火焰（黑色）

文字：黑色

标志23　自燃物品标志

标志24　遇湿易燃物品标志

底色：柠檬黄色

图形：从圆圈中冒出的火焰（黑色）

文字：黑色

底色：白色

图形：骷髅头和交叉骨形（黑色）

文字：黑色

底色：上半部白色，下半部黑色

图形：上半部两个试管中液体分别向金属板和手上滴落（黑色）

文字：（下半部）白色

标志25　氧化剂标志

标志26　有毒品标志

标志27　腐蚀品标志

1.2.3　环境保护及三废处理

根据绿色化学的基本原则，基础化学实验应尽可能选择对环境无毒害的实验项目，对确实无法避免的实验项目若排放出废气、废渣和废液（这些废弃物又称三废），如果对其不加处理而任意排放，不仅污染周围环境，造成公害，而且三废中的有用或贵重成分未能回收，在经济上也会造成损失。如 SO_2、NO_x、Cl_2 等气体对人的呼吸道有强烈的刺激作用，对植物也有伤害作用；As、Pb 和 Hg 等化合物进入人体后，不易分解和排出，长期积累会引起胃疼、皮下出血、肾功能损伤等；氯仿、四氯化碳等能致使肝癌；多环芳烃能致膀胱癌和皮肤癌；某些铬的化合物触及皮肤破伤处会引起其溃烂不止等。因此，化学实验室三废的处理是很重要而又有意义的问题。为了保证实验人员的健康，防止环境污染，化学实验室的环境保护应该规范化、制度化，应对每次产生的废气、废渣和废液进行处理。教师和学生要按照国家要求的排放标准进行处理，把用过的酸类、碱类、盐类等各种废液、废渣，分别倒入各自的回收容器内，再根据各类废弃物的特性，采取中和、吸收、燃烧、回收循环利用等方法来进行处理。

1.2.3.1 常用的废气处理方法

实验室中凡可能产生有害废气的操作都应在有通风装置的条件下进行，如加热酸、碱溶液及产生少量有毒气体的实验等应在通风橱中进行。汞的操作室必须有良好的全室通风装置，其抽风口通常在墙的下部。实验室若排放毒性大且较多的气体，可参考工业上废气处理的办法，在排放废气之前，采用吸附、吸收、氧化、分解等方法进行预处理。常用的废气处理方法有以下两种方法。

① 溶液吸收法　溶液吸收法是指采用适当的液体吸收剂处理气体混合物，除去其中的有害气体的方法。常用的液体吸收剂有水、酸性溶液、碱性溶液、氧化剂溶液和有机溶剂，它们可用于净化含有 SO_2、NO_x、SiF_4、HCl、Cl_2、NH_3、HCN、汞蒸气、酸雾、沥青烟和各种含有有机物蒸气的废气。

② 固体吸收法　固体吸收法是将废气与固体吸收剂接触，废气中的污染物吸附在固体表面即被分离出来。它主要用于废气中低浓度的污染物的净化，常用的吸附剂及处理的吸附物质见表 1.2-1。

表 1.2-1　常用的吸附剂及处理的吸附物质

固体吸附剂	吸　附　物　质
活性炭	苯、甲苯、二甲苯、丙酮、乙醇、乙醚、甲醛、汽油、乙酸乙酯、苯乙烯、氯乙烯、恶臭物、H_2S、Cl_2、CO、CO_2、SO_2、NO_x、CS_2、CCl_4、$HCCl_3$、H_2CCl_2
浸渍活性炭	烯烃、胺、酸雾、硫醇、H_2S、Cl_2、HF、HCl、NH_3、Hg、HCHO、CO、CO_2、SO_2
活性氧化铝	H_2O、H_2S、SO_2、HF
浸渍活性氧化铝	酸雾、Hg、HCl、HCHO
硅胶	H_2O、NO_x、SO_2、C_2H_2
分子筛	NO_x、H_2O、CO_2、CS_2、SO_2、H_2S、NH_3、C_mH_n、CCl_4
焦炭粉粒	沥青烟
白云石粉	沥青烟
蚯蚓类	恶臭类物质

1.2.3.2 常用的废渣处理方法

实验室产生的有害固体废渣虽然不多，但绝不能将其与生活垃圾混倒。固体废弃物经回收、提取有用物质后，其残渣仍是多种污染物的存在状态，此时可以对它做最终的安全处理。固体废渣主要采用掩埋法处理。有毒的废渣须先经过化学处理后深埋在远离居民区的指定地点，以免毒物溶于地下水而混入饮用水中；无毒废渣可以直接掩埋，掩埋地点应做记录。有毒且不易分解的有机废渣（或废液）可以用专门的焚烧炉进行焚烧处理。

① 化学稳定法　对少量（如放射性废弃物等）高危险性物质，可将其通过物理或化学的方法（玻璃、水泥、岩石的）进行固化，再进行深地填埋。

② 土地填埋　这是许多国家固体废弃物最终处置的主要方法。要求被填埋的废弃物应是惰性物质或经微生物可分解为无害物质。填埋场地应远离水源，场地底土不透水、不能穿入地下水层。填埋场地可改建为公园或草地。因此，这是一项综合性的环保工程技术。

1.2.3.3 常用的废液处理方法

化学实验室产生的废弃物很多，但以废溶液为主。实验室产生的废溶液种类繁多，组成变化大，应根据溶液的性质分别处理。

① 酸性废液 不能直接倒入水槽中，以防腐蚀管道。废酸液可先用耐酸塑料网纱或玻璃纤维过滤，滤液用适当浓度的碳酸钠或氢氧化钙水溶液中和至 pH6～8 后，再用大量水冲稀排放，少量滤渣可埋于地下。

② 碱性废液如氢氧化钠、氨水 用适当浓度的盐酸溶液中和后，再用大量水冲稀排放。

③ 废洗液 可用高锰酸钾氧化法使其再生后使用。少量的废洗液可加废碱液或石灰使其生成 $Cr(OH)_3$ 沉淀，回收。

④ 含有有害无机物或有机物的废液 可通过化学反应将其氧化或还原，转化成无害的新物质或容易从水中分离除去的形态。常用的还原剂主要有 $FeSO_4$、Na_2SO_3 等，用于还原 Cr(Ⅵ)。此外，还有某些金属，如铁屑、铜屑、锌粒等，可用于除去废水中的汞。对含有有机物的废液还可用与水不互溶但对污染有良好溶解性的萃取剂加入废水中，充分混合，以提取污染物，从而达到净化废水的目的。例如，含酚废水就可采用二甲苯作为萃取剂。

⑤ 剧毒的氰化物 少量的含氰废液可先加 NaOH 调至 pH>10，再加入几克高锰酸钾使 CN^- 氧化分解。大量的含氰废液可用碱性氯化法处理，即先用碱调至 pH>10，再加入次氯酸钠，使 CN^- 氧化成氰酸盐，并进一步分解为 CO_2 和 N_2。

⑥ 含汞盐的废液 先调 pH 至 8～10，然后加入过量的 Na_2S，使其生成 HgS 沉淀，并加 $FeSO_4$ 与过量 S^{2-} 生成 FeS 沉淀，从而吸附 HgS 共沉淀下来。离心分离，清液含汞量降到 0.02mg/L 以下，可排放。少量残渣可埋于地下，大量残渣可用焙烧法回收汞，但注意一定要在通风橱中进行。

⑦ 含重金属离子（如镉、铜、铅、镍、铬离子等）、碱土金属离子（如钙、镁离子）及某些非金属离子（如砷、硫、硼离子等）的废物 最有效和最经济的方法是加碱或加 Na_2S 把重金属离子变成难溶性的氢氧化物或硫化物而沉积下来，过滤后，残渣可埋于地下。

1.2.4 有害化学品知识（危险品的使用）

① 浓酸和浓碱具有强腐蚀性，不要把它们洒在皮肤或衣物上。废酸应倒入废液缸中，但不要再向里面倾倒碱液，以免酸碱中和产生大量的热而发生危险。

② 强氧化剂（如高氯酸、氯酸钾等）及其混合物（氯酸钾与红磷、碳、硫等的混合物）不能研磨或撞击，否则易发生爆炸。

③ 银氨溶液放久后会变成氮化银而引起爆炸，因此用剩的银氨溶液应及时处理。

④ 活泼金属钾、钠等不要与水接触或暴露在空气中，应将它们保存在煤油中，用镊子取用。

⑤ 白磷有剧毒，并能灼伤皮肤，切勿与人体接触。白磷在空气中易自燃，应保存在水中。取用时，应在水下进行切割，用镊子夹取。

⑥ 氢气与空气的混合物遇火要发生爆炸，因此产生氢气的装置要远离明火。点燃氢气前，必须先检查氢气的纯度。进行产生大量氢气的实验时，应把废气通至室外，并注意室内的通风。

⑦ 有机溶剂（乙醇、乙醚、苯、丙酮等）易燃，使用时一定要远离明火。用后要把瓶塞塞严，放在阴凉的地方，最好放入沙桶内。

⑧ 进行能产生有毒气体（如氟化氢、硫化氢、氯气、一氧化碳、二氧化氮、二氧化硫、溴等）的反应时，加热盐酸、硝酸和硫酸时，均应在通风橱中进行。

⑨ 汞易挥发，在人体内会积累起来，引起慢性中毒。可溶性汞盐、铬的化合物、氰化物、砷盐、锑盐、镉盐和钡盐都有毒，不得进入口内或接触伤口，其废液也不能倒入下水道，应统一回收处理。为了减少汞液面的蒸发，可在汞液面上覆盖化学液体：甘油的效果最

好，5% $Na_2S \cdot 9H_2O$ 溶液次之，水的效果最差。对于溅落的汞应尽量用毛刷蘸水收集起来，直径大于 1mm 的汞颗粒可用吸气球或真空泵抽吸的捡汞器吸起来。撒落过汞的地方可以撒上多硫化钙、硫黄粉或漂白粉，或喷洒药品（如 $FeCl_3$ 浓溶液）使汞生成不挥发的难溶盐，并要扫除干净。

1.3　化学实验中意外事故预防与处理

1.3.1　预防事故发生措施

为了很好地预防实验室事故的发生，要做到以下几个方面。

① 实验室内禁止吸烟进食，禁止穿拖鞋，进入实验室必须穿工作服。

② 禁止用手直接取用任何化学药品，使用有毒药品时，除用药匙、量器外，必须戴橡皮手套，实验后马上清洗仪器用具，立即用肥皂洗手。实验过程中严格遵守各种试剂的配制和添加程序，不允许把各种化学药品随意混合，以免发生意外事故；加试剂时，不得俯视容器，以防飞沫溅到脸上或衣服上引起事故。

③ 用移液管、吸量管移取浓酸、浓碱、有毒液体时，禁止用口吸取，应该用洗耳球或移液器吸取。严禁冒险品尝药品试剂，不得用鼻子直接嗅气体，而是用手轻轻煽动容器口上方的空气，使带有一小部分该气体的气流飘入鼻孔。

④ 在用分液漏斗萃取和洗涤时必须用两只手分别扣紧分液漏斗的两个塞子，以防漏气或漏出腐蚀性液体伤手，在摇动过程中要不时从旋塞处放气，以免内部压力过大，发生爆炸。

⑤ 开启储有挥发性液体的瓶塞和安瓿时，必须先充分冷却再开启（开启安瓿时要用布包裹）。开启时瓶口必须指向无人处，以免由于液体喷溅而遭到伤害。如遇瓶塞不易开启时，必须注意瓶内储物的性质，切不可贸然用火加热或乱敲瓶塞等。

⑥ 在普通蒸馏、减压蒸馏、精馏时，容器内不能完全蒸干，最少应有少量残余。常压操作时，应使整套装置有一定的地方通向大气，严禁密闭体系操作；另外，蒸馏易燃溶剂（特别是低沸点易燃溶剂），整套装置切勿漏气，接受器支管应与橡皮管相连，使余气通往水槽或室外。减压蒸馏时，除克氏蒸馏头和冷凝管外，蒸馏的容器和接受容器，必须是耐压的圆底烧瓶或梨形瓶，再厚的锥形瓶也不能用于减压蒸馏，否则可能会发生炸裂。加压操作时（如高压釜、封管等）应经常注意釜内压力有无超过安全负荷，选用封管的玻璃管厚度是否合适、管壁是否均匀，并要有一定的防护措施。

⑦ 加热试管里的液体或易爆迸的固体时，管口不得对着自己或者他人，也不得俯视正在加热的液体，以免液体突然溅出引起烫伤。凡是液体在容器中反应、加热的操作，其液体的总体积一般不能超过容器体积的三分之二。抽滤瓶、分液漏斗和量筒不是耐热的容器，一般不能用于直接加热或盛放太热的液体。

⑧ 所有实验中的加热操作，必须有通气孔接通大气，不能密闭加热（除高压釜中的反应）。凡需加热到沸腾的溶液必须在加热前加入沸石，以防溶液因过热暴沸而冲出；若在加热后发现未放沸石，则应立即停止加热，待稍冷后再放，否则在过热溶液中放入沸石会导致液体迅速沸腾，冲出瓶外而引起火灾等；如果沸腾过程中停火冷却了，随后再加热沸腾需重新添加沸石。不要用火焰直接加热烧瓶，而应根据液体沸点高低采用相应的加热方法。冷凝水要保持畅通，以免大量蒸气来不及冷凝溢出而造成火灾。从加热液体的角度，无论是反应还是单纯加热，下列热源的安全系数依次降低：水浴（怕水的反应除外）＞其他的液体浴（包括石蜡浴、甘油浴以及专用导热油浴等）＞沙浴＞电热套＞电炉带石棉网＞电炉＞天然气、酒精灯（直接加热）。

⑨ 使用氢气、乙炔等易燃、易爆气体时，要保持室内空气畅通，严禁明火。并防止由于敲击、摩擦、马达炭刷或电器开关等产生的火花。氢气与空气的混合物遇火会发生爆炸，

因此产生氢气的装置要远离明火，点燃氢气前，必须检验氢气的纯度。进行产生大量氢气的实验时，应把尾气排入通风橱，并要注意室内通风。

⑩ 若使用燃气，应经常检查燃气开关，并保持完好。燃气灯及其橡皮管在使用时也应仔细检查。发现漏气应立即熄灭火源，打开窗户，用肥皂水检查漏气地方。如果不能自行解决，应急告有关单位马上抢修。

⑪ 易燃有机溶剂（特别是低沸点易燃溶剂）在室温时即具有较大的蒸气压。当空气中易燃有机溶剂的蒸气达到某一极限时，遇有明火即发生燃烧爆炸（表1.3-1）。而且，有机溶剂蒸气都较空气的密度大，会沿着桌面或地面漂移至较远处，或沉积在低洼处。因此，切勿将易燃溶剂倒入废物缸中，更不能用广口容器或敞口容器盛放易燃溶剂，用后要把瓶塞塞紧，放在阴凉的地方。盛有易燃有机溶剂的容器不得靠近火源，数量较大的易燃有机溶剂应放在危险药品橱内。转移易燃溶剂应远离火源，最好在通风橱中进行。

表 1.3-1　易爆有机溶剂

名　称	爆炸范围/%（体积分数）	名　称	爆炸范围/%（体积分数）
甲醇	6.72～36.50	乙炔	25～80
乙醇	3.28～18.95	苯	4～74
乙醚	1.85～36.5	NH_3	15～27
丙酮	2.55～12.80	CH_4	25～80

⑫ 浓酸和浓碱具有强腐蚀性，切勿溅到皮肤或衣物上。废酸应倒入酸缸中，但不要往酸缸中倒入碱液，以免因酸碱中和放出大量的热而发生危险。稀释浓硫酸时，只能在不断搅拌下把浓硫酸慢慢注入水中。严防因疏忽而把水倒入浓硫酸中，也不能把大量浓硫酸快速倾入水中。另外，严禁在酸性介质中使用氰化物，因氰化物遇到酸，立即反应放出极毒的HCN，使人中毒，含氰化物废液不能倒入下水道，应统一回收并处理。

⑬ 银氨溶液放久后会变成叠氮化银而引起爆炸，因此用剩的银氨溶液必须酸化后回收。可溶性汞盐、铅盐、铬的化合物、钡化物、锑盐、镉盐、砷盐和氰化物都有毒，有的还是极毒，使用时应严防误入口内或接触伤口。金属汞易挥发，人若吸入蒸气会引起慢性中毒，一旦有汞洒落在桌面或地上，必须尽可能收集起来，然后用硫粉盖在洒落的地方，使汞变成不挥发的硫化汞。活泼金属钾、钠等不得与水接触或暴露在空气中，应将它们保存在煤油中，使用时用镊子取用。白磷剧毒，并能灼伤皮肤，切勿让它与人体接触。白磷在空气中自燃，应保存在水中，应在水面下进行切割，取用时，也要用镊子。

⑭ 对具有爆炸性的化合物、有可能发生猛烈爆炸或燃烧的操作以及可能生成有危险性化合物的实验，操作时都要特别小心。如有些有机化合物遇氧化剂时会发生猛烈爆炸或燃烧，存放这类药品时，应将氯酸钾、过氧化物、浓硝酸等强氧化剂和有机药品分开；叠氮化物、干燥的重氮盐、硝酸酯、多硝基化合物等具有爆炸性，使用时必须严格遵守操作规程；有些有机化合物（如醚或共轭烯烃）久置会生成易爆炸的过氧化物，必须经过特殊处理后才能使用；强氧化剂（如氯酸钾）和某些混合物（如氯酸钾与红磷、碳、硫等的混合物）易发生爆炸，保存及使用这些药品时，应特别注意安全。

⑮ 有毒药品应认真操作，妥善保管，不许乱放。实验中所用的剧毒物质应有专人负责收发，并向使用者提出必须遵守的操作规程。实验后的有毒残渣必须经过妥善而有效的处理，不准乱丢。有些有毒物质会渗入皮肤，因此在接触固体或液体有毒物质时，必须戴橡皮手套，操作后立即洗手。切勿让毒品沾及五官或伤口，例如氰化钠沾及伤口后就会随着血液循环全身，严重者会造成中毒死亡事故。

⑯ 防止眼睛受刺激性气体的熏染，防止任何化学药品特别是强酸、强碱、玻璃屑等异物进入眼内。

⑰ 下列实验应在通风橱内进行：制备具有刺激性的、恶臭和有毒的气体或进行能产生

这些气体的反应时（如 H_2S、NO_2、Cl_2、Br_2、CO、SO_2、HCl、HF、浓硝酸、发烟硫酸、浓盐酸、乙酰氯等）；使用有毒试剂的实验；加热、蒸发或分解能产生 HF、HCl、HNO_3 等强腐蚀性气体的实验。必须在通风橱中进行，并必须有毒气吸收装置或用管道通到室外。并且实验开始后不要把头伸进橱内，器皿使用后应及时清洗，并保持实验室通风良好。

⑱ 使用电器时，应防止人体与电器导电部分直接接触，不能用湿手接触电插头。为了防止触电，装置和设备的金属外壳等都应连接地线。实验后切断电源，再将连接电源的插头拔下。

⑲ 实验完毕后，应把毒品收集并处理好，熄灭灯焰，关闭水、电、气等开关，方可离开实验室。

1.3.2 意外事故的处理

化学实验中，使用的药品种类繁多，多数属易燃、易挥发、毒性、腐蚀性物品，实验中又多采用电炉、酒精灯等加热手段，大大增加了实验的潜在危险性。若操作不慎，极易发生着火、中毒、烧伤、爆炸、触电、漏水等事故。但如果做好防护措施，掌握正确的操作规程，以上诸事故均可完全避免。一旦遇到事故应立即采取适当措施并报告教师。对于有人体受伤者经简单处理后立即送往相应医院。

(1) 失火

对易燃物保存不合理、使用不恰当，加热器发生故障，加热过程违反操作规则等原因，常会发生失火事故。一旦发生了火灾，不要惊慌失措，应保持沉着镇静，并采取各种相应措施，以减少损失。首先，应立即切断电源，熄灭附近所有的火源，并移开附近的易燃物质，如有防火布或耐热板可立即用以隔离火源，然后根据燃烧物品的性质采取不同的灭火方法。

① 固体物品着火时，可用防火布覆盖燃烧物并撒上细沙或用火扑灭。如果火焰不是很大，使用二氧化碳灭火器最为方便。

② 油浴和有机溶剂等液体着火时，可用防火布覆盖燃烧物并撒上细沙。应设法不使液体流散以防火焰蔓延。不溶于水，相对密度又比水小的液体（如苯、乙醚、汽油等）燃烧时，切勿用水扑灭，因为用水不仅达不到灭火的目的，反而使燃烧的液体随水漂流，使火焰蔓延，造成更大的灾害。

③ 身上或衣服着火时，不要惊慌失措、到处乱跑，必须迅速用厚布盖住身体，或者及时躺在地上（以免火焰烧向头部）翻滚或用防火毯紧紧包住，直至火熄灭，或者迅速脱掉着火衣物并把火扑灭，或者打开附近的自来水开关用水冲淋熄灭。烧伤严重者应急送医疗单位。

④ 电器着火时，应立即切断电源，并选择上述合适的方法扑灭火苗，或者使用二氧化碳灭火器或干粉灭火器，切忌用泡沫灭火器。

(2) 灭火器简介

如果实验室内发生火灾，应根据具体情况，立即采取措施尽快扑灭。火较大时，应根据具体情况采取不同的灭火器材。灭火器的种类很多，下面对常见的灭火器的构造原理和使用方法做简单介绍。

① 二氧化碳灭火器。二氧化碳灭火器是实验室中最常用的一种灭火器，用以扑灭有机物及电器设备的着火。它的钢筒内装有压缩的液态二氧化碳。使用时打开开关，一手提灭火器，一手握在喷出二氧化碳的喇叭筒的把手上。不要握在喇叭筒上，因喷出时压力骤然降低，温度也骤降，易冻伤手。将喷口朝向燃烧物，旋开阀门，喷出的二氧化碳即覆盖在燃烧物上，由于钢瓶喷出的二氧化碳温度很低，燃烧物温度剧烈下降，同时借二氧化碳气层把空气与燃烧物隔开，从而达到灭火的目的。这一类的灭火器比泡沫式灭火器优越，因为二氧化碳蒸发后没有余留物，不会使精密仪器受到污损，而且对有电流通过的仪器也可以继续使用。

② 泡沫灭火器。一般来说，因后处理比较麻烦，非大火通常不用。钢筒内几乎装满浓

的碳酸氢钠（或碳酸钠）溶液，并掺入少量能促进起泡沫的物质。钢筒的上部装有一个玻璃瓶，内装硫酸（或硫酸铝溶液）。使用时，把钢筒倒反过来使筒底朝上，并将喷口朝向燃烧物，此时硫酸（或硫酸铝）与碳酸氢钠接触，随即反应生成硫酸氢钠、氢氧化铝以及大量二氧化碳。被二氧化碳所饱和的液体受到高压，掺着泡沫形成一股强烈的激流喷出，覆盖住火焰，使火焰隔绝空气；另外，由于水的蒸发使燃烧的物质的温度降低，因此火焰就被扑灭。泡沫灭火器用来扑灭液体的燃烧最有效，因为稳定的泡沫能将液体覆盖住使之与空气隔绝。但因为灭火时喷出的液体和泡沫是电的良导体，故不能用于电器失火或漏电所引起的火灾。遇到这种情况应先把电源切断，然后再使用其他灭火器灭火。

③ 干粉灭火器。手提储压式干粉灭火器是一种新型高效的灭火器，它用磷酸铵盐（干粉）作为灭火剂，以氮气作为干粉驱动气。灭火时，手提灭火器，拔出保险销，手握胶管，在离火面有效距离内，将喷嘴对准火源根部，按下压把，推动喷射。此时应不断摆动喷嘴，使氮气流及载出的干粉横扫整个火焰区，可迅速把火扑灭。灭火过程中，机头应朝上，倾斜度不能过大，切忌放平或倒置使用。这种灭火器具有灭火速度快、效率高、质量轻、使用灵活方便等优点，适用于扑救固体有机质、油漆、易燃液体、气体和电器设备的初起火灾，已在各种部门中得到广泛使用。

④ 四氯化碳灭火器。用以扑灭电器内或电器附近的火，但不能在狭小或通风不良的实验室中应用，因为四氯化碳在高温时生成剧毒的光气；此外，四氯化碳和金属钠接触也要发生爆炸。使用时只需旋开开关，四氯化碳即会由喷嘴喷出。

此外，以前还常用有机物质（如溴代甲烷）灭火器，由于灭火剂有毒，遇火分解成烟和卤化氢，有时还会产生极毒的光气，所以现在一般不再使用。

无论用何种灭火器，都应从火的四周开始向中心扑灭。

灭火器的维护和使用注意事项如下。

① 应经常检查灭火器的内装药品是否变质和零件是否损坏，药品不够，应及时添加，压力不足，应及时加压，尤其要经常检查喷口是否被堵塞，如果喷口被堵塞，使用时灭火器将发生严重爆炸事故。

② 灭火器应挂在固定的位置，不得随意移动。

③ 使用时不要慌张，应以正确的方法开启阀门，才能使内容物喷出。

④ 灭火器一般只适用于熄灭刚刚产生的火苗或火势比较小的火灾，对于已蔓延成大火的情况，灭火器的效力就不够。不要正对火焰中心喷射，以防着火物溅出使火焰蔓延，而应从火焰边沿开始喷射。

⑤ 灭火器一次使用后，可再次装药加压，以备后用。

(3) 割伤

割伤时，要先取出伤口中的玻璃或固体物，再用消毒棉棒把伤口清理干净，或用蒸馏水洗净后，涂以碘酒或紫药水等抗菌药物，用消毒纱布包扎，防止感染，并定期换药。大伤口则应先按紧主血管防止大量出血，急送医疗单位。

(4) 烫伤

一旦被火焰、蒸气、红热的玻璃或铁器等烫伤时，立即将伤处用大量水冲洗，以迅速降温避免深度烧伤。若起水泡，不宜挑破，应涂以烫伤油膏，用纱布包扎后送医院治疗；对轻微烫伤，可用浓高锰酸钾溶液润湿伤口至皮肤变为棕色，然后涂上鞣酸油膏、烫伤膏、獾油或香油。

(5) 灼伤

灼烧固体或加热液体时，应注意防止热物进出容器烫伤皮肤，尤其是眼睛。如果由于不慎或其他原因烫伤皮肤，若伤势较轻，可用大量自来水反复冲洗，再用 5% 高锰酸钾溶液润湿伤处，或用苏打水洗涤，然后搽上烫伤药膏或凡士林并用纱布包扎。倘若皮肤严重烫伤或眼睛受伤应立即送医院诊治。试剂灼伤应根据不同试剂进行相应的处理。

① 酸灼伤。立即用大量水洗，以免深度烧伤，再用 $3\% \sim 5\%$ 的碳酸氢钠溶液或稀氨水冲洗，最后再用水洗。严重时要消毒，擦干后涂些烫伤药膏，或急救后送医疗单位。酸溅入眼内也用此法，只是碳酸氢钠溶液改用 1% 的浓度，禁用稀氨水。

② 碱灼伤。立即用大量水洗，再以 $1\% \sim 2\%$ 硼酸溶液（或 $20g/L$ 的乙酸溶液）洗，最后用水洗。严重时同上处理。如果碱溅入眼内，可用硼酸溶液洗，再用水洗。

③ 溴灼伤。是很危险的，被溴灼伤后的伤口一般不易愈合，必须严加防范。凡用溴时都必须预先配制好适量的 20% 的 $Na_2S_2O_3$ 溶液备用。一旦有溴沾到皮肤上，立即用 $Na_2S_2O_3$ 溶液冲洗，再用大量的水冲洗干净，然后涂上鱼肝油软膏，包上消毒纱布后就医。

④ 氢氟酸和氟化物。其对人体有严重烧伤作用，并具有毒性。值得警惕的是当氢氟酸或氟化物接触皮肤后，并不马上感到疼痛（据说有麻醉性）。当其感到疼痛时，却已造成了难以治愈的创伤，所以操作时，必须事先检查橡皮手套是否完整无破损。氢氟酸万一溅在皮肤上，立即用大量水冲洗，再用 5% Na_2CO_3 或 1% 氨水冲洗，然后涂上新配制的 20% MgO 甘油悬浮液❶。

⑤ 钠灼伤。可见的小块用镊子移去，其余处理与碱灼伤相同。

(6) 腐蚀

溴、白磷、浓酸、浓碱对人体皮肤和眼睛具有强烈的腐蚀作用，有些固态物质（如重铬酸钾）在研磨时扬起的细尘对皮肤及神经也有破坏作用，进行任何实验时均应注意保护眼睛，使其不受任何试剂的侵蚀。

① 受碱液腐蚀时，应立即用大量的水冲洗伤处，然后用 2% 的稀乙酸溶液冲洗，必要时洗完以后加以包扎。

② 受酸液腐蚀时，应先用自来水冲洗或用甘油擦洗伤处，然后包扎。

③ 受白磷侵蚀时，伤处应立即用 1% 的硝酸银溶液或 2% 的硫酸铜溶液或浓的高锰酸钾溶液擦洗，然后用 2% 硫酸铜溶液润湿过的绷带覆盖在伤处，最后包扎。

如果眼睛受腐蚀，必须及时用洗眼器，使用大量的水冲洗，然后迅速送医院治疗。

(7) 中毒

在化学实验室中，使用具有毒性的试剂为数不少，实验前应该熟悉实验用的毒性试剂的性状、使用规则及预防中毒的常识，实验时应严格按照规定方法使用，实验完毕必须立即收集处理，用剩的毒性试剂及有毒的废液应交给指导老师，不得随便乱放，以确保安全。实验中遭到有毒物质伤害时，应及时处理。

吃进毒品危险性最大，因此在化学实验室中必须养成良好的工作习惯，实验工作要有条理，工作台应经常保持整洁。使用有毒试剂要谨慎，避免毒品撒落在桌上，如偶有掉落应及时处理。实验时应确保手和衣服不沾染毒物，实验后应把手洗净，以免毒物引入口中。如果万一不慎发生中毒现象应立即急救，溅入口中尚未咽下者应立即吐出，并用大量水冲洗口腔。已经吞下，应根据毒物性质给以解毒剂，并立即送医疗单位。

① 腐蚀性毒物。对于强酸，先饮大量水，然后服用氢氧化铝膏、鸡蛋白；对于强碱，也应先饮大量水，然后服用醋、酸果汁、鸡蛋白。无论酸或碱中毒都要再给以牛奶灌注，不要吃呕吐剂。

② 刺激剂及神经性毒物。先用牛奶或鸡蛋白使之立即冲淡和缓和，再用一大匙硫酸镁

---

❶ 附例：据报道某操作者不慎，手指沾上了氢氟酸，当时没有察觉，数小时后感到疼痛，才用水冲洗，但已晚矣。氢氟酸已侵蚀到骨骼，不得不遭受截指之苦。另一操作者在工作中突遇氢氟酸储罐的节门松脱，氢氟酸喷溅到脸上，他立即用大量的水反复冲洗，再作治疗处理。结果平安无事，未留任何伤痕。上述正反经验教训，的确值得借鉴。只要正确防卫，氢氟酸也并非那样令人望而生畏。

（30g）溶于一杯水中催吐。有时也可用手指伸入喉部催吐，然后立即送医疗单位。

③ 吸入气体中毒。先将中毒者移至室外有新鲜空气的地方，解开衣服纽扣并使其嗅闻解毒剂蒸气。另吸入少量氯气或溴时，可用碳酸氢钠漱口。

④ 皮肤沾染毒物。必须先用大量水冲洗，在用消毒剂洗涤伤处。如沾染毒物的地方有伤疤，应迅速处理并立即请医生治疗。

常见毒品及解毒急救方法简要列于表 1.3-2 中。

表 1.3-2　常见毒品及解毒急救方法

毒品	解毒急救方法
氯、溴、氯化氢蒸气	吸入稀氨水与乙醇或乙醚的混合液蒸气
胂（胂化氢）、膦（磷化氢）	呼吸新鲜空气
硫化氢、一氧化碳、氢氰酸	呼吸氧气，施行人工呼吸
氨、苛性碱	吸入水蒸气，或服 1%乙酸溶液，同时服吞小冰块
氰化钾、砷盐	服新沉淀的氢氧化铁悬浮液（混合 Na_2CO_3 和 $FeSO_4$ 溶液）

实验室应配备急救箱，里面应有以下物品。

① 绷带、纱布、棉花、橡皮膏、创可贴、医用镊子、剪刀等。

② 凡士林、玉树油或鞣酸油膏、烫伤油膏及消毒剂等。

③ 乙酸溶液（2％）、硼酸溶液（1％）、碳酸氢钠溶液（1％）、酒精、甘油等。

1.4　化学实验的量与数据处理

1.4.1　单位与法定计量单位

法定计量单位是政府以法令形式规定在全国采用的计量单位，我国于 1984 年 2 月 27 日发布了《关于在我国统一实行法定计量单位的命令》（以下简称"命令"）。我国法定计量单位（以下简称法定单位）是以国际单位为基础，根据我国的实际情况，保留了少数国内外通用或习惯的非国际单位制单位构成的。

1.4.1.1　我国法定计量单位的内容

我国政府命令所公布的法定单位内容如下。

① 国际单位制的基本单位（表 1.4-1）。

表 1.4-1　SI 基本单位及其定义

量的名称	单位名称	单位符号	定　义
长度	米	m	光在真空中于 1/299792458s 时间间隔内所经路径的长度
质量	千克	kg	等于保存在巴黎的国际千克原器的质量
时间	秒	s	铯 133 原子基态的两个超精细能级之间跃迁所对应的辐射的 9192631770 个周期的持续时间
电流	安培	A	在真空中截面积可以忽略的两根相距 1m 的无限长平行圆直导线内通以等量恒定电流时，若导线间相互作用力在每米长度上为 $2×10^{-7}N$，则每根导线中的电流为 1A
热力学温度	开尔文	K	水三相点热力学温度的 1/273.16
物质的量	摩尔	mol	0.012kg 碳 12 的原子数，使用时要指明物质的基本单元
发光强度	坎德拉	cd	一光源在给定方向上的发光强度，该光源发出频率为 $540×10^{12}$ Hz 的单色辐射，且在此方向上的辐射强度为(1/683)W/Sr

② 国际单位制的辅助单位（表1.4-2、表1.4-3）。

表1.4-2　SI辅助单位

量 的 名 称	单 位 名 称	单 位 符 号
［平面］角	弧度	rad
立体角	球面度	sr

表1.4-3　具有专门名称的SI导出单位

量 的 名 称	单 位 名 称	单 位 符 号	其他表示示例
频率	赫［兹］	Hz	s^{-1}
力,重力	牛［顿］	N	$kg \cdot m/s^2$
压力,压强,应力	帕［斯卡］	Pa	N/m^2
能量,功,热	焦［耳］	J	$N \cdot m$
功率,辐射通量	瓦［特］	W	J/s
电荷量	库［仑］	C	$A \cdot s$
电位,电压,电动势	伏［特］	V	W/A
电容	法［拉］	F	C/V
电阻	欧［姆］	Ω	V/A
电导	西［门子］	S	A/V
磁通量	韦［伯］	Wb	$V \cdot s$
磁通量密度,磁感应强度	特［斯拉］	T	Wb/m^2
电感	亨［利］	H	Wb/A
摄氏温度	摄氏度	℃	
光通量	流［明］	lm	$cd \cdot sr$
光照度	勒［克斯］	lx	lm/m^2
放射性活度	贝可［勒尔］	Bq	s^{-1}
吸收剂量	戈［瑞］	Gy	J/kg
剂量当量	希［沃特］	Sv	J/kg

注：表1.4-3是GB 3101—86中使用的具有专门名称的SI导出单位，与"命令"一致。

③ 国家选定的非国际单位制单位（表1.4-4）。

表1.4-4　具有专门名称的SI导出单位和SI辅助单位

量 的 名 称	SI 导出单位和辅助单位		
	名称	符号	用SI基本单位、SI辅助单位和其他SI导出单位表示
平面角	弧度	rad	$1rad = 1m/m = 1$
立体角	球面度	sr	$1sr = 1m^2/m^2 = 1$
频率	赫［兹］	Hz	$1Hz = 1s^{-1}$
力,重力	牛［顿］	N	$1N = 1kg \cdot m/s^2$
压力,压强,应力	帕［斯卡］	Pa	$1Pa = 1N/m^2$
能［量］,功,热量	焦［耳］	J	$1J = 1N \cdot m$
功率,辐［射能］通量	瓦［特］	W	$1W = 1J/s$
电荷［量］	库［仑］	C	$1C = 1A \cdot s$
电压,电动势,电位,(电势)	伏［特］	V	$1V = 1W/A$
电容	法［拉］	F	$1F = 1C/V$

量 的 名 称	SI 导出单位和辅助单位		
	名 称	符号	用 SI 基本单位、SI 辅助单位和其他 SI 导出单位表示
电阻	欧[姆]	Ω	$1Ω=1V/A$
电导	西[门子]	S	$1S=1Ω^{-1}$
磁通[量]	韦[伯]	Wb	$1Wb=1V·s$
磁通[量]密度,磁感应强度	特[斯拉]	T	$1T=1Wb/m^2$
电感	亨[利]	H	$1H=1Wb/A$
摄氏温度	摄氏度	℃	$1℃=1K$
光通量	流[明]	lm	$1lm=1cd·sr$
[光]照度	勒[克斯]	lx	$lx=1lm/m^2$

注：表 1.4-4 是 GB 3101—92 中使用的具有专门名称的 SI 导出单位和 SI 辅助单位。

④ 由以上单位构成的组合形式的单位。

⑤ 由词头和以上单位所构成的十进倍数和分数单位（词头见表 1.4-6）。

法定单位共包括 28 个国际单位制单位，15 个非国际单位制单位，及由这 43 个单位构成的组合单位。①～③项内容与 1960 年第 11 届国际计量大会通过并用或暂时并用的单位中所选定的。由①～④中的单位所构成的组合形式的所有单位以及由国际单位制词头与①～④中所有单位构成的十进倍数单位和分数单位均属法定单位。此外，我国还允许使用国际上承认与国际单位制并用或暂时并用的 15 个非法定单位。

这里有几个问题需加以说明。

"命令"中所公布的"国际单位制的辅助单位"是单列一项②并独立列表（表 1.4-2），而在国家标准 GB 3101—92 中将其作为无量纲导出单位与具有专门名称的 SI 导出单位同列一项，并由同一表给出（表 1.4-4）。

"命令"中所公布的词头是 16 个（表 1.4-6），1991 年 9 月第 19 届国际计量大会决议又增加了 4 个词头。因此 GB 3101—92 中给出的词头为 20 个。

"命令"中公布的具有专门名称的 19 个导出单位以表 1.4-3 给出，而 GB 3101—92 将其中的 3 个单位贝可[勒尔]、戈[瑞]、希[沃特]单独列表（表 1.4-5）。GB 3101—86 与"命令"是一致的，而 GB 310—92 是根据国际计量方面的变化对 GB 3101—86 作了修正。为了考虑到"命令"的严肃性和 GB 的先进性，我们将二者的不同与变化同时写出。

表 1.4-5 由于人类健康安全防护上的需要而确定的具有专门名称的导出单位

量 的 名 称	SI 导 出 单 位		
	名 称	符号	用 SI 基本单位和其他 SI 导出单位表示
放[射性]活度 吸收剂量	贝可[勒尔]	Bq	$1Bq=1s^{-1}$
比授[予]能 比释动能 吸收剂量指数	戈[瑞]	Gy	$1Gy=1J/kg$
剂量当量 剂量当量指数	希[沃特]	Sv	$1Sv=1J/kg$

注：表 1.4-5 是 GB 3101—92 中使用的，将 3 个具有专门名称的 SI 单位独列表。

1.4.1.2 国际单位制单位

国际单位制的国际简称为 SI，是 Le Systeme International d'Unites 的缩写。它是以米制为基础自身一致的一种单位制。

国际单位制的构成如下：

$$
\text{国际单位制（SI）}
\begin{cases}
\text{SI 单位}
\begin{cases}
\text{SI 基本单位（表 1.4-1）}\\
\text{SI 辅助单位（表 1.4-2）}\\
\text{具有专门名称的 SI 导出单位（表 1.4-3）}
\end{cases}\\
\text{SI 词头（表 1.4-6）}\\
\text{SI 单位的十进倍数和分数单位}
\end{cases}
$$

SI 单位是国际单位制的主单位，又是国际单位制中构成一贯制的单位。除质量单位千克外，均不带词头。SI 单位的十进倍数单位与分数单位是国际单位制中的非一贯单位。它与 SI 单位统称国际单位制单位。因此，不要把 SI 单位与国际单位制单位相混淆。SI 词头是国际单位制的组成部分，但它不属单位。

SI 基本单位即表 1.4-1 中所列的 7 个单位，它们都有严格的定义。

SI 辅助单位是表 1.4-2 中所列的弧度和球面度。它们分别为平面角和立体角的单位。

所谓 SI 导出单位，是用 SI 基本单位或 SI 辅助单位按照一贯性原则以相乘、相除的形式构成的单位，即在导出量的定义方程中，当各基本量以 SI 基本单位代入时，定义方程的系数必为 1。也就是说，SI 导出单位必备两个条件，一是导出单位必由 SI 基本单位（或 SI 辅助单位）构成，二是定义方程系数只能是 1。

由 SI 基本单位导出 SI 导出单位的方法是：

① 写出导出量的定义方程和量纲式；

② 用 SI 基本单位符号代替量符号代入量方程，并令系数为 1，构成单位方程。

例如，压力的定义方程是　　　$p = F/A$

量纲式为　　　　　　　　　　$\dim p = L^{-1} M T^{-2}$

用 SI 基本单位符号代替量纲符号，并令系数为 1，则得单位方程

$$[p]_{\text{SI}} = \text{m}^{-1} \cdot \text{kg} \cdot \text{s}^{-2} \tag{1.4-1}$$

式（1.4-1）由于导出单位均由 SI 基本单位构成，且系数为 1，所以是 SI 导出单位。如果长度单位是千米（km），质量单位是千克（kg），时间单位是分（min），代入定义方程得

$$p = 1 \text{km}^{-1} \cdot \text{kg} \cdot \text{min}^{-2} \tag{1.4-2}$$

或　　　　　　　　　　　　$p = 2.7 \times 10^{-5} \text{m}^{-1} \cdot \text{kg} \cdot \text{s}^{-2} \tag{1.4-3}$

式（1.4-2）中虽系数是 1，但 km、min 不是 SI 基本单位，式（1.4-3）中导出单位尽管全由 SI 基本单位组成，但系数不是 1，所以都不是 SI 导出单位。但它们都是法定单位。

SI 导出单位很多，对任何一个导出量，都有一个 SI 导出单位。因此，在有关国际单位制的文件中，只能给出具有专门名称的导出单位和其他导出单位示例。在国际单位制中具有专门名称的导出单位有 19 个。这 19 个导出单位因其名称复杂，不易读记，为使用方便，除摄氏度、流明和勒克斯 3 个外，其余都是以有成就的科学家的名字命名。摄氏度虽不是直接用的科学家名字，但这个名称也是为了纪念瑞典天文学家摄尔修斯而来的。摄尔修斯于 1742 年提出了摄氏温标，单位称为摄氏度。以人名命名的 SI 导出单位，其国际符号第一个字母要大写。其他导出单位有用基本单位表示的，例如加速度的单位是米每二次方秒，SI 符号为 m/s^2；有用辅助单位表示的，例如角速度单位是弧度每秒，SI 符号为 rad/s；有用具有门专名称的导出单位表示的，例如表面张力的单位是牛［顿］每米，SI 符号为 kg/s^2。

实际工作中所需要的单位有大有小，仅仅有了 SI 单位是不够用的。因此，国际单位制中规定了一套 SI 词头。词头本身不能单独使用，将 SI 词头置于 SI 单位的前面就构成了大小不同的 SI 单位的倍数单位和分数单位，以供各种需要。例如，把词头 k 加在基本单位 mol 的前面就构成了 kmol。kmol 代表千摩［尔］，是 SI 单位 mol 的倍数单位，可以在一定场合作一个单位使用。在 SI 单位中，千克是唯一由于历史原因带有词头的，但是规定构成重质量单位的十进倍数和分数单位时仍由 SI 词头加克构成，指出基本单位千克的一千倍的

单位时，不是由词头 k 加在 kg 的前面成 kkg，而是用词头 M 加在 g 的前面构成 Mg，即兆克。我国选定的非国际单位制单位中，平面角单位"度"、"[角]分"、"[角]秒"与时间单位"分"、"时"、"日"等，不得用 SI 词头构成倍数单位或分数单位。

我国法定计量单位规定 16 个词头。它们所代表的因数、中文简称、词头符号等列于表 1.4-6。

表 1.4-6　SI 词头

所表示的因数	词头名称	词头符号	书写规则	所表示的因数	词头名称	词头符号	书写规则
10^{18}	艾[可萨]	E		10^{-1}	分	d	
10^{15}	拍[它]	P		10^{-2}	厘	c	
10^{12}	太[拉]	T	正体大写	10^{-3}	毫	m	
10^{9}	吉[咖]	G		10^{-6}	微	μ	正体小写
10^{6}	兆	M		10^{-9}	纳[诺]	n	
10^{3}	千	k		10^{-12}	皮[可]	p	
10^{2}	百	h	正体小写	10^{-15}	飞[母托]	f	
10^{1}	十	da		10^{-18}	阿[托]	a	

在 16 个词头中，有 8 个常用词头是用数词名称作为词头的中文名称的，即十、百、千、兆、分、厘、毫、微，而另 8 个词头的中文名称用的是它们译音的简称。

1991 年 9 月国际计量大会根据 IUPAC 的建议又增加了 4 个新的词头。它们分别是：

表示的因数	词头符号	书写规则
10^{21}	Z	正体大写
10^{24}	Y	正体大写
10^{-21}	z	正体小写
10^{-24}	y	正体小写

这样，SI 词头就成了 20 个。

SI 单位的十进倍数与分数单位是由 SI 单位加 SI 词头构成的。它和 SI 单位一样，是国际单位制的一个组成部分，但不应把它包含在 SI 单位之中。例如长度单位 m 的倍数单位有 km(千米)、Mm(兆米) 等；时间单位 s 的分数单位 ns(纳秒)、μs(微秒) 等。国家选定的非国际单位制单位有的尽管可以冠以 SI 词头而扩大其使用范围，但它仍不属于国际单位制单位。例如国家选用的体积单位 L(升)，还可以有 ML(兆升) 等单位，它们都不是国际单位制单位。

1.4.1.3　国家选定的非国际单位制单位

国家选定的非国际单位制单位有 15 个，由表 1.4-7 给出。其中时间单位天、小时、分；平面角单位度、分、秒；质量单位吨、原子质量单位；能量单位电子伏特；容积单位升等 10 个单位是国际计量局列出与国际单位制并用的。长度单位海里和速度单位节也是国际上普遍采用的。除此之外，还根据我国需要选用了级差单位分贝，线密度单位特 [克斯]。另外，我国还允许使用"天文单位"、"秒差距"、"光年"等大距离单位，并允许将"公斤"和"公里"作为 kg 和 km 的俗称。

1.4.2　有效数字及运算规则

1.4.2.1　有效数字

在实验数据记录和处理时，必须十分注意有效数字及其运算规则。有效数字少，反映不出测量精度；有效数字过多，则歪曲测定结果的真实性。严格说来，这些都是不允许的。关

表 1.4-7　国家选定的非国际单位制单位

量 的 名 称	单 位 名 称	单 位 符 号	换算关系和说明
时间	分 [小]时 天(日)	min h d	$1min = 60s$ $1h = 60min = 3600s$ $1d = 24h = 86400s$
平面角	[角]秒 [角]分 度	(″) (′) (°)	$1'' = (\pi/648000)rad$ $= (\pi$ 为圆周率) $1' = 60'' = (\pi/10800)rad$ $1° = 60' = (\pi/180)rad$
旋转速度	转每分	r/min	$1r/min = (1/60)s^{-1}$
长度.	海里	n mile	$1n\ mile = 1852m$ (只用于航程)
速度	节	kn	$1kn = 1n\ mile/h$ $= (1852/3600)m/s$ (只用于航行)
质量	吨 原子质量单位	t u	$1t = 10^3 kg$ $1u = 1.6605655 \times 10^{-27} kg$
体积	升	L(l)	$1L = 1dm^3 = 10^{-3} m^3$
能	电子伏	eV	$1eV \approx 1.6021892 \times 10^{-19} J$
级差	分贝	dB	
线密度	特[克斯]	tex	$1tex = 1g/km$

注：1. 周、月、年（年的符号为 a）为一般常用时间单位。2. ［］内的字，是在不致混淆的情况下，可以省略的字。3. （）内的字为前者的同义词。4. 角度单位度分秒的符号不处于数字后时，用括弧。5. 升的符号中，小写字母 l 为备用符号。6. r 为"转"的符号。7. 人民生活和贸易中，质量习惯称为重量。8. 公里为千米的俗称，符号为 km。9. 10^4 称为万，10^8 称为万亿，这类数词的使用不受词头名称的影响，但不应与词头混淆。

于有效数字的概念如下。

记录数据时，一般只保留一位估读数字，或叫可疑数字。有效数字是指该数字在一个数量中所代表的大小。通常测量时，只应保留一位不准确数字，其余数字均为准确数字。我们称此时所记的数字为有效数字。

例如，0.00025g 中小数点后三个 0 都不是有效数字，而 0.250g 中的小数点后的 0 是有效数字。至于 180mm 中的 0 就很难说是不是有效数字，但写成 $1.8 \times 10^2 mm$ 则表示有效数字为两位；写成 $1.80 \times 10^2 mm$，则表示有效数字为三位；余类推。

1.4.2.2　有效数字运算规则

① 在运算中舍去多余数字时采用四舍五入法。

② 加减运算时，保留各小数点后的数字位数应与最小者相同。例如 13.75、0.0081、81.642 三个数据相加，小数点后位数最少的是 13.75 这个数，所以计算结果的有效数字的末位应在小数点后第二位。

③ 若第一位有效数字等于 8 或大于 8，则有效数字位数可多计一位。如 8.25 可按四位有效数字对待。

④ 乘除运算时，所得积或商的有效数字，应以各值中有效数字最低者为准。

在比较复杂的计算中，中间各步可多保留一位，但最后结果仍只保留其应有的位数。

⑤ 常数 π、e 及一些无理数的有效数字位数可认为是无限制的，按需要取有效数字位数。

⑥ 在对数计算中，所取对数尾数（首数除外）应与真数的有效数字相同。

a. 真数有几个有效数字，则其对数的尾数也应有几个有效数字。如：

$$\lg 317.2 = 2.5013$$

b. 对数的尾数有几个有效数字；则其反对数也应有几个有效数字。如：

$$\overline{1}.3010 = \lg 0.2000; \qquad 0.652 = \lg 4.49$$

c. 计算平均值时，若为四个数或超过四个数相平均，则平均值的有效数字位数可增加一位。

1.4.2.3 提高测量结果准确度的要点

① 仪器的选择。按实验要求，确定所用仪器的规格，仪器的精度不能劣于实验结果要求的精度，也不必过分优于实验结果要求的精度。

② 校正实验者、仪器和药品可能引起的系统误差。即校正仪器，纯化药品，应先用标准样品测量。

③ 要在相同的实验条件下连续重复测量多次，直至发现这些测量值围绕某一数值上下不规则变动时，取这种情况下的这些数值的平均值以消除偶然误差。

④ 在数据处理时，严格遵守有效数字的运算规则。

1.4.3 误差及误差传递

在化学实验中，由于测量仪器不准，测量方法不完善以及各种因素的影响，都会使测量值与真实值之间存在着一个差值，称为测量误差。实践证明，一切实验的测量结果都存在这种误差。那么怎样寻找误差发生的根源，从而使测量结果足够准确，是化学实验工作者应该掌握的基本技能之一。

1.4.3.1 直接测量结果的误差问题

（1）直接测量误差的分类

根据误差的性质，可把测量误差分为系统误差、偶然误差和过失误差三类。

① 系统误差。在相同条件下多次测量同一物理量时，测量误差的绝对值（即大小）和符号保持恒定，或在条件改变时，按某一确定规律而变的测量误差叫系统误差。

系统误差的主要来源如下。

a. 仪器刻度不准或刻度的零点发生变动，样品的纯度不符合要求等。

b. 实验条件控制不合格，例如恒温槽的温度偏高或偏低。

c. 实验者感官上的分辨能力和某些固有习惯等，如读数时恒偏高或恒偏低等。

d. 实验方法有缺点或采用了近似公式。如凝固点下降法测出的分子量恒偏低等。

系统误差决定着测量结果的准确度。它恒偏于一方，偏正或偏负，测量次数的增加并不能使之消除。通常是用几种不同的实验技术或用不同的实验方法或改变实验条件，调换仪器等以确定有无系统误差存在，并确定其性质，设法消除或使之减少，以提高准确度。

② 偶然误差。在相同条件下多次重复测量同一物理量，每次测量结果都有些不同（在末位或末两位数字上不相同），它们围绕着某一数值上下无规则地变动，其符号时正时负，数值时大时小。这种测量误差叫偶然误差。造成偶然误差的主要原因如下。

a. 实验者对仪器最小分度值以下的估读，很难每次严格相同。

b. 测量仪器的某些活动部件所示的测量结果，在重复测量时很难完全相同。

c. 暂时无法控制的某些实验条件的变化，也会引起测量结果的不规则变化。

偶然误差决定测量结果的精密度。偶然误差在实验中总是存在的，很难完全避免，但它服从概率分布。偶然误差是可变的，有时大，有时小，有时正，有时负。但如果多次测量，便会发现数据的分布符合一般统计规律。这种规律可用图1.4-1中的典型曲线表示。

图1.4-1中曲线称为误差的正态分布曲线，此曲线的函数形式为：

$$y=\frac{1}{\sqrt{2\pi}\sigma}e^{-\frac{x^2}{2\sigma^2}} \quad 或 \quad y=\frac{h}{\sqrt{\pi}}e^{-h^2x^2}$$

式中，h 称为精确度指数；σ 为标准误差。

h 与 σ 的关系为：

$$h=\frac{1}{\sqrt{2}\sigma}$$

由图 1.4-1 中的曲线可知如下几点。

a. 在一定的测量条件下，偶然误差绝对值不会超过一定界限。

b. 绝对值相同的正负误差出现的机会相同。

c. 绝对值小的误差比绝对值大的误差出现的机会多。

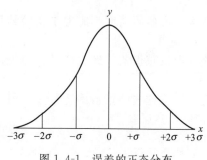

图 1.4-1　误差的正态分布

d. 以相等精度测量某一物理量时，其偶然误差的算术平均值随着测量次数 n 的无限增加而趋近于零，即偶然误差不能完全消除，但基于误差理论对多次测量结果进行统计处理，采用多次测量，取平均值的办法可以获得被测定量的最佳代表值。

③ 过失误差。这是由于实验过程中犯了某种不应有的错误而引起的，如标度看错、记录写错、计算弄错等。此类误差无规律可循，只要多方警惕、细心操作是可以避免的。

综上所述，一个好的实验结果，应该只包含偶然误差。

（2）准确度和精密度

准确度表示观测值与真实值接近的程度；精密度表示各观测值相互接近的程度。准确度高又称准确性好；精密度高又称再现性好。二者的关系是：精密度很高，但准确度不一定很好；相反，若准确度好，则精密度一定高。二者的区别是：精密度很高，但准确度可能很差；精密度不高，准确度也低。只有准确度和精密度都高的测量才是我们所要求的。

（3）绝对误差与相对误差

绝对误差是观测值与真值之差。相对误差是指误差在真值中所占的百分数。它们可分别用下两式表示：

$$绝对误差＝观察值－真值$$

$$相对误差＝（绝对误差/真值）\times100\%$$

绝对误差的单位与被测者是相同的，而相对误差是无量纲的。因此不同物理量的相对误差可以比较。

（4）平均误差和标准误差

定义平均误差：

$$\bar{d}=(\,|d_1|+|d_2|+\cdots+|d_n|\,)/n \tag{1.4-4}$$

式中，d_1，d_2，$\cdots$，d_n 为第 1，2，$\cdots$，n 次测量结果的绝对误差。它可以说明测量结果的精密度。单次测量结果的相对平均误差为：

$$相对平均误差＝(\bar{d}/x)\times100\% \tag{1.4-5}$$

式中，x 为测定值的算术平均值。

标准误差又称均方根误差，定义为：

$$\sigma=\sqrt{\frac{\sum d_i^2}{n}} \qquad i=1,2,3,\cdots,n \tag{1.4-6}$$

当测量次数不多时，单次测量的标准误差 σ 可按下式计算：

$$\sigma = \sqrt{\frac{d_1^2 + d_2^2 + \cdots + d_n^2}{n-1}} = \sqrt{\frac{\sum d_i^2}{n-1}} \qquad (1.4\text{-}7)$$

式中，d 为 $x_i - \overline{x}$，$\overline{x}$ 是 n 个观测值的算术平均值，即 $x = (x_1 + x_2 + \cdots + x_n)/n$。$n-1$ 称为自由度，是指独立测定的次数减去处理这些观测值时所用的外加关系条件数目。因此在有限观测次数时，计算标准误差公式中采用 $n-1$ 的自由度就起到除去这个外加关系条件（x 等式）的作用。

用标准误差表示精密度比用平均误差好，因为它更能反映出测定数据的分散程度。

1.4.3.2　间接测量结果的误差传递

在化学实验中，绝大多数情况下是要对几个物理量进行测量，代入某种关系式，才能得到所需的结果，我们把这种情况叫做间接测量。在间接测量中，每个直接测量的准确度都会直接影响最后结果的准确性。我们把这种情况叫做间接测量结果的误差传递。研究误差传递的规律和对结果的最大可能误差估计叫误差分析。

误差分析的根本任务在于查明各直接测量误差对函数误差的影响情况，从而找出影响函数误差的主要来源，以便选择适当的实验方法和合理的配置仪器，确定测量的最佳条件。

误差分析若限于对结果误差的最大可能估计，则各直接测量只需预先知道其最大误差范围就够了。当系统误差已经校正，而操作控制又足够精密时，通常可用仪器读数精密度来表示测量误差范围。如 50mL 滴定管为 ± 0.02mL，分析天平为 ± 0.0002g，1/10 刻度的温度计为 ± 0.02℃，见克曼温度计为 ± 0.002℃等。

综上所述，不难看出，误差分析是鉴定实验质量的重要依据。

（1）平均误差和相对平均误差的传递

设有函数：

$$N = f(u_1, u_2, \cdots, u_n) \qquad (1.4\text{-}8)$$

式中，N 由 u_1，u_2，$\cdots$，u_n 各直接测量值所决定。

现已知测定 u_1，u_2，$\cdots$，u_n 时的平均误差分别为 Δu_1，Δu_2，$\cdots$，Δu_n，N 的平均误差 ΔN 为多少？将式（1.4-8）全微分得：

$$\mathrm{d}N = \left(\frac{\partial N}{\partial u_1}\right)_{u_2,u_3\cdots} \times \mathrm{d}u_1 + \left(\frac{\partial N}{\partial u_2}\right)_{u_1,u_3\cdots} \times \mathrm{d}u_2 + \cdots + \left(\frac{\partial N}{\partial u_n}\right)_{\cdots u_{n-2},u_{n-1}} \times \mathrm{d}u_n \quad (1.4\text{-}9)$$

设各自变量的平均误差 Δu_1，Δu_2，$\cdots$，Δu_n 等足够小时，可换成它们的微分 $\mathrm{d}u_1$，$\mathrm{d}u_2$，$\cdots$，$\mathrm{d}u_n$，并考虑到在最不利的情况下是各直接测量的正负误差不能对消，从而引起误差的积累，故取其绝对值，则式（1.4-7）可改写成：

$$\Delta N = \left|\frac{\partial N}{\partial u_1}\right| \times |\Delta u_1| + \left|\frac{\partial N}{\partial u_2}\right| \times |\Delta u_2| + \cdots + \left|\frac{\partial N}{\partial u_n}\right| \times |\Delta u_n| \qquad (1.4\text{-}10)$$

这就是间接测量中最终结果的平均误差的普遍公式。如将式（1.4-8）两边取对数，再求微分，然后将 $\mathrm{d}u_1$，$\mathrm{d}u_2$，$\cdots$，$\mathrm{d}u_n$，$\mathrm{d}N$ 等分别换成 Δu_1，Δu_2，$\cdots$，Δu_n，ΔN，则可直接得到相对平均误差表达式：

$$\frac{\Delta N}{N} = \frac{1}{f(u_1, u_2, \cdots, u_n)}\left(\left|\frac{\partial N}{\partial u_1}\right| \times |\Delta u_1| + \left|\frac{\partial N}{\partial u_2}\right| \times |\Delta u_2| + \cdots + \left|\frac{\partial N}{\partial u_n}\right| \times |\Delta u_n|\right)$$

$$(1.4\text{-}11)$$

这就是计算最终结果的相对平均误差的普遍公式。

下面给出几个常用的误差传递公式见表 1.4-8，误差均以绝对值表示。

表 1.4-8　常用误差传递公式

函　数　关　系	绝　对　误　差	相　对　误　差
$u=x+y$	$\pm(\lvert dx\rvert+\lvert dy\rvert)$	$\pm(\lvert dx\rvert+\lvert dy\rvert)/(x+y)$
$u=x-y$	$\pm(\lvert dx\rvert+\lvert dy\rvert)$	$\pm(\lvert dx\rvert+\lvert dy\rvert)/(x-y)$
$u=xy$	$\pm(x\lvert dy\rvert+y\lvert dx\rvert)$	$\pm(\lvert dx\rvert/x+\lvert dy\rvert/y)$
$u=x/y$	$\pm(y\lvert dx\rvert+x\lvert dy\rvert)/y^2$	$\pm(\lvert dx\rvert/x+\lvert dy\rvert/y)$
$u=x^n$	$\pm(nx^{n-1}dx)$	$\pm(ndx/x)$
$u=\ln x$	$\pm(dx/x)$	$\pm(dx/x\ln x)$

（2）标准误差的传递

设　　$N=f(x,y)$

x、y 的标准误差分别为 σ_x、σ_y，则 N 的标准误差为

$$\sigma_N=\sqrt{\left(\frac{\partial N}{\partial x}\right)^2\sigma_x^2+\left(\frac{\partial N}{\partial y}\right)^2\sigma_y^2} \tag{1.4-12}$$

式（1.4-12）是计算最终结果标准误差的普遍公式。以下两个最终结果标准误差公式是常用的：

设　　　　　　　　　　　　　　　　$N=x+y$

则　　　　　　　　　　　　　　　$\sigma_N=(\sigma_x^2+\sigma_y^2)^{\frac{1}{2}}$ 　　　　　　　　　　　　$(1.4-13)$

　　　　　　　　　　　　　　　　$N=x/y$

则　　　　　　　　　　　　$\sigma_N=N\left(\dfrac{\sigma_x^2}{x^2}+\dfrac{\sigma_y^2}{y^2}\right)^{\frac{1}{2}}$ 　　　　　　　　　　$(1.4-14)$

在掌握以上公式的基础上，要能够对实验作一般的误差分析和讨论；并结合实验具体情况，对引入误差的原因进行分析，估计影响结果精密度的大小。

（3）可疑测量值的舍弃

现介绍一种较简单的方法。从偶然误差正态分布曲线可知，在一组相当多的数据中，偏差大于 3 倍标准误差的数据一般可以舍去。

（4）如何使间接测量结果达到足够的准确度

① 仪器选择要"配套"。对于直接测量，选择仪器的精密度应当不劣于实验要求的精密度。但在间接测量中，这涉及对各物理量的精密度如何求的问题。由误差分析可知，间接测量结果的精密度是由各分量的精密度共同决定的，这就要求各分量的精密度大致相同；反之，如果某一分量的精密度很差，这时改进其他分量的精密度，并不能改善最终结果的精密度。

② 确定和选择最佳测定条件。最佳测定条件也就是使测量误差最小的条件。以电桥测定电阻为例说明如下：

电桥测定电阻时，电阻 R_x 可由下式给出：

$$R_x=R\frac{l_1}{l_2}=R\frac{L-l_2}{l_2} \tag{1.4-15}$$

式中，R 是已知电阻；L 是电阻线全长；l_1、l_2 是电阻两臂之长。间接测量 R_x 的平均误差决定于直接测量 l_2。将上式取对数后微分，并将 dR_x、dl_2 换成 ΔR_x、Δl_2 得：

$$\left|\frac{\Delta R_x}{R_x}\right|=\frac{L}{(L-l_2)l_2}\Delta l_2$$

因为 L 是常数，所以 $(L-l_2)l_2$ 为最大值时，即当：

$$d[(L-l_2)l_2]/dl_2 = 0$$
$$L - 2l_2 = 0, \quad l_2 = L/2$$

则 R_x 的相对平均误差最小。

l_2 等于 $L/2$ 就是用电桥法测定电阻的最佳条件。

1.4.3.3 实验结果的误差分析举例

(1) 直接测量的误差估计

① 大部分合格的玻璃容量仪器，按标准方法使用时的精密度约为 0.2%，或最小刻度的 ± 0.1 个单位，或 ± 0.2 个单位。

② 重量仪器（用平均误差表示）。

工业天平　　　　± 0.05g

分析天平　一等　± 0.0001g　　　　　　二等　± 0.0002g

③ 温度计。一般取其最小刻度的 1/5 或 1/10 作为其精密度。例如 1℃ 刻度的温度计的精密度为 ± 0.2℃，1/10 刻度的温度计精密度为 ± 0.02℃。

(2) 实例

以苯为溶剂，用凝固点降低法测定萘的相对分子质量，按下式计算：

$$M_r = 1000K_f \frac{m_B}{m_A}\Delta T_f$$
$$= 1000K_f \frac{m_B}{m_A}(T_0 - T) \tag{1.4-16}$$

式中，直接测量值为 m_B、m_A、T_0、T。

其中，溶质重 $m_B = 0.1472$g，若用分析天平称，其绝对误差为 $\Delta m_B = 0.0002$g。

溶剂重量 $m_A = 20$g，若用工业天平称，其绝对误差为 $\Delta m_A = 0.05$g。

测量凝固点降低值，若用贝克曼温度计测量，其精密度为 0.002，测出溶剂的凝固点 T_0 三次，分别为 5.801℃、5.790℃ 和 5.802℃。

$$T_0 = (5.801 + 5.790 + 5.802)/3 = 5.797℃$$

各次测量偏差：

$$\Delta T_{0,1} = 5.801 - 5.797 = +0.004℃$$
$$\Delta T_{0,2} = 5.790 - 5.797 = -0.007℃$$
$$\Delta T_{0,3} = 5.802 - 5.797 = +0.005℃$$

平均绝对误差：

$$\Delta T_0 = \pm(0.004 + 0.007 + 0.005)/3 = \pm 0.005℃$$

溶液凝固点 T 测量三次，分别为 5.500℃、5.504℃ 和 5.495℃，按上式计算可以得到：

$$T = (5.500℃ + 5.504℃ + 5.495℃)/3 = 5.500℃$$

同理可以求得：

$$\Delta T = \pm 0.003℃$$

凝固点降低值为：$\Delta T_f = T_0 - T_f = (5.797℃ \pm 0.005℃) - (5.500℃ \pm 0.003℃)$
$$= 0.297℃ \pm 0.008℃$$

由上述数据可得相对误差为：$\Delta(\Delta T_f)/\Delta T_f = \pm 0.008/0.297 = \pm 0.027 = \pm 2.7 \times 10^{-2}$
$$\Delta m_B/m_B = \pm 0.0002/0.15 = \pm 1.3 \times 10^{-3}$$
$$\Delta m_A/m_A = \pm 0.05/20 = \pm 2.5 \times 10^{-3}$$

则相对分子质量 M_r 的相对误差为：

$$\Delta m/m = \Delta m_B/m_B + \Delta m_A/m_A + \Delta(\Delta T_f)/\Delta T_f$$
$$= \pm(1.3 \times 10^{-3} + 2.5 \times 10^{-3} + 2.7 \times 10^{-2})$$
$$= \pm 0.031$$

$$M_r = 1000 \times 5.12 \times 0.1472/20 \times 0.297 = 127.5$$
$$\Delta M_r = 127 \times (\pm 0.031) = \pm 3.9$$

最终结果为：

$$M_r = 127 \pm 4$$

由上所述，测定萘相对分子质量的最小相对误差为 3.1%。其中最大误差来自温度的测量。而温度的相对平均误差则取决于测温精密度和温差大小。测温精密度却受到温度计精度和操作技术条件的限制。例如增多溶质，ΔT_f 较大，相对误差可以减少，但溶液浓度过于增大则不符合上述要求的稀溶液条件，从而引入系统误差，实际上就不能使分子质量测得更准确些。

误差计算结果表明，由于溶剂量较大，使用工业天平相对误差仍然不大，对溶质则因其用量少，就需用分析天平称重。

由于上述实例的关键在于温差的读数，因此采用精密温度计。可见，事先计算各个所测之量的误差及其影响，就能指导我们选择正确的实验方法，选用精密度相当的仪器，抓住测量的关键，得到质量较高的结果。

1.4.4　测定结果的数据处理

测定结果的数据处理方法通常有列表表示法、图形表示法和方程式法等，现代技术的发展和计算机技术的应用，使得各种处理更加方便。现分述如下。

1.4.4.1　列表表示法

（1）列表表示法的特点

列表表示法是指将主变量 x 与因变量 y 一一对应排列起来。其特点是能清楚而迅速地看出二者的关系。

（2）原始数据的完整记录和校正

由于实验条件偏离理想条件，有时需对原始数据进行校正。这时不但需要记录仪器实际示数，而且需要随时记下读取该示数时的外部条件，以便进行校正，这就需要对各原始数据进行完整记录。例如在双液系相图和饱和蒸气压测定实验中，需要对水银温度计进行露茎校正。所谓露茎校正是指全浸式温度计如不能全部浸没在被测体系中，因露出部分与被测体系温度不同，必然存在误差而需要进行的校正，其校正公式为：

$$\Delta t_{露茎} = kn(t_{观} - t_{环})$$

式中，$k = 0.00016$，是水银对玻璃的相对膨胀系数；n 为露出于被测体系之外的水银柱高度，称露茎高度，以温度差表示；$t_{观}$ 为测量温度计上的读数；$t_{环}$ 为环境温度，可用一支辅助温度计读出，其水银球置于测量温度计的露茎中部。这样算出的 $\Delta t_{露茎}$（注意正负值加在 $t_{观}$ 上即为校正后的真实温度值）。在这种情况下，不但要记录 $t_{观}$ 值，而且要记录每一次测量的 n 值和 $t_{环}$ 值，然后才有可能进行校正。

（3）列表法的一般规则

表格名称：每一表格均应有一完全而简明的名称。

行名与量纲：将表格分成若干行，每一变量应占表格一行。每一列第一行写上对应变量的名称和量纲。

有效数字：每一行所记数据，应注意其有效数字位数，并将小数点对齐。如果用指数来表示数据中小数点的位置，为简便起见，可将指数写在行名旁，但此时指数上的正负号应易号。表格内一般为纯数。

（4）自变量分度

自变量的选择有时有一定的伸缩性，通常选较简单的，例如温度、时间、距离等。自变量的分度最好是均匀地等间隔地增加。如果实际测定结果不是这样，可以先将直接测量结果作图，由图上读出自变量是均匀等间隔地增加的一套新数据，再作表。

(5) 统一采用三线表

这和大多数现代学术刊物的要求相一致。

1.4.4.2 图形表示法

列表法有它的好处，简单清楚，一目了然，但它不能表示出各数值间连续变化的规律和取得的实验数据内任意自变量和因变量的对应值，而作图法则能克服这些缺点。

(1) 图形表示法的特点

可使各数据间的相互关系表现得更好、更直观，而且常可用来求内插值、外推值、曲线某点的斜率、极值点、拐点以及直线的斜率、截距等。

(2) 作图的一般步骤及原则

① 坐标纸和比例尺的选择。坐标纸有直角坐标纸、对数坐标纸、半对数坐标纸、三角坐标纸和极坐标纸。最常用的是直角坐标纸。在用直角坐标纸时，习惯以自变量为横轴，因变量为纵轴。横轴和纵轴的读数不一定从零开始，应视具体情况而定。坐标轴比例尺的选择极为重要。由于比例尺的改变，曲线形状也将随着改变，若选择不当，会使曲线的某些相当于极大、极小或转折点的特殊部分看不清楚。比例尺的选择一般要遵循如下原则。

a. 坐标刻度要能表示出全部有效数字，使图上读出的精度和测量精度一致。

由实验数据作曲线后，则结果的误差是由两个因素造成的，即实验数据本身的误差及作图带来的误差。为使作图不致影响实验数据的准确度，按统计均方根法，一般作图误差应尽量减小到实验数据误差的 1/3 以下。

b. 方便易读。图纸每一小格所对应的数值既要便于迅速简便的读数又要便于计算，如 1、2、5 或它们的 $10^{\pm n}$ 倍，要避免用 3、6、7、9 这样的数值及它们的 $10^{\pm n}$ 倍。

c. 充分利用图纸的全部面积，使全图分布均匀合理。若是直线，则比例尺的选择应使其直线最好在对角线附近。若作曲线求特殊点，则比例尺的选择应以特殊点反映明显为宜。

确定比例尺方便的方法是：把每小格当作测量值的有效数字中末位的一个单位或两个单位。举例说明如下。

测定物质 B 在溶液中的摩尔分数 x_B 与溶液蒸气压 p，以作 x_B-p 曲线。其中摩尔分数 x_B 的测定值如下：

$$x_B: 0.02, 0.20, 0.30, 0.58, 0.78, 1.00$$

x_B 的有效数字末位是在小数点后第二位，其测定误差 Δx_B 可以认为是 0.01（一般认为是末位数字的正负一个单位）。x_B 的比例尺即每小格代表 x_B 的量用 γ_B 表示。在确定横轴比例尺时，所以可以取 $\gamma_B = 0.01$/格或 $\gamma_B = 0.02$/格。若取 $\gamma_B = 0.02$/格，则图纸带来的误差 $0.02 \times 0.2 = 0.004$ 为 $\Delta x_B = 1/2.5$，一般也可采用。但作图时只用 50 格，因此还是取 $\gamma_B = 0.01$/格为宜，一方面既可忽略作图误差，另一方面又使绘成的图形不会太小。

② 坐标轴。选定比例尺，画上坐标轴，在轴旁注明该轴所代表的变量名称及单位。与列表法相同，坐标轴的标注应该是一纯数的式子。如在蒸气压和温度的关系曲线中，正确的标注应该是 $\ln(p/Pa)$ 和 T/K。这种标注的确切含义是 p 的单位是 Pa，T 的单位是 K；加一斜线意味着标注的数值是一纯数。而其他表示方法，如 "$\ln p$，Pa" 或 "$\ln (p, Pa)$" 或 "T, K" 及 $T(K)$ 则都是不正确的。然后在纵轴左边与横轴下边，每隔一定距离写出该变量的值，但不应将实验值写于坐标轴或代表点旁。横轴自左至右，纵轴自下而上。

③ 代表点。代表点是指测得的数据在图上的点。代表点除了要表示测得数据的正确数值外，还要表示它的精密度。若两轴数值测量的精密度相近，可用点圆符号（⊙）表示，其中圆心小点表示测得数据的正确值，圆的半径表示精密度值。一般来说，圆的大小应以一小格左右为宜。若同一图纸上有数组不同的测量值，则各组测量值可用一组变形的点圆符号（如●、△、■、◎、×）来表示。若纵横两轴变量的精密度相差较大，则代表点用矩形符号来表示。此时矩形两边的半长度表示二变量各自的精密度值，矩形两对角的交点则是数据

的正确值。同一图纸上有数组不同测量值时，则可用变形矩形符号来表示不同组的代表点。

④ 描曲线。将点定好后，按代表点的分布情况，作一曲线，表示代表点的平均变动情况。曲线不需全部通过各点，只要使代表点均匀地分布在曲线两侧邻近即可。曲线两旁点的个数应近似相等，并且曲线两侧各点与曲线间距离之和亦应近似相等。或者更确切地说，是要使所有代表点离开曲线距离的平方和为最小，这就是最小二乘法原理。绘制曲线时要注意两点：一是毫无理由地不顾个别点离曲线很远，即使其他所有点都正好落在曲线上，一般所得曲线都会是不正确的；二是对于极个别远离曲线的点，如果根据已有知识可以判定该变量在该区间不会有突变，该点的偏离是由疏失误差造成的，这时就要照顾大多数实验点。

⑤ 图名与说明。最后应注上图名，以及主要的测量条件，在特殊情况下还要注明比例尺。图上除图名、比例尺、曲线、坐标轴及读数外，一般不再写其他内容及其他辅助线，以免影响主要部分。

⑥ 正确选用绘图仪器。这是作好图的又一关键。绘图铅笔应尖，画图时用直尺或曲线尺辅助。绘制曲线必须用曲线尺。选用的直尺或曲线尺应透明，以便全面观察实验点的分布情况，作出合理的曲线。

1.4.4.3 方程式法

用方程式表示变量间的关系，不但表达方式简单，记录方便，而且也便于求微分、积分或内插值。实验方程是客观规律的一种近似描绘，它是理论探讨的线索和根据。例如，液体或固体的饱和蒸气压 p 与温度 T 曾发现符合下列经验式：

$$\ln p = A/T + B$$

后来由化学热力学原理推出饱和蒸气压与温度的关系为：

$$\lg p = -\Delta H_{汽}/2.303RT + 常数$$

因此，作出 $\lg p$ 与 $1/T$ 图，由直线斜率可得 A 值，而 $A = -\Delta H_{汽}/2.303R$，这样，就可以求出 $\Delta H_{汽}$。建立方程式的步骤如下。

当变量间的关系不知道时，一般应遵循下列步骤寻找。

① 将实验数据加以整理和校正，选出自变量和因变量作图。

② 将所得曲线与已知函数的曲线相比较，判断曲线类型。若非直线，则改换变量，重新作图，使原曲线直线化。根据所得直线，确定方程式中的常数。可直线化的曲线方程见表 1.4-9。

表 1.4-9 可直线化的曲线方程

曲线方程式	变量改换	直线化后方程式
$y = ae^{bx}$	$Y = \ln y$	$Y = \ln a + bx$
$y = ax^b$	$Y = \ln y, X = \ln x$	$Y = \ln a + bx$
$y = 1/(a+bx)$	$Y = 1/y$	$Y = a + bx$
$y = x/(a+bx)$	$Y = x/y$	$Y = a + bx$

③ 若曲线无法直线化，可将原函数表成自变量的多项式：

$$y = a + bx + cx^2 + dx^3 + \cdots$$

多项式的项数多少以结果能表示的可靠程度在实验误差范围内为准。

④ 直线方程常数的确定。化学实验中直线方程具有特别重要的意义，确定直线方程常用作图法、平均值法和最小二乘法。后者给出的结果是最准确的。

a. 作图法。作图法适用于实验数据较少，且不十分精密的情况。

设直线方程为：

$$y = mx + b$$

式中，m 为斜率；b 为截距。此时欲求 m、b，仅须在直线上选两个点 (x_1, y_1)、(x_2, y_2)，将它们代入上式，得：

$$y_1 = mx_1 + b$$
$$y_2 = mx_2 + b$$

解得：

$$m = (y_2 - y_1)/(x_2 - x_1) = \Delta y / \Delta x$$

在直线上选两点，原则是两点间隔尽量大些，不用原始数据，并且两点的横坐标差值应为一除尽的整数，以尽量减少误差。

b. 平均值法。平均值法适用于有 6 个或 6 个以上较精密的实验数据，其结果较作图法要好。

平均值法是基于剩余偏差的和为零的假设。即：

$$\sum_{i=1}^{n} \delta_i = 0$$

定义剩余偏差为 y 的实验值与按方程 $y = mx + b$ 的计算值之差，即：

$$d_i = y_i - (mx_i + b)$$

其具体方法是将实验值 x 和 y 一一对应地代入 $y = mx + b$ 后，然后依次分成两组，每组相加后各得一方程，联立解出 m 和 b 值。例如：

实验测定的 x 和 y 数据如下。

x：1.00, 3.00, 5.00, 8.00, 10.00, 15.00, 20.00

y：5.4, 10.5, 15.3, 23.2, 28.1, 40.4, 52.8

将实验数据前 4 个分为一组，后 3 个分为另一组

第一组：$5.4 = 1.00m + b$　　　　　　第二组：$28.1 = 10.00m + b$

　　　　$10.5 = 3.00m + b$　　　　　　　　　　$40.4 = 15.00m + b$

　　　　$15.3 = 5.00m + b$　　　　　$+$　　$52.8 = 20.00m + b$

$+$　　$23.2 = 8.00m + b$　　　　　　　　　　$121.3 = 45.00m + 3b$

　　　　$54.4 = 17.00m + 4b$

解方程组：　　　　　　　　　$54.4 = 17.00m + 4b$

　　　　　　　　　　　　　　$121.3 = 45.00m + 3b$

得：　　　　　　　　　　　$m = 2.48, \quad b = 3.05$

原直线方程为：　　　　　　　$y = 2.48x + 3.05$

c. 最小二乘法。最小二乘法需要 7 个或 7 个以上较精密的数据，虽然比较麻烦，但能给出斜率和截距的最佳值。

最小二乘法的基本思想是假定残差 r_i 的平方和为最小值时，系数 m 和 $b(y = mx + b)$ 为最佳值。

令残差：　　　　　　　　　$r_i = mx_i + b - y_i$

则残差平方之和：　　　　　$S = \sum (mx_i + b - y_i)^2$

式中，x_i、y_i 都是实验数据，为已知值，m 和 b 为待确定值，因此可以把 S 看作是 m 和 b 的函数。为求得 m 和 b 最佳值，根据最小二乘法原理，S 值应为极小值的必要条件为

$$dS/dm = 0 = 2m\sum x_i^2 + 2b\sum x_i - 2\sum y_i x_i$$
$$dS/db = 0 = 2m\sum x_i + 2bn - 2\sum y_i$$

整理后得方程组：

$$m\sum x_i^2 + b\sum x_i = \sum x_i y_i$$
$$m\sum x_i + bn = \sum y_i$$

解方程组得：

$$m=(n\sum y_ix_i-\sum x_i\sum y_i)/[n\sum x_i^2-(\sum x_i)^2] \qquad (1.4\text{-}17)$$

$$b=(\sum x_i^2\sum y_i-\sum x_i\sum x_iy_i)/[n\sum x_i^2+(\sum x_i)^2] \qquad (1.4\text{-}18)$$

式中，m 和 b 分别为直线方程 $y=mx+b$ 的斜率和截距。

最小二乘法能得出确定的不因处理者而异的可靠结果，其缺点是计算费时，但用计算机处理，它是一种最理想的方法。

举例：首先给出 x、y、x^2 和 xy 的值。

x	y	x^2	xy
1.0	5.4	1.0	5.4
3.0	10.5	9.0	31.5
5.0	15.3	25.0	76.5
8.0	23.2	64.0	185.6
10.0	28.1	100.0	281.0
15.0	40.4	225.0	606.0
2.0	52.8	400.0	1506.0
加和得 $\sum x_i=62.0$	$\sum y_i=175.7$	$\sum x_i^2=824.0$	$\sum x_iy_i=2242.0$

代入式（1.4-17）和式（1.4-18），解方程组得：

$$m=(62.0\times175.7-7\times2242.0)/(62.0^2-7\times824.0)=2.47$$

$$b=(2242.0\times62.0-175.7\times824.0)/(62.0^2-7\times824.0)=3.03$$

因而最佳直线方程为：
$$y=2.47x+3.03$$

1.4.4.4 实验数据的计算机处理

近年来，随着计算机软硬件的迅猛发展，计算机作为一种化学学习和研究的工具有着不可替代的作用，其中实验数据的处理是其应用的一个方面。实验中的数据处理多种多样，对不同的数据处理可以采用不同的软件完成。

通用型的软件如 Origin、SigmaPlot 等可以根据需要对实验数据进行数学处理、统计分析等。Origin 软件数据处理基本功能有：对数据进行函数计算或输入表达式计算，数据排序，选择需要的数据范围，数据统计、分类、计数、关联、t 检验等。Origin 软件图形处理基本功能有：数据点屏蔽，平滑，FFT 滤波，差分与积分，基线校正，水平与垂直转换，多个曲线平均，插值与外推，线性拟合，多项式拟合，指数衰减拟合，指数增长拟合，S 形拟合，Gaussian 拟合，Lorentzian 拟合，多峰拟合，非线性曲线拟合。绘制二维图形及三维图形如：散点图、条形图、折线图、饼图、面积图、曲面图、等高线图等。实验数据处理主要用到 Origin 软件的如下功能：对数据进行函数计算或输入表达式计算，数据点屏蔽，线性拟合，插值与外推，多项式拟合，非线性曲线拟合，差分等。另外，Origin 可打开 Excel 工作簿，调用其中的数据，进行作图、处理和分析。Origin 中的数据表、图形以及结果记录可复制到 Word 文档中，并进行编辑处理。

具体软件的应用方法，可从它们附带的用户手册及有关参考资料中获取。

1.5 实验预习、操作、记录和实验报告

通常做基础化学实验均要求如下程序或做法：

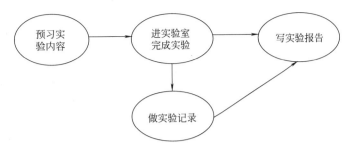

1.5.1　实验预习

预习的目的：只有对反应的原理，反应物、产物、溶剂、催化剂等所用的各种物理性质和化学性质包括毒性、可燃性等预先有一个比较彻底的了解和准备，达到心中有数，才能安全、顺利、较好的完成实验，掌握所要掌握的技能。没有准备，仓促上阵去做任何事情，如同打一场遭遇战，都是难以成功的。

预习的内容主要包括：①查阅主反应原料、产物、主要副产物的各种物理常数；②查阅理论参考书，了解实验反应的原理、注意事项、适用范围和用途；③仔细阅读实验讲义，思索每步操作的依据和目的，对照理论书籍彻底掌握该反应。

预习的方法：将查阅的数据和理解记在专用实验预习与记录本上，用流程图形式表示出各步操作，列出分解的、简明的操作步骤（每量取或加入一种试剂，改变一种条件等，都分解成一个步骤），画出主要装置图，列出实验的注意事项，提醒自己。照抄讲义只能是自欺欺人。根据预习本的内容应直接可以做实验，而做实验时，能正确、顺利地进行，而不是看一下做一下。

通过预习实验，能够熟悉和掌握常用工具书的使用，了解各种常用工具书的名称、用途、版本、符号、索引、特点、在图书馆的排放位置等。为将来工作做准备。这是理论课上学不到的。学会因实际问题查阅参考资料，累积知识，对具体问题全盘考虑，对原理了然于胸。重要的是思索、思索再思索。一旦豁然开朗，成竹在胸，不仅实验本身可以安全顺利进行，同时在该实验涉及的知识范围可以实现一次飞跃。

预习本上要给实验过程得到的观察结果留有足够的记录空间。

1.5.2　实验实施

实践是检验真理的唯一标准，化学实验既是检验化学理论的唯一方法，又是将理论变为现实的唯一途径。同时，又是发明、发现的重要基础！对于初学者，必须首先规规矩矩、认认真真、一丝不苟地学好实验的操作规程。在对各种操作已经非常熟练，达到熟能生巧的时候，可以提出自己的改进意见或想法，经老师批准后，可以改进操作。没有一成不变的理论，也没有一成不变的实验操作。应该鼓励学生勇于创新，善于创新。

1.5.3　实验记录

培养实验者养成良好的记录习惯和方法是开设实验课的重要目的之一，也是将来能够从事科学研究的必备能力之一。记录是以后分析成败原由的唯一可靠依据，是减轻大脑记忆工作量的重要方法。培养做实验有一个良好的记录习惯，非常的重要！记录不是时间记录表，也不是实验讲义的翻版，预习本的重写，而是重要具体过程、现象的如实记载。

记录的内容包括如下几个方面。

① 反应器的名称、大小和装置。

② 试剂的名称、规格、熔沸点、颜色、状态以及加入的先后顺序与用量等。

③ 加料的过程：要加一种，标记一种！以免遗漏，同时记录观察到的现象及其变化（如固体的产生与溶解、气体、气味的产生与消失、反应体系颜色的变化等。

④ 记录安装好装置后，反应开始并稳定进行直到结束的过程、时间和观察到的温度、颜色、状态及其变化等。

⑤ 后处理过程：每做一个操作，都要记录一下，以免遗漏。

⑥ 记录液体的干燥时间、蒸馏截取的馏程、产品的颜色、状态（是否透明或浑浊）、重量（不要用体积!）、所测试的数据（如折射率、红外）等。若是固体，则应将产品是否重结晶，重结晶过程、干燥过程、产品的状态、重量、测试的数据（如熔点）记录下来。决不允许"回忆录"形式的实验记录现象存在！

1.5.4 实验报告

实验的最后一个程序是如实书写实验报告。实验报告有两个作用：一是向老师报告你自己做实验的情况和结果；二是培养写科技报告、总结报告的习惯，为将来写学术论文、总结报告等打下基础。

实验报告的内容与写法：各个专业的实验报告各不相同，而且因教师、学校的不同也有不同，但大同小异。化学实验报告通常包括以下内容：①实验题目；②实验目的；③实验原理或方法；④物理常数；⑤主要反应装置图；⑥实验操作与现象（报告的核心）；⑦结果与讨论或结论（学术水平高低的标志）。

附：实验报告格式示例

例1：定量分析实验报告格式

实验题目：

实验目的：

实验原理：

实验方法：

实验数据记录与处理：

实验编号		1	2	3	备　注
记录量	始读数				
	终读数				
	结　果				
记录量	始读数				主要指一些公式和计算方法
	终读数				
	结　果				
计算结果					
平均值					
结果的相对平均偏差					

实验结果与讨论：

（1）（2）……

结论：

例2：合成实验报告格式

实验题目：

实验目的：

实验原理：（反应机理或叫反应历程）

反应方程式：

主要的副反应：

反应装置示意图：

实验步骤及现象记录：

实　验　步　骤	现　象　记　录
1.	
2.	
计算产率	
理论产量：	
产　率：	

注：计算产率的标准。①如果只有一种有机原料，其他是无机的试剂如氧化剂、还原剂、酸碱等则以有机试剂为计算产率的化合物。②如果有两种甚至更多种试剂作反应原料，就以价格最昂贵、摩尔数最少的那种试剂为计算产率的化合物。产率计算：A（计算产率化合物）＋B＝C＋D（产物），理论产量＝（A的投料量/A的摩尔质量）×D的摩尔质量，产率（或叫收率）＝（实验所得产量/理论产量）×100％。

结果与讨论：

（1）（2）……

例3：性质实验报告格式

实验题目：

实验目的：（是开设实验的目的，而不是实验本身的目的！）

实验方法：（报告的核心）

实验方法和步骤	现　象	解释和化学反应式
1.		
2.		

结论：

（1）（2）……

思考题：

（1）（2）……

例4：设计和开放实验的报告

设计实验的报告应该参照研究论文的格式撰写，一般应包括以下项目：

（一）前缀

1. 论文题目

2. 作者姓名（作者所在单位，地址，邮编）

3. 摘要（研究的内容，方法，创新点，效果，意义等）

4. 关键词（产物名称，关键试剂，反应，技术方法等）

（二）论文正文

1. 前言

介绍课题的意义和背景，研究的目的、方法和成果等。

2. 实验部分

本部分通常包含：①实验所用的仪器、器材，包括仪器名称、型号，试剂名称、级别、用量和生产厂家等；②详细的操作步骤，包括试剂用量、操作方法、条件控制等；③实验结果，包括产量、收率、产品性状、相关物理常数及文献值等。

3. 结果与讨论

介绍由具体的实验结果阐发出来的推论、体会、改进意见等，说明本工作中的创新点及所获得的研究成果。

根据具体情况，也可以将"结果与讨论"放在"实验部分"的前面。

（三）后缀

1. 参考文献

一般杂志：作者姓名，篇名，杂志名称，卷号、期号（年）、页码；专著：著者姓名，书名，页码，出版地，出版社，出版日期；成名已久的大型工具书：工具书名，版别，卷别，页码（或条目号）；专利：国别，专利号。参考文献中的人名写法是，中国人姓在前名在后，外国人名在前姓在后。

2. 致谢

（四）论文的英文简介

1. 英文标题

2. 用汉语拼音拼写的作者姓名（作者所在单位，地址，邮编）

3. 英文摘要

4. 英文关键词

1.6 化学实验文献与资料查询

化学文献是有关化学方面科学研究、生产实践等的记录和总结。查阅化学文献是科学研究的一个重要组成部分，是每个化学工作者应具备的基本素质。

文献资料是人类科学文化知识的载体，是社会进步的宝贵财富。查阅文献资料是为了了解某个课题的历史情况，目前国内外的研究水平，发展动态及方向，可以使工作在较高的水平起步，并有一个明确的目标。

文献课已单独设课，其中包括重要化学期刊、杂志、文摘及专业参考书的查阅方法。这里介绍一些与基础化学实验有关的工具书、专业参考书、期刊等，并简要介绍网络资源的利用。

1.6.1 工具书

化学手册与辞书是查阅化合物常数等的重要工具书，了解一些重要工具书的使用，对于化学工作者是非常重要的。还有一些重要的书籍介绍各种化合物的合成，尤其是一些重要的英文书籍，也已经成为化学工作者的重要参考资料。以下是一些常用的工具书。

① **中国大百科全书——化学卷.** 杨石先，柳大纲等. 北京：中国大百科全书出版社，1989。

中国大百科全书化学卷分为两卷，约 355 万字，着重反映当代化学的重要成就。

② **中国国家标准汇编.** 北京：中国标准出版社，1983.

该书从 1983 年开始分册出版，收集了公开发行的全部现行国家标准，并按照国家标准的顺序号编排。已经出版 40 多个分册。在化学分册中介绍了化合物的各个等级的含量标准、杂质含量以及分析方法等。

③ **分析化学手册.** 第 2 版. 北京：化学工业出版社.

在第 1 版的基础上做了较大幅度的调整和增删、补充。全套书由 10 个分册构成：基础知识与安全知识、化学分析、光谱分析、电分析化学、气相色谱分析、液相色谱分析、核磁共振波谱分析、热分析、质谱分析、化学计量学。在第 2 版《分析化学手册》中注意贯彻了国家法定计量单位制关于量和单位的基本原则，取材上突出基础、常用、关键和发展，编排上注重实用性、系统性，所收数据准确。详尽介绍了各种实验方法。本手册为分析化学工作者的案头工具书，可供从事分析化验工作的专业人员查阅。

④ **无机盐工业手册**（上、下册）. 天津化工研究院编. 北京：人民教育出版社，1979～1981.

本书在各论中介绍了 500 余种无机盐产品的性质、用途、生产方法、技术经济指标及物理化学数据等。此外还以表格形式简明介绍了 370 种无机盐产品。附录中介绍了无机盐生产中的三废治理；常用计量单位及其换算；金属氢氧化物沉淀 pH 值及无机盐生产中常见离子的离子半径；国内外主要无机盐生产企业。书末有索引。

⑤ **化工辞典.** 第 4 版. 王箴主编. 北京：化学工业出版社，2000.

这是一本综合性化工工具书，收集了有关化学、化工名词 1 万余条，列出了物质的分子式、结构式，基本的物理化学性质及相对密度、熔点、沸点、溶解度等数据，并有简要的制法和用途说明。化工过程的生产方式仅述及主要内容及原理，书前有按笔画为顺序的目录，书末有汉语拼音检索。

⑥ **化学化工药学大辞典.** 黄天守编译. 台湾大学图书公司出版，1982.

这是一本关于化学、医药及化工方面较全的工具书。该书取材于多种百科全书，收录近万个化学、医药及化工等常用物质，采用英文名称顺序排列方式。每一名词各自成一独立单元，其内容包括组成、结构、制法、性质、用途（含药效）及参考文献等。本书取材新颖、叙述详细。书末附有 600 多个有机人名反应。

⑦ **Aldrich.** 美国 Aldrich 化学试剂公司出版.

这是一本化学试剂目录，它收集了众多化合物。一个化合物作为一个条目，内含相对分子质量、分子式、沸点、折射率、熔点等数据，较复杂的化合物还附了结构式。并给出了该化合物核磁共振和红外光谱谱图的出处。并给出了每个化合物不同包装的价格，这对有机合成、订购试剂和比较各类化合物的价格很有好处。书后附有分子式索引，便于查找，还列出了化学实验中常用仪器的名称、图形和规格。每年出一本新书。你若需要，只要填写附在书中的回执，该公司就会按照你的姓名、地址免费寄给你参考。类似的还有 Sigma，Fluka 等。

⑧ **The Merk Index.** Stecher P. G, 9th Ed, 1976.

该书的性质类似于化工辞典，但较详细。主要是有机化合物和药物。它收集了近一万种化合物的性质、制法和用途，4500 多个结构式及 42000 条化学产品和药物的命名。化合物按名称字母的顺序排列，冠有流水号，依次列出 1972～1976 年汇集的化学文献名称以及可供选用的化学名称、药物编码、商品名、化学式、相对分子质量、文献、结构式、物理数据、标题化合物的衍生物的普通名称和商品名。在 Organic Name Reactions 部分中，对在国外文献资料中以人名来称呼的反应作了简单的介绍。一般是用方程式来表明反应的原料和产物及主要反应条件，并指出最初发表论文的著作者和出处，同时将有关这个反应的综述性文献资料的出处一并列出，便于进一步查阅。此外，还专门有一节谈到中毒的急救；并以表格形式列出了许多化学工作者经常使用的有关数学、物理常数和数据、单位的换算等。卷末有分子式和主题索引。目前已有电子版和网络版可供查询。

⑨ **Handbook Of Chemistry and Physics.**

这是一本英文的化学与物理手册，于 1913 年出第 1 版。从 20 世纪 50 年代起，它几乎每年再版一次，到 1988 年已出版到 69 版。它的主编是 C. Robert，Ph. D. Weast。1957～1962 年由 Chemical Rubber Publishing Company 出版；1964～1973 年由 The Chemical Rubber Co. 出版。1974～1988 年改由 CRC Press Inc. 出版。过去分上、下两册，由 51 版开始变为一册。内容分如下六个方面。

A 部　数学用表，例如基本数学公式、度量衡的换算等；

B 部　元素和无机化合物；

C 部　有机化合物；

D 部　普通化学，包括二组分和三组分恒沸物、热力学常数、缓冲溶液的 pH 值等；

E 部　普通物理常数；

F 部　其他。

⑩ **Dictionary of Organic Compounds.** Ⅳ Heilbron 5th Ed.，1982.

本书收集常见的有机化合物近 3 万条，连同衍生物在内共约 6 万余条。内容为有机化合物的组成、分子式、结构式、来源、性状、物理常数、化合物性质及其衍生物等，并给出了制备这个化合物的主要文献资料。各化合物按名称的英文字母顺序排列。本书自第 6 版以后，每年出一补编，到 1988 年已出了第 6 补编。该书已有中文译本名为《汉译海氏有机化合物辞典》，中文译本仍按化合物英文名称的字母顺序排列，在英文名称后面附有中文名称。因此，在使用中文译本时，仍然需要知道化合物的英文名称。

⑪ **Chemical Abstracts.**

这是一套由美国化学会的下设组织"化学文摘服务社（Chemical Abstracts Service，CAS）"出版的"化学文摘（Chemical Abstracts，CA）"。CA 从 1907 年开始出版，1962 起每年出版两卷，每卷 26 期。CA 以摘要形式报道的内容几乎涉及了化学家感兴趣的所有领域，其中除包括无机化学、有机化学、分析化学、物理化学、高分子化学外，还包括冶金学、地球化学、药物学、毒物学、环境化学、生物学以及物理学等诸多学科领域的，在全球发表的各种研究论文、专利文献、出版书籍等。并给出作者及其单位，发表期刊名称，发表日期等。每期有关键词索引，作者索引，分子式索引等；每卷有卷索引，包括主体索引，作者索引，分子式索引，专利索引等，还有每十卷的总索引等。1962 起，CAS 还为每一种出现在文献中的物质分配一个登记号（CAS Registry Number），称为 CAS 号，其目的是为了避免化学物质有多种名称的麻烦，使数据库的检索更为方便。因此还有登记号索引。

CAS 号是某种物质［化合物、高分子材料、生物序列（Biological sequences）、混合物或合金］的唯一的数字识别号码。到目前，CAS 已经登记了近 3000 万种有机和无机物质，5000 多万种核酸蛋白质序列。总共 8000 多万种物质记录，并且还以每天 4000 余种的速度增加。

CAS 号格式：一个 CAS 号以连字符"-"分为三部分，第一部分有 2～6 位数字，第二部分有 2 位数字，第三部分有 1 位数字作为校验码。CAS 号以升序排列且没有任何内在含义。校验码的计算方法如下：CAS 顺序号（第一、二部分数字）的最后一位乘以 1，最后第二位乘以 2，依此类推，然后再把所有的乘积相加，再把和除以 10，其余数就是第三部分的校验码。举例来说，水（H_2O）的 CAS 号前两部分是 7732-18，则其校验码 $=$（$8\times1+1\times2+2\times3+3\times4+7\times5+7\times6$）mod 10 $=$ 105 mod 10 $=$ 5（mod 是求余运算符）。

不同的同分异构体分子有不同的 CAS 号，比如右旋葡萄糖（D-glucose）的 CAS 号是50-99-7，左旋葡萄糖（L-glucose）是 921-60-8，α-右旋葡萄糖（α-D-glucose）是 26655-34-5。偶然也有一类分子用一个 CAS 号，比如一组乙醇脱氢酶（alcohol dehydrogenase）的 CAS 号都是 9031-72-5。混合物如芥末油（mustard oil）的 CAS 号是 8007-40-7。

⑫ **Handbuch der Organischen Chemie.** Beilstein F K.

这是一部有机化学专业参考书，由贝尔斯登（Beilstein）主编，因此，也常称这本书为贝尔斯登。这本书从 1862 年开始，经过 20 年至 1882 年写成第 1 版，分成两卷；1885～1889 年写成第 2 版，分成三卷；1892～1899 年写成第 3 版，分成四卷；以后这一工作由B. Prager 和 P. Jakobson 继续主编，共分二十七卷，从 1919～1938 年出齐，包括了 1910 年1 月 1 日以前的全部主要资料。后来又由 F. Richter 主编第 28、29 两卷索引，及 30、31 两卷，此三十一卷总称为正编（Hauptwerk），后来又出了第一至第五补编。第五补编已经采用英文出版。

Beilstein 一书有严格的编排原则，最简单的查阅方法是由分子式索引来查。查阅时先写出该化合物的分子式，式中的元素按下列次序排列：

C，H，O，N，Cl，Br，I，F，S，Ag，…，Zr（Ag，…，Zr 按字母顺序排列）。

然后在总的分子式索引（包括正编，第一、第二补编的资料）中去找这一分子式，再找这一分子式下的化学名称，在该化合物名称后面，注有它在主编，第一、第二补编中所在的卷数及页数。当然，从主题索引中同样也可查到。

至于后来出版的第三～第五补编，若不能从索引中查到，则可以根据它在正编、第一补编、第二补编中的卷号和页码来查找。

本手册包括的内容非常全面，指出了每个化合物的来源，制备，物理性质（颜色、晶形、物理常数等），化学性质，生理作用，用途，分析方法等。并注有原始文献资料的出处，以供进一步查考。

⑬ **无机制备化学手册**（上册）．Braner G．何泽人译．北京：燃料化学工业出版社，1959．

⑭ **无机合成**（第1～20卷）．Braner G．申泮文等译．北京：科学出版社，1959-1986．

⑮ **Organic Synthesis.**

本书最初由 R. Adams 和 H. Gilman 主编，后由 A. H. Blatt 担任主编。于1921年开始出版，每年一卷，1988年为66卷。本书主要介绍各种有机化合物的制备方法；也介绍了一些有用的无机试剂制备方法。书中对一些特殊的仪器、装置往往是同时用文字和图形来说明。书中所选实验步骤叙述非常详细，并附注介绍作者的经验及注意点。书中每个实验步骤都经过其他人的核对，因此内容成熟可靠，是研究学习有机合成的良好参考书。

另外，本书每十卷有合订本（collective volume），卷末附有分子式、反应类型、化合物类型、主题等索引。在1976年还出版了合订本1～5集（即1～49卷）的累积索引，可供阅读时查考。54卷、59卷、64卷的卷末附有包括本卷在内的前5卷的作者和主题累积索引；每卷末也有本卷的作者和主题索引。另外，《有机合成》合订本的第1、2两集已分别于1957年和1964年译成中文。

⑯ **Organic Reactions.**

本书由 R. Adams 主编。自1951年开始出版，刊期并不固定，约为一年半出一卷。1988年已出35卷。本书主要介绍有机化学中有理论价值和实际意义的反应。每个反应都分别由在这方面有一定经验的人来撰写。书中对有机反应的机理、应用范围、反应条件等都作了详尽的讨论，并用图表指出在这个反应的研究工作中作过哪些工作。卷末有以前各卷的作者索引和章节及题目索引。

⑰ **Reagents for Organic Synthesis.** Fieser L F，Fieser M 主编．

这是一本有机合成试剂的全书，书中收集面很广。第一卷于1967年出版，其中将1966年以前的著名有机试剂都作了介绍。每个试剂按英文名称的字母顺序排列。本书对入选的每个试剂都介绍了化学结构、相对分子质量、物理常数、制备和纯化方法、合成方面的应用等。并提出了主要的原始资料以备进一步查考。每卷卷末附有反应类型、化合物类型、合成目标物、作者和试剂等索引。

第二卷出版于1969年，收集了1969年以前的资料，并对第一卷部分内容作了补充。其后每卷都收集了相邻两卷的资料。至1988年已出版到第13卷。

⑱ **Synthetic Method of Organic Chemistry.**

本书由 Alan F. Finch 主编，是一本年鉴。第一卷出版于1942～1944年。当时由 W. Theilheimer主编，所以现在该书叫"Theilheimers Synthetic Method of Organic Chemistry"，每年出一卷，1988年出版到第42卷。本书收集了生成各种键的较新、较有价值的方法。卷末附有主题索引和分子式索引。

⑲ **Sadtler 标准谱图集.**

国际上曾经出版了多种标准谱图集，但收集谱图最多且最常用的是 Sadtler 标准谱图集。Sadtler 标准谱图集是美国 Sadtler 研究实验室1947年开始出版的大型光谱集（Sadtler Reference Spectra Collection）。它收集了大量的红外光谱图，紫外光谱和核磁共振谱图等。为了查阅方便，编有各种索引，如按化合物英文名称的字母顺序排列的字顺索引（alphabetical index）、按光谱连续号清单排序的序号索引（numerical index）、按分子式排序的分子式索引（molecular formula index）和化学分类索引（chemical class index 便于查找那些只知道是何类型而对其结构不十分清楚的化合物的光谱序号）。每种索引都可找到相应的光谱图的序号，以便进一步查阅标准谱图。使用者可以根据自己的情况和要求去查找有关索引，如知道化合物的分子式，使用分子式索引是比较方便的，符合某分子式的化合物可以有多种，要按该化合物的英文名称从同一分子式的多种化合物中挑出自己所需要的谱图序号，再去查阅标准谱图。实验中在测定某个化合物的图谱后，可以根据某些信息判断其可能的结构，然后查阅标准图谱加以对照，相吻合的图谱可以确定为同一个化合物。

1.6.2 期刊杂志

期刊杂志是化学工作者发表研究成果，进行学术交流的平台。国内外化学类期刊杂志很多，有各种专业的专刊，也有包括各种学科的综合期刊。一些重要的综合性中文期刊有：中国科学（B辑）、化学学报、高等学校化学学报、化学通报、化学世界等，一些专业性的期刊有：无机化学学报、有机化学、分析化学、物理化学、结构化学、染料化学、药物化学等。一些重要的英文杂志有：J. Am. Chem. Soc.，J. Chem. Soc.，Chem. Rev. 等，经常关注并浏览这些相关杂志对于化学工作者是非常必要的和有益的。

对于在校化学类专业大学生而言，有两种高等化学教育类期刊，可以帮助大家更好地学习基础和专业课程。它们分别是由教育部主管、高等学校化学教育研究中心和中国化学会共同主办、北京大学承办的《大学化学》，以及由美国化学会教育分会主办出版的 Journal of Chemical Education（JCE）。

《大学化学》主要介绍化学科学的新发展，开展与教学有关的重大课题的研讨，交流教学改革经验。报道化学及其相关学科的新知识、新动向，介绍化学前沿领域的研究状况及今后展望。主要栏目有：今日化学、教学研究与改革、知识介绍、计算机与化学、化学实验、师生笔谈、自学之友、国内外学术动态、化学史、书刊评介、专题讨论等。《大学化学》主要办刊宗旨为促进教师知识更新，扩大学生知识面，为提高教学水平服务。

JCE 有较多化学教育的内容，还有化学及其相关学科的新知识、新动向及最新成果等。通过对 JCE 的浏览，读者可以及时了解世界上化学学科的最新进展；从教学经验文章中，在一定程度上可以收到课堂教学过程所难以企及的效果。其电子版"JCE Online"（http://jchemed. chem. wisc. edu），还有一个以化学教育为主题的电子论坛。

1.6.3 网络资源

当前，网络的发展为查询资料打开了方便之门。各种期刊、杂志、手册等不仅有印刷版本，同时也出版网络版本，甚至一些早期内容也挂在了网络上供人们查阅。如由日本的国家高等工业科技院（National Institute of Advanced Industrial Science and Technology）开办的有机化合物波谱网站 http://www. aist. go. jp/RIODB/SDBS/cgi-bin/cre _ index. cgi，提供了大量已知的有机物的 IR、^{1}H NMR、^{13}C NMR 以及质谱等数据和图谱，并且目前是免费查阅的。进入该网站后，只要正确输入必要的信息，如分子式、元素组成、相对分子质量、CAS 登录号或化合物名称等，点击 search 查找，就能够很快获得相应的红外、紫外、核磁、质谱等的图谱和数据，并且可以下载。http://webbook. nist. gov/chemistry 网址也提供类似的免费查询。

从"中国期刊网"、"维普中文科技期刊数据库"、"CNKI优秀博硕士论文"、"中国学术会议全文数据库"等，不仅可以查阅 20 世纪 80 年代以来在中文期刊上发表的各种科研与教学论文，各种学术会议论文，还可以查阅国内各个高校和科研单位研究生的优秀毕业论文。

SpringerLink 提供了科学技术和医学类全文数据库，该数据库包括了西文的多种期刊、丛书、图书、参考工具书以及回溯文档。SpringerLink 为科研人员及科学家提供强有力的信息中心资源平台。从"SpringerLink"西文学术期刊全文数据库等还可以查阅西文科研论文摘要等。当然，以上这些资源是属于收费服务的。一般各个高校和科研单位都购买了一定的使用权，只要 IP 地址属于服务范围，都可以在网上查阅所需要的资料。

进入中华人民共和国国家知识产权局专利网 http://www.sipo.gov.cn/sipo/default.htm，可以查阅中国专利局发布的各种专利申请书；若进入网址为 http://www.european-patent-office.org/tws/sh.htm 的网站，可以分别查阅欧洲、日本或美国等的专利内容。

CA 网络版（SciFinder）早已投入使用，只要进入界面，按照指令输入必要的关键词，可以查阅出所有的相关文摘。利用 CAS 号进行 Internet 化学资源的搜索，现在已经非常便利了。且不说最著名的国际搜索引擎 google、yahoo 等，即使是中文搜索引擎（如 baidu），只要你在搜索框中输入某物质的 CAS 号，就可以得到该物质的各种信息。通过 SciFinder Scholar 检索，不仅可以链接到化学物质的目录资讯、商业来源、管理资讯以及 3D 模型、可以通过 ChemPort™ 访问期刊和专利全文、可以通过 e-Science 链接到其他网络资源、可以浏览科技期刊目录，还可以进行广义检索，选择多种可能性，轻松地处理大量结果并利用后处理功能系统性地缩小答案范围。通过 SciFinder Scholar，常常可以获取新的启示。

第二篇 化学实验常规技术

人们要开展化学实验和研究活动,必须掌握一些规范的操作技术。本篇所介绍的一些实验技术,均是属于化学工作者应知应会内容。希望读者多加留意,并在最短的时间予以掌握。需要说明的是,在介绍一些基本技术的过程中,会涉及一些其他自然科学领域的理论和方法,因此在这里提醒读者,适当了解掌握其他学科的理论和观点,将有助于我们对一些技术的掌握与应用。

2.1 玻璃仪器等常规实验材料的使用

化学实验工作中大量使用玻璃仪器,是因为玻璃仪器具有:透明度好,便于直观反映化学反应情况,控制反应条件;化学稳定性好,能耐一般化学试剂的侵蚀;耐热性优良,能耐急剧温度变化以及易清洁、可反复使用等诸多优点。按照它们的用途和结构特征,国内一般将化学实验室中常用的玻璃仪器分为如下几类。

烧器类:是指那些能直接或间接地进行加热的玻璃仪器,如烧杯、烧瓶、试管、锥形瓶、碘量瓶、蒸发器、曲颈甑等。

量器类:是指用于准确测量或粗略量取液体容积的玻璃仪器,如量杯、量筒、容量瓶、密度瓶、滴定管、移液管等。

瓶类:是指用于存放固体或液体化学药品、化学试剂、水样等的容器,如试剂瓶、广口瓶、细口瓶、称量瓶、滴瓶、洗瓶等。

管、棒类:管、棒类玻璃仪器种类繁多,按其用途分冷凝管、分馏管、离心管、比色管、虹吸管、连接管、调药棒、搅拌棒等。

有关气体操作使用的仪器:是指用于气体的发生、收集、储存、处理、分析和测量等的玻璃仪器,如气体发生器、洗气瓶、气体干燥瓶、气体的收集和储存装置、气体处理装置和气体的分析、测量装置等。

加液器和过滤器类:主要包括各种漏斗及与其配套使用的过滤器具,如漏斗、分液漏斗、布氏漏斗、砂芯漏斗、抽滤瓶等。

标准磨口玻璃仪器类:是指那些具有磨口和磨塞的单元组合式玻璃仪器。上述各种玻璃仪器根据不同的应用场合,可以具有标准磨口,也可以具有非标准磨口。

其他类:是指除上述各种玻璃仪器之外的一些玻璃制器皿,如酒精灯、干燥器、培养皿、表面皿、研钵、玻璃阀等。

玻璃的化学组成主要是:SiO_2、B_2O_3、Al_2O_3、Na_2O、K_2O、CaO 等。表 2.1-1 给出了用于制造各种玻璃仪器的玻璃化学组成、性质及用途。

从表中可以看出,特硬玻璃和硬质玻璃含有较高的酸性氧化物成分,属于高硼硅酸盐玻璃一类,具有较好的热稳定性、化学稳定性、能耐热急变温差,受热不易发生破裂,用于制造允许加热的玻璃仪器。在玻璃中,若碱性氧化物含量增加,则其热性能降低(你能分析这其中的原因吗?)。可以预期,SiO_2 含量越高,其软化点温度也越高,线胀系数亦越小,耐热急变温差大。这正是石英制品仪器的特性。

石英玻璃的主要化学成分是二氧化硅,含量在 99.95% 以上。由于原料不同,分为透明、半透明及不透明的熔融石英玻璃。透明石英玻璃是用天然无色透明的水晶高温熔炼而成。半透明石英是由天然纯净的脉石英或石英砂制成,因其含有许多熔炼时未排净的气泡而

表 2.1-1 玻璃仪器的性质与用途

玻璃种类	通称	氧化物含量/%					线胀系数($\times 10^{-7}$)/K^{-1}	$\Delta T^{①}$/℃	$T_s^{②}$/℃	主要用途
		SiO_2	Al_2O_3	B_2O_3	Na_2O+K_2O	CaO				
特硬玻璃	特硬料	80.7	2.1	12.8	3.8	0.6	22	>270	820	制作耐热烧器
硬质玻璃	九五料	79.1	2.1	12.6	5.8	0.6	44	>220	770	制作烧器产品
一般仪器玻璃	管料	74	4.5	4.5	12	3.3	71	>140	750	制作滴管、吸管及培养皿等
量器玻璃	白料	73	5	4.5	13.2	3.8	73	>120	740	制作量器等

① ΔT 为耐热急变温度。

② T_s 为软化点。

呈半透明状。透明石英玻璃的理化性能优于半透明石英，主要用于制造玻璃仪器及光学仪器。石英玻璃的线膨胀系数很小（5.5×10^{-7}），只为特硬玻璃的1/5，因此它能耐急冷急热；石英玻璃的软化温度为1650℃，具有耐高温性能。将石英玻璃烧至红热放到冷水中也不会炸裂。石英玻璃仪器外表与玻璃仪器相似，比玻璃仪器价格贵、易脆、易破碎，使用时须特别小心。

玻璃和石英虽然有较好的化学稳定性，不受一般酸、碱、盐的侵蚀，但氢氟酸对玻璃有很强烈的腐蚀作用。故不能用玻璃仪器进行含有氢氟酸的实验。碱液，特别是浓的或热的碱液，对玻璃也会产生明显的侵蚀。因此玻璃容器不能长时间存放碱液，更不能使用磨口玻璃容器存放碱液。

基础化学实验室中常用的玻璃仪器及它们的用途列于书末附录中。

标准口玻璃仪器可以和编号相同的标准口相互连接，使用时既省时方便又严密安全，目前已替代了同类普通仪器。它与非磨口或非标准磨口玻璃仪器比较，具有以下特点：标准磨口玻璃仪器的所有磨口与磨塞，均采用国际通用的锥度（1:10）。凡属同类型规格的接口均可任意互换，由于口塞的标准化、通用化，可按需要选择某些单元仪器组装各种形式的组合仪器，不仅为使用者带来很大的方便，还可节约资金；接口严密；不需用橡胶塞、软木塞封口或作组装接头，故不致沾污反应物，并可承受较高温度。

由于玻璃仪器容量大小及用途不一，故有不同编号的标准磨口。常用的有10、14、19、24、29、34、40、50等，这里的数字编号指的是磨口最大端直径（mm）。有的磨口玻璃仪器用两个数字表示，例如10/30，表明磨口最大处直径为10mm，磨口长度为30mm。相同编号的内外磨口、磨塞可以直接紧密相接，磨口编号不同的两玻璃仪器，可借助于不同编号的标准口A型接头（又称大小头）相接。

化学实验室中除了大量使用玻璃仪器外，现如今也有许多非玻璃器皿的应用。特别是在玻璃仪器不便使用的场合。非玻璃器皿的典型代表为塑料器皿。塑料器皿依据材质，可分为普通塑料和聚四氟乙烯器皿两类。前者通常由聚乙烯或聚丙烯制造而成。聚乙烯（polyethylene，PE）【9002-88-4】可分为低密度（low density polyethylene，LDPE）、中密度（medium density polyethylene，MDPE）、高密度（high density polyethylene，HDPE）三种。低密度聚乙烯软化点为100℃，中密度为127～130℃，高密度为125℃。短时间聚乙烯器皿可使用到100℃。能耐一般酸碱腐蚀，不溶于一般有机溶剂，但能被氧化性酸慢慢侵蚀，与脂肪烃、芳香烃和卤代烷长时间接触能溶胀。聚丙烯（polypropylene，PP）【9003-07-0】塑料比聚乙烯硬，软化点约170℃，最高使用温度约130℃，120℃以下可以连续使用。与大多数介质不起反应，但受浓硫酸、浓硝酸、溴水及其他强氧化剂慢慢侵蚀，硫化氢和氨会被吸附。实验室常用聚乙烯和聚丙烯器皿储存纯水、标准溶液和某些试剂溶液，在可能被杂质离子的污染方面，要比玻璃容器优越，多用于微量元素分析。

实验室用聚四氟乙烯（polytetrafluroethylene，PTFE；teflon）【9002-84-0】器皿是氟树脂挤出吹塑加工成的容器，它们具有耐高低温、耐腐蚀、耐有机溶剂、防粘、透明、高纯度、无毒、不易破碎等特点。特别适用于涉及HF气体及HF酸的反应体系。聚四氟乙烯的电绝缘性能好，并能切削加工。在415℃以上急剧分解，并放出有毒的全氟异丁烯气体。氟塑料器皿主要用作低温实验、微量金属分析和储存超纯试剂。氟塑料器皿可反复进行高压消毒或化学消毒，但消毒前应松开或拧下瓶盖以防容器变形。可以用微波和其他热浴加热，但不得超过使用温度范围，也绝不能在明火上加热。

2.1.1 玻璃仪器的使用、洗涤与干燥

（1）玻璃仪器使用注意事项

使用玻璃仪器时应轻拿轻放；除试管等少数外，一般都不能直接用明火加热；锥形瓶不耐压，不能作减压用；厚壁玻璃器皿（如抽滤瓶）不耐热，不能加热；广口容器（如烧杯）不能储放有机溶剂；带玻璃活塞的玻璃器皿（如分液漏斗、滴液漏斗、碱式滴定管、分水器等）用过洗净后，在活塞与磨口间应垫上纸片，以防粘住。如已粘住，可用水煮后再轻敲塞子；或在磨口四周涂上润滑剂后用电吹风吹热风，使之松开。另外，温度计不能代替搅拌棒使用，并且也不能用来测量超过刻度范围的温度。温度计用后要缓慢冷却，不可立即用冷水冲洗以免炸裂。

磨口仪器使用的注意事项：磨口仪器售价较高，若磨口受到损坏，整个仪器就无法使用，故操作时需要谨慎。

标准磨口仪器只要磨口号相同就可相互配合。但非标准磨口仪器应保持原配，否则仪器装配后就会漏气或漏水。

使用磨口仪器时，可以在磨口处涂敷一层薄而均匀的润滑剂，如硅油、真空活塞油脂、凡士林等；磨口仪器用完后，必须立即洗净，在磨面间夹上纸条或涂敷润滑剂，以免粘连。

磨口仪器不要长期存放碱液，因为碱液和玻璃中的SiO_2作用生成有黏性的水玻璃Na_2SiO_3，它会使磨口粘连。磨口打不开时，可用温水、乙酸、盐酸浸泡，或在磨口部分滴数滴乙醚、丙酮、甲醇之类的溶剂以溶解硬化了的润滑油脂，或用10份三氯乙醛、5份甘油、3份浓盐酸和5份水配成的溶液浸泡或刷涂在磨口处，或用塑料锤、木锤轻轻敲击；或两种方法（浸泡、敲击）同时使用等。

（2）玻璃仪器的洗涤

实验室经常使用的各种玻璃仪器是否干净，常常影响到实验结果的可靠性与准确性，沾染的污物会干扰反应进程，增加副产物的生成和分离纯化的困难，也会严重影响产品的收率和质量，情况严重时还可能遏制反应而得不到产品。所以保证所使用的玻璃仪器干净是十分重要的。

玻璃仪器洗涤的要求是：洗净的玻璃仪器倒置时，水沿器壁自然流下，均匀润湿，不挂水珠。

洗涤玻璃仪器的方法很多，应根据实验的要求、污物性质和污染的程度来选用。通常粘附在仪器上的污物，有可溶性物质，也有不溶性物质和尘土，还有油污和有机物质。针对各种情况，可以分别采用下列洗涤方法。

刷洗 可除去附在仪器上的可溶物、尘土和一些不溶物，但不能洗去油污和有机物质。不能用秃顶的毛刷，也不能用力过猛，否则会戳破仪器。需要特别提醒的是，任何时候均不允许直接用手代替毛刷擦洗仪器！

洗涤剂洗　用合成洗涤剂如洗洁精或肥皂液洗。用毛刷蘸取洗涤剂少许，先反复刷洗，然后边刷边用水冲洗，直到倾去水后，器壁不再挂水珠时，再用少量纯水或去离子水分多次洗涤，洗去所沾自来水，即可使用。为了提高洗涤效率，可将洗涤剂配成5％的水溶液，加温浸泡要洗的玻璃仪器片刻后，再用毛刷刷洗。

去污粉洗　能除去油污和一些有机物质。由于去污粉中细砂的摩擦作用和白土的吸附作用，使洗涤效果更好。洗涤时，用少量水将要洗的仪器润湿，毛刷蘸取少量去污粉刷洗仪器的内外壁，再用自来水冲洗。但不能用于精密量具的洗涤。

洗液洗　常用的铬酸洗液是由浓硫酸和重铬酸钾配成的❶，这种溶液有很强的氧化性，对有机物和油污的去污能力特别强。洗涤时，往干燥的仪器内加入少量洗液，倾斜仪器并慢慢转动，使仪器内壁全部被洗液湿润，转动几圈后，把洗液倒回原瓶内，然后用自来水把仪器壁上残留的洗液洗去。沾污严重的仪器可用洗液浸泡一段时间，或用热的洗液洗。

使用铬酸洗液时要注意以下几点：若能用别的洗涤方法洗净的仪器，就不要用铬酸洗液，一因洗液具有很强的腐蚀性，二因成本高；铬（Ⅵ）的化合物有毒，清洗残留在仪器上的洗液时，不要倒入下水道，以免污染环境；被洗的仪器内不宜有水，以免洗液被冲稀而失效；洗液应反复使用。当洗液变成绿色，则已失效不能再用，要设法回收其中的Cr（Ⅲ、Ⅵ），使其无害化；洗液吸水性很强，应随时把洗液瓶的塞盖紧，防止吸水而失效。

碱性高锰酸钾洗液　4g高锰酸钾溶于水中，加入10g氢氧化钾，用水稀释至100mL而成。此液用于清洗油污或其他有机物质，洗后容器沾污处有褐色二氧化锰析出，可用（1+1）工业盐酸或草酸洗液、硫酸亚铁、亚硫酸钠等还原剂去除。草酸洗液：5～10g草酸溶于100mL水中，加入少量浓盐酸。此溶液用于洗涤高锰酸钾洗后产生的二氧化锰。

特殊污物的去除　可根据沾在仪器壁上的各种污物的性质，"对症下药"采用适当的方法或药品来处理。表2.1-2列出了一些常见污物的处理方法。

表 2.1-2　常见污物处理方法

污　　物	处 理 方 法
可溶于水的污物、灰尘等	自来水清洗
不溶于水的污物	肥皂、合成洗涤剂
氧化性污物（如 MnO_2、铁锈等）	浓盐酸、草酸洗液
油污、有机物	碱性洗液（Na_2CO_3、$NaOH$ 等），有机溶剂、铬酸洗液、碱性高锰酸钾洗涤液
残留的 Na_2SO_4、$NaHSO_4$ 固体	用沸水使其溶解后趁热倒掉
高锰酸钾污垢	酸性草酸溶液
黏附的硫黄	用煮沸的石灰水处理
瓷研钵内的污迹	用少量食盐在研钵内研磨后倒掉，再用水洗
被有机物染色的比色皿	用体积比1∶2的盐酸-酒精液处理
银迹、铜迹	硝酸
碘迹	溶液浸泡，温热的稀 $NaOH$ 或用 $Na_2S_2O_3$ 溶液处理

用上述各种方法洗涤后的仪器，经自来水反复地冲洗后，还留有 Na^+、K^+ 等离子，只有在实验中不允许存在这些离子时，才有必要用纯水将它们洗去。用纯水洗涤仪器时，应遵循"少量多次"的原则，一般以洗三次为宜。洗净的仪器壁上是一层均匀的水膜而不挂

---

❶　重铬酸盐洗液的具体配法是：将25g重铬酸钾固体在加热下溶于50mL水中，然后向溶液中加入450mL浓硫酸，边加边搅动。切勿将重铬酸钾溶液加到浓硫酸中。

水珠。

用于痕量分析的玻璃仪器的洗涤　要求洗去所吸附的极微量杂质离子。这就须把洗净的玻璃仪器用优级纯的（1＋1）HNO₃ 或 HCl 浸泡几十个小时，然后用去离子水洗干净后使用。

超声波洗涤　一些形状复杂、洗涤要求高的玻璃仪器或仪表配件，如进样器、吸量管、各类电极等，可以使用超声波洗涤。清洗时，将被清洗的器件放在注满清洗剂的清洗槽内，清洗剂根据需要可用纯水、乙醇、丙酮、洗涤剂和酸碱液等，然后把超声波发生的电讯号通过超声波换能器转换成超声波振动并引入清洗剂中，在超声波作用下使污垢脱落达到清洗的目的。

（3）玻璃仪器的干燥

玻璃仪器应在每次实验结束后洗净干燥备用。不同实验对玻璃仪器的干燥程度有不同的要求。一般定量分析用的烧杯、锥形瓶等仪器洗净后即可使用。而用于有机分析或合成的玻璃仪器常常是要求干燥的，有的要求无水，有的可容许微量水分，应根据不同要求来干燥仪器。

晾干　不急用的、要求一般干燥的仪器，可在用纯水刷洗后，控去水分，置于无尘处使其自然干燥。可用安装有斜木钉的架子或有透气孔的柜子放置玻璃仪器。

加热烘干　洗干净的仪器可以放在电烘箱（控制在 105℃±5℃）内烘干。也可放在远红外干燥箱中烘干。仪器放入之前应尽量把水控净，然后小心放入，应注意仪器口朝下倒置，不稳的仪器应平放，并在烘箱下层放一个搪瓷盘，以承接从仪器上滴下的水珠。称量用的称量瓶等在烘干后要放在干燥器中冷却和保存。厚壁玻璃仪器烘干时，要注意使烘箱温度慢慢上升，不能直接置于温度高的烘箱内，以免烘裂。玻璃量器不可放在烘箱中烘干。

一般常用的烧杯、蒸发皿等可置于石棉网上用小火烤干（外壁水珠应先揩干）。试管可以直接用小火烤干。操作时，试管口要略微向下倾斜，以免水珠倒流炸裂试管。火焰不要集中于某一部位，可从底部开始缓慢向下移至管口。如此烘烤到不见水珠时，再使管口朝上，以便把水汽赶尽。

溶剂荡洗吹干　带有刻度的计量仪器，不能用加热的方法进行干燥，因为加热会影响仪器的精密度。可以加一些易挥发的有机溶剂（最常用的是乙醇或乙醇与丙酮按体积比 1∶1 的混合物）到洗净的仪器中，倾斜并转动仪器，使器壁上的水与这些有机溶剂互相溶解混合，然后倾出它们并回收。少量残留在仪器中的混合物，很快就挥发而干燥。若使用理发吹风机往仪器中吹风，会干得更快。开始用冷风吹，当大部分溶剂挥发后再用热风吹至完全干燥。再用冷风吹去残余的蒸气，使其不再冷凝在容器内。此法要求通气好，防止中毒，不可有明火，以防有机溶剂蒸气燃烧爆炸。

图 2.1-1　气流烘干器

气流烘干器干燥　气流烘干器是一种用于快速烘干仪器的设备（图 2.1-1）。使用时，将仪器洗干净后，沥去多余的水分，然后将仪器套在烘干器的多孔金属管上。注意随时调节热空气的温度。带旋塞或具塞的仪器，应取下塞子后再烘干。气流烘干器不宜长时间加热，以免烧坏电机和电热丝。

2.1.2　常用度量玻璃仪器

化学实验中常常使用一些体积量度的玻璃仪器，用于流体体积的测量。比如滴定管（burette）、容量瓶（volumetric flask）、移液管（器）（pipette）、吸量管（measuring pipette）、注射器、密度瓶、量筒（measuring cylinder）等是常用的度量仪器。

度量仪器分为量入式（标有："In"或"A"字样）和量出式（标有："Ex"或"E"字样）两种。量入式表示在标明温度下，液体充满到标度刻线时，容器内液体的体积恰好与标明的体积相同（如容量瓶、比重瓶）。量出式表示在标明温度下，液体充满到标度刻线后，按一定方法放出液体时，其体积与标明的体积相同（如移液管）或两次体积读数差为所需值（滴定管、吸量管、注射器等）。

国产玻璃量器依据容积标定方式和精度不同，分为两类。一等玻璃量器用衡量法进行容积标定。二等玻璃量器用容量比较法进行容积标定。凡分等级的玻璃量器，在其刻度上方的显著部位标明一等或二等字样。无上述字样记号的，均为二等量器，即其容积的标定为容量比较法，定量时标准环境温度为20℃。

度量仪器的正确使用是化学实验（特别是容量分析）的基本操作技术之一。在此对这些量器的基本操作程序与方法作一介绍。

2.1.2.1　滴定管

滴定管是用细长而均匀的玻璃管制成。管壁上刻有刻度，下端有一尖嘴管，中间有一节制阀门，控制溶液流出的量和速度，它是用来度量溶液流出体积的容量仪器。

常用滴定管有25mL、50mL、100mL等几种，刻度自上而下刻成，以mL为单位，每1mL又分成10个分度，即最小刻度为0.1mL，读数可估计到0.01mL。下端出口内径大小应能保证管内溶液全部流出时间在60～90s之间。此外，还有容积为10mL、5mL、2mL和1mL的半微量，微量滴定管，最小刻度为0.05mL、0.01mL或0.005mL。它们的构造各异。

常用的滴定管依节制阀构造的不同，可分为两种。一种是下端阀门是玻璃旋塞的酸式滴定管（简称酸管），用来盛放酸性或氧化性溶液，而不能盛放碱性溶液，否则旋塞磨口被碱类溶液腐蚀，放置久了，旋塞会打不开。另一种是碱式滴定管（简称碱管），其下端连接一段胶管，内放一玻璃球，以控制溶液的流速，乳胶管下端再连接一尖嘴玻璃管，这种碱式滴定管用来盛放碱性溶液，而不能盛放氧化性溶液，如$KMnO_4$、I_2等。现今更流行使用一种下端阀门旋塞为聚四氟乙烯（PTFE）材质的滴定管，这种滴定管可通用于酸、碱以及有机溶液的滴定过程。

(1) 酸式滴定管滴定前的准备

① 检漏与清洗。使用前首先应检查玻璃活塞是否配合紧密，如不紧密，将会出现严重的漏水现象，则不宜使用；其次，应进行充分的清洗。根据沾污的程度，可采用下列几种清洗方法。

a. 用自来水洗。

b. 滴定管刷蘸合成洗涤剂刷洗，但铁丝部分不得碰到管壁（如果用泡沫塑料刷代替更好）。

c. 用前面方法不能洗净时，可用铬酸洗液。为此，加入5～10mL洗液于酸管中，通过两手使酸管边转动、边放平，直至洗液布满全管。注意：可将滴定管平放在一大烧杯上，在转动滴定管时将管口对着小烧杯或洗液瓶口，以防洗液洒出。然后，打开活塞，将洗液从管出口放回原瓶中。必要时也可加满洗液浸泡一段时间。

d. 可根据具体情况采用针对性洗涤液进行清洗。如MnO_2可采用过氧化氢加酸溶液进行清洗。

无论用哪种清洗方法清洗后，都必须用自来水冲洗干净，再用纯水荡洗三次，每次用量在容积的5%～20%之间。将管外壁擦干后，酸管内壁应完全被水均匀润湿而不挂水珠。如内壁不是均匀润湿而是挂了水珠，则应重新洗涤。

② 玻璃活塞涂油。为了使玻璃活塞转动灵活并防止漏水现象，需将活塞涂油（凡士林

或真空活塞油脂）。操作方法如下（PTFE 旋塞滴定管无需此项准备操作）。

a. 取下活塞，用滤纸片将活塞和活塞槽擦干。擦拭时，可将酸管放平且大口向上，以免滴定管壁上的水进入活塞套中。

b. 活塞涂油可用下面两种方法进行。一种方法是用手将油脂涂润在活塞的大头上（A 部），另用玻璃棒将油脂涂润在相当于活塞 B 部的滴定管活塞槽的小口的内壁部分，如图 2.1-2（a）所示。另一种方法是用手指蘸上油脂后，均匀地在活塞 A、B 两部分涂上薄薄的一层油脂（注意，活塞小孔到两端边缘距离的 1/2 以内不涂油脂），如图 2.1-2（b）所示。涂油脂时，不要涂在活塞孔上下两侧，以免旋转时堵塞活塞孔；不要涂得太多，以免活塞孔被堵住；也不能涂得太少，达不到转动灵活和防止漏水的目的。

c. 用以上两种方法任何一种涂油后，把滴定管下端稍抬起少许，将活塞直接插入活塞套中。插入时活塞孔应与滴定管平行，此时活塞不要转动，这样可以避免将油脂挤到活塞孔中去。然后，向同一方向不断旋转活塞直至旋塞全部呈透明状为止。旋转时，应有一定的向活塞小头部分方向挤的力，以免来回移动活塞，使孔受堵。最后右手心顶住活塞大头，左手将橡皮圈套在活塞的小头部分沟槽上。如图 2.1-2（c）。

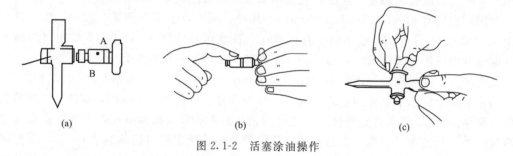

图 2.1-2　活塞涂油操作

经上述处理后，活塞应转动灵活，油脂层中没有纹路，旋塞呈均匀的透明状态。否则，应重新涂油。

③ 用水充满滴定管，安置在滴定管架上直立静置 2min，观察有无水滴滴下。然后，将活塞旋转 180°，再在滴定管架上直立静置 2min，观察有无水滴滴下。如果漏水，则应重新进行涂油操作。

若活塞孔或出口管尖被油脂堵塞时，可将它插入热水中温热片刻，然后打开活塞，使管内的水突然流下，冲出软化油脂，油脂排出后即可关闭活塞。最后，再用纯水荡洗三次，备用。

（2）碱式滴定管滴定前的准备

使用碱管前，检查乳胶管是否老化、变质，检查玻璃珠是否适当，玻璃珠太大，则不便操作，过小，则会漏水。如不合要求，应及时更换。

碱管的洗涤方法和酸管相同。如需用铬酸洗液洗涤时，可将管端胶管取下，用 PTFE 塑料乳头堵住碱管下口进行洗涤。如需用铬酸洗液浸泡一段时间，可将碱管倒立，将管口插入洗液瓶中，并用滴定管夹固定，将碱管嘴连接抽气泵，打开抽气泵，用手捏挤玻璃珠处的橡皮管，使洗液缓慢上升，直至碱管充满后，停止捏挤玻璃珠并使碱管嘴口脱离抽气泵，任其浸泡一段时间，然后用手轻捏玻璃珠，使洗液放回原瓶中。用自来水冲洗后，应观察到碱管内壁为一均匀润湿水层而不挂水珠。否则应重新清洗。最后再用纯水荡洗。

如不方便使用抽气泵时，也可用一根带玻璃珠的橡皮管代替碱管下部的医用胶管，且玻璃珠直接与碱管下口接触。这样，将碱管直立夹在滴定管架上，将铬酸洗液直接倒入碱管中浸泡。浸泡后，橡皮管弃去。

（3）操作溶液的装入

① 将溶液装入滴定管之前，应将试剂瓶中的溶液摇匀，将凝结在瓶内壁上的水珠混入溶液，在天气比较热或室温变化较大时，此项操作更为必要。混匀后的操作溶液应直接倒入滴定管中，不得用其他容器（如烧杯、漏斗等）来转移。向滴定管中倒溶液时，用左手前三指持滴定管上部无刻度处，并应稍微倾斜，这样重心不变利于转移溶液，右手拿住试剂瓶，向滴定管中倒入溶液，注意观察试剂瓶口溶液去向，及时转动试剂瓶让其流量最大处对准滴定管口。如用小试剂瓶，右手可握住瓶身（注意，试剂瓶标签应向手心），倾倒溶液于管中；如用大试剂瓶，可将瓶放在桌上，右手拿瓶颈，使瓶倾斜，让溶液慢慢倾入管中。

② 在正式装入操作溶液时，应先用操作溶液润洗滴定管壁三次，操作同前。对于碱管，应特别注意玻璃珠下方的洗涤。润洗后再将操作液倒入，直至充满至零刻度以上为止。

③ 滴定管充满操作溶液后，应检查管的出口下部尖嘴部分是否充满溶液，是否留有气泡。右手拿滴定管上部无刻度处，并使滴定管倾斜30°，左手迅速打开活塞，使溶液冲出管口，反复数次冲出溶液于管口，这样一般可达到排除酸管出口气泡的目的。碱管的气泡往往在医用胶管内和出口玻璃管内存留，医用胶管内的气泡在对光检查时容易看出。为了排除碱管中的气泡，可将碱管垂直地夹在滴定管架上，左手拇指和食指捏住玻璃珠部位，使医用胶管向上弯曲翘起，并捏挤医用胶管，使溶液从管口喷出，即可排除气泡。如图2.1-3所示。

图2.1-3　碱管排气泡的方法

由于目前可能有不合规格要求的酸管流入市场，因此，有时按上法仍无法排除酸管出口处的气泡。这时可在出口尖嘴上接一根约10cm的医用胶管，然后，按碱管同样的方法向上翘起排气，这样，气泡一定会排除干净。

（4）滴定管的读数

滴定管读数前，应注意管出口有无挂水珠。若在滴定后挂有水珠读数，这时是无法读准确的。一般读数应遵守下列原则。

① 读数时应将滴定管从滴定管夹上取下，用右手大拇指和食指捏住滴定管上部无刻度处，其他手指从旁辅助，使滴定管保持垂直，然后再读数。滴定管夹在滴定管台读数的方法，一般不宜采用，因为它很难确保滴定管的垂直。

② 由于水的附着力和内聚力的作用，滴定管内的液面呈弯月形，无色和浅色溶液的弯月面比较清晰，读数时，应读取弯月面下缘实线的最低点。为此，读数时，视线应与弯月面下缘实线的最低点相切，即视线与弯月面下缘实线的最低点在同一水平面上。如图2.1-4所示。对于有色溶液，其弯月面是不够清晰的，读数时则视线应与液面两侧的最高点相切，这样才较易读数。例如，对I_2、$KMnO_4$等有色溶液的读数就应如此〔图2.1-5（a）〕。

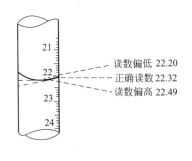

图2.1-4　读数视线的位置

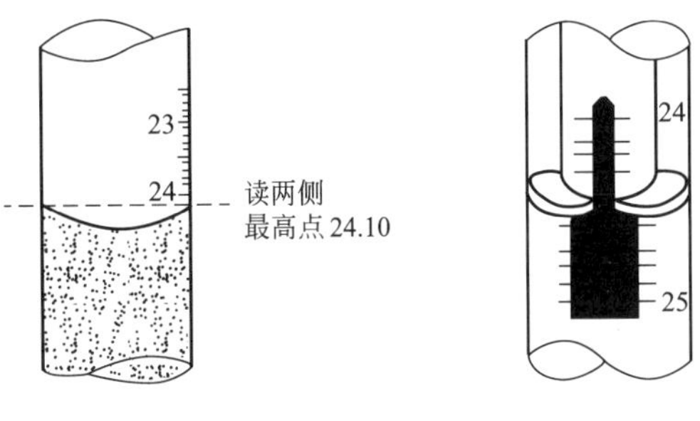

图2.1-5　滴定管读数

③ 为了便于读数准确，在管装满或放出溶液后，必须等 1～2min，使附着在内壁的溶液流下来后，再读数。如果放出液的速度较慢（如接近等量点时就是如此），那么可只等 0.5～1min 后，即可读数。记住，每次读数前，都要看一下，管壁有没有挂水珠，管的出口尖嘴处有无液滴，管嘴有无气泡。

④ 读取的值必须读至毫升（mL）小数后第二位，即要求估计到 0.01mL。正确掌握估计 0.01mL 读数的方法很重要。滴定管上两个小刻度之间为 0.1mL，在如此之小中要估计其 1/10 的值，对一个分析工作者来说是要进行严格训练的。为此，可以这样来估计：当液面在此两小刻度之间时，即为 0.05mL；若液面在两小刻度的 1/3 处，即为 0.03mL 或 0.07mL；当液面在两小刻度的 1/5 时，即为 0.02mL 等。

⑤ 对于"蓝带"滴定管，读数方法与上述相同。当蓝带滴定管盛溶液后将有似两个弯月面的上下两个尖端相交，此上下两尖端相交的位置，即为蓝带管的读数的正确位置〔如图 2.1-5（b）〕。

⑥ 为了便于读数，可采用一读数卡，它有利于初学者读数。读数卡如图 2.1-6 所示。

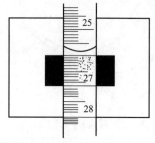

读数卡是用贴有黑纸或涂有黑色长方形（约 3cm×1.5cm）的白纸版制成。读数时，将读数卡放在滴定管背后，使黑色部分在弯月面下约 1cm 处，此时即可看到弯月面的反射层全部成为黑色，如图中所示。然后，读此黑色弯月面下缘的最低点。

对有色溶液须读其两侧最高点时，须用白色卡作为背景。

图 2.1-6　使用读数卡读数

（5）滴定管的操作方法

使用滴定管时，应将滴定管垂直地夹在滴定管架上。

使用酸式滴定管（简称酸管）时，左手握滴定管，其无名指和小指向手心弯曲，轻轻地贴着出口部分，用其余三指控制活塞的转动，如图 2.1-7 所示。但应注意，不要向外用力，以免推出活塞，造成漏水，应使活塞有一点向手心的回力。当然，也不要过分往里用太大的回力，以免造成活塞转动困难，不能操作自如。

使用碱式滴定管（简称碱管）时，仍以左手握管，其拇指在前，食指在后，其他三指辅助夹住出口管。用拇指和食指捏住玻璃珠所在部位，向右边挤医用胶管，使玻璃珠移至手心一侧，这样，使溶液可从玻璃珠旁边的空隙流出，如图 2.1-7 所示。必须指出，不要捏玻璃珠下部胶管，以免空气进入而形成气泡，影响读数。

无论使用酸管还是碱管，都必须掌握三种滴液的方法：a. 连续滴加的方法，即一般的滴定速度"见滴成线"的方法；b. 控制一滴一滴加入的方法；c. 学会使液滴悬而不落，只加半滴，甚至不到半滴的方法。

滴定时，滴定操作可在锥形瓶或烧杯内进行。在锥形瓶中进行时，用右手的拇指、食指和中指拿住锥形瓶，其余两指辅助在下侧，使瓶底离滴定台高 2～3cm，使滴定管下端伸入瓶口内约 1cm。左手握住滴定管，按前述方法，边滴加溶液，边用右手摇动锥形瓶，边滴边摇动。其两手操作姿势如图 2.1-8 所示。

进行滴定操作时，应注意如下几点。

① 最好每次滴定都从 0.00mL 开始，或接近零的任一刻度，这样可以减少滴定误差。

② 滴定时，左手不能离开活塞，任溶液自流。

③ 摇瓶时，应微动腕关节，使溶液向同一方向旋转（左、右旋转均可），不能前后振动，以免造成事故。摇瓶时，一定要使溶液旋转出现有一旋涡，因此，要求有一定速度，不能摇得太慢，影响化学反应的进行。

④ 滴定时，要观察滴落点周围颜色的变化。不要去看滴定管上部的体积，而不顾滴定反应的进行。

图 2.1-7　滴定管的操作　　　　　　　　　　图 2.1-8　滴定的操作

⑤ 滴定速度的控制方面，一般在开始时，滴定速度可稍快，呈"见滴成线"，这时为 10mL/min，即为 3～4 滴/s。而不要滴成"水线"，这样，滴定速度太快。接近终点时，应改为一滴一滴加入，即加一滴摇几下，再加，再摇。最后是每加半滴，摇几下锥形瓶，直至溶液出现明显的颜色变化为止。

加入半滴溶液的方法。用酸管时，可轻轻转动活塞，使溶液悬挂在出口管嘴上，形成半滴，用锥形瓶内壁将其沾落，再用洗瓶吹洗。对碱管，应先松开拇指与食指，将悬挂的半滴溶液沾在锥形瓶内壁上，再放开无名指和小指，这样可避免出口管尖出现气泡。

滴加半滴溶液和用纯水瓶吹洗的操作总是紧密相连的。若加了半滴溶液后，不使用洗瓶吹洗内壁，则这种操作是错误的。

在烧杯中滴定时，将烧杯放在滴定台上，调节滴定管的高度，使其下端伸入烧杯内约 1cm。而滴定管下端应在烧杯中心的左后方处，不要离杯壁过近。左手滴加溶液，右手持玻璃棒搅拌溶液，如图 2.1-8 所示。搅拌应作圆周搅动，不要碰到烧杯壁和底部。当滴至接近终点只滴加半滴溶液时，用搅棒下端承接此悬挂的半滴溶液于烧杯中，但要注意，搅棒只能接触液滴，不能接触管尖。其他操作同前所述。

滴定结束后，滴定管内的溶液应弃去，不要倒回原瓶中，以免沾污操作溶液。随后，洗净滴定管，用纯水充满全管，备用。

2.1.2.2　容量瓶

容量瓶是一种细颈梨形的平底玻璃瓶，其瓶口是磨口玻璃，并带有玻璃磨口塞或塑料塞，用橡皮筋可将塞子系在容量瓶的颈上。颈上有标度刻线，一般表示在 20℃ 时液体充满标度刻线时的容积。有 10mL、25mL、50mL、100mL、250mL、500mL 和 1000mL 等各种规格。常见容量瓶的外观见附录。

容量瓶是用于配制标准溶液和试样溶液用的。为了正确使用容量瓶，必须明确下面几点。

(1) 容量瓶的检查

容量瓶使用前必须进行检查：①瓶塞是否漏水；②标度刻线位置距离瓶口是否太近。如果漏水或标线离瓶口太近（不便混匀溶液），则不宜使用。

检查瓶塞是否漏水的方法如下：加自来水至标度刻线附近，盖好瓶塞后，左手用食指按住塞子，其余手指拿住瓶颈标线以上部分，右手用指尖托住瓶底边缘，如图 2.1-9 所示。将瓶倒立 2min，如不漏水，将瓶直立，转动瓶塞 180° 后，再倒立 2min 检查，如不漏水，方可使用。

使用容量瓶时，不要将其玻璃磨塞随便取下放在桌面上，以免沾污和搞错。欲打开瓶塞操作时，可用右手的食指和中指（或中指和无名指）夹住瓶塞的扁头，如图 2.1-10 所示。这样，用右手仍可方便地倒出溶液。操作结束后，随即将瓶塞塞在瓶口上。当须用两手操作（如转移溶液等）而不能用手指夹住瓶塞时，可用橡皮筋或细绳将瓶塞系在瓶颈上，如图 2.1-11 所示。当使用平顶的塑料塞子时，操作时也将塞子倒置在桌面上放置。但扁头的玻璃塞子是绝对不允许放在桌上，以免沾污。

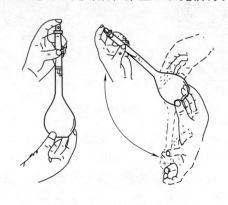

图 2.1-9　检查漏水和混匀溶液的操作　　　　图 2.1-10　瓶塞不离手的操作

（2）容量瓶的洗涤

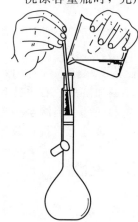

洗涤容量瓶时，先用自来水洗几次，倒出水后，内壁不挂水珠，即可用纯水荡洗三次后，备用。否则，就必须用铬酸洗液洗涤。为此，先尽量倒出瓶内残留的水（以免冲稀洗液），再加入 10～20mL 洗液，倾斜转动容量瓶，使洗液布满内壁，可放置一段时间，然后将洗液倒回原瓶中，再用自来水充分冲洗容量瓶，洗净后用纯水荡洗三次。用纯水荡洗时，一般每次用水 15～20mL，不要浪费。

（3）溶液的配制

用容量瓶配制标准溶液或分析试液时，最常用的方法是将固体称出置于小烧杯中，加水或其他溶剂将固体溶解，然后将溶液定量转入容量瓶中。

定量转移溶液时，右手拿玻璃棒，左手拿烧杯，使烧杯嘴紧靠玻璃棒，而玻璃棒则悬空伸入容量瓶中，棒的上部不要碰瓶口，下端靠着瓶颈内壁，微微倾斜烧杯使溶液沿玻璃棒和内壁缓缓流

图 2.1-11　转移溶液的操作

入容量瓶中，如图 2.1-11 所示。烧杯中溶液流完后，将烧杯沿玻璃棒稍微向上提起，并使烧杯直立，再将玻璃棒放回烧杯中（注意勿使溶液流至烧杯外壁引起损失）。然后，用洗瓶吹洗玻璃棒和烧杯内壁，再将溶液定量转入容量瓶中。如此吹洗、转移的定量转移溶液的操作，一般应重复五次以上，以保证转移干净。然后加水至容量瓶的 3/4 左右容积时，用右手食指和中指夹住瓶塞的扁头，将容量瓶拿起，按同一方向摇动几周，使溶液初步混匀。继续加水至距离标度刻线约 1cm 处后，等 1～2min，使附在瓶颈内壁的溶液流下后，再用细而长的滴管滴加水至弯月面下缘与标度刻线相切（注意，勿使滴管接触溶液。也可用洗瓶加水至刻度）。无论溶液有无颜色，其加水位置均为使水至弯月面下缘与标度刻线相切为标准。因为加水时，溶液尚未混匀，在弯月面下缘仍可非常清楚地看出，不至于有碍观察。

必须指出，在一般情况下，当用水稀释超过标度刻线时，就应该弃去重做。

当加水至容量瓶的标度刻线时，盖上干的瓶塞，用左手食指按住塞子，其余手指拿住瓶颈标线以上部分，而用右手的全部指尖托住瓶底边缘，如图 2.1-10 所示，然后将容量瓶倒转，使气泡上升到顶，振荡瓶，使溶液混匀。如此反复 10 次左右。由于瓶塞部分的溶液此

时可能还未完全混匀，为此，将瓶塞打开，使瓶塞附近的溶液流下，重新塞好塞子，再倒转振荡 3～5 次，以使溶液全部混匀。

如用容量瓶稀释溶液，则用移液管移取一定体积的溶液于容量瓶中，加水至标度刻线，按前述方法混匀溶液。

注意：容量瓶不宜长期保存试剂溶液。如配好的溶液需作保存时，应转移至磨口试剂瓶中，不要将容量瓶当作试剂瓶使用。

容量瓶使用完毕应立即用水冲洗干净。如长期不用，磨口处应洗净擦干，并用纸片将磨口隔开。

容量瓶不得在烘箱中烘烤，也不能在电炉等热器上加热。如需干燥的容量瓶使用时，可将容量瓶洗净后，用乙醇等有机溶剂荡洗后晾干或用电吹风的冷风吹干。

2.1.2.3 移液管和吸量管

移液管和吸量管均为量出式量器。

移液管是中间有膨大部分（称为球部）的玻璃管，球部的上端和下端均为较细窄的管颈，管颈上部刻有标线，在标明的温度下，使溶液的弯月面下缘与移液管标线相切，让溶液按一定的方法自由流出，则流出的体积与管上标明的体积相同。因此，移液管是用来准确移取一定体积溶液的仪器，可参见附录。常用的移液管有 5mL、10mL、15mL、25mL 和 50mL 等规格。

吸量管是具有刻度的玻璃管，可参见附录。它一般只用于量取小体积的溶液。常用的吸量管有 1mL、2mL、5mL、10mL 等规格。吸量管吸取溶液的准确度不如移液管。有些吸量管使用时应注意一点，其分刻度不是刻到管尖，而是离管尖尚差 1～2cm。

为了正确使用移液管和吸量管，必须明确下面几点。

(1) 移液管和吸量管的检查

合格的移液管和吸量管除了放出的体积准确外，管的孔径大小也有一定的要求。所有规格的移液管中的溶液全部流完的最长时间不能超过 1 min，最短时间按下表：

移液管的容积/mL	5	10	25	50	100
自由流完时间/s	10	20	25	30	40

如果自由流出时间不在规定范围，表示出口孔径太粗（太快）或过细（太慢），这都会使管壁滞留的溶液超过允许量的范围，而导致流出溶液的体积不准确，是不宜使用的。

(2) 移液管和吸量管的洗涤

使用前，移液管和吸量管都应洗至整个内壁和其下部的外壁不挂水珠。为此，可先用自来水清洗一次，再用铬酸洗液洗涤。吸取洗液方法如下：用左手持洗耳球，将食指或拇指放在洗耳球的上方，其余手指自然地握住洗耳球，用右手的拇指和中指拿住移液管或吸量管标线以上的部分，无名指和小指辅助拿住移液管，将洗耳球对准移液管口，管尖贴在吸水纸上，用洗耳球压气，吹去其中残留的水，然后排除洗耳球中的空气，将管尖伸入洗液瓶中，吸取洗液至移液管球部的1/4处或吸量管全部的1/4处。移开洗耳球，与此同时，用右手的食指堵住管口，把管横过来，左手扶住管的下端，松开右手食指，一边转动移液管，一边使管口降低，让洗液布满全管。然后，从管的上口将洗液放回原瓶，用自来水充分冲洗。再通过洗耳球，如上操作，吸取纯水将整个管的内壁荡洗三次，荡洗的水应从管尖放出。亦可用洗瓶从管的上口吹洗，并用洗瓶吹洗管的外壁。

如果移液管或吸量管需用洗液浸泡，可用洗耳球吸取洗液至管口约2cm处，取下洗耳球将管口用一橡皮帽封住（或在管口安一段橡皮管夹子夹住），先在滴定台上浸泡一段时间（管下放一烧杯承接），直到油污除尽为止，然后将洗瓶放回原瓶，依次用自来水、纯水洗净。

（3）移液管和吸量管的润洗

移取溶液前，可用吸水纸将管的尖端内外的水除去，然后用待吸溶液润洗三次，方法是：按前述洗涤操作将待吸液吸至球部的1/4处（注意，勿使溶液回流，以免稀释溶液），然后把管平置并慢慢旋转，使待吸液布满全管内壁，如此反复润洗三次。润洗这一步很重要，它是使管的内壁及有关部位保证与待吸溶液处于同一体系浓度状态。吸量管的润洗操作与此相同。

（4）移取溶液操作

移液管经润洗后，移取溶液时，将管直接插入待吸液液面下1～2cm深处。管尖不应伸入太浅，以免液面下降后造成吸空；也不应伸入太深，以免移液管外壁附有过多的溶液。吸液时，应注意容器中液面和管尖的位置，应使管尖随液面下降而下降。当洗耳球慢慢放松时，管中的液面徐徐上升，当液面上升至标线以上时，迅速移去洗耳球，而与此同时，用右手食指堵住管口，左手改拿盛待吸液的容器。然后，将移液管往上提起，使之离开液面，并将管的下部原伸入溶液的部分沿待吸液容器内壁轻转两圈，以除去管壁上的溶液。然后使容器倾斜成45°，其内壁与移液管尖紧贴，此时右手食指微微松动，使液面缓慢下降，直到视线平视时弯月面与标线相切，这时立即用食指按紧管口。移开待吸液容器，左手改拿接收溶液的容器，并将接收容器倾斜，使内壁紧贴移液管尖，成45°左右。然后松开右手食指，使溶液自然地顺壁流下。待液面下降到管尖后，等15s左右，移出移液管。这时，尚可见管尖部位仍留有少量溶液。对此，除特别注明"吹"字的以外，一般此管尖部位留存的溶液是不能吹入接收容器中的，因为在工厂生产鉴定移液管时是没有把这部分体积算进去的。但必须指出，由于一些管口尖部做得不够圆滑，因此可能会由于随靠接收容器的管尖部位不同方位而留存在管尖部位的体积有大小变化，为此，可在等15s后，将管身往左右旋动一下，这样管尖部分每次留存的体积将会基本相同，不会导致平行测定时的过大误差（图2.1-12）。

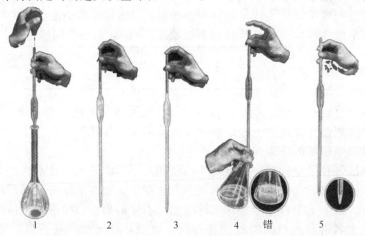

图 2.1-12　移取与转移溶液

用吸量管吸取溶液时，大体与上述操作相同。但吸量管上常标有"吹"字，特别是1mL以下的吸量管尤其如此，对此，要特别注意。同时，吸量管若是分刻度到管尖尚差1～2cm，放出溶液时也应注意。实验中，要尽量使用同一支吸量管，以免带来误差。

注意： 移液管和吸量管用完后，应放在指定的位置上，实验完毕后，应将它用自来水、纯水分别冲洗干净，保存起来。

2.1.2.4　移液器（取液器）

移液器是量出式量器，分定量和可调两种类型，定量移液器是指一支移液器的容量是固定的，而一支可调移液器的容量在其标称容量范围内连续可调。移液器主要用于实验过程中的取样和加液。

移液器利用空气排代原理进行工作，它由定位部件、容量调节指示部分、活塞套和吸液嘴等组成，如图 2.1-13。移液量由一个配合良好的活塞在活塞套内移动的距离来确定。移液器的吸液嘴由聚丙烯材料制成。

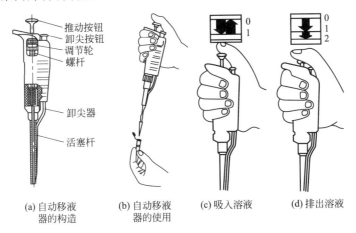

推动按钮
卸尖按钮
调节轮
螺杆

卸尖器

活塞杆

(a) 自动移液器的构造　　(b) 自动移液器的使用　　(c) 吸入溶液　　(d) 排出溶液

图 2.1-13　移液器构造与使用

使用方法如下。

① 吸液嘴用过氧乙酸或其他合适的洗涤液进行清洗，然后依次用自来水和纯水洗涤，干燥后即可使用。

② 根据所要移取溶液的体积选择固定或可调移液器。将可调移液器的容量调节到所需数，再将吸液嘴紧套在移液器的下端，并轻轻转动，以保证可靠的密闭。

③ 吸取和排放被取溶液 2～3 次，以润洗吸液器。

④ 垂直握住移液器，将按钮揿到第一停点，并将吸液嘴插入液面以下 3mm 左右，然后缓缓地放松按钮，等待 1～2s 后再离开液面，擦去移液嘴外面的溶液（但不能碰到移液口，以免带走器口内的溶液）。将流液口靠在所用容器的内壁上，缓慢地把按钮揿到第一停点，等待 1～2s，再将按钮完全揿下，然后使吸液嘴沿容器内壁向上移开。

⑤ 用过的吸液嘴若想重复使用，应随即清洗干净，晾干或烘干后存放洁净干燥处。

随着现代科学的发展，出现了电子移液器及手/自动为一体的移液器。它作为一种精密连续可调式液态物质计量仪器，已成为实验室科研人员必不可少的工具之一。

电子移液枪可用于常用的移液管上，适用于多种量程的液体取用，如图 2.1-14 所示。

2.1.2.5　注射器

注射器为量出式量器。其规格大至数十毫升，小至微升级，见图 2.1-15。

最为常用的是微量注射器也称为微量进样器见图 2.1-15（b），是色谱分析实验中不可少的取样、进样工具。

注射器是精密量器，易碎、易损，使用时应细心，

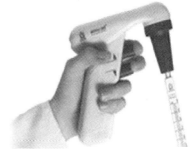

图 2.1-14　电子移液枪

否则会损坏其准确度。使用前要用丙酮等溶剂洗净，以免干扰样品分析；使用后应立即清洗，以免样品中的高沸点组分沾污进样器。一般常用下述溶液依次清洗：5% 的 NaOH 水溶液、纯水、丙酮、氯仿，最后用真空抽干。不用时应放入盒内，不要随便玩弄、来回空抽，

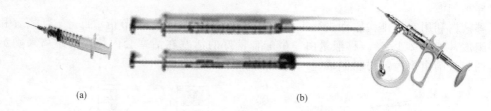

(a)　　　　　　　(b)

图 2.1-15　注射器与微量进样器

以免损坏其气密性。

使用注射器应注意以下几点。

① 随时保持清洁，轻拿轻放。

② 每次用之前先抽取少许试样再排出，如此重复几次，以润洗之。

③ 使用时应多抽些试样于注射器中，并将针头朝上排除空气泡，再将过量试样排出，保留需要的试样量。

④ 注射器内的空气泡对准确定量影响很大，必须设法排除，将针头插入试样中，反复抽排几次即可，抽时慢些，排时快些。

⑤ 取好样后，用无棉的纤维纸将针头外所沾附的样品擦掉，注意切勿使针头内的样品流失。

2.1.2.6　量筒和量杯

量筒和量杯是容量精度低于上述几种量器的最普通的玻璃量器。实验中常作为量取溶剂及试剂使用。其精度介于滴定管和带有刻度的烧杯之间。可参见附录。

实验 1　认识实验室

【实验目的】

1. 通过大学的首次实验课，了解实验中心的全貌。

2. 建立化学实验的安全概念，掌握紧急情况下的处理方法。

3. 了解基础化学实验的课程体系、内容，建立适合自己的学习方法。

4. 认知个人使用的常规玻璃仪器和器材。初步学会玻璃仪器的洗涤方法。

5. 初步了解本校特别是本专业信息资料中心所拥有的文献资料种类，常用工具书的使用方法。

【实验内容】

1. 在指导教师引导下，观看有关实验中心介绍的多媒体素材；实地考察整个建筑的各个紧急出口，灭火器、淋浴器和洗眼器分布位置；掌握本实验室电源箱、燃气总阀和给水阀的位置，以及它们的启闭方法。

2. 观看化学实验安全教育的录像片；并完成《化学实验安全注意事项告知卡》的填写。听取老师介绍课程体系、内容。

3. 在老师带领下，前往本系信息中心，了解馆藏纸质和电子文献情况，每人由手册中查出一种常见化合物的全部基本物性常数。然后回到实验室，利用实验室多媒体终端，由老师演示如何使用网络查阅文献资料。

4. 领取自己的常用实验器材，并与配置表相对照，补足遗缺。

5. 正确洗涤自己的玻璃仪器。

【实验作业】

课下写出自己首次进行基础化学实验学习的心得，提出对本课程的建议。

实验 2　容量仪器的校准

【实验目的】

1. 了解容量仪器校准的意义和方法。

2. 初步掌握移液管的校准（calibration）和容量瓶与移液管间相对校准的操作。

【预习要点】

1. 滴定管、移液管、容量瓶的规范操作（参见本教材 2.1.2 常用度量玻璃仪器）。

2. 分析天平的使用及注意事项（参见本教材 2.2 质量度量——天平的使用）。

3. 影响容量仪器体积准确度（accuracy）的因素。

【实验原理】

　　滴定管、容量瓶及移液管是容量分析的主要仪器，其度量溶液体积的准确度，对实验结果有重要影响。合格的产品其容量误差小于允差。但也常有不合格产品流入市场，如果不预先进行容量校准就可能给实验带来系统误差（systematic error）。容量仪器的校准可采用称量法（也称衡量法、绝对校正法）或相对校准法（也称容量比较法）。相对法是以纯水为介质，用标准量器与被检量器相比较，然后以标准量器的量值来确定被检量器的量值。该法虽具有温度条件要求不高、速度快和效率高等优点，但不及称量法准确。因此在准确度要求高的测定或研究工作中，需进行称量法校正。一般则用相对法校正。

1. 称量法

　　称量法是指在校准室内温度波动小于 $1℃/h$，所用量器和水都处于同一室时，用分析天平称出量器所量入或量出的纯水的质量，然后根据该温度下水的密度，将水的质量换算为容积。

　　由于水的密度和玻璃容器的体积随温度的变化而改变，以及在空气中称量受到空气浮力的影响，因此将任一温度下水的质量换算成容积时必须对下列三点加以校正：校准温度（20℃）下水的密度；校准温度下玻璃的热膨胀；空气浮力对所称物的影响。

　　为了便于计算，将三项校正值合并而得一总校正值见下表。

温度/℃	质量[①]/g	温度/℃	质量/g	温度/℃	质量/g
0	998.24	14	998.04	28	995.44
1	998.32	15	997.93	29	995.18
2	998.39	16	997.80	30	994.91
3	998.44	17	997.65	31	994.64
4	998.48	18	997.51	32	994.34
5	998.50	19	997.34	33	994.06
6	998.51	20	997.18	34	993.75
7	998.50	21	997.00	35	993.45
8	998.48	22	996.80	36	993.12
9	998.44	23	996.60	37	992.80
10	998.39	24	996.38	38	992.46
11	998.32	25	996.17	39	992.12
12	998.23	26	995.93	40	991.77
13	998.14	27	995.69		

① 不同温度下用水充满 20℃ 时容积为 1L 的玻璃容器，在空气中以黄铜砝码称取的水的质量。

用该表来校正容量仪器是十分方便的。校正后的容积是 20℃ 时该容器的真实容积（V_{20}）。

例如，在 19℃ 时称得由滴定管从 0.00mL 放至 30.00mL 水的质量为 29.9290g，查表得 19℃ 时水的密度为 997.34g/L。那么，滴定管的真实体积（20℃时）应为

$$V_{20} = \frac{29.9290}{997.34} = 30.01 \text{（mL）}$$

校正值＝30.01－30.00＝＋0.01（mL）。

2. 相对校准法

在容量分析中，有时要求两种量器的容积具有确定的比例关系，而它们的真实容积是否正确并不重要。例如用 25mL 移液管从 100mL 容量瓶中分取溶液时，重要的是所取溶液是否恰为整分部分，即 1/4。这时可采用相对校准法。

【仪器与试剂】

分析天平，50mL 具塞锥形瓶（洗净晾干），温度计（分度值 0.1℃）及常规玻璃仪器；乙醇（无水或 95%）。

【实验步骤】

1. 移液管的校准

将移液管洗净至内壁不挂水珠，取 50mL 具塞锥形瓶，擦干外壁、瓶口及瓶塞，称得质量。按移液管正确使用方法量取已测温的纯水，放入已称得质量的锥形瓶中，注意勿将水沾在瓶口上。盖好瓶塞，在分析天平上称量盛水的锥形瓶。倒掉锥形瓶中的水，擦干瓶外壁、瓶口和瓶塞，称其质量，重复检定一次，两次检定所称质量不得超过 0.01g，求出平均值。由所得水的质量，查上表中的校正值，计算该量器的真实容积。

2. 容量瓶和移液管的相对校准

用洗净的 25mL 移液管吸取纯水，放入洗净沥干（可用少量乙醇或丙酮润洗内壁后倒挂在漏斗架上数小时）的 100mL 容量瓶内，平行移取 4 次，观察容量瓶中水的弯月面下缘是否与标线相切。若不相切，记下弯月面下缘的位置，再重复实验一次。连续两次实验相符后，用油漆或透明胶带作记号，纸的上线与水的弯月面相切，由移液管的真实容积计算容量瓶的容积。以后使用的容量瓶与移液管即可按所标记配套使用。

3. 滴定管的校准

取具塞锥形瓶，擦干瓶外壁、瓶口及瓶塞，在分析天平上称得质量。将滴定管洗净至内壁不挂水珠，加入纯水，排除活塞下的气泡。将滴定管的水面调节到正好在 0.00 刻度处。按正确操作，每分钟不超过 10mL 的速度将一定体积的水放入已称质量的具塞锥形瓶中（注意事项同移液管的校准），盖好瓶塞，在分析天平上称量盛水的锥形瓶的质量。重复检定一次，两次检定所得同一刻度的体积相差不应大于 0.01mL，求出平均值。查上表中的校正值，并计算滴定管该段的真实体积。

倒掉锥形瓶中的水，擦干瓶外壁、瓶口和瓶塞再称量瓶的质量。滴定管重新充水至 0.00 刻度，再放另一体积的水至锥形瓶中，称量盛水的瓶的质量。重复检定，求平均，算出此段水的实际体积。如上法继续检定至 0 至最大刻度的体积，算出真实体积。

将所得数据绘制成滴定体积 V-ΔV 曲线，以备使用滴定管时查取。

一般 50mL 滴定管每隔 10mL 测一个校正值，25mL 滴定管每隔 5mL 测一个校正值，3mL 微量滴定管每隔 0.5mL 测一个校正值。

4. 容量瓶的校准

容量瓶用移液管作相对校准要吸多次，误差较大，若实验的准确度要求很高，则需对容量瓶用称量法作准确的校准。

将洗涤合格、并倒置沥干（可用少量乙醇或丙酮润洗内壁后倒挂在漏斗架上数小时）的

容量瓶放在分析天平上称量。取纯水充入已称质量的容量瓶中至刻度，称量并测水温（准确至 0.5℃）。根据该温度下的密度，计算真实体积。

【注意事项】

1. 水温测定时应将温度计插入水中 5～10min，测量水温读数时不可将温度计的下端提出水面。（为什么？）

2. 仪器的洗涤效果和操作技术是校准成败的关键。如果操作不规范，其校准值在以后的实验中不宜使用。

3. 一件仪器的校准应连续、迅速地完成，以避免温度波动和纯水的蒸发所引起的误差。

【思考题】

1. 容量仪器为什么要进行校准？

2. 称量纯水所用的具塞锥形瓶，为什么要避免将磨口和瓶塞沾湿？

3. 分段校准滴定管时，为什么每次要从 0.00 开始？

2.1.3　微型实验仪器介绍

微型化学实验的产生，伴随出现了微型仪器。通常，微型仪器是常规仪器的微型化，但又具有自身特点：如多采用锥形反应器或试管反应器；使用 Hickman 蒸馏头，具有蒸馏和接收双重功能；有专用的重结晶管；接口采用旋盖式加内垫圈或专门连接头的办法等。使用微型仪器时，从尽量减少器壁和连接部件对试剂的沾附损耗，减少使用过程中频繁转移反应物料出发，常用注射器、滴管等进行液体加料或转移等操作，并使用电磁搅拌等。图2.1-16 是一套典型微量玻璃仪器的主要部件。

采用这套微型化学制备仪，可以做主要原料试剂在 10mL 上下的有机制备、无机合成等实验，还可分离出馏分量在 $50\mu L$ 左右的馏液和升华提纯几毫克的固体。国产微型化学制备仪的核心部件为多功能微型蒸馏头 [图 2.1-16 (h)、(i)]，它们与圆底烧瓶、冷凝管等组合，能做常（减）压蒸馏、回流、分馏、升华等基本操作。蒸馏头上下端都是标准磨砂接口，上下接口分别连接干燥管和反应瓶，能组成一套简易的微型蒸馏装置。磨口的锥底反应瓶是微量物质反应的容器。它同圆底烧瓶一样，可以与微型蒸馏头、冷凝管等配套，组成各种单元操作的微型装置。它还可以起离心试管的作用，用于微量物质固液分离和萃取操作。微型化学制备仪的其他部件及其组合装置，基本上是常规仪器的缩小，它的部件组成、构造和操作规范仍跟常规实验相同。微型实验处理的物料量少，以量筒计量液体容积的操作已达不到实验要求。一般采用称出质量或使用定量进样器、吸量管、注射器或预先校准液滴体积的毛细滴管来进行液体计量。液体的转移常常要用毛细吸管或注射器。

2.1.4　各类试纸

在实验室经常使用试纸（indicator paper）来定性检验一些溶液的性质或某些物质是否存在。用起来操作简单，使用方便。

(1) 试纸的种类

试纸的种类很多，通常使用的试纸有 pH 试纸、指示剂试纸及试剂试纸。

pH 试纸　用以检验溶液的 pH 值。一般有两类：一类是广泛 pH 试纸，变色范围在 pH＝1～14，常用来粗略检验溶液的 pH 值；另一类是精密 pH 试纸，这种试纸在 pH 值变化较小时就有明显的颜色变化，它可用来较精细地检验溶液的 pH 值。依检测范围区分有多种，如变色范围在 pH2.7～4.7、pH3.8～5.4、pH5.4～7.0、pH6.8～8.4、pH8.2～10.0、pH9.5～13.0 等，可以根据实验要求和实际需要选择合适的试纸（表 2.1-3）。

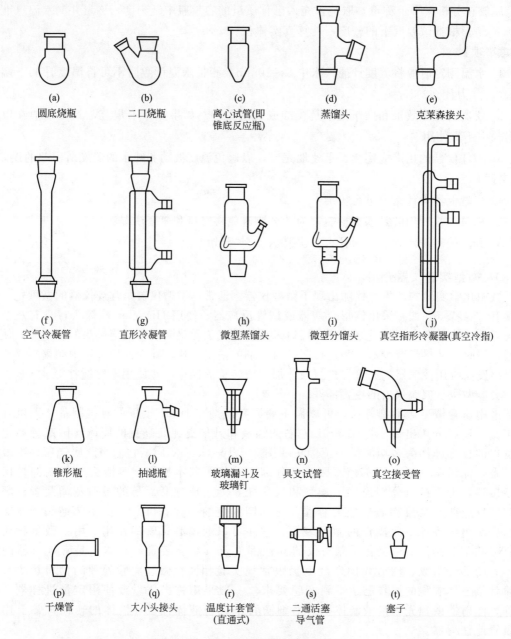

图 2.1-16 典型微量玻璃仪器的主要部件

表 2.1-3 国产精密 pH 试纸

pH 值变色范围	显色反应间隔	pH 值变色范围	显色反应间隔	pH 值变色范围	显色反应间隔
0.5~5.0	0.5	1.7~3.3	0.2	7.2~8.8	0.2
1~4	0.5	2.7~4.7	0.2	7.6~8.5	0.2
1~10	0.5	3.8~5.4	0.2	8.2~9.7	0.2
4~10	0.5	5.0~6.6	0.2	8.2~10.0	0.2
5.5~9.0	0.5	5.3~7.0	0.2	8.9~10.0	0.2
9~14	0.5	5.4~7.0	0.2	9.5~13.0	0.2
0.1~1.2	0.2	5.5~9.0	0.2	10.0~12.0	0.2
0.8~2.4	0.2	6.4~8.0	0.2	12.4~14.0	0.2
1.4~3.0	0.2	6.9~8.4	0.2		

　　另外最近市场上还出现了一些使用起来更为方便的专用 pH 试纸，如 PEHANON 酸碱度（pH）试纸，非常适合用于测试有色溶液。这种试纸的反应区和比色卡在同一个测试条上，因此，任何样品的颜色会在反应区和比色卡上起相同的作用，这样溶液本身的颜色就不会影响测试结果。各个反应区用防水材料隔开。还有一种试纸为三色试纸，该试纸对每个 pH 值会显示三种颜色变化，以确保最精确的读数，pH 值测量范围为 1.0～11.0。还有采用纤维材料制成的试纸条，可以防止在测试强酸等腐蚀性样品时发生渗漏现象。

　　指示剂试纸和试剂试纸　常用的指示剂试纸和试剂试纸的典型代表有石蕊试纸、碘化钾-淀粉试纸和醋酸铅试纸等。

　　醋酸铅试纸　用以定性地检验反应中是否有 H_2S 气体产生（即溶液中是否有 S^{2-} 存在），该类试纸是通过滤纸在 10％醋酸铅溶液中浸泡而制得。使用时用纯水润湿试纸，将待测溶液酸化，如有 S^{2-}，则生成 H_2S 气体逸出，遇到试纸，即溶于试纸上的水中，然后与试纸上的醋酸铅反应，生成黑色的 PbS 沉淀：

$$PbAc_2 + H_2S \Longrightarrow PbS + 2HAc$$

使试纸呈黑褐色并有金属光泽。溶液中 S^{2-} 的浓度若较小，用此试纸就不易检出。

　　碘化钾-淀粉试纸　用以定性地检验氧化性气体（如 Cl_2、Br_2 等）。该类试纸是通过滤纸在 KI-淀粉溶液中浸泡制得。具体制法：于 100mL 新配的 0.5％淀粉溶液中，加入碘化钾 0.2g。将滤纸放入该溶液中浸透，取出于暗处晾干，保存在密闭棕色瓶中。使用时用纯水将试纸润湿。氧化性气体溶于试纸上的水后，将 I^- 氧化为 I_2，即：

$$2I^- + Cl_2 \Longrightarrow I_2 + 2Cl^-$$

I_2 立即与试纸上的淀粉作用，使试纸变为蓝紫色。

　　要注意的是，如果氧化性气体的氧化性很强且气体又很浓，则有可能将 I_2 继续氧化成 IO_3^-，而使试纸又褪色，这时不要误认为试纸没有变色，以致得出错误结论。

　　温度热敏试纸　在小型贴纸上有一列方格或圆点，代表不同的温度值，当温度上升至该温度点时，方格会转变成黑色，温度降低后也不会回复到原来的颜色，这样便可知道物体曾经历过的最高温度，以及是否有超温现象（图 2.1-17）。其制作方法为由普通纸张作为纸基，在普通纸张表面的一面涂布一层热敏发色层，其工作原理为发色层是由胶黏剂、显色剂、无色染料（或称隐色染料）组成，通过微胶囊予以隔开，化学反应处于"潜伏"状态。当热敏纸遇到发热的物体时该处的显色剂与无色染料即发生化学反应而变色。另外一类热敏发色颜料，属于热致变色物质。

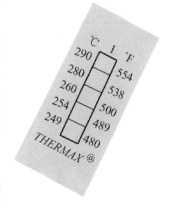

图 2.1-17　五格热敏试纸

　　生化试纸　生化试纸包括蛋白试纸、血糖试纸、尿液试纸等，这类试纸帮助医院或个人对人体各相关生理指标随时进行监控。

　　各类试纸使用起来都很方便，但是绝大多数不能用于定量分析（表 2.1-4）。

　　（2）常用试纸的使用方法及注意事项

　　pH 试纸　将一小块试纸放在点滴板凹孔中或表面皿上，用沾有待测溶液的玻璃棒点试纸的中部，试纸即被待测溶液润湿而变色。不要将待测溶液直接滴在试纸上，更不要将试纸泡在溶液中。试纸变色后，与色阶板比较，得出 pH 值或 pH 值范围。

　　醋酸铅试纸与碘化钾-淀粉试纸　将一小块试纸润湿后粘在玻璃棒的一端，然后用此玻璃棒将试纸放到管口，如有待测气体逸出则变色，有时逸出的气体较少，可将试纸伸进试管，但要注意，勿使试纸接触溶液。

　　使用试纸时要注意节约。应将试纸剪成小块，每次用一块。取出试纸后，应将装试纸的容器盖严，以免被实验室内的一些气体沾污。

表 2.1-4　常用的指示剂试纸和试剂试纸的制备方法和用途

试纸名称	制备方法	用途
酚酞试纸(白色)	溶解酚酞 1g 于 100mL 无水乙醇,加水 100mL;将滤纸放入浸湿,取出,置无氨气环境中阴干	碱性介质中呈红色,pH 值变化范围 8.2～10.0,无色变红色
石蕊试纸	用热乙醇处理市售石蕊以除去夹杂的红色素,残渣 1 份与 6 份水浸煮并不断摇荡,滤去不溶物,将滤液分成两份,一份加稀磷酸或稀硫酸至变红,另一份加氢氧化钠至变蓝,然后以这两种溶液分别浸湿滤纸后,在没有酸碱性气体的环境中阴干	在碱性溶液中变蓝,在酸性溶液变红
刚果红试纸(红色)	溶解刚果红染料 0.5g 于 1L 水中,加入乙酸 5 滴,滤纸用热溶液浸湿后晾干	pH 值变化范围 3.0～5.2,蓝色变红色
硝酸银试纸	将滤纸浸于 25% 的硝酸银溶液中,保持在棕色瓶中	检验硫化氢,作用时显黑色斑点
氯化汞试纸	将滤纸浸入 3% 氯化汞乙醇溶液中,取出后于无 H_2S 环境中晾干	比色法测砷用
溴化汞试纸	取溴化汞 1.25g 溶于 25mL 乙醇中,将滤纸浸入 1h 后,取出暗处晾干,保存于密闭的棕色瓶中	比色法测砷用
氯化钯试纸	将滤纸浸入 0.2% 的氯化钯溶液中,干燥后再浸于 5% 乙酸中,晾干	与一氧化碳作用呈黑色
溴化钾荧光黄试纸	荧光黄 0.2g、溴化钾 30g、氢氧化钾 2g 及碳酸钠 2g 溶于 100mL 水中,将滤纸浸入溶液后,晾干	与 Cl_2 作用呈红色
乙酸联苯胺试纸	乙酸铜 2.86g 溶于 1L 水中,与饱和乙酸联苯胺溶液 475mL 及 525mL 水混合,将滤纸浸入后,晾干	与氰化氢作用呈蓝色
碘酸钾-淀粉试纸	将碘酸钾 1.07g 溶于 100mL 0.05mol/L $\frac{1}{2}H_2SO_4$ 中,加入新配制的 0.5% 淀粉溶液 100mL,将滤纸浸入后晾干	检验一氧化氮、二氧化硫等还原性气体,作用时呈蓝色
玫瑰红酸钠试纸	将滤纸浸于 0.2% 玫瑰红酸钠溶液中,取出晾干,应用前新制	检验锶,作用时生成红色斑点
铁氰化钾及亚铁氰化钾试纸	将滤纸浸于饱和铁氰化钾(或亚铁氰化钾)溶液中,取出晾干	与亚铁离子(或铁离子)作用呈蓝色

2.2　质量度量——天平的使用

2.2.1　电子天平

(1)　原理

电子天平 (electronic balance)(如图 2.2-1 所示)的称量是依据电磁力平衡原理。称量盘通过支架连杆与一线圈相连,该线圈置于固定的永久磁铁——磁钢之中,当线圈通电时自身产生的电磁力与磁钢磁力作用,产生向上的作用力。该力与称盘中称量物的向下重力达平衡时,此线圈通入的电流与该物重力成正比。利用该电流大小可计量称量物的重量。其线圈上电流大小的自动控制与计量是通过该天平的位移传感器、调节器及放大器实现。当盘内物重变化时,与盘相连的支架连杆带动线圈同步下移,位移传感器将此信号检出并传递,经调节器和电流放大器调节线圈电流大小,使其产生向上之力推动秤盘及称量物恢复原位置为止,重新达线圈电磁力与物重力平衡,此时的电流可计量物重。

图 2.2-1　电子天平

电子天平是物质质量计量中唯一可自动测量、显示,甚至可自动记录、共享和打印结果的天平。其最大称量和精度与分析天平相同,最高读数精度可达 ±0.01mg,适用范围很宽。但应注意其称量原理是电磁力与物质的重力相平衡,即直接检出值是 mg 而非物质质量 m。故该天平使用时,要随使用地的纬度,海拔高度随时校正其 g 值,方可获取准确的质量数。常量或半微量电子天平一般内部配有标准砝码和质量的校正装置,经随时校正后的电子天平可获取准确的质量读数。

（2）分类

按电子天平的精度可分为超微量电子天平、微量电子天平、半微量电子天平、常量电子天平、分析天平、精密电子天平。

超微量电子天平　超微量天平的最大称量是 $2\sim5g$，其标尺分度值小于最大称量的 10^{-6}，如 Mettler-Toledo 的 UMT2 型电子天平等属于超微量电子天平。

微量电子天平　微量电子天平的称量一般在 $3\sim50g$，其分度值小于最大称量的 10^{-5}，如 Mettler-Toledo 的 AT21 型电子天平以及 Sartoruis 的 S4 型电子天平。

半微量电子天平　半微量电子天平的称量一般在 $20\sim100g$，其分度值小于最大称量的 10^{-5}，如 Mettler-Toledo 的 AE50 型电子天平和 Sartoruis 的 M25D 型电子天平等均属于此类。

常量电子天平　此种天平的最大称量一般在 $100\sim200g$，其分度值小于最大称量的 10^{-5}，如 Mettler-Toledo 的 AE200 型电子天平和 Sartoruis 的 A120S 型、A200S 型电子天平均属于常量电子天平。

分析天平　其实电子分析天平是常量天平、半微量天平、微量天平和超微量天平的总称。

精密电子天平　这类电子天平是准确度级别为Ⅱ级的电子天平的统称。

（3）维护与保养

① 将天平置于稳定的工作台上避免振动、气流及阳光照射。

② 在使用前调整水平仪气泡全中间位置。

③ 电子天平应按说明书的要求进行预热。

④ 称量易挥发和具有腐蚀性的物品时，要盛放在密闭的容器中，以免腐蚀和损坏电子天平。

⑤ 经常对电子天平进行自校或定期外校，保证其处于最佳状态。

⑥ 如果电子天平出现故障应及时检修，不可带"病"工作。

⑦ 操作天平不可过载使用以免损坏天平。

⑧ 秤盘与外壳须经常用软布和牙膏轻轻擦洗。

⑨ 若长期不用电子天平时应暂时收藏为好。

（4）使用方法

① 开机，轻按"ON"键，天平进行自检，最后显示"0.0000g"。

② 置容器于秤盘上，显示出容器质量。

③ 轻按"TAR"清零、去皮键，随即出现全零状态，容器质量显示值已去除，即去皮重。

④ 放置被称物于容器中，这时显示值即为被称物的质量值。

⑤ 累计称量。用去皮重称量法，将被称物逐个置于秤盘上，并相应逐一去皮清零，最后移去所有被称物，则显示数的绝对值为被称物的总质量值。

⑥ 读取偏差。置基准砝码（或样品）于秤盘上，去皮重，然后取下基准码，显示其质量负值。再置称物于秤盘上，视称物比基准砝码重或轻，相应显示正或负偏差值。

⑦ 下称。拧松底部下盖板的螺丝，露出挂钩，将天平置于开孔的工作台上，调整水平，并对天平进行校准工作，就可用挂钩称量挂物了。

⑧ 称量结束后，按"OFF"键，关闭显示器。若当天不再使用天平，应把下电源插头。盖上天平罩，并在天平使用登记本上登记。

（5）称量方法

固定质量称量法　又称增量法。此法用于称某一固定质量的试剂（如基准物质）或试样。这种称量操作的速度很慢，适于称量不易吸潮、在空气中能稳定存在的粉末状或小颗粒（最小颗粒质量小于 0.1mg）样品，以便容易调节其质量。注意：在称量过程中，不能将试剂散落在称量容器以外的地方，称好的试剂必须定量地由称量容器直接转入接受器，即所谓定量转移。

递减称量法 又称减量法。此法用于称量一定质量范围的样品或试剂。在称量过程中样品易吸水、易氧化或易与 CO_2 反应时，可选择此法。由于称量试样的质量是由两次称量之差求得，故又称差减法。其步骤如下。

从干燥器中取出称量瓶（注意：不要手指直接触及称量瓶和瓶盖），用小纸片夹住称量瓶盖柄，打开瓶盖，用药匙加入适量试样（一般为称一份试样的整数倍），盖上瓶盖。将称量瓶置于天平盘上，待天平稳定后，轻按去皮键，呈现全零状态。称量瓶取出，在接受器的上方，倾斜瓶身，用称量瓶盖轻敲瓶口上部使试样慢慢落入容器中。当倾出的试样接近所需量时，一边继续用瓶盖轻敲瓶口，一边逐渐将瓶身竖直，使黏附在瓶口上的试样落下，盖好瓶盖，把称量瓶放回天平盘上，准确称量其质量。此时，天平读数显示"－×.×××××"字样，其绝对值即为试样的质量。按上述方法连续递减，可称取多份试样。

（6）使用电子天平注意事项

① 开关天平侧门，放取被称物等，其动作要轻、满、稳，切不可用力过猛、过快，以免损坏天平。

② 读取称量读数时，要关好天平门。称量读数要立即记录在实验报告本中。

③ 对于热的或过冷的被称物，应置于干燥器中直至其温度同天平室温度一致后才能进行称量。

④ 天平的前门仅供安装、检修和清洁使用，通常不要打开。

⑤ 通常在天平箱内放置变色硅胶作干燥剂，当变色硅胶失效后应及时更换。注意保持天平、天平台和天平室的安全、整洁和干燥。

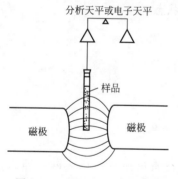

图 2.2-2 磁天平工作原理示意

称量时必须使用指定的天平。如果发现天平不正常，应及时报告老师或实验室工作人员，不得自行处理。称量完成后，应及时对天平进行清理并在天平使用登记本上登记。

2.2.2 专用天平

磁天平 通过分析天平与磁线圈相连可以改装成磁天平（magnetic balance），用于磁学和磁化学实验，它主要在研究分子结构中用古埃法测量顺磁和逆磁磁化率。其工作原理如图 2.2-2 所示，电子磁天平外观如图 2.2-3 所示。由天平分别称得装有被测样品的样品管和不装样品的空样品管在有外加磁场和无外加磁场上的质量变化。通过下式计算可得被测物的磁化率：

$$\Delta m = m_{磁场} - m_{无磁场}$$

图 2.2-3 磁天平

图 2.2-4 密度天平

密度天平 电子天平配合密度测量装置，可实现液体、固体的密度测定，液晶带背光显示，密度直读，减去烦琐的计算，标准重锤体积标定，可测任意液体的密度，带水准器，配校准砝码。密度天平（density balance）组成如图 2.2-4 所示。

实验 3 电子天平的使用练习

【实验目的】

1. 学习分析天平的使用方法，掌握注意事项。
2. 学会固体样品的两种称量方法——递减称量法和直接称量法。
3. 了解液体样品的一般称量过程，以及溶液稀释与转移方法。

【预习要点】

1. 称量瓶的使用注意事项。
2. 查阅文献，了解电子天平的工作原理与校正方法。
3. 容量瓶的使用与溶液转移操作。

【实验原理】

参见本章 2.2.1 节。

【仪器与试剂】

电子天平，电热干燥箱，称量瓶，烧杯，锥形瓶，容量瓶，干燥器等。结晶 $Al(OH)_3$，甘油。

【实验步骤】

1. 首先洗涤一只称量瓶和两只 100mL 烧杯，置于电热干燥箱中于 105℃±5℃ 干燥。等待干燥期间，观看有关天平使用的录像片。干燥好的称量瓶、烧杯，置于干燥器中备用。

2. 取一定量结晶 $Al(OH)_3$ 于称量瓶中，用递减称量法称取三份结晶 $Al(OH)_3$ 于锥形瓶中。称量范围要求分别在 100mg±5mg、200mg±3mg 及 300mg±2mg。记录数据。

3. 用直接称量法称取 400mg±5mg 的结晶 $Al(OH)_3$ 于干燥的 100mL 烧杯中。记录数据。

4. 用直接称量法称取 1000mg±5mg 的甘油于干燥的 100mL 烧杯中。以此为基础，配制 10g/L 的甘油水溶液，并于 100mL 容量瓶中定容。记录数据。

2.3 加热与冷却

2.3.1 加热与灼烧

有些化学反应，往往需要在较高温度下才能进行。化学实验中的许多基本操作，如溶解、蒸发、灼烧、蒸馏、回流等，均需要加热。化学样品的重量分析则往往离不开高温灼烧，因此加热是化学实验基本操作的重要部分。不同的温度需要不同的加热器具，因此要根据实验要求选择适宜的加热器具。不同的化学反应要求不同的加热方式，因此需要选择合适的加热方法。化学实验室中的加热器具可以分为燃料加热器，电加热器和微波加热器三种。玻璃仪器容易受热不均而破裂，所以加热烧杯或烧瓶时，要使用石棉网隔离。如果要控制温度，或尽量使反应物受热均匀，避免局部过热而分解时，最好使用热浴间接加热。

（1）使用燃料加热器加热

实验室中常用的燃料加热器一般有酒精灯、酒精喷灯、本生灯等。

酒精灯（alcohol burner） 即使是在实验设备高度发展的今天，酒精灯仍然是最为常用的加热器具。所产生的温度通常可达 400～500℃。因为它具有其他一些设备所不具备的优点，如灵活、易控，成本低廉等。酒精灯的使用方法、应用范围及注意事项，想必读者已于中学学习阶段完全掌握。这里不再赘述。

酒精喷灯（alcohol blast burner） 酒精喷灯有坐式、吊式和立式三种，按加热方式可分为直热式和旁热式两种。在没有燃气供应的实验室，常用酒精喷灯代替本生灯。使用前，先在预热盆上注入酒精至满，然后点燃盆内的酒精，以加热铜质灯管。待盆内的酒精将近燃完时，开启开关，这时酒精在灼热燃管内气化，并与来自气孔的空气混合，用火柴在管口点燃，温度可达 700～1000℃。调节开关螺丝，可以控制火焰的大小。用毕，向右旋紧开关，可使灯焰熄灭。必须注意，在开启开关、点燃以前，灯管必须充分预热，否则酒精在灯管内不会全部气化，会有液态酒精由管口喷出，形成"火雨"，甚至会引起火灾。不用时，必须关好储罐的开关，以免酒精漏失，造成危险。

本生灯（Bunsen burner） 实验室中如果备有燃气，如天然气、液化石油气、城市煤气等，在加热操作中，可用本生灯。因最初使用煤气作燃料，所以又叫煤气灯。本生灯的式样多种，但构造原理基本相同。都是由灯座、灯管组成。其一般构造如图 2.3-1。拔去管 1 可以看到燃气出口 2，空气通过铁环通气口 3 进入管中，转动铁环，利用空隙的大小调节空气的输入。本生灯温度可达 1000～1200℃，可供加热、灼烧、焰色试验、简单玻璃加工等应用。

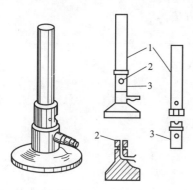

图 2.3-1　本生灯的构造
1—灯管；2—燃气出口；3—铁环通气口

使用注意事项如下。

① 燃气由导管输送到实验台上，用橡皮管将燃气龙头和本生灯相连。

② 燃气的点燃。旋紧金属灯管，关闭空气入口，点燃火柴，打开燃气开关，将燃气点燃，观察火焰的颜色。

③ 调节火焰。旋紧金属管，调节空气进入量，观察火焰颜色的变化，待火焰分为三层时，即得正常火焰。当燃气完全燃烧时，生成不发光亮的五色火焰，可以得到最大的热量，如果点燃燃气时，空气入口开得太大，进入的空气太多，就会产生"侵入火焰"，此时燃气在管内燃烧，发出"嘘嘘"的响声，火焰的颜色变绿色，灯管被烧得很热。发生这种现象时，应该关上燃气，待灯管冷却后，再关小空气入口，重新点燃。燃气量的大小，一般可用燃气开关调节，也可用燃气灯下的针形阀来调节。

④ 关闭燃气灯。往里旋转针形阀，关闭燃气灯开关，火焰即灭。

（2）使用电加热器加热

电炉（electric stove） 电炉是实验室中常用的加热设备，特别是没有燃气供应的实验室更离不开它。电炉靠电阻丝（常用的为镍铬合金丝，俗称电炉丝）通过电流产生热能。电炉的结构简单，一条电炉丝嵌在耐火土炉盘的凹槽中，炉盘固定在铁盘座上，电炉丝两头套几节小瓷管后，连接到瓷接线柱上与电源线相连，即成为一个普通的盘式电炉。电炉按功率大小分为不同的规格，常用的电炉为 200W、500W、600W、800W、1000W、2000W 等。使用电炉加热可以不用石棉网隔离，因为电炉丝呈环绕状，热分布是比较均匀的。但使用时应注意：①仪器不可紧贴电炉盘，避免热膨胀使仪器破裂；②注意调节电压控制加热速度；③电炉下应放升降台或瓷砖隔热，避免烧坏实验台和便于拆卸。图 2.3-2 为电子控温电炉。

电板炉（electric hot plate） 又称电加热板。实质上是一种封闭式电炉，有时是几个电炉的组合，各有独立的开关，并能调节加热功率，几个电炉可单独使用，也可同时使用。由于电炉丝不外露，功率可调，使用安全、方便，具有表面不带电、无明火、安全可靠等特点。是实验室中特别适用的电热设备之一。如图 2.3-3 所示，就是一台具有 15 孔的电子控温加热板。图中样品孔中放置的是 PTFE 消解罐。由于温度易控，所以样品孔既可以放置烧杯，也可以放置试管，甚至是塑料容器如 PTFE 消解罐。真正实现所谓"万能加热"目的。

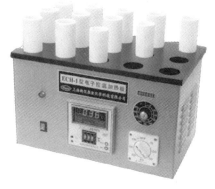

图 2.3-2　电子控温电炉　　　　　　　　图 2.3-3　电子控温加热板

电加热套（electric heating sheath）　是玻璃纤维包裹着电热丝织成帽状的加热器。加热和蒸馏易燃有机物时，由于它不是明火，使用时较安全，热效率也高。加热温度可自动控制，最高加热温度可达 400℃ 左右，是一种简便、安全的加热装置。电热套的容积一般与烧瓶的容积相匹配，从 50mL 起，各种规格都有。电热套主要用于回流加热。若用它进行蒸馏或减压蒸馏，随着蒸馏的进行，瓶内液体逐渐减少，会使瓶壁过热，造成蒸馏物被烤焦的现象。此时，选用稍大一号的电热套，在蒸馏过程中，不断降低升降台，可减少烤焦现象。通常，将电子控温加热套与电磁搅拌组合在一起，可以实现反应温度控制自动化，装置构建的简便化（图 2.3-4）。

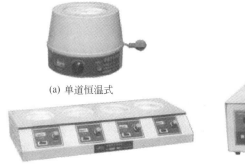

(a) 单道恒温式

(b) 4道控温式　　　　　(c) 数显控温磁力搅拌式

图 2.3-4　各式电热套

电热恒温箱　电热恒温箱也称烘箱、干燥箱。是利用电热丝隔层加热，使物体干燥的设备。用以干燥玻璃仪器或烘干无腐蚀性、加热时不分解的物品。电热恒温干燥箱最高工作温度一般为 300℃，有特小型、小型、中小型、中型和大型几种规格，可供各种样品进行烘

图 2.3-5　电热鼓风恒温干燥箱和电热真空干燥箱

焙、干燥、热处理及其他加热。按是否设有鼓风装置，分为电热鼓风恒温干燥箱和电热真空干燥箱（图2.3-5）两种。前者工作室内的空气借冷热空气之密度动向促成对流，使室内湿度均匀；后者装有电动鼓风机，促使室内热空气机械对流，使室内温度更为均匀。

烘箱的使用注意事项：烘箱不可烘易燃、易爆、有腐蚀性的物品。如必须烘干滤纸、脱脂棉等纤维类物品则应该严格控制温度，以免烘坏物品或引起事故；放入样品质量不能超过10kg，样品排布不能过密。待烘干的试剂、样品等应放在相应的器皿中，如称量瓶、广口瓶、培养皿等，打开盖子放在搪瓷托盘中一起放烘箱。须烘干的玻璃仪器，必须洗净并控干水后，才能放入烘箱，并且下方放有搪瓷盘承接从仪器上滴下的水，使水不能滴到电热丝上；当工作室的温度很高时，要慎重开启箱门，以防烫伤。由烘箱中取出热的物品，通常借用坩埚钳等工具夹持，或戴隔热手套取出。

电热真空干燥箱　电热真空干燥箱（图2.3-5）系用真空泵及加热器使工作室得到真空和工作温度（最高温度一般200℃），供不能直接在空气中高温干燥的试品等作快速真空干燥处理。干燥箱一般由薄钢板制成卧式圆柱箱体。内层是工作室，呈圆筒形，内有放置试品的搁板，工作室与外壳之间为保温层，以玻璃纤维作保温材料。箱门设有玻璃观察窗。为了保证箱门和箱体的密封性，设置了若干紧固把手，并以耐热橡胶作为门的密封压垫。电热丝置于工作室下，其工作由电子温度控制器控制。温度控制器、真空表、指示灯、开关旋钮置于箱体面板。通过真空胶皮管与真空泵连接。通常在干燥箱与真空泵之间，加设干燥塔和过滤器，以保护真空泵，并且防止湿气进入干燥室。使用时要特别注意：干燥箱工作室不得放易挥发、爆炸性物品！在处理易燃物品时，必须待温度冷却到低于燃点后，才能放入空气，以免氧化反应而发生爆炸。

远红外线干燥箱　远红外线干燥箱（图2.3-6）比传统的电热干燥箱具有效率高、速度快、干燥质量好、节电效果显著等优点。远红外线干燥箱的远红外线波长范围为2.5～

15μm，功率为1.6～4.8kW。当箱内红外线发射体辐射出的红外线照射到被加热物体时，如被加热分子吸收的波长与红外线的辐射波长相一致，被加热的物体就能吸收大量红外线，变成热能，从而使物质内部的水分或溶剂蒸发或挥发，逐渐达到物体干燥或固化。为使箱内温度均匀，可增设鼓风设备，工作室内壁喷涂反射率高的铝质银粉。工作室内有放置试样的搁板，室前的玻璃门供观察室内情况，箱顶中心插有温度计用于监测箱内温度，加热器均用热敏电阻为传感元件的控温仪控制。维护与使用注意事项与烘箱相似。

图2.3-6　远红外线干燥箱

微波辐射加热　将微波（microwave）加热技术应用于化学合成，一般认为是从1986年开始的。这种加热方式可以大大提高反应速率。而且具有选择性好、收率高等特点。微波加热能够催化反应的原理还不明确，较为普遍的看法是，极性分子能很快吸收微波能发生高速旋转而产生热效应，从而加速反应进行。其操作方法大致有三种：密封管法、连续流动法和敞开口法。密封管法是将反应物密封在高压管内进行加热反应；连续流动法是将反应物存储于容器中，用泵泵入安装在微波炉中的蛇形管中，经微波辐射后送到接受器中；敞开口法一般只局限于无溶剂的反应。可以将反应物浸渍到氧化铝或硅胶之类的无机载体上，干燥后再微波加热反应。微波加热用于干燥由水溶液中析出的固体物质时，尤为方便快捷。目前国内用于工业加热的常用频率为915MHz和2450MHz。微波频率与功率的选择可根据被加热材料的形状、材质、含水率的不同而定。

（3）高温灼烧

通常可以使用本生灯或者酒精喷灯进行样品的灼烧。在某些情况下甚至可以使用电炉灼烧样品。但这些操作均不能用于重量分析场合。因为使用上述设备进行灼烧时，杂质对器皿的沾污，往往达不到恒重要求。在重量分析中，要使用高温炉完成灼烧的操作。

实验室使用的高温炉有：箱式电阻炉（马弗炉）、管式电阻炉（管式燃烧炉）和高频感应加热炉等。按其产生热源形式不同，可分为电阻丝式、硅碳棒式及高频感应式等。

箱式电阻炉（马弗炉）　常用于质量分析、沉淀灼烧、灰分测定与有机物质的炭化等。在使用时与相应的热电偶和温度控制台配套。能在额定温度范围内，自动测温、控温进行工作。工作温度为950℃的电炉，其发热元件为铁铬镍丝，它缠绕在炉膛的四周。工作温度为1300℃及以上的电炉，其发热元件为硅碳棒，安装在炉膛的上部。

电热式结构的马弗炉（图2.3-7），其炉膛是用耐高温的白刚玉制成。炉膛四周都有电热丝，通电后整个炉膛周围加热均匀，炉膛的外围包以耐火土、耐火砖、石棉板、新型轻质纤维等，以减少热量损失。炉门是用耐火砖制成，中间开一个小孔，嵌上透明的云母片，以观察炉内升温情况。当炉膛暗红色时约600℃，达到深桃红色时约800℃，淡红色时为950℃。为了安全操作，大多数马弗炉在炉门上装有限位开关，当炉门打开时自动断电，因此只有在炉门关闭时才能加热。炉膛须进行温度控制。温度控制器由一块毫伏表和一个继电器组成，连接一支相匹配的热电偶❶进行温度控制。热电偶装在耐高温的瓷管中，从高温炉的后部小孔伸进炉膛内。炉温不同，热电偶产生不同的电势，电势的大小直接用温度的数值在控制器表头上显示出来。当指示温度的指针慢慢上升至与事先调好的控制温度指针相遇时，继电器立即切断电路，停止加热。当温度下降，上下两指针分开时，继电器又使电路重新接通，电炉继续加热。如此反复进行，就可达到自动控制温度的目的。通常在升温之前，将控温指针拨到预定温度的位置。从到达预定温度时起，计算灼烧时间。而一些微电脑控制的智能马弗炉，可以自行设定温度达到后的灼烧时间。

(a) 普通型　　　　　　　　　　　　(b) 智能节能型

图2.3-7　箱式结构的马弗炉

马弗炉使用时应注意以下几点。①马弗炉必须放在稳固的水泥台上或特制的铁架上，周围不要存放化学试剂及易燃易爆物品。热电偶棒从高温炉背后的小孔插入炉膛内，将热电偶的专用导线接在温度控制器的连线柱上。②马弗炉要用专用电闸控制电源，不能用直接插入式插头控制。要查明马弗炉所需的电源电压、配置功率、熔断器、电闸是否合适，并接好地线，避免危险。炉前地面上可铺一块厚胶皮，这样操作时较安全。③电炉由于存放和运输过程中可能受潮，所以在使用前必须进行烘炉干燥，以防炉膛因温度的急剧变化而破裂。④为了维护电炉的使用寿命，使用中切勿超过极限温度。装卸样品时，必须谨慎严防碰损硅碳棒。⑤在马弗炉内进行熔融或灼烧时，必须严格控制操作条件、升温速度和最高温度，以免

---

❶　实验室常用的马弗炉通常配的是镍铬-镍硅热电偶，测温范围为0～1300℃。

样品飞溅、腐蚀和黏结炉膛。如灼烧有机物、滤纸等，必须预先炭化。保持炉膛内干净平整，以防坩埚与炉膛黏结。为此，要经常清除炉膛内的氧化物，并在炉膛内垫耐火薄板，以防偶然发生溅失损坏炉膛，并便于更换。⑥马弗炉使用时，要有人经常照看，防止自控失灵，造成事故。晚间无人时，切勿使用马弗炉。⑦热电偶不可在高温时骤然插入或拔出，以免爆裂。在插入或拔出时应小心，以防折断。⑧灼烧完毕，应先切断电源。不应立即打开炉门，以免炉膛突然受冷碎裂。通常先开一条小缝，让其降温加快，待温度降至200℃时，开炉门，用长柄坩埚钳取出样品。

（4）热浴加热

水浴（water bath）

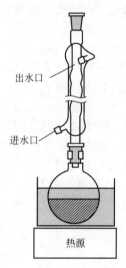

出水口

进水口

热源

图 2.3-8　水浴加热示意

将反应容器如烧杯、烧瓶等，置入水浴锅中，使水浴液面稍高出反应容器内的液面，通过酒精灯或电热器对水浴锅加热，使水浴温度达到所需温度范围（图 2.3-8）。与空气浴加热相比，水浴加热均匀，温度易控制，适合于低沸点物质回流加热。如果加热温度接近100℃，可用沸水浴或水蒸气浴。如果加热温度稍高于100℃，则可选用适当无机盐类的饱和溶液作为热浴液。要注意的是，由于水会不断蒸发，在操作过程中，应及时向水浴锅中加水。或者在水面上加几片石蜡，石蜡受热熔化铺在水面上，可减少水的蒸发。

但是，必须强调指出，当用到金属钾或钠的操作时，决不能在水浴上进行。另外，还应注意：①不用在锅内或杯内加沸石；②加热可用加热棒或电炉；③用后应将水倒掉，不得让锅内长期存水。

化学实验室中常用的标准化水浴装置为电热恒温水浴锅和恒温槽、超级恒温槽等。

电热恒温水浴锅系实验室低温加热设备，常用来加热和蒸发易挥发、易燃的有机溶剂及进行温度低于100℃的恒温实验。电热恒温水浴锅是内外双层箱式的加热设备，面板为单层，按不同规格开有一定数目的孔。孔径为12cm，每孔配有四个金属（铜、铝或不锈钢）套圈和小盖，选择套圈可放置大小不同的被加热的仪器。电热水浴锅恒温范围常在30～100℃，温差为±1℃。如图2.3-9为四孔数显电热恒温水浴锅。

电水浴锅分内外两层。内层与外壳夹层间充填玻璃棉等保温材料。槽底安装有铜管，管内装有电炉丝作为加热元件。温度控制器一般采用玻璃棒式或双金属片式等膨胀式触点控制方法。有的产品采用热敏元件作为感温探头的电子温度控制器。水浴锅侧面有电源开关、调温旋钮和指示灯。水箱下侧有放水阀门。

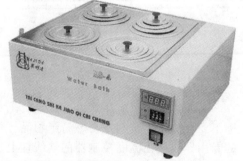

图 2.3-9　四孔数显电热恒温水浴锅

恒温槽及超级恒温槽是实验室中控制恒温最常用的设备，具有高精度的恒温性能，温度波动度为±(0.01～0.1)℃，具体使用和注意事项参见4.3.2节。

油浴（oil bath）　当加热温度在100～250℃范围，应采用油浴。将加热用油置于锅内，放入加热棒或用电炉在底部加热即组成油浴，油浴随加热油不同温度范围不一。常用的油浴浴液有甘油、石蜡油、硅油、真空泵油或一些植物油。其中，甘油可以加热到140～150℃，温度过高时则会分解。甘油吸水性强，放置过久的甘油，使用前应首先加热蒸去所吸收的水分，之后再用于油浴。甘油和邻苯二甲酸二丁酯的混合液适用于加热到140～180℃，温度过高则分解。植物油如菜油、蓖麻油和花生油等，可以加热到 220℃。液体石蜡可加热到 220℃，温度稍高虽不易分解，但易燃烧。固体石蜡也可加热到 220℃ 以上，其优点是室温下为固体，便于保存。硅油和真空泵油加热温度都可达到 250℃，热稳定性好，但价格较贵。

使用时应注意如下几点。①油浴锅内应放置温度计指示温度。②用电炉加热时，应垫上石棉网。③加热油使用时间较长时应及时更换，否则易出现溢油着火。在使用植物油时，由于植物油在高温下易发生分解，可在油中加入 1％ 对苯二酚，以增加其热稳定性。（你能说出其稳定机理吗？）④在油浴加热时，必须注意采取措施，不要让水溅入油中，否则加热时会产生泡沫或引起飞溅。例如，在回流冷凝管下端套上一个滤纸圈以吸收流下的水滴。当然，也可用一块中间有圆孔的石棉板覆盖油锅。⑤使用油浴时最好使用调压器调整加热速度。

在某些情况下，使用家用电饭煲作为实验室中的水浴、油浴装置，具有极大的便利。如果再稍作改造，比如串接调压器、继电器，就可以实现加热速率和温度的自动控制。这要比用电炉与锅的组合方便得多。而且在经济上也比使用标准化的电热恒温浴槽优越。

硫酸或熔盐浴　以浓硫酸为浴液可加热到 220℃，继续加热会逐渐冒烟，至 300℃ 分解并放出三氧化硫毒烟。浓硫酸腐蚀性太强，应用并不广泛。只是因为浓硫酸即使在加热时仍呈透明状，故用于熔点测定比较方便。若在浓硫酸中加入硫酸钾固体，当浓硫酸和硫酸钾的重量比为 7∶3 和 6∶4 时可分别加热到 325℃ 和 365℃，但这些混合物在冷却时凝结成固态或半固态，因而不能在较低温度下使用。

如果需要加热到 250℃ 以上，还可以考虑使用熔盐浴。例如，硝酸钠和硝酸钾等量混合，在 218℃ 熔融，可加热至 700℃；7％ 硝酸钠、53％ 硝酸钾和 40％ 亚硝酸钠相混合，在 142℃ 熔融，可在 500℃ 以下安全使用。熔盐浴在室温下凝结为固体，移动和存放都很方便，但使用温度高，需十分注意防止烫伤。

空气浴　空气浴就是让热源把局部空气加热，空气再把热能传导给反应容器。有很多方法可以实现空气浴加热。在石棉网上面，搁置一个泥三角，泥三角上方放置待加热容器，如蒸发皿、烧杯等，这时候在石棉网与容器底部之间形成一个空气层，这个空气层就成为空气浴，而无论热源是灯还是电加热装置。电热套加热是另一种简便的空气浴加热，能从室温加热到 200℃ 左右。安装电热套时，只要使反应瓶外壁与电热套内壁保持 2cm 左右的距离，就可以利用热空气传热并防止局部过热。把样品置入电热烘箱中加热，干燥，也是一个典型的空气浴代表。

砂浴　加热温度达 200℃ 或 300℃ 以上时，往往使用砂浴。将清洁而又干燥的细砂平铺在铁盘上，把盛有被加热物料的容器埋在砂中，加热铁盘。由于砂对热的传导能力较差而散热却较快，所以容器底部与砂浴接触处的砂层要薄些，以便于受热。由于砂浴温度上升较慢，且不易控制，因而使用不广。如图 2.3-10 为砂浴电炉。

图 2.3-10　砂浴电炉

2.3.2　冷却与制冷

有时在反应中产生大量的热，它使反应温度迅速升高，如果控制不当，可能引起副反应。它还会使反应物蒸发，甚至会发生冲料和爆炸事故。要把温度控制在一定范围内，就要进行适当的冷却。有时为了降低溶质在溶剂中的溶解度或加速结晶析出，也要采用冷却的方法。

水冷　用冷水在容器外壁流动，或把反应器浸在冷水中，交换热量。也可用水和碎冰的混合物作冷却剂，其冷却效果比单用冰块好，这是因为冰水混合物与反应器壁的接触面积更大。这种冷却方式的极限温度为0℃。对于某些不忌水的反应体系，在反应进行时，可以通过把碎冰直接或间接投入反应器中，以此来有效地保持低温。比如，某电解/电镀槽，因电流的焦耳热，使槽内温度持续上升。如果将碎冰用耐化学腐蚀的密封 PE 样品袋包起来，然后投入槽中，就有效阻止了电解过程的温升，使副反应减少到最小限度。如果是电镀过程，则可以使镀层质量得到保证。

冰盐冷却　要在0℃以下进行操作时，常用按不同比例混合的碎冰和无机盐作为冷却剂。可把盐研细，把冰砸碎（或用雪）成小块，使盐均匀包在冰块上。冰-食盐混合物（质量比3：1），可冷至−18～−5℃，其他盐类的冰-盐混合物冷却温度见表2.3-1。

表 2.3-1　冰-盐混合物的质量分数及达到的最低温度

盐名称	盐的质量分数	冰的质量分数	温度/℃
六水氯化钙	100	246	−9
	100	123	−21.5
	100	70	−55
	100	81	−40.3
硝酸铵	45	100	−16.8
硝酸钠	50	100	−17.8
溴化钠	66	100	−28

干冰或干冰与有机溶剂混合冷却　干冰（固体的二氧化碳）和乙醇、异丙醇、丙酮、乙醚或氯仿混合，可冷却到−78～−50℃，当加入时会猛烈起泡。应将这种冷却剂放在杜瓦瓶（广口保温瓶）中或其他绝热效果好的容器中，以保持其冷却效果。

使用二氧化碳制冷剂时，应该注意防止"冻烫伤"。二氧化碳在钢瓶中是液体，使用时先在钢瓶出口处接一个既保温又透气的棉布袋。打开阀门，将液态二氧化碳迅速地大量放出，因压力突然降低，二氧化碳一部分蒸发，另一部分降温在棉袋中结成二氧化碳固体，称之为干冰。此时，在气瓶阀口处，温度极低，如若不慎，极易发生冻伤事故，这种冻伤，在生理表现方面与烫伤基本一致。

液氮冷却　液氮可冷至−196℃（77K），用有机溶剂与液氮可以调配所需的低温浴浆。一些作低温恒温的化合物列在表2.3-2。

表 2.3-2　可作低温恒温冷浆浴的化合物

化合物	冷浆浴温度/℃	化合物	冷浆浴温度/℃
乙酸乙酯	−83.6	乙酸甲酯	−98.0
丙二酸乙酯	−51.5	乙酸乙烯酯	−100.2
对异戊烷	−160.0	乙酸正丁酯	−77.0

液氮和干冰是两种方便而又廉价的冷冻剂，这种低温恒温冷浆浴的制法是：在一个清洁的杜瓦瓶中注入纯的液体化合物，其用量不超过容积的3/4，在良好的通风橱中缓慢地加入新取的液氮或碎干冰，并用不锈钢搅拌棒迅速搅拌，最后制得的冷浆稠度应类似于黏稠的麦芽糖。

图 2.3-11　半导体冷阱槽及电源

低温浴槽制冷　低温浴槽实质上是一个小冰箱，冰室口向上，蒸发面用筒状不锈钢槽代替，内装酒精。外设压缩机，循环氟里昂制冷。压缩机产生的热量可用水冷或风冷散去。可装外循环泵，使冷酒精与冷凝器连接循环。还可装温度计等指示器。反应瓶浸在酒精液体中。适于−30～30℃范围内的反应使用。使用制冷机制冷可以不使用化学试剂，减少了对环境的污染。尤其是当前发展起来的电子制冷技术，它是应用某些半导体材料的特性而制冷的一项新兴技术，电子制冷是直接将电能转化为热能，所利用的原理是温差电效应，亦即帕尔帖效应❶（Peltier effect）。这样就省掉了压缩机、冷媒、介质管道等机械制冷环节，在消除污染的同时还大大降低了生产成本，比机械制冷约低 1/3，因此更易消费者接受，应用前景和市场前景都十分广阔。

图 2.3-11 所示为一种半导体制冷的低温冷阱。它采用大功率半导体制冷组件作为冷源，不需要干冰、氨、氮、氟利昂等制冷剂，温度低、制冷快、寿命长。无污染、无噪声、无振动、无磨损，可连续工作。

以上制冷方法供选用。注意温度低于−38℃时，由于水银会凝固，因此不能用水银温度计。对于较低的温度，应采用添加少许颜料的有机溶剂（酒精、甲苯、正戊烷）低温温度计。

2.3.3　温度的测量与温度计

温度是表征体系中物质内部大量分子、原子平均动能的一个宏观物理量。不同温度的物体接触时，必然发生能量传递。它以热能的形式由高温物体传至低温物体，直至到达热平衡，此时两者的温度相等。所以，温度是确定物体状态的一个基本参数。

温度的测量和控制是实验的一个重要指标。测量温度要使用温度计（thermometer）。温度计的种类很多，一般可按物理特性或测量温度的方式分类。按测量方法分有两种：接触式和非接触式。利用物质的体积、电阻、热电势等物理性质与温度之间的函数关系制成的温度计，通常都是接触式温度计，测温时必须将温度计触及被测体系，使温度计与体系达成热平衡，两者的温度相等。这样由测温物质的特定物理参数就可换算出体系的温度值，也可将物理参数值直接转换成温度值来表示。如酒精温度计、水银-玻璃温度计、热电偶温度计、铂电阻温度计等。利用电磁辐射的波长分布或强度变化与温度间的函数关系制成的温度计是非接触型的。全辐射光学高温计、光丝高温计和红外光电温度计都属于这一类。其特点是：不干扰被测体系，没有滞后现象，但精度较差。

基础化学实验中常用接触式温度计。其代表是酒精温度计和水银-玻璃温度计。酒精温度计只适用于测量 100℃以内的体系，尤其测定低温。水银-玻璃温度计可以应用于测量 0～300℃的体系，但不能应用于测定温度低于−38℃的体系。更高温度的测定则需要使用热电偶温度计。具体内容详见 4.3。

2.3.4　熔点及其测定

熔点（melting point，mp）是固体化合物的基本特性。一个化合物的熔点是指在大气压力下固液两相达平衡时的温度。纯净的固体化合物一般都有固定的熔点，固-液两相之间的温度变化是非常敏锐的，自初熔温度至全熔温度（熔程）一般不超过 0.5℃。

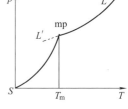

在一定温度和压力下，如果将某物质的固-液两相置于同一容器中，这时可能发生三种情况：固相迅速转化为液相（固体熔化）；液相迅速转化为固相（液体固化）；固相与液相同时并存。为了了解在某一温度时哪一种情况占优势，我们可以从物质的蒸气压（p）与温度（T）的曲线图 2.3-12 来理解。图中 S—mp 表示某物质的固相蒸气压与温度的关系，mp—L 表示该物质的液相蒸气压与温度的关系。由于固相的蒸气压随温度变化的速率较相应的液相大，因此两曲线相交于 mp 处。在交点 mp 处，固液两相可同时并存，此时的温度 T_m 即为该物质的熔点。当温度高于 T_m 时，所有的固相会全部转变为液相；若低于 T_m 时，则由

图 2.3-12　物质的蒸气压与温度的关系

❶　1821 年，德国人塞贝克发现，当两种不同的导体相连接时，如两个连接点保持不同的温度，则在导体中产生一个温差电动势，此即塞贝克效应（Seebeck effect）；它是热电偶测温的理论基础；1934 年法国人帕尔帖发现了塞贝克效应的逆效应，即当电流流经两个不同导体形成的接点处会产生放热现象和吸热现象。放热或吸热由电流的大小来决定。

液相转变为固相；只有当温度是 T_m 时，固-液两相的蒸气压才是一致的，此时固-液两相方可同时并存。这就是纯粹晶体物质有固定和敏锐熔点的道理。一旦温度超过 T_m，甚至只有几分之一度时，如有足够的时间，固体就可全部转变为液体。所以要精确测定熔点，在接近熔点时加热速度一定要慢，升温的速度以每分钟不能超过 $1\sim2℃$。只有这样，才能使整个熔化过程尽可能接近于两相平衡的条件。

通常，可以通过测定熔点对化合物的纯度作出定性判定。若固体化合物中存在可熔性杂质，会使化合物的熔点降低，熔程增长。利用这一特点，还可以鉴别两种物质是否是同一化合物。实验时，将熔点相同的两物质按不同比例混合后测定熔点（一般至少测定三种比例，如 $1:9$、$1:1$ 和 $9:1$），如无熔点降低现象即认为两物质相同。但有时（如形成新的化合物或固溶体）两种熔点相同的不同物质混合后熔点并不降低或反而升高。虽然因有少数例外情况而使测定混合物熔点的方法不绝对可靠，但对于鉴定有机化合物仍有很大的实用价值。

也有少数有机化合物在加热温度尚未达到其熔点之前即局部分解，分解物的作用与可熔性杂质相似，因此这类化合物没有恒定的熔点。

还有一些化合物之间可以形成共熔物，共熔物也有固定的熔点，但是一个混合物。例如 α-萘酚（熔点为 95.5℃）与萘（熔点为 80℃）在大气压下以摩尔比 0.395/0.605 存在时也具有固定熔点（熔点约为 61℃），但从显微镜下观察到两个组分不同的晶体。所以，具有固定熔点的物质不一定是纯净的化合物。

在实际测定熔点的过程中，如杂质的含量很少时看不到真正的初熔过程，可能观察的熔程并不一定很长。

熔点的测定方法有毛细管测定法和熔点测定仪测定法。

毛细管测定法 毛细管测定熔点的方法，是《中华人民共和国药典》确认并采用的方法，虽不是最精确的方法，但由于样品用量少，简便易行，故被广泛采用。

① 毛细熔点管。将内径为 1mm、厚度均匀的毛细管用瓷片或小砂轮截割成 $6\sim8cm$ 长、管口平整的小段，手持毛细管与酒精灯火焰成 45°角，不断旋转下用外焰将毛细管一端熔封成红色小球，放烧杯中待用。

② 熔点测定装置。在实验室中最常用的熔点测定装置有两种：提勒管（Thiele tube）式和双浴（twinbath）式。

提勒管式 提勒管式熔点测定装置由提勒管（又称 b 形管）、固定于开口软木塞上的温度计、浴液和酒精灯四部分组成，如图 2.3-13 所示。加入浴液时，应使冷的浴液面略高于侧管上沿，用铁夹夹住提勒管颈部固定于铁架台上。装上温度计，使温度计的水银球处于提勒管上下两叉管口之间，刻度面向木塞开口。用橡皮圈将装好样品的熔点管固定于温度计下端，使样品部分置于水银球侧面中部。当在图示的部位加热时，受热的浴液作沿管上升运动，从而促成了整个 b 形管内浴液呈对流循环，使得温度较为均匀。

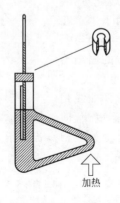

图 2.3-13 提勒管式熔点测定装置

图 2.3-14 双浴式熔点测定装置

　　双浴式　双浴式熔点测定装置是将试管经开口软木塞插入烧瓶（平底或圆底）内，直至离瓶底约 1cm 处，试管口也配一个开口软木塞，插入温度计，其水银球应距试管底 0.5cm，如图 2.3-14 所示。瓶内装入约占烧瓶 2/3 体积的浴液，试管内也放入一些浴液，使在插入温度计后，其液面高度与瓶内相同。熔点管同前法固定于温度计上。

　　③ 浴液。在测定熔点时，凡是样品熔点在 220℃ 以下的，可采用浓硫酸作为浴液。因高温时，浓硫酸将分解放出三氧化硫及水。长期不用的熔点浴应先渐渐加热去掉吸入的水分，如加热过快，就有冲出的危险。当有机物和其他杂质触及硫酸时，会使硫酸变黑，有碍对熔点的观察，此时可加入少许硝酸钾晶体共热后使之脱色。除浓硫酸以外，亦可采用磷酸（可用于 300℃ 以下）、石蜡油或有机硅油等作浴液。

　　使用毛细管测定熔点时，将待测熔点的干燥样品约 0.1g 置于干燥洁净的表面皿上，用干燥的玻璃塞研成粉末并堆积，手持熔封好的熔点管，将开口端向下插入样品堆中，样品进入熔点管，然后把熔点管开口端向上，轻轻地在桌面上敲击，以使粉末落入和填紧管底。待样品全部进入管中后，将样品管沿一长 30～40cm 的玻管（或冷凝管）垂直自由落至一干净的表面皿上，往复数次，将样品紧密装至高度为 2～3mm，将沾在管外的样品擦净备用。要准确测定熔点，样品的处理非常关键。样品一定要研得细，装得实，使热量的传导迅速均匀。

　　将提勒管垂直夹于铁架上，装入浴液，浴液面略高于侧管上沿，用橡皮圈将装好样品的熔点管固定于温度计下端，使样品部分置于水银球侧面中部。点燃酒精灯，在图 2.3-13 所示部位加热。开始时升温速度可以稍快，约 5℃/min；当温度升至距离熔点 10～15℃ 时，控制升温速度在 1～2℃/min，愈接近熔点，升温速度应愈慢（掌握升温速度是准确测定熔点的关键）。这一方面是为了保证有充分的时间让热量由管外传至管内，以使固体熔化；另一方面因观察者不能同时观察温度计所示度数和样品的变化情况。只有缓慢加热，才能使此项误差减小。记下样品开始塌落并有液相（俗称出汗）产生时（初熔）和固体完全消失时（全熔）的温度计读数，即为该化合物的熔程。固体熔化过程参见图 2.3-15。要注意仔细观察样品在初熔前是否有萎缩或软化、放出气体以及其他分解现象。例如一物质在 120℃ 时开始萎缩，在 121℃ 时有液滴出现，在 122℃ 时全部液化，应记录如下：熔点 121～122℃，120℃ 时萎缩。每份样品重复 2～3 次，平行数据相差不得超过 1℃。第二次测定时，应等浴温降至熔点以下 20～30℃；每一次测定都必须用新的熔点管另装样品，不能将曾熔化过又凝固的样品用作第二次测定，因为某些物质会发生部分分解，有些会转变成具有不同熔点的其他结晶形式。

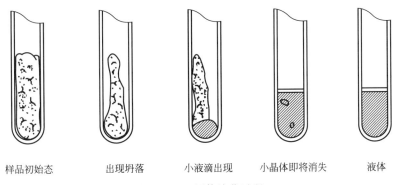

样品初始态　　　出现坍落　　　小液滴出现　　小晶体即将消失　　　液体

图 2.3-15　固体熔化过程

　　测定易升华物质的熔点时，装样后应熔封另一端；测定未知样品时，应先粗测一次，加热速度可以稍快，知道大致的熔点范围后，待浴温冷至熔点以下 30℃ 左右，再取另一根装样的熔点管作精确测定。

　　当使用硫酸作浴液时，在取出温度计时应注意使温度计壁上的热硫酸滴下以后才可拆下样品管，然后用废纸擦去硫酸，待其冷却后方可用水冲洗，否则温度计极易炸裂。取下的样品管也要集中于一个小烧杯中，待实验结束后统一倒入废料桶；硫酸要在熔点浴冷却以后倒回回收瓶中。

熔点测好后，温度计的读数须对照温度计校正图进行校正。

熔点测定仪测定法　熔点测定仪类型很多，有数字熔点仪和显微熔点仪。显微熔点仪较常用，它主要由电加热系统、温度计和显微镜组成。这种装置可以通过显微镜观察晶体的熔化过程，但样品用量很少。图 2.3-16 是一款显微热分析仪，它可用载玻片方法测定物质的熔点、形变、色变等；也可用《中华人民共和国药典》规定的毛细管方法测其熔点，尤其对深色样品，如医药中间体、颜料、橡胶促进剂等的熔点，并能自始至终观察到样品熔化的全过程。它带有数码目镜，又可通过电视机或显示器观察样品的变化。

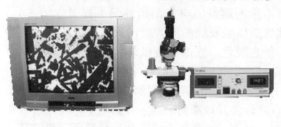

图 2.3-16　显微热分析仪

用熔点测定仪测定熔点时，样品放在两片洁净的载片之间，置于热浴中，调节显微镜高度，观察被测物质的晶形。先拧开加热旋扭，使快速升温，到温度低于熔点 10℃ 以下时，开微调旋扭，减慢升温速度，使每分钟上升 1～2℃。其他事项与提勒管测定法类似。当要重复测定时，可将金属冷却圆板置于热浴中。热交换后的圆板，用冷水冷却，如此重复。

实验 4　熔点测定与温度计校正

【实验目的】

1. 测定给定化合物的熔点。
2. 通过实验了解熔点测定的原理，了解利用熔点测定鉴别化合物的方法。
3. 通过实验学习测定熔点的操作方法，了解熔点测定仪器构造及其使用方法。

【预习要点】

1. 预习 2.3.4 节的原理、实验装置与仪器及其操作等相关内容。
2. 预习酒精灯的使用方法以及注意事项。
3. 预习温度计的使用。
4. 查阅文献，找出相关化合物的物理常数。

【实验原理】

参阅 2.3.4 节。

【仪器与试剂】

尿素、肉桂酸、苯甲酸、未知物以及选用附表 1 所列出的标准样品若干种。毛细管（内径为 1mm）若干、酒精灯、提勒管（使用硫酸或液体石蜡做浴液）、温度计；或熔点测定仪。

【实验步骤】

1. 已知物熔点的测定及未知物的判定

按照 2.3.4 节的操作方法测定：①尿素的熔点（mp 132.7℃）；②肉桂酸的熔点（mp 133℃）；③苯甲酸的熔点（mp 122.4℃）；④未知物判定：由教师提供未知物 1～2 个，测定熔点并鉴定出化合物。

2. 温度计校正

用一般方法测定熔点时，温度计上的熔点读数与真实熔点之间常有一定的偏差。这可能是由于温度计的质量而引起的。为了校正温度计，可选用一标准温度计与之比较。通常也可采用纯粹有机化合物的熔点作为校正的标准。通过此法校正的温度计，上述误差可一并除去。有关操作与原理，参见本书 4.3.1 节中水银温度计的校正。

校正时只要选择数种已知熔点的纯粹化合物作为标准，测定它们的熔点，以观察到的熔点作纵坐标，测得熔点与应有熔点的差数作横坐标，画成曲线。在任一温度时的校正值可直接从曲线中读出。用熔点方法校正温度计时，可以选择附表 1 的样品做标准。

附表 1　标准样品的熔点

标准样品	熔点/℃	标准样品	熔点/℃	标准样品	熔点/℃
水-冰①	0	间二硝基苯	90.02	水杨酸	159
α-萘胺	50	二苯乙二酮	95～96	对苯二酚	173～174
二苯胺	54～55	乙酰苯胺	114.3	3,5-二硝基苯甲酸	205
对二氯苯	53.1	苯甲酸	122.4	蒽	216.2～216.4
苯甲酸苄酯	71	尿素	132.7	酚酞	262～263
萘	80.55	二苯羟乙酸	151	蒽醌	286

① 零点的测定最好用蒸馏水和纯冰的混合物。在一个 $15cm \times 2.5cm$ 的试管中放置蒸馏水 20mL，将试管浸在冰盐浴中至蒸馏水部分结冰，用玻棒搅动使之成冰-水混合物。将试管自冰盐浴中移出，然后将温度计插入冰-水中，轻轻搅动混合物，到温度恒定后（2～3min）读数。

【思考题】

1. 测定熔点时，若遇下列情况将产生什么结果？　A. 毛细管管壁太厚；B. 样品管熔封不严尚有针孔；C. 熔点管不干净；D. 样品不干燥；E. 样品不够细、填装不够紧密；F. 加热速度较快；G. 重新固化的样品再测熔点。

2. 测定升华物质时，为什么要两端熔封？以此讨论压力对熔点的影响。

3. 为什么硝酸钾可脱去热硫酸中的黑色物质？

4. A、B、C 三种白色结晶都在 149～150℃ 熔化。A 与 B 的 1∶1 混合物在 130～139℃ 熔化，A 与 C 的 1∶1 混合物在 149～150℃ 熔化。那么 B 与 C 1∶1 的混合物在什么样的温度范围内熔化呢？你能说明 A、B、C 是同一种物质吗？

2.3.5　沸点及其测定

沸点（boiling point，bp）是液体化合物的一个基本特性。液体化合物的沸点是指液体的饱和蒸气压达到与外界大气压相等时的温度。它是化合物重要的物理常数之一，在液体化合物的分离和纯化过程中，具有重要的意义。

液体的分子即使在较低的温度下，也可以从其表面逸入空间成为气体分子，同时气体分子也不断在液体表面凝结。某一液体，在一定温度下，气相与液相的这种挥发与凝结达到平衡，此时，蒸气的压力成为该物质在该温度下的饱和蒸气压。随温度的升高，各种物质的饱和蒸气压均随之升高。当饱和蒸气压与外界大气压相等时，液体开始沸腾，此时液体的温度就是该化合物的沸点。

实验表明，一个物质的沸点与该物质所受的外界压力有关。外界压力增大，沸点升高；相反，若外界压力减小，沸点就降低。经验表明，多数液体在 0.1MPa（760mmHg）附近时，每当压力下降 1.33kPa（10mmHg），沸点约下降 0.5℃；在较低压力时，压力每降低一半，沸点约下降 10℃。由于物质的沸点随外界大气压的改变而变化，因此，讨论或报道一个化合物的沸点时，一定要注明测定沸点时外界气压，以便与文献值相比较。

除压力之外，杂质的存在也会影响液体的沸点。在一定压力下，凡纯净的化合物均有固定的沸点，因此可利用沸点的测定鉴定化合物的纯度。但必须指出，固定的沸点不能作为物质纯度的唯一判据。因为两种或两种以上物质形成的共沸物也具有固定的沸点。如 95.6% 乙醇和 4.4% 水，bp：78.2℃；83.2% 乙酸乙酯、9.0% 乙醇和 7.8% 水，bp：70.3℃。

沸点的测定有常量法与微量法两种。常量法适用于大量液体的沸点测定，测定装置与蒸馏装置相同。液体不纯时沸程很长（常超过 3℃），在这种情况下无法测定液体的沸点，应先把液体用其他方法提纯后，再进行沸点测定。

微量法适用于小量液体的沸点测定，操作仍然在 Thiele 管中进行，安装要求与熔点测定相同，只是样品管有所不同。沸点测定的样品管由外管和内管两部分组成，外管为内径 3~4mm，长度 6~7cm，一端熔封的厚度均匀毛细管；内管为内径 1mm 的厚度均匀的毛细管，在距离一端 1~1.5cm 处熔封。测定时内管插入外管。

测定沸点时，先将一端熔封的外管在酒精灯上预热，迅速将开口处插入待测液体，随外管温度的降低，液体自动进入管内，振动使样品液体流至熔封一端。装入样品高度 1cm 左右。再将内管小心放入液体中，然后将沸点外管用小橡皮圈附于温度计旁，保证样品在温度计水银球中部，放入 Thiele 管中进行测定。

用酒精灯在 Thiele 侧管部位加热时，由于气体膨胀，内管中会有小气泡缓缓逸出，在到达该液体的沸点时，将有一连串的小气泡快速地逸出。此时可停止加热，使浴温自行下降，气泡逸出的速度即渐渐变慢。在气泡不再冒出而液体刚要进入内管的瞬间（即最后一个气泡刚欲缩回至内管中时），表示毛细管内的蒸气压与外界压力相等，此时的温度即为该液体的沸点。为校正起见，待温度降下几度后再缓慢加热，记下刚出现大量气泡时的温度。两次温度计读数相差应该不超过 1℃。每个样品需要重复 2~3 次，平行数据差不得超过 1℃。重复测定时，可将内管取出，加热赶出其中液体，冷却后再插入外管进行测定。

实验 5　液体沸点及其测定

【实验目的】

1. 用微量法测定给定化合物的沸点。

2. 通过实验了解微量法测定沸点的原理和鉴别化合物的方法，学习微量法测定的沸点操作方法。

【预习要点】

1. 预习 2.3.5 节的原理、实验装置与仪器及其操作等相关内容。

2. 温度计的使用。

3. 查阅文献，找出相关化合物的物理常数及溶解性。

【实验原理】

参阅 2.3.5 节。

【仪器与试剂】

内径为 1mm 毛细管若干，内径为 3~4mm 毛细管一支，酒精灯，提勒管（使用硫酸或液体石蜡作浴液），温度计；纯水，无水乙醇。

【实验步骤】

按照 2.3.5 节的操作方法进行测定。

1. 测定纯水的沸点（100℃/0.1MPa）。

2. 测定无水乙醇的沸点（78.5℃/0.1MPa）。

【思考题】

1. 内管熔封不严时会出现什么现象？

2. 样品高度过高时测出的沸点会如何变化？

3. 某化合物 0.1MPa（760mmHg）时，沸点为 280℃，在 0.001MPa（10mmHg）下沸点约为多少？

4. 已知某体系压力为 0.002MPa（15mmHg），经过密封后体系压力变为 0.0007MPa（5mmHg）。此时，液体化合物的沸点降低约为多少？

实验 6　凝固点降低法测定分子量

【实验目的】

1. 测定水的凝固点降低值，计算尿素的分子量。
2. 掌握凝固点降低法测分子量的原理。
3. 掌握 SWC-LG 凝固点下降实验仪的使用方法。

【预习要点】

1. 凝固点降低法测分子量的原理和方法。
2. 凝固点下降实验仪的使用方法。

【实验原理】

物质的分子量是一个重要的物理化学数据，其测定方法有许多种。凝固点降低法测定物质的分子量是一个简单而比较准确的测定方法，在实验和溶液理论的研究方面都具有重要意义。

当稀溶液凝固析出纯固体溶剂时，则溶液的凝固点低于纯溶剂的凝固点，其降低值与溶液的质量摩尔浓度成正比。即：

$$\Delta T = T_f^* - T_f = K_f b_B \tag{1}$$

式中，T_f^* 为纯溶剂的凝固点，K；T_f 为溶液的凝固点，K；b_B 为溶液中溶质 B 的质量摩尔浓度，kg/mol；K_f 为溶剂的质量摩尔凝固点降低常数，它的数值仅与溶剂的性质有关。附表 1 给出了部分溶剂的凝固点降低常数值。

附表 1　几种溶剂的凝固点降低常数值

溶剂	水	乙酸	苯	环己烷	环己醇	萘	三溴甲烷
T_f^*/K	273.15	289.75	278.65	279.65	297.05	383.5	280.95
K_f/(K·kg/mol)	1.86	3.90	5.12	20	39.3	6.9	14.4

若称取一定量的溶质 m_B（g）和溶剂 m_A（g），配成稀溶液，则此溶液的质量摩尔浓度 b_B 为：

$$b_B = \frac{m_B}{M_B m_A} \times 10^{-3} \tag{2}$$

式中，M_B 为溶质的分子量。将式（2）代入式（1），整理得：

$$M_B = K_f \frac{m_B}{\Delta T m_A} \times 10^{-3} \tag{3}$$

若已知某溶剂的凝固点降低常数 K_f 值，通过实验测定此溶液的凝固点降低值 ΔT，即可计算溶质的分子量 M_B。

通常测凝固点的方法是将溶液逐渐冷却，但冷却到凝固点并不析出晶体，往往成为过冷溶液。然后通过搅拌或加入晶种促使溶剂结晶，结晶放出的凝固热使体系温度回升，当放热与散热达到平衡时，温度不再改变。此固-液两相共存的平衡温度即为溶液的凝固点。但过冷太厉害或寒剂温度过低，则凝固热抵偿不了散热，此时温度不能回升到凝固点，在温度低于凝固点时完全凝固，就得不到正确的凝固点。从相律看，溶剂与溶液的冷却曲线形状不同。对纯溶剂两相共存时，自由度 $f^* = 1-2+1 = 0$，冷却曲线出现水平线段，其形状如附图 1（a）所示。对溶液两相共存时，自由度 $f^* = 2-2+1 = 1$，温度仍可下降，但由于溶剂凝固时放出凝固热，使温度回升，但回升到最高点又开始下降，所以冷却曲线不出现水平线

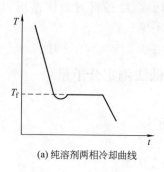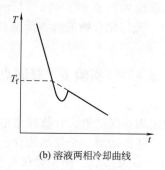

(a) 纯溶剂两相冷却曲线　　　　(b) 溶液两相冷却曲线

附图 1　溶剂与溶液的冷却曲线

段，如附图 1（b）所示。由于溶剂析出后，剩余溶液浓度变大，显然回升的最高温度不是原浓度溶液的凝固点，严格的做法应作冷却曲线，并按附图 1（b）中所示方法加以校正。但由于冷却曲线不易测出，而真正的平衡浓度又难以直接测定，实验总是用稀溶液，并控制条件使其晶体析出量很少，所以以起始浓度代替平衡浓度，对测定结果不会产生显著影响。

本实验测纯溶剂与溶液凝固点之差，由于差值较小，所以测温需用 JDW-3F 型数字式精密温差测量计。

【仪器与试剂】

SWC-LG 凝固点下降实验仪，普通温度计 1 只，烧杯 2 个，移液管（50mL）1 支，压片机 1 台；冰，尿素，粗盐。

【实验步骤】

1. 调节冷浴剂的温度

取适量粗盐与冰水混合，使冷浴剂温度为 −3～−2℃，在实验过程中不断搅拌，使冷浴保持此温度。

2. 溶剂凝固点的测定

凝固点测定实验装置如附图 2 所示。用移液管向清洁、干燥的凝固点管内加入 50mL 纯水，插入 JDW-3F 型数字式精密温差测量计，运行凝固点下降测定程序，用计算机记录凝固点管内温度的变化。

先将盛水的凝固点管直接插入冷浴剂中，上下移动搅棒（勿拉过液面，约每秒钟一次）。使水的温度逐渐降低，当过冷到 0.7℃ 以后，要快速搅拌（以搅棒下端擦管底），幅度要尽可能的小，待温度回升后，恢复原来的搅拌，直到温度回升稳定为止，此温度即为水的近似凝固点。

取出凝固点管，用手捂住管壁片刻，同时不断搅拌，使管中固体全部熔化，将凝固点管放在空气套管中，缓慢搅拌，使温度逐渐降低。当温度降至近似凝固点时，自支管加入少量晶种，并快速搅拌（在液体上部），待温度回升后，再改为缓慢搅拌。直到温度回升到稳定为止，记录稳定的温度值，重复测定三次，每次之差不超过 0.006℃，三次平均值作为纯水的凝固点。

附图 2　凝固点降低实验装置

1—数字式精密温差测量计；2—内管搅棒；3—投料支管；4—凝固点管；5—空气套管；6—冷浴搅棒；7—冰槽；8—温度计

3. 溶液凝固点的测定

取出凝固点管，如前将管中冰溶化，用压片机将尿素压成片，用分析天平精确称重（约 0.48g），其重量约使凝固点下降 0.3℃，自凝固点管的支管加入样品，待全部溶解后，测定溶液的凝固点。测定方法与纯水的相同，先测近似的凝固点，再精确测定，但溶液凝固点是取回升后所达到的最高温度。重复三次，取平均值。

取出凝固点测定管，使固体完全融化，再加入重量近似的第二片尿素片，用同样的方法进行测定。

【数据处理】

1. 由水的密度，计算所取水的重量 m_A。

2. 将实验数据列入下表中。

物　质	质　量	序　号	凝　固　点		凝固点降低值
			测量值	平均值	
水		1			
		2			
		3			
尿素 （第一次）		1			
		2			
		3			
尿素 （第二次）		1			
		2			
		3			

3. 根据公式（3），由所得数据计算尿素的分子量，并计算与理论值的相对误差。

【注意事项】

1. 搅拌速度的控制是做好本实验的关键，每次测定应按要求的速度搅拌，并且测溶剂与溶液凝固点时搅拌条件要完全一致。

2. 寒剂温度对实验结果也有很大影响，过高会导制冷却太慢，过低则测不出正确的凝固点。

3. 纯水过冷度 0.7～1℃（视搅拌快慢），为了减少过冷度，可加入少量晶种，每次加入的晶种大小应尽量一致。

【思考题】

1. 为什么要先测近似凝固点？

2. 根据什么原则考虑加入溶质的量？太多或太少影响如何？

2.4　物质的分离与提纯

凡是涉及化学的领域几乎都离不开混合物的分离（separation）和单一物种的纯化（purification）。"把混合物中某些组分或各组分彼此分开，或把混合物中各相间彼此分开的过程叫分离。"这是《化工辞典》对于分离所做的定义。

物质的分离纯化是化学学科的重要研究内容之一，也是最重要的实验技术。回顾化学的发展历史便可发现：化学的发展离不开分离与提纯。元素周期表中各个元素的发现，经典的化学分离和提纯方法都曾起过重要作用。各种天然放射性元素的发现，人工放射性元素的获得，原子核裂变现象的最终确证，各种超铀元素的制备和合成，几乎都离不开各种分离技术。而近年来生命科学的许多重要成就，无一不与分离有紧密联系。分离如此重要，现在已经发展成为一门新兴学科——分离科学与工程。

分离是以广泛的物质为对象，利用物质的物理性质与化学性质的差异来实现的。任何分离方法，都是依据分离组分在某些化学性质、物理性质方面的差异，如密度、溶解度、挥发性、电离度、吸附、移动速度、颗粒大小等特性。组分性质有差别，即使是很小的差别，就有可能利用这些差别来进行分离。根据不同规模、不同目的、不同原理，分离技术的实施也有所区别。物质的分离常依据分离方法的性质分为物理分离法和化学分离法两大类。物理分离法是以被分离组分所具有的不同物理性质为依据，采用适宜的物理手段进行分离。化学分离法主要是按被分离组分在化学性质上的差异，通过化学过程使其分离的方法。还有一些分离方法基于被分离组分的物理化学性质：如沸点、熔点、离子电荷和迁移率等性质，属于这类分离方法的有蒸馏与升华、区域熔融、电泳和膜分离法等。习惯上这些分离方法通常也归属于化学分离法。

在实验室和生产实践中，还常常依待分离混合物的聚集态进行分离方法的分类。一般来说，按照这种观点，把分离归结为两大类：即非均相混合物的分离和均相混合物的分离。几乎所有的分离技术都是以研究组分在两相之间的分布为基础的，因此状态（相）的变化常常用来达到分离的目的。例如沉淀分离就是利用欲分离物质从液相进入固相而进行分离的方法。溶剂萃取则是利用物质在两个不相溶的液相之间的转移来达到分离纯化的目的。也就是说，绝大多数分离方法都涉及组分在两相之间的迁移。

分离过程要克服混合和稀释两个自发过程，这两个自发过程的重要特征在于过程是熵增加的。所以分离在热力学上是不利的，分离必须付出代价，分离过程必须做功（耗能）。分离程度越高，付出的代价越大。分离科学实际上是研究如何将热力学第二定律所说的自发过程，以相反方向进行到最大限度的科学。即如何给体系增加能量和降低体系的熵值以便增强分离效果。分子间或离子间的相互作用是分离的分子学基础，其大小又与它们的分子结构、环境条件等有关。关于分离科学与技术的理论基础，特别是物理化学的热力学、动力学及分子基础理论依据，读者可自行阅读相关文献❶。

物质的纯化实际上是建立在分离基础之上的。分离完成了，那么，组分的纯度也就有了保障。因此，分离与提纯是同一概念的两种表述。在实验化学中，下面的几个概念需要了解和掌握。

① 富集。对浓度 $x_i < 0.1$ 的 i 组分的分离。

② 浓缩。对浓度 $0.1 < x_i < 0.9$ 范围内 i 组分的分离。

③ 纯化。对浓度 $x_i > 0.9$ 的 i 组分的分离。

④ 回收因子 R_i。欲回收量 Q 占样品总量 Q^0 的分数。$R_i = \dfrac{Q}{Q^0}$ 在任何一个分离过程中，欲回收组分 i 的回收因子都是愈高愈好。

⑤ 分离因子 $S_{B/A}$。对于 A、B 两种组分而言，A 为欲分离的组分，其分离因子 $S_{B/A}$ 定义为：$S_{B/A} = \dfrac{\dfrac{Q_B}{Q_A}}{\dfrac{Q_B^0}{Q_A^0}} = \dfrac{R_B}{R_A}$，显然，在分离过程中，要求分离因子愈小愈好，即 R_B 值愈小愈好。

⑥ 纯度。系指分离产物中含杂质的多少。对于一般的定量分析而言，99.9%纯度，或含有<0.1%的杂质就可以满足要求了。但是，对于高纯物质，如高纯二氧化硅对纯度的要求就高得多，可为 99.9999%（通常记作 6N）甚至更高。但是对生物制品而言，情况就不完全是这样。例如，通常对酶等物质以比活度来定义其纯度，即：单位质量酶中的最高活性定义为纯度。该定义是基于比活度的绝对值可用绝对纯的活性酶来测定。当然，也有测其产品中杂质含量的多少来表示生物产品纯度的事例。对生物产品的纯度如何要求，这要视其具体情况而定。

❶ 刘茱娥. 新型分离技术基础. 杭州：浙江大学出版社，1992.（注：该书第一章值得参考。）
耿信笃. 现代分离科学理论导引. 西安：西北大学出版社，1990.

　　虽然实验室中的分离纯化方法与工业生产规模的工艺流程有所区别，但所依据的分离原理是完全一致的，常常可以互相借鉴。也就是说化学实验中分离方法是缩小了的化学工艺流程，只要适当地调整某些参数，就可将化学实验中分离方法用于实际生产中去。

　　按照待分离混合物的聚集态进行分离方法的分类，我们在实验室和生产上常见的分离过程如表 2.4-1 所示。特别需要指出的是，表中所列的许多方法因为涉及两种或两种以上的原理或机理，难以归类，如有些色谱分离法不仅涉及吸附作用，还有分配作用或离子交换作用等。因此这些分类方法难免有勉强与不妥之处，只能作为参考。

表 2.4-1　常见的分离过程

混合物聚集形态	物理分离方法与原理	化学分离方法与原理
固-固	筛分:利用不同物种颗粒尺寸差异与筛孔尺寸关系进行分离 磁选:利用高梯度磁场进行强磁性物质、弱磁性物质和非磁性物质的分离 高压静电:不同物种颗粒在强电场中的行为 离心、沉降:颗粒间密度差(常需要加流体相以辅助,如旋流分离、风选等操作)	溶解、洗涤:利用不同物种对于特定溶剂的溶解度差异进行分离 升华:不同物种给定温度下蒸气压差异 区域熔炼:待分离组分熔点温度差 浮选:常引入液相和气相。在一定药剂存在下,利用物种颗粒疏水性不同,造成颗粒假密度在流体中更大差异,完成分离 电泳:固体粒子的 ζ 电位
固-液	沉降和离心澄清:利用固体颗粒与液体之间的密度差异完成。离心分离则属于人为增加力场强度,从而加大这种密度差异 过滤:包括加压过滤和超滤。颗粒尺寸>过滤介质孔径,可以将固体截留于过滤介质之上。必要时,加入助滤剂作为过滤介质的组成部分	混凝沉降:加入絮凝剂,通过改变固体粒子的 ζ 电位和电性能,使颗粒尺寸及假密度增大 吸附过滤:利用过滤介质和助滤剂对胶体颗粒的吸附作用完成分离
液-液	离心、沉降:利用两相密度差 蒸发:利用溶剂挥发性与溶质的不同。往往伴随结晶过程 蒸馏与精馏:不同液体沸点不同 反渗透:利用半透膜的选择性透过溶剂(通常是水)而截留溶质,以膜两侧静压差为推动力,克服溶剂的渗透压,使溶剂通过膜而实现混合物分离	盐析破乳:第三组分的加入,改变了两相之间的相互溶解性能,同时也可改变两相相对密度。常与离心分离联用 反应分离:利用化学反应使特定物种转化为另一相实现分离。液体的干燥往往属于这一类型 沉淀分离:利用化学反应产生沉淀而进行分离。分为沉淀分离和共沉淀分离两大类 溶剂萃取:溶质在两液相之间存在溶解平衡 吸附分离:吸附剂对溶液中物种的选择性吸附平衡。分为化学吸附和物理吸附两类 离子交换:利用离子交换剂与不同离子结合力的强弱,可以将某些离子从水溶液中分离出来,或者使不同的离子得到分离 色谱分离:利用混合物中各组分在不相溶的两相中溶解、吸附、解吸或亲和作用性能的差异。按流动相的物态可分为:气相色谱法(流动相为气体)、液相色谱法(流动相为液体);按固定相性质又可分为:柱色谱法、纸色谱法和薄层色谱法。柱色谱中还包含离子交换色谱、凝胶色谱等 电渗析:利用离子交换膜和直流电场的作用,从水溶液和其他不带电组分中分离带电离子组分的一种电化学分离 电解分离:利用物种的氧化还原性质不同,借外加电源的作用使化学反应向着非自发方向进行

混合物聚集形态	物理分离方法与原理	化学分离方法与原理
混合气体	加压冷凝:气体各组分沸点不同。传统空分过程即为例证 离心扩散:气体扩散定律。分子质量与扩散速度关系	液体吸收:利用化学试剂的溶液或纯液体对气体中相关组分进行反应吸收。有时需要加压 固体吸附、吸收:多孔固体吸附剂与气体接触,气体分子向多孔固体颗粒表面选择性传递。被吸附和积累于多孔固体吸附剂微孔表面。吸附是热力学上自发的过程。实际操作时分为变温、变压和变浓度吸附
气-液	雾沫捕集:相当于过滤。只不过是液体粒子被截留在介质一侧 旋风分离:气-液密度差 静电除雾:液体粒子在高压电场中的行为	洗涤:使用另一种难挥发液体洗涤和捕捉雾沫 干燥吸收:液体粒子如果是水,则用固体干燥剂进行反应干燥
气-固	旋风分离:气体与固体颗粒密度差 过滤除尘:同过滤 高压静电除尘:粒子带电性(绝缘性)	洗涤:液体洗涤和捕捉固体颗粒。常常用水。生产上的湿式除尘器即是这样操作的

在基础实验化学中,所用到的分离方法比表中所列出的要少一些。本书仅对一些实验室中的常用方法的原理、操作及装置进行详细介绍。

2.4.1 固-液分离

固-液分离是指将分散的难溶或结晶固体颗粒从液体中分离出来的机械方法(必要时加以化学方法辅助),其中包括重力沉降、过滤、浮选以及在离心机和旋流器中借助离心力进行分离的方法。这些方法明显有别于蒸馏、吸附以及扩散等基本操作,其重要特征在于所处理对象为固-液两相混合物,前述所提及的基本操作所处理的对象都是均相溶液。

基础化学实验中常用的固-液分离方法主要有以下几种,它们是:澄清倾析法、过滤法、离心分离法等。下面就逐一介绍。

(1) 澄清倾析法

倾析法(lecantation),又称作倾泻法、滗析法。当液体中共存固体的颗粒较大且密度比液体大很多时,静置后固体在重力场中自由沉降(discrete settling)至容器底部,这时候可以用倾析法实现固-液分离。如果固体颗粒密度小于液体密度,则可以用浮上(floating)滗析法进行分离。

乔治·斯托克斯(Stokes Sir George. Gabriel,1819~1903)假设:①固体颗粒为球形,不可压缩,也无凝聚性,沉降过程中其大小、形状和质量等均不变;②液体处于静止状态;③颗粒沉降仅受重力和液体的阻力作用。由此出发,得出液体中球形颗粒在重力场中的沉降速度公式:

$$u = \frac{g(\rho_s - \rho)d^2}{18\mu}$$

式中,u 为颗粒的沉降速度,m/s;ρ_s、ρ 分别表示颗粒及液体的密度,kg/m³;g 为重力加速度,m/s²;μ 为液体的黏度,Pa·s;d 为颗粒的粒径,m。此公式被称为斯托克斯公式(Stokes formula)。该公式不仅可以适用于固-液两相,还可以经校正后推广至液-液、气-液、气-固分散系统。亦即它是处理外加力场中两相分散系统的分散相运动形态的普适公式。它尤其是处理沉淀现象的理论依据[●]。实际体系中,颗粒很少有球形者,这时候就要进行校正,用实际非球形颗粒的当量直径 d_e 代替公式中颗粒的粒径 d。

● 关于斯托克斯公式的详细推导,读者可参阅《化工原理》教材有关部分。如管国锋,赵汝溥. 化工原理. 第2版. 北京:化学工业出版社,2003.

由斯托克斯公式可以看出如下几点。①颗粒与液体的密度差（$\rho_s-\rho$）愈大，它的沉速也愈大，成正比关系。当 $\rho_s>\rho$ 时 $u>0$，颗粒下沉，对应于沉淀的沉降；当 $\rho_s<\rho$ 时，$u<0$，颗粒上浮；当 $\rho_s=\rho$ 时，$u=0$，颗粒既不下沉也不上浮。②液体的黏度 μ 愈小，沉速愈快，成反比关系。因黏度与温度成反比，液体的密度 ρ 随温度升高减小幅度要比固体颗粒密度 ρ_s 来的大。故提高温度有助于分离。但须注意，较高温度的分散体系往往因与环境存在温差发生热交换，致使液体内产生对流，会影响沉降或上浮效果。③颗粒直径愈大，沉速愈快，呈平方关系。因此随粒度的下降，颗粒的沉降速度会迅速降低。因此，实验室中如欲使用倾析法分离固-液体系，我们所能采取的促进措施有：设法加大沉淀或晶体颗粒尺寸；充分考虑溶解平衡基础上提高沉降时体系的温度。因为分散体系一定，密度差（$\rho_s-\rho$）基本一定。而且，实验室所在地理位置也决定了重力加速度的值，除非人为改变力场梯度，这正是离心分离的理论基础。

如何做到加大沉淀或晶体颗粒尺寸这一目的，读者可参阅本书之 2.4.2 节相关内容，这里不再赘述。下面讨论倾析法的具体操作。

倾析法所使用的玻璃仪器，可以是烧杯，也可以是三角烧瓶、圆底烧瓶等其他反应容器。但首先选择烧杯，因其操作最为方便。具体操作手法与溶液的转移极为相似（图 2.4-1）。操作成功与否的关键在于如何得到较大尺寸的沉淀或晶体颗粒。有时，如果可能，可以使用混合溶剂进行晶体析出的操作，因为混合溶剂特别是水和某些有机溶剂的混合液体的密度要比纯水为小，并且大部分无机物在有机相中的溶解度比较小。操作时，先将溶液静置，使沉淀沉降。待沉淀沉降完全后，将清液沿玻璃棒倾入另一容器（通常是烧杯）中，沉淀则留在烧杯里使固体与溶液分离。

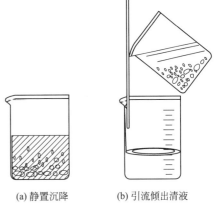

(a) 静置沉降　　(b) 引流倾出清液

图 2.4-1　倾析法固-液分离

固体沉淀如需洗涤时，只要向盛固体沉淀的容器内加入少量洗涤液，将沉淀和洗涤液充分搅拌均匀，待沉淀沉降到容器的底部后，再用倾析法倾去溶液。如此反复操作两三次，即能将沉淀洗净。如果需要沉淀转移到漏斗内，先用洗涤液将沉淀搅起，将悬浮液（suspending liquid）立即按上述方法转移到漏斗中，这样大部分沉淀就可从烧杯中移走，然后用洗瓶中的水冲下杯壁和玻璃棒上的沉淀，再行转移。

（2）过滤法

过滤（filtration）是以某种多孔物质（实验室中常用滤纸或玻璃砂烧结板）为介质，在外力作用下，使悬浮液中的液体通过介质的孔道，而固体颗粒被截留在介质上，从而实现固-液分离的操作。过滤操作采用的多孔物质称为过滤介质，所处理的悬浮液称为料浆，通过多孔通道的液体称为滤液，被截留的固体物质称为滤饼或滤渣（图 2.4-2）。过滤法是生产实践和科学研究中较常用的固-液分离方法之一。实现过滤操作的外力可以是重力、压力差或惯性离心力。在实践中应用最多的还是以压力差为推动力的过滤。

与倾析法相比，过滤操作可使悬浮液的分离更迅速更彻底。在某些场合下，过滤是倾析的后继操作。溶液的黏度、温度、过滤时的压力及沉淀物的性质、状态、过滤介质孔径大小都会影响过滤速度。热溶液比冷溶液容易过滤。溶液的黏度越大，过滤越慢。减压过滤比常压过滤快。如果沉淀呈胶体状态，不易穿过一般过滤器（滤纸），应先设法将胶体破坏（如用加热法）。总之，要考虑各个方面的因素来选择不同的过滤方法。

过滤方式　按照过滤介质与悬浮液的作用模式区分，过滤的基本方式有两种：深层（depth）过滤和滤饼（filter cake）过滤。

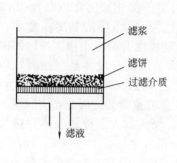

图 2.4-2　过滤操作示意

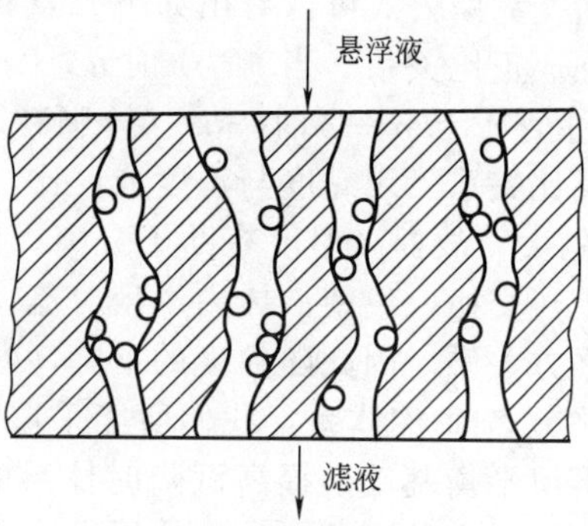

图 2.4-3　深层过滤示意

在深层过滤操作中，颗粒尺寸比过滤介质孔径小，但过滤介质的孔道弯曲细长，当流体通过过滤介质时，颗粒随流体一起进入介质的孔道中，在惯性和扩散作用下，颗粒在运动过程中趋于孔道壁面，并在表面力和静电的作用下附着在孔道壁面上，如图 2.4-3 所示。这种过滤方式的特点是过滤在过滤介质内部进行，过滤介质表面无固体颗粒层形成。由于过滤介质孔道细长，通常过滤阻力较大。这种过滤方式常用于净化颗粒尺寸甚小，且含量甚微的情况下。比如，自来水厂给水处理过程中的砂滤操作，输液时药剂通过输液管的过滤片即属此类。如图 2.4-4 为一次性输液过滤片。

在滤饼过滤操作中，流体中的固体颗粒被截留在过滤介质表面上，形成一颗粒层，称为滤饼（图 2.4-5）。对于这种操作，当过滤开始时，特别小的颗粒可能会通过过滤介质，得到浑浊的液体，但随着过滤的进行，较小的颗粒在过滤介质表面形成"架桥"现象，形成滤饼，其后，滤饼成为主要的"过滤介质"，从而使通过滤饼层的液体变为清液，固体颗粒得到有效的分离。滤饼层的作用包括颗粒的机械截留和液体的毛细渗透。

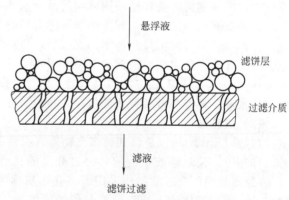

图 2.4-4　一次性输液过滤片

图 2.4-5　滤饼过滤示意

滤饼过滤适用于处理颗粒含量较高的悬浮液，是生产和实验中的主要过滤方式，本书中所涉及的大部分过滤操作均属于滤饼过滤。在微生物实验室中，对于微生物（如细菌、病毒）的分离操作，部分属于深层过滤。

滤饼是由截留下的固体颗粒堆积形成的，随着操作的进行，滤饼的厚度与流动阻力都逐渐增加。构成滤饼的颗粒特性对流动阻力的影响悬殊。颗粒如果是不易变形的坚硬固体（如硫酸钡、碳酸钙等），则当滤饼两侧的压力差增大时，颗粒的形状和颗粒间的空隙都不发生明显变化，单位厚度滤饼的流动阻力可视作恒定，这类滤饼称为不可压缩滤饼。相反，如果滤饼是由某些类似氢氧化物（如氢氧化铜等）的胶体物质构成，则当滤饼两侧的压力差增大时，颗粒的形状和颗粒间的空隙便有明显的改变，单位厚度饼层的流动阻力随压力差加高而增大，这种滤饼称为可压缩滤饼。

为了减少可压缩滤饼的流动阻力，有时将某种质地坚硬而能形成疏松饼层的另一种固体颗粒混入悬浮液，以形成疏松饼层，使滤液得以畅流。这种预混的粒状物质称为助滤剂。

对助滤剂的基本要求如下。

① 应是能形成多孔饼层的刚性颗粒，使滤饼有良好的渗透性及较低的流动阻力。

② 应具有化学稳定性，不与悬浮液发生化学反应，也不溶于液相中。

③ 在过滤操作的压力差范围内，应具有不可压缩性，以保持滤饼有较高的空隙率。

应予注意，一般以获得清净滤液为目的时，亦即固体物不是产品情况下，比如啤酒等饮料生产中的情况，采用助滤剂才是适宜的。而且就其作用方式而言，更多的类似于深层过滤方式。

在实验室和生产上常用的助滤剂有硅藻土、石英砂、重质碳酸钙等。在某些场合，甚至锯木屑也可以充任助滤剂角色。关键是不能影响到滤液的品质。

过滤介质 过滤介质的选择要根据悬浮液中固体颗粒的含量及粒度范围，介质所能承受的温度和化学稳定性、机械强度等因素来考虑。实验操作中使用的过滤介质主要有以下几种。

① 纤维介质。由天然或合成纤维制成的滤纸、滤布、滤网，是工业生产和实验中使用最广泛的过滤介质。价格便宜，更换方便，可截留颗粒的最小直径为 $1\sim65\mu m$。

滤纸（filter paper）是化学实验室的主要过滤介质，常见的形状是圆形，多由棉质纤维制成。现在也有用硼硅酸玻璃纤维制造而成者（这种滤纸最高可以耐 $500℃$ 高温，可用于高温强酸性液体过滤），按不同的用途而使用不同的方法制作。由于其材质是纤维制成品，因此它的表面有无数小孔可供液体粒子通过，而体积较大的固体粒子则不能通过。

滤纸一般可分为定性及定量两种。定性滤纸经过滤后有较多的纤维产生，孔径分布也无特殊要求，因此只适用于作定性分析；国产定性滤纸一般为黄色包装盒。定量滤纸，特别是无灰级的滤纸经过特别的处理程序，能够较有效地抵抗化学反应，因此所生成的杂质较少，灰化后的质量为万分之一克以下，也就是不影响万分之一天平的准确度，可用于定量分析。国产定量滤纸一般为绿色包装盒。根据过滤速度的不同，滤纸还分为快速、中速和慢速三种，其孔径分别大约是 $80\sim120\mu m$、$30\sim50\mu m$ 和 $1\sim3\mu m$。在包装盒上分别以白色、蓝色和红色标带标识之。圆形滤纸直径规格为 7cm、9cm、11cm、12.5cm、15cm、18cm、22cm等。表 2.4-2 和表 2.4-3 分别为国产定量滤纸和定性滤纸的规格。

表 2.4-2 国产定量滤纸规格

项　目	单　位	快速(白带)	中速(蓝带)	慢速(红带)
质量	g/m²	75	75	80
孔度		大	中	小
水分	%	≤7	≤7	≤7
灰分	%	≤0.01	≤0.01	≤0.01
铁含量	%	—	—	—
水溶性氯化物	%	—	—	—

表 2.4-3 国产定性滤纸规格

项　目	单位	快速(白带)	中速(蓝带)	慢速(红带)
质量	g/m²	75	75	80
水分	%	≤7	≤7	≤7
灰分	%	≤0.15	≤0.15	≤0.15
铁含量	%	≤0.003	≤0.003	≤0.003
水溶性氯化物	%	≤0.02	≤0.02	≤0.02

除了一般实验室应用的滤纸外，生活中及工程上滤纸的应用也很多。袋装茶包外层的滤纸提供了高柔软度及高湿强度等特性。测试空气中悬浮粒子的空气滤纸，及不同工业应用上的纤维滤纸等。

滤纸的选择可通过考虑以下四种因素而作决定。a. 硬度。滤纸在过滤时会变湿，一些长时间过滤的实验步骤应考虑使用湿水后较坚韧的滤纸。b. 过滤效率。滤纸上渗水小孔的疏密程度及大小，影响着它的过滤效率。高效率的滤纸过滤速度不仅快，而且分辨率也高。c. 容量。过滤时积存的固体颗粒或会阻塞滤纸上的小孔，因此渗水小孔愈密集，也就表示其容量愈高，容许过滤的料浆愈多。d. 适用性。有些滤纸是采用特殊的制作步骤而完成的，例如在医学检验中用于测定血液中的氮含量，必须使用无氮滤纸等。

② 多孔固体介质。此类介质包括素烧瓷、烧结玻璃、或由塑料细粉黏结而成的多孔性塑料板等，能截留小至 $1\sim3\mu m$ 的颗粒。

图 2.4-6　聚四氟乙烯滤膜

实验室中常用的砂芯漏斗和砂芯坩埚，其滤板是由玻璃砂烧熔黏结而成的。依据滤板孔径的不同，分为 G1、G2、G3、G4、G5、G6 几种。其代表孔径和滤除对象详见后述。一般流感病毒被称作滤过性病毒，即是表示这种病毒可以穿过最细的 G6 滤板而不被截留。目前也有商品化的合成材料滤膜供应，一般而言，这类滤膜材料均由国外供应商出品，如聚四氟乙烯膜（孔径从 $1\sim0.2\mu m$ 不等，直径 $25\sim50mm$）（图 2.4-6）、尼龙膜、聚丙烯膜、醋酸纤维素膜等。这些滤膜通常用于生物制品的分离，用于截留生物大分子，并且由配套滤器如加压型滤杯成套使用。在严格意义上，这类过滤介质并不属于固液分离范畴。使用时往往需要加压过滤，比如使用中压氮气充压。

③ 堆积介质。此类介质由各种固体颗粒（细砂、木炭、石棉、硅藻土）或非编织纤维等堆积而成，多用于深层过滤中。我们在实验室中过滤操作的预混化学惰性非压缩助滤剂的过程，可以部分看做是堆积介质过滤的例子。生产上的应用比较广泛。最为我们所熟知的莫过于自来水厂的砂滤操作。实际上，自然界中土壤对地表水的净化使其补充为地下水，土壤的功能之一就是作为堆积型介质起作用的。

过滤操作方法　依据操作手法和条件的不同，实验室中常见的过滤方法有常压过滤（gravity filtration）、减压过滤（vacuum filtration/suction filtration）、加压过滤（pressure filtration）和热过滤（heat filter）等。其中，加压过滤目前在基础化学实验中较少应用，故不予介绍。随技术的发展，它的应用和推广范围有逐渐扩大的倾向。

过滤时最主要的器具是各式漏斗（funnel）。以材质不同，有玻璃、塑料（包括特氟隆，teflon）和陶瓷漏斗。按有无滤板可分为普通和砂芯漏斗。下面介绍几种常见的漏斗（图 2.4-7）。

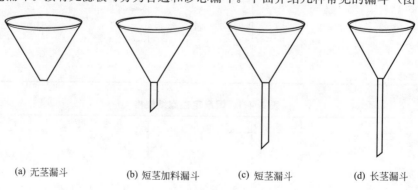

(a) 无茎漏斗　　(b) 短茎加料漏斗　　(c) 短茎漏斗　　(d) 长茎漏斗

图 2.4-7　漏斗

普通玻璃漏斗可分为短茎（short stem）、无茎（stemless）和长茎（stemmed funnel）三种。此类漏斗的锥角呈 60°，用于常压过滤。规格以漏斗口直径来划分，一般在 50～120mm 之间。

短茎漏斗常用来加注液体。另外有固体粉末加料漏斗，其茎内径很粗，用于固体颗粒向细口反应器或容器中加料。长茎漏斗茎部较细，过滤时容易形成液柱，以使滤速较快，多用于重量分析实验中，直径规格通常在 60～80mm 之间。

布氏漏斗（Büchner funnel）　主要用于减压过滤操作。多为瓷制，表面有釉。按口径分有多种规格。

赫氏漏斗（Hirsch funnel）　也是用于减压过滤操作的一种漏斗（图 2.4-8）。早期多由瓷制，现在材质种类较多。有玻璃、塑料等各种质地。它在普通锥形漏斗底部附加多孔板或玻璃砂芯板。前者须用滤纸或玻璃棉纤维，后者可看作是砂芯漏斗的改良型。

图 2.4-8　赫氏漏斗
1—多孔板；2—玻璃砂芯板

砂芯漏斗与砂芯坩埚　砂芯漏斗早期称做细菌漏斗。耐酸，以砂板代替滤纸，适用于化学分析、卫生检验中对不同物质的过滤。规格按砂芯板孔的大小和体积来区分。类似的器具还有砂芯坩埚和砂芯滤球。滤球多用于连续过滤。它们在分析操作中常用于处理一些不稳定的或避免使用滤纸过滤的试剂和沉淀。在 300℃ 以下进行烘干操作时，砂芯坩埚是作为分析中的过滤、烘干、称量用的一种器皿。用滤纸过滤高锰酸钾溶液时，高锰酸钾易被滤纸中的纤维素所还原，从而影响 $KMnO_4$ 浓度及品质。使用玻璃砂芯坩埚即可避免这种误差。砂芯漏斗和砂芯坩埚的型号及其使用范围见表 2.4-4。

表 2.4-4　国产砂芯滤板型号及使用范围

滤板型号	孔径/μm	分离对象和一般用途
G1	80～120	滤除粗颗粒大沉淀物，块状凝胶透析，收集或截割大分子，作为鼓泡分散器用于大流量气体的洗涤和吸收
G2	40～80	滤除较粗颗粒沉淀及较大流量气体的洗涤和扩散
G3	15～40	滤除化学分析中一般结晶细沉淀，气体洗涤。水银过滤，脂肪抽出，液体回流填料
G4	5～15	滤除化学分析中较细结晶沉淀物，较小流量气体洗涤和扩散，脂肪抽提，液体回流
G5	2～5	滤除极细颗粒状化学物质沉淀，以及较大体积细菌（如螺旋菌、酵母菌等）
G6	<2	滤除细菌

化学分析中常用 G3 号、G4 号滤器，如丁二酮肟-Ni 沉淀可用 G3 号砂芯坩埚过滤，在 105℃ 烘干、称量。砂芯玻璃滤器，在使用前都应以热盐酸或铬酸洗液浸泡，随即用纯水洗涤。酸洗时，除抽洗外，G1～G4 号要在洗涤剂中浸泡 4～5h；G5、G6 号需浸泡 48h。实验中应避免使用氢氟酸、热浓磷酸、浓碱液、活性炭溶液来过滤，因为这些溶液能腐蚀滤板，改变孔度，以致使滤板脱落或玷污。滤板的厚度是根据流速和对机械强度的要求而设计的，在抽滤受压的情况下，滤片两侧的压力差一般不得大于 $1kg/cm^2$。使用后的砂芯玻璃滤器，要及时予以清洗，所选择的清洗剂要依据滤板中可能存在的悬浮粒子的具体性质而定。没有一种万用溶剂用于处理使用过的砂芯玻璃滤器。譬如，滤过细菌的滤器，可以使用每 100mL 混有 2g $NaNO_3$ 的 5+95 硫酸来处理。

常压过滤　顾名思义，常压过滤就是利用悬浮液在重力场中液体的流动倾向而完成的一种基本操作。这可由其英文描述"gravity filtration"一词得到体会。一般常压过滤包括简单常温过滤和热过滤。热过滤的具体操作请详见本书 2.4.2 节。这里介绍常温过滤的操作。

过滤前最重要的准备工作是滤纸的选择与折叠（fold）。滤纸的选择原则：①滤纸的致密程度要与沉淀的性质相适应。胶状沉淀应选用质松孔大的滤纸，晶形沉淀应选用致密孔小的滤纸。沉淀越细，所选用的滤纸就越致密；②滤纸的大小要与沉淀的多少相适应，过滤后，漏斗中的沉淀一般不要超过滤纸圆锥高度的 1/3，最多不得超过 1/2。

滤纸的折叠程度愈高，能提供的表面面积亦愈大，过滤效果亦愈好，但要注意不要过度折叠而导致滤纸破裂。实验室中，圆形滤纸的常见折叠方式有两种，分别适用于常温过滤和热过滤。

用于常压过滤的滤纸折叠方式和过程可参见图 2.4-9 和图 2.4-10。图 2.4-9 所示的折叠

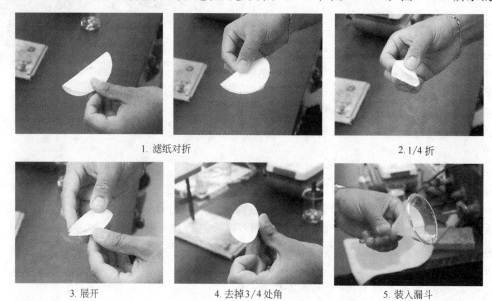

1. 滤纸对折　　　　　　　　　　　　　　　　2.1/4 折

3. 展开　　　　　　4. 去掉3/4处角　　　　　　5. 装入漏斗

图 2.4-9　四分法折叠滤纸

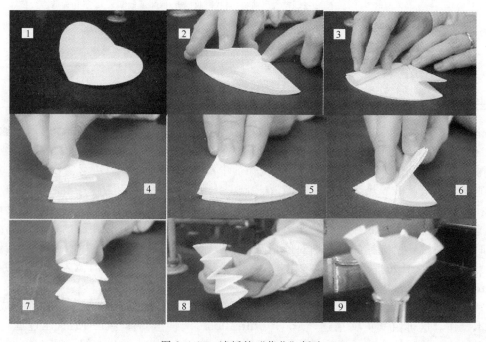

图 2.4-10　滤纸的"菊花"折法

方法通常被称作四分法，尤其适用于用长茎漏斗过滤的情形。在装入漏斗时若漏斗的角度不是60°，则滤纸和漏斗的密合程度不好。此时需重新折叠滤纸，不对半折叠成一个合适角度，展开后使与漏斗匹配。注意选用滤纸的大小应符合这样的原则：折叠并展开后的滤纸的边沿应略低于漏斗边沿。

用食指将折叠合适的滤纸摁压在漏斗内壁上，用与待过滤悬浮液相同的溶剂润湿滤纸，使其紧贴漏斗内壁，用玻璃棒辊压赶去纸壁之间的气泡。这样一来过滤时漏斗茎内可充满滤液。茎内液柱以其本身重量拖引漏斗内液体下漏，滤速可以得到一定加快。否则，气泡的存在形成"气阻"，阻缓液体在茎内流动减慢滤速。

如果待过滤的料浆中固体呈结晶状，这时就往往选用短茎或无茎漏斗。在这种情况或热过滤的情形下，则图2.4-10所示的滤纸折叠方式就比较适用。这种折法又叫做菊花折法，它提供了尽可能大的过滤面积，同时纸与漏斗壁之间的空气间隙对于减缓热过滤时料浆的降温速度是有帮助的。

过滤时，先将放好滤纸的长茎漏斗安放在漏斗架上，把体积大于全部溶液体积2倍的清洁烧杯或三角瓶等盛接容器放在漏斗下面，并使漏斗茎末端与盛接容器内壁接触。将溶液和沉淀沿玻璃棒靠近三层滤纸一边缓慢倒入漏斗中，如图2.4-11所示。这样，滤液可沿着烧杯内壁下流，不易溅失。为了加快过滤速度和便于清洗，沉淀过滤多采用"倾析法"。其方法为：过滤时每次只将上层清液倾入漏斗中，全部清液倾倒完毕后，沉淀仍留在烧杯内，洗涤时用洗瓶将洗涤液沿杯上缘淋入烧杯，用玻璃棒搅起沉淀，澄清后再将上层清液倾入漏斗，一般在烧杯中洗4~5次，再将全部沉淀转入漏斗中（注意：在所选择滤纸合适情况下，否则滤饼过滤的效果体现不出来）。溶液过滤后，用滴管吸取少量溶剂，洗涤原烧杯内壁和玻璃棒，再将此洗涤液倒入漏斗中。待洗涤液过滤完毕，再用滴管吸取少量溶剂，冲洗滤纸和沉淀。过滤有机液

图 2.4-11 常压过滤

体中的大颗粒干燥剂时，可在漏斗茎部的上口轻轻地放入少量疏松的棉花或玻璃毛，来代替滤纸。

常压过滤操作应注意以下几点。

① 漏斗必须放在漏斗架或铁架台的铁圈上，有时也可以直接放在盛接容器三角瓶上，但不允许用手拿持。

② 过滤时，必须沿玻璃棒倾泻待过滤溶液，不得直接倒入漏斗中。

③ 引流的玻璃棒下端应靠近三层滤纸一边，以免滤纸破损，达不到过滤目的。

④ 每次倾入漏斗中的待过滤溶液，不能超过滤纸高度的2/3，其液面至少应比滤纸的边缘低1cm，以免溢过滤纸而透下。

⑤ 过滤完毕，要用尽可能少量溶剂冲洗玻璃棒和盛放待过滤溶液的烧杯，最后用少量溶剂冲洗滤纸和沉淀。

减压过滤　减压过滤是利用真空泵将抽滤瓶中的空气带走，使瓶内压力减小，从而在滤器内的液面与瓶内造成一个压力差，提高过滤速率。在基础化学实验室，减压过滤一般用于大颗粒晶状沉淀的常温和热过滤，不适用于胶状沉淀物和细微沉淀物的过滤！

一般而言，减压过滤所使用到的装置及部件有如下几个部分。

① 真空和负压发生部分。在基础化学实验室中，常常使用循环水式真空泵作为负压源。如图2.4-12（a）。循环水真空泵是以循环水作为流体，利用射流产生负压的原理而设计的一种真空泵。由于水可以循环使用，避免了直排水的现象，节水效果明显。它与图2.4-12（c）的区别在于后者无动力驱动，直接连接于自来水龙头之上，利用水力流动产生负压。工作介

(a) 循环水式真空泵   (b) 便携式无油真空泵

(c) 水力喷射器(无动力)   (d) 手动式真空泵

图 2.4-12   实验室常见各式抽滤泵

质都是用水。负压的产生遵循伯努利（Daniel Bernoulli，1700～1782）原理（Bernoulli's principle）。因此，循环水式真空泵和水力喷射器所能产生的极限真空度，等于工作温度下水的饱和蒸汽压（为什么？）。便携式无油真空泵［图 2.4-12（b）］的应用现在益发广泛，因为它能够获得更高真空度。而手动式真空泵［图 2.4-12（d）］特别适合于野外工作，尽管它能获得的真空度没有前三种泵高，作为一般抽滤而言，也足够使用了。在基础化学实验室的过滤操作过程中，通常笼统地将这些负压发生装置称做抽滤泵。在欧美发达国家实验室内，有配套的公用真空系统管路敷设在实验台上，每个实验操作者附近均有真空终端及阀门，极为方便。

② 过滤器。在基础化学实验中，用于减压过滤的过滤器主要有布氏漏斗、赫氏漏斗、玻璃砂芯漏斗和砂芯坩埚。玻璃砂芯漏斗和砂芯坩埚不需要另外的过滤介质。而前两者则要根据体系性质选择合适的过滤介质。用于抽滤的过滤介质可以是滤纸、滤膜，也可以用滤布。具体由料浆性质所决定。在化学实验室内，玻璃砂芯漏斗经常用于晶状颗粒沉淀的过滤，砂芯坩埚则主要用于组分的重量法分析。而在生物学实验中，砂芯坩埚则常用于细胞分离。由此可见，砂芯坩埚只能用于沉淀量较少情况下的过滤。

③ 液体收集瓶。用于减压过滤的集液瓶通常是带有支管的三角瓶，称作抽（吸）滤瓶（filter flask），有文献中将其称作布氏烧瓶（Büchner flask，这是为了纪念发明者 Eduard Büchner，他是 1907 年诺贝尔化学奖获得者。与布氏漏斗意义相同）。根据材质划分，抽滤瓶分为塑料和玻璃两类；玻璃抽滤瓶又有标准磨口和普通口两类。普通口抽滤瓶与布氏漏斗、赫氏漏斗及砂芯坩埚配套使用，并且与橡胶塞或者硅橡胶抽滤垫相配套，而磨口抽滤瓶则与磨口玻璃砂芯漏斗相匹配，无须胶塞（垫）配套。

目前市场上有商品化的集成减压抽滤装置供应。可见图 2.4-13。很方便拆卸组装，特别是滤芯片的更换灵活程度极高。集液瓶采用厚壁三角瓶，磨口面处于瓶颈之外壁，通俗叫法为阳磨口。这种装置常用于生物实验室中样品的处理。在化学实验室中，多用于溶剂回收过滤。由此可见，此类装置适用于少量悬浮物体系的过滤，其过滤本质当属深层过滤。

④ 安全（缓冲）瓶和汽-水分离器。水力真空泵的橡皮管和吸滤瓶之间需加装安全瓶，用以防止关闭水阀或水泵内流速变化引起工作介质水的倒吸。而真空泵保护器则往往是在无

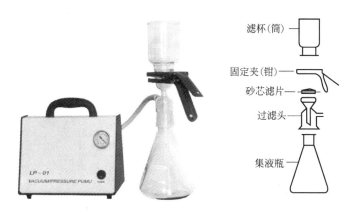

图 2.4-13 集成减压抽滤

油真空泵情况下加装的。真空泵保护器由聚丙烯外壳夹聚四氟乙烯滤膜组成，安装在泵和抽滤瓶之间。由于聚四氟乙烯滤膜具有强疏水性，液体不能通过，只有气体可以通过，从而避免了抽真空时液体不慎抽入真空泵引起的泵损坏（图 2.4-14）。

图 2.4-14 安全瓶与真空泵保护器

减压过滤系统组装 将抽滤瓶的侧管用较耐压的橡皮管（通常称做"真空管"）与安全瓶相连，安全瓶再与循环水式真空泵进气口相连。抽滤操作时，可以通过调节安全瓶上与大气相通的活塞（stopcock），来控制抽滤瓶内的真空度。对于标准磨口滤器，与抽滤瓶的连接极为简便；非标准口抽滤瓶与布氏漏斗、砂芯坩埚之间的组装，需要借助于胶塞或抽滤垫作密封。需要注意的是，漏斗茎末端开口处斜面尖端部分，要与抽滤瓶支管处于相反方向。通常使用砂芯漏斗完成热抽滤操作，此时漏斗应预先在烘箱中预热（图 2.4-15）。

图 2.4-15 抽滤系统组装示意

抽滤操作时，在瓷质布氏漏斗内要加滤纸或者是滤布。更为普遍的做法是加滤纸。有时因为沉淀体系的特殊性，抽滤时需要使用一些特殊的滤布。另外，为了避免滤纸在减压时被抽穿，在滤纸的下方加垫一层滤布也是必需的。抽滤用的滤纸或滤布应比布氏漏斗的内径略小，但又能把瓷孔全部盖住（图 2.4-16）。砂芯漏斗和坩埚则一般不需另加滤纸。如果为了减轻砂芯滤板洗涤工作量，在非重量分析场合，滤板上方另敷滤纸的做法值得推广。

减压过滤的一般操作步骤 ①按照抽滤泵→安全瓶→抽滤瓶的顺序，用真空管将它们连接起来，检查安全瓶通大气的活塞，使其保持在开启状态。②将滤纸放入布氏漏斗，以少量溶剂润湿。当然，使用砂芯漏斗进行热过滤时，开启抽滤泵，关闭安全瓶通大气的活塞，借

图 2.4-16　滤纸比布氏漏斗内径小

助于抽吸使滤纸紧贴于漏斗的底板上。③打开安全瓶通大气的活塞，用倾析法将欲过滤料液的上清部分引流入布氏漏斗的中心，先慢后快，以防溶液将滤纸冲起。④待滤纸上沉积有滤饼后，关闭安全瓶活塞，抽吸并转移剩余料浆。⑤一般应该使用母液转移烧杯或其他反应容器壁上的残余沉淀。开启安全瓶活塞，取下布氏漏斗，从抽滤瓶上口将母液倒回反应容器（任何情况下都不允许从抽滤瓶支管转移滤液！），搅拌，转移回漏斗，抽干沉淀。沉淀被抽干的标志，从漏斗茎末端滤液是否还有流淌来判别。⑥停止抽滤时，应先开启安全瓶活塞，然后再停泵。

沉淀物的洗涤，一般可以在漏斗内完成。开启安全瓶活塞，使负压撤去，用少量洗涤溶剂浸润滤饼，必要时可轻轻搅拌。搅拌程度以不扰动滤纸为宜。之后再加真空，抽干滤饼。如此这般反复几次，即可达到洗脱滤饼中可溶性杂质的目的。沉淀洗涤干净与否，一般是检查滤液的 pH 值，或是否有 Cl^-、SO_4^{2-} 存在来判断。检验方法：取下漏斗，用洗瓶吹洗茎管，用点滴板或表面皿承接 1～2 滴滤液，加 1 滴 $AgNO_3$ 溶液，如不显白色 $AgCl$ 沉淀，证明 Cl^- 已经洗净。SO_4^{2-} 存在与否，则加 1 滴 0.1mol/L $BaCl_2$ 溶液进行检查。用 pH 试纸检查酸碱性。

减压过滤完成后，应将沉淀转移至表面皿或者培养皿中，有时需要烘干沉淀，这时可将其转移入蒸发皿中。用塑胶角匙转移无机物沉淀，用不锈钢角匙转移有机晶体。

（3）离心分离法

离心分离的作用模式有离心过滤和离心沉降两种。离心过滤是使悬浮液在离心力场下产生的离心压力作用在过滤介质上，使液体通过过滤介质成为滤液，而固体颗粒被截留在过滤介质表面，从而实现液-固分离。家用洗衣机的脱水机制，就属于离心过滤；离心沉降是利用悬浮液（或乳浊液）密度不同的各组分在离心力场中迅速沉降分层的原理，实现液-固（或液-液）分离。基础化学实验中用的离心分离，主要是离心沉降。常常用于分离悬浮液中颗粒细小或可压缩变形的胶状沉淀。这类悬浮体系若用过滤的方法处理，效率极低，洗涤特别困难。

将颗粒从悬浮体系中分离，利用离心力比利用重力有效得多。通过下面的分析，我们可以看到离心分离效率较高的原因。

当流体围绕某一中心轴线做圆周运动时，便形成了惯性离心力场。惯性离心力场强度不是常数，它随位置及转速而改变。任何质量为 m 的物体，在与转轴距离为 R 切向速度为 u_T 的位置上，所受的离心力为 F_c，其值为：

$$F_c = m\frac{u_T^2}{R}$$

当液体带着密度大于它的颗粒旋转时，离心力便会将颗粒沿切线方向甩出，在径向与流体发生相对运动而远离中心。如果颗粒所在位置是一团与周围介质相同的液体，旋转时当然不会将这团液体甩出，说明此位置的液体对颗粒作用一个向心力，好像颗粒在重力场中受到的浮力。此外，由于颗粒在径向与流体有相对运动，也会受到阻力。离心力、向心力和阻力三者达到平衡时，颗粒在径向相对于流体的速度 u_r 即为颗粒在此位置的离心沉降速度。按与液体中球形颗粒在重力场中的沉降速度斯托克斯公式推求相同的方法，可得离心沉降速度与颗粒大小、固体与液体密度差、液体黏度之间的关系式：

$$u_r = \frac{d^2(\rho_s - \rho)}{18\mu}\left(\frac{u_T^2}{R}\right)$$

式中，u_r 为颗粒的离心沉降末速度，m/s；ρ_s、ρ 分别表示颗粒及液体的密度，kg/m^3；

μ 为液体的黏度，Pa·s；d 为颗粒的粒径，m；u_T 为切向速度，m/s；R 为颗粒距轴距离，m。将此式和斯托克斯公式相比可见，颗粒的离心沉降速度 u_r 和重力沉降速度 u 具有相似的关系式。只是斯托克斯公式中的重力加速度 g 改为离心加速度 u_T^2/R，且沉降方向不是向下而是向外。此外，由于离心力随旋转半径而变，离心沉降速度 u_r 也随颗粒的位置而变。

与斯托克斯公式相比可知，同一颗粒在同种介质中的离心沉降速度与重力沉降速度的比值为：

$$\frac{u_r}{u}=\frac{u_T^2}{gR}=K_c$$

比值 K_c 称为分离因数，是颗粒所在位置上的惯性离心力场强度与重力场强度之比。衡量离心分离机分离性能的重要指标是分离因数。分离因数越大，通常分离也越迅速，分离效果越好。基础化学实验室所用微型离心机（图 2.4-17），其分离因数 K_c 一般在 1500～3000 之间。生物工程中使用的一些高速离心机，分离因数 K_c 可达数十万。

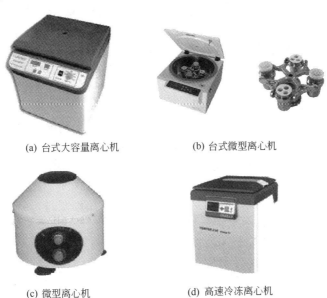

(a) 台式大容量离心机　　　　(b) 台式微型离心机

(c) 微型离心机　　　　(d) 高速冷冻离心机

图 2.4-17　实验室常用离心机

例如，实验室所用微型离心机分离因数约为 2000，表明悬浮物颗粒在此条件下，离心沉降速度比重力沉降速度约大 2000 倍，足见离心沉降设备的分离效果远较重力沉降为高。也就是说，如果有一个悬浮料浆，靠自然沉淀需要 3 天才能澄清的话，那么，在此种离心机中进行分离，只需要 2～3min 即可实现澄清。

基础化学实验室常用的离心机有台式大容量、微型等形式。通常冷冻离心机用于生物实验过程。台式大容量离心机一次可以处理和分离多达数升悬浮液，所用的容器为容积数百毫升的塑料或不锈钢离心杯；微型常温离心机用于分离少量沉淀，通常使用离心试管进行操作。

离心操作　将待分离悬浮液注入离心杯（试管），各离心杯（试管）总质量用天平检验。原则上，欲置入离心机的离心杯（试管）加上料浆的质量，应该每两个相等。因此，在操作时，往离心杯（试管）中注入样品时，在架盘式等臂天平上完成是最好的。具体做法：架盘天平左右两盘，各置一只离心杯（试管），分别往其中转移料浆，使天平两端等重。有时，料浆总量较少，这时，可将料浆注入其中一只离心杯（试管），另一只中添加纯水（自来水），使它们等重。加入离心杯（试管）内液体的总量，不得超过其体积的 2/3。

往离心机中放置离心杯（试管）时，质量相等的两者置于相对位置，以避免质心偏离轴向引起震动，损坏离心机。放好离心杯（试管）后，将防护盖压紧。开启电源。数字式转速调节离心机，只要设定转速和离心时间，其他均可以自动完成。对于手动微型离心机，则需要按一定速度增量进行速率人工调节。开始时，应把变速旋钮旋到最低档，以后逐渐加速；离心时间达到预定时间后，将变速旋钮旋到停止位置，任离心机自行停止，绝不可用外力强制它停止运动！

电动离心机转动速度极快，要特别注意安全。有时使用离心机时，在其套管底部垫点儿棉花，也是一项很好的安全防范措施，以避免离心管破碎。离心机如有噪声或机身震动时，应立即切断电源，查明并排除故障。

分离溶液和沉淀　使用离心杯离心沉降后，可用倾析法分离溶液和沉淀。离心试管中沉淀的分离，则往往借助于滴管来完成操作。先用手挤压滴管上的橡皮帽，排除滴管中的空气，然后轻轻伸入离心管清液中，慢慢减小对橡皮帽的挤压力，清液就被吸入滴管。随着离心管中清液液面的下降，滴管应逐渐下移。滴管末端接近沉淀时，操作要特别小心，勿使它接触沉淀。最后取出滴管，将清液放入接受容器内。沉淀转移入指定的容器中。常用的容器无非表面皿、培养皿和蒸发皿之类。

沉淀的洗涤　如果要得到纯净的沉淀，必须经过洗涤。为此，往盛沉淀的离心杯（试管）中加入适量的纯水或其他洗涤液，用搅拌棒充分搅拌，进行离心沉降，分离出洗涤液，如此重复操作，直至洗净。

（4）固-液分离效果评价——浊度分析

通常，完成固-液分离后，其效果的评价是通过观察液相的浊度（turbidity）来实现的。按照胶体化学理论，多相分散系特别是固-液胶体分散系，在可见光照射下，具有明显的丁铎尔（John Tyndall，1820～1893）效应。一个完成过固-液分离的体系，其效果的优劣，我们往往可以通过用肉眼观察液相的浊度进行判断。亦即，如果液相在可见光照射下，丁铎尔效应明显，则毫无疑问此次固-液分离的操作是失败的。用肉眼进行判断，仅仅具有定性意义。严格地，应该对固-液分离效果评价进行定量化表征。

在基础化学实验室中，我们常用浊度分析来描述固-液多相分散体系的基本性质。浊度，其一般定义为：液体中存在的悬浮物所引起的光散射使透过的光束变暗程度的大小。美国公共卫生协会（APHA）等组织定义："水样使光散射和吸收的光学性质的表达语，而不是直线透过水样的光学性质的表达语"。简单来说就是表示水样对光在90度的散射和吸收的强度，单位是 NTU（散射浊度单位，nephelometric turbidity units，N 表示用散射法测定；T 表示浊度；U 表示单位）。当浓度较低时，散射光❶强度和悬浮物浓度成正比。此时可通过测量散射光强度来得知悬浮物的浓度。显然，液体中存在的悬浮物越多，则使透过的光束变暗程度愈大，反之则反。浊度是一种光学效应，是光线透过液层时受到阻碍的程度，表示液层对于光线散射和吸收的能力。它不仅与悬浮物的含量有关，而且还与液相中杂质的成分、颗粒大小、形状及其表面的反射性能有关。以颗粒尺寸的影响为例，颗粒大于照射光线的半波波长时，则光线被反射。若此颗粒为透明体时，则将同时发生折射现象。颗粒尺寸小于照射光线的半波波长时，光线将发生散射。一束平行光在透明液体中传播，如果液体中无任何悬浮颗粒存在，那么光束在直线传播时不会改变方向；若有悬浮颗粒，光束在遇到颗粒时就会改变方向（不管颗粒透明与否）。这就形成所谓散射光。颗粒愈多（浊度愈高）光的散射就愈严重。

我国国家标准中规定的浑浊度标准有两种：一种是以 1L 纯水中含 1mg SiO_2 为浑浊度 1

---

❶　关于散射光的一般说明，其物质结构观点也许用下面这段话来描述更为贴切：一束单色光进入透明介质（气、液或固），在透射和反射方向以外所出现的光称为散射光。光散射效应的机理是把辐射在物质中的传播看做是引起离子、原子或分子极化的辐射能的瞬时保留，随后由于粒子恢复原状，又向四周重新发射。——编者注

度，称为 SiO₂（通常用一定粒度的硅藻土代替。因为硅藻土主要成分为 SiO₂）浊度单位；另一种是和国际接轨由国际标准化组织（ISO）规定的福尔马肼浊度单位，美国 ASTM/ANSI 标准中记为 NTU（nephelometric turbidity unit）。所谓福尔马肼浊度单位，实质是硫酸肼［10034-93-2］与六亚甲基四胺聚合，生成白色水不溶性聚合物，以一定浓度分散到水中，来作为标准。这与 SiO₂ 所起的作用类似，只是该聚合物因其密度与水相近，在水中分散良好，作为标样具有相当稳定性。

福尔马肼浊度标样的制备：移取 5.00mL 浓度为 1g/100mL 的硫酸肼溶液于洁净 100mL 容量瓶中，另移 5.00mL 浓度为 10g/100mL 的六亚甲基四胺［(CH₂)₆N₄］溶液于其中，混匀。于 25℃±3℃ 下静置反应 24h。冷后用水稀释至标线，混匀。此溶液浊度为 400 度。可保存 1 个月。

实践中浊度的测定方法有三种，分别是目视比较法、透射光测量法和散射光测量法三种。

目视比较法　与光分析中的目视比色法相近（参见本书 2.9.1 节）。用同一套比色管，在同一时间配制的标准系列和待测试液，定容至相同体积，目视比较。对于白色微粒的浊度（如福尔马肼浊度、AgCl、BaSO₄ 等），比较时以黑色作背景；黑色微粒的浊度（如 PbS）则用白色做背景。比较时从比色管顶端观察，这样可有较深的液层厚度供比较。浊度较大时，可从管侧观察比较。试液浊度很小时，目视比较可能比光度测量法更加灵敏。当然分析者需要相当的经验。比色管内外的清洗洁净是获取正确可靠结果的重要保证。

透射光测量法　所用的仪器一般可为可见分光光度计所替代。当然现在市场上也有透射式商品浊度计供应。透射光测量法所依据的原理与分光光度法相同，透射光测量法在实验技术上与光度分析测量吸光度也相同。光束通过盛有浑浊液的比色皿时，被微粒散射使透射光减弱。在光度测量上产生一个表观的"吸光度"，即假的吸光度。浊度不大时，与吸光度有正比关系。因此可以用表观的吸光度来度量低浊度体系。因为高浊度液体的线性表现不佳。用浊度系列标准液分别测定其吸光度，建立标准曲线。福尔马肼浊度在 680nm 进行测量，AgCl、BaSO₄ 浊度在 420nm 进行。测量参比为去离子水。所用比色皿以长光程（$b=3cm$）的为好。

散射光测量法　浊度由试液中的微粒或微滴对光的散射而产生。散射光的强度在空间各个方向上相同，且入射光光强一定时，散射光的光强与微粒密度成正比，即与浑浊度成正比。为了避开入射光、透射光对散射光强测量的影响，实验一般在垂直于入射方向上测量散射光的强度。散射光测量法所用的仪器是散射式光电浊度计，如图 2.4-18 所示。散射光测量法尤其适合于高浊度体系的测定。WGZ-800 型光电浊度仪用一束红色激光穿过含有待测样品的样品池，光源为高发

图 2.4-18　WGZ-800 型光电浊度仪

射强度红外 LED，一个检测器以与入射光垂直的角度接收散射光光量，另一个检测器接收直透光光量。再同时进入比较电路，经电路处理将比较数值转换成 NTU 值。先用浊度系列标准液分别测量散射光强度，建立标准曲线然后测定待测样品。这是对于一般而言。如今市场上的多数浊度计，可以不经标准曲线绘制程序，用一个标样校正后即可展开测定。

实验 7　土壤中可溶性全盐量的测定（重量法）

【实验目的】

1. 学习常温浸提操作方法，掌握常压过滤一般操作规程。
2. 了解重量法分析原理，通过操作过程体会一般重量分析的要素和应用。
3. 掌握固体取样的操作，尤其是大量样品的缩分。

4. 进一步熟悉分析天平的使用。

【预习要点】

1. 本书2.4.7固体样品干燥、2.8.1固体试样采集等部分有关原理与操作。

2. 查阅有关土壤化学文献资料，了解土壤的一般性质组成。

【实验原理】

土壤是地球陆地表面由风化产物经生物改造作用形成的具有肥力的薄的疏松物质层。土壤是矿物质、有机质和活的有机体以及水分和空气等的混合体（附图1）。按干量计，矿物质占到固相部分（土壤干重）的90%～95%或更多，有机质占1%～10%，可见土壤成分以矿物质为主。土壤有机质就是土壤中以各种形态存在的有机化合物。除此之外还有土壤溶液，它是土壤水分[1]及其所含的溶解物质和悬浮物质的总称。土壤溶液是植物和微生物从土壤中吸收营养物的主要媒介。

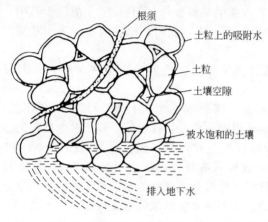

根须
土粒上的吸附水
土粒
土壤空隙
被水饱和的土壤
排入地下水

附图1　土壤中固、液、气三相结构

土壤溶液中含有多种可溶的有机成分、无机成分，有离子态、分子态，还有胶体态的，因此土壤中的水溶液实际上是稀薄的溶液。土壤总盐量是指盐分中阴、阳离子的总和。而且通常是可溶性盐分的总量。

分析土壤中可溶盐分的阴、阳离子组成，和由此确定的盐分类型和含量，可以判断土壤的盐渍状况和盐分动态。因为土壤所含的可溶盐分达一定数量后，会直接影响作物的发芽和正常生长。当然，盐分对作物生长的影响，主要决定于土壤可溶盐分的含量及其组成，和不同作物的耐盐程度。就盐分组成而言，苏打盐分（碳酸钠、碳酸氢钠）对作物的危害最大，氯化钠次之，硫酸钠相对较轻。当钠离子进入土壤胶体表面，很大程度上改变了土壤的理化性质，如pH值的升高，水分、空气状况的改变等，也不利于作物生长。当土壤中可溶性镁增高时，也能毒害作物。因此，定期测定土壤中可溶盐分总量及其盐分组成，可以了解土壤的盐渍程度。

本实验用浸提法处理土壤样品，然后浓缩蒸发所得浸出液，以烘干残渣重量法测定样品中的全盐量。通常烘干残渣量不仅包括无机盐分量，尚有可溶性有机质在内，因此需要将有机质氧化破坏。按照国家环境保护部标准HJ/T 51—1999的规定，这些有机质的氧化破坏可采用过氧化氢处理。

【仪器与试剂】

研钵；分样筛（60目）；分析天平；鼓风电热烘箱；电子台秤；康氏振荡器（可选）；移液管（50mL）；蒸发皿；坩埚钳；碘量瓶；干燥器等常规实验仪器。

H_2O_2（15%，质量分数）；中速滤纸。

【实验步骤】

1. 土壤样品的准备

本工作要求同学至少于实验前一周完成。在学校附近的农田中，布置若干采样点。用小铲或铁锹在各采样点的耕作层分别取样。混匀样品，按四分法缩分，最后保留约100g样品。将得到的样品带回学校，置于宿舍阳台避光自然风干，时间约需一周。

---

[1]　在105～110℃下能从土壤中驱逐出来的水。按其在土壤中的存在状况可分为吸湿水、膜状水、毛细管水和重力水。毛细管水是对植物有效的水分。

将风干样品置于研钵中研细，过筛。用电子台秤称取 30.0g 过筛后样品于 250mL 具磨口三角瓶中备用。

2. 土壤浸出液的制备

按照水-土质量比 5∶1 的比例，用量筒量取 150mL 不含 CO_2 的纯水❶，加入到上述磨口三角瓶中，盖上瓶塞。将三角瓶置于康氏振荡器上，振荡 3min。若实验室未提供康氏振荡器，则采取手摇方式浸提，时间为 10min❷。

用干燥的滤纸过滤混合液，滤液承接于洁净的干燥烧杯中。也可以不用干燥的滤纸和烧杯进行过滤操作。这时就需要对滤液进行定容。（为什么？）此滤液即为土壤浸出液。

3. 总可溶性盐含量测定

用移液管移取土壤浸出液 50.00mL 于已知质量的蒸发皿中。将蒸发皿置于鼓风电热烘箱中，蒸干液体至干涸。烘箱的温度控制在 90℃±2℃，并开启鼓风机加强对流。也可以使用砂浴加热，蒸干液体。但这时一定要仔细清理蒸发皿外壁可能黏附的固体沙粒。否则必然影响后续的质量测定。

取出蒸发皿，观察残渣形态。若残渣呈黄色或褐色，则说明有机物含量较高，需用氧化剂破坏有机物。具体做法：向残渣上滴加 15% H_2O_2 溶液，加入 H_2O_2 的量以刚好浸润固体为宜。再放回烘箱中重新加热，此时，过氧化氢与残渣中有机物发生比较复杂的氧化-还原反应，同时在此温度下，过量过氧化氢自身也会发生分解。蒸干后，再观察残渣形态。若已呈白色，说明有机物已氧化完全，否则需要重复氧化操作，直到固体残渣完全变白为止。但须注意，若溶液中有 Fe^{2+} 存在而出现黄色氧化铁时，不可误认为是有机质的颜色❸。

待液体蒸干后，调节烘箱温度，使其在 105℃±2℃ 下恒温 2h。把蒸发皿取出，置于干燥器中冷却（一般冷却 30min），用分析天平称重。称好后的样品继续放入烘箱中烘 2h 后再称重，直至恒重（2 次质量差＜0.0003g）。

4. 结果计算

$$可溶性盐含量 = \frac{m - m_0}{m'} \times 100\%$$

式中，m 为蒸发皿与残渣质量，g；m_0 为蒸发皿质量，g；m' 为吸取待测液体积相当于土壤样品质量。如吸取 50mL，即相当于 10g 样品。

【注意事项】

1. 蒸干时的温度不能过高，否则，会因沸腾迸溅使溶液遭到损失，因此，控制烘箱温度要低于溶液沸点。

2. 因可溶性盐分组成比较复杂，在 105℃±2℃ 烘干后，由于钙、镁的氯化物吸湿水解，以及钙、镁的硫酸盐中仍含结晶水，因此，不能得出较正确的结果。如遇此种情况，可定量加入 10mL 2%～4% 的碳酸钠溶液，以便在蒸干过程中，使钙、镁的氯化物及硫酸盐都转变为碳酸盐及氯化钠、硫酸钠等，这样蒸干后在 150～180℃ 下烘干 2～3h 即可称至恒重。所加入的碳酸钠量应从盐分总量中扣除。

3. 加过氧化氢去除有机质时，只要达到使残渣湿润即可。这样可以避免由于过氧化氢

---

❶ 用煮沸 10min 的方法驱赶纯水中溶解的 CO_2，然后密闭冷却。

❷ 经试验证明，水土作用 2min，即可使土壤中可溶性的氯化物、碳酸盐与硫酸盐等全部溶入水中，如果延长作用时间，将有难溶性盐（硫酸钙和碳酸钙等）进入溶液。因此，建议采用机械振荡 3min、手摇 10min 立即过滤的方法浸提。——中国科学院南京土壤研究所. 土壤理化分析. 1997, 10.

❸ 可以用下法检验浸出液中 Fe^{2+} 的存在：取新鲜浸出液 2mL 于试管中，以 0.1mol/L HCl 酸化，滴加 2 滴 15% H_2O_2 溶液，加热分解过量 H_2O_2，冷却后加入 1mol/L KSCN 液，体系若呈红色，意味浸出液中含有 Fe^{2+}。之所以检验 Fe^{2+} 而非 Fe^{3+}，是因为土壤中的 Fe^{3+} 在实验条件下难以溶出。

分解时泡沫过多，使盐分溅失。

【思考题】

1. 采集的样品为何要自然风化，而不是在 105℃烘干干燥？

2. 本实验中为什么必须使用无二氧化碳的纯水来提取样品？

3. 若样品中有机质的代表物种为腐殖酸及其与钙、镁离子的配合盐。请根据相关文献，写出腐殖酸与过氧化氢反应的一般方程式。设若氧化产物为碳酸盐，这对结果的影响如何？

4. 本实验中的操作方法还有无改进余地？如果要改进，写出你改进的操作要点。

实验 8　氯化钠的提纯

【实验目的】

1. 练习控制沉淀生成的条件及 pH 试纸的使用等基本操作。

2. 练习蒸发、浓缩和减压过滤等基本操作。

3. 了解溶度积规则的应用。

4. 掌握定性检出离子的方法。

【预习要点】

1. 预习溶液中离子平衡理论有关内容。

2. 玻璃仪器的使用，蒸发、浓缩和减压过滤等基本操作。

【实验原理】

粗氯化钠中除了含有泥砂等不溶性杂质外，还有 K^+、Ca^{2+}、Mg^{2+} 和 SO_4^{2-} 等相应盐类的可溶性杂质。不溶性杂质可以通过将氯化钠溶于水后，用过滤的方法除去。Ca^{2+}、Mg^{2+} 和 SO_4^{2-} 则要用化学方法处理才能除去，因为氯化钠的溶解度随温度的变化不大，不能用重结晶的方法纯化。处理的方法是：先加入稍过量的 $BaCl_2$ 溶液，溶液中的 SO_4^{2-} 便转化为难溶的 $BaSO_4$ 沉淀而除去：

$$Ba^{2+} + SO_4^{2-} =\!=\!= BaSO_4\downarrow$$

过滤掉 $BaSO_4$ 沉淀之后的溶液，再加入 NaOH 和 Na_2CO_3 的混合溶液，Ca^{2+}、Mg^{2+} 及过量的 Ba^{2+} 便生成沉淀：

$$Ca^{2+} + CO_3^{2-} =\!=\!= CaCO_3\downarrow$$
$$Ba^{2+} + SO_4^{2-} =\!=\!= BaCO_3\downarrow$$
$$2Mg^{2+} + 2OH^- + CO_3^{2-} =\!=\!= Mg_2(OH)_2CO_3\downarrow$$

过滤后溶液中的 Ca^{2+}、Mg^{2+} 和 Ba^{2+} 都已除去，但又引进了过量的 NaOH 和 Na_2CO_3。最后再用盐酸将溶液调至微酸性以中和 OH^- 和破坏 CO_3^{2-}：

$$OH^- + H^+ =\!=\!= H_2O$$
$$CO_3^{2-} + 2H^+ =\!=\!= CO_2 + H_2O$$

至于少量 KCl 等，由于它们的含量少溶解度又较大，在最后的浓缩结晶过程中，绝大部分仍留在母液内而与氯化钠分离。

【仪器与试剂】

台秤，抽滤装置等；HCl（6mol/L），NaOH（2mol/L），$BaCl_2$（1mol/L，0.1mol/L），Na_2CO_3（饱和），$(NH_4)_2C_2O_4$（饱和），镁试剂，粗氯化钠；pH 试纸。

【实验步骤】

1. 除泥砂及 SO_4^{2-}

称取 10g 粗盐于 100mL 的烧杯中，加入约 40mL 的蒸馏水，加热，搅拌使其溶解，继续加热至近沸的温度，一边搅拌一边滴加 1mol/L 的 $BaCl_2$ 溶液，直至 SO_4^{2-} 沉淀完全为止。

为了检查 SO_4^{2-} 是否沉淀完全，可将酒精灯移去，停止搅拌，待沉淀沉降后，沿烧杯壁滴加 1～2 滴 $BaCl_2$ 溶液，观察是否有沉淀生成；如无浑浊，说明 SO_4^{2-} 已沉淀完全；如有浑浊，则要继续滴加 $BaCl_2$ 溶液，直至沉淀完全为止。沉淀完全后再继续加热几分钟，过滤，保留溶液，弃去 $BaSO_4$ 及原来的不溶性杂质。

2. 除 Ca^{2+}、Mg^{2+} 和过量的 Ba^{2+}

将滤液转移至另一干净的烧杯中，在加热至近沸的温度下，一边搅拌一边滴加 2mol/L 的 NaOH 和饱和 Na_2CO_3 所组成的 1∶1（体积比）的混合溶液，至 pH 值为 11 左右，此时有大量沉淀生成。可将酒精灯移去，停止搅拌，待沉淀下降后沿烧杯壁滴加 1～2 滴混合碱，观察是否有沉淀生成。如无浑浊，说明 Mg^{2+} 已沉淀完全；如有浑浊，则要继续滴加混合碱，直至沉淀完全❶为止。沉淀完全后再继续加热几分钟，过滤，保留溶液，弃去沉淀。

3. 除剩余的 CO_3^{2-} 及 K^+ 等离子

将滤液转移至蒸发皿中，用 6mol/L 的 HCl 将溶液的 pH 调至 4～5，用小火，同时不断搅拌，加热浓缩蒸发直至溶液呈黏稠状，抽滤。将晶体转移至蒸发皿中，用小火炒干。冷却，称重，计算收率。

4. 产品质量的检验

取粗盐和精盐各 1g，分别溶于 10mL 的蒸馏水中，再将溶液各分成三份于试管中，用下面的方法对比它们的纯度。写出相应方程式。

分别加入 2 滴 0.1mol/L 的 $BaCl_2$ 溶液，观察有无沉淀生成。

分别加入 2 滴饱和 $(NH_4)_2C_2O_4$ 溶液，观察有无沉淀生成。

分别加入几滴 NaOH 溶液使溶液呈碱性，再加入 2 滴镁试剂❷，观察现象。

【思考题】

1. 粗的食盐为什么不能像硫酸铜那样利用重结晶的方法进行纯化？

2. 如果用氯化钙代替氯化钡来除去粗食盐中的 SO_4^{2-}，结果将怎样？

3. 在浓缩氯化钠溶液时应注意那些安全问题？

4. 杂质离子的沉淀为何需在加热近沸的条件下进行？

2.4.2　结晶、沉淀与重结晶

(1) 溶液中晶体的析出

结晶（crystallization）是物质从溶液中以晶体的形式析出的过程。需要指出的是，在基础实验中"结晶"与"沉淀"往往是同义语。只不过后者通常特指从溶液中析出的细微晶体和非晶形颗粒。因此，这里讨论的一些原理、方法和论断，同样适用于结晶颗粒十分细小的所谓"沉淀"体系。

溶质从溶液中结晶的推动力是一种浓度差，称为溶液的过饱和度。要使物质从溶液中结晶出来，基本原理在于设法使溶液达到过饱和。这里所说的过饱和，对绝大多数物质来说，是一种不稳定状态。通常，当溶液达到饱和后，稍加蒸发或冷却，溶液中所含溶质的量就超过了该温度下相应饱和溶液所含溶质的量，所超过的量称为过饱和度。在这一瞬间，立即析出晶体（少数物质能较长时间停留在过饱和状态），重新达到饱和状态。因此，所有结晶或

---

❶　检验沉淀完全的方法：将溶液停止加热和搅拌，取少量上层溶液过滤（或离心），在滤液中加入几滴沉淀剂，若无浑浊，表示沉淀完全；若有浑浊表示沉淀尚未完全，需继续滴加沉淀剂，直到无浑浊为止。

❷　镁试剂（Magneson I）：是一种有机染料，属于吸附指示剂类，称为对硝基苯偶氮间苯二酚（azoviolet）【74-39-5】。其结构式为：$O_2N-\!\!\!\!\bigcirc\!\!\!\!-N\!\!=\!\!N-\!\!\!\!\bigcirc\!\!\!\!-OH$　在酸性溶液中为黄色，在碱性溶液中呈红色或紫色，被

$Mg(OH)_2$ 沉淀吸附后为天蓝色。

沉淀操作，都是创造条件使溶液达到过饱和。通常，创造这种条件的方式有以下几种。

连续蒸发（蒸出晶体） 将溶液进行蒸发，让溶剂不断移走，溶液浓度不断增加，终于达到过饱和而析出晶体。若继续蒸发，晶体则不断析出。这种操作方式适合溶解度随温度改变不大的物质，如 $NaCl$、KCl、$(NH_4)_2SO_4$ 等。习惯上把这种方式叫做热结晶。

冷却 用降温的方法降低物质的溶解度，从而达到过饱和。通常将经过滤后的溶液先经蒸发浓缩，然后再冷却下来。此时，溶液的溶解度随温度下降而降低，终于达到过饱和而析出晶体。若温度继续下降，晶体仍继续析出。显然，这种操作方式适于溶解度随温度变化较大的物质。多数无机物属于这一类。另有一种情况，如碳酸钠（$Na_2CO_3 \cdot 10H_2O$）、草酸、重铬酸钾这类物质，将它们加热溶解成为热饱和溶液后，不经蒸发而直接冷却结晶，其原理相同。习惯上把这种方式叫做冷结晶。

以上两种方式应用最为普遍。实践中，往往同时采用。

盐析 在某物质的饱和溶液中，加入含有相同离子的另一种物质，使达到过饱和而析出晶体。例如制备纯 $NaCl$，可向精制后的 $NaCl$ 饱和溶液中加入浓盐酸（或通入 HCl 气体），从而析出 $NaCl$ 晶体，杂质则留在母液中（这种作用实质上是共同离子效应）。在用 Ba^{2+} 沉淀 SO_4^{2-} 的过程中，往往要加入过量的 Ba^{2+}，其目的同样是利用共同离子效应，让 SO_4^{2-} 的沉淀更为完全。

改变溶剂性质 许多无机物在甲醇、乙醇、丙酮等有机溶剂中其溶解度将下降，从而达到过饱和。例如将硫酸镉溶液倒入乙醇中，即有 $3CdSO_4 \cdot 8H_2O$ 晶体析出；向 $K_3[Fe(C_2O_4)_3]$ 析出后的母液中加入丙酮，又能回收得到一部分 $K_3[Fe(C_2O_4)_3] \cdot 3H_2O$ 产品。

(2) 结晶过程和结晶速度

结晶过程分为两个阶段：晶核形成期和晶体成长期。即是说，先形成晶核，晶核再成长为一定形状和大小的晶体。

晶核的形成首先由几个分子联结，随即变成胶体状态的微粒，最后长大为晶粒。晶核的形成，需要将那些无秩序运动的溶质（分子或离子）在溶液中的某一点集结，并按照严格的规律有秩序地排列起来。要做到这一点，不同物质的难易程度不同，因为每一种晶体结构各有其特征。有些物质需要很长的时间，例如硫酸钴晶核的培养，需要在常温下培养 2～3 天。其他像 $Na_2CO_3 \cdot 10H_2O$、以 $Mg(Ac)_2 \cdot 4H_2O$ 为代表的乙酸盐、$Na_2S_2O_3 \cdot 5H_2O$ 及 $Fe_2(SO_4)_3 \cdot xH_2O$ 等，也难形成晶核，在制备中容易出现过饱和现象。

众所周知，若一种物质溶解比较容易，则要它从溶液中再结晶出来就困难得多。如前所述，要那些无秩序运动的分子、离子作有规则地排列，最后成为晶体析出，显然比较困难，这是一种普遍的自然规律。

那么，如何能提高结晶速度呢？已知晶核是形成晶体的中心，所以结晶速度首先与晶核的形成速度有关。溶液的浓度越大，晶核生成的速度也大。换句话说，溶液的过饱和度大，可以加快晶核的生成速度，从而可使结晶速度加快。

此外，结晶速度还取决于温度。温度高，分子动能大，运动速度快，分子间碰撞机会增多。并且升高温度，还能减小溶液的黏度，也利于分子碰撞聚集成为晶体。但是温度升高，溶解度加大，溶液的过饱和度会下降，又不利于结晶。所以在冷却溶液使之达到晶体析出温度时，初始结晶速度较快，达到高峰后速度锐减。

在过饱和溶液中，加入晶种可以促进结晶。晶种不限于同一种物质，其他晶格相似的物质，甚至尘埃也能促使过饱和溶液迅速析出晶体。有时用玻璃棒摩擦器壁也能促进结晶生成。此外，搅拌溶液，增加分子间碰撞机会，也是加速结晶常使用的方法。

结晶过程一般都是放热的，各种物质有不同的结晶析出热（heat of crystallization），当向一种过饱和溶液中投入晶种或者稍微搅动，瞬间会有大量晶体析出，这时往往可以观察到明显的温度回升现象。

（3）结晶大小和介稳区

结晶过程分为晶核形成和晶体成长两个阶段。对于实际结晶体系而言，可能出现以下三种情况：

晶核形成速度＞晶体成长速度　　所得晶体小而多；
晶核形成速度＜晶体成长速度　　晶体大而少；
晶核形成速度≈晶体成长速度　　晶体大小参差不一。

显然，若能控制这两种速度，便可控制生成晶体的大小。但是影响这两种速度的因素太多，下面着重讨论介稳区的概念以及在操作中的实际意义。

通常溶液的过饱和度与结晶的关系可用图 2.4-19 表示。图中 AB 线代表溶解度曲线，其下部为不饱和区，称为稳定区；其上部为过饱和区，这部分区域又被 CD 线（超溶解度曲线❶）分为两部分，CD 线之上为不稳定区，在该区域内，即使不存在外来杂质或有意引入的晶核，溶液也会发生自发成核。AB 线、CD 线之间为介稳区，这是一个动力学稳定区域。在这个区域内，如果没有外来的杂质或有意引入的晶核，同时也不存在其他扰动，则溶液本身不会自发产生晶核而析出晶体，但如果其中含有晶种，则晶种就会长大。介稳区宽度对实际结晶过程很重要，因为要获得粗大均匀的晶体，就要避免自发成核，使溶质尽可能在晶种上生长，这需要结晶过程在介稳区内进行。

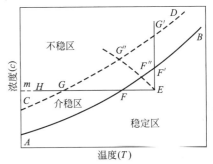

图 2.4-19　溶液饱和状态示意

设有浓度为 m 的溶液，处于 E 点的温度。有两种方法可以使其达到饱和甚至过饱和状态。一是冷却降温。当温度降到 F 点时，溶液成为饱和溶液。注意：此时的溶液中并无固体析出！所以，F 点处的溶液，从严格意义上只能称为"准饱和溶液"，这相当于沉淀溶解平衡理论中的 $Q_i = K_{sp}^{\ominus}$ 的情形。继续冷却，直至温度等于 G，即进入介稳区，此时出现少量晶核。继续冷却到 H 点，出现大量晶核，溶液进入不稳区；另一种方法是通过蒸发溶剂，使溶液提浓，对应 EG' 线。最终结果同样也有大量的晶核析出。在实际工作中，往往是双管齐下，即 EG'' 线所代表的操作。

介稳区的概念对于结晶操作具有重要意义。如果将溶液控制在介稳区，并且过饱和度比较低的状态下，长时间内只有少量晶核产生，主要是这少量晶核的继续成长，才形成了颗粒较大、均匀一致的结晶。反之，即使将溶液控制在介稳区，但是过饱和度较高，或者溶液迅速达到不稳定区，此时将有大量晶核产生，势必造成制取的晶体颗粒细小，沉淀的性状以胶状、非晶形为主。

综上所述，若希望得到整齐的大结晶及晶状沉淀，须将温度控制在介稳区内，缓慢冷却，让溶液的过饱和度低一些，同时加以适当搅拌。反之，若迅速冷却，致使溶液有较大的过饱和度，同时加以强烈搅拌，结果只能得到参差不齐的细小颗粒。尤其对于那些相对分子质量比较小的物质，这种现象更为明显。对于介稳区比较窄的物质，更要注意缓慢降温。

（4）结晶机制与动力学

晶核生成与晶体成长　固体溶质从溶液中结晶出来，需经历两个阶段，即晶核的生成（成核）和晶体的成长。

---

❶　溶液开始产生晶核的极限浓度曲线。超溶解度曲线在实际结晶过程中受多种因素的影响，如搅拌强度、冷却速率等。

晶核是过饱和溶液中新生成的微小粒子，是晶体生长过程中必不可少的核心。晶核的形成速率是单位时间在单位体积晶浆或溶液中生成新粒子的数目。成核速率是决定晶体速率分布最为重要的动力学因素。晶核的大小通常在几个纳米至几十个微米，成核的机理有三种：初级均相成核、初级非均相成核和二次成核。初级均相成核是指溶液在较高过饱和度下自发生成晶核的过程。初级非均相成核则是溶液在外来物的诱导下生成晶核的过程，它可以在较低的过饱和度下发生。二次成核又可细分为流体剪应力成核和接触成核。这样划分的基本标准是固相的存在与否。当一个结晶系统中不存在结晶物质的固体粒子时，出现初级成核，而二次成核发生于有晶体存在时。二次成核是含有晶体的溶液在晶体相互碰撞或晶体与搅拌器（或器壁）碰撞时所产生的微小晶体的诱导下发生的。

在过饱和溶液中已有晶核形成或加入晶种后，以过饱和度为推动力，晶核或晶种将长大，这种现象称为晶体生长。按照晶体生长的扩散学说，晶体生长是由三个步骤组成的：①待结晶的溶质借扩散穿过靠近晶体表面的一个静止流层，从溶液中转移到晶体的表面；②到达晶体表面的溶质长入晶面，使晶体增大，同时放出晶体析出热；③放出来的晶体析出热借传导回到溶液中。第一步扩散过程必须有浓度差作为推动力。第二步是溶质长入晶体的过程，其机理还没有定论。可假设在溶质到达晶体表面后，借助于另一部分浓度差作为推动力，而完成长入晶面的过程。至于第三步，因为大多数物质的晶体析出热不大，对整个结晶过程的影响可以忽略。当表面反应的速度很快时，结晶过程由扩散速率控制。同理，当扩散速率很高时，结晶过程由表面反应速度控制。在不同的操作参数下，同一物料的结晶过程，既可以属于扩散过程控制，也可以属于表面反应过程控制。

表面反应常常是晶体生长过程的控制阶段，解释晶体表面反应机理的一个重要学说是二维成核学说。按照此学说，一个真实的晶体可以被想象成立方体，由许多小立方体堆砌而成，各小立方体可以认为是微小的粒子，也可以是原子、分子、离子或分子团。每个小立方体有六个近邻，有六个面彼此接触。当一个新粒子加到晶面上时，可能性最大的位置是能量上最有利的位置，或者说形成键最多的位置。台阶的"坎坷"（kink site，褶皱）处有三个近邻，是最有利的位置。第二个有利的位置是台阶的前缘，此处有两个近邻。最不利的位置是晶体表面孤立的位置。晶面上一个新的粒子层形成之始，晶面上既无凸缘，更无坎坷，只有从最不利的位置开始，一旦有一个粒子加到晶面上，其他粒子就会很快地加到台阶前缘或坎坷之中而形成整个粒子层。最先加到晶面上的粒子可认为是一个二维生长的核，它是新晶层的开始，就像一个三维生长的核是新晶体形成的开始。而晶体的生长速率取决于表面上二维生长的核的形成速率。在过饱和度超过一定限度后，生长速率与过饱和度近似地呈线性关

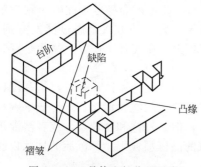

图 2.4-20　晶体生长位置示意

系，因为在较高的过饱和度下，粒子碰撞晶面的频率很高，表面生长的核心经常存在。如图2.4-20为晶体生长位置示意。

再结晶现象　小晶体因表面能较大而有被溶解的趋向。当溶液的过饱和度较低时，小晶体被溶解，大晶体则不断成长并使晶体外形更加完好，这就是晶体的再结晶现象。重量分析中常利用再结晶现象而使沉淀"陈化"，使沉淀颗粒数目下降，粒度提高，达到吸附和夹杂程度最小的要求。

影响结晶速率的因素　很多而且比较复杂，以下列出几个主要的影响因素。

① 过饱和度的影响。温度和浓度都直接影响到溶液的过饱和度。过饱和度的大小影响晶体的成长速率，又对粒度、晶粒数量、粒度分布产生影响。

② 黏度的影响。溶液黏度大，流动性差，溶质向晶体表面的质量传递主要靠分子扩散

作用。这时，由于晶体的顶角和棱边部位比晶面部位容易获得溶质，而出现晶体棱角长得快、晶面长得慢的现象，结果会使晶体长成形状特殊的核晶。

③ 密度的影响。晶体周围的溶液因溶质不断析出而使局部密度下降，结晶放热作用又使该局部的温度较高而加剧了局部密度下降。在重力场的作用下，溶液的局部密度差会造成溶液的涡流。如果这种涡流在晶体周围分布不均，就会使晶体处于溶质供应不均匀的条件下成长，结果会使晶体生长成形状扭曲的歪晶。

④ 位置的影响。在有足够自然空间的条件下，晶体的各晶面都将按生长规律自由地成长，获得有规则的几何外形。当晶体的某些晶面遇到其他晶体或容器壁面时，就会使这些晶面无法成长，形成歪晶。

⑤ 搅拌的影响。搅拌是影响结晶粒度分布的重要因素。搅拌强度大会使介稳区变窄，二次成核速率增加，晶体粒度变细。温和而又均匀的搅拌，则是获得粗颗粒沉淀的重要条件。

（5）结晶的操作技术

欲从溶液中析出晶体，一般都必须进行蒸发浓缩。水溶液蒸发通常在蒸发皿中进行，因蒸发皿的表面积大，有利于加速蒸发。蒸发皿中放液体的量不要超过其容量的 2/3，如被蒸发的溶液较多时可以分次添加。一般可在石棉网上直接或空气浴加热蒸发。而有机溶液则通常用蒸馏或减压蒸馏的方法挥发溶剂。对遇热易分解的溶质，应用水浴控温加热，或更换溶剂（如甲醇、乙醇等有机溶剂能降低许多无机化合物的溶解度）。对在水溶液中能发生水解的物质，还应调节溶液的 pH 值，以抑制水解反应的进行。对各种水合晶体，在蒸发浓缩中先析出的晶体所含的结晶水一般较少，甚至为无水物。在冷却过程中逐渐从母液中吸收水与之结合，从而达到所要求的结晶水。因此对这类化合物，绝不能蒸发过度。

随着蒸发的进行，溶液的浓度逐渐变大，不仅要控制好加热的温度，同时要随时加以搅拌，以防局部过热而发生迸溅。对于在蒸发皿、烧杯中进行的浓缩，其限度往往是用液体表面是否出现晶膜来判断。但是对于水合晶体，这个判断不能成立。总之，为了得到合格的产品，在加热蒸发中必须根据物质溶解度的不同与结晶大小的要求，严格控制蒸发浓缩的程度与结晶的条件。

现代实验室中，常常使用旋转蒸发仪（图 2.4-21）进行溶剂的减压脱除，以提浓溶液。它不仅仅可以处理有机溶液、水溶液，更是除冷冻干燥机之外，处理热敏感物质特别是生物制剂和样品，使它们从稀溶液中析出的首选工具。

旋转蒸发仪由电机带动可旋转的蒸发器（圆底烧瓶）、冷凝器和接受器组成，可在常压或减压下操作，但通常是在减压下操作。可一次进料，也可分批连续吸入蒸发料液。由于蒸发器的不断旋转，可免加沸石而不会发生暴沸。蒸发器旋转时，挂于圆底烧瓶内壁的溶液液膜，使得料液的蒸发面积大大增加，且旋转的同时实际上加速了液面及液膜的更新速度，结果是大大加快了蒸发速度。减压下的操作，可使溶剂的沸点远远低于正常沸点，对于热敏物料的稳定，极有益处。因此，它是浓缩溶液、回收溶剂的理想装置。热源通常用水浴。

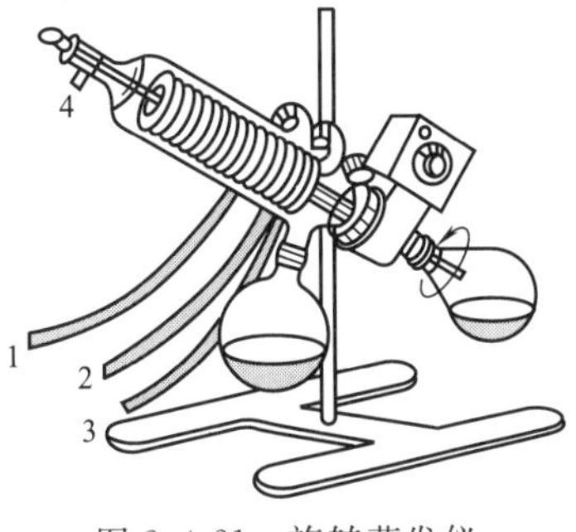

图 2.4-21 旋转蒸发仪
1—接真空；2—冷凝水入口；3—冷凝水出口；4—进料口（通过负压抽吸）

通常为了控制晶体的生长，获得粒度较均匀的晶体产品，必须尽一切可能防止意外的晶核生成，小心地将溶液的过饱和度控制在介稳区中，不使出现初级成核现象，并向溶液中加入适当数量及适当粒度的晶种，让被结晶的溶质只在晶种表面上生长。应当用温和的搅拌，使晶种较均匀地悬浮在整个溶液中，并尽量避免二次成核现象。在整个结晶过程中，加入晶种并小心地控制溶液的温度或浓度，这种方式的操作称为"加晶种的控制结晶"，它有可能对产品的粒度进行有效的控制。

实验 9　硫酸锌的制备与提纯

【实验目的】

1. 掌握制备、精制 $ZnSO_4 \cdot 7H_2O$ 的原理和方法。
2. 熟练掌握溶解、过滤、结晶基本操作。

【预习要点】

1. 本书 2.4.2 节，结晶过程及原理。
2. 本书 3.1 无机物的制备与提取。

【实验原理】

$ZnSO_4 \cdot 7H_2O$（zinc sulfate）【7446-20-0】系无色透明，结晶粉末，晶型为棱柱状或细针状颗粒，易溶于水（1g/0.6mL）或甘油（1g/2.5mL），不溶于乙醇。

医学上 $ZnSO_4 \cdot H_2O$ 内服为催吐剂，外用可配制滴眼液（0.1%～1%），利用其收敛性，可防治沙眼的发展。在制药工业上，硫酸锌是制备其他含锌药物的原料。

$ZnSO_4 \cdot 7H_2O$ 的制备方法很多。工业上可用闪锌矿为原料，在空气中煅烧氧化成硫酸锌，然后热水提取而得，也可用闪锌矿焙烧的矿粉（俗称锌焙砂）或粗 ZnO 与 H_2SO_4 作用制得硫酸锌溶液：

$$ZnO + H_2SO_4 \longrightarrow ZnSO_4 + H_2O$$

本实验以锌焙砂为原料，除了含 65%（质量分数）左右的 ZnO 外还含有铁、锰、铜、镉、钴、砷、锑和镍等杂质。在用稀硫酸浸取过程中，锌的化合物和上述一些杂质都溶入溶液中。在微酸性条件下，用 $KMnO_4$ 将 Fe^{2+} 氧化为 Fe^{3+}，其中 As^{3+} 和 Sb^{3+} 随同 Fe^{3+} 的水解，借共沉淀吸附而被除去。

$$MnO_4^- + 3Fe^{2+} + 7H_2O \longrightarrow 3Fe(OH)_3\downarrow + MnO_2 + 5H^+$$

$$2MnO_4^- + 3Mn^{2+} + 2H_2O \longrightarrow 5MnO_2 + 4H^+$$

Cu^{2+}、Cd^{2+} 和 Ni^{2+} 等杂质用锌粉置换除去。经净化后的溶液蒸发浓缩，制得硫酸锌晶体。

$$CdSO_4 + Zn \longrightarrow ZnSO_4 + Cd$$

$$NiSO_4 + Zn \longrightarrow ZnSO_4 + Ni$$

除杂后的精制 $ZnSO_4$ 溶液经浓缩、结晶得纯 $ZnSO_4 \cdot 7H_2O$ 晶体。

【仪器与试剂】

烧杯，布氏漏斗，抽滤瓶，滤纸，pH 试纸；锌焙砂，纯锌粉，氧化锌，0.1mol/L $KMnO_4$，2mol/L H_2SO_4，3mol/L H_2SO_4，丁二酮肟（1%乙醇溶液）。

【实验步骤】

1. 工业 $ZnSO_4$ 溶液的制备。称取锌焙砂 30g 放在 250mL 烧杯中，加入 2mol/L H_2SO_4 150～180mL，在不断搅拌下，加热至 90℃，并保持该温度下使之溶解❶，同时用 ZnO 调 pH≈4，趁热减压过滤，滤液置于 200mL 烧杯中。

2. 氧化除 Fe^{2+}、Mn^{2+} 杂质。将上述滤液加热至 80～90℃后，滴加 0.1mol/L $KMnO_4$ 至呈微红色时停止加入，继续加热至溶液为无色，控制溶液 pH=4，趁热减压过滤，弃去残渣。滤液置于 200mL 烧杯中。

3. 置换除 Ni^{2+}、Cd^{2+} 杂质。将去除 Fe^{2+}、Mn^{2+} 杂质的溶液趁热加热至 80℃左右，在

---

❶　锌焙砂中常含有硫酸铅等杂质，由于硫酸铅不溶于稀硫酸，故要用稀硫酸以除去硫酸铅。

不断搅拌下分批加入 1g 纯锌粉，反应 10min 后，检查溶液中 Ni^{2+}、Cd^{2+} 是否除尽❶，未除尽，可补加少量锌粉，直至 Ni^{2+}、Cd^{2+} 等杂质除尽为止，冷却，减压过滤，滤液置于 200mL 烧杯中。

4. $ZnSO_4 \cdot 7H_2O$ 结晶。量取精制后的 $ZnSO_4$ 母液 1/3 于 100mL 烧杯中，滴加 3mol/L H_2SO_4 调节溶液 pH 2～3，将溶液转移至洁净的蒸发皿中，水浴加热蒸发至液面出现晶膜后，停止加热，冷却结晶，减压过滤，晶体用滤纸吸干后称量。

5. 剩余母液同上法浓缩，只是不调节 pH 值。得到的晶体称量后留存，作为实验 48 的样品。

【思考题】

1. 在精制 $ZnSO_4$ 溶液过程中，为什么把可能存在的 Fe^{2+} 氧化成 Fe^{3+}？为什么选用 $KMnO_4$ 氧化剂？还可选用什么氧化剂？

2. 在氧化除 Fe^{3+} 过程中为什么要控制溶液的 pH≈4？如何调节溶液的 pH 值？pH 值过高或过低会对实验有何影响？

3. 在氧化除铁和用锌粉除重金属离子的操作过程中为什么要加热至 80～90℃？温度过高或过低对实验有何影响？

(6) 沉淀在重量分析中的应用

沉淀形成的机理是十分复杂的，与前述结晶过程在本质上有许多相同之处，这里只是进一步补充。通常认为沉淀颗粒的大小取决于两个因素，即沉淀过程中的聚集速度和定向速度。

① 聚集速度。在沉淀形成过程中，离子或分子以较大速度互相结合而成为聚集体（晶核），这称做聚集速度（或沉淀形成速度）。聚集速度与浓度之间存在十分密切的关系。溶液越浓，聚集速度越大。聚集当然发生在介稳区以上。

② 定向速度。由于静电引力使离子按照一定的秩序排列在晶格上的速度称做定向速度（或结晶速度）。

在沉淀过程中，若聚集速度足够缓慢，只生成较少的聚集体（晶核），溶液中还有相当多未沉淀的组分。此时，晶核就会从溶液中吸取它们，成为相当完整的晶形沉淀。反之，若沉淀的聚集速度太大，瞬间形成大量晶核，致使溶液中未沉淀的组分相对稀少。此时，沉淀的聚集速度超过了定向速度，所得沉淀颗粒极细，甚至为絮状胶体，在普通显微镜下也观察不到它的晶形。

两种速度的相对大小是由物质的本性所决定的。通常，正盐和复盐类具有较大的定向速度，例如 $AgCl$、$BaSO_4$、$MgNH_4PO_4$ 等。碱式盐和氢氧化物的定向速度较小，所以一般都得到非晶形沉淀。例如，$Cu_2(OH)_2CO_3$、$Al(OH)_3$ 等。此外，氢氧化物的定向速度又随其中与金属离子结合的 OH^- 数目的增加而降低。换句话说，OH^- 数越多，离子的定向越困难，定向速度越小。例如，Ca^{2+}、Ba^{2+}、Zn^{2+} 等二价金属离子的氢氧化物可以得到晶状沉淀，而 $Cr(OH)_3$、$Fe(OH)_3$、$TiO_2 \cdot xH_2O$ 等常为无定形沉淀。这估计与阳离子的强极化能力相关。

非晶形沉淀通常包含有大量的水。因为聚集速度极快，原有水合离子中的水分子来不及脱掉，晶核又迅速地进一步聚集，因此所得到的沉淀体积庞大，疏散。氢氧化物、硫化物是这类沉淀的典型例子。

聚集速度除了与物质的本性有关外，还与溶液的相对过饱和度有密切关系，这一点与晶核形成速度很相似。沉淀的过饱和度越大，聚集速度也越大。像 $BaSO_4$ 这种典型的晶形沉淀，当它从很浓的溶液中析出时，聚集速度超过定向速度，也会得到非晶形沉淀。

---

❶ Ni^{2+} 在 NaAc 溶液中与丁二酮肟反应生成鲜红色螯合物沉淀，Cd^{2+} 与 Na_2S 溶液反应生成 CdS 黄色沉淀。

必须指出，人们肉眼所辨认的晶形或非晶形往往不够确切。实际上许多非晶形物质是由极小的晶体组成，称为微晶形物质，只有通过显微镜甚至 X 射线衍射才能加以辨认。

影响沉淀纯度的因素——共沉淀 利用重量法进行物质成分含量分析，要求获得的沉淀纯度必须有保证，否则将可能引入较大的误差。绝对纯净的沉淀是没有的。但了解了杂质混入沉淀的各种原因和方式，就可以采取相应措施减少杂质混入，获得相对纯净、符合要求的沉淀。沉淀中混入杂质的因素很多，这里主要讨论共沉淀和后沉淀问题。

在某一溶液中，根据溶度积规则不应生成沉淀的物质，在其他离子沉淀时，有时也能随同析出，这种现象，称为共沉淀（coprecipitation）。广义地说，一种沉淀与另一种或多种化合物同时沉淀的现象都叫做共沉淀。

共沉淀产生的类型大体上可分为：表面吸附（adsorption）、生成混晶（mixed crystal）、吸留或包藏（occlusion）等。

① 表面吸附。这是一种很普遍的共沉淀作用，即杂质被吸附在另一沉淀（载体）的表面上。这实际上是胶体化学中吸附层模型在固-液分散系的具体化。分散在沉淀颗粒表面的离子或分子与沉淀内部的离子或分子所处的环境不相同。内部的离子或分子在任何方向都和相邻的离子或分子相连接。因此彼此之间的作用力互相平衡。而表面的分子或离子则只有朝内部方向和表面平行方向的作用力。因此在沉淀表面还有剩余力场，它能吸引溶液中的离子，使沉淀微粒带上电荷。带电荷的微粒再吸引溶液中带相反电荷的离子，结果使沉淀表面吸附了一层杂质分子。这正是固体物质吸附作用的根源所在，而不论被吸附物质是气体还是液体及其内含的分子、离子。

表面吸附作用有选择性。实验结果指出，当溶液中同时存在数种离子时，能与沉淀中存在的某种离子，生成溶解度较小物种的离子首先被吸附。这种现象，可以用成语"物以类聚"来概括。

吸附作用的选择性除与溶解度因素有关外，还与被吸附离子的电荷、变形性以及吸附后所形成化合物的电离度等有关。通常，离子电荷越高，越容易变形，形成化合物的电离度越小，则越容易被吸附。例如 Fe^{3+} 较 Fe^{2+} 易被吸附；易变形的阴离子比阳离子易被吸附；硫化物沉淀容易吸附不易电离的 H_2S 等。此外，吸附作用还和溶液的 pH 值有关，因为某些沉淀所带电荷决定于 pH 值的大小。比如，水合氧化铁 FeOOH 胶粒在酸性介质带正电荷，而到了碱性介质中则带负电。这与胶粒所吸附离子性质有关。此问题更深入的讨论，读者可参阅有关胶体化学方面的专论。

吸附作用除了选择性外，还有吸附量的问题。吸附量的大小与载体的表面积、温度和杂质浓度等有关。

吸附作用是一种可逆过程，被吸附的离子也能离开载体表面而重新进入溶液中，最后达到平衡状态。在分析实践中，某些沉淀可经长时间放置（所谓陈化）而清除杂质。当然陈化还可以通过再结晶使颗粒增大。

② 吸留或包藏。在沉淀过程中，特别在沉淀进行较快的情况下，表面吸附的杂质来不及离开沉淀表面，就被后面沉淀下来的离子所覆盖，这种现象称为吸留或包藏。有时母液也会被包藏在内。胶体沉淀比大结晶沉淀的吸留现象更为常见。例如，新沉淀的氢氧化物和硫化物往往吸留有相当量的杂质。不过这些杂质在沉淀陈化过程中大部分可被释出。

③ 混晶。每种结晶沉淀都有一定的晶体结构。如果杂质的离子半径与主体物离子半径相似，所形成的晶体结构相同，则极易同时析出并形成混晶。如 $BaSO_4$ 与 $PbSO_4$、$BaSO_4$ 与 $BaCrO_4$、$BaSO_4$ 与 $KMnO_4$、AgCl 和 AgBr、$MgNH_4PO_4 \cdot 6H_2O$ 和 $MgNH_4AsO_4 \cdot 6H_2O$ 等。有时，两种物质的晶体结构虽不相同，但在一定条件下能形成一种异型混晶，如 $MnSO_4 \cdot 7H_2O$ 和 $FeSO_4 \cdot 7H_2O$ 就能组成异型混晶。形成混晶的杂质不易用洗涤或重结晶的方法除去。

影响沉淀纯度的因素——后沉淀 某种离子被沉淀吸附后，在放置过程中与吸附层离子或与沉淀进行化学反应，而形成另一沉淀的现象，叫做后沉淀（postprecipitation）。例如，当用 H_2S 与相应的盐作用生成 CuS 或 HgS 沉淀时，Zn^{2+} 本不应沉淀，但在放置时，Zn^{2+} 也逐渐形成 ZnS 沉淀：

$$Cu^{2+} + H_2S \longrightarrow CuS\downarrow$$

$$nCuS + mS^{2-} + mZn^{2+} \longrightarrow nCuS \cdot mS^{2-} \cdots \cdot mZn^{2+}\downarrow（吸附，发生于 CuS 生成时）$$

$$nCuS \cdot mS^{2-} \cdots \cdot mZn^{2+} \longrightarrow nCuS\downarrow + mZnS（沉淀放置时）$$

借助 $KMnO_4$ 容量法测定 Ca^{2+} 时，是先把 Ca^{2+} 以草酸钙形式沉淀，然后酸溶草酸钙，用标准 $KMnO_4$ 溶液滴定 $C_2O_4^{2-}$。但若草酸钙沉淀放置过久，样品中共存的杂质 Mg^{2+} 将以 MgC_2O_4 形式后沉淀析出，所以 CaC_2O_4 应尽早滤出。

后沉淀与共沉淀有很大区别。加热、放置陈化，可以减少或除去共沉淀引入的杂质，但却使后沉淀更加严重。此外，后沉淀要比共沉淀引入的杂质多。避免或减少后沉淀的主要办法是缩短沉淀和母液共置的时间。

采用有机沉淀剂可以减少杂质的共沉淀。有机沉淀剂的特点：试剂种类多，性质各不相同，不少试剂具有很高的选择性；所得沉淀溶解度很小，可使被测组分沉淀很完全；所得沉淀表面吸附杂质少、纯度高；所得沉淀有些组成恒定，经烘干后即可称量，可简化操作。且称量形式摩尔质量大，称量的相对误差小。有机沉淀剂的缺点是在水中的溶解度较小，有些形成沉淀的组成不恒定。

为了提高纯度，可以改变沉淀条件，如溶液浓度、温度、加料方式和速度、搅拌等。这些条件所起作用不尽相同，表 2.4-5 列出了不同条件对沉淀纯度的影响情况。

表 2.4-5 不同条件对沉淀纯度的影响

沉淀条件	表面吸附	吸留或包藏	混晶	后沉淀
稀释溶液	＋	＋	○	○
慢沉淀	＋	＋	不定	－
搅拌	＋	＋	○	○
加热	＋	＋	不定	－
洗涤	＋	○	不定	○
陈化	＋	＋	○	○
再沉淀(结晶)	＋	＋	＋	＋

注："＋"表示提高纯度；"－"表示降低纯度；"○"表示无影响。

重量分析对沉淀条件的要求与控制 沉淀法是重量分析的主要方法。在具体分析过程中，对于沉淀形式有"量"、"形"、"质"三方面的要求。

① 沉淀溶解度必须很小，以保证被测组分定量地沉淀（沉淀完全——溶解损失不超过天平的称量误差 0.2mg）。

② 沉淀应便于过滤和洗涤。最好是粗大的晶形沉淀。如果是非晶形沉淀，应尽可能使其比较紧密，避免体积过大或生成胶体。

③ 沉淀纯度要高，不被杂质沾污（contamination）。

沉淀条件的控制 沉淀条件对于沉淀的形成具有重要作用。对处理好的试样溶液进行沉淀时，应根据晶形沉淀或非晶形沉淀的性质，采用合理的沉淀条件，以获得比较纯净、而且易于过滤和洗涤的沉淀来满足重量分析对沉淀形式的要求。

晶形沉淀的条件是："稀、热、慢、搅、陈"，如下。

① 沉淀的溶液要冲稀一些。

② 沉淀时应将溶液加热。

③ 沉淀速度要慢，同时应搅拌。为此，沉淀时，左手拿滴管逐滴加入沉淀剂，右手持玻璃棒不断搅拌。滴加时，滴管口应接近液面，避免溶液溅出。搅拌时需注意不要将玻璃棒

碰到烧杯壁和杯底。

④ 沉淀后应检查沉淀是否完全。方法是：待沉淀下沉后，滴加少量沉淀剂于上层清液中，观察是否出现浑浊。

⑤ 沉淀完全后，盖上表面皿，室温下静置过夜，或在水浴上加热 1～2h，使沉淀陈化。

非晶形沉淀的沉淀条件是："浓、热、快、电、迅"，如下。

沉淀一般在较浓的近沸溶液中进行，沉淀剂加入的速度不必太慢。同时沉淀要在大量电解质存在下进行，以使带电荷的胶体粒子相互凝聚、沉降。沉淀后应迅速趁热过滤，不必陈化。

无定形沉淀比表面积大，吸附杂质严重，为了提高沉淀的纯度，可以将所得沉淀溶解，再进行第二次沉淀。

均匀沉淀法 为了得到容易过滤、洗净、污染少的沉淀，边搅拌边慢慢加入稀溶液是必要的。但是，尽管用稀沉淀剂，在添加时总会产生局部过浓的饱和状态。这样就促成了核的急剧生成和微细沉淀的生成，从而产生了共沉淀污染。只要是从外部加沉淀剂，此现象就无法避免。如果通过适当化学反应，能在试料溶液内均匀缓慢地生成沉淀剂，上述问题就可以解决。这就是所说的均匀沉淀法，也称均相沉淀法（homogeneous precipitation）。通过可控制的化学反应，在溶液中缓慢而均匀地产生沉淀剂，使沉淀在整个溶液中均匀地、缓慢地析出，因而生成的沉淀颗粒较大。沉淀物的离子不是从外部直接加入，而是在溶液中逐步出现的。有以下几种情况。

① pH 上升及下降法。例如，尿素作为沉淀剂，它所提供的 OH^- 和 CO_3^{2-} 由水解反应产生：

$$CO(NH_2)_2 + H_2O \Longrightarrow 2NH_3 + 2CO_2$$
$$NH_3 + H_2O \Longrightarrow NH_4^+ + OH^-$$
$$+$$
$$CO_2 + H_2O \Longrightarrow H^+ + HCO_3^-$$
$$\Updownarrow$$
$$H_2O + CO_3^{2-}$$

试料溶液中加入尿素之后加热，尿素水解，由于水解反应比较缓慢，OH^- 和 CO_3^{2-} 两种作用离子逐步产生，有效地控制了沉淀时的过饱和度，效果十分显著。尿素是 pH 值上升法均匀沉淀的首选试剂。

过硫酸铵水解法是 pH 值下降法的一个例子。在用 EDTA 掩蔽了 Ba^{2+} 的溶液中加入过硫酸铵，因水解而 pH 值降低，Ba^{2+} 游离出来，形成 $BaSO_4$ 沉淀。

$$(NH_4)_2S_2O_8 + H_2O \longrightarrow (NH_4)_2SO_4 + H_2SO_4 + \frac{1}{2}O_2$$
$$2H_2SO_4 + Ba\text{-}EDTA\text{-}2Na \longrightarrow BaSO_4\downarrow + Na_2SO_4 + EDTA\text{-}4H$$

② 酯类及含硫化合物水解生成沉淀剂。有些酯类水解，能形成阴离子沉淀剂。例如，硫酸二甲酯水解，可用于 Ba^{2+}、Ca^{2+}、Pb^{2+} 的硫酸盐的均相沉淀。草酸二甲酯、草酸二乙酯水解，可均匀生成 Ca、Mg、Zr、Th 等的草酸盐沉淀。磷酸三甲酯、磷酸三乙酯、过磷酸四乙酯水解，用于均相沉淀磷酸盐。硫脲、硫代乙酰胺、硫代氨基甲酸铵等含硫化合物的水解，可均匀生成硫化物沉淀等。

③ 利用氧化-还原反应。通过改变待测金属离子的价数，进行均匀沉淀。例如，在硝酸介质中，用溴酸或过硫酸氧化碘酸钾共存下的 Ce(Ⅲ)，能均匀沉淀出碘酸铈(Ⅳ)。

④ 混合溶剂蒸发法。预先加入挥发性比水大、且易将待测沉淀溶解的有机溶剂（丙酮等），通过加热将有机溶剂蒸发，使沉淀均匀析出，可用于 Al、Ni、Mg 等的 8-羟基喹啉盐沉淀的制备中。

⑤ 等温扩散法。与④法不同，但作用原理相近。具体是将盛有欲得到沉淀溶液的烧杯（或培养皿），与盛有沉淀剂液体或另一种溶剂的烧杯，同时置于一个空的干燥器（或其他密封体系）中，室温等温条件下放置，利用挥发性缓慢改变溶液的性质，使晶体或沉淀慢慢析出。例如，欲得到洗涤性能良好的 $Zn(OH)_2$ 沉淀，可以把盛有 0.1mol/L 的 $ZnSO_4$ 溶液的烧杯，与盛有 2mol/L $NH_3 \cdot H_2O$ 的烧杯共置于密封的干燥器中，常温下放置 1 周。NH_3 扩散进入到 $ZnSO_4$ 溶液中，使得 $Zn(OH)_2$ 沉淀缓慢析出，这种沉淀物的过滤和洗涤性能比较良好。再如，制备 EDTA-Ca 钠盐时，可将得到的 EDTA-Ca 钠盐溶液置于下部装有丙酮的干燥器中，丙酮在常温下的蒸汽压比水要高，于是丙酮通过气相输运至水溶液中，改变了溶剂的极性，使得 EDTA-Ca 钠盐水合物慢慢结晶出来，晶体的晶形也比较规整。因为如果通过加热浓缩母液的方法得到固体的话，往往晶体中的水合量无法控制。

沉淀称量形式的获得　沉淀定量生成后需经过滤与母液中其他组分分离。为了得到纯净的沉淀，必须根据沉淀的性质选择适当的洗涤剂，除去吸附在沉淀表面的母液。如果沉淀在水中的溶解度足够小，且不会形成胶体，用水洗涤最为方便。若水洗会形成胶体，发生胶溶，则需用稀的、易挥发的电解质水溶液洗涤。对于溶解度较大的沉淀，可以先用稀沉淀剂洗，再用少量水洗去沉淀剂。

为了提高洗涤效率，既除净杂质，又不致因溶解而损失沉淀，常采用倾泻法，少量多次地进行。

纯净的沉淀还要通过烘干或灼烧的方法除去吸存的水分和洗涤液中的可挥发性溶质才能得到称量形。沉淀本身有固定的组成（如 AgCl），只要 $105 \sim 120℃$ 低温烘干吸附水即可；有稳定结晶水的化合物（如 $CaC_2O_4 \cdot H_2O$）也可在 $105 \sim 110℃$ 烘干获得称量形式。一些沉淀虽然有固定组成，但沉淀内部含有包藏水或固体表面有吸附水，这些水都不能烘干除去，而必须置于坩埚中高温灰化（ashing）、灼烧（ignition），如 $BaSO_4$。许多沉淀没有固定的组成，必须经过灼烧使之转变成适当的称量形式。如铁、铝等金属的水合氧化物含有不固定的水合水，必须高温（$1100 \sim 1200℃$）灼烧成相应的金属氧化物；$MgNH_4PO_4 \cdot 6H_2O$ 的结晶水不稳定，通常在 $1100℃$ 灼烧成 $Mg_2P_2O_7$ 形式称量。

(7) 重结晶

重结晶（recrystallization）是指将固体化合物溶解在热的溶剂中，冷却后再析出晶体的过程。这是提纯固体化合物常用的方法之一。通常，利用一定反应合成出来的固体化合物，总是与许多其他物质（包括未反应的原料、副产物、溶剂、催化剂等）共存，因此在无机制备或有机制备中，需要从复杂的混合物中分离出所要的物质并加以提纯。纯化这类固体物质的有效方法通常就是选用合适的溶剂进行重结晶。

固体化合物在溶剂中的溶解度与温度密切相关，一般是随着温度升高，溶解度增大。将一个固体化合物溶解在热的溶剂中并使其达到饱和，如果有不溶性杂质趁热过滤除去，将滤液冷却后，由于溶解度降低而变成过饱和溶液，化合物又析出晶体，经过滤后即可得到较为纯净的固体物质。其中的少量可溶性杂质全部或大部分留在母液中。这种利用被提纯物质和杂质在某种溶剂中的溶解度差异提纯固体物质的方法称为重结晶。

假设一个固体混合物由 9.5g 被提纯物质 A 和 0.5g 杂质 B 组成，选择一溶剂进行重结晶，室温时 A、B 在此溶剂中的溶解度分别为 S_A 和 S_B，通常存在下列几种情况。

① 杂质较易溶解（$S_B > S_A$），设室温下 $S_B = 2.5g/100mL$，$S_A = 0.5g/100mL$，如果 A 在此沸腾溶剂中的溶解度为 9.5g/100mL，则使用 100mL 溶剂即可使混合物在沸腾时全溶。将此滤液冷却至室温时可使 A 析出 9g（不考虑操作上的损失）而 B 仍留在母液中。A 损失很少，产物的回收率达到 94%。如果 A 在此沸腾溶剂中的溶解度更大，例如 47.5g/100mL，则只要使用 20mL 溶剂即可使混合物在沸腾时全溶，冷却后滤液可以析出 A 9.4g，B 仍可留在母液中，产物回收率高达 99%。由此可见，如果杂质在较低温度时的溶解度大

而产物的溶解度小，或溶剂对产物的溶解性能随温度的变化大，这两方面都有利于提高回收率。

② 杂质较难溶解（$S_B < S_A$），设在室温下 $S_B = 0.5\text{g}/100\text{mL}$，$S_A = 2.5\text{g}/100\text{mL}$，A 在沸腾溶液中的溶解度仍为 9.5g/100mL，则使用 100mL 溶剂重结晶后的母液中含有 2.5g A 和全部的 0.5g B，A 析出晶体 7g，产物的回收率为 74%。但这时，即使 A 在沸腾溶剂中的溶解度更大，使用的溶剂也不能再少了，否则杂质 B 也会部分析出，就需要再次重结晶。因此如果混合物中的杂质含量很多，则重结晶所需溶剂的量就要增加，或者重结晶的次数要增加，操作过程冗长，回收率极大地降低。

③ 两者溶解度相等（$S_B = S_A$），设在室温下皆为 2.5g/100mL，若也用 100mL 溶剂重结晶，仍可得到 7g A 的纯品。但如果这时杂质含量很多，则用重结晶分离产物就比较困难。

从上述讨论中可以看出，在任何情况下，杂质的含量过多都是不利的（杂质太多还影响结晶速度，甚至妨碍晶体的生成）。一般来说，重结晶只适用于纯化杂质含量在 5% 以下的固体有机化合物，所以从反应粗产物直接重结晶往往是不适宜的，必须先采用其他方法初步提纯，例如萃取、水蒸气蒸馏、减压蒸馏等，然后再用重结晶提纯。

实验装置与仪器 重结晶操作涉及从产物中除去可溶解性杂质和不溶解性杂质分离两个方面：前者通常使用减压过滤装置（如图 2.4-15）；后者则需要热过滤装置，当热饱和溶液中含有不溶性杂质或经过活性炭脱色时，要趁热过滤以除去上述杂质和活性炭。常用的热过滤装置有以下两种。

① 简易热滤装置（图 2.4-22）。简易热滤装置由短颈玻璃漏斗放置在锥形瓶上，再放上滤纸组成。盛滤液的锥形瓶可用小火加热，产生的热蒸汽可使玻璃漏斗保温。

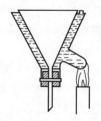

图 2.4-22　简易热滤装置　　　　　　　　　图 2.4-23　热浴漏斗

② 热浴漏斗（图 2.4-23）。热浴漏斗是一个双层中空漏斗，其中加入水并可在支管处加热。它可对过滤用的漏斗保温。

当使用纯溶剂重结晶，尤其是用水进行重结晶时，也可以使用减压过滤装置进行热过滤。

a. 实验操作方法。重结晶操作一般包含如下几个环节：溶剂的选择→溶解及热饱和溶液的制备→脱色→热过滤→冷却结晶→抽气过滤及洗涤→结晶的干燥。

b. 溶剂的选择。在进行重结晶时，选择理想的溶剂是一个关键。通常被提纯的有机化合物在某溶剂中的溶解度，与化合物本身的性质及溶剂的性质有关，一般是结构和极性相近时，易互相溶解。极性物质较易溶于极性溶剂中，而难溶于非极性溶剂中。例如含羟基的化合物，在大多数情况下或多或少地能溶于水中；碳链增长，如高级醇，在水中的溶解度显著降低，但在碳氢化合物的溶剂中，其溶解度增加。

理想的溶剂必须具备下列条件：ⅰ. 不与被提纯物质发生化学反应；ⅱ. 在较高温度时能溶解多量的被提纯物质，而在室温或低温时只能溶解少量该物质；ⅲ. 对杂质的溶解度要么在冷溶剂中非常大，可留在溶液中，或在热溶剂中非常小，这样可在热过滤时除去；ⅳ. 待纯化物质从其中结晶出来时，晶形保持完美；ⅴ. 沸点低、易挥发、易与结晶分离除去；ⅵ. 毒性小、价格低、操作安全。

通常，借助文献资料可以获得一个已知化合物溶解性方面的数据和信息。但通过实验方法对重结晶溶剂的选择仍是最主要的方法。其方法如下。

取约 0.1g 待结晶的固体于小试管中，加入 1mL 溶剂，振荡下或微热，观察溶解情况。若此物质在 1mL 冷的或温热的溶剂中很快全溶，表明溶解度太大，此溶剂不适用。若不溶，可小心加热至沸。（严防溶剂着火！）如果该物质不溶于 1mL 沸腾溶剂中，则继续加热，并小心分批加入溶剂至 3～4mL，若沸腾后仍不溶解，说明溶解度太小，也不适用。反之，若能使样品在 1～4mL 沸腾溶剂中溶解，则将试管进行冷却，观察晶体析出情况。如果晶体不能自行析出，可用玻璃棒摩擦溶液液面下的试管壁，或辅之以冰水冷却，以使晶体析出。若晶体仍不能析出，则此溶剂也不适用。如果晶体能正常析出，要注意析出的量，若能析出较多晶体，此溶剂可以适用。但这仅仅是一般方法，实验时一般要同时选择几种溶剂，用同样方法比较回收率，择优使用。

要寻找一种合适的单一溶剂是很困难的，往往一种物质在一些溶剂中的溶解度很大，而在另一些溶剂中的溶解度又很小。此时，使用混合溶剂可能得到满意的结果。所谓混合溶剂，就是把对此物质溶解度很大和溶解度很小，且又能互溶的两种溶剂（例如水和乙醇）混合起来，这样可获得良好的溶解性能。用混合溶剂重结晶时，可先用溶解度大的溶剂将待纯化样品加热溶解〔若有不溶物，趁热滤去；若有色，则用适量活性炭（物料总量的 1%～2%）在煮沸温度下脱色，然后趁热过滤〕，于此热溶液中小心地加入热的不溶性溶剂，直至出现浑浊，然后在加热下加入少量溶解度大的溶剂使之澄清。然后将混合物放置、冷却，使晶体从溶液中析出。如冷却后析出油状物，需调整两溶剂的比例，重新实验，或重选溶剂。有时也可将两种溶剂预先混合，如 1+1 的乙醇和水，其操作和使用单一溶剂时相同。常用的混合溶剂有：水-乙醇、水-吡啶、水-乙酸、水-甲醇、水-丙酮；甲醇-二氯甲烷、甲醇-乙醚、乙醚-氯仿、乙醚-丙酮、石油醚-丙酮、乙醇-苯、石油醚-苯等。

溶解（dissolution）**及热饱和溶液的制备**　将待提纯的样品放入容器中，加入适量溶剂，加热至沸腾（用水作溶剂时，可用烧杯或锥形瓶作容器，若用有机溶剂，要使用回流装置，同时还要选择适当的热浴加热），观察片刻，若固体未溶解，可补加溶剂直至固体溶解（要注意判断是否有不溶性杂质存在，以免误加过多的溶剂）。要使重结晶产品的纯度和回收率高，溶剂的用量是个关键。虽然从减少溶解损失来考虑，应尽可能避免溶剂过量，但这样做会在热过滤时因溶剂挥发或因温度降低而析出晶体，从而引起很大的麻烦和损失，特别是当物质的溶解度随温度变化很大时更是如此。因此操作时溶剂用量要适当，一般可比需要量多加 20% 左右的溶剂。

脱色（decolorization）　粗制的有机化合物常含有色杂质，在重结晶时，杂质虽可溶于沸腾的溶剂中，但当冷却析出结晶时，部分杂质又会被晶体吸附，使得产物带色；有时在溶液中存在着某些树脂状物质或分散性不溶杂质，这些分散性不溶杂质颗粒很小，一般的过滤方法不能将其除去。如果在溶液中加入少量的活性炭，并煮沸 5～10min，活性炭可吸附溶解性有色杂质、树脂状物质以及均匀分散的不溶杂质❶，从而在趁热过滤时除去。活性炭不仅在水溶液中进行脱色效果较好，也可在任何有机溶剂中使用，但在烃类等非极性溶剂中效果较差❷。除用活性炭脱色外，也可采用硅藻土、氧化铝等吸附剂脱色，或者用柱色谱等方法来除去杂质。

---

❶ 作用类似于凝聚。兼具深层过滤效应在内。
❷ 关于活性炭的作用原理和脱色影响因素，读者可参见 2.4.8 节。

活性炭用量要适当，必须避免过量太多，因为它也能吸附一部分被纯化的物质。活性炭的用量应视杂质的多少而定，一般为粗产品干重的 1%～5%。假如这些数量的活性炭不能使溶液完全脱色，则可再用 1%～5% 的活性炭重复上述操作。活性炭的用量选定后，最好一次脱色完毕，以减少操作损失。活性炭应采用粉状的，且不得在沸腾或近沸溶液中加入，应撤去热源，待热饱和溶液冷却片刻后加入。

热过滤（hot filtration） 当热饱和溶液中含有不溶性杂质或经过活性炭脱色时，要趁热过滤以除去上述杂质和活性炭。热过滤可用简易热滤装置、热浴漏斗或减压抽滤装置完成。

① 用简易热滤装置过滤。将短颈玻璃漏斗放置在锥形瓶上，放入菊花折法滤纸（见图 2.4-10）。用热溶剂润湿后即可过滤。盛滤液的锥形瓶用小火加热，产生的热蒸汽可使玻璃漏斗保温。本装置只使用于溶剂量较少的不燃溶剂（如水）的过滤。

② 用热浴漏斗过滤。当过滤溶剂量较大或溶剂易挥发、易燃时，可借助热浴漏斗。将烘热的短颈玻璃漏斗置于预热好的铜质热浴漏斗中，再放入菊花折法滤纸，折叠滤纸向外突出的棱边，应紧贴于漏斗壁上。在过滤即将开始前，先用少量热的溶剂湿润，以免干滤纸吸收溶液中的溶剂，使结晶析出而堵塞滤纸孔。过滤时，漏斗上应盖上表面皿（凹面向下），减少溶剂的挥发。盛滤液的容器一般用锥形瓶，只有水溶液才可收集在烧杯中。如过滤进行得很顺利，一般只有很少的晶体在滤纸上析出（如果此晶体在热溶剂中溶解度很大，则可用少量热溶剂洗下，否则还是弃之为好，以免得不偿失）。若晶体较多时，必须用刮刀刮回到原来的瓶中，再加适量的溶剂溶解并过滤。

③ 用减压抽滤装置过滤。减压过滤的特点是过滤速度快，适用于溶剂量大的热过滤。但遇到沸点较低的溶剂时，容易被抽走。操作时，应先剪好一内径略小于布氏漏斗的圆形滤纸，将漏斗、抽滤瓶在烘箱中烘热，用热溶剂润湿滤纸抽紧，然后进行过滤。过滤时选用的滤纸质量要致密，高的湿强度，以免活性炭透过滤纸进入滤液中。此法尤其适合以水作溶剂时的热过滤，但注意抽滤时真空度不宜太高。抽滤瓶中的母液和析出的晶体应在水浴中加热溶解后转移出来，切不可用明火直接加热，以防抽滤瓶炸裂。

以上热过滤操作中，在溶液滤完之前，不得有滤干现象，①、②过滤时，倒入溶液不得超出滤纸上沿。有活性炭漏过时应重新溶解、过滤。样品结晶于滤纸上时，可用热溶剂冲洗或重新溶解。

结晶（crytalization） 由滤液中得到晶体的操作，仍应遵循"稀、热、慢、搅、陈"原则，采取对应的操作措施。有时由于滤液中有焦油状物质或胶状物存在，使晶体不易析出，或因有时形成过饱和溶液也不易析出晶体，在这种情况下，可用玻璃棒摩擦器壁以形成粗糙面，促使晶核形成，晶核形成后晶体会逐渐析出；或者投入晶种（若无此物质的晶体，可用玻璃棒蘸一些溶液稍干后即会析出晶体），供给定型晶核，使晶体迅速形成。加入晶种后，不宜再摇动溶液，以防晶体析出太快，影响纯度。有时被纯化的物质呈油状析出，油状物质长时间静置或足够冷却后虽也可以固化，但这样的固体往往含有较多杂质（杂质在油状物中溶解度一般较在溶剂中的溶解度大，其次，析出的固体中还会包含一部分母液），纯度不高，用溶剂大量稀释，虽可防止油状物生成，但将使产物大量损失。这时可将析出油状物的溶液加热重新溶解，然后慢慢冷却。一旦油状物析出时便剧烈搅拌混合物，使油状物在均匀分散的状况下固化，这样包含的母液就大大减少。但最好是重新选择溶剂，使之能得到晶形较好的产物。

过滤及洗涤 为了把晶体从母液中分离出来，一般可采用减压过滤。液体和晶体要分批转移入漏斗中，并用少量滤液洗出黏附于容器壁上的晶体。

布氏漏斗中的晶体要用溶剂洗涤，以除去存在于晶体表面的母液及其所含杂质。在布氏漏斗中洗涤时，要先撤去真空，在漏斗中加少量溶剂，以刚好使溶剂浸泡住固体为宜，用刮刀或玻棒小心拨动（不要使滤纸松动），使所有晶体润湿。静置后再行减压。为了使溶剂和晶体更好地分开，最好在进行抽气的同时用清洁的玻塞倒置在晶体表面上并适当挤压。重复洗涤 1～2 次，抽干，将晶体转移至表面皿上进行干燥。

如重结晶溶剂的沸点较高，在用原溶剂至少洗涤一次后，可用低沸点的溶剂洗涤，使最后的结晶产物易于干燥（要注意此溶剂必须是能和第一种溶剂互溶而对晶体是不溶或微溶的）。过滤少量晶体时，可用微量抽滤装置。

抽滤后所得的母液，应收集于其他容器中。较大量的有机溶剂，一般应用蒸馏法，在旋转蒸发仪中回收。如母液中溶解的物质含量较多，可将母液适当浓缩回收，得到一部分纯度较低的晶体，测定它的熔点，以决定是否可供直接使用，或需进一步提纯。

纯品的干燥（desiccation） 抽滤和洗涤后的晶体，表面上还吸附有少量溶剂，为保证产品纯度，需将产品吸附的溶剂彻底除去，因此尚需用适当的方法进行干燥。若产品不吸水，可在空气中放置，使溶剂自然挥发至干；一些对热稳定的化合物，所用的溶剂又不易挥发，可以用远红外或电热烘箱等设备在低于该化合物熔点或接近溶剂沸点的温度进行烘干。必须注意，由于溶剂的存在，晶体可能在较其熔点低很多的温度下，就开始熔融了，因此必须十分注意控制温度并经常翻动晶体。还可将样品置于干燥器或真空干燥器中干燥。详见 2.4.7 节。

实验 10 乙酰苯胺、粗萘及苯甲酸的重结晶纯化

【实验目的】

1. 用重结晶法纯化乙酰苯胺、粗萘及苯甲酸。
2. 通过实验了解重结晶法纯化固体化合物的原理。
3. 学习重结晶法纯化固体化合物的操作方法。

【预习要点】

1. 预习 2.4.2 节的原理、实验装置与仪器及其操作等相关内容。
2. 本书 2.3.1 节加热的方法，本书 2.3.3、4.3.1 中温度计的使用。
3. 查阅文献，找出相关化合物的物理常数及其提纯方法。

【实验原理】

乙酰苯胺（acetanilide）【103-84-4】为有光泽的白色片状或叶状结晶，又叫 N-苯基乙酰胺或退热冰，mp 114.3℃。能溶于有机溶剂，而且由于有一定的极性，在热水中有一定溶解度，但在冷水中溶解度较小，因此可以在水中重结晶。主要用作制青霉素 G 的培养基，也用于有机合成的原料。

萘（naphthalene）【91-20-3】，是光亮的片状晶体，mp 80.55℃。具有特殊气味，没有极性，在水中不溶解，而在各种常见的有机溶剂中溶解度都很大，所以要使用水和醇的混合溶剂进行重结晶。广泛用作制备染料、树脂、溶剂等的原料，也用作驱虫剂（俗称卫生球或樟脑丸）。

苯甲酸（benzoic acid）【65-85-0】，又称安息香酸。无色、无味片状结晶，mp 122.4℃。有刺激性气味，可以溶解于热水，微溶于冷水，因此也常用水重结晶。以游离酸、酯或其衍生物的形式广泛存在于自然界中，例如，在安息香胶内以游离酸和苄酯的形式存在；在一些植物的叶和茎皮中以游离的形式存在；在香精油中以甲酯或苄酯的形式存在；在马尿中以其衍生物马尿酸的形式存在。苯甲酸或其钠盐可以用作防腐剂。也用作制药和染料的中间体，用于制取增塑剂和香料等，也作为钢铁设备的防锈剂。

重结晶的详细操作原理请参阅 2.4.2 节。

【仪器与试剂】

乙酰苯胺，粗萘，苯甲酸，水，乙醇，活性炭；150mL 锥形瓶，抽滤瓶，布氏漏斗，

滤纸，玻璃漏斗，热滤漏斗，100mL 圆底烧瓶，冷凝管，水浴锅，加热装置。

【实验步骤】

1. 用水重结晶乙酰苯胺

取 2.0g 粗乙酰苯胺，放于 150mL 锥形瓶中，加少量水。石棉网上加热至微沸，并用搅棒不断搅动，使固体溶解，若不全溶，再加少许热水，直至完全溶解[1]，然后再补加 2～3 mL 水[2]。移去火源，稍冷后加入少许活性炭[3]，稍加搅拌后继续加热微沸 5～10min。趁热过滤，冷却使结晶。结晶完成后，抽滤，收集固体，置空气中晾干或在干燥器中干燥。测定干燥后精制产物的熔点，并与粗产物熔点作比较，称重并计算回收率。

2. 混合溶剂重结晶粗萘

在 100mL 圆底烧瓶中，放入 2g 粗萘，加入 95％乙醇 10mL，水浴中温热溶解，若溶液有颜色，加入适量活性炭及两粒沸石，装上回流冷凝管，水浴上加热回流 10min，趁热过滤出不溶物[4]。再将滤液转入圆底烧瓶，并趁热从冷凝管顶端小心滴加水至体系出现浑浊，记录所用水的体积。然后再从冷凝管顶端小心滴加 95％乙醇（注意不要滴到外边，以免着火），使体系澄清，记录所用乙醇的总量，并计算溶剂的配比。使溶液自然冷却，结晶、抽滤、干燥、称重并计算回收率。

3. 用水重结晶苯甲酸

称取 2g 粗苯甲酸，加适量水（比如 50mL）和沸石，加热并不断搅动使固体溶解。若有未溶固体，可继续加入热水，直至全部溶解。记录所用水的总量，移去火源，稍冷后加入少许活性炭，稍加搅拌后继续加热煮沸 5～10min，适当加水以补充挥发部分。趁热过滤，滤毕，使滤液冷却结晶。抽滤、干燥、称重并计算回收率。

注：【1】用水重结晶乙酰苯胺时，往往会出现油珠。这是因为当温度高于 83℃时，未溶于水但已熔化的乙酰苯胺会形成另一液相所致，这时只要加入少量水或继续加热，此种现象即可消失。

【2】每次加入 3～5mL 热水，若加入溶剂加热后并未能使未溶物减少，则可能是不溶性杂质，此时可不必再加溶剂。

【3】活性炭绝对不可加到正在沸腾的溶液中，否则易造成暴沸现象。

【4】用预热好的热滤漏斗，漏斗夹套中充水约为其容积的 2/3。

【思考题】

1. 简述有机化合物重结晶的步骤和各步的目的。

2. 某一有机化合物进行重结晶时，最合适的溶剂应该具有哪些性质？

3. 加热溶解重结晶粗产物时，为何先加入比计算量（根据溶解度数据）略少的溶剂，然后渐渐添加至恰好溶解，最后再多加少量溶剂？

4. 为什么活性炭要在固体物质完全溶解后加入？又为什么不能在溶液沸腾时加入？脱色时活性炭加入太多有什么不好？

5. 将溶液进行热过滤时，为什么要尽可能减少溶剂的挥发？如何减少其挥发？

6. 热过滤时为什么要用热溶剂润湿滤纸，且过滤时不得滤干？

7. 用抽滤收集固体时，为什么在关闭水泵前，先要拆开水泵和抽滤瓶之间的连接？

8. 在布氏漏斗中洗涤固体时应注意哪些问题？若洗涤结晶时滤纸松动有何不好？

9. 用有机溶剂重结晶时，在哪些操作上容易着火？应该如何防范？

10. 无成品晶体可作晶种，除摩擦器壁外，你还能想出其他什么办法制备晶种吗？

2.4.3 离子交换树脂

离子交换（ion exchange）作用普遍存在于自然界的物质运动中。通常发生于固-液两相之间。固相具有一些活性基团，这些活性基团上的某些活性点位上的原子、离子或是分子，通过静电、键合以及吸附等机制，可以与液相（大多数情况下为水溶液）中存在的离子发生交换。我们甚至可以不夸张地讲，如果没有离子交换，世界上就不会出现生命。比如，微生物通过其胞外聚合物层，与周围水体环境中存在的有机离子和无机离子进行物质传递，从而维持生命活动，而其中物质传递的核心模式就是离子交换。这与人体小肠内壁绒毛的作用极其相似。另外，土壤的离子交换功能，对于维持地表水和地下水盐类的平衡所起的作用，为植物的生长创造了极好的环境。

具备离子交换功能的天然和人工合成材料很多。常见的比如土壤、沸石类矿物以及特殊处理的炭质材料等。关于这些材料，以及它们的作用机理和理论，读者可以阅读有关专论。本书仅对目前基础化学实验室广泛应用的离子交换树脂作一简单介绍。

离子交换树脂（ion exchange resin）是一种人工合成高分子化合物，具有网状结构。在网状结构上有许多可以电离和被交换的活性基团，例如，磺酸基（—SO_3H）、羧基（—COOH）、季铵碱（≡N^+—）等。一般呈球状或无定型粒状。

根据交换基团性质的不同，可将离子交换树脂分为阳离子交换树脂和阴离子交换树脂两大类。阳离子交换树脂可进一步分为强酸型、中酸型和弱酸型三种。如 R—SO_3H 为强酸型，R—$PO(OH)_2$ 为中酸型，R—COOH 为弱酸型。习惯上，一般将中酸型和弱酸型统称为弱酸型。阴离子交换树脂又可分为强碱型和弱碱型两种。如 R_4—NCl 为强碱型，R—NH_2、R—$NR'H$ 和 R—NR''_2 为弱碱型。

按其物理结构的不同，可将离子交换树脂分为凝胶型、大孔型和载体型三类。

凡外观透明、具有均相高分子凝胶结构的离子交换树脂统称为凝胶型离子交换树脂。这类树脂表面光滑，球粒内部没有大的毛细孔。在水中会溶胀成凝胶状，并呈现大分子链的间隙孔。大分子链之间的间隙约为 2～4nm。一般无机小分子的半径在 1nm 以下，因此可自由地通过离子交换树脂内大分子链的间隙。在无水状态下，凝胶型离子交换树脂的分子链紧缩，体积缩小，无机小分子无法通过。所以，这类离子交换树脂在干燥条件下或油类中将丧失离子交换功能。

针对凝胶型离子交换树脂的缺点，研制了大孔型离子交换树脂。大孔型离子交换树脂外观不透明，表面粗糙，为非均相凝胶结构。即使在干燥状态，内部也存在不同尺寸的毛细孔，因此可在非水体系中起离子交换和吸附作用。大孔型离子交换树脂的孔径一般为几纳米至几百纳米，比表面积可达每克树脂几百平方米，因此其吸附功能十分显著。

载体型离子交换树脂是一种特殊用途树脂，主要用作液相色谱的固定相。一般是将离子交换树脂包覆在硅胶或玻璃珠等表面上制成。它可经受液相色谱中流动介质的高压，又具有离子交换功能。此外，为了特殊的需要，已研制成多种具有特殊功能的离子交换树脂。如螯合树脂、氧化-还原树脂、两性树脂等。

基础化学实验室中应用最多的是强酸性阳离子交换树脂和强碱性阴离子交换树脂。新购买的树脂常含有一些未参与反应的低分子物质和高分子组分的分解产物，含有一些金属离子杂质、色素和灰沙等异物。此外，出厂的树脂一般为钠型（阳离子树脂）和氯型（阴离子树脂）。因而在使用前应对它们进行处理，以除去杂质和转化为所需要的类型。

新树脂的处理过程为：水漂洗→醇浸泡→酸碱活化处理。

① 水漂洗。用自来水反复漂洗，除去其中色素、水溶性杂质等，直至洗出液呈无色为止。然后用饱和氯化钠溶液浸泡 18～20h 以上，用自来水漂洗至排水清晰再用纯水洗净。

② 醇浸泡。将蒸馏水排净，加入体积分数为 95% 的乙醇，使液面超过树脂面 5cm 左右。充分搅拌后再浸 24h，以除去醇溶性杂质。排掉乙醇，用自来水洗至无色、无醇味。

③ 酸碱活化处理。将树脂装入柱中，使 2%～5% 的盐酸溶液以一定的流速通过树脂，然后用纯水自上而下洗涤树脂，直至流出液 pH 值近似为 4，再用 2%～5% 的氢氧化钠溶液处理，用水洗涤至微碱性后，再用 5% 的盐酸溶液流洗，将其转换为 H^+ 型，然后用蒸馏水洗至 pH 值约为 4，同时检验无 Cl^- 即可。pH 值可用精密 pH 试纸检测。氯离子可用稀硝酸

银检查至无氯化银白色沉淀。

若为阴离子交换树脂，其处理方法与上述程序基本相同，只是在树脂用氢氧化钠处理时，可用浓度 5%～8% 的氢氧化钠流洗，其用量再增加一些，使树脂转变成 OH^- 型后，就可以直接用水洗至中性，无需再用盐酸溶液处理转型。

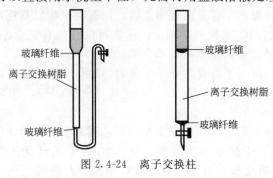

离子交换树脂

玻璃纤维

玻璃纤维

玻璃纤维

离子交换树脂

玻璃纤维

图 2.4-24　离子交换柱

装柱　离子交换分离操作一般在柱中进行。柱子的直径与长度主要由所需要的物质的量和分离的难易程度所决定，较难分离的物质一般需要较长的柱子。装柱时应防止树脂层中夹有气泡。应在柱中充满水的情况下，把处理好的树脂装入柱中。有各种形状的交换柱，如图 2.4-24 所示。

交换　将试液按适当的流速，流经交换柱，进行交换。

洗涤　用合适的洗涤液将树脂上层残留的试液洗下去，同时把交换出来的离子和不发生交换作用的带异性电荷的离子及其他中性分子洗去。

淋洗（洗脱）　用适当的淋洗剂，以适当的流速，将交换上去的离子洗脱并分离。

再生　使交换树脂上的可交换离子恢复为交换前的离子，以使再次使用。有时洗脱过程就是再生过程。

实验 11　难溶电解质溶度积的测定

【实验目的】

1. 学会使用离子交换树脂。
2. 了解溶度积的一种测定方法。
3. 进一步练习酸碱滴定操作。

【预习要点】

1. 预习有关沉淀-溶解平衡的热力学处理及相关内容。
2. 查阅有关离子交换树脂方面的文献。
3. 本书 2.4.3 中的实验方法及操作。

【实验原理】

本实验用强酸性阳离子交换树脂，测定氯化铅（lead dichloride）【7758-95-4】的溶度积。氯化铅在水溶液中存在下列平衡：

$$PbCl_2(s) \rightleftharpoons Pb^{2+}(aq) + 2Cl^-(aq)$$

$$2c_{Pb^{2+}} = c_{Cl^-}$$

$$K_{sp}^{\ominus} = c_{Pb^{2+}} c_{Cl^-}^2 = 4c_{Pb^{2+}}^3$$

在氯化铅饱和溶液中，每个 Pb^{2+} 可交换下离子交换树脂的 2 个 H^+。

$$2R{-}SO_3H + Pb^{2+} \rightleftharpoons (R{-}SO_3)_2Pb + 2H^+$$

根据测定交换下来的 H^+ 浓度，即可求出氯化铅的溶度积常数。

【仪器与试剂】

电子天平，碱式滴定管（50mL），移液管（25mL），732 型强酸性离子交换树脂，交换柱等。

$AgNO_3$（0.1mol/L），HCl（2.0mol/L），标准 NaOH（0.05mol/L），硝酸铅（A.R.），广泛 pH 试纸，酚酞指示剂。

【实验步骤】

1. 树脂的处理

将 20g 732 型强酸性离子交换树脂，用水漂洗至水澄清后，用 2.0mol/L 的盐酸浸泡 24h，再用纯水洗至溶液中不含 Cl^-（怎样检验？）。

2. 装柱

将处理好的树脂与水一起倒入交换柱中，同时打开下部活塞，使管中水缓慢流出，确保树脂在液面以下。

3. 饱和溶液的制备

称取 10g 硝酸铅溶于 50mL 水中，逐滴滴入 2mol/L 的盐酸，至不产生沉淀为止。采用倾析法洗涤沉淀，用 pH 试纸检验溶液至 pH＝3，将沉淀转移至碘量瓶中，加入 100mL 不含 CO_2 的纯水（怎样制得？），剧烈振荡 2min，用干滤纸将溶液过滤到干燥的试剂瓶中。

4. 交换和洗涤

用温度计测定饱和溶液温度。用移液管准确移取 25.00cm^3 的饱和溶液，放入交换柱中，控制流出液的流速在 30～35 滴/min；用干净锥形瓶承接流出液，同时不断补充水；经过一段时间，流出液速度可适当加快；最后用 pH 试纸检验，使全部 H^+ 均淋洗出来。

5. H^+ 浓度的测定

用已知浓度的碱，滴定交换下来的 H^+。

6. 溶度积的计算

将测定数据及计算值填入附表 1。

附表 1　溶度积的计算值

测定项目	测　定　结　果	
	1	2
$PbCl_2$ 溶液温度/℃		
标准 NaOH 浓度/(mol/L)		
饱和 $PbCl_2$ 溶液用量/mL		
滴定前 NaOH 溶液读数/mL		
滴定后 NaOH 溶液读数/mL		
NaOH 溶液用量/mL		
H^+ 浓度/(mol/L)		
Pb^{2+} 浓度/(mol/L)		
$K_{sp,PbCl_2}^{\ominus}$		
平均值		

【思考题】

1. 交换时为什么要控制一定的流速？

2. 为什么要使所有的 H^+ 全部接至承接瓶中？

实验 12　离子交换色谱分离钴、镍

【实验目的】

1. 初步了解离子交换色谱法在定量分析中的应用。

2. 掌握 EDTA 返滴定法测定钴、镍的原理及操作技术。

【预习要点】

1. 离子交换的原理及交换柱的填充等，见本书 2.4.3 节。

2. 查阅相关书籍了解钴、镍及其化合物的性质。

3. EDTA 法测定钴、镍的方法原理及指示剂的选择。

【实验原理】

Co^{2+} 在 9mol/L HCl 介质中与 Cl^- 形成 $CoCl_4^{2-}$ 络阴离子，而 Ni^{2+} 不形成络阴离子。反应如下

$$Ni^{2+} + Cl^- \underset{HCl}{\overset{HCl}{\rightleftharpoons}} NiCl^+$$

$$Co^{2+} + 4Cl^- \underset{HCl}{\overset{HCl}{\rightleftharpoons}} CoCl_4^{2-}$$

用强碱型阴离子交换树脂（氯型）可以分离钴、镍。即 $CoCl_4^{2-}$ 络阴离子能被离子交换树脂吸附，$NiCl^+$ 则不被树脂吸附。再用 3mol/L HCl 淋洗树脂，蓝色的 $CoCl_4^{2-}$ 离解为粉红色的水合 Co^{2+}，从而被洗脱下来。

分离后的 Ni^{2+}、Co^{2+} 分别用 EDTA 滴定，但由于 Ni^{2+}、Co^{2+} 与 EDTA 的反应速度较慢，直接滴定的终点不明显，用返滴定法测定为宜。加入一定过量的 EDTA，在弱酸性介质中，以二甲酚橙为指示剂，用锌标准溶液进行返滴定。

【仪器与试剂】

分析天平、离子交换柱及常规玻璃仪器。

强碱型阴离子交换树脂（氯型）：717# 树脂，16～60 目。新树脂用自来水漂洗后，在饱和 NaCl 溶液中浸泡 24h，取出浮起的树脂，用水清洗。再用 2mol/L NaOH 溶液浸泡 2h，然后用纯水洗至中性，浸于 2mol/L HCl 溶液中备用。

0.01mol/L EDTA 标准溶液；0.01mol/L Zn^{2+} 标准溶液；3mol/L NaOH；9mol/L HCl；3mol/L HCl；20％的六亚甲基四胺；0.5％ 二甲酚橙（10％的乙醇溶液）；0.2％酚酞（90％的乙醇溶液）。

【实验步骤】

1. 离子交换柱的准备

准备两支 50mL 滴定管，底部垫些玻璃棉，以托起树脂。加少量 9mol/L HCl 冲洗，注意除去气泡，再将 9mol/L HCl 浸泡的氯型阴离子交换树脂倒入滴定管中 20～25cm，上面再加少量玻璃丝覆盖，以免树脂浮起。保持液面高于树脂 2cm。

用两份 10mL 的 9mol/L HCl，以 0.5～1.0mL/min 的速度洗涤树脂。

2. 混合物的分离

用移液管取 2mL 含 Co^{2+}、Ni^{2+} 各为 0.1mol/L 的混合液加到柱上，然后用 5 份每份 15mL 的 9mol/L HCl 洗脱镍，控制流速 0.5～1.0mL/min，并收集洗脱液于 250mL 锥形瓶中。浅黄绿色的 $NiCl^+$ 将通过柱子，而蓝色的 $CoCl_4^{2-}$ 色带（出现绿色则是由于树脂是黄色的）在柱子中向下移动❶。

在全部的镍洗脱完而钴色带未到达底端之前停止洗脱，并换一个新的干净的锥形瓶收集。用 5 份每份 10mL 的 3mol/L HCl 溶液以 0.5～1.0mL/min 速度洗脱钴。随着柱上的 HCl 深度变稀，$CoCl_4^{2-}$ 离解为粉红色的 Co^{2+}。在钴被洗完后，停止洗脱❷。

3. 镍和钴的滴定

在电热板上（于通风橱中）小心蒸发所收集的样液至近干。冷却后加 50mL 纯水，加 2 滴酚酞指示剂，用 3mol/L NaOH 中和每份溶液至酚酞变色，避免加过量的 NaOH。滴加 3mol/L HCl 使指示剂的红色刚消失。加 25.00mL 0.01mol/L EDTA 标准溶液于锥形瓶中，加 5 滴 9mol/L HCl 及 5mL 20％的六亚甲基四胺和 4 滴 0.5％二甲酚橙指示剂溶液。如果溶液呈紫红色，加热并另加 10.00mL 的 EDTA 标准溶液。用 0.01mol/L Zn^{2+} 标准溶液滴定

---

❶ 在第 5 次淋洗脱的最后流出液取 1～2 滴，用氨水中和，加丁二酮肟，检查是否还有 Ni^{2+}。

❷ 检查 Co^{2+} 是否洗脱完全，则可取 1 滴流出液于点滴板上，加数粒 KSCN 晶体，并加入丙酮，观察有无蓝色。

至溶液突变为紫红色为止。

由加入 EDTA 的量及返滴定所消耗 Zn^{2+} 标准溶液的体积，计算未知液中镍和钴的量（mmol）。

计算回收率

Co^{2+} 洗脱总量＿＿＿mmol，试液中 Co^{2+} 总量＿＿＿mmol，回收率＿＿＿%。

Ni^{2+} 洗脱总量＿＿＿mmol，试液中 Ni^{2+} 总量＿＿＿mmol，回收率＿＿＿%。

【注意事项】

1. 装柱要尽量均匀，以保证色带界面齐，分离效果好。

2. 用 HCl 处理树脂以及在试样的分离过程中，流速均应控制在 $0.5 \sim 1.0 mL/min$，过快则分离和洗脱不完全。

3. 混合试液加入离子柱上，色带不宜太长，小于树脂的 2/5 为好。如果开始色带太长，淋洗时没等分离完全，蓝色的 $CoCl_4^{2-}$ 络阴离子已从柱下端流出，达不到分离的目的。

4. 每次加入 HCl 淋洗液，都要缓慢地沿柱壁加入，防止搅动树脂。待液面降至树脂上端时再继续加 HCl，以提高分离和洗脱效率。

5. 加热分离后收集的样液时要特别小心，不可蒸干。

【思考题】

1. 离子交换树脂可以分为几类？本实验用哪类树脂？是如何实现分离的？

2. 树脂层为什么不能有气泡存在？如何排除它？

3. 交换树脂可以反复使用吗？如何使树脂再生？

4. 用离子交换色谱法分离离子时，如何才能得到好的分离效果？

5. 试解释在 Ni^{2+}、Co^{2+} 的测定进程中溶液颜色变化的原因。

2.4.4　蒸馏

蒸馏是使液体混合物分离为纯组分的重要方法，主要用于有机液体化合物。无机化合物中，如氢卤酸、硫酸、硝酸、高氯酸、氨水及某些卤化物等，也有应用蒸馏法提纯的。

蒸馏和蒸发有相似之处，都是利用物质的相变化，但二者有本质的区别。进行蒸发的溶液多为易挥发的溶剂和难挥发的固体溶质所组成。例如，硫酸锌溶液是由易挥发的水和难挥发的硫酸锌组成。在蒸发过程中，水蒸气不断逸出，溶液浓度不断增加直到 $ZnSO_4 \cdot 7H_2O$ 结晶析出。进行蒸馏的溶液，其溶质和溶剂均有不同程度的挥发性，经蒸馏（分馏）可以得到两种或多种产品。根据被提纯物质的性质，常用的蒸馏方法有：常压蒸馏、在蒸馏设备上增加一个分馏柱的精密蒸馏（分馏）、利用减压设备的减压蒸馏、利用水蒸气进行的水蒸气蒸馏、近代发展起来的亚沸蒸馏技术等。而常温常压下通过恒温扩散来提纯物质的等温等压蒸馏则是基于浓度差而实现的。以下对几种常见操作的原理及方法作一介绍。

2.4.4.1　常压蒸馏

常压蒸馏（distillation）是指利用蒸馏装置将液体化合物加热蒸发，而后再冷凝成液体，从而达到提纯目的的一种操作。常压蒸馏可以将挥发的液体与不挥发的物质分开，也可以分离两种或两种以上沸点相差较大（至少 30℃）的液体混合物，同时还可测出液体的沸点。

当液体混合物沸腾时，液体上面的蒸气组成与液体混合物的组成不同。其中低沸点（饱和蒸气压较高）的组分在气相中的比例较大，而沸点高的组分在液相中所占比例较大，此时若将气相冷凝收集，即可得到低沸点组分含量较多的液体。

如果将盛有液体的烧瓶加热，在液体底部和受热玻璃的接触面上就有蒸气的气泡形成。溶解在液体内部的空气或以薄膜形式吸附在瓶壁上的空气有助于这种气泡的形成，玻璃的粗糙面也能起到促进作用。这样的小气泡（称为气化中心）即可作为蒸气气泡的核心。在沸点时，液体释放大量蒸气至小气泡中，待气泡中的总压力增加到超过大气压，并足够克服由于液柱所产生的压力时，蒸气的气泡就上升逸出液面。因此，假如在液体中有许多小空气泡或其他的气化中心时，液体就可平稳地沸腾。如果液体中几乎不存在空气，瓶壁又非常洁净和光滑，难以形成气泡。这样在加热时，液体的温度可能已经超过沸点很多但不沸腾，这种现象称为"过热"。这时，一旦有一个气泡形成，由于液体在此温度时的蒸气压已远远超过大气压和液柱压力之和，上升的气泡增大得非常快，甚至将液体冲出瓶外，这种不正常沸腾，称为暴沸。因而在加热前应加入助沸物以期引入气化中心，保证沸腾平稳。助沸物一般是表面疏松多孔，吸附有空气的物体，如瓷片、沸石或玻璃沸石等。任何情况下，切忌将助沸物加至已受热接近沸腾的液体中，否则常因突然放出大量蒸气而将大量液体从蒸馏瓶口喷出造成危险。如果加热前忘记加入助沸物，补加时须先移去热源，待加热液体冷至沸点以下后方可加入。如果沸腾中途停止过，则在重新加热前应加入新的助沸物，因为起初加入的助沸物在加热时逐出了部分空气，在冷却时吸附了液体，可能已经失效。另外，如果采用液浴加热，应保持浴温超过蒸馏液沸点20℃。这样不但可以大大减少瓶内蒸馏液中各部分之间的温差，而且可使蒸气的气泡，从烧瓶的底部或沿着液体的边沿同时上升，大大减小过热的可能。

　　纯粹的液体化合物在一定的压力下具有一定的沸点，但是在一定压力下，具有固定沸点的液体不一定都是纯粹的化合物，因为某些化合物常和其他组分形成二元或三元共沸混合物，它们也有固定的沸点（可参见附录）。不纯物质的沸点取决于杂质的物理性质以及它和纯物质间的相互作用。如果杂质是不挥发的，则溶液的沸点比纯物质的沸点略高（但在蒸馏时测到的沸点，是逸出蒸气与其冷凝液平衡时的温度，即是馏出液的沸点而不是瓶中蒸馏液的沸点）。若杂质是挥发性的，则蒸馏时液体的沸点会逐渐上升，或者由于两种或多种物质组成了共沸物，在蒸馏过程中温度可保持不变，停留在某一范围内。因此，液体具有恒定的沸点，并不意味着它是纯粹化合物。

（1）实验装置与仪器

　　蒸馏装置由蒸馏烧瓶、蒸馏头、温度计、冷凝管、接液管（尾接管）和接收瓶组成如图2.4-25，蒸馏瓶与蒸馏头等仪器之间有时需借助于大小接头连接。

（2）实验操作方法

仪器的选择与安装　将一升降台放在铁架台上，调整至适当高度，再放一个电炉（或热浴）；调整十字夹至适当高度，通过铁夹子固定好盛放待蒸液体的蒸馏瓶，使瓶底距电炉（或热浴）约5mm，再依次连接蒸馏头和

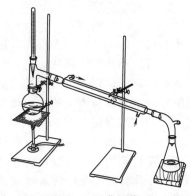

图2.4-25　蒸馏装置

温度计。磨口温度计可直接插入蒸馏头，普通温度计通常借助于温度计套管或橡皮塞固定在蒸馏头的上口处，使温度计的水银球上限对准蒸馏头侧管的下限；通过另一个铁架台及其十字夹和铁夹固定连上橡皮管的冷凝管，先调节倾斜度使冷凝管的轴线与蒸馏头侧管的轴线平行，再调节高度使二者的轴线重合，平移冷凝管使其与蒸馏头连接；最后再依次连接尾接管和接收瓶，并用一个橡皮筋将尾接管套在冷凝管上，接收瓶下垫升降台或木块。

　　蒸馏140℃以上的馏分时应选用空气冷凝管，直形冷凝管只适用于沸点低于140℃以下的馏分。冷凝水应从冷凝管的下口入，上口出，以保证冷凝管的套管中始终充满水。用不带支管的接液管时，接液管与接受瓶之间不可用塞子连接，以免造成封闭体系，使体系压力过大而发生爆炸。所用仪器必须清洁干燥，规格合适。蒸馏瓶的大小也要合适，被蒸馏物的体积量，一般不超过蒸馏瓶容积的2/3，不少于1/3。

　　蒸馏　物料可以在仪器安装之前加入，也可以在仪器安装好之后，将温度计取下，借助

一小玻璃漏斗将待蒸液体加入蒸馏瓶中，注意防止液体从蒸馏头侧管流出。然后投入 1～2 粒沸石。将温度计回位，仔细检查仪器的各部分连接是否紧密和妥善安装无误后，打开冷凝水（用水冷凝管时），然后开始加热。加热时，通过调压器调节电炉电压（用电炉加热）或火焰高度（用酒精灯或燃气灯加热），慢慢升温至液体沸腾，待蒸气上升至温度计水银球部位时，温度将急剧上升，此时调节火焰或电压使温度计水银球上液滴和蒸气温度达到平衡。然后再稍稍提高温度，进行蒸馏。控制加热温度以调节蒸馏速度，通常以每秒 1～2 滴馏出液为宜。在整个蒸馏过程中，应使温度计水银球上常保留有被冷凝的液滴。此时的温度即为液体与蒸气平衡时的温度。温度计的读数就是液体（馏出液）的沸点。

但要注意，蒸馏时，加热速度不能太快，否则会在蒸馏瓶的颈部造成过热现象。这样，由温度计读得的沸点会偏高；另一方面，蒸馏也不能进行得太慢。否则由于温度计的水银球不能为馏出液蒸气充分浸润而使温度计上所读取的沸点偏低或不规则。

蒸馏前，至少要准备两个接受瓶。因为在达到预期物质的沸点之前，常有沸点较低的液体先蒸出。这部分馏液称为前馏分或馏头。前馏分蒸完，待温度达到预期物质沸点时，应等温度稳定一段时间后，再换另一洁净干燥的接收瓶接收，记下这部分液体开始馏出时和最后一滴馏出时的温度计读数，即为该馏分的沸程（沸点范围）。纯粹液体的沸程一般不超过 1～2℃。一般液体中或多或少地含有一些高沸点杂质，在所需要的馏分蒸出后，若再继续升高温度，温度计的读数会显著升高，若维持原来的加热温度，就不会再有液体蒸出，温度会突然下降。这时就应停止蒸馏。即使杂质含量极少，也不要蒸干，以免蒸馏瓶破裂及发生其他意外事故。

蒸馏完毕，应先撤去热源，再关闭冷凝水。妥善安置产品后，依安装次序相反的顺序拆除蒸馏装置。即先取下接受器，然后依次拆下接液管、冷凝管，蒸馏头和蒸馏瓶等。蒸馏高沸点物质时，应注意立即拆除装置以防蒸馏头和蒸馏瓶"咬死"。

等温等压蒸馏 上述常压蒸馏的操作均非常温条件，需要提供热源。事实上，目前实验室中还经常使用一种叫做等温扩散（isothermal diffusion）的技术，用于某些挥发性的物质的纯化。其作用实质可以归为等温等压蒸馏。过程的推动力为两相之间的浓度差，利用的原理为待纯化物质与杂质之间挥发性的不同。这种技术尤其适用于高纯盐酸和氨水的制备。例如，将大约 500mL 的浓盐酸（$\rho=1.18\text{g/cm}^3$）放入一个空的干燥器下部，另取 50mL 的纯水，置于 100mL 石英烧杯中。将烧杯放入干燥器，合严盖子。在室温的等温条件下静置。由于浓盐酸溶液与纯水之间存在有较大的 HCl 浓度差，此时，HCl 气体就会扩散到水里。放置 72h 后，纯水就变成了纯度极高的盐酸，浓度约为 10mol/L。能够有效去除盐酸中的 Fe、Cu、Pb、As 等金属的离子。用这种方法提纯的盐酸，其中常见的 20 种元素的含量都小于 10^{-9}g/L。氨水可用类似方法提纯。即 500mL 浓氨水（$\rho=0.88\text{g/cm}^3$）和 50mL 的纯水，分开盛装，置于干燥器中，放置两天，可得到 NH_3 浓度为 9.5mol/L 的溶液。

2.4.4.2 简单分馏

分馏（fractionation）：通过分馏柱实现的多级蒸馏。应用于分离沸点相差较小的液体混合物。分馏和蒸馏的原理是一样的。由于利用分馏柱实现了多次蒸馏，提高了分离效率。

如果将 A、B 两组分理想混合物溶液 [指在这种溶液中，相同分子间的相互作用与不同分子间的相互作用是一样的，各组分在混合时无热效应产生，没有体积改变。即遵守拉乌尔定律（Rault's law）] 加热沸腾时，溶液中每一组分的蒸气压（p_A 或 p_B）等于此纯物质的蒸气压（p_A^0 或 p_B^0）与它在溶液中的摩尔分数（x_A 或 x_B）的乘积；溶液的总蒸气压（p）等于各组分的蒸气压之和：

$$p_A=p_A^0 x_A \quad p_B=p_B^0 x_B \quad p=p_A+p_B$$

根据道尔顿分压定律，气相中每一组分的蒸气压和它的摩尔分数成正比。因此，在气相中各组分蒸气的摩尔分数（x_A^g 或 x_B^g）为：

$$x_A^g = \frac{p_A}{p_A + p_B} \qquad x_B^g = \frac{p_B}{p_A + p_B}$$

由此推出其中一个组分（如 B 组分）在气-液两相的摩尔分数之比为：

$$\frac{x_B^g}{x_B} = \frac{p_B}{p_A + p_B} \times \frac{p_B^0}{p_B} = \frac{1}{x_B + p_A^0 x_A / p_B^0}$$

因为在溶液中 $x_A + x_B = 1$，所以若 $p_A^0 = p_B^0$ 时，则 B 组分液相的成分与气相的成分完全相同，这样 A 和 B 就不能用蒸馏或分馏来分离。如果 $p_B^0 > p_A^0$，表明沸点较低的 B 在气相中浓度较在液相中的大。若此时将气相收集冷凝将会得到富集有 B 组分的新的液体混合物；若再将此新的混合物加热至沸，气相中 B 的摩尔比例将继续增加，冷凝收集气相组分，将得到富集有更大比例 B 组分的新的液体，如此反复蒸馏，将会得到纯 B 液体（反之，也可类似讨论）。但这样反复的操作太烦琐，而分馏就是将这种重复的蒸馏在一个柱内连续完成的操作。当蒸气进入分馏柱（工业上称为精馏塔）时，因为热量损失而被冷凝下来，冷凝液向下流动时与上升的蒸气接触，通过热量交换，冷凝液受热而蒸发（相当于一次蒸馏），如此反复，低沸点的物质呈蒸气形式不断上升，最后被蒸馏出来。而高沸点的物质将流回加热的容器中，从而实现沸点不同的物质分离。

通过沸点-组成曲线图（称为相图，phase diagram）能很好地了解分馏原理。它是用实验测定在各温度时气-液平衡状况下的气相和液相的组成，然后以横坐标表示组成，纵坐标表示温度而作出的（如果是理想溶液，则可直接由计算作出）。本书实验 13 给出了一种通过实验过程作相图的方法。图 2.4-26（a）是苯和甲苯混合物的相图，从图中可以看出，由苯 20％和甲苯 80％组成的液体（l_1）在 102℃时沸腾，与此液相平衡的蒸气（V_1）组成约为苯 40％，甲苯 60％。若将此组成的蒸气冷凝成同组成的液体（l_2），则与此溶液成平衡的蒸气（V_2）组成约为苯 60％，甲苯 40％。显然如此继续重复，即可获得接近纯苯的气相。

在分馏过程中，有时可能得到与单纯化合物相似的混合物。它也具有固定的沸点和固定的组成。其气相和液相的组成也完全相同，因此不能用分馏法进一步分离。这种混合物称为共沸混合物（或恒沸混合物，azeotropic mixture）。它的沸点（高于或低于其中的每一组分）称为共沸点（或恒沸点，azeotropic point）。图 2.4-26（b）和图 2.4-26（c）分别是具有最低和最高沸点共沸物的沸点-组成曲线图。共沸物虽然不能用分馏来进行分离，但它不是化合物，它的组成和沸点要随压力而改变，用其他方法破坏共沸组分后再蒸馏可以得到纯粹的组分。常见的二元恒沸混合物的组成和沸腾温度参见本书附录。

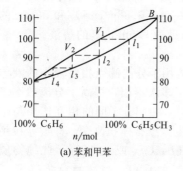
(a) 苯和甲苯

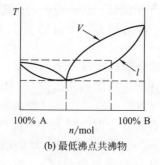
(b) 最低沸点共沸物

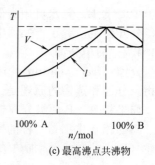
(c) 最高沸点共沸物

图 2.4-26　沸点-组成曲线图

(1) 实验装置

实验室中简单的分馏装置包括热源、蒸馏器、分馏柱、冷凝管和接受器五个部分组成，如图 2.4-27。实际上分馏装置是在蒸馏装置的蒸馏瓶和蒸馏头之间增加了一个分馏柱。

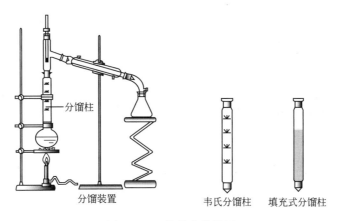

分馏装置　　　　韦氏分馏柱　填充式分馏柱

图 2.4-27　简单分馏装置

分馏柱种类很多，常见的有韦氏（Vigreux）分馏柱（又称刺形分馏柱）和填充式分馏柱。Vigreux 分馏柱是一根管子，中间每隔一定距离有三根向内下倾斜的刺，交于柱中。它结构简单，但分馏效率低，只适合于分离少量的沸点相距较大的液体。填充式分馏柱是在柱内填以玻璃珠、玻璃管、陶瓷环、金属网、金属片等惰性填料的柱子，这样可增加气-液交换面积从而提高分离效率，可用于分离沸点相距较小的混合物。有时，可以用一根冷凝管作分馏柱，并填充一些玻璃纤维以提高分馏效率。

（2）实验操作与仪器

仪器的选择与安装　分馏装置所需仪器的选择及安装方法与蒸馏装置相同，只需在蒸馏装置的蒸馏瓶和蒸馏头之间增加一个分馏柱。自下而上，先夹住蒸馏瓶，再装上分馏柱和蒸馏头。调节夹子使分馏柱垂直，装上冷凝管并在适当的位置夹好夹子，夹子一般不宜夹得太紧，以免应力过大造成仪器破损。连接尾接管并用橡皮筋固定，再将接受瓶用升降台或木块垫好。

分馏操作　简单分馏操作也和蒸馏大致相同。液体沸腾后应适当调节热浴温度，使蒸气慢慢进入分馏柱，待蒸气达到柱顶后先使蒸气全回流一段时间，使之形成明显的温度和浓度梯度，然后再调节温度，保证一定的回流比（从分馏柱返回的液量与馏出的液量之比），使有相当量的液体自分馏柱流回到蒸馏瓶中的情况下开始分馏，并将馏出速度保持在每 2～3s 1 滴，这样可以得到比较好的分离效果。待低沸点组分蒸完后，再逐渐升高温度。如果分馏体系能将混合物的组分严格分离，第二个组分蒸出时，会产生沸点的迅速上升。否则，会有相当多的中间组分。

需要注意的是：分馏过程中，无论用哪一种柱，都应防止回流液体在柱内聚集，上升蒸气会把液体顶上去造成液泛❶（flooding），甚至冲入冷凝管中，达不到分馏的目的。为了避免这种情况，通常在分馏柱外包扎石棉绳、石棉布等绝缘物以保持柱内温度，同时加热速度也要平稳。

实验 13　双液系的气-液平衡相图

【实验目的】

1. 绘制在 $p^{\ominus}$ 下环己烷-乙醇双液系的气-液平衡相图，了解相图和相律的基本概念。
2. 掌握测定双组分液体沸点的方法。
3. 掌握用折射率确定二元液体组成的方法。

---

❶　气体从分馏柱下部往上流动，当气体的流速增大至某一数值，冷凝的液体被气体阻拦不能向下流动，愈积愈多，最后从柱顶溢出，此现象称为液泛。

【预习要点】

相图和相律的基本概念；双液系的气-液平衡相图；液体沸点的方法。

【实验原理】

任意两个在常温时为液态的物质混合起来组成的体系称为双液系。两种溶液若能按任意比例进行溶解，称为完全互溶双液系；若只能在一定比例范围内溶解，称为部分互溶双液系。环己烷-乙醇二元体系就是完全互溶双液系。

双液系蒸馏时的气相组成和液相组成并不相同。由图 2.4-26 看出，存在如下两种情况。

（1）理想溶液 a，它表示混合液的沸点介于 A、B 两纯组分沸点之间。这类双液系可用分馏法从溶液中分离出两个纯组分。

（2）有最低恒沸点体系 b 和有最高恒沸点体系 c。对于这类的双液系，用分馏法不能从溶液中分离出两个纯组分。

本实验选择一个具有最低恒沸点的环己烷-乙醇体系。在 101.325kPa 下测定一系列不同组成的混合溶液的沸点及在沸点时呈平衡的气-液两相的组成，绘制相图，并从中确定恒沸点的温度和组成。

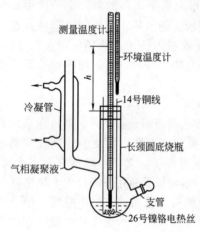

附图 1　沸点测定仪

测定沸点的装置叫沸点测定仪（附图 1）。这是一个带回流冷凝管的长颈圆底烧瓶。冷凝管底部有一半球形小室，用以收集冷凝下来的气相样品。电流通过浸入溶液中的电阻丝。这样可以减少溶液沸腾时的过热现象，防止暴沸。测定时，温度计水银球要一半在液面下，一半在气相中，以便准确测出平衡温度。

溶液组成分析：由于环己烷和乙醇的折射率（index of refraction；refractive index）相差较大，而折射率的测定又需要少量样品。所以，可用折射率-组成工作曲线来测得平衡体系的两相组成。阿贝（Abbe）折光仪的原理及使用详见说明书。

【仪器与试剂】

沸点测定仪 1 个，阿贝折光仪 1 台，直流稳压电源 1 台，取样管 10 支。

环己烷（分析纯），无水乙醇（分析纯）。

【实验步骤】

1. 纯液体折射率的测定

分别测定乙醇【64-17-5】和环己烷（cyclohexane）【110-82-7】的折射率，重复 2～3 次。

2. 工作曲线的绘制

根据室温下乙醇和环己烷的密度，精确配制环己烷的摩尔分数为 0.1，0.2，0.3，0.4，…，1 的双液系，配好后立即盖紧，依次在室温下测定各溶液的折射率（本实验中标准溶液已经配好，同学们可直接测定），绘制工作曲线。

应该指出的是，溶液的折射率是和温度有关的。严格说来，折射率的测定应在恒温条件下进行。

3. 测定沸点-组成数据

① 安装沸点测定仪。将干燥的沸点测定仪安装好，检查带有温度计的橡皮塞是否塞紧。加热用的电阻丝要靠近底部中心，温度计的水银球不能接触电阻丝，而且每次更换溶液后，要保证测定条件尽量平行（包括水银温度计和电阻丝的相对位置）。

② 溶液配制。粗略配制环己烷的质量分数为 0.05，0.1，0.2，0.45，0.55，0.6，0.7，0.8，0.9 等组成的环己烷-乙醇溶液约 50mL。

③ 测定沸点及平衡的气-液相组成。取掉塞子，加入所要测定的溶液（约 40mL），其液面以在水银球中部为宜。接好加热线路，打开冷凝水，再接通电源。调节直流稳压电源电压调节旋钮，使加热电压为 10～15V，缓慢加热。当液体沸腾后，再调节电压控制之，使液体沸腾时能在冷凝管中凝聚。蒸汽在冷凝管中回流高度不宜太高，以 2cm 左右为好。如此沸腾一段时间，待温度稳定后再维持 3～5min 以使体系达到平衡，再记录沸点温度。然后停止加热，并立即测定气-液两相的折射率。用盛有冰水的 250mL 烧杯套在沸点测定仪底部使体系冷却。用干燥滴管自冷凝管口伸入小球，吸取其中全部冷凝液。用另一支滴管由支管吸取圆底烧瓶内的溶液约 1mL。上述两者即可认为是体系平衡时气-液两相的样品。分别迅速测定它们的折射率。每个样品测定完毕，应将溶液倒回原瓶，再以相同方法测另一样品，得到一系列不同组成的环己烷-乙醇的沸点及对应的气-液两相的折射率。根据这些数据，由工作曲线确定气-液两相的组成。

【数据处理】

1. 将实验数据列表（附表1、附表2）。

室温：_____；大气压：_____。

附表 1　环己烷-乙醇标准溶液的折射率

环己烷的摩尔分数	0	0.1	0.2	0.3	0.4	0.5	0.6	0.7	0.8	0.9	1.0
折射率											

附表 2　不同组成的环己烷-乙醇溶液的折射率

溶液的大约组成	沸点/℃	折射率								组成	
		气相				液相				气相	液相
		1	2	3	平均	1	2	3	平均		

2. 绘制工作曲线，即环己烷-乙醇标准溶液的折射率与组成的关系曲线。

3. 根据工作曲线确定各待测溶液气相和液相的平衡组成，填入表中。以组成为横轴，沸点为纵轴，绘出气相与液相的平衡曲线，即双液系相图。

4. 由图中确定最低恒沸点的温度和组成。

5. 文献值。

① 环己烷-乙醇体系的折射率-组成关系（附表3）。

附表 3　25℃时环己烷-乙醇体系的折射率-组成关系

$x_{乙醇}$	$x_{环己烷}$	n_{D}^{25}
1.00	0.0	1.35935
0.8992	0.1008	1.36867
0.7948	0.2052	1.37766
0.7089	0.2911	1.38412
0.5941	0.4059	1.39216
0.4983	0.5017	1.39836
0.4016	0.5984	1.40342
0.2987	0.7013	1.40890
0.2050	0.7950	1.41356
0.1030	0.8970	1.41855
0.00	1.00	1.42338

② 标准压力下的恒沸点数据（附表4）。

附表4　标准压力下环己烷-乙醇体系相图的恒沸点数据

沸点/℃	乙醇质量分数/%	$x_{环己烷}$
64.9	40.0	0.450
64.8	29.2	0.570
64.8	31.4	0.545
64.9	30.5	0.555

【注意事项】

1. 由于温度计的一部分露出容器，所以这部分的温度比所测体系的温度低，因此有必要对水银温度计作露茎校正。校正方法见本书4.3.1节。

2. 在 $p^{\ominus}$ 下测得的沸点为正常沸点。通常外界压力并不恰好等于101.325kPa，因此应对实验测得值作压力校正。校正式系从特鲁顿（Trouton）规则及克劳修斯-克拉贝龙方程推导而得。

$$\Delta t_{压}/℃ = \frac{273.15 + t_A/℃}{10} \times \frac{101325 - p/Pa}{101325}$$

式中，$\Delta t_{压}$ 为由于压力不等于101.325kPa而带来的误差；t_A 为实验测得的沸点；p 为实验条件下的大气压。

3. 经校正后的体系正常沸点应为：

$$t_{沸} = t_A + \Delta t_{压} + \Delta t_{露}$$

【思考题】

1. 待测溶液的浓度是否需要精确计量？为什么？

2. 本实验不测纯环己烷、纯乙醇的沸点，而直接用 $p^{\ominus}$ 下的数据，这样会带来什么误差？

实验14　工业乙醇的蒸馏

【实验目的】

1. 用常压蒸馏法纯化工业乙醇。

2. 通过实验了解常压蒸馏法纯化液体化合物的原理。

3. 学习常压蒸馏法纯化液体化合物的操作方法。

【预习要点】

1. 预习2.4.4蒸馏部分的原理、实验装置与仪器及其操作等相关内容。

2. 预习2.3.1的加热方法。

3. 预习温度计的使用。

4. 查阅文献，找出相关化合物的物理常数及其提纯方法。

【实验原理】

乙醇（ethanol）【64-17-5】，俗称酒精，为无色透明液体，沸点为78.3℃，密度为 $\rho_{20} = 0.79g/cm^3$。具有特殊酒香香味，易挥发，能跟水以任意比例互溶。常用作燃料、饮料、溶剂、化工原料或消毒剂，作为杀菌剂，最适宜的杀菌浓度为75%；作为一种重要的溶剂，能溶解多种有机物和无机物。工业乙醇中常含有微量甲醇和其他杂醇等，可以通过蒸馏法进行纯化。但是如果有水，则在蒸馏时总是得到含水约5%的共沸物。

蒸馏操作原理请参阅2.4.4蒸馏部分。

【仪器与试剂】

圆底烧瓶，蒸馏头，温度计，冷凝管，接液管，加热装置，水浴锅；工业乙醇。

【实验步骤】

在 100mL 烧瓶中加 50mL 工业乙醇❶，按 2.4.4 蒸馏部分的操作步骤搭好蒸馏装置，加入 2～3 粒沸石，通入冷凝水❷，然后用水浴加热，蒸馏收集 77～79℃馏分，计算回收率。

【思考题】

1. 某一物质的饱和蒸气压是否与物质在混合物中的绝对量有关？

2. 中途停止，又重新开始蒸馏时要重新补加沸石，为什么？

3. 温度计水银球上限高出或低于蒸馏头支管下沿时，测出的沸点可能会有什么变化？

4. 如果蒸馏馏分的沸点在 140℃以上时，仍然用水冷凝管，可能会发生什么后果？

5. 安装蒸馏瓶时，为什么不得紧贴石棉网或锅底？

6. 加入液体的量超过蒸馏瓶体积 2/3 或少于 1/3 时有何不妥？

7. 蒸馏的蒸气过热时测出的沸点会偏高，怎么判断蒸气过热现象的出现？应如何避免？

8. 蒸馏速度太慢有什么标志？馏分温度如何变化？

9. 收集馏分时，温度指示已到预期物质沸点，为何要等温度稳定一段时间再换接收瓶？

10. 能用蒸馏方法将乙醇（78.2℃）和水（100℃）彻底分开吗？为什么？请设计一个从乙醇中彻底除水的办法。

11. 什么叫沸点？液体的沸点和大气压有什么关系？文献上记载的某物质的沸点温度是否即为你们所在地的沸点温度？

实验 15　甲醇和水的分馏

【实验目的】

1. 用简单分馏法分离甲醇和水的混合物。

2. 通过实验了解简单分馏法分离纯化液体化合物的原理。

3. 学习简单分馏法分离纯化液体化合物的操作方法。

【预习要点】

1. 预习 2.4.4 分馏部分的原理、实验装置与仪器及其操作等相关内容。

2. 预习 2.3.1 的加热方法。

3. 预习温度计的使用。

4. 查阅文献，找出相关化合物的物理常数及其提纯方法。

【实验原理】

甲醇（methanol）【67-56-1】，又名木醇或木精，是一种无色、透明、易燃、易挥发的有毒液体，略有酒精气味。相对分子质量 32.04，相对密度 0.792（20℃/4℃），沸点 64.5℃，能与水、乙醇、乙醚、苯、酮、卤代烃和许多其他有机溶剂相混溶，遇热、明火或氧化剂易燃烧。甲醇用途广泛，是基础的有机化工原料和优质燃料。主要应用于精细化工，塑料等领域，用来制造甲醛、乙酸、氯甲烷、甲氨、硫酸二甲酯等多种有机产品，也是农药、医药的重要原料之一。甲醇在深加工后可作为一种新型清洁燃料，可加入汽油掺烧。甲醇与水不形成共沸，但二者沸点差别较小，所以需要通过分馏将二者分离开。详细分馏操作原理请参阅 2.4.4 的分馏部分。

【仪器与试剂】

圆底烧瓶，蒸馏头，分馏柱，温度计，冷凝管，接液管，加热装置，水浴锅；甲醇，水。

【实验步骤】

以 25mL 甲醇和 25mL 水的混合物按 2.4.4 分馏部分的操作方法进行实验，最好使用油

---

❶　95％乙醇为一共沸混合物，它具有一定的沸点和组成，不能借普通蒸馏法进行分离。

❷　冷却水的流速以能保证蒸气充分冷凝为宜。通常只需保持缓缓的水流即可。

浴加热，当柱顶温度维持在 65℃ 时，收集并记录 65～70℃ 及以后沸点每升高 5℃ 馏分的体积，作 T-V 曲线和 T-ΔV 曲线。

【思考题】

1. 若加热太快，馏出液每秒钟的滴数超过要求量，用分馏法分离两种液体的能力会显著下降，为什么？

2. 用分馏法提纯液体时，为了取得较好的分离效果，为什么分馏柱必须保持回流液？

3. 在分离两种沸点相近的液体时，为什么装有填料的分馏柱比不装填料的效率高？

4. 什么是共沸混合物？为什么不能用分馏法分离共沸混合物？

5. 在分馏时通常用水浴或油浴加热，它比直接用火加热有什么优点？

6. 根据甲醇-水混合物的蒸馏和分馏曲线，哪一种方法分离混合物各组分的效率较高？

2.4.4.3 水蒸气蒸馏

水蒸气蒸馏（steam distillation）是利用水蒸气来分离纯化有机物的一种操作，它必须具备下列条件：①长时间与沸水共存而不发生化学变化；②不溶于水（或几乎不溶于水）；③在近 100℃ 时有一定蒸气压（一般不小于 1.33kPa，即 10mmHg）。这种操作适用于分离那些在其沸点附近易分解的物质，可从不挥发性物质中分离出挥发性物质。尤其是有大量树脂状物质存在于被提纯物中的情况下，效果比一般蒸馏或重结晶方法更好。

由 Dalton 分压定律可知，不溶于水的有机物 A 与水共存时，体系在某一温度的总蒸气压 $p_总$ 应为各组分蒸气压（p_A、$p_水$）之和。即：

$$p_总 = p_水 + p_A$$

当混合物中各组分蒸气压总和等于外界大气压时，液体将沸腾，这时的温度即为它们的沸点。它比任一组分的沸点都低。因此，在常压下应用水蒸气蒸馏，就能在低于 100℃ 的情况下将高沸点组分与水一起蒸出来。此时，因总的蒸气压与水及被提纯物的相对量无关，沸点保持不变，直至被提纯物几乎完全移去后，温度才上升至留在瓶中的水的沸点。根据理想气体定律（$pV = nRT$）可以推知，馏出液中水和被提纯物的相对质量（即它们在蒸气中的相对质量）与它们的饱和蒸气压及相对分子质量成正比。即：

$$\frac{m_A}{m_水} = \frac{M_A}{M_水} \frac{p_A}{p_水}$$

水具有低的相对分子质量和较大的蒸气压，它们的乘积较小。这样就有可能来分离较高相对分子质量和较低蒸气压的物质。以溴苯为例，它的沸点为 156.2℃，且和水不相混溶。当溴苯和水一起加热至 95.5℃ 时，水的蒸气压为 86.1kPa，溴苯的蒸气压为 15.2kPa，它们的总压力为 0.1MPa，于是液体就开始沸腾。水和溴苯的相对分子质量分别为 18 和 157，根据计算可知，每蒸出 6.5g 水就能够带出 10g 溴苯。溴苯在溶液中的组分占 61%。上述关系式只适用于与水不相互溶的物质。而实际上很多化合物在水中或多或少有些溶解。因此这样的计算只是近似的。例如苯胺和水在 98.5℃ 时，蒸气压分别为 5.73kPa 和 94.8kPa。从计算得到，馏液中苯胺的含量应占 23%，但实际上所得到的比例比较低，这主要是苯胺微溶于水，导致水的蒸气压降低所引起。

从以上例子可以看出，溴苯和水的蒸气压之比约为 1:6，而溴苯的相对分子质量较水大 9 倍。所以馏液中溴苯的含量较水多。那么是否相对分子质量越大越好呢？我们知道相对分子质量越大的物质，一般情况下其蒸气压也越低。虽然某些物质相对分子质量较水大几十倍。但若它在 100℃ 左右时的蒸气压只有 0.013kPa（0.1mmHg）或者更低，就不能应用水蒸气蒸馏。此时如果提高温度，用过热水蒸气蒸馏也可获得好的效果。例如用过热水蒸气蒸馏苯甲醛时，在 97.9℃ 沸腾，这时苯甲醛的蒸气压只有 7.5kPa，馏出液中苯甲醛占 32.1%。假如导入 133℃ 过热蒸汽，这时苯甲醛的蒸气压可达 29.3kPa，因而只要有 72kPa 的水蒸气压，就可使体系沸腾。此时，馏出液中苯甲醛的含量就可提高到 70.6%。

应用过热水蒸气还具有使水蒸气少冷凝的优点，这样可以省去在盛蒸馏物的容器下加热的操作。为了防止过热蒸气冷凝，可在盛蒸馏物的瓶下以油浴保持和蒸气相同的温度。

（1）实验装置与仪器

水蒸气蒸馏装置由水蒸气发生器和蒸馏装置两部分组成，如图 2.4-28。安装时，水蒸气发生器与蒸馏瓶之间的距离要尽可能紧凑，以减少水蒸气的冷凝。二者之间应装上一个 T 形管，在 T 形管下端连一个弹簧夹及玻璃管，以便及时将冷凝下来的水排入烧杯中。蒸馏瓶 5 可以用三口烧瓶代替，从而可以用蒸馏头代替克氏蒸馏头，连于三口瓶的一个口上，此时，蒸汽导入管 6 可以直接插入三口瓶的另一个口上，剩余的一个口用塞子塞上。蒸汽发生器 2 也可以使用特制的铁壶代替。

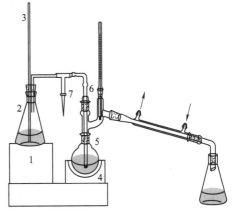

图 2.4-28　水蒸气蒸馏装置
1—电炉；2—蒸汽发生器；3—安全管；4—电热套；
5—蒸馏瓶；6—蒸汽导入管；7—螺旋夹

（2）实验操作方法

按图 2.4-28 所示搭好装置，在检查装置稳妥无误后，被蒸物装入 5，被蒸馏液的体积不要超过蒸馏瓶体积的 1/3。打开 T 形管上的螺旋夹 7，给冷凝管通入冷却水，加热水蒸气发生器 2，当发生器中水沸腾，且从 T 形管处有均匀蒸汽逸出时，慢慢旋紧螺旋夹 7，使蒸汽均匀通入蒸馏瓶 5 中开始蒸馏。蒸馏过程中，可通过螺旋夹调节通入的蒸汽量，应注意防止冲料。如果蒸馏瓶中积水太多，可用电热套 4 加热蒸馏烧瓶以加速汽化。如果蒸汽发生器安全管顶端喷水，说明气路堵塞，应立即松开 T 形管上螺旋夹，然后停止加热，疏通后重新开始；如果安全管顶端有蒸汽逸出，说明发生器中水已很少，应松开螺旋夹，补加水后再开始蒸馏；如果冷凝管中有固体凝结，有阻塞气路危险时，应暂时停止通入冷凝水，使固体随热蒸汽熔化后一同流入接收瓶。重新通入冷凝水时，一定要缓慢进行，以防骤冷使冷凝管破裂。万一冷凝管已被阻塞，应立即停止蒸馏，并设法疏通（如用玻棒将阻塞的晶体捅出或用电吹风的热风吹化结晶，也可在冷凝管夹套中灌以热水使之熔出）。蒸馏至馏出液变清后，再多蒸 10～15mL 即可停止蒸馏。

在蒸馏需要中断或蒸馏完毕后，一定要先松开螺旋夹，使体系与大气相通后再停止加热，否则瓶中的液体将会倒吸到发生器中。最后依安装顺序相反的顺序拆除装置。

对于小量物质的短时间的分离提纯，可省去水蒸气发生器，其装置和操作均同常压蒸馏，只是将有机物和水直接混于蒸馏瓶中进行蒸馏即可。

实验 16　溴苯的水蒸气蒸馏

【实验目的】

　1. 用水蒸气蒸馏法提纯溴苯。

　2. 通过实验了解水蒸气蒸馏法纯化化合物的原理。

　3. 学习水蒸气蒸馏法纯化化合物的操作方法。

【预习要点】

　1. 预习 2.4.4.3 水蒸气蒸馏部分的原理、实验装置与仪器及其操作等相关内容。

　2. 预习 2.3.1 的加热方法。

　3. 预习温度计的使用。

4. 查阅文献，找出相关化合物的物理常数及其提纯方法。

【实验原理】

溴苯（bromobenzene）【108-86-1】为无色油状液体，具有苯的气味。沸点 156.2℃，相对密度 1.50（20℃/4℃）。由于溴苯极性很小，它不溶于水，而溶于甲醇、乙醚、丙酮、苯、四氯化碳等多数有机溶剂。主要用于溶剂、分析试剂和有机合成等。溴苯比较稳定，可以通过常压蒸馏进行提纯，本实验旨在训练水蒸气蒸馏操作，具体操作原理请参阅 2.4.4 水蒸气蒸馏部分。

【仪器与试剂】

三口烧瓶（250mL），蒸馏头，三角瓶，分液漏斗，温度计，冷凝管，接液管，电炉，电热套，安全管，蒸汽导入管，螺旋夹；溴苯，水，无水 $CaCl_2$。

【实验步骤】

取 20g 溴苯于 250mL 三颈瓶中进行水蒸气蒸馏。馏出液移入 125mL 分液漏斗中，静置，分出有机层于 50mL 三角瓶中，用无水 $CaCl_2$ 干燥 1h，再进行蒸馏提纯溴苯，收集155～158℃馏分，称重，计算回收率，产品回收于指定回收瓶中。

【思考题】

1. 停止水蒸气蒸馏时，如不松开螺旋夹，先停止加热会有什么后果？
2. 收集馏出液时，为什么要在馏出液变清后，再多蒸 10～15mL？
3. 如何判断馏出组分中，有机组分在上层还是在下层？

2.4.4.4 减压蒸馏

减压蒸馏（reduced pressure distillation；vacuum distillation）是借助于真空泵在一定真空度下进行蒸馏的一种操作。这是分离和提纯有机化合物的一种重要方法。它特别适用于那些在常压蒸馏时未达沸点已开始受热分解、氧化或聚合的物质的分离和提纯。

液体的沸点是指它的蒸气压等于外界大气压时的温度，所以液体沸腾的温度随外界压力的降低而降低。如用真空泵连接于盛有液体的容器，使液体表面上的压力降低，即可降低该液体的沸点。在给定压力下，物质的沸点可近似地从下列公式求出：

$$\lg p = A + B/T$$

式中，p 为蒸气压；T 为沸点（绝对温度）；A、B 为常数。如以 $\lg p$ 为纵坐标，$1/T$ 为横坐标作图，可以近似地得到一直线。因此可从两组已知的压力和温度算出 A 和 B 数值。再将所选择的压力代入上式算出液体的沸点。也可以参考经验曲线图 2.4-29 估计某化合物在给定压力下的沸点。如已知二乙基丙二酸二乙酯常压下沸点为 218～220℃，欲减压至2.67kPa（20mmHg），则通过一把直尺便知它的对应沸点为 105～110℃。经验表明，当压

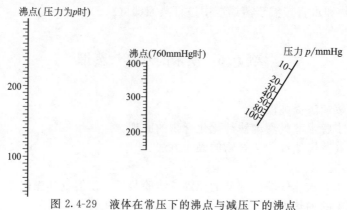

图 2.4-29　液体在常压下的沸点与减压下的沸点
的近似关系（1mmHg＝133.322Pa）

力降低到 2.67kPa（约 20mmHg）时，大多数有机物的沸点比常压（0.1MPa，760mmHg）的沸点低 100～120℃；当减压蒸馏在 1.33～3.33kPa（10～25mmHg）之间进行时，大体上压力每相差 0.133kPa（1mmHg），沸点约相差 1℃。当要进行减压蒸馏时，预先粗略地估计出相应的沸点，对具体操作和选择合适的温度计与热浴都有一定的参考价值。

减压蒸馏装置由蒸馏系统、抽气（减压）系统以及在它们之间的保护系统和测压系统四部分组成，如图 2.4-30。

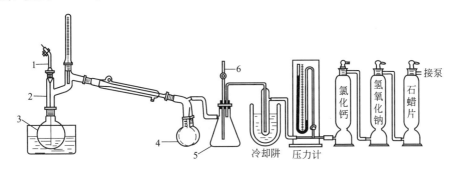

图 2.4-30　减压蒸馏装置
1—毛细管；2—克氏蒸馏头；3—蒸馏瓶；4—接受瓶；5—安全瓶；6—活塞管

蒸馏系统　类似简单蒸馏装置，但蒸馏头由克氏蒸馏头（Claisen distilling head）代替，以防剧烈沸腾时液体冲入冷凝管；克氏蒸馏头左侧口上插入毛细管作为气化中心，毛细管上端接橡皮管，内插一根细铜丝，通过螺旋夹控制进气量。接收管可选用多尾接收管，可以在不停止蒸馏的情况下，通过转动多尾接液管，就可使不同的馏分进入指定的接受器中。

抽气系统　使用油泵时，其效能决定于油泵的机械结构以及真空泵油的好坏（油的蒸气压必须很低）。好的油泵能抽至真空度为 13.3Pa。油泵结构较精密，工作条件要求较严。蒸馏时，如果有挥发性有机溶剂、水或酸的蒸气，都会损坏油泵。因为挥发性的有机溶剂蒸气被油吸收后，就会增加油的蒸气压，影响真空效能。而酸性蒸气会腐蚀油泵的机件。水蒸气凝结后与油形成浓稠的乳浊液，破坏了油泵的正常工作，因此使用时必须十分注意油泵的保护。保护系统包括安全瓶、冷却阱和几种吸收塔（依次为无水 $CaCl_2$ 或硅胶、粒状 NaOH 和石蜡片），以免易挥发的有机溶剂、酸性物质和水汽进入油泵污染油泵用油和腐蚀机件降低真空度。保护系统中加上冷却阱，能使真空泵得到更有效的保护。冷却阱置于广口保温瓶中，用液氮或冰-盐冷却剂冷却（当然可以使用半导体冷阱槽，图 2.3-11）。若使用循环水式真空泵减压，不需保护系统，泵和蒸馏系统之间安装一个安全瓶即可。水泵所能达到的最低压力为当时室温下的水蒸气压。例如在水温为 6～8℃时，水蒸气压为 0.93～1.07kPa；在夏天，若水温为 30℃，则水的蒸气压为 4.2kPa 左右。

测压系统　经常使用的测压计有开口式和封闭式两种，参阅本书 4.1 节。

仪器的选择与安装　按图 2.4-30 所示搭好装置，根据被提纯物的沸点选择合适的热浴，一般要求浴温应高出蒸馏物沸点 20～30℃；蒸馏瓶和接收瓶均应选择圆底瓶或梨形瓶，不得用锥形瓶或平底烧瓶；所有玻璃仪器的对接处都应均匀涂以真空脂，以保证气密性和转动灵活性；接收管尾部的支管与抽气系统应采用硬质橡皮管相连。真空泵有单相和三相两种，若用三相真空泵时，要特别注意真空泵的转动方向。如果真空泵接线错误，会使泵反向转动，导致泵油喷出。减压蒸馏时，待蒸馏物的量不得超过蒸馏瓶体积的 1/2。

减压蒸馏操作　需要特别指出，当被蒸馏物中含有低沸点组分时，应先用常压蒸馏将大部分低沸点组分蒸去，然后用水泵减压，尽可能蒸尽低沸点物质，最后再用油泵减压蒸馏。

减压蒸馏装置安装结束后，应先接通真空泵的电源，关闭安全瓶上的活塞和夹紧毛细管顶部的螺旋夹，从压力计上观察系统所能达到的真空度。如果是因为漏气（而不是因水泵、油泵本身效率的限制）而不能达到所需的真空度，可检查各部分塞子和橡皮管的连接是否紧密等。必要时可用熔融的固体石蜡密封。如果体系不漏气，可接通冷却水，并选用合适的热浴加热蒸馏。控制浴温比待蒸馏液体的沸点高 20～30℃，使馏分以每秒 1～2 滴的速度流出。

在整个蒸馏过程中应密切注意温度和压力变化，并应同时记录它们的读数，纯物质的沸点范围一般不超过 1～2℃。减压蒸馏也会有前馏分，当温度已稳定在预期物质的沸点时，即可旋转多尾接收管使被提纯物流入另一洁净干燥的接收瓶中。减压蒸馏不得蒸干。

停止蒸馏时，应首先撤去热浴，待稍冷后，慢慢打开安全瓶上的活塞，解除真空，待体系内外压力平衡后，才可以关闭油泵。否则，由于系统中的压力较低，油泵中的油就有吸入干燥塔的可能。

在使用油泵进行减压蒸馏前，通常要对待蒸馏混合物作预处理，或者在常压下进行简单蒸馏，更为常用的是，在水泵减压下利用旋转蒸发仪蒸馏，以蒸除低沸点组分。

实验 17　苯甲醛的减压蒸馏

【实验目的】

1. 用减压蒸馏法提纯苯甲醛。
2. 通过实验了解减压蒸馏法纯化液体化合物的原理。
3. 学习减压蒸馏法纯化液体化合物的操作方法。

【预习要点】

1. 预习 2.4.4.4 减压蒸馏部分的原理、实验装置与仪器及其操作等相关内容。
2. 预习 2.3.1 的加热方法。
3. 预习温度计的使用。
4. 查阅文献，找出相关化合物的物理常数及其提纯方法。

【实验原理】

苯甲醛（benzaldehyde）【100-52-7】，又叫苦杏仁油或安息香醛，为无色透明液体，具有类似苦杏仁的香味，曾称苦杏仁油。沸点 178℃，相对密度 1.0415（10℃/4℃）。能与乙醇、乙醚、氯仿等混溶，微溶于水。苯甲醛广泛存在于植物界，特别是在蔷薇科植物中，主要以苷的形式存在于植物的茎皮、叶或种子中，例如苦杏仁中的苦杏仁苷。在多种植物的精油中含有少量游离的苯甲醛。苯甲醛是重要的有机合成原料，化学性质比较活泼，久置会有部分氧化而生成苯甲酸，常压蒸馏时更容易发生氧化反应。所以常使用减压蒸馏，减少与空气的接触。具体操作原理请参阅 2.4.4.4 减压蒸馏部分。

【仪器与试剂】

真空泵及其保护装置，测压计，圆底烧瓶，蒸馏头，多尾接收管，温度计，冷凝管，加热装置，热浴，毛细管，克氏蒸馏头，接受瓶，苯甲醛。

【实验步骤】

将苯甲醛装入蒸馏瓶，按图 2.4-30 安装好装置，接通真空泵的电源，关闭安全瓶上的活塞，旋紧毛细管顶部的螺旋夹，观察压力计的读数。当体系达到需要的真空度后，接通冷却水，开始加热蒸馏。控制浴温比待蒸馏液体的沸点约高 20～30℃，使馏分以每秒 1～2 滴的速度流出。当温度已稳定在预期物质的沸点时，旋转多尾接收管使被提纯物流入另一洁净干燥的接收瓶中。苯甲醛在不同压力下的沸点：178℃/100kPa；95℃/6.58kPa；84℃/3.95kPa。

蒸馏结束时，先停止加热，撤去热浴，稍冷后，慢慢打开安全瓶上的活塞，解除真空，待体系内外压力平衡后，关闭油泵。按次序拆去装置。称量馏出液的重量，计算回收率。

【思考题】

　　1. 具有什么性质的化合物需用减压蒸馏进行提纯？

　　2. 使用水泵减压蒸馏时，应采取什么预防措施？

　　3. 进行减压蒸馏时，为什么必须用油浴加热？为什么必须先抽真空后加热？

　　4. 使用油泵减压时，要有哪些吸收和保护装置？其作用是什么？

　　5. 当减压蒸完所要的化合物后，应如何停止减压蒸馏？为什么？

　　6. 某物质容易氧化，在进行减压蒸馏时也需用 N_2 或 CO_2 保护，如何保护？

　　7. 现有圆底烧瓶和尖底烧瓶，在蒸馏少量物质时你选择哪一种？为什么？

　　8. 为什么不能选用锥形瓶进行减压蒸馏？

　　9. 为什么在减压蒸馏时，加入液体量不得超过蒸馏瓶体积的 1/2？

　　10. 停止减压蒸馏时，若没有去解除真空先停油泵电源会有什么后果？

　　11. 解除真空时速度太快有什么不好？

　　12. 减压蒸馏前若不除掉低沸点组分，将会有什么后果？

　　13. 减压蒸馏时一旦停电你应怎么办？

　　14. 毛细管一旦断裂怎么办？

实验 18　糠醛的减压蒸馏

【实验目的】

　　1. 用减压蒸馏法提纯糠醛。

　　2. 通过实验了解减压蒸馏法纯化液体化合物的原理。

　　3. 学习减压蒸馏法纯化液体化合物的操作方法。

【预习要点】

　　1. 预习 2.4.4 减压蒸馏部分的原理、实验装置与仪器及其操作等相关内容。

　　2. 预习 2.3.1 的加热方法。

　　3. 预习温度计的使用。

　　4. 查阅文献，找出相关化合物的物理常数及其提纯方法。

【实验原理】

　　糠醛（furfural）【98-01-1】，系统名称 2-呋喃甲醛（2-furaldehyde）。无色液体，具有与苯甲醛类似的气味。沸点 161.7℃，相对密度 1.1594（20℃/4℃）。在 20℃可形成 8.3％的水溶液，溶于乙醇、乙醚等有机溶剂。糠醛是呋喃环系最重要的衍生物，是一个重要的由农副产品中制得的产品。化学性质也很活泼，是制备多种药物和工业产品的原料。由糠醛制得的 1,6-己二胺 $[H_2N—(CH_2)_6—NH_2]$，为制取尼龙 66 的原料。久置或暴露在空气中由于聚合或氧化等而容易变黑。光照会加速这一进程。所以在使用前必须通过减压蒸馏纯化，并且需要避光保存。

【仪器与试剂】

　　真空泵及其保护装置，测压计，圆底烧瓶，蒸馏头，多尾接收管，温度计，冷凝管，加热装置，热浴，毛细管，克氏蒸馏头，接受瓶；糠醛。

【实验步骤】

　　操作同实验 17。考虑到用 25℃左右的自来水冷却时，蒸气的温度必须在 50℃以上才会有较好冷凝效果，故可把蒸馏温度选择在 55℃左右。先在图 2.4-29 的左线上找到 55℃的点，再在中线中找出 162℃的点，使直尺边沿经过这两个点，则直尺的边缘与右线相交的点大体相当于 17mmHg（2266.5Pa），这个真空度普通油泵都可达到，故可将减压蒸馏的条件初步定为 55℃/17mmHg。

实验 19　乙酰乙酸乙酯的减压蒸馏

【实验目的】

1. 用减压蒸馏法提纯乙酰乙酸乙酯。
2. 通过实验了解减压蒸馏法纯化液体化合物的原理。
3. 学习减压蒸馏法纯化液体化合物的操作方法。

【预习要点】

1. 预习 2.4.4 减压蒸馏部分的原理、实验装置与仪器及其操作等相关内容。
2. 预习 2.3.1 的加热方法。
3. 预习温度计的使用。
4. 查阅文献，找出相关化合物的物理常数及其提纯方法。

【实验原理】

乙酰乙酸乙酯（ethyl acetoacetate）【141-97-9】，或叫丁酮酸乙酯（ethyl-3-oxo butanoate），无色至淡黄色的透明液体，沸点 181℃，相对密度为 1.022～1.027（21℃/4℃）。微溶于水，与乙醇、丙二醇及油类可互溶。有刺激性和麻醉性。可燃，遇明火、高热或接触氧化剂有发生燃烧的危险。有醚样和苹果似的香气，并有新鲜的朗姆酒香、甜而带些果香。香气飘逸，不持久。广泛应用于食用香精中，主要用以调配苹果、杏、桃等食用香精。制药工业用于制造氨基比林、维生素 B 等。染料工业用作合成染料的原料和用于电影基片染色。涂料工业用于制造清漆。有机工业用作溶剂和合成有机化合物的原料。常压蒸馏提纯乙酰乙酸乙酯容易发生分解，所以一般使用减压蒸馏。

【仪器与试剂】

真空泵及其保护装置，测压计，圆底烧瓶，蒸馏头，多尾接收管，温度计，冷凝管，加热装置，热浴，毛细管，克氏蒸馏头，接受瓶；乙酰乙酸乙酯。

【实验步骤】

操作同实验 17。乙酰乙酸乙酯在不同压力下的沸点：181℃/100kPa；100℃/10.53kPa；97℃/7.90kPa；82℃/2.63kPa。

2.4.4.5　亚沸蒸馏技术

亚沸蒸馏（sub-boiling distillation）是近代发展起来的蒸馏技术。它是用红外灯或电热丝从液体上方加热液态物质，利用热辐射原理，保持液相温度低于沸点温度蒸发冷凝而制取高纯水和高纯试剂。从而可以避免沸腾状态下气泡自液体底部上升时将母液以雾状颗粒形式带进馏出液中。图 2.4-31 所示的是一种二级石英亚沸蒸馏器（quartz sub-boiling still）工

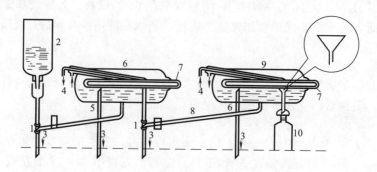

图 2.4-31　二级石英亚沸蒸馏器流程示意

1—三通活塞；2—加料瓶；3—排水管；4—冷却水；5—溢流口；6—第 1 蒸馏器；
7—红外线加热器；8—连接管；9—第 2 蒸馏器；10—收集瓶

作流程示意图。不同厂商产品的实物外观各有千秋，但基本原理是一致的。

亚沸蒸馏常用于提纯水，亚沸蒸馏器是实验室常用的制备纯水的装置。用红外辐射加热器照射水的表面，使水进行表面热蒸发，避免了沸腾时蒸汽泡破裂时带来的微粒沾污。此外，红外辐射加热器位于蒸馏器内的上方，同时加热了液面以上的器壁，因而无液体在器壁上蠕动的现象，从而消除了液体在器壁上蠕动而产生的沾污。亚沸蒸馏对分离具有低蒸气压的杂质（如金属离子）是极其有效的，对于具有高蒸气压的杂质（如有机物或许多阴离子）效果较差。有机痕量分析用水的制取可在纯水中加入数滴高锰酸钾溶液，再经蒸馏而得。

亚沸蒸馏也应用于盐酸、硝酸、高氯酸以及氢氟酸等的提纯。应用亚沸蒸馏法提纯氢氟酸时，必须采用聚四氟乙烯亚沸蒸馏器。这样获得产品质量远远优于普通蒸馏法，杂质含量可以降低至纳克级，甚至更低。但这种方法的蒸馏速度通常比较慢，如一般的亚沸蒸馏器每天大约可以蒸馏获得纯水 4000mL，盐酸为 2000mL，其他的无机酸为 300~600mL。

2.4.5 萃取

萃取（extraction）是利用化合物在两种互不相溶（或微溶）的溶剂中溶解度或分配比的不同来达到分离、提取或纯化目的的一种操作。应用萃取可以从固体混合物或液体混合物中提取出所需要的物质，也可以用来洗去混合物中少量杂质。通常称前者为"抽提"或"萃取"，后者为"洗涤"。

萃取的理论基础是 1891 年由能斯特（Nernst）提出的分配定律（distribution law）："在一定温度下，某物质在两互不相溶的液相中的浓度之比是一常数。"将含有有机化合物的水溶液用有机溶剂萃取时，有机化合物就在两液相间进行分配。在一定温度下，该有机化合物在有机相中的浓度 c_A 和在水相中的浓度 c_B 之比为一常数 K，即 $c_A/c_B=K$，这就是"分配定律"，K 称为分配系数。它可以近似地看作此物质在两溶剂中的溶解度之比。

通常，有机物质在有机溶剂中的溶解度比在水中大，所以可以将它们从水溶液中萃取出来。但是除非分配系数极大，否则经一次萃取不可能将全部物质转入有机相中。在萃取时，若在水溶液中先加入一定量的电解质（如氯化钠），利用盐析效应（salting out effect）降低有机化合物和萃取溶剂在水溶液中的溶解度，常可提高萃取效果。

当用一定量的溶剂从水溶液中一次或分几次萃取有机化合物时，萃取效率的高低可以利用下列推导来说明。设在 V 体积水中溶解的某物质的质量为 m_0，每次用 S 体积与水不互溶的有机溶剂萃取。若一次萃取后留在水溶液中的物质的质量为 m_1，则该物质在水和有机相中的浓度分别为 m_1/V 和 $(m_0-m_1)/S$，根据分配定律推出：

$$m_1=m_0\frac{KV}{KV+S}$$

若两次萃取后留在水溶液中的物质的质量为 m_2，则有：

$$m_2=m_1\frac{KV}{KV+S}=m_0\left(\frac{KV}{KV+S}\right)^2$$

显然，n 次萃取后留在水溶液中的物质的质量为：

$$m_n=m_0\left(\frac{KV}{KV+S}\right)^n$$

式中，$KV/(KV+S)$ 恒小于 1，所以，n 越大，m_n 就越小，这说明把溶剂分成几份作多次萃取比用全部量的溶剂作一次萃取好。因此，当溶剂量一定时，总是遵循少量多次原则，把溶剂分成几份进行萃取，但萃取次数也不宜太多，一般 2~3 次即可。需要注意，上面的式子只适用于几乎和水不互溶的溶剂，例如苯、四氯化碳或氯仿等。对于在水中能少量溶解的溶剂（如乙醚等），上面的式子只是近似的，但也可以定性地得出预期的结果。

还有一类萃取剂（extractant）的萃取原理是利用它能与被萃取物质起化学反应。这种萃取通常用于从化合物中移去少量杂质或分离混合物，如用 5%NaOH，5%~10%的 $NaHCO_3$

溶液等洗去混合物中少量酸性杂质或萃出酸性物质；用稀盐酸、稀硫酸等洗去碱性杂质或萃出碱性物质；浓硫酸可应用于从饱和烃中除去不饱和烃或从卤代烷中除去醇及醚等。

　　进行萃取操作时，萃取溶剂的选择要根据被萃取物质在此溶剂中的溶解度而定。对溶剂的选择原则是：①与被萃取溶剂不互溶或微溶；②对被萃取物要有较大的溶解度；③与被萃取溶剂、被萃取物均不起化学反应；④易于回收，毒性小，价格低。常用的溶剂有：石油醚、苯、四氯化碳、乙醚、氯仿、二氯甲烷、乙酸乙酯等。一般对水溶性较小的物质可用极性小的溶剂萃取；水溶性较大的可用极性较大的溶剂萃取。第一次萃取时，为了补足由于溶剂稍溶于水而引起的损失，使用量常较以后几次多一些。

　　通常，萃取是在分液漏斗中完成的。操作时应选择容积较液体体积大一倍以上的分液漏斗。将混合物溶液或悬浮液盛于分液漏斗中，然后加入另一种与之不互溶的溶剂，摇荡，分层后，使两层分离，蒸去溶剂就可得到被萃取出的产品。但当有机化合物在原溶剂中比在萃取剂中更易溶解时，就必须使用大量溶剂并多次萃取。为了减少萃取溶剂的量，最好采用连续萃取，其装置有两种，如图 2.4-32。图 2.4-32（a）适用于自较重的溶液中用较轻溶剂进行萃取（如用乙醚萃取水溶液），它由圆底烧瓶、萃取管、长茎漏斗和冷凝管组成；如图 2.4-32（b）适用于自较轻的溶液中用较重溶剂进行萃取（如氯仿萃取水溶液），它由圆底烧瓶、萃取管和冷凝管组成。图 2.4-32（c）是兼具图 2.4-32（a）和图 2.4-32（b）两种功能的装置。

　　从固体物质中进行萃取通常采用长期浸出法来完成，它是靠溶剂长期的浸润溶解将固体物质中的需要物质浸出来。这种方法虽不需要任何特殊器皿，但效率不高，而且溶剂的需要量较大。采用脂肪提取器〔又称索氏（Soxhlet）提取器，图 2.4-32（d）〕，使固体连续为纯溶剂所萃取，可以大大提高效率，减少溶剂用量。它由圆底烧瓶、萃取管和冷凝管组成。萃取剂蒸气从粗侧管进入冷凝管，冷凝后成为液体，滴入提取管中，当溶剂液面超过细虹吸管最高处时，即虹吸流回烧瓶，因而萃取出溶于溶剂的部分物质。

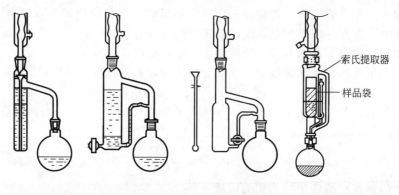

索氏提取器

样品袋

(a) 较轻溶剂萃取较重　　(b) 较重溶剂萃取较轻　　(c) 兼具(a)和(b)　　(d) 脂肪提取器
　　溶液中物质的装置　　　　溶液中物质的装置　　　　功能的装置

图 2.4-32　连续萃取装置

　　分液漏斗的使用　最常使用的萃取器皿是分液漏斗。使用前，应仔细检查活塞及上盖是否与孔、口匹配；把活塞擦干，薄薄地涂上一层润滑脂或凡士林（注意切勿涂得太多或使润滑脂进入活塞孔中，以免沾污萃取液）。塞好后再把活塞旋转几圈，使润滑脂均匀分布，看上去透明即可。在分液漏斗中加水摇荡，检查塞子是否渗漏，确认不漏时方可使用。

　　萃取时，将漏斗放在固定于铁架上的铁圈中，关好活塞，将被萃液和萃取剂（一般不少于溶液体积的 1/3）依次自上口倒入漏斗中，塞紧塞子。取下分液漏斗，用一只手的手掌顶住漏斗顶塞并握住漏斗，另一只手握住漏斗活塞处，大拇指压紧活塞，把漏斗放平，漏斗的上口稍低，前后摇振，如图 2.4-33（a）。开始时，摇振要慢。摇振几次后，将漏斗的上口向下倾斜，下部支管指向斜上方（朝向无人处），旋开活塞，从指向斜上方的支管口释放出漏斗内的压力，也称放气，如图 2.4-33（b）。反复振摇和放气后，将漏斗放回铁圈中静置。待两层液体完全分开，打开上面的玻塞，再将活塞缓缓旋开，下层液体自活塞放出，上层液体从分液漏斗的上口倒出，这就是各行其道，切不可也从活塞放出，以免被残留在漏斗颈上的第一种液体所沾污。分液时一定要尽可能分离干净，有时在两相间可能出现的一些絮状物也应同时放去。

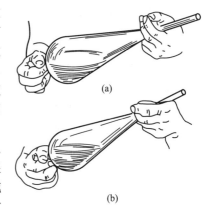

图 2.4-33　分液漏斗摇振与放气

应当注意，在萃取操作中，有时由于少量轻质沉淀、两液相的相对密度相差较小等原因，可能使两液相不能很清晰地分开，这样很难将它们完全分离。特别是溶液呈碱性时，常常会产生乳化现象，可采用一定措施来消除，常用的方法有：①较长时间静置；②若因两种溶剂部分互溶或密度差别较小而发生乳化，可以加入少量电解质（如NaCl），利用盐析作用加以破坏；③轻质沉淀可以采用过滤除去后再分离；④若因碱性原因而产生乳化，可加入少许（通常几滴即可）稀硫酸振摇后破除乳化。此外根据不同情况，还可以加入其他破坏乳化的物质（如乙醇、磺化蓖麻油等）。

连续萃取　自较重的溶液中用较轻溶剂进行萃取时，可以采用图 2.4-32（a）所示的装置，被萃液加到萃取管中，萃取剂加到圆底烧瓶中。加热圆底烧瓶使萃取剂沸腾，经冷凝管冷凝后，萃取剂通过长径漏斗流入萃取管底部，然后自动上升至被萃液上面，在上升过程中实现萃取。当液面高出侧管下限时将自动流入圆底烧瓶，直至萃取完成。

自较轻的溶液中用较重溶剂进行萃取（如氯仿萃取水溶液）时，可以采用图 2.4-32（b）所示的装置，操作同上，只因萃取剂沉于萃取管的下部，通过下溢流管自动流入圆底烧瓶。直至萃取完成。

图 2.4-32（d）所示的装置是脂肪提取器，它适用于萃取固体物质。用脂肪提取器萃取时，加热圆底烧瓶使萃取剂沸腾，萃取剂蒸气从粗侧管进入冷凝管，冷凝后成为液体，滴入提取器中，当溶剂液面超过细虹吸管最高处时，即虹吸流回烧瓶，萃取出溶于溶剂的部分物质。

实验 20　半开放实验——由糠醛生产废水中萃取有机酸

【实验目的】

1. 学习液-液萃取原理，掌握其一般操作规程。
2. 进一步熟悉和练习酸碱容量分析方法。
3. 通过实验操作，体会萃取过程的"少量多次"原则。

【预习要点】

1. 本书之 2.4.5 节萃取原理与操作。
2. 通过查阅有关手册，得到乙酸在水-乙酸乙酯两相分配系数。
3. 查阅有关糠醛制造方面文献资料，了解糠醛废水的一般处理工艺。

【实验原理】

糠醛的生产是以玉米芯、棉籽壳、甘蔗渣、阔叶木材等富含多聚戊糖（pentosan）的可再生植物组分为原料水解得到的，其中以玉米芯中多聚戊糖的含量为最多。各种生产方法的基本原理可以统一为：将富含多聚戊糖的植物纤维原料，在一定温度和催化剂（通常为无机酸）的作用下水解生成戊糖，再通过脱水而生成糠醛。糠醛生产工艺简单，但污染严重。特别是生产过程中产生的工艺废水，其各项污染指数很高。每生产 1t 糠醛大约排放出 20t 的废水。废水中含 2.0%～3.0% 的乙酸和少量糠醛及其他微量有机酸、醛等。若对此废水不进行有效处理而直接外排，必然使自然水体遭到酸性污染，破坏环境结构。

目前糠醛废水的治理一般采用生化法，通过微生物的作用使废水中的有机污染物转化为 CH_4、CO_2 等气态物种。这种方法未能使资源得到最大化利用，尤其是其中所含的有机酸特别是乙酸被白白浪费了。因此，开展由糠醛废水中分离乙酸的工艺方法研究，意义重大。

乙酸的沸点比水高，为117℃，因此用简单蒸馏的方法要去除废水中浓度较低的乙酸，耗能太大。而溶剂萃取过程与其他方法相比，操作条件相对温和，具有较高的萃取率，而且还有利于环境保护。本实验使用乙酸乙酯作为萃取剂，萃取废水中以乙酸为代表的有机酸，并用中和容量法测定萃取效果。

【仪器与试剂】

分液漏斗（60mL），碱式滴定管，吸量管（5mL），烧杯，锥形瓶等常规实验仪器；糠醛废水，乙酸乙酯（ethyl acetate）【141-78-6】，NaOH，邻苯二甲酸氢钾（G. R.），酚酞指示剂。

【实验步骤】

1. NaOH标准液的配制与标定

配制NaOH标准液，具体浓度根据本实验条件自行确定。用邻苯二甲酸氢钾基准物标定该NaOH标准液。操作方法及称样量自行确定。使用酚酞指示剂。

2. 糠醛废水总酸度的测定

根据原理部分提供信息，拟定废水水样总酸度的测定方案，并实施之。总酸度的结果表示以乙酸百分含量计。

3. 有机酸萃取效果检验

用吸量管移取5mL糠醛废水于60mL洁净干燥分液漏斗中（应确保漏斗不漏液）。用量筒取14mL乙酸乙酯，加入到分液漏斗中，萃取。静置，待两相分层后，将水相放入250mL锥形瓶中，用NaOH标准溶液滴定，酚酞作指示剂，记下消耗的NaOH溶液体积，与未萃取废水比较，计算乙酸萃取率；回收乙酸乙酯。

再用吸量管移取5mL糠醛废水于另一只干燥分液漏斗中。用量筒取7mL乙酸乙酯，加入到分液漏斗中，萃取。静置，两相分层后，将水相放入50mL干燥烧杯，回收乙酸乙酯。将烧杯中水相尽可能完全转移入分液漏斗中，再取7mL乙酸乙酯萃取第二次。水相放入250mL锥形瓶中，用NaOH标准溶液滴定，记下消耗的NaOH溶液体积，计算乙酸萃取率。比较一次萃取和两次萃取的萃取率。

【注意事项】

1. 如果萃取时乳化现象严重，则糠醛废水需要用下法预处理：在废水中加入中性硅藻土，加入量以5g/100mL为宜，搅拌5min，过滤。经此吸附过滤后，废水中胶质大分子物质被除去，滤液用于萃取时，乳化现象明显减轻。

2. 所用的糠醛废水不宜存放过久，所取样品应该是1周之内的。否则，水体中厌氧微生物会降解废水中的有机酸。

【思考题】

1. 影响萃取法的萃取效率的因素有哪些？怎样才能选择好溶剂？

2. 乙酸乙酯在水相中具有一定的溶解度。本实验在测定萃余液总酸度时，为何不做空白实验？

3. 从萃取剂损耗、萃取效率以及成本等诸方面，乙酸乙酯不是一个好的乙酸萃取剂。你能根据所学知识和相关资料，选出一个实用性的萃取体系吗？

实验21 由油料作物种子中提取油脂

【实验目的】

1. 用索氏抽提器从油料作物种子中提取油脂。

2. 通过实验，学习索氏抽提器的操作以及从油料作物种子中提取油脂的方法，了解萃取的原理与应用范围。

【预习要点】

1. 预习 2.4.5 节的原理、实验装置与仪器及其操作等相关内容。

2. 预习蒸馏及其操作。

3. 查阅文献，了解溶剂法提取油脂的一般工艺和技术。

4. 了解油脂的一般组成，稳定与储存影响因素。

【实验原理】

油脂是高级脂肪酸的甘油酯，油脂不溶于水而易溶解于乙醚、丙酮、氯仿、苯等有机溶剂，植物的种子中有大量油脂存在，同时还含有蛋白质、碳水化合物以及无机盐等。而蛋白质和碳水化合物以及无机盐不溶解于上述溶剂。故可以借助于此将它们分开。将含油脂的样品放入脂肪提取器中，用脂溶性溶剂反复抽提，即可把油脂提取出来，由于提取出来的物质中除油脂外，还有磷脂、蜡、色素以及一些脂溶性维生素等，因此称为粗脂肪，通过粗脂肪的提取，可以用于测定谷类、油料等大批样品中的脂肪含量。测定方法有残余法和油重法等。残余法是将样品经反复抽提除去脂肪后，称重残渣，推算出脂肪含量的。油重法是直接称量乙醚提取出来的油脂重量。后者是国际通用方法。其实验步骤是先把样品在 100～110℃烘干 3h，研碎后用脂肪提取器中提取，约需 8h，本实验采用这种方法，但由于时间关系，只部分提取，样品用石油醚作溶剂进行抽提。

实验操作原理参阅 2.4.5 节。

【仪器与试剂】

索氏抽提器（Soxhlet extractor），滤纸，水浴锅，圆底烧瓶，蒸馏头，温度计，冷凝管，加热装置，热浴，接受瓶；石油醚（petroleum ether）【8032-32-4】（60～90℃），油料作物种子（如芝麻、花生或黄豆等，提前烘干并粉碎均匀）。

【实验步骤】

准确称取粉碎均匀的干燥油料种子 2～6g，用滤纸筒严密包裹好后（筒口放置少量脱脂棉），放入抽提筒内。在干燥索氏抽提器接收瓶中加入 2～3 粒沸石（准确称重）后，安装好提取装置。从冷凝管上口加入石油醚，直至石油醚从虹吸管中流入接收瓶。再适当多加几毫升。加热回流抽提 4～5h。抽提完成后，冷却。将萃取装置改成蒸馏装置，蒸馏回收石油醚。取下含残留物的接收瓶置于 105℃烘箱内干燥 1～2h，取出冷却至室温后准确称重。计算脂肪的提取率。

脂肪的定性鉴定：取 1 滴油脂，滴入水中，观察水溶性；再取油脂 1mL 于试管中，滴入溴的四氯化碳溶液，观察颜色变化，溴退色表明有双键。剩余油脂与 6mL 10％NaOH 混合，在蒸发皿上加热至沸（不时补加水分），约 20min 后皂化完全，取 10 滴滴进 1mL 纯水中，观察溶解性。

【思考题】

索氏抽提在使用过程中应该注意哪些事项？

实验 22　半开放实验——对甲苯胺、β-萘酚和萘的分离❶

【实验目的】

1. 用分液漏斗萃取分离有机碱、有机酸和中性物质的混合物。

---

❶ 本实验中，指导教师可随意分配给每个学生一种 3 组分混合物。其中含有一种碱、一种酸和一种中性化合物。除题示一组混合物之外，可供选择的还有如下物种的相互组合：苯甲酸（mp 122℃）、肉桂酸（mp 133℃）、联苯（mp 70℃）、对二氯苯（mp 53℃）、对氯苯胺（mp 72℃）与间硝基苯胺（mp 111℃）等。学生可根据分离出纯物质的熔点和 IR 谱来鉴定所给定混合物的各种组分。

2. 通过实验学习分液漏斗的操作方法，了解萃取的原理与仪器。

【预习要点】

1. 预习 2.4.5 节的原理、实验装置与仪器及其操作等相关内容。

2. 预习蒸馏及其操作。

3. 查阅文献，找出相关化合物的物理常数及其提纯方法。

【实验原理】

由于对甲苯胺（4-methylaniline）【106-49-0】、β-萘酚（2-naphthol）【135-19-3】和萘（naphthalene）【91-20-3】都极易溶解于有机溶剂中。但因三者结构的差别，对甲苯胺显示一定的弱碱性而能够溶于酸性水溶液中、β-萘酚显示一定的弱酸性而能够溶于碱性水溶液中，萘是中性的，既不能溶于酸，也不能溶于碱。因此，从它们组成的混合物中，可以使用酸性水溶液提取出对甲苯胺、使用碱性水溶液提取出 β-萘酚，萘则保留在有机溶剂中而得以分离；实验操作原理请参阅 2.4.5 节。

【仪器与试剂】

分液漏斗，锥形瓶，圆底烧瓶，蒸馏头，温度计，冷凝管，加热装置，热浴，接受瓶，数字熔点仪，红外分光光度计等；对甲苯胺、β-萘酚和萘的混合物〔或者从下列化合物中选出几种：苯甲酸、肉桂酸（benzalacetic）【140-10-3】、联苯（biphenyl）【92-52-4】、对二氯苯（p-dichlorobenzene）【106-46-7】、对氯苯胺（p-chloroaniline）【106-47-8】、间硝基苯胺（m-nitroaniline）【99-09-2】等〕，乙醚，浓盐酸，氢氧化钠，无水 $CaCl_2$；石蕊试纸。

【实验步骤】

取 3g 混合物样品，溶于 25mL 乙醚中，将溶液转入 125mL 分液漏斗中；加入含有 3mL 浓盐酸的 25mL 水溶液，充分振荡，静置分层后，放出下层液体；再用第二份同样的盐酸溶液萃取，然后用 10mL 水萃取一次；保留乙醚层(Ⅰ)，合并二次的酸萃取液和水萃取液；在搅拌下向酸性萃取液中滴加 10%氢氧化钠溶液至石蕊试纸呈碱性，然后用 2×25mL 乙醚萃取该溶液两次。合并醚萃取液(Ⅱ)，用粒状氢氧化钠干燥。滤去干燥剂，水浴蒸去乙醚，残留物为对甲苯胺，称重并测熔点。

酸萃取过的乙醚溶液(Ⅰ)用 10%NaOH 溶液 2×25mL 萃取两次，再用 10mL 水萃取一次，仍然保留乙醚层(Ⅲ)，合并萃取液；在搅拌下向碱性萃取液中缓缓滴加浓盐酸，直至溶液呈酸性，冷却，抽滤得 β-萘酚，干燥后称重并测定熔点。

将碱萃取过的乙醚溶液(Ⅲ)从分液漏斗顶部倒入一锥形瓶中，用适量无水 $CaCl_2$ 干燥，滤去干燥剂，蒸去乙醚（水浴加热），称重残留物并测其熔点。必要时，每种组分可进一步重结晶，以获得熔点范围较窄的纯晶体。

将测过熔点的晶体，进一步用 IR 确证，可用 KBr 压片。

【思考题】

1. 此三种组分的分离实验中，利用了各物质的什么性质？写出分离提纯流程图。

2. 用乙醚萃取时的优缺点各是什么？

3. 上述实验步骤中，用酸或碱萃取两次后，为什么均要用水再萃取一次？

4. 从水溶液中萃取有机物时，若选用溶剂比水重有何好处？

5. 为什么液体在放出之前，必须先拿走分液漏斗上的塞子？

6. 若用乙醚、苯、氯仿、己烷萃取水溶液，它们将是在上层还是在下层？

2.4.6 升华

升华是纯化固体化合物的一种方法。某固态物质受热后不经过液态直接气化，蒸气受到冷却又直接变成固体，这个过程叫升华。升华所需的温度一般较蒸馏时低，但是只有在其熔点温度以下具有相当高蒸气压（高于 2.67kPa）的固态物质，才可用升华来提纯；其次固态化合物与杂质的蒸气压差要大。如樟脑在 179℃（熔点）时的蒸气压为 49.3kPa（370mmHg），在未达熔点温度之前，樟脑已具备很高的蒸气压，若将它在熔点温度之下加热，它将不经液态直接气化，蒸气遇冷凝面就可以凝结为固体，这样得到纯度很高的样品。利用升华可除去不挥发性杂质，或分离不同挥发度的固体混合物。升华常可得到较高纯度的产物，但操作时间长，损失也较大，在实验室里只用于较少量（1～2g）物质的纯化。

为了加快升华速度，升华可在减压下进行。减压升华特别适用于常压下蒸气压不高或受热易分解的物质。

常压升华装置　最简单的升华装置如图 2.4-34（a）所示。它是用一蒸发皿，在其中放入要升华的物质，上面覆盖一张刺有许多小孔的滤纸，然后将大小合适的玻璃漏斗倒盖在上面，漏斗的颈部塞有玻璃毛或棉花团，以减少蒸气逸散。也可使用一个装满水的圆底烧瓶放在一个小烧杯上构成升华装置，如图 2.4-34（b）。

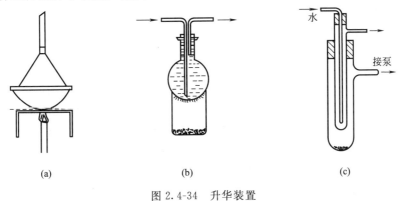

(a)　　　　　　　　(b)　　　　　　　　(c)

图 2.4-34　升华装置

减压升华装置　减压升华装置如图 2.4-34（c）所示。它由"冷凝指"通过橡皮塞紧密塞住吸滤管管口构成。

使用常压升华装置升华时，可在石棉网上渐渐加热（最好用沙浴），小心调节火焰，控制浴温低于被升华物质熔点，使其慢慢升华。蒸气通过滤纸小孔上升，遇冷空气冷却凝结在滤纸上或漏斗壁上。

使用减压升华装置升华时，将固体物质放在吸滤管中，然后将装有"冷凝指"的橡皮塞紧密塞住管口，利用水泵或油泵减压，接通冷凝水流，将吸滤管浸在水浴或油浴中加热，使之升华。

实验 23　樟脑的升华

【实验目的】

1. 用升华法提纯樟脑。
2. 通过实验学习升华法提纯固体物质的原理与方法，了解升华操作所使用的仪器。

【预习要点】

预习 2.4.6 节的原理、实验装置与仪器及其操作等相关内容；查阅文献，了解樟脑的生产过程、物理化学性质及其提纯方法。

【实验原理】

樟脑（camphor）【76-22-2】，又称脑硫或 2-莰酮，结构式如下：

　　樟脑是由樟树木片用水蒸气蒸馏所得的精油，系白色晶体。根据原料和加工方法，有天然樟脑和合成樟脑两种。樟脑是最重要的萜酮之一，我国的天然樟脑产量占世界第一位。我国宜于提取天然樟脑的树种主要有如下几种。①樟树。又名香樟，是提炼樟脑、樟脑油最重要的树种。就所含樟油成分又可分为 3 个类型：本樟（含樟脑为主）、芳樟（含芳樟醇为主）和油樟（含桉叶油素和松油醇为主）。② 猴樟 (*Cinnamomum bodinieri*)。③ 云南樟 (*C. glanduliferum*)。

　　樟脑由粗樟脑精制而成。粗樟脑通常在冬季加工。用 50 年生以上樟树树干和根为原料，削成薄片后在木甑中隔水蒸馏，樟脑和樟脑油随水蒸气馏出，冷凝所得白色晶体为粗樟脑，油状液体为樟脑油。总得率 2.0%～2.5%。中国天然精制樟脑有粉状和块状两种。

　　实验操作原理请参阅 2.4.6 节。

【仪器与试剂】

　　数字式自动旋光仪，酒精灯；圆底烧瓶；小烧杯。

　　天然粗樟脑；无水乙醇。

【实验步骤】

　　参照图 2.4-34（b）的升华装置，将 1g 粗樟脑均匀地平铺于烧杯的底部，置于石棉网上，用铁夹固定盛满水的圆底烧瓶。用酒精灯从石棉网下方绕烧杯底部周围小火缓缓加热，观察烧杯内的变化。当烧杯底部的样品全部升华到圆底烧瓶底部或小烧杯的侧壁后，停止加热，待稍冷后，将小烧杯周围以及圆底烧瓶底部的樟脑用刀子小心刮下，称重，计算回收率。

　　将所得纯品配制成乙醇溶液❶，测定旋光度，并与粗品比较。

【思考题】

　　1. 被提纯样品若集层太厚有何不好？

　　2. 温度高于熔点操作有何不好？

　　3. 升华面与冷凝面相距太近或太远各有什么弊端？

2.4.7　物质的干燥

　　干燥（drying）是指除去固体、液体或气体中的水分。无论是液体、固体或者气体物质，在对它们进行波谱分析或定性、定量化学分析之前，都必须使它完全干燥，否则将会影响结果的准确性。尤其是液体有机物在蒸馏前通常要先行干燥以除去水分，这样可以使前馏分大大减少；有时也是为了破坏某些液体有机物与水生成共沸混合物。另外，很多化学反应需要在"绝对"无水条件下进行。不但所用的原料及溶剂要干燥，而且还要防止空气中的潮气侵入反应容器。因此在化学实验中，试剂和产品的干燥具有十分重要的意义。根据除水原理，干燥方法可分为物理方法和化学方法。

　　常见的物理方法有风干、冻干、加热、吸附、分馏、共沸蒸馏、超临界干燥等，也可采用离子交换树脂或分子筛、硅胶等吸附剂除水。离子交换树脂和分子筛均属多孔类吸水性固体，受热后又会释放出水分子，故可反复使用。

　　化学方法除水主要是利用干燥剂（desiccant）与水分发生可逆反应或不可逆反应来除水。例如，无水氯化钙、无水硫酸镁（钠）等能与水反应，可逆地生成水合物；另有一些干燥剂（如金属钠、五氧化二磷、氧化钙等）可与水发生不可逆反应生成新的化合物。

2.4.7.1　固体化合物的干燥

　　固体化合物一般采用自然晾干，或在红外灯、电热恒温干燥箱内烘干。烘干时，设备的温度应低于化合物的熔点、风化温度。还必须注意，由于溶剂的存在，固体可能在较其熔点

---

　　❶　若个人的产品质量不足，可合并若干同学的样品，集中配制溶液。

低很多的温度下就开始熔融了，因此必须十分注意控制温度并经常翻动样品。

对于极易吸潮的化合物，可置于干燥器或真空干燥器中干燥。普通干燥器的盖与缸身之间的平面经过磨砂，在磨砂处涂以润滑脂，使之密闭。缸中有多孔瓷板，瓷板下面放置干燥剂，上面放置盛有待干燥样品的培养皿等。

真空条件下，可以在较低的温度下对样品进行干燥。真空干燥装置包括真空干燥器、冷凝管及真空泵。干燥器顶部经活塞接通冷凝管。冷凝管的另一端顺序连接吸滤瓶、干燥塔和真空泵。蒸汽在冷凝管中凝聚后滴入吸滤瓶中。干燥器内放有干燥剂可以干燥和保存样品。样品量少可用真空干燥器，样品量大可用真空干燥箱（见图 2.3-5）。但被干燥物的量应适当，以免液体起泡溢出容器，造成损失和污染真空干燥箱。真空干燥器与普通干燥器不同之处在于盖上有玻璃活塞，用以抽真空，活塞下端呈弯钩状，口向上，防止在通向大气时，因空气流入太快将固体冲散。样品最好置于成套培养皿中。

干燥器内使用的干燥剂应按样品所含的溶剂来选择。例如，五氧化二磷可吸水；生石灰可吸水或酸；无水氯化钙可吸水或醇，氢氧化钠吸收水和酸；石蜡片可吸收乙醚、氯仿、四氯化碳和苯等。有时在干燥器中同时放置两种干燥剂，如在底部放浓硫酸（在 1L 浓硫酸中溶有 18g 硫酸钡的溶液放在干燥器底部，如已吸收了大量水分，则硫酸钡就沉淀出来，表明已不再适用于干燥而需重新更换）。另用浅的器皿盛氢氧化钠放在瓷板上，这样来吸收水和酸，效率更高。

微波干燥　微波是频率在 300MHz 到 300×10^3 MHz 的电磁波（波长 1m～1mm），频率与分子转动能级相匹配。物料介质由极性分子和非极性分子组成，在电磁场作用下，这些极性分子从随机分布状态转为依电场方向进行取向排列。微波发生器将微波辐射到干燥物料上，当微波射入物料内部时，促使水等极性分子随微波的频率作同步旋转，在微波电磁场作用下，这些取向运动以每秒数十亿次的频率不断变化，造成分子的剧烈运动与碰撞摩擦，从而产生热量，达到电能直接转化为介质内热能的目的。

由极性小分子所组成的物质，能较好地吸收微波能。水分子呈极强的极性，是吸收微波的最好介质，所以凡含水分子的物质必定吸收微波。另一类由低极性大分子和离子型巨分子组成，它们基本上不吸收或很少吸收微波，这类物质有聚四氟乙烯、聚丙烯、聚乙烯、聚砜等塑料制品和玻璃、陶瓷等，它们能透过微波，而不吸收微波。这类材料可作为微波加热用的容器或支承物，或做密封材料。

微波干燥的特点：①效率高、节约能源、加热均匀。微波具有穿透性，能穿透到样品内部加热，做到里外同时加热，所以电热效率高、加热均匀、热损失小。与常规电热干燥相比，一般可节电 1/3～1/2。②控制方便及时、不受气候条件影响，微波设备即开即用，没有热惯性，微波功率的大小、传输速度可连续平滑调节。③微波设备加热时本身没有热辐射，可改善实验条件。设备结构紧凑、占地面积小。

实验 24　小麦面粉水分、粗灰分的测定

【实验目的】

1. 掌握热敏感有机样品的一般干燥方法，掌握以面粉为代表的植物类样品或衍生品中灰分的测定方法和操作技能。

2. 掌握真空烘箱、高温电炉等的使用方法，进一步熟练天平称量操作。

3. 学习恒重的基本操作技能。

【预习要点】

1. 查阅文献，找到与本实验相关的国家标准。

2. 恒重的操作要领。

3. 真空烘箱、马弗炉的使用操作注意事项。

【实验原理】

水是食品的重要组成成分和生产的原料，水分含量对食品的鲜度、软硬性、流动性、呈味性、保藏性、加工性等许多方面有着重要的作用。水分与微生物活动有重要关系。因此，水分是食品检验中的重要检验项目之一。小麦粉颗粒细小，与外界接触面积大，吸湿性强，高湿条件下易发热霉变；另外，高湿的环境下储存或储存时间过久，小麦粉中的脂肪容易在酶和微生物或空气中氧作用下被不断分解产生低级脂肪酸和醛、酮等酸、苦、臭物质，使小麦粉发酸变苦。因此水分控制是面粉在储运中的重中之重。水分的测定方法很多，主要有直接干燥法、真空干燥法、蒸馏法、卡尔·费休法、电测法、近红外分光光度法、气相色谱法、核磁共振法等。本实验利用真空干燥称重法测定面粉中的水分含量。不使用直接干燥法的原因在于该法的干燥温度过高，会造成干燥过程中面粉组分热分解，或与空气氧发生反应，致使结果不准。

真空干燥法是利用压力降低、沸点降低的原理，在一定的真空度下加热样品，使样品中水分在较低温度下干燥，干燥后样品质量的减少即为水分的质量。

食品经高温灼烧后残留的无机物质称为灰分。食品中，除以碳、氢、氧、氮四种元素为主构成的有机化合物及水分外，还含有较丰富的无机成分，又称矿物质。这些组分在高温灼烧时，发生一系列物理变化和化学变化，最后有机组分分解挥发逸散，而无机组分以无机盐或氧化物形式残留下来。因此，灰分是反映食品中无机成分总量的一项指标。灰分除可反映食品中矿物质总量外，对于某些食品，其灰分含量还可反映食品的加工精度。如小麦粉的产品标准中灰分是产品等级划分的重要指标之一，这是由于小麦麸皮中灰分含量比胚乳高 20 倍左右，面粉的加工精度越高，其灰分的含量越低。当然，食品加工过程中来自环境污染混入食品中的泥沙等机械杂质也是灰分的组成。因此食品灰分的测定是评价食品质量的一项重要指标。我国的面粉品种即是按灰分多少，粗细度等为标准进行分类的。灰分通常采用灼烧重量法测定。

样品在 500～600℃灼烧灰化时，发生一系列变化：水分及挥发性物质以气态蒸发；有机物中的碳、氢、氧、氮等元素与有机物中的氧及空气中的氧生成二氧化碳、氮的氧化物和水而散失；有机物中的金属元素转变为碳酸盐或金属氧化物；有些组分转变为氧化物、磷酸盐、硫酸盐或卤化物；有的易挥发元素或直接挥发散失，或生成容易挥发的化合物散失。

样品的组分不同，灼烧条件不同，残留物也有所不同。残留物中原有的无机组分并不相同。例如，存在于样品中的含氯、铅、碘等易挥发元素因挥发而散失，硫、磷等可以以含氧酸形式挥发失散，使结果偏低；另一方面，在灰分中，金属元素可能以氧化物形式存在，这些金属氧化物也可吸收由有机物分解产生的二氧化碳而形成碳酸盐。灰分并不能准确地表示食品中原有的无机组分的总量。因此，通常把食品灼烧残留物称为粗灰分。

【仪器与试剂】

电热烘箱，真空烘箱（及配套真空泵、干燥装置，见附图1），马弗炉，分析天平，调温电炉，干燥器，称量瓶，坩埚；市售面粉。

【实验步骤】

1. 水分测定

取洁净玻璃扁形称量瓶，置于 105℃±5℃电热烘箱中，瓶盖斜支于瓶边，加热 0.5～1h，取出盖好。置干燥器内冷却 30min，称量 m_0，

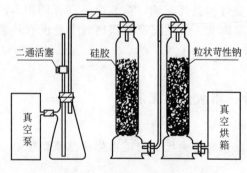

二通活塞　硅胶　粒状苛性钠

真空泵　真空烘箱

附图 1　真空干燥工作流程图

并重复干燥至恒重。

将面粉加入称量瓶内，使其厚度≤5mm，加盖，精密称取其质量 m_1 后，置于真空烘箱内，瓶盖斜支于瓶边，上紧真空烘箱密封门，开启真空。至所需压力 40～53.3kPa（300～

400mmHg），并同时加热至所需温度（60～65℃）。关闭真空泵上的活塞，停止抽气，使烘箱内保持一定的温度和压力。干燥 2h 后，打开活塞使空气经干燥瓶缓缓进入烘箱内，撤去真空。打开烘箱门，盖好称量瓶，取出，放入干燥器内冷却 0.5h 后称量。然后再重复干燥 1h 左右，取出放入干燥器内 0.5h 后再称量。如此反复操作，直至前后两次质量差不超过 0.2mg，即为恒重质量 m_2。同时记录真空度和温度。

样品水分含量以下式计算：

$$水分（\%）=\frac{m_1-m_2}{m_1-m_0}\times100\%$$

式中，m_0 为称量瓶恒重质量，g；m_1 为称量瓶＋样品质量，g；m_2 为称量瓶＋样品干燥后恒重质量，g。

2. 粗灰分测定

取大小适宜的瓷坩埚置马弗炉中，在 600℃ 下灼烧 30min，冷至 200℃ 以后，取出，放入干燥器中冷至室温，精密称量，并重复灼烧至恒重 m_0。

往坩埚中加入面粉 2g 左右，并精密称量质量 m_1。

在电炉上以小火加热使样品充分炭化至无烟。然后置于马弗炉中，在 550℃ 下灼烧至灰白色（一般需 2～4h，如灰化不完全，可沿壁滴加几滴双氧水，以湿润样品即可，再灼烧）。冷至 200℃ 以下后取出，放入干燥器中冷至室温，称量。

再放入 550℃ 马弗炉中灼烧 1h，冷却，称重。重复灼烧至前后两次称量相差不超过 0.3mg 即为恒量 m_2。

粗灰分含量以下式计算：

$$面粉粗灰分=\frac{m_2-m_0}{m_1-m_0}\times100\%$$

根据结果，判断你的样品属于哪一级面粉？

实验 25　氯化钡中结晶水的测定

【实验目的】

学习气化法测定氯化钡中结晶水的方法和原理，掌握其操作技术。

【预习要点】

重量分析基本原理（参见本教材 2.8.3 重量分析法）。

【实验原理】

结晶水是水合结晶物质结构内部的水，加热至某一定温度时，即可失去。失去结晶水的温度随物质不同而不同。$BaCl_2 \cdot xH_2O$ 中结晶水的失去温度为 120～125℃。一定量的结晶氯化钡（barium chloride）【10326-27-9】，在该温度下加热至质量不再改变，所减少的质量即为结晶水的质量。

$BaCl_2$ 暴露在空气中会吸收其中的水分，这部分水称吸湿水。吸湿水加热到较低温度（100～105℃）即可失去，但在该温度下也可能失去部分结晶水。利用在烘箱中于 125℃ 恒温加热减重的方法，测得的是吸湿水和结晶水的总和。因此，准确测定 $BaCl_2 \cdot xH_2O$ 中结晶水，需取用新结晶的试样。

【仪器与试剂】

分析天平，恒温干燥箱及称量瓶；新结晶的 $BaCl_2 \cdot xH_2O$ 试样。

【实验步骤】

1. 恒重称量瓶

取两个称量瓶，洗净后置于烘箱中，在 125℃ 恒温下烘 1.5～2h（烘时应将瓶盖横搁在瓶口上）。取出稍冷后，置于干燥器中冷却至室温。准确称取称量瓶的质量。再将称量瓶放入烘箱中烘 30min，冷却后称量，重复进行，直至恒重（$\Delta m < 0.2mg$），记为 m_1（g）。

2. 试样的测定

在分析天平上准确称取 1.4～1.5g 两份新结晶的纯 $BaCl_2 \cdot xH_2O$ 试样，分别于两个已恒重的称量瓶中，盖好瓶塞，再准确称取瓶及试样的质量 m_2（g）。试样量 $m_s = m_2 - m_1$（g）。

将盛有试样的称量瓶按恒重称量瓶的相同操作烘干、冷却、称量，直至恒重，记为 m_3。试样中水的质量 $m = m_3 - m_1$（g）。

根据实验所得各称量数据计算氯化钡中结晶水的质量分数，写出结晶氯化钡的分子式。

【注意事项】

1. 温度不要高于 125℃，否则 $BaCl_2$ 可能会有部分挥发。

2. 第一次加热时间不能少于 1h。称量瓶放在干燥器中的冷却时间大约需 30min，重复操作的冷却时间应保持一致。

3. 在热的情况下，称量瓶的盖子不要盖严，以免冷却后盖子不易打开。

4. 所有的称量要在同一台天平上完成。

【思考题】

1. 本实验中为什么称量瓶一定要先恒重？

2. 本实验中每份试样为什么称取 1.4～1.5g 范围？

3. 由实验结果写出求 $BaCl_2 \cdot xH_2O$ 中 x 的计算式。

2.4.7.2　液体化合物的干燥

液体化合物的干燥方法大致可分为物理法和化学法两种。物理法有吸附、分馏、利用共沸蒸馏将水分带走等方法。化学法是用干燥剂来进行去水，去水作用又可分为两类。一类是干燥剂能与水可逆地结合成水合物，如氯化钙、硫酸镁等。用这类干燥剂干燥含水的有机液体时，无论加入量多少都不可能除去全部水分，所以在应用这些干燥剂对液体有机化合物干燥时，在蒸馏时总会有前馏分。如加入干燥剂的量过多，将会使有机液体被吸附而损失增多；通常这类干燥剂成为水合物需要一定的平衡时间，这就是液体有机物进行干燥时为什么要久置的道理。加热可以缩短生成水合物的平衡时间，所以干燥时可先在水浴上加热，然后再在尽量低的温度下放置，以提高干燥效果。干燥剂吸收水分是可逆的，因此，在进行蒸馏以前，必须将这类干燥剂滤去。另一类是干燥剂与水发生不可逆的化学反应而生成一个新的化合物，如金属钠、五氧化二磷。这类干燥剂在进行蒸馏以前不必滤去。

离子交换树脂和分子筛也常用来进行脱水干燥。如苯磺酸钾型阳离子交换树脂是由苯乙烯和二乙烯基苯共聚后经磺化、中和等处理的细圆珠状粒子，内有很多空隙，可以吸附水分子。如果将其加热至 150℃ 以上，被吸附的水分子又将释出。分子筛是多水硅铝酸盐的晶体，晶体内部有许多孔径大小均一的孔道和占本身体积一半左右的许多孔穴，它允许小的分子"躲"进去。从而达到将不同大小的分子"筛分"的目的。例如 4A 型分子筛是一种硅铝酸钠 [$NaAl(SiO_3)_2$]，微孔的表观直径约为 4.2Å（1Å = 0.1nm），能吸附直径 4Å 的分子。5A 型的是硅铝酸钙钠 [$Na_2SiO_3 \cdot CaSiO_3 \cdot Al(SiO_3)_3$]，孔表观直径为 5Å，能吸附直径为 5Å 的分子（水分子的直径为 3Å，最小的有机分子 CH_4 的直径为 4.9Å）。吸附水分子后的分子筛可经加热至 350℃ 以上进行解吸后重新使用。

干燥剂的选择　干燥液体化合物时，通常是干燥剂直接与其接触，因而所用的干燥剂必须不与该物质发生化学反应或起催化作用，也不溶解于该液体中，而且还应该有一定的吸水量。例如酸性物质不能用碱性干燥剂，而碱性物质则不能用酸性干燥剂。有的干燥剂能与某些被干燥的物质生成络合物，如氯化钙易与醇类、胺类形成络合物，因而也不能用来干燥这些液体。强碱性干燥剂（如氧化钙、氢氧化钠）能催化某些醛类或酮类发生缩合、自动氧化等反应，也能使酯类或酰胺类发生水解反应；氢氧化钾（钠）还能显著地溶解于低级醇中。因此在选用干燥剂时，一定要细心考虑。

在使用干燥剂时，还要考虑干燥剂的吸水容量和干燥效能。吸水容量是指单位重量干燥剂所吸收的水量，干燥效能是指达到平衡时液体干燥的程度。对于形成水合物的无机盐干燥剂，常用吸水后结晶水的蒸汽分压来表示。例如，硫酸钠形成 10 个结晶水的水合物，其吸水容量达 1.25。氯化钙最多能形成 6 个结晶水的水合物，其吸水容量为 0.97。两者在 25℃ 时水蒸气分压分别为 0.26kPa 及 0.04kPa。因此，硫酸钠的吸水量较大，但干燥效能弱；而氯化钙的吸水量较小，但干燥效能强。所以在干燥含水量较多而又不易干燥（如含有亲水性基团）的化合物时，常先用吸水量较大的干燥剂除去大部分水分，然后再用干燥性能强的干燥剂干燥。此外选择干燥剂时还要考虑干燥速度和价格，常用的干燥剂的性能见表 2.4-6。

表 2.4-6　常用干燥剂的性能与应用范围

干燥剂	吸水作用	吸水容量	干燥效能	干燥速度	应用范围
Na_2SO_4	$Na_2SO_4 \cdot nH_2O$	1.25	弱	缓慢	中性，用于有机液体的初步干燥
$MgSO_4$	形成 $MgSO_4 \cdot nH_2O$，$n=1,2,4,5,6,7$	1.05，按 $MgSO_4 \cdot 7H_2O$ 计	较弱	较快	中性，适用于各种化合物的干燥
$CaCl_2$	形成 $CaCl_2 \cdot nH_2O$ $n=1,2,4,6$	0.97，按 $CaCl_2 \cdot 6H_2O$ 计	中等	较快	因形成络合物而不能干燥醇、酚、胺、酰胺及某些醛酮等。需久置
$CaSO_4$	$2CaSO_4 \cdot H_2O$	0.06	强	快	中性，常与硫酸镁（钠）配合，做最后干燥
K_2CO_3	$2K_2CO_3 \cdot H_2O$	—	较弱	慢	弱碱性，用于干燥醇、酮、酯及胺、杂环等碱性化合物；不用于干燥酸、酚及其他酸性化合物
$NaOH$、KOH	溶于水	—	中等	快	强碱性，用于干燥胺及杂环等碱性化合物
Na	反应型	—	强	快	限于干燥醚及烃类化合物，不得用于任何卤代烃
CaO	反应型	—	强	较快	适于干燥低级醇类
CaH_2	反应型生成 $Ca(OH)_2$，H_2	—	强	快	用于烃、醚、胺、酯、C_4 醇和更高级的醇（勿用于 C_1 醇、C_2 醇、C_3 醇），不得用于醛和活泼羰基化合物
P_4O_{10}	反应型	—	强	较快	适于干燥烃、醚、卤烃、腈等；不适用于干燥酸、酚、醇、醛、酮、胺等
分子筛	物理吸附	约 0.25	强	快	适用于各种化合物的干燥
$LiAlH_4$	与水生成 $LiOH$、$Al(OH)_3$、H_2	—	强	快	只使用于惰性溶剂，使用时要小心；多余者可慢慢加入乙酸乙酯加以破坏

干燥剂的用量　干燥剂的用量可根据水在非水液体中的溶解度（从手册查出或从它在水中的溶解度来推测，难溶于水者，水在它里面的溶解度也不会大。但须注意：这种关系并不完全互易！）或根据它的结构来估计干燥剂的用量（水在极性有机物中的溶解度较大）。一般对于含有亲水性基团的化合物（如醇、醚、胺等），所用的干燥剂要适当多些。由于干燥剂也能吸附一部分液体，所以干燥剂的用量应控制得当。一般干燥剂的用量为每 10mL 液体需 0.5～1g，但由于液体中的水分含量不等，干燥剂的质量、颗粒大小和干燥时的温度不同，以及干燥剂也可能吸附一些产物（如氯化钙吸收醇）等诸多原因，因此很难规定具体的数量。操作者应细心地积累这方面的经验。在实际操作中，加入干燥剂后，如果发现干燥剂附着瓶壁，互相黏结，通常表示干燥剂不够，应继续添加；如果在有机液体中存在较多的水分，这时常有可能出现少量的水层，必须将此水层分去或用吸管将水层吸去，再加入一些新的干燥剂，放置一段时间（至少半小时，最好放置过夜），并不时加以振摇。干燥一定时间后，观察干燥剂的形态，若它的大部分棱角还清楚可辨，这表明干燥剂的量已足够了。有时

在干燥前，液体呈浑浊，经干燥后变为澄清，这并不一定说明它已不含水分，澄清与否和水在该化合物中的溶解度有关。然后将已干燥的液体通过置有折叠滤纸的漏斗直接滤入烧瓶中进行蒸馏。对于某些干燥剂，如金属钠、石灰、五氧化二磷等，由于它们和水反应后生成比较稳定的产物，有时可不必过滤而直接进行蒸馏。

2.4.7.3　冷冻干燥

冷冻干燥（freeze drying）系统是在真空状态下，通过升华将冷冻的样品直接转变为干燥状态，又称升华干燥（drying by sublimation）。在真空升华干燥过程中，样品始终处于冷

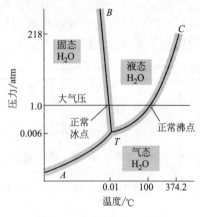

图 2.4-35　H_2O 的 p-T 图
1atm=101325Pa

冻状态，微小冰晶体的升华呈现多孔结构，并保持原先冻结的体积，极易再次溶解并能恢复原有的新鲜状态，生物活性不变。由于冷冻干燥有上述优点，所以适合于对热敏感，易吸湿，易氧化，易变性的样品（如蛋白质、酶、核酸、抗菌素、激素等），广泛应用于科研和生产。

冷冻干燥的程序包括冻结、升华和再干燥。冷冻干燥的原理可用溶剂的相图来说明，如图 2.4-35。

当温度在三相点（triple point）T 以下，将压力降至 TA 线以下，溶剂（通常是水）就可以由固相直接升华为汽相。例如，冰在 $-40℃$ 时其上方的蒸汽压为 13.3Pa，在 $-60℃$ 时其上方的蒸汽压为 1.33Pa。固态的冰升华为水蒸气时要吸收大量的热，升华热为 50.81kJ/mol，所以升华时又可以使固态的冰进一步降温，空气潮湿时可以看见装有固态冰的容器外壁上结有霜。

冷冻干燥得到的生物活性固体样品有突出的优点：①由于是由冰冻状态直接升华为气态，所以样品不起泡，不暴沸；②得到的干粉样品不粘壁，易取出；③冻干后的样品是疏松的粉末，易溶于水。

实现真空冷冻干燥的必要条件是干燥过程的压力应低于操作温度下冰的饱和蒸汽压。常控制在相应温度下冰的饱和蒸汽压的 1/4～1/2。在实验室中可以自行组装小型简易的冻干干燥器，方法如下。①准备一个较大的玻璃真空干燥器，将样品置于小培养皿中速冻后放入干燥器内，器内已事先用两个小培养皿分别盛有 KOH（或 NaOH）和 P_2O_5，干燥器通过一个两端塞上棉花，其中装满 P_2O_5 的干燥管与真空泵相连，抽真空后，经过 5～10h 就可以得到冷冻干燥的样品。②将样品溶液置于一个圆底烧瓶瓶内，将烧瓶浸入干冰-乙醇低温浴（$-60℃$）中，样品即被速冻成冰块，将烧瓶标准磨口通过磨口管与一个冷阱相连，冷阱内放有干冰-乙醇混合液，冷阱的另一个出口管与真空泵相连，抽真空时汽化的水汽就冻结在冷阱的内壁上，抽真空数小时后即可在烧瓶中得到冻干的样品。此简易装置也可用于冻干含有少量乙醇、甲醇、丙酮等常用有机溶剂的样品，可重复以下的操作除去这些有机溶剂：样品速冻→抽真空至恒定→使样品升温至室温挥发有机溶剂→再速冻样品，如此反复多次，以除尽有机溶剂，否则样品不易冻干。

2.4.8　吸附

固体表面的分子或原子因受力不均衡而具有剩余的表面能，当某些物质碰撞固体表面时，受到这些不平衡力的吸引而停留在固体表面上，这就是吸附。这里的固体称为吸附剂（adsorbent）；被固体吸附的物质称为吸附质（adsorbate）；吸附的结果是吸附质在吸附剂上浓集，吸附剂的表面能降低。前述物质的干燥，尤其是流体物质的干燥，本质上应归于吸附范畴。吸附是多相催化的基础。

溶质从溶液中移向固体颗粒表面，发生吸附，是溶剂、溶质和固体颗粒三者相互作用的结果。引起吸附的主要原因在于溶质对溶剂的疏远特性和溶质对固体颗粒的高度亲和力。溶

质的溶解程度是确定第一种原因的重要因素：溶质的溶解度越大，则向表面运动的可能性越小；相反，溶质的憎溶剂性越大，向吸附界面移动的可能性越大。吸附作用的第二种原因主要由溶质与吸附剂之间的静电引力、范德华引力或化学键力所引起。

吸附分为物理吸附和化学吸附。物理吸附类似于气体的凝聚，本质在于固体表面不平衡力场的存在，也称为范德华吸附，它是吸附质和吸附剂以分子间作用力为主的吸附。化学吸附类似于化学反应，本质是化学键力。物理吸附一般无选择性，任何固体皆可吸附任何气体，可以是单分子层吸附，也可以是多分子层吸附。其吸附热的数值与气体的液化热相近（$8\sim20kJ/mol$）。吸附和解吸速率都很快，且一般不受温度的影响，也就是说不需要吸附活化能，或即使需要也很小。在吸附过程中，没有电子的转移，没有化学键的生成与破坏，没有原子的重排等。因此只有物理吸附不能对分子起到活化作用。化学吸附则具有选择性，总是单分子层吸附且不易解吸。吸附热的数值很大（$40\sim800kJ/mol$），与化学反应接近同一个数量级。吸附和解吸速率都很小，而且温度升高吸附和解吸速率增加，也就是说除极少数外，化学吸附需要活化能。化学吸附涉及化学键的断裂，原子的重排，其效应极类似于将分子激发到第一激发态，使化学吸附的分子更接近于将要转化成的产物分子。化学吸附键合的模型，包括几何的（基团的）和电子的（配位的）效应两个方面，气体分子基于这两种效应寻求与表面适合的几何对称性和电子轨道，以进行化学吸附。而物理吸附的作用，只是在于降低随后进行的化学吸附的活化能。

2.4.8.1　吸附剂的选择与分类

吸附分离的效果很大程度上取决于吸附剂的性能，实验中通常要求吸附剂满足以下要求。

① 具有较大的内表面。这样吸附容量才高，用量较少。

② 选择性高。吸附剂对不同的吸附质具有不同的吸附能力，其差异愈显著，分离效果愈好。

③ 有良好的物理及化学稳定性。耐热冲击，耐腐蚀。

④ 容易再生，易得，价廉。

吸附剂可分为两大类：一类是天然的吸附剂，如硅藻土、白土、天然沸石等；另一类是人工制作的吸附剂，主要有活性炭、活性氧化铝、硅胶、合成沸石分子筛、有机树脂吸附剂等。下面介绍几种广泛应用的人工制作的吸附剂。

（1）疏水或非极性吸附剂

活性炭（activated carbon）是疏水性的物质，它最适宜从极性溶剂，尤其是水溶液中吸附非极性物质。活性炭主要成分除碳以外，还含有少量的氧、氢、硫等元素，以及水分、灰分。它具有良好的吸附性能和稳定的化学性质，具有非极性表面，比表面积较大，可以耐强酸、强碱，能经受水浸、高温、高压作用，不易破碎。再生容易。不足之处是活性炭作为吸附剂的选择性差。

活性炭可用动植物（如木材、锯木屑、木炭、椰子壳、脱脂牛骨、兽血）、煤（如泥煤、褐煤、沥青煤、无烟煤）、石油（石油残渣、石油焦）、纸浆废液、废合成树脂及其他有机残物等作原料制作。原料经粉碎，加热脱水（$120\sim130\,℃$）、炭化（$170\sim600\,℃$）、活化（$700\sim900\,℃$）而制得。在制造过程中，活化是关键，有药剂活化（化学活化）和气体活化（物理活化）两类方法。药剂活化法是把原料与适当的药剂，如 $ZnCl_2$、H_2SO_4、H_3PO_4、碱式碳酸盐等混合，再升温炭化和活化。由于 $ZnCl_2$ 等的脱水作用，原料里的氢和氧主要以水蒸气的形式放出，形成了多孔性结构发达的炭。该烧成物中含有相当多的 $ZnCl_2$，因此要添加 HCl 以回收 $ZnCl_2$，同时除去可溶性盐类。与气体活化法相比，$ZnCl_2$ 法的固碳率高，成本较低，几乎被用在所有粉状活性炭的制造上。气体活化法是把成型后的炭化物在高温下与 CO_2、水蒸气、空气、Cl_2 及类似气体接触，利用这些活化气体进行碳的氧化反应（水煤气反应），并除去挥发性有机物，使微孔更加发达。活化温度对活性炭吸附性能影响很大，当温度在1150℃以下时，升温可使吸附容量增加，而温度超过1150℃时，升温反而不利。

活性炭种类很多，可以根据原料、活化方法、形状及用途来分类和选择。

与其他吸附剂相比，活性炭具有巨大的比表面和特别发达的微孔。通常每克活性炭的比表面积高达$500\sim1700m^2$，这是活性炭吸附能力强，吸附容量大的主要原因。当然，比表面积相同的炭，对同一物质的吸附容量有时也不同，这与活性炭的内孔结构和分布以及表面化学性质有关。一般每克活性炭的微孔容积约为$0.15\sim0.9mL$，表面积占总表面积的95％以上；中孔容积为$0.02\sim0.1mL$，除特殊活化方法外，表面积不超过总表面积的5％；大孔容积为$0.2\sim0.5mL$，而表面积仅为$0.2\sim0.5m^2$。在液相吸附时，吸附质分子直径较大，如着色成分的分子直径多在$3\times10^{-9}m$以上，这对微孔几乎不起作用，吸附容量主要取决于中孔。

活性炭的吸附以物理吸附为主，但由于表面氧化物存在，也进行一些化学选择性吸附。如果在活性炭中掺入一些具有催化作用的金属离子（如掺银）可以改善处理效果。

（2）亲水或极性吸附剂

适用于非极性或极性较小的溶剂。如硅胶、氧化铝等皆属此类。

硅胶（silicagel）的分子式通常用$SiO_2\cdot nH_2O$表示。每克硅胶的比表面积达$800m^2$。实验室用硅胶有球型、无定型、加工成型和粉末状四种。硅胶是亲水性的极性吸附剂，对不饱和烃、甲醇、水分等有明显的选择性。主要用于气体和液体的干燥、溶液的脱水。

活性氧化铝（γ-氧化铝，active aluminum oxide）是一种极性吸附剂，对水分有很强的吸附能力。每克活性氧化铝比表面积为$200\sim500m^2$，用不同的原料，在不同的工艺条件下，可制得不同结构、不同性能的活性氧化铝。活性氧化铝主要用于气体的干燥和液体的脱水，如汽油、煤油、芳烃等液体的脱水；空气、氮、氢气、氯气、氯化氢和二氧化硫等气体的干燥。

沸石分子筛（zeolite）是指硅铝酸金属盐的晶体，它是一种强极性的吸附剂，对极性分子，特别是对水有很大的亲和能力，每克沸石分子筛的比表面积可达$750m^2$，具有很强的选择性。常用于石油馏分的分离、各种气体和液体的干燥等场合，如从混合二甲苯中分离出对二甲苯，从空气中分离氧。

另外，吸附剂可以是中性、酸性或碱性。碳酸钙、硫酸镁等属中性吸附剂。氧化铝、氧化镁等属碱性吸附剂。酸性硅胶、铝硅酸盐属酸性吸附剂。

碱性的吸附剂适宜于吸附酸性的物质，而酸性的吸附剂适宜于吸附碱性的物质。氧化铝及某些活性白土为两性化合物，因为经酸或碱处理后很容易获得另外的性质。

各种离子交换树脂也是属于极性吸附剂，因为它是两性化合物，具有离子交换剂的性质。

2.4.8.2 影响吸附的因素

影响吸附的因素是多方面的，吸附剂结构、吸附质性质、吸附过程的操作条件等都影响吸附效果。认识和了解这些因素，对选择合适的吸附剂，控制最佳的吸附实验条件都是重要的。

（1）吸附剂结构

比表面积 单位质量吸附剂的表面积称为比表面积（specific surface area）。吸附剂的粒径越小，或是微孔越发达，其比表面积越大。吸附剂的比表面积越大，则吸附能越强。当然，对于一定的吸附质，增大比表面的效果是有限的。对于大分子吸附质，比表面积过大的效果反而不好，微孔提供的表面积不起作用。

孔结构 吸附剂的孔结构如图2.4-36所示。吸附剂内孔的大小和分布对吸附性能影响很大。孔径太大，比表面积小，吸附能力差；孔径太小，则不利于吸附质扩散，并对直径较大的分子起屏蔽作用，吸附剂中内孔一般是不规则的，孔径范围为 $10^{-4} \sim 10^{-1} \mu m$，通常将孔半径大于 $0.1 \mu m$ 的称为大孔，$2 \times 10^{-3} \sim 10^{-1} \mu m$ 的称为中孔，而小于 $2 \times 10^{-3} \mu m$ 的称为微孔。大孔的表面对吸附能力贡献不大，仅提供吸附质和溶剂的扩散通道。中孔吸附较大分子溶质，并帮助小分子溶质通向微孔。大部分吸附表面积由微孔提供。因此吸附量主要受中孔支配。采用不同的原料和活化工艺制备的吸附剂其孔径分布是不同的。再生情况也影响孔的结构。分子筛因其孔径分布十分均匀，而对某些特定大小的分子具有很高的选择吸附性。

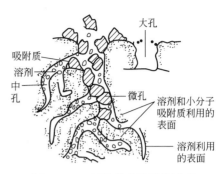

图 2.4-36　活性炭的孔结构示意

表面化学性质　活性炭吸附剂在制造过程中会形成一定量的不均匀表面氧化物，其成分和数量随原料和活化工艺不同而异。一般把表面氧化物分成酸性的和碱性的两大类，并按这种分类来解释其吸附作用。经常指的酸性氧化物基因有羧基、酚羟基、醌型羰基、正内酯基、荧光型内酯基、羧酸酐基及环式过氧基等。其中羧酸基、内酯基及酚羟基被多次报道为主要酸性氧化物，对碱金属氢氧化物有很好的吸附能力。酸性氧化物在低温（<500℃）活化时形成。对于碱性氧化物的说法尚有分歧。碱性氧化物在高温（800～1000℃）活化时形成，在溶液中吸附酸性物质。

表面氧化物成为选择性的吸附中心，使活性炭具有类似化学吸附的能力，一般说来，有助于对极性分子的吸附，削弱对非极性分子的吸附。

（2）吸附质的性质

对于一定的吸附剂，由于吸附质性质的差异，吸附效果也不一样。通常有机物在水中的溶解度随着链长的增长而减小，而活性炭的吸附容量却随着有机物在水中溶解度减少而增加，也即吸附量随有机物分子量的增大而增加。如活性炭对有机酸的吸附量按甲酸<乙酸<丙酸<丁酸的次序而增加。

用活性炭处理实验室废水时，对芳香族化合物的吸附效果较脂肪族化合物好，不饱和链有机物较饱和链有机物好，非极性或极性小的吸附质较极性强吸附质好。应当指出，实际体系的吸附质往往不是单一的，它们之间可以互相促进、干扰或互不相干。

（3）吸附实验操作条件

吸附是放热过程，低温有利于吸附，升温有利于脱附。

溶液的 pH 值影响到溶质的存在状态（分子、离子、络合物），也影响到吸附剂表面的电荷特性和化学特性，进而影响到吸附效果。

在吸附操作中，应保证吸附剂与吸附质有足够的接触时间。一般接触时间选择 $0.5 \sim 1.0h$。

另外，吸附剂的脱附再生效果、溶液的组成和浓度以及其他因素也影响吸附效果。

实验 26　染色废水的脱色处理

【实验目的】

1. 了解活性炭等吸附剂的脱色原理。

2. 学会使用 721 分光光度计测定吸光度、吸收曲线的实验方法。

3. 进一步熟练掌握过滤操作。

【预习要点】

1. 本书 2.4.8 吸附理论与影响因素，活性炭脱色原理。

2. 本书 2.9.2 节分光光度计的使用方法。

【实验原理】

工业废水处理中，染色废水的脱色处理的方法有吸附脱色、絮凝脱色、氧化脱色、生物脱色和电化学法脱色，而比较常用的方法是利用吸附剂对其进行脱色。经常用到的吸附剂有活性炭、粉煤灰、层析氧化铝等。

一般吸附剂有一个共同特征就是都具有很大的比表面积，例如活性炭是由微小结晶部分和非结晶部分混合组成的碳素物质，平均孔径 $1 \sim 3nm$，比表面积 $500 \sim 1700m^2$。并且活性炭表面含有大量酸性或碱性基团。酸性基团有羧基、酚羟基、醌型碳基、正内脂基及环氧式过氧基等。碱性基团有似萘结构的苯噁英的衍生物或类吡喃酮结构基团。这些酸性或碱性基团的存在，特别是羧基、酚羟基的存在使活性炭不仅具有吸附能力，而且具有催化作用。本实验利用活性炭作为脱色剂对染色废水进行脱色。

【仪器与试剂】

721 分光光度计，G3 玻璃砂芯漏斗，电子天平，锥形瓶，250mL 烧杯，100mL 量筒，电炉等；染色废水（取自印染厂或皮革加工厂），活性炭；NaOH（0.1mol/L），H_2SO_4（0.05mol/L）。

【实验步骤】

1. 水样预处理

工业废水中往往含有一些悬浮物，会对光度法测定造成干扰。因此，在使用水样进行最大吸收波长测定前，要予以过滤澄清。用常压过滤的方法，用中速定性滤纸进行过滤即可。预处理水样 500mL。收集滤液保存于细口试剂瓶中，备用。

2. 水样最大吸收波长的选择

用滴管吸取染色废水，加于 1cm 比色皿中，以纯水为参比溶液，选择一定波长范围，每隔 10nm 测一次吸光度，其中在吸光度较大值附近，每隔 5nm 甚至 2nm 测定一次吸光度。以所得吸光度 A 为纵坐标，以相应波长 λ 为横坐标，在坐标纸上绘制 A 与 λ 的吸收曲线。吸收曲线（absorption curve）上吸光度最大处的波长 λ_{max}，即为最大吸收波长，亦即工作波长。

测定吸收曲线波长范围的选择，是依据废水的颜色，参照本书表 2.9-1 物质颜色和吸收光颜色的对应关系来确定的。比如，水样呈红色，则意味它的吸收光波长范围在 $480 \sim 580nm$ 之间。

3. 脱色实验

取废水 5 份，每份 50mL，分别加于 250mL 烧杯中。依据水样 pH 用稀酸或稀碱将水样调至 pH=5 左右，分别加入 0.1g、0.15g、0.2g、0.25g 和 0.30g 活性炭，搅拌均匀。然后在磁力搅拌器上搅拌并加热至 $70 \sim 80℃$，保温 5min。

趁热用玻璃砂芯漏斗过滤掉吸附剂。利用 721 型分光光度计于最大吸收波长 λ_{max} 下，以纯水为参比，用 1cm 比色皿，测定五份脱色后的水样的吸光度，记入下表，计算脱色率。找出活性炭最优使用量。

加入活性炭的量/g	0	0.1	0.15	0.20	0.25	0.30
水样吸光度（A）						
脱色率						

$$脱色率 = (1 - A/A_0) \times 100\%$$

式中，A_0、A 分别为处理前后染色废水在 λ_{max} 下的吸光度。

【思考题】

1. 用作吸附法脱色剂的物质应具备哪些性质？

2. 脱色剂的脱色效果与什么因素有关系？

3. 吸光度大小与测定误差之间的关系是什么样的？如何选择比色皿厚度？

实验 27　研究型实验——固体吸附特性的研究

【实验目的】

1. 掌握氧化-还原方法研究固体表面性质的基本方法和原理。

2. 掌握程序升温和微型催化色谱技术的一般操作和装置原理。

3. 学习分析固体负载催化剂的负载量、多组分之间的相互作用。

【预习要点】

程序升温还原技术；色谱技术；催化剂各组分之间相互作用的有关知识。

【实验原理】

程序升温还原技术（temperature programmed reduction，TPR），是在升温还原过程中，测定某些物理量的变化，以分析催化剂表面上可还原组分的量及分布的非常灵敏的方法。它可以用于表征金属氧化物、金属、金属离子交换分子筛催化剂的表面状态。很多金属催化剂在制备过程中先被制成相应的金属氧化物，然后再还原成金属，故其氧化物的存在状态（如负载、不负载、分散度、是否与其他金属共存）就决定了金属的存在状态。TPR 方法的基本原理就是将这些氧化型的催化剂放在含氢或其他还原性的气流中，按一定速率升高温度。催化剂中某些组分，依其还原能力的不同，在不同的温度下被还原。记录还原过程中变化着的信号，就可以得到催化剂表面状态的信息。最常用的方法是在一定的压力下，在恒定的 H_2/N_2 气流中，按一定速率升高温度，用热导池记录升温过程中氢浓度的变化，记录到的是在不同温度下的还原峰。如果知道还原反应的化学计量，还可以算出任何被还原组分的量。这种氢浓度随温度升高而变化的函数关系，称为 TPR 曲线，还原峰最高点所对应的温度称为 TPR 峰温。

一种固体催化剂的制备或改进的成功与否，不仅决定其体相组成，往往更多地决定于其表面组成和活性中心的分布。因此，表征催化剂表面状态的方法具有特别的重要性。已有许多方法是可以用来表征催化剂的，如 X 射线粉末衍射、电子显微镜、红外光谱、光电子能谱等，但是这些方法往往不能提供反应条件下催化剂的完整可靠信息。

金属氧化物与氢作用，可用下面的方程式表示

$$MO(s) + H_2(g) \longrightarrow M(s) + H_2O(g)$$

该反应得以进行，在热力学上必须满足：

$$\Delta G = \Delta G^{\ominus} + RT\ln\frac{p_{H_2O}}{p_{H_2}} < 0$$

由于大多数金属氧化物还原过程的标准自由能 $\Delta G^{\ominus}$ 小于零，故这些氧化物的还原在热力学上是可行的。

即使是 $\Delta G^{\ominus} > 0$ 的还原反应，在 TPR 实验条件下，生成的水蒸气不断被带出反应区，使 $RT\ln(p_{H_2O}/p_{H_2})$ 值变负，从而抵消了正的 $\Delta G^{\ominus}$，也仍然能够得到 TPR 曲线，因此 TPR 方法对含有金属氧化物的大多数固体材料都适用。

各种不同的金属氧化物，其还原反应的机理可能是不同的。

一种方式是金属氧化物表面与氢接触，发生还原作用并立即在表面上形成许多还原相金属晶粒的核心，随着反应的进行，金属微粒不断长大，也出现一些新核，故氧化物与金属间的界面在逐渐增大，直至金属颗粒生长到彼此能联结在一起，此后反应界面开始下降。以这种机制进行还原的反应，其还原等温线具有 S 形特征，反应速度随还原程度的变化有极大

值。这种反应模式称为核化模型（附图1）。

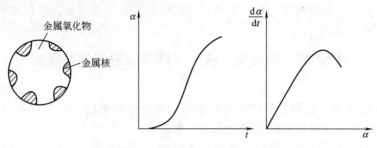

附图 1　核化模型的还原特征

另一种方式是反应界面不断减小，从反应一开始，氧化物表面就被迅速生长的产物薄膜所覆盖，随着反应的进行，氧化物颗粒的直径愈来愈小，故反应界面也愈小。按这种方式还原，反应速度逐渐降低可称之为收缩球模型（附图2）。

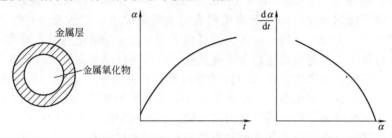

附图 2　收缩球模型的还原特征

负载后的金属氧化物，可能均匀地分布于载体表面上，也可能以"孤岛"的形式位于载体之上。后者的还原行为类似于体相氧化物，载体仅起分散剂的作用。而前种情况，均匀分布的金属氧化物在载体表面则是可迁移的。在还原过程中，通过扩散及结合而形成还原相的金属颗粒。这种还原相促使氢仍然解离或活化，使还原作用显出自动催化的特征。但是，如果存在着金属-载体的相互作用，则能减少金属原子的可迁移性，阻碍成核过程及自动催化效应，使其氧化物难以还原。

对于双金属氧化物，可视为由一种主要金属氧化物及另一种掺杂金属氧化物组成。若掺杂物是比其更易还原的金属离子，则掺杂离子首先被还原，它可能促使氢分子活化从而促进还原作用；如果掺杂物不是嵌入母体金属氧化物的晶格中，而是单独存在，则不会起到这种作用。具体例子见附图 3，(a)、(b) 是还原的例子，(c) 则不存在这种促进作用。

实验参数对 TPR 数据的影响

① 非恒温还原动力学。对于任何形态的金属氧化物，其还原过程均可表示为：

$$pG + qS \longrightarrow R \qquad （气体＋固体 \longrightarrow 产物）\tag{1}$$

根据质量作用定律，还原速率可表示为：

$$r = -\frac{dc_S}{dt} = -\frac{dc_G}{dt} = kc_G^p c_S^q \tag{2}$$

式中，k 为速率常数。

在程序升温还原中，温度 T 是时间 t 的线性函数，故有：

$$\beta = \frac{dT}{dt} \tag{3}$$

β 是升温速率，故式（2）可写成：

$$r = -\beta \frac{dc_S}{dT} = -\beta \frac{dc_G}{dT} \tag{4}$$

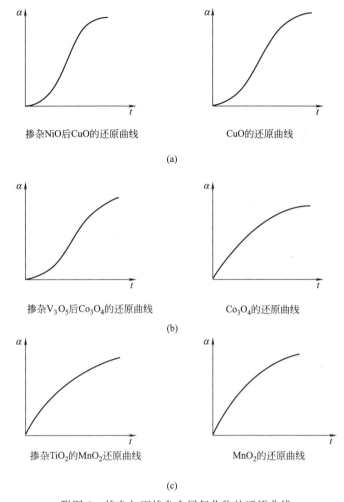

附图 3　掺杂与不掺杂金属氧化物的还原曲线

在常规的 TPR 实验中，反应气连续流过反应器，若已消除扩散效应，还原速度随温度的变化为：

$$\frac{\mathrm{d}\left(-\dfrac{\mathrm{d}c_G}{\mathrm{d}t}\right)}{\mathrm{d}T}=\frac{\mathrm{d}(A\mathrm{e}^{-E/RT}c_G^p c_S^q)}{\mathrm{d}T}=A\mathrm{e}^{-E/RT}\left(c_G^p c_S^q\frac{E}{RT^2}+qc_G^p c_S^{q-1}\frac{\mathrm{d}c_S}{\mathrm{d}T}+pc_G^{p-1}c_S^q\frac{\mathrm{d}c_G}{\mathrm{d}T}\right) \tag{5}$$

根据动态平衡原理，还原速率也可写成：

$$r=f\frac{\mathrm{d}x}{\mathrm{d}Z} \tag{6}$$

式中，$\mathrm{d}x$ 为在 $\mathrm{d}Z$ 体积的反应器内的转化率数。

如 f 为反应气体进料速度，而：

$$f=Fc_G \tag{7}$$

式中，F 为混合气体的进料速度。

对整个反应积分，得：

$$r=fx \tag{8}$$

而

$$x=\Delta c_G/c_G \tag{9}$$

所以

$$r=F\Delta c_G \tag{10}$$

故

$$\frac{\mathrm{d}r}{\mathrm{d}T}=F\frac{\mathrm{d}c_G}{\mathrm{d}T} \tag{11}$$

当还原速率达最大时

$$\frac{dr}{dT} = 0 \tag{12}$$

由式可知：

$$\frac{dc_G}{dT} = 0 \tag{13}$$

将式（10）式（11）代入式（5），得：

$$\frac{E}{RT_{max}^2} + \frac{q}{c_{S,max}} \times \frac{dc_{S,max}}{dT} = 0 \tag{14}$$

下标 max 代表还原速率最大时的各参数值。由式（2）、式（4）可得：

$$\frac{dc_S}{dT} = -\frac{Ac_G^p c_S^q}{\beta} e^{-E/RT} \tag{15}$$

故：

$$\frac{E}{RT_{max}^2} = -\frac{q}{c_{S,max}} \times \frac{dc_{S,max}}{dT} = \frac{Ac_{G,max}^p c_{S,max}^{q-1}}{\beta} e^{-E/RT_{max}} \tag{16}$$

取对数，得：

$$-2\ln T_{max} - \ln\beta + p\ln c_{G,max} + (q-1)\ln c_{S,max} = \frac{E}{RT_{max}} + 常数 \tag{17}$$

② 参数的影响。T_{max}（还原峰温）是 TPR 给出的重要信息，由式（17）可知，当 $c_{G,max}$ 增加时，T_{max} 下降。所以在恒定压力下增加进料速度，往往由于转化率下降而引起 $c_{G,max}$ 的增加，造成 T_{max} 下降。升温速度也影响 T_{max} 的参数。因此，比较不同的 TPR 实验结果时，必须考虑到这些因素。从式（17）看不出催化剂量大小对 T_{max} 值的影响，但实际上，若用固体样品量过大，其内部往往存在着温差及氢浓度梯度造成 T_{max} 的差异，所以样品量不宜过大。

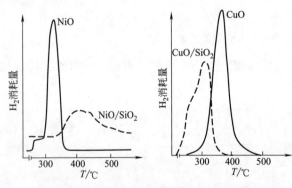

附图 4　氧化镍及氧化铜的 TPR 曲线

应用实例

由于各种表面组分的还原能力取决于它们自身的性质及化学环境、物理环境，因此 TPR 技术除了前面提到的可作为表征催化剂表面状态的一种方法以及控制催化剂制备及再生的一种检验工具外，还可以对催化剂活性及选择性成因提供结构方面的信息。举例如下。

① 负载及非负载镍和铜催化剂的 TPR 曲线。分别将 CuO、NiO 负载在 SiO$_2$ 上，虽然同样是负载型催化剂，但通过 TPR 实验可知，载体 SiO$_2$ 的作用完全不同。

负载在 SiO$_2$ 上以后，NiO 更难以还原而 CuO 则更容易还原（由附图 4 可知），说明 SiO$_2$ 与 NiO 间存在着很强的相互作用，而对 CuO 来说，SiO$_2$ 是起分散剂的作用。

② 组成及预处理对催化剂还原能力的影响。双金属催化剂往往有比单金属更好的催化性能（主要是选择性）。用 TPR 技术研究 Ni-Cu 负载催化剂发现，Cu 能促进 NiO 的还原，而且其还原能力随加入 Cu 量的增加而增大（附图 5）。

TPR 方法也能很有效地分辨出预处理条件不同对催化剂表面状态的影响（附图 6）。

例如将 0.75% 的 Cu 及 0.25% 的 Ni 负载在硅胶上，采取以下两种不同预处理办法：a. 在空气中 500℃ 灼烧 1h，在氮气气氛保护下，在 400℃ 恒温 1h 后逐渐冷却；b. 前述催化剂

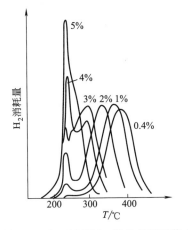

附图 5　CuO-NiO/SiO$_2$ 催化剂还原能力
（随 Cu 含量而变化的曲线）

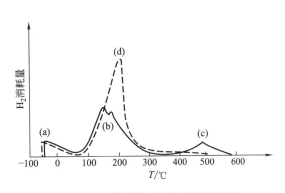

附图 6　不同预处理条件对负载铜-镍
催化剂还原能力的影响

（a）N$_2$ 的脱附峰；（b）CuO 的还原峰；

（c）NiO 的还原峰；（d）Cu-Ni 合金的还原峰

在 TPR 实验后，于 500℃继续还原 16h 后，再于 400℃燃烧半小时。

经过 a 预处理后，Cu、Ni 并没有生成合金；但经 b 预处理底只有一个还原峰，消耗氢量相当于全部 CuO 加 NiO 被还原的量，说明已形成合金。

③ TPR 与其他技术相配合进行表面晶相分析。例如用浸渍法制得 V$_2$O$_5$/γ-Al$_2$O$_3$ 催化剂，当含钒量不同时，得到不同的 TPR 图（附图 7）。与 Raman 图谱相对照可推测出 650K 处的 TPR 峰与钒氧化物的表面八面体结构有关，而在 600K 的 TPR 峰则与表面四面体结构相关。随着表面覆盖度的增加，V$_2$O$_5$ 高达 38％时的 TPR 峰相当于 V$_2$O$_5$ 表面微晶，此后 V$_2$O$_5$ 含量愈大，晶粒愈大，还原温度也愈高，直至 V$_2$O$_5$ 含量达 56％，其还原温度相当于纯 V$_2$O$_5$ 晶体的还原温度。

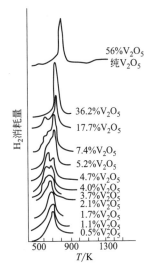

附图 7　V$_2$O$_5$/γ-Al$_2$O$_3$
催化剂的 TPR 图

【仪器与试剂】

TP 多用吸附仪 1 台，氢气发生器 1 台，高纯氮气 1 瓶，高纯氩气 1 瓶，氮气减压阀 1 个，氢气减压阀 1 个，氧气减压阀 1 个；0.1％PdCl$_2$ 水溶液，V$_2$O$_5$（化学纯），草酸（化学纯），硅胶（微球型 40～60 目）。

用浸渍法制备 PdO-V$_2$O$_5$/SiO$_2$、PdO/SiO$_2$、V$_2$O$_5$/SiO$_2$ 催化剂各 1mL。具体步骤如下。

取 2.5mL 0.1％PdCl$_2$ 水溶液，加 1g V$_2$O$_5$、4g 草酸，用少量蒸馏水加热使之溶解，再加 4g 硅胶，蒸发至干，在 350℃氧流下焙烧。制得 PdO-V$_2$O$_5$/SiO$_2$ 催化剂。

PdO/SiO$_2$ 及 V$_2$O$_5$/SiO$_2$ 的制法类似。

【实验步骤】

取 1mL 按 1∶1∶1 混合好的 PdO/SiO$_2$、V$_2$O$_5$/SiO$_2$、PdO-V$_2$O$_5$/SiO$_2$ 催化剂，装入反应管内，催化剂两端用石英棉或玻璃毛塞满，以恒定流速通入 H$_2$-N$_2$ 混合气 H$_2$/N$_2$ 比约为 5∶95，在室温下吹扫至基线平稳，以一定速率升温（如每分钟 8℃）至 400℃，记录在整个升温过程中尾气中氢浓度的变化，得到 TPR 谱图。

装入上述三种催化剂，在 TPR 图（附图 8）上，分别得到三个还原峰。

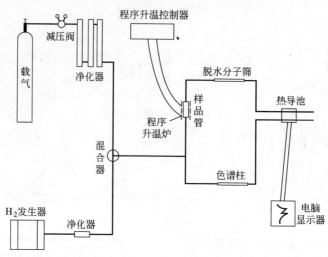

附图 8　TPR 流程图

0.05％PdO/SiO₂ 在 T_{max} 100～120℃之间

0.05％PdO/SiO₂-20％V₂O₅/SiO₂ 在 T_{max} 200℃左右

20％V₂O₅/SiO₂ 在 400℃以上

峰温随升温速率及 PdO、V₂O₅ 含量而有变化。

降至室温，当基线平稳后，用 0.25mL 针筒注入一定量纯 H₂ 气，求出峰面积，以便计算在该条件下氢的校正因子。

实验前按要求使热导池处于稳定的工作状态，杜瓦瓶中装入制冷剂，以便冷冻还原过程中产生的水。

根据各样品还原峰的峰温，进行分析比较其氧化-还原特性。

根据求得的氢校正因子 K，计算各还原峰面积所相应的氢的物质的量 n。

$$K=V/A$$

式中，V 是注入纯氢气的体积；A 是相应的峰面积。

$$n=SKp×1000/RT$$

式中，S 是还原峰面积；K 是校正因子；p 是大气压；R 是气体常数；T 是室温。

比较单组分与复合催化剂之间还原峰温、还原容量，还原速度（峰形状）之不同。

注意：① 单组分 V₂O₅/SiO₂ 催化剂的峰温在 500℃ 之上，升温至 400℃ 只能观察到部分还原，但复合催化剂 PdO-V₂O₅/SiO₂ 在该温度范围内却可使 V^{5+} 全部还原成低价态。因此通过该 TPR 图计算得的还原容量是互不相同的。

② 如果时间允许，可分别用上述三种样品进行三次 TPR 实验或复合催化剂及 PdO/SiO₂ 与 V₂O₅/SiO₂ 混合物各一次实验，得到的结果应该相同。即样品的机械混合并不影响其还原性质。

【思考题】

1. 如何进行程序升温氧化实验（TPO），它与 TPR 配合起来，可以研究哪些问题？设计气路流程。

2. 如何进行程序升温脱附实验（TPD），考察固体表面的酸碱性？设计气路流程。

3. 什么条件下，不能使用氮气作载气？应该采用什么气体？

2.4.9　气体发生与净化

2.4.9.1　实验用气体的产生

在基础化学实验室中，经常要使用不同的气体用于各种反应、操作。气体的产生和使用技术成为我们必须掌握的重要技能之一。

　　早期，也就是 20 世纪 90 年代之前，当实验中需要使用少量气体时，通常用现场化学发生的方法制取，经纯化后予以使用。如果需要大量的实验用气，就需要使用气体钢瓶供气了。随着科技的进步和商品经济的发展，现在各种特种气体的供应也越来越丰富，除非极其少见的一些气体需要现场发生和制备，否则即使是少量用气，我们给大家的建议是尽量由钢瓶引出使用，轻易不要现场发生，特别是现场化学发生！尤其不提倡由同学们自行用化学方法制备下述气体：氯气、光气、HCl、H_2S、NO_x、SO_x 等具严重安全隐患的物种。这种建议实质上是基于安全和环保的角度考虑问题。

　　在国外，化学实验室常用气体的供应，通常由分布于实验台上的气体供应管路来完成。使用者只需接上胶管，就可以引为己用。标准化的实验室气体供应品种应该有：燃气类，如天然气、液化石油气、城市煤气；反应类，如压缩空气、氧气、氢气；保护气，如氮气、氩气、CO_2 等。这些管路与敷设的真空管路同时布置于实验台的试剂架下方。当然，这些气体的来源大部分仍然是高压钢瓶，只不过是通过长距离管路输送到实验室里来了。

　　目前，国内市场上有用于现场少量气体发生的非化学法装置出售，主要用于氧气、氢气的制备。至于实验中所需少量特种气体，大部分仍然靠化学方法制备。表 2.4-7 列出实验室中常用气体的来源和所需装置。

表 2.4-7　常用气体的来源和所需装置

气体	来源	制备反应分类及所用装置	过程注意事项
O_2	高压钢瓶(分普通和高纯两类)	变压吸附空分；压缩、制冷、分子筛吸附塔等装置水的电解	详见后述钢瓶使用见说明书
	小流量氢、氧气发生器	成套仪器，需加电解质如硫酸	
	氯酸盐、高锰酸盐催化分解	固体热分解；硬质试管、加热器、集气瓶	试管口向下倾斜，以避免可能凝结在管口的水流到灼热处炸裂试管
N_2	高压钢瓶(分普通和高纯两类)	一体化气体发生器；变压吸附空分；压缩、制冷、分子筛吸附塔等装置	详见后述钢瓶使用。普通氮气可以通过净化去除其中的杂质氧得到纯化，代替高纯氮使用
压缩空气	钢瓶或空压机	—	注意使用前的干燥
H_2	高压钢瓶	氨分解、精炼气① 变压吸附或电解氯化钠溶液$$NH_3 \xrightarrow{\text{催化剂}} \frac{1}{2}N_2 + \frac{3}{2}H_2$$ $$NaCl + H_2O \xrightarrow{\text{电解}} \frac{1}{2}H_2 + \frac{1}{2}Cl_2 + NaOH$$	详见后述钢瓶使用
H_2	小流量氢、氧气发生器	水的电解成套仪器，需加电解质如 KOH(aq)；Fe + H_2SO_4、HCl；Si + NaOH	见说明书
	酸、碱与金属作用	$$Si + 2OH^- + H_2O \longrightarrow 2H_2 + SiO_3^{2-}$$ 启普式发生器、蒸馏烧瓶、滴液漏斗等	需要净化
CO_2	钢瓶	合成变换气，发酵工业等	注意：使用时不得用手直接接触减压阀及钢瓶出口，否则有可能造成冻伤
	酸解大理石	$$CaCO_3 + 2HCl \longrightarrow CO_2 + H_2O + CaCl_2$$ 启普发生器	需净化脱酸
Cl_2	液氯钢瓶	电解氯化钠溶液$$NaCl + H_2O \xrightarrow{\text{电解}} \frac{1}{2}H_2 + \frac{1}{2}Cl_2 + NaOH$$	注意装置的密封性，绝不可泄露
	HCl 氧化	$$4HCl + MnO_2 \xrightarrow{\triangle} Cl_2\uparrow + 2H_2O + MnCl_2$$ $$2KMnO_4 + 16HCl \longrightarrow 5Cl_2\uparrow + 8H_2O + 2MnCl_2 + 2KCl$$ 蒸馏烧瓶、滴液漏斗等	尽量不要用此法获取氯气。加注盐酸的滴液漏斗需使用恒压型的。密封装置

续表

气体	来源	制备反应分类及所用装置	过程注意事项
NH_3	液氨钢瓶	氨合成 $\frac{1}{2}N_2 + \frac{3}{2}H_2 \xrightleftharpoons{催化剂} NH_3$	从钢瓶中取出的液氨应装在杜瓦瓶中,防止挥发
H_2S	铝合金气瓶	硫氰酸铵生产副产品 $CS_2 + 2NH_3 \xrightleftharpoons{加压} NH_4SCN + H_2S$	H_2S 瓶一般体积较小,压力也低。注意尾气吸收
SO_2	钢瓶	硫酸工业尾气回收	注意装置的密封
乙炔	溶解乙炔气瓶	CaC_2 水解 $CaC_2 + 2H_2O \longrightarrow HC \equiv CH + Ca(OH)_2$	压力较低,内有丙酮浸润之硅藻土类多孔填料以增加溶解度。防震

① 指以煤和天然气为原料制造合成氨工艺过程中的合成原料气。其主要成分 N_2、H_2。

压力气体瓶一般是由无缝碳素钢或合金钢制成 (图 2.4-37)。无缝钢瓶 (seamless steel gas cylinders) 适用于充装介质压力在 30MPa 以下的气体,焊接钢瓶 (welded steel gas cylinders) 适用于充装介质压力在 3.0MPa 以下的气体。按照国家标准 GB 5099—94 和 GB 5100—94 规定,钢瓶按容积分为小容积 (0.4~12L)、中容积 (20~80L) 和大容积 (100~1000L) 三类。现在,化学实验室中铝合金气瓶的应用愈发普遍。国家标准 GB 11640 规定了铝合金气瓶的一些要素和制造条件。铝合金气瓶的公称压力 1~20MPa,容积 0.4~50L。实验室中经常使用的气瓶容积为20~25L。

图 2.4-37 无缝铝合金气瓶

使用气瓶的主要危险是气瓶可能爆炸和漏气 (可燃气瓶尤为危险)。充气气瓶爆炸的主要因素是气瓶受热而使内部气体膨胀,压力超过气瓶负荷而爆炸。或者瓶颈螺纹损坏,当内部压力升高时,冲脱瓶颈。在这种情况下,气体钢瓶按火箭作用原理向放出气体的相反方向高速飞行。因此均可造成很大破坏和伤亡。另外,如果气瓶受到腐蚀,机械强度变差,也会发生爆裂。因此,使用时应注意以下几点。

① 气瓶应存放在阴凉、干燥、远离热源 (如阳光、暖气、炉火等) 的地方。有条件的实验室应将所有高压气源置于远离实验室的专用气瓶间中,通过管路引至使用地点。

② 搬运时一定要轻稳,要把瓶帽旋上。放置使用时一定要固定好。如果一定要置于实验室附近使用,必须用气瓶固定架子将其固定牢稳。

③ 绝不可使油或其他易燃有机物沾在气瓶上 (特别是气门嘴和减压器),也不得用棉、麻等物堵漏,以防燃烧引起事故。

④ 气瓶的减压阀要维持良好。除了液氨、液氯和二氧化碳钢瓶,有时不通过减压阀取气,其他所有气瓶的气体导出均必须通过减压阀的调节与减压。各种减压阀中,只有 O_2 和 N_2 的减压阀可相互通用,其他的只能用于规定的气体,以防爆炸。可燃性气体气瓶,其气门螺纹是反扣的,不燃或助燃性气体钢瓶,其气门螺纹是正扣的。

⑤ 钢瓶内的气体绝不能全部用完,应按规定留有剩余压力。一般不小于 0.5MPa (永久气体)。使用后的钢瓶应定期送有关部门检验,合格者才能充气。

⑥ 充装气体时,不得将气瓶弄混,要看清瓶身标记,并按照规定公称压力和充装系数进行充装。GB 7144、GB 5099 等规定了气瓶标记及公称压力等参数,参见表2.4-8。

表 2.4-8 气瓶标记与公称压力

气体类别	气体名称	瓶身颜色与瓶体字样	字体颜色	瓶身横条颜色	公称压力/MPa	充装系数[1]/(kg/L)
永久气体[2]	氧气	淡酞蓝,"氧"	黑	白色环2道 白色环1道	30 20 15	—
	氮气	黑,"氮"	淡黄	白色环2道 白色环1道	30 20 15	—
	氢气	淡绿,"氢"	大红	淡黄环2道 淡黄环1道	30 20 15	—
	氩气	银灰,"氩"	深绿	白色环2道 白色环1道	30 20 15	—
	压缩空气	黑,"空气"	白	白色环2道 白色环1道	30 20 15	—
液化气体[3]	氯气	深绿,"液氯"	白	—	2	1.25
	氨气	淡黄,"液氨"	黑	—	3	0.53
	二氧化碳	铝白,"液化二氧化碳"	黑	黑色环1道	20 15	0.74 0.60
	光气	白色,"液化光气"	黑	—	0.6	1.25
	硫化氢	白色,"液化硫化氢"	大红	—	6	0.66
	乙烯	棕色,"液化乙烯"	淡黄	白色环2道 白色环1道	20 15 12.5	0.34 0.28 0.24
	氯化氢	银灰,"液化氯化氢"	黑	—	12.5	0.57
	氧化亚氮	银灰,"液化氧化亚氮"	黑	深绿色环,1道	15 12.5	0.62 0.52
溶解气体[4]	乙炔	白,"乙炔不可近火"	大红	—	3.0	—

① Filling Ratio,标准规定的钢瓶单位水容积允许充装的最大气体重量。仅对液化气体而言。
② Permanent Gas,临界温度小于-10℃的气体。
③ Liquefied Gas,临界温度大于或等于-10℃的气体。
④ Dissolved Gas,在压力下溶解于气瓶内溶剂中的气体。

⑦ 对易燃气体或腐蚀气体,每次实验完毕,都应将仪器连接管拆除,不要连接过夜。

减压阀的主要用途是将气瓶中的高压气体降压至 0.1~1.0MPa,并起稳压作用。其示意如图 2.4-38。注意:不同气瓶要使用与其配套的减压阀!专用减压阀的颜色与气瓶颜色一致。

由气瓶中来的高压气体通过连接管进入高压气体室 A,并在高压表 1 显示读数。通常高压表显示的就是瓶内压力。工作时,顺时针旋转输出调节螺杆 5,通过弹簧 6、压板 4、调节膜 3 和顶杆 7,打开阀门密封垫 9,高压气体通过减压阀间隙进入低压室 B,并达到减压的目的。低压表 11 指示压力,此时气体不断输出。当低压气室中的压力超过给定压力时,安全阀 2 自动排气,直到气压下降到给定值时,又自动关闭,并保持密封。

使用方法与注意事项:①在与气瓶连接之前,察看减压阀入口和气瓶阀门出口有无异物,如有,用布除去。但如系氧气瓶,不能用布擦,此时,小心慢慢稍开气瓶阀门,吹走出口处的脏物。脏的氧气压力调节器入口用四氯化碳或三氯乙烯洗干净,用氮气吹干,再使用。②用平板扳手拧紧气瓶出口和减压阀入口的连接,但不要加力于螺纹。有的气瓶要在出入口间垫上密封垫,用聚四氟乙烯垫时,不要过于用力,否则垫被挤入阀门开口,阻挡气体流出。③向逆时针方向松输出调节螺杆至无张力,就关上减压阀。④开气时首先慢慢打开气

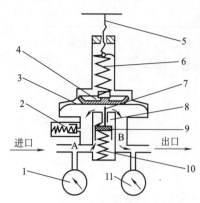

图 2.4-38　减压阀结构原理示意
A—高压气体室；B—低压室
1—高压表；2—安全阀；3—调节膜；
4—压板；5—输出调节螺杆；6—输出
调节大弹簧；7—阀门顶杆；8—阀门
座；9—阀门密封垫；10—阀门密
封小弹簧；11—低压表

瓶的阀门，至高压表读出气瓶全压力。打开时，一定要全开阀门，减压阀的输出压力才能维持恒定。⑤向顺时针方向拧动输出调节螺杆，将输出压力调至要求的工作压力。⑥关气时首先关气瓶阀门。⑦拧动输出调节螺杆将压力减压阀内之气体排净。此时两个压力表的读数均应为零。⑧向反时针方向松开调节螺旋至无张力，将减压阀关上。在关闭减压阀时，一定要将输出调节螺杆完全松开，否则弹簧长期处于紧张状态，容易失去弹性。减压阀要经常检查，尤其是强腐蚀性气体的减压阀，使用一周就要检查一次，其他的可隔一两个月检查一次。

气瓶使用的特别注意事项：① 乙炔的铜盐、银盐是爆炸物，乙炔气及气瓶切勿与铜或含铜70％以上的合金接触，一切附件不能用这些金属；② 气瓶与用气仪器中间应有安全瓶，防止液体回吸入瓶中，发生危险；③乙炔、氢气、石油气是最危险的易燃气体，在不要求干燥的条件下，气路中间应设水封，以免可能出现的"回火"现象发生；④氧气虽然不是易燃物，但助燃性强，一定不能接触污物、有机物；⑤使用腐蚀性气体，气瓶和附件都要勤检查，不用时，不要放在实验室中。

鉴于使用气瓶总是存在有一定的安全隐患，况且一般工业气体的纯度保证值低于某些仪器（如色谱仪）工作要求，现今实验室中气体发生器的使用越来越普遍。目前国产化的气体发生器主要有氢气、氮气、氧气等，也有集成可同时发生数种气体者。其工作原理大多采用电解加膜分离、变压吸附。气体发生器是替代传统气体钢瓶的一种理想化仪器。图 2.4-39所示的是氮氢空一体机，是氮气、氢气、空气三种气体发生器完美的有机组合，该仪器既可同时产生氮氢空三种气体，又可单独使用，仪器体积小巧，操作简单，是一种理想的气体发生器产品。

2.4.9.2　气体干燥与净化

各种来源的气体纯度并不相同。大多含有一定的杂质，纯度达不到要求。使用前必须加以净化。最普通的净化是干燥。但干燥却往往是最后一关。这是因为在对气体进行净化时，需要使用某些溶液，这样净化过的气体中就会混进水蒸气。

通常选用某些液体和固体试剂，分别装在洗气瓶或吸收干燥塔（图 2.4-40）中，通过化学反应或吸收、吸附等物理化学过程将杂质除去，达到净化的目的。根据气体本身的性质或所含杂质的不同，选择的净化方法也不同。对于还原性杂质，应选择氧化性试剂将它们

(a) 洗气瓶　　　　(b) 干燥塔

图 2.4-39　一体化氮氢空气发生器　　　　图 2.4-40　洗气瓶和干燥塔

除去，如 SO_2、H_2S、PH_3 等，可令含有这些杂质的气体通过 $K_2Cr_2O_7$＋浓硫酸的酸性洗液或 $KMnO_4$＋KOH 浓溶液的碱性洗液，使其氧化除去；对于氧化性的杂质，如 NO_x、O_2 等，要选择还原性的试剂与杂质反应除去它们。除去普通氮气中的微量氧，可以使气体通过保险粉 $Na_2S_2O_4$【7775-14-6】溶液或者是焦性没食子酸（1,2,3-trihydroxybenzene）【87-66-1】的碱性溶液。对于酸性、碱性的气体杂质，宜使其分别通过碱性和非挥发性酸的溶液将它们除掉，如 NH_3 可用稀硫酸，CO_2 可用 NaOH 液除去。此外，许多化学反应都可以用来除去气体杂质，如选择石灰水溶液去除 CO_2，KOH 溶液去除 Cl_2、NO_2，用 $Pb(NO_3)_2$、$ZnAc_2$ 脱除 H_2S 等。常见的气体吸收剂见表 2.4-9。

表 2.4-9　常用气体吸收剂

气体名称	吸收剂	配 制 方 法	附 注
CO	酸性 CuCl 溶液	100g CuCl(cuprous chloride)【7758-89-6】溶于 500mL HCl 中，用水稀释至 1L（加 Cu 片保护）	O_2 也吸收
	氨性 CuCl 溶液	23g CuCl 溶于 100mL 水与 43mL 浓氨水混合液（加 Cu 片保护）	O_2 也吸收
CO_2	KOH 溶液	250g KOH 溶于 800mL 水	HCl、SO_2、Cl_2、H_2S 等也被吸收
	$Ba(OH)_2$ 溶液	$Ba(OH)_2 \cdot 8H_2O$ 饱和溶液	
Cl_2	KI 溶液	浓度 1mol/L	用于容量分析
	Na_2SO_3 溶液	浓度 1mol/L	
H_2	海绵钯	海绵钯 4～5g	100℃反应 15min
	胶态钯溶液	胶态钯 2g,苦味酸【88-89-1】(picric acid) 5g,加 1mol/L NaOH 22mL，用水稀释至 100mL	50℃反应 10～15min
HCl	KOH 溶液	250g KOH 溶于 800mL 水	
	$AgNO_3$ 溶液	浓度 1mol/L	
H_2S	$ZnAc_2$ 溶液	浓度 0.1mol/L,5％HAc 溶剂	用于容量分析
	$CdAc_2$ 溶液	浓度 0.1mol/L,5％HAc 溶剂	
N_2	Ba、Ca、Mg 等	粒度 80～100 目	在 800～1000℃使用
NH_3	酸性溶液	0.1mol/L H_2SO_4	
NO	$KMnO_4$ 溶液	浓度 0.1mol/L	
	$FeSO_4$ 溶液	饱和液以 5％ H_2SO_4 酸化	生成 $Fe(NO)^+$ 反应慢
O_2	碱性焦性没食子酸溶液	20％焦性没食子酸＋20％KOH＋60％水	15℃以下反应慢
	黄磷	固体	
	$CrAc_2$ 的 HCl 溶液	将 $CrAc_2$ 用 HCl 溶解	反应很快
	$Na_2S_2O_4$ 溶液	50g $Na_2S_2O_4$ 溶于 250mL 6％ NaOH 溶液中	CO_2 也吸收
SO_2	KOH 溶液	250g KOH 溶于 800mL 水	
	I_2-KI 溶液	浓度 0.1mol/L	用于容量分析
	H_2O_2 溶液	3％ H_2O_2 溶液	
不饱和烃	发烟硫酸	相对密度 1.94,SO_3 含量 20％～25％	15℃以上使用
	Br_2 溶液	用 Br_2 饱和 5％～10％ KBr 溶液	苯、乙炔反应慢

除掉气体杂质后，还需要将气体干燥，不同性质的气体应根据其特性选择不同干燥剂，如具有碱性的和还原性的气体不能用浓硫酸干燥。常用的气体干燥剂如表 2.4-10。

表 2.4-10　常用气体干燥剂

干燥剂	适于干燥气体
CaO、KOH	NH_3、胺类
碱石灰	NH_3、胺类、O_2、N_2（可同时除去酸雾和 CO_2）
无水氯化钙	H_2、O_2、CO_2、CO、SO_2、HCl、烷、烯、氯代烷等
CaX_2（X＝Br、I）	相应 HX（X＝Br、I）
浓 H_2SO_4	O_2、N_2、CO_2、CO、SO_2、烷
P_2O_5	H_2、O_2、N_2 CO_2、CO、SO_2、烷、乙烯

　　上述对于气体的净化处理方法用于一般实验，如反应用气和电位测定时的保护用气，已经满足要求了。但是对于更为严格的场合，比如气相色谱仪所需的气源，就需要一些特殊处理。通常，色谱仪的气源来自于高纯气瓶，如高纯 H_2、N_2 等，这时候需要在气路上安装过

滤器，过滤器中充填固体催化和吸附材料，以及纤维性滤网等。在气源与仪器之间，需加装总过滤器，内装活性炭和分子筛，除气源中的水汽和烃；在各气体的进口、各阀的入口、过滤器的出口等处，需加灰尘与机械杂质过滤器；根据仪器和测试对象要求，有时还需要加装除氧过滤器、除水过滤器等。

　　如欲获得纯度更高之实验用气，则需要专用设备。现时市场上有各种高纯气体发生器供应，体积不大，整体解决方案。图 2.4-41 所示就是一款国产高纯氢发生器。它以气瓶粗氢（99％）为原料气，利用钯合金允许氢透过的特性可提取优于 99.999％ 的超纯度氢气。这类设备的应用日趋普遍。

图 2.4-41　PD-300 型氢气提纯仪

2.4.9.3　无氧无水反应操作

　　有些化合物的反应活性很高，在化学合成中有着十分重要的应用，然而它们对空气、水分也非常敏感，如某些生物活性的天然酶或人工模拟酶，某些低氧化态金属配合物等，这就给制备条件提出了较高的要求，通常需要在无水无氧操作线上进行操作。

　　无水无氧操作线也称史兰克线（Schlenk line），是一套惰性气体的净化及操作系统。通过这套系统，可以将无水无氧惰性气体导入反应系统，从而使反应在无水无氧气氛中顺利进行。无水无氧操作线主要由除氧柱、干燥柱、Na-K 合金管、截油管、双排管、真空计等部分组成，如图 2.4-42 所示。

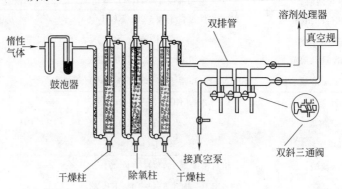

图 2.4-42　无水无氧操作线构成示意

　　惰性气体（如氩气或氮气）在一定压力下由鼓泡器导入安全管经干燥柱初步除水，再进入除氧柱以除氧，然后进入第二根干燥柱以吸收除氧柱中生成的微量水，继而通过 Na-K 合

金管以除去残余微量水和氧，最后经过截油管进入双排管（惰性气体分配管）。

在干燥柱中，常填充脱水能力强并可再生的干燥剂，如 5A 分子筛；在除氧柱中则选用除氧效果好并能再生的除氧剂，如银分子筛。经过这样的脱水除氧系统处理后的惰性气体，就可以导入到反应系统或其他操作系统。

在使用无水无氧操作线之前，事先要对干燥柱和除氧柱进行活化。活化温度与条件同 2.4.9.2 所述。

将要求除水除氧的仪器通过带旋塞的导管与无水无氧操作线上的双排管相连，以便抽换气。在该仪器的支口处要接上液封管以便放空。同时保持仪器内惰性气体为正压，使空气不能入内。关闭支口处的液封管，旋转双排管的双斜旋塞使体系与真空管相连。抽真空，用电吹风烘烤待处理系统各部分，以除去系统内的空气及内壁附着的潮气。烘烤完毕，待仪器冷却后，打开惰性气体阀，旋转双排管上双斜三通，使待处理系统与惰性气体管路相通。像这样重复处理 3 次，即抽换气完毕。在惰性气流下进行各种操作的装置见图 2.4-43。

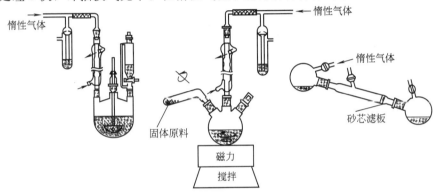

(a) 无氧无水下的搅拌反应　　(b) 保护气氛下的固体加料　　(c) 无氧无水下的过滤操作

图 2.4-43　操作装置

无水无氧操作注意事项如下：

① 如果含氧要求在 $2mL/m^3$ 的范围，在无水无氧操作线上可以不用钠-钾合金管。

② 用 5A 分子筛来干燥惰性气体（如氩气），容量大，易再生，水平衡蒸气压小于 0.13Pa。

③ 用银分子筛除氧容易，容量较大，可再生。一般经银分子筛除氧处理后的惰性气体，其含氧量可降至 $2mL/m^3$ 以下。

④ 无水无氧操作线中所用胶管宜采用厚壁橡皮管，以防抽换气时有空气渗入。

⑤ 如果在反应过程中要添加药品或调换仪器，需要开启反应瓶时，都应在较大的惰性气流中进行操作。

⑥ 反应系统若需搅拌，应使用磁力搅拌。若使用机械搅拌器，应加大惰性气体气流量。

⑦ 若要对乙醚、四氢呋喃、甲苯等溶剂作严格无水无氧处理，可按如下步骤进行：将回流装置通过三通管与无水无氧操作线相连，经抽换气后，将经钠丝预处理过的溶剂以及铜块和二苯甲酮（按 1∶4，质量比）转入其中。旋转双斜三通活塞，使上下相通保持回流。待溶液由黄色变为深蓝色后，即可关上双斜三通，使溶剂积聚于储液腔中（当溶剂中的水分和氧气被除尽后，金属钠便将二苯甲酮还原成苯频哪醇钠，故呈深蓝色）。取溶剂时可用注射器从上口抽出或旋转双斜三通从下侧管放出。

⑧ 无水无氧操作线中，鼓泡器内装有石蜡油和汞。通过鼓泡器，一方面可以方便地观察体系内惰性气体气流的情况；另一方面也可以在体系内部压力或温度稍微变化产生负压时，使内部与外部隔绝，防止空气进入。水银安全管的作用主要是为了防止反应系统内部压

力太大而导致将瓶塞冲开。它既可以保持系统一定的压力，又可以在系统压力过大时，让惰性气体从中放空。截油瓶起着捕集鼓泡器中带出的石蜡油的作用。截油管内装有活化的分子筛，以吸收惰性气体流速过快时从钠-钾合金管中带出的少量石蜡油，以免进入反应器。

⑨ 在常量反应中，如果对于无水无氧条件要求不是很高，只要采用一根除氧柱和两根干燥柱就可以了。

实验 28 硫酸亚铁晶体对 H_2S、氨的吸收

【实验目的】

1. 通过实验，了解恶臭治理的一般原理和评价方法。
2. 掌握硫化物含量测定的容量法。
3. 了解气体净化的操作过程，进一步练习铵盐容量分析操作。

【预习要点】

1. 本书 2.4.9 节气体净化内容。
2. 《无机化学》等元素化学类教材、书刊中硫化物、Fe 盐性质的知识。
3. 碘量法的原理、应用。

【实验原理】

恶臭是 7 种典型公害之一，也是室内空气的常见污染物。恶臭污染物是指一切刺激嗅觉器官引起人们不愉快及损害生活环境的气体物质。从广义上说，我们把散发在大气中的一切有味物质统称为恶臭气体。恶臭气体从其组成可分为五类。一是含硫化合物，如硫化氢、硫醇类、硫醚类等；二是含氮的化合物，如氨、胺类、酰胺、吲哚类等；三是卤素及其衍生物，如氯气、卤代烃等；四是烃类，如烷烃、烯烃、炔烃、芳香烃等；五是含氧的有机物，如酚、醇、醛、酮、有机酸等。迄今为止，凭人的嗅觉即能感觉到的恶臭物质有 4000 多种。其中对人体健康危害较大的有硫醇类、氨、硫化氢、二甲基硫、三甲胺、甲醛、苯乙烯、酪酸❶和酚类等。恶臭污染对人体主要有以下几个方面的危害：危害呼吸系统、危害循环系统、危害消化系统、危害内分泌系统、危害神经系统和影响精神状态。因此开展除臭技术的研究，消除恶臭对人体健康的危害有重大的现实意义。

恶臭物质的来源主要有工业生产、生命活动和人类生活两方面。比如，H_2S 的主要工业过程来源有：从矿石中提炼有色金属、煤的低温焦化、含硫石油的开采和提炼，橡胶、人造丝、鞣革、硫化染料、造纸、颜料、蔬菜腌渍、动物胶等生产；而天然气、矿泉水、火山喷发和矿下积水，所伴有的硫化氢则源于水体内的硫酸盐、亚硫酸盐等，在微生物特别是硫酸盐还原菌作用下的被还原生成。富营养化的耕作土壤中硫酸盐和含硫有机物在厌氧菌作用下，降解形成的硫化氢，已成为现今主要的硫化氢源。

恶臭污染处理技术主要有物理法、化学法和生物法。其中，物理法包括掩蔽法、稀释法、冷凝法和吸附法等；化学法包括燃烧法、催化燃烧法、催化法和洗涤法。目前，国内外主要的臭气治理应用技术有燃烧法、药物处理法、吸附脱臭法及生物脱臭法。究竟选择何种处理方法，则要根据恶臭物质的性质、浓度、处理量及来源等因素决定。

硫化氢（hydrogen sulfide）【7783-06-4】是一种无色、具有臭蛋气味的剧毒气体。氨（ammonia）【7664-41-7】是一种无色、具有浓重辛辣窒息气味的有害气体。这两种气体是无机恶臭物质的代表。考察一种恶臭处理剂的性能，往往使用这两种气体作为靶标。而本实验所选择的模拟臭源（NH_4）$_2$S 溶液（ammonium bisulfide）【12135-76-1】可同时逸出这两

---

❶ 正丁酸（*n*-butanoic acid）【107-92-6】$CH_3(CH_2)_2COOH$ 别称。因最初发现于干酪腐败时的发酵过程，故名。具不愉快的酸败气味。

种气体。本实验利用硫酸亚铁（ferrous sulfate）【7720-78-7】晶体作为吸附剂，利用反应：

$$FeSO_4 \cdot 7H_2O \xrightarrow{\text{结晶水溶液膜}} Fe(OH)^+ + HSO_4^- + 6H_2O$$

$$(NH_4)_2S + 2H_2O \longrightarrow 2NH_3 \cdot H_2O + H_2S$$

$$H_2S + Fe(OH)^+ \longrightarrow FeS + H_2O + H^+$$

$$NH_3 + H^+ \longrightarrow NH_4^+$$

来实现对模拟臭源 $(NH_4)_2S$ 溶液产生的 H_2S、氨脱除的目标。

从本质上，使用硫酸亚铁晶体除臭，属于药物处理和吸附脱臭的综合方法。如果在空气中进行吸附处理，吸附反应产物 FeS 还可以发生以下反应使 S 进一步被固定化：

$$FeS + \frac{1}{2}O_2 + H_2O \longrightarrow Fe(OH)_2 + S$$

$$S + \frac{3}{2}O_2 + H_2O \longrightarrow H_2SO_4$$

$$Fe(OH)_2 + H_2SO_4 \longrightarrow FeSO_4 + H_2O$$

$$2FeSO_4 + \frac{1}{2}O_2 + H_2O \longrightarrow 2Fe(OH)SO_4$$

Fe(Ⅲ) 物种的实际存在形式很可能是黄铁铵矾。Fe(Ⅲ) 可以继续与 H_2S 作用：$2Fe(OH)^{2+} + 3H_2S \longrightarrow 2FeS + 2H_2O + 4H^+$，完成吸收循环。同时游离质子还具备结合 NH_3 的能力。所以，在空气环境中，硫酸亚铁对于 H_2S 和氨的吸收兼具酸碱反应、沉淀生成与氧化-还原催化功能于一体，与其说是吸收剂，不如说是催化剂更为贴切。

一般对除臭效果评价多采用嗅觉判定和浓度检测相结合的方法。嗅觉评价臭气属于心理生理学的检测过程。因此，客观度不高。浓度检测结果虽然对说明化合物的组成成分是令人满意的，但不能可靠地阐明该结果与恶臭概念之间的关系，所以必须将二者结合起来。

本实验通过间接测定封闭系统中模拟臭源 $(NH_4)_2S$ 溶液中相关物种，在处理前后的浓度变化，来考察处理效果。用碘量法测定 S^{2-} 浓度，用甲醛法测定氨浓度变化。

【仪器与试剂】

干燥器（或用 Lock & Lock 保鲜盒❶代替），研钵，培养皿（75mm）；硫化铵溶液（A. R.，22%～24%），$FeSO_4 \cdot 7H_2O$（工业品，钛白副产）。

$Na_2S_2O_3$ 标准溶液，同实验 56；I_2 标准溶液（0.1mol/L），$Pb(NO_3)_2$（0.1mol/L），$PbAc_2$（5%），淀粉指示剂，H_2O_2（3%）；NaOH 标准溶液（0.1mol/L），20%甲醛溶液（或1+1），甲基红指示剂（0.2%的乙醇溶液），酚酞指示剂（0.2%乙醇溶液）。

【实验步骤】

1. 硫化铵溶液配制及初始含量确定

查阅相关手册，由商品硫化铵溶液出发，配制 200mL 浓度约为 0.1mol/L 稀溶液 A。

用吸量管准确移取 10mL 溶液 A 于 250mL 碘量瓶中，加入 10mL 5%$PbAc_2$ 溶液以固定 S^{2-}。另用移液管移取 25mL I_2 标准溶液于碘量瓶中，加盖，置于暗处作用 5min。用淀粉指示剂，$Na_2S_2O_3$ 标准溶液滴定过量 I_2，具体操作参见实验 56。计算 S^{2-} 含量。平行测定 2 组。

在 100mL 烧杯中预先加入 20mL 0.1mol/L $Pb(NO_3)_2$ 溶液，用吸量管准确移取 10mL 溶液 A 于烧杯中，温热烧杯。缓缓分三次加入 10mL 3%H_2O_2 溶液，使 PbS 完全转化为白色晶状 $PbSO_4$，冷却后过滤，滤除 $PbSO_4$。滤液收集。

滤液转移入锥形瓶中，参照实验 44 的方法，测定滤液中 NH_4^+ 含量。平行测定 2 组。

2. 吸附实验

---

❶　一款来自韩国但现在于国内生产，采用四面锁扣方式的保鲜盒。其最大特点在于比普通玻璃干燥器密封性能好得多，据称可耐 0.2MPa 压力。材质为聚乙烯。同类产品还有 Tupperware 等。

将工业副产硫酸亚铁颗粒置研钵中尽可能研细（无须过筛）。称取 10g 该细碎样品于培养皿中，摊平铺匀。另取 100mL 溶液 A 于 200mL 烧杯中。将烧杯和培养皿置于未放置干燥剂的干燥器内，合严干燥器盖子，确保无泄漏。过夜，进行常温吸附。

3. 吸附作用效果检验

由干燥器中取出烧杯和培养皿。观察培养皿中硫酸亚铁固体的性状，与未吸附样品相比，有何不同？记录现象，进行解释。

按与实验步骤 1 相同的操作，测定吸附后溶液 A 的残余 S^{2-} 和 NH_4^+ 含量，平行作 2 组。进行结果比较。

【注意事项】

1. 本实验因为使用硫化铵，故相关的操作应该在通风橱内完成，以免发生硫化氢中毒事故！

2. 硫化铵溶液的新制品是几乎无色的液体，但是很快会变成黄色。这是因为转化为多硫化物的缘故。所含的多硫化物对于本实验影响不大。

3. 若怀疑干燥器的密封性能，吸附实验可以在各类食品保鲜盒中完成。但须注意，选用的保鲜盒材质应该是饱和树脂基料。否则，有可能吸收硫化氢使结果不准确。比如说，普通橡胶制品与 H_2S 会发生硫化反应。

【思考题】

1. 除了用容量法测定吸附效果外，你认为我们还可以采取什么样的表征方式以检验处理效果？

2. 测定溶液中 NH_4^+ 含量前，要进行除 S^{2-} 过程。为什么要将硫化铅沉淀用过氧化氢转化为 $PbSO_4$，直接过滤掉 PbS 取滤液分析不行吗？

3. 固定 S^{2-} 使用 $PbAc_2$，除去 S^{2-} 则用 $Pb(NO_3)_2$ 溶液，均使用同一种铅盐可行吗？

2.4.10 色谱分离技术

色谱（chromatography）技术也是分离、纯化和鉴定化合物的重要方法之一。自色谱技术问世以来，特别是气相色谱（GC）和高压液相色谱（HPLC）应用以后，色谱技术已成为化学工作者的有力工具，具有极其广泛的用途。

早期用此法来分离有色物质时，往往得到颜色不同的色层（谱），故此而得名。但现在被分离的物质不管有色与否都能适用。因此，色谱一词早已超出原来的含义了。

色谱技术除了提供对数目众多的化合物的分离提纯方法外，还提供了定性鉴定和定量分析的数据。与其他方法相比，色谱法具有微量、快速、简便和高效等优点。

色谱法的基本原理是利用混合物中各组分在某一物质中的吸附或溶解性能（即分配）的不同，或其他亲和作用性能的差异，使混合物溶液流经该种物质的过程中，进行反复的吸附-解吸或分配等作用，从而将各组分分开。流动的混合物溶液称为流动相；固定的物质称为固定相（可以是固体或液体）。根据组分在固定相中的作用原理不同，可分为吸附色谱、分配色谱、离子交换色谱、排阻色谱等；根据操作条件的不同，又可分为柱色谱、纸色谱、薄层色谱、气相色谱及液相色谱等类型。以下对各种色谱技术进行简述。

2.4.10.1 薄层色谱

薄层色谱（thin layer chromatography，TLC）为吸附色谱的一种，是利用铺有吸附剂（固定相，stationary phase）的玻板，在它和展开剂（流动相，mobile phase）对混合物的共同作用下，将混合物分离的一种操作。由于吸附剂对混合物中各个组分的吸附能力不同，当展开剂流经吸附剂时，发生无数次吸附（absorption）和解吸（desorption），吸附力弱的组分随流动相迅速向前移动，吸附力强的组分滞留在后。由于各组分不同的位移速率，最终得以在固定相薄层上分离。一种物质在 TLC 上前进的高度与展开剂前进的高度的比值，称做该化合物的比移值，用 R_f 表示。即：

$$R_f = \frac{化合物移动的距离}{展开剂移动的距离}$$

当实验操作条件（如固定相、展开剂等）固定时，R_f 是一个化合物的特有常数，故可利用它来鉴别有机化合物或作为监测反应进程的一种手段。TLC 应用于分离提纯的操作，是将展开后的各个色带取下，用溶剂溶解各个色带的物质从而获得纯度高的产品，此时称之为制备薄层色谱。此外 TLC 也经常用于寻找柱色谱的最佳分离条件。

薄层色谱常用的固定相有硅胶或氧化铝。硅胶具有不同的型号，如硅胶 H（不含黏合剂）、硅胶 G（含煅石膏黏合剂）、硅胶 GF254（既含煅石膏又含荧光剂）等类型。氧化铝也具有上述型号，且有中性、酸性、碱性之分，分别用于分离中性、酸性和碱性物质。用不含有黏合剂的硅胶制成的板叫软板，用含有黏合剂的硅胶制成的板叫硬板。实用中即使使用硅胶 G，也要再加入羧甲基纤维素钠或淀粉黏合剂，以增强板的硬度。

硅胶、氧化铝吸附剂是极性化合物，它和化合物分子之间的作用力主要是范德华力和氢键力，所以当展开剂的极性远远大于混合物中各组分的极性时，它将代替混合物中各个组分而被吸附，这样各组分只能保留在流动相中，此时 $R_f \approx 1$，达不到分离目的。相反，当展开剂极性远远低于混合物各组分的极性时，$R_f \approx 0$，也达不到分离的目的。所以在实际科研工作中，展开剂的选择是重要的一关。选择一个展开剂往往要经过多次实验进行对比，有时单一溶剂不行，可以采用不同比例的多组分混合溶剂。

常见溶剂的极性次序大致为：乙酸＞吡啶＞水＞甲醇＞乙醇＞丙醇＞丙酮＞乙酸乙酯＞乙醚＞氯仿＞二氯甲烷＞苯＞甲苯＞二硫化碳＞四氯化碳＞环己烷和石油醚。

（1）实验装置与仪器

薄层色谱所使用的仪器是将铺有硅胶或氧化铝固定相的玻板放在一个适当的展开槽中构成，如图 2.4-44。加盖的广口瓶也可用做展开槽。通常做定性分析所使用的玻板为 $7.5\text{cm} \times 2.5\text{cm}$ 或相近规格，而作为分离提纯使用的制备薄层色谱的玻板则根据实际情况确定（比如 $20\text{cm} \times 20\text{cm}$）。

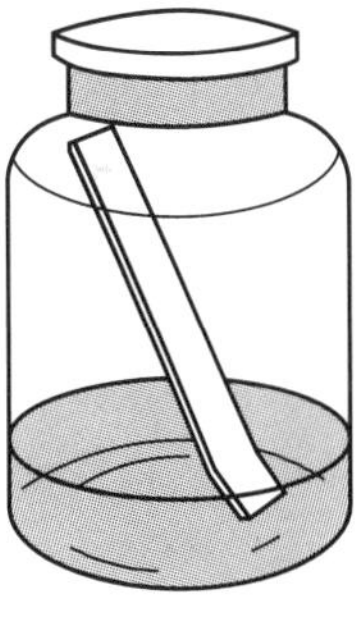

（2）实验操作方法

薄层板制作与活化　大量制作薄层板时可使用涂布器涂布，少量制作时常采用手工平铺，具体制作方法是：每取 2g 硅胶 G 与 6～7mL 0.5%～1% 的羧甲基纤维素钠水溶液调合成糊状，铺于干燥清洁的玻璃载片上，轻轻振摇，使表面均匀平滑，室温晾干后放于 110℃ 烘箱中活化 30min，取出后，冷即可使用。薄层板的好坏，将直接影响色谱分离效果，所以要求制出的薄层板表面平整，厚度均匀（0.25～1mm），否则展开剂前沿不齐，色谱结果也不易重复。

图 2.4-44　薄层色谱的展开

点样　用铅笔在薄层板上距一端 10mm 处轻轻划一条横线作点样线，然后用内径小于 1mm 的毛细管吸取少量 1%～5% 的样品溶液，在起始线上小心点样，斑点直径不超过 2mm。如需重复点样，则需待第一次点样的溶剂挥发后才可重新点样，以防样点过大，造成拖尾、扩散等现象，影响分离效果。若在同一板上点两个样，样点间距应在 1～1.5cm。待样点干燥后，进行展开。制备薄层色谱点样时，是使用一个管口很细的吸管取样，在起始线上点出一条线。

展开　向展开器中加入 0.5cm 深度的展开剂，将点有样品的薄板点样端向下斜靠在瓶壁上，不要使样品点进入展开剂，盖好盖子。展开剂将通过毛细作用沿薄板上行，当展开剂前沿上升至离顶端约 1cm 时取出，并用铅笔立即标出溶剂前沿位置。待溶剂挥发后，观察斑点位置。计算 R_f 值。展开应在密闭的器皿中进行。为使器皿内溶剂蒸气迅速达到平衡，可放入一张滤纸条。

显色 当被分离的化合物带有颜色时，可以直接看出样品浓度中心，无色的化合物有时可借助紫外灯观察（当吸附剂中有物质或化合物本身有荧光时）。显色方法有碘熏显色和喷显色剂等。碘熏显色是借碘蒸气可以与有机化合物形成暗棕色可逆络合物这一特点来显色的，在广口瓶中先放少量碘，然后将展开并干燥后的薄板放入，至样品点出现明显的暗棕色斑点时取出立即标出位置；喷显色剂显色是根据化合物结构和性质的特点，选择一定的显色剂溶液直接喷洒在干燥后的薄板上使显色。如氨基酸可使用水合茚三酮显色。

制备薄层色谱经展开后，将需要的物质带刮下，用一定溶剂溶解物质，过滤除去固定相，滤液蒸馏即可以获得所要的纯物质。制备薄层色谱能用于分离纯化大约 200mg 以内的物质。

实验 29　植物叶片色素提取及薄层色谱分离

【实验目的】

1. 用薄层色谱法分离植物叶片色素。
2. 通过实验学习薄层色谱的实验操作技术，了解薄层色谱的原理和应用范围，掌握实验方法。

【预习要点】

1. 预习 2.4.10.1 部分的原理、实验装置及其操作等相关内容。
2. 查阅文献，了解植物叶片色素的成分、提取及分离方法。

【实验原理】

绿色植物的茎、叶中含有胡萝卜素（橙色），叶黄素（黄色）和叶绿素（绿色）等色素。植物色素中的胡萝卜素（carotene）$C_{40}H_{56}$ 有三种异构体，即 α-胡萝卜素、β-胡萝卜素和 γ-胡萝卜素，其中 β-胡萝卜素含量较多，也最重要。β-胡萝卜素具有维生素 A 的生理活性，其结构骨架是两分子的维生素 A 在链端连接而成的，在生物体内 β-胡萝卜素受酶催化氧化即形成维生素 A。目前 β-胡萝卜素已工业生产，可作为维生素 A 的代用品使用，同时也作为食品工业中的色素。叶黄素（carotenol）【127-40-2】$C_{40}H_{56}O_2$ 最早从蛋黄中分离。叶绿素（chlorophyll）有两个异构体：叶绿素 a，$C_{55}H_{72}MgN_4O_5$；叶绿素 b，$C_{55}H_{70}MgN_4O_6$。它们都是吡咯衍生物与金属镁的络合物，是植物光合作用所必需的催化剂。

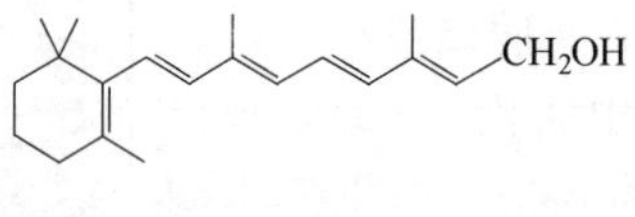

维生素A 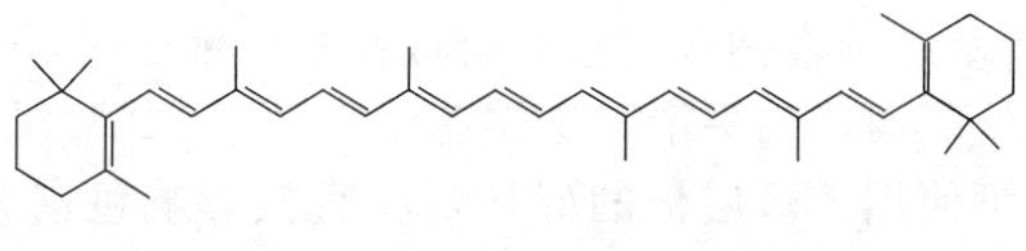　　　　　　　　　　　　　　　　β-胡萝卜素

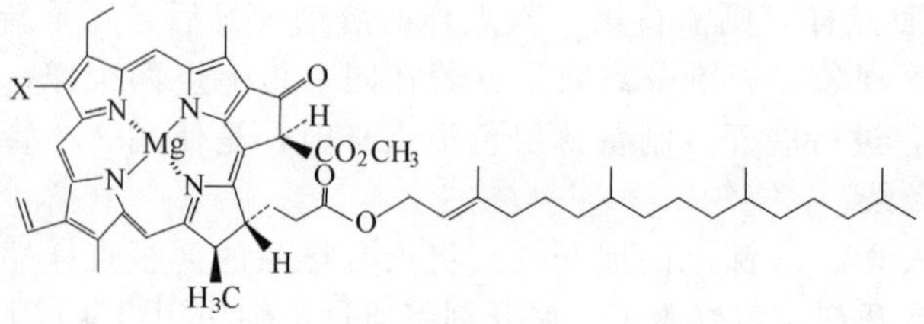

X=Me,叶绿素a;X=CHO,叶绿素b

【仪器与试剂】

研钵，分液漏斗，7.5cm×2.5cm 载玻片若干，展开槽；绿色植物叶子若干；石油醚，

乙醇，无水硫酸钠，丙酮，乙酸乙酯，硅胶 H，1％羧甲基纤维素钠水溶液。

【实验步骤】

按照 2.4.10.1 操作方法制备薄板并活化；取 5g 新鲜的绿色植物叶子于研钵中捣烂，用 30mL 2∶1（体积比）的石油醚-乙醇分 3 次浸取；把浸取液转移到分液漏斗中，加等体积的水洗 2 次，洗涤时要轻振，以防乳化，石油醚层用无水硫酸钠干燥后备用（可用于薄层层析或柱层析）。分别用 8∶2（体积比）的石油醚-丙酮，或 6∶4（体积比）的石油醚-乙酸乙酯作展开剂进行薄层层析展开，测定各个斑点的 R_f 值，并指出胡萝卜素，叶黄素和叶绿素位置。

【思考题】

1. 影响 R_f 值重现性的因素有哪些？如何鉴别一个未知物？
2. 为什么在薄板活化前要先晾干？
3. 点样用毛细管为什么不得混用？
4. 点样时如果刺破了薄层会有什么不好？
5. 点样时为什么不能太靠边沿处？
6. 展开时为什么要在密闭器皿中进行？
7. 展开时放入一条滤纸有何用途？
8. 用碘蒸气络合显色时，如果溶剂未干燥，将会有何现象？

实验 30　偶氮苯和苏丹Ⅲ的薄层色谱分离鉴定

【实验目的】

1. 用薄层色谱法分离鉴定偶氮苯和苏丹Ⅲ。
2. 通过实验学习薄层色谱的实验操作技术，了解薄层色谱的原理和应用范围，掌握实验方法。

【预习要点】

1. 预习 2.4.10.1 部分的原理、实验装置及其操作等相关内容。
2. 通过查阅文献，查找相关化合物的物理常数和性能。

【实验原理】

偶氮苯（diphenyldiazene）【103-33-3】和苏丹Ⅲ（sudan Ⅲ）【85-86-9】都是偶氮化合物，由于含有较大的共轭体系，所以都有一定的颜色，偶氮苯具有黄色，而苏丹Ⅲ显示深红色。它们的结构如下：

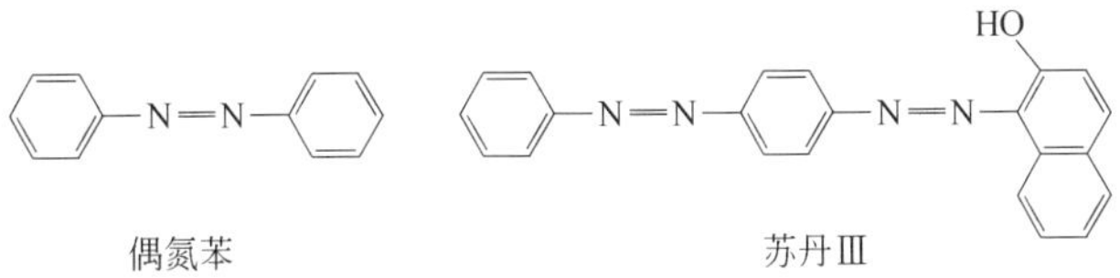

偶氮苯　　　　　　　　　苏丹Ⅲ

和偶氮苯相比，苏丹Ⅲ属于双偶氮化合物，分子量比较大，而且又有羟基，所以选择合适的实验条件，二者很容易通过色谱法分离开来。本实验以 9∶1（体积比）的无水苯-乙酸乙酯为展开剂；偶氮苯的 1％苯溶液和苏丹Ⅲ的 1％苯溶液为标样，用薄层色谱分析鉴定未知物；实验方法及其原理参阅 2.4.10.1 部分。

【仪器与试剂】

7.5cm×2.5cm 载玻片若干，展开槽；无水苯，乙酸乙酯，偶氮苯的 1％苯溶液和苏丹Ⅲ的 1％苯溶液，未知物，硅胶 H，1％羧甲基纤维素钠水溶液。

【实验步骤】

按照 2.4.10.1 操作方法制备薄板并活化；分别在两块薄板上点样未知物，偶氮苯的 1％苯溶液和苏丹Ⅲ的 1％苯溶液标样，用 9∶1（体积比）的无水苯-乙酸乙酯为展开剂；进行薄层层析展开，测定各个斑点的 R_f 值，并指出未知物的成分。

实验 31　APC 药片组分薄层色谱鉴定

【实验目的】

1. 薄层色谱鉴定 APC 药片的组分。

2. 通过实验学习薄层色谱的实验操作技术，了解薄层色谱的原理和应用范围，掌握实验方法。

【预习要点】

预习 2.4.10.1 部分的原理、实验装置及其操作等相关内容。

【实验原理】

实验操作原理请参阅 2.4.10.1 部分。普通的镇痛药通常是几种药物的混合物，大多含有阿司匹林、咖啡因、菲那西汀等组分，试通过本实验确定 APC 中的各组分。已知一些镇痛药中常见组分在给定条件下的 R_f 参考值如下：

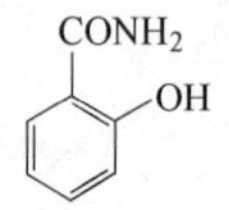

| R_f=0.46 | R_f=0.36 | R_f=0.25 | R_f=0.06 | R_f=0.17 |
| 水杨酰胺 | 阿司匹林 | 菲那西汀 | 扑热息痛 | 咖啡因 |

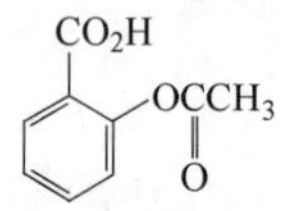

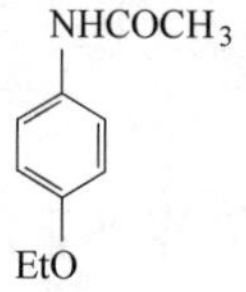

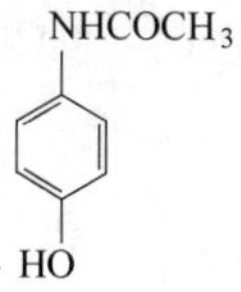

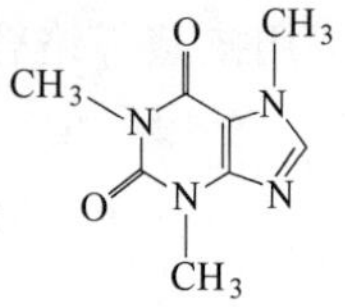

【仪器与试剂】

硅胶薄板，紫外灯；APC 片，2％阿司匹林的乙醇溶液，2％咖啡因的乙醇溶液，1,2-二氯乙烷-乙酸混合液（12＋1）。

【实验步骤】

取 APC 一片研细，用 5mL 95％乙醇浸泡，过滤，滤液备用；在一块板上同时点 APC 浸泡液和 2％阿司匹林的乙醇溶液，在另一块板上同时点 APC 浸泡液和 2％咖啡因的乙醇溶液，展开后，将板烘干，在紫外灯下观察或碘熏显色，确定每个样点的 R_f 值，鉴定 APC 中的组分。

2.4.10.2　柱色谱

柱色谱（column chromatogmphy）有吸附型和分配型两种，其中吸附型柱色谱是借助于填充吸附剂的玻璃柱，在吸附剂与洗脱剂对混合物各组分的共同作用下将混合物分离的一种操作。原理和前述薄层色谱的原理相同。只是柱色谱的处理量大（大于 100mg），多用于化合物的制备。

将待分离的混合物加到填充有活化过的多孔性粉状吸附剂的柱顶，再加洗脱剂（eluent 或 elutriant）使之自上而下流动，当洗脱剂流下时，由于不同化合物吸附能力不同，往下洗脱速度也不同，于是在柱中自上而下按照对吸附剂亲和力大小分别形成若干色带，再用溶剂洗脱时，已经分开的各个组分顺次被洗出色谱柱，分别收集即得各组分的溶液，蒸去溶剂作相应处理即可得各组分纯品。若样品无色时，可以用 TLC 检测分离效果，分离效果不好时，可以将此组分再次分离。

吸附柱色谱常用的吸附剂有硅胶（弱酸性）、氧化铝（酸性、中性、碱性），有时也用氧化镁、碳酸钙和活性炭等。分离某一混合物需用什么吸附剂应视其组分的性质决定，当物质呈酸性时可用硅胶、酸性氧化铝；呈碱性时，可用碱性氧化铝、氧化镁；呈中性时可用中性氧化铝、活性炭等。为更好地利用柱色谱，通常需要了解不同物质与吸附剂的亲和能力大小。一般地，化合物分子中含有极性较大的基团时，与吸附剂的亲和力也较强。如氧化铝对各种化合物的吸附性依下述次序递减：酸、碱＞醇、胺、硫醇＞酯、醛、酮＞芳香族化合物＞卤代物、醚＞烯＞饱和烃。

柱色谱洗脱剂的选择，通常依赖于 TLC。然而，柱色谱上用的吸附剂颗粒一般比 TLC 上用的吸附剂颗粒大，柱色谱用的洗脱剂也应比 TLC 的展开剂极性略小，才能得到较好的分离效果。为此，所用溶剂必须干燥，否则将严重影响分离效果（需要含水溶剂洗脱时除外）。

(1) 实验装置与仪器

柱色谱实验所用的仪器是填充有活化过的多孔性粉状吸附剂的色谱柱（图 2.4-45）。色谱柱的大小取决于被分离的物质的量及其吸附性。一般色谱柱较长，而吸附剂的填充高度通常是其直径的 4～10 倍，上部应有足够空间盛洗脱剂。有时可以使用一支酸滴定管作色谱柱。

(2) 实验操作方法

在选择好洗脱剂和吸附剂后，即可进行装柱。装柱有干法和湿法两种方式，湿法装柱效果较好，这里只介绍湿法装柱。

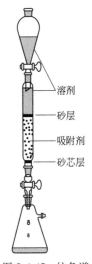

图 2.4-45　柱色谱装置

将色谱柱垂直固定于铁架台上，取少许脱脂棉（或玻璃丝）置于色谱柱底部，必要时可用一根长玻璃棒将其送至色谱柱底部并轻轻塞紧，再在脱脂棉上盖一层厚 0.5cm 的石英砂，关闭活塞，向柱中倒入一定量洗脱剂；用一定量洗脱剂和吸附剂调成糊状，搅拌下再慢慢倒入色谱柱，同时打开活塞使洗脱剂缓慢流出至锥形瓶接受器；此期间应用带有橡皮塞的玻棒轻轻敲击柱身下部四周，以保证填装紧密。装毕，待吸附剂全部沉积后再加入 0.5cm 厚的石英砂，关闭活塞。

注意：色谱柱装的好坏，将严重影响分离效果。装的好的色谱柱，不得使吸附剂有裂缝和气泡，且不得使液面低于吸附剂或砂层表面。

将待分离的混合物溶于尽量少的溶剂中，待色谱柱中溶剂液面降至石英砂表面时，用滴管将混合物溶液移至色谱柱，不断加入洗脱剂洗脱。此时应时刻注意色带下移情况，并及时更换锥形瓶，以接收不同组分。洗脱过程中不得使溶剂流干，溶剂流出速度不能太快。

实验 32　荧光黄和亚甲基蓝的色谱分离

【实验目的】

1. 用柱色谱法分离荧光黄和亚甲基蓝。

2. 通过实验学习柱色谱的实验操作技术，了解柱色谱的原理和应用范围，掌握实验方法。

【预习要点】

预习 2.4.10.2 部分的原理、实验装置及其操作等相关内容。

【实验原理】

实验操作原理请参阅 2.4.10.2 部分。荧光黄（fluorescein），橙红色，商品一般为二钠盐，稀的水溶液带有荧光黄色；亚甲基蓝（methylene blue）【7220-79-3】，深绿色有铜光的结晶，其稀的水溶液为蓝色。二者的结构式如下：

荧光黄　　　　　　　　亚甲基蓝

【仪器与试剂】

色谱柱（15cm×1.5cm）；圆底烧瓶，蒸馏头，冷凝管，接受管，温度计；中性氧化铝（100～200目），95％乙醇，含荧光黄和亚甲基蓝的乙醇溶液（1mg/mL）。

【实验步骤】

按照2.4.10.2部分的实验操作步骤进行实验并接收两个组分，分别用薄层色谱检验分离效果；蒸馏回收溶剂。

【思考题】

1. 为什么在用纯有机溶剂作洗脱剂时，要求它们必须干燥？
2. 装柱时如果柱中留有气泡、暗沟或断层，对分离效果有何影响？
3. 吸附剂上部再填装0.5cm厚的石英砂是什么目的？
4. 从装柱开始至洗脱结束，不得使洗脱液面低于石英砂或吸附剂面，为什么？
5. 解释为什么荧光黄比亚甲基蓝更易被氧化铝吸附？

实验33　邻硝基苯胺和对硝基苯胺的分离

【实验目的】

用柱色谱法分离邻硝基苯胺和对硝基苯胺。

【预习要点】

预习2.4.10.2部分的原理、实验装置及其操作等相关内容。

【实验原理】

实验操作原理请参阅2.4.10.2部分。邻硝基苯胺（o-Nitroaniline, mp 71～71.5℃）【88-74-4】和对硝基苯胺（p-Nitroaniline, mp 147～148℃）【100-01-6】均为黄色固体，用一般方法很难将二者的混合物分离开来。但由于前者生成分子内氢键，极性也比较小，后者则生成分子间氢键，极性又比较大，选择合适的条件，通过柱色谱可方便地将二者分离开。本实验用中性氧化铝作固定相，依次用苯，苯与乙醚混合液作展开剂分离邻硝基苯胺和对硝基苯胺。

【仪器与试剂】

色谱柱（20cm×1.5cm），圆底烧瓶，蒸馏头，冷凝管，接受管，温度计；中性氧化铝（100～200目），苯，乙醚，将0.55g邻硝基苯胺和0.78g对硝基苯胺溶于100mL苯中，取3mL进行实验。

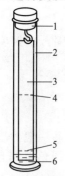

图2.4-46　纸色谱
装置
1—塞子；2—层析缸；3—滤纸；
4—溶剂前沿；
5—点样起始线；
6—展开剂

【实验步骤】

按照2.4.10.2部分的实验操作步骤进行实验，先用苯洗至第一黄色带至柱底部时，更换另一接受器，收集此色带；然后改用1:1苯-乙醚为洗脱剂，收集第二个淡黄色色带。将上述两种色带洗脱液分别用水浴蒸去溶剂，最后在水泵减压下蒸去少量残留溶剂，冷却结晶，测熔点，判定各组分。

【思考题】

请预测邻硝基苯胺和对硝基苯胺被洗脱时的先后次序，为什么？

2.4.10.3　纸色谱

纸色谱（又称纸层析）属于分配色谱的一种。它是借助滤纸作为支持物，用水饱和后构成固定相。当与固定相不相混溶的有机溶剂流动相通过固定相时，使被分离的各个组分连续地在两相之间动态分配，从而达到分离的一种操作。与TCL一样，化合物在纸色谱上的位置也用比移值R_f表示。R_f值随被分离化合物的结构、固定相与流动相的性质、温度以及纸的质量等因素而变化。当温度、滤纸等实验条件固定时，比移值 R_f 就是一个特有的常数，因而可作定性分析的依据。由于影响 R_f 值的因素很多，实验数据往往与文献记载不完全相同，因此在鉴定时常常采用标准样品作对照。此法一般用于多功能团或高极性化合物如糖、氨基酸等有机物质的微量（5～500mg）定性分析。

（1）实验装置与仪器

将一张滤纸悬挂于带塞子的层析槽中即构成纸色谱装置，如图 2.4-46。也可以使用一个加塞子的大试管稍微倾斜放置，将滤纸折叠一定角度塞入试管构成。滤纸的尺寸一般为 $2cm \times 15cm$。

（2）实验操作方法

将裁好的滤纸在距离一端 1.5～2cm 处用铅笔划好起始线，然后将要分离的样品溶液用毛细管点在起始线上，待样品溶剂挥发后，将滤纸的另一端悬挂在展开槽的玻璃钩上，使滤纸下端与展开剂接触，当展开剂前沿接近滤纸上端时，将滤纸取出，记下溶剂的前沿，测定化合物的比移值。纸色谱的这种展开方法叫上升法，除此还有下降法、圆形纸色谱法和双向纸色谱法等。

分离的混合物无色时，需将展开后的滤纸风干后，置于紫外灯下观察是否有荧光，或者根据化合物的性质，喷上显色剂，观察斑点位置，它与 TLC 显色方法相似。

实验 34　纸层析法分离与鉴定 Fe^{3+}、Co^{2+}、Ni^{2+} 和 Cu^{2+}

【实验目的】

1. 掌握纸层析法分离 Fe^{3+}、Co^{2+}、Ni^{2+} 和 Cu^{2+} 的基本原理及操作方法。
2. 掌握相对比移值（R_f）的计算及其应用。

【预习要点】

预习本书 2.4.10.3 部分有关纸层析内容。

【实验原理】

纸层析（paper chromolography，PC）是在滤纸上进行的色层分析法。在滤纸的下端滴上 Fe^{3+}、Co^{2+}、Ni^{2+} 和 Cu^{2+} 的混合液，将滤纸放入盛有适量盐酸和丙酮的容器中，滤纸纤维所吸附的水是固定相，盐酸丙酮溶液是流动相，又称展开剂。由于毛细作用，展开剂沿滤纸上升。当它经过混合离子的试液时，试液的每一个组分均向上移动。由于混合离子各组分在固定相和流动相中具有不同的分配系数，即在两相中具有不同的溶解度；在水相中溶解度较大的组分，向上移动的速度缓慢；在盐酸-丙酮溶剂中溶解度较大的组分随溶剂向上移动的速度较快，通过足够长的时间后，所有组分可以得到分离。然后，分别用氨水和硫化钠溶液喷雾，氨与盐酸反应生成氯化铵。

$$NH_3 + HCl = NH_4Cl$$

硫化钠与各组分生成黑色硫化物（FeS、CoS、NiS、CuS）。

R_f 与溶质在固定相和流动相间的分配系数有关，当层析纸、固定相、流动相和温度一定时，每种物质的 R_f 值为一定值。由于影响 R_f 值的因素较多，严格控制比较困难，在做定性鉴定时，可用纯组分同时做对照试验。

【仪器与试剂】

空压机，色谱喷雾器，毛细管等。

$CoCl_2$（0.1mol/L），$NiCl_2$（0.1mol/L），$CuCl_2$（0.1mol/L），$FeCl_3$（0.1mol/L），HCl（6mol/L），Na_2S（0.5mol/L），丙酮，氨水。

【实验步骤】

层析纸准备　取一张 13cm×16cm 滤纸做层析纸，以 16cm 的边长为底边，距底边 2cm

处用铅笔画一条与其底边平行的基线，按下图所示将纸折成 8 片，除左右最外 2 片外，在每片铅笔线的中心位置上依次写上 Fe^{3+}、Co^{2+}、Ni^{2+} 和 Cu^{2+} 混合物和未知样品。

点样　分别配制浓度为 $0.03mol/L$ $CoCl_2$、$NiCl_2$、$CuCl_2$、$FeCl_3$ 溶液及其混合液，用干净的专用毛细管分别在层析纸上述位置点样，最后用专用毛细管点未知样品，每种试液的斑点直径小于 $0.2cm$，自然干燥层析纸试液的斑点。

展开　在 $800mL$ 烧杯中，加入丙酮 $35mL$、$6mol/L$ HCl $10mL$，蒙上塑料薄膜，轻轻摇动烧杯，使展开剂充分混合；揭开塑料薄膜，将层析纸放入烧杯中，展开剂液应略低于层析纸上的铅笔线，蒙上塑料薄膜，用橡皮筋固定。

标记　观察并记录在层析过程中产生的现象。当展开剂前沿距层析纸顶部 $2cm$ 时，停止层析，取出层析纸，及时用铅笔画出展开剂前沿位置。

显色　在通风橱内自然干燥层析纸，层析纸干燥后用浓氨水喷雾，使之湿润，再喷 0.5 mol/L 硫化钠溶液，自然干燥。

附图 1 所示为纸层析法示意图。

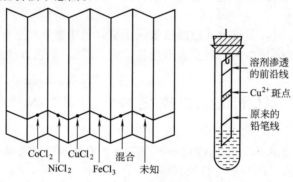

附图 1　纸层析法示意

【数据处理】

1. 记录各组分在层析时显示的颜色填入下表。

2. 用铅笔画出各黑斑点的轮廓，测量斑点中心位置至基线的垂直距离 h；测量展开剂前沿至基线的垂直距离 H，记录测量结果并填入下表。

层析物质名称	层析时颜色	喷雾氨水	喷雾硫化钠	h/cm	H/cm	R_f 值
$CuCl_2$						
$NiCl_2$						
$CoCl_2$						
$FeCl_3$						
混合物						
未知物						

3. 计算 R_f 值并填入表中。

4. 根据对照试验，判断未知组分中是何种物质。

【思考题】

1. $CoCl_2$ 在丙酮中显示什么颜色？

2. 若用 $12mol/L$ 的 HCl $5mL$，估计 R_f 值将如何变化。

附：几种常见离子在氨水或丙酮中的颜色。

介质	$[Fe(H_2O)_6]^{3+}$	$[Co(H_2O)_6]^{2+}$	$CoCl_2$	$[Cu(H_2O)_4]^{2+}$	$[Ni(H_2O)_6]^{2+}$
丙酮	黄色	浅红色	蓝色	蓝色	绿色
氨水	棕色	蓝色	棕色	深蓝色	紫色

实验35　氨基酸的纸上层析及薄层层析

【实验目的】

1. 分别用纸色谱法和薄层层析分离鉴定氨基酸。

2. 通过实验学习薄层色谱与纸色谱的实验操作技术，了解薄层色谱与纸色谱的原理和应用范围，掌握实验方法。

【预习要点】

1. 预习2.4.10.1及2.4.10.3部分的原理、实验装置及其操作等相关内容。

2. 查阅文献，找出相关氨基酸的物理常数以及化学性能。

【实验原理】

利用氨基酸在特定展开剂中分配系数的不同，用标准样品和试样在同一张薄板或纸上进行层析。在相同条件下，比较它们的R_f值，以达到分离和鉴定氨基酸的目的。实验操作原理请参阅2.4.10.1及2.4.10.3部分。

氨基酸大多无色，因此观察其斑点时需要使用显色剂。茚三酮（ninhydrin）作为氨基酸的显色剂，它水化后生成水化茚三酮，它能与氨基酸的羧基反应生成还原茚三酮、氨及醛，与此同时，还原茚三酮又与氨及茚三酮缩合生成有色化合物而使氨基酸斑点显色。反应如下：

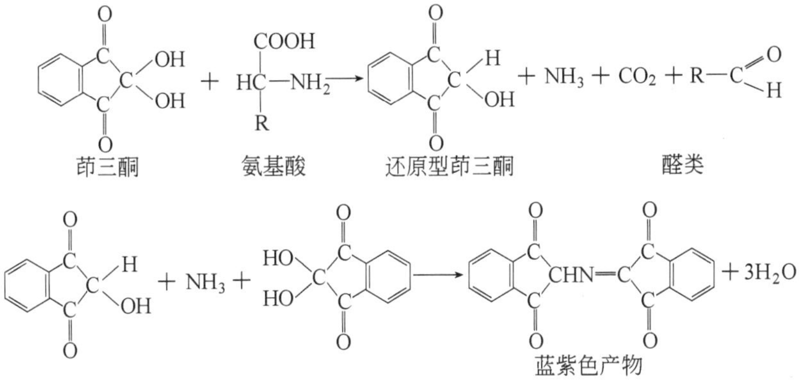

【仪器与试剂】

展开槽，滤纸（2cm×15cm），硅胶薄板（7.5cm×2.5cm）；甘氨酸，胱氨酸，谷氨酸和酪氨酸的0.5％水溶液及四种氨基酸各取等体积组成的混合液；展开剂：4：1：1（体积比）的正丁醇-水-冰醋酸；显色剂为2％的茚三酮乙醇溶液。

【实验步骤】

将适量展开剂放入展开槽。取四条2cm×15cm的滤纸，用铅笔标上起始线，每个滤纸上分别点标准样和混合样，样点直径不宜超过2mm。待样点干后，置于展开槽中进行展开，样品点不要浸入展开剂。展开结束，取出纸条，置于100℃的烘箱中或放在红外灯下烘干，然后用喷雾方式将茚三酮乙醇溶液均匀喷在滤纸上，干燥后出现紫红色的斑点，测量起始线至斑点间的距离，求出R_f值。对照标准样品和混合样品的R_f值，鉴定混合样品中的氨基酸。操作过程中可以戴上手套，防止滤纸上留下手印，影响试验。

用7.5cm×2.5cm硅胶薄板代替滤纸进行试验，比较纸色谱法和薄层色谱法鉴定氨基酸的操作与效果。

【思考题】

1. 在原理和操作方法等方面，纸色谱法和薄层色谱法有哪些异同？

2. 试述茚三酮对氨基酸的显色原理。

2.4.10.4　气相色谱

气相色谱是 20 世纪 50 年代发展起来的一种分离和分析的实验技术。现在已成为石油化工，环保以及其他工业部门和科学研究单位必不可少的工具。气相色谱主要应用于分离和鉴定气体及易挥发性液体混合物，具有分析速度快，样品用量少等特点。

气相色谱的流动相是载气，固定相则有固体与液体之分。固定相是固体的称为气-固色谱（简称 GSC），通常它是吸附色谱；固定相是液体的称为气-液色谱（简称 GLC），通常它是分配色谱。将固定相（又称填充剂）填入色谱柱中，通过载气流动相将气体（或汽化的）样品送入色谱柱并在那里而得到分离。

作为气-固色谱的常用吸附剂及填充剂性能列于表 2.4-11。根据分析对象，参照该表选用合适的吸附剂。由表 2.4-11 可以看出，这类吸附剂填充的气-固色谱柱主要用于分析永久性气体及低沸点烃类，只有高分子多孔微球填充剂才适合于分析有极性的小分子有机化合物。

表 2.4-11　气-固色谱常用吸附剂及填充剂性能

吸附剂及化学组成	最高使用温度	使用前预处理方法	分析对象	备　注
炭黑，C	<300℃	过筛，用苯浸泡以除去其中硫黄、焦油等；在 350℃ 用水汽洗至无浑油，180℃ 烘 2h	气体及低沸点烃	3000℃ 煅烧成石墨
硅胶，$SiO_2 \cdot nH_2O$	随活化温度而定，<400℃	用 6mol/L 盐酸泡浸 2h，水洗至无氯离子，180℃ 烘 6～8h	同上	色谱专用硅胶在 200℃ 活化
氧化铝，Al_2O_3	<400℃	过筛，600℃ 活化	分离 $C_1 \sim C_4$ 烷烯烃异构体，氢同位素	随活化温度不同，含水量不同，从而影响保留值
分子筛，$x(MO) \cdot y(Al_2O_3) \cdot z(SiO_2) \cdot nH_2O$	<400℃	过筛，在 350～550℃ 下烘烤活化 3～4h，超过 600℃ 会使分子筛结构破坏而失	永久性气体	随晶型及组成不同，分为 A、X、Y 等型号，各型号根据孔径不同又分为 3Å（0.3nm）、5Å（0.5nm）等规格
高分子多孔微球	<200℃	170～180℃ 烘去水分后，在 H_2 或 N_2 气流中老化 10～20h	气相或液相中水的分析；CO、CO_2、CH_4、酯、醛、酸等，以及 H_2S、SO_2、NH_3、NO_2 等	国产 GDX 型填充剂即属此类

气-液色谱用的填充剂是用一种具有惰性表面的多孔性固体颗粒（称为担体）承担的固定液。用做担体的物质，必须具有：表面积较大，孔径分布均匀；化学惰性好，即表面没有吸附性或吸附性能很弱，与被分离物质不起化学反应；热稳定性好，有一定的机械强度。担体的品种很多，总的可以分为硅藻土型与非硅藻土型两类。前者使用的历史长，应用普遍，这一类担体又分为红色担体和白色担体两种。红色担体的组成主要是 $SiO_2\text{-}Al_2O_3\text{-}Fe_2O_3$，白色担体的组成与红色担体基本相同，只是在烧结前加入了助熔剂 Na_2CO_3；非硅藻土型担体通常是玻璃球或氟塑料球。可作为固定液的物质很多，要求其蒸气压必须很低（在工作温度下小于 133Pa），并能牢固地附载在载体上。通常有邻苯二甲酸酯类（二丁酯或二辛酯）、癸二酸酯类、硅油、聚乙二醇及其酯类等。气-液色谱用途较广，可用于分析各类沸点较高的有机化合物。

气相色谱仪构造示意图见图 2.4-47。

钢瓶中的载气自减压阀流出，依次通过色谱仪的进样口、色谱柱、检测器，最后到达样品出口。实验时，将色谱柱加热到所需温度，用微量注射器将样品注入进样口，在那里样品气化并被具有一定流速的载气带入色谱柱，在柱中试样按照它们在气相和液相之间的分配系

数进行分配，从而达到分离，已分离的
试样组分离开柱子，依次进入检测器产
生一个电讯信号经放大后被记录仪记录
下来。载气流速控制在 $30\sim120mL/min$。
载气必须是惰性气体，如氩气、氮气等。

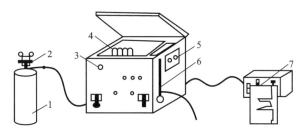

图 2.4-47　气相色谱仪构造示意
1—钢瓶；2—减压阀；3—进样口；4—色谱柱；
5—样品出口；6—流速计；7—记录仪

　　检测器的种类也很多，常见的有热
导检测器、氢火焰检测器和电子捕获检
测器等。热导检测器是利用组分和载气
的热导系数不同而给出信号的，常用氢
气或氮气作载气；氢火焰检测器是利用
氢火焰的高温作用将样品组分电离，电离后的组分离子和电子各往相反电极运动，从而产生
微电流信号，经放大后由记录仪记录下来；电子捕获检测器是利用载气分子在电离室中被β
射线电离，并在电极之间形成一定的基始电流，当电负性物质分子进入电离室时，自由电子
会被此物质分子捕获而使基始电流降低，产生信号。

　　当每一组分从柱中洗脱出来时，在色谱图上就出现一个信号峰，当空气随试样进去后，
因为空气挥发性高，它就和载气一样，最先通过色谱柱，故第一个峰为空气峰。从试样被注
入到一个讯号峰的最大值时经过的时间称为某一组分的保留时间。在色谱条件相同时，一个
化合物的保留时间是一个常数。

　　如果用作定性分析方面，由于许多有机化合物有相同的沸点，许多有机化合物在特定的
色谱条件有相同的保留时间。为了准确的定性分析，必须至少用两种极性不同的固定液进行
分析，如未知物和已知物都有相同的保留时间，说明是同一化合物。如果在此两种固定液情
况下都只出现一个峰，则通常可以认为该物质是单一的。

　　气相色谱也是定量分析少量挥发性混合物的有力工具。每个组分的峰高或峰面积可以按
下式核算为物质的量。

$$hf=m \quad 或 \quad Af=m$$

　　式中，h 为峰高；A 为峰面积；f 为相对校正因子；m 为物质的质量，g。所以，利用气
相色谱作定量分析时，首先要准确地求出峰高或峰面积，其次是准确求出相对校正因素，市
售的较先进的气相色谱仪常配有积分仪，都能把色谱图上的某组分的峰面积和保留时间记录
下来。

　　各组分的含量可以下述三种方法求出；直接校正法（即与外标样比较），归一化法（按
混合物的总峰面积等于100%计算），内标法（将一定浓度的标液加到样品中）。最常用的是
归一化法。归一化法是先测定样品各组分的峰面积和相对校正因子，然后按下式计算各组分
的百分含量：

$$x_i=\frac{A_i f'_i}{A_1 f'_1+A_2 f'_2+A_3 f'_3+\cdots}\times100\%$$

　　式中，A_1，A_2，A_3…为样品各组分的峰面积；f'_1，f'_2，f'_3…为相对校正因子。

$$f'_i=\frac{f_i}{f_s}=\frac{A_s c_i}{A_i c_s}$$

　　式中，c_i 和 c_s 分别为样品及基准物的浓度。

2.4.10.5　液相色谱

　　液相色谱（liquid chromatography，LC），是以液体为流动相的色谱分离技术。与气相
色谱相比，液相色谱不受样品挥发度和热稳定性的限制，分析测试的对象不仅适用于通常的
小分子化合物的分离，更适合于分离生物大分子、离子型化合物、不稳定的天然产物以及各
种高分子化合物等。

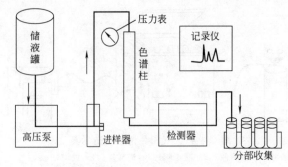

图 2.4-48　液相色谱仪结构示意

液相色谱的装置主要分为四个部分：高压输液系统、进样系统、分离系统（色谱柱）和检测系统。此外还根据要求，配置一些附属装置，如梯度洗脱、自动进样和数据处理等。示意图见图 2.4-48。

高压泵将溶剂经进样器送入色谱柱，当样品注入进样器后，溶剂将其带入色谱柱中进行分离，各个组分将依次进入检测器，被记录仪记录下来。

根据液相色谱中所使用的固定相及其性质，有液-固色谱、液-液色谱、化学键合相色谱、离子交换色谱和空间排斥色谱（又称凝胶渗透色谱）等。在实际应用中，要根据被分离的化合物的性质选用不同的固定相进行实验。

2.5　反应操作技术

要完成规定条件下的一个化学反应，所涉及的技术有许多种，比如装置构建、温度控制、反应进程监控等。这些技术，在本书的其他部分均有介绍。本节所讨论的内容是要解决两个问题：反应体系物料的投放方式；加速和完善非催化因素的反应进程。

2.5.1　搅拌

搅拌（agitation）是重要的实验操作之一，它常用于互溶液体的混合、不互溶液体的分散和接触、气液接触、固体颗粒在液体中的悬浮、溶解，强化传热及化学反应等过程。按照化学动力学理论，反应物之间接触面积对于反应速度的影响非常大，所以，欲使一个多相反应体系在有限的时间内按照我们预想方式顺利进行，必需的搅拌措施必须到位。常用的搅拌方式有：手动搅拌、电动搅拌以及超声波搅拌（粉碎）等。另外，使用对反应体系物料呈惰性的气体，鼓泡通气搅拌，也时有应用。

（1）手动搅拌

本质上，试管的振荡、锥形瓶的振摇，以及用研钵磨细固体（尤其是在其中完成常温固相反应的情形）均可归类于手动搅拌方式中。我们一般仅把使用搅拌棒的操作才称为搅拌。手动搅拌一般用于这样的场合：反应时间较短、反应物较少，或加热温度不高，反应物无较大气味，手动搅拌即可达到充分混合的目的。如易溶固体在溶剂中的溶解、两互溶液体的混合等过程。

手动搅拌的主要工具是玻璃搅棒（stir rods），有时可以用聚四氟乙烯棒代替。搅拌时，搅棒顶端不要擦靠容器底部，以免因用力过大而捅漏玻璃容器。尽可能不要使搅棒碰触容器壁。一个正确搅拌操作的最主要特征在于，搅拌过程中，除了搅棒划过液体时产生的独有轻微声音之外，没有其他噪声发生。只有在处理较为浓密和黏稠物料时，细口容器（如三角瓶、单、多颈磨口烧瓶等）才需要使用塑料搅棒助力。其余情形下并不推荐使用搅棒于这些细口容器中，因为这样易造成容器的损坏，毕竟这类容器的几何形状决定了使用玻璃搅棒时，存在搅棒与器壁高碰触概率。所以，使用搅棒进行搅拌，主要应用于烧杯等广口容器作为反应器的情形中。

手动搅拌的注意事项　①搅棒不是研杵，禁止将其用于烧杯中固体的捣碎！②固体溶解时，若固体结晶颗粒过大，或因遇溶剂结块（如无水硫酸钠溶于水时），则搅拌时更不能连同固体一起搅动。这时候，可采取仅在纯液体区域扰动的手法，以促进液体对颗粒晶体的加溶。待大块晶体几乎溶完后，方可进行正常搅拌。③在溶解并串接定量转移的操作过程中，须注意搅棒上面附着的物料应该完全归并于体系之中！否则，会造成最终溶液浓度的不准确。④并没有规定搅拌方向究竟是顺时针还是逆时针，只是在溶解（胀）某些高分子化合物时，为避免对高分子链的剪切破坏，才需要以同一转动方向的手法进行操作。

（2）电动搅拌

不适宜使用手动搅拌的反应体系，要考虑使用电动搅拌。现时实验室中常用的电动搅拌器械有：电动磁力搅拌器、电动振荡器、电动机械搅拌器和专门处理分散系的电动高速均质机。现择要对它们进行介绍。

(a) 可控温磁力搅拌

(b) 六联磁力加热搅拌器

(c) 搅拌磁子及捡取器

图 2.5-1　电动磁力搅拌器及搅拌磁子

如果反应体系是低黏度的液体，或固体量很少，可以用磁力搅拌，其优点是易于密封，不占用瓶口，便于安装回流装置和加料装置，搅拌平稳，温度计浸入体系也不影响搅拌。其原理是利用电机带动磁钢旋转、磁钢的磁力线带动搅拌容器中的聚四氟乙烯塑料封闭的搅拌子，搅拌子以一定的速度旋转、从而达到混匀搅拌溶液的目的（图 2.5-1）。一般电磁搅拌器都附有加热和调温、调速的装置（图 2.5-2）。

如果需要搅拌的反应物较多或黏度较大时，就需要用电动机械搅拌装置，电动机械搅拌器相对于电磁搅拌器操作比较复杂，通常包括搅拌器、搅拌棒、密封装置以及回流或蒸馏装置等部分（图 2.5-3）。搅拌器主要部件是具有活动夹头的小电动机和控制器，它们一般固定在铁架台上，电动机带动搅拌棒起搅拌作用，用控制器调节搅拌速度和加热温度。

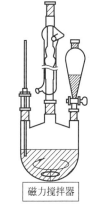

磁力搅拌器

图 2.5-2　磁力搅拌反应装置

为保证搅拌的平稳，待搅拌反应器必须牢固夹持于铁架台上。若反应在烧杯中进行，就要选用带手柄烧杯作为反应器。以便固定它。如果使用多口圆（平）底烧瓶，则机械搅拌一般都安装中间口上，回流装置或滴加装置安装在边口上（图 2.5-4）。

(a) 各式机械搅拌　　　　(b) 磁力与机械　(c) 聚四氟乙烯搅拌棒　　(d) 聚四氟乙烯搅拌塞头(密封)
　　　　　　　　　　　搅拌一体机

图 2.5-3　电动机械搅拌装置

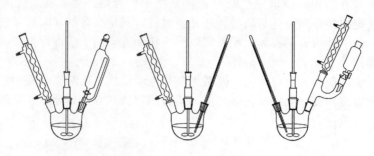

图 2.5-4　机械搅拌装置

机械搅拌的搅拌棒通常由不锈钢外涂聚四氟乙烯和玻璃制成，密封装置主要是在搅拌操作中不让反应物外逸而采取的密封措施。材质是聚四氟乙烯的。中间附之以硅橡胶密封圈，通过上盖用螺纹压紧。

聚四氟乙烯搅拌棒的上端直接与电机轴相连。而玻璃搅拌棒的上端则用橡皮管与电动机轴连接，以避免搅拌时产生的应力损坏玻璃搅拌棒。搅拌棒下端接近反应器底部 3～5mm 处，搅拌时要避免搅拌棒与反应器壁相碰。在进行操作时应将细口反应瓶中间颈用铁夹夹紧，从仪器的正面和侧面仔细检查，进行调整，使整套仪器端正垂直，先缓慢开动搅拌器试验运转情况。当搅拌棒和反应器壁间不发出摩擦的响声时，仪器装配才合格，否则需要再进行调整。

实验常用的玻璃仪器装置，一般均需用铁夹将仪器依次固定于铁架上。铁夹的双钳应贴有橡皮、绒布等软性物质，或缠上石棉绳、布条等。若铁钳直接夹住玻璃仪器，则容易将仪器夹坏。

用铁夹夹玻璃器皿时，先用左手手指将双钳夹紧，再拧紧铁夹螺丝，待夹钳手指感到螺丝触到双钳时，即可停止旋动，做到夹物不松不紧。

以回流装置为例，装置仪器时先根据热源高低，用铁夹夹住圆底烧瓶瓶颈，垂直固定于铁架上。铁架应正对实验台外面，不要歪斜。若铁架歪斜，重心不一致，装置不稳。然后将球形冷凝管下端正对烧瓶口用铁夹垂直固定于烧瓶上方，再放松铁夹，将冷凝管放下，使磨口磨塞塞紧后，再将铁夹稍旋紧，固定好冷凝管，使铁夹位于冷凝管中部偏上一些。用合适的橡皮管连接冷凝水，进水口在下方，出水口在上方。最后在冷凝管顶端装干燥管。

安装仪器遵循的总则：①先下后上，从左到右；②正确、整齐、稳妥、端正，其轴线应与实验台边沿平行。

如果需要搅拌的反应物料体系属于多相分散系，并且有可能我们的目的就是使这些体系的动力学稳定性更好，比如说两相互不混溶液体的反应，乳浊液、胶体体系的制备，那么选择电动高速均质机作为搅拌处理装置，效果就非常好。高速均质机是最近才发展起来的一种新型设备。各厂商名称不同，譬如有称做高速剪切乳化机的，有的则称做高剪切分散机等，不一而论，其实本质上所指的都是一类设备。该系列设备适用于具有流动性的液-液相反应、液-固相物料的粉碎、分散、混合、均质和乳化加工等场合。亦即将一个相或多个相分布到另一个连续相中，而在通常情况下各个相是互相不溶的。与普通机械搅拌的最大区别是搅拌器的搅拌头对流体物料作用方式的不同。由图 2.5-5 可以看出，均质机的搅拌头由一组或几组精密配合的转子及定子组成。其作用原理是通过高速运转的定转子相对运动，由转子高速旋转所产生的高切线速度和高频机械效应带来的强劲动能，使物料在定、转子狭窄的间隙中受到强烈的机械及液力剪切、离心挤压、液层摩擦、撞击撕裂和湍流等综合作用，从而使不相溶的固相、液相、气相瞬间均匀精细地分散乳化。达到显著的分散、混合、均质乳化及细

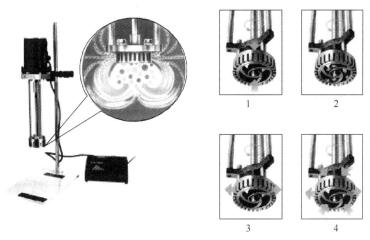

图 2.5-5 高速均质机及原理示意

化效果。设备形式和搅拌原理模式参见图 2.5-5。

搅拌原理模式说明：①在高速旋转的转子产生的离心力作用下，物料从工作头的上下进料区域同时从轴向吸入工作腔；②强劲的离心力将物料从径向甩入定、转子之间狭窄精密的间隙中，同时受到离心挤压、撞击等作用力，使物料初步分散乳化；③在转子外端区域物料被加速到线速度 12m/s 以上（特殊设计制造可达到 60m/s，甚至更高），在定子作用下，瞬间形成高频、强烈的液力剪切摩擦、液流碰撞等综合效应和能量，使物料迅速完成分散、乳化、均质、溶解等过程，在惯性的作用下，物料仍可保持高速从定子齿槽中喷射出来；④物料不断高速地从径向射出，在物料本身和容器壁的阻力下改变流向，与此同时在转子区产生的上、下轴向抽吸力的作用下，又形成上、下两股强烈的翻动湍流，物料经过数次循环，最终完成分散、乳化、均质过程。

图 2.5-6 三颈瓶与均质机用专用卡扣连接

均质机的使用与普通机械搅拌器并无大的差别，甚至更为简便。如果是在烧杯中完成操作，烧杯甚至都不需要固定，这是因为体系内流体的运动方向是垂直的，运动形式属于翻动湍流，不会带动烧杯横向运动；在细口瓶如锥形瓶、圆底烧瓶中使用时，要选择并更换较细的搅拌头，同时将细口瓶中间颈用铁夹夹紧即可（如图 2.5-6 所示）。需要加热的话，则在反应器下方另外放置加热器具，如水浴槽、电板炉等。

油脂的皂化如果使用均质机作为搅拌器，其反应时间将会被缩短一半以上。

需要在常温或恒温下长时间进行反应的体系，无论是均相还是多相，比如微生物的培养、空气对溶液中某组分长时间影响考察等实验，由于要求的搅拌混合强度不高，这时候可以选择用恒温振荡器作为搅拌装置。即使是长时间的萃取操作，也可以置分液漏斗于摇床上面进行。如图 2.5-7 所示。

利用不锈钢弹簧所编就的双层固定网，可以方便地将反应瓶夹持固定于振荡器上，并且可长时间保持位置的恒定。如果需要恒温，则选择具有自动恒温水浴的振荡器。

(3) 超声搅拌（粉碎）

超声，是指振动频率高于 16kHz 的声波，作为超声技术应用的器件的频率上限为 1MHz，但常用的频区为 20～50kHz。超声波作为一种特殊的能量作用形式，与热能、光能

图 2.5-7　摇床

和离子辐射能有显著的区别。利用超声波能够加速和控制化学反应、提高反应产率、改变反应历程和改善反应条件以及引发新的化学反应等❶。由此发展起来一门交叉学科——超声化学（Sonochemistry）。超声化学主要源于声空化——液体中空腔的形成、振荡、生长收缩及崩溃，以及引发的物理变化和化学变化。液体声空化过程是集中声场能量并迅速释放的过程。空化泡崩溃时，在极短时间和空化泡的极小空间内，产生 5000K 以上的高温和大约 5.05×10^8Pa 的高压，温度变化速率高达 10^{10} K/s，并伴生强烈的冲击波和时速高达 400km 的微射流，这就为在一般条件下难以实现或不能实现的化学反应，提供了一种新的非常特殊的物理环境，开启了新的化学反应通道。在液体内施加超声场，当超声强度足够大时，会使液体中产生成群的气泡，成为"声空化泡"。这些气泡同时受到强超声的作用，在经历声的稀疏相和压缩相❷时，气泡生长、收缩、再生长、再收缩，经多次周期性振荡，最终以高速度崩裂。在崩裂过程中，会产生短暂的局部高温、高压和强电场，从而引发许多力学、热学、化学、生物学等效应。液体固体界面处的空化与纯液体中的空化有着很大的区别，由于液体中的声场是均匀的，所以气泡在崩裂过程中会保持球形，而靠近固体表面的空化泡崩裂时为非球形，气泡崩裂时会产生高速的微射流和冲击波。射流束的冲击可以造成固体表面凹蚀，并可除去表面不活泼物种覆盖层。在固体表面处，因空化泡的崩裂产生的高温、高压，能大大的促进反应的进行。在化学反应进行过程中，超声辐射可以连续地清洗更新固体的表面，从而提高反应速度，这种反应活性的增加，意味着反应可以在低温下进行且易于控制。鉴于超声效应，目前在实验室中，超声反应器的应用益发普遍。实验室常用的超声反应器有超声清洗器、超声粉碎器（图2.5-8）等。

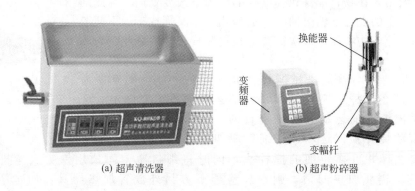

(a) 超声清洗器　　　　　　　(b) 超声粉碎器

图 2.5-8　超声反应器

　　在基础化学实验室中，超声清洗器主要用来作为玻璃仪器和仪器组件如玻璃电极的清洗之用。间或用于反应体系的加速。此时，在分类上，清洗器起的就是所谓的搅拌作用。具体操作十分简便。在清洗器水槽中灌注液体（通常用纯水）作为声波能量的传递媒介。将反应器（圆底烧瓶或三角瓶）浸没于液体中，并用铁夹固定之。按照反应体系需要，调整作用于

❶　冯若，李化茂. 声化学及其应用. 合肥：安徽科学技术出版社，1992.
❷　超声波在介质中的传播过程中存在着一个正负压强的交变周期。在正压相位时，超声波对介质分子挤压，改变了液体介质原来的密度，使其增大；而在负压相位时，使介质分子稀疏，进一步离散，介质的密度则减小。直至分子间距达到气体体系标准，于是"声空化泡"就形成了。

反应物系的能量密度❶，就可以进行反应了。使用超声清洗器作搅拌，其不足之处是显而易见的。毕竟来自超声换能器的声能未能直接作用于反应物料，经过洗涤槽和反应器壁的二次衰减，搅拌效果要大打折扣，所谓能量密度也仅仅具有表观意义；另外，如果想使体系在不同于室温的温度下进行反应，在超声清洗槽中完成加热和冷却操作存在一定的困难。所以，在实验室应用更多的超声波搅拌装置是超声波粉碎器。

超声波粉碎器是超声波细胞粉碎机在化学实验室的称谓。顾名思义，最早它是用于生物学实验的，化学家将其借鉴过来为我所用。超声波细胞粉碎机由超声波发生器和换能器两大部分组成。超声波发生器将 50Hz 220V 市电变成 20kHz 电能供给换能器。锆钛酸钡压电振子是换能器的心脏，它随交变电压以 20kHz 频率作伸缩弹性形变，换能器随之作纵向机械振动。振动波通过浸入在溶液中的钛合金变幅杆产生空化效应，激发介质里的微粒剧烈振动。

使用时，只要把换能器的钛合金变幅杆插入到反应体系中，就可以实现超声搅拌。图 2.5-9 所示就是用进口便携超声波粉碎机进行的操作。显然，如果将图中的烧杯置于热浴或冷浴中，就可以实现非室温下的超声反应。换能器的能量集中于反应体系，除了次声波的损失之外，基本无其他损耗。

图 2.5-9　超声粉碎操作

换能器的钛合金变幅杆直径可变，以方便插入不同口径的反应瓶中。若将图 2.5-9 中的烧杯换成三口烧瓶，并使用台式粉碎机，就可以实现有机反应的超声加速了。甚至三口烧瓶可以置于磁力搅拌器上面，内置搅拌子，这样一来，宏观搅拌与微观搅拌双管齐下，温度场也可以随意变化，还不影响回流、加料等操作，实现了同一反应体系同时用多种手段进行控制和加速的目标。

需要注意的是，使用超声搅拌并非对所有反应体系都有效。目前，人们对于超声化学的研究还不十分系统，究竟哪一类反应适合于使用超声促进，并没有十分明确的判别标准。

另外，使用超声波促进反应时，往往在液体体系伴随有次声波的发生。这种次声波尽管对人体的伤害不严重，但其严重刺激听觉，使人感觉极为不爽，尤其是大功率超声情况下，更令人讨厌，因此，必要的隔音措施还是必要的。事实上，大功率超声粉碎机的换能器都是置于隔音箱中使用的。

2.5.2　加料方法

化学实验的开展，离不开各类原料向反应系统和装置内的加入。常用来进行实验的物料有化学试剂、工业原料、生物样品（含农副产品）、天然矿物等。依据存在形态，分为流态原料和固态原料。在此介绍不同形态物料往反应系统中加入的针对性方法。

2.5.2.1　流态原料的加料方法

流态原料，包括常温常压下呈气态的物质和液体物料。下面首先介绍气态原料的引入。

（1）气体引入

一般来说，基础化学实验中涉及气相反应的反应装置，大体分为两类：一类为高压反应器，如高压釜、氧弹等；另一类为常压反应器。高压反应器一般为封闭系统，通常进行的是间歇式反应。要实现连续反应，就需要使用常压反应器。其最突出特征在于系统通过某些隔离措施达到敞开通大气，从而实现常压的目的。也就是说，常压系统一般设置有进口和出口。

---

❶　单位体积反应物料感受的超声能，J/cm^3。

　　向高压反应器中引入气体，一般不使用流量计监控进入系统的气体量。而是通过系统附设的压力指示来考察原料气是否已加足。气源一般使用高压气瓶，利用气瓶中的压力作为推动力，使气体进入反应器。特别要指出的是，在向系统中引入可燃性反应原料气之前，一定要确保反应器内空气被驱除干净了！具体做法是用常压反应原料气对装置进行吹扫置换。但这样做往往存在一定的风险。所以，最好的措施如下。①首先将反应系统接入真空，抽出体系中存在的空气；抽真空另外的意义还在于对于系统检漏。②然后切断与真空系统联系，用常压原料气充入反应器中。③在反应器出口与真空系统接入口之间，装设必要的吸收装置或设备，以免原料气进入到真空系统造成事故。再次将体系抽空。④重复②和③，直到体系中全部由原料气充满为止。在缺乏必要检测手段的情况下，一般如此操作 3 次以上可以合乎要求。

　　根据体系反应压力条件要求，利用高压气瓶向反应器中充装原料气时有通过减压阀和不通过减压阀两种形式。对于中低压反应（<4MPa），通过气瓶减压阀出口，用高压管（公称压力必须大于工作压力 100％以上）连接系统进气口，打开减压阀，使气体进入反应器，直到减压阀低压表指示值达到要求，关闭系统进气口阀门。气体充装完毕。

图 2.5-10　全自动低噪声空气压缩机

　　高压反应，一般减压阀已不敷使用。这时候可直接用高压管通过密封螺母连接气瓶阀门与反应器（如高压釜），确认密封良好之后，打开气瓶阀门，导入原料气，直至反应器附设压力表指示值达到要求。关闭系统进气口阀门。移走气瓶。

　　在进行上述操作时，一定要严格遵守有关气瓶使用和高压气体操作的各项规程，切记！

　　对于常压连续反应，要注意尾气的吸收。不同反应尾气的吸收和净化，参见本书 2.4.9 节。

　　连续反应过程中，所使用的气源大多来自于高压气瓶，只有在使用空气作为反应原料气的情形下，才使用小型空压机（图 2.5-10），或者从体系出口引管，接入到循环水式真空泵入口。体系入口通大气。利用真空泵的抽吸作用，将空气通入到反应系统中。

　　如果低压连续反应体系中存在有液体溶剂的话，这时候要考虑长时间通入气体，造成的溶剂蒸气被携带，致使反应体系浓度发生变化这一因素。此时，可在反应体系的气体入口前加装一只饱和加料器，避免这种现象的发生。饱和加料器（图 2.5-11）内装与反应溶剂组成相同的液体，整体保持在与反应温度一致的热浴中。这样，进入到系统中气体就混有分压与物料一致的溶剂蒸气，避免系统溶剂的挥发增浓。

　　因此，一个常压连续反应系统，其气体的流程路线基本上就比较全面了。如果以图示的方式表示的话，气路应该是这样的顺序：

气源 → 气体稳压 → 流量控制 → 气体稳流 → 流量测定 → 饱和器 → 反应器 → 尾气吸收

　　气体稳压是通过稳压阀来实现的。它是实验室常用的稳压装置，其工作原理如图2.5-12所示，稳压阀的腔 A 与腔 B 通过连动杆与孔的间隙相通，右旋调节手柄至一定位置时，系统达到平衡。A 进气压力有微小的上升时，则腔 B 的压力随之增加，波纹管向右伸张，压缩弹簧，阀针同时右移，减少了阀针与阀针座的间隙，气流阻力增大，则出口压力保持原有的平衡压力；同样进气口压力有微小下降时，系统也将自动恢复平衡状态，达到稳压效果。使用此阀时应注意进口压力一般不超过 5.884×10^5 Pa，出口压力一般在 $9.807 \times 10^4 \sim 1.961 \times 10^5$ Pa效果较好。使用的气源应干燥、无腐蚀性，气源压力应高于输出压力 4.903×10^4 Pa。不能把气体进出口接反，以免损坏波纹管。在停止工作时应把调节手柄左旋，使阀处于关闭状态，防止弹簧失效。

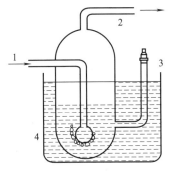

图 2.5-11　气体饱和加料器
1—气体入口；2—出口；3—溶
剂添加口；4—热浴

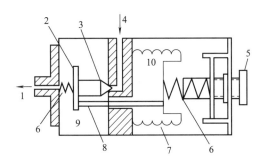

图 2.5-12　稳压阀工作原理示意
1—出气口；2—阀针座；3—阀针；4—进气口；
5—调节手柄；6—压簧；7—波纹管；
8—连动杆；9—腔 A；10—腔 B

在实验室中，气体流量的控制常借助于针型阀来实现。针形阀是一种调节气体流速、控制气体流量的微量调节阀，也可以用于液体流量的控制。其结构主要由阀针、阀体和调节螺旋组成。针形阀的工作原理如图 2.5-13 所示。阀针与阀体不能相对转动，只有调节螺旋与阀针或阀体可以相对转动。当调节螺旋右转时，阀针旋入进气孔道，则进气孔道的孔隙变小，气体阻力增大，流速减小。当调节螺旋左旋时，则进气孔道的孔隙增大，气体阻力减小，流速增大。

气体稳流常用的装置为稳流阀。它用于稳定气体的流速。某型号稳流阀的工作原理如图 2.5-14 所示。当输入压力为 p 时，在节流孔 G_1 通过的压力是 p，阀盖上的腔体压力也是 p，这时调节针形阀杆为一定位置，则在节流孔 G_2 处产生一个压力 p_1。该阀门中压缩弹簧本身有一向上作用力，膜片受 p 的作用，有一个向下的压力，由于 p_1 克服膜片向下的压力，使密封橡胶与阀门间有一个不断振动的距离，这时在阀门中则有一个压力 p_2 输出。由于膜片不断地振动，使出口处有一个恒定的流量输出。使用时压力为 0.2MPa，流量小于 150mL/min。

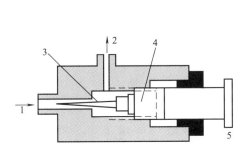

图 2.5-13　针形阀工作原理示意
1—进气口；2—出气口；3—阀针；
4—阀体；5—调节螺旋

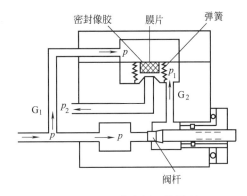

图 2.5-14　稳流阀工作原理

流量的测定　所谓"流量"是在单位时间内流体通过管路某截面流体的体积或质量，前者称为体积流量，后者称为质量流量。累积流量是指在某一时间段内流经管路流体的总和。

习惯上把测量流量的仪表叫流量计，而把测量累积流量的仪表称为流量表。流量测量单位是导出单位，常用 m³/s、m³/h（体积流量）和 kg/s、kg/h（质量流量）等表示。而累积流量单位常用 m³ 和 kg 等表示。气体流量基本只使用体积流量。

流量测量仪表的分类　在实际计量工作中最常用的，是根据所应用的原理来分类，可分为容积式流量计、速度式流量计、差压式流量计、流体阻力式流量计、测速式流量计和流体振动式流量计等。化学实验室常用的流量仪表量程一般较小，主要有容积式、速度式和阻力式等。容积式流量计又称排量流量计（positive displacement flowmeter），在流量仪表中是精度最高的一类。它利用机械测量元件把流体连续不断地分割成单个已知的体积部分，根据计量室逐次、重复地充满和排放该体积部分流体的次数来测量流量体积总量。一般不具有时间基准，为得到瞬时流量值需要另外附加测量时间的装置。实验室中常用的简易皂膜流量计实质就是容积式流量计的雏形。皂膜流量计是实验室常用的构造十分简单的一种流量计，仅限于对气体流量的测定。它可用滴定管改制而成。如图2.5-15所示。橡皮头内装有肥皂水，当待测气体经侧管流入后，用手将橡皮头一捏，气体就把肥皂水吹成一圈圈的薄膜，并沿管上升，用秒表记录某一皂膜移动一定体积所需的时间，即可求出流量（体积/时间）。这种流量计的测量是间断式的，适用于尾气流量的测定，标定测量范围较小的流量计（100mL/min以下）。

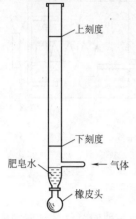

图2.5-15　皂膜流量计

湿式气体流量计是实验室中另外一种常用的容积式流量计，它的构造主要由圆鼓形壳体、转鼓及传动计数装置所组成，如图2.5-16所示。

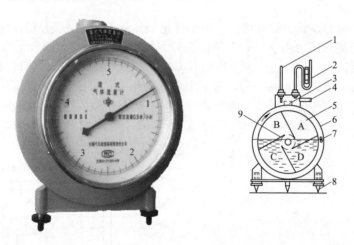

图2.5-16　湿式气体流量计

A～D—四个体积相等的小室

1—温度计；2—压差计；3—水平仪；4—排气管；5—转鼓；
6—壳体；7—水位器；8—可调支脚；9—进气管

转鼓由圆筒及四个变曲形状的叶片构成。四个叶片构成A、B、C、D四个体积相等的小室。鼓的下半部浸在水中，水位高低由水位器指示。气体从背部中间的进气管依次进入各室，并不断地由顶部排出，迫使转鼓不停地转动。气体流经流量计的体积由盘上的计数装置和指针显示，用秒表记录流经某一体积所需的时间，便可求得气体流量。图中所示位置，表示C室开始进气，B室正在进气，A室正在排气，D室排气将完毕。湿式流量计的测量是累积式的，它用于测量气体流量和标定流量计。湿式流量计事先应经标准容量瓶进行校准。

使用时注意：先调整湿式流量计的水平仪，使水平仪内气泡居中；流量计内注入蒸馏水，其水位高低应使水位器中液面与针尖接触被测气体应不溶于水且不腐蚀流量计；使用时，应记录流量计的温度。

湿式气体流量计的校正　湿式气体流量计一般用标准容量瓶进行校正，标准容量瓶的体积为 $V_标$，湿式流量计体积示值为 $V_湿$，两者差值为 ΔV。当流量计指针旋转一周时，刻度盘上总体积为 5L。用 1L 容量瓶进行 5 次校正，流量计总体积示值为 $\sum V_湿$，则平均校正系数为：

$$C = \frac{\sum \Delta V_湿}{\sum V_湿}$$

因此经校正后，湿式气体流量计的实际体积流量 V_s 与流量计示值 V_s' 之间关系为：

$$V_s = V_s' + CV_s'$$

湿式流量计校正装置如图 2.5-17 所示。其校正步骤如下：开启三通活塞，使容量瓶和大气相通，而与湿式流量计断开。转动湿式流量计支脚螺丝，直至水平仪内气泡居中为止。向流量计内注入水，水的位置高低必须保持水位器中液面与针尖重合，向平衡瓶内注入水后，提高其位置，使容量瓶水面与上刻度线重合。此时可作校正试验，先转动三通活塞，使容量瓶与湿式流量计接通，缓慢放下平衡瓶，使容量瓶液面与下刻度线复合，气体体积恰好为 1L。然后记下流量计的体积读数、温度和压力。

湿式流量计指针旋转一圈为 5L，故依次对每 1L 重复上述操作一次，共作 5 组数据，求其平均校正系数。

转子流量计属于阻力式流量计，又称浮子流量计，转子流量计是以转子在垂直锥形管中随着流量变化而升降，改变它们之间的流通面积来进行测量的体枳流量仪表，是目前工业上或实验室常用的一种流量计（图 2.5-18）。转子流量计的流量检测元件是由一根自下向上扩大的垂直锥形玻璃管和一个沿着锥管轴上下移动的转子组所组成。被测流体从下向上经过锥管和转子形成的环隙时，转子上下端产生差压形成转子上升的力，当转子所受上升力大于浸在流体中转子重量时，转子便上升，环隙面积随之增大，环隙处流体流速立即下降，转子上下端差压降低，作用于转子的上升力亦随着减少，直到上升力等于浸在流体中转子重量时，转子便稳定在某一高度。转子在锥管中高度和通过的流量有对应关系。因此转子的高低就表示了气体流速的大小。

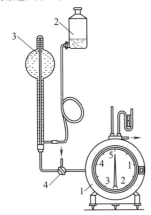

图 2.5-17　湿式流量计校正装置
1—湿式流量计；2—平衡瓶；3—标准
容量瓶；4—三通阀

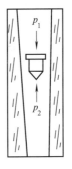

图 2.5-18　转子流量计结构示意

这种流量计大多为市售的标准系列产品，规格型号很多，测量范围也很广。这些流量计用于测量哪一种流体，如气体或液体，是氮气或氢气，均有相应的说明，并附有某流体的转子高度与流量的关系曲线。若改变所测流体的体系，可用皂膜流量计或湿式流量计另行标定。

转子流量计指示流速直观，使用方便，压力损耗小，在一定条件下（介质、压力、温度、气阻）作出刻度和流速关系曲线后，可根据刻度方便的查出流速值。此法在高流速时误差较大，工作时必须垂直放置，污染后，转子容易卡死，清洗比较麻烦。

使用时应注意：要缓慢开启控制阀；待转子稳定后再读取流量；避免被测流体的温度、压力突然急剧变化；为确保计量的准确、可靠，使用前均需进行校正。使用流体和出厂标定流体不同时，要作流量示值修正。液体用转子流量计通常以水标定，气体用空气标定，如实际使用流体密度黏度与之不同，流量要偏离原分度值，要作换算修正。

转子流量计的校正 气体转子流量计的校正装置如图 2.5-19 所示。其校正步骤如下：先将缓冲罐上的放空阀完全打开，同时关闭出气阀，然后启动空气压缩机，待压缩机运行正常后，旋转三通阀使转子流量计与系统相通。缓缓调节放空阀，使气体流量调到所需数值，湿式流量计运转数周后，可以开始测定，读取转子流量计示数，用秒表和湿式流量计测量流量值。

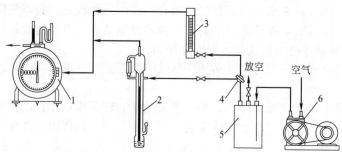

图 2.5-19　流量计校正装置

1—湿式流量计；2—毛细管流量计；3—转子流量计；

4—三通旋塞；5—缓冲罐；6—空气压缩机

数字式电子流量计 数字式电子流量计可直接安装在气体流路上，流量显示数字化，测量读取十分方便，精度高，是今后流速方法的发展方向。目前某些先进仪器已配备了这种数字化的流量测定装置。但流量计的价格较贵。

（2）液体原料的加料

往反应容器体系加入液体原料，通常分一次性加入和连续加入的两种方式。一次性加入的操作方法，读者从中等教育阶段都已经开始了解并掌握了。这里重点介绍连续加入操作。

通常在实验室中需要连续加入液体物料的反应体系，有间歇式反应和连续反应，后者多出现于气体发生场合。液体物料的连续加入方式，又有人工和机械两种。人工加料最常用的设备为滴液漏斗（图 2.5-20）。

对于常温敞开反应体系的液体加料，可以考虑使用普通梨形滴液漏斗。否则就要使用恒

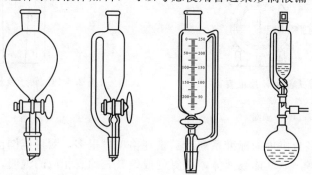

(a) 梨形滴液漏斗　　(b) 恒压滴液漏斗　　(c) 具刻度滴液漏斗　　(d) 与反应器装配

图 2.5-20　滴液漏斗

压滴液漏斗。尤其是在体系内压略高于外压或体系有气体产生的情况下。否则，液体滴加不到系统中。滴加速度要根据反应要求进行控制。

往滴液漏斗中添加液体物料，其操作应遵循一般液体试剂的转移规则。以从细口试剂瓶中，向滴液漏斗用倾注法添加液体为例，正确的操作手法应是：先将细口瓶塞取下，反放于实验台面上。倾倒时瓶上的标签要朝向手心，以免瓶口残留的少量液体顺瓶壁流下而腐蚀标签。瓶口靠紧滴液漏斗，使倒出的试剂沿玻璃棒流下。倒出需要量后，慢慢竖起试剂瓶，使流出的液体试剂都能完全流入漏斗中。一旦有试剂流到瓶外，要立即擦净。切记不允许试剂沾染标签。

较大的反应物料体系，或需要较长时间反应，并一直保持缓慢速度加入液体原料，这时候选用人工加料就不甚方便了。如果使用机械加料，就可以实现滴加速度自动控制，而这一点，正是使用滴液漏斗加料所不及的。

实验室中实现液体试剂自动机械加料的设备为电子恒流泵。这类泵在生产上统属于容积型计量泵。恒流泵又称作蠕动泵。从作用模式上分为两类：一类属于隔膜式；一类则为柱塞式。图 2.5-21 (b) 和 (c) 属于隔膜式计量泵，(a) 则是柱塞泵的典型代表。实际上，柱塞泵不应该被称为蠕动泵。隔膜式恒流泵是一种可定量加液的仪器，具有输送流量稳定、连续可调、输送物质不与外界接触、可防止污染的特点。其作用原理就是由泵头排挤软管中的液体，实现位能转化为流体动能。就像用手指夹挤一根充满流体的软管，随着手指向前滑动管内流体向前移动。蠕动泵也是这个原理只是由滚轮取代了手指。显然，由于滚轮在转动时，对硅橡胶管挤压的不连续性，故液体的流动在某一瞬间也是脉动的、不连续的，这正是"蠕动泵"这一名称的由来。尽管如此，我们仍然可以通过调节电源的稳定电压，来实现平均流速的恒定。因为属于容积式的，所以，流体的输送速度亦即流量，并不受管路阻力的影响。除非泵的胶管被堵死，这时候可能发生电机烧毁或胶管爆裂的事故。

(a) 单通道灌注型注射泵　　　(b) 大流量蠕动计量泵　　　(c) 立式恒流泵

图 2.5-21　恒流泵

2.5.2.2　固体加料

不像在生产中，实验室内固体反应物料向体系的加入，目前尚未有自动连续的设备可以使用。而不论所考察开展的反应是否连续。固体反应物料的投加，只有人工方式一种。

往体系中投加固体物料，取用固体试剂时应遵循一般固体试剂的取用规则。由于固体试剂大多置于广口瓶中（工农业原料除外），因而我们可以借助干净的药品匙取固体试剂。药品匙不能混用。实验后洗净、晾干，下次再用，避免沾污药品。要严格按量取用药品。多取试剂不仅浪费，往往还影响实验效果。如果一旦取多可放在指定容器内或给他人使用，一般不许倒回原试剂瓶中。需要称量的固体原料，可放在称量纸上称量；对于具有腐蚀性、强氧化性、易潮解的固体试剂要用小烧杯、称量瓶、表面皿等装载后进行称量。根据称量精确度的要求，可分别选择台秤和天平称量固体试剂。

向液相反应体系投加固体原料时，须注意以下几点。①欲溶解固体，应先于反应器中注入溶剂，然后在搅拌下分批缓缓加入规定量的固体。这样做的目的，在于防止固体颗粒表面部分溶解，形成溶剂合物，造成颗粒粘连成为大块固形物的现象发生。这在无水盐如无水硫酸钠、碳酸钠的水溶解，以及用它们干燥有机溶剂时经常发生，必然影响后续的操作。②严禁向热的液体体系，特别是接近沸点温度的体系中投加固体物料，否则很有可能引起暴沸。③用于液体干燥和吸附脱色的固体物料，在使用前应按要求进行烘干，冷却后置于干燥器中备用。不允许把从烘箱中刚取出的热物料加入到液相系统中。④往试管中加入非腐蚀性大颗粒固体时，可以使用镊子。其他细口反应器中投放固体，要使用专用的粗茎加料漏斗，不得直接用称量纸卷作筒状，伸入到体系中加料。

2.5.3　高压反应操作

大多数反应在常压下通过控制温度就可以进行。但是，对于有气体参与的反应，如加氢、纯氧氧化，常常为了增加反应速度而提高气体分压。显然，增加分压可以提高反应物浓度，从而加快反应速度，有利于使平衡向生成物方向移动。这里主要讨论氢化反应。催化氢化是重要的有机合成单元操作之一，有时与高压条件结合起来应用，使氢化反应更加顺利。由于氢气价廉，且加氢反应结束后，一般只需将催化剂滤去，蒸除溶剂，即可获得产物。因此，高压催化氢化（high pressure catalytic hydrogenation）技术得到较为广泛的应用。

许多高压反应要在 $0.4\sim10\text{MPa}$ 下进行，对反应装置有较高的要求，需用耐高压反应釜；另外，所用储存氢气的钢瓶压力也很高，氢气充足时，压力达 14MPa；又由于氢气与空气的混合物易燃易爆，因而高压反应技术的应用在一定程度上受到限制。

高压氢化的操作并不复杂，但由于存在着火和爆炸的危险，每个初学者，无论在思想上还是在实际操作中，都应一丝不苟，小心谨慎，严格按照操作规程进行。实验过程如下：

（1）预算吸氢量

先依化学方程式算出需要吸收氢的物质的量，再由下式近似地估算高压釜内氢化开始及氢化结束时氢的压力差：

$$\Delta p = n \times \frac{22414}{V} \times \frac{273+t}{273}$$

式中，n 为反应所需氢的物质的量，mol；V 为高压釜体积减去氢化溶液体积后的实际空间，mL；t 为氢化室的温度，℃。

应用该公式时，要求在氢化终了后，将高压釜冷却到开始时温度 t，再读压力表。

由于上式是从理想气体定律而来，因而与实际状态还有差异。然而，对于了解氢化进程还是很有参考价值的。

（2）装样

打开高压釜（注意各个螺栓的顺序），将待氢化的溶液倾入釜内，其体积不超过高压釜容积的 $1/2$，然后加入催化剂。如果催化剂是瑞尼镍，切不可让其干燥（活性高的催化剂干燥时会自燃），而应用小药匙将其含乙醇的湿粉从瓶中掏出，立即加入釜内。加毕，用棉花或软纸将高压釜与其盖的接合处擦净。

（3）关盖

关上高压釜盖，按原螺栓顺序，对称地拿专用扭力扳手均匀地将螺栓逐个拧紧（一般分作三次进行）。

（4）检漏

首先关闭高压釜进气阀和出气阀，然后将高压氢气导管的接头拧在高压釜进气阀上。慢慢打开氢气钢瓶上的阀（注意通风），再慢慢拧开高压釜进气阀，当压力表读数至 $1\sim1.5\text{MPa}$ 时，将阀门关闭，并徐徐拧松放气阀，将气放出去。然后拧紧放气阀，再重复灌放气操作两次，使高压釜内的空气基本排除。再将氢气充至所需压力，拧紧进气阀，并关闭氢气钢瓶上的阀。检漏时，或者观察压力表读数在 20min 内是否下降，或者用氢气检测器或肥皂水检验高压釜导气管各接头处是否漏气。

若发现漏气，应将高压釜内的氢气放出，检查漏气处衬垫及阀门或压力表等接头处是否松脱或有尘粒沾污。寻出原因后，重新关盖好，再充氢气检验，直至不再漏气。

（5）反应

打开搅拌器开关和加热开关，边搅拌边加热。注意高压釜压力表读数的变化，当读数与吸氢估算值相等，且在一定时间内压力不再下降，则可认为氢化反应完毕，即可切断加热电源，停止搅拌，让高压釜自行冷却至室温。

（6）开釜取样

待高压釜冷至室温后，缓缓拧开放气阀，使残余氢气慢慢放出（注意通风，应将导气管引至室外），直至釜内压力与外界大气压相等。然后将高压釜的螺栓按拧紧的顺序一对一地用专用扳手拧松，把盖子移开，倒出反应混合物。因为高压釜本身质量较大，所以，可以用负压虹吸方式取出反应混合物。如果所用催化剂为瑞尼镍，在取出后不可让其在空气中干燥，因它仍会自燃。

（7）清洗

反应物取出后，将高压釜清洗干净，除尽催化剂微粒，以免拧紧时损伤高压釜。

2.6　化学试剂与化学药品

2.6.1　化学试剂的规格和存取

化学试剂（chemical reagent）如果保管不善或使用不当极易变质或沾污，往往会引起实验误差，甚至导致失败，以致造成人力、物力的浪费。而作为化学工作者不仅要对化学试剂标准有一明确的认识，而且还要合理取用化学试剂。

（1）常用试剂的规格

化学试剂的规格是以其中所含杂质多少划分的，一般试剂分为下列几个等级，其规格和适用范围见表 2.6-1。

表 2.6-1　试剂规格和适用范围

等级	名称	英文名称	符号	适用范围	瓶签标志
一级品	优级纯（保证试剂）	guaranteed reagent	G. R.	纯度很高,适用于精密分析	绿色
二级品	分析纯（分析试剂）	analytical reagent	A. R.	纯度仅次于一级品,适用于多数分析工作和科学研究	红色
三级品	化学纯	chemically pure	C. P.	纯度较二级差些,适用于一般分析工作	蓝色
四级品	实验试剂	laboratorial reagent	L. R.	纯度较低,适用作实验辅助试剂	棕色或其他颜色
	医用生物试剂	biological reagent	B. R.		黄色或其他颜色

此外，还有一些特殊用途的所谓"高纯"试剂。例如，"光谱纯"试剂（spectrograde），它是以光谱分析时出现的干扰谱线强度大小来衡量的；"色谱纯"试剂（chromatograde），是在最高灵敏度下以 10^{-10} g 以下无杂质峰来表示的；"放射化学纯"试剂，是以放射性测定时出现干扰的核辐射强度来衡量的；"MOS"试剂，是"金属-氧化物-硅"或"金属-氧化物-半导体"试剂的简称，是电子工业专用的化学试剂等。

在本教材中除特别指明外，作为原料均使用 C. P. 级试剂，在分析与测试中使用 A. R. 级的试剂。以后不再加以说明。

化学工作者必须对化学试剂标准有明确的认识，做到合理使用。例如，G. R. 级试剂用作滴定分析中的基准物质（common primary standards）是非常方便的，也可用于直接配制标准溶液。

实验中标定溶液浓度常用的基准物质必须符合以下 4 条要求。

① 用作基准物的物质，应该非常纯净，纯度至少在 99.9% 以上；其组成应与其化学式完全相符。

② 要稳定，不易被空气所氧化，也不易吸收空气中的水分和 CO_2 等；在进行干燥时组成不变；尽量避免使用带结晶水的物质。

③ 与被标定的物质之间的反应有确定的化学计量关系，反应速度要快。

④ 最好采用具有较大摩尔质量的物质，以减小称量误差。

滴定分析常用的基准物见表 2.6-2。

表 2.6-2 滴定分析常用的基准物

名称(分子式)	M_r	处理与保存	标定对象
邻苯二甲酸氢钾($KHC_8H_4O_4$)	204.224	110~120℃干燥至恒重，干燥器中冷却	碱
草酸($H_2C_2O_4 \cdot 2H_2O$)	126.066	室温空气干燥	碱
碳酸钠(Na_2CO_3)	105.989	500~650℃干燥 40~50min，干燥器中冷却	酸
硼砂($Na_2B_4O_7 \cdot 10H_2O$)	381.373	放在装有 NaCl 和蔗糖饱和溶液的密闭器皿中	酸
重铬酸钾($K_2Cr_2O_7$)	249.184	研细，100~110℃干燥 3~4h，干燥器中冷却	还原剂
溴酸钾($KBrO_3$)	167.000	105℃以下干燥至恒重，干燥器中冷却	还原剂
碘酸钾(KIO_4)	214.000	120~140℃干燥 1~1.5h，干燥器中冷却	还原剂
铜(Cu)	63.546	乙酸(2%)、水、乙醇(95%)依次洗涤，干燥器中保存 24h 以上	还原剂
三氧化二砷(As_2O_3)	197.842	105℃干燥 3~4h，干燥器中冷却	氧化剂
草酸钠($Na_2C_2O_4$)	134.000	150~200℃干燥 1~1.5h，干燥器中冷却	氧化剂
锌(Zn)	65.39	盐酸(3mol/L)、水、丙酮依次洗涤，干燥器中保存 24h 以上	EDTA
氧化锌(ZnO)	81.39	800℃灼烧至恒重，干燥器中冷却	EDTA
氧化镁(MgO)	40.304	800℃灼烧至恒重，干燥器中冷却	EDTA
碳酸钙($CaCO_3$)	100.087	120℃干燥至恒重，干燥器中冷却	EDTA
氯化钠(NaCl)	58.443	500~650℃干燥 40~45min，干燥器中冷却	$AgNO_3$
氯化钾(KCl)	74.551	500~650℃干燥 40~45min，干燥器中冷却	$AgNO_3$
硝酸银($AgNO_3$)	169.873	硫酸干燥器中干燥至恒重	氯化物
对氨基苯磺酸($H_2NC_6H_4SO_3H$)	173.192	120℃干燥器至恒重，干燥器中冷却	$NaNO_2$

在实验中，选择试剂的纯度除了要与所用方法相当外，其他如实验用水、操作器皿也要与之相适应。若试剂都选用 G. R. 级的，则不宜使用普通的纯水或去离子水，而应使用经两次蒸馏制得的二次纯水。所用器皿的质地也要求较高，使用过程中不应有物质溶解到溶液中，以免影响测定的准确度。

选用试剂时，要遵循节约原则，不要盲目追求高纯度，应根据工作具体要求取用。优级纯和分析纯试剂，虽然是市售试剂中的纯品，但有时由于包装不慎而混入杂质，或运输过程中可能发生变化，或储藏日久变质，所以还应具体情况具体分析。对所用试剂的规格有所怀疑时应该进行鉴定。

（2）取用试剂应注意事项

取用试剂的操作参阅中等教育阶段的相关内容。但取用试剂时必须注意如下几点。

① 取用试剂后应立即盖好瓶盖。密封时应注意保持清洁。瓶塞不许任意放置，取用后应立即盖好，密封，以防沾污或变质，切不可"张冠李戴"。

② 固体试剂应用清洁干燥的小勺取用。取用强碱性固体试剂后的小药勺应立即洗净，以免腐蚀。

③ 取用液体试剂或溶液一般用量筒或量杯。若需用吸管吸取试剂溶液，决不能用未洗净的同一吸管插入不同的试剂瓶中取用。

④ 所有盛装试剂的瓶上都应贴有明显的标签，写明试剂的名称、规格。绝对不能在试剂瓶中装入与标签不符的试剂，因为这样往往会造成差错。没有标签标明名称和规格的试剂，在未查明前不能随便使用。书写标签最好用绘图墨汁，以免日久褪色。

⑤ 倒试剂时，手握试剂瓶，标签朝上（手心），沿器壁（或借玻棒）缓缓倾出溶液。不要将溶液泼洒在外，特别注意处理好"最后一滴溶液"，尽量使其接入容器中。不慎流出的溶液要及时清理掉。取完试剂后，随手盖好瓶盖。

⑥ 在实验中，试剂的浓度及用量应按要求适当使用，过浓或过多，不仅造成浪费，而且还可能产生副反应，甚至得不到正确的结果。

(3) 试剂的保管

试剂的保管在实验室中也是一项十分重要的工作。有的试剂因保管不好而变质失效，这不仅是一种浪费，而且还会使所做工作失败，甚至会引起事故。一般的化学试剂应保存在通风良好、干净、干燥的房子里，防止水分、灰尘和其他物质沾污。同时，根据试剂性质应有不同的保管方法。

① 对人体的皮肤、黏膜、眼睛、呼吸道以及对一些金属有强烈腐蚀作用的试剂，如发烟硫酸、浓硫酸、浓硝酸、浓盐酸、氢氟酸、冰醋酸、液溴、氢氧化钾、氢氧化钠等，这类试剂应选用耐腐蚀性的材料制成的料架（实验台上铺橡皮垫）来放置，且存放处要阴凉通风，并与其他试剂隔离放置。像容易侵蚀玻璃而影响试剂纯度的氢氟酸、含氟盐（KF、NaF、NH_4F）、苛性碱（NaOH、KOH）等，应保存在塑料瓶或内壁涂有石蜡的玻璃瓶中。

② 见光会逐渐分解的试剂如过氧化氢、硝酸银、焦性没食子酸、高锰酸钾、草酸、铋酸钠等，与空气接触易逐步被氧化的试剂（如氯化亚锡、硫酸亚铁、亚硫酸钠等），以及易挥发的试剂（如溴、氨水及乙醇等），均应放在棕色瓶内置于冷、暗处。

③ 吸水性强的试剂如无水碳酸钠（Na_2CO_3）、苛性钠（NaOH）、过氧化钠（Na_2O_2）等应严格密封（应该蜡封）。

④ 相互易作用的试剂，如挥发性的酸与氨、氧化剂与还原剂，应分开存放。易燃的试剂（如乙醇、乙醚、苯、丙酮）与易爆炸的试剂〔如高氯酸（$HClO_4$）、过氧化氢（H_2O_2）、硝基化合物等〕，应存放在阴凉通风、不受阳光直接照射的地方。理想的存放温度为$-4 \sim 4℃$，最高室温不得超过$30℃$，并应同其他可燃物和易发出火花的器皿隔离放置。

⑤ 剧毒试剂只要有极少量侵入人体即能引起中毒和死亡，如氰化钾（KCN）、氰化钠（NaCN）、三氧化二砷（砒霜，As_2O_3）、氯化汞（$HgCl_2$）、可溶性铊盐、硫酸二甲酯等。这类试剂应该由专人用专柜保管，最好由两人共同保管（实行双人双锁制），并存放在阴凉干燥处。每次使用均应登记。

⑥ 较贵重的特纯试剂和稀有元素及其化合物，均为小包装。这类试剂应与一般药品分开，妥善保管。

⑦ 指示剂可按酸碱指示剂、氧化-还原指示剂、配合滴定指示剂（金属指示剂）及荧光指示剂（吸附指示剂）分类存放。重要有机试剂可按试剂分子内碳原子数目递减的顺序排列，也可按被测元素为对象将有关的有机试剂归并在一起，同一试剂能与数种元素作用者，可将该试剂列入测定灵敏度较高的那一种元素的位置中。

2.6.2 常用溶剂与溶液

(1) 实验室用水标准

GB 6682—92规定了实验室用水的一般指标。实验室用水通常分为一级、二级和三级，每个级别的水性能指标有所差异（如表2.6-3所示），可根据具体实验选择合适级别的水作为溶剂。

表 2.6-3　实验室用水标准

指标名称		一级	二级	三级
pH 值(25℃)		—	—	5.0~7.5
电导率(25℃)	mS/m	0.01	0.1	0.5
	μS/cm	0.1	1	5
比电阻(25℃)/MΩ·cm		10	1	0.2
可氧化物含量(以 O 计)/(mg/L)		—	0.08	0.40
吸光度(254nm,1cm 光程)		0.001	0.01	—
二氧化硅含量/(mg/L)		0.02	0.05	—
蒸发残渣含量/(mg/L)		—	1.0	2.0

一级水用于有严格要求的分析实验，包括对颗粒有要求的实验，如高效液相色谱用水。一级水可用二级水经过石英设备蒸馏或离子交换混合床处理后，再经 $0.2\mu m$ 微孔滤膜过滤来制取。

二级水用于无机痕量分析等试验，如原子吸收光谱分析用水。二级水可用多次蒸馏或离子交换等方法制取。

三级水用于一般化学分析实验。三级水可用蒸馏或离子交换等方法制取。

（2）纯水的制备与质量控制

根据制备方法和原理不同，常用纯水的制备方法有如下几种。

蒸馏法制备纯水　蒸馏是分离或提纯物质的常用方法之一；不同的物质有不同的沸点，在混合液体中，沸点低的先蒸发出来，一般在一确定的温度下收集到的蒸馏物即为纯物质。含有无机杂质的水样蒸馏过程中，在水的沸点下收集的冷凝液体即为蒸馏水。按蒸馏器皿可分为玻璃、石英蒸馏器、金属材质蒸馏器。金属材质的蒸馏器包括铜、不锈钢和白金蒸馏器等。按蒸馏次数可分为一次蒸馏法、二次蒸馏法和多次蒸馏法。在实验室常用亚沸蒸馏法制备高纯水，其方法原理见 2.4.4 节。

离子交换法制备纯水　离子交换法制备纯水就是利用离子交换树脂除去水中的杂质离子。通过离子交换树脂精制的纯水称离子交换水或去离子水，离子交换方法原理见 2.4.3 节。

电渗析法　电渗析法是利用水中阴、阳离子在直流电作用下发生离子迁移，并借助于阳离子变换膜只允许阴离子通过，而阴离子交换膜只允许阳离子通过的性质，达到提纯水的目的。

习惯上用电阻率（即电导率的倒数）表示水的纯度。实验室通常使用电导率仪测定水的电导率，然后再换算为电阻率。理想的纯水电导率极小，其电阻率在 25℃时为 $18\times10^6\Omega\cdot cm$。普通化学实验用水的电阻率是 $1\times10^5\Omega\cdot cm$，若制得的纯水的测定值达到这个数值，则符合要求（图 2.6-1）。

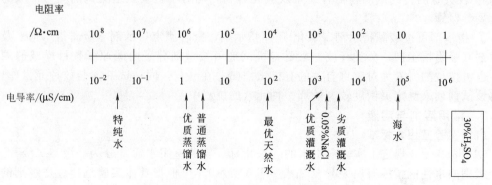

图 2.6-1　几种水和溶液的电阻率和电导率

实验室使用的纯水，为保持纯净，纯水瓶要随时加塞，专用虹吸管内外均应保持干净。纯水瓶附近不要存放浓 $NH_3 \cdot H_2O$、HCl 等易挥发试剂，以防污染。通常用洗瓶取纯水。用洗瓶取水时，不要取出其塞子和玻管，也不要把纯水瓶上的虹吸管插入洗瓶内。

通常，普通纯水保存在玻璃容器中，去离子水保存在聚乙烯塑料容器中。用于痕量分析的高纯水，如二次亚沸石英纯水，则需要保存在石英或聚乙烯塑料容器中。

水纯度的检查　按照国家标准 GB 6682—92 所规定的试验方法检查水的纯度，是法定的水质检查方法。根据各实验室分析任务的要求和特点往往对实验用水也经常采用如下方法进行一些常规项目的检查。

酸度　要求纯水的 pH 值在 6～7。检查方法是在两支试管中各加 10mL 待测的水，一管中加 2 滴 0.1%甲基红指示剂，不显红色；另一管加 5 滴 0.1%溴百里酚蓝指示剂，不显蓝色，即为合格。

硫酸根　取待测水 2～3mL 放入试管中，加 2～3 滴 2mol/L 盐酸酸化，再加 1 滴 0.1%氯化钡溶液，放置 15h，不应有沉淀析出。

氯离子　取 2～3mL 待测水，加 1 滴 6mol/L 硝酸酸化，再加 1 滴 0.1%硝酸银溶液，不应产生浑浊。

钙离子　取 2～3mL 待测水，加数滴 6mol/L 氨水使呈碱性，再加饱和草酸铵溶液 2 滴，放置 12h 后，无沉淀析出。

铵离子　取 2～3mL 待测水，加 1～2 滴奈氏试剂，如呈黄色则表示有铵离子。

游离二氧化碳　取 100mL 待测水注入锥形瓶中，加 3～4 滴 0.1%酚酞溶液，如呈淡红色，表示无游离二氧化碳；如为无色，可加 0.1000mol/L 氢氧化钠溶液至淡红色，1min 内不消失，即为终点。算出游离二氧化碳的含量。注意，氢氧化钠溶液用量不能超过 0.1mL。

特殊用水的制备

无氨水　①每升蒸馏水中加 25mL 5%的氢氧化钠溶液后，再煮沸 1h，然后用前述的方法检查铵离子。②每升蒸馏水中加 2mL 浓硫酸，再重蒸馏，即得无氨蒸馏水。

无二氧化碳蒸馏水　煮沸蒸馏水，直至煮去原体积的 1/4 或 1/5，隔离空气，冷却即得。此水应储存于连接碱石灰吸收管的瓶中，其 pH 值应为 7。

无氯蒸馏水　将蒸馏水在硬质玻璃蒸馏器中先煮沸，再进行蒸馏，收集中间馏出部分，即得无氯蒸馏水。

（3）非水溶剂

在化学实验中除用水作溶剂外，还经常用到非水溶剂。非水溶剂分为无机非水溶剂和有机溶剂。

常用的无机非水溶剂有浓 H_2SO_4、液氨、液态 SO_2 等。这些无机非水溶剂大多有较强的腐蚀性，使用时应注意适当的保护。

常用的有机溶剂有很多，根据常用有机溶剂对人体的毒性不同可以分为以下三类。

第一类溶剂　是指已知可以致癌并被强烈怀疑对人和环境有害的溶剂。在可能的情况下，应避免使用这类溶剂。如果在生产治疗价值较大的药品时不可避免地使用了这类溶剂，除非能证明其合理性，残留量必须控制在规定的范围内，如：苯（$2\mu g/g$）、四氯化碳（$4\mu g/g$）、1,2-二氯乙烷（$5\mu g/g$）、1,1-二氯乙烷（$8\mu g/g$）、1,1,1-三氯乙烷（$1500\mu g/g$）。

第二类溶剂　是指无基因毒性但有动物致癌性的溶剂。按每日用药 10g 计算的每日允许接触量如下：2-甲氧基乙醇（$50\mu g/g$）、氯仿（$60\mu g/g$）、1,1,2-三氯乙烯（$80\mu g/g$）、1,2-二甲氧基乙烷（$100\mu g/g$）、1,2,3,4-四氢化萘（$100\mu g/g$）、2-乙氧基乙醇（$160\mu g/g$）、环丁砜（$160\mu g/g$）、嘧啶（$200\mu g/g$）、甲酰胺（$220\mu g/g$）、正己烷（$290\mu g/g$）、氯苯（$360\mu g/g$）、二氧杂环己烷（$380\mu g/g$）、乙腈（$410\mu g/g$）、二氯甲烷（$600\mu g/g$）、乙烯基乙二醇（$620\mu g/g$）、N,N-二甲基甲酰胺（$880\mu g/g$）、甲苯（$890\mu g/g$）、N,N-二甲基乙酰胺（$1090\mu g/g$）、甲基环

己烷（$1180\mu g/g$）、1,2-二氯乙烯（$1870\mu g/g$）、二甲苯（$2170\mu g/g$）、甲醇（$3000\mu g/g$）、环己烷（$3880\mu g/g$）、N-甲基吡咯烷酮（$4840\mu g/g$）。

第三类溶剂 是指对人体低毒的溶剂。急性或短期研究显示，这些溶剂毒性较低，基因毒性研究结果呈阴性，但尚无这些溶剂的长期毒性或致癌性的数据。在无需论证的情况下，残留溶剂的量不高于 0.5% 是可接受的，但高于此值则须证明其合理性。这类溶剂包括：戊烷、甲酸、乙酸、乙醚、丙酮、苯甲醚、1-丙醇、2-丙醇、1-丁醇、2-丁醇、戊醇、乙酸丁酯、三丁甲基乙醚、乙酸异丙酯、甲乙酮、二甲亚砜、异丙基苯、乙酸乙酯、甲酸乙酯、乙酸异丁酯、乙酸甲酯、3-甲基-1-丁醇、甲基异丁酮、2-甲基-1-丙醇、乙酸丙酯。

除上述这三类溶剂外，在实验过程中还常用其他溶剂，如 1,1-二乙氧基丙烷、1,1-二甲氧基甲烷、2,2-二甲氧基丙烷、异辛烷、异丙醚、甲基异丙酮、甲基四氢呋喃、石油醚、三氯乙酸、三氟乙酸。这些溶剂尚无基于每日允许剂量的毒理学资料，如需在实验中使用这些溶剂，必须证明其合理性。

大多数有机溶剂除了有毒外，其闪点（flashpoint）和燃点（inflame point）都比较低，例如甲醚的闪点只有 $-41℃$，使用时要注意安全。所谓闪点是指将试剂在规定的条件下加热，直到试剂表面处的蒸汽与空气的混合气体接触火焰发生闪火时的最低温度，即为该试剂的闪点，有开口与闭口之分；而燃点是将物质在空气中加热时，开始并继续燃烧的最低温度。闪点测定方法：将试样装满于试验杯至规定的液面刻线，最初较快地升高试样温度，然后缓慢地以稳定的速度升温至接近于闪点，并不时地在规定的温度下以试验小火焰横扫过杯内液体表面上空，当由于火焰而引起液体表面上蒸气闪火时的最低温度为闪点。其开口和闭口闪点可以分别用开口或闭口闪点测定仪进行直接测定。

（4）溶剂的选择原则

在一定温度下，某物质在 100g（或 1L）溶剂里达到饱和状态（或称溶解平衡）时所溶解的质量（或物质的量），叫做这种物质在该溶剂里的溶解度，用 g/100g 溶剂（或 mol/L）表示。溶解性是一种物质在另一种物质中的溶解能力，通常用易溶、可溶、微溶、难溶或不溶等粗略的概念来表示。溶解度是衡量物质在溶剂里溶解性大小的尺度，是溶解性的定量表示。溶解度常用符号 S 表示。气体的溶解度有两种表示方法。①在一定温度下，气体的压力（或是该气体的分压，不包括水蒸气的压力）在 101kPa 下，溶解在 1 体积水里达到饱和状态时溶解的气体的体积（将非标准状况时气体的体积换算成标准状况时的体积），就是这种气体在水里的溶解度。例如在 $0℃$，氮气的溶解度是 0.024，就是指在 $0℃$，1 体积水里最多能溶解 0.024 体积的氮气。②在一定温度下，气体的总压力是 101kPa（气体的分压加上当时水蒸气的压力）时该气体在 100g 水里溶解的质量。这种表示方法跟固体溶解度的通常表示方法一致。溶解度的大小跟溶质和溶剂的性质有关，还跟外界条件有关。多数固体物质的溶解度随温度的上升而增大，如氯化铵、硝酸钾。少数物质的溶解度受温度变化的影响很小，如氯化钠。含有结晶水的硫酸钠（$Na_2SO_4 \cdot 10H_2O$）的溶解度开始随温度的升高而增大，当达到一定温度（$32.4℃$）时，随温度的升高而减小（这时 $Na_2SO_4 \cdot 10H_2O$ 脱水成 Na_2SO_4）。含有结晶水的氢氧化钙 $Ca(OH)_2 \cdot 2H_2O$ 和醋酸钙 $Ca(CH_3COO)_2 \cdot 2H_2O$ 等物质的溶解度随温度的升高而减小。气体的溶解度随温度的升高而减小，随压力的增大而增大。

在配制溶液时，为了得到一定浓度的溶液，根据溶质的性质，利用"相似相溶"原理来选择合适的溶剂。"相似"是指溶质与溶剂在结构上相似；"相溶"是指溶质与溶剂彼此互溶。例如，水分子间有较强的氢键，水分子既可以为生成氢键提供氢原子，又因其中氧原子上有孤对电子能接受其他分子提供的氢原子，氢键是水分子间的主要结合力。所以，凡能为生成氢键提供氢或接受氢的溶质分子，均和水"结构相似"。如 ROH（醇）、RCOOH（羧酸）、$R_2C=O$（酮）、$RCONH_2$（酰胺）等，均可通过氢键与水结合，在水中有相当的溶解度。当然上述物质中 R 基团的结构与大小对在水中溶解度也有影响。如醇 R—OH，随 R 基团的增大，分子中非极性的部分增大，这样与水（极性分子）结构差异增大，所以在水中的溶解度也逐渐下降。对于气体和固体溶质来说，"相似相溶"也适用。对于结构相似的一类气体，沸点愈高，它的分子间力愈大，就愈接近于液体，因此在液体中的溶解度也愈大。如 O_2 的沸点（90K）高于 H_2 的沸点（20K），所以在水中的溶解度 O_2 大于 H_2。对于结构相似的一类固体溶质，其熔点愈低，则其分子间作用力愈小，也就愈接近于液体，因此在液体中的溶解度也愈大。表 2.6-4 为常见溶剂的极性，极性指标是以水为 100 的相对标准排列的。表 2.6-5 为常用有机溶剂在水中的溶解度。

表 2.6-4　常见溶剂的极性

名称	偶极距/D	相对极性	名称	偶极距/D	相对极性
正戊烷	0	0.9	环己酮	3.1	28
正己烷	0	0.9	N-甲基吡咯烷酮	4.2	36
环己烷	0.3	0.6	苯乙酮	2.9	30.6
苯	0	11.1	二乙醚	1.3	11.7
甲苯	0.4	9.9	二异丙醚	1.2	—
乙苯	0.4	—	二丁醚	1.2	7.1
二甲苯	1.3	7.4	特丁基甲醚	1.2	14.8
甲醇	1.7	76.2	1,4-二氧六环	0.4	16.4
乙醇	1.7	65.4	四氢呋喃	1.75	21
正丙醇	1.7	61.7	乙酸甲酯	1.7	29
异丙醇	1.66	54.6	乙酸乙酯	1.7	23
正丁醇	1.66	60.2	乙酸异丙酯	2.7	—
i-丁醇	1.7	55.2	乙酸丁酯	1.8	24.1
s-丁醇	1.7	50.6	2-乙氧基乙酸乙酯	1.8	—
正戊醇	1.7	56.8	DMF	3.8	40.4
异戊醇	1.8	56.5	DMAC	3.8	40.1
环己醇	1.8	50.0	DMSO	3.96	44.4
二甘醇	2.31	71.3	噻吩烷	4.69	41
乙二醇	2.31	79.0	二硫化碳	0	6.5
二氯甲烷	1.8	30.9	乙酸	1.7	64.8
氯仿	1.1	25.9	苯胺	1.56	42.0
四氯化碳	0	5.2	硝基苯	4.0	32.4
1,2-二氯乙烷	1.8	32.7	对氧氮己烷	1.56	31.8
1,1,1-三氯乙烷	1.7	17.0	吡啶	2.3	30.2
三氯乙烯	0.9	16.0	2-硝基丙烷	1.9	37.3
四氯乙烯	0	—	乙腈	3.2	46
氯苯	1.3	18.8	糠醛	3.6	—
丙酮	2.9	35.5	苯酚	2.2	94.8
丁酮	2.8	32.7	水	1.87	100
甲基乙丁酮	2.81	27			

2.6.3　水溶液配制与浓度表示方法

在化学实验中通常配制的溶液有一般溶液、标准溶液和具有一定 pH 值的缓冲溶液。

（1）一般溶液的配制

配制一般溶液，常用的方法有 3 种：直接水溶法、介质水溶法和稀释法。

直接水溶法　对于一些易溶于水，不水解或水解程度较小的固体试剂，例如 NaOH、NaCl、NaAc 等，在配制其水溶液时，可先计算出配制一定浓度、一定体积的溶液所需固体试剂的质量，然后用电子台秤称取所需量的试剂于小烧杯中，加少量纯水搅拌使其溶解，再稀释至所需体积，搅拌均匀后转移至试剂瓶中。

表 2.6-5　常用有机溶剂在水中的溶解度

溶剂名称	温度/℃	水中溶解度/%	溶剂名称	温度/℃	水中溶解度/%
正庚烷	15.5	0.005	硝基苯	15	0.18
二甲苯	20	0.011	氯仿	20	0.81
正己烷	15.5	0.014	二氯乙烷	15	0.86
甲苯	10	0.048	正戊醇	20	2.6
氯苯	30	0.049	异戊醇	18	2.75
四氯化碳	15	0.077	正丁醇	20	7.81
二硫化碳	15	0.12	乙醚	15	7.83
乙酸戊酯	20	0.17	乙酸乙酯	15	8.30
乙酸异戊酯	20	0.17	异丁醇	20	8.50
苯	20	0.175			

介质水溶法　对于易水解的固体试剂，如 $SnCl_2$、$FeCl_3$、$Bi(NO_3)_3$、KCN 等，在配制其水溶液时，应根据所配溶液的浓度及体积，在台秤上称取一定质量的固体试剂于烧杯中，然后加入适量的一定浓度的相应酸液或碱液，使其溶解，再用纯水稀释至所需体积，搅拌均匀后转移至试剂瓶中。

稀释法　对于液体试剂，如硫酸、硝酸、磷酸、盐酸、乙酸等，在配制其水溶液时，可根据所配溶液的浓度及体积，先用量筒量取所需体积的浓溶液，再用纯水稀释至所需体积。在配制硫酸溶液时，需特别注意，应在不断搅拌下将浓硫酸缓慢地倒入盛水的容器中，切不可将操作顺序倒过来进行。

一些见光容易分解或容易被空气中的氧氧化的溶液，要防止在保存期间失效，最好现配现用，不要久存。另外，常在储存的 Sn^{2+} 及 Fe^{2+} 的溶液中分别加入一些锡粒、铁屑，以避免 Sn^{2+} 和 Fe^{2+} 被氧化后产生的 Sn^{4+} 和 Fe^{3+} 在溶液中积累。$AgNO_3$、$KMnO_4$ 和 KI 等溶液需短时间储存时，应储存在干净的棕色瓶中。容易发生化学腐蚀的溶液应储存于合适的容器中，例如 HF 溶液储存在塑料瓶中。

（2）标准溶液的配制

已知准确浓度的溶液称为标准溶液。配制标准溶液常用的方法有 3 种：直接法、标定法和稀释法。

直接法　在分析天平上准确称取一定量的基准试剂于烧杯中，加入适量的纯水溶解后，转入容量瓶中，用纯水洗涤烧杯数次，直至试剂全部转入容量瓶中，再用纯水稀释至刻度，摇匀，其浓度可由称量数据及容量瓶的体积求得。

标定法　对于不符合基准试剂要求的物质，不能用直接法配制其标准溶液，但可以先配制成近似所需浓度的溶液，然后用基准试剂或已知浓度的标准溶液标定，求出它的浓度。

稀释法　用已知浓度的标准溶液，配制浓度较小的标准溶液时，可根据需要用移液管吸取一定体积的浓溶液，于适当体积的容量瓶中，加水或相应介质溶液稀释至刻度即可。

实验 36　溶液的配制

【实验目的】

1. 了解和学习实验室常用溶液的配制方法。
2. 学习容量瓶和移液管的使用。

【预习要点】

1. 预习本书 2.8.3 节酸碱溶液配制有关内容。
2. 预习本书 2.1 中有关容量瓶和移液管的使用等内容。

【仪器与试剂】

电子天平，分析天平，称量瓶。HCl(6mol/L)，HAc(6mol/L)，NaOH(s)，邻苯二甲酸氢钾(s)，硼砂(s)，NaAc(s)。

【实验步骤】

1. 酸碱溶液的配制

(1) 0.1mol/L HCl 溶液的配制

用干净的量筒量取 6mol/L 盐酸（所需量自行计算）于烧杯中，配制 500mL 近似于 0.1mol/L HCl 溶液，转移至 500mL 的试剂瓶中。

(2) 0.1mol/L NaOH 溶液的配制

在台秤上称取 2.1～2.3g 固体 NaOH，以少量水洗涤固体 NaOH 以除去其表面附着的碳酸盐，再将洗过的 NaOH 固体溶于 500mL 加热煮沸半小时并冷却至室温的蒸馏水中，即得近似于 0.1mol/L NaOH 溶液，转移至 500mL 的试剂瓶中。

2. 标准溶液的配制

(1) 邻苯二甲酸氢钾标准溶液的配制

称取 2.0g 左右的邻苯二甲酸氢钾晶体于烧杯中，加入少量蒸馏水使其全部溶解后，转移至 100mL 的容量瓶中，再用少量水冲洗烧杯及玻璃棒数次，并将每次洗涤用的水全部转移至容量瓶中，最后用水稀释至刻度，摇匀。计算其准确浓度。

(2) 硼砂标准溶液的配制

准确称取 1.9g 左右的硼砂晶体于烧杯中，按上述方法配制 100mL 的硼砂标准溶液，并计算其准确浓度。

3. 缓冲溶液的配制

用 6mol/L 的 HAc 和固体 NaAc 配制 pH＝5.0 的缓冲溶液 100mL（所需量自行计算）。

【注意事项】

1. 在台秤上用干燥的小烧杯称固体 NaOH 的速度要快。因为 NaOH 极易吸水，所以还要随时将固体 NaOH 试剂瓶盖好。若称取量稍大于计算量，勿需将试剂从烧杯中取出，则应多加相应的纯水，配制多一些溶液即可。

2. NaOH 溶液腐蚀玻璃，不能使用玻璃塞盖，否则长久放置，瓶子不易打开，必须使用橡皮塞。长期久置的 NaOH 标准溶液，应装入下口瓶中，瓶塞上部有一碱石灰装置，以防吸收 CO_2 和水分。

3. 若用浓 HCl 配制溶液，则量取时应在通风橱内进行。

【思考题】

1. 配制一般溶液常用的方法由哪几种？

2. 配制标准溶液常用的方法由哪几种

3. 配制标准溶液时，基准试剂用台秤称量还是用分析天平称量？为什么？

4. 配制有明显热效应溶液时，应注意哪些问题？

2.7　物质的定性鉴定技术

物质的定性分析是认识自然的前提，是改造自然的基础。在现代，不论是无机物的定性分析，还是有机物的定性分析，事实上都已有相当先进的手段，但都需要昂贵的大型精密仪器及经过严格训练的专业人才，远远难以普及推广。因此，化学分析方法在物质的定性分析工作中，仍然具有十分重要的作用。物质的化学定性分析，设备简单，方法灵活，易于掌握推广。

在实际工作中，需要进行分析的物质，很少是纯净的单质或化合物，多数情况是复杂的物质或是多种离子的混合溶液。如要直接鉴定其中某种离子时，常常会遇到其他共存离子的干扰。于是在分析工作中时常要进行分离处理或将产生干扰的离子进行掩蔽。所以分离与鉴定是定性分析中两个紧密相关的问题，分离的目的是为了鉴定。

2.7.1 无机离子鉴定

无机定性分析的任务是检出（detection）物质由哪些元素或原子团组成的，或鉴定（identification）某种物质是属于单质、化合物或矿物。当采用化学分析的方法对物质进行定性分析的时候，一般先将要进行分析的样品制成溶液，然后借助加入试剂后，在溶液中所发生的化学反应，做出有无某种元素或原子团的判断。因此，定性分析一般都是在检出溶液中是否含有某种阴离子和阳离子。

下面简要介绍常见离子的分离与鉴定的基本原理和方法。

2.7.1.1 鉴定反应的要求

离子的鉴定反应大都是在水溶液中进行的，所谓离子鉴定就是根据发生化学反应的现象，来确定某种元素或其离子的存在与否。为了便于观察，取得正确的分析结果，作为鉴定反应必须满足以下要求。

(1) 有明显的外观特征

如根据溶液颜色的改变，沉淀的生成或溶解，逸出气体的颜色、气味或产生的气体与一定试剂的反应等，来判断某些离子的存在。

(2) 灵敏度高

灵敏度是指与一种试剂作用的离子量的多少而言，在定性分析中，将鉴定方法所能检出的某种离子的最低量，叫做该鉴定方法的灵敏度（sensitivity）。灵敏度是用逐步降低被检测离子浓度的方法得到的实验值，通常有两种计量方法，三种表示方式。

检出限量（identification limit） 某一方法所能检出的某一离子的最少量，通常以 m 为符号，以 μg 为单位。

最低浓度（concentration limit） 某种方法能检出某种离子的最低浓度。通常以 c_1 为符号，以 g/L 或 ppm 为单位。

限界稀度（dilution limit） 用来表示某种鉴定方法能检出离子的最低浓度。它是以离子的量（溶质）作固定值，用浓度的倒数——稀度来计量的一种表示方式。通常以 $1:G$ 为符号，以 1g 被检出离子与溶剂的体积或重量之比为单位（g/mL 或 g/g）。

例如测定以 K_2CrO_4 鉴定 Pb^{2+} 的灵敏度时，取含有 Pb^{2+} 的试液，逐级稀释后取出 1 滴做鉴定试验，平行数次。所得结果如表 2.7-1 所示。

表 2.7-1　K_2CrO_4 鉴定 Pb^{2+} 的灵敏度实验结果

实验编号	Pb^{2+}试液的稀度/(g/mL)	鉴定取试液体积 V/mL	鉴定反应结果
I	1:1000	0.05	立即产生黄色沉淀
II	1:10000	0.05	同上
III	1:100000	0.05	有极少量黄色沉淀
IV	1:1000000	0.05	可观察出黄色沉淀的概率为实验总数的1/2

由实验结果可知，这一鉴定方法的限界稀度（$1:G$）应为：
$$1:G=1:(2\times10^5)\ (g/mL\ 或\ g/g)$$
此时试液的浓度称为最低浓度（c_1），由于试液浓度极稀，其密度与溶剂密度相等。
$$c_1=1:G=1/(2\times10^5)=5\times10^{-6}\ (g/mL\ 或\ g/g)$$
这时在试液中所含被检出离子的重量即为检出限量（m）。
$$m=Vc_1=0.05\times5\times10^5=0.25\ (\mu g)$$
在溶液中各种化学鉴定方法的灵敏度，其限界稀度是通过实验直接测量的，其他两种表示方法是根据限界稀度换算而来的，限界稀度和最低浓度是同一个计量方法分两种不同表示方式。

（3）选择性好

所谓选择性是指与同一种试剂作用的离子种类而言，能与加入的试剂起反应的离子种类愈少，则这一反应的选择性愈高。若某试剂只与一种离子起反应，则该反应称为该离子的特效反应，该试剂就成为鉴定此离子的特效试剂。

（4）反应迅速

在水溶液中进行的反应一般瞬时即可完成，如果有些鉴定反应的速率较慢，可采取加热或加入催化剂等措施以加快反应速率。

2.7.1.2 鉴定反应的条件

鉴定反应和其他化学反应一样，要求在一定条件下进行才能得到正确可靠的结论。因此在进行鉴定反应时，必须严格控制下列几个条件。

（1）溶液的酸度

例如用 CrO_4^{2-} 鉴定 Pb^{2+} 的反应。要求在中性溶液或弱酸性溶液中进行。在碱性介质中，会生成 $Pb(OH)_2$ 沉淀，甚至转化为 $[Pb(OH)_4]^{2-}$。但若酸性太强，CrO_4^{2-} 大部分将转化为 $Cr_2O_7^{2-}$，降低了溶液中 CrO_4^{2-} 的浓度，也得不到黄色的 $PbCrO_4$ 沉淀。

（2）反应物的浓度

在鉴定反应中，为了反应现象明显，便于观察，要求反应的离子和试剂有适当的浓度。如 $Pb^{2+}+2Cl^- \longrightarrow PbCl_2 \downarrow$，由于 $PbCl_2$ 在水中的溶解度较大，只有当溶液中 Pb^{2+} 的浓度足够大，才能观察到白色 $PbCl_2$ 沉淀的生成，又如用钼酸铵试剂鉴定 PO_4^{3-} 的反应：

$$PO_4^{3-}+MoO_4^{2-}+NH_4^++H^+ \longrightarrow (NH_4)_3PO_4 \cdot 12MoO_3 \cdot 6H_2O \downarrow$$

由于生成的磷钼酸铵沉淀溶于过量磷酸盐溶液，因此要求加入过量钼酸铵试剂，才能观察到黄色沉淀的析出。

但也有些鉴定反应，如用 $NaBiO_3$、PbO_2 等强氧化剂来鉴定 Mn^{2+} 时，Mn^{2+} 浓度不能过大，过量的 Mn^{2+} 能与反应生成的 MnO_4^- 发生如下反应，使溶液出现棕色 MnO_2 沉淀：

$$Mn^{2+}+MnO_4^-+H_2O \longrightarrow MnO_2 \downarrow +H^+$$

（3）反应的温度、催化剂

在有些鉴定反应中，溶液的温度对产物的溶解度有较大的影响。如通过 $PbCl_2$ 沉淀的生成鉴定 Pb^{2+}，由于 $PbCl_2$ 能溶于热水，因此不能在热溶液中用稀 HCl 沉淀 Pb^{2+}。相反，用 $NaOH$ 鉴定 NH_4^+ 时，为有利于 NH_3 逸出并且进一步与奈斯勒试剂或奈斯勒试纸反应，加热可以提高鉴定的灵敏度。

此外，加热可提高反应速率，如用 $S_2O_8^{2-}$ 鉴定 Mn^{2+} 时，必须加热，并加入催化剂：

$$Mn^{2+}+S_2O_8^{2-}+H_2O \xrightarrow[\triangle]{Ag^+} MnO_4^-+SO_4^{2-}+H^+$$

若没有 Ag^+ 作催化剂，$S_2O_8^{2-}$ 将 Mn^{2+} 氧化成 $Mn(\text{VII})$ 的速度过慢，致使生成的 $Mn(\text{VII})$ 与未被氧化的 $Mn(\text{II})$ 发生反应，形成棕色 MnO_2 沉淀。

（4）溶剂

改变溶剂可以改变物质的溶解度，提高鉴定反应的灵敏度；一些极性较强的物质在有机溶剂中的溶解度要比在水中小，如在水中加入乙醇，$CaSO_4$ 的溶解度得到显著降低而析出。相反，极性小的物质较易溶于有机溶剂中，如鉴定 Cr^{3+} 或 II_2O_2 的反应：

$$Cr_2O_7^{2-}+H_2O_2+H^+ \longrightarrow CrO_5+H_2O$$

蓝色 CrO_5 在水中不稳定，易分解为 Cr^{3+} 使蓝色褪去，但 CrO_5 在有机溶剂中较为稳定，故可用乙醚或戊醇等有机溶剂萃取以提高鉴定的灵敏度。

（5）干扰离子的排除

在多种情况下，一种鉴定用的试剂能与多种离子起反应，如：用 NCS^- 鉴定 Co^{2+} 时，若有 Fe^{3+} 存在，由于 Fe^{3+} 与 NCS^- 生成血红色 $[Fe(NCS)_n]^{3-n}$，干扰蓝色 $[Co(NCS)_4]^{2-}$ 配离

子的生成与观察，即干扰 Co^{2+} 的检出。为了消除 Fe^{3+} 的干扰，可加入 NH_4F 或 NaF 作掩蔽剂，使 Fe^{3+} 与 F^- 形成稳定的无色 $[FeF_6]^{3-}$，便于 $[Co(NCS)_4]^{2-}$ 的生成和观察。

除了加入掩蔽剂排除干扰离子外，还可用控制溶液酸度的方法来排除干扰，如用 CrO_4^{2-} 鉴定 Ba^{2+} 时，受 Sr^{2+} 的干扰，Sr^{2+} 和 Ba^{2+} 同样能与 CrO_4^{2-} 生成黄色的铬酸盐沉淀。可以利用 $BaCrO_4$ 与 $SrCrO_4$ 溶解度的不同，控制反应在中性或弱酸性介质中进行，降低 CrO_4^{2-} 浓度，则 $SrCrO_4$ 不能沉淀，但由于 $BaCrO_4$ 的溶解度较 $SrCrO_4$ 小，仍能生成黄色 $BaCrO_4$ 沉淀。

2.7.1.3 空白试验与对照试验

在离子鉴定过程中常常可能出现过度检出或离子的失落。过度检出是指试样中并不含某种离子，但由于纯水或试剂中含有被检离子等因素，误以为试样中有该离子存在。相反，若试样中有某离子，但由于试剂失效或没有严格控制好反应条件，可能误认为该离子不存在，造成离子的失落。当实验现象不甚明显，很难做出肯定判断时，则应采用对比的方法，通常要做空白试验或对照试验。

（1）空白试验（blank test）

取一份纯水代替试液，与试液在相同条件下，以相同方法对同一种离子进行鉴定，这种对比的实验方法称为空白试验，目的在于检查纯水及试剂中是否含有被鉴定的离子。

如用 NCS^- 鉴定试样中有无 Fe^{3+} 时，若得到血红色溶液，则说明有 Fe^{3+}。但试样是用酸溶液配制而成的，微量的 Fe^{3+} 是试样中原有的，还是所使用的酸或是纯水带入的杂质呢？为此可做空白试验：取少量配制试样的酸与纯水代替试液，重复上述操作，若得到同样深浅的血红色，说明试样中无 Fe^{3+}。如所得的结果为无色或明显的比试样颜色浅，才能判断试样中确有 Fe^{3+} 存在。

（2）对照试验（control test）

用含有某种离子的纯盐溶液代替试液。与试液在相同条件下，进行鉴定，称为对照试验，目的在于检查试剂是否失效或鉴定反应条件控制是否恰当。

如用 $SnCl_2$ 溶液鉴定 Hg^{2+} 时，未出现灰黑色沉淀（$Hg+Hg_2Cl_2$），一般认为无 Hg^{2+}，但考虑到 $SnCl_2$ 易被空气氧化而失效，这时可取已知 Hg^{2+} 盐溶液做对照试验，若也不出现灰黑色沉淀，说明试剂 $SnCl_2$ 已经失效，应重新配制后，再进行鉴定。

2.7.1.4 常见阳离子与一些试剂的反应（表 2.7-2）

表 2.7-2 常见阳离子与某些试剂的反应情况

阳离子	反应试剂及浓度				
	HCl 0.1mol/L	H_2SO_4 4mol/L	NaOH 0.1mol/L	$NH_3·H_2O$ 0.1mol/L	$NH_3·H_2O+NH_4Cl$ pH≈9
Ag^+	$AgCl \downarrow$	$Ag_2SO_4 \downarrow$	$Ag_2O \downarrow$（褐）	$Ag_2O \downarrow$	$Ag_2O \downarrow$
Pb^{2+}	$PbCl_2 \downarrow$	$PbSO_4 \downarrow$	$Pb(OH)_2 \downarrow$	$Pb(OH)_2 \downarrow$	$PbCl_2 \downarrow$
Hg_2^{2+}	$Hg_2Cl_2 \downarrow$	$Hg_2SO_4 \downarrow$	$Hg_2O \downarrow$	$Hg+NH_2HgCl \downarrow$	$Hg+NH_2HgCl \downarrow$
Hg^{2+}	—	—	$HgO \downarrow$（黄）	HgO	$HgO \downarrow$
Bi^{3+}	—	—	$Bi(OH)_3 \downarrow$	碱式盐 $\downarrow$	碱式盐 $\downarrow$
Cu^{2+}	—	—	$Cu(OH)_2 \downarrow$（浅蓝）	碱式盐 $\downarrow$（蓝绿）	碱式盐 $\downarrow$（浅绿）（过）
Cd^{2+}	—	—	$Cd(OH)_2 \downarrow$	$Cd(OH)_2 \downarrow$（过）	$Cd(OH)_2 \downarrow$（过）
Sn（Ⅱ）	—	—	$Sn(OH)_2 \downarrow$（过）	$Sn(OH)_2 \downarrow$	$Sn(OH)_2 \downarrow$
Sn（Ⅳ）	—	—	$Sn(OH)_4 \downarrow$（过）	$Sn(OH)_4 \downarrow$	$Sn(OH)_4 \downarrow$
Sb（Ⅲ）	—	—	$HSbO_2 \downarrow$（过）	$HSbO_2 \downarrow$	$HSbO_2 \downarrow$
Sb（Ⅴ）	—	—	$H_3SbO_4 \downarrow$（过）	$H_3SbO_4 \downarrow$	$HSbO_2 \downarrow$
Al^{3+}	—	—	$Al(OH)_3 \downarrow$	$Al(OH)_3 \downarrow$	$Al(OH)_3 \downarrow$

续表

阳离子	反 应 试 剂 及 浓 度				
	HCl 0.1mol/L	H₂SO₄ 4mol/L	NaOH 0.1mol/L	NH₃·H₂O 0.1mol/L	NH₃·H₂O+NH₄Cl pH≈9
Cr^{3+}	—	—	$Cr(OH)_3$↓(灰绿)	$Cr(OH)_3$↓(灰绿)	$Cr(OH)_3$↓(灰绿)
Fe^{3+}	—	—	$Fe(OH)_3$↓	$Fe(OH)_3$↓	$Fe(OH)_3$↓
Fe^{2+}	—	—		$Fe(OH)_2$↓ (白→绿→棕)	
Co^{2+}	—	—	$Co(OH)_2$↓(玫瑰)	碱式盐(蓝)(过)	—
Ni^{2+}	—	—	$Ni(OH)_2$↓(绿)	碱式盐↓(绿)(过)	—
Zn^{2+}	—	—	$Zn(OH)_2$↓(适量)	$Zn(OH)_2$↓(过)	—
Ba^{2+}	—	$BaSO_4$↓[H^+]	$Ba(OH)_2$↓	—	—
Sr^{2+}	—	$SrSO_4$↓[H^+]	$Sr(OH)_2$↓	—	—
Mn^{2+}	—	—	$Mn(OH)_2$↓ (白→黄褐→棕)	$Mn(OH)_2$↓ (白→棕)	—
Ca^{2+}	—	$CaSO_4$↓	$Ca(OH)_2$↓	—	—
Mg^{2+}	—	—	$Mg(OH)_2$↓	$Mg(OH)_2$↓	—
NH_4^+	—	—	NH_3↑	—	—

阳离子	反 应 试 剂 及 浓 度			
	饱和 H₂S 水溶液	(NH₄)₂S 3mol/L	(NH₄)₂CO₃ 1mol/L	K₄[Fe(CN)₆] 0.1mol/L
Ag^+	Ag_2S↓(黑)	Ag_2S↓(黑)	Ag_2CO_3	$Ag_4[Fe(CN)_6]$
Pb^{2+}	PbS↓	PbS↓	$Pb(OH)_2$ 2$PbCO_3$	$Pb_2[Fe(CN)_6]$
Hg_2^{2+}	$HgS+Hg$	$HgS+Hg$	$Hg+HgCO_3$↓	↓(灰白色)
Hg^{2+}	HgS↓	HgS↓	$HgCO_3$·3HgO↓(淡红棕)	$Hg_2[Fe(CN)_6]$
Bi^{3+}	Bi_2S_3↓[H^+](褐)	Bi_2S_3↓[H^+](过)	碱式盐↓	↓(浅绿色)
Cu^{2+}	CuS↓[H^+](黑)	CuS↓[H^+](黑)	碱式盐↓(浅蓝)(过)	$Cu_2[Fe(CN)_6]$↓[H^+](红棕)
Cd^{2+}	CdS↓[H^+](黄)	CdS↓[H^+](黄)	碱式盐↓	$Cd_2[Fe(CN)_6]$↓
As(Ⅲ)	As_2S_3↓[H^+](黄)	—	—	—
As(Ⅴ)	As_2S_3·As_2S_5[H^+](黄)	—	—	—
Sn(Ⅱ)	SnS↓[H^+](褐色)	SnS↓[H^+](褐)	$Sn(OH)_2$↓	$Sn_2[Fe(CN)_6]$↓[H^+]
Sn(Ⅳ)	SnS_2↓[H^+](黄)	SnS_2↓[H^+](黄)(过)	$Sn(OH)_4$↓	$Sn_2[Fe(CN)_6]$↓[H^+]
Sb(Ⅲ)	Sb_2S_3↓[H^+](黄)	Sb_2S_3↓[H^+](过)	$HSbO_2$↓	
Sb(Ⅴ)	$Sb_2S_3+Sb_2O_3$↓[H^+](橙)	$Sb_2S_3+Sb_2S_5$↓[H^+](过)	H_3SbO_4↓	↓(黄)
Al^{3+}	—	$Al(OH)_3$↓	$Al(OH)_3$↓	
Cr^{3+}	—	$Cr(OH)_3$↓(灰绿)	$Cr(OH)_3$↓(灰绿)	
Fe^{3+}	—	$S+FeS_2$↓(黑)	碱式盐↓(褐)	$KFe[Fe(CN)_6]$↓[H^+](蓝)
Fe^{2+}	—	FeS↓(黑)	碱式盐↓	$Fe_2[Fe(CN)_6]$↓(白→蓝)
Co^{2+}		CoS↓[H^+](黑)	碱式盐↓(玫瑰)(过)	$Co_2[Fe(CN)_6]$↓[H^+](棕黄)
Ni^{2+}		NiS↓[H^+](黑)	碱式盐↓(绿)(过)	$Ni_2[Fe(CN)_6]$↓[H^+](棕黄)
Zn^{2+}		ZnS↓(白)	碱式盐↓(过)	$Co_2[Fe(CN)_6]$↓[H^+]
Ba^{2+}			$BaCO_3$↓	
Sr^{2+}			$SrCO_3$↓	
Mn^{2+}		MnS↓(肉色)	$MnCO_3$↓	$Mn_2[Fe(CN)_6]$↓[H^+]
Ca^{2+}			$CaCO_3$↓	$Ca_2[Fe(CN)_6]$↓[H^+]
Mg^{2+}			碱式盐↓	
NH_4^+				

2.7.1.5　阴离子的不相容性（表 2.7-3）

表 2.7-3　阴离子的不相容性

阴离子	与第一栏离子难共存的阴离子	
	酸 性 溶 液	碱 性 溶 液
Cl^-	ClO_3^-，ClO^-，MnO_4^-	MnO_4^-
ClO_3^-	S^{2-}，Br^-，I^-，Cl^-，SCN^-，CN^-，SO_3^{2-}，$S_2O_3^{2-}$，$C_2O_4^{2-}$，$C_4H_4O_6^{2-}$，AsO_3^{2-}，$[Fe(CN)_6]^{4-}$，$H_2PO_2^-$	$H_2PO_2^-$
ClO^-	S^{2-}，Br^-，I^-，Cl^-，SCN^-，CN^-，SO_3^{2-}，$S_2O_3^{2-}$，$C_2O_4^{2-}$，$C_4H_4O_6^{2-}$，AsO_3^{2-}，$[Fe(CN)_6]^{4-}$，$H_2PO_2^-$	S^{2-}，$S_2O_3^{2-}$，I^-，CN^-，SCN^-，AsO_3^{3-}，SO_3^{2-}，NO_2^-，$H_2PO_2^-$
Br^-	$[Fe(CN)_6]^{3-}$，ClO_3^-，MnO_4^-，$Cr_2O_7^{2-}$	$[Fe(CN)_6]^{3-}$，MnO_4^-，
I^-	$[Fe(CN)_6]^{3-}$，ClO_3^-，ClO^-，MnO_4^-，$Cr_2O_7^{2-}$，NO_2^-，AsO_3^{3-}	$[Fe(CN)_6]^{3-}$，MnO_4^-，ClO^-
S^{2-}	$[Fe(CN)_6]^{3-}$，ClO_4^-，ClO_3^-，ClO^-，MnO_4^-，$Cr_2O_7^{2-}$，NO_2^-，NO_3^-，AsO_4^{3-}，SO_3^{2-}，$S_2O_3^{2-}$	$[Fe(CN)_6]^{3-}$，MnO_4^-，ClO^-
SO_3^{2-}，$S_2O_3^{2-}$	S^{2-}，$[Fe(CN)_6]^{3-}$，ClO_3^-，ClO^-，MnO_4^-，$Cr_2O_7^{2-}$，NO_2^-，NO_3^-，$H_2PO_2^-$	$[Fe(CN)_6]^{3-}$，MnO_4^-
AsO_4^{3-}	S^{2-}，I^-，$[Fe(CN)_6]^{3-}$，SO_3^{2-}，$S_2O_3^{2-}$，ClO^-，ClO_3^-	$[Fe(CN)_6]^{3-}$
NO_3^-	S^{2-}，Br^-，I^-，SCN^-，SO_3^{2-}，$S_2O_3^{2-}$，$C_2O_4^{2-}$，$C_4H_4O_6^{2-}$，$H_2PO_2^-$	
NO_2^-	S^{2-}，Br^-，I^-，SCN^-，SO_3^{2-}，$S_2O_3^{2-}$，$C_2O_4^{2-}$，$C_4H_4O_6^{2-}$，$H_2PO_2^-$，$[Fe(CN)_6]^{3-}$，ClO_3^-，ClO^-，MnO_4^-，$Cr_2O_7^{2-}$	MnO_4^-，ClO^-
MnO_4^-	S^{2-}，Br^-，I^-，SCN^-，SO_3^{2-}，$S_2O_3^{2-}$，$C_2O_4^{2-}$，$C_4H_4O_6^{2-}$，$H_2PO_2^-$，$[Fe(CN)_6]^{3-}$，AsO_3^{3-}，NO_2^-	S^{2-}，Cl^-，Br^-，I^-，SCN^-，CN^-，SO_3^{2-}，$S_2O_3^{2-}$，$C_2O_4^{2-}$，$C_4H_4O_6^{2-}$，$H_2PO_2^-$，$[Fe(CN)_6]^{3-}$，AsO_3^{3-}，NO_2^-
CrO_4^{2-}	S^{2-}，Br^-，I^-，SCN^-，SO_3^{2-}，$S_2O_3^{2-}$，$C_2O_4^{2-}$，$C_4H_4O_6^{2-}$，$H_2PO_2^-$，$[Fe(CN)_6]^{3-}$，AsO_3^{3-}，NO_2^-	AsO_3^{3-}，NO_2^-

2.7.1.6　离子分离

（1）系统分析（systematic analysis）

将可能共存的离子按一定顺序分离开来，依次进行鉴定，这种分析鉴定的方式称为系统分析法；在按顺序进行分离时，先以几种试剂依次将性质相似的离子分成若干组，然后再将各组离子进行分离鉴定。

将离子分成若干组的试剂称为组试剂（group reagent）。在定性分析中进行分离处理时，多是采用沉淀分离的方法。因此，组试剂都是些沉淀剂。一种较好的组试剂应当符合以下几项要求：

① 分离完全，离子归属某个组界限比较清晰；

② 每个组里的离子种数比较均衡，数量又不太多；

③ 所形成的沉淀与母液易于分离；

④ 分组所用的试剂，易于排除，对分离后进行离子鉴定时没有干扰。

多年来，在定性分析工作中，应用得最广泛、最成熟的是诺伊斯（A. A. Noyes）的"硫化氢系统分析法"。

（2）分别分析（individual analysis）

对共存离子不采用系统分离，分别取出试液，设法排除鉴定方法的干扰离子，创造专属反应条件而完成定性鉴定任务的方法，称为分别分析法。

实验 37　水溶液中阳离子的分离和检出

【实验目的】

1. 学会针对不同阳离子共存体系，拟定最佳系统分离检出方案，进行分离和检出。
2. 熟悉不同阳离子性质的异同。

【预习要点】

预习《无机化学》溶液中离子平衡有关内容。

【试剂】

H_2SO_4（2mol/L），HNO_3（3mol/L，6mol/L，浓），HCl（2mol/L，6mol/L），HAc（2mol/L，6mol/L），NaOH（6mol/L），KOH（6mol/L），$NH_3 \cdot H_2O$（3mol/L，6mol/L），NH_4Ac（3mol/L），$(NH_4)_2C_2O_4$（0.5mol/L），KSCN，$(NH_4)_2CO_3$，$(NH_4)_2SO_4$，$(NH_4)_2HPO_4$，K_2CrO_4 均为 1mol/L；KI（0.1mol/L，0.5mol/L），$K[Sb(OH)_6]$，$K_4[Fe(CN)_6]$（0.1mol/L）；H_2O_2（3%，体积分数），$NaBiO_3$（s），NH_4F（s），丁二酮肟，铝试剂，另外 Ag^+、Pb^{2+}、Hg^{2+}、Fe^{3+}、Co^{2+}、Ni^{2+}、Mn^{2+}、Al^{3+}、Cr^{3+}、Zn^{2+}、Sn^{2+}、Bi^{3+}、Cu^{2+} 等均为硝酸盐溶液，浓度均为 0.1mol/L。

【阳离子系统分离和检出参考方案】

1. Na^+、K^+、NH_4^+、Mg^{2+}、Ca^{2+}、Ba^{2+} 的系统分离和检出过程示意见附图 1。

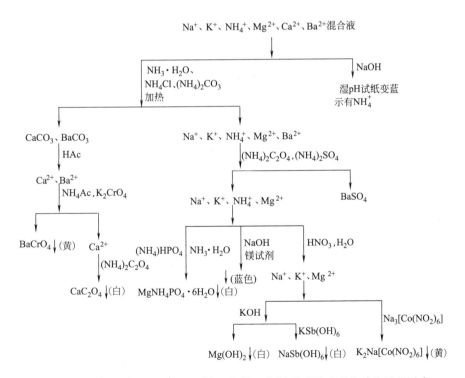

附图 1　Na^+、K^+、NH_4^+、Mg^{2+}、Ca^{2+}、Ba^{2+} 的系统分离和检出过程示意

2. Ag^+、Pb^{2+}、Hg^{2+}、Cu^{2+}、Bi^{3+}、Zn^{2+} 的系统分离和检出过程示意见附图 2。

3. Fe^{3+}、Co^{2+}、Ni^{2+}、Mn^{2+}、Al^{3+}、Cr^{3+}、Zn^{2+} 的系统分离和检出过程示意见附图 3。

【系统分离和检出方案】

1. 已知阳离子混合液的分离和检出

① Ag^+、Hg^{2+}、Zn^{2+}、NH_4^+。

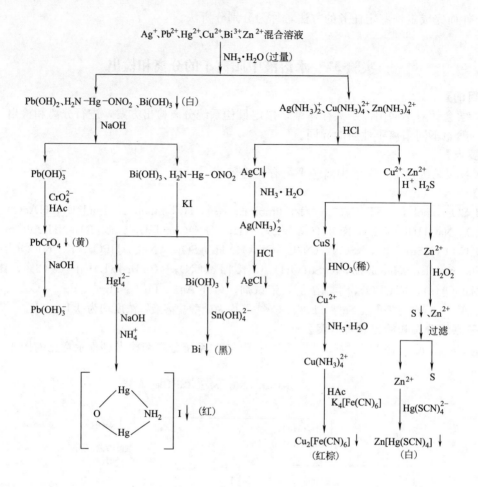

附图 2 Ag^+、Pb^{2+}、Hg^{2+}、Cu^{2+}、Bi^{3+}、Zn^{2+} 的系统分离和检出过程示意

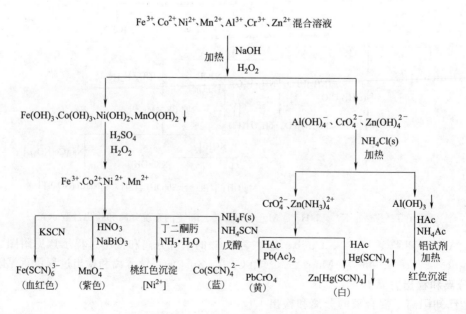

附图 3 Fe^{3+}、Co^{2+}、Ni^{2+}、Mn^{2+}、Al^{3+}、Cr^{3+}、Zn^{2+} 的系统分离和检出过程示意

② Cu^{2+}、Mn^{2+}、Cr^{3+}、K^+。

③ Al^{3+}、Mn^{2+}、Ba^{2+}、Ca^{2+}。

④ Fe^{3+}、Cr^{3+}、Ba^{2+}、K^+。

2. 未知阳离子混合液的分析

① 13 种阳离子（K^+、NH_4^+、Ca^{2+}、Ba^{2+}、Ag^+、Hg^{2+}、Zn^{2+}、Ni^{2+}、Cu^{2+}、Mn^{2+}、Cr^{3+}、Sn^{4+}、Al^{3+}）中的 3～4 种组成一组未知混合溶液，自拟分析方案，进行分离和检出练习。

② 向教师领取一组试液，进行分析。完成实验后，将实验现象（包括对照实验）展示给老师。并报告结论。

【注意事项】

1. 注意未知液的颜色，初步判断可能存在的离子。

2. 提供 Sn^{4+} 的试剂是 $SnCl_4$，若混合液中有 Sn^{4+}，则哪个阳离子不可能存在？

3. 每次取 0.5～1cm^3 的未知液做实验。

4. 未知液分组后，贴上标签，以防混淆。

5. 分离后几组时，若体积过大，可在蒸发皿中浓缩后再做。

实验 38 常见阴离子的分离与检出

【实验目的】

1. 熟悉阴离子的性质。

2. 学会对不同阴离子体系的阴离子进行分离和检出。

【预习要点】

预习《无机化学》元素有关内容。

【试剂】

HCl（2mol/L，6mol/L），HNO_3（6mol/L），$Sr(NO_3)_2$（0.5mol/L），$BaCl_2$（0.5mol/L），$AgNO_3$（0.1mol/L），$NH_3 \cdot H_2O$（2mol/L），$(NH_4)_2MoO_4$（10％，质量分数），H_2O_2（3％，体积分数），CCl_4，氯水，$Na_2[Fe(CN)_5NO]$（s），α-萘胺试液，$Zn(s)$，阴离子均为钠盐、钾盐或铵盐。

【阴离子系统分离与检出】

1. 常见 11 种阴离子的检出方法及条件见附表 1。

附表 1 常见 11 种阴离子的检出方法及条件

离子	试　剂	现　　象	条　　件
SO_4^{2-}	$HCl+BaCl_2$	白色 $BaSO_4 \downarrow$	酸性介质
CO_3^{2-}	$Ba(OH)_2$	混浊，$BaCO_3$	酸化溶液，气瓶法
PO_4^{3-}	$(NH_4)_2MoO_4$	磷钼酸铵黄色沉淀	硝酸介质过量试剂
S^{2-}	HCl	$PbAc_2$ 试纸变为有金属光泽灰色	酸性介质
	$Na_2[Fe(CN)_5NO]$	$Na_4[Fe(CN)_5NOS]$ 紫色	碱性介质
$S_2O_3^{2-}$	HCl	溶液变浑，$S \downarrow$	酸性，加热
SO_3^{2-}	$BaCl_2+H_2O_2$	白色 $BaSO_4 \downarrow$	
Cl^-	银氨溶液＋HCl	白色 $AgCl \downarrow$	
Br^-	氯水＋CCl_4	CCl_4 层黄或橙黄色	
I^-	氯水＋CCl_4	CCl_4 层紫色	HAc 介质
NO_2^-	$KI+CCl_4$	CCl_4 层紫色	HAc 介质
NO_3^-	二苯胺	蓝色环	硫酸介质

2. S^{2-}、$S_2O_3^{2-}$、SO_3^{2-} 的分离与检出过程示意见附图 1。

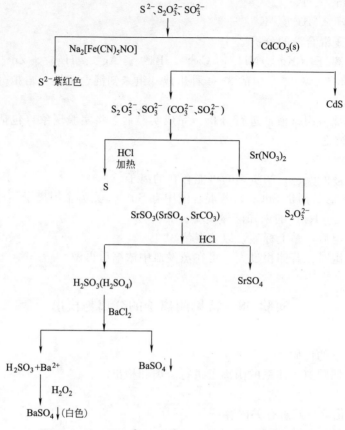

附图 1　S^{2-}、$S_2O_3^{2-}$、SO_3^{2-} 的分离与检出过程示意

3. Cl^-、Br^-、I^- 的分离与检出过程示意见附图 2。

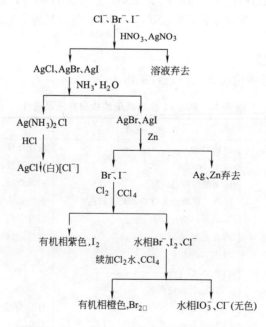

附图 2　Cl^-、Br^-、I^- 的分离与检出过程示意

【未知阴离子混合液的分析】

1. 用 3～4 种物质组成一组未知混合溶液，自拟分析方案，进行分离和检出练习。

2. 向教师领取一组试液，进行分析。完成实验后，将实验现象（包括对照实验）展示给老师。并报告结论。

实验 39 开放实验——未知无机混合物的分离与定性检出

【实验目的】

1. 通过练习，熟悉无机物分离和检出的一般程序。

2. 加深对无机化学元素及其化合物的了解。

【背景材料】

本实验由实验室提供未知化合物样品，要求同学依据实验室提供的试剂，结合无机化学知识，完成样品的分离和定性分析。

所提供的混合物由两种盐构成，阳离子为不同的 +2 价金属离子，一个是主族元素，一个是副族元素；阴离子也不同，两种盐均带结晶水。

【试剂】

HNO_3（6mol/L），H_2SO_4（2mol/L，浓），HCl（1mol/L，浓），NaOH（1mol/L，6mol/L），$NH_3 \cdot H_2O$（2mol/L，1：1 体积比），$FeSO_4$（0.1mol/L），$AgNO_3$（0.1mol/L），$BaCl_2$（0.1mol/L），K_2CrO_4（0.1mol/L），H_2O_2（6%，体积分数），KSCN（5%，质量分数），硫代乙酰胺（5%，质量分数），Na_2CO_3（s），pH 试纸。

【实验步骤】

领取 2.0g 未知混合物，依据现有试剂，拟定实验方案，根据实验方案完成实验。

2.7.2 有机化合物的定性鉴定

有机化合物的定性分析是有机化学实验的重要组成部分，在现代分析手段未普及之前，化学分析方法是唯一的手段，它是一项艰苦而耗时的工作。现在波谱技术的普及使有机化合物的定性鉴定工作简单迅速，但这并不意味着化学分析方法已经过时，它仍和波谱技术一样是每位化学工作者必须掌握的实验手段。

对未知有机化合物的定性鉴定只有纯品才有意义。当通过色谱、沸点、熔点测定或其他方法确认样品纯净后，可以进行元素分析、相对分子质量确定、在水、酸、碱及有机溶剂中的溶解度试验以及官能团确定等。而定性鉴定主要包括两个方面，即元素的定性鉴定和官能团的定性鉴定。

（1）有机化合物中元素的定性鉴定

组成有机化合物的元素中除碳和氢外，还有氧、氮、硫、磷和卤素等元素，常称为杂元素。有机化合物组成元素的定性分析目的就在于鉴定一个未知物是由哪些元素组成的，必要时可进行定量分析。

一般有机化合物中都含有碳、氢，所以不再进行碳、氢的定性鉴定。氧的鉴定还没有很好的方法，但通过官能团鉴定或根据定量分析结果可以判断它的存在。

因为有机化合物中的化学键多数为共价键，它们不能像无机化合物中的离子键一样在水中发生电离，必须使用特殊方法使各种元素解离。通常使用钠熔法，即使有机物与金属钠高温熔融在一起，其中所含氮、卤素和硫分别生成氰化钠、卤化钠、硫化钠等可以溶解于水中的化合物，而溶于水后，即可按无机离子的定性鉴别方法进行鉴别。

（2）有机化合物中官能团的定性鉴定

官能团的定性分析是利用有机化合物中各官能团所具有的不同特性，能与某些试剂作用产生特殊的颜色或沉淀现象来加以鉴定的，它要求反应迅速、操作简单、结果明显，且具有专一性。各种官能团都有一些典型反应符合定性鉴定的要求，但具有同一官能团的不同化合物，由于受分子中其他部位的影响，反应性能存在差异，官能团定性试验中也会有例外情况发生，所以在有机化合物定性分析中，有时需要用几种方法来检验同一官能团的存在。

烷烃是饱和化合物，只含 C—H 和 C—C 键，性能稳定，不易发生反应。烯烃和炔烃是不饱和烃，由于 C═C 及 C≡C 的存在，能够与溴加成而使溴的颜色消失，或与高锰酸钾发生氧化反应而使高锰酸钾溶液的颜色消失。对具有 R—C≡CH 结构的炔烃，因含有活泼氢，可以和硝酸银的氨水溶液或氯化亚铜的氨水溶液反应生成沉淀物。

大部分芳烃与烷烃相似，在室温和无催化剂存在时，对试剂是稳定的，但在无水 $AlCl_3$ 存在的条件下，芳烃能与氯仿反应，生成颜色化合物。

卤代烃可以按 S_N1 历程与 $AgNO_3$ 的乙醇溶液作用生成卤化银沉淀，氯代烃和溴代烃也可以按 S_N2 历程与碘化钠的丙酮溶液作用生成不溶解于丙酮的氯化钠或溴化钠沉淀，因此可以作为卤代烃的判据，也可以根据反应的速度判定卤代烃的类型。

醇羟基上的氢有弱酸性，能够与金属钠作用放出氢气，这是检验醇的典型反应；含 10 个碳以下的醇和硝酸铈铵溶液作用可生成红色的配合物，溶液的颜色由橘黄色变成红色，此反应可用来鉴别化合物中是否含有羟基；含 3～6 个碳原子的醇可溶于氯化锌-盐酸溶液（Lucas 试剂）中，随后发生反应生成不溶性的卤代烷，故会出现混浊或分层，三级醇最快，二级醇次之，一级醇最慢，利用各种醇出现混浊或分层速度的不同可加以区别。含 6 个碳原子以上的醇类不溶于 Lucas 试剂，故不能用此法检验；而甲醇和乙醇由于生成相应挥发性强的氯代烷，故此法也不适用。

多元醇（乙二醇和甘油等）能够在碱性环境下与 $CuSO_4$ 溶液作用生成深蓝色的配合物。

酚类化合物也具有弱酸性，但比醇酸性强，能与强碱作用生成酚盐而溶于水，但通入二氧化碳或加入无机酸可使酚游离出来。大多数酚与三氯化铁有特殊的颜色反应，而且各种酚产生不同的颜色（如黄色、红色、蓝色、紫色或绿色等），颜色的产生是由于形成电离度很大的配合物。一般烯醇类化合物也能与三氯化铁起颜色反应，多数为红紫色。但大多数硝基酚类、间羟基苯甲酸和对羟基苯甲酸不起颜色反应，某些酚如 α-萘酚及 β-萘酚等由于在水中溶解度很小，它的水溶液与三氯化铁不产生颜色反应，若采用乙醇溶液则呈正反应。

羟基的存在使苯环活泼性增加，酚类能使溴水褪色，形成多溴代酚析出。

醛和酮能与许多试剂（如 2,4-二硝基苯肼、羟氨、缩氨脲、亚硫酸氢钠等）发生作用而生成沉淀。这些试剂常被称为羰基试剂，用于检验醛酮。

鉴于醛比酮易被氧化的性质，选用适当的氧化剂可加以区别。区别醛酮的一种灵敏的试剂是 Tollens 试剂，它就是银氨溶液。反应时醛被氧化成酸，银离子被还原成银附着在试管壁上，故 Tollens 试验又称银镜反应。

一个鉴别甲基酮的简便方法是次碘酸钠试验，凡具有 CH_3CO 基团或其他易被次碘酸钠氧化成这种基团的化合物（如 CH_3CH_2OH），均能与次碘酸钠作用生成黄色的碘仿沉淀。

胺具有碱性，这是判断这类化合物最重要的依据，它虽不溶于水，但可以生成铵盐而溶于稀酸。

Hinsberg 试验是根据与苯磺酰氯（或对甲苯磺酰氯）反应的产物性质不同而区别伯胺、仲胺、叔胺的。伯胺与苯磺酰氯反应生成的 N-取代苯磺酰胺有较强的酸性氢，能溶于氢氧化钠溶液中；而仲胺反应所生成的 N,N-二取代磺酰胺无酸性氢，因而不溶于氢氧化钠溶液；叔胺与对甲苯磺酰氯的产物遇氢氧化钠溶液又分解成胺。某些伯胺的磺酰胺可生成不溶性钠盐，这可能导致得出该胺为仲胺的错误假定。

亚硝酸试验可用来区别伯胺和仲胺，也可用来鉴别脂肪族伯胺和芳香伯胺。在试验条件下，脂肪族伯胺与亚硝酸作用生成相应的醇，并在常温下放出氮气；芳香族伯胺与亚硝酸在低温下生成稳定的重氮盐，重氮盐可与 β-萘酚发生偶联生成橙红色的染料，这是芳香伯胺所独有的反应；仲胺与亚硝酸作用生成黄色油状或固体的亚硝基化合物。亚硝基化合物通常有致癌作用，操作时应避免与皮肤接触。

羧酸具有酸的通性，可与碳酸氢钠发生反应放出二氧化碳，这是判断这类化合物最重要的依据。由于羧酸酸性较强，故可用标准碱来滴定。某些酚特别是环上邻位和对位有吸电子取代基的酚有与羧酸类似的酸性，这些酚可通过氯化铁试验加以排除。

实验 40　有机物中杂元素的定性鉴定——钠熔法

【实验目的】

1. 用钠熔法定性鉴定有机物中存在的杂元素。

2. 学习有机物中的杂元素定性鉴定方法。

【预习要点】

1. 预习 2.7.2 节的原理。

2. 查阅文献及本书 2.7.1 节，了解 CN^-、S^{2-}、SCN^-，以及各种卤离子检验方法。

【实验原理】

参阅 2.7.2 节。

【仪器与试剂】

金属钠；蔗糖；亚硝基铁氰化钠；乙酸；5％醋酸铅；5％硫酸亚铁；5％三氯化铁；3mol/L 稀硫酸；10％亚硝酸钠；四氯化碳；10％亚硝酸钠；苯胺；溴苯；氯苯；蛋氨酸或其他一些含有杂元素的化合物；未知物。

小试管（1cm×10cm）；分液漏斗。

【实验步骤】

1. 钠熔法

于一小试管中放置一粒黄豆大小的金属钠和 2 滴液体（或约 20mg 固体）试样，用包有石棉布的铁夹将玻璃试管夹住，用小火加热至金属钠熔融使蒸气上升至约 1cm，迅速移去火焰，再将 2 滴液体（或约 20mg 固体）试样和约 10mg 蔗糖（有利于氮转化成氰离子）直接加至熔融的金属钠上。防止把试样滴在管壁上，否则试管可能破裂。一定要佩戴安全防护眼镜，面部与试管口要保持一定距离，预防某些化合物剧烈反应而产生危险。继续灼烧至白热，当不再产生气体时，即趁热将试管插入盛有 20mL 纯水的小烧杯中，试管底部破裂，将烧杯放在石棉网上加热煮沸 5min，同时以玻璃棒压碎熔融的生成物，促进溶解，过滤，所得浅黄色或无色透明碱性溶液约 20mL 备用。

2. 硫的鉴定

取 1mL 滤液，加 2 滴亚硝基铁氰化钠 $Na_2[Fe(CN)_5(NO)]$ 溶液，出现红紫色，说明有硫存在。或取 1mL 滤液加乙酸使呈酸性，再加几滴 5％醋酸铅溶液，有黑褐色硫化铅沉淀生成，也说明硫的存在。

3. 氮的鉴定

取 2mL 滤液，加入 5 滴新配制的 5％硫酸亚铁溶液和 4～5 滴 10％氢氧化钠溶液，使溶液呈显著碱性，如果前面试验已证明有硫存在，应先将滤液煮沸几秒钟趁热过滤，滤去硫化亚铁沉淀，滤液冷却后，加 2 滴 5％三氯化铁溶液，再慢慢滴加 3mol/L 稀硫酸直至生成的氢氧化铁全部溶解。若有普鲁士蓝沉淀生成，证明氮存在。有时只有蓝绿色，而不见沉淀，可能是熔融不彻底，应重做；有时沉淀太少，不易观察，可过滤，深蓝色细粒沉淀在白色滤纸上，容易观察清楚。

4. 卤素的鉴定

取 2mL 滤液，加入稀硝酸，使呈酸性，煮沸数分钟，驱尽可能存在的 CN^- 和 S^{2-}。待冷却后，加入数滴 2%硝酸银溶液，出现白色或黄色沉淀，说明卤素存在。如果只有模糊的浑浊，则可能是由于试剂中的杂质所致。

5. 氯、溴、碘的分别鉴定

取 5mL 滤液，加 3mol/L 稀硫酸使之呈酸性，煮沸数分钟，待溶液冷却后，移入分液漏斗中，加 1mL 四氯化碳和数滴 10%亚硝酸钠溶液，振荡后，四氯化碳层出现红紫色，说明碘存在；再加 1mL 亚硝酸钠，振荡后由分液漏斗分出四氯化碳，再用少量四氯化碳将碘萃取完全，水溶液由分液漏斗上口倒入烧杯中，加热煮沸 1min，放冷后，先取出 1～2mL，放入分液漏斗内，加入 2 滴氯水和 1mL 四氯化碳，出现棕红色，说明溴的存在。将其余的水溶液倒在小烧杯中用 20mL 纯水稀释，加 1mL 浓硫酸和 20mL 5%过硫酸钾溶液，煮沸约 5min，将碘和溴全部除去，冷却后滴加硝酸银溶液，出现白色沉淀说明氯存在。

【思考题】

1. 写出各种检验反应的化学方程式。
2. 除本实验介绍的各种离子的检验方法外，还有哪些方法？

实验 41　有机化合物官能团定性鉴定

【实验目的】

通过实验学习各种官能团的检验方法，加深了解各种官能团的基本化学性质。

【预习要点】

1. 预习 2.7.2 节的原理。
2. 查阅有机化学教科书，了解各种官能团的主要检验方法。

【实验原理】

参阅 2.7.2 节。

【仪器与试剂】

见实验步骤各个部分。

试管；分液漏斗等。

【实验步骤】

1. 烷、烯、炔烃的检验

在三支干燥的小试管中各加入 2mL 2%溴的四氯化碳溶液，加入 2～4 滴试样振摇，不能退色的为环己烷。或在小试管中加入 2mL 1%高锰酸钾水溶液，然后加入 2～4 滴试样，摇荡试管使混合均匀，并观察高锰酸钾的紫色是否褪去和有无褐色二氧化锰沉淀生成。不能褪色的为环己烷。

在试管中加入 0.5mL 5%硝酸银溶液，再加 1 滴 5%氢氧化钠溶液，然后滴加 2%氨水溶液使形成的沉淀获得银氨溶液，在此溶液中加 2～4 滴试样，有白色沉淀生成者为苯乙炔。

试样：编号 1、2、3 的化合物分别为环己烷、环己烯或苯乙炔。

2. 芳烃的检验

在干燥的试管中，放入 1mL 氯仿和 1 滴液体（或 0.05g 固体）芳烃，摇匀，加入 0.1g 无水 $AlCl_3$，观察固体表面和溶液的颜色变化。

试样：环己烷，甲苯，萘，蒽。

3. 卤代烃的检验

① 硝酸银试验。取 1mL 5%硝酸银乙醇溶液盛于试管中，加 2～3 滴试样，振荡后静置 5min，若无沉淀可煮沸片刻，有白色或黄色沉淀生成时，加入 1 滴 5%硝酸，沉淀不溶者视为正反应；若煮沸后只稍微出现浑浊，而无沉淀（加 5%硝酸又会发生溶解），应视为负反应。

试样：1-氯丁烷，2-氯丁烷，2-溴丁烷，叔丁基氯，溴苯，氯苄。

② 碘化钠（钾）丙酮溶液试验。在清洁干燥的试管中加入 2mL 15%碘化钠的丙酮溶液，加入 4～5 滴试样，记下加入试样的时间，振荡后观察并记录生成沉淀所需的时间。若 5min 内仍无沉淀生成，可将试管置于 50℃水浴中加热（注意勿超过 50℃）6min，将试管冷至室温，观察结果。

活泼的卤代烷通常在 3min 内生成沉淀，中等活性的卤代烷温热时才生成沉淀，乙烯型和芳基卤即使加热后也不产生沉淀。

试样：1-氯丁烷，2-氯丁烷，2-溴丁烷，叔丁基氯，溴苯，氯苄。

4. 醇的检验

① 金属钠试验。取无水乙醇 0.5mL 于干燥的试管中，加一小粒金属钠，观察现象。

试样：无水乙醇，正丁醇，仲丁醇，叔丁醇；异戊醇，苄醇，环己醇等。

② Lucas 试验。取样品 5～6 滴分别放入 3 支干燥试管中，加 Lucas 试剂（将无水氯化锌在蒸发皿中加热熔融，在干燥器中冷至室温，取出捣碎，称取 136g 溶于 90mL 浓盐酸中）2mL，摇荡，若溶液立即见浑浊并且静置后分层为叔醇。如不见浑浊，则放在水浴中温热数分钟并剧烈摇荡后溶液慢慢浑浊，最后静置分层为仲醇，不起作用者为伯醇。

试样：正丁醇，仲丁醇，叔丁醇。

③ 多元醇的鉴定。在试管中加入 3 滴 5%$CuSO_4$ 溶液和 6 滴 5%NaOH 溶液，观察现象；然后加入 5 滴试样，摇动试管观察现象；试管中加入 1 滴浓 HCl，摇动试管观察现象。

试样：10%甘露醇的水溶液，1,3-丙二醇，甘油。

5. 酚的检验

① 酚的弱酸性。在试管中取酚试样 0.1g，逐渐加入水至全溶，用 pH 试纸试其水溶液之弱酸性；若不溶于水则可逐渐滴加 10%氢氧化钠溶液至全溶（为什么?），再加 10%盐酸溶液使其析出（为什么?）。

试样：苯酚，间苯二酚，对苯二酚，邻硝基苯酚。

② 三氯化铁试验。在试管中加入 0.5mL 1%试样的水溶液或稀乙醇溶液（不溶于水者使用乙醇溶解），再加入 1%三氯化铁水溶液 1～2 滴，即有颜色反应，观察各种酚所表现的不同颜色。

试样：苯酚，间二酚，对二酚，水杨酸，对羟基苯甲酸，邻硝基苯酚，乙酰乙酸乙酯。

③ 溴化。在试管中加入 0.5mL 1%样品水溶液，逐渐加入溴水溶液（15g 溴化钾溶于 100mL 水中，再加入 10g 溴溶解），溴水不断褪色，并观察有无沉淀析出。

试样：苯酚，水杨酸，间苯二酚，对苯二酚，对羟基苯甲酸，邻硝基苯酚，苯甲酸。

6. 醛酮的检验

① 2,4-二硝基苯肼试验。取 2,4-二硝基苯肼试剂（将 2,4-二硝基苯肼 1g 溶于 7.5mL 浓硫酸后倒入 75mL 95%乙醇中，用水稀释至 250mL，必要时过滤）2mL 放入试管中，加入 3～4 滴试样，振荡，静置片刻，若无沉淀生成，可微热 0.5min 再振荡，冷后有橙黄色或橙红色沉淀生成，表明样品是羰基化合物。

试样：乙醛水溶液，丙酮，苯乙酮。

② Tollens 试验。在洁净的试管中加入 2mL 5%的硝酸银溶液，振荡下逐渐加浓氨水，起初溶液中产生棕色沉淀，继续滴加氨水，直到沉淀恰好溶解为止，不宜多加，否则影响试验的灵敏度。然后向试管中加入 2 滴试样，摇荡，若无变化，可在水浴中温热。有"银镜"生成的是醛类化合物。

试样：甲醛水溶液，乙醛水溶液，丙酮，苯甲醛

③ 碘仿试验。在试管中加入 1mL 水和 3～4 滴试样，不溶或难溶于水的试样可加入几滴二氧六环使之溶解，再加入 1mL 10%氢氧化钠溶液，然后滴加碘-碘化钾溶液（10g 碘和 20g 碘化钾溶于 100mL 水中）至溶液呈浅黄色，振荡后析出黄色沉淀为正性试验。若不析出沉淀，

可在温水浴中微热，若溶液变成无色，继续滴加 2～4 滴碘-碘化钾溶液，观察结果。

试样：乙醛水溶液，正丁醛，丙酮，乙醇。

7. 胺的检验

① 溶解度与碱性试验。取 3～4 滴试样，逐渐加入 1.5mL 水，观察是否溶解，如冷水热水均不溶，可逐渐加入 10％硫酸使其溶解，再逐渐滴加 10％氢氧化钠溶液，观察现象。

试样：甲胺盐酸盐，苯胺。

② Hinsberg 试验。取 3 支具磨口塞试管，在试管中分别加入 0.5mL 液体试样、2.5mL 10％氢氧化钠溶液和 0.5mL 苯磺酰氯，塞好塞子，用力摇振 3～5min，手触试管底部，检验哪支试管发热，为什么？取下塞子，振摇下在水浴中温热 1min，冷却后用 pH 试纸检验 3 支试管内的溶液是否呈碱性，若不呈碱性，可再加几滴氢氧化钠，观察下述三种情况并判断试管内是哪一级胺：

a. 如有沉淀析出，用水稀释并摇振后沉淀不溶解表明为仲胺；

b. 如最初不析出沉淀或经稀释后沉淀溶解，小心加入 6mol/L 的盐酸至溶液呈酸性，此时若生成沉淀表明为伯胺；

c. 试验时无反应发生，体系仍有油状物出现表明为叔胺。

试样：苯胺，N-甲基苯胺，N,N-二甲苯胺。

③ 亚硝酸试验。在一支大试管中加入 3 滴（0.1mL）试样和 2mL 30％硫酸溶液，混匀后在冰盐浴中冷却至 5℃以下。另取 2 支试管，分别加入 2mL 10％亚硝酸钠水溶液和 2mL 10％氢氧化钠溶液，并在氢氧化钠溶液中加入 0.1g β-萘酚，混匀后也置于冰盐浴中冷却。将冷却后的亚硝酸钠溶液在摇荡下加入冷的胺溶液中并观察现象，在 5℃或低于 5℃时大量冒出气泡表明为脂肪族伯胺，形成黄色油状液或固体的通常为仲胺；在 5℃时无气泡或仅有极少气泡冒出，取出一半溶液，让温度升至室温或在水浴中温热，注意有无气泡（氮气）冒出，向剩下的一半溶液中滴加 β-萘酚碱溶液振荡后如有红色偶氮染料沉淀析出，则表明试样肯定为芳香族伯胺。

试样：苯胺，N-甲基苯胺，丁胺。

8. 羧酸的检验

溶解度和酸性试验：水溶性酸可用 pH 试纸直接测量水溶液的 pH 值。非水溶性的羧酸可将试样溶于少量乙醇或甲醇，然后滴加水使溶液恰至变浊，再加入 1～2 滴醇使溶液变清，用 pH 试纸测量溶液的酸性。取少量试样溶于 5％碳酸氢钠溶液，观察现象。如化合物为羧酸，溶液中将产生二氧化碳气泡。

试样：乙酸，苯甲酸。

【思考题】

1. 写出上述各个试验的反应式。

2. 为什么用 $AgNO_3$ 不能直接制备出 $R—C≡CAg$ 沉淀，而要用 $[Ag(NH_3)_2]^+$？

3. 在进行 NaI-丙酮试验需加热时，为什么加热温度不得超过 50℃？

4. NaI-丙酮溶液试验如果用含水丙酮可以吗？

5. 用卤代烃进行 $AgNO_3$-乙醇溶液试验时，若试管用自来水洗后不用蒸馏水洗，将有什么副反应？

6. Lucas 试剂为什么不能用于鉴别 6 个碳原子以上的醇类？

7. 解释多元醇与 $Cu(OH)_2$ 的反应现象？并由实验总结出此实验主要用于鉴别何种醇类？

8. 为什么酚的酸性较醇的酸性强？

9. 如何鉴别下列化合物：①异丙醇和正丙醇；②4-氯苯酚和4-氯环己醇；③1-丁醇和2-甲基-2-丙醇。

10. 甲醇钠放入水中将发生什么反应？苯酚钠会发生相同的反应吗？

11. N-甲苯胺中混有少量苯胺和 N,N-二甲苯胺，如何纯化？

12. 有机酸中的水不溶性非酸性杂质如何除去？

2.8　化学样品定量分析的程序与方法

化学样品的分析任务之一就是在确定其组成的基础上测定各自的含量。要完成这一工作，通常包括采样、试样的干燥及分解、分离干扰及测定、数据处理及结果报告等过程。

2.8.1　样品采集与预处理

由于实际工作中要分析的试样是各种各样的，因此试样的采集、处理和分解方法也各不相同，其具体方法可参阅有关的书籍和各种产品的国家标准、部颁标准，在这里仅就一些共同的原则性的问题，作简单的介绍。

（1）试样采集的方法

进行分析之前，首先要保证采集的试样具有代表性，分析结果才有意义。对于组成均匀的试样采样比较容易，而组成不均匀的试样，要取得具有代表性的试样是一件比较困难的事情。那么，采样技术要根据试样的物理状态、储存情况以及数量多少等各项因素而定。

气体试样的采集

气体试样通常以污染源为中心，在同心圆的几何点上采样。采样高度在 1.5～10m 范围内。如果是移动污染源（汽车排气等），一般在上风点选 1～2 点，下风点选 5～10 点（5m、10m、20～300m）。采集的方法有两种。

直接采样法　根据气体试样的性质和需用量，可分别用注射器、塑料袋和球胆等直接采用。也可用真空瓶直接采样。使用前应先将具有活塞的玻璃瓶抽真空，在现场打开活塞，被测气体即充满玻璃瓶，然后再封口。采样体积可按下式计算：

$$V=V_0\frac{p-p'}{p}$$

式中，V 为采样体积；V_0 为真空瓶体积；p 为大气压力；p' 为真空瓶剩余压力。

富集采样法　当气体中欲测物质（污染物）的含量较低，直接采样还不能满足测定方法的灵敏度要求时，则须将大量气体中所含有的污染物质进行浓缩、富集，其方法很多。

溶液吸收法仅是其中的一种，它是利用溶液来吸收气态和蒸气状态的污染物质。当空气通过装有吸收液的吸收瓶（管）时，有害物质分子以物理反应或化学反应的方式被吸收液吸收，从而达到浓缩富集之目的。例如，用 H_2O_2 溶液吸收大气中的 SO_2、用 $NaOH$ 溶液吸收 H_2S 等。常用的几种形式的吸收瓶如图 2.8-1 所示，其使用说明简列于表 2.8-1。

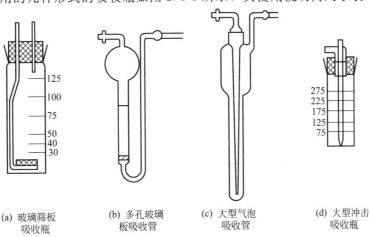

(a) 玻璃筛板　　(b) 多孔玻璃　　(c) 大型气泡　　(d) 大型冲击
　　吸收瓶　　　　板吸收管　　　　吸收管　　　　吸收瓶

图 2.8-1　常用的几种气体吸收装置

表 2.8-1 几种形式吸收瓶的使用说明

吸收瓶名称	瓶中装有吸收液体积/mL	采样流量/(L/min)	吸收瓶名称	瓶中装有吸收液体积/mL	采样流量/(L/min)
玻璃筛板吸收瓶	35～75	0.2～2	冲击式吸收瓶(小型)	10	2.8～3
多孔玻璃板吸收管	5～10	0.1～1	冲击式吸收瓶(大型)	75	28～30
大型气泡吸收管	5～10	0.5～2			

此外，还有干样采样法和低温凝缩法。这里不再介绍。

液体试样的采集和保存

液体工业品试样采集时必须按照测试的要求进行。装在储槽里的液体试样，可在储槽的不同高度处分别采集，使之混合均匀后即可作分析试样。对于分装在小容器里的液体试样，应从每个容器里采集，混匀后作分析试样用。

地表水水体采样。由于各种水体情况多有差异，故采样点、采样时间和采样频率等也不尽相同。例如河水，必须在近汇合点的各支流上布点，以分别采集主流和各支流的水样。如发现河道两旁有工厂和工业污水排放口等情况，则要在排放口及其上游和下游各采集一些水样，而且须在同一面上设立几个采水点同时采集。

工业废水的采集方法由生产工艺过程而定。可以在排放前的集中池采样。若要了解污水排放后在流动过程的稀释和其中某些污染物的迁移情况，也可跟踪设采样点。如废水的水质很不稳定，则应每隔数分钟取样一次；如水质很稳定，则每隔 1～2h 取样一次。

采集方法和器皿 若乘船采水，须先关停船的螺旋桨，使采集点的水处于不受搅动影响的状况下，然后再行采集。采水样时，样瓶先用水冲洗数次。如用泵抽水或用水管放水，可先放弃一定量的水，待水管中剩余水全部被新鲜水取代后再收集。采集指定深度的水样时，可使用带坠子的样瓶和配上另外用绳结好的塞子［如图 2.8-2（a）所示］，使这种装置下沉至所需深度，用细绳提起瓶塞，就可方便地采到该深度的水样。倘若条件具备，也可采用更理想的采水器，这种采水器在沉降过程中使水在容器中穿过，当达到一定深度时，关闭通道上下的两头，使该深度处的水被采集在容器内。

对于特殊要求的水样，例如测定溶解氧所需的水样，需使用特殊的采集装置［图 2.8-2（b）所示］。这种采样器在采水时由于压力差的关系，水将从瓶下面的进样口流入，将气逐渐驱至瓶的上部，最后水由下部充满瓶。如此采集，可防止水和空气的搅动会改变原水样中的气体成分。

注意：采集水样时，必须同时填写好采样记录和做好一些必要的现场测试。因为环境条件（包括温度、气压和天气等），会对水质有所影响。故而在采样的同时须对这些环境条件加以实地测定和记录，以供最后处理数据时参考。

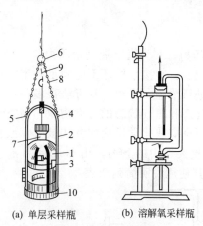

(a) 单层采样瓶　　(b) 溶解氧采样瓶

图 2.8-2 水样采集瓶

1—水样瓶；2,3—瓶架；4,5—水瓶平衡控制钩；6—水瓶固定钩；7—水瓶塞；8—水瓶绳；9—瓶塞绳；10—铅锤

水样的保存和预处理 水样采集后，除部分项目可在现场测试外，大部分需带回实验室进行测试。必须做好水样的保存和预处理工作。

不仅采样过程中要注意勿使水样组成发生任何改变，而且采得的水样应保存在已用所取水样润洗过的密闭容器（硬质玻璃瓶或聚乙烯塑料瓶）中。如果水样见光可能发生反应，则应将它储于棕色容器中，切记在保存和送去分析途中要注意避光。聚乙烯瓶适用于储存测定无机物的水样，但不宜存放含有机成分或油类水样。

水样应在一定时间内完成测试，放置最长时间与水质有关。原则为洁净的水：72h；轻度污染的水：48h；重污染的水：12h。

为了避免水体变质可采用冰镇法或加化学试剂方法来保存水样。如：对易与细菌作用发生分解或易氧化变质的水，采取放于5℃以下的低温处或添加少量$CuSO_4$、$HgCl_2$的方法抑制之；对于溶解氧，则可通过在碱性条件下加入$MnSO_4$的方法进行"固定"；在采集的水样中加入少量酸可防止重金属离子的沉淀和被吸附；加入NaOH溶液且使pH>11可稳定水样中微量的氰根和酚；加入稀H_2SO_4使水样pH=2～3，可防止亚硝态氮、硝态氮和氨（铵）态氮组成发生变化。

另外，水样进入实验室后，应立即按预先设计好的顺序，按先后缓急，将一些最易变质的项目（如溶解氧、亚硝态氮、硝态氮、耗氧量、碱度和某些金属离子等）先行分析。

固体试样的采集和制备　固体试样的种类繁多，有矿石、合金和化工产品等。为了使所采集的试样具有代表性。在取样时，应根据试样堆放情况和颗粒的大小，从不同的部位和深度选取多个取样点。采样量的多少，可依据如下的经验公式计算：

$$Q \geqslant Kd^2$$

式中，Q为采集试样的最低量，kg；d为试样中最大颗粒的直径，mm；K为经验常数，其值可由实验求得，一般矿石的K值在0.05～1之间，样品越不均匀，K值就越大。例如，若某矿石试样的最大颗粒直径为10mm，取K=0.2，则应采集试样的最低量为：

$$Q \geqslant 0.2 \times 10^2 \, kg = 20kg$$

显然按上述方法采集的试样量很大且又不均匀，需要通过多次的粉碎、过筛、混匀和缩分等步骤，才能制得少量均匀而有代表性的分析试样。

粉碎试样可用人工加工或机械（碎样机）加工的方法。试样经粗碎、中碎和细碎以及使用研钵研磨至所需粒度。由于分解不同试样的难易程度不同，要求磨细的程度也不同。为控制试样粒度均匀，常采用过筛的办法，即让粉碎后的试样通过一定筛孔的筛子。

必须注意，每次粉碎后要通过相应筛孔的筛子，将不能通过筛孔的部分反复破碎，直至全部过筛。切不可随意弃去，否则影响试样的代表性。将破碎至一定细度的试样仔细混匀后，再进行缩分。

缩分的目的是使被粉碎试样的量减少，同时又不致失去其代表性。通常采用所谓"四分法"进行缩分。即将粉碎混匀的试样先堆成锥形如图2.8-3（a）所示，然后压成圆饼状如图2.8-3（b）所示，通过中心均等分为四份。弃去对角的两份如图2.8-3（c）所示，其余对角的两份收集在一起混匀。保留的试样是否继续缩分，取决于试样的粒度与保留试样量的关系，它们应符合上述取样公式。

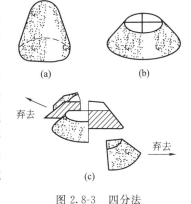

图2.8-3　四分法

例如，有20kg原始试样粉碎过10目筛孔（最大粒度的直径约为2mm），K值为0.3，可以算出应保留试样的最低量为：

$$Q \geqslant 0.3 \times 2^2 \, kg = 1.2kg$$

所以20kg原始试样应缩分四次，方能使保留试样的量为$20 \times \left(\dfrac{1}{2}\right)^4 = 1.25kg > 1.2kg$。

若欲进一步缩分，必须将试样再度破碎至更细的颗粒，并通过较大号筛的筛选后再缩分之。对于某些难溶解的试样，往往要将它们全部通过100～200目的细筛。

需要指出的是：不同性质的试样，如土壤、生物、矿石等，具体的采集方法略有出入，必要时请参阅相关文献。

（2）试样的干燥

经粉碎的试样具有较大的比表面，容易从空气中吸收水分，此吸附水称为湿存水。为了使试样与原样品含水量一致，在称样前需作适当的干燥处理。

由于试样的性质不尽相同，干燥所需的温度和时间也不一样。加热的温度应既能赶去水分，又不致引起试样中的组成水和其他挥发性组分的损失。一般在电热恒温干燥箱内控制在105～110℃时加热使之干燥。干燥后的试样须保存于干燥器中。

有些试样烘干时易分解或干燥后在空气中更易吸水，则宜采用自然干燥法即"风干"。风干的试样可保存在无干燥剂的干燥器中，或用纸将称量瓶包好，放在干净的烧杯内，不要放在有干燥剂的干燥器中。含结晶水的试样也不宜放在干燥器中。

注意：有些物质遇热易爆炸，则只能在室温下于干燥器中除去水分。

（3）试样的分解

除少数干法分析外，一般需要在测定前先将试样分解，制成溶液。为保证测定结果的准确度，试样分解必须完全；分解过程中，被测组分不应挥发或溅失；同时不应引入被测组分或干扰物质。

试样性质不同，分解方法也不同，常用的分解方法有溶解法和熔融法两种（表2.8-2）。

表 2.8-2　常用溶（熔）剂及其作用

溶　剂	试　样	注　意　事　项
H_2O	硝酸盐、醋酸盐、铵盐、钠盐、钾盐部分氯化物和硫酸盐	—
HCl	活动序氢之前的金属；大多数碳酸盐、氧化物、氢氧化物、磷酸盐、硼酸盐、硫化物	As(Ⅲ)、Sb(Ⅲ)、Ge(Ⅳ)、Sn(Ⅳ)等易在 HCl 溶液中（特别是加热时）生成挥发性氯化物，容易逸出而失去；Hg(Ⅱ)、Re(Ⅶ)也会部分失去
	赤铁矿、辉锑矿、软锰矿	
$HCl+H_2O_2$，$HCl+Br_2$	铜合金、硫化物矿石	
HNO_3	除金、铂族元素外的绝大部分金属、合金；大多数氧化物、氢氧化物、硫化物	铬、铝、铁易被 HNO_3 钝化
$HNO_3+H_2O_2$	热至沸破坏有机物；可溶325℃热馏的木材；分解毛发、肉类	铝、铁被浓 HNO_3 钝化但溶于稀 HNO_3
$1HNO_3+3HCl$（王水）	铂、金、硫化物；含铀氧化物、沥青铀矿；硅酸盐、钒矿物、钼铅矿、钼钙矿、硫酸盐类	锑、锡、钨遇 HNO_3 生成不溶性酸
$HNO_3+H_3PO_4$	铜和锌的硫化物及氧化矿物	试样分解后应煮沸除去生成的 HNO_2 和氮的低价氧化物
HNO_3+HClO_4	有机物	
H_2SO_4	类似于 HCl 可溶铁、钴、锌等金属及其合金	加热至白烟（SO_3）可赶 HNO_3、HCl、HF，但要小心操作
$H_2SO_4+K_2SO_4$	硫化物、砷化物矿石及铝、锰等矿石	浓 H_2SO_4 除试样中有机物；分解有机物，使有机氮转变为 NH_4^+
H_3PO_4	铬铁矿、铁钛矿、铌铁矿、金红石等难溶矿合金钢	加热时间不宜过长，温度过高，否则析出难溶性焦磷酸盐
$H_3PO_4+H_2SO_4$	矾土、铝矿渣、高岭土、云母、长石等硅酸盐；铁矿石和一些对其他无机酸稳定的硅酸盐	
$HClO_4$	不锈钢、其他合金钢、铬矿石、钨铁矿	避免与有机物接触，防止爆炸。使用时应先用 HNO_3 氧化有机物和还原剂，然后再加 $HClO_4$
HF	硅铁、硅酸盐和含钨、铌、钛的试样	需用 PTFE 塑料或白金器皿溶样
NaOH	两性金属 Al、Zn 及其合金、氧化物、氢氧化物；As_2O_3、V_2O_5 等酸性氧化物	

溶解法

溶解法步骤一般为：先溶出水溶部分的组分，然后根据试样的性质再决定是采用酸溶法（碱性样品）或碱溶法（酸性样品）。无论酸溶还是碱溶都应该依照先稀（酸或碱）后浓、先单一后混合（酸或碱）、先冷后热的原则。

试样溶解操作　试样的溶解是一个很复杂的问题。不仅要选择合理的溶解方法，而且还要掌握一定的溶解试样操作技能。这里仅作简单的介绍。

若试样溶解时有气体产生（如用 HCl 溶解碳酸盐），应先用少量水将试样润湿，以防产生的气体将轻细的试样扬出。然后用表面皿盖好烧杯，用滴管沿烧杯嘴逐滴加入溶液，待反应完成后，用洗瓶吹洗表面皿和烧杯内壁。

若溶解试样需加热时，必须用表面皿盖好烧杯。加热时要防止溶液激烈沸腾。随着溶剂的挥发，溶液将变得黏稠，极易迸溅。这时应降低温度，必要时可添加少许溶剂。更不能将溶液蒸干，因为许多物质脱水后很难重新溶解。

当试样不能用上述溶解法溶解完全时，可采用熔融法。

熔融法　用酸或其他溶剂不能分解完全的试样，可用熔融的方法分解。此法是将试样与固体熔剂混合，在高温下使之转化为易溶于水或酸的化合物。

用于熔融法的熔剂有碱性熔剂：如碱金属碳酸盐及其混合物、硼酸盐、氢氧化物等；酸性熔剂：包括酸式硫酸盐、焦硫酸盐、氟氢化物等；氧化性熔剂：如过氧化钠、碱金属碳酸盐及氧化剂混合物等；还原性熔剂：如氧化铅和含碳物质的混合物、碱金属和硫的混合物、碱金属硫化物和硫的混合物等。

一般说来，酸性试样采用碱性熔剂，碱性试样采用酸性熔剂，氧化性试样采用还原性熔剂，还原性试样采用氧化性熔剂，但也有例外。

常用的酸性熔剂是 $K_2S_2O_7$ 或 $KHSO_4$。在高温时分解产生的 SO_3 能与碱性氧化物作用。如金红石（TiO_2）、Al_2O_3、Cr_2O_3、Fe_3O_4 和 ZrO_2 等矿石；中性耐火材料（如铝砂、高铝砖）以及碱性耐火材料（如镁砂、镁砖）等。

因 $KHSO_4$ 用作熔剂时，由于在加热时有水蒸气逸出，极易使试样飞溅损失，故仅在无 $K_2S_2O_7$ 时，才用 $KHSO_4$。

V_2O_5 是酸性熔剂且兼有氧化能力，用于分解含氮、硫、卤素的有机物，释放的气体能直接用试纸检验。

常用的碱性熔剂有 K_2CO_3、Na_2CO_3、$NaOH$ 和 Na_2O_2 以及它们的混合熔剂等，用于分解酸性试样。例如 Na_2CO_3 和 K_2CO_3（1+1）的混合熔剂，分解长石（$NaAlSi_3O_8$）、重晶石（$BaSO_4$）、黏土或含 Al_2O_3 的矿石等。

熔融法的操作是在坩埚中完成的，常用熔剂所使用的坩埚见表 2.8-3。

烧结法（半熔法）　熔融方法需要高温设备，且引进大量熔剂的阳离子和坩埚物质，这对有些测定是不利的。而烧结法是将试样与熔剂混合，在低于熔点温度下加热至烧结成块。此法由于温度低，腐蚀作用小可在瓷坩埚中进行。例如，以 Na_2CO_3-MgO 作熔剂，用烧结法分解煤或矿石以测定硫。在烧结过程中，Na_2CO_3 起熔剂作用，MgO 起疏松和通气作用，使空气中的氧将硫化物氧化为硫酸盐。

干法灰化　在一定温度和气氛下加热，使待测物质分解、灰化，留下的残渣用适当的溶剂溶解。这样不用熔剂分解样品，空白值低，对微量元素的分析有重要意义。

易挥发元素可使用低温灰化操作装置来测定。如采用高频电激发的氧气流通过试样，温度仅 150℃，即可将样品分解，用以测定生物样品中 As、Se、Hg 等元素。

氧燃烧瓶法是分解有机物常用方法，用以测定有机样品中的卤素、S、B、P 等元素。

(4) 干扰组分的分离

如果试样为复杂物质，那么某种组分的定量测定可能受到其他共存组分的影响，有时可

基础化学实验与技术

表 2.8-3　常用熔剂所使用的坩埚

熔 剂 种 类	适用坩埚						
	铂	铁	镍	银	瓷	刚玉	石英
碳酸钠	+	+	+	−	−	+	−
碳酸氢钠	+	+	+	−	−	+	−
碳酸钠-碳酸氢钠(1+1)	+	+	+	−	−	+	−
K_2CO_3-KNO_3(6+0.5)	+	+	+	−	−	+	−
Na_2CO_3-硼酸钠(3+2)	+	−	−	−	+	+	+
Na_2CO_3-MgO(1+1)	+	+	+	−	+	+	+
Na_2CO_3-ZnO(2+1)	+	+	+	−	+	+	+
NaKCO$_3$-酒石酸钾(4+1)	−	−	−	−	+	−	−
Na_2O_2	−	+	+	−	−	−	−
Na_2O_2-Na_2CO_3(5+1)	−	+	+	+	−	−	−
Na_2O_2-Na_2CO_3(2+1)	−	+	+	+	−	−	−
NaOH(KOH)	−	+	+	−	−	−	−
NaOH(KOH)-$NaNO_3$(KNO_3)(6+0.5)	−	+	+	−	−	−	−
Na_2CO_3-硫黄(1+1)	−	−	−	−	+	+	+
Na_2CO_3-硫黄(1.5+1)	−	−	−	−	+	+	+
$KHSO_4$	+	−	−	−	+	−	+
$K_2S_2O_7$	+	−	−	−	+	−	−
$K_2S_2O_7$-KHF_2	+	−	−	−	−	−	−
氧化硼	+	−	−	−	−	−	−
$Na_2S_2O_3$	−	−	−	−	+	−	+

注："＋"表示可以使用；"－"表示不宜使用。Na_2CO_3 和 K_2CO_3 均为无水物。

能影响很严重，甚至无法测定，这时就必须采用适当的方法进行分离。

分离的首要任务是消除共存组分的干扰。采用掩蔽剂来消除干扰是一种比较简单、有效的方法。但在许多情况下没有合适的掩蔽方法，就需要将被测组分和干扰组分分离。常用的分离方法有沉淀分离、溶剂萃取、离子交换、挥发分离及色谱法等。参见本教材 2.4 相关部分。

2.8.2　化学滴定分析

滴定分析法是将一种已知准确浓度的溶液——标准溶液，用滴定管滴加到待测物质的溶液中，这种滴加过程称为滴定，滴定分析法由此得名，所用的标准溶液又称为滴定剂。常用滴定曲线直观地描述滴定过程。滴定反应的定量反应点称为化学计量点（简称计量点，以 sp 表示），又称等物质量点（简称等量点，以 eq 表示）。滴定分析法需根据指示剂的颜色变化而停止滴定，此点称为滴定终点（简称终点，以 ep 表示）。滴定终点与化学计量点不一定恰好相同，由此造成的分析误差称为"终点误差"，又称"滴定误差"（以 Et 表示）。该类方法通过测量所消耗标准溶液的体积，依据其与被测物间的化学计量关系，求得被测组分的含量，故也称为容量分析法。

2.8.2.1　滴定分析法特点

滴定分析法具有快速、准确（相对误差≤0.2%）、仪器简单、操作方便等优点。适用于常量组分的测定，应用比较广泛。

适合滴定分析法的化学反应，应具备的条件如下。

① 反应必须具有确定的化学计量关系，即反应按一定的反应方程式进行，这是定量计

算的依据。

② 反应必须定量的进行。

③ 控制或创造适当的条件，使其具有较快的反应速度。

④ 具有适当简便的方法确定滴定终点。

滴定分析法通常采用直接滴定法，此外还有间接滴定法、返滴定法和置换滴定法，因而扩展了滴定法的应用范围。

直接滴定法　如果能满足上述要求可用标准溶液直接滴定被测物，这种滴定方式称为直接滴定法。在滴定分析中最为简便，应用较多。若反应达不到上述要求，则必须采用其他滴定方式。

返滴定法　如果反应很慢或被滴定物质为固体，反应不能在瞬时完成，那么可以先准确加入过量的滴定剂，待反应完全后，再用另一种标准溶液滴定剩余的滴定剂，这种方式称返滴定法。

置换滴定法　如果反应比较复杂，化学计量关系不明确，不能采用直接滴定法，那么，可以先用适当试剂与被测物反应，定量地置换出另一种物质，然后用标准溶液滴定此物质，这种方式称为置换滴定法。

间接滴定法　如果被测物不能直接与滴定剂反应，那么可以先使被测物和另一种能与滴定剂直接作用的物质发生反应，然后再经过适当反应使另一种物质从如上反应产物中游离出来，用标准溶液滴定，这种方式称为间接滴定法。

根据反应类型不同，滴定分析可分为酸碱滴定法、配合滴定法、氧化-还原滴定法和沉淀滴定法。

2.8.2.2　滴定分析计算式

对一个化学反应：

$$aA + bB \Longrightarrow cC + dD \tag{2.8-1}$$

A 物质和 B 物质在反应达到化学计量点时，其间物质的量的关系为：

$$n_A = \frac{a}{b} n_B \quad 或 \quad n_B = \frac{b}{a} n_A \tag{2.8-2}$$

式中，$\frac{a}{b}$ 或 $\frac{b}{a}$ 称为 A 物质与 B 物质间的化学计量数比。

① 两种溶液间的计量关系。例如，用 NaOH 标准溶液（A）滴定 H_2SO_4（B）溶液时，反应式为：

$$2NaOH + H_2SO_4 \Longrightarrow Na_2SO_4 + 2H_2O$$

其计量关系是：

$$c_A V_A = \frac{a}{b} c_B V_B \tag{2.8-3}$$

② 固体物质（A）与溶液间的计量关系。例如，用基准物质标定溶液浓度时，其计算式为：

$$\frac{m_A}{M_A} = \frac{a}{b} c_B V_B \tag{2.8-4}$$

上式亦可很方便地用于计算所需待测物质或所需基准物质的质量，即：

$$m_A = \frac{a}{b} c_B V_B M_A$$

例如，用草酸标定约 0.1mol/L NaOH 溶液，欲使滴定消耗 NaOH 溶液在 25mL 左右，则草酸所需质量约为：

$$m = \frac{1}{2} \times 0.1mol/L \times 25 \times 10^{-3}L \times 126.07g/mol \approx 0.16g$$

③ 质量分数计算式。当用物质 B 标准溶液测定物质 A 的含量时，其关系式为

$$w_A = \frac{\frac{a}{b}c_B V_B M_A}{m_s} \qquad (2.8\text{-}5)$$

物质 A 的含量，根据 SI 单位是用质量分数 $0.\times\times\times\times$ 表示。分析化学中可以乘 100%，用百分数表示。

④ 滴定度的计算式。用物质 A 的标准溶液滴定物质 B 时，A 物质对 B 物质的滴定度 $T_{B/A}$ 的计算式为：

$$T_{B/A} = \frac{\frac{b}{a}c_A M_B}{1000} \qquad (2.8\text{-}6)$$

在上述各式中，c 为物质的量浓度，mol/L；V 为溶液的体积，L；M 为物质的摩尔质量，g/mol；w 为物质的质量分数；T 为滴定度，g/mL；m_s 为试样的质量，g。

基本单元的表述及其计算式

根据 SI 计量单位的规定，在使用摩尔定义时有一条基本原则，即必须指明物质的基本单元。基本单元可以是原子、分子、离子或它们的特定组合。例如，CaO、$\frac{1}{2}CaO$、H_2SO_4、$\frac{1}{2}H_2SO_4$、c_{KMnO_4}、$c_{\frac{1}{5}KMnO_4}$、$c_{\frac{1}{6}K_2Cr_2O_7}$、$M_{H_2SO_4}$、$A_{Zn}$ 等，这里 $\frac{1}{2}CaO$ 中 $\frac{1}{2}$ 称为基本单元系数，而 $\frac{1}{2}CaO$ 称为 CaO 的基本单元。其余依此类推。

在化学反应中，物质基本单元的确定不应该是随意的，不仅可以反映物质在化学反应中的计量关系，而且应能够揭示反应的实质。

确定基本单元的原则

在酸碱反应中，基本单元确定为相当于一个质子转移的反应物粒子（原子、分子、离子）的特定组合。例如，在反应 $H_2SO_4 + 2NaOH = Na_2SO_4 + 2H_2O$ 中，H_2SO_4、$NaOH$ 的基本单元分别为 $\frac{1}{2}H_2SO_4$、$NaOH$。

在氧化-还原反应中，基本单元确定为相当于一个电子转移的反应物粒子（原子、分子、离子）的特定组合。例如，在 $KMnO_4$ 与 $Na_2C_2O_4$ 的反应 $2MnO_4^- + 5C_2O_4^{2-} + 16H^+ = 2Mn^{2+} + 10CO_2 \uparrow + 8H_2O$ 中，$KMnO_4$、$Na_2C_2O_4$ 的基本单元分别为 $\frac{1}{5}KMnO_4$、$\frac{1}{2}Na_2C_2O_4$。

在配合滴定和沉淀滴定中，基本单元确定为相当于一个形成体离子[❶]的反应物粒子（原子、分子、离子）的特定组合。例如，在 Ca^{2+} 与 Na_2H_2Y（表示 EDTA 二钠盐）的反应：$Ca^{2+} + H_2Y^{2-} = CaY^{2-} + 2H^+$ 中，Ca^{2+}、Na_2H_2Y 的基本单元分别为 Ca^{2+}、Na_2H_2Y。在 $AgNO_3$ 与 $NaCl$ 的反应 $Ag^+ + Cl^- = AgCl \downarrow$ 中，$AgNO_3$、$NaCl$ 的基本单元分别为 $AgNO_3$、$NaCl$。

注意：同一物质在用不同基本单元表述时，其摩尔质量 M、物质的量 n、物质的量浓度 c 有下面三个重要的计算式

① 摩尔质量的计算式为：

$$M_{bA} = bM_A \qquad (2.8\text{-}7)$$

例如，Ca 的摩尔质量 $M_{Ca} = 40.08g/mol$，若以 $\frac{1}{2}Ca$ 为基本单元，则：

---

❶ 对于配合物而言，实际是指中心离子；如果将沉淀也视作配合物，这种称呼还是比较贴切的。

$$M_{\frac{1}{2}\text{Ca}}=\frac{1}{2}M_{\text{Ca}}=\frac{1}{2}\times 40.08=20.04(\text{g/mol})$$

② 物质的量 n 的计算式为：

$$n_{b\text{A}}=\frac{1}{b}n_{\text{A}} \tag{2.8-8}$$

例如，$n_{\text{H}_2\text{SO}_4}=1.5\text{mol}$ 时，若以 $\frac{1}{2}\text{H}_2\text{SO}_4$ 为基本单元，则：

$$n_{\frac{1}{2}\text{H}_2\text{SO}_4}=\frac{1}{\frac{1}{2}}n_{\text{H}_2\text{SO}_4}=3.0\text{mol}$$

③ 物质的量浓度 c 的计算式为：

$$c_{b\text{A}}=\frac{1}{b}c_{\text{A}} \tag{2.8-9}$$

例如，已知 $c_{\text{H}_2\text{C}_2\text{O}_4}=0.1000\text{mol/L}$ 时，若以 $\frac{1}{2}\text{H}_2\text{C}_2\text{O}_4$ 为基本单元，则：

$$c_{\frac{1}{2}\text{H}_2\text{C}_2\text{O}_4}=\frac{1}{\frac{1}{2}}c_{\text{H}_2\text{C}_2\text{O}_4}=0.2000\text{mol/L}$$

2.8.2.3　酸碱滴定法

利用酸碱反应进行滴定分析的方法为酸碱滴定法。确定终点的方法有指示剂法和电位法。前者最为常用。

(1) 酸碱指示剂

酸碱指示剂一般为弱的有机酸碱，它们的酸式（HIn）和碱式（In）两种型体，由于结构不同，具有截然不同的颜色。

一般来讲，指示剂 HIn 在水溶液中有如下平衡：

$$\text{HIn}+\text{H}_2\text{O}\Longrightarrow\text{H}_3\text{O}^++\text{In}^-$$

$$K_{\text{a}}^{\ominus}=\frac{[\text{H}_3\text{O}^+][\text{In}^-]}{[\text{HIn}]}$$

有：

$$\text{pH}=\text{p}K_{\text{a}}^{\ominus}+\lg\frac{[\text{In}^-]}{[\text{HIn}]}$$

可见比值 $\dfrac{[\text{In}^-]}{[\text{HIn}]}$ 随酸度的变化而变化，而此比值的变化将带来颜色的变化。当 $\dfrac{[\text{In}^-]}{[\text{HIn}]}\leqslant\dfrac{1}{10}$，为酸式颜色，此时 $\text{pH}\leqslant\text{p}K_{\text{a}}-1$；当 $\dfrac{[\text{In}^-]}{[\text{HIn}]}\geqslant 10$，为碱式颜色，此时 $\text{pH}\geqslant\text{p}K_{\text{a}}+1$；当 $\dfrac{[\text{In}^-]}{[\text{HIn}]}=1$ 时，$\text{pH}=\text{p}K_{\text{a}}$，为理论变色点，在变色点呈混合色。$\text{pH}=\text{p}K_{\text{a}}\pm 1$ 为指示剂的理论变色范围。在实际滴定中并不需要从酸色完全变为碱色，而只要看到明显的色变就可以了，所以实际上的变色范围可能稍有差异。

变色点和变色范围是指示剂的两大指标，选用时作为参考。见本书附录。

酸碱滴定中，在化学计量点附近，溶液的 pH 值将发生突变，这时如酸碱指示剂选择恰当，就可使指示剂的颜色也随之发生突变，从而起到指示终点的作用。显然，指示剂的变色范围越窄，变色也越敏锐，有利于提高滴定的准确度。

在有些酸碱滴定中，需要使用变色范围窄的指示剂，于是人们用两种指示剂或一种指示剂与一种惰性染料按特定的比例加以混合，利用颜色的叠加或互补，配制成一类变色敏锐的混合指示剂，例如溴甲酚绿（bromocresol green）与甲基红（Methyl red）【493-52-7】适当混合后，当 pH<5.1 时显酒红色，pH>5.1 时，则显绿色，变色范围已近似于一个变色点，变色情况相当敏锐。本书附录中列出了几种常用的混合指示剂。

用指示剂指示滴定终点，操作简便。不需特殊设备，因此指示剂法使用广泛，但该法也有些缺陷，如操作者凭眼睛辨别颜色的能力互有差异；在有色溶液中滴定时，无法使用指示剂指示终点；对于一些较弱的酸碱的滴定，指示剂变色不敏锐，难以判断终点，上述情况下宜采用电位法指示终点（亦称电位滴定法，potentiometry titration）确定终点。

电位滴定法是根据滴定过程中，指示电极的电位或 pH 值产生"突跃"，从而确定滴定终点的方法。例如在用碱滴定酸的过程中，取甘汞电极和 pH 玻璃电极分别作为参比电极和指示电极，浸在被滴定的溶液中，每加入一次碱标准溶液，搅拌均匀后，测量一次溶液的 pH 值，随着碱标准溶液的陆续加入，溶液中 $[H^+]$ 逐渐减小，而且在化学计量点附近，溶液 pH 值发生突变，根据加入滴定剂体积 V 和相应的 pH 值可以绘制成 pH-V 曲线，或经过数学处理，就可求出终点时所需的滴定剂的体积，从而计算出被测物质的含量或浓度。

关于电位滴定法所用电极的结构、测量 pH 值的原理，参见电化学分析相关文献，基础化学实验中，学习的重点是指示剂法。

（2）酸碱标准溶液的配制与标定

酸碱滴定中常用的滴定剂为 HCl 和 NaOH 溶液，有时也用 H_2SO_4 和 HNO_3。溶液浓度配成 0.1mol/L。如太浓，消耗试剂太多，造成浪费；太稀，则滴定突跃小，得不到准确的结果。

HCl 标准溶液一般不是直接配制的，而是先配成大致所需浓度，然后用基准物质标定。标定 HCl 溶液的基准物，常用无水 Na_2CO_3 和硼砂。

无水 Na_2CO_3 容易制得很纯，价格便宜，也能得到准确的结果。但有强烈的吸湿性，因此用前必须在 270～300℃加热约 1h，然后放于干燥器中冷却备用。

标定时：
$$CO_3^{2-} + 2HCl \Longrightarrow H_2O + CO_2 \uparrow$$

可选用甲基橙或甲基红作指示剂。这时 Na_2CO_3 与 HCl 反应的物质的量为 1：2。

硼砂（$Na_2B_4O_7 \cdot 10H_2O$）的水溶液实际上是同浓度的 H_3BO_3 和 BO_2^- 的混合液：
$$B_4O_7^{2-} + 3H_2O \Longrightarrow 2H_3BO_3 + 2BO_2^-$$

它与 HCl 反应的物质的量之比亦是 1：2，但由于其摩尔质量较大（381.4g/mol），在直接称取单份基准物作标定时，称量误差小。硼砂无吸湿性，也容易制纯。其缺点是在空气中会风化失去部分水，因此常保存在相对湿度为 60%的恒湿器中（放在装有 NaCl 和蔗糖饱和溶液的密闭器皿中）。用 0.05mol/L 硼砂标定 0.1mol/L HCl 化学计量点相当于 0.1mol/L H_3BO_3 溶液，此时：

$$pH = \frac{1}{2}(pK_a + pc) = 5.12$$

因此，选甲基红为指示剂是合适的。

NaOH 具有很强的吸湿性，也易吸收空气中的 CO_2，因此不能用直接法配制标准溶液，而是先配成大致浓度的溶液，然后进行标定。常用来标定 NaOH 溶液的基准物质有邻苯二甲酸氢钾、草酸等。

邻苯二甲酸氢钾（$KHC_8H_4O_4$）两性物质（$pK_{a_2} = 5.4$），与 NaOH 定量地反应
$$HC_8H_4O_4^- + OH^- \Longrightarrow C_8H_4O_4^{2-} + H_2O$$

滴定时选用酚酞为指示剂。

邻苯二甲酸氢钾容易制得很纯；在空气中不吸水，容易保存；与 NaOH 按物质的量之比 1：1 反应；摩尔质量又大（204.2g/mol），可以直接称取单份作标定。所以它是标定碱的较好基准物质。

草酸（$H_2C_2O_4 \cdot 2H_2O$）是二元酸（$pK_{a_1} = 1.25$，$pK_{a_2} = 4.29$），由于 $\dfrac{K_{a_1}}{K_{a_2}} < 10^5$，只能作为二元酸一次滴定到 $C_2O_4^{2-}$，亦选用酚酞为指示剂。

草酸稳定，也常作基准物。由于它与 NaOH 按物质的量比 1：2 进行反应，其摩尔质量

又不太大（126.07g/mol）。若 NaOH 浓度不大，为减小称量误差，应当多称一些草酸配在容量瓶中（称大样），然后移取部分溶液作标定。

（3）酸碱滴定中 CO₂ 的影响

溶液中的 CO_2 是酸碱滴定误差的重要来源。

NaOH 试剂中常含有一些 Na_2CO_3，它的存在使滴定突跃变小，影响了准确滴定。再者在标定 NaOH 时，一般是以有机弱酸为基准物，选用酚酞为指示剂，此时 CO_3^{2-} 被中和为 HCO_3^-。当以此 NaOH 溶液作滴定剂时，若滴定突跃处于酸性范围，就应当选甲基橙（甲基红）为指示剂。此时 CO_3^{2-} 被中和为 H_2CO_3 了，这样就导致误差。因此，配制 NaOH 溶液时，必须除去 CO_3^{2-}。

除去 CO_3^{2-} 后业已标定好浓度的 NaOH 溶液，在保存不当时还会从空气中吸收 CO_2。用此 NaOH 溶液作滴定剂时，若是必须采用酚酞为指示剂，则所吸收的 CO_2 最终是以 HCO_3^- 形式存在，这样就导致误差。而若采用甲基橙为指示剂，则所吸收的 CO_2 最终又以 CO_2 放出，对测定结果无影响。为避免空气中 CO_2 的干扰，应尽可能地选用酸性范围变色的指示剂。

此外，纯水中还含有 CO_2，它在溶液中有如下平衡：

$$CO_2 + H_2O \Longrightarrow H_2CO_3$$

$$K = \frac{[H_2CO_3]}{[CO_2]} = 2.16 \times 10^{-3}$$

能与碱反应的是 H_2CO_3 型体（而不是 CO_2），它在水溶液中仅占 0.3%，同时它与碱的反应速度不太快。因此，当滴定至粉红色时，稍放置，CO_2 又转变为 H_2CO_3，致使粉红色退去。这样就得不到稳定的终点，直到溶液中的 CO_2 转化完毕为止。因此，若用酚酞为指示剂，所用纯水必须煮沸以除去 CO_2。

配制不含 CO_3^{2-} 的 NaOH 溶液常用方法有：①先配成饱和的 NaOH 溶液（约50%），因为 Na_2CO_3 在饱和的 NaOH 溶液中溶解度很小（共同离子效应），以不溶物形式由溶液中离析出来，然后取清液用煮沸除去 CO_2 的纯水稀释至所需浓度。②在较浓的 NaOH 溶液中加入 $BaCl_2$ 或 $Ba(OH)_2$ 以沉淀 CO_3^{2-}，然后取上层清液稀释（在 Ba^{2+} 不干扰测定时才能采用）。

配制成的 NaOH 标准溶液应当保存在装有虹吸管及碱石灰管［含 $Ca(OH)_2$］的瓶中，防止吸收空气中的 CO_2。放置过久，NaOH 溶液的浓度会发生改变，应重新标定。

实验 42　酸碱中和滴定

【实验目的】

1. 通过练习要求掌握容量仪器的正确洗涤、使用方法。

2. 练习滴定操作，掌握酸式滴定管、碱式滴定管的使用方法。

3. 学会正确判断滴定终点、正确读数。

【预习要点】

1. 溶液的配制。

2. 酸碱滴定管及移液管的使用。

3. HCl 溶液和 NaOH 溶液相互滴定的 pH 值突跃范围。

4. 酸碱指示剂变色范围。

5. 有效数字及其运算规则。

6. 不含 CO_3^{2-} 的 NaOH 溶液配制方法。

【实验原理】

酸碱中和滴定是利用酸碱中和反应，测定酸或碱浓度的一种容量分析方法。因为在酸碱中和反应的等物质的量点，体系的酸和碱正好完全中和，我们称此时中和反应达到了终点。

$$H^+ + OH^- \Longrightarrow H_2O$$

$$c_{酸} \cdot V_{酸} = c_{碱} \cdot V_{碱}$$

根据达到终点时所用酸溶液（或碱溶液）的体积及标准碱溶液（或酸溶液）的体积和浓度，就可计算出待测酸或碱的浓度。

酸碱中和滴定的终点可借助指示剂颜色的变化来确定。滴定终点的判断是否正确是影响滴定分析准确度的重要因素，必须学会正确判断终点的方法。酸碱滴定所用指示剂绝大多数是可逆的，这有利于练习判断终点。

甲基橙用于指示酸碱溶液间相互滴定的终点时，颜色在橙色和黄色之间变化。判断橙色，对于初学者有一定的难度，所以在做滴定练习之前应先练习判断终点。具体做法是：在锥形瓶中加入 25mL 纯水及 1 滴甲基橙指示剂，从碱式滴定管中放出 1～2 滴 NaOH 溶液，观察其黄色，再由酸式滴定管滴加 HCl 溶液，观察其橙色，如此反复滴加 NaOH 和 HCl 溶液，直至能做到加半滴 NaOH 溶液由橙变黄，而加半滴 HCl 溶液由黄色变为橙色为止，以达到能控制加入半滴溶液观察到终点颜色改变。熟悉了判断终点的方法以后，再按实验内容的步骤进行滴定练习。

以后的各次实验中，每遇到一种新的指示剂，学生均应自己练习，学会正确地掌握终点颜色的变化后，再开始实验。

【仪器与试剂】

分析天平，碱式滴定管（50mL），酸式滴定管（50mL），移液管（25mL）。

NaOH（同实验 36），HCl（同实验 36），邻苯二甲酸氢钾（s），硼砂（s），酚酞指示剂（0.1%），甲基橙指示剂（0.1%）。

【实验步骤】

1. 碱式滴定管的使用

（1）NaOH 溶液浓度的标定

用递减法准确称量三份邻苯二甲酸氢钾晶体于三个已编号的锥形瓶中，每份质量为 0.4～0.5g。分别往锥形瓶中加入 40mL 的纯水，微热使固体溶解，冷却后加入两滴酚酞指示剂，用待测的 NaOH 溶液滴定至终点，记下每次滴定前后滴定管的读数，准确至 0.01mL，根据邻苯二甲酸氢钾的准确质量及滴定时所消耗的 NaOH 溶液的体积，计算出 NaOH 溶液的准确浓度。

（2）用已知浓度的 NaOH 溶液浓度标定未知浓度的 HCl

用移液管准确移取 25.00mL 的待测 HCl 溶液于锥形瓶中，加入约 20mL 的纯水，以酚酞作指示剂，用已知浓度的 NaOH 溶液滴定至终点，记下每次滴定前后滴定管的读数，准确至 0.01mL，由已知 NaOH 溶液的浓度及滴定时所消耗的 NaOH 溶液的体积，计算出待测 HCl 溶液的准确浓度。

（3）验证实验

用移液管准确移取 25.00mL 的标准邻苯二甲酸氢钾（由实验室提供）溶液于锥形瓶中，加入约 20mL 的纯水，以酚酞作指示剂，用待测的 NaOH 溶液滴定至终点，记下每次滴定前后滴定管的读数，准确至 0.01mL，根据邻苯二甲酸氢钾标准溶液的浓度及滴定时所消耗的 NaOH 溶液的体积，计算出 NaOH 溶液的准确浓度。

2. 酸式滴定管的使用

（1）HCl 溶液浓度的标定

用递减法准确称量三份硼砂晶体于三个已编号的锥形瓶中，每份质量为 0.4～0.5g。分别往锥形瓶中加入 40mL 的纯水，微热使固体溶解，冷却后加入两滴甲基橙指示剂，用待测的 HCl 溶液滴定至终点，记下每次滴定前后滴定管的读数，准确至 0.01mL，根据硼砂的准确质量及滴定时所消耗的 HCl 溶液的体积，计算出 HCl 溶液的准确浓度。

（2）用已知浓度的 HCl 溶液浓度标定未知浓度的 NaOH 溶液

用移液管准确移取 25.00mL 的待测 NaOH 溶液于锥形瓶中，加入约 20mL 的纯水，以甲基橙作指示剂，用已知浓度的 HCl 溶液滴定至终点，记下每次滴定前后滴定管的读数，准确至 0.01mL，由已知 HCl 溶液的浓度及滴定时所消耗的 HCl 溶液的体积，计算出待测 NaOH 溶液的准确浓度。

（3）验证实验

用移液管准确移取 25.00mL 的标准硼砂溶液（由实验室提供）于锥形瓶中，加入约 20mL 的纯水，以甲基橙作指示剂，用待测的 HCl 溶液滴定至终点，记下每次滴定前后滴定管的读数，准确至 0.01mL，根据邻苯二甲酸氢钾标准溶液的浓度及滴定时所消耗的 HCl 溶液的体积，计算出 HCl 溶液的准确浓度。

【思考题】

1. 为什么滴定管和移液管在使用前要用操作溶液润洗三次？锥形瓶是否也需用操作溶液润洗？你认为将洗净的锥形瓶、烧杯倒置在台面上的做法正确吗？

2. 使用碱式滴定管前已将出口管的气泡排除，为什么在滴定过程中会有小气泡？应如何避免？

3. 容量器皿洗净的标志是什么？

4. 遗留在移液管口内的少量溶液是否应当吹出？

5. NaOH 和 HCl 能否直接用于配制标准溶液？为什么？

6. 滴定分析主要误差来源于哪些因素？怎样减小这些误差？

7. 0.1mol/L HCl 与同浓度的 NaOH 溶液相互滴定，其 pH 值突跃范围是多少？如果要求终点误差不超过 0.2%，可选用的指示剂有哪些？

实验 43　有机酸摩尔质量的测定

【实验目的】

1. 通过对有机酸摩尔质量的测定，加深对强碱滴定弱酸基本理论的理解及进一步掌握滴定分析的基本操作。

2. 本实验要求准确测定一种未知有机酸的摩尔质量，并与理论值进行比较。

【预习要点】

1. 基准物质及其选择原则。

2. 强碱滴定弱酸的条件及其 pH 值突跃范围。

3. 分析天平的使用及减量称量法。

4. 容量瓶的正确使用。

5. 误差和数据处理。

【实验原理】

物质的摩尔质量可由滴定反应从理论上计算出来，也可以用酸碱滴定法进行测定。

大多数有机酸是固体弱酸，举例如：

柠檬酸（2-Hydroxy-1,2,3-propanetricarboxylic acid）【5949-29-1】，$C_6H_8O_7 \cdot H_2O$，$K_{a_1} = 7.4 \times 10^{-4}$；$K_{a_2} = 1.7 \times 10^{-5}$；$K_{a_3} = 4.0 \times 10^{-7}$。$M_r = 210.14$。

草酸（oxalic acid dihydrate）【6153-56-6】，$H_2C_2O_4 \cdot 2H_2O$，$K_{a_1} = 6.5 \times 10^{-2}$；$K_{a_2} = 6.1 \times 10^{-5}$。$M_r = 126.07$。

L-(＋)-酒石酸（L-tartaric acid）【87-69-4】，HOOC（OH）CH—CH（OH）COOH，$K_{a_1} = 9.1 \times 10^{-4}$；$K_{a_2} = 4.3 \times 10^{-5}$。

D-(－)-酒石酸（D-tartaric acid）【147-71-7】，$K_{a_1} = 1.04 \times 10^{-3}$，$K_{a_2} = 4.55 \times 10^{-5}$，

$M_r = 150.088$。

琥珀酸（succinic acid）【110-15-6】，HOOC—CH$_2$—CH$_2$—COOH，$K_{a_1} = 6.2 \times 10^{-5}$，$K_{a_2} = 2.3 \times 10^{-6}$，$M_r = 118.09$。

如果是易溶于水且 $K_a > 10^{-7}$，即可以在水溶液中用 NaOH 标准溶液滴定。滴定产物是强碱弱酸盐，所以滴定突跃在碱性范围内，故常选用酚酞指示剂。终点时溶液由无色变为微红色。

由滴定消耗 NaOH 标准溶液的量，根据下列式子计算有机酸的摩尔质量：

$$M_r\left(\frac{1}{n}H_nA\right) = \frac{m}{cV} \times 1000 \qquad M_r(H_nA) = nM_r\left(\frac{1}{n}H_nA\right)$$

由所列有机酸的 K_a 及 M_r 值确定 n 值。

【仪器与试剂】

分析天平及常规玻璃仪器；NaOH 溶液：0.1mol/L（同实验 42），酚酞（PP）指示剂：0.2% 乙醇溶液，邻苯二甲酸氢钾（KHC$_8$H$_4$O$_4$）；有机酸试样：柠檬酸、草酸、酒石酸和琥珀酸等。

【实验步骤】

1. 0.1mol/L NaOH 溶液的标定

准确称取 0.45～0.55g 邻苯二甲酸氢钾于 250mL 锥形瓶中，加入 20～30mL 纯水后，加 1～2 滴 0.2% 酚酞指示剂，用 NaOH 溶液滴定至终点且 30s 不褪色。平行测定三份，计算 NaOH 溶液的浓度及相对平均偏差。

2. 有机酸摩尔质量的测定

准确称取 0.55～0.65g 试样于 100mL 烧杯中，加少量纯水溶解后，定量转入 100mL 容量瓶中，用水稀释至刻度，充分摇匀。

用 25mL 移液管吸取试液于 250mL 锥形瓶中，加 1～2 滴 0.2% 酚酞指示剂，用 NaOH 标准溶液滴定至终点且 30s 不褪色。平行测定三份，求出有机酸试样的摩尔质量及相对平均偏差。判断是何种有机酸并计算出绝对误差和相对误差。

【注意事项】

1. 滴定管（特别是装有 NaOH 标准溶液的碱式滴定管）的内壁极易玷污而挂"水珠"，遇此情况应重新洗涤，否则影响测定结果。

2. 试样溶液只有 100mL，当用其洗涤移液管时，要"少量多次"计算用量，否则剩余量不够吸取三份试样。

【思考题】

1. 已标定好的 NaOH 溶液，经放置后会吸收空气中的 CO$_2$，用它滴定 HCl 溶液时，分别以甲基橙和酚酞作指示剂，该标准溶液的浓度是否改变？

2. 草酸、柠檬酸、酒石酸及琥珀酸等有机多元酸，能否用 NaOH 溶液进行分步滴定？根据是什么？

3. 标定 NaOH 溶液时，邻苯二甲酸氢钾和草酸都可用作基准物质，试比较二者的优缺点。

4. 称取 KHC$_8$H$_4$O$_4$ 为什么一定要在 0.4～0.6g 范围内？能否少于 0.4g，或多于 0.6g 呢？

5. 若邻苯二甲酸氢钾中含有邻苯二甲酸或邻苯二甲酸二钾，测定结果有何影响？

实验 44　铵盐中氮含量的测定（甲醛法）

【实验目的】

1. 通过学习测定铵盐中含氮量，了解用酸碱滴定法测定肥料、土壤及有机化合物中氮含量的基本原理。

2. 了解大样的取样原则。

【预习要点】

1. 甲醛及试样中游离酸的预处理。

2. 间接滴定分析法。

【实验原理】

铵盐是一类无机化肥。由于 NH_3 的离解常数不太小（$K_b=1.8\times10^{-5}$），其共轭酸（铵盐）太弱，即 $K_a'=5.6\times10^{-10}$，故不能直接用标准碱滴定。一般可用两种间接方法测定其含量。

1. 蒸馏法

在试样中加入过量的碱，加热，把 NH_3 蒸馏出来，吸收于酸标准溶液中，然后用 NaOH 标准溶液回滴过量的酸，以求出含氮量。也可以把蒸馏出来的 NH_3 用硼酸溶液吸收，然后用酸标准溶液直接滴定。如试样为有机物质，测总氮量时，即可加浓 H_2SO_4（以及 $CuSO_4$ 等催化剂）加热消化分解试样，使有机氮转化为氨态氮后，在铵盐中加入过量 NaOH 使碱化，加热将 NH_3 气蒸馏出来，用饱和的硼酸吸收，以甲基红-亚甲基蓝混合液为指示剂，用盐酸标准溶液直接滴定，以求出含氮量。此法应用范围甚广，试样为无机物和有机物均适用，即使试样中有其他酸碱存在（非挥发性的），也无影响。蒸馏法手续很麻烦，且费时费事。但准确度较高。

2. 甲醛法

用铵盐与甲醛作用可定量生成六亚甲基四铵盐和 H^+，如下式：

$$4NH_4^+ + 6HCHO \Longrightarrow (CH_2)_6N_4H^+ + 6H_2O + 3H^+$$

生成的六亚甲基四铵盐（$K_a=7.1\times10^{-6}$）和 H^+，可用 NaOH 标准溶液直接滴定，滴定终点生成的 $(CH_2)_6N_4$ 是弱碱，所以突跃范围是弱碱范围，应用酚酞作指示剂。由上述反应式可知：

$$4N \sim 4NH_4^+ \sim (CH_2)_6N_4H^+ + 3H^+ \sim 4OH^-$$

$1mol\ NH_4^+$ 相当于 $1mol\ N$，所以 N 的基本单元为 1N。

如果试样中含有游离酸，加甲醛之前应先以甲基红为指示剂，用 NaOH 滴至溶液呈黄色。

甲醛法准确度差，但方法快速，故在生产实际中应用较广泛，适用于强酸铵盐的测定。

【仪器与试剂】

分析天平及常规玻璃仪器；NaOH 溶液：0.1mol/L（同实验 42）；20％甲醛溶液（或 1+1）；甲基红（M.R.）指示剂：0.2％的乙醇溶液；酚酞指示剂：0.2％乙醇溶液。

【实验步骤】

1. 甲醛溶液的处理

甲醛中常含有微量酸应事先除去。方法如下：取原装甲醛上清液 15mL 于小烧杯中，用水稀释一倍，加 1～2 滴 0.2％酚酞指示剂，用 0.1mol/L NaOH 溶液滴定至微红色。

2. NaOH 溶液浓度的标定（同实验 43）

3. 试样中含氮量的测定

准确称取 0.3～0.35g 铵盐试样于 250mL 锥形瓶中，加入 20～30mL 水溶解后，加 1～2 滴甲基红指示剂，用 0.1mol/L NaOH 标准溶液滴定至溶液由红色变为黄色，加入 10mL 20％的甲醛溶液，摇匀，并放置约 1min，加入 1～2 滴酚酞指示剂，用标准 NaOH 溶液滴定至溶液颜色突变且 30s 不变色即为终点。平行测定三份，计算试样中的含氮量及相对平均偏差。

如果试样的均匀性不好，所测结果的精密度太差，可称取 3～3.5g 试样，溶解后定量转入 250mL 容量瓶中，加纯水稀至刻度。平行移取 25.00mL 试液，按上述手续同样测定。

【注意事项】

1. 甲醛中的微量酸影响测定结果，当用 0.1mol/L NaOH 溶液中和微量酸时，恰达终点，切莫过量，以免使测定硫酸铵试样中氮含量的结果偏低。

2. 用 0.1mol/L NaOH 溶液中和试样中的游离酸时，加入甲基红指示剂，若溶液呈现红色，说明有游离酸，可用 0.1mol/L NaOH 溶液滴定至溶液由红色变为黄色即为终点，切勿过量。所消耗的 NaOH 溶液体积不可记入滴定 $(NH_4)_2SO_4$ 所消耗的体积中。若加入甲基红指示剂后溶液呈现黄色，说明无游离酸，则不必用 NaOH 溶液中和。

3. 铵盐与甲醛生成六亚甲基四铵盐的过程极为复杂，而且反应较慢，所以一定要放置约 1min 后再滴定。

4. 由于溶液中存在两种变色范围不同的指示剂（甲基红、酚酞），用 NaOH 溶液滴定时，溶液颜色变化比较复杂，可以表示如下：

红色→橙色→黄色→橙红色（终点）→红色

pH<4.4　　5.0　>6.2　　　8.7　　　>10

←甲基红变色范围→←酚酞在黄色溶液中变色范围→

注意观察溶液颜色的变化。

【思考题】

1. 铵盐试样溶于水后，能否直接用 NaOH 标准溶液滴定以测定其含氮量？为什么？

2. NH_4NO_3、NH_4Cl、NH_4HCO_3 中的含氮量能否用甲醛法测定？如何测定？

3. 用 NaOH 溶液滴定试样中的游离酸和加甲醛后生成的酸 $[(CH_2)_6N_4H^+ +3H^+]$ 时，是否可以只用一种指示剂（甲基红或酚酞）？为什么？

4. 试述滴定过程中颜色变化的原因？

5. 若试样为 NH_4NO_3，用本实验测定时（甲醛法），其结果如何表示？此含氮量中是否包括 NO_3^- 中的氮？

实验 45　半开放实验——啤酒总酸度测定

【实验目的】

1. 学习工业生产中测定总酸度的方法。

2. 学习微量滴定管的使用方法。

3. 学习液体样品分析结果的表示方法。

【预习要点】

1. 查阅文献，了解食品酸度对食品质量的影响。

2. 从网络上找出 GB/T 4928—1991，了解国家标准对啤酒酸度测定方法。

3. 背景对指示剂的影响及消除办法。

4. 酸度计的正确使用。

【实验原理】

食品中的酸度通常用总酸度（滴定酸度）、有效酸度、挥发酸度来表示。总酸度是指食品中所有酸性物质的总量，包括已离解的酸浓度和未离解的酸浓度，采用标准碱液来滴定，并以样品中主要代表酸的百分含量表示。有效酸度指样品中呈离子状态的氢离子的浓度（严格地，是活度）用 pH 计进行测定，用 pH 值表示。挥发性酸度指食品中易挥发部分的有机酸，如乙酸、甲酸等，可用直接法或间接法进行测定。直接测定实质是利用水蒸气蒸馏或者萃取的方法，将挥发性酸分离出来，然后用容量法进行测定。

啤酒中含有各种酸类 200 种以上，这些酸及其盐类控制着啤酒的 pH 值和总酸的含量。正常情况下啤酒总酸来源于两方面：一是生产原料（主要是麦芽）；二是在发酵过程中酵母代谢产生的各种有机酸类。啤酒中适量的酸使啤酒口感爽口；缺乏酸类，啤酒就会显得不爽口、黏稠。而过量的酸会使啤酒口感粗糙、不柔和、不协调。国标要求总酸低于 2.6mL/100mL[1]，但在实际生产中应控制在 2.00mL/100mL 以下为宜。

啤酒中挥发性酸主要有甲酸、乙酸、丙酸、丁酸以及其他脂肪酸，其中以乙酸为主。非挥发性酸包括丙酮酸、α-酮戊二酸、乳酸、苹果酸、琥珀酸、柠檬酸、酒石酸等。由于是多种有机弱酸的混合，用中和法测定时，滴定突跃不明显。国家标准规定的测定方法，是利用酸碱中和原理，以氢氧化钠标准溶液直接滴定啤酒样品的总酸，用 pH 计测量滴定终点，最后由消耗的氢氧化钠标准溶液的体积，计算出啤酒中总酸的含量。并且人为规定 pH9.0 左右为滴定终点。林文如等对此进行了改进，利用双点电位滴定法测定啤酒总酸度。具体可参阅文献[2]。

影响啤酒总酸测定的主要因素是 CO_2，其次是温度，所以总酸测定是否准确关键是看 CO_2 有没有除尽。

本实验要求同学参照 GB 的方法，完成对市场上所售某品牌啤酒总酸度的测定。所用 NaOH 溶液自行配制标定。方案自行设计。

【仪器与试剂】

数字酸度计；电磁搅拌器；电子天平；锥形瓶；微量滴定管（5mL）；常量滴定管；250mL 烧杯；250mL 容量瓶；25mL 移液管；洗瓶等。

啤酒；NaOH；邻苯二甲酸氢钾；酚酞指示剂；标准缓冲溶液（pH＝4.0、9.0）等。

【实验步骤】

1. NaOH 溶液配制及标定

根据原理部分所提供的背景资料，自行决定所用 NaOH 溶液浓度，用邻苯二甲酸氢钾标定，酚酞作指示剂。平行标定 3 份。

2. 啤酒 CO_2 脱除

每人领取 200mL 啤酒样品，进行 CO_2 的去除。方法自拟，以不影响下面总酸度测定为度。提示：除 CO_2 有多种方法，但最有效的方法是反复注流法，如果采用其中的细流式，间距在 20cm 以上，注流 100 次左右就足够了。而且文献[3]表明，水浴加温脱气效果反而更差。

3. 总酸度测定

用吸量管吸取一定量（根据原理部分的提示计算所取用量）脱气试样溶液于 250mL 烧杯中，加纯水稀释，将烧杯置于电磁搅拌器之上，加入磁子，开启搅拌，NaOH 标准溶液装于微量滴定管中。用 NaOH 标准溶液滴定至溶液 pH＝9.0。平行测定三份。结果以滴定度表示。

实验 46　综合性实验——碳酸钠的制备及组成测定（双指示剂法）

【实验目的】

1. 了解联合制碱法的反应原理。

2. 学会利用溶解度的差异来制备和提纯盐的方法。

3. 了解双指示剂法测定混合碱中 $NaHCO_3$ 和 Na_2CO_3 含量的原理。了解混合指示剂的优点和使用。

【预习要点】

1. 预习无机化学书中有关碳酸钠性质的内容。

---

[1]　以滴定度表示的指标。滴定剂为 0.1mol/L NaOH。

[2]　林文如，林忠平，范泽华. 双点电位滴定法测定啤酒总酸度. 福州大学学报（自然科学版），1991，19（3）：127-128.

[3]　金娟娟. 啤酒的总酸及其测定. 酿酒科技，2000，99（3）：56-57.

2．查阅碳酸钠、碳酸氢钠、氯化钠、碳酸氢铵的溶解度。

3．预习有关减压过滤的基本操作。

4．混合指示剂的使用。

【实验原理】

碳酸钠（soda ash；sodium carbonate）【497-19-8】，俗名纯碱或苏打，为白色粉末或细粒，易溶于水，水溶液呈强碱性，吸湿性强，从潮湿空气中吸收二氧化碳而成为碳酸氢钠。它的用途很广，是生产玻璃、纸张、肥皂、洗涤剂等工业产品的重要原料。

工业上采用的联合制碱法为将二氧化碳与氨气通入氯化钠溶液中，先生成碳酸氢钠，再在高温下灼烧使其转变为碳酸钠。

以氯化钠和碳酸氢铵为原料制备纯碱的化学反应方程式为：

$$NaCl + NH_4HCO_3 \Longrightarrow NaHCO_3 + NH_4Cl$$

$$2NaHCO_3 \overset{\triangle}{=\!=\!=} Na_2CO_3 + CO_2 + H_2O$$

前一个反应为水相的离子间相互反应，存在四种盐的平衡及溶解度的相互影响，当温度超过35℃时，NH_4HCO_3 开始分解；温度太低，则影响 NH_4HCO_3 的溶解度，所以，温度控制在30℃左右，此时，$NaHCO_3$ 的溶解度也很小。将研细的 NH_4HCO_3 溶于 NaCl 溶液，充分搅拌，即可析出 $NaHCO_3$ 晶体，于高温下灼烧，使其转变为碳酸钠。几种盐溶解度如附表1所示。附图1为不同温度下 $NaHCO_3$ 的分解曲线及几种盐的溶解度曲线。

附表1 几种盐的溶解度　　　　　　　　单位：g/100g H_2O

盐 ＼ 温度/℃	0	10	20	30	40	50	60	70	80	90	100
NaCl	35.7	35.8	36.0	36.3	36.6	37.0	37.3	37.8	38.4	39.0	39.8
NH_4HCO_3	11.9	15.3	21.0	27.0	—	—	—	—	—	—	—
$NaHCO_3$	6.9	8.15	9.60	11.1	12.7	14.5	16.4	—	—	—	—
NH_4Cl	29.4	33.3	37.2	41.4	45.8	50.4	55.2	60.2	65.6	71.3	77.3

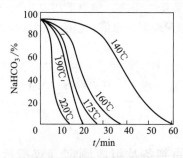

(a) 不同温度下 $NaHCO_3$ 的分解曲线

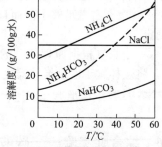

(b) 几种盐的溶解度曲线

附图1　不同温度下 $NaHCO_3$ 的分解曲线及几种盐的溶解度曲线

灼烧所得的产品中可能还含有未转化的 $NaHCO_3$，亦即产品可能属于混合碱。测定产品的成分时可以按照混合碱样品进行处理。混合碱可以在同一试液中使用两种不同的指示剂，进行测定混合样中各自的含量，这就是所谓的"双指示剂法"。此法方便、快速，在生产中应用很是普遍。

常用的两种指示剂是酚酞和甲基橙。在试液中先加酚酞，用 HCl 标准溶液滴定至红色刚刚褪去。由于酚酞的变色范围在 pH8～10，因此，此时 Na_2CO_3 被滴定成 $NaHCO_3$，记下此时 HCl 标准溶液的耗用量 V_1(mL)。再加入甲基橙指示剂，溶液呈黄色，用 HCl 标准溶液滴定至突变为橙色，此时 $NaHCO_3$ 被滴成 H_2CO_3，记下此时 HCl 标准溶液的耗用量 V_2(mL)。根据 V_1、V_2 可以计算出试样中 $NaHCO_3$ 及 Na_2CO_3 的含量。计算式如下所示：

$$w_1 = \frac{(V_2 - V_1) \times c \times 84.01}{m_s \times 1000} \tag{1}$$

$$w_2 = \frac{2V_1 \times c \times 53.00}{m_s \times 1000} \tag{2}$$

式中，w_1 和 w_2 分别为 $NaHCO_3$ 和 Na_2CO_3 的质量分数；c 为 HCl 标准溶液的浓度，mol/L；V_1 和 V_2 均为 HCl 标准溶液的体积，mL；m_s 为试样的质量，g。

由于以酚酞为指示剂时，从微红到无色的变化不敏锐，可改用甲酚红和百里酚蓝混合指示剂。甲酚红的变色范围为 pH7.2（黄）～8.8（红），百里酚蓝的变色范围为 pH8.0（黄）～9.6（蓝），混合后的变色点是 pH8.3，酸色呈黄色，碱色呈紫色，在 pH8.2 时为淡粉色，pH8.4 清晰的紫色，变色敏锐。

【仪器与试剂】

分析天平，抽滤装置，酒精灯，锥形瓶，酸式滴定管(50mL)，25mL 移液管等。

$NaCl(s)$；$NH_4HCO_3(s)$；HCl 溶液(0.2mol/L)；无水 Na_2CO_3 基准物质；酚酞指示剂：0.2%乙醇溶液；甲基橙指示剂：0.2%水溶液；混合指示剂：0.1%甲酚红钠盐水溶液＋0.1%百里酚蓝钠盐水溶液（1＋3）。

【实验步骤】

1. 碳酸氢钠的制备

称取 10.0g 氯化钠于 200mL 烧杯中，将其配制成饱和溶液，水浴加热，控制温度在 30～35℃之间，在不断搅拌的情况下，缓慢加入 22g 已研细的碳酸氢铵，加完后，继续搅拌，保温半小时，抽滤得到碳酸氢钠晶体，用少量水洗涤两次，抽干，置于坩埚中。

2. 碳酸钠的制备

将抽干的碳酸氢钠置于马弗炉内，控制温度 300℃，灼烧 1h，取出冷却至室温，称重。

3. 产品成分分析

① 0.2mol/L HCl 溶液的标定。准确称取 0.15～0.20g 基准 Na_2CO_3 于 250mL 锥形瓶中，加 20～30mL 水使其溶解，加入 1～2 滴甲基橙指示剂，用待标定 HCl 溶液滴定至终点。平行测定三份，计算 HCl 溶液的准确浓度。

② 产品碱的分析。准确称取 2.5～3.0g 产品碱试样于 100mL 小烧杯中，加少量水使其溶解，将溶液转移至 250mL 容量瓶中，加水稀释至刻度，充分摇匀。

用移液管移取 25.00mL 试液放入 250mL 锥形瓶中，加入 5 滴混合指示剂，用 HCl 标准溶液滴定至溶液由紫色变为淡粉色（以白色瓷板或纸张为背景从侧面看，若从上往下看则呈淡灰色。呈淡粉色时再加 1 滴 HCl 溶液即变黄色。另外，还可以采用参比液进行对照❶）即为终点，记下消耗 HCl 溶液的体积 V_1(mL)。再加 1～2 滴甲基橙指示剂，再用 HCl 标准溶液滴定至溶液由黄色变为橙色，记下 HCl 溶液的体积 V_2(mL)。按式（1）和式（2）及稀释倍率计算试样中各成分的含量。

双指示剂法。第一等量点以酚酞为指示剂，测出 V_1，其他步骤均同上。即把甲酚红和百里酚蓝混合指示剂改为 2～3 滴酚酞指示剂。试比较以上用混合指示剂和用酚酞指示剂滴定时终点的变化情况。

---

❶　第一等量点的产物为 $NaCl + NaHCO_3$，溶液的 pH 值由 $NaHCO_3$ 的浓度所决定。当观察终点有困难时，可用参比溶液对照，观察指示剂的颜色变化。

参比溶液是根据滴定至等量点时溶液的组成、浓度、体积和指示剂的量，专门配制的相类似的溶液；或者是与等量点 pH 值、体积和指示剂量相等的缓冲溶液。如双指示剂法中可采用新配制的 $NaHCO_3$ 溶液（浓度与上述溶液终点时的浓度相同）或 pH＝8.31 的缓冲溶液，加入与滴定纯碱时相同量的酚酞指示剂，根据此溶液呈现的颜色来确定第一等量点。

实践中，用 0.05mol/L $Na_2B_4O_7$ 溶液和 0.1mol/L HCl 溶液，以（6＋4）比例配成缓冲溶液，用酚酞为指示剂作为参比溶液效果较好。置于磨口锥形瓶中，溶液的浅红色可较长时间不退。

4. 纯碱的产率计算

根据成分分析和前述质量称量结果，计算纯碱的实际产量。结果表示分别以样品中 $NaHCO_3$ 和 Na_2CO_3 质量分数计。

【思考题】

1. 影响碳酸钠产率的因素有哪些？

2. 水浴加热时，温度为什么要控制在 $30\sim35℃$ 之间？

3. 测定混合碱时，到达第一等量点前，由于滴定速度太快，摇动锥瓶不均匀，致使滴入 HCl 溶液局部过浓，使 $NaHCO_3$ 迅速转变成 H_2CO_3 并分解为 CO_2 而损失，此时采用酚酞指示剂，记录 V_1，问对测定有何影响？

4. 混合指示剂的变色原理是什么？有何优点？

2.8.2.4　配位滴定法

配位滴定法是以配位反应为基础的滴定分析方法，配位反应广泛地应用于化学的各种分离与测定中。配位反应具有较大的普遍性，使得金属离子在溶液中大多是以不同形式的配离子存在。广泛用作配合滴定剂的是 EDTA（ethylene diamine tetraacetic acid，乙二胺四乙酸）【60-00-4】。

和酸碱滴定曲线相同，若用滴定剂（EDTA）滴定单一金属离子（M^{n+}）时，随着滴定剂的加入，溶液中的 pM 或 pM' 值发生变化，同样存在一个突跃。此时可用指示剂来确定终点。

金属指示剂（metallochromic indicator）也是配位体（ligand），而且指示剂自身的颜色与其金属配合物的颜色截然不同。类似酸碱指示剂可以指示溶液 pH 的变化，金属指示剂可以指示溶液的 pM 变化。

常用金属指示剂列于本教材附录。

由于不同酸度下 HIn 的存在形态不同，显示不同颜色，各指示剂都有其适用酸度范围。如

磺基水杨酸（sulfosalicylic acid，Sal）	pH＝1.5～2.5	红紫色～黄色
铬黑 T（Eriochrome Black T，EBT）	pH＝6.3～11.6	红色～蓝色
二甲酚橙（xylenol orange，XO）	pH＜6.0	红色～黄色
PAN［1-(2-pyridylazo)-2-naphthol］	pH＝1.9～12.2	红色～黄色
酸性铬蓝 K（acid chrome blue K）	pH＝8～13	红色～蓝色

通常将酸性铬蓝 K 与萘酚绿 B 按 1:（2～2.5）混合使用，称为 K-B 指示剂。萘酚绿 B 不变色，可起衬托酸性铬蓝 K 变色的作用。

若以 Cu-PAN（CuY 和 PAN 的混合溶液）为间接金属指示剂，可测定多种金属离子。将其加入到含有被测金属离子 M 的试液中时，发生如下置换反应：

$$CuY+PAN(黄色)+M \Longrightarrow MY+Cu\text{-}PAN(紫红色)$$

溶液呈现红色。当加入的 EDTA 定量配合 M 后，EDTA 将夺取 Cu-PAN 中的 Cu^{2+}，从而使 PAN 游离出来：

$$Cu\text{-}PAN(红色)+EDTA \Longrightarrow CuY+PAN(黄色)$$

溶液由红色变为黄色指示终点到达。因滴定前加入的 CuY 与最后生成的 CuY 是相等的，故加入 CuY 并不影响测定结果。Cu-PAN 适于与 PAN 反应慢或灵敏度低的金属离子的滴定。

类似的有 Mg-EBT。即在 pH＝10 时，$\lg K'_{Ca\text{-}EBT}=3.8<4$ 稳定性不好，未到终点时自身将离解，出现铬黑 T 的蓝色，被判断终点到达，但稍一放置，离解出的 Ca 又与 EBT 结合成红色，造成终点不灵敏（亦称返红）。为此可在溶液中加入一定量的 MgY，则发生下列置换反应：

$$MgY+EBT(蓝色)+Ca \Longrightarrow CaY+Mg\text{-}EBT(红色)$$

当加入 EDTA 时，Y 首先与 Ca 反应，至终点时：

$$Mg\text{-}EBT(红色)+Y \Longrightarrow MgY+EBT(蓝色)$$

放出等量的 MgY 不影响测定结果。此时 $\lg K'_{\text{Mg-EBT}} = 5.4 > 4$，Mg-EBT 稳定性适中，变色敏锐。加入 MgY 提高了体系中 EBT 指示剂变色的灵敏度。

指示剂使用时还必须注意克服指示剂的封闭（blocking of indicator）和指示剂的僵化现象（ossification of indicator）。所谓封闭是指金属-指示剂的配合物（MIn）较相应的金属-EDTA 配合物（MY）稳定，显然此指示剂不能作为滴定该金属的指示剂。在滴定其他金属离子时，若溶液中存在这些金属离子则溶液一直呈现 MIn 的颜色，即使到了计量点也不变色，这种现象称为该指示剂的封闭现象。

若被测离子对指示剂有封闭时，可采用调换指示剂或采用返滴定法；若对指示剂有封闭现象的离子是共存干扰离子，可加入掩蔽剂消除之。如水的硬度测定时，Fe^{3+}、Al^{3+} 等离子会对铬黑 T（EBT）指示剂产生封闭，可加入 NaF、三乙醇胺等掩蔽剂加以消除。

指示剂的僵化现象是由于指示剂或 MIn 在溶液中的溶解度太小，使滴定剂 EDTA 的置换反应速度降低，终点拖长的现象称为指示剂的僵化。解决的方法是加热或在溶液中加入乙醇、甲醇等有机溶剂增加它的溶解度。

有些指示剂易受日光、空气和氧化剂作用而分解，在溶液中不稳定，日久会变质。若配制成固体混合物则较稳定，保存时间较长。例如 EBT 和钙指示剂，常用固体 NaCl 或 KCl 作稀释剂配制。

直接滴定法 采用直接滴定法必须符合以下条件。

① $\lg c_M K'_{MY} \geq 6$，且配合反应迅速。

② 有合适的指示剂，且没有封闭现象。

③ 在滴定条件下，被测金属离子不发生水解。

直接滴定法具有方便、快速的优点，可能引入的误差也较少。因此只要条件允许，应尽可能采用直接滴定法。

实际上大多数金属离子都可以通过控制酸度采用 EDTA 直接滴定。如表 2.8-4 所示。

表 2.8-4 直接滴定法示例

金属离子	pH 值范围	指 示 剂	其他主要条件
Bi^{3+}	1	二甲酚橙	HNO_3 介质
Fe^{3+}	2	磺基水杨酸	加热到 $50 \sim 60℃$
Th^{4+}	$2.5 \sim 3.5$	二甲酚橙	
Cu^{2+}	$2.5 \sim 10$	PAN	加酒精或加热
	8	紫脲酸铵	$(CH_2)_6N_4$-$(CH_2)_6N_4H^+$ 缓冲溶液
	5.5	二甲酚橙	
Zn^{2+}、Cd^{2+}、Pb^{2+}、稀土	$9 \sim 10$	铬黑 T	氨性缓冲溶液。滴定 Pb^{2+} 时还需加酒石酸为辅助配合剂
Ni^{2+}	$9 \sim 10$	紫脲酸铵	氨性缓冲溶液，加热 $50 \sim 60℃$
Mg^{2+}	10	铬黑 T	
Ca^{2+}	$12 \sim 13$	钙指示剂或紫脲酸铵	

如钙与镁经常共存，常需要测定两者含量。钙、镁的各种测定方法中以配位滴定法最为简便。可见实验 53 石灰石或白云石中钙、镁含量的测定。

返滴定法 如果被测离子容易水解又找不到合适的辅助配合剂，或者与 EDTA 的配合反应缓慢，或者对指示剂有封闭作用又找不到合适的指示剂，那么应采用返滴定法。返滴定法是在试液中先加入过量的 EDTA，调至合适酸度，待被测离子反应完全，然后用另一种金属离子标准溶液返滴定剩余的 EDTA。例如 Al^{3+} 在 pH=4.5 条件下就会水解（最高允许酸度 pH=4.1），易形成多核羟基配合物，在低酸度时，还可与 EDTA 形成羟基配合物，同时 Al^{3+} 与 EDTA 反应速度很慢，且对指示剂有封闭作用，需要采用返滴定法。可先加入过量 EDTA，调节酸度在 pH3.5，加热使 Al^{3+} 反应完全，然后将 pH 值调至 $5 \sim 6$，以二甲酚橙为指示剂，用 Zn^{2+} 标准溶液返滴定剩余的 EDTA。

作为返滴定的金属离子（N），它与 EDTA 配合物 NY 必须有足够的稳定性，以保证测定的准确度。但若 NY 比 MY 更稳定，则会发生以下置换反应：

$$N+MY \longrightarrow NY+M$$

对测定结果的影响有三种可能：①若 M、N 都与指示剂反应，溶液的颜色在终点得到突变；②M 不与指示剂反应，且置换反应进行得快，测定 M 的结果将偏低；③M 封闭指示剂，且置换反应进行快，终点将难以判断；若置换反应进行慢，则不影响结果。例如，ZnY（$\lg K_{ZnY}=16.5$）比 AlY（$\lg K_{AlY}=16.1$）稳定，但 Zn^{2+} 可作返滴定剂测定 Al^{3+}，这是因为反应速度在起作用。Al^{3+} 不仅与 EDTA 配合缓慢，一旦形成 AlY 配合物后离解也慢，尽管 ZnY 比 AlY 稳定，在滴定条件下 Zn^{2+} 并不能将 AlY 中的 Al^{3+} 置换出来。但是，如果返滴定时温度较高，AlY 活性增大，就有可能发生置换反应，使终点难以确定。

常用的返滴定剂有 Bi^{3+}（$pH=1\sim2$）、Cu^{2+}（$pH=5\sim6$）、Zn^{2+}（$pH=5\sim6$ 或 $pH=10$）、Mg（$pH=10$）、Ca^{2+}（$pH=10$ 或 $pH=12\sim13$）等。

置换滴定法　有两种方式。

置换出金属离子　如果 M 与 EDTA 的配位能力较差，那么直接滴定法和返滴定法都不能采用。此时可用 M 从某种配合物中置换另一种金属离子 N，然后用 EDTA 滴定 N，从而求出 M 的含量。例如，Ag^+ 与 EDTA 的配合能力较差（$\lg K_{AgY}=7.8$），可使 Ag^+ 与 $Ni(CN)_4^{2-}$ 反应：

$$2Ag^+ + Ni(CN)_4^{2-} \longrightarrow 2Ag(CN)_2^- + Ni^{2+}$$

然后在 $pH=10$ 的氨性缓冲溶液中，用紫脲酸铵为指示剂，用 EDTA 标准溶液滴定置换出来的 Ni^{2+}，即可求得 Ag^+ 的含量。

置换出 EDTA（又称析出法）　如果在测定 M 时，存在多种干扰离子，可使 M 和干扰离子与 EDTA 反应，再用一种选择性高的配合剂 L 从 MY 中置换出来 EDTA，然后用另一种金属离子标准溶液滴定置换出来的 EDTA。例如，某种合金中含有 Sn、Pb、Zn、Ca、Bi 等。欲测定 Sn 含量，可在试样溶液中加入过量 EDTA，使所有金属离子全部与 EDTA 配合，用 Zn^{2+} 标准溶液滴定剩余的 EDTA；然后，加入 NH_4F，将 SnY 中的 EDTA 置换出来；再用 Zn^{2+} 标准溶液滴定置换出来的 EDTA，从而求得 Sn 含量。

间接滴定法　有些金属离子，如 K^+、Na^+ 不能与 EDTA 形成稳定的配合物，可以采用间接滴定法测定。在测定 K^+ 时，可以先沉淀为 $K_2Na[Co(NO_2)_6]\cdot H_2O$，再将沉淀过滤、洗涤、用 HCl 溶解，然后用 EDTA 滴定其中的 Co^{2+}，求得 K 含量。

用间接滴定法还可以测定一些非金属离子。例如，PO_4^{3-} 的测定，可将其沉淀为 $MgNH_4PO_4$。将沉淀过滤、洗涤、用 HCl 溶解，加过量 EDTA，调至氨性，再用 Mg^{2+} 标准溶液滴定过量的 EDTA。

SO_4^{2-} 的测定，则可定量加入过量的 Ba^{2+} 标准溶液，将其沉淀为 $BaSO_4$，而后以 MgY 和铬黑 T 为指示剂，用 EDTA 滴定过量的 Ba^{2+}，从而计算出 SO_4^{2-} 的含量。

实验 47　半开放实验——EDTA 制备及其标准溶液的配制、标定

【实验目的】

1. 通过 EDTA 的合成，掌握一般卤代物与活泼质子化合物发生取代反应的条件。
2. 加深对于反应投料、温度控制等合成技术的掌握程度。
3. 学习 EDTA 溶液的配制及标定方法。
4. 了解配合滴定与酸碱滴定的联系与区别。
5. 明确配合滴定中控制溶液酸度的重要性。
6. 理解金属指示剂变色原理与酸碱指示剂变色原理的区别。

【预习要点】

1. 查阅资料，了解 EDTA 的一般工业制造方法和合成原理、操作条件、成本控制等方面内容。

2. 预先完成 EDTA 合成的实验方案和操作步骤设计。

3. 本书 2.5 搅拌与加料技术。

4. 本书 2.8.2.4 中配位滴定部分中的原理。

【实验原理】

乙二胺四乙酸（ethylene diaminetetracetic acid），简称 EDTA。EDTA 于 1935 年首先发现于德国。现已广泛地应用在彩色感光材料冲洗加工的漂白定影液、染色助剂、配合剂、洗涤剂、稳定剂、纤维处理助剂、化妆品及食品添加剂、血液抗凝剂、合成橡胶聚合引发剂和重金属定量分析试剂等方面。目前工业上小规模企业大多采用一氯乙酸和乙二胺缩合反应工艺生产 EDTA。特别是国内食品级的 EDTA 生产均用此法。主要反应式如下。

氯乙酸与碱中和：

$$2ClCH_2COOH + Na_2CO_3 \longrightarrow 2ClCH_2COONa + H_2O + CO_2 \uparrow$$

缩合反应：

$$4ClCH_2COONa + H_2NCH_2CH_2NH_2 + 4NaOH \longrightarrow$$
$$(CH_2COONa)_2NCH_2CH_2N(CH_2COONa)_2 + 4NaCl + 4H_2O$$

酸化反应：

$$(CH_2COONa)_2NCH_2CH_2N(CH_2COONa)_2 + 4HCl \longrightarrow$$
$$(CH_2COOH)_2NCH_2CH_2N(CH_2COOH)_2 + 4NaCl$$

具体操作步骤大致有如下几步。

① 氯乙酸溶解与中和。称取一定量氯乙酸溶于水中，搅拌下用碳酸钠中和至 pH 值为 6.8～7；中和的目的是使其生成相应的羧酸盐，使下一步的缩合反应更易进行。但中和用碱不可过量，因为在碱性条件下一氯乙酸容易水解生成羟基乙酸盐，所以中和时应用弱碱，如碳酸钠、碳酸氢钠等。

② 缩合。按氯乙酸与乙二胺一定的配料比，将氯乙酸钠溶液先移入反应器中，搅拌下将乙二胺与 25％的 NaOH 混合液缓慢地加到反应器中，加完后用 25％NaOH 溶液调节 pH 值保持在 9～9.5，并保持反应温度在 90～95℃反应至溶液的 pH 值不再下降为止；为了提高乙二胺的转化率，氯乙酸在实际投料中一般要过量。但过量太多将降低氯乙酸的转化率，增加中和时的碱用量，成本也高。实践表明，氯乙酸和乙二胺的实际投料物质的量比为 (4.25～4.35)∶1 为宜。缩合为吸热反应，若温度过低，反应速度慢，不利于反应物的转化。温度过高，副反应增加使反应液颜色变深，同时乙二胺挥发程度加剧，使产品收率降低。缩合反应温度控制在 90～95℃最佳。缩合反应过程中，HCl 的生成会使反应液的 pH 值下降，pH 值太低时缩合反应不易进行，为此需加碱把 HCl 中和除去，保证反应液的 pH 值基本不变。但若反应液碱性太强，会使未反应的氯乙酸盐羟基化，降低转化率。实际过程中用 25％NaOH 溶液中和反应液，通过控制加碱速度，保证反应液的 pH 值在 9～9.5 之间，到缩合反应结束时，反应液的 pH 值仍然控制在 9 左右。

③ 酸化。待反应液冷却，降温，搅拌下加入 1∶1 盐酸酸化，当溶液出现混浊时加快搅拌速度，并缓慢滴加盐酸至溶液的 pH 值为 1 时，停止加酸，继续搅拌 30min，再静置陈化 3～4h。然后过滤，洗涤。105℃下干燥。

目前工业上最广泛采用的 EDTA 的生产方法为氰化钠法，是以乙二胺、氰化钠及甲醛为原料，在碱性条件下反应一步生成 EDTA 四钠盐（Mannich 反应），再以硫酸酸化 EDTA 四钠盐母液，控制溶液 pH 值，可得到 EDTA 二钠盐或 EDTA 产品，由 EDTA 二钠盐与氢氧化钠进一步反应，得到 EDTA 四钠盐产品。

用于标定 EDTA 标准溶液的基准试剂较多。如纯金属 Cu、Zn 及 CaCO_3 等。实验室常用金属锌作基准。由于锌的相对原子量较小，称量误差较大，因此，常先配制较大量的标准溶液，再吸取一定量来标定 EDTA 溶液。在 pH＝4～12 时，Zn^{2+} 均能与 EDTA 定量配合。

常用下列两种标定方法。

① 在 pH＝5.5 的 $(CH_2)_6N_4$ 缓冲溶液中，以二甲酚橙(XO)为指示剂，直接标定。

② 在 pH＝10 的 NH_3-NH_4Cl 缓冲溶液中，以铬黑 T(EBT)为指示剂，直接标定。

本实验选择第一种方法。

【仪器与试剂】

控温电磁搅拌器，电子天平，烘箱，不锈钢油浴盆，电接点温度计，温度计（0～200℃），红外分光光度计，锥形瓶，酸式滴定管，250mL 烧杯，三口烧瓶，100mL 恒压加料漏斗，球形冷凝管，抽滤装置一套，容量瓶（250mL、500mL），25mL 移液管，洗瓶等；乙二胺【107-15-3】，氯乙酸【79-11-8】，每人限用 15.8g（已由实验室老师称量分装好，在 PE 样品袋中）；NaOH（s），HCl（浓），无水碳酸钠。金属锌（基准），pH＝5.5 的 $(CH_2)_6N_4$ 缓冲溶液，二甲酚橙（XO）指示剂；精密 pH(8.2～10.0) 试纸，广泛 pH 试纸，定性滤纸。

【实验步骤】

1. EDTA 的合成（本部分内容属于开放型实验）

要求：参照原理部分描述和给定的试剂、仪器，自拟出实验方案，独立完成以 15.8g 氯乙酸为基础的 EDTA 酸的制备。需要的各种溶液需经过仔细计算，自行配制。反应装置按规定搭建。注意用油浴借助导电表控温（导电表置于何处？）。

获得的 EDTA 经水洗涤后（洗涤终点怎么判断？），置于烘箱中于 105℃±5℃ 干燥 30min。取出，冷却，称重。样品用 KBr 压片，测定其红外吸收，与标准谱对照（附图 1）。

2. EDTA 溶液（0.02mol/L）的配制

在分析天平上准确称取制备的 EDTA 于 250mL 烧杯中（所需质量自行计算，纯度可暂按 95％ 计），用 0.5mol/L Na_2CO_3 溶液调节 pH 值，溶解后转入 500mL 容量瓶中，定容。贴上标签备用。此溶液经标定后可用于后续的实验中，请妥善保留之。

3. 锌标准溶液的配制

准确称取约 0.3g 基准锌于 100mL 烧杯中，盖上表面皿，加 5mL 浓 HCl 使其完全溶解后，用纯水冲洗表面皿及杯壁，将溶液转入 250mL 容量瓶中，用纯水稀释至刻度，摇匀即得锌标准溶液。

4. EDTA 溶液浓度的确定

用 25mL 移液管吸取锌标准溶液置于 250mL 锥形瓶中，加入 1～2 滴 XO 指示剂，滴加 20％ $(CH_2)_6N_4$ 至溶液呈现稳定的红色再过量 5mL，用 EDTA 溶液滴定至溶液由红色变为黄色，即为终点。平行测定三份。计算 EDTA 溶液的准确浓度，并求出相对平均偏差。由此结果，推算出合成 EDTA 酸的纯度，计算产率（以何种原料计？）。

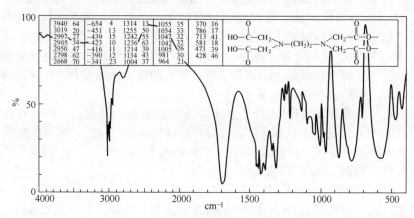

附图 1　EDTA 二钠盐 IR 谱（KBr 压片）

【注意事项】

1. 盛装乙二胺和 NaOH 混合液的恒压漏斗用毕应立即清洗,以免活塞粘连。

2. 配合反应速度较慢,滴定速度不易过快;特别是终点前更慢,因指示剂变色是发生了置换反应,故终点是"摇"出来的。

【思考题】

1. 制备的 EDTA 酸有无必要进行重结晶提纯,为什么? 如果要进行重结晶操作,请拟出方案和具体步骤。

2. 制备过程中可能的副反应有哪些? 采取什么样的措施来使它们减低到最小程度?

3. 本实验为什么用二甲酚橙指示剂? 用铬黑 T 行不行?

4. 配位滴定法的特点如何(从原理、反应速度、指示剂选择来说明)?

实验 48　粗硫酸锌中锌含量的测定

【实验目的】

1. 掌握用金属锌标定 EDTA 溶液浓度的方法。

2. 了解配合滴定中缓冲溶液的作用。

3. 掌握二甲酚橙指示剂的使用条件及性质。

【预习要点】

1. EDTA 溶液的配制及标定(参见实验 47)。

2. 缓冲溶液的选择、指示剂 XO 的使用条件及颜色变化(参见本教材 2.8.2 化学滴定分析中配合滴定部分及附录)。

【实验原理】

硫酸锌 $ZnSO_4 \cdot 7H_2O$(zinc sulphate,heptahydrate) 又名皓矾、锌矾,为无色针状或粉状结晶体。能溶于水,有收敛性,在干燥空气中易逐渐风化。39℃时失去一个结晶水转变为 $ZnSO_4 \cdot 6H_2O$,70℃时再失去结晶水转变为 $ZnSO_4 \cdot H_2O$,280℃时失去全部结晶水成为无水物。加热到 767℃时则分解为氧化锌和三氧化硫。硫酸锌主要用于制造锌钡白和其他锌盐的原料,也是人造纤维的重要材料;用于煤染剂、木材与皮革保存剂、骨胶澄清剂、医药催吐剂和杀真菌剂;还用于电镀、浮选矿;农业上用作微量元素肥料;畜牧业用作饲料添加剂等。

工业硫酸锌 (industrial grade zinc sulphate),外观白色或微带黄色的结晶或粉末,锌含量是其质量的最重要指标之一。一般工业硫酸锌含 $ZnSO_4 \cdot 7H_2O$ 在 98% 以上,成分比较简单,可用 EDTA 直接滴定。其反应式如下:

$$Zn^{2+} + H_2Y^{2-} \Longrightarrow ZnY^{2-} + 2H^+$$

滴定可在如下两种介质中进行。① pH=5.5 (六亚甲基四胺缓冲液) 中,以二甲酚橙 (XO) 为指示剂进行滴定。通常用于比较纯的硫酸锌试样分析。② pH=10.0 (NH_3-NH_4Cl 缓冲溶液) 中,以铬黑 T(EBT) 作指示剂,加入 NH_4F 或三乙醇胺可掩蔽少量 Fe^{3+}、Al^{3+}、Ca^{2+} 等杂质。

【仪器与试剂】

分析天平及常规玻璃仪器;硫酸锌样品,自制于实验 9;5% 柠檬酸钠或柠檬酸铵溶液;浓 HCl;(1+1)HCl;XO 指示剂:0.2% 的水溶液。

【实验步骤】

1. EDTA 溶液的配制及标定

使用实验 47 中剩余的溶液或以相同的方法再配制 300mL。

2. 试样的测定

准确称取 1.4～1.6g 硫酸锌试样于 100mL 烧杯中，用水溶解后加（1+1）HCl 5mL，再定量转移至 250mL 容量瓶中，并稀释至刻度，充分摇匀。

用 25mL 移液管吸取试样溶液于 250mL 锥形瓶中，加 10mL 5％柠檬酸铵（钠）溶液，10mL 20％六亚甲基四胺缓冲液并摇匀，再加 1～2 滴 XO 指示剂，用标定好的 EDTA 溶液滴定至溶液由红色变为黄色。平行测定三份。计算样品中锌的质量分数及相对平均偏差。

【注意事项】

1. 配合反应比酸碱反应速度慢，所以滴定时速度不宜过快，要不断地摇动锥形瓶，特别是临近终点时更应如此。

2. 加柠檬酸盐可掩蔽少量 Fe^{3+}、Al^{3+}，避免出现对指示剂封闭的现象，消除其干扰。注意其使用条件。

【思考题】

1. 本实验为什么用二甲酚橙指示剂？用铬黑 T 行不行？

2. 如果采用在 pH=10 的缓冲溶液中测定锌含量，应如何消除 Fe^{3+}、Al^{3+} 干扰？

3. 配合滴定法的特点如何（从原理、反应速度、指示剂选择来说明）？

4. 在本实验所述的测定条件下，能否选用 NH_4F 或三乙醇胺掩蔽 Fe^{3+}、Al^{3+}，为什么？

实验 49　合金中铝含量的测定

【实验目的】

1. 学习 HNO_3-HCl 混合酸溶解合金的方法。

2. 了解解蔽剂（NH_4F）的使用原则。

3. 掌握返滴定法测定简单试样中的铝或置换滴定法测定复杂试样中铝的操作技术和结果的计算方法。

【预习要点】

1. 铝合金的溶样方法及溶样时的注意事项（见 2.8.1 样品采集与预处理）。

2. 置换滴定法测定的操作技术。

【实验原理】

Al^{3+} 的最高允许酸度 pH=4.1，而 Al^{3+} 在 pH=4.5 条件下就会水解，易形成多核羟基配合物，在低酸度时，还可与 EDTA 形成羟基配合物，同时 Al^{3+} 与 EDTA 反应速度很慢，且对指示剂有封闭作用，需要采用返滴定法（见实验 50）。此法可用于简单试样如铝盐药物（明矾、氢氧化铝、复方氢氧化铝片和氢氧化铝凝胶）中铝含量的测定。

返滴定法测定铝，除了碱土金属外，所有能生成稳定的 EDTA 配合物的元素都有干扰。对于像合金、硅酸盐、水泥和炉渣等复杂试样中铝的测定，一般采用置换滴定法以提高选择性。即在用 M^{n+}（如 Zn^{2+}）标准溶液滴定剩余的 EDTA 后，加入过量的 NH_4F，加热至沸，使 AlY^- 与 F^- 之间发生置换反应，并释放出与 Al^{3+} 等物质的量的 EDTA：

$$AlY^- + 6F^- + 2H^+ \Longrightarrow AlF_6^{3-} + H_2Y^{2-}$$

再用 Zn^{2+} 标准溶液滴定释放的 EDTA。即可获得较为准确的铝含量。

试样中含有 Ti^{4+}、Zr^{4+}、Sn^{2+} 等离子时，亦被同时滴定，对 Al^{3+} 的测定有干扰；大量 Ca^{2+} 在 pH 值为 5～6 时，也有部分与 EDTA 配合，使测定 Al^{3+} 的结果不稳定。

铝合金中杂质元素较多，通常将试样经硝酸与盐酸的混合酸溶解后进行测定。

大量 Fe^{3+} 对 XO 指示剂有封闭作用，故本法不适于含大量铁试样的测定。

【仪器与试剂】

分析天平及常规玻璃仪器；铝合金试样；HNO_3-HCl-H_2O 混合液：（1＋1＋2）；锌标准溶液；EDTA 溶液：0.02mol/L（同实验 47）；氨水：（1＋1）；盐酸：（1＋3）；六亚甲基四胺：20％水溶液；20％ NH_4F 溶液（配制后储存于 PE 塑料瓶中）；XO 指示剂：0.2％水溶液。

【实验步骤】

1. EDTA 溶液的配制及标定

使用实验 47 中剩余的溶液或以相同的方法再配制 300mL。

2. 试样的测定

准确称取 0.13～0.15g 铝合金试样于 100mL 烧杯中，盖上表面皿，加入约 10mL HNO_3-HCl-H_2O（1＋1＋2）混合液，待试样溶解后，用水冲洗表面皿和烧杯壁，将溶液定量转入 250mL 容量瓶中，稀释至刻度，摇匀。

用移液管吸取 25.00mL 试液于 250mL 锥形瓶中，加入 EDTA 溶液 40mL，XO 指示剂 2 滴，用（1＋1）氨水调至溶液恰呈紫红色，然后，滴加（1＋3）HCl 3 滴，将溶液煮沸 3min 左右，冷却，加入 20％六亚甲基四胺溶液 20mL，此时溶液应呈黄色，如不呈黄色，可用（1＋3）HCl 溶液调节。再补加 2 滴 XO 指示剂，用锌标准溶液滴定至溶液由黄色变为紫红色（若仅做置换滴定法，此时可不记滴定的体积）。加入 20％NH_4F 溶液 10mL，将溶液加热至微沸，流水冷却，再补加 2 滴 XO 指示剂，此时溶液应呈黄色。若溶液呈红色，应滴加（1＋3）HCl 使溶液呈黄色。再用锌标准溶液滴定至终点。平行测定三份，计算合金中铝的质量分数。

【注意事项】

1. 铝合金的品种很多，如铝镁合金、硅铝合金等，它含杂质元素主要有 Si、Mg、Cu、Mn、Fe、Zn，在用 EDTA 置换法测定铝时，它们均不干扰。但个别样品含锡等杂质时，对测定有干扰。

2. 铝合金的溶样方法，亦可用 NaOH 分解法，但需使用 PTFE 塑料烧杯。本实验采用酸溶法。对于含硅量较大的试样，酸溶后将有硅酸沉淀，可在测定前将沉淀等残渣过滤除去。

3. 在六亚甲基四胺介质中，将其加热时，往往由于六亚甲基四胺的部分水解，而使溶液的 pH 值升高，使二甲酚橙显红色（pH＞6.3 时），这时应补加 HCl 使溶液呈黄色，再行滴定。六亚甲基四胺受热水解的反应式如下：

$$(CH_2)_6N_4 + 6H_2O \Longrightarrow 6HCHO + 4NH_3$$

4. 加入 NH_4F 的量要适当。否则 FeY^- 也会和 F^- 部分置换，使结果偏高。对于含锡的合金同样存在这种问题。为此，可加入 H_3BO_3，使过量的 F^- 生成 BF_4^-，可防止 FeY^-、SnY 中的 EDTA 被置换，从而消除 Fe^{3+}、Sn^{4+} 的干扰。

由于 NH_4F 会腐蚀玻璃，实验完毕应尽快弃去废液，清洗仪器。

【思考题】

1. 铝的测定为什么一般不采用 EDTA 直接滴定方法？

2. 铝可溶于 NaOH 溶液中，问铝合金可否用 NaOH 溶液溶解？单用 HCl 作溶剂行吗？

3. 试分析从开始加入二甲酚橙，直到测定结束的整个过程中，溶液颜色几次变黄、变红的原因。

4. 在本实验中，使用的 EDTA 溶液浓度是否需要标定？

5. 如果要进行置换滴定与返滴定的结果比较，应如何计算？

实验 50 铁、铝混合液中 Fe^{3+}、Al^{3+} 含量的连续测定

【实验目的】

1. 掌握控制溶液的酸度进行多种金属离子连续滴定的方法和原理。
2. 了解返滴定法的应用和结果的计算方法。
3. 了解控制溶液的酸度、温度和滴定速度在配合滴定中的重要性。
4. 了解磺基水杨酸、PAN 指示剂在滴定铁、铝中的应用及终点的变化。

【预习要点】

1. 查阅相关文献了解铁、铝及其化合物的性质。
2. 配合返滴定法的应用。
3. 磺基水杨酸、PAN 的特点及适用范围。

【实验原理】

铁、铝是重要的常见元素，在许多矿物、岩石以及某些工业产品，例如水泥、玻璃中常常是共存的，而且是主要的测定项目。

Fe^{3+}、Al^{3+} 都能与 EDTA 形成稳定的配合物，但是其稳定性相差很大（$lgK_{FeY^-}=25.1$，$lgK_{AlY^-}=16.13$），因此，可控制不同的酸度进行连续滴定，以测定铁、铝的含量。

铁的测定

调节溶液的 pH＝2～2.5，以磺基水杨酸为指示剂，用 EDTA 标准溶液滴定 Fe^{3+}（共存的 Al^{3+} 不干扰）至溶液由紫红色转变为亮黄色（当 Fe^{3+} 量少时为无色）即为终点。其反应式可表示如下：

$$H_2Y^{2-}+FeHIn^- \Longrightarrow FeY^-+HIn$$
$$\text{红紫色} \qquad \text{黄色} \quad \text{无色}$$

试液的 pH 值应控制在 2～2.5，pH 值太低，结果偏低；pH 值太高，Fe^{3+} 生成部分棕红色氢氧化物［如 $Fe(OH)_3$ 等］，往往无滴定终点，共存的 Ti^{4+}、Al^{3+} 的影响也显著增加。

当铁含量较高时（Fe_2O_3 在 40mg 以上）滴定效果不好。实验证明，Fe_2O_3 的含量以不超过 30mg 为宜。

大量 Ca^{2+}、Mg^{2+} 的存在不干扰 Fe^{3+} 的测定。

铝的测定

由于 Al^{3+} 与 EDTA 配合反应速度很慢，通常采用返滴定法。即在试液中加入过量的 EDTA 标准溶液后，调节溶液的 pH 值至 4.3，加热煮沸，使 Al^{3+} 与 EDTA 定量反应。然后以 PAN 为指示剂，用 $CuSO_4$ 标准溶液回滴过量的 EDTA 标准溶液，当溶液由黄色经绿色突变为紫红色即为终点。根据实际与 Al^{3+} 反应的 EDTA 的量计算 Al_2O_3 的含量。其反应式可表示如下：

$$Al^{3+}+H_2Y^{2-} \Longrightarrow AlY^-+2H^+$$
$$Cu^{2+}+H_2Y^{2-} \Longrightarrow CuY^{2-}+2H^+$$
$$\text{蓝色}$$

滴定终点时：

$$Cu^{2+}+PAN \longrightarrow Cu\text{-}PAN$$
$$\text{黄色} \qquad \text{深红色}$$

由于溶液中蓝色 CuY^{2-} 的存在，所以终点呈紫红色。但应注意，终点颜色与 EDTA 和 PAN 指示剂的量有关，如 EDTA 过量多而 PAN 加入量较少时，终点可能是绿色、蓝色、

蓝紫色；EDTA 过量少而 PAN 加入量较多时，终点可能是紫色、紫红色、红色。实验表明，若 EDTA 和 $CuSO_4$ 的浓度均为 $0.015\sim0.02mol/L$，在 100mL 溶液中 EDTA 过量 $10\sim15mL$ 为适宜。如 PAN 指示剂的量又较为适当，则终点颜色为紫红色。

PAN 指示剂及 Cu-PAN 配合物在水中溶解度很小，为增大其溶解度以获得明显的终点，需在热溶液中滴定。

【仪器与试剂】

分析天平及常规玻璃仪器；Fe^{3+}、Al^{3+} 混合试液；氨水：$(1+1)$；HCl：$(1+1)$；HAc-NaAc 缓冲溶液(pH=4.3)：将 32g 无水 NaAc 溶于适量纯水中，加 50mL 冰醋酸，用水稀释至 1L；磺基水杨酸【97-05-2】指示剂：10％水溶液；PAN【85-85-8】指示剂：0.2％的乙醇溶液。

【实验步骤】

1. 0.02mol/L EDTA 溶液配制及浓度的标定（同实验 48）

2. $CuSO_4$ 标准溶液（0.02mol/L）

准确称取基准 $CuSO_4\cdot5H_2O$ 试剂 $0.45\sim0.50g$ 于 100mL 烧杯中，加少量水溶解后，定量转移入 100mL 容量瓶中，用水稀释至刻度并摇匀。根据所称的质量计算 $CuSO_4$ 溶液的准确浓度。当无基准 $CuSO_4\cdot5H_2O$ 时，可通过步骤 5 确定 $CuSO_4$ 溶液的浓度。

3. Fe^{3+} 的测定

用移液管准确吸取 25.00mL 试液于锥形瓶中，加纯水 50mL，逐滴滴加 $(1+1)$ 氨水至略有黄色浑浊，再小心滴加 $(1+1)$ HCl 溶液至浑浊刚消失，再过量 5 滴（此时溶液的 pH 值约为 2）。加热至 $60\sim70℃$（瓶口有热气冒出，手接触瓶颈刚感烫手，切不可煮沸！）取下，加 $5\sim8$ 滴磺基水杨酸指示剂，用 EDTA 标准溶液滴定。开始溶液呈红紫色，滴定速度宜稍快。当溶液呈浅红色时，滴定速度应放慢；当呈橙色时，每加 1 滴要用力摇动，观察颜色变化，并适当加热，再摇动之，至溶液突变为黄色即为终点。平行测定三份。

4. Al^{3+} 的测定

在上述滴定 Fe^{3+} 后的溶液中，由滴定管准确加入 30mL 左右的 EDTA 标准溶液，记下读数（V_1），摇匀，加热至 $80\sim90℃$。取下，加 pH=4.3 的 HAc-NaAc 缓冲溶液 15mL，煮沸 $2\sim3min$。取下，放置 3min，至溶液温度为 $80\sim85℃$，加 $4\sim5$ 滴 0.2％PAN 指示剂溶液，用 $CuSO_4$ 标准溶液滴定，开始时，溶液为黄色，随着 $CuSO_4$ 标准溶液的加入，颜色逐渐变绿色并加深，直至再加入 1 滴突变为紫红色即为终点，记下读数（V_2）。

5. EDTA 标准溶液与 $CuSO_4$ 标准溶液的体积比值的测定

从滴定管中放出 20.00mL 的 EDTA 标准溶液于锥形瓶中，加纯水 100mL，加 pH=4.3 的 HAc-NaAc 缓冲溶液 10mL，加热至沸，取下稍冷后，加 $4\sim5$ 滴 PAN 指示剂，以 $CuSO_4$ 标准溶液滴定至紫红色即为终点。平行测定三份，求出两种溶液的体积比：

$$K=V/V'$$

式中，V 和 V' 分别为 EDTA 溶液和 $CuSO_4$ 溶液的体积。

由滴定 Fe^{3+} 消耗 EDTA 标准溶液的体积及浓度计算试液中铁含量。

由测定 Al^{3+} 时加入 EDTA 标准溶液的体积 V_1 及回滴时 $CuSO_4$ 标准溶液的体积 V_2，以及标准 EDTA 溶液浓度和体积比 K 值计算试样中铝含量。

【注意事项】

1. 滴定 Fe^{3+} 时溶液温度以 $60\sim70℃$ 为宜，这样终点较明显。温度低于 $50℃$，则因反应慢而易滴过终点；温度高于 $70℃$，共存的 Al^{3+} 亦可被滴定。加热溶液时要防止煮沸。

2. 测定铁、铝用同一份试液，故铁测定的准确与否对铝影响很大。磺基水杨酸与 Al^{3+} 也会有配合作用，故不易加多，否则会引起误差（铝含量结果偏低）。

3. Al^{3+} 含量测定时应先进行一次粗略滴定，EDTA 溶液过量的量以 15～20mL 为宜。

4. PAN 指示剂的加入量应适当，否则得不到明显的紫红色终点。滴定温度不低于 80℃，滴定终了时，在 70℃ 左右为宜，否则终点变化不明显或不稳定。

【思考题】

1. 在 Fe^{3+}、Al^{3+} 等离子共存下，用 EDTA 法测定 Al^{3+} 含量是怎样避免 Fe^{3+} 的干扰？

2. 本实验为什么要严格控制溶液的酸度和温度？怎样控制？滴定速度对测定 Fe^{3+} 结果有无影响？

3. 测定铝时为什么要注意 EDTA 标准溶液的加入量？以加入多少为宜？

4. 滴过 Fe^{3+} 的溶液连续滴定其中的 Al^{3+} 时，可否先提高到 pH 值为 4 再加过量 EDTA 标准溶液？为什么？

5. 测定 Al^{3+} 时控制溶液 pH＝4.3 左右，如过高或低对测定有何影响？

6. 返滴定法对结果的计算与直接滴定法有什么不同？

实验 51　铅、铋混合液中 Pb^{2+}、Bi^{3+} 的连续测定

【实验目的】

1. 通过实验了解配合滴定中控制溶液酸度的重要性，进而掌握配合滴定理论。

2. 巩固和掌握配合滴定的操作技术，以及二甲酚橙指示剂的应用和终点的判定方法。

【预习要点】

1. 铅、铋的性质（参见元素无机化学教材相关内容）。

2. 混合离子用控制酸度的方法分别滴定的条件。

3. EDTA 滴定金属离子所允许的最低、最高酸度。

4. XO 指示剂的使用（见附录）。

【实验原理】

铅、铋是常见的重要元素，由于二者均能与 EDTA 形成稳定的配合物，且稳定性相差很大（$lgK_{BiY^-}＝27.94$，$lgK_{PbY^{2-}}＝18.04$），所以可以利用酸效应，控制溶液的不同酸度，在一份溶液中进行连续测定，用二甲基酚橙（XO）作指示剂在 pH＝1 时滴定 Bi^{3+}；pH＝5～6 时滴定 Pb^{2+}。

先调节混合溶液的 pH 值为 1，加入的 XO 指示剂与 Bi^{3+} 作用生成红色配合物，用 EDTA 标准溶液滴定至溶液由红色变为黄色即为 Bi^{3+} 终点。在滴定 Bi^{3+} 后的溶液中，加入六亚甲基四胺，以调节溶液的 pH＝5～6，此时 Pb^{2+} 与 XO 作用生成红色配合物。溶液又呈现红色，然后再用 EDTA 标准溶液滴定至溶液由紫红色变为黄色即为 Pb^{2+} 的终点。

【仪器与试剂】

分析天平及常规玻璃仪器；六亚甲基四胺：20%；HCl 溶液：（1＋1）；HNO_3 溶液（0.1mol/L）；NaOH 溶液（0.1mol/L）；XO 指示剂：0.2% 水溶液；Pb^{2+}、Bi^{3+} 混合试液。

【实验步骤】

1. EDTA 溶液的配制及标定

使用实验 47 中剩余的溶液或以相同的方法再配制 300mL。

2. 试液的分析

用 25mL 移液管吸取混合液❶于 250mL 锥形瓶中，用 0.1mol/L NaOH 和 0.1mol/L HNO_3 调节混合液的酸度至 pH≈1，加 10mL 0.1mol/L HNO_3，1～2 滴 0.2% XO 指示剂，

---

❶　如果试样为铅铋合金，可准确称取 0.15～0.18g 试样，加 2mol/L HNO_3，微热溶解后构成 100mL 试液。

用 EDTA 标准溶液滴定至终点。平行测定三份。

在滴定 Bi^{3+} 后的溶液中，滴加 20％六亚甲基四胺至溶液出现稳定红色后，再过量 5mL，此时溶液的 pH 值为 5～6，继而用 EDTA 标准溶液滴定至终点。

计算混合液中 Pb^{2+}、Bi^{3+} 的物质量浓度。

【注意事项】

1. 调节溶液 pH 值为 1 时，只能将 pH 试纸放在锥形瓶内壁上检查，不能用玻璃棒蘸取混合液于 pH 试纸上。

为了避免检验时试液被 pH 试纸带出而引起损失，可先以一份溶液做调节试验，再按所加入 NaOH 的量调节溶液的 pH 值（不再用 pH 试纸检验）后，进行滴定。

2. 测定 Bi^{3+} 时，若酸度过低，Bi^{3+} 将水解产生白色浑浊，滴定至终点附近时，溶液有回红现象，即终点过早到达，此时将溶液放置片刻，继续滴定至透明的黄色即为终点。

3. 测定铅、铋用同一份混合液，滴定铋的准确与否对铅的影响很大，故要特别小心。

【思考题】

1. 本实验中所用 EDTA 标准溶液的浓度是以 $CaCO_3$ 基准物标定为准，还是以纯锌标定结果为准？为什么？

2. Pb^{2+}、Bi^{3+} 混合液的连续滴定，是否可以先在 pH＝5～6 的溶液中测定 Pb^{2+}、Bi^{3+} 的含量，然后再调节溶液 pH＝1 时测定 Bi^{3+} 的含量？为什么？

3. 用金属锌标定 EDTA 溶液时，以铬黑 T 作指示剂，为什么要加入氨性缓冲溶液？以二甲酚橙作指示剂时，为什么要使用六亚甲基四胺溶液？

实验 52　水样总硬度的测定

【实验目的】

1. 了解水硬度的概念、测定的意义及其表示方法。

2. 理解 EDTA 测定水中钙、镁含量的原理和方法，包括酸度控制和指示剂的选择。

3. 了解测定过程中加入 Mg-EDTA 的作用及其对测定结果的影响。

【预习要点】

1. 水硬度表示方法（参见水质分析方面文献）。

2. 提高指示剂变色灵敏度的方法。

3. 掩蔽剂及使用条件。

【实验原理】

水的硬度系指水沉淀肥皂的程度。使肥皂沉淀的原因主要是水中存在的钙、镁离子，此外，钡、铁、锰、锶、锌等金属离子也有同样的作用。硬水需要大量肥皂才会产生泡沫。水中硬度的主要天然来源是沉积岩、地下渗流及土壤冲刷中的溶解性多价态金属离子。主要离子是钙离子和镁离子，存在于许多水成岩中。最常见的是石灰石和白垩。现在习惯上把总硬度定义为钙、镁浓度的总和，我国以每升水中碳酸钙的质量（mg）（GB 5749—2006《生活饮用水卫生标准》）表示。硬度是由一系列溶解性多价态的金属离子形成的。硬度低于 60mg $CaCO_3$/L 的水通常被认为是软水。硬度还可以根据阴离子划分成为碳酸盐硬度（暂时硬度）和非碳酸盐（永久硬度）硬度。

天然水源中含钙高达 100mg/L，一般不超过 200mg/L。水源中镁含量很少有超过 10mg/L 的，通常以钙硬度为主。钙几乎可从所有岩石中溶出，在所有水中都可检出。与花岗岩或硅质土接触的水含钙低于 10mg/L，来自石灰石地区的水含钙 30～100mg/L，与含石膏的油页岩接触的水每升可含钙数百毫克。镁也是地壳中相当丰富的元素，系天然水中常见的成分。流经花岗岩或硅砂的水，含镁量小于 5mg/L；流经白云石或富镁石灰石的水，每升含镁 10～15mg，而接触含硫酸镁或氯化镁沉淀物的水，每升可含镁数百毫克。

镁盐有较强的苦味，最小的苦味味阈值浓度为 150mg/L Mg^{2+}。钙离子的味阈值范围是 100～300mg/L，具体值取决于与其结合的阴离子。总体来说，Ca^{2+}、Mg^{2+} 会使水的味道发苦。水中硬度超过 200mg/L 时在管网中会引起一定程度的沉淀。并容易造成锅炉结垢。硬度低于 100mg/L 的软水，会增加管道的腐蚀，导致水中含有重金属，如钙、铜、铅和锌。

WHO 的文献中认为没有令人信服的证据说明水中硬度对人体有不良影响。在考虑了气候、社会经济因素以及风险因素如高血压、抽烟、高血脂之后，有文献表明饮用水硬度与心血管疾病之间关联性存在较弱的负相关关系。当然，这些结果的意义尚不清楚。

我国生活饮用水卫生标准（GB 5749—2006）中规定饮用水硬度（以 $CaCO_3$ 计）不得超过 450mg/L。硬度的表示方法，除 mg/L 外，还有德国度（H°）：$1H° = 10mg/L\ CaO$。

总硬度的测定方法是以铬黑 T（EBT）为指示剂的配合滴定法。在 pH6.3～11.3 的水溶液中，铬黑 T 本身呈蓝色，它与钙、镁离子形成的配合物为红色，滴定至由紫变蓝为终点。铬黑 T 与 Mg^{2+} 的配合物较其与 Ca^{2+} 的配合物稳定，如果水样中没有或含极少 Mg^{2+}，则终点变色不够敏锐，这时应加入少许 MgY 溶液。

水样中若含有其他干扰离子，可选用掩蔽方法消除干扰。

【仪器与试剂】

常规玻璃仪器；EDTA 溶液：同实验 47；EBT 指示剂（1% 的三乙醇胺-无水乙醇溶液）：称 1g EBT，加入三乙醇胺 25mL 和无水乙醇 75mL，溶解、混匀；(1+1)HCl；三乙醇胺溶液（1+2）；2% Na_2S 溶液。

氨性缓冲溶液：pH≈10，称取 20g NH_4Cl，溶解后，加 100mL 浓氨水，加下述 Mg^{2+}-EDTA 盐的全部溶液，用水稀至 1L。

Mg^{2+}-EDTA 盐溶液的配制：称取 0.25g $MgCl_2·6H_2O$ 于 100mL 烧杯中，加少量水溶解后转入 100mL 容量瓶中，用水稀释到刻度，摇匀。用干燥的移液管移取 50.00mL 溶液，加 5mL pH≈10 的氨性缓冲溶液、4～5 滴 EBT 指示剂，用 0.1mol/L EDTA 溶液滴定至溶液由红变为蓝色，即为终点。取此同量的 EDTA 溶液加入容量瓶剩余的镁溶液中，即成 Mg^{2+}-EDTA 盐。将此溶液全部倾入上述缓冲溶液中。

【实验步骤】

1. EDTA 溶液的配制及标定

使用实验 47 中剩余的溶液或以相同的方法再配制 300mL。

准确称取 0.45～0.50g $CaCO_3$ 于 250mL 烧杯中，用少量水润湿后盖上表面皿，缓慢滴加 3～5mL(1+1)HCl 溶液。将溶液转入 250mL 容量瓶中，用水稀释至刻度，摇匀。

用 25mL 移液管移取如上溶液于 250mL 锥形瓶中，加 3mL 三乙醇胺、10mL pH≈10 的氨性缓冲溶液及 2～3 滴 EBT 指示剂，用所配制的 EDTA 溶液滴定至溶液颜色由红色变为蓝色即为终点。平行测定三份。计算 EDTA 溶液的浓度。

2. 水硬度的测定

用 100mL 移液管吸取自来水样于 250mL 锥形瓶中，加入 1～2 滴 HCl 使试液酸化。煮沸数分钟除去 CO_2。冷却后，加 3mL 三乙醇胺溶液，5mL pH≈10 的氨性缓冲溶液，1mL Na_2S 溶液以掩蔽金属离子，1～2 滴 EBT 指示剂，立即用 EDTA 标准溶液滴定至溶液由红色变为蓝色即为终点。平行测定三份。计算水样的总硬度，以 H°和 mg/L 表示结果。

【注意事项】

1. 氨性溶液中，$Ca(HCO_3)_2$ 含量高时，会析出 $CaCO_3$ 沉淀，影响终点观察，所以要加入 HCl 酸化水样，这样一是使溶液 pH<4，以便煮沸除去 CO_2，二是使金属离子羟基配合物分解。

2. 三乙醇胺可掩蔽 Fe^{3+}、Al^{3+}，其中的杂质会局部封闭 EBT 指示剂，造成终点"返红"现象，据此，有资料认为三乙醇胺与 K-B 指示剂配合用较好，最好不与 EBT 同时使用。三乙醇胺一定要在酸性介质中加入，然后再加缓冲溶液。

3. 应先检查实验所用纯水中是否含有 Ca^{2+}、Mg^{2+}。方法是取 100mL 纯水加 10mL 氨性缓冲溶液及 1 滴 EBT 指示剂，若溶液呈蓝色，则无 Ca^{2+}、Mg^{2+}；若呈红色则应做空白试验。为后者时在判断终点所加入半滴 EDTA 不可采取用纯水冲瓶壁的方法，否则无法判断终点的到达；而要采取倾斜瓶壁将其带入瓶内的方法。

4. 水样中暂时硬度不大时，可不加 HCl 酸化，Cu^{2+}、Pb^{2+} 等离子较少时，不影响测定，可不必加 Na_2S。

【思考题】

1. 测定水的硬度时，介质中的 Mg-EDTA 盐的作用是什么？对测定有无影响？

2. 已知水质分类是：$0\sim4H°$ 为很软的水；$4\sim8H°$ 为软水；$8\sim16H°$ 为中等硬水；$16\sim30H°$ 为硬水。你的结果属何种类型？

实验 53　石灰石或白云石中钙、镁含量的测定

【实验目的】

1. 练习用酸溶样的方法。
2. 掌握配合滴定法测定石灰石或白云石中钙、镁含量的方法。
3. 熟悉混合指示剂作用特点和配合滴定操作技术。

【预习要点】

1. HCl 溶解矿石的操作要领。
2. 沉淀掩蔽法的应用。
3. 混合指示剂。
4. 缓冲溶液的选择。

【实验原理】

石灰石或白云石是一种碳酸盐岩石，主要成分为 $CaCO_3$ 和 $MgCO_3$，含有少量的 Fe、Al、Si 等杂质，通常用酸溶样后，可不经分离直接使用标准的 EDTA 溶液进行滴定。滴定时用酸性铬蓝 K 作指示剂，在化学计量点前，酸性铬蓝 K 与 Ca^{2+}（Mg^{2+}）生成红色的配合物，化学计量点时游离的指示剂使溶液呈现蓝色。为了使终点颜色的变化敏锐，将其与惰性染料萘酚绿 B 混合使用。终点前后的颜色变化由红色到蓝绿色。此混合指示剂简称 K-B 指示剂。

首先在 pH＝10 时用 EDTA 标准溶液滴定 Ca^{2+}、Mg^{2+} 总量，然后另取一份试液，调节溶液 pH＞12，使 Mg^{2+} 生成 $Mg(OH)_2$ 沉淀，用 EDTA 单独滴定 Ca^{2+}。由于白云石中镁含量较高，生成的 $Mg(OH)_2$ 沉淀量较大，则产生对 Ca^{2+} 的吸附，影响 Ca^{2+} 的测定结果，为此须加入保护胶糊精，来消除吸附现象。

若石灰石或白云石试样的成分复杂，则需经分离后才能进行上述滴定。

【仪器与试剂】

NH_3-NH_4Cl 缓冲溶液：称取 67g 固体 NH_4Cl 溶于少量水中，加 570mL 浓氨水，用水稀释到 1L，即可得 pH＝10 的缓冲液。K-B 指示剂：称取 0.2g 酸性铬蓝 K 和 0.5g 萘酚绿 B 于小烧杯中，加水溶解后稀释至 100mL 即可。三乙醇胺（1＋2）；糊精溶液（5％）：称取 5g 糊精溶于 100mL 沸水中，摇匀冷却后备用。临时配用，久置后易变质。（1＋1）HCl 溶液；20％NaOH 溶液。

$CaCO_3$ 基准物质：将基准 $CaCO_3$ 置于 120℃烘箱中烘 2h，稍冷后置于干燥器中冷却至室温，备用。

【实验步骤】

1. EDTA 溶液的配制及标定

用实验 47 的方法配制 EDTA 溶液 500mL。

准确称取 0.45～0.50g CaCO₃ 于 250mL 烧杯中，用少量水润湿后盖上表面皿，缓慢滴加 3～5mL(1+1)HCl 溶液，使其完全溶解。将溶液转入 250mL 容量瓶中，加水稀释至刻度，摇匀。

用 25mL 移液管移取如上溶液于 250mL 锥形瓶中，加 5mL(1+2) 三乙醇胺、10mL pH=10 的氨性缓冲溶液及 2～3 滴 K-B 指示剂，用所配制的 EDTA 溶液滴定至终点。平行测定三份。计算 EDTA 溶液的浓度。

2. 试样分析

准确称取 0.5g 白云石（或石灰石）试样，配制 250mL 试液，方法同上所述 CaCO₃ 标准溶液的配制方法。

用 25mL 移液管吸取试液于 250mL 锥形瓶中，同上述标定 EDTA 溶液浓度的操作，所消耗 EDTA 的体积记录为 V_1(mL)。平行测定三份。

用 25mL 移液管另吸取试液于 250mL 锥形瓶中，加 20～30mL 水，加 10mL 5% 的糊精，5mL(1+2) 三乙醇胺溶液摇匀，再加 10mL 20% 的 NaOH 溶液及 1～2 滴 K-B 指示剂。用 EDTA 标准溶液滴至终点。记录 EDTA 的耗用量为 V_2(mL)。平行测定三份。

根据下列公式计算试样中 CaO 和 MgO 的含量：

$$w_1 = \frac{c \times V_2 \times 56.08}{m \times 1000}$$

$$w_2 = \frac{c \times (V_1 - V_2) \times 40.30}{m \times 1000}$$

式中，w_1 和 w_2 分别为 CaO 和 MgO 的质量分数；c 为 EDTA 标准溶液的浓度，mol/L；V_1 和 V_2 均为 EDTA 标准溶液的体积，mL；m 为试样的质量的 1/10，g。

【注意事项】

1. 用 (1+1)HCl 溶解试样时，要用滴管沿烧杯壁慢慢加入，防止反应剧烈而使试液溅出。如果试样成分复杂，经溶解后，需在试液中加入六亚甲基四胺和铜试剂（sodium diethyldithiocarbamate，二乙基二硫代氨基甲酸钠盐，DDTC）【148-18-5】，使 Fe^{3+}、Al^{3+} 和重金属离子同时沉淀除去后，滤液方可按实验方法进行测定。

2. 滴定钙分量时，试液中存在 $Mg(OH)_2$ 沉淀，虽然加入了糊精来保护钙，但在临近终点时，滴定速度要缓慢，而且要充分摇动锥形瓶。

3. 为减少误差，最好是标定和测定在同样条件下进行，并且用待测离子对应的基准物标定则更佳。如测锌含量时，则需用纯锌进行标定。而本实验采用 CaCO₃ 基准物质标定 EDTA。

【思考题】

1. 用三乙醇胺掩蔽 Fe^{3+}、Al^{3+} 对介质的酸碱性有何要求？为什么？

2. 糊精可否不加？何时可以不加？

3. 为什么试样分解时是用一次称样，分取试液滴定的操作？能否分别称取试样若干份，进行滴定分析？

4. 配合滴定中为什么一般需采用缓冲溶液？本实验测定 Ca^{2+}、Mg^{2+} 时，为什么要使用两种缓冲溶液？

2.8.2.5　氧化-还原滴定法

氧化-还原滴定法（redox titration）是以氧化-还原反应为基础的滴定分析法。在氧化-还原反应中，随着物质氧化态的变化，物质结构（包括电子层结构）也将发生变化，反应机理比较复杂，影响因素较多，多数反应速率较慢。但是用于滴定分析的化学反应，不但要求在热力学上是可行的，而且还应具有一定的反应速率，即在动力学上也应该是可以完成的。

氧化-还原滴定法按其所应用滴定剂的不同可分为多种方法。由于还原剂易被空气氧化而改变浓度，故滴定剂大多是氧化剂，所以氧化-还原滴定方法通常以氧化剂来命名，主要有高锰酸钾法（permanganate titration）、重铬酸钾法（dichromate titration）、碘量法（iodimetry 或 iodometry）、溴酸钾法（bromometry）和铈量法（creimetry）等。这些方法各有其特点和应用范围，使用时可根据实际情况选用。

（1）高锰酸钾法

$KMnO_4$ 是一种强氧化剂，它的氧化能力和还原产物与溶液的酸度有关。

在强酸性熔液中，MnO_4^- 被还原成 Mn^{2+}：

$$MnO_4^- + 8H^+ + 5e = Mn^{2+} + 4H_2O \qquad \varphi^\ominus = 1.51V$$

在 $H_2P_2O_7^{2-}$ 或 F^- 存在下，不稳定的 $Mn(II)$ 可形成稳定的配离子，此时 MnO_4^- 可被还原成 $Mn(III)$：

$$MnO_4^- + 3H_2P_2O_7^{2-} + 8H^+ + 4e = Mn(H_2P_2O_7)_3^{3-} + 4H_2O \qquad \varphi^\ominus = 1.7V$$

酸度降低时，$KMnO_4$ 的氧化能力减弱。在弱酸性、中性或弱碱性溶液中，MnO_4^- 被还原成 MnO_2：

$$MnO_4^- + 2H_2O + 3e = MnO_2\downarrow + 4OH^- \qquad \varphi^\ominus = 0.57V$$

在强碱性溶液中（NaOH 溶液浓度大于 2mol/L），MnO_4^- 可与很多有机物反应，被还原成 MnO_4^{2-}：

$$MnO_4^- + e = MnO_4^{2-} \qquad \varphi^\ominus = 0.56V$$

在近中性溶液中，因反应产物为棕色的 MnO_2 沉淀，妨碍终点观察，故较少使用。用 $KMnO_4$ 氧化有机物时，由于在强碱性条件下反应速率比在酸性条件下更快，所以也用 $KMnO_4$ 在碱性溶液中测定有机物。但 MnO_4^{2-} 不稳定，易歧化成 MnO_4^- 和 MnO_2；加入 Ba^{2+} 后由于生成了 $BaMnO_4$ 沉淀，可使其稳定在 $Mn(VI)$ 状态。

由于在强酸性溶液中 $KMnO_4$ 具有更强的氧化能力，因此一般都在强酸性条件下使用。可以直接测定 $As(III)$、$Sb(III)$、Fe^{2+}、H_2O_2、NO_2^-、$C_2O_4^{2-}$ 等。从平衡方面考虑，MnO_4^- 和 Mn^{2+} 在溶液中不能共存。但在用 $KMnO_4$ 作滴定剂时，一则酸性溶液中二者反应速率较慢，二则终点前 MnO_4^- 浓度极低，因此该滴定得以进行。反之，若是以还原剂（Fe^{2+}）滴定 MnO_4^-，滴定一旦开始，剩余 MnO_4^- 与 Mn^{2+} 都是大量的，它们会反应产生 MnO_2。而 MnO_2 与还原剂反应慢，且终点不易观察，因此不能用还原剂滴定 MnO_4^-。实际测定 MnO_4^- 时是采用返滴定法，即先加过量还原剂，将 MnO_4^- 还原成 Mn^{2+}，再以 $KMnO_4$ 标准溶液滴定过量的还原剂。

酸化时为了防止诱导氧化 Cl^- 的反应发生，故通常采用硫酸。

$KMnO_4$ 法的优点是：氧化能力强，可以直接、间接地测定多种无机物和有机物；且 MnO_4^- 本身有颜色，一般滴定无需另加指示剂。缺点：标准溶液不够稳定；由于反应历程较复杂，易发生副反应；其氧化能力强，滴定的选择性也差。但若标准溶液配制、保存得当，滴定时严格控制条件，上述缺点大多可以克服。

一般的 $KMnO_4$ 试剂常含有少量杂质，需采用间接法配制 $KMnO_4$ 溶液，再用 $H_2C_2O_4 \cdot 2H_2O$、$Na_2C_2O_4$、$FeSO_4 \cdot (NH_4)_2SO_4 \cdot 6H_2O$、纯铁丝等作基准物标定其浓度。其中 $Na_2C_2O_4$ 不含结晶水，容易提纯，性质稳定，最为常用。当用 $Na_2C_2O_4$ 标定时，要注意溶液的温度、酸度，还应注意滴定速率与反应速率相适应。

标定时反应为：

$$2MnO_4^- + 5C_2O_4^{2-} + 16H^+ = 2Mn^{2+} + 10CO_2 + 8H_2O$$

标定时要注意以下条件。

① 温度。因在室温下此反应很慢，需加热至 $70\sim80℃$ 滴定，结束时也不低于 $60℃$。但温度超过 $90℃$，$H_2C_2O_4$ 要部分分解：

$$H_2C_2O_4 = CO_2 + CO + H_2O$$

导致标定结果偏高。

② 酸度。保持足够的酸度，滴定开始时硫酸浓度以 $0.5\sim1mol/L$ 为宜。酸度太低会产生 $Mn(OH)_2$ 沉淀，酸度太高会促进 $H_2C_2O_4$ 的分解。

③ 滴定速率。开始滴定时速率不宜太快。因开始滴定时，MnO_4^- 与 $C_2O_4^{2-}$ 的反应速率很慢，如果滴定太快，来不及和 $C_2O_4^{2-}$ 反应就在热的酸性溶液中发生分解而导致结果偏低。

$$4MnO_4^- + 12H^+ = 4Mn^{2+} + 5O_2 + 6H_2O$$

Mn^{2+} 对滴定反应有催化作用，故滴定前加几滴 $MnSO_4$，滴定一开始反应就会快速。

注意：标定好的 $KMnO_4$ 溶液，不能长久使用，如果发现有 MnO_2 沉淀析出，就应重新过滤和标定。

$KMnO_4$ 法在酸性介质中可直接测定 H_2O_2 含量。

间接法测定 Ca^{2+}。基本原理是使 Ca^{2+} 与 $C_2O_4^{2-}$ 反应生成难溶的草酸盐沉淀，将沉淀滤出并洗净后溶于稀 H_2SO_4 中，然后用 $KMnO_4$ 标准溶液滴定与 Ca^{2+} 相当的 $C_2O_4^{2-}$，根据所用 $KMnO_4$ 的物质的量计算试样中钙的含量。

一些不能直接用 $KMnO_4$ 溶液滴定的物质，可以用返滴定法测定。

（2）重铬酸钾法

重铬酸钾是常用氧化剂的一种，在酸性溶液中 $Cr_2O_7^{2-}$ 被还原为 Cr^{3+}：

$$Cr_2O_7^{2-} + 14H^+ + 6e = 2Cr^{3+} + 7H_2O \qquad \varphi^\ominus = 1.33V$$

$Cr_2O_7^{2-}$ 的氧化能力不如 MnO_4^-，故 $K_2Cr_2O_7$ 法可以测定的物质不如 $KMnO_4$ 法广泛。但 $K_2Cr_2O_7$ 容易提纯，在 $150\sim180℃$ 干燥 2h 后即可以作为基准物质直接称量配成标准溶液。而且配成的 $K_2Cr_2O_7$ 标准溶液非常稳定，数十年浓度值不变，可以长期保存。

K_2CrO_7 氧化能力比 $KMnO_4$ 弱，但选择性比较高。在 HCl 浓度低于 $3mol/L$ 时，$Cr_2O_7^{2-}$ 不氧化 Cl^-，故用 $K_2Cr_2O_7$ 滴定 Fe^{2+} 可以在 HCl 介质中进行。$Cr_2O_7^{2-}$ 的还原产物 Cr^{3+} 呈绿色，常采用二苯胺磺酸钠作指示剂。

铁矿石中全铁含量的测定是 $K_2Cr_2O_7$ 法应用的典型代表。

$K_2Cr_2O_7$ 与 Fe^{2+} 的反应可逆性强、速率快，计量关系好，无副反应发生，指示剂变色明显。因此可利用 $Cr_2O_7^{2-}$-Fe^{2+} 反应测定其他物质。

① 测定氧化剂。如 NO_3^- 等被还原的反应速率较慢，可加入过量的 Fe^{2+} 标准溶液，待反应完全后，用 $K_2Cr_2O_7$ 标准溶液返滴定剩余的 Fe^{2+}，即可求得 NO_3^- 含量。

② 测定还原剂。如测定水的污染程度。水中的还原性无机物和低分子的直链化合物大部分都能被 $K_2Cr_2O_7$ 氧化，称为水的化学需氧量的测定。其方法是：在酸性溶液中，以 Ag_2SO_4 为催化剂，加入过量 $K_2Cr_2O_7$，反应后以邻二氮菲亚铁为指示剂，用 Fe^{2+} 标准溶液滴定之。

③ 测定非氧化、还原性物质。如 Pb^{2+}（或 Ba^{2+}）等，先沉淀为 $PbCrO_4$，沉淀过滤、洗涤后溶解于酸中，以 Fe^{2+} 标准溶液滴定 $Cr_2O_7^{2-}$，从而间接求出 Pb^{2+} 含量。

（3）碘量法

利用 I_2 的氧化性和 I^- 的还原性进行滴定的方法称为碘量法。由于固体 I_2 在水中的溶解度很小且易挥发，通常将 I_2 溶于 KI 溶液中，此时它以 I_3^- 形式存在，I_3^-/I^- 电对的半反应为：

$$I_3^- + 2e = 3I^- \qquad \varphi^\ominus = 0.545V$$

　　标准电位高低适中，I_2 是较弱的氧化剂，能与较强的还原剂如 $S_2O_3^{2-}$、As（Ⅲ）、Sn（Ⅱ）、维生素 C 等作用。I^- 是中等强度的还原剂，能与许多氧化剂如 MnO_4^-、$Cr_2O_7^{2-}$、H_2O_2、Fe^{3+}、Cu^{2+} 等反应。前者利用 I_2 的氧化性可用 I_2 标准溶液直接滴定还原剂，称为直接碘量法（或碘滴定法，iodimetry）。后者利用 I^- 的还原性将 I^- 与氧化剂反应定量析出 I_2，然后用 $Na_2S_2O_3$ 标准溶液滴定 I_2，从而间接地测定这些氧化性物质，称为间接碘量法（或滴定碘法，iodometry）。其中以间接碘量法应用最广，通常讲碘量法主要是指间接碘量法。

　　碘量法的优点是：测定对象十分广泛，既可测定氧化剂又可测定还原剂；I_3^-/I^- 电对可逆性好，副反应少，其电位在很大 pH 值范围内（pH<9）不受酸度和其他配位剂的影响，所以在选择测定条件时，只要考虑被测物质的性质；用可溶性淀粉作指示剂，其与 I_2 生成深蓝色的吸附化合物，而且这种颜色反应是可逆的，很灵敏。必须注意在间接碘量法中淀粉指示剂应在近终点前才加入，因为有大量 I_2 存在时，淀粉与 I_2 生成的吸附化合物会吸留部分 I_2，这部分 I_2 不易与 $Na_2S_2O_3$ 反应，致使终点提前且不明显会给滴定带来误差。

　　在碘量法（主要指间接碘量法）中，误差主要来源有两个：I_2 的挥发和 I^- 被空气氧化。

　　为防止 I_2 的挥发应加入过量 KI（一般比理论值大 2～3 倍，浓度至少应为 2%）使 I_2 形成 I_3^-，反应时溶液温度不能高，一般在室温下进行。析出 I_2 的反应应在带塞的碘量瓶中进行，反应完全后应立即滴定，滴定时摇动不要太剧烈。

　　为防止 I^- 被空气氧化应事先除去 Cu^{2+}、NO_2^- 等杂质，并把析出 I_2 的反应瓶置于暗处，因光对 O_2 氧化 I^- 有催化作用。另外析出 I_2 的反应完全后，应立即用 $Na_2S_2O_3$ 滴定，滴定速率也适当快些。

　　碘量法中最重要的反应是 $Na_2S_2O_3$ 与 I_2 的反应：

$$I_2 + 2S_2O_3^{2-} =\!=\!= 2I^- + S_4O_6^{2-}$$

　　$Na_2S_2O_3$ 与 I_2 反应物质的量之比为 2：1。但如果实验条件控制不好，会影响它们的计量关系，造成误差。

　　上述反应最好在中性或弱酸性溶液中进行。因为在碱性溶液中 I_2 与 $Na_2S_2O_3$ 要发生副反应：

$$4I_2 + S_2O_3^{2-} + 10OH^- =\!=\!= 2SO_4^{2-} + 8I^- + 5H_2O$$

　　即部分的 $Na_2S_2O_3$ 和 I_2 按 1：4 物质的量之比起反应，$Na_2S_2O_3$ 的用量减少当然要造成误差，而且在碱性溶液中 I_2 还会发生歧化反应：

$$3I_2 + 6OH^- =\!=\!= IO_3^- + 5I^- + 3H_2O$$

　　如果在酸性溶液中（因为氧化剂氧化 I^- 的反应大都是在酸度较高的条件下进行）$Na_2S_2O_3$ 会分解：

$$S_2O_3^{2-} + 2H^+ =\!=\!= H_2SO_3 + S\!\downarrow$$

　　而 H_2SO_3 与 I_2 的反应是：

$$H_2SO_3 + I_2 + H_2O =\!=\!= SO_4^{2-} + 4H^+ + 2I^-$$

　　即此时 $S_2O_3^{2-}$ 与 I_2 反应的化学计量比是 1：1，$Na_2S_2O_3$ 用量减少了，故也会造成误差。同时，在酸性条件下 I^- 更容易被空气中的 O_2 氧化：

$$4I^- + 4H^+ + O_2 =\!=\!= 2I_2 + 2H_2O$$

　　综上所述对于：

$$I_2 + 2S_2O_3^{2-} =\!=\!= 2I^- + S_4O_6^{2-}$$

滴定反应最好在中性或弱酸性溶液中进行。

Na$_2$S$_2$O$_3$ 标准溶液的配制 结晶的 Na$_2$S$_2$O$_3$·5H$_2$O 容易风化，一般都含有少量杂质（如 S、Na$_2$SO$_3$、Na$_2$SO$_4$、Na$_2$CO$_3$ 及 NaCl 等），同时还容易潮解，因此不能用直接称量的方法来配制 Na$_2$S$_2$O$_3$ 标准溶液，而且配制好的 Na$_2$S$_2$O$_3$ 也不能马上标定。因为 Na$_2$S$_2$O$_3$ 溶液不稳定，容易分解，其原因如下。

① 微生物的作用 水中存在的微生物会使 Na$_2$S$_2$O$_3$ 变成 Na$_2$SO$_3$，这是 Na$_2$S$_2$O$_3$ 浓度发生变化的主要原因。Na$_2$SO$_3$ 的形成将使标定 Na$_2$S$_2$O$_3$ 溶液的浓度偏高。

② 溶解在水中的 CO$_2$ 的作用

$$S_2O_3^{2-} + CO_2 + H_2O \Longrightarrow HSO_3^- + HCO_3^- + S\downarrow$$

这个分解作用一般发生在配成溶液后的一个星期内（故配制溶液时加入 Na$_2$CO$_3$ 阻止反应发生）。

③ 空气中氧化作用

$$2S_2O_3^{2-} + O_2 \Longrightarrow 2SO_4^{2-} + 2S\downarrow$$

此反应速率较慢，少量 Cu^{2+} 等杂质能加速此反应。

因此，在配制 Na$_2$S$_2$O$_3$ 溶液时，要用新煮沸又经冷却过的纯水。其目的在于除去水中溶解的 CO$_2$ 和 O$_2$ 并杀死细菌，加入少量 Na$_2$CO$_3$，使溶液呈弱碱性以抑制细菌生长。溶液储于棕色瓶并置于暗处防止光照分解。放置几天后（最好一个星期）标定，如发现溶液变浑或有硫析出，则应过滤后再标定其浓度，严重时应弃去重配。

Na$_2$S$_2$O$_3$ 溶液可用 K$_2$Cr$_2$O$_7$、KIO$_3$、KBrO$_3$、纯 Cu 等基准物质，采用间接法标定。以 K$_2$CrO$_7$ 为例。它在酸性溶液中与 KI 作用：

$$Cr_2O_7^{2-} + 6I^- + 14H^+ \Longrightarrow 2Cr^{3+} + 3I_2 + 7H_2O$$

析出的 I$_2$，以淀粉为指示剂，用 Na$_2$S$_2$O$_3$ 滴定。

Cr$_2$O$_7^{2-}$ 与 I$^-$ 反应较慢，为加速反应，须加入过量的 KI 并提高酸度。但酸度过高又会加快空气氧化 I$^-$，一般控制酸度为 0.4mol/L 左右，并在暗处放置 3～5min 使反应完成，离开暗处后应先立即用纯水稀释，然后再用 Na$_2$S$_2$O$_3$ 滴定。这样做一则降低酸度可减少空气对 I$^-$ 的氧化作用，可使 Na$_2$S$_2$O$_3$ 的分解速度减小，二则使 Cr^{3+} 的绿色减弱，便于终点观察。淀粉应在近终点时即呈现稻草黄色（I$_3^-$ 黄色＋Cr^{3+} 绿色）时再加入。若滴定终点后，溶液的颜色又很快由绿色变蓝，表明 Cr$_2$O$_7^{2-}$ 与 I$^-$ 的反应还不完全，遇此情况实验要重做。若滴定终点后放置一段时间溶液又渐渐出现蓝色，这是后来空气中 O$_2$ 氧化 I$^-$ 的缘故或可能淀粉加得略早了一点，吸留的少量 I$_2$ 释放出来了。前者无关系，后者应注意避免。

若是用 KIO$_3$ 标定，只需稍过量的酸，反应即迅速进行，不必放置就可以立即滴定，空气氧化 I$^-$ 的机会也很少。用 KIO$_3$ 作基准物质标定的唯一缺点是它的摩尔质量较小。

I$_2$ 溶液的配制 用升华法制得的纯碘，可以直接配制标准溶液。但由于 I$_2$ 的挥发性及对天平的腐蚀性，不宜在分析天平上称量，而且一般市售的碘含杂质，故通常先配成近似浓度的溶液，然后再进行标定。

配制 I$_2$ 溶液时，先将一定量的 I$_2$ 置于有过量 KI 的研钵中，加少量水研磨，使 I$_2$ 全部溶解，然后将溶液稀释，倾入棕色瓶中于暗处保存。注意，应避免 I$_2$ 溶液与橡皮等有机物接触，也要防止 I$_2$ 溶液见光遇热，否则浓度将发生变化。

标定 I$_2$ 的浓度时，可用已标定好的 Na$_2$S$_2$O$_3$ 标准溶液比较而求得。但通常用 As$_2$O$_3$（俗称砒霜，是剧毒物质）作基准物质进行标定。As$_2$O$_3$ 难溶于水，可用 NaOH 溶解。在

pH 8～9 时，I_2 快速而定量地氧化 $HAsO_2$。

$$HAsO_2 + I_2 + 2H_2O \Longrightarrow HAsO_4^{2-} + 2I^- + 4H^+$$

标定时先酸化溶液，再加 $NaHCO_3$ 调节 pH≈8。

碘量法的应用非常广泛。可用直接碘量法测定钢铁中硫。将钢样与金属锡（作助熔剂）混合放在瓷舟中，送入管式炉中，通入空气，在 1300℃ 高温下，试样中的 S 被氧化为 SO_2，用水吸收，淀粉为指示剂，用 I_2 标准溶液滴定。

空气中 H_2S 的测定，可以先用 Cd^{2+}（或 Zn^{2+}）的氨性溶液吸收，然后加过量 I_2 标准溶液，用 HCl 将溶液酸化后，用 $Na_2S_2O_3$ 标准溶液滴定剩余的 I_2。

（4）溴酸钾法

溴酸钾是一种强氧化剂。BrO_3^-/Br^- 电对的半反应为：

$$BrO_3^- + 6H^+ + 6e \Longrightarrow Br^- + 3H_2O \qquad \varphi^{\ominus}_{BrO_3^-/Br^-} = 1.44V$$

$KBrO_3$ 易提纯，在 180℃ 烘干后可直接称量配制标准溶液。在酸性溶液中，可以直接滴定一些还原性物质，如 As(Ⅲ)、Sb(Ⅲ)、Sn(Ⅱ) 等。

$KBrO_3$ 主要用于测定有机物。这时所用的标准溶液是 $KBrO_3$-KBr，即在 $KBrO_3$ 标准溶液中加入过量 KBr。这样的溶液在酸化时发生如下反应：

$$BrO_3^- + 5Br^- + 6H^+ \Longrightarrow 3Br_2 + 3H_2O$$

实际上，相当于 Br_2 溶液（$\varphi^{\ominus}_{Br_2/Br^-} = 1.07V$）。溴水不稳定，不适合配成标准溶液作滴定剂；而 $KBrO_3$-KBr 标准溶液很稳定，只在酸化时才发生上述反应，这就像即时配制的溴标准溶液一样。借溴的取代作用，可以测定酚类及芳香胺有机化合物；借加成反应可以测定有机物的不饱和程度。溴与有机物反应的速率较慢，必须加入过量的试剂。反应完成后，过量的 Br_2 用碘量法测定，即：

$$Br_2(过量) + 2I^- \Longrightarrow 2Br^- + I_2$$

$$I_2 + 2S_2O_3^{2-} \Longrightarrow 2I^- + S_4O_6^{2-}$$

因此，$KBrO_3$ 法一般是与碘量法配合使用。

溴酸钾法的主要应用是测定有机物。例如苯酚的测定。

（5）铈量法

以 Ce^{4+} 为滴定剂的氧化-还原滴定法称为铈量法。Ce^{4+} 是一种强氧化剂。Ce^{4+}/Ce^{3+} 电对的半反应：

$$Cr^{4+} + e \Longrightarrow Ce^{3+} \qquad \varphi^{\ominus} = 1.61V$$

铈量法的特点是：氧化能力强（与 $KMnO_4$ 相近，凡 $KMnO_4$ 能测定的物质几乎都能用铈量法测定）；Ce^{4+} 被还原成 Ce^{3+}，只有一个电子转移，反应简单，副反应少；可以在 HCl 介质中滴定。另外可用硫酸铈铵直接配制成标准溶液，且标准溶液很稳定，加热煮沸或长期放置都不会分解。该法用邻二氮菲亚铁作指示剂。

铈量法的缺点是试剂价格贵，测定费用高。Ce^{4+} 与一些物质的反应速率慢，如在与 $C_2O_4^{2-}$ 反应时需加热，与 As(Ⅲ) 反应时需要用催化剂。此外，Ce^{4+} 极易水解，配制溶液时需加酸，滴定也应在强酸性溶液中进行。

实验 54　软锰矿（MnO_2）氧化力的测定

【实验目的】

1. 了解高锰酸钾标准溶液的配制方法和保存条件。

2. 掌握用 $Na_2C_2O_4$ 作基准物标定高锰酸钾溶液的方法原理及滴定条件。

3. 掌握以返滴定法测定 MnO_2 含量的原理及操作技术。

【预习要点】

1. 条件电位及其影响因素。

2. 高锰酸钾的性质、溶液的配制及标定反应的条件。

3. 软锰矿的溶样方法。

【实验原理】

纯软锰矿是由 MnO_2 组成。由于 MnO_2 是一种较强的氧化剂，故可根据软锰矿中 MnO_2 含量的多少，就可预示其氧化能力的大小。

由于 MnO_2 是较强的氧化剂，故不能用 $KMnO_4$ 标准溶液直接测定，而必须采用间接法测定。先使软锰矿与过量（一定量）的还原剂（如 $Na_2C_2O_4$）作用，剩余的还原剂再用 $KMnO_4$ 标准溶液滴定，其反应式如下：

$$MnO_2 + C_2O_4^{2-} + 4H^+ == Mn^{2+} + 2CO_2 \uparrow + 2H_2O$$

$$5C_2O_4^{2-} + 2MnO_4^- + 16H^+ == 2Mn^{2+} + 10CO_2 \uparrow + 8H_2O$$

【仪器与试剂】

分析天平与常规玻璃仪器；H_2SO_4 溶液：（1+1）及（1+5）；$Na_2C_2O_4$ 基准物质：在 105～110℃ 烘干 2h，在干燥器中冷却至室温，备用；软锰矿样在 105℃ 干燥 2h，备用。

【实验步骤】

1. $KMnO_4$ 溶液的配制及标定

$c\left(\dfrac{1}{5}KMnO_4\right) = 0.1mol/L$ $KMnO_4$ 溶液的配制：称取 1.6g $KMnO_4$ 固体于 800mL 烧杯中，加 500mL 纯水（如果烧杯上无刻度则做一标记），盖上表面皿，加热至沸，并保持微沸 1h。随时补充蒸发掉的水分。冷却后，用预先洗净的玻璃砂芯漏斗过滤（抽滤瓶也应洗净），滤液储存于棕色瓶中。最好将溶液放置 2～3 天后，再过滤备用。

准确称取 0.15～0.20g $Na_2C_2O_4$ 基准物于 250mL 锥形瓶中，加 60mL 水使其溶解，加 30mL（1+5）H_2SO_4 溶液，在水浴上加热到 70～80℃。然后用 $KMnO_4$ 溶液滴定。当第 1 滴 $KMnO_4$ 溶液加入后褪色很慢，所以开始滴定时速度也要很慢，待前 1 滴褪色后再加第 2 滴，加入数滴后由于褪色快，滴定速度也要相应地加快，临近终点时要缓慢小心，滴定溶液呈现粉红色，30s 内不褪色即为终点。终点时溶液的温度也应在 60℃ 以上。平行测定三份。计算高锰酸钾溶液的浓度。

2. 软锰矿中 MnO_2 的测定

准确称取 0.15～0.25g 软锰矿样于 250mL 烧杯中，再准确称取 0.3～0.35g 的 $Na_2C_2O_4$ 于盛有矿样的烧杯中，插入搅拌棒并盖上表面皿，加 40mL（1+1）H_2SO_4 溶液在水浴上加热溶解，并不时地搅拌，直至停止放出 CO_2 及矿样分解到无黑色颗粒为止。溶解时如溶液蒸发太多则应随时补充水分。最后将溶液稀释至 100mL，在水浴上加热到 70～80℃，用 $KMnO_4$ 标准溶液滴定至终点，且 30s 内不褪色。平行测定三份。计算软锰矿中 MnO_2 的质量分数。

【注意事项】

1. $KMnO_4$ 溶液滴定 $C_2O_4^{2-}$ 时温度较高，用锥形瓶操作时应防烫伤，可戴棉线手套滴定。

2. 测定矿样时 $Na_2C_2O_4$ 的用量必须比还原 MnO_2 需用量适当多些，可以促进溶解作用。若剩余量太少，矿石往往残留难溶颗粒，影响滴定的准确度；但剩余量太多，需要 $KMnO_4$ 标准溶液量过大，同样也影响滴定的准确度。因此，最好先做近似测定。

3. 矿样是经玛瑙研钵磨细过筛所得，一般在 15min 内就可以溶解完全。

【思考题】

1. 用 $Na_2C_2O_4$ 为基准物质标定 $KMnO_4$ 溶液时，应该注意哪些操作条件？

2. $KMnO_4$ 溶液应装入何种滴定管中？如何读数？

3. 在实验中，还原剂 $Na_2C_2O_4$ 的量一般只能过量 0.12g，为什么？加入 $Na_2C_2O_4$ 的量过多或过少对测定结果将产生什么影响？

4. 如果样品中 Fe(Ⅲ) 含量较高，对于测定结果会有什么样的影响？

实验 55 铁矿石中全铁的测定（$K_2Cr_2O_7$ 法）

【实验目的】

1. 掌握重铬酸钾法的测定条件和操作技术。

2. 了解重铬酸钾法的基本原理和实用意义。

3. 学习 $SnCl_2$-$HgCl_2$ 预氧化-还原的方法。

【预习要点】

1. $K_2Cr_2O_7$ 法的特点、指示剂空白校正。

2. 铁矿石的溶解方法。

3. 氧化-还原预处理。

【实验原理】

重铬酸钾法测定铁矿石中铁的含量是一种经典方法，在实际工作中应用较为广泛。用该法可测定铁矿石中的全铁、可溶铁、亚铁。全铁是指铁矿石中全部铁的含量；可溶铁是指能溶于盐酸的铁；亚铁则是指铁矿石中 FeO 的量。对大部分铁矿石其全铁基本上等于可溶铁，即称为全铁测定。

矿样用盐酸分解，在加热的浓盐酸中，$SnCl_2$ 可将 Fe^{3+} 还原成为 Fe^{2+}，过量的 $SnCl_2$ 用 $HgCl_2$ 氧化除去，然后在硫磷混合酸介质中以二苯胺磺酸钠为指示剂，用重铬酸钾标准溶液滴定至溶液呈现紫红色即为终点。主要反应为

$$2FeCl_4^- + SnCl_4^{2-} + 2Cl^- \rightleftharpoons 2FeCl_4^{2-} + SnCl_6^{2-}$$

$$SnCl_4^{2-} + 2HgCl_2 \rightleftharpoons SnCl_6^{2-} + Hg_2Cl_2 \downarrow$$

$$6Fe^{2+} + Cr_2O_7^{2-} + 14H^+ \rightleftharpoons 6Fe^{3+} + 2Cr^{3+} + 7H_2O$$

滴定过程中加硫磷混合酸的作用是：硫酸提供强酸性介质，磷酸与反应产物 Fe^{3+} 作用生成较稳定的无色配离子 $Fe(HPO_4)_2^-$，降低溶液中 Fe^{3+} 的浓度，使 Fe^{3+}/Fe^{2+} 电对电位降低，电位突跃范围增大，$Cr_2O_7^{2-}$ 与 Fe^{2+} 的反应更完全，避免了指示剂过早的变色，减少终点误差。另外，无色配离子的形成也消除了 Fe^{3+} 的黄色对观察终点的影响。

【仪器与试剂】

分析天平及常规玻璃仪器。

$SnCl_2$ 溶液（10%）：称取 100g $SnCl_2$ 溶于 600mL 浓 HCl 中，必要时加热，然后稀释至 1L，配好的溶液中再放少许金属锡粒；此溶液临时配制。

硫磷混酸：将 150mL 浓 H_2SO_4 缓缓加入 700mL 水中，冷却后再加入 150mL 浓 H_3PO_4 混匀。

$HgCl_2$ 溶液：5%；浓 HCl；二苯胺磺酸钠指示剂：0.2% 的水溶液。

【实验步骤】

1. 配制 $K_2Cr_2O_7$ 标准溶液：$c\left(\dfrac{1}{6}K_2Cr_2O_7\right) = 0.1000\text{mol/L}$

将基准 $K_2Cr_2O_7$ 在 150～180℃ 烘干 2h，稍冷却后装入广口瓶中冷至室温。准确称取 1.2258g $K_2Cr_2O_7$ 于 100mL 烧杯中，加水溶解后定量转入 250mL 容量瓶中，用水稀释至刻度充分摇匀。

2. 试样的测定

准确称取 0.15～0.20g 铁矿样于 250mL 锥形瓶中，用少量水润湿（几滴水即可）后，盖上表面皿沿壁滴加 5mL 浓 HCl，低温加热，铁矿样分解完全后用少量水冲洗表面皿和瓶壁。加热至近沸，趁热滴加 $SnCl_2$ 溶液，还原至黄色的 Fe^{3+} 消失后再过量 1～2 滴。用自来水冲洗瓶外壁，使其迅速冷却至室温，立即一次加入 10mL 5% $HgCl_2$ 溶液并摇匀，此时应有丝状甘汞沉淀生成。放置 3～5min 后加水稀释至总体积约为 150mL，再加入 15mL 硫磷混酸以及 5～6 滴 0.2% 二苯胺磺酸钠指示剂❶，立即用 $K_2Cr_2O_7$ 标准溶液滴定至溶液呈现稳定的紫色即为终点。平行测定三份，计算试样中铁的质量分数。

【注意事项】

1. 只能滴加几滴水湿润铁矿样，若加水过多，则使盐酸浓度降低而影响矿样的分解。

2. 只能低温加热溶解矿样，若加热至沸则将有部分 $FeCl_3$ 挥发造成损失。最好将矿样放入通风橱中的电砂浴（或电热板）上加热溶解，并注意勿使盐酸蒸干。

3. 铁矿样在盐酸中溶解速度较慢，可滴加数滴 $SnCl_2$ 助溶。矿样溶解完全后剩余的残渣应为白色或近白色的 SiO_2。若瓶中有黑色残渣则表示矿样未完全溶解，可稍添加浓 HCl 继续加热使其溶解。若黑色残渣仍不溶解，可能是难溶于盐酸的含铁硅酸盐，可以稍加些 NaF、NH_4F、HF 使残渣溶解。但要注意滴定完后要马上洗净锥形瓶，以防过量的 HF 腐蚀玻璃。

4. 用 $SnCl_2$ 还原 Fe^{3+} 时生成了 $SnCl_6^{2-}$，所以盐酸的浓度愈大，$SnCl_2$ 的还原能力愈强，故溶样时溶液的体积不能过大。温度增高能加快还原的速度，反应温度应在 60℃ 以上，否则，还原较慢，颜色变化不易观察，使 $SnCl_2$ 易加过量。

5. 加入 $HgCl_2$ 以前使溶液冷却，否则 Hg^{2+} 可能氧化 Fe^{2+} 使测定结果偏低。当加入 $HgCl_2$ 后无白色丝状 Hg_2Cl_2 沉淀析出，表示 $SnCl_2$ 加的不够，未将全部的 Fe^{3+} 还原为 Fe^{2+}，则测定结果偏低。如加 $SnCl_2$ 过量太多，将会使生成的 Hg_2Cl_2 进一步还原 Hg，即：

$$SnCl_4^{2-} + Hg_2Cl_2 \Longrightarrow SnCl_6^{2-} + 2Hg\downarrow$$

析出的 Hg 在滴定时将与 $K_2Cr_2O_7$ 溶液反应使结果偏高。

6. 因为 $SnCl_2$ 与 $HgCl_2$ 的反应不能在瞬间完成的，故需放置 3～5min。

7. 由于 Fe^{2+} 在酸性介质中易被氧化为 Fe^{3+}，做平行测定时不能将三份试样溶液同时用 $SnCl_2$ 还原，只能还原一份滴定一份，且加入混酸后应立即滴定。

8. 终点时，过量的 $K_2Cr_2O_7$ 将二苯胺磺酸钠氧化，溶液由淡绿色变为紫色。这种紫色

---

❶ 二苯胺磺酸钠在溶液中的 Redox 模式如下反应式所示：

二苯胺磺酸盐(无色) ——氧化→ 二苯联苯胺磺酸(无色) $+ 2H^+ + 2e^-$ 氧化/还原

二苯联苯胺磺酸紫(紫色) $+ 2e^-$

思考：你能用 MO 理论说明其颜色变化的结构原因吗？

的氧化产物不够稳定，它可以和未被氧化的二苯胺磺酸钠作用生成绿色加合物，也可以被 $K_2Cr_2O_7$ 进一步氧化。所以滴定终点（或将溶液放置片刻后），溶液的紫色会逐渐消失。30s 内颜色不变即可。

【思考题】

1. 用 $K_2Cr_2O_7$ 法测定铁矿石中的铁时，Cl^- 有无影响？为什么？

2. 用 $K_2Cr_2O_7$ 法测定铁矿石中的铁时，为什么要加入硫磷混酸？加入后为什么要立即滴定？

3. $SnCl_2$ 为什么要在体积较小的热盐酸溶液中加入？是否可以过量太多？

4. $HgCl_2$ 加入前溶液为什么要冷却？而且要一次快速加入？

5. $K_2Cr_2O_7$ 为什么能直接称量配制准确浓度的溶液呢？如欲准确称 1.2258g $K_2Cr_2O_7$ 最好采用何种称量方式？

6. 滴定后的废液应如何处理？请你拟出一个合理的除废方案，并实施于你自己产出的废液处理中。

实验 56　综合性实验——$Na_2S_2O_3$ 制备及其标准溶液配制与标定

【实验目的】

1. 了解相转移催化反应，掌握硫代硫酸钠的制备方法。

2. 掌握溶解、蒸发、结晶、过滤等基本操作技术。

3. 学习 $Na_2S_2O_3$ 溶液的配制及标定方法。

4. 掌握间接碘量法的测定条件及其操作技术。

【预习要点】

1. 查阅文献，了解相转移催化反应的原理及应用。

2. 查阅相关手册，做出亚硫酸钠、硫代硫酸钠溶解度曲线。

3. $Na_2S_2O_3$ 溶液的标定选用的基准物质及有关反应方程。

4. 淀粉指示剂的使用特点。

5. 锥形瓶代替碘量瓶的操作要领。

【实验原理】

结晶硫代硫酸钠 $Na_2S_2O_3 \cdot 5H_2O$ （sodium thiosulfate pentahydrate, hypo）【10102-17-7】，或称大苏打、海波。系无色结晶或白色颗粒。无气味。在潮湿空气中微潮解。在 33℃ 以上的干燥空气中风化，加热至 48℃ 时熔融，即溶解于其自身结晶水中，并可能转变成二水合物 $Na_2S_2O_3 \cdot 2H_2O$ 析出。100℃ 时失去五个结晶水，更高温度时分解。溶于 0.5 份水，不溶于乙醇。水溶液在常温时缓慢分解，加热则分解速度加快。水溶液几乎呈中性，pH 值为 6.5～8.0。能溶解卤化银和许多其他银盐。相对密度 1.73。致死量（大鼠，静脉）>2.5g/kg。有刺激性。

工业制造方法有如下几种。

1. 亚硫酸钠法

将纯碱溶解后，与（硫黄燃烧生成的）二氧化硫作用生成亚硫酸钠，再加入硫黄沸腾反应，经过滤、浓缩、结晶，制得硫代硫酸钠。

$$Na_2CO_3 + SO_2 \longrightarrow Na_2SO_3 + CO_2$$

$$Na_2SO_3 + S + 5H_2O \longrightarrow Na_2S_2O_3 \cdot 5H_2O$$

2. 硫化碱法

利用硫化碱蒸发残渣、硫化钡废水中的碳酸钠和硫化钠与硫黄废气中的二氧化硫反应，经吸硫、蒸发、结晶，制得硫代硫酸钠。

$$2Na_2S + Na_2CO_3 + 4SO_2 \longrightarrow Na_2S_2O_3 \cdot 5H_2O + CO_2$$

3. 氧化、亚硫酸钠和重结晶法

由含硫化钠、亚硫酸钠和烧碱的液体经加硫、氧化；亚硫酸氢钠经加硫及粗制硫代硫酸钠重结晶三者所得硫代硫酸钠混合、浓缩、结晶，制得硫代硫酸钠。

$$2Na_2S + S + 3O_2 \longrightarrow Na_2SO_3$$

$$Na_2SO_3 + S \longrightarrow Na_2S_2O_3$$

4. 煤气、半水煤气脱硫过程副产物

利用煤气脱硫过程中的下脚料（含 $Na_2S_2O_3$），经抽滤、浓缩、结晶后，制得硫代硫酸钠。

本实验利用亚硫酸钠（sodium sulfite）【7757-83-7】与硫黄（sulfur）【7704-34-9】共沸腾的方法制备结晶硫代硫酸钠。由于单质硫的疏水性，为了加速反应，往体系中加入相转移催化剂❶十六烷基三甲基溴化铵（hexadecyltrimethyl ammonium bromide；cetyltrimethyl-ammonium bromide，CTAB）【57-09-0】，其作用在于加溶硫黄。制得的产品，用于配制碘量法的标准溶液。本实验同时要求同学完成硫代硫酸钠溶液的配制与标定。

$Na_2S_2O_3$ 易受光照、细菌及水中溶解氧的影响而分解，使溶液不稳定，所以配制溶液所用的纯水必须是新煮沸冷却后的，并且要加入少量的碳酸钠抑制细菌。应储存在棕色瓶中。

$Na_2S_2O_3$ 溶液可以用纯 Cu 等进行标定。

在弱酸性溶液中 Cu^{2+} 与过量的 KI 作用生成 CuI 沉淀，同时析出等物质的量的 I_2，过量的 KI 在反应中不仅是还原剂，也是 Cu^+ 的沉淀剂和 I_2 的络合剂。而且过量的 KI 还能使可逆反应向右进行趋于完全，即：

$$2Cu^{2+} + 5I^- \Longrightarrow 2CuI\downarrow + I_3^-$$

析出的 I_2 以淀粉为指示剂，用 $Na_2S_2O_3$ 标准溶液进行滴定，其反应式如下：

$$I_2 + 2S_2O_3^{2-} \Longrightarrow 2I^- + S_4O_6^{2-}$$

因为 CuI 强烈地吸附 I_3^- 使终点不敏锐，易造成测定结果偏低，所以在临近终点时加入 NH_4SCN 使 CuI($K_{sp} = 1.1 \times 10^{-12}$) 转化为溶解度更小的 CuSCN($K_{sp} = 4.8 \times 10^{-15}$)：

$$CuI + SCN^- \Longrightarrow CuSCN + I^-$$

由于 CuSCN 很少吸附 I_3^-，被 CuI 吸附的 I_3^- 随即释放出来，滴定反应更趋于完全。

碘量法滴定反应应在中性介质或弱酸性介质中进行，兼顾 Cu^{2+} 不水解的条件，以pH＝3.3～4 最为适宜。

为了控制溶液的 pH 值在 3.3～4 之间，可以加入 NH_4HF_2，该试剂不仅控制溶液 pH 值起缓冲剂作用，而且还可以配合 Fe^{3+}（铜合金及其他样品中可能存在 Fe^{3+}），降低溶液中 $\varphi_{Fe^{3+}/Fe^{2+}}$，消除 Fe^{3+} 的干扰。

---

❶ 能加速或者能使分别处于互不相溶的两种溶剂（液-液两相体系或固-液两相体系）中的物质发生反应的催化剂。反应时，催化剂把一种实际参加反应的实体从一相转移到另一相中，以便使它与底物相遇而发生反应。相转移催化剂在反应中并未损耗，只是起传递反应物质的作用，因此用量很少。常用的相转移催化剂是冠醚和季铵盐。相转移催化使许多用传统方法很难进行的反应或者不能发生的反应能顺利进行，而且具有选择性好、条件温和、操作简单、反应速度快等优点，具有很好的实用价值。

用基准试剂 $K_2Cr_2O_7$ 标定 $Na_2S_2O_3$ 溶液浓度的方法见 2.8.3 中氧化还原滴定中相关内容。

碘量法的指示剂：淀粉。

【仪器与试剂】

磁力搅拌器，电子台秤，分析天平，烘箱；磨口锥形瓶（250mL），球形冷凝管及常规玻璃仪器；升华硫粉，无水亚硫酸钠，95％乙醇，10％（质量分数）十六烷基三甲基溴化铵（CTAB）溶液，活性炭（200 目）。

KI 溶液（20％）：即称取 20g KI，用 100mL 水溶解即可。

淀粉溶液（0.5％）：将 0.5g 淀粉溶于 100mL 沸水中即得。

20％ NH_4SCN 溶液；30％ H_2O_2 溶液；HCl（1+1）；20％ NH_4HF_2；HAc 溶液（1+1）；氨水：（1+1）；纯铜：含量＞99.9％。

【实验步骤】

1. 制备 $Na_2S_2O_3 \cdot 5H_2O$（附图 1）

称取 6.0g 硫粉，置于 250mL 磨口锥形瓶中，加 2mL 5％ CTAB 溶液使其润湿。再称取 16.0g Na_2SO_3 固体放置于同一锥形瓶中，加水 100mL，放入搅拌磁子，将锥形瓶置于磁力搅拌器上，用铁夹固定。安装球型冷凝管，开启冷凝水。加热，不断搅拌。待溶液沸腾后，保持沸腾状态不少于 40min，直至仅有少许硫粉悬浮于溶液中。

停止加热搅拌，取下装置。稍冷后，加少量（约 0.3g）活性炭，加热脱色。趁热抽滤，将滤液转至蒸发皿中，水浴加热浓缩至液体表面出现晶膜为止。自然冷却，晶体析出后抽滤。并用少量乙醇洗涤晶体。尽量抽干后，取出晶体置于烘箱内在 40℃下干燥 1h。冷却，称重，计算产率。

欲进一步提纯，可将用水重结晶后的硫代硫酸钠和乙醇一起研细，倒在砂芯滤器上使乙醇流尽，并用无水乙醇和乙醚洗涤，据资料报导，用此法精制后的试剂 $Na_2S_2O_3 \cdot 5H_2O$ 含量可达 99.99％。甚至在保存五年以后，含量仍在 99.90％～99.94％之间。

2. $c\left(\dfrac{1}{6}K_2Cr_2O_7\right)=0.1mol/L$ 的 $K_2Cr_2O_7$ 标准溶液

用实验 55 剩余的溶液或按相同的方法重新配制。

3. $Na_2S_2O_3$ 溶液的配制

称取 12.5g 制得的 $Na_2S_2O_3 \cdot 5H_2O$ 产品，将其溶解在 500mL 新煮沸冷却后的纯水中，加 0.5g Na_2CO_3，摇匀。转入棕色试剂瓶中，暗处存放。

4. $Na_2S_2O_3$ 溶液浓度的标定

（1）用 $K_2Cr_2O_7$ 标准溶液标定法

用 25mL 移液管吸取 $c\left(\dfrac{1}{6}K_2Cr_2O_7\right)=0.1mol/L$ 的 $K_2Cr_2O_7$ 标准溶液于 250mL 锥形瓶中，加入 5mL（1+1）HCl，10mL 20％ KI 溶液，盖上小表面皿，摇匀后在暗处放置 5min，待反应完全后，用少量纯水冲洗表面皿于锥形瓶中，再加 100mL 水稀释。用 $Na_2S_2O_3$ 溶液滴定至溶液由棕红色到淡黄色（绿中透黄），加入 2mL 0.5％淀粉指示剂，继续滴定至蓝色变为亮绿色即为终点。平行测定三份。计算 $Na_2S_2O_3$ 溶液的准确浓度。

（2）用纯 Cu 标定法

准确称取 2g 左右纯 Cu，置于 250mL 烧杯中，加入 5～10mL（1+1）HCl，2～3mL 30％ H_2O_2 使其溶解完全（尽量少加，只要能使金属铜溶解完全即可）。煮沸溶液分解剩余 H_2O_2，定量转入 250mL 容量瓶中，加水稀释至刻度，摇匀。

准确移取 25.00mL 上述标准铜溶液于 250mL 锥形瓶中，滴加（1+1）氨水至溶液刚刚有沉淀生成，然后加入 8mL（1+1）HAc 溶液，10mL 20％的 NH_4HF_2 溶液，10mL 20％

KI 溶液，用 $Na_2S_2O_3$ 溶液滴定至溶液为淡黄色，再加入 3mL 淀粉指示剂，然后，继续滴定至溶液为淡蓝色后加入 10mL 20％NH_4SCN，再继续滴定至溶液蓝色消失即为终点。平行测定三份，计算 $Na_2S_2O_3$ 溶液的准确浓度。

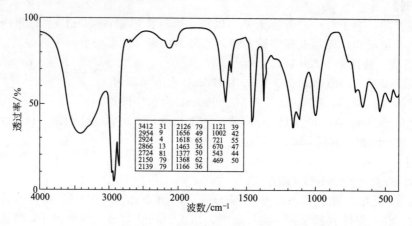

附图 1　结晶硫代硫酸钠 IR 谱

【注意事项】

1. 活性炭的加入，一定要在温度降低到 60℃ 以下之后进行。

2. 蒸发不可过度，否则结晶水数量不足。

3. 做碘量法实验时，应用具有磨口的碘量瓶，以防 I_2 的挥发。若用一般锥形瓶代替则注意加盖表面皿。

4. 加入过量的 H_2O_2 一定要赶尽（根据经验，开始时冒小气泡，然后再冒大气泡时，表示 H_2O_2 已赶尽），否则结果无法测准，这是很关键的一步操作。

5. 滴加（1＋1）氨水至溶液恰好有浑浊出现即可，若滴加过多则生成深蓝色 $Cu(NH_3)_4^{2+}$ 配离子，影响测定。

6. I_2 在 KI 稀溶液中溶解得很慢，故溶液不应过早稀释。$K_2Cr_2O_7$ 标定时加入 KI 后要放置 5min，使反应完全；而以 Cu 为基准标定时加入 KI 后应立即滴定以减少吸附作用。

7. KI 要做一份加一份。

8. 滴定时采取快滴慢摇的方式，当溶液中黄色不明显时再慢滴快摇。

9. NH_4SCN 只能在临近终点时加入，若在滴定前加入，则可能直接还原 Cu^{2+} 而使结果偏低

$$6Cu^{2+} + 7SCN^- + 4H_2O \Longrightarrow 6CuSCN + SO_4^{2-} + CN^- + 8H^+$$

若过早加入，SCN^- 与 I_2 反应，仍使结果偏低。

【思考题】

1. 所制备的硫代硫酸钠为何不必要进行重结晶？如果品质较差，会对后续实验造成什么影响？

2. 据你所知，相转移催化剂还有哪些品种？

3. 一般来说，进行回流操作，要在体系中加入助沸物如沸石等，但在本实验中则无此要求，这是为什么？

4. 配制 $Na_2S_2O_3$ 溶液时应注意什么？

5. 碘量法（标定 $Na_2S_2O_3$）的基本反应是什么？如何确定 I_2 和 $Na_2S_2O_3$ 的基本单元？

6. 用 $K_2Cr_2O_7$ 标定 $Na_2S_2O_3$ 溶液时，为何在滴定时要将溶液冲稀？如果冲稀过早，会有什后果？

7. 碘量法中加入过量 KI 的目的是什么？过多过少有什么影响？

8. I_2 的挥发对实验结果有何影响？在实验中是怎样尽可能避免的？

9. 淀粉指示剂为什么不能过早加入？

10. 用铜标定 $Na_2S_2O_3$ 溶液时，为什么要加入 NH_4SCN？什么时候加入？加入后将出现什么现象，为什么？

11. 已知 $\varphi^{\ominus}_{Cu^{2+}/Cu^+} = 0.18V$，$\varphi^{\ominus}_{I_2/I^-} = 0.54V$，为什么在本法中 Cu^{2+} 却能使 I^- 氧化为 I_2？

12. 写出 $K_2Cr_2O_7$ 标准溶液（或基准物质）标定 $Na_2S_2O_3$ 的反应式。

实验 57　工业苯酚纯度的测定（溴酸钾法）

【实验目的】

1. 了解和掌握以 $KBrO_3$ 与碘量法配合使用来间接测定苯酚的原理和方法。

2. 学会直接配制精确浓度 $KBrO_3$ 标准溶液的方法。

3. 了解"空白实验"的意义和作用，学会"空白实验"的方法和应用。

【预习要点】

1. 间接碘量法的原理及操作注意事项。

2. 溴、苯酚等的性质。

3. $KBrO_3$ 标准溶液的配制方法。

【实验原理】

在酸性介质中，$KBrO_3$ 与 KBr 反应产生游离溴：

$$BrO_3^- + 5Br^- + 6H^+ =\!=\!= 3Br_2 + 3H_2O$$

溴能与苯酚（phenol）【108-95-2】发生溴代反应生成三溴苯酚（tribromophenol）【118-79-6】：

$$C_6H_5OH + 3Br_2 =\!=\!= C_6H_2(Br)_3OH + 3Br^- + 3H^+$$

在上述第一个反应中，如果产生的 Br_2 的量固定并过剩，则与苯酚反应后剩余量的溴用间接碘量法测定。从而可求得苯酚的量。本法适用于常量苯酚的测定，如工业苯酚的纯度测定。

间接法测定剩余 Br_2 的反应式如下：

$$Br_2(剩余) + 2I^- =\!=\!= I_2 + 2Br^-$$

$$I_2 + 2S_2O_3^{2-} =\!=\!= 2I^- + S_4O_6^{2-}$$

由以上反应可知：

$$1KBrO_3 =\!=\!= 3Br_2 =\!=\!= 3I_2 =\!=\!= 6Na_2S_2O_3 =\!=\!= 6e$$

而

$$1C_6H_5OH =\!=\!= 3Br_2 =\!=\!= 3I_2 =\!=\!= 6Na_2S_2O_3 =\!=\!= 6e$$

故苯酚的基本单元为 $\dfrac{1}{6}C_6H_5OH$。

【仪器与试剂】

分析天平；台秤及常用玻璃仪器。

$KBrO_3$ 固体：G.R.，在 120℃ 烘干 1h，备用；KBr 固体：A.R. 级；工业级苯酚；NaOH 溶液：10%；HCl 溶液：（1+1）；KI 溶液：10%水溶液；淀粉指示剂：0.5%。

【实验步骤】

1. 0.1mol/L $Na_2S_2O_3$ 溶液的配制（见实验56）

2. $c\left(\dfrac{1}{6}KBrO_3\right)$＝0.1mol/L 的 $KBrO_3$-KBr 标准溶液的配制

称取干燥过的 $KBrO_3$ 试剂 0.2784g（相差±0.0001g），置于 100mL 烧杯中，加入 14g KBr，用少量水溶解后，定量转入 100mL 容量瓶中，并用水稀释到刻度，摇匀即得 $c\left(\dfrac{1}{6}KBrO_3\right)$＝0.1000mol/L 的 $KBrO_3$-KBr 标准溶液。或根据称量 $KBrO_3$ 的实际质量计算标准溶液的浓度。注意最终所得 $KBrO_3$-KBr 标准溶液浓度范围应在 $c\left(\dfrac{1}{6}KBrO_3\right)$＝0.1000（±5%）mol/L 之内。

3. 苯酚含量的测定

准确称取 0.2～0.3g 工业苯酚于 100mL 烧杯中，加入 5mL 10% $NaOH$ 溶液（以便于溶解）。再加少量水溶解后定量转入 250mL 容量瓶中，用水稀释至刻度，摇匀。

用移液管吸取上述试液 10mL 于 250mL 碘量瓶（或锥形瓶）中，再准确加入 10mL $KBrO_3$-KBr 标准溶液，并加入（1＋1）HCl 10mL，迅速加塞振摇 1～2min，静置 5～10min（有什么现象产生，为什么?），加入 10mL 10% 的 KI 溶液，摇匀后静置 5～10min，用少量水冲洗瓶塞及瓶颈上附着物，再加水 25mL，立即用 $Na_2S_2O_3$ 标准溶液滴定至淡黄色，加入 3mL 0.5% 淀粉指示剂溶液，继续滴定至蓝色消失即为终点。平行测定三份。

4. 空白试验（即 $Na_2S_2O_3$ 溶液的标定）

用移液管吸取 10mL $KBrO_3$-KBr 标准溶液于 250mL 碘量瓶（或锥形瓶）中，加水 10mL 及 6～10mL（1＋1）HCl 溶液，摇 1～2min，静置 5min，以下操作同苯酚的测定。

根据测定结果计算苯酚的纯度。

【注意事项】

1. 由于 $KBrO_3$-KBr 溶液遇酸迅速产生游离 Br_2，Br_2 易挥发，因此加 HCl 溶液时，应将瓶塞盖上（不要盖严），让 HCl 溶液沿瓶塞流入后，随即塞紧，并加水封住瓶口，以免 Br_2 挥发损失。

加 KI 溶液时，不要打开瓶塞，只能稍松开瓶塞，使 KI 溶液沿瓶塞流入，以免 Br_2 挥发损失。

2. 由于溴与苯酚的反应进行较慢，再加上 Br_2 极易挥发，因此不能用 Br_2 作标准溶液直接进行滴定，而要用 $KBrO_3$-KBr 标准溶液，在酸性条件下 $KBrO_3$ 与 KBr 反应产生相当量的 Br_2，与苯酚进行溴代反应，这样就克服了 Br_2 易挥发的缺点。苯酚与 Br_2 反应完毕后，过量的 Br_2 不能直接用 $Na_2S_2O_3$ 来滴定。这是因为 Br_2、Cl_2 等的氧化性较强，则可将 $S_2O_3^{2-}$ 非定量地氧化为 SO_4^{2-}，因而采用加入过量 KI，使 Br_2 与 KI 作用生成 I_2，再用 $Na_2S_2O_3$ 标准溶液滴定。

在本实验的测定中，$Na_2S_2O_3$ 溶液的浓度是在与测定苯酚相同条件下进行的（空白试验）。这样可以减少由于 Br_2 挥发损失等因素而引起的误差。

3. 如用锥形瓶代替碘量瓶，则必须及时加盖表面皿，在开始滴定前不可随意拿开表面皿。

4. 在放置过程中，应不断地加以摇动。

5. 当苯酚与 Br_2 反应生成三溴苯酚时，还发生下述反应：

$$C_6H_5OH + 4Br_2 \Longrightarrow C_6H_2(Br)_3OBr + 4H^+ + 4Br^-$$

但不影响分析结果。当酸性溶液中加入 KI 时，溴化三溴苯酚即转变为三溴苯酚，反应如下：

$$C_6H_2Br_3OBr + 2I^- + 2H^+ \rightleftharpoons C_6H_2Br_3OH + HBr + I_2$$

故在加 KI 溶液后，应静置 $5\sim10min$，以保证溴化三溴苯酚的完全分解。

6. 三溴苯酚沉淀容易包裹 I_2，故快到终点时，应剧烈摇动。

【思考题】

1. 配制 $KBrO_3$-KBr 标准溶液时，为什么 $KBrO_3$ 需要准确称量而 KBr 不需准确称量？

2. 什么叫"空白试验"？它的作用是什么？由"空白试验"的结果怎样计算 $Na_2S_2O_3$ 标准溶液的浓度？这与通常使用基准试剂标定标准溶液的浓度有何不同？其优点是什么？

3. 苯酚纯度测定时为何不能用溴标准溶液直接滴定？

4. 以 $KBrO_3$ 法和碘量法配合使用测定苯酚的基本原理是什么？在测定过程中应该注意些什么？

5. 分析 $KBrO_3$ 法测定苯酚的重要误差来源有哪些？

6. 苯酚试样应如何称取呢？

7. 在苯酚的测定中，苯酚与 $KBrO_3$ 反应时它们的物质的量之比是多少？苯酚与 $Na_2S_2O_3$ 反应时它们的物质的量之比又为多少？

实验 58　维生素 C（药片）的测定（碘量法）

【实验目的】

1. 学习 I_2 溶液的配制和标定方法。

2. 掌握维生素 C 药片处理的操作技术。

【预习要点】

1. I_2 标准溶液的配制方法。

2. As_2S_3 的性质及标定 I_2 溶液的条件。

【实验原理】

维生素 C（又称抗坏血酸）【50-81-7】，为白色结晶体。分子式 $C_6H_8O_6$；相对分子质量 176.12。熔点为 $190\sim192℃$，易溶于水，稍溶于乙醇，不溶于乙醚、氯仿、苯、石油醚、油类和脂肪。水溶液显酸性反应，在空气中能很快氧化成脱氢抗坏血酸。无臭，有柠檬酸样酸味，是较强的还原剂，储存久后渐变成不同程度的淡黄色。抗坏血酸存在于各种新鲜蔬菜和水果中。植物和许多动物能从葡萄糖醛酸开始进行生物合成维生素 C，但人和猿等不能完成此生物合成。人类所需的抗坏血酸都取自蔬菜、水果等含维生素 C 的食物。1932 年首次从柠檬汁内分离出结晶纯品。在医药和化学上应用非常广泛，主要用于对坏血病的预防或治疗，以及用于因抗血酸不足而引起的龋齿、牙龈脓肿、贫血、生长发育停滞等疾病。

药用的维生素 C 是人工合成的。合成的方法有多种。一般是由葡萄糖制成 D-山梨醇，再用黑乙酸菌（acetobacter suboxydans）氧化发酵，生成 L-山梨糖，经缩合生成二丙酮-L-山梨糖，再氧化生成二丙酮-2-酮-L-葡萄糖酸，然后酯化成 2-酮-L-葡萄糖酸甲酯，与甲醇钠作用生成抗坏血酸钠，与盐酸加热制成抗坏血酸。将该品以超过生理所需要的量给动物服用，则会从尿中排出。即使大量口服，进行皮下注射或静脉注射，也能耐受。给小鼠每日口服 $0.5\sim1.0g/kg$，连续 7 天，或给家畜大量服用，均未发现中毒现象。

由于抗坏血酸分子中的烯二醇基 $[-C(OH)=C(OH)-]$ 具有还原性，可用 I_2 标准溶液直接滴定。其反应式如下：

$$C_6H_8O_6 + I_2 === C_6H_6O_6 + 2I^- + 2H^+$$

由于 $C_6H_8O_6$（维生素 C）与 I_2 以 1:1 计量关系定量反应，即 $1C_6H_8O_6$——$1I_2$——$2I^-$——$2e$，所以其基本单元为 $\frac{1}{2}C_6H_8O_6$。

维生素 C 很容易被空气氧化，氧化后生成 2,3-二酮古罗糖酸，就不再与 I_2 作用，使测定结果偏低。在碱性溶液中氧化作用进行的更快，所以滴定时要加稀 HAc，使它保持在酸性溶液中，以减少维生素 C 与 I_2 之外的副反应。

【仪器与试剂】

分析天平；研钵及常规玻璃仪器。As_2O_3 基准物质：于 105℃ 干燥 2h 后备用；淀粉溶液：0.5%（同实验 56）；HAc 溶液：2mol/L；HCl 溶液：(1+1)；NaOH 溶液：6mol/L；$NaHCO_3$ 试剂（A.R.）；维生素 C 药片；酚酞指示剂：0.2% 水溶液。

【实验步骤】

1. I_2 溶液的配制及标定（用 As_2O_3 基准物质标定❶）

$c\left(\frac{1}{2}I_2\right) = 0.1mol/L$ I_2 溶液：称取 3.3g I_2 和 5g KI，置于研钵中（在通风橱中进行）。加入少量水研磨，待 I_2 全部溶解后，将溶液转入棕色试剂瓶中，加水稀释至 250mL，充分摇匀，放暗处保存。

准确称取 As_2O_3 1.1~1.4g，置于 100mL 烧杯中，加 6mol/L NaOH 溶液 10mL，温热溶解，加酚酞指示剂 2 滴，用 (1+1) HCl 中和至溶液刚好无色为止，然后加入 2~3g $NaHCO_3$，搅拌使之溶解。溶液定量地转入 250mL 容量瓶中，加水稀释至刻度，摇匀。

移液管吸取 25mL 溶液于 250mL 锥形瓶中，加水 50mL、$NaHCO_3$ 5g、淀粉指示剂 2mL，用 I_2 溶液滴定至突变为蓝色并在 30s 内不褪色即为终点。平行测定三份，计算 I_2 溶液的准确浓度。

2. 维生素 C（药片）含量的测定

取维生素 C 药片 10 片（50mg、100mg）或 20 片（25mg）于研钵中研细。准确称取 0.2g 于 250mL 锥形瓶中，加 100mL 新煮沸冷却过的纯水，10mL 2mol/L HAc，2mL 0.5% 淀粉溶液，用 I_2 标准溶液滴定至溶液呈蓝色 30s 内不褪色即为终点。平行测定三份，计算维生素 C 的含量。

【注意事项】

1. 碘溶液见光遇热时浓度会发生变化，故应装在棕色瓶里，并放置暗处保存。储存和使用 I_2 溶液时，应避免与橡皮塞、橡皮管等接触。

切记 I_2 溶液不能装在碱式滴定管中。

2. I_2 在水中的溶解度很小（20℃ 为 1.33×10^{-3} mol/L），而且容易挥发，所以通常将它溶解在浓的 KI 溶液里，使 I_2 与 KI 形成 $KI \cdot I_2$ 配合物，溶解度大大提高，挥发性大为降低，而电位却无显著变化。

3. 标定 I_2 时的反应是：

$$AsO_3^{3-} + I_2 + H_2O === AsO_4^{3-} + 2I^- + 2H^+$$

由于反应中生成 H^+，致使反应不能顺利的向右进行，为此滴定时，加入过量的 $NaHCO_3$，

---

❶ As_2O_3 标定 I_2 的过程反之，可用已标定过的 I_2 溶液来测定亚砷酸盐中砷的含量。

使溶液的 pH 值保持在 8 左右，所以实际上的滴定反应是

$$I_2 + AsO_3^{3-} + 2HCO_3^- \Longrightarrow 2I^- + AsO_4^{3-} + 2CO_2 \uparrow + H_2O$$

4. 纯水中含有溶解氧，一定要煮沸驱赶。因维生素 C 是强还原剂（$\varphi^\ominus = 0.18V$），极易被氧化，使结果偏低。

【思考题】

1. 测定维生素 C 试样为什么要在 HAc 介质溶液中进行？

2. 维生素 C（药片）试样溶解时为什么要加入新煮沸冷却的纯水？

3. As_2O_3 标定 I_2 溶液时，为什么加入固体的 $NaHCO_3$？能否改用 Na_2CO_3 呢？

实验 59 设计性实验——84 消毒液中有效氯含量的测定

84 消毒液为无色或淡黄色液体，是次氯酸钠（NaClO）和表面活性剂的混配消毒剂，对常见的有害微生物有杀灭作用。主要用于由痢疾杆菌、大肠杆菌等肠道致病菌感染的疾病、肠炎、腹泻和金黄色葡萄球菌引起的化脓性感染者污染物的消毒。其杀菌作用主要是依靠氧化能力，浓度越高，消毒效果越好。但同时越容易引起金属生锈和带色物品褪色，对皮肤的刺激性也越强。而且次氯酸钠溶液的稳定性较差，开瓶后应该尽快使用。

84 消毒液的使用价值就是在于次氯酸钠（NaClO）存在量的多少，通常以有效氯来表示。市售的 84 消毒液中有效氯的含量为 5%～5.5%。

由于 NaClO 遇酸产生 Cl_2，释放出来的氯称为"有效氯"。故测定原理是在酸性溶液中，加过量的 KI 后，用 $Na_2S_2O_3$ 标准溶液滴定生成的 I_2，反应过程为：

$$2ClO^- + 4H^+ + 2e \Longrightarrow Cl_2 + 2H_2O$$

$$Cl_2 + 2I^- \Longrightarrow I_2 + 2Cl^-$$

$$2S_2O_3^{2-} + I_2 \Longrightarrow 2I^- + S_4O_6^{2-}$$

试设计在酸性介质中以 0.1mol/L 的 $Na_2S_2O_3$ 溶液滴定，淀粉为指示剂的分析方案，经老师同意后实施之。

2.8.2.6 沉淀滴定法

利用沉淀反应进行滴定分析的方法称为沉淀滴定法（precipitation titration）。虽然沉淀反应很多，但既完全（生成的沉淀溶解度很小）、又迅速（不易形成过饱和溶液）、又有合适指示剂的反应很少，即符合滴定分析要求的反应很少。可以利用的反应主要是生成微溶银盐沉淀的反应，以此为基础的滴定分析法又称银量法（argentimetry）。

如：
$$Ag^+ + X^- \Longrightarrow AgX \downarrow$$

$$Ag^+ + SCN^- \Longrightarrow AgSCN \downarrow$$

银量法可测定 Cl^-、Br^- 和 SCN^- 及 Ag^+。

在滴定过程中 Ag^+ 的浓度随着滴定过程的进行在不断地改变。以 pAg 为纵坐标，以滴定分数为横坐标，所得滴定曲线如图 2.8-4。

由图 2.8-4 可见，滴定曲线与强酸、强碱互滴的滴定曲线极相似。即在化学计量点前后是完全对称的。

滴定突跃的大小与溶液浓度和滴定反应的平衡常数或沉淀的溶度积有关。

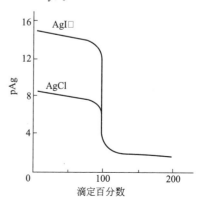

图 2.8-4 沉淀法滴定曲线

0.1mol/L AgNO$_3$ 滴定同浓度 NaCl 时：

$$Ag^+ + Cl^- \longrightarrow AgCl \qquad\qquad K_t = \frac{1}{[Ag'][Cl']} = \frac{1}{K'_{sp}}$$

化学计量点时：$pCl_{sp} = \frac{1}{2}pK'_{sp}$

滴定突跃范围：$(3.30 + pc) \sim (pK'_{sp} - pc - 3.30)$

浓度越大，突跃越大；沉淀溶度积越小，突跃越大。滴定曲线对确定指示剂的浓度具有指导意义。

沉淀滴定法通常用创立者的名字来命名（指示终点的原理不同），因此银量法又可分为莫尔法（Mahr method）、佛尔哈德法（Volhard method）和法扬司法（Fajans method）。

(1) 莫尔法

用 K$_2$CrO$_4$ 作指示剂的银量法称为"莫尔法"。在中性溶液或弱碱性溶液中，用 AgNO$_3$ 标准溶液直接测定 Cl$^-$（Br$^-$）。

如果溶液中同时存在 Cl$^-$ 和 CrO$_4^{2-}$，由于 AgCl 的溶解度小于 Ag$_2$CrO$_4$ 溶解度，当滴入 AgNO$_3$ 时，先生成的是 AgCl 沉淀，后生成 Ag$_2$CrO$_4$，即分步沉淀。显然砖红色 Ag$_2$CrO$_4$ 的出现即指示滴定的终点。

K$_2$CrO$_4$ 指示剂的用量 由滴定曲线可知，只要控制 K$_2$CrO$_4$ 浓度在一定范围内，使 Ag$_2$CrO$_4$ 沉淀在突跃范围内出现，就可以保证 $E_t \leqslant \pm 0.1\%$。据此可计算 K$_2$CrO$_4$ 的浓度范围。如：0.1000mol/L AgNO$_3$ 滴定 0.1000mol/L NaCl 时，K$_2$CrO$_4$ 的浓度控制在 $3.9 \times 10^{-4} \sim 9.2 \times 10^{-2}$ mol/L 范围都可满足要求。但由于 K$_2$CrO$_4$ 自身为黄色，浓度太大时影响终点的观察。实验证明：K$_2$CrO$_4$ 合适的浓度为 5×10^{-3} mol/L。但若滴定体系的浓度较小，同样浓度的指示剂将引起较大的误差。若要求准确度较高，就必须进行指示剂的"空白校正"。方法是：取和滴定中 AgCl 沉淀的量大致相当的白色"惰性"沉淀（例如不含 Cl$^-$ 的 CaCO$_3$），加入适量的水及相同的 K$_2$CrO$_4$ 指示剂，用 AgNO$_3$ 标准溶液滴定至同样的终点颜色，记下读数，然后从滴定试样所消耗的体积中扣除此数。

溶液酸度 由于有 H$_2$CrO$_4$ $\Longrightarrow$ H$^+$ + HCrO$_4^-$、HCrO$_4^-$ $\Longrightarrow$ H$^+$ + CrO$_4^{2-}$ 两个离解平衡的存在，显然当溶液酸度过高时，CrO$_4^{2-}$ 易转变成 HCrO$_4^-$、H$_2$CrO$_4$，而使 Ag$_2$CrO$_4$ 不易生成，终点推后；同理酸度过低时，由于 Ag$^+$ 的副反应如：Ag$^+$ + OH$^-$ $\Longrightarrow$ AgOH、AgOH $\longrightarrow$ Ag$_2$O，将多消耗滴定剂，也引起较大的误差。因此，莫尔法的酸度应控制在 pH = 6.5~10.5。在试液 pH>10.5 时，可用稀 HNO$_3$ 调节酸度；在试液 pH<6.5 时，可用稀 NaOH、NaHCO$_3$、CaCO$_3$ 或 Na$_2$B$_4$O$_7$ 等调节。

当有 NH$_4^+$ 存在时，可能会发生 Ag$^+$ 与 NH$_3$ 的配合反应，此时酸度应控制在 pH = 6.5~7.2。

莫尔法可直接用于测定 Cl$^-$、Br$^-$，而不适于测定 I$^-$ 和 SCN$^-$。因为 AgI 和 AgSCN 强烈吸附 I$^-$ 或 SCN$^-$，使终点过早出现而且变色不明显。返滴定法可以测定 Ag$^+$。

莫尔法的选择性较差，因凡能与 CrO$_4^{2-}$ 和 Ag$^+$ 生成沉淀的阳、阴离子均干扰滴定。如 Ba^{2+}、Pb^{2+}、Hg^{2+}，SO$_3^{2-}$、PO$_4^{3-}$、AsO$_4^{3-}$、S^{2-}、C$_2$O$_4^{2-}$ 等。

(2) 佛尔哈德法

用铁铵矾 [NH$_4$Fe(SO$_4$)$_2$] 作指示剂的银量法称为"佛尔哈德法"。包括直接滴定法和返滴定法两种。

直接滴定法 是在 HNO$_3$ 溶液中，用 NH$_4$SCN 标准溶液滴定 Ag$^+$ 时，NH$_4$Fe(SO$_4$)$_2$ 为指示剂，首先生成 AgSCN 沉淀，待沉淀完全，过量的 NH$_4$SCN 与 Fe^{3+} 作用，生成可溶性红色配合物 FeSCN^{2+}，指示到达终点。

实验证明，为能观察到红色，$FeSCN^{2+}$ 的最低浓度为 $6.0×10^{-6} mol/L$。通常在终点时 $c_{Fe^{3+}}$ 约为 $0.015 mol/L$，可保证 $E_t \leqslant 0.1\%$。

返滴定法　是在含有卤素离子的 HNO_3 溶液中，加入一定量过量的 $AgNO_3$，然后以 $NH_4Fe(SO_4)_2$ 为指示剂，用 NH_4SCN 标准溶液滴定过量的 $AgNO_3$。在用该法测定 Cl^- 时，由于 $AgCl$ 沉淀的溶解度比 $AgSCN$ 的大，在临近计量点时加入的 NH_4SCN 将与 $AgCl$ 发生沉淀转化反应：

$$AgCl\downarrow + SCN^- = AgSCN\downarrow + Cl^-$$

沉淀转化的速度较慢，滴加 NH_4SCN 形成的红色随着溶液的摇动而消失，难以判断终点，无疑多消耗了 NH_4SCN 标准溶液，将导致负误差。为避免这种情况，通常采取下述措施。

在加入过量 $AgNO_3$ 后，将溶液加热煮沸，使 $AgCl$ 沉淀凝聚，以减少 $AgCl$ 对 Ag^+ 的吸附。滤去沉淀，并用稀 HNO_3 洗涤沉淀，洗涤液并入滤液中，然后用 NH_4SCN 标准溶液返滴滤液中过量 $AgNO_3$。

较简便的办法是，加入 $1\sim2mL$ 密度大于水又不与水互溶的有机溶剂，如硝基苯、1,2-二氯乙烷等，用力振荡以包裹 $AgCl$ 沉淀使之与溶液隔离。

由于 $AgBr$、AgI 的溶解度都小于 $AgSCN$，所以不会发生沉淀的转化。但在测定 I^- 时，应加入 $AgNO_3$，将 I^- 沉淀后，再加入指示剂，如果先加入指示剂，Fe^{3+} 将氧化 I^-

$$2Fe^{3+} + 2I^- = 2Fe^{2+} + I_2$$

佛尔哈德法一般是在 $0.3\sim1mol/L$ HNO_3 溶液中进行的。若酸度过低，Fe^{3+} 将水解形成 $FeOH^{2+}$ 等深色配合物，影响终点观察。碱度再大时，还会析出 $Fe(OH)_3$ 沉淀。酸性介质使许多弱酸盐如 PO_4^{3-}、AsO_4^{3-}、S^{2-} 等都不再干扰卤素离子的测定，因此，此法选择性较高。

强氧化剂可以氧化 SCN^-，氮的低价氧化物可与 SCN^- 发生反应，Cu^{2+}、Hg^{2+} 等可与 SCN^- 形成沉淀，应该除去。

$AgSCN$ 沉淀对 Ag^+ 有强烈的吸附作用，在临近终点时，应充分摇动，使被吸附的 Ag^+ 释放出来。

(3) 法扬司法（吸附指示剂法）

采用吸附指示剂（adsorption indicator）的银量法称为"法扬司法"。

吸附指示剂是一类有机染料，当它被胶状沉淀吸附时，由于分子结构的变化引起颜色的变化，可以指示滴定终点。

例如，用 $AgNO_3$ 滴定 $NaCl$ 时，荧光黄（用 HFI 表示）可以作为指示剂。HFI 是一种有机弱酸，在合适的酸度范围内，即发生离解

$$HFI = H^+ + FI^-$$

阴离子 FI^- 呈黄绿色。在化学计量点前，由于溶液中 Cl^- 过量，所以 $AgCl$ 沉淀表面首先吸附 Cl^-，形成 $AgCl|Cl^-$ 而带负电荷，此时不吸附 FI^-，溶液呈黄绿色。而化学计量点后，Ag^+ 过量，$AgCl$ 沉淀表面先吸附 Ag^+，形成 $AgCl|Ag^+$ 使沉淀表面带正电荷，FI^- 就被吸附了。由于吸附后 FI^- 的结构发生了改变，溶液变成了粉红色，指示终点到达。此过程可表示如下。

Cl^- 过量时：$AgCl|Cl^- + FI^-$（黄绿色）

Ag^+ 过量时：$AgCl|Ag^+ + FI^- \longrightarrow AgCl|AgFI$（粉红色）

由于吸附指示剂的变色是可逆的，所以反过来如用 $NaCl$ 标准溶液滴定 Ag^+，如仍以荧光黄为指示剂的话，则终点颜色变化正好相反，即粉红色→黄绿色。

常用的吸附指示剂见附录。

为使指示剂变色敏锐，使用吸附指示剂时应考虑如下因素。

首先是酸度要适当。由于吸附指示剂是不同强度的有机弱酸，其离解成阴离子能力受到溶液酸度的制约。例如，荧光黄的 $pK_a = 7$，只有在 $pH > 7$ 时，FI^- 才为主要形式，可在 $pH = 7 \sim 10$ 使用。若 $pH < 7$，则主要以 HFI 形式存在，它不能被沉淀吸附，无法指示终点。同理：二氯荧光黄（$pK_a = 4$），使用范围为 $pH = 4 \sim 10$；曙红（$pK_a \approx 2$），使用范围 $pH = 2 \sim 10$。

吸附指示剂的变色起因于沉淀的表面，所以沉淀的表面积越大越有利。所以在滴定过程中加入一些保护胶体（如糊精）防止 AgX 的凝聚，使其保持胶体状态。同时应避免有大量电解质存在。试液浓度也不能太小，否则生成沉淀太少，总表面积太小，对指示剂吸附变色不利。

注意：AgX 易感光变为灰色或黑色，影响终点观察，应该避免在强光照射下滴定。

沉淀对指示剂的吸附能力应与被测离子相适应（前者略小点），以使终点与化学计量点相接近。已知 AgX 对 X^-、SCN^- 和几种指示剂的吸附能力顺序如下：

$$I^- > SCN^- > Br^- > 曙红 > Cl^- > 荧光黄$$

因此，在滴定 Cl^- 时，不能用曙红，而应该用荧光黄。如果用曙红，那么在化学计量点前，曙红将先于 Cl^- 被吸附，使终点过早出现。

实验 60 莫尔法测定氯化物中氯的含量

【实验目的】

1. 通过本实验掌握沉淀滴定的理论及基本操作方法。
2. 学习 $AgNO_3$ 标准溶液的配制和标定。
3. 掌握莫尔法中指示剂的用量。

【预习要点】

1. $AgNO_3$ 的性质，其标准溶液的获得方法。
2. 沉淀条件选择（本书 2.4.2）。
3. 莫尔法的酸度要求及指示剂的用量。

【实验原理】

莫尔法可用于测定可溶性氯化物中氯的含量（见 272 页）。

【仪器与试剂】

分析天平及常规玻璃仪器；NaCl 基准物质：在 $500 \sim 600℃$ 高温炉中灼烧 30min，稍冷片刻放入干燥器中冷却备用；$AgNO_3$；K_2CrO_4 指示剂：5% 水溶液；可溶性氯化物试样。

【实验步骤】

1. $AgNO_3$ 溶液（0.1mol/L）的配制及标定

称取 3.4g $AgNO_3$ 溶于 200mL 不含 Cl^- 的纯水中。将溶液储存于棕色试剂瓶中暗处保存，以防见光分解。

准确称取 $0.14 \sim 0.15g$ NaCl 基准物质于 250mL 锥形瓶中，加 30mL 水溶解，加 1mL K_2CrO_4 指示剂溶液，用 $AgNO_3$ 溶液滴定至刚刚出现砖红色沉淀即为终点。平行测定三份，计算 $AgNO_3$ 溶液的准确浓度。

2. 试样的测定

准确称取 $1.0 \sim 1.2g$ 试样于 100mL 烧杯中，加水溶解后，定量转入 250mL 容量瓶中，并用水稀释至刻度，摇匀。

用 25mL 移液管取试样溶液于 250mL 锥形瓶中，加 1mL 5％K_2CrO_4 指示剂溶液，在剧烈摇动下，用 $AgNO_3$ 标准溶液滴定至终点。平行测定三份，计算试样中 $w(Cl)$。

【注意事项】

1. 剩余的 $AgNO_3$ 溶液要倒入 $AgNO_3$ 回收瓶（棕色试剂瓶）中。滴定完毕将锥形瓶中的 $AgCl$ 沉淀倒入回收 $AgCl$ 沉淀的瓶中。

2. 指示剂的用量对滴定有影响，应按规定量加入。

3. 盛装 $AgNO_3$ 的滴定管宜直接用纯水洗净，而不是按一般程序如：先自来水洗，尔后纯水洗。

4. 如果滴定天然水中氯离子含量，可将 0.1mol/L $AgNO_3$ 标准溶液稀释 10 倍，取水样 50mL 按操作程序进行滴定。

【思考题】

1. 用莫尔法测定 Cl^- 含量时，为什么不能在酸性溶液中进行？pH 值应控制在什么范围？当有 NH_4^+ 存在时情况又如何？

2. 用 K_2CrO_4 为指示剂，其浓度太大或太小对测定有什么影响？

3. 在滴定近终点时，滴入 $AgNO_3$ 的部位即出现砖红色沉淀，经摇动之后砖红色沉淀消失。试说明产生这种情况的原因，并写出其反应式。

4. 在滴定过程中，如果不充分摇动，对测定结果有何影响？

5. 如果试样是 $BaCl_2$，能否用莫尔法测定？如何测定？

6. 用 K_2CrO_4 作指示剂，能否用标准 $NaCl$ 溶液滴定 Ag^+？为什么？

实验 61　银合金中银含量的测定（佛尔哈德法）

【实验目的】

1. 掌握沉淀滴定法中佛尔哈德法的方法、原理及其应用。

2. 练习 NH_4SCN 标准溶液的配制和标定。

3. 熟悉佛尔哈德法判断终点的方法。

【预习要点】

1. 银合金的溶解方法（2.8.1 样品采集与预处理）。

2. 佛尔哈德法的酸度控制及指示剂用量。

【实验原理】

银合金用硝酸溶解后，以铁铵矾为指示剂，用标准 NH_4CNS 溶液滴定（详见 272～273 页）。

【仪器与试剂】

分析天平及常规玻璃仪器。

HNO_3 溶液：（1＋2）；铁铵矾指示剂溶液：40％的 1mol/L HNO_3 溶液。

【实验步骤】

1. $AgNO_3$ 标准溶液的配制

0.1mol/L（同实验 60）。

2. NH_4SCN 溶液的配制及标定

称取 3.8g NH_4SCN，用水溶解后稀至 500mL 摇匀，可得 0.1mol/L NH_4SCN 溶液，转试剂瓶中备用。

用移液管吸取 $AgNO_3$ 标准溶液 25.00mL 于 250mL 锥形瓶中，加 4mL（1＋2）HNO_3 溶液，铁铵矾指示剂溶液 1mL，在剧烈摇动下，用 NH_4SCN 溶液滴定，直至溶液出现稳定的浅红色即为终点。平行测定三份，计算 NH_4SCN 溶液的准确浓度。

3. 银合金中银含量的测定

准确称取银合金试样 0.3g 于 250mL 锥形瓶中，加入 10mL（1＋2）HNO_3 溶液，慢慢加热溶解。加水 50mL 煮沸除去氮的氧化物，冷却。加 2mL 铁铵矾指示剂，在剧烈摇动下，用 NH_4SCN 标准溶液滴定至终点。平行测定三份，计算试样中银的含量。

【注意事项】

1. 滴定反应要在 HNO_3 介质中进行，以防止指示剂中 Fe^{3+} 发生水解而析出沉淀。

2. 银币为最理想的试样，如用其他银合金作试样，含铜量不应超过 60%；不应含有汞，以免生成 $Cu(SCN)_2$、$Hg(SCN)_2$ 沉淀。钴、镍过多时，影响终点的观察。

3. 氮的低价氧化物可与 SCN^- 形成红色 NOSCN 化合物；与 Fe^{3+} 也可形成红色亚硝基化合物，影响终点的观察。所以要赶尽氮的低价氧化物。

【思考题】

1. 用佛尔哈德法测定 Ag^+，滴定时为什么必须剧烈摇动？

2. 试样用（1＋2）HNO_3 溶液溶解后，为什么要加水冲稀？

3. 佛尔哈德法能否用于 Cl^- 的测定？测定的条件是什么？

4. 用返滴定法测定 Br^-、I^- 时，可否剧烈摇动，为什么？返滴定测定 Cl^- 时的情况如何？

2.8.2.7　非水滴定（non-aqueous titration）

水是一种溶解能力强，对环境无污染而且廉价易得的良好溶剂，所以滴定分析常常在水溶液内进行。但是许多有机酸碱在水中不溶或溶解度较小；许多弱酸弱碱由于 $K_a < 10^{-7}$ 或 $K_b < 10^{-7}$，在水溶液中不能被准确滴定；一些多元酸或混合酸在水溶液中不能分步滴定；某些配合物在水中的溶解度较小；某些沉淀在水溶液中的溶解度较大等。如果采用水之外的溶剂（如乙酸、甲基异丁酮），不仅可以改变物质的溶解度，而且还可以改变物质的化学性质，如酸碱性和酸碱强度等，从而扩大了滴定分析的应用范围。在水以外的溶剂中进行滴定分析，称为非水滴定。

在非水酸碱滴定中的溶剂应对样品及滴定产物具有良好的溶解能力；纯度应较高，若有水，应除去；应能增强被测酸碱的酸碱度；黏度应小，挥发性小。

滴定酸时应选择碱性溶剂或亲质子性溶剂；滴定碱时应选择酸性溶剂或惰性溶剂。

冰醋酸是一种常用的非水溶剂。由于在冰醋酸中只有 $HClO_4$ 为强酸，而且不少弱碱的高氯酸盐易溶，所以常用 $HClO_4$ 的乙酸溶液作为滴定剂。

浓 $HClO_4$ 中含有约 30% 的水分，冰醋酸中也含有少量水分，在配制时需加入计算量的乙酸酐，使水与乙酸酐反应除去其中的水。

$$H_2O + (CH_3CO)_2O \Longrightarrow 2CH_3COOH$$

配制方法是取计算量的浓 $HClO_4$❶，先用适量经乙酸酐处理过的冰醋酸稀释，然后在搅拌下慢慢加入所需量的乙酸酐，再用如上冰醋酸稀释至所需体积。

常用邻苯二甲酸氢钾作为基准物质来标定 $HClO_4$ 的乙酸溶液，用结晶紫作为指示剂，终点时由紫色变为黄色。可见，邻苯二甲酸氢钾在水溶液中作为酸来标定碱，而在乙酸中则作为碱来标定酸。

碱性滴定剂（CH_3ONa）、氢氧化四丁基铵（Bu_4NOH）常用混合溶剂苯-甲醇配制溶液。标定碱溶液常用的基准物质是苯甲酸，指示剂为百里酚蓝，终点颜色由黄色变蓝色。

非水碱性溶液更易吸收空气中的 CO_2 和其他酸性物质，储存时应注意密闭，密闭还可以防止非水溶剂的挥发。

在非水滴定中，溶剂和滴定剂将消耗一定量的滴定剂，要作空白试验，扣除空白值。

---

❶　浓 $HClO_4$ 与有机物接触，受热时易引起爆炸，发生危险，不可将乙酸酐直接与浓 $HClO_4$ 相混。

非水酸碱滴定的应用范围很广，这里不再阐述。

此外，非水滴定也可以用于其他滴定法中。如氧化-还原滴定法。

实验 62　双乙酸钠中乙酸钠含量的测定（非水溶液法）

【实验目的】

1. 了解非水溶液滴定的基本原理。

2. 学习非水滴定法测定双乙酸钠中乙酸钠的含量。

【预习要点】

非水溶液滴定的基本原理。

【实验原理】

双乙酸钠（sodium hydrogen diacetate）【126-96-5】是乙酸钠和乙酸的分子化合物，由短氢键缔合。分子式 $C_4H_7NaO_4$，相对分子质量 142.09，熔点 $323\sim329℃$。白色吸湿性晶状粉末，无毒，具有乙酸气味，易溶于水($1g/mL$)和乙醇。加热至 $150℃$ 以上分解，散发出烟气及刺激性酸味。水溶液的 pH 值为 $4.5\sim5.0(10\%$ 水溶液)。是一种多功能的食用化学品。主要用作食品和饲料工业的防腐剂、防霉剂、螯合剂、调味剂、pH 调节剂、肉制品的保存剂，也是复合型防霉剂的主要配料。

非水滴定是指在水以外的溶剂中进行滴定的分析方法。多指在非水溶液中的酸碱滴定法，主要用于有机化合物的分析。使用非水溶剂，可以增大试样的溶解度，同时可增强其酸碱性，使在水中不能进行完全的滴定反应可顺利进行，对有机弱酸、弱碱可以得到明显的终点突跃。水中只能滴定 pK_a 小于 8 的化合物，在非水溶液中则可滴定 pK_a 小于 13 的物质。

乙酸钠在水溶液中是一种很弱的碱($K_b=5.6\times10^{-10}$)，无法用水作溶剂进行酸碱滴定直接测定其含量。但以乙酸作溶剂时，乙酸钠在乙酸溶剂中的电离常数 K_b 等于 2.1×10^{-7}，则可用 $HClO_4$ 为滴定剂，结晶紫（或甲基紫）为指示剂能准确滴定。

$HClO_4$ 在 HAc 介质中主要以离子对 $H_2Ac^+ \cdot ClO_4^-$ 形式存在，NaAc 结合一个质子，产物为 HAc，滴定剂 $H_2Ac^+ \cdot ClO_4^-$ 释放一个质子，产物为 HAc。虽然产物都是 HAc，但意义并不相同。$H_2Ac^+ \cdot ClO_4^-$ 释放一个质子，对应的共轭碱是 HAc；而 NaAc 结合一个质子，其对应的共轭酸是 HAc，故计算乙酸钠含量时，基本单元为其相对分子质量。

滴定剂常用邻苯二甲酸氢钾基准物质标定，其主要反应式如下：

$$KHC_8H_4O_4 + H_2Ac^+ \cdot ClO_4^- \Longrightarrow H_2C_8H_4O_4 + HAc + KClO_4$$

由于标定和测定的反应产物中形成有 $KClO_4$ 和 $NaClO_4$，而这两种盐在非水介质中溶解度较小，故滴定过程中随着滴定剂的不断滴入，慢慢有白色浑浊状物产生，但这并不影响滴定结果。

【仪器与试剂】

酸式滴定管；电磁搅拌器；分析天平；250mL 锥形瓶等。

$HClO_4$-HAc 滴定剂($0.1mol/L$)：取 8.5mL 浓 $HClO_4$，先用适量经乙酸酐处理过的冰醋酸稀释，然后在搅拌下慢慢加入 25mL 乙酸酐，再用如上冰醋酸稀释至 1000mL，摇匀，放置 24h，即得；邻苯二甲酸氢钾基准物质：在 $105\sim110℃$ 干燥 2h，存放在广口玻璃瓶中，在干燥器中保存备用；结晶紫：0.2% 冰醋酸溶液；冰醋酸：$\rho=1.05g/cm^3$；乙酸酐：$\rho=1.08g/cm^3$，含量 97%；高氯酸：$\rho=1.75g/cm^3$，含量 $70\%\sim72\%$；食品级双乙酸钠。

【实验步骤】

1. $HClO_4$-HAc 滴定剂的标定

准确称取 $KHC_8H_4O_4$ 基准物质 0.2g 于洁净且干燥好的锥形瓶中，加入 $20\sim25mL$ 冰醋酸使其完全溶解，必要时可温热数分钟。冷至室温，加 $1\sim2$ 滴结晶紫指示剂，用高氯酸的冰醋酸溶液滴定到紫色消失，刚出现蓝色为终点。取同样量的同一溶剂冰醋酸做空白试验，如空白值高则应从标定时所消耗的滴定剂的体积（mL）中扣除，如少可不扣除。

2. 双乙酸钠中乙酸钠含量的测定

准确称取 100℃干燥至恒重的双乙酸钠试样 0.2～0.3g（精确至 0.0001g），置于洁净干燥的 250mL 锥形瓶中，分别加 20～25mL 冰醋酸，温热使溶解，冷至室温，加结晶紫 1～2 滴，用 0.1mol/L 的高氯酸标准溶液滴至溶液紫色消失，刚显蓝色为终点，平行测定三份。同时做空白实验。按下式计算乙酸钠的含量：

$$w_{CH_3COONa} = \frac{c(V-V_0) \times 82.03}{m_s \times 1000}$$

式中，V、V_0 分别为样品和空白实验所消耗的高氯酸钠溶液的体积；c 为高氯酸钠溶液的浓度；82.03 为乙酸钠的相对分子质量；m_s 为试样质量。

【注意事项】

1. 冰醋酸中绝大部分分子是呈氢键缔合成环状的二聚合物，故它的沸点虽高（118℃）但冰醋酸有挥发性，故高氯酸滴定液应密闭储存。滴定液装入滴定管后，其上宜用一干燥小烧杯盖上，以避免与空气中的二氧化碳以及水蒸气直接接触而产生干扰，亦可防止溶剂冰醋酸的挥发。

2. 高氯酸滴定液的表面张力较大，沿着滴定管壁流动时的速度缓慢，因此实际操作中滴定速度非常重要。若滴定速度过快，滴定液呈线状流下，往往会造成到达滴定终点后黏附在滴定管内径上的溶液还未完全流下，这时如果马上读数，读出的体积数会比实际值偏大，所以在实际操作过程中应使滴定速度保持连续的点滴状。

【思考题】

非水滴定法的适用对象和优点是什么？

实验 63　α-氨基酸的测定（非水滴定）

【实验目的】

通过实验掌握非水酸碱滴定法在药物分析中的应用。

【预习要点】

非水酸碱滴定法的应用原理

【实验原理】

α-氨基酸在水溶液中作为酸或碱都比较弱，而且同时存在的—NH₂ 和—COOH 彼此干扰，故不能准确滴定，如果在碱性比水强而酸性比水弱的二甲基甲酰胺溶剂中，那么氨基酸的酸性增强，而碱性减弱，此时氨基酸可以作为羧酸用甲醇钾（CH₃OK）或氢氧化四丁基胺（Bu₄NOH）标准溶液滴定，百里酚蓝或偶氮紫作指示剂。另外，可以在冰醋酸溶剂中，采用 HClO₄-HAc 滴定剂，甲基紫为指示剂，准确滴定其中—NH₂，从而计算氨基酸的含量。本实验采取后一种实验方法。其反应式如下：

$$R—CH(NH_2)—COOH + HClO_4 \Longrightarrow R—CH(NH_3^+ClO_4^-)—COOH$$

滴定反应的产物为 α-氨基酸的高氯酸盐。

由于反应中 1 个—NH₂ 接受 1 个溶剂化质子，故其基本单元为 R—CH(NH₂)—COOH。

如试样较难溶于冰醋酸介质，可在冰醋酸中加入适量的甲酸助溶；也可采用加入过量的 HClO₄-冰醋酸溶液，待试样溶解完全后，用乙酸钠-冰醋酸溶液返滴定过量的 HClO₄。

【仪器与试剂】

分析天平；锥形瓶；酸或碱式滴定；250mL 烧杯；250mL 容量瓶；25mL 移液管；洗

瓶等。$HClO_4$-冰醋酸滴定剂 0.1mol/L（同实验 62）；甲基紫指示剂：0.2%冰醋酸溶液；冰醋酸（A.R.）；甲酸（A.R）；乙酸酐（A.R.）。

【实验步骤】

准确称取 α-氨基酸试样 0.1g 于 150mL 洁净干燥的锥形瓶中，加 20mL 冰醋酸溶解，如试样溶解不完全，可加 1mL 甲酸助溶，并加 1mL 乙酸酐以除去试样和冰醋酸中的水分。待试样完全溶解后，加入 1 滴甲基紫指示剂，用 $HClO_4$-冰 HAc 标准溶液滴定溶液由紫色转变为蓝（绿）色即为终点。平行测定三次。根据 $HClO_4$-冰醋酸的浓度和滴定所消耗的体积计算试样中 α-氨基酸的含量。

【注意事项】

1. 甲基紫亦为三苯甲烷类指示剂，它和结晶紫是两种不同的指示剂。在冰醋酸溶剂中用 $HClO_4$ 滴定时，甲基紫与结晶紫的颜色变化、吸收光谱等性质基本相似。即随介质的 pH 值降低，溶液的颜色由紫（碱式色）→蓝→蓝绿→黄（酸式色）。对于弱碱等物质，一般滴定至蓝色或蓝绿色为终点。为了准确确定终点，最好同时采用电位滴定法对照。

2. 氨基酸是肽类及蛋白质基元的重要生物分子，通用结构是：

$$R-CH(NH_2)-COOH$$

R 是代表有机基团，随每种氨基酸而不同。$-NH_2$ 是连接于邻近 $-COOH$ 基团的碳原子上，故称为 α-氨基酸。常见的氨基酸近 20 种。pK_a 都较人，pK_b 较小，不能在水溶液中以指示剂检测终点进行滴定，但可用电位法滴定。本实验可选用丙氨酸（$pK_a=9.69$）、谷氨酸、甘氨酸（$pK_a=9.60$）、氨基乙酸等在非水溶剂中滴定测定其含量。

3. 终点观察要准确，即紫色刚消失，刚现蓝色，但此蓝色要稳定。如果滴到绿色，则滴定过量。

【思考题】

1. 氨基乙酸在水溶液中存在形态是什么？已知氨基乙酸 $K_{a_1}=4.5\times10^{-3}$，$K_{a_2}=2.5\times10^{-10}$，问能否在水溶液中准确进行滴定？

2. 氨基乙酸如在二甲基甲酰胺碱性溶剂中，问应采用什么样的滴定剂？选用什么指示剂？

2.8.3　重量分析法

重量分析法（gravimetry）为先将被测组分分离，然后称量有关物质的质量以求得被测组分含量的分析方法，又称称量分析法（weighing analysis）。

2.8.3.1　重量分析法的分类和特点

分离被测组分可以采用多种方法，根据分离方法的不同将重量分析法分为沉淀法、挥发法和电解法等，其中沉淀法是重量分析的主要方法。

（1）沉淀法

该方法是利用沉淀反应将被测组分以微溶化合物的形式沉淀下来，然后将沉淀过滤、洗涤、烘干或灼烧后称量，从而求得被测组分的含量。

（2）电解法

利用电解的方法使待测金属离子在电极上还原析出，然后称量，求得试样中该金属的含量。此方法也称电重量分析法。

（3）挥发法（气化法）

利用物质的挥发性，通过加热或其他方法把被测组分从试样中挥发掉，然后根据试样重量的减少，计算出被测组分的含量。也可以用吸收剂将逸出组分先吸收，再根据吸收剂增加的重量来算出它的含量。与挥发法类似的方法还有提取法。例如测定农副产品中油脂的含量时，可以称取一定重量的试样，用有机溶剂（如乙醚、石油醚等）反复提取，将油脂完全浸取到有机溶剂中，然后称量剩余物的重量，或将提出液中的溶剂蒸发除去，称量剩下油脂的重量，便可计算出油脂的含量。

重量分析方法直接通过天平称量而获得分析结果，与滴定分析法相比，不用基准物质，同时减少了测量体积而引入的误差以及终点误差等。因此重量法可以达到很高的准确度。相对误差一般为 0.1%～0.2%。但重量法的最大缺点是操作烦琐、费时，也不适用于微量和痕量组成的测定。但不少情况下，为了获得准确的分析结果，还必须借助于重量分析法。例如：含量不太低的硅、硫、磷、钨、钼、镍、稀土元素等标准试样的分析，目前仍采用重量分析法。

另外在校正其他分析方法的准确度时，也常用重量法的测定结果作为标准。

2.8.3.2　重量分析对称量形式的要求

在重量分析的三种方法中沉淀法是较为常用的。在沉淀法中，将被测组分沉淀下来的形式称为沉淀形式（precipitation form），将沉淀过滤、洗涤、干燥、灼烧后，在天平上称量的形式称为称量形式（weighing form）。例如：

被测组分	沉淀形式	称量形式
Ba^{2+}	$BaSO_4$	$BaSO_4$
Mg^{2+}	$MgNH_4PO_4$	$Mg_2P_2O_7$

可见，称量形式和沉淀形式可以相同，也可以不同。沉淀形式的具体要求见 2.4.2 节。对称量形式的要求如下。

① 具有确定的化学组成，这是定量计算的依据。

② 必须稳定，不易吸收空气中的水分、CO_2 等，也不易被氧化。

③ 最好有较大的摩尔质量，这样可以增大称量的质量，减小称量的相对误差。

2.8.3.3　重量分析结果的计算

重量分析结果的计算比较简单，只要将称量形式的质量乘以换算因数（conversion factor）就可以得到被测组分的质量。通过下式计算试样的质量分数：

$$w = \frac{mF}{m_s} \times 100\%$$

式中，F 为换算因数，即待测组分的摩尔质量（或原子量）与称量形式的摩尔质量之比；m 和 m_s 分别为被测组分和试样的质量。

欲测组分	称量形式	换算因数 F
S	$BaSO_4$	$\dfrac{M(S)}{M(BaSO_4)} = 0.1374$
MgO	$Mg_2P_2O_7$	$\dfrac{2M(MgO)}{M(Mg_2P_2O_7)} = 0.3622$

2.8.3.4　重量分析基本操作

·(1) 样品的溶解

① 准备好洁净的烧杯，其内壁及底部不应有划痕。配上合适的玻璃棒和表面皿。玻璃棒两端要光滑，以防划破烧杯底，斜着放入烧杯后应比烧杯高出 4～6cm。表面皿的直径应略大于烧杯口直径。

② 称取样品于烧杯中，用表面皿盖好烧杯，以防止灰尘落入。盖时，应将表面皿凸面向下；取下放置时，应将凸面向上，以免再盖时将所沾的污物带入烧杯。

③ 溶样时应注意以下几点。

a. 溶样时若无气体产生，可取下表面皿，将溶剂沿杯壁或沿着紧靠杯壁的玻璃棒下端加入烧杯。边加入边搅拌，直至样品完全溶解，然后盖上表面皿。

b. 溶样时，若有气体产生（如白云石用盐酸溶解），应先加少量水润湿样品，盖好表面皿，在烧杯嘴与表面皿之间的狭缝滴加溶剂。待气泡消失后，再用玻璃棒搅拌使其溶解。样品溶解后，用洗瓶吹洗表面皿凸面，洗下来的水应沿杯壁流入烧杯中。并吹洗烧杯内壁，如图 2.8-5 和图 2.8-6 所示。

c. 有些样品在溶解过程中须加热，可在电炉或煤气灯上进行。但一般只能让其微热或微沸溶解，不能暴沸。加热时应盖上表面皿。停止加热时，应吹洗表面皿和烧杯壁。

d. 若样品溶解后必须加热蒸发时，可在烧杯口放上玻璃三角或在杯沿上挂三个玻璃钩，再盖上表面皿，加热蒸发。

（2）沉淀的滤纸过滤和洗涤

采用滤纸过滤时，滤纸的选择、折叠、过滤等操作见本书 2.4.1 常压过滤中倾析过滤法相关内容。

沉淀全部转移到滤纸上后，应进行洗涤。其目的是将沉淀表面所吸附的杂质和残留的母液除去。洗涤时，洗瓶的水流从三层厚处的边缘开始往下呈螺旋形移动，最后到多重部分停止，称为"从缝到缝"这样可使沉淀洗得干净且可将沉淀集中到滤纸的底部（图 2.8-7）。为了提高洗涤效率，应掌握洗涤方法的要领。洗涤沉淀要少量多次，即每次螺旋形往下洗涤时，所用洗涤剂量要少，便于尽快沥干，沥干后，再行洗涤。如此反复多次，直至沉淀洗净为止。这通常称为"少量多次"原则。

图 2.8-5 吹洗表面皿

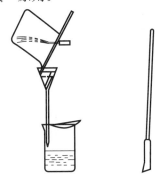

图 2.8-6 吹洗沉淀的方法和沉淀帚

图 2.8-7 沉淀在滤纸上洗涤

沉淀洗涤干净与否，可根据具体情况检查。如试样溶液中含有 Cl^- 和 Fe^{3+} 时，可检查滤出的洗涤液中不含 Cl^- 和 Fe^{3+}，即可认为沉淀已经洗干净。为此可用一干净小试管承接 1～2mL 洗涤液，酸化后，Cl^- 用 $AgNO_3$ 检查，若无 $AgCl$ 白色浑浊出现，说明沉淀已洗净；而 Fe^{3+} 则用 $KSCN$ 检查，若无淡红色 $Fe(SCN)^{2+}$ 出现，亦说明沉淀已洗净。否则仍须继续进行洗涤，直至检查不出 Cl^- 和 Fe^{3+}。一般来说，若能按正确的洗涤方法，洗涤沉淀 8～10 次，基本可以洗净。然而对于无定形沉淀，洗涤次数可能稍多一些。

沉淀洗涤剂的选用应根据沉淀的性质而定。

① 对晶形沉淀，可用冷的稀沉淀剂洗涤，因为这时存在同离子效应，可使沉淀减少溶解，但是如沉淀剂为不易挥发的物质，则只能用水或其他溶剂来洗涤。

② 对非晶形沉淀，需用热的电解质溶液为洗涤剂，以防止产生胶溶现象，多数采用易挥发的铵盐作为洗涤剂，如 NH_4NO_3、NH_4Cl。

③ 对于溶解度较大的沉淀，可采用沉淀剂加有机溶剂来洗涤，以降低沉淀的溶解度。如用滴定法测定 Si 含量时，先将 SiO_3^{2-} 转变为 K_2SiF_6 沉淀，它经水解后可放出 HF，可用 NaOH 标准溶液滴定，为了降低 K_2SiF_6 沉淀的溶解度，一般采用 5% KCl 的 （1+1）乙醇溶液为洗涤剂。

过滤和洗涤的操作过程不能中断，必须不间断地一次完成，否则沉淀会因为放置过久而干，使其不易洗涤干净。同时还要注意不论是盛沉淀或承接滤液的烧杯都应随时盖上表面皿，漏斗在每次倾泻完溶液或加完洗涤液后，也应盖上表面皿，防止灰尘落入。

（3）用微孔玻璃漏斗（或坩埚）过滤

见 2.4.1 滤器的选择及减压过滤部分相关内容。过滤和洗涤：将已洗净、烘干且恒重的坩埚，装入抽滤瓶的橡皮垫圈中，接橡皮管于真空源上，在抽滤下，用倾泻法过滤，其余操作与用滤纸时相同。

（4）沉淀的干燥与灼烧

干燥器的准备和使用　首先将干燥器擦干净，烘干多孔瓷板后，将干燥剂通过一纸筒装入干燥器的底部（如图2.8-8所示），应避免干燥剂沾污干燥器内壁的上部。然后再盖上多孔瓷板。注意：干燥剂不要装得太满，只装入干燥室（瓷板下的部分）容量的一半就够了，否则易沾污坩埚或称量瓶等。

图 2.8-8　装入干燥剂的方法

干燥器盛装干燥剂后，放好瓷板，在干燥器的磨口上涂上一层薄而均匀的凡士林油。盖上干燥器盖。

干燥剂一般常用变色硅胶。此外还可用无水氯化钙等，可根据不同的要求选用不同的干燥剂。由于各种干燥剂吸收水分的能力都是有一定限度的，因此，干燥器中的空气并不是绝对干燥，而只是湿度相对降低而已。所以灼烧和干燥后的坩埚和沉淀，如果在干燥器中放置过久，可能会吸收少量水分而使重量增加，这点须加注意。

开启干燥器时，左手按住干燥器，右手按住盖子上的圆顶，向左前方推开器盖，而同时左手向右后方稍用力。盖子取下后，应拿在手中，用左手放入（或取出）坩埚（或称量瓶），及时盖上干燥器盖；也可放在桌上安全的地方（注意要磨口向上，圆顶朝下）。加盖时，也应当拿住盖上圆顶，推着盖好。

当坩埚或称量瓶等放入干燥器时，应放在瓷板圆孔内。但如果称量瓶比圆孔小，则应放在瓷板上。若放入坩埚等热容器时，应连续推开干燥器 1～2 次。

搬动或挪动干燥器时，应该用两手的拇指同时按住盖，防止滑落打破。应当注意的是，干燥剂只能使干燥的器皿或沉淀保持干燥，而不能使湿的器皿或沉淀干燥，所以，干燥器内不准存放湿的器皿或沉淀。

坩埚的准备　灼烧沉淀常用瓷坩埚。使用前须用热的稀盐酸或铬酸洗液浸泡 1min，以除去杂物及污物，然后用自来水洗净，再用纯水冲洗坩埚内外，放在表面皿上晾干或烘干。为了不使坩埚混淆，需在坩埚上编号。用蓝黑墨水或 $FeCl_3$ 溶液在坩埚和盖上编号，干后，放入 800～850℃ 的高温炉中灼烧 40min，从高温炉中取出坩埚时，坩埚钳应预热。坩埚取出后，应放在洁净的石棉或瓷板上，待坩埚冷至红热退去后（用手心试坩埚上空的辐射热不是很热时，一般≤200℃），再移至干燥器中，盖好干燥器盖，随后须启动干燥器盖 1～2 次，放出热空气，使内外压力平衡后，再盖好盖子。冷却至室温，称重。然后进行第二次灼烧，大约 30min，取出冷却后，放入干燥器中冷至室温，再称重。重复操作一次。两次称量之差不超过 0.3mg，即达恒重（constant weight），否则需继续灼烧，直到恒重为止。

注意：恒重同一个坩埚时，每次使用同一台天平！

沉淀和滤纸的烘干　沉淀洗涤完毕，欲从漏斗中取出时，应用一端细而圆滑的玻璃棒将滤纸三层厚的部分挑起，再将滤纸用干净的手取出，按图 2.8-9 所示的步骤卷成小包，使沉淀包在里面，放入已经恒重的坩埚内，使滤纸三层厚部分朝上。包裹沉淀时最好包得紧一些，但不能用手去挤。如漏斗上有微量的沉淀，可用小块滤纸擦净，将小块滤纸与沉淀包在一起。

从漏斗中取出胶体沉淀时，可用扁头玻璃棒将滤纸边挑起向中间折叠，把沉淀全部盖住（如图 2.8-10 所示）。再用玻璃棒轻轻转动滤纸包，以便擦净漏斗内壁可能粘有的沉淀。然后将滤纸包用干净的手转移至已恒重的坩埚内，使它倾斜放置，滤纸包的尖头朝上。

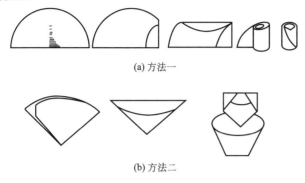

(a) 方法一

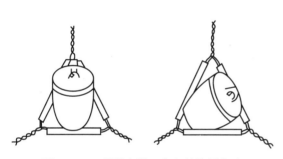

(b) 方法二

图 2.8-9 过滤后滤纸的折叠   图 2.8-10 非晶形沉淀的包裹

然后对沉淀和滤纸进行烘干。将放有沉淀包的坩埚放在泥三角上（滤纸三层厚的部分向上），坩埚盖放在泥三角的铁丝上半掩地依于坩埚上（图 2.8-11 所示），将酒精灯（或燃气灯）置于坩埚盖下面，利用盖的反射作用使热气流进坩埚内部将沉淀包烘干，而水蒸气则从坩埚上面逸出，如图 2.8-12（a）所示位置。

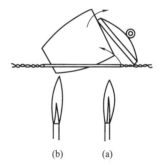

图 2.8-11 坩埚在泥三角上的放置方法   图 2.8-12 沉淀和滤纸在坩埚中烘干、炭化和灰化的火焰位置
（a）烘干火焰；（b）炭化、灰化火焰

烘干过程不能贪快使温度过高，或是将酒精灯（或燃煤气灯）置于坩埚底部，否则会使内部迅速气化的热气流夹带沉淀溅出坩埚，或者使水滴与热坩埚接触而炸裂。

滤纸的炭化和灰化 当沉淀包烘干后即开始冒烟，滤纸开始变黑，此为炭化。此时，应将酒精灯（或燃气灯）逐渐移至坩埚底部［如图 2.8-12（b）所示位置］，稍稍加大火焰，使滤纸炭化。如温度升高得太快，滤纸会生成整块的炭，需要较长时间才能将其灰化，故不要使火焰加得太大。炭化时如遇滤纸着火，可立即用坩埚盖盖住，同时移开火焰，使坩埚内的火焰熄灭，切不可用嘴吹灭。着火时，不能置之不理，让其燃烬，这样易使沉淀随气流飞散损失。待火熄灭后，将坩埚盖移至原来位置，继续加热至全部炭化（即滤纸全部变黑）。

炭化后可加大火焰，使滤纸灰化。滤纸灰化后，应呈灰白色而不再是黑色。为使灰化较快地进行，应该随时用坩埚钳夹住坩埚使之转动．但不要使坩埚中的沉淀翻动，以免沉淀飞扬损失。

沉淀的烘干、炭化和灰化也可在电炉上进行。应注意温度不能太高。这时，坩埚是直立的，但坩埚盖不能盖严，其他操作和注意事项同前。

沉淀的灼烧

沉淀和滤纸灰化后，将坩埚移至高温炉中，盖上坩埚盖，但仍留有空隙。与灼烧空坩埚时相同温度下灼烧 40～45min，与空坩埚灼烧操作相同，取出，冷至室温，称重。然后进行第二次，乃至第三次灼烧，直至坩埚和沉淀恒重为止。一般第二次以后的灼烧 20～30min 即可。

此外，某些沉淀在经烘干时就可得到一定稳定组成时，就不必在瓷坩埚中灼烧；而热稳定性差的沉淀，也不宜在瓷坩埚中灼烧。这时，可用微孔玻璃坩埚烘干至恒重即可。

微孔玻璃坩埚放入烘箱中烘干时，应将它放在表面皿上进行。根据沉淀性质确定干燥温度。一般第一次烘干约 2h，第二次 45min～2h。如此重复烘干，直至恒重为止。

实验 64　土壤中硫酸根含量的测定

【实验目的】

1. 掌握重量法测定土壤中可溶性 SO_4^{2-} 的原理及方法。
2. 掌握重量法的程序及基本操作。

【预习要点】

1. 土壤样品的处理方法（参见实验 7）。
2. 重量法测定的原理及结果计算。
3. 晶形沉淀的条件。
4. 沉淀的完全、转移、洗涤、烘干、灼烧及滤纸的选择、折叠、包裹等操作。

【实验原理】

测定土壤中可溶性 SO_4^{2-}，对确定盐土类型以及对土壤改良利用都具有重要的意义。同时在常规分析中，测定 SO_4^{2-} 是不可缺少的项目。

测定 SO_4^{2-} 的方法很多，重量法比其他方法准确度高，且是一种成熟传统的方法。

试样按一定的方法处理后，用稀盐酸酸化，并加热至近沸，在不断搅拌下缓慢地滴加稀的 $BaCl_2$ 溶液，使试样中的 SO_4^{2-} 与 Ba^{2+} 形成难溶于水的 $BaSO_4$ 沉淀。所得沉淀经过陈化、过滤、洗涤、烘干、灰化及灼烧后，仍以 $BaSO_4$ 形式称量，即可求得样品中 SO_4^{2-} 的含量。

沉淀反应在稀盐酸介质中进行，是为了防止钡的碳酸盐、草酸盐、铬酸盐及氢氧化钡等共沉淀。同时加入盐酸也可以增加 $BaSO_4$ 的溶解度，降低其相对饱和度以获得较好的晶形沉淀。

为了使 $BaSO_4$ 沉淀完全，加入的 $BaCl_2$ 必须过量。由于 $BaCl_2$ 在后续的沉淀洗涤过程中可以洗除，故作为沉淀剂的 $BaCl_2$ 可以过量 20％～30％。

加热可以缩短陈化时间。硫酸钡沉淀在微沸的水溶液中陈化 2h，此为热陈化。在室温下陈化则需放置过夜。如果采用热陈化方式则需加热后必须自然放置至室温后进行过滤，因为，$BaSO_4$ 沉淀的溶解度和温度的关系见下表。

温度/℃	0	18	25	50	100
溶解 $BaSO_4$ 沉淀的质量/g	0.00172	0.00220	0.00246	0.00335	0.00389

【仪器与试剂】

分析天平；高温炉；干燥器；瓷坩埚；称量瓶；漏斗；无灰滤纸及常规玻璃仪器。

2mol/L HCl 溶液；$BaCl_2$ 溶液（10％）；0.1mol/L $AgNO_3$ 溶液（滴瓶装）。

土壤样品同实验 7。

【实验步骤】

1. 土壤的处理（见实验 7 土壤中可溶性全盐量的测定）
2. 瓷坩埚的准备

3. 沉淀的制备与陈化

吸取 $50\sim100mL$ 土壤水浸提液 $200mL$ 烧杯中，在水浴上蒸干，加 $5mL(1+3)HCl$ 溶液处理残渣，再蒸干，并继续加热 $1\sim2h$。用 $2mL(1+3)HCl$ 溶液及 $20mL$ 热水洗涤，用紧密滤纸过滤，除去残渣再用热水洗净。

滤出液在烧杯中蒸发至 $30\sim40mL$ 时，在不断搅动下趁热滴加 $10\%BaCl_2$ 溶液至沉淀完全。在上部清液中再加几滴 $BaCl_2$，直至无沉淀生成时，再多加 $2\sim4mL\ BaCl_2$。在水浴中继续加热 $15\sim30min$，取下烧杯静置 $2h$。

4. 过滤及洗涤

将慢速定量（无灰）滤纸，按规定的方法折叠，使其与漏斗很好地贴紧，并形成水柱。将漏斗放置于漏斗架上，漏斗下面各放一只洁净的烧杯。然后将上述陈化过并冷却的溶液用倾泻法过滤，再用稀 $BaCl_2$ 洗涤液（取 $2\sim4mL\ 10\%BaCl_2$ 用水稀释至 $200mL$）洗涤沉淀 $3\sim4$ 次，每次用量 $10\sim15mL$，均用倾泻法过滤。然后将沉淀转移到滤纸上，并用小滤纸片把搅棒及杯壁等处擦净，将滤纸片放在漏斗内的滤纸上，再用稀 $BaCl_2$ 溶液洗涤 $4\sim6$ 次，最后用水洗涤至无 Cl^- 为止。

5. 烘干及灰化

将洗净的沉淀按规定的操作包好，移入质量已恒重的瓷坩埚中，坩埚置于泥三角上，用电炉或酒精灯慢慢加热，使滤纸由干至焦枯、到炭化（不能让滤纸燃烧），直至灰化。

6. 灼烧

滤纸片灰化完全后，将坩埚及盖放入 $800\sim850℃$ 高温炉中灼烧，操作方法同坩埚的准备，灼烧数次直至恒重。

上述内容要平行测定两份。计算土壤中 SO_4^{2-} 含量。

【注意事项】

1. 空坩埚与盛有沉淀的坩埚在干燥器中，冷却至室温的时间每次都要相等。

2. 称取空坩埚或盛有沉淀的坩埚至恒定质量时，每次都要用同一台分析天平。若使用机械分析天平，则还要使用同一砝码。

3. 称量时要注意，无论是坩埚及其盖放进天平中，还是从天平中取出，均应通过坩埚钳进行，切不许用手直接拿取。

4. 在操作中要注意两个坩埚及其各自的盖要配套使用，切不可忙中混淆，致使延长实验时间。并且注意不要将坩埚盖打碎，否则可造成实验的失败。

5. 盛滤液的烧杯必须干净，因 $BaSO_4$ 沉淀易穿透滤纸，若遇此情况重新过滤。测量的准确度要求高时，则要弃去重做。

检查沉淀是否穿透滤纸的方法是：沉淀洗涤完毕，将盛滤液的烧杯，放在黑色实验台上（或在烧杯下垫一张黑纸），用洁净玻璃棒轻轻地单方向搅动滤液，再静止数分钟，如有白色 $BaSO_4$ 沉淀穿透滤纸，则集中于杯底中央，很容易观察到。

6. Cl^- 是混在沉淀中的主要杂质，因易检验，故 Cl^- 已完全除去时，其他杂质可认为已完全洗去。

检查 Cl^- 方法是：收集数滴滤液于离心管中，加 1 滴稀 HNO_3，滴加 $AgNO_3$ 试液，若出现浑浊则 Cl^- 未除净；若不出现浑浊，可以认为 Cl^- 已除净。

7. 包有沉淀的滤纸灰化时，如果温度太高或空气不充足，可能有部分白色 $BaSO_4$ 被滤纸的碳还原为绿色的 BaS，使测定结果偏低。其还原反应为

$$BaSO_4+4C =\!\!= BaS+4CO\uparrow$$

但在灼烧后，热空气也可能慢慢地把 BaS 氧化成 $BaSO_4$。

8. $BaSO_4$ 沉淀在 $1000℃$ 以上高温灼烧时，可能有部分沉淀分解：

$$BaSO_4 \longrightarrow BaO+SO_3\uparrow$$

故此，灼烧温度控制在 800～850℃为宜。

【思考题】

1. 为什么要在稀 HCl 介质中沉淀 $BaSO_4$？
2. 为什么沉淀 $BaSO_4$ 要在热溶液中进行，而在冷却后过滤？
3. 沉淀为什么要在水浴上陈化 1h？

2.9 光学量测定与光谱技术简介

所谓光学性质测定，实质是利用物质所具有的各种光学性质，对物质进行定性、定量及结构分析的技术。我们知道，物质的某些结构信息、宏观物理量等，往往可以通过直接或间接的方法与光学性质建立起关系，比如体系的光学性质与浓度等常用化学量之间，就存在有线性关系。因此由光学性质的变化，即可得知体系化学性质的变化，乃至组成体系分子的结构化学性质。

常见的光学性质测定大体包括如下的一些测定过程：旋光检测、折光检测、散射光检测、分光光度检测、荧光检测、X 射线检测等。基础化学实验中，应用较多的是前四种方法。其中散射光检测通常用于分散系性质的表征，这已经在 2.4.1 节浊度分析中有过讨论。因此这里主要讨论和介绍其他三种方法。

在现代化学学科，有一个广为人们所知的术语："四大谱"。它所表示的是用于鉴定和判断共价分子结构的四种方法，分别是：红外光谱、紫外可见光谱、核磁共振谱、质谱等。在基础化学实验课程中，前三种方法时有应用。在此予以简单介绍。

2.9.1 折射率与旋光度

2.9.1.1 折射率

折射率（refractive index）是液体化合物的物理常数之一。通过测定折射率可以判断化合物的纯度，也可以用来鉴定未知物。

原理 在不同介质中，光的传播速度是不相同的，当光从一种介质射入到另一种介质时，其传播方向会发生改变，这就是光的折射现象。根据折射定律，光线自介质 A 射入介质 B，其入射角 α 与折射角 β 的正弦之比和两种介质的折射率成反比。

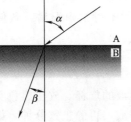

图 2.9-1 光的折射示意

$$\sin\alpha/\sin\beta = n_B/n_A$$

若设定介质 A 为光疏介质，介质 B 为光密介质，则 $n_A < n_B$。换句话说，折射角 β 必小于入射角 α，见图 2.9-1。

如果入射角 $\alpha = 90°$，即 $\sin\alpha = 1$，则折射角为最大值（称为临界角，以 β_0 表示）。折射率的测定都是在空气中进行的，但仍可近似地视作在真空状态之中，即 $n_A = 1$。故有：

$$n = 1/\sin\beta_0$$

因此，通过测定临界角 β_0，即可得到介质的折射率 n。通常，折射率是用阿贝（Abbe）折光仪来测定，其工作原理就是基于光的折射现象。

由于入射光的波长、测定温度等因素对物质的折射率有显著影响，因而其测定值通常要标注操作条件。例如，在 20℃ 条件下，以钠光 D 线波长（589.3nm）的光线作入射光所测得的四氯化碳的折射率为 1.4600，记为 n_D^{20} 1.4600。由于所测数据可读至小数点后第四位，精确度高，重复性好，因而以折射率作为液态化合物的纯度标准甚至比沸点还要可靠。另外，温度对折射率的影响呈反比关系，通常温度每升高 1℃，折射率将下降 $3.5×10^{-4}$ ～ $5.5×10^{-4}$。为了方便起见，在实际工作中常以 $4×10^{-4}$ 近似地作为温度变化常数。例如，甲基叔丁基醚在 25℃ 时的实测值为 1.3670，其校正值应为：

$$n_{\mathrm{D}}^{20} = 1.3670 + 5 \times 4 \times 10^{-4} = 1.3690$$

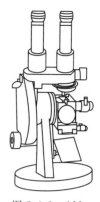

测定液体化合物的折射率，是在 Abbe 折光仪上完成的。现如今各种形式和多种功能的折光仪层出不穷，但其基本原理则大同小异。图 2.9-2 是一种经典的折光仪结构示意。具备数字功能的折光仪已成为现代的主流。

测定方法 打开折光仪的棱镜，先用镜头纸沾丙酮擦净棱镜的镜面，然后加 1~2 滴待测样品于棱镜面上，合上棱镜。旋转反光镜，让光线入射至棱镜，使两个镜筒视场明亮。再转动棱镜调节旋钮，直至在目镜中可观察到半明半暗的图案。若出现彩色带，可调节消色散棱镜（棱镜微调旋钮），使明暗界线清晰。接着，再将明暗分界线调至正好与目镜中的十字交叉中心重合记录读数及温度，重复 2 次，取其平均值。测定完毕，打开棱镜，用丙酮擦净镜面。

图 2.9-2　Abbe 折光仪示意

注意事项 ①由于阿贝折光仪设置有消色散棱镜，可使复色光转变为单色光。因此，可直接利用日光测定折射率，所得数据与用钠光时所测得的数据一样。②要注意保护折光仪的棱镜，不可测定强酸或强碱等具腐蚀性液体。③测定之前，一定要用镜头纸蘸少许易挥发性溶剂将棱镜擦净，以免其他残留液的存在而影响测定结果。④如果测定易挥发性液体，滴加样品时可由棱镜侧面的小孔加入。

2.9.1.2　旋光度测定

对映体是互为镜像的立体异构体。它们的熔点、沸点、相对密度、折射率以及光谱等物理性质都相同，并且在与非手性试剂作用时，它们的化学性质也一样，唯一能够反映分子结构差异的性质是它们的旋光性不同。当偏振光通过具有光学活性的物质时，其振动方向会发生旋转，所旋转的角度即为旋光度（optical rotation）。

(1) 原理

旋光性物质的旋光度和旋光方向可以用旋光仪来测定。旋光仪主要由一个钠光源、两个尼科尔棱镜和一个盛有测试样品的盛液管组成（见图 2.9-3）。普通光先经过一个固定不动的棱镜（起偏镜）变成偏振光，然后通过样品管、再由一个可转动的棱镜（检偏镜）来检验偏振光的振动方向和旋转角度。若使偏振光振动平面向右旋转，则称右旋；若使偏振光振动平面向左旋转，则称左旋。

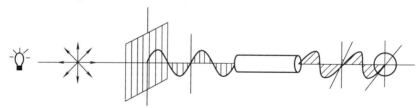

图 2.9-3　旋光仪结构示意

光活性物质的旋光度与其浓度、测试温度、光波波长等因素密切相关。但是，在一定条件下，每一种光活性物质的旋光度为一常数，用比旋光度 $[\alpha]$ 表示：

$$[\alpha]_{\lambda}^{T} = \frac{\alpha}{cl}$$

式中，α 为旋光仪测试值；c 为样品溶液浓度，g/mL；l 为样品管长度，dm；λ 为光源波长，通常采用钠光源，以 D 表示；T 为测试温度。如果被测样品为液体，可直接测定而不需配成溶液。求算比旋光度时，只要将其相对密度值（d）代替上式中的浓度值（c）即可：

$$[\alpha]_{\lambda}^{t} = \frac{\alpha}{dl}$$

（2）实验方法

旋光仪有多种类型，现以数字式自动显示旋光仪为例，其操作方法如下。

① 预热。打开旋光仪开关，使钠灯加热 15min，待光源稳定后，再按下"光源"键。

② 调零。在盛液管中装入用来配制待测样品溶液的溶剂或蒸馏水，将样品管放置在测试槽中调零，使数字显示屏读数为零。

③ 配制溶液。准确称取 0.1～0.5g 样品，在 25mL 容量瓶中配成溶液，通常可选用水、乙醇或氯仿作溶剂。若用纯液体样品直接测试，在测试前确定其相对密度即可。

④ 测试。选用适当长度的样品管，将样品溶液或纯液体样品装入盛液管中，注意除去气泡。然后置盛液管于试样槽中，关上盖。按"测定"键，待数字显示屏读数稳定后读数。再复测、读数两次，取其平均值。根据公式计算比旋光度、对映体过量值等。

（3）注意事项

如果样品的比旋光度值较小，在配制待测样品溶液时，宜将浓度配得高一些，并选用长一点的测试盛液管，以便观察。温度变化对旋光度具有一定的影响。若在钠光（$\lambda = 589.3nm$）下测试，温度每升高 1℃，多数光活性物质的旋光度会降低 0.3% 左右。测试时，样品管所置放的位置应固定不变，以消除因距离变化所产生的测试误差。

实验 65　　商品味精纯度的测定

【实验目的】

1. 了解旋光法测定氨基酸类光活性物质浓度的基本原理。
2. 掌握旋光法测定物质纯度的测定实验方法。
3. 了解氨基酸的相关理化性质。

【预习要点】

1. WZZ 型自动旋光仪的工作原理和使用方法。
2. 氨基酸化学的有关知识，在生命过程的意义。
3. 查阅文献，了解手性物质及相关立体化学知识。

【实验原理】

食用商品味精为 l-谷氨酸单钠盐【142-47-2】。l-谷氨酸【56-86-0】在水溶液中比旋光度为 $[\alpha]_{D}^{20} = +12.1°$。在 2mol/L 盐酸溶液中为 +32°。l-谷氨酸在盐酸溶液中的比旋光度在一定盐酸浓度范围内随酸度增加而增加。在测定味精纯度时加入盐酸使其浓度为 2mol/L，此时谷氨酸钠以谷氨酸的形式存在。在一定的温度下测定其比旋光度，并与该温度下纯 l-谷氨酸的比旋光度比较，即可求得味精中谷氨酸钠的百分含量，即味精纯度。结晶味精其纯度可达 99% 以上。

谷氨酸有几种立体异构体，较重要的是左旋谷氨酸（l-谷氨酸）和外消旋谷氨酸（dl-谷氨酸），左旋谷氨酸为白色鳞片状晶体。无臭，稍有特殊的滋味和酸味。呈微酸性。微溶于冷水，易溶于热水，几乎不溶于乙醚、丙酮和冰醋酸中，不溶于乙醇和甲醇。247～249℃分解，200℃升华，相对密度 1.538（20℃/4℃）。与盐酸作用生成 l-谷氨酸盐酸盐，与碱作用生成 l-谷氨酸一钠。外消旋谷氨酸为白色结晶。微溶于乙醚、乙醇和石油醚。相对密度（20℃/4℃）1.4601，熔点 225～227℃（分解）。从水中析出的谷氨酸单钠盐为正交棱柱状结晶，含一分子结晶水。在 120℃失去结晶水，加热至 225℃以上则发生分解。谷氨酸钠难溶于乙醇，每 100mL 无水乙醇仅溶 0.07g。谷氨酸钠与谷氨酸一样有 d-型及 l-型两种光学异构体，当 d-型及 l-型等量时发生消旋，称为 dl-型、d-型无鲜味。

【仪器与试剂】

WZZ 型自动旋光仪；分析天平；其余为常规玻璃仪器。市售味精（99％，80％），HCl（6mol/L）。

【实验步骤】

1. 样品液配制

准确称取不同味精样品 10.00g 于 100mL 烧杯中，加 20～25mL 纯水，搅拌下加入 6mol/L 盐酸，使其全部溶解，记录盐酸的体积，冷却至室温。用纯水定容至 100mL。

2. 旋光仪零点校正

有三种校正法，一种为纯水调零法，即将纯水装入旋光管于旋光仪中调零；一种为空白溶液校正法，即取等体积 6mol/L HCl 置入 100mL 容量瓶中，用纯水稀释至刻度，于旋光仪中调零；另一种为空气法，即不用溶液和旋光管，空着仪器调零。本实验使用空白溶液校正。

3. 样品测定

打开旋光仪光源，稳定后校正零点。用少量样品溶液洗涤旋光管三次，然后注满一管，将玻璃盖片从管的侧面水平地推进盖好，适当拧紧螺丝盖，用镜头纸擦干盖片。将装好样品的旋光管放入旋光仪，记录读数，并记录测定时的温度。

因测定时溶液中旋光活性物质是 l-谷氨酸，故需将样品的质量通过两者摩尔质量的关系换算成 l-谷氨酸的质量。注意：谷氨酸单钠盐含有一个结晶水。

温度的校正　测定温度如果为 T，则与 20℃ 条件下比旋光度的关系为：$[\alpha]_D^T = 32 + 0.06(20-T)$，其中 32 为纯 l-谷氨酸 20℃时的比旋光度。则：

$$样品味精纯度 = \frac{[\alpha]_{D样品}^t}{[\alpha]_{D标准}^t} \times 100\%$$

【思考题】

1. 配制样品时为何要加入 HCl？直接测定钠盐的 α 不行吗？
2. 旋光法测定样品的纯度，零点校正的方法有几种？怎样校正？

2.9.2　分子的电子光谱——紫外可见光谱

2.9.2.1　吸收光谱的产生

当一束光照射到某物质或其溶液时，构成该物质的分子、原子或离子与光相互作用，分子、原子或离子吸收了光子的能量，其状态发生了相应的变化，由原来的基态跃迁到激发态，这个过程就是物质对光的吸收而产生了吸收光谱。吸收光谱分成两类。一类为原子吸收光谱，即原子中最高被占轨道电子跃迁时选择性地吸收了某些波长的电磁波后产生的，这部分电子对应的跃迁为：原子最高被占轨道电子由基态跃迁至第一激发态，因此吸收的电磁波的波长较短。另一类为分子吸收光谱，是由分子的分子轨道中某些电子跃迁，或分子中的化学键发生振动、转动所吸收的能量。其中分子轨道上的电子跃迁对应的波长范围是紫外区域和可见区域，而由分子中键的振动或转动吸收光的波长，范围在红外和微波区域。

人眼能观察到的可见区域光的范围是 400～750nm 之间，紫外线波长范围为 200～400nm，而红外线的波长范围则在 0.75～50μm 之间。可见光又具有如下的特点：日常观察到的白光，如太阳、白炽灯发出的光，实际是复合波长的光（polychromatic light）；不同颜色的可见光，所对应的波长并不相同，具体关系见表 2.9-1。

表 2.9-1　物质颜色和吸收光颜色的对应关系

序号	物质颜色	吸收光颜色	吸收光波长范围 λ/nm
1	黄绿色	紫色	400～450
2	黄色	蓝色	450～480
3	橙色	绿蓝色	480～490

序号	物质颜色	吸收光颜色	吸收光波长范围 λ/nm
4	红色	蓝绿色	490～500
5	紫红色	绿色	500～560
6	紫色	黄绿色	560～580
7	蓝色	黄色	580～600
8	绿蓝色	橙色	600～650
9	蓝绿色	红色	650～750

　　分子中轨道上的电子跃迁时吸收了可见区域某波长的光时，则其余的光被反射或透过而产生了不同的颜色。表 2.9-1 中列出的物质的颜色和吸收光颜色之间存在这样的关系：即如果将两种对应颜色的光按一定比例混合，可以得到白光，这种对应颜色的光互称为互补光。由于构成物质的分子吸收了可见光中某区域波长的光，显现出它的互补光的颜色。如重铬酸钾晶体因吸收了白光中绿蓝色波长的光而显现出其互补光的颜色——橙色。

　　由于构成物质的基态分子（原子）的轨道能级差是确定的，则电子的跃迁能级也是确定的，吸收光的波长也是确定的。因而每一种物质都有其特征吸收光谱。利用这一特性，我们可以对物质进行定性检验。如果用仪器检测某种物质对不同单色光（monochromatic light，只具有一种波长的光）的吸收程度，即将不同波长的光通过一个一定浓度和厚度的有色溶

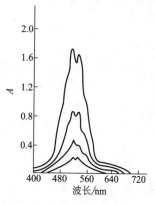

图 2.9-4　不同浓度 KMnO$_4$
溶液吸收曲线

液，然后测量透过光的强度，且以物质对光的吸收程度 A（吸光度）为纵坐标，以波长为横坐标，可得一条曲线，这条曲线称为吸收曲线，图 2.9-4 是四种不同浓度的 KMnO$_4$ 溶液的吸收曲线，虽然曲线的形状有差别，但它们的最大吸收均在 525nm 处，光吸收程度最大处的波长称为最大吸收波长，用 λ_{max} 表示。而且吸光度随着溶液浓度增大而增大，因此，可以利用这个特性作定量分析。

2.9.2.2　朗伯-比尔定律

　　当一束平行的单色光通过有色溶液时，若溶液的厚度为 b，溶液浓度为 c 时，入射光被吸收的程度是和溶液的厚度及浓度有关。当液层的厚度愈厚，浓度愈大时则溶液的颜色愈深，对光的吸收程度也愈大。若用定量的关系式表达其间的关系即称为朗伯-比尔定律（Lambert-Beer's law）：

$$A = Kbc$$

　　此即为朗伯-比尔定律的数学表达式。其物理意义：当一束单色光平行照射并通过均匀的、非散射的吸光物质的溶液时，溶液的吸光度 A 与溶液浓度 c 和液层厚度 b 的乘积成正比。式中，A 为溶液（样品）的吸光度，其与透光率 T（$T = I_0/I_T$，I_0 为入射光强度；I_T 为透射光强度）的关系为：$A = -\lg T$；K 为比例系数，当 b 以 cm 作单位，c 以 mol/L 作单位时，则 K 用符号 ε 表示，称做摩尔吸光系数，L/(mol·cm)。朗伯-比尔定律的变形式为 $A = \varepsilon c$。此式往往被称做比尔定律。

　　实践中，我们很难直接取 1mol/L 这样高浓度的有色溶液去测量其吸光度，而只能通过计算求得。应当指出，溶液中吸光物质浓度常因离解等化学反应而改变，故在计算时往往并不知道吸光物质的真实浓度而以被测物质的总浓度代之。因而这样算得的数值实质上是表观摩尔吸光系数。显然，ε 越大表示吸光质点对某波长的光的吸收能力越强，故光度测定的灵敏度就越高。因此，ε 是吸光质点特性的重要参数，也是衡量光度分析方法灵敏度的重要

指标。

2.9.2.3 比色法与分光光度法

在基础化学实验室中，我们利用朗伯-比尔定律进行物质定量分析时的分析方法主要有比色法（colorimetric method）和分光光度法（spectorphotometry）。比色法只限于在可见光区，分光光度法则可以扩展到紫外线区和红外线区。

直接用眼睛观察，比较溶液颜色深浅以确定物质含量的方法称为目视比色法。一般采用标准系列法。即在一套等体积的比色管中配制一系列浓度不同的标准溶液，并按同样的方法配制待测溶液，待显色反应达平衡后，从管口垂直向下观察，比较待测溶液与标准系列中哪一个标准溶液颜色相同，便表明二者浓度相等。如果待测试液的颜色介于某相邻两标准溶液之间，则待测试样的含量可取两标准溶液含量的平均值。目视比色法仪器简单，操作方便；比色管的液层较厚，适宜稀溶液中微量物质的测定。但准确度较差，相对误差约为 $5\% \sim 20\%$，如有其他有色物质干扰，无法测定。因此常用于半定量测定。

分光光度法是一种适合于微量组分测定的仪器分析方法，检测限大多可达 $10^{-4} \sim 10^{-3}$ g/L（或 μg/mL）数量级。操作通过分光光度计来完成。分光光度法与目视比色法在原理上并不完全一样。分光光度法是比较有色溶液对某一波长光的吸收情况，目视比色法则是比较透过光的强度。例如，测定溶液中 $KMnO_4$ 的含量时，分光光度法测量的是 $KMnO_4$ 溶液对黄绿色光的吸收情况，目视比色法则是比较 $KMnO_4$ 溶液透过红紫色光的强度。

能从含有各种波长的混合光中将每一单色光分离出来并测量其强度的仪器称为分光光度计。常用的分光光度计有可见分光光度计（visible spectrophotometer）、紫外可见分光光度计（ultraviolet visible spectrophotometer，uv-vis）和红外分光光度计（infrared spectrophotometer，IR），如图 2.9-5。划分依据是使用的波长范围不同。无论哪一类分光光度计都由下列五部分组成，即光源、分光系统（单色器）、狭缝、样品池、检测器系统（图2.9-6）。

(a) UV2102C型紫外可见分光光度计

(b) 721型分光光度计

(c) TJ270-30型红外分光光度计

图 2.9-5　国产分光光度计

光源　要求能提供所需波长范围的连续光谱，稳定而有足够的强度。常用的有白炽灯（钨丝灯、卤钨灯等），气体放电灯（氢灯、氘灯及氙灯等），金属弧灯（各种汞灯）等多种。钨灯和卤钨灯发射 $320 \sim 2000$nm 连续光谱，最适宜工作范围为 $360 \sim 1000$nm，稳定性好，用作可见光分光光度计的光源。氢灯和氘灯能发射 $150 \sim 400$nm 的紫外线，可用作紫外区分光光度计的光源。红外线光源则由能斯特（Nernst）棒产生，此棒由 ZrO_2：$Y_2O_3 = 17$∶3 或 Y_2O_3、CeO_2 及 ThO_2 的混合物制成。汞灯发射的不是连续光谱，能量绝大部分集中在

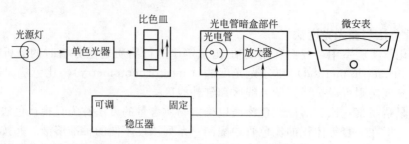

图 2.9-6　721 型分光光度计结构模块示意

253.6nm 波长处，一般作波长校正用。

分光系统（单色器）　单色器（monochromator）是指能从混合光波中分解出来所需单一波长光的装置，由棱镜或光栅构成。用玻璃制成的棱镜色散力强，但只能在可见光区工作，石英棱镜工作波长范围为 $185\sim4000$nm，在紫外区有较好的分辨力而且也适用于可见光区和近红外区。棱镜的特点是波长越短，色散程度越好，越向长波一侧越差。所以用棱镜的分光光度计，其波长刻度在紫外区可达到 0.2nm，而在长波段只能达到 5nm。有的分光系统使用衍射光栅，即在石英或玻璃的表面上刻划许多平行线，刻线处不透光，于是通过光的干涉和衍射现象，较长的光波偏折的角度大，较短的光波偏折的角度小，形成光谱。

狭缝　狭缝是指由一对隔板在光通路上形成的缝隙，用来调节入射单色光的纯度和强度，也直接影响分辨力。狭缝可在 $0\sim2$mm 宽度内调节，由于棱镜色散力随波长不同而变化，较先进的分光光度计的狭缝宽度可随波长一起调节。

样品池（吸收池，absorption cell）　统称比色皿，用来盛样品溶液，比色皿具有光学洁净的一对互相平行并垂直于光束的光学窗。各个比色皿壁厚等规格应尽可能完全相等，否则将产生测定误差。按液层厚度分为 0.5cm、1cm、2cm、3cm 等。玻璃比色皿只适用于可见光区，在紫外区测定时要用石英比色皿。不能用手指拿比色皿的透光面！用后要及时洗涤，可用温水或稀盐酸，乙醇以至铬酸洗液（浓酸中浸泡不要超过 15min），表面只能用柔软的绒布或拭镜头纸擦净。

检测器系统　有许多金属能在光的照射下产生电流，光愈强电流愈大，此即光电效应。因光照射而产生的电流叫做光电流。分光光度计中常用受光器有两种：一是光电池；二是光电管。光电池的组成种类繁多，最常见的是硒光电池。光电池受光照射产生的电流颇大，可直接用微电流计量出。但是，当连续照射一段时间会产生疲劳现象而使光电流下降，要在暗中放置一些时候才能恢复。因此使用时不宜长期照射，随用随关，以防止光电池因疲劳而产生误差。光电管装有一个阴极和一个阳极，阴极是用对光敏感的金属（多为碱土金属的氧化物）做成，当光射到阴极且达到一定能量时，金属原子中电子发射出来。光愈强，光波的振幅愈大，电子放出愈多。带负电的电子被吸引到阳极上而产生电流。光电管产生电流很小，需要放大。分光光度计中常用电子倍增光电管，在光照射下所产生的电流比其他光电管要大得多，这就提高了测定的灵敏度。检测器产生的光电流以某种方式转变成模拟的或数字的结果，模拟输出装置包括电流表、电压表、记录器、示波器及与计算机联用等，数字输出则通过模拟/数字转换装置（如数字式电压表等）。

使用分光光度法进行物质含量测定时，通常有两种方法可以选择，工作（标准）曲线法和标准样品对照法。工作曲线法是先配制一系列浓度不同的标准溶液，用选定的显色剂进行显色，在一定波长下分别测定它们的吸光度 A。以 A 为纵坐标，浓度 c 为横坐标，绘制 A-c 曲线，若符合朗伯-比尔定律，则得到一条通过原点的直线，称为工作曲线（图 2.9-7）。然后用完全相同的方法和步骤测定被测溶液的吸光度，便可从工作（标准）曲线上找出对应的被测溶液浓度或含量，这就是工作（标准）曲线法。在仪器、方法和条件都固定的情况下，工作曲线可以多次使用而不必重新制作，因而该法适用于大量的经常性的工作。

标准样品对照法　在同样条件下配制标准溶液和样品溶液，在选定波长处，分别测量吸光度。先配制一个与被测溶液浓度相近的标准溶液（其浓度用 c_s 表示），在 λ_{max} 处测出吸光度 A_s，在相同条件下测出试样溶液的吸光度 A_x，则试样溶液浓度 c_x 可按下式求得：

$$c_x = \frac{A_x}{A_s} \times c_s$$

含量测定时所用波长通常要选择被测物质的最大吸收波长 λ_{max}，这样做有两个好处：①灵敏度大，物质在含量上的稍许变化将引起较大的吸光度差异；②可以避免其他物质的干扰。

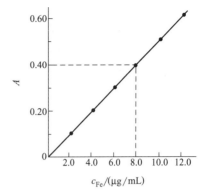

图 2.9-7　测定铁含量的工作曲线

可见分光光度法只能测定有色溶液，如试样溶液无色，必须加入显色剂。

显色剂必须具备下列条件。①灵敏度高。当 ε 值大于 10^4 时，可认为测定的灵敏度较高。②选择性好。应尽可能选择只与被测物显色而与溶液中共存物质不显色，或者与被测物所显颜色和与共存物所显颜色有明显不同的显色剂。③生成的有色物质应有确定的组成。④生成的有色物质应稳定。⑤显色剂在测定波长处无明显吸收。

参比（空白）溶液的选择　在吸光度测定中，将发生反射、吸收和透射等作用，由于溶液的某种不均匀性所引起的散射以及溶剂、试剂（如显色剂、缓冲溶液、掩蔽剂等）对光的吸收，会导致透射光强度的减弱，为使光强度减弱仅与溶液中待测物质的浓度有关，单波长分光光度计采用参比溶液进行校正。即在相同的吸收池中装入参比溶液，调节仪器使吸光度为零（称工作零点），以通过参比液的光强度为入射光强度，这样测得的吸光度才能真实地反映待测物质对光的吸收。

参比溶液的选择原则　①若仅待测组分与显色剂的反应产物在测定波长处有吸收，而被测试液、显色剂及其他试剂均无吸收，则可用纯溶剂作参比溶液。②若显色剂或其他试剂在测定波长处略有吸收，而试液本身无吸收，则可用"试剂空白"（不加被测试样的试剂溶液）作参比溶液。③若待测试液本身在测定波长处有吸收，而显色剂等无吸收，可用"试样空白"（不加显色剂的被测试液）作参比溶液。④若显色剂、试液中其他组分在测定波长处有吸收，则可在试液中加入适当掩蔽剂将待测组分掩蔽后再加显色剂作为参比溶液。

2.9.2.4　物质结构信息获得与定性分析

使用分光光度计可以绘制吸收光谱曲线。各种物质有它自己一定的吸收光谱曲线，因此用吸收光谱曲线图可以进行物质种类的鉴定。实际工作中，常用 λ_{max} 和摩尔吸收系数来定性。先扫描未知化合物的吸收光谱，然后根据其吸收光谱的特征（吸收峰的数目、形状、位置、相对强度）与相同条件下扫描得到的已知纯化合物的吸收光谱进行比较而定性。

物质吸收光谱的特征，取决于它们分子的电子结构。按照分子轨道理论，一般有机物分子的前线轨道依据其对称方式，分为 σ 分子轨道和 π 分子轨道。处于这些轨道的电子分别记做 σ 电子和 π 电子。而处于非键 σ 轨道上的电子，则通常被称做 n 电子。所有这些前线轨道电子，在受到光子激发后，将跃迁至空的反键轨道中。

在可见、紫外区域常见的跃迁有如下类型（图 2.9-8）。

① d-d 跃迁。产生于过渡金属配合物分子中，起因于配位体场当中的 d 轨道的分裂。由

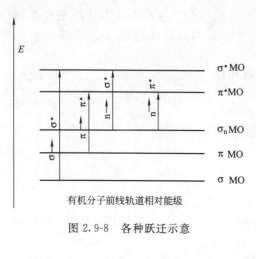

图 2.9-8 各种跃迁示意

于 d 轨道的分裂能间距不大，电子跃迁所需要的能量较小，使吸收峰常出现在光谱的可见区。配体的性质，特别是其光谱化学序列，对于 d-d 跃迁的最大吸收峰位置有着重要的影响。配位场理论可对 d-d 跃迁很好的做出解释❶。无机位属离子的光度法定量分析，大多是基于 d-d 跃迁而展开的。邻二氮菲-Fe(Ⅱ)配合物在 510nm 处的最大吸收，就是源于八面体场当中 d 电子从 $t_{2g} \rightarrow e_g$ 的跃迁吸收；水合 Ti^{3+} 呈紫色，其原因亦然。

② 荷移跃迁。四面体型的 MnO_4^-，其显紫色。Mn(Ⅶ)属于 d^0 构型，不存在四面体场中的 d-d 跃迁，吸收光谱的产生源于配位的 O^{2-} 电子向 Mn(Ⅶ)迁移的"还原跃迁"。跃迁所产生的光谱称为荷移光谱，常用 CT（charge transition）表示。通常荷移跃迁比 d-d 跃迁具有较高的能量。因此，吸收峰一般出现在近紫外和紫外区。但在高氧化态金属离子的场合，则有例外。金属的氧化态越高，d 轨道的能量越低，且 d 电子数少，电子排斥作用也小，因而跃迁能较小。反映在吸收最大波长 λ_{max} 方面，就是波长增加到可见区。观察到的颜色越深。例如，在 VO_4^{3-}、CrO_4^{2-}、MnO_4^- 系列中，中心金属离子氧化性逐渐增强，电荷迁移所需能量逐渐降低，所以含氧酸根离子颜色逐渐加深：如 MnO_4^- 中的 Mn(Ⅶ)比 CrO_4^{2-} 中的 Cr(Ⅵ)的氧化性强，跃迁能量低，跃迁容易，所以 MnO_4^- 吸收 525nm（绿色）的光，呈现紫红色；CrO_4^{2-} 吸收 480～490nm（绿蓝色）的光，呈现橙色。还有另外一类"氧化跃迁"，发生于容易氧化的金属离子与其配位体之间。如 $Cr(CO)_6$ 的最大吸收波长为 175nm 和 141nm，通常认为，这是主要定域在金属分子轨道的电子到主要定域在配体上的反键 π 分子轨道之间的跃迁。对于容易氧化的金属离子，其氧化谱带出现在波长较长的区域。荷移光谱在吸收曲线图形上表现出来的大多是带状光谱，特别是复杂的无机离子，如杂多酸系列物种。另外需要指明的是，金属离子在水溶液中的吸收光谱往往是 d-d 跃迁与荷移跃迁共同作用的结果。

③ $\sigma \rightarrow \sigma^*$ 跃迁。从图 2.9-8 可以看出，所需的能量最大，主要发生在紫外区，吸收谱带都在 200nm 以下，饱和烃类只具有 σ 分子轨道，因此饱和烃的可见紫外吸收光谱由这类跃迁引起。由于饱和烃类化合物在高于 200nm 区域内无吸收光谱，所以常用作可见紫外吸收光谱分析的溶剂。

④ $n \rightarrow \sigma^*$ 跃迁。发生在含有未成键孤对电子的杂原子的饱和烃分子中。由于 n 电子较 σ 电子易激发，所以这种跃迁所需能量比 $\sigma \rightarrow \sigma^*$ 稍低，但多数还是发生在 200nm 左右范围内。例如甲烷的 $\sigma \rightarrow \sigma^*$ 跃迁，吸收光谱在 125～135nm，但 CHI_3 吸收峰在 150～210nm（$\sigma \rightarrow \sigma^*$）和259nm（$n \rightarrow \sigma^*$），其吸收波长向长波长范围偏移了。这种能使吸收波长向长波方向移动（红移）的杂原子基团，称为助色团。它们是—NH_2、—NR_2、—OH、—OR、—SH、—Cl、—Br、—I 等。

⑤ $n \rightarrow \pi^*$ 及 $\pi \rightarrow \pi^*$ 跃迁。是用光度法定性、定量测定有机物时最常遇到的跃迁类型。这类跃迁易发生，所需能量使吸收波长大多处在 200nm 以上的区域，所涉及的基团都具有不饱和 π 键。这种含 π 不饱和键的基团被称为生色基团，表 2.9-2 列出的是常见的含生色基团的化合物及它们的可见紫外吸收特性。

---

❶ 关于配合物光谱的发生、特征以及摩尔吸光系数等问题，读者可自行参阅有关配位化学方面的专论。

表 2.9-2　常见生色基团的吸收特性

生色基团	代表化合物	溶剂	λ_{max}/nm	ε_{max}	跃迁类型
C＝C	$C_6H_{13}CH＝CH_2$	正庚烷	177	13000	$\pi \to \pi^*$
—C＝C—	$C_5H_{11}C＝CCH_3$	正庚烷	178	10000	$\pi \to \pi^*$
>C＝O	$H_3C-\overset{O}{\overset{\|}{C}}-CH_3$		195	2000	—
			225	160	
	$H_3C-\overset{O}{\overset{\|}{C}}-H$	正己烷	186	1000	$n \to \sigma^*$
			280	16	$n \to \pi^*$
酰胺基	$H_3C-\overset{O}{\overset{\|}{C}}-NH_2$		180	大	$n \to \sigma^*$
		水	214	60	$n \to \pi^*$
偶氮基	$CH_3N＝NCH_3$	乙醇	339	5	$n \to \pi^*$
硝基	CH_3NO_2	异辛烷	280	22	$n \to \pi^*$
亚硝基	C_4H_9NO	乙醚	300	100	—
硝酸酯	$C_2H_5ONO_2$	二氧六圜	665	20	$n \to \pi^*$
羧基	CH_3COOH	乙醇	270	12	$n \to \pi^*$
			204	41	$n \to \pi^*$

从表 2.9-2 中可以看出，$\pi \to \pi^*$ 跃迁的吸收强度要远远大于 $n \to \pi^*$ 跃迁。摩尔吸光系数 ε，前者一般是后者的 10 倍以上。并且，在强极性溶剂中，$n \to \pi^*$ 跃迁会产生"蓝移"现象，亦即向短波方向移动。而 $\pi \to \pi^*$ 跃迁则表现出"红移"。体系共轭程度愈高，意味着 π 分子轨道范围更大，能级间差距就愈小，此时，$\pi \to \pi^*$ 跃迁所需要光子的能量就比较小，对应波长就大。即：吸收波长产生红移。π 分子轨道范围的加大，实际上还对应着前线轨道上电子总数的增加，可发生跃迁的电子数目增多，对应着吸收一定波长光子数目的增多。于是吸收强度变大。生色效应加强。如乙烯的特征吸收为 171nm，丁二烯的特征吸收为 217nm，摩尔吸光系数 ε 也变大了。

在芳香烃环状化合物中，具有三个烯键环状共轭体系，可产生多个特征吸收。苯在乙醇中有 185nm、204nm 和 254nm 三处强吸收。若在环上增加杂原子取代基（助色团），如 —OH、—NH₂、—X 等，由于 n-π 共轭，则吸收波长会产生红移，而且强度也增加，如增加生色团，并和苯环体系产生 π 共轭，同样会引起红移现象。各种取代基对苯的特征吸收的影响见表 2.9-3。

表 2.9-3　苯衍生物的吸收特征

化合物及其化学式	溶剂	$\lambda_{max,1}$/nm	$\varepsilon_{max,1}$	$\lambda_{max,2}$/nm	$\varepsilon_{max,2}$
苯(C_6H_6)	饱和烃	254	250	204	8800
甲苯($C_6H_5CH_3$)	饱和烃	262	260	208	7900
氯苯(C_6H_5Cl)	饱和烃	267	200	210	7400
苯酚(C_6H_5OH)	饱和烃	271	1260	213	6200
酚氧离子($C_6H_5O^-$)	稀 NaOH(aq)	286	2400	235	9400
苯甲酸(C_6H_5COOH)	乙醇	272	855	226	9800
苯胺($C_6H_5NH_2$)	甲醇	280	1320	230	7000
质子化苯胺($C_6H_5NH_3^+$)	稀 H_2SO_4(aq)	254	160	203	7500

有机定性分析中，对于各类跃迁吸收带通常分为以下三类。

R 带（radikal，德语之基团、官能团）　由生色基团和助色基团的 $n \to \pi$ 跃迁产生的。R 吸收带的强度较大。

K 带 （konjugation，德语之共轭） 由 $\pi \rightarrow \pi^*$ 跃迁产生的。含共轭生色基的化合物的紫外光谱都含有这种吸收带。

B 带 （Benzenoid，德语之苯基的） 是芳香族化合物的特征吸收带。当芳烃和生色基团连接时，就会产生 B 吸收带和 K 吸收带，有时还会有 R 吸收带，三者同时存在时则往往 R 带波长更长些。

通过上述分析，可见紫外分光光度法用于结构分析和物质定性，还是有一定的应用价值的。长期以来人们对物质的紫外吸收光谱同其结构、各种官能团特性、共轭情况及溶剂影响进行了大量研究，已积累了许多丰富的资料。所有这些资料都将有助于以紫外分光光度法进行定性分析工作。通常，人们利用 uv-vis 可以完成下面的工作。

检定未知试样 将未知试样的可见紫外吸收光谱图和标准试样吸收光谱进行比较，如果谱图完全一致，显然属于同一种化合物。有时为了进一步确定，还需要改换溶剂后再进行比较。必须注意的是，紫外谱图相同的两化合物未必是同一种化合物，这是因为缺少精细结构。多数有机物分子在溶剂中只有少数几个宽的吸收峰，特别是具有相同生色基团的不同结构分子，当分子比较大时，其生色团的紫外吸收光谱会不受分子结构的影响。所以为了最后确认它们，有时还需要对它们的吸收系数 ε 进行测定和比较。如果再与红外、质谱和核磁共振等其他测试手段配合起来，往往能给出可靠的结论。

推断分子结构 根据有机化合物结构和对可见紫外辐射的吸收特性，可以通过吸收光谱来推断化合物结构中的官能团。例如在 $270 \sim 300\text{nm}$ 区域内，存在一个随溶剂极性增加而向短波长方向移动的弱吸收带，证明可能存在一个羰基，在 $210 \sim 250\text{nm}$ 有强吸收带，则可能含有两个双键的共轭单位，而在 $260 \sim 350\text{nm}$ 有强吸收带，则表示可能有 $3 \sim 5$ 个共轭单位存在；在 $250 \sim 300\text{nm}$ 处有中等强度吸收带，还带有一定的精细结构，说明有苯环的存在。

化合物纯度检定 如前所述，分光光度法是一种适合于微量组分测定的仪器分析方法，检测限大多可达 $10^{-4} \sim 10^{-3}\text{g/L}$。因此，对于可能存在痕量杂质的某物质样品，完全可以用此法判定纯度。当化合物在某一波长区域无吸收峰，而其中的杂质有强吸收时，则可用该法来测定化合物中的痕量杂质。如苯在 256nm 处有一吸收峰，而甲醇在此波长处无明显吸收，则可以通过测定苯的存在来估测甲醇的纯度。当化合物在某可见或紫外波长处有强吸收，我们还可以用测定其本身吸光系数大小来检定其纯度。例如菲的氯仿溶液在 296nm 处有强吸收 （$\lg\varepsilon = 4.10$），当用紫外吸收法测定时，测得 $\lg\varepsilon$ 值比标准低 10%，显然这个样品的纯度不足。

还可利用紫外吸收光谱辨别同分异构体。例如 1,2-二苯乙烯有顺式和反式两种异构体。只有当生色团，助色团处于同一平面上时，能产生最大共轭效应，有强的 K 吸收，并使吸收带产生红移现象，但在顺式结构中，由于位阻效应，使整个结构的共平面性受到影响，吸收峰产生蓝移现象，并使 ε 值降低。当获得如此结果时，便可判断顺式结构的存在。

实验 66　光度法测定配位化合物的组成和稳定常数

【实验目的】

1. 了解光度法测定溶液中配位化合物的组成及稳定常数的原理和方法。
2. 学会使用 721 型分光光度计。

【预习要点】

1. 预习配位化合物有关内容。
2. 预习 721 型分光光度计的使用方法。

【实验原理】

有色物质溶液浓度与吸光度的关系，亦即朗伯-比尔定律，请参见本节内容。

1,10-邻二氮菲（1,10-phenanthroline）【66-71-7】与 Fe^{2+} 在 pH＝4～5 时，可以形成稳定的橙红色配合物：

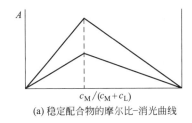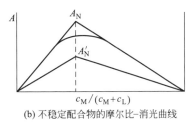

此配合物在波长 510nm 处有最大吸收值，因此，可通过测定溶液在此波长的吸光度求出配离子的浓度及组成。

本实验采取等摩尔系列法测定配合物的组成及稳定常数，等摩尔系列法也称为 Job's 法。它是在一定体积溶液中使金属离子 M 和配体 L 的总物质的量固定，改变 M 与 L 的摩尔比，随着摩尔比的变化，所形成的配合物 ML_n 的量也不同，测定不同摩尔比时 M/[M＋L] 时所对应的消光值，画出溶液摩尔比-消光曲线。若生成的配合物很稳定，则曲线有明显的极大值，如附图 1（a）。若生成的配合物不稳定，有一定的离解度，则曲线极大值不明显，如附图 1（b），可通过向曲线作切线，由切线交点确定极大值。由极大值求得配合物的组成。

（a）稳定配合物的摩尔比-消光曲线　　（b）不稳定配合物的摩尔比-消光曲线

附图 1　摩尔比-消光曲线

体系中配合反应为：

$$M+nL \Longrightarrow ML_n$$

在吸光度最大值 n，有 $n[M]=[L]$，若 n 点横坐标为 X，则有：

$$n=\frac{1-X}{X}$$

此时，离解度 $\alpha=\dfrac{A_N-A_N'}{A_N}$

溶液中离子的平衡浓度分别为：

$$c_{ML_n}=[M](1-\alpha)$$
$$c_M=[M]\alpha$$
$$c_L=[L]\alpha=n[M]\alpha$$

配合物稳定常数

$$K_稳=\frac{[ML_n]}{[M][L]^n}=\frac{1-\alpha}{\alpha(n[M]\alpha)^n}$$

【仪器与试剂】

721 型分光光度计，容量瓶（100mL、25mL），吸量管（10mL）；Fe^{2+} 标准溶液（1.00×10^{-2} mol/L），1,10-邻二氮菲（1.00×10^{-2} mol/L），乙酸-乙酸钠缓冲溶液 pH＝4.5，盐酸羟胺（或维生素 C）2%。

【实验步骤】

1. 配制 5.00×10^{-4} mol/L 的 Fe^{2+} 溶液

用移液管移取 5.0mL 0.0100mol/L Fe^{2+} 的标准溶液放入 100mL 容量瓶中，加入盐酸羟胺 5mL，用水稀释至刻度。

2. 配制 5.00×10^{-4} mol/L 1,10-邻二氮菲溶液

用吸量管移取 5.0mL 0.0100mol/L 1,10-邻二氮菲溶液，放入 100mL 容量瓶，稀释至刻度。

3. 于 25mL 具编号的容量瓶中，按如下表格配制下述标准溶液，注意用纯水稀释至刻度。

序 号	乙酸-乙酸钠/mL	Fe^{2+}/mL	1,10-邻二氮菲/mL	Fe^{2+}摩尔分数	吸光度
1	10.0	10.0	0.0		
2	10.0	9.0	1.0		
3	10.0	8.0	2.0		
4	10.0	7.0	3.0		
5	10.0	6.0	4.0		
6	10.0	5.0	5.0		
7	10.0	4.0	6.0		
8	10.0	3.0	7.0		
9	10.0	2.0	8.0		
10	10.0	1.0	9.0		
11	10.0	0.0	10.0		

4. 测定溶液的吸光度

找出配合物的最大吸收波长（如何找？），在最大吸收波长处，以第 1 号或第 11 号为参比，用 721 型分光光度计测定上述各编号溶液的吸光度。

【数据处理】

以吸光度对摩尔分数作图，从图中找出最大吸收，算出配位化合物的组成和稳定常数。

【思考题】

1. 用等摩尔系列法测定配合物的组成和稳定常数的原理是什么？

2. 为什么在中心离子与配体之比接近配合物组成时，吸光度偏离直线，出现近于平坦的状态？

实验 67 溶液吸附法测定比表面积

【实验目的】

1. 用溶液吸附法测定颗粒活性炭的比表面。

2. 了解溶液吸附法测定比表面的基本原理。

3. 掌握 721 型分光光度计的基本原理并熟悉使用方法。

【预习要点】

溶液吸附的基本概念和基本公式（参见本书 2.4.8 节）；吸附法测定比表面的基本原理；721 型分光光度计的基本原理和使用方法。

【实验原理】

比表面是指单位质量（或单位体积）的物质所具有的表面积，其数值与分散粒子大小有关。测定固体物质比表面的方法很多，常用的有 BET 低温吸附法、电子显微镜法和气相色谱法等，不过这些方法都需要复杂的装置，或较长的时间。而溶液吸附法测定固体物质比表面，仪器简单，操作方便，还可以同时测定许多个样品，因此常被采用，但溶液吸附法测定结果有一定误差。其主要原因在于：吸附时非球形吸附层在各种吸附剂的表面取向并不一致，每个吸附分子的投影面积可以相差很远，所以，溶液吸附法测得的数值应以其他方法校

正之。然而，溶液吸附法常用来测定大量同类样品的相对值。溶液吸附法测定结果误差一般为 10% 左右。

水溶性染料的吸附已广泛应用于固体物质比表面的测定。在所有染料中，亚甲基蓝【61-73-4】具有最大的吸附倾向。研究表明，在大多数固体上，亚甲基蓝吸附都是单分子层，即符合朗格缪尔型吸附。但当原始溶液浓度较高时，会出现多分子层吸附，而如果吸附平衡后溶液的浓度过低，则吸附又不能达到饱和，因此，原始溶液的浓度以及吸附平衡后的溶液浓度都应选在适当的范围内。本实验原始溶液浓度为 0.2% 左右，平衡溶液浓度不小于 0.1%。

根据朗格缪尔单分子层吸附理论，当亚甲基蓝与活性炭达到吸附饱和后，吸附与脱附处于动态平衡，这时亚甲基蓝分子铺满整个活性粒子表面而不留下空位。此时吸附剂活性炭的比表面可按下式计算：

$$S_0 = \frac{(c_0 - c)G}{m} \times 2.45 \times 10^6 \tag{1}$$

式中，S_0 为比表面，m^2/kg；c_0 为原始溶液的质量分数；c 为平衡溶液的质量分数；G 为溶液的加入量，kg；m 为吸附剂试样质量，kg；2.45×10^6 是 $1kg$ 亚甲基蓝可覆盖活性炭样品的面积，m^2/kg。

亚甲基蓝分子的平面结构如附图 1 所示。阳离子大小为 $(1.70 \times 10^{-10})m \times (76 \times 10^{-10})m \times (325 \times 10^{-10})m$。亚甲基蓝的吸附有三种趋向：平面吸附，投影面积为 $1.35 \times 10^{-18} m^2$；侧面吸附，投影面积为 $7.5 \times 10^{-19} m^2$；端基吸附，投影面积为 $39.5 \times 10^{-19} m^2$。对于非石墨型的活性炭，亚甲基蓝可能不是平面吸附，也不是侧面吸附，而是端基吸附。根据实验结果推算，在单层吸附的情况下，$1mg$ 亚甲基蓝覆盖的面积可按 $2.45 m^2$ 计算。

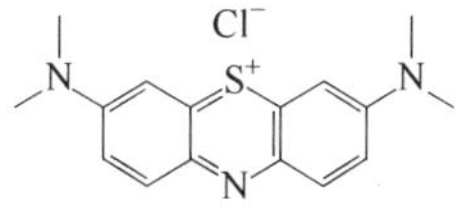

附图 1　亚甲基蓝分子的平面结构

本实验溶液浓度的测量是借助于 721 型分光光度计来完成的。

为了提高测量的灵敏度，工作波长应选择在吸光度 A 值最大时所对应的波长。对于亚甲基蓝，本实验所用的工作波长为 665nm。

实验首先测定一系列已知浓度的亚甲基蓝溶液的吸光度，绘出 A-c 工作曲线，然后测定亚甲基蓝原始溶液及平衡溶液的吸光度，再在 A-c 曲线上查得对应的浓度值，代入式（1）计算比表面。

【仪器与试剂】

721 型分光光度计及其附件 1 套，1000mL 容量瓶 2 个，250mL 带塞磨口锥形瓶 2 只，移液管（50mL、5mL），5mL 刻度移液管；亚甲基蓝溶液：0.2% 原始溶液，0.01% 标准溶液；颗粒活性炭（非石墨型）若干。

【实验步骤】

1. 活化样品。将颗粒活性炭置于瓷坩埚中，放入马弗炉内，500℃下活化 1h，然后放入干燥器中备用。

2. 取两只带塞磨口锥形瓶，分别加入准确称量过的约 0.2g 的活性炭（两份尽量平行），再分别加入 50g（50mL）0.2% 的亚甲基蓝溶液，盖上磨口塞，轻轻摇动，其中一份放置 1h，即为配制好的平衡溶液，另一份放置一夜，认为吸附达到平衡，比较两个测定结果。

3. 配制亚甲基蓝标准溶液。用移液管分别量取 5mL、8mL、11mL 0.01% 标准亚甲基蓝溶液置于 1000mL 容量瓶中，用蒸馏水稀释至 1000mL，即得到 5×10^{-6}、8×10^{-6}、11×10^{-6} 三种浓度的标准溶液。

4. 平衡溶液处理。取吸附后平衡溶液约 5mL，放入 1000mL 容量瓶中，用蒸馏水稀释至刻度。

5. 最大吸收波长选择。对于亚甲基蓝溶液，吸收波长应选择 655nm，但由于各台分光光度计波长因未准确校正，故实验者应自行选取工作波长。用 $5×10^{-6}$ 标准溶液在 $600～700nm$ 范围测量吸光度，以吸光度最大时的波长作为工作波长。

6. 测量溶液吸光度。以蒸馏水为空白溶液，分别测量 $5×10^{-6}$、$8×10^{-6}$、$11×10^{-6}$ 三种浓度的标准溶液以及稀释前的原始溶液和稀释后的平衡溶液的吸光度。每个样品须测得三个有效数据，然后取平均值。

【数据处理】

按附表 1 所示记录数据。

附表 1 不同浓度的亚甲基蓝溶液的吸光度 (A)

亚甲基蓝溶液	吸 光 度 A			
	1	2	3	平均
$5×10^{-6}$ 标准溶液				
$8×10^{-6}$ 标准溶液				
$11×10^{-6}$ 标准溶液				
亚甲基蓝原始溶液				
达到吸附平衡后亚甲基蓝溶液				

做工作曲线。将 $5×10^{-6}$、$8×10^{-6}$、$11×10^{-6}$ 三种浓度的标准溶液的吸光度对溶液浓度作图，即得一工作曲线。

求亚甲基蓝原始溶液浓度 c_0 及平衡后溶液浓度 c。

可由实验测得的亚甲基蓝原始溶液和吸附达平衡后溶液的吸光度，从工作曲线上查得对应的溶液浓度 c_0 和 c。

根据公式 (1) 计算活性炭的比表面。

【注意事项】

1. 测定溶液吸光度时，须用滤纸轻轻擦干比色皿外部，以保持比色皿暗箱内干燥。

2. 测定原始溶液和平衡溶液的吸光度时，应把稀释后的溶液摇匀再测。

3. 活性炭颗粒要均匀，且三份称重应尽量接近。

【思考题】

1. 为什么亚甲基蓝原始溶液浓度要选在 0.2% 左右，吸附后的亚甲基蓝溶液浓度要在 0.1% 左右？若吸附后溶液浓度太低，在实验操作方面应如何改动？

2. 用分光光度计测定亚甲基蓝溶液浓度时，为什么要将溶液稀释到 1/1000000 浓度才进行测量？

3. 如何才能加快吸附平衡的速度？

4. 吸附作用与哪些因素有关？

2.9.3 红外光谱

红外光谱 (infrared spectroscopy，IR) 是化合物分子被红外光照射后，各种官能团的振动能级发生跃迁而产生的吸收光谱。在红外光谱图中，横坐标通常是频率（波数，cm^{-1}）或波长 (μm)，对有机化合物的测定主要在 $4000～650cm^{-1}$ 频率范围内，或在 $2.5～15\mu m$ 波长范围内；纵坐标用透过百分率 T（通过样品的光的强度 I 与原来的光的强度 I_0 之比乘以 100%，即 $T=I/I_0×100\%$）来表示，如图 2.9-9。

各个吸收峰的强度常用各种符号表示，如 vs(very strong) 表示极强、s(strong) 表示强、m(medium) 表示中等、w(weak) 表示弱、b(broad) 表示宽的符号。通常把 IR 图分为 $4000～1400cm^{-1}$ 和 $1400～650cm^{-1}$ 两个区域来分析，$4000～1400cm^{-1}$ 称为官能团区；

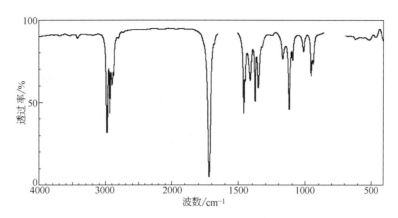

图 2.9-9　3-戊酮的红外光谱图

$1400\sim650cm^{-1}$ 称为指纹区。在官能团区又可分为三个波数区来进行分析。

$4000\sim2500cm^{-1}$ 区　在该区域的吸收峰表征为含氢原子的官能团存在（伸展振动）。如 —OH($3700\sim3200cm^{-1}$)，—CO_2H($3600\sim2500cm^{-1}$，宽)，—NH($3500\sim3300cm^{-1}$)。为了证实这些官能团的存在，须对照检查有无相应的 C—O、C=O、C—N 吸收峰。

炔氢吸收峰出现在 $3300cm^{-1}$ 附近；=C—H、Ar—H 的吸收峰出现 $3100\sim3000cm^{-1}$ 附近。在 $3000cm^{-1}$ 以上有吸收峰可以估计该化合物为不饱和的，如在 $3000cm^{-1}$ 以上没有吸收峰，则此化合物为饱和的。

—CH_3、—CH_2 的伸缩振动吸收峰在 $2950\sim2850cm^{-1}$，当在 $1480\sim1430cm^{-1}$(C—H，变形振动)有吸收峰时即可证实它们的存在，$1390\sim1370cm^{-1}$ 的吸收峰为甲基的特征峰，这个峰对结构很敏感。

当在 $3100\sim3000cm^{-1}$ 和 $2950\sim2850cm^{-1}$ 范围内同时出现吸收峰时，表现此化合物既含饱和的 CH，也含不饱和或芳烃的 CH。

$2500\sim2000cm^{-1}$ 区　在这个区域出现吸收峰表明含有 C≡C、C≡N 等三键化合物，或者有 SH、BH 或 PH 等官能团的存在。通常为中等强度或弱峰。

$2000\sim1400cm^{-1}$ 区　这个区域的吸收峰表明有含双键的化合物存在。如酸酐、酰卤、酯、醛、酮、羧酸、酰胺、醌以及羧酸离子中的 C=O 伸缩振动峰依上述次序由高到低依次出现在 $1870\sim1600cm^{-1}$ 范围内，且均为强峰；对于含 C=C、C=N 和 N=O 官能团的吸收峰也在此区域出现，但一般在 $1650cm^{-1}$ 以下；苯环的特征峰一般在 $1600\sim1500cm^{-1}$ 范围内。N—H 键的变形振动也出现在 $1650\sim1500cm^{-1}$ 范围内。

在分析化合物的红外光谱时，一般先看官能团区域，判断有没有苯环、双键、羰基、腈等，然后，再进一步解析指纹区。指纹区的吸收带是多原子体系的单键伸缩振动和弯曲振动所产生的，吸收带的位置和强度随化合物而不同，每个化合物都有它的特点，显示出的谱图都不相同，就像指纹那样，没有两个指纹是相同的，所以这个区域称为指纹区。现在已把已知化合物的红外光谱图收集成册，如果某一化合物的红外光谱图中，若指纹区与某一标准谱图相同时，则化合物和标准谱图所示的可能是同一个化合物。因此，指纹区对鉴定化合物起着很大的作用。一些指纹区特征吸收带见表 2.9-4。

测定分子红外光谱要运用红外光谱仪或称红外分光光度计。从光源发出的红外光被反射镜分成两个强度相同的光束，一束为参考光束，另一束通过样品称为样品光束。两束光交替地经反射后射入分光棱镜或光栅，使其成为波长可选择的红外光，然后经过一狭缝连续进入检测器，以检测红外光的相对强度。样品光束通过样品池被其中的样品程度不同地吸收了某些频率的红外光，因而在检测器内产生了不同强度的吸收信号，并以吸收峰的形式记录下来。由于玻璃和石英能几乎全部吸收红外光，因此通常用金属卤化物（氯化钠或氯化钾）的晶体来制作样品池和分光棱镜。

表 2.9-4　指纹区特征吸收带

化合物	官能团	频率(强度)/cm^{-1}
烃	CH_3 变形	$1390\sim1370$(s)
酰胺、胺	C—N	$1360\sim1030$(m～s)
脂肪族及芳香族硝基化合物	—NO_2	$1350\sim1240$(s)
有机磺酰化合物	—SO_2	$1335\sim1310$(s),$1200\sim1130$(s)
醚、醇、内酯、缩酮、缩醛	C—O	$1290\sim1050$(m～s)
酚	C—O	$1250\sim1200$(s)
饱和羧酸酯	C—O	$1250\sim1180$(s)
叔醇	C—O	$1200\sim1150$(s)
仲醇	C—O	$1150\sim1080$(m)
伯醇	C—O	$1050\sim1010$(s)
亚砜	S—O	$1070\sim1030$(s)
1,2-二取代乙烯(反式)	—C—H 变形	$970\sim960$(s)
单取代乙烯	—C—H 变形	$995\sim980$(s),$915\sim905$(s)
间位二取代苯	—C—H 变形	$900\sim860$(m),$810\sim750$(s),$725\sim680$(m)
邻位二元取代苯	—C—H 变形	$885\sim855$(s)
对位二元取代苯	—C—H 变形	$860\sim800$(s)
卤代物	C—Cl	$750\sim700$(m～w)
卤代物	C—Br	约 650
卤代物	C—I	$600\sim500$
一元取代苯	—C—H 变形	$770\sim730,710\sim690$(s)
n-烷烃、带有$(CH_2)_4$基团	C—H 变形	$780\sim720$(m)
1,2-二取代乙烯(顺式)	—C—H 变形	$730\sim680$(m)
苯	—C—H 变形	约 670(s)

注：s 表示强吸收；m 表示中等吸收；w 表示弱吸收。

红外分光光度计的型号很多，操作各异，不能一一介绍。在使用红外分光光度计时，必须遵循实验室所制订的操作规程。

红外光谱仪对气体、液体和固体样品都可测定。对液体样品最简便的是液膜法，可滴 1 滴样品夹在两个盐片之间使之成为极薄的液膜，用于测定。滴入样品后应将盐片压紧并轻轻转动，以保证形成的液膜无气泡，也可将液体放入样品池中测定。

固体样品的测定可采用两种方法。一种叫石蜡油研糊法。将 $2\sim3$mg 的固体试样与 $1\sim2$ 滴石蜡油在玛瑙研钵中研磨成糊状，使试样均匀地分散在石蜡油中，然后把糊状物夹在盐片之间，放在样品池中进行测定。此法的缺点是石蜡油本身在 2900cm^{-1}、1465cm^{-1} 和 1380cm^{-1} 附近有强烈的吸收。另一种方法称为溴化钾压片法，将 $2\sim3$mg 试样与约 300mg 无水溴化钾于玛瑙研钵中研细后放在金属模具中，在真空下用压片机加压制成含有分散样品的卤盐薄片，这样可以得到没有杂质吸收的红外光谱。缺点是卤盐易吸水，有时难免在 3710cm^{-1} 附近产生吸收，对样品中是否存在羟基容易产生怀疑。

需要指出的是，所有用作红外光谱分析的试样，都必须保证无水并有高的纯度（有时混合物样品的解析例外），否则由于杂质和水的吸收，使光谱图变得无意义。水不仅在 3710cm^{-1} 和 1630cm^{-1} 有吸收，而且对金属卤化物制作的样品池也有腐蚀作用。

实验 68　红外吸收光谱

【实验目的】

1. 通过红外吸收光谱实验，了解红外光谱的基本原理，初步掌握红外定性分析法。

2. 了解红外分光光度计的工作原理，掌握红外吸收光谱的测量技术。

【预习要点】

红外光谱的基本原理；红外定性分析法；红外分光光度计的工作原理。

【实验原理】

当一束连续变化的各种波长的红外光照射样品时，其中一部分被吸收，吸收的这部分光能就转变为分子的振动能量和转动能量；另一部分光透过，若将其透过的光用单色器进行色散，就可以得到一带暗条的谱带。若以波长或波数为横坐标，以百分吸收率为纵坐标，把这谱带记录下来，就得到了该样品的红外吸收光谱图。

【仪器与试剂】

Nicolet Avatar 370 FT-IR。

几种未知无色透明塑料薄膜。

【实验步骤】

1. 将待测样品放入仪器的样品架中。
2. 接通电源开关。
3. 把放大器增益旋钮和光源强度选择旋钮都放到"1"的位置。
4. 先打开参考光束窗，再打开样品光束窗。关电源的顺序相反。
5. 记录笔开关按下。
6. 波数扫描开关在"ON"的状态，指示灯亮，记录下样品的红外图谱。
7. 实验结束后，关断电源，用罩子把仪器盖好。

【数据处理】

1. 将所测各薄膜的红外吸收光谱图与标准谱对照，确定各是什么物质。
2. 对各光谱图的主要峰标出是那些功能基或化学键，何种振动方式。

【思考题】

为什么红外光谱能作为鉴定分子中各种基团的手段？

2.9.4　核磁共振

核磁共振（nuclear magnetic resonance，NMR）是测定共价化合物结构的重要方法。常用的是 ^1H 和 ^{13}C 的共振谱，^{19}F、^{31}P 等也有应用，这里主要介绍 ^1H 的核磁共振。

原子核都具有自旋的特性，有些原子核，如 ^1H、^{13}C、^{19}F、^{31}P 等的自旋具有一定的磁矩，其方向与旋转轴重合。如把自旋的质子置于外加磁场中时，它的磁矩相对于外加磁场有两种排列。与外加磁场同向的是稳定的低能态，反向的是高能态。两种自旋状态的能量差与外加磁场的强度成正比：

$$\Delta E = rhH_0/2\pi$$

式中，r 为质子特征常数；h 为普朗克常数；H_0 为外加磁场的强度。如果用一定频率的无线电波照射处于磁场中的氢核，当无线电波提供的能量等于两种取向的能量差时，就会发生氢核自旋的转向，由低能态跃迁到高能态，即发生所谓"共振"；此时核磁共振仪中产生吸收信号。从理论上讲，无论改变外加磁场的强度（扫场）或者是改变辐射的无线电波的频率（扫频），都会达到质子自旋翻转的目的。能量的吸收可以用电的形式测量得到，并以峰谱的形式记录下来，这种由于氢核吸收能量所引起的共振现象，称为氢核磁共振（ ^1H　NMR）。由于频率差更容易正确地测定，实际工作中通常采用扫频的方法。

有机化合物中的质子与独立的质子不同，它的周围还有电子，这些电子在外界磁场的作用下发生环流运动，产生一个对抗外加磁场的感应磁场。感应磁场可以使质子"感受"到的磁场比外界磁场要么大，要么小，这取决于质子在分子中的位置和它的化学环境。假若质子周围的感应磁场与外加磁场反向，这时质子感受到的磁场将减少，产生屏蔽效应。屏蔽得越多，对外加磁场的感受越少，因此与屏蔽较小的质子相比，在较高的磁场才发生共振吸收。

相反，假如感应磁场与外加磁场同向，等于在外加磁场下再增加了一个小磁场，此时质子"感受"到的磁场强度增加了，即受到了所谓去屏蔽效应。相同的质子，如果它们在分子中的位置不同，那么将在不同的强度处发生共振吸收，给出信号，这种现象称之为化学位移。

由于化学位移难以精确测量，有机化合物中质子所感受的屏蔽效应可以用它对标准物质四甲基硅烷（TMS）来进行比较。选用 TMS 作标准化合物是因为它的信号为单一尖峰，而且这个信号的磁场比一般有机化合物的信号磁场高，信号不会互相重叠。

化学位移一般用信号离 TMS 若干 ppm（百万分之一）表示，其计算方法为：

$$化学位移(\delta) = \frac{信号位置 - TMS信号位置}{核磁共振仪工作频率} \times 10^6 \ ppm$$

大多数有机物的质子信号发生在化学位移 $\delta = 0 \sim 10 ppm$ 范围内。表 2.9-5 给出一些常见基团上质子的化学位移值。

表 2.9-5　常见基团上质子的化学位移值

质子的类型	化学位移(δ)/ppm	质子的类型	化学位移(δ)/ppm
$R-CH_3, R_2CH_2, R_3CH$	0.5~1.5	$R-COCH_2-$	2~3
$\equiv CH$	2~3	$R-O-CH_2-$	3.5~4
$Ar-CH_3$	约2.3	$=CH_2$	4.5~5.3
$I-CH_2-$	3.2	$Ar-H$	约7.2
$Br-CH_2-$	3.5	$R-CHO$	9~10
$Cl-CH_2-$	3~4	$-COOH$	10~12
$F-CH_2-$	4	$R-NH_2$	1~5(不尖锐)
		$R-OH$	1~5(随条件改变)

不同的化学位移代表了不同化学环境的质子。它对分析谱图非常重要。在核磁共振谱中，横坐标是化学位移（δ），自右到左化学位移升高；纵坐标是峰的强度。在谱图上还记录有峰的积分面积，见图 2.9-10。比较各组峰的面积可以推知相应氢原子的数目。

在核磁共振谱中，各种质子所产生的吸收峰并不都是单峰，而是分裂的峰。这是受邻近质子的自旋偶合而产生的谱线增多的结果。分子中位置相近的质子之间自旋的相互影响称为自旋-自旋偶合；自旋偶合使核磁共振信号分裂为多重峰，称为自旋-自旋裂分。相邻两个峰之间的距离称为偶合常数，以 J 表示，其单位为赫（Hz）。偶合常数的大小与核磁共振仪所用的频率无关。表现在谱图中质子分裂信号的峰数是有规律的，当与某一个质子邻近的质子数为 n 时，该质子核磁共振信号裂分为 $n+1$ 重峰，其强度也随裂分发生有规律的变化，见图 2.9-11。当两个质子之间相隔三个共价键时，自旋偶合最强，这种偶合称为三键偶合，四键偶合一般很小，通常检测不出来。化学环境相同的等性质子彼此之间不产生自旋偶合和裂分。

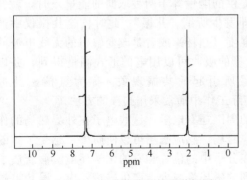

图 2.9-10　乙酸苄酯的核磁共振图

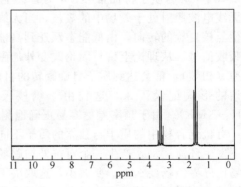

图 2.9-11　溴乙烷的核磁共振图

　　对于初学者来说，如果充分理解上述讨论的原理，解析一般的谱图并不困难。一般来说，首先要根据谱图中所出现的信号数目确定分子中含有几种类型的质子；其次要根据谱图中各类质子的化学位移值判断质子的类型；第三要通过积分面积确定各类质子之间的比例；最后观察和分析各组峰的裂分情况，通过偶合常数 J 和峰型确定彼此偶合的质子。在分析了上述信息之后，常常可以写出符合所有这些数据的一个或几个结构式。这时如果要确证这个未知化合物的结构，往往还要结合有关的物理常数、化学性质以及其他谱图的数据等才能予以判定。

　　测定有机化合物的核磁共振谱时，一般用液体样品或在溶液中进行；溶剂本身一般不含氢原子。常用的溶剂有 CCl_4、CS_2、$CDCl_3$（氘代氯仿）及 D_2O（重水）等。最常用的内标是 TMS，它在样品溶液中的含量为 $1\%\sim4\%$。

　　需要注意：羟基（—OH）、氨基（—NHR，R＝H 或烷基）和巯基（—SH）可形成氢键，化学位移向低场移动。改变浓度会使分子间氢键受到影响，因此化学位移也会改变。但这些活泼氢的信号在用重水（D_2O）作溶剂时会因迅速发生交换而消失。

　　另外，样品的浓度、溶剂的类型和温度也能影响化学位移。因此，我们在观察图谱时，必须注意所用的溶剂和测定核磁共振谱时的温度。

第三篇　纯物质的制备与提取

化合物的品种繁多，目前已知的化合物已达数百万种，其中许多并不存在于自然界中，而是以人工的方法合成的。自然界给我们提供了丰富的资源，化学合成就是人们对自然物质的化学加工过程。通过合成，不仅制备出品种繁多的精细化工产品和化学试剂等一般的化学物质，还能合成出种种新型的材料。因此，化学合成的发展及应用涉及国民经济、国防建设、资源开发、新技术的发展以及人民的衣、食、住、行各个方面。

合成与分离是紧密相连的，分离得不好，就无法获得满意的合成结果。因此，一个优化的合成路线必然同时考虑到产品纯化的合理方法。

重要的产品在实验室中合成之后，多数情况下要形成工业规模的生产，对社会才有贡献，所以合成工艺路线的选择必须从实际出发，从原料或资源的来源、成本的高低、三废污染的防治以及技术安全等方面综合考虑。

随着合成化学的深入研究以及特种实验技术的引入，化学合成的方法已由常规的合成发展到应用特种技术的合成。如高温和低温的合成、高压水热合成、高压与超高压合成、光化学合成、电氧化-还原合成等。

在基础化学实验的学习过程中，化学物质的制备和合成主要针对两大类物质：无机物和有机化合物。所涉及物质的制备与合成化学的科学研究相比，要简单许多，至少从合成和制备路线步骤方面，就要少得多。另外，过程中所涉及的实验方法和操作手段也比较简单。但是这些是日后开展合成研究、新化学品开发所必需的基础。只有掌握了这些基础，才能有今后更高层次的进步。本书安排的合成与制备实验，就是按照无机物和有机化合物分类进行的。

合成技术和方法固然重要，但并不说明由天然产物中提取和分离未知化合物的意义不重要。随着生命科学研究的深入，天然产物，如中草药中所含的许多生物活性分子逐渐为人们所认识。这些分子的结构、构象，大多是如此复杂，以至于目前以人工方式合成获得它们，在经济上是无意义的。因此，掌握由天然产物中提取纯物质的一般技术和方法，对于我们来讲，其意义还是十分重大的。本书专门安排了这方面的实验内容。

3.1　无机物的制备与提取

本部分的内容及实验项目主要包括无机物的制备、分离与纯化，目的是通过实验使读者学到无机制备的一般分离和纯化方法，使学生更系统、规范和熟练地掌握基本实验操作，提高实验技能。

无机物制备的基础是无机化学反应。要想得到预期的化合物，就必须研究物质在什么条件下能发生什么化学变化，以及在什么条件下能使某反应不发生。还要研究怎样才能在最短时间内取得最大的产量。化学热力学告诉我们，在某条件下化学反应是否能够自发进行，如能发生，它能达到的限度是多少。反应动力学则给我们描述了影响化学反应速度的诸多因素，以及反应进行的机理。所以，在制备合成无机物之前，必须了解化学热力学和动力学的基础理论。这对合成新的无机化合物，或寻找新的合成方法，都具有指导性意义。在很大程度上可以减少工作的盲目性。

3.1.1　复分解反应法

复分解反应是指两种化合物在水溶液中正、负离子发生互换的反应，若生成物是气体或沉淀，则通过收集气体或分离沉淀，即能获得产品。如果生成物也溶于水，则可采用结晶法获得产品。这种制备方法的主要操作包括溶液的蒸发、浓缩、结晶、重结晶、过滤和洗涤等。现以 KNO_3 的制备为例作一介绍。

制备 KNO_3 的原料是 KCl 和 $NaNO_3$，两者的溶液混合后，在溶液中同时存在 K^+、Na^+、Cl^- 和 NO_3^- 四种离子，它们可以组成四种盐：KCl、$NaNO_3$、KNO_3 和 NaCl，这些盐的溶解度虽然会相互影响，但比较它们在不同温度下的溶解度，也可以粗略地找出制备 KNO_3 的条件。不同温度时四种盐在水中的溶解度列于表 3.1-1。

表 3.1-1　四种盐在水中的溶解度　　　　　　　　单位：g/L

盐 ＼ $t/℃$	0	20	40	60	80	100
KNO_3	13.3	31.6	63.9	110.0	169	246
KCl	27.6	34.0	40.0	45.6	51.1	56.7
$NaNO_3$	73.0	88.0	104.0	121.0	148.0	180.0
NaCl	35.7	36.0	36.6	37.3	38.4	39.8

由表中数据可看出，相同温度时，四种盐的溶解度各不相同，而且它们受温度变化的影响也不一样。随着温度的升高，NaCl 的溶解度几乎没有改变，KCl 和 $NaNO_3$ 的溶解度改变也不很大，而 KNO_3 的溶解度却迅速增大。因此，只要把上述混合溶液在较高温度下蒸发浓缩，NaCl 首先达到饱和而从溶液中结晶出来，趁热过滤将其分离，再将滤液冷却，就析出溶解度急剧下降的 KNO_3 晶体。在 KNO_3 的初次结晶中，一般混有少量可溶性杂质，为除去这些杂质，可进一步采取重结晶法提纯。

3.1.2　分子间化合物的制备

分子间化合物是由简单化合物分子按一定化学计量比化合而成，它的范围十分广泛，有水合物，如 $CuSO_4 \cdot 5H_2O$；氨合物，如 $CaCl_2 \cdot 8NH_3$；复盐，如 $(NH_4)_2SO_4 \cdot FeSO_4 \cdot 6H_2O$；配合物，如 $[Cu(NH_3)_4]SO_4 \cdot H_2O$ 等。

制备分子间化合物的原理与操作虽较为简单，但为了得到合格的产品还要注意以下几点。

① 原料的纯度。制备分子间化合物的各组分必须经过提纯，因为一旦制备分子间化合物后，杂质离子就不易除去。如明矾 $K_2SO_4 \cdot Al_2(SO_4)_3 \cdot 24H_2O$，一般由 K_2SO_4 与 $Al_2(SO_4)_3$ 溶液相互混合而制得，如果原料中有杂质 NH_4^+，就可能形成与 $K_2SO_4 \cdot Al_2(SO_4)_3 \cdot 24H_2O$ 同晶的 $(NH_4)_2SO_4 \cdot Al_2(SO_4)_3 \cdot 24H_2O$，后者将很难除去。

② 投料量。一般都是按两种组分的理论量配料，但在实际操作中，往往有意让某一种组分过量，如制备 $[Cu(NH_3)_4]SO_4$，为了保持其在溶液中的稳定性，配位剂 $NH_3 \cdot H_2O$ 必须过量；又如制备 $(NH_4)_2SO_4 \cdot Al_2(SO_4)_3 \cdot 24H_2O$ 时，为了防止组分 $Al_2(SO_4)_3$ 水解，制备反应必须在酸性介质中进行。为此，应加过量 $(NH_4)_2SO_4$，这样也有利于充分利用价格较高的 $Al_2(SO_4)_3$，以降低成本。

③ 溶液的浓度。在制备分子间化合物时，还必须考虑各组分的投料浓度。如在 $(NH_4)_2SO_4 \cdot Al_2(SO_4)_3 \cdot 24H_2O$ 的制备中，由于 $(NH_4)_2SO_4$ 为过量，可按其溶解度配制成饱和溶液，而 $Al_2(SO_4)_3$ 的浓度应稍稀些为宜。如果两者的浓度都很高，容易形成过饱和，不易析出结晶；即使析出，颗粒也较小。大量的小晶体，由于表面积比较大而吸附杂质较多，影响产品纯度；如果两者浓度都很小，不仅蒸发浓缩耗能多，时间较长，而且也影响产率。

④ 严格控制结晶操作。由简单化合物相互作用制备分子间化合物后，一般经过蒸发、浓缩、冷却、过滤、洗涤、干燥等工序后，才能得到产品，但由于分子间化合物的范围十分广泛，性质各异，所以在制备时还应考虑它们从水中结晶析出时的形式，以及对热的稳定性。对一些稳定的复盐，如 $K_2SO_4 \cdot Al_2(SO_4)_3 \cdot 24H_2O$、$(NH_4)_2SO_4 \cdot FeSO_4 \cdot 6H_2O$ 等可按

上述操作进行。如 $[Cu(NH_3)_4]SO_4 \cdot H_2O$、$Na_3[Co(NO_2)_6]$ 等配合物，热稳定性较差，欲使其从溶液中析出晶体，必须更换溶剂，一般在水溶液中加入乙醇，以降低溶解度，使结晶析出。对某些能形成不止一种水合晶体的水合物，如 $NiSO_4$，在水溶液中结晶时，温度低于 $31.5℃$ 时析出结晶为 $NiSO_4 \cdot 7H_2O$；在 $31.5 \sim 53.3℃$ 时，为 $NiSO_4 \cdot 6H_2O$；$103.3℃$ 时，为 $NiSO_4$。为此，在蒸发过程中不仅要严格控制浓缩的程度，而且还要严格控制结晶温度，不然就得不到合乎要求的产品。

3.1.3 无水化合物的制备

以上讨论的两类化合物都是在水溶液中合成的，但有些化合物具有强烈的吸水性。如 PCl_3、$SiCl_4$、$SnCl_2$、$FeCl_3$ 等，它们一遇到水或潮湿的空气就迅速反应而生成水合物。所以不能利用水相反应制取这类无水化合物，必须采用干法或在非水溶剂中合成。下面简单介绍无水金属氯化物的几种合成方法。

(1) 金属与氯气直接合成

虽然绝大多数金属氯化物的标准摩尔吉布斯函数 $\Delta_f G_m^{\ominus}$ 都为负值，说明金属与氯气有直接合成的可能性，但还应从动力学的角度考虑合成的现实性。金属在一般温度下都为固体（除汞以外），与氯气反应属于多相反应，对气-固多相反应来说，有以下五个过程：

反应物分子向固体表面扩散→反成物分子被固体表面所吸附→分子在固体表面上进行反应→生成物从固体表面解吸→生成物通过扩散离开固体表面。

所以只有生成物易升华或易液化和气化，能及时离开反应界面的才能用直接合成法制取，如 $FeCl_3$、$SnCl_2$ 等。

$$2Fe(s) + 3Cl_2 \xrightarrow{\triangle} 2FeCl_3(g)$$

$$2Al(s) + 3Cl_2 \xrightarrow{\triangle} 2AlCl_3(g)$$

升华出的 $FeCl_3$、$AlCl_3$ 冷却即凝结为固态。

$$Sn(l) + 2Cl_2 \xrightarrow{\triangle} SnCl_4(l)$$

由于 $SnCl_4$ 的沸点较低，随着合成反应所放出的大量热，将 $SnCl_4$ 蒸馏出去。

(2) 金属氧化物的氯化

$$氧化物 + 氯气 \longrightarrow 氯化物 + 氧气$$

利用上述反应能否制得氯化物，同样要从热力学与动力学两方面考虑。从 $\Delta_f G_m^{\ominus}$ 值来判断，许多金属元素的氯化物都比氧化物稳定，理论上反应是可行的。但是有许多元素相应反应的 $\Delta_f G_m^{\ominus}$ 负值不大，有的甚至是正值。一般可以采用下列两种方法实现氧化物到氯化物的转变。

使反应在流动系统中进行。在反应器的一端通入干燥的氯气，让过量的氯气不断地将置换出的氧气从另一端带走。

在反应系统中加入吸氧剂。例如：碳在加热情况下，被氧化为一氧化碳，由 TiO_2 制取 $TiCl_4$，先将 TiO_2 和 C 的混合物加热至 $800 \sim 900℃$，然后通入干燥的氯气，即发生氯化反应，反应如下：

$$TiO_2 + 2C + 2Cl_2 \xrightarrow{\triangle} TiCl_4 + 2CO$$

(3) 氧化物与卤化物反应

$$Cr_2O_3 + 3CCl_4 \xrightarrow{\triangle} 2CrCl_3 + 3CO + 3Cl_2$$

由于生成的 $CrCl_3$ 在高温下能与氧气发生氧化-还原反应，所以反应必须在惰性气体（如氮气）中进行。

(4) 水合卤化物与脱水剂反应

水合金属卤化物与亲水性更强的物质（脱水剂）反应，夺取金属氯化物中的配位水，制取无水氯化物。如用氯化亚砜（$SOCl_2$）与水合三氯化铁（$FeCl_3 \cdot 6H_2O$）共热，$SOCl_2$ 与 $FeCl_3 \cdot 6H_2O$ 中的水反应，生成 $FeCl_3$ 并有 SO_2 和 HCl 气体逸出：

$$FeCl_3 \cdot 6H_2O + 6SOCl_2 \xrightarrow{\triangle} FeCl_3 + 6SO_2\uparrow + 12HCl\uparrow$$

常用的脱水剂还有 HCl、NH_4Cl、SO_2 等。

由于这些无水氯化物具有强烈的吸水性，制备反应一般需在高温下进行，同时，往往有毒性或腐蚀性的气体生成，因此制备反应的设备不仅要密闭性良好，而且要耐高温、耐腐蚀，并在通风良好的条件下进行反应。

3.1.4 由矿石、废渣（液）制取无机化合物

以上讨论的三类制备类型都是以单质或化合物为原料进行合成的，而这些原料的最初来源大多数是矿石或工业废料，因此讨论由矿石或工业废料制取无机化合物具有十分重要的意义。

矿石是指在现代技术条件下，具有开采价值可供工业利用的矿物。在自然界中以单质形式存在的元素只有少数，大多数的金属都以化合态存在，一般可分为两类。一类是亲氧元素与氧形成氧化物或含氧酸盐矿，如软锰矿（$MnO_2 \cdot nH_2O$）、金红石（TiO_2）、钛铁矿（$FeO \cdot TiO_2$）、铬铁矿（$FeO \cdot Cr_2O_3$）、白云石（$CaCO_3 \cdot MgCO_3$）、重晶石（$BaSO_4$）、孔雀石［$CuCO_3 \cdot Cu(OH)_2$］等。另一类是亲硫元素与硫形成硫化物矿，如黄铁矿（FeS_2）、黄铜矿（$CuFeS_2$）、闪锌矿（ZnS）、辰砂矿（HgS）等。

工业废料是指化工产品生产过程中排放出来的"废"物，统称为三废（废气、废液、废渣），如硫酸厂排放出来的二氧化硫废气，氮肥厂排放出来的氨水、铵盐等废液，硼砂厂的废硼镁矿渣等。在化工生产中，常常是甲工厂的废料又是乙工厂的原料，综合、合理地利用资源是国民经济可持续发展的重要原则之一，因此作为化学专业的科技人员必须充分重视保护环境、变废为宝的问题。

矿石虽然预先经过筛选，将所需的组分与矿渣分开，但精选后的矿石往往仍为多组分的原料，含有一定杂质，另一方面，矿石与废渣一般都不溶于水，因此，以矿石或废渣为原料制取化合物，通常要经过三个过程：原料的分解与造液；粗制液的除杂精制；蒸发、浓缩、结晶、分离。

3.1.4.1 原料的分解和造液

原料分解的目的是使矿石或废渣中的所需组分变成可溶性物质，根据原料的化学组成、结构及有关性质选择分解原料的方法，常用的有溶解和熔融两种方法。

（1）溶解法

溶解法较为简单、快速，所以分解原料时尽可能采用溶解法。根据选择溶剂的不同，溶解法又可分为酸溶和碱溶。

酸溶 作为酸性溶剂的无机酸有盐酸、硝酸、硫酸、氢氟酸、混合酸（如王水）等。其中用得最多的是硫酸。除可溶解活泼金属及其合金外，许多金属氧化物、硫化物、碳酸盐都能被硫酸所溶解，生成的硫酸盐除铅、钙、锶、钡外，其他一般都溶于水。浓硫酸的沸点高、难挥发，不仅可以提高酸溶的温度，而且能置换出挥发性酸，分解原料中的 NO_3^-、Cl^-、F^- 等杂质，硫酸所能达到的浓度又是所有酸中最高的。浓硫酸具吸水性，可以脱去反应所生成的水，从而加快溶解反应的速率。如钛铁矿可用浓硫酸溶解：

$$FeO \cdot TiO_2 + 3H_2SO_4 \longrightarrow Ti(SO_4)_2 + FeSO_4 + 3H_2O$$

碱溶 常用的碱性溶剂为 $NaOH$，用于溶解两性金属 Al、Si 及其合金，也可用于溶解一些酸性矿石，如白砷矿（As_2O_3）：

$$As_2O_3 + 2NaOH \longrightarrow 2NaAsO_2 + H_2O$$

（2）熔融法

当原料用各种酸、碱溶剂不能完全溶解时，才采用熔融法。熔融法的一般工艺过程为：

$$原料 \xrightarrow{溶剂} 熔块 \longrightarrow 浸取 \longrightarrow 分离 \Big\langle \begin{matrix} 液相（粗制液） \\ 固相（残渣） \end{matrix}$$

根据选择的熔剂不同，又可分为酸熔、碱熔两种。

酸熔 常用的酸性熔剂有焦硫酸钾（$K_2S_2O_7$），它在高温时（300℃）能分解产生 SO_3，SO_3 有强酸性，能与两性或碱性氧化物作用生成可溶性硫酸盐。如金红石（TiO_2）的分解：

$$TiO_2 + 2K_2S_2O_7 \xrightarrow{熔融} Ti(SO_4)_2 + 2K_2SO_4$$

也可用 $KHSO_4$ 代替 $K_2S_2O_7$ 作为酸性熔剂，因在熔融灼烧时 $KHSO_4$ 将脱水分解产生 SO_3：

$$2KHSO_4 \xrightarrow{\triangle} SO_3 + K_2SO_4 + H_2O$$

碱熔 常用的碱性熔剂有 Na_2CO_3、K_2CO_3、$NaOH$、KOH、Na_2O_2 以及它们的混合物，酸性氧化物及不溶于酸的残渣等均可用碱熔法分解。Na_2O_2 是具有强氧化性的碱性溶剂，能分解许多难熔物，如铬铁矿（$FeO \cdot Cr_2O_3$）：

$$2FeO \cdot Cr_2O_3 + 7Na_2O_2 \longrightarrow 2NaFeO_2 + 4Na_2CrO_4 + 2Na_2O$$

但由于 Na_2O_2 具有强的腐蚀性，而且价格较为昂贵，一般不常用。铬铁矿的分解常采用 Na_2CO_3 作熔剂，利用空气中的氧将铬铁矿氧化，制得可溶性铬（Ⅵ）酸盐：

$$4FeO \cdot Cr_2O_3 + 8Na_2CO_3 + 7O_2 \xrightarrow{熔融} 2Fe_2O_3 + 8Na_2CrO_4 + 8CO_2$$

为了降低熔点，以便在较低温度下实现上述反应，常用 Na_2CO_3 和 $NaOH$ 混合熔剂，并加入少量氧化剂（如 $NaNO_3$）以加速氧化：

$$2FeO \cdot Cr_2O_3 + 4Na_2CO_3 + 7NaNO_3 \xrightarrow{熔融} Fe_2O_3 + 4Na_2CrO_4 + 7NaNO_2 + 4CO_2$$

为了使原料分解反应完全，熔融时需加入大量的熔剂，一般为原料量的 6～12 倍。大量的溶剂在高温下具有极大的化学活性，为尽量减少对容器的腐蚀，应根据熔剂选择熔融容器，如碱熔时，一般选用铁或镍坩埚。

原料通过熔融成为熔块，然后用溶剂（常用水）浸取、过滤，滤去不溶性残渣，得到粗制液。

3.1.4.2 粗制液的除杂精制

粗制液或工业废液中含有较多的杂质，杂质离子的来源一部分是矿石、废渣（液）原有的，另一部分是在溶解、熔融过程中由溶（熔）剂带入。这些杂质很难通过结晶方法除去，而要通过化学除杂的方法，最常用的有以下几种。

（1）水解沉淀法

水解沉淀法是利用某些杂质离子在水溶液中能发生水解的性质，通过调节溶液的 pH 值，使杂质离子水解生成氢氧化物沉淀而除去。调节溶液 pH 值的范围必须使杂质离子沉淀完全（残留在溶液中的杂质离子之浓度≤10^{-5}mol/L），而有用组分（或产品）不产生沉淀。溶液的 pH 值范围可根据氢氧化物的溶度积求得。

氢氧化铁沉淀与 pH 值的关系 铁是无机产品中最主要的一种杂质，常以两种价态 Fe^{3+}、Fe^{2+} 存在于粗制液中。

两种氢氧化物开始沉淀及沉淀完全的 pH 值列表 3.1-2。

表 3.1-2 Fe^{3+}、Fe^{2+} 开始沉淀及沉淀完全的 pH 值

化合物	$Fe(OH)_3$	$Fe(OH)_2$
溶度积常数 $K_{sp}^{\ominus}$	4×10^{-38}	8×10^{-16}
开始沉淀[①]	2.20	7.45
沉淀完全[②]	3.20	8.95

① 假定开始沉淀时杂质离子浓度为 0.01mol/L。

② 假定沉淀完全时杂质离子浓度为 10^{-5}mol/L。

从表 3.1-2 中可以看出，欲使 $Fe(OH)_2$ 沉淀完全，必须调节溶液 pH＞8.95，但是此时许多产品如 Ni、Cu、Zn 等盐类早已发生水解而沉淀。为了除尽杂质，但又不能使产品水解，必须将 Fe^{2+} 氧化为 Fe^{3+}，以降低除杂的 pH 值。由于沉淀的过程十分复杂，一般利用水解法去铁，pH 值控制应比按溶度积常数计算值略高些，一般取 pH 值在 3.5～4.0 范围。

其他氢氧化物沉淀的 pH 值范围计算方法与此相同。

两性氢氧化物沉淀与 pH 值的关系　$Al(OH)_3$、$Zn(OH)_2$、$Cr(OH)_3$ 等都为典型两性氢氧化物，在水溶液中有两种解离形式，因而有两种溶度积常数，即碱式溶度积常数 $K_{sp(b)}^{\ominus}$ 与酸式溶度积常数 $K_{sp(a)}^{\ominus}$，例如：

$$Al^{3+}+3OH^- \Longrightarrow Al(OH)_3 \qquad 或 \qquad HAlO_2 \Longrightarrow H^+ + AlO_2^-$$

$$碱式解离 \ K_{sp(b)}^{\ominus}=5\times10^{-33} \qquad 酸式解离 \ K_{sp(a)}^{\ominus}=4\times10^{-13}$$

在含有杂质 Al^{3+} 的溶液中，当溶液的 pH 值逐渐增加时，就能发生以下四个过程：

$$Al(OH)_3开始沉淀 \xrightarrow{OH^-} 沉淀完全 \xrightarrow{OH^-} 沉淀开始溶解 \xrightarrow{OH^-} 沉淀溶解完全$$

欲使 $Al(OH)_3$ 从溶液中沉淀出来，必然有一定的 pH 值范围，下限是沉淀完全（$[Al^{3+}]\leqslant10^{-5}mol/L$）时的 pH 值，上限为沉淀开始溶解（$[AlO_2^-]\geqslant10^{-5}mol/L$）时的 pH 值。根据两种溶度积常数即可计算 $Al(OH)_3$ 沉淀时 pH 值的上下限数值。

$Al(OH)_3$ 完全沉淀时的 pH 值按 $K_{sp(b)}^{\ominus}$ 计算：

$$[OH^-]=\sqrt[3]{\frac{K_{sp(b)}^{\ominus}}{[Al^{3+}]}}=\sqrt[3]{\frac{5\times10^{-33}}{10^{-5}}}=7.9\times10^{-10} \qquad pH=4.9$$

沉淀开始溶解时的 pH 按 $K_{sp(a)}^{\ominus}$ 计算：

$$[OH^-]=\frac{K_{sp(b)}^{\ominus}}{[AlO_2^-]}=\frac{4\times10^{-13}}{10^{-5}}=4\times10^{-8} \qquad pH=7.4$$

通过上述计算可知，欲使杂质 Al^{3+} 除尽，应控制溶液的 pH 值范围为：$4.9\leqslant pH\leqslant7.4$。其他两性氢氧化物沉淀的 pH 值范围计算方法与此相同。

氧化剂的选择　常用的氧化剂有 H_2O_2、NaClO、K_2CrO_4、Cl_2 水、Br_2 水等。选择氧化剂的原则是：能氧化杂质离子（从 $\varphi^{\ominus}$ 大小判断）、成本低、无污染、不引进杂质离子（如果引进，则要求易于除去）、使用氧化剂的条件（pH 值）与去杂的工艺条件相符合。

调节 pH 值的试剂　调节 pH 值的试剂有两类。碱性试剂：常用的有氢氧化物、碱性氧化物、碳酸盐等。酸性试剂：常用的有稀酸、酸性氧化物等。

如 $ZnSO_4$ 溶液中除杂质 Fe^{3+} 时，可以用新沉淀的 $Zn(OH)_2$ 调节 pH 值，这是由于 $Zn(OH)_2$ 的具有所必需的碱性，能使溶液的酸度降低，而且 Zn^{2+} 与 SO_4^{2-} 生成 $ZnSO_4$，不会给 $ZnSO_4$ 体系引入新的杂质。

水解除杂的工艺条件　水解是一个吸热过程，加热可以促进水解反应的进行，同时还有利于水解产物凝成大的颗粒，便于过滤。所以在水解除杂中，除了要严格控制 pH 值外，还要加热并进行搅拌。

（2）活泼金属置换

溶液中如含有某些重金属（如 Cu、Ag、Cd、Bi、Sn、Pb 等）杂质离子，还可用活泼金属置换的方法除杂，所选择的金属必须与产品有相同的组分，这样不会引进杂质。如由菱锌矿（主要成分为 $ZnCO_3$）制取 $ZnSO_4 \cdot 7H_2O$ 时，原料用 H_2SO_4 浸取后，粗制液中含有 Ni^{2+}、Cd^{2+}、Fe^{3+}、Mn^{2+} 等杂质，杂质 Fe^{3+}、Mn^{2+} 用氧化水解沉淀法除去，对于杂质 Ni^{2+} 等则用活泼金属 Zn 置换除去。

$$Ni^{2+}+Zn \longrightarrow Ni+Zn^{2+}$$

$$Cu^{2+}+Zn \longrightarrow Cu+Zn^{2+}$$

金属置换反应是多相反应，为了提高置换反应的速率，除了加热和搅拌外，并要求金属尽量粉碎成小颗粒粉末，以增加反应的接触面积。

除上述两种除杂方法外，还可以用硫化物沉淀、溶剂萃取、离子交换等多种除杂方法，这里不再叙述。

实验 69 硫酸亚铁铵的制备

【实验目的】

1. 练习水浴加热，常压过滤和减压过滤等基本操作。
2. 了解复盐的一般特征和制备方法。

【预习要点】

预习有关水浴加热、蒸发浓缩、结晶和固-液分离等基本操作内容。

【实验原理】

硫酸亚铁铵又称摩尔盐（ammonium ferrous sulfate；Mohr salt）【10045-89-3】，是浅绿色单斜晶体，在空气中较一般亚铁盐稳定，不易被氧化，溶于水，但不溶于醇、醚等有机溶剂。

由硫酸铵、硫酸亚铁和硫酸亚铁铵在水中的溶解度数据（同学自己查表）可知，在 $0\sim60℃$ 的温度范围内，硫酸亚铁铵在水中的溶解度比组成它的每一组分的溶解度都小，利用此特点，可以较方便地从硫酸亚铁和硫酸铵的混合溶液中制备硫酸亚铁铵。

本实验是将铁屑溶于稀硫酸制得硫酸亚铁溶液：

$$Fe + H_2SO_4 \rightleftharpoons FeSO_4 + H_2\uparrow$$

然后加入硫酸铵制得混合溶液，加热浓缩，冷却至室温，便析出硫酸亚铁铵复盐：

$$FeSO_4 + (NH_4)_2SO_4 + 6H_2O \rightleftharpoons (NH_4)_2Fe(SO_4)_2 \cdot 6H_2O$$

由于硫酸亚铁在中性溶液中能被溶于水的少量氧气氧化，并进一步发生水解，甚至析出棕黄色的碱式硫酸铁沉淀。

$$4FeSO_4 + O_2 + 6H_2O \longrightarrow 2[Fe(OH)]SO_4$$

产品中 Fe^{3+} 的含量可用目视比色法测定。将硫酸亚铁铵与 KSCN 在比色管中配成待测溶液，将它所呈现的红色与标准 $[Fe(SCN)]^{2+}$ 溶液色阶进行比较，找出与之红色深浅一致的标准溶液，则该支比色管中标准溶液所含 Fe^{3+}，即为产品的杂质 Fe^{3+} 含量，确定产品等级（每克一、二、三级硫酸亚铁铵的含铁限量分别为 0.05mg、0.10mg、0.20mg）。

【仪器与试剂】

电子天平，布氏漏斗，抽滤瓶等。

铁屑，$(NH_4)_2SO_4(s)$，Na_2CO_3［10％（质量分数）］，家用洗洁精，H_2SO_4（1mol/L，3mol/L），乙醇（95％），25％KSCN，标准 Fe^{3+} 溶液色阶。

【实验步骤】

1. **铁屑的净化（除油）**

如果铁屑表面沾有油污，使用前须用化学方法除去。称取 2g 铁屑，放于锥形瓶内，加入 20mL 10％ Na_2CO_3 溶液，2mL 洗洁精，缓缓加热，直至油污脱净为止，然后，用倾析法除去碱液，用水洗净铁屑。

2. **硫酸亚铁的制备**

往盛有干净铁屑的锥形瓶中加入约 12.5mL 的 3mol/L H_2SO_4 溶液，水浴中加热（在通风橱中进行），经常取出锥形瓶摇荡并适当补充水分，直到反应基本完成。再加 1mL 3mol/L H_2SO_4（目的何在？），过滤，滤液移至蒸发皿中。

3. **硫酸亚铁铵的制备**

称取 4.8g 固体 $(NH_4)_2SO_4$ 加入到上述溶液中，水浴加热，搅拌至 $(NH_4)_2SO_4$ 完全溶解，继续蒸发浓缩到表面出现晶膜为止，冷至室温，过滤。用少量乙醇洗涤晶体两次，置于表面皿上晾干，称重，计算产率。

4. 产品检验

称取 1g 样品置于 15mL 比色管中，用不含氧的蒸馏水（如何制取？）溶解，再加入 1mL 1mol/L H_2SO_4 溶液和 1mL KSCN 溶液，继续加入蒸馏水稀释至 20mL 刻度，与标准溶液进行比较，确定产品杂质含量。

Fe^{3+} 标准溶液配制：配制 0.01mg/mL 的 Fe^{3+} 标准溶液，然后用移液管移取 5mL 于比色管中，加 1mL 1mol/L H_2SO_4 溶液和 1mL KSCN 溶液，再加入蒸馏水稀释至 20mL 刻度，摇匀，此为一级试剂标准液。

【思考题】

1. 在计算产率时，是根据何种原料的用量？
2. 在蒸发、浓缩过程中，若发现溶液变黄色，是什么原因？如何处理？
3. 如何提高硫酸亚铁铵的产率与质量？

实验 70　半开放综合实验——液体碱式氯化铝的制备、性质与组成测定

【实验目的】

1. 了解一种制备碱式盐的方法。
2. 了解无机聚合物的絮凝作用及可溶性铝盐的水解性质。
3. 进一步熟练掌握常用的容量分析方法。

【预习要点】

1. 预习有关盐水解的内容。
2. 预习胶体的性质、稳定性与聚沉。
3. 配位容量法、莫尔法、酸碱容量法及掩蔽方法的原理、操作要点。

【实验原理】

在工农业生产和日常生活的许多场合，经常使用金属的碱式盐，本实验所制备的碱式氯化铝即是一种用于水处理方面的物种。当然，与其具有同样功效的碱式盐并且被常用的还有碱式硫酸铁（Ⅲ）、碱式氯化铁（Ⅲ）等。

碱式氯化铝（hydroxyl aluminum chloride，polyaluminium chloride，PAC）【12024-91-0】也被称作"聚合氯化铝"或"盐基氯化铝"。它可看成是三氯化铝水解生成氢氧化铝的中间产物（所有碱式盐皆可作此认定）。而且，更主要的是该物质在水中具有相当大的溶解度，这就为它的应用提供了相当方便的条件，我们知道，若令盐酸与金属铝或氢氧化铝、活性的 γ-Al_2O_3 作用，只要酸度足够，获得的将是三氯化铝的溶液（在浓度足够大时，可结晶析出六水三氯化铝晶体），但本实验要求得到的是部分水解，通式为 $Al_n(OH)_mCl_{3n-m}$ 物种的溶液，就需对上法获得的 $AlCl_3$ 溶液实施部分水解。本实验利用氢氧化铝与足量的盐酸作用，为使反应速度加快，需增大盐酸浓度。即便如此，按反应计量关系所加的氢氧化铝最后也不能溶完，体系的 pH 值仍较低，一般 pH 值在 1～2 之间，盐酸与氢氧化铝在此酸度下的反应，实际上已进行到可视为停止的状态。但在此酸度下，Al^{3+} 并未发生水解，故需设法控制条件，使 Al^{3+} 在降低酸度的同时，发生部分水解获得目的产物。

使体系酸度降低的方法有多种，如加碱（NH_3、$NaHCO_3$ 等）中和，以水稀释等，但都不如用含铝并与酸呈活性反应的物质去中和降酸的方法优越。因为这样做可以做到：①保证产物的 Al（以 Al_2O_3 计）含量足够；②不使杂质量增多。这里使用活性较高的细粒铝粉来调整酸度。在前述 $Al(OH)_3$ 溶出完成时，尽管残余酸已较难与 $Al(OH)_3$ 作用，但可与表面积很大的金属铝作用，从而使残余酸被消耗，溶液的 pH 值升高，Al^{3+} 发生部分水解，达到制备碱式氯化物的目的。

需要注意的是：通式为 $Al_n(OH)_mCl_{3n-m}$ 的聚合氯化铝决非单一分子组成的化合物，而是同一类有不同形态的化合物的混合物。例如已发现的物种有：$Al_2(OH)_5Cl$、$Al_6(OH)_{14}Cl_4$、$Al_{13}(OH)_{34}Cl_5$、$[AlO_4Al_{12}(OH)_{24}(H_2O)_{12}]^{7+}$ 等，它们在水溶液中电离：

$$Al_2(OH)_5Cl \longrightarrow Al_2(OH)_5^+ + Cl^-$$

$$Al_{13}(OH)_{34}Cl_5 \longrightarrow Al_{13}(OH)_{34}^{5+} + 5Cl^-$$

成为带正电荷的无机高分子离子。$[AlO_4Al_{12}(OH)_{24}(H_2O)_{12}]^{7+}$ 物种就是著名的具有 Keggin 型的 "Al_{13}"。其结构简式如附图 1 所示。

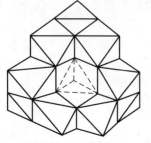

其中心为铝氧四面体 AlO_4，外围为 12 个铝氧八面体，这些铝氧八面体来自于溶液中的单体和二聚体，故又可写成 $[AlO_4Al_{12}(OH)_{24}(H_2O)_{12}]^{7+}$，即 Keggin 结构，其大小由小角 X 射线衍射测定，半径为 1.26nm。一些研究者认为，Al_{13} 是聚合氯化铝中的主要混凝成分，其含量可以反映制品的有效性，研制高效聚合氯化铝时应以得到最大含量 Al_{13} 的产品为目标[1]。

附图 1　Al_{13} 结构简式

所谓"盐基度"又称"碱化度（basicity）"，是衡量碱式盐水解程度的一个指标，是聚氯化铝产品的最重要质量指标之一，也是最重要的生产控制参数。以碱式氯化铝为例，若产品中 Al(Ⅲ) 的存在形式均为 $Al(OH)_3$，则其盐基度为 100%，即：$B = \dfrac{n_{OH^-}}{3 n_{Al^{3+}}} \times 100\%$，其中 n_{OH^-}、$n_{Al^{3+}}$ 分别为产品中 OH^- 和 Al^{3+} 的物质的量。

本实验要制备的是 Al_2O_3 含量 10% 左右、密度为 1.2g/cm³ 左右的液体碱式氯化铝。将液体碱式氯化铝浓缩干燥，可得固体产品，固体产品具有成分高，便于储运的特点。商品化的碱式氯化铝主要用于给水和污水处理。

天然或生产生活污水水体中都不同程度地分散有悬浊物。对于水体中的粗分散系，如沙粒、油珠等可借重力作用使其与水分离。而呈溶胶状态和乳液状态的胶体分散系，因具有动力学稳定性，仅借重力难以实现水的澄清，故必须采用混凝处理的方法使水体浊度、悬浮物等除去，以达到净化水消除污染的目的。溶胶和浑浊液具有动力学的稳定性是缘于它们的界面电性。如往这些体系中加入适量的与分散质微粒带有相反电荷的电解质大分子或具多个极性基团的中性有机高分子，则微粒因电中和或吸附（发生在微粒与有机高分子的极性基团之间）架桥使它们相互接近而凝聚成大颗粒、大液滴，体系成为粗分散系，易于实现水与杂质的分离，使水澄清。这种过程，包括了药剂（此处指大分子量电解质或有机高分子）与水的"混合"和胶体微粒子的"凝聚（coagulation）"，故统称这一过程为"混凝"。具有混凝作用的药剂称之为混凝剂或絮凝剂（flocculant）。碱式氯化铝这种无机大分子电解质即是一种优良的混凝剂。它对水体中的胶体分散系絮凝的作用基于以下三个方面：低聚合度高正电荷的多羟合配离子如 $[Al_6(OH)_{14}]^{4+}$ 等对胶体发生电中和作用；高聚合度低电荷的高分子化合物对胶体粒子吸附架桥敏化作用以及新生态的活性絮体氢氧化铝对水中杂质的吸附作用。由于这些作用共同功效，可以在药剂量较小的情况下实现对原水或污水的处理。

制得的成品，用 EDTA 配位容量法测定 Al(Ⅲ) 含量，酸碱中和法测定碱化度，莫尔法测定 Cl^-。Al(Ⅲ) 含量测定的方法原理，可参见本书实验 49。Cl^- 含量测定的方法原理则可参见本书实验 60。碱化度的测定，必须先用 F^- 掩蔽 Al^{3+}，方可进行滴定。当然，由 GB 15892—2003 可以得到这些测定的完整操作方法。

[1] Parthasarathy N，Buffie J. Study of Polymeric aluminum（Ⅲ）hydroxide solution for application in waste water treatment properties of the Polymer and optimal conditions of preparation. *Water Res*. 1985，19（1）：25-36.

【仪器与试剂】

分析天平，电磁搅拌器、抽滤装置等。

HCl（浓），HCl 标准溶液（0.5mol/L），H_2SO_4（3mol/L），HNO_3（1mol/L），$BaCl_2$（0.1mol/L），$Al_2(SO_4)_3$（10％），$NH_3\cdot H_2O$（1+1），NaOH（1mol/L），NaOH 标准溶液（0.5mol/L），EDTA 标液（0.05mol/L），NaAc（270g/L），KF（500g/L），$AgNO_3$ 标液（0.1mol/L），$Zn^\#$ 标液（0.02mol/L），二甲酚橙（0.5％），酚酞（1％），K_2CrO_4（5％），聚丙烯酰胺（1.5‰，质量分数），碳素墨水，pH 试纸，铝粉（100 目）。

【实验步骤】

1. 氢氧化铝的制备

按自拟的制备方案，用给定的试剂为原料，制备折合含 4g 的氢氧化铝，并洗涤干净至检验不出 SO_4^{2-}，尽量抽干多余的水分。若过滤困难，可加入少量聚丙烯酰胺溶液以絮凝。

2. 液体碱式氯化铝的制备

转移氢氧化铝滤饼于 150mL 锥形瓶中，加入 15mL 浓盐酸，将锥形瓶置于沸水中加热（反应在通风橱中进行），并不断摇荡锥形瓶，至反应不再进行，用 pH 试纸检验溶液酸度，分次加入 1g 铝粉，直至 pH 值达 3～4，结束反应。冷却，过滤弃去滤渣，滤液为碱式氯化铝溶液。

3. 液体碱式氯化铝组分测定

由学生自行拟定方案，完成所制备产品中 Al、Cl 及碱化度的容量分析。各项目平行测定三份。

4. 碱式氯化铝对水的混凝试验

移取聚合氯化铝溶液 2mL，稀释 10 倍备用。

该稀释液折合三氧化二铝约 1％，而 10％硫酸铝液折合三氧化二铝含量约为 1.5％。

（1）对模拟地面水的混凝

取 2g 烘干研细的黏土，以少量水调为糊状，转移至 100mL 烧杯中，加水至 100mL 刻度，混合均匀，用滴管吸取碱式氯化铝稀释液，在缓缓搅拌下，滴入模拟水中，每滴 1 滴，搅匀后静置 0.5～1min，记下使模拟水变得透明澄清所需要溶液的滴数，并观察量筒底部絮体的形状，水样 pH 值的变化情况。

用硫酸铝溶液重复上述试验，从用量、絮体形状、下降速度及水体 pH 值变化方面与上述试验对比。

（2）对含色素废水的混凝

在盛有 100mL 水的量筒中，加入 0.5mL 碳素墨水，混合均匀后，在缓慢搅拌下，滴加碱式氯化铝稀释液，每滴 1 滴，搅拌后，静置半分钟，观察水样变化情况，直到水样变为无色透明为止，记下所需药剂的体积。

用 10％硫酸铝重复上述试验，并作比较。

（3）对生活废水的混凝

取等体积的 1％肥皂水和淘米水共 100mL，与（2）做相同试验。

由上述实验得出结论，并保存所制得产品，以留待后续实验之用。

【思考题】

1. 本实验所采取的聚合氯化铝制备方法不是唯一的，从经济角度来看也是不合理的，请你根据所掌握的知识，拟出更好的制备方法、方案，并写出相应步骤。

2. 从混凝试验结果出发，探讨硫酸铝在混凝方面的效果不如碱式氯化铝的内在原因。你能否找出使硫酸铝改性亦即使其混凝效果增加的方法吗？

3. 由斯托克斯公式说明混凝后，悬浮物沉降速度加快的本质原因。

实验 71　沉淀法制备二氧化硅

【实验目的】

1. 掌握一种溶液沉淀法制备固体氧化物的方法。
2. 了解可溶性硅酸的性质，掌握一种破坏凝胶的方法。

【预习要点】

1. 预习《无机化学》中有关可溶性硅酸盐部分的内容，尤其是水玻璃的性质。
2. 预习有关溶胶的性质。

【实验原理】

二氧化硅是地壳中存在量最大的氧化物，在橡胶工业、塑料工业上作为补强填充料使用的二氧化硅则大多为人工制备。人工制备二氧化硅（cristobalite silica，white carbon）【14464-46-1】的一般途径有：气相法和溶液沉淀法。气相法利用硅的蒸气态的卤化物如 $SiCl_4$ 与水蒸气在高温时水解：

$$SiCl_4 + 2H_2O(g) \rule[0.5ex]{2em}{0.4pt} SiO_2 + 4HCl(g)$$

这种二氧化硅颗粒极细，品质高，多用于特殊要求场合。在工业上，吨位规模最大的二氧化硅的生产还是由溶液沉淀法获得的，溶液沉淀法所用的硅源原料为水玻璃（又称"泡花碱"）。水玻璃是化学通式为 $Na_2O \cdot mSiO_2$ 的硅酸盐水溶液，其中 m 数值大小通常被称为"模数"。模数为 1 的是偏硅酸钠，一般以结晶固体供应。模数更高的常以液体形式售出。市售的水玻璃有模数为 2.2、2.4、3.0 及 3.3 等数种。由组成通式并结合硅酸性质不难理解，中和其中的 Na_2O 使其成盐便可使硅酸析出，而析出硅酸缩聚失水的产物即是二氧化硅，溶液沉淀法所依据的原理正在于此。

常用的溶液沉淀法有：酸化法和碳化法。酸化法依据的反应为：

$$Na_2O \cdot mSiO_2 + 2H^+ \rule[0.5ex]{2em}{0.4pt} 2Na^+ + mSiO_2 + H_2O$$

后者则是利用富含 CO_2 的工业废气（如烟道气）与水玻璃相作用：

$$Na_2O \cdot mSiO_2 + CO_2 \rule[0.5ex]{2em}{0.4pt} Na_2CO_3 + mSiO_2$$

两种方法在操作过程中都必须注意避免硅酸凝胶的生成。条件控制失当，即生成大块富含水的凝胶而非颗粒状的 SiO_2，这是制备粉末 SiO_2 所不希望发生的。欲避免这种现象发生，主要措施是在中和过程中，使体系保持足够的电解质浓度，使胶体容易失去其稳定性而聚结为小颗粒，有趣的是，单独往水玻璃的溶液中添加大量中性盐亦可使 SiO_2 析出。

需要指出的是，组成通式 $Na_2O \cdot mSiO_2$ 并不表示在水玻璃中多硅酸根离子存在的形态，即使是 $m=1$ 的偏硅酸钠水溶液中，硅酸根的存在形式也不仅是 SiO_3^{2-} 一种。目前业已发现，水玻璃中存在不同聚合态的硅酸离子。而各种离子含量的多少受 SiO_2 的浓度、碱度影响较明显，一般 SiO_2 量越小，碱浓度越大，低聚态硅酸根离子越多。反之，则高聚态硅酸根离子多。像 $Si_8O_{21}^{10-}$、$Si_6O_{18}^{12-}$、$Si_4O_{13}^{10-}$ 等相对分子质量在 600 以下者可归于低聚态硅酸根离子，高聚态硅酸根离子的相对分子质量可大到 10^4 数量级，这也是水玻璃呈黏稠状的主要原因之一。所以，用单独增加体系离子强度的方法可使颗粒状二氧化硅析出也就是可以理解的了。

实验采用酸化沉淀法来制备二氧化硅。采用的硅源是模数 3.3、二氧化硅含量为 28% 左右的工业水玻璃。反应时为了使溶液扩散比较均匀，要加水稀释不致使反应体系黏度过大，为了避免块状凝胶的生成，反应体系中需保持一定的电解质浓度，另外，研究表明，在有 Na^+ 存在，pH=7 时，SiO_2 的凝析沉淀速度为最大。所以，保持并稳定反应体系的 pH 值也是至关重要的。

此法所沉淀的二氧化硅含量在 85%～90% 之间。这是因为从严格意义上讲，此法析出的沉淀是高分子量的多聚硅酸，即在结构上有剩余 OH^- 基团存在，故可将产物看成是部分水合的 SiO_2，它已满足一般用途要求，对于特殊使用场合，可将产物在超过 1073K 温度下灼烧，使结合的羟基以水脱去，灼烧产物的二氧化硅含量可达 98％以上。

【仪器与试剂】

磁力搅拌器，电子天平，抽滤装置，烘箱等。

水玻璃（工业品，模数 3.3，含量 28％），H_2SO_4（1mol/L），$BaCl_2$（0.1mol/L），pH 试纸，HCl（6mol/L），NaOH（6mol/L），Na_2SO_4（s），酚酞（0.2％）。

【实验步骤】

1. 水玻璃稀释

工业水玻璃通常含有固体杂质，使用前需除去，一般可通过稀溶液静置法使杂质沉于容器底部，获得净化。另外，实验中也不宜直接使用水玻璃原液进行反应。在烧杯中称取 30g 水玻璃，加 70mL 水稀释，混匀后，置于带橡皮塞的 150mL 细口瓶中静置数天，此操作可在上次实验结束时完成。

2. 酸化沉淀

取静置过的水玻璃清液 60mL 备用。在 250mL 烧杯中，加入 80mL 质量分数为 15％的 Na_2SO_4 溶液，将溶液加热至 80～85℃，恒温并剧烈搅拌，用滴管向其中交替加水玻璃和 1mol/L 硫酸，两者的相对加入量由体系 pH 值变化所决定，要尽可能使体系的 pH 值维持在 7～8 之间（用 pH 试纸检查），待全部溶液加完之后，再检查溶液的 pH 值，使其仍在 7～8 范围内。恒温 20min，用倾析法弃去上层清液，然后用热水洗涤沉淀，至无 SO_4^{2-} 为止（可用 0.1mol/L $BaCl_2$ 检查），沉淀置于烘箱中 110℃烘干，得成品。

3. 性质检验

取少许产品于试管中，分别试验二氧化硅与碱和酸的作用情况，若无变化，加热观察有何现象？

【思考题】

1. 反应体系中硫酸钠的作用是什么？若不加硫酸钠，反应结果如何？

2. 水玻璃溶液和酸液如果不是交替加入对结果有何影响？

实验 72　焦磷酸钙制备

【实验目的】

通过制备磷酸氢二钠、焦磷酸钠和焦磷酸钙，加深对 P（V）含氧酸盐性质的了解。

【预习要点】

预习元素化学中磷的有关性质及各种磷的含氧酸盐的性质及相互转化关系。

【实验原理】

焦磷酸钙（calcium diphosphate）【7790-76-3】是焦磷酸根离子（$P_2O_7^{4-}$）与钙离子组成的正盐或酸式盐。本实验制备的是焦磷酸正盐——$Ca_2P_2O_7$，相对分子质量 254.12，白色粉末状晶体，它不溶于水和醇，可溶于稀盐酸和稀硝酸。焦磷酸钙在工业上主要用作牙膏磨料、食品添加剂，少量用作涂料、填料及电材荧光体。

利用焦磷酸的可溶性盐如焦磷酸钠与可溶性钙盐如 $CaCl_2$，进行复分解反应，可制得焦磷酸钙：

$$Na_4P_2O_7 + CaCl_2 \Longrightarrow Ca_2P_2O_7 + NaCl$$

反应须在 90℃左右进行，若反应温度低，可能生成焦磷酸钙的四水物或二水物。本实验所用原料焦磷酸钠按下述方法制备：

$$Na_2CO_3 + H_3PO_4 \Longrightarrow Na_2HPO_4 + CO_2 + H_2O$$

$$2Na_2HPO_4 \Longrightarrow Na_4P_2O_7 + H_2O$$

用碳酸钠中和掉磷酸的两个氢离子（pH＝8.4～8.6），浓缩后得到 $Na_2HPO_4 \cdot 12H_2O$ 结晶，将此结晶加热缩聚，即可转化为焦磷酸钠。

【仪器与试剂】

电子天平，抽滤装置，蒸发皿，坩埚钳，马弗炉。

无水碳酸钠（s），磷酸（大于 85％），$CaCl_2$（15％，质量分数），$AgNO_3$（0.1mol/L），酚酞指示剂（0.5％）。

【实验步骤】

1. Na_2HPO_4 的制备

取 5mL 85％磷酸于 200mL 烧杯中，加入 70mL 水，混匀。加热至 60℃。保温并在搅拌下缓缓加入无水碳酸钠，调 pH 值至 7.0（用 pH 试纸检查，约需 10g Na_2CO_3），然后改用滴管，在搅拌下逐滴滴加饱和 Na_2CO_3 溶液，使 pH 值达到 8.2～8.6（可用酚酞指示剂控制反应终点，做法是：取中和反应液 1mL，加水 2mL，滴 1 滴酚酞指示剂，若变微粉红即为终点）。

2. $Na_4P_2O_7$ 制备

将中和到终点的料液，转移至蒸发皿中，用空气浴（石棉网上放泥三角，蒸发皿放在泥三角上）加热蒸发至近干，然后改用小火加热并不断搅拌，防止迸溅！干涸后，将蒸发皿移入马弗炉，温度控制在 200～240℃之间加热聚合。其间要用 $AgNO_3$ 检查聚合完全程度。方法是取少量聚合物，在试管中溶解，滴加 $AgNO_3$ 指示剂两滴。若呈乳白色 $Ag_4P_2O_7$ 沉淀，表示聚合完成；若生成黄色 Ag_3PO_4 沉淀，说明有 Na_2HPO_4 未聚合完全，应继续加热聚合。聚合完全后取出，冷却后称重。

3. 焦磷酸钙的制备

将称重后的焦磷酸钠配制成 10％的水溶液，加热至 90℃，在搅拌下慢慢注入 15％ $CaCl_2$ 至沉淀完全（如何判断？）。静置，用倾析法倾去上层清液。沉淀物每次用 100mL 沸水洗涤三次，洗水用倾析法除去，然后抽滤。滤饼干燥后再置于马弗炉中于 600℃煅烧 2h（若不作牙膏磨料，可改为在烘箱中 110℃烘干）。冷却后称重，计算产率。

【思考题】

1. 在 Na_2HPO_4 制备过程中，中和反应为什么还要在加热条件下进行？

2. Na_2HPO_4 聚合反应的温度如果很高（譬如 700℃），会有什么结果？

实验 73　铬黄颜料的制备

【实验目的】

1. 加深对铬的化合物性质的了解。

2. 进一步训练有关固液分离的操作。

【预习要点】

1. 预习《无机化学》铬的有关内容及有关 Cr(Ⅲ) 与 Cr(Ⅵ)互变条件。

2. 查阅有关无机颜料方面的文献。

【实验原理】

Cr(Ⅲ)在碱性溶液中，较易被氧化为 Cr(Ⅵ)的化合物，因为：

$$CrO_4 + 4H_2O + 3e \Longrightarrow Cr(OH)_3 + 5H_2O \qquad \varphi^{\ominus} = -0.13V$$

本实验即是用氧化剂过氧化氢将 Cr(Ⅲ)于碱性介质中氧化为 Cr(Ⅵ)的：

$$2CrO_2^- + 3H_2O_2 + 2OH^- \Longrightarrow 2CrO_4^{2-} + 4H_2O$$

而 Cr(Ⅵ) 在水溶液中存在以下平衡：

$$2CrO_4^{2-} + 2H^+ \Longrightarrow Cr_2O_7^{2-} + H_2O$$

铬酸的二价金属盐溶解度一般不大，如铬酸铅的溶解度就很小，$K_{sp}=1.77\times10^{-14}$，但重铬酸铅的溶解度却很大。因此，在弱酸性条件下，往上述平衡中加入硝酸铅溶液，可以生成难溶的黄色 $PbCrO_4$ 沉淀。

铬酸铅（lead chromate）【7758-97-6】俗称铅铬黄，为一种黄色颜料，在油画及防锈涂料中多用之。

【仪器与试剂】

烧杯，量筒，布氏漏斗，抽滤瓶，电烘箱。

NaOH（2mol/L），HAc（6mol/L），Na_2S（0.1mol/L），K_2CrO_4（5%），H_2O_2（3%），H_2SO_4（6mol/L），$Pb(NO_3)_2\cdot 7H_2O(s)$，$Cr(NO_3)_3\cdot 9H_2O(s)$，$Ca(OH)_2$（饱和溶液），pH 试纸。

【实验步骤】

1. 制备

称取 5.0g $Cr(NO_3)_3\cdot 9H_2O$ 配制成 25mL 的溶液于 150mL 烧杯中，将溶液逐滴加入 15mL 6mol/L NaOH 的溶液中，若出现浑浊，再加入少量 6mol/L NaOH，至溶液复变澄清。在上述溶液中，逐滴加入 15mL 3% 的 H_2O_2，盖上表面皿，小心加热（防止溶液暴沸），当溶液变为亮黄色时，再继续煮沸 15～20min，以赶尽剩余 H_2O_2。

待 H_2O_2 分解完全后，逐滴加入 6mol/L 的 HAc，使溶液从亮黄色转为橙色。再多加 7～8 滴。在加热近沸的温度下，逐滴加入 0.3mol/L 的 $Pb(NO_3)_2$ 溶液（所需量自行计算）。注意 $Pb(NO_3)_2$ 溶液开始加入的速度宜放缓一些，而且要始终保持微沸状态，边加边搅拌。加完 $Pb(NO_3)_2$ 之后，继续煮沸 5min，冷却后，抽滤，称重计算产率。

2. 废液处理

母液与洗水中所残余的 Cr(Ⅵ) 及 Pb^{2+} 均是对环境有严重危害的物种，因此必须集中处理。往废水中滴加 2mol/L H_2SO_4 至 pH＝2～3，温热下（40～50℃）于通风橱内加 0.1mol/L Na_2S 溶液至不再有黑色 PbS 沉淀析出。加碱使废液 pH＝8～9，加聚合氯化铝少量混凝，过滤。滤渣收集，由实验室集中处理。滤液中残余的 S^{2-} 通过加少量的 H_2O_2 的方法氧化去除。此时即可将废水排入下水道。写出整个净化过程的反应方程式。

【思考题】

1. 为什么要赶尽过量的 H_2O_2？

2. 加 $Pb(NO_3)_2$ 生成沉淀时，介质为何需在弱酸条件下？用 HCl 调整酸度可行否？

3. 本实验中，废液的处理方法并不是唯一的。你能设计出另外一种方法吗？

实验 74　铁黄颜料的制备及其氢氧根含量的测定

【实验目的】

1. 熟练掌握无机制备的一些基本操作。

2. 学习和掌握中和容量分析返滴定法对实际样品待测组分的测定方法。

3. 进一步巩固中和容量分析的实验技能和操作方法。

【预习要点】

1. 预习铁的有关性质以及无机颜料的有关知识。

2. 预习酸碱滴定有关内容。

【实验原理】

铁黄（yellow iron oxide；iron yellow）【20344-49-4】，分子式为 $Fe_2O_3\cdot H_2O$ 或 FeOOH。作为一种黄色耐候性好的无机颜料，在生产和日常生活中具有广泛的用途。它的工业制备方法大致为：用空气于碱性介质在晶种存在下氧化硫酸亚铁，得到的沉淀经水洗，干燥脱水后即为铁黄颜料。

以 $FeSO_4$ 为原料，加入沉淀剂 Na_2CO_3，控制体系中 $FeSO_4$ 与 Na_2CO_3 的配比和 pH 值，将生成的 $Fe(OH)_2$ 通入空气氧化，即可制得羟基氧铁（$FeOOH$），然后抽滤，洗涤，将沉淀加热制得铁黄。反应方程式为：

$$Fe^{2+} + 2OH^- \Longrightarrow Fe(OH)_2$$
$$4Fe(OH)_2 + O_2 \Longrightarrow 4FeOOH\downarrow + 2H_2O$$

铁黄可看作组成为 $Fe_2O_3 \cdot xH_2O$ 的铁的氧化物水合物，将铁黄在 270℃ 加热，铁黄发生明显相变 转变为铁红（Fe_2O_3）。本实验中要求学生测定铁黄样品中羟基（—OH）含量，以证实铁黄的最简化学式。铁黄作为 Fe^{3+} 氧化物水合物的一种，显然难溶于水，因此，与其他难溶性碱性氧化物相同，测定其样品的碱量，必须用返滴定法。

本实验先用标准 HCl 溶液溶解铁黄样品，然后以标准碱滴定剩余的盐酸。但由于 Fe^{3+} 的水解，如不采取措施的话，在用碱滴定剩余酸时，必然连同 Fe^{3+} 一起被滴定。因此，需要对 Fe^{3+} 实施掩蔽，使用的掩蔽剂为氟离子，利用 F^- 与 Fe^{3+} 生成稳定配合物 FeF_6^{3-} 这一特征，可使 Fe^{3+} 直到 pH＝9～10 不水解。

【仪器与试剂】

磁力搅拌器，电子天平，抽滤装置，分析天平，称量瓶，移液管（50mL、25mL），碱式滴定管（50mL）等。

$FeSO_4$(s)，Na_2CO_3(s)，H_2SO_4（1mol/L），标准 HCl（0.5mol/L），酚酞指示剂，NaOH(s)，NH_4HF_2(s)，NaF(s)。

【实验步骤】

1. 铁黄的制备

配制 0.25mol/L 的 Na_2CO_3 150mL 于 400mL 烧杯中，在水浴条件下，控制反应温度为 45～50℃，恒温后，搅拌下缓慢加入 150mL 纯化后的 $FeSO_4$ 溶液（约 1mol/L），控制 pH＝3～4，反应液中产生灰白色沉淀。开动抽气泵，通空气 45min，观察沉淀逐渐由灰白色→灰绿色→深绿色→棕黄色。停止反应，抽滤洗涤，抽干后，将沉淀置于蒸发皿中。

将装有沉淀的蒸发皿置于烘箱中，控制温度 120℃，恒温 1h，取出称重。计算产率。

2. 自行配制 500mL 0.5mol/L 标准 NaOH 溶液，并用标准盐酸溶液标定，平行测定三份。

3. 在分析天平上准确称取铁黄样品（样品质量根据计算确定）于 250mL 三角瓶中。加入一定量标准盐酸溶液，加热溶解之，冷却后加入掩蔽剂，然后用标准 NaOH 溶液滴定剩余的盐酸，平行测定三次。

4. 根据滴定数据，计算样品中 OH^- 含量。

实验 75 氯化亚铜的制备与性质

【实验目的】

1. 掌握 Cu(Ⅰ) 与 Cu(Ⅱ) 互变的性质与条件。

2. 了解 Cu(Ⅰ) 化合物的一般制法。

【预习要点】

1. 预习元素化学关于 ⅠB 族元素性质内容，了解 CuCl、$CuSO_4 \cdot 5H_2O$、Na_2SO_3 等的性质及特点。

2. 查阅有关电对电极电势数据及工业上的制法等有关文献。

【实验原理】

在水溶液中，Cu(Ⅰ) 不稳定，很容易歧化为 Cu(Ⅱ) 和单质铜，也可被氧化为 Cu(Ⅱ)。

欲使其稳定，必须形成沉淀或配合物。通常制备 Cu(Ⅰ) 化合物的方法有如下几种。

① Cu(Ⅱ) 盐与金属铜在有过量 Cu(Ⅰ) 配位体存在的条件下进行反歧化反应，生成 Cu(Ⅰ) 的配合物，如合成氨工业中所用铜洗液的形成即是按下式进行的：

$$Cu(CH_3COO)_2 + Cu + 4NH_3 === 2[Cu(NH_3)_2](CH_3COO)$$

② 在有 Cu(Ⅰ) 沉淀剂存在下还原 Cu(Ⅱ) 如：

$$2Cu^{2+} + 4I^- === 2CuI\downarrow + I_2$$

$$2Cu^{2+} + 4CN^- === 2CuCN\downarrow + (CN)_2$$

这两式中，还原剂同时又是沉淀剂。这种方法在经济上并不合理。

③ 利用 Cu(Ⅰ) 在干态高温下稳定这一性质来制备，如国外 CuCl 的工业生产方法：

$$2Cu + Cl_2 \xrightarrow{CuCl 熔} 2CuCl$$

这需要较苛刻的设备条件。所以在有 Cu(Ⅰ) 配体或沉淀剂存在下使用易得还原剂将 Cu(Ⅱ) 还原就显得十分有意义。本实验依据下式完成 CuCl 制备：

$$2CuSO_4 + Na_2SO_3 + 2NaCl + H_2O === 2CuCl\downarrow + 2Na_2SO_4 + H_2SO_4$$

反应过程中需及时除去体系中因反应进行生成的 H^+，使反应环境尽可能维持在弱酸条件或近中性条件下，以使反应进行完全。为此，使用 Na_2CO_3 作为 H^+ 消除剂。显然 Na_2CO_3 的加入最好与还原剂 Na_2SO_3 同步进行（为什么?）。另外，反应的加料顺序，最好是将 Na_2SO_3-Na_2CO_3 混合液加入到 Cu^{2+} 的溶液中，否则，将因发生以下反应而难得到 CuCl：

$$2Cu^{2+} + 5SO_3^{2-} + H_2O === 2Cu(SO_3)_2^{3-} + SO_4^{2-} + 2H^+$$

纯的氯化亚铜（cuprous chloride）【7758-89-6】为白色四面体结晶，遇光变褐色。熔点 422℃。沸点 1366℃。熔融时呈铁灰色。置于湿空气中迅速氧化为 Cu(OH)Cl 而变为绿色。密度为 3.53g/cm^3。用于有机合成和染料工业的催化剂（如丙烯腈生产）和还原剂，石油工业脱硫与脱色剂，分析化学的脱氧与 CO 吸收剂等。

【仪器与试剂】

台秤，电磁搅拌器，滴液漏斗等。$CuSO_4 \cdot 5H_2O(s)$，$Na_2SO_3(s)$，NaCl(s)，$Na_2CO_3(s)$，H_2SO_4(0.5mol/L)，盐酸（1%），NaOH(0.5mol/L)，无水乙醇，铁粉。

【实验步骤】

1. 氯化亚铜制备

在台秤上称取 25g $CuSO_4 \cdot 5H_2O$ 和 10g NaCl 置于一只 400mL 烧杯中，加 100mL 的水使其溶解。另取 7.5g Na_2SO_3 和 5g Na_2CO_3 共溶于 40mL 水中，将此混合液转移至 150mL 滴液漏斗中，把 $CuSO_4$-NaCl 混合液置于电磁搅拌器上，开启搅拌，使 Na_2SO_3-Na_2CO_3 混合液缓缓滴入其中。控制滴加速度以所需时间不低于 1h 为好。加完后，继续搅拌 10min。抽滤，滤饼以 1% 盐酸洗涤，然后用驱氧水冲洗三次，最后用 15mL 无水乙醇冲洗。合并母液与洗水，进行无害化处理。

2. 废液无害化处理

废液中含有金属铜离子，对环境有危害，请你利用提供的试剂，拟定方案使废液中的铜被除去并加以回收。回收铜后的废液可以排放。

3. 氯化亚铜的性质

取 CuCl 样品少许，分别试验其与稀硫酸、NaOH、浓盐酸的作用情况，写出相应方程式，并解释现象。

【思考题】

1. 如果将硫酸铜-氯化钠混合溶液往亚硫酸钠-碳酸钠混合液中滴加，将会出现什么样的结果？

2. 请拟定提高 $CuSO_4$ 利用率的合理方案。

实验76 氢氧化铜制备与组成分析

【实验目的】

1. 掌握一种易水解金属离子的氢氧化物制备方法。
2. 掌握碘量法测定铜的原理和操作条件。

【预习要点】

1. 查阅有关 Cu(Ⅱ) 的几种难溶化合物的溶度积数据。
2. 总结文献中金属氢氧化物的常用制备方法。
3. 预习有关氧化还原容量法的原理与操作。

【实验原理】

氢氧化铜（cupric hydroxide）【20427-59-2】和其他难溶性二价金属离子氢氧化物一样，均可由可溶性盐溶液与适量强碱相作用而制得。但适量碱直接与 $CuSO_4$ 溶液相作用时，产物中不可避免混有碱式盐的沉淀。这是因为在反应 $Cu^{2+} + 2OH^- \Longrightarrow Cu(OH)_2 \downarrow$ 进行的同时，会有反应：

$$2Cu^{2+} + 2OH^- + SO_4^{2-} \Longrightarrow Cu_2(OH)_2SO_4 \downarrow$$

导致碱式盐与氢氧化铜共沉淀；此外，所用的碱液中常不可避免有 CO_3^{2-} 存在，所以同时还会生成碱式碳酸铜沉淀：

$$2Cu^{2+} + 2OH^- + CO_3^{2-} \Longrightarrow Cu_2(OH)_2CO_3 \downarrow$$

本实验利用碱式盐溶解度大于氢氧化铜这一特点，采取 Cu(Ⅱ) 氨配离子与碱作用的方法制备氢氧化铜。先使硫酸铜生成硫酸四氨合铜（Ⅱ）：

$$CuSO_4 + 4NH_3 \Longrightarrow [Cu(NH_3)_4]SO_4$$

在铜氨溶液中，存在有解离平衡，所以体系内自由铜离子浓度较小，在加入大量强碱时，能满足氢氧化铜沉淀的条件，而不能满足碱式盐沉淀的条件，故可以由配合物溶液出发制得较纯的氢氧化铜：

$$[Cu(NH_3)_4]^{2+} + 2OH^- \Longrightarrow Cu(OH)_2 + 4NH_3$$

为了验证所得产品的纯度，实验安排了产品组分测定。将获得的产品称取一定量，用过量标准酸溶液溶解，再以标准碱返滴剩余的酸，可求出样品中 OH^- 的含量；样品以乙酸溶解，然后用碘量法测定铜含量。碘量法测定铜的原理请参见本书 2.8.2 节。

为了比较，本实验尚需同学自己用直接法制备一部分氢氧化铜。只是制备温度要低一些。另外，由于这种沉淀的过滤、洗涤性能都差，所以不能用抽滤的方式进行固液分离，需使用离心分离的方法进行沉淀的分离与洗涤。必要时，用聚丙烯酰胺助凝。

【仪器与试剂】

分析天平，抽滤装置，干燥器，台式离心机，移液管（25mL），碱式滴定管（50mL）等。

$CuSO_4 \cdot 5H_2O(s)$，$NH_3 \cdot H_2O(1+1)$，NaOH（2mol/L），无水乙醇，乙醚，乙酸（36%），聚丙烯酰胺（1.5‰，质量分数），KI(s)，标准 $Na_2S_2O_3$（0.1mol/L），标准 NaOH（0.5mol/L），标准 H_2SO_4（0.25mol/L），淀粉溶液（0.5%），NH_4SCN（10%），甲基橙指示剂。

【实验步骤】

1. 氢氧化铜制备（间接）

称取 12.5g 硫酸铜固体于 250mL 烧杯中，用 100mL 水溶解。把此溶液于水浴中加热至343K，保温，在搅拌下往其中加 (1+1) $NH_3 \cdot H_2O$，直至生成的浅蓝色沉淀刚好完全溶解，溶液成为深蓝色。记录 $NH_3 \cdot H_2O$ 的用量。另取 50mL 2mol/L NaOH 溶液缓缓加到上述溶液中，此时生成浅蓝色 $Cu(OH)_2$ 沉淀，抽滤，沉淀以 15mL 无水乙醇进一步洗涤三次，收集合并滤液及洗水，进行无害化处理，后排入下水道。最后用 5mL 乙醚淋洗，抽干后转移至干燥的表面皿上，待乙醚挥发后称重，计算得率，产品置于干燥器中保存。

2. 氢氧化铜制备（直接）

称取 4g 硫酸铜固体于 250mL 烧杯中，除了不用 NH_3 及反应温度为室温且用离心机分离与洗涤沉淀外，其余步骤按步骤 1 进行相同的操作，试剂用量自行计算。

3. 产品组成的定量测定

（1）铜含量的测定

准确称取步骤 1 之产品 0.25～0.30g（准至 ±0.0002g）于 250mL 碘量瓶中，用少许水润湿。加入 25mL 36% 乙酸，样品溶解后，加水使体积约为 80mL，称取 1.0g 固体 KI，加至碘量瓶中，塞上塞子，使 KI 溶解后置暗处 10min。用标准 $Na_2S_2O_3$ 的滴定反应析出的 I_2，滴至溶液呈浅黄色时，加入 5mL 10% NH_4SCN 溶液，此时发生反应：

$$CuI + SCN^- = CuSCN + I^-$$

从而使 CuI 所吸附的 I_2 解析出来。加入 2mL 淀粉指示剂，继续滴定至蓝色全部消失并在半分钟内不变蓝即为终点，记录消耗的 $Na_2S_2O_3$ 体积，计算样品中 Cu(Ⅱ) 百分含量，与理论值相比较。

同时取步骤 2 之产品进行与上相同的操作。

（2）氢氧根含量的测定

准确称取步骤 1 之产品 0.25～0.30g（准至 ±0.0002g）于 250mL 三角瓶中，用少许水润湿。用移液管准确移取 25.00mL 标准 H_2SO_4（0.25mol/L）溶液加入三角瓶中，待样品溶解完全，加热煮沸，以驱赶可能存在的 CO_2 冷却后，加水使体积约为 100mL，加 2 滴甲基橙指示剂，用 0.5mol/L 标准氢氧化钠溶液滴定至橙黄色即为终点，记下标准碱溶液的用量，计算样品中 OH^- 的百分含量，与理论值比较。

取步骤 2 之样品，进行与上相同的操作。

根据测定结果，你能总结出什么结论？

【思考题】

1. 铜氨配离子在加热的情况下稳定性变低，为什么在沉淀 $Cu(OH)_2$ 时，要控制温度 343K 呢？若单纯是为了破坏胶体，何不将温度升至 363～373K 呢？

2. 在碘量法测定铜时，指示剂为什么不在滴定开始前加入？其中加 NH_4SCN 的目的是什么？

3. 查电极电势表知 $\varphi^{\ominus}_{Cu^{2+}/Cu^+} = 0.159V$，$\varphi^{\ominus}_{I_2/I^-} = 0.535V$，似乎 Cu^{2+} 不能氧化 I^-，但反应确实能发生，试解释原因。

4. 在滴定剩余酸时，为什么不用酚酞作指示剂？

5. 设计本实验中所产生废液的处理方案。

实验 77 半开放实验——立德粉废渣湿法制备氧化铅

【实验目的】

1. 了解 Pb(Ⅱ) 的配位性能和氧化物的两性。

2. 练习和提高综合实验的设计和统筹能力。

【预习要点】

1. 预习《无机化学》铅的有关性质，查阅有关文献。

2. 预习配位滴定原理。

【实验原理】

立德粉（lithopone；pigment whites）【1345-05-7】，化学式 $ZnS \cdot BaSO_4$，又称锌钡白，

是一种用途广泛的白色颜料。在立德粉生产过程中，产生主要成分为硫酸钙及硫酸铅的废渣，此废渣不仅浪费资源，而且污染环境。本实验即利用该废渣为原料，完成铅的浸取和转化，从而制备出氧化铅。一般工业上氧化铅的生产多采用火法，且依灼烧温度的不同获取不同晶型氧化铅（红色和黄色）。本实验为湿法制得的氧化铅，以红色氧化铅为主。

进行实验方案设计的主要依据为：硫酸铅在高氯离子浓度溶液中以配位方式溶解：

$$PbSO_4 + 4Cl^- \Longrightarrow PbCl_4^{2-} + SO_4^{2-}$$

其参考溶解度数据见以下附注。溶解的 $PbCl_4^{2-}$ 与 NaOH 等物质的量作用，转化为 $Pb(OH)Cl$：

$$PbCl_4^{2-} + OH^- = Pb(OH)Cl + 3Cl^-$$

$Pb(OH)Cl$ 在浓 NaOH 溶液作用下可转化为 PbO：

$$Pb(OH)Cl + NaOH \Longrightarrow PbO + NaCl + H_2O$$

此反应在 50～60℃进行完全。根据以上原则进行方案设计时，对后两步应尽可能地减少副反应。

【仪器与试剂】

台秤，温度计（0～150℃），研钵，抽滤装置，滤布（锦纶）等；立德粉废渣 20g（其中 40％为 $PbSO_4$，其余为硫酸钙），精制食盐 50g，NaOH（s），$CaCl_2$（s），盐酸（浓），酚酞指示剂，EDTA（A.R.），二甲酚橙指示剂（0.2％），乙酸（36％，质量分数），pH 试纸，六亚甲基四胺（s）。

【实验步骤】

1. 根据反应原理及所提供的原料、试剂和有关数据，拟定实验方案，并请在实验报告中说明所选方案的思路，本实验参考流程为：

浸出→过滤→转化→过滤→生成→分离→干燥→称重→测定

2. 按照自行拟定的方案，用实验室提供的 20g 废渣为原料，制备氧化铅。将所得产品置于表面皿上，放入 130℃烘箱中，干燥 30min，取出，冷却后称重，计算产率。

3. 产品分析

配制 EDTA 标准溶液（0.025mol/L）（参见实验 47）。

将产品氧化铅研细混匀，在分析天平上准确称取 0.15～0.30g 样品两份于 250mL 锥形瓶中，各加入 10mL 水和 5mL 36％乙酸溶液，温热使样品溶解。冷却后，加水稀释至 100mL，加入 5g 六亚甲基四胺，3 滴二甲酚橙指示剂；用 EDTA 标准溶液滴定至溶液由紫色变为亮黄色即为终点。计算样品中氧化铅含量（％），求平均值。附表 1 为不同温度和浓度的食盐溶液中氧化铅的溶解度。

附表 1　不同温度和浓度的食盐溶液中氯化铅的溶解度

$c(PbCl_2)/(g/L)$ ＼ $c(NaCl)/(g/L)$　$t/℃$	0	20	40	60	80	100	140	180	220	260	300
13	7	3	1	0	0	0	1	3	5	9	13
50	11	8	4	3	4	5	7	10	12	21	35
100	21	17	11	12	13	15	21	30	42	65	95

实验 78　开放实验——NH_4FePO_4 制备及 Fe(Ⅱ)含量的测定

【实验目的】

1. 了解无机制备过程中回收副产物的一般方法。

2. 进一步掌握一般复盐的制备方法，熟练水溶液 pH 调整的操作手段。

3. 通过本实验，初步了解开展科学研究的一般程序。

4. 掌握铈量法的特点、操作要点，了解方法的应用范围。

【预习要点】

1. 查阅相关文献，了解微肥的应用。

2. 化学滴定分析之氧化-还原滴定法相关内容。

【实验原理】

铁在植物中是合成叶绿素的催化剂，还是植物体中氧的载体，对核酸的新陈代谢起着重要作用。铁的化合物为细胞的分裂和成长过程所必需。对呼吸作用、光合作用和氮代谢等方面的氧化-还原过程都有良好的功能，铁是植物吸收利用氮和磷的限制因素，植物缺铁时（植物中铁的平均含量为 0.02%），植物不能充分利用氮和磷，新叶变成黄绿色至黄色，严重时，全株枯死。可见，微量元素铁肥对植物的生理功能起着重要作用。

$NH_4FePO_4 \cdot H_2O$(ferrous ammonium phosphate) 是枸溶性（citrate-soluble）❶ 缓效微肥（slow-release micronutrients），可在相当长的时间内只施用一次，节省施肥工作量。它可以和速溶微肥按一定比例混合，可以对植物苗期和整个生长期提供肥效。

$FeNH_4PO_4 \cdot H_2O$ 的制备按原料可分为两类，即第一类是以磷酸，铁盐及氨水来制取，它的总反应式为：

$$H_3PO_4 + FeSO_4 + 3NH_3 \cdot H_2O = FeNH_4PO_4 \cdot H_2O + (NH_4)_2SO_4 + 2H_2O$$

第二类是以 $(NH_4)_2HPO_4$ 和铁盐在一定 pH 值时相互反应，获得 $FeNH_4PO_4 \cdot H_2O$，反应式为：

$$(NH_4)_2HPO_4 + FeSO_4 \longrightarrow FeNH_4PO_4 \cdot H_2O + (NH_4)_2SO_4$$

其基本性质是在 $116℃$ 时失去结晶水，在 $>200℃$ 时，氨逸出，近 $200℃$ 时又发生 Fe^{2+} 氧化为 Fe^{3+}。

在 HCl 介质中，Ce^{4+} 可定量氧化 Fe^{2+}，本身被还原成 Ce^{3+}，用邻二氮菲-亚铁作指示剂，完成样品中 Fe^{2+} 含量的测定。

【仪器与试剂】

磁力搅拌器，分析天平，水力喷射真空泵，烘箱或微波炉，酸式滴定管，其余为常规玻璃仪器；$FeSO_4 \cdot 7H_2O$（钛白粉副产），磷酸（浓），氨水（浓），硫酸（2mol/L），硫酸铈铵标准溶液（0.1mol/L），HCl(6mol/L)，邻二氮菲-亚铁指示剂，广泛 pH 试纸。

【实验步骤】

1. 查阅给定的参考文献，根据有关的实验原理，参照所提供的试剂和仪器条件，结合个人对这一问题的理解，做出实验计划和实验步骤。

2. 按照你的实验方案，完成磷酸亚铁铵的制备和硫酸铵的回收。所得到的产品磷酸亚铁铵和硫酸铵的干燥方法，可在微波炉中小火烘干磷酸亚铁铵，中火烘干硫酸铵。无论采取哪种选择，烘干前一定要将样品尽量压碎并在培养皿上摊平。称量，计算硫酸铵回收率。

3. 铁含量分析用铈量法。具体操作自行设计。要求平行测定三份。依据消耗硫酸铈铵溶液体积和浓度计算样品中铁含量。并推算所得到磷酸亚铁铵的纯度并折成纯品产量，从而计算产率。

4. 可能用到的数据

---

❶ 表征磷肥在土壤中溶出性的一个重要指标。能溶于酸度相当于 2％的枸橼酸（柠檬酸）或枸橼酸铵的溶液中。按磷肥中有效磷测定方法标准，对不溶于水或微溶于水，但溶于 2％柠檬酸提取液、中性柠檬酸铵或碱性柠檬酸铵提取液的磷肥统称为枸溶性磷肥。之所以用柠檬酸或柠檬酸铵溶液，是因为酸性土壤中微生物分泌产生的有机酸酸度和配位能力接近于柠檬酸或它的盐。

（1）七水合硫酸亚铁在水中的溶解度

温度/℃	0	10	20	30	40	50	70	80	90
溶解度/(g/100g)	15.65	20.51	26.5	32.9	40.2	48.6	一水合物 50.9	一水合物 43.6	一水合物 37.3

（2）硫酸铵在水中的溶解度

温度/℃	0	10	20	30	40	60	80	100
溶解度/(g/100g)	70.6	73.0	75.4	78.0	81.0	88.0	95.3	103.3

（3）电离常数

磷酸：$K_1 = 7.52 \times 10^{-3}$；$K_2 = 6.23 \times 10^{-8}$；$K_3 = 2.2 \times 10^{-13}$；氨：$K_b = 1.8 \times 10^{-5}$。

【思考题】

1. 在反应过程中，你是否采用了水浴加热的方式？请说明此处水浴加热的必要性和优越性。

2. 反应完成并分离磷酸亚铁铵沉淀后，母液中溶解的铵盐依磷-铁比的不同而不同。在你的实验条件下，分离硫酸铵时如何考虑其他铵盐的存在并采用针对性措施？

3. 本实验磷酸亚铁铵中铁含量测定用了铈量法。请写出至少一种另外的测定方法，并与铈量法相比较，各自的优劣点如何。

实验 79　设计实验——过碳酸钠制备及活性氧的测定（$KMnO_4$ 法）

【实验目的】

1. 学习过碳酸钠的制备方法。

2. 学习利用 $KMnO_4$ 法测定过碳酸钠中活性氧的含量。

【预习要点】

1. 过碳酸钠的性质用途及其制备方法。

2. $KMnO_4$ 法测定过碳酸钠中活性氧含量时应注意的问题及 $KMnO_4$ 溶液的标定。

【实验原理】

过碳酸钠又名过氧碳酸钠，为碳酸钠和过氧化氢的加成化合物，属于正交晶系层状结构，其分子式为 $2Na_2CO_3 \cdot 3H_2O_2$，是一种优良的无磷洗涤助剂，可替代过硼酸钠作漂白剂。一般情况下，过碳酸钠直接由碳酸钠与过氧化氢反应而得，为提高其稳定性利用碳酸钠、过氧化氢溶液以及一些稳定剂在冰-水体系下的反应，可制得在干燥情况下稳定性很好的过碳酸钠产品。

过碳酸钠中活性氧含量的测定可采用 $0.02mol/L$ 的 $KMnO_4$ 溶液滴定。反应式如下：

$$5H_2O_2 + 2MnO_4^- + 6H^+ \Longrightarrow 2Mn^{2+} + 5O_2 + 8H_2O$$

滴至溶液呈粉红色，并在半分钟内不褪色为终点。

【仪器与试剂】

酸式滴定管，真空泵，冷却槽，冰箱；碳酸钠，硫酸钠，高锰酸钾，浓硫酸，草酸钠，95%乙醇，30%过氧化氢。

【实验步骤】

1. 过碳酸钠的制备

于碳酸钠饱和溶液中加入适量硫酸钠作为稳定剂，混合均匀并溶解，然后加入适量的乙醇，混合，置于冰-水体系中。在上述混合液中以碳酸钠与过氧化氢的摩尔比 1∶1.44 左右的比例加入 30%的过氧化氢溶液，充分搅拌，反应 30min 后，抽滤，并用 95%的乙醇洗涤

2~3 次，将得产品进行干燥，即得过碳酸钠产品。

2. KMnO$_4$ 溶液浓度的配制及标定

按配制标准 KMnO$_4$ 溶液的方法，配制大约 0.02mol/L 的 KMnO$_4$ 溶液 1000mL。以 Na$_2$C$_2$O$_4$ 为基准物质对 KMnO$_4$ 溶液的浓度进行标定。

3. 过碳酸钠中活性氧含量的测定

称量三份约 0.15~0.25g 的过碳酸钠试样（称准至 0.0002g），置于一盛有 100mL（浓度为 6%）的硫酸溶液的 250mL 锥形瓶中，用高锰酸钾标准溶液滴定，至溶液呈粉红色并在 30s 内不消失即为终点，记录所消耗的 KMnO$_4$ 的体积，计算活性氧含量。

【注意事项】

标定 KMnO$_4$ 溶液时应先慢中间快最后慢，并在盛放高锰酸钾的溶液的滴定管下方始终放置一表面皿，防止其落在滴定台上。

【思考题】

1. 用 Na$_2$C$_2$O$_4$ 标定 KMnO$_4$ 溶液过程中应怎样控制滴定条件和速度？

2. 用 KMnO$_4$ 法测定活性氧时为什么要在硫酸介质中进行，能否用盐酸代替？

3.2　有机化合物制备

有机合成是有机化学研究的重要内容之一，无论开发什么产品（医药、农药、香料、材料、染料、助剂等），都需要首先设计并合成出目标化合物，然后才能采用不同的手段研究它们的性质。所以有机合成在有机化学研究领域中占有十分重要的地位。前面已介绍了进行有机合成所必备的基本常识和基本操作技能，并通过一定的实验训练，基本掌握了进行有机合成及提纯有机化合物的基本方法。本章将通过具体化合物的合成进一步训练、巩固和提高合成的技能，从而也学习到如何从合成的粗产品中获取纯粹化合物的基本思路和手段。另外由于现代合成用的玻璃仪器的不断创新，所以选取的内容当中，有一些没有给出所用仪器的型号，这就要求学生在实验时自己灵活选择，但必须规范，尤其是容器的体积选择要合适。

在编写具体实验项目时，原料的用量视不同情况而有差别，一般地，产物为液体时，以产物获得量在 5~10g 为宗旨，而产物为固体时，一般以产物获得量在 5g 以下为原则选取原料用量，也有一些用量较大的，尤其是多步反应的原料用量都比较大。教学过程中可以根据情况适当倍增或倍减原料用量。在实验步骤中没有给出参考产率，也是为了给学生更大的思考空间。

3.2.1　简单有机物的制备

3.2.1.1　烯烃的制备

简单烯烃如乙烯、丙烯和丁二烯是合成材料工业的基本原料，由石油裂解经分离提纯得到。实验室制备烯烃主要采用醇的脱水及卤代烷脱卤化氢两种方法。

醇的脱水在工业上多采用氧化铝或分子筛在高温下（350～400℃）进行催化脱水，小规模生产或实验室常用酸催化脱水的方法。常用的脱水剂有硫酸、磷酸、对甲苯磺酸及硫酸氢钾等。

$$CH_3CH_2OH \xrightarrow[\text{或浓 } H_2SO_4, 170℃]{Al_2O_3, 350\sim400℃} CH_2{=}CH_2 + H_2O$$

一般认为，酸催化醇脱水的过程是一个通过碳正离子进行的单分子消去反应（E1）。

卤代烃与碱的醇溶液作用脱卤化氢，也是实验室用来制备烯烃的方法。例如：

$$BrCH_2CHBrCH_2Br + NaOH \xrightarrow{乙醇} CH_2=CBrCH_2Br + NaBr + H_2O$$

工业上也采用苯部分加氢法合成环己烯。

实验80　环己烯的制备——醇的消除反应

【实验目的】

1. 掌握环己烯的实验室制备。
2. 学习酸催化下醇脱水制取烯烃的原理和方法。
3. 掌握水浴蒸馏、分馏和液体干燥等基本操作技能。

【预习要点】

1. 酸催化下醇脱水制取烯烃的原理和方法。
2. 水浴蒸馏、分馏、萃取和液体干燥等基本操作。

【实验原理】

本实验以环己醇（cyclohexanol）【108-93-0】为原料在硫酸作用下脱水生成环己烯（cyclohexene）【110-83-8】[❶]，反应方程式如下：

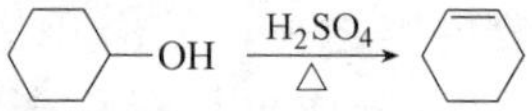

【仪器与试剂】

圆底烧瓶；天平；量筒；铁架台；铁夹；热源；分馏柱；蒸馏头；温度计套管；温度计；冷凝管；尾接管；锥形瓶；分液漏斗；玻璃漏斗。环己醇；浓硫酸；沸石；食盐；饱和碳酸钠水溶液；无水氯化钙。

【实验步骤】

在 25mL 干燥的圆底烧瓶中加入 10g（10.4mL，0.1mol）环己醇[❷]和 0.5mL（0.92g，约 0.009mol）浓硫酸，充分振摇使混合均匀（避免局部碳化）；向烧瓶中放进 2～3 粒沸石，安装分馏装置，接收瓶用冰水冷却。小心加热，控制加热速度使馏出液温度不超过 90℃[❸]，直到瓶底剩余少量残渣并出现白雾时停止加热。向馏出液中加约 1g 精盐使达饱和，然后加入 2mL 饱和碳酸钠水溶液，充分振摇后转入分液漏斗中，静止分层。水层分出后，有机层倒入干燥的小锥形瓶中，加入 1～2g 无水氯化钙干燥[❹]。待溶液清亮透明后滤入圆底烧瓶中，放入 2～3 粒沸石；蒸馏，收集 80～85℃馏分。称重；计算收率。

环己烯（附图1）：相对分子质量 82.16，沸点 82.98℃，$n_D^{20} = 1.4465$，$\rho = 0.8100$g/mL。无色透明液体，微溶于水，溶于乙醇、乙醚。本品具有中等毒性。

【思考题】

1. 为什么在分馏中要控制加热速度？
2. 向粗制的环己烯中加入食盐的目的是什么？为什么之后又加入碳酸钠？
3. 为什么蒸馏前要将干燥剂过滤掉？什么情况下可以不除去干燥剂？

---

❶ Caleman J. Org. Synth., 1925, 5, 33.

❷ 环己醇在常温下是黏稠液体（熔点 25.2℃），量筒内的环己醇难以倾净，直接影响产率。可用称量法。

❸ 几种恒沸体系：环己烯-10%水，沸点 70.8℃；环己醇-80%水，沸点 97.8℃；环己醇-30.5%环己烯，沸点 64.9℃。

❹ 水层应分离完全，否则会增加干燥剂的用量，导致产品损失。用无水氯化钙干燥粗产物还可除去少量未反应的环己醇（生成醇与氯化钙的配合物）。

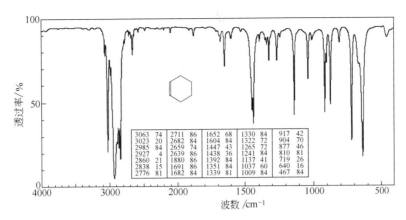

附图 1 环己烯 IR 谱

4. 干燥液体化合物时，加入干燥剂后振摇，静置后澄清，是否说明化合物已不含水？

5. 苯、甲苯和 CCl_4 等可以不用干燥剂除水，请考虑能采用什么方法？

6. 干燥液体有机化合物时，干燥剂用量以及颗粒大小有什么影响？

7. 哪些消除反应主要生成 Saytzeff 烯烃（双键上烷基多的烯烃），哪些消除反应则主要生成 Hofmann 烯烃（双键上烷基少的烯烃）？

3.2.1.2 卤代烃的制备

卤代烃是一类重要的有机合成中间体和有机溶剂。通过卤代烃的亲核取代反应，能制备多种有用的化合物，如腈、胺、醚等。在无水乙醚中，卤代烃与金属镁作用制备的 Grignard 试剂，可以和醛、酮、酯等羰基化合物及二氧化碳反应，制备不同的醇和羧酸。

一卤代烷可通过多种方法和试剂进行制备，但用烷烃的自由基卤化或烯烃与氢卤酸的亲电加成反应，均因产生异构体的混合物而难以分离。实验室制备卤代烷最常用的方法是将结构对应的醇通过亲核取代反应转变为卤代物，常用的试剂有氢卤酸、三卤化磷和氯化亚砜。

例如：

$$n\text{-}C_4H_9OH + HBr \xrightarrow[95\%]{H_2SO_4} n\text{-}C_4H_9Br + H_2O$$

$$t\text{-}C_4H_9OH + HCl \xrightarrow[85\%]{25℃} t\text{-}C_4H_9Cl + H_2O$$

$$3n\text{-}C_4H_9OH + PI_3 \xrightarrow{90\%} 3n\text{-}C_4H_9I + H_3PO_3$$

$$n\text{-}C_5H_{11}OH + SOCl_2 \xrightarrow[80\%]{\text{吡啶}} n\text{-}C_5H_{11}Cl + SO_2 + HCl$$

醇与氢卤酸的反应是制备卤代烷最方便的方法，根据醇的结构不同，反应存在两种不同的机理，叔醇按 S_N1 机理，伯醇则主要按 S_N2 机理进行。

$$(CH_3)_3COH + HCl \rightleftharpoons (CH_3)_3C\overset{+}{-}O\text{—}H + Cl^-$$
$$\underset{H}{}$$

$$(CH_3)_3C\overset{+}{-}O\text{—}H \longrightarrow (CH_3)_3C^+ + H_2O$$
$$\underset{H}{}$$

$$(CH_3)_3C^+ + Cl^- \longrightarrow (CH_3)_3CCl \quad (S_N1\text{机理})$$

$$RCH_2OH + H_2SO_4 \rightleftharpoons RCH_2\overset{+}{O}\text{—}H + HSO_4^-$$
$$\underset{H}{}$$

$$Br^- \quad CH_2\text{—}\overset{+}{O}\text{—}H \longrightarrow RCH_2Br + H_2O \quad (S_N2\text{机理})$$

酸的作用主要是促使醇首先质子化，将较难离去的基团—OH 转变成较易离去的基团—OH$_2^+$，加快反应速率。

醇与氢卤酸反应的难易随所用的醇的结构与氢卤酸不同而有所不同。反应的活性次序为：叔醇＞仲醇＞伯醇，HI＞HBr＞HCl。叔醇在无催化剂存在下，室温即可进行反应；仲醇需温热及酸催化以加速反应；伯醇则需要更剧烈的反应条件及更强的催化剂。

醇转变为溴化物也可用溴化钠及过量的浓硫酸代替氢溴酸。分子量较大的溴化物可通过醇与干燥的溴化氢气体在无溶剂的条件下加热制备，通过三溴化磷与醇作用也是有效的方法。

氯化物常用溶有氯化锌的浓盐酸与伯醇和仲醇作用来制备，伯醇则需与用氯化锌饱和的浓盐酸一起加热。氯化亚砜也是实验室制备氯化物的良好试剂，它具有无副反应少、产率高、产物纯度高及便于提纯等优点。

实验 81　溴乙烷和 1-氯戊烷的制备

【实验目的】

1. 学习用结构上相对应的醇为原料制备一卤代物的实验原理和方法。
2. 掌握卤代烷的一般制法。
3. 掌握低沸点产品蒸馏的基本操作。

【预习要点】

1. 由醇为原料制备对应的一卤代物的实验原理和方法。
2. 萃取、蒸馏等基本操作。

【实验原理】

对于溴乙烷（bromoethane）【74-96-4】的制备，工业上多采用乙醇-氢溴酸法。为了加速反应和提高收率，可加硫酸做催化剂。在实验室，直接使用溴化钠（或溴化钾）和硫酸的混合物代替氢溴酸。一方面硫酸与溴化钠作用产生溴化氢，另一方面过量的硫酸又起催化作用。使用该法制备溴乙烷的反应如下：

$$NaBr + H_2SO_4 \longrightarrow NaHSO_4 + HBr$$

$$CH_3CH_2OH + HBr \xrightarrow{H_2SO_4} CH_3CH_2Br + H_2O$$

氯代烷的主要合成方法是由醇和氢氯酸反应使醇中羟基被氯取代。氢氯酸的酸性比氢溴酸弱，一般要加入硫酸或 Lewis 酸（如 ZnCl$_2$ 等）做催化剂。采用 Lucas 试剂（无水 ZnCl$_2$ 溶解于浓盐酸中）是制备氯代烷有效方法。这种方法适用于由各种醇制备相应的氯代烷。本试验制备 1-氯戊烷（1-chloropentane）【543-59-9】的反应方程式如下：

$$CH_3(CH_2)_4OH + HCl \xrightarrow[\triangle]{ZnCl_2} CH_3(CH_2)_4Cl + H_2O$$

【仪器与试剂】

1. 溴乙烷

圆底烧瓶；水浴；蒸馏头；温度计套管；温度计；冷凝管；尾接管；锥形瓶；分液漏斗。乙醇（95％）；浓硫酸；无水溴化钠；沸石。

2. 1-氯戊烷

圆底烧瓶；球形冷凝管；气体吸收装置；蒸馏头；温度计套管；温度计；冷凝管；尾接管；锥形瓶；分液漏斗。正戊醇；浓盐酸；无水氯化锌；浓硫酸；氢氧化钠溶液（5％）；无水氯化钙；沸石。

【实验步骤】

1. 溴乙烷

在50mL圆底烧瓶中，加入5mL（3.9g，0.086mol）乙醇和5mL水❶，水浴冷却下慢慢加入9.5mL（0.17mol）浓硫酸，摇匀，冰水浴冷至室温。搅拌下加入7.5g（0.074mol）研细的无水溴化钠❷。充分摇匀后放入2～3粒沸石，安装常压蒸馏装置，在接收瓶中放少量水❸，并将接受管支口用橡皮管导入下水道或室外。缓缓加热蒸馏至无油状物馏出为止❹。趁热将反应瓶中的液体倒入废液缸中。馏出液转入分液漏斗，将有机层分至干燥小锥瓶中❺，冰水冷却并在摇动下加入3mL浓硫酸❻。充分振摇并冷却后，将其转入干燥的分液漏斗，分出硫酸，有机层转入干燥的圆底烧瓶中，加入2～3粒沸石，水浴上蒸馏收集36～40℃馏分❼，产物称重，确定收率。

溴乙烷（附图1）：相对分子质量108.98，沸点38.4℃，$n_D^{20}=1.4239$，$\rho=1.4604$g/mL。无色透明液体，有醚的气味，易挥发，易燃，有中等毒性。微溶于水，能与乙醇、乙醚、氯仿等有机溶剂混溶。本品广泛用于农药、染料、香料的合成，并可作溶剂、制冷剂和熏蒸剂等。也是重要的乙基化试剂。

同法可制正溴丁烷，2-溴丙烷等，只是产品不同，纯化方法稍有差异。

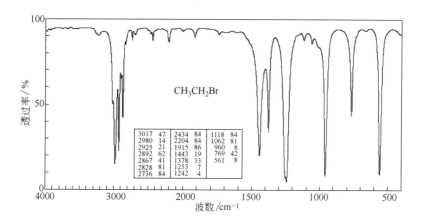

附图1　溴乙烷IR谱

2. 1-氯戊烷

在圆底烧瓶中混合11mL（8.9g，0.1mol）正戊醇，16mL浓盐酸和28g无水氯化锌；装上球形冷凝管，冷凝管上端接气体吸收装置，加热回流2h；稍冷后，改成蒸馏装置蒸馏至130℃（残留液继续加热至氯化锌析出，可重复使用）；从馏出液中分出有机层，与等体积浓硫酸混合，充分振摇后分出硫酸；有机层依次用15mL水，10mL 5%氢氧化钠溶液，15mL水洗涤，用无水氯化钙干燥，蒸馏收集104～107℃的馏分，计算产率。

1-氯戊烷（附图2）：沸点为107.8℃，$\rho=0.8818$g/mL，无色透明液体。

---

❶　防止反应进行时产生大量泡沫，减少副产物乙醚的生成和避免氢溴酸的挥发。

❷　溴化钠应预先研细，并在搅拌下加入，以防结块而影响氢溴酸的生成。若用含有结晶水的溴化钠（NaBr·2H₂O），其用量需换算，并相应减少加入的水量。

❸　溴乙烷在水中溶解度甚小（1∶100），在低温时又不与水作用。为了减少其挥发，常在接收器内放入冷水，并使接受管的末端稍微浸入水中。

❹　反应开始时会产生大量的气泡，故应严格控制反应温度，使其平稳进行。

❺　尽可能将水分沥净，否则当用浓硫酸洗涤时会产生热量而使产物挥发损失。

❻　加浓硫酸可除去乙醚、乙醇及水等杂质。为防产物挥发，应在冷却下操作。

❼　分离不完全时，馏分中仍可能含极少量水及乙醇，它们与溴乙烷分别形成共沸物（溴乙烷-水，沸点37℃，含水1%；溴乙烷-乙醇，沸点37℃，含醇3%）。另外最好用已称重的干燥锥形瓶作接受瓶，避免称重时的转移损失，且接收瓶浸入冰水浴中冷却。

同法可制备 1-氯丁烷（1-chlorobutane，bp 78℃），2-氯丁烷（2-chlorobutane，bp 68.2℃）等。

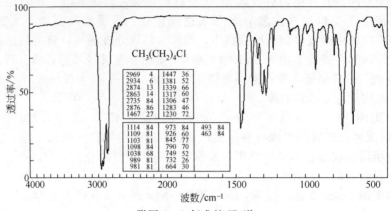

附图2　1-氯戊烷 IR 谱

【思考题】

1. 溴乙烷

（1）为什么在第一次蒸馏时要在接收瓶中加入少量水？

（2）在第一次蒸馏时，怎样判别有机物是否蒸完？

（3）粗产物可能含有哪些杂质？为什么要在粗产物中加浓硫酸洗涤？

2. 1-氯戊烷

（1）各次洗涤的目的是什么？

（2）1-氯戊烷的纯化与溴乙烷相比有什么不同？

（3）为什么分出硫酸后还要用水-碱-水洗涤？

实验 82　叔丁基氯的制备

【实验目的】

1. 掌握叔丁基氯的制备方法。

2. 学习以叔丁醇为原料在浓盐酸作用下制备叔丁基氯的实验原理和过程。

3. 掌握萃取、蒸馏等基本操作。

【预习要点】

1. 叔丁醇在浓盐酸作用下制备叔丁基氯的实验原理和过程。

2. 萃取、蒸馏等基本操作。

【实验原理】

叔醇反应活性高，无论与氢溴酸或是氢氯酸反应都可以不使用催化剂，而且反应温度也比较低（该反应是 S_N1 反应）。本实验中，叔丁醇和浓盐酸的反应在室温下就可以顺利完成。反应方程式如下：

$$\underset{\underset{CH_3}{|}}{\overset{\overset{CH_3}{|}}{CH_3-C-OH}} + HCl \longrightarrow \underset{\underset{CH_3}{|}}{\overset{\overset{CH_3}{|}}{CH_3-C-Cl}} + H_2O$$

【仪器与试剂】

圆底烧瓶；量筒；分液漏斗；蒸馏头；温度计套管；温度计；冷凝管；尾接管；水浴。

叔丁醇；浓盐酸；碳酸氢钠溶液（5%）；无水氯化钙；沸石。

【实验步骤】

　　在 100mL 圆底烧瓶中放入 7.4g（9.4mL，0.1mol）叔丁醇（叔丁醇凝固点为 25℃，温度较低时呈固态，需温热熔化后取用）和 25mL 浓盐酸，不断振荡 10～15min 后，转入分液漏斗中，静置，待明显分层后，分出水层。有机层分别用水、5％碳酸氢钠溶液、水各 5mL 洗涤（用 5％碳酸氢钠溶液洗涤时，只需轻轻振荡几下，并注意及时放气）。产品用无水氯化钙干燥后转入蒸馏烧瓶中，加入沸石，接收瓶置于冰水浴中。在水浴上蒸馏，收集 50～51℃ 馏分，计算产率。

　　叔丁基氯（t-butyl chloride，系统名 2-甲基-2-氯丙烷，2-chloro-2-methylpropane，附图 1）**【507-20-0】**：分子量 92.57，熔点 $-25℃$，沸点 50.7℃，$\rho=0.847g/mL$，$n_D^{20}=1.3877$。无色透明液体，难溶于水，能与醇、醚混溶。

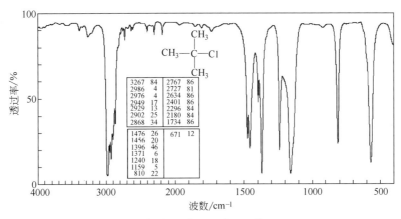

附图 1　叔丁基氯 IR 谱

【思考题】

　　1. 各次洗涤的目的是什么？

　　2. 若碳酸氢钠溶液的浓度过高或振摇的时间过长，会对产物产生什么影响？

　　3. 本实验未反应的叔丁醇如何除去？

实验 83　3-溴环己烯的制备

【实验目的】

　　1. 了解烯烃卤代的游离基反应机理——烯丙基效应。

　　2. 掌握减压蒸馏的仪器安装及操作步骤。

【预习要点】

　　1. 烯烃卤代的游离基反应机理。

　　2. 常压、减压蒸馏和过滤等基本操作。

【实验原理】

　　α-卤代烯烃是一类重要的有机合成原料，含 α-H 的烯烃在卤代时，具有很高的选择性。这是由于 α-氢较活泼，易发生自由基取代反应，即反应是按游离基机理进行。例如丙烯在高温下的氯代主要产物是 α-卤代产物：

$$CH_3-CH=CH_2+Cl_2\xrightarrow{400～500℃}ClCH_2-CH=CH_2+HCl$$

　　上述丙烯的取代反应需在高温下进行，如果在较低温度或适用实验室条件下进行反应，常用 N-溴代丁二酰亚胺（N-bromosuccinimide，NBS）**【128-08-5】** 做溴化剂，它与反应中存在的极少量的酸和水起作用就可产生少量的溴：

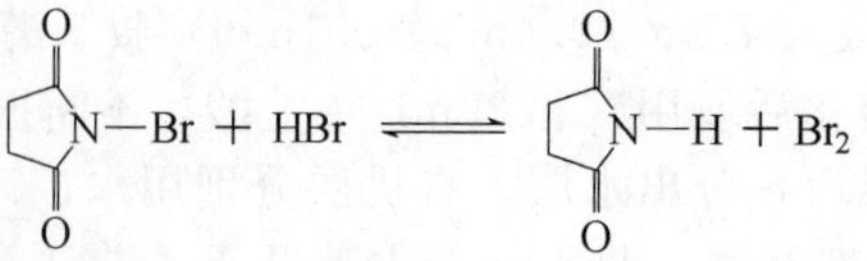

产生的溴在光或引发剂作用下，与烯丙基型及苯甲基型的化合物发生 α-溴代，产生带有双键的卤代烷。

N-溴代丁二酰亚胺作为重要的溴化试剂，其特征在于对不饱和烃类化合物发生 α-位溴代，而双键仍保持不变。反应是通过游离基历程进行的，反应介质为非极性溶剂。极性溶剂将导致发生双键加成或芳烃的环上取代等副反应，即使有少量的强极性介质存在，也对副反应有利。

本实验就是采用 NBS 作溴化试剂，四氯化碳作溶剂，由环己烯溴化制得 3-溴环己烯（3-bromocyclohexene）【1521-51-3】。

反应式：

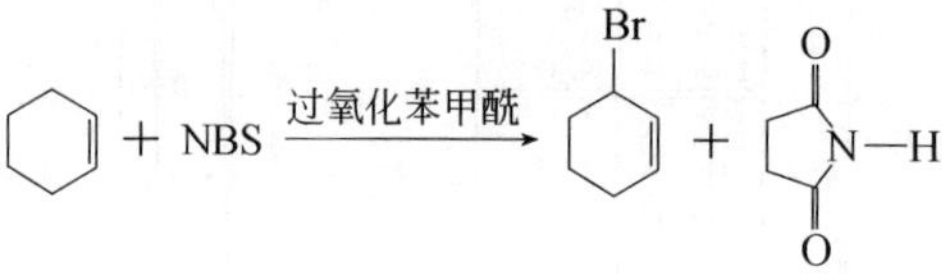

【仪器与试剂】

圆底烧瓶；量筒；回流冷凝管；热源；布氏漏斗；抽滤瓶；常压、减压蒸馏装置。环己烯；NBS；四氯化碳；过氧化苯甲酰。

【实验步骤】

在装有回流冷凝器的 100mL 圆底烧瓶（NBS 易水解，所用的仪器及试剂必须干燥）中，加入 25mL 干燥过的四氯化碳，3.5g（4.3mL，0.043mol）环己烯及 6g（0.034mol）已干燥过的 NBS 及 0.2g 过氧化苯甲酰，摇动混合。用电热套加热回流，反应开始时很剧烈，如果必要可稍冷却，但不能使反应停顿。待有丁二酰亚胺白色沉淀（当 NBS 全部溶解并转化为浮在液面上的丁二酰亚胺时，则表明反应已经结束）生成，反应完毕。瓶中反应物冷却至室温，使沉淀析出完全，过滤。沉淀用 10mL 四氯化碳洗涤，合并滤液和洗液进行蒸馏。先蒸出四氯化碳及未反应的环己烯，然后在减压下蒸馏产物。收集 68～70℃/2.00kPa 或 44～45℃/0.400kPa 的馏分，计算产率。

3-溴环己烯：相对分子质量 161.05，沸点 80～82℃/5.33kPa，$\rho = 1.3890$g/mL，n_D^{20} 1.5230。本品为无色液体，具有令人不愉快的气味，不溶于水，溶于醇、醚、四氯化碳、氯仿，是一种有机合成原料。

【思考题】

1. 试写出该反应的历程。

2. 为什么产生的固体会漂浮在溶液表面？

实验 84 四溴双酚 A 的制备

【实验目的】

1. 了解四溴双酚 A 的性质和用途。

2. 掌握四溴双酚 A 的合成原理和方法。

【预习要点】

 1. 四溴双酚 A 的合成原理和方法。

 2. 液溴使用注意事项。

 3. 尾气处理。

【实验原理】

 四溴双酚 A（tetrabromo bisphenol A）【79-94-7】是具有多种用途的阻燃剂，可作为反应型阻燃剂（即利用四溴双酚 A 的二羟基，通过化学反应或通过嵌段聚合将四溴双酚 A 同高聚物结合），亦可作为添加型阻燃剂。作为添加型阻燃剂可用于抗冲击聚苯乙烯、ABS 树脂、AS 树脂及酚醛树脂等。添加本品在加工成型时需避免超过加工温度范围。一般加工温度范围是 210～220℃。加工温度过高会引起四溴双酚 A 的分解。

 工业和实验室制备四溴双酚 A 都是采用以双酚 A 进行溴化的路线，多采用乙醇或甲醇作溶剂。为充分利用溴，经济的方法是：加入理论量 1/2 的溴，生成的溴化氢（溶在乙醇中）被后期通入的氯气氧化为溴再参与反应。本实验将双酚 A 溶于乙醇，在室温下以理论量的溴进行溴代，反应式如下：

【仪器与试剂】

 四口瓶；温度计；回流冷凝器；机械搅拌；滴液漏斗，布氏漏斗；抽滤瓶；烘箱。双酚（C.P. 或工业品≥96％）；乙醇（95％）；液溴；稀碱液；饱和亚硫酸氢钠。

【实验步骤】

 100mL 四口瓶配有温度计、回流冷凝器（带气体吸收装置）、机械搅拌和滴液漏斗，滴液漏斗（为避免溴蒸气随生成的溴化氢气体逸出，滴液漏斗的下端最好浸入液面以下，同时在滴加溴时应控制滴加速度）。依次加入 11.4g（0.05mol）双酚 A、45mL 95％乙醇，搅拌使其溶解，在 24～26℃，搅拌下滴加 36.5g（0.23mol）液溴，约 1h 加完。继续搅拌反应 1.5h，将反应产生的溴化氢用稀碱液吸收。若反应液中留有红棕色的溴时，可加入适量饱和亚硫酸氢钠溶液使之脱色。冷却结晶，抽滤，滤饼用少量冷水冲洗两次。将滤饼于 80℃干燥，恒重后，称重，计算收率。

 四溴双酚 A：相对分子质量 543.88，白色粉末，熔点 179～181℃。理论溴含量为 58.8％。开始分解温度 240℃，当温度为 295℃时迅速分解。四溴双酚 A 可溶于甲醇、乙醇、冰醋酸、丙酮、苯等有机溶剂中，可溶于氢氧化钠水溶液，但不溶于水。本品无毒。

【思考题】

 1. 该反应中产生的气体是什么？

 2. 反应液发黄是什么原因？

3.2.1.3　醇的制备

 醇类化合物是应用极其广泛的一类化合物，它不但可做溶剂，而且易于通过反应转变为卤代物、烯、醚、醛、酮、羧酸等化合物，所以它是一类重要的有机化工原料。醇的制备方法很多，简单的醇在工业上主要是通过烯烃的催化水合、淀粉发酵等来制备，如甲醇现在主要采取水煤气合成法；乙醇除传统的发酵法（产品主要用于饮料、医药合成外，乙烯水合法可提供更便宜的工业酒精（大量地用作溶剂和有机合成）。但须注意，由于传统的发酵法使用的原料具有可再生性质，因此，采用发酵法进行乙醇的生产具有重要的意义；异丙醇的生产主要采用丙烯水合法，而环氧乙烷加氢法则得到异丙醇和正丙醇的混合物；需求量越来越大的正（异）丁醇和辛醇，主要采用烯和一氧化碳反应得到醛，再催化氢化得到醇。发酵法生产的正丁醇尽管成本稍高，但一则某些医药合成和抗生素发酵后的提取，主要使用发酵法正丁醇或它的乙酸酯；二来同乙醇一样，可再生物质用于发酵的意义十分深远，所以发酵法丁醇在目前及将来的地位还是不可替代的。高级的醇类和某些环烷醇的制备可以用酯、醛、酮、羧酸的还原，如由动植物油脂氢化得到高碳醇。卤代烷的水解是工业上制备戊醇、苄醇、取代酚等的重要方法。但往往因为伴有烯或异构体醇生成，它的应用范围受到限制。格氏（Grignard）试剂常用来制备结构复杂的醇。

实验85　2-甲基-2-己醇的制备

【实验目的】

1. 掌握利用格氏试剂由丙酮来制备 2-甲基-2-己醇。
2. 了解格氏反应在有机合成中的应用及制备方法。
3. 掌握制备格氏试剂的基本操作。

【预习要点】

1. 格氏试剂的制备。
2. 回流、蒸馏、尾气吸收和萃取等基本操作。

【实验原理】

在实验室，常利用格利雅（Grignard）试剂合成一些结构复杂的醇[1]。

$$R—X + Mg \xrightarrow{Et_2O或THF} R—Mg—X \ (X=Cl,Br,I)$$

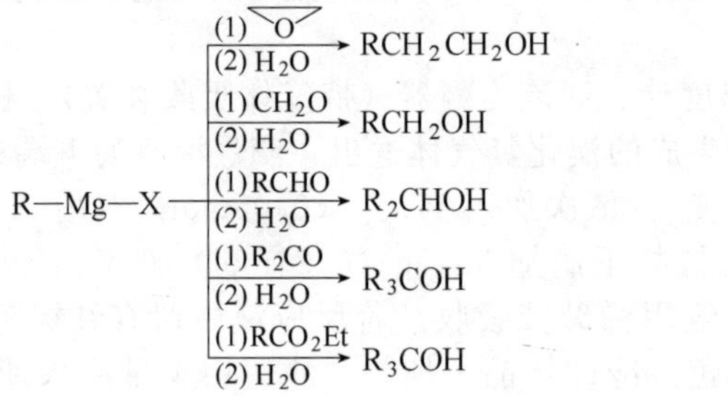

$$R—Mg—X \begin{cases} \xrightarrow[(2)H_2O]{(1)\triangle O} RCH_2CH_2OH \\ \xrightarrow[(2)H_2O]{(1)CH_2O} RCH_2OH \\ \xrightarrow[(2)H_2O]{(1)RCHO} R_2CHOH \\ \xrightarrow[(2)H_2O]{(1)R_2CO} R_3COH \\ \xrightarrow[(2)H_2O]{(1)RCO_2Et} R_3COH \end{cases}$$

Grignard 反应通常为放热反应[2]。一般操作为：先使用少量卤代烷与镁作用，待反应开始后，逐渐加入卤代烷，控制加入速度调节温度。而不活泼的卤烃（如卤代芳烃和卤代烯轻）不易起 Grignard 反应，常需要加热甚至加入少量碘来催化反应。因 Grignard 试剂活性高，不易存放，故随制随用。

Grignard 试剂与羰基物的加成产物水解时，生成碱式卤化镁沉淀，这对产物的分离不利。故常加少量酸中和生成的碱式卤化镁。

通过 Grignard 试剂合成一个醇可以有多种路线，究竟选用哪条路线，视原料是否易得，试剂价格是否昂贵等因素而定。本实验以正丁醇为原料，通过和氢溴酸反应使醇中羟基被溴取代制得正溴丁烷（n-butyl bromide）【109-65-9】，后者与金属镁反应生成相应格利雅试剂，然后与丙酮加成得到 2-甲基-2-己醇（2-Methyl-2-hexanol）【625-23-0】[3]。反应方程式如下：

[1] 韩广旬，樊如霖，李述文编译. 有机制备化学手册（中）. 第1版. 北京：化学工业出版社，1978.
[2] Kamm, Marvel. Org. Syn. Vol. 1，1921，5.
　　Skau, Mcculough. J. Am. Chem. Soc.，1935，57，2440.
[3] Whitman, et al. J. Am. Chem. Soc.，1933，55，362.
　　White R E. J. Org. Chem.，1973，38，3902.

$$CH_3CH_2CH_2CH_2{-}OH \xrightarrow[H_2SO_4]{NaBr} CH_3CH_2CH_2CH_2{-}Br$$

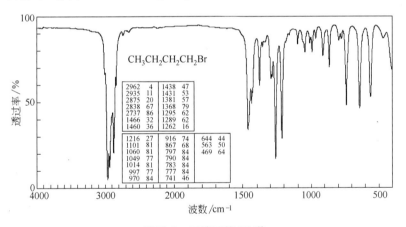

【仪器与试剂】

烧瓶；水浴；热源；回流、蒸馏装置；气体吸收装置；分液漏斗；小漏斗；蒸馏瓶；砂纸；剪刀；冷凝管；干燥管；滴液漏斗；机械搅拌或电磁搅拌。正丁醇；溴化钠；硫酸 (98%)；饱和碳酸氢钠；无水乙醚；镁条；丙酮；普通乙醚；无水 K_2CO_3；碳酸钠溶液 (5%)；沸石；稀碱液；无水氯化钙。

【实验步骤】

1. 正溴丁烷

在 50mL 烧瓶中加 5mL 水，7mL 浓硫酸，水浴冷至室温；依次加入 5.0mL（4g，0.054mol）正丁醇和 6.5g（0.063mol）溴化钠，放入两粒沸石。加热回流（回流管上连气体吸收装置，用水或稀碱液作吸收剂）约 40min。稍冷后改成蒸馏装置（补加一粒沸石），蒸馏至无油珠为止。馏出液按下列步骤纯化：①5mL 水；②5mL 浓硫酸（用干燥的分液漏斗）；③5mL 水；④5mL 饱和碳酸氢钠；⑤5mL 水洗。粗产品用无水氯化钙干燥。将产品在小漏斗上滤入蒸馏瓶中，蒸馏收集 99～103℃馏分。计算收率，测折射率。

正溴丁烷（附图 1）：无色透明液体，相对分子质量 137.02，沸点为 101.6℃，$\rho=$ 1.29g/mL，折射率 n_D^{20} 为 1.4399。不溶于水，易溶于醇、醚，本品是一种有机合成原料。

附图 1　正溴丁烷 IR 谱

2. 2-甲基-2-己醇

将 0.61g（0.025mol）镁条用砂纸擦亮，剪碎放于 50mL 三口瓶中，加 3mL 无水乙醚。装上冷凝管（上口装干燥管）、滴液漏斗和搅拌（机械搅拌或电磁搅拌），滴液漏斗中装 3.4g 正溴丁烷和 8mL 无水乙醚。从漏斗中先加入 1～2mL 混合物。搅拌，待反应开始后（若无反应可预热），渐渐加入剩余的正溴丁烷溶液（怎样判断反应是否开始？）。滴毕，用少量无水乙醚洗涤滴液漏斗。水浴加热回流 15min。此时镁应作用完全。冷却此体系，再在冷却下从滴液漏斗中缓缓加入由 1.8mL（1.45g，0.025mol）丙酮和 2mL 乙醚组成的溶液。加毕，室温搅拌 15min。配制 20mL 10%稀硫酸，在冰水浴冷却和搅拌下将稀硫酸缓缓滴加到反应体系中。分出醚层，水层用 2×5mL 普通乙醚萃取。用 10mL 5%碳酸钠溶液洗涤醚层，然后用无水碳酸钾干燥。滤去干燥剂，水浴上蒸去乙醚（倒入回收瓶），然后直接加热收集 138～141℃的馏分，计算收率，测折光率。

2-甲基-2-己醇（附图2）：无色透明液体，相对分子质量116.20，沸点143℃，折射率n_D^{20}为1.4175，$\rho_{20}=0.119\text{g/mL}$，具有特殊气味，微溶于水，溶于乙醇、乙醚等有机溶剂，本品是一种重要的有机合成中间体。

本实验需14～16h。

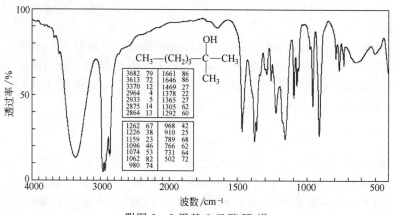

附图2　2-甲基-2-己醇 IR 谱

【思考题】

1. 正溴丁烷

（1）加料时，先使溴化钠与浓硫酸混合，再加正丁醇和水是否可以？

（2）在第一次蒸馏时，怎样判断有机物是否蒸完？

（3）反应后的产物中可能含哪些杂质，各步洗涤的目的何在？用浓硫酸洗涤时，为何要用干燥的分液漏斗？

（4）在分液漏斗中洗涤产物时，经摇动后要放气，应从哪里放气？指向什么方向？

（5）为什么干燥后的粗产物在蒸馏前要把干燥剂除去？哪些情况下可以不除去干燥剂？

（6）为什么回流结束后，改成蒸馏时要补加沸石？

（7）比较正溴丁烷和溴乙烷在制备及纯化方法的异同，说明原因。

2. 2-甲基-2-己醇

（1）做好本实验的关键是什么？

（2）本实验的产品是否能用氯化钙干燥之？为什么？

（3）为什么加酸水解时要在冰水浴冷却下进行？

（4）为什么蒸馏前要滤去干燥剂？

实验86　α-苯乙醇的制备

【实验目的】

1. 掌握α-苯乙醇的制备。

2. 熟悉用硼氢化钠作还原剂还原羰基化合物。

【预习要点】

1. 羰基化合物的还原反应及操作条件。

2. 萃取、常压蒸馏和减压蒸馏等基本操作。

【实验原理】

羰基化合物还原是制备醇的重要方法之一。醛酮的反应活性较高，一般可以使用活性相对比较低的硼氢化钠即可还原。本实验采用苯乙酮为原料，经硼氢化钠还原制备α-苯乙醇或【98-85-1】。反应式如下：

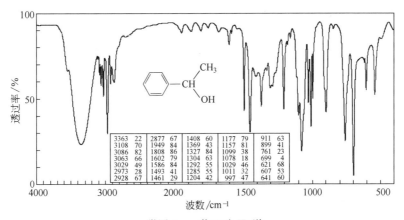

【仪器与试剂】

烧瓶；磁力搅拌或机械搅拌；滴液漏斗；温度计；蒸馏装置；水浴；分液漏斗；减压蒸馏装置。硼氢化钠【16940-66-2】；苯乙酮（由苯乙酮的制备实验产品来）；乙醇（95%）；盐酸；乙醚；无水硫酸镁。

【实验步骤】

将 1g（0.027mol）硼氢化钠溶在 25mL 95% 乙醇中，搅拌下再滴加 8mL（约 8.2g，0.067mol）苯乙酮，控制滴加速度使体系温度不超过 50℃，滴加完毕，室温搅拌 15min，然后慢慢滴加 1∶1 的盐酸（约 6mL）酸化反应混合物。安装蒸馏装置，水浴加热蒸去大部分乙醇，加适量水溶解烧瓶中固体，然后将液体移至分液漏斗中。分出有机层，水层用 2×15mL 乙醚萃取，合并有机层，用无水硫酸镁干燥。

水浴蒸去乙醚后，继续蒸馏收集 201～204℃的馏分，或减压蒸馏收集 102～104℃/2.53 kPa 的馏分，得无色透明液体，称重，计算收率。

α-苯乙醇（附图 1）为无色透明液体，沸点 202℃。

附图 1　α-苯乙醇 IR 谱

【思考题】

原料和产物的沸点非常接近，采用何种简单化学方法可以判断产物的正确性？

实验 87　二苯甲醇的制备

【实验目的】

1. 掌握二苯甲醇的制备。
2. 进一步熟悉硼氢化钠还原羰基化合物。

【预习要点】

1. 羰基化合物的还原。
2. 回流和重结晶等基本操作。

【实验原理】

按照一般的还原方式，使用硼氢化钠可以还原二苯酮而得到二苯甲醇（diphenylmethanol）【91-01-0】，反应方程式如下：

【仪器与试剂】

烧瓶；水浴；磁力搅拌器或机械搅拌；温度计；回流装置；滴液漏斗；布氏漏斗；抽滤瓶；熔点仪。二苯酮（来自于实验 92 二苯甲酮的制备）；乙醇（95％）；硼氢化钠；盐酸（10％）；石油醚或甲醇。

【实验步骤】

将 6.1g（0.034mol）二苯酮温热溶解于 34mL 95％乙醇，冷至室温后，在水浴冷却和搅拌下分批加入 0.6g（0.016mol）硼氢化钠，控制反应温度不超过 40℃。加毕后在室温下继续搅拌 5min，然后用水浴加热回流 20min。冷却至室温，加入 35mL 水，再在继续搅拌下滴加 10％盐酸约 6mL，冷却，抽滤，用水洗涤所得固体，干燥后得产物，测定熔点。产物可用石油醚或甲醇重结晶而进一步提纯。

二苯甲醇（附图 1）为白色固体结晶，熔点为 69℃。能溶于大多数有机溶剂。

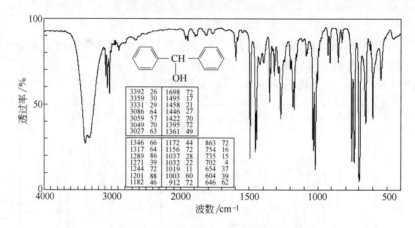

附图 1　二苯甲醇 IR 谱

【思考题】

1. 在反应过程和加盐酸的过程中始终有气体放出，气体是什么物质？
2. 反应结束后，加盐酸的目的是什么？

3.2.1.4　醚的制备

简单的醚主要用作溶剂，如乙醚、丁醚。其制法主要有两种[1]，一是由醇直接催化脱水。本方法适合于制备对称的简单醚。

$$2R-OH \xrightarrow[\triangle]{催化剂} R-O-R+H_2O$$

另一种方法是威廉森（Williamsen）合成法。即由卤烃和醇钠作用，该方法不仅可以制备对称醚，而且可以制备复杂的不对称醚，在醚合成中用途很广泛。

$$R-ONa+R-X \longrightarrow R-O-R$$

实验 88　乙醚和异戊醚的制备

【实验目的】

1. 掌握乙醚的制备。

---

[1]　兰州大学，复旦大学化学系有机化学教研室编. 有机化学实验. 王清廉，沈凤嘉修订. 北京：高等教育出版社，1994.

2. 掌握实验室制备乙醚的原理和方法。

3. 掌握低沸点易燃液体的实验操作要点。

【预习要点】

1. 实验室制备乙醚的原理和方法。

2. 低沸点易燃液体的实验操作要点。

3. 回流、简单蒸馏、水蒸气蒸馏和萃取等基本操作。

【实验原理】

乙醚（diethyl ether）【60-29-7】常用作溶剂，能溶解脂肪、蜡和许多树脂等，如在生产无烟火药，棉胶和照相软片时均用做溶剂，与乙醇混合可溶解硝酸纤维素。乙醚在医药上是重要的麻醉剂。

本实验采用乙醇直接催化脱水制备乙醚。在硫酸的催化下，先将少量乙醇和硫酸混合使之生成硫酸氢乙酯，后者继续加热至约 140℃ 即有乙醚生成，蒸出乙醚和水，同时补加乙醇以使反应顺利完成。这样可减少过量未反应乙醇被蒸出，反应过程如下：

$$CH_3CH_2-OH+H_2SO_4 \xrightarrow{<130℃} CH_3CH_2-O-SO_3H+H_2O$$

$$CH_3CH_2-O-SO_3H+CH_3CH_2OH \xrightleftharpoons{140℃} CH_3CH_2-O-CH_2CH_3+H_2SO_4$$

利用同样的方法可以而且只能由伯醇制备相应的简单醚，如正丁醚【142-96-1】、异戊醚【544-01-4】等。

【仪器与试剂】

1. 乙醚

三口瓶；冷浴；温度计；滴液漏斗；简单蒸馏装置；尾气吸收装置；分液漏斗。乙醇（95%）；硫酸；氢氧化钠（5%）；饱和氯化钠溶液；饱和氯化钙溶液；无水氯化钙；沸石。

2. 异戊醚

圆底烧瓶；分水器；球形冷凝管；水蒸气蒸馏装置；分液漏斗；锥形瓶；简单蒸馏装置（空气冷凝管）。异戊醇；硫酸；无水碳酸钾。

【实验步骤】

1. 乙醚制备

向 50mL 三口瓶中加 8mL 95% 乙醇，冷却下缓缓加 8mL 浓硫酸。摇匀，加入沸石。在三口瓶的三个口上分别装上温度计（插入液体中）、滴液漏斗（下端浸入液面中，为什么？）和简单蒸馏装置。接收瓶用冰浴冷却，尾接管上的支管与橡皮管连接并将尾气导入水槽。加热体系至内温接近 140℃，观察有否液体馏出。从漏斗中滴加剩余的 17mL 乙醇。控制滴加速度与馏出速度大约相等，并控温在 135～145℃ 之间。滴加完毕，缓缓升温，至约 160℃ 反应结束。

馏出液依次用下列溶液洗涤：5mL 5%NaOH；5mL 饱和氯化钠；5mL 饱和氯化钙。粗产品用无水氯化钙干燥，用预先加热的 60℃ 水浴蒸馏❶，收集 33～38℃ 馏分。产品称重；确定收率。

乙醚（附图 1）为易流动无色液体。蒸气能使人失去知觉或死亡；沸点 34.5℃，密度 $\rho_{20}=0.7138g/mL$；折射率 $n_D^{20}=1.3526$，10℃ 时每 100mL 水中可溶解 7g 乙醚，易溶于有机溶剂，极易挥发和燃烧，20℃ 时蒸汽压为 58.8kPa，蒸气密度约是空气密度的 2.5 倍，容易聚集在桌面上或低洼处。当空气中含有 1.85%～36.5% 体积时，遇火即会发生爆炸，故在使用和处理过程中要小心，远离火源。

2. 异戊醚制备

混合 12.5g（0.14mol）新蒸馏的异戊醇（沸点范围 128～132℃）和 0.5mL 浓硫酸于圆

---

❶ 蒸馏开始前要检查装置的气密性（尤其是各个接头处），小心漏气着火。

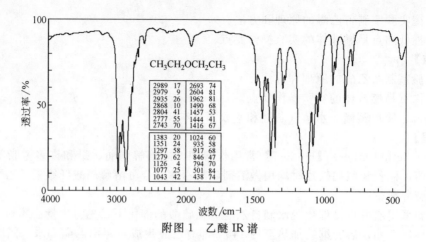

附图 1 乙醚 IR 谱

底烧瓶中；装上分水器和球形冷凝管，回流分水，保持回流约 5h，分水器中分出约 1.2mL 水；将混合物冷却到约 100℃，然后进行水蒸气蒸馏，蒸馏至馏出液澄清；从馏出液中分出有机层，用无水碳酸钾干燥，使用空气冷凝管蒸馏收集 165~172℃ 的馏分，产品称重，确定收率。

纯异戊醚（附图 2）的沸点为 172.5~173℃。

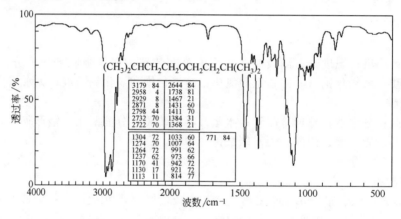

附图 2 异戊醚 IR 谱

【思考题】

1. 乙醚

（1）为什么滴液漏斗下端要插入反应液体内部，若未进入液体内部对实验有何影响？

（2）为什么乙醇和硫酸的混合液被加热到乙醇沸点（78℃）以上时，乙醇也不会被蒸出来？

（3）什么情况下使用滴液漏斗，这里是否可用分液漏斗代替滴液漏斗？

（4）用图示法描述反应原理及产品的纯化过程。

（5）各步洗涤的目的何在？

（6）蒸馏易燃易挥发物质时应注意什么？

（7）蒸馏乙醚时能否用沸水浴加热。蒸馏太快有何不利？

2. 异戊醚

（1）本实验可能有哪些副产物？

（2）本实验可否将异戊醇完全转化成异戊醚？

（3）比较异戊醚和乙醚在制备及纯化方法的异同，说明原因。

实验 89　正丁醚的制备

【实验目的】

1. 掌握由正丁醇制备正丁醚的实验方法。
2. 学习使用分水器的实验操作。

【预习要点】

1. 分水器的使用。
2. 回流、蒸馏和萃取等基本操作。

【实验原理】

仿照制备乙醚的方法，在利用其他伯醇制备醚时，往往有大量未反应的醇被蒸馏出来，造成产率不高。为了提高产率，通常利用恒沸法将生成水带出，未反应的原料返回到反应体系继续反应，从而使反应完全。所以要使用分水器。本实验利用正丁醇制备正丁醚（dibutyl ether）【142-96-1】，反应式如下：

$$CH_3CH_2CH_2CH_2OH \xrightarrow[\triangle]{H_2SO_4} CH_3CH_2CH_2CH_2-O-CH_2CH_2CH_2CH_3$$

【仪器与试剂】

烧瓶；分水器；球形冷凝管；热源；分液漏斗；蒸馏装置。正丁醇；硫酸；氢氧化钠；无水氯化钙。

【实验步骤】

将 15mL（11.5g，0.16mol）正丁醇和 1.5mL 浓硫酸混合于烧瓶中；装上分水器和球形冷凝管，回流分水，直至不再有水析出，此时体系温度约达到 135℃，耗时约 2h。将混合物冷却，然后加 20mL 水，静止分出有机层，依次用水、5％氢氧化钠和水各 15mL 洗涤。用无水氯化钙干燥，蒸馏收集 140～144℃的馏分，产品称重，确定收率。

正丁醚（附图 1）：沸点为 142℃，相对密度 $\rho_{20}=0.7689$；折射率 $n_D^{20}=1.3992$。用作溶剂及用于制漆和再生橡胶工业。不溶于水，可溶于乙醇、乙醚、氯仿等多数有机溶剂。

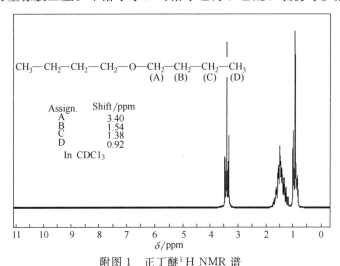

附图 1　正丁醚[1]H NMR 谱

【思考题】

1. 本实验可能有哪些副产物？
2. 本实验可否将正丁醇完全转化成正丁醚？
3. 比较正丁醚和乙醚在制备及纯化方法的异同，说明原因。

实验 90　β-萘甲醚的制备（微波加热法）

【实验目的】

1. 了解微波辐射下有机合成的原理和方法。
2. 掌握微波辐射下 β-萘甲醚的制备。

【预习要点】

1. 微波辐射下有机合成的原理和方法。
2. 萃取、蒸馏和重结晶等基本操作。

【实验原理】

　　β-萘甲醚（2-methoxynaphthalene）【93-04-9】，又名橙花醚，有橙花味。可用做香皂的香料，也用作合成炔诺孕酮和米非司酮等药物的中间体。工业上用 β-萘酚与过量甲醇在硫酸催化下反应，或在加压下作用，或用硫酸二甲酯将 β-萘酚甲基化。无论使用哪种方法，都具有耗时长这一特点，一般需要 3h 左右。微波加热试验则可以大大缩短反应时间。微波加热实验就是使用微波加热反应体系，使反应进行。微波加热实验兴起于 20 世纪末，它具有三个特点：①在大量离子存在时能快速加热；②快速到达反应温度；③具有在分子水平意义上的搅拌，反应耗时短、能耗低而效率高。

　　本试验采用结晶氯化铁作催化剂，用微波加热，从而快速简单的合成 β-萘甲醚。反应方程式为：

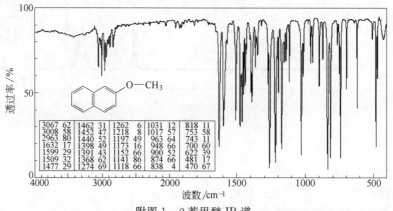

【仪器与试剂】

　　聚四氟乙烯消解罐；微波炉；分液漏斗；水浴；蒸馏装置。β-萘酚；甲醇；水合三氯化铁；NaOH 溶液（10%）；乙醚；无水氯化钙；乙醇。

【实验步骤】

　　将 0.7g（5mmol）β-萘酚、1.10g（34.4mmol）甲醇和 0.089g（0.55mmol）三氯化铁放入聚四氟乙烯消解罐中，旋紧盖子并充分振荡使之溶解，放入微波炉中，用 280W 微波辐射 10min，将消解罐取出冷却至室温，开罐加 5mL 水，用 2×5mL 乙醚萃取，醚层分别用 10% NaOH 溶液和水洗涤，以无水氯化钙干燥，然后在水浴上蒸去乙醚。残留物用乙醇重结晶得产物，计算产率，测定熔点。

　　纯 β-萘甲醚（附图 1）为白色鳞片状结晶，熔点 72℃，沸点 274℃。几乎不溶于水，微溶于醇，溶于氯仿。

附图 1　β-萘甲醚 IR 谱

【思考题】

　　1. 醚层分别用 10% NaOH 溶液和水洗涤什么物质？

　　2. 查阅文献，设计几种制备 β-萘甲醚的合成方案。

3.2.1.5　醛、酮的制备

　　醛、酮羰基很活泼，能和许多亲核试剂加成、能被氧化成酸，还原成醇，所以醛酮是一类极其重要的有机合成原料和中间体。酮的羰基相对醛的羰基而言，较为稳定，加之多数低级酮对大多数有机物有较好的溶解性能，所以常用作溶剂，如丙酮、丁酮等。

　　醛、酮的重要合成方法之一是醇的氧化或脱氢。由于醛羰基对多数氧化剂的不稳定性，氧化法仅适合于制备沸点较低的低级醛，实验室多采用铬酸、硝酸等氧化剂，在工业上则多采取易于规模化、连续化、污染小的催化脱氢法，如伯醇在银、铜催化下的气相氧化脱氢是工业制备甲醛、乙醛等许多醛的简便、经济和清洁的方法。在氯化亚铜或钯（Ⅱ）等过渡金属催化下，伯醇被空气或分子氧氧化成醛，是近几年绿色化学的研究热点。异丙醇、仲丁醇、环己醇在氧化锌等催化下脱氢，得到相应丙酮、丁酮、环己酮。虽然炔的水合反应也可以制备醛或酮，但由于仅乙炔易于得到，所以除用于制备乙醛外，其他很少使用。芳香醛酮在工业上多采用侧链的氧化来制备，常用的氧化剂，如二氧化锰/硫酸，空气等。如：

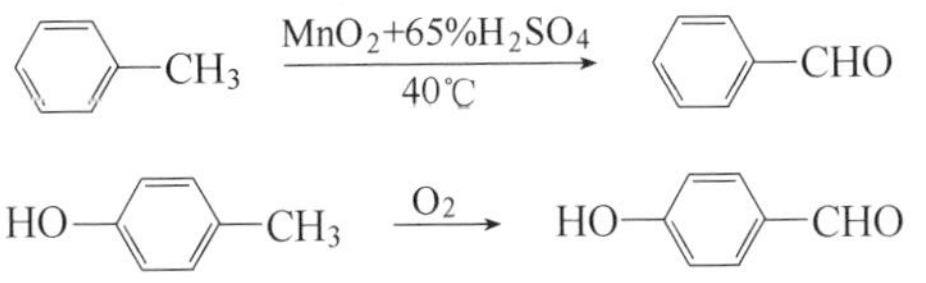

　　在三氯化铝及氯化亚铜或四氯化钛存在下，烷基芳烃可以和 CO 及干燥的 HCl 反应，在芳环上引入—CHO 基生成芳醛（Gattermann-Koch 反应）：

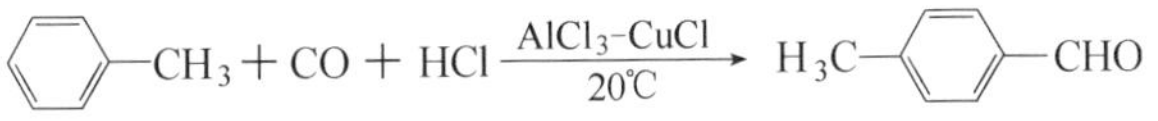

　　此外，醇醛缩合反应是制备 α,β-不饱和醛的重要方法。芳酮的制备，不论在工业和实验室，都以酰氯或酸酐和芳香烃的酰基化反应来实现。

实验 91　苯乙酮的制备

【实验目的】

　　1. 学习用 Friedel-Crafts 酰基化反应制备芳酮的原理。

　　2. 掌握 Friedel-Crafts 酰基化反应的实验操作。

【预习要点】

　　1. Friedel-Crafts 酰基化反应的机理。

　　2. Friedel-Crafts 酰基化反应的实验操作。

　　3. 回流、蒸馏和萃取等基本操作。

【实验原理】

　　芳环的酰化反应叫 Friedel-Crafts 反应。它是在酸催化下，酰氯或酸酐与芳烃发生亲电取代制备芳香酮的反应，所用的催化剂通常为无水三氯化铝，也可使用氯化铁、氯化锌或氯化锡等❶。利用此反应不但可制得一系列芳香酮，也可以烷基化制成烷基苯。在 Friedel-Crafts 反应中，有以下几点需要注意：①所使用芳烃必须有一定活性，若只含有第二类取代基时通常难以反应（如硝基苯可作为 Friedel-Crafts 反应的溶剂）；②当进行烷基化时常伴有

---

　❶　韩广甸，樊如霖，李述文编译. 有机制备化学手册（上）. 第 1 版. 北京：化学工业出版社，1977.

重排产物和多取代产物（烷基有活化能力），为避免或减少多烷基化产物，芳烃用量通常过量几倍到十几倍；③当所用芳烃含有碱性基团时（如氨基等），由于对催化剂的络合作用而使其失活，故较难发生 Fiedel-Crafts 反应；④在用此反应制备酮时，因羰基对催化剂的络合作用，故常需要较多的催化剂。

本实验在无水氯化铝存在下，由乙酸酐与苯反应制得苯乙酮（acetophenone）【98-86-2】❶。反应如下：

$$\text{苯} \xrightarrow[\text{(CH}_3\text{CO)}_2\text{O}]{\text{AlCl}_3} \text{C}_6\text{H}_5\text{COCH}_3$$

苯乙酮能与蒸汽一同挥发，可还原成乙苯或乙基环己烷，用于制香皂等，也用于作纤维素酯的溶剂和塑料的增塑剂。

【仪器与试剂】

三口烧瓶；搅拌器；滴液漏斗；回流冷凝管；氯化钙干燥管；气体吸收装置；研钵；水浴；分液漏斗；圆底烧瓶；直形冷凝管；空气冷凝管。乙酐；无水苯；无水氯化铝；浓盐酸；苯；氢氧化钠；无水硫酸镁。

【实验步骤】

在 100mL 干燥的三口烧瓶上，装搅拌器，滴液漏斗和回流冷凝管，冷凝管上端加一氯化钙干燥管，再与气体吸收装置连接。取 5mL 无水苯及 4mL（4.3g，0.042mol）乙酸酐置于滴液漏斗中，另取 13.3g（0.1mol）无水氯化铝，研碎后放入三口瓶中，再加 20mL 无水苯，在搅拌下从漏斗中慢慢滴加苯和乙酐混合液。滴加完毕，在水浴上加热 30min，然后在冷水浴中冷却。在搅拌下，慢慢从滴液漏斗中加入由 35mL 浓盐酸和 35mL 水组成的溶液，此时固体应完全溶解。分出苯层，水层用 2×10mL 苯萃取，合并苯层。依次用 10mL 5％氢氧化钠和 10mL 水洗涤；然后用无水硫酸镁干燥。滤去干燥剂，用 25mL 圆底烧瓶，在水浴上闪蒸（即置少量溶液于烧瓶，蒸馏头上部装一滴液漏斗，在蒸馏的同时滴加余下的溶液）除苯，然后直接加热蒸去残余苯。蒸完苯后，馏出温度达 140℃时改换空气冷凝管，收集 198～202℃馏分，确定收率。测定折射率。

苯乙酮为无色透明液体，沸点 202℃，凝固点 20.5℃。折射率 $n_D^{20}=1.5372$。密度 $\rho_{20}=1.0281\text{g/cm}^3$。微溶于水，易溶于有机溶剂。

附图 1 和附图 2 分别是苯乙酮的 ^{1}H NMR 谱和 IR 谱。

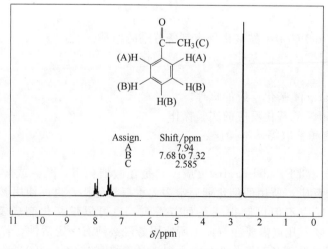

附图 1　苯乙酮 ^{1}H NMR 谱

❶　Vogel A I. Practical Experiments in Org. Chem. London，3rd. ed. 1959，730.

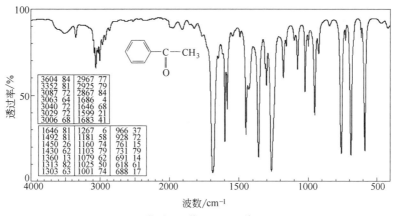

附图 2 苯乙酮 IR 谱

【思考题】

1. 为什么本实验所用仪器必须干燥？水分进入对实验有何影响？
2. 反应完成后为何要加盐酸？
3. 本反应所用苯必须无水，是否萃取所用的苯也要无水？
4. 在烷基化和酰化反应中催化剂用量有何不同，为什么？
5. 为什么要用闪蒸方式？

实验 92 二苯甲酮的制备

【实验目的】

1. 学习用 Friedel-Crafts 酰基化反应制备芳酮的原理。
2. 掌握 Friedel-Crafts 酰基化反应的实验操作。

【预习要点】

1. Friedel-Crafts 酰基化反应的机理。
2. Friedel-Crafts 酰基化反应的实验操作。
3. 回流、常压蒸馏、减压蒸馏、尾气吸收和萃取等基本操作。

【实验原理】

二苯甲酮（diphenyl ketone）【119-61-9】是一种紫外线吸收剂，又是有机颜料、医药、香料、杀虫剂等的合成中间体。其制备方法有多种，工业上使用苯和光气反应，产品纯度高；也可以使用氯化苄与苯（或二氯甲烷与苯）发生 Fridel-Crafts 反应生成二苯甲烷，再经氧化而获得。而在实验室，则使用苯和苯甲酰氯为原料合成二苯甲酮。反应方程式如下：

$$\text{苯甲酰氯} + \text{苯} \xrightarrow{\text{AlCl}_3} \text{二苯甲酮}$$

【仪器与试剂】

三口瓶；搅拌器；温度计；Y 形管；回流冷凝管；滴液漏斗；干燥管；气体吸收装置；研钵；冷浴；热源；分液漏斗；常压、减压蒸馏装置。

苯甲酰氯；无水苯；无水三氯化铝；浓盐酸；氢氧化钠；无水硫酸镁。

【实验步骤】

在干燥的 100mL 三口瓶上安装搅拌器和温度计，另一个口通过 Y 形管装上回流冷凝管和滴液漏斗，回流冷凝管上依次连接干燥管和气体吸收装置。向瓶中加入 15mL 无水苯和

6.7g（0.05mol）研细的无水三氯化铝，向滴液漏斗中加入 5mL 无水苯和 5mL（约 6g，0.043mol）新蒸苯甲酰氯。在不断搅拌和冷水冷却下，慢慢从滴液漏斗中滴加混合液，滴加完毕，缓慢加热体系至 80℃ 左右保温，直到无气体逸出为止，约需 2h。将反应液冷却后，倒入由 40g 碎冰和 15mL 浓盐酸配成的混合液中，分出有机层，依次用水、5％氢氧化钠溶液和水洗涤，用无水硫酸镁干燥。将干燥后的有机层先常压蒸出苯，再减压蒸馏收集 141.7℃/0.67kPa 或 175.8℃/2.67kPa 的馏分，得二苯甲酮，称重，计算产率。

纯二苯甲酮（附图 1）为白色有光泽的菱形结晶，熔点 48.5℃，沸点 305.4℃。具有甜味和玫瑰香味。不溶于水，溶于乙醇、乙醚、氯仿等有机溶剂。

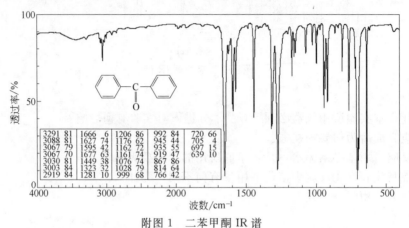

附图 1　二苯甲酮 IR 谱

【思考题】
1. 做好本实验的关键是什么？
2. 用无水三氯化铝催化的烷基化和酰化反应中，催化剂用量有何差别？为什么？

3.2.1.6　羧酸及其衍生物制备

羧酸及其衍生物应用及其广泛，涉及众多的应用领域和人们生活的许多方面。在有机合成上，也是一类重要的原料和中间体。

伯醇或醛的氧化是制备羧酸的常用方法。实验室常用高锰酸钾作氧化剂。而工业上则多采用铂、钯等贵金属作氧化催化剂。但对于甲酸，最有效的工业方法是甲醇和一氧化碳（或氨、一氧化碳）合成甲酸的衍生物甲酸甲酯（或甲酰胺），然后水解得到甲酸。乙酸的合成，工业上主要采用乙烯催化氧化工艺。芳香羧酸的生产，目前主要采用芳烃的侧链催化氧化，除传统的高锰酸钾、重铬酸钾在某些场合下仍用作氧化剂以外，钴盐、锰盐催化氧化是最有发展前途的清洁生产工艺。有应用价值的高碳酸（十二碳酸、十六碳酸、十八碳酸），主要来源于动植物油脂的水解。腈水解制备羧酸是很重要的方法之一，但由于氰基化合物最方便的来源涉及氰化钠，工业上受到环境方面的严重限制，现在仅用于特殊场合。对于结构复杂，或带有多取代基的羧酸的合成，则要视具体情况采用其他合适方法，如格氏试剂法等。

羧酸酯的相对稳定性，使它在许多领域得到应用。甲酸、乙酸的低碳醇酯，广泛用作溶剂。芳酸的高碳醇酯，可用于增塑剂、聚酯纤维、涂料等。制备羧酸酯，特别是简单的酯，最重要的也是最常用的方法就是酸和醇的酯化法，酯化过去多用硫酸作催化剂，现在寻找清洁工艺酯化催化剂。对于位阻大的叔醇的酯，通常用相应的酰氯和醇钠来制备，或叔醇和相应的酸酐反应得到，叔醇和酸直接酯化方法因收率太低而无制备价值。长碳链或多支链羧酸的酯化，由于其活性太低或易异构化，通常也用它们的相应酰氯和醇（或醇钠）来制备。

在手性酯的合成中，一般酸性催化剂或高温易使构型改变，若使用碱性三氧化二铝，或碳酸钾，催化量的二甲基二氯化锡等作催化剂，室温下使酰氯和醇反应，可以高产率地生成酯，且不影响反应底物的构型。

简单酸酐可以在适当脱水剂存在下由相应的羧酸直接加热脱水制备，混合酐则要采取不同的方法和操作，如使用酰氯与羧酸钠反应等来制备苯酐的工业生产则是用萘或邻二甲苯的催化氧化。

工业和实验室，酰胺一般采用相应的酰卤或酸酐同胺（或氨）来制备。酯的氨解也被广泛用于酰胺的合成，氨和非位阻的胺是常用的氨化剂。工业上，某些重要的甲酰胺可方便、经济地以胺与一氧化碳在过渡金属配合物催化和高温高压下反应得到，例如 N,N-二甲基甲酰胺（DMF）、N-丁基甲酰胺等。

工业上酰卤一般由相应的酸同三氯化磷、亚硫酰氯或光气反应制备。

实验 93　己二酸的制备

【实验目的】

1. 通过己二酸的制备，了解氧化法制备羧酸的一般原理和方法。
2. 学习不同氧化剂对醇的氧化。

【预习要点】

1. 不同氧化剂的氧化性能及操作条件。
2. 回流、过滤和洗涤等基本操作。

【实验原理】

己二酸（adipic acid or hexanedioic acid，俗称肥酸）【124-04-9】是一种重要的化工原料，它能与己二胺缩聚成聚酰胺（即尼龙-66）。尼龙-66 是制备合成纤维的原料，也可用于制造增塑剂、润滑剂等。己二酸可以用环己烷（或环己醇或环己酮）为原料经催化下用空气氧化制备，也可由丁二烯或四氢呋喃为原料，经多步反应制成己二腈，然后水解来制备。在实验室可用环己醇为原料，使用氧化剂氧化制备。也有报道采用相转移催化剂。常用氧化剂为硝酸或高锰酸钾。用高锰酸钾氧化环己醇可使反应在较温和条件下达到高产率并缩短反应时间[1]。本实验以环己醇为原料，通过用不同氧化剂在不同条件下氧化制取己二酸。并根据实验结果比较这些方法的优缺点。

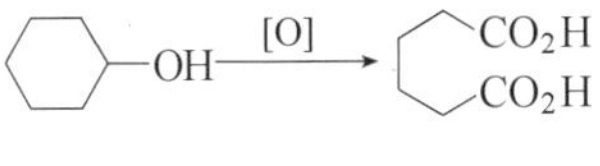

【仪器与试剂】

三口瓶；温度计；滴液漏斗；气体吸收装置；磁力搅拌器；布氏漏斗；抽滤瓶；烧杯；水浴锅。

环己醇；硝酸(60%)；硫酸(5%)；高锰酸钾；氢氧化钠(10%)；浓盐酸；亚硫酸氢钠。

【实验步骤】

1. 用硝酸氧化环己醇

在 50mL 三口瓶中加入 5mL 水和 5mL 浓硝酸，装温度计，滴液漏斗和气体吸收装置。磁力搅拌器搅拌下加热体系至 80℃，滴加 2.1mL（2g，0.02mol）环己醇；温度维持在 85℃[2]。加毕在 85～90℃下保温 15min。冷却，过滤，用 3mL 冰水洗涤晶体，干燥。确定收率。

2. 酸性条件下用 $KMnO_4$ 氧化环己醇

---

❶ Ellis, Org. Synth. Coll. Vol. I，1941，18.
　Feagen C. J. Am. Chem. Soc.，1940，62，869.
　吴建一，王康成，嘉兴. 高等专科学校学报，2000，第一期.
❷ 注意滴加速度，防止剧烈反应而冲料。

在 400mL 烧杯中加 50mL 5％的硫酸，6g KMnO$_4$，搅拌下加入 2.1mL（2g，0.02mol）环己醇，维持温度在 43～47℃❶。当温度降到 42℃以下时，在沸水浴上加热 10min。若体系仍显紫色，可加少量亚硫酸氢钠除去过量 KMnO$_4$。趁热抽滤，母液浓缩至约 10mL 时，冷却使结晶。抽滤，用冷水洗涤结晶，干燥，确定收率。

3. 碱性条件下用 KMnO$_4$ 氧化环己醇

搅拌下向 50mL 10％氢氧化钠和 6g KMnO$_4$ 混合液中加 2.1mL（2g，0.02mol）环己醇，保温 45℃左右❷。加毕，当温度降至 42℃以下时，沸水浴上加热 10min。趁热抽滤，母液冷却后，加 4mL 浓盐酸酸化。浓缩体系体积至约 10mL，分出己二酸，确定收率。

己二酸（附图1）：白色结晶，熔点为 152℃，沸点 330.5℃（分解），微溶于水，溶于醇和乙醚。

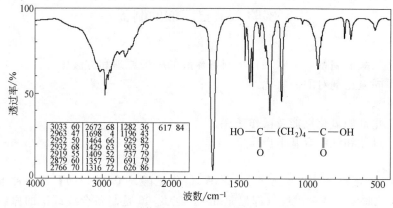

附图1 己二酸 IR 谱

【思考题】

1. 试配平下列反应。

（1）$C_6H_{11}OH + HNO_3 \longrightarrow HO_2C(CH_2)_4CO_2H + NO_2 + H_2O$

（2）$C_6H_{11}OH + KMnO_4 + H_2SO_4 \longrightarrow HO_2C(CH_2)_4CO_2H + MnO_2 + H_2O + K_2SO_4$

（3）$C_6H_{11}OH + KMnO_4 \longrightarrow -O_2C(CH_2)_4CO_2 - + H_2O$

2. 从下列方面比较三种制法的结果：

①己二酸的外观；②熔点；③产率；④相对成本；⑤对环境的污染。

3. 若要你制取 50g 己二酸，你将使用何种方法？提出理由，你是否想做些改进？

4. 怎样在布氏漏斗上洗涤晶体？

实验94 乙酸乙酯和乙酸异戊酯的制备

【实验目的】

1. 掌握乙酸乙酯和乙酸异戊酯的制备。

2. 学习酯化反应的基本原理和制备方法。

3. 掌握分液操作。

【预习要点】

1. 酯化反应的基本原理和制备方法。

2. 分液、萃取和洗涤等基本操作。

---

❶ 注意滴加速度，防止剧烈反应而冲料。

❷ 注意滴加速度，防止剧烈反应而冲料。

【实验原理】

酯化反应是羧酸和醇在无机酸（如硫酸）催化下制备羧酸酯的反应。酯化反应是可逆的，为使反应向生成产物方向进行，通常增加羧酸或醇的比例，并使产物从反应体系中分出。需要哪种原料过量，则取决于某原料是否易得和操作是否方便等因素。本实验首先采用乙醇和乙酸反应制备乙酸乙酯，乙醇较乙酸价格便宜，故用量较多。并利用产物中酯和水形成较低沸点（70.4℃）的恒沸物（组成为91.9％酯、8.1％水），在产物生成后立即蒸出使反应完成。反应如下：

$$CH_3CO_2H + C_2H_5OH \xrightleftharpoons[\quad]{H_2SO_4} CH_3CO_2C_2H_5 + H_2O$$

乙酸乙酯（ethyl acetate）【141-78-6】是一种重要的溶剂，用作清漆稀释剂和溶解人造革、硝化纤维等，也是制造染料、药物、香料等的原料。工业上可在乙醇铝催化剂及氯化锌、少量氯化汞等助催化剂存在下直接由乙醛得到乙酸乙酯❶，大多使用乙酸和乙醇在硫酸催化下间歇或连续工艺制备❷。近来有不少报道使用杂多酸代替硫酸做催化的酯化反应❸以及由微波加热的酯化反应❹的报道。

本实验还通过制备乙酸异戊酯（Isoamyl acetate）【123-92-2】，设置了分组实验：采用不同的反应条件制备乙酸异戊酯，从而了解酸的催化作用及产物的分离对平衡的影响。

$$CH_3CO_2H + CH_3\underset{\overset{|}{CH_3}}{C}HCH_2CH_2OH \xrightleftharpoons[H_2SO_4]{\quad} CH_3CO_2CH_2CH_2\underset{\overset{|}{CH_3}}{C}HCH_3 + H_2O$$

分组实验为每四个学生一组，每人实验时都必须细心操作，否则实验数据将不充分或不可靠。

【仪器与试剂】

1. 乙酸乙酯

三口烧瓶；温度计；滴液漏斗；蒸馏装置；热源；分液漏斗；水浴。

乙酸；乙醇（95％）；浓硫酸；饱和碳酸钠；饱和食盐水；饱和氯化钙；无水硫酸镁。

2. 乙酸异戊酯

烧瓶；回流装置；分液漏斗；分馏柱；蒸馏装置；分水器。

乙酸；异戊醇；浓硫酸；饱和碳酸钠；苯。

【实验步骤】

1. 乙酸乙酯制备

在50mL三口烧瓶中，加6mL 95％乙醇和6mL浓硫酸，摇匀。三个口上分别装上温度计（伸进液面）、滴液漏斗（下端浸入液面）和蒸馏装置；从滴液漏斗中滴加由6mL乙醇和6mL乙酸组成的溶液约3～4mL，加热体系使升温到115℃左右，此时应有液体蒸出❺。保持温度110～120℃，滴加余下的混合液，使滴加速度与馏出速度大致相等。加毕，继续加热蒸馏至体系温度升高到130℃时，停止加热。向馏出液中慢慢加入饱和碳酸钠溶液，使体系呈中性。将中和后的液体转入分液漏斗中，充分振摇并注意放气，静止分层，分出水相；酯层用5mL饱和食盐水及2×5mL饱和氯化钙洗涤。然后用无水硫酸镁干燥。滤出干燥剂，水浴蒸馏，收集73～78℃馏分。确定收率，测定折射率。

---

❶ 现如今工业大规模乙酸乙酯的制造是基于所谓齐申科反应（Tischenko reaction）。该反应的实质是歧化反应。两分子乙醛在三氯化铝、氯化汞或氯化锌存在下，生成乙酸乙酯。三氯化铝在系统中的真正存在形式为乙醇铝和乙酸铝，Hg(Ⅱ)为助催化剂。$RCHO + R'CHO \longrightarrow RCOOCH_2R' + R'COOCH_2R$

❷ Mehrotra R C. J. Indian Chem. Soc., 1962, 24, 851.

❸ 王恩波等. 石油化工, 1981, 14 (10): 615.

❹ 植中强等. 化学工程师, 2002, 2, 34.

❺ 只有生成的酯充满烧瓶并过量时才会有液体蒸出，否则应再加一些混合液。

乙酸乙酯（又名醋酸乙酯，附图 1）为无色液体，有果香味。密度 $\rho_{20} = 0.9005\text{g/mL}$，折射率 $n_D^{20} = 1.3723$，沸点为 77.1℃。易燃，微溶于水，溶于乙醇、乙醚、氯仿和苯等有机溶剂。其蒸汽与空气形成爆炸性混合物，爆炸极限为 2.2%～11.2%（体积分数）。

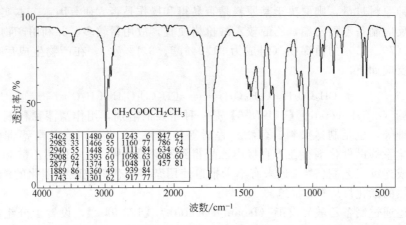

附图 1　乙酸乙酯 IR 谱

2. 乙酸异戊酯制备（附图 2）

配比　　第一号：乙酸 0.1mol、异戊醇 0.1mol、硫酸 5 滴。

　　　　第二号：乙酸 0.1mol、异戊醇 0.1mol、硫酸不用。

　　　　第三号：乙酸 0.12mol、异戊醇 0.1mol、硫酸 5 滴。

　　　　第四号：乙酸 0.12mol、异戊醇 0.1mol、硫酸 5 滴、苯 10mL。

第一～三号操作　在 50mL 烧瓶中加入各原料，回流 30min。冷却后，用 2×5mL 水洗，5mL 饱和碳酸钠洗，5mL 水洗。加入 5mL 苯于有机层中，用分馏法蒸馏该混合液，收集 140～146℃馏分，得乙酸异戊酯。确定收率。

第四号操作　用分水法（使用分水器）使反应不再出水为止，残液和苯混合。冷却后，用 2×5mL 水洗，5mL 饱和碳酸钠洗，5mL 水洗。加入 5mL 苯于有机层中，用分馏法蒸馏该混合液，收集 140～146℃馏分，得乙酸异戊酯。确定收率。在分出的水中加一小粒碳酸氢钠，有何现象？解释之。

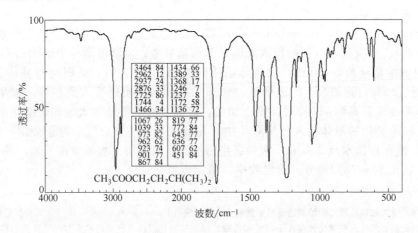

附图 2　乙酸异戊酯 IR 谱

【思考题】

1. 本实验有哪些副反应？

2. 为什么乙酸乙酯的制备反应要控制在 110～120℃，而最后升至 130℃？能否在 130℃

下使反应进行？

3. 在分液漏斗中分层时，怎样判断水层是在上层还是下层？

4. 苯甲酸乙酯的沸点为 213℃，能否采用乙酸乙酯的制备方法合成之？为什么？

5. 试根据实验结果讨论制备乙酸异戊酯的最佳条件？

6. 粗略估计各实验条件下的乙酸异戊酯的制备反应的平衡常数。

实验 95　综合实验——乙酰水杨酸的制备及含量测定

【实验目的】

1. 学习阿司匹林制备的实验方法及其实验原理。

2. 掌握一种中和容量法测定有机物含量的方法。

【预习要点】

1. 酚羟基的鉴别。

2. 回流和萃取等基本操作。

3. 酸碱容量法有关内容。

【实验原理】

乙酰水杨酸（又叫阿司匹林，aspirin）【50-78-2】，是治疗感冒的良药。最早水杨酸是从柳树（旧称水杨树）皮中提取的，故也有称其为柳酸的。人们很早就注意到水杨酸的止痛、退热和抗炎作用，但由于其对肠胃的刺激性大，因此最后改良成了乙酰水杨酸。直到目前，乙酰水杨酸仍然是一个很好的解热镇痛药，小剂量的阿司匹林还有软化血管的作用，甚至试用于抗癌。乙酰水杨酸由水杨酸和乙酸酐反应得到[1]，反应如下：

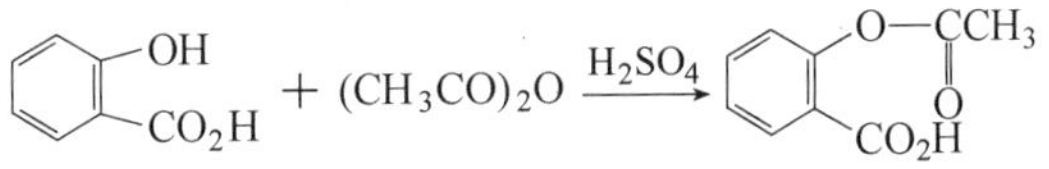

利用乙酰水杨酸所呈现的酸性，利用标准碱溶液滴定产品的纯度。

【仪器与试剂】

烧瓶；冷凝管；干燥管；水浴；搅拌器；布氏漏斗；抽滤瓶；试管。水杨酸【69-72-7】；乙酸酐；浓硫酸；三氯化铁溶液（20g/L）；碳酸氢钠溶液；盐酸；乙醇；石油醚。NaOH 标准溶液（0.1mol/L）[2]；酚酞（PP）指示剂：0.2%乙醇溶液。

【实验步骤】

1. 乙酰水杨酸的合成

取 1.4g（约 0.01mol）水杨酸和 1.1g（0.011mol）乙酸酐混合于烧瓶中，加两滴浓硫酸，搅匀。装上冷凝管和干燥管，搅拌下 90℃ 水浴加热 15min[3]。趁热将反应物倒入 50mL 水中，冷却，抽滤得白色固体。粗产物可用饱和碳酸氢钠溶解，过滤，再用（2+1）盐酸酸化，过滤；粗产物还可用乙醇-水（或 40～60℃ 石油醚）重结晶。测定熔点。干燥称重，计算收率。

乙酰水杨酸（附图 1）为白色固体，熔点为 138℃。

2. 产品的定性检验

取少许乙酰水杨酸产品，加入约 4mL 水和 2 滴 FeCl₃ 溶液，振摇并记录溶液颜色的变化。随后在沸水浴中放置 1～2min，记录颜色变化，写出产物在沸水浴中水解的化学反应式

---

❶ 周宁怀，王德琳主编. 微型有机化学实验. 北京：科学出版社，2000.

❷ 若时间允许，建议此溶液由同学自行配制并标定，基准物可选用邻苯二甲酸氢钾。

❸ 温度不能过高，否则副产物增加，产物可能呈油状。

并简要叙述其颜色变化理由。

3. 乙酰水杨酸的纯度分析

用减量法准确称取乙酰水杨酸约 0.25g 于 250mL 锥形瓶中，加入 25mL 95％乙醇（已调至对酚酞指示剂呈中性），摇动使其溶解。再向其中加入适量酚酞指示剂，用标准 NaOH 溶液滴定至出现微红色，30s 不变色即为终点（在不断摇动下较快地进行滴定）。记录所消耗 NaOH 溶液的体积。平行测定三份。

根据所消耗 NaOH 溶液的体积，分别计算乙酰水杨酸的质量分数（％）、平均质量分数。

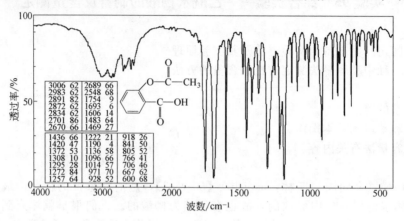

附图 1　乙酰水杨酸 IR 谱

【思考题】

1. 此反应可能有哪些副产物？副产物是怎样除去的？

2. 滴定时，作为溶剂的乙醇为何要预先用碱中和至对酚酞指示剂呈中性？怎么操作？

实验 96　富马酸及其二甲酯

【实验目的】

掌握富马酸及其二甲酯的制备原理和方法。

【预习要点】

1. 富马酸及其二甲酯的制备原理和方法。

2. 抽滤和回流等基本操作。

【实验原理】

富马酸或称延胡素酸（fumaric acid，系统名为反丁烯二酸，*trans*-butanedioic acid）【110-17-8】是一种天然产物，存在于某些水果和蔬菜中，它是二元酸，$pK_{a_1} = 3.02$，$pK_{a_2} = 4.38$，呈白色粉末状结晶，稍溶于冷水，溶于热水、乙醇，微溶于醚和苯。加热到 230℃时即失水生成顺丁烯二酸酐。富马酸主要用作合成树脂和松香脂，并具有一定的杀菌作用和良好的酸味，故又用作食品添加剂（如在果汁、果冻中作酸味剂）。

富马酸可由糖蜜发酵❶或由糠醛氧化❷而得，也可由顺丁烯二酸异构化而来❸。本实验以顺丁烯二酸酐为原料，在温水中使顺丁烯二酸酐水解生成顺丁烯二酸。后者在催化剂存

❶ Foster and Walesman. J. Amer. Chem. Soc.，1936，61，127.

❷ Milas M A. Org. Synth. Coll. Vol. Ⅱ，1943，302.

❸ Weiss，Downs. J. Amer. Chem. Soc.，1922，44，1119.

　　钟国清. 化学世界，1995，12.

　　俞善信，俞冠源. 湖南师范大学自然科学学报，1994，3.

下经异构化生成反丁烯二酸。该异构化可以在光照下用溴作催化剂来完成，或采用硫脲催化并温热至 70～80℃下使异构化，也可以在浓盐酸中温热使反应进行。

以硫酸为催化剂，在过量甲醇中可以使富马酸甲酯化得到富马酸二甲酯（dimethyl fumarate）【624-49-7】。

富马酸二甲酯，常温下为白色粉末状结晶，易升华。易溶于氯仿，微溶于水，难溶于冷的甲醇、乙醇或乙醚中。富马酸二甲酯有很高的杀菌活性，毒性较小，是一种高效、低毒、广谱的抗菌杀菌剂。

本实验的反应方程式如下：

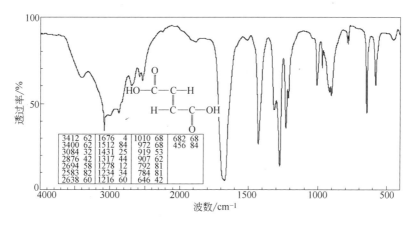

【仪器与试剂】

锥形瓶；水浴；搅拌器；布氏漏斗；抽滤瓶；烘箱；熔点仪；梨形烧瓶；回流装置。

顺丁烯二酸酐；硫脲（催化量）；广泛 pH 试纸；甲醇；浓硫酸（约 10 滴）；沸石。

【实验步骤】

1. 富马酸

取 2.0g（0.02mol）马来酐（顺丁烯二酸酐）于 25mL 的小锥形瓶中，加 15mL 水温热使溶。取 0.05g 硫脲加到上述体系中，在 80℃ 水浴上搅拌 1h❶。冷却体系到室温后，抽滤得白色固体。烘干（或晾干）称重，计算收率。产品用于富马酸二甲酯的制备（产品熔点太高，不宜使用石蜡或硫酸浴测定，但可使用显微熔点仪测定）。用广泛试纸测量母液的酸性，再取微量产品，溶于少量水中测量溶液的酸性。

富马酸（附图 1）呈白色粉末状结晶，熔点 299～300℃。

附图 1　富马酸 IR 谱

2. 富马酸二甲酯

取富马酸 1.5g，甲醇 10mL（8g，0.25mol），及 10 滴硫酸于 25mL 梨形烧瓶中，放 2 粒沸石；加热回流 2h，然后自然冷却结晶；抽滤，少量甲醇洗涤，晾干、称重，计算收率。测定产品熔点。

富马酸二甲酯（附图 2），熔点 103～104℃，沸点 192℃，易升华。

---

❶　温度在 75℃ 左右时，将有产物在反应过程中析出，若温度稍高，将看不到产物析出。

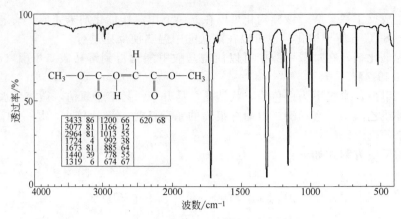

附图 2　富马酸二甲酯 IR 谱

【思考题】

1. 为什么顺丁烯二酸在水中的溶解度很大而反丁烯二酸在水中溶解度则较小？

2. 本实验也可在光照下用少量溴催化而完成，它与用硫脲催化的历程是否相同？请推测其反应历程。

3. 马来酸的 $pK_{a_1} = 1.92$，$pK_{a_2} = 6.23$，而富马酸 $pK_{a_1} = 3.02$，$pK_{a_2} = 4.38$，解释为什么马来酸的 ΔpK_a（$pK_{a_2} - pK_{a_1}$）大于富马酸的 ΔpK_a。

4. 酯的制法有哪些，请列出两种方法？

5. 请写出在酸性条件下，酯化反应的机理（用通式表示）。

3.2.1.7　芳香含氮化合物

含氮芳香化合物的种类很多，芳香硝基和芳香氨基化合物是重要的两类氮原子直接与苯环相连的含氮芳香化合物。

芳香族硝基化合物一般是由芳香族化合物通过硝化反应来制备的，最常用的硝化剂是浓硝酸和浓硫酸的混合酸，俗称为混酸。在硝化反应中，根据被硝化物质结构的不同，所需用的混酸浓度和反应温度也各不相同。对于较难发生硝化反应的底物，一般需要用发烟硝酸和发烟硫酸作硝化剂，并且要提高反应温度。例如从硝基苯制备间二硝基苯，除了要使用发烟硝酸和浓硫酸作硝化剂外，反应温度需升高到 $95 \sim 100\,℃$，并且还需延长反应时间。硝化反应是强放热反应，因此，要严格控制好反应温度和加料速度，并且要采用良好的搅拌或做充分的振荡。

芳香氨基化合物多用作中间体原料。从芳香族硝基化合物还原是制备芳胺最常用的方法。传统的铁粉/无机酸还原法，由于环境污染的问题，已被国家明令禁止工作使用。许多硫化物，如 $Na_2S_2O_4$、$(NH_4)_2S$、Na_2S 等也常用于硝基化合物的还原，它对某些多硝基化合物显示选择性还原的特点，而且环境污染问题也小于铁粉法。硝基化合物的催化氢化，在成本和清洁生产上均显示出明显优点。常用的催化剂有活性镍、钯等。近几年出现不少新的催化剂，如铑-二氧化硅/四丁基锡，可使催化氢化条件更趋缓和。但实验室合成芳胺，铁粉还原法仍然是一个常用方法。

实验 97　硝　基　苯

【实验目的】

1. 掌握硝基苯的制备。

2. 学习芳香烃硝化的基本原理。

3. 掌握搅拌装置的安装及使用。

【预习要点】

1. 芳香烃硝化的基本原理。

2. 回流、蒸馏、洗涤和搅拌等基本操作。

【实验原理】

硝化反应是芳香族化合物的亲电取代反应之一，在合成上具有重要意义。反应中硝基取代芳环上的氢原子而得到芳香硝基化合物，以苯的硝化为例，其过程是硝酸与硫酸作用生成硝基正离子 NO_2^+，接着 NO_2^+ 作为亲电试剂进攻苯环，然后苯环失去质子而得到硝基苯（nitrobenzene）【98-95-3】。浓硫酸的存在有助于硝基正离子的生成，并且可以提高反应速度。反应式如下：

$$\text{（苯）} \xrightarrow[\text{H}_2\text{SO}_4]{\text{HNO}_3} \text{（）}-\text{NO}_2$$

【仪器与试剂】

烧瓶；搅拌器；水浴；三口瓶；温度计、滴液漏斗；导气管；回流冷凝管；滴液漏斗；分液漏斗，蒸馏装置。

浓硫酸；浓硝酸；苯；氢氧化钠（10％）；无水氯化钙。

【实验步骤】

搅拌下，向 20mL（约 35.3g，0.36mol）冰水浴冷却的浓硫酸中慢慢加入 14.5mL（20.35g，0.21mol）浓硝酸，冷却备用。

在干燥的三口瓶上装上温度计、滴液漏斗和带导气管的回流冷凝管，导气管用橡皮管引入水槽。在三口瓶内加 17.7mL（约 15.6g，0.2mol）苯，磁力搅拌器搅拌下，将上述混合酸从滴液漏斗中加入，维持反应温度在 40～50℃，滴完后，在 60℃左右的水浴中继续搅拌加热 0.5h。反应液冷却至室温后倒入 100mL 水中，分去酸液，有机层依次用水、10％氢氧化钠及水各 15mL 洗涤，用无水氯化钙干燥，蒸馏收集 208～210℃的馏分，得硝基苯。计算产率。

硝基苯（附图 1）为黄色透明液体，有毒性，沸点 210.8℃，折射率 $n_D^{20}=1.5562$。

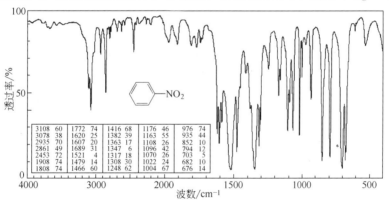

附图 1　硝基苯 IR 谱

【思考题】

1. 为什么本实验要控制反应温度在 40～50℃，温度高将产生什么结果？

2. 硝化反应结束后，为什么要把反应液倒入大量水中？

3. 硝基苯粗产物依次用水、10％氢氧化钠和水洗涤的目的何在？

实验 98　2-硝基雷锁辛

【实验目的】

1. 掌握 2-硝基雷锁辛的制备。

2. 学习芳香烃磺化、硝化的基本原理。

3. 掌握水蒸气蒸馏的操作与应用。

【预习要点】

1. 芳香烃磺化、硝化的基本原理。

2. 水蒸气蒸馏的操作与应用。

【实验原理】

苯环上的取代反应之一是亲电取代。通过亲电取代可以在苯环上引入不同的取代基（卤素、硝基、磺酸基、烷基和酰基等）。硝化是在苯环上引入硝基的反应，通常使用混酸硝化。如果苯环上有活化基，硝化反应很容易在低温下进行，而且硝基主要进入原取代基的邻位或对位。但是，在通过间苯二酚硝化制备 2-硝基-1,3-苯二酚（2-nitro-1,3-benzenediol，2-硝基雷锁辛，2-nitroresocin）**【601-89-8】**❶ 时，由于两个羟基的空间位阻，硝基难以进入 2-位。为此，在 2-硝基雷锁辛制备中，先利用磺化反应的可逆性，以间苯二酚与浓硫酸作用，两个较易被取代位置上因磺酸基的引入得到保护（同时增加苯环的稳定性），然后直接用混酸进行硝化，使硝基进入较不易反应的位置；最后，在稀酸中水解脱去磺酸基而得产品。反应为"一锅煮"，不必分离中间体，反应式如下：

$$\text{（反应式见图）}$$

【仪器与试剂】

三口瓶；搅拌器；水浴；烧杯；滴液漏斗（或滴管）；水蒸气蒸馏装置；布氏漏斗；抽滤瓶。

间苯二酚；浓硝酸（70%～72%）；浓硫酸；食盐；乙醇；活性炭。

【实验步骤】

在 250mL 三口瓶中加入 26.0g（0.236mol）间苯二酚，搅拌下缓缓加入 9.3mL 浓硫酸，体系放热。用温水浴加热体系使内温升至约 65℃后，移去水浴。搅拌 15min，体系温度将自然降低，磺化即告完成。将 2.1mL 浓硫酸和 1.5mL 浓硝酸混配（注意混合次序），冰浴冷却待用。用冰盐浴冷却使体系降温至 10℃以下。搅拌下，通过滴液漏斗（或用滴管）将混酸慢慢加到磺化混合液中。控制加入速度，使内温不超过 20℃。加毕，室温下搅拌

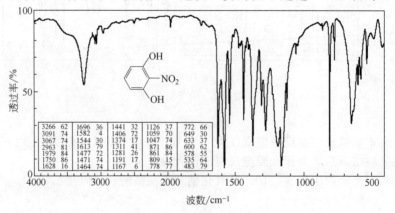

3266	62	1696	36	1441	32	1126	37	772	66
3091	74	1582	4	1406	72	1059	70	649	30
3067	74	1544	30	1374	17	1047	74	633	37
2963	81	1613	79	1311	41	871	86	600	62
1979	84	1477	72	1281	26	861	84	578	55
1750	86	1471	74	1191	17	809	15	535	64
1628	16	1464	74	1167	6	778	77	483	79

附图 1　2-硝基雷锁辛 IR 谱

---

❶ Carpenter M S, et al. J. Org. Chem., 1951, 16, 586.

15min，慢慢加入 10g 碎冰，硝化结束。安装水蒸气蒸馏装置，进行水蒸气蒸馏❶，调节冷凝水流速以防冷凝管堵塞。馏出液用冰水冷却后，抽滤，得粗品，称重。粗品用乙醇-水重结晶，可加适量活性炭脱色（注意乙醇和水的比例）。产品干燥、称重、测定熔点，计算收率。

2-硝基雷锁辛（2-硝基-1,3-苯二酚，附图 1）为橘红色棱晶状物质（从乙醇-水中重结晶）。熔点 85℃，能与水蒸气一同挥发。

【思考题】

1. 在本实验中硝酸用量过多有何影响？
2. 写出酸性条件下苯磺酸脱去磺酸基的反应历程（已知磺化反应为 σ-配合物历程）？
3. 举例说明保护基在有机合成中的应用？

实验 99 苯 胺

【实验目的】

1. 学习硝基还原为氨基的基本原理。
2. 掌握铁粉还原法制备苯胺的实验步骤。

【预习要点】

1. 硝基还原为氨基的基本原理。
2. 铁粉还原法制备苯胺的实验步骤。
3. 硝基苯与苯胺的毒性及实验注意事项。
4. 回流、蒸馏、水蒸气蒸馏、萃取和洗涤等基本操作。

【实验原理】

将芳香族硝基化合物还原是制取芳香族胺的一种重要方法。还原的方法很多，常见的有：催化加氢和用金属还原。催化加氢具有绿色化学的特点，不仅不污染环境，而且成本低，经济效益显著，是工业应用的主要方法。但催化加氢需要高压装置，因此在实验室中还常用金属在酸性条件下还原，如铁、锡、锌等加醋酸或盐酸。本实验采用铁粉做还原剂，在酸性环境中将硝基苯还原成苯胺（aniline）【62-53-3】。反应如下：

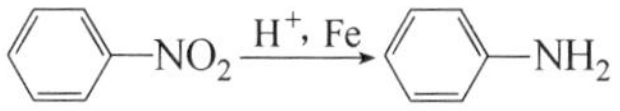

【仪器与试剂】

三口烧瓶；搅拌器；回流装置；热源；水蒸气蒸馏；分液漏斗；水浴；蒸馏装置；空气冷凝管。

硝基苯（来自实验 97）；还原铁粉；冰醋酸；乙醇（95%）；碳酸钠；食盐；乙醚；氢氧化钠。

【实验步骤】

加 2.0g（0.036mol）还原铁粉、20mL 水和 1mL 冰醋酸于 250ml 三口烧瓶中，安装搅拌器和回流装置，缓缓加热使微沸约 5min，使铁粉活化。稍冷后加入 10.5mL（12.5g，0.1mol）硝基苯，再缓缓加热使微沸，继续搅拌回流约 1h，直到回流液中黄色油状物消失而转变成乳白色油珠时为止；冷却，搅拌下加入碳酸钠至反应体系呈碱性；改回流装置成水蒸气蒸馏，进行水蒸气蒸馏直到馏出液澄清。馏出液用食盐饱和，分出有机层，水层用 2×20mL 乙醚提取，合并有机层与乙醚提取液，用固体氢氧化钠干燥。干燥好的有机层先在水浴上蒸去乙醚，然后改用空气冷凝管，再加热蒸馏收集 182～185℃ 的馏分，称重，计算收率。

苯胺（附图 1）为无色透明液体，但由于容易氧化而经常呈现淡黄色。沸点为 184.4℃，折射率 $n_\mathrm{D}^{20} = 1.5863$，密度 $\rho_{20} = 1.022\mathrm{g/cm^3}$，微溶于水，能溶于乙醇、乙醚等有机溶剂。

---

❶ 体系存水量不能太多，否则易冲料，甚至影响脱磺基的速度。

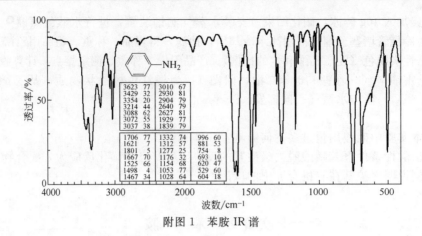

附图 1　苯胺 IR 谱

【注意事项】

　　苯胺和硝基苯都有毒，操作时应尽量避免与皮肤接触或吸入！若不慎触及皮肤时，应先用水冲洗，再用肥皂及温水洗涤。

【思考题】

　　1. 本实验是根据什么原理选择水蒸气蒸馏法把苯胺从反应混合物中分离出来？

　　2. 如果最后制得的苯胺中含有硝基苯，应该怎样提纯？

实验 100　邻氨基苯甲酸

【实验目的】

　　1. 了解 Hofmann（霍夫曼）降解反应的基本原理。

　　2. 熟练掌握重结晶操作。

【预习要点】

　　1. Hofmann（霍夫曼）降解反应的基本原理。

　　2. 抽滤、洗涤和重结晶等基本操作

【实验原理】

　　邻氨基苯甲酸（o-aminobenzoic acid）【118-92-3】是合成精细化学品的一种重要原料。它可以由邻硝基甲苯经氧化再还原而制得，也可以以苯酐为原料，先生成邻苯二甲酰亚胺或邻氨甲酰基苯甲酸，再在强碱性条件下与次卤酸钠发生 Hofmann 降解作用而制得。本实验直接采用邻苯二甲酰亚胺为原料，在强碱性条件下与次溴酸钠作用制备邻氨基苯甲酸。邻苯二甲酰亚胺可能先通过水解开环变成邻氨甲酰基苯甲酸，后者再发生 Hofmann 降解反应。其反应式如下：

【仪器与试剂】

　　烧瓶；冰浴；搅拌器；研钵；温度计；布氏漏斗；抽滤瓶。

　　邻苯二甲酰亚胺（phthalimide）【85-41-6】；溴；氢氧化钠；浓盐酸；冰醋酸；食盐。

【实验步骤】

　　将 9g（0.225mol）氢氧化钠溶解于 35mL 水中。用冰盐浴冷却溶液至 0℃以下，搅拌下，一次加入 4.3g（1.3mL，0.027mol）溴，充分搅拌使溴全部溶解。继续冷却体系到 0℃左右，撤去冰浴，搅拌下加入 4g（0.027mol）研细的邻苯二甲酰亚胺，固体将慢慢溶解，同时温度上升，当升温停止后（升温到 60℃ 左右），加热体系使温度达 80℃，保温 10min，此时如仍有固体可过滤除去。再将体系冷到 0℃，先慢慢滴加浓盐酸中和大量碱（约 10mL），再慢慢加入冰醋酸使邻氨基苯甲酸析出沉淀，抽滤，用少量冷水洗涤。粗产物用热水重结晶，干燥，称重，计算产率，测定熔点。

纯邻氨基苯甲酸（附图 1）为白色至微黄色结晶性粉末，熔点 146～147℃，可升华。有甜味。难溶于冷水，易溶于醇、醚和热水，微溶于苯。

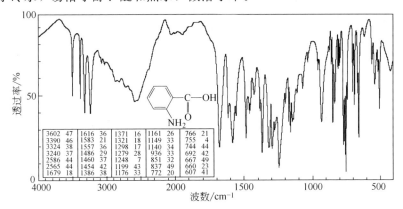

附图 1　邻氨基苯甲酸 IR 谱

【思考题】

1. 写出霍夫曼降解反应的机理。
2. 酸化时应注意些什么？酸化过量或加酸不够会产生什么结果？

实验 101　甲　基　橙

【实验目的】

1. 学习并掌握重氮化反应和重氮盐偶联反应的理论知识和实验方法。
2. 熟练掌握有机固体化合物的重结晶。

【预习要点】

1. 重氮化反应和重氮盐偶联反应的理论知识和实验方法。
2. 抽滤、洗涤和重结晶等基本操作。

【实验原理】

甲基橙（methyl orange）［4-(4-二甲氨基苯基偶氮) 苯磺酸钠］［sodium 4′-(dimethyl-amino) azobenzene-4-sulfonate］【547-58-0】为橙色鳞状晶体或粉末，稍溶于水，呈黄色，不溶于乙醇。在 pH 值为 3.1～4.4，其溶液由红色变黄色，用作酸碱滴定指示剂。

本实验以对氨基苯磺酸（p-aminobenzene sulfonic acid）【121-57-3】为原料，通过重氮化反应，然后与 N,N-二甲基苯胺（N,N-dimethylaniline）【121-69-7】偶联生成甲基橙❶。反应如下：

$$\text{NaO}_3\text{S}-\!\!\!\!-\text{NH}_2 \xrightarrow[\text{NaNO}_2]{\text{HCl}} \text{NaO}_3\text{S}-\!\!\!\!-\text{N}_2\text{Cl} \xrightarrow{-\text{N(CH}_3)_2} \text{NaO}_3\text{S}-\!\!\!\!-\text{N}=\text{N}-\!\!\!\!-\text{N(CH}_3)_2$$

重氮盐的制法是：先将芳香族伯胺溶解到酸溶液中，然后再在低温下滴加亚硝酸钠水溶液。但是有些生成钠盐的胺（如对氨基苯磺酸）不溶于酸中。此时可将其先溶于碱中，与亚

---

❶　兰州大学，复旦大学化学系有机化学教研室编. 有机化学实验. 王清廉，沈凤嘉修订. 北京：高等教育出版社，1994.

硝酸钠混合。然后加酸使之在未沉淀前就发生反应（即逆重氮化反应）。

【仪器与试剂】

烧杯；搅拌器；水浴；布氏漏斗；抽滤瓶。

对氨基苯磺酸（含两个结晶水）；亚硝酸钠；氢氧化钠（5%）；浓盐酸；N,N-二甲基苯胺；乙酸；淀粉碘化钾试纸；pH试纸；乙醇；乙醚。

【实验步骤】

在小烧杯中用10mL 5%氢氧化钠水溶液溶解1.7g（0.01mol）对氨基苯磺酸。用6mL水溶解0.8g（0.011mol）亚硝酸钠，与上述溶液混合，并冷至0~5℃。将3mL浓盐酸和10mL水配成溶液，在5℃以下搅拌，将此溶液滴加到上述混合物中（用淀粉碘化钾试纸检验溶液是否变蓝，若不变蓝可再加少许亚硝酸钠）。放置15min。将1.2g（0.01mol）N,N-二甲基苯胺和1mL乙酸配成溶液。搅拌下将此溶液加到上述冷重氮盐溶液中。搅拌约10min后，慢慢加入5%氢氧化钠溶液，使体系呈碱性；在水浴上加热体系5min，冷却、抽滤，依次用少量水、乙醇和乙醚洗涤晶体。干燥，确定收率（产品可用稀氢氧化钠重结晶）。

取少许产品溶于水；加几滴稀盐酸，然后再加几滴稀氢氧化钠，观察颜色变化。

甲基橙（附图1）为橙色鳞状晶体或粉末，本物质没有明确的熔点。稍溶于水呈黄色，不溶于乙醇。

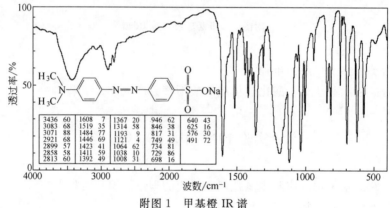

附图1 甲基橙 IR 谱

【思考题】

1. 什么叫偶联反应？重氮盐与芳胺或酚的偶联条件有何不同？

2. 本实验为何先把对氨基苯磺酸溶于碱中，若先与盐酸混合再加亚硝酸钠是否可以？为什么？

3. 用反应式表示甲基橙在酸和碱中的变化，用你学过的结构化学知识，比如 MO 理论解释变色原因。

4. 为什么本实验的反应都在低温下进行？温度高对实验有何影响？

3.2.2 利用特殊反应完成有机物合成

实验102 肉 桂 酸

【实验目的】

1. 掌握肉桂酸的制备。

2. 了解肉桂酸的制备原理和方法。

3. 掌握回流、水蒸气蒸馏和重结晶等操作。

【预习要点】

1. 冷凝管的选择与使用。

2. 水蒸气蒸馏。

3. 重结晶操作。

【实验原理】

肉桂酸（cinnamic acid，系统名为 3-苯基丙烯酸，trans-3-phenylacrylic acid）【140-10-3】是一种天然存在的有机酸，广泛存在于多种天然香脂中（如苏合香脂、秘鲁香脂、妥卢香脂、樟脑等）。最早发现于肉桂中，故名肉桂酸。肉桂酸为无色针状结晶。有顺反异构体。通常人工合成出的为顺反异构体的混合物，以反式为主，熔点为 133℃。不溶于冷水，溶于热水、乙醇、乙醚、丙酮等。肉桂酸主要用其酯衍生物。各种酯用于配制不同的花香香精。人工合成法主要以苯甲醛和乙酸酐发生 Perkin 反应来制备（芳香醛和酸酐在碱性催化剂作用下，可以发生类似羟醛缩合的反应，生成 α,β-不饱和芳香酸，称为 Perkin 反应，催化剂通常是相应酸酐的羧酸钾或钠盐，有时也可用碳酸钾或叔胺代替）。反应如下：

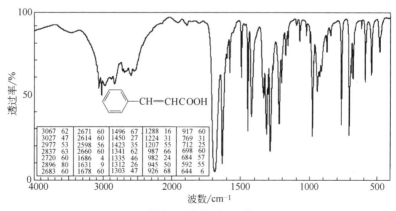

【仪器与试剂】

烧瓶（50mL 和 250mL）；空气冷凝管；干燥管；水蒸气蒸馏装置；抽滤瓶、布氏漏斗。

苯甲醛（C. P. 含量 98%）；乙酸酐（C. P. 含量 96%）；无水乙酸钾（新焙烧）；碳酸钠（C. P.）；浓盐酸；活性炭。

【实验步骤】

取 2mL（2.1g，0.02mol）苯甲醛，3mL（0.031mol）乙酸酐及 1.2g 无水乙酸钾于 50mL 烧瓶中，装上空气冷凝管和干燥管，加热回流 1～1.5h。趁热将反应液转入 250mL 烧瓶中，并用水洗涤烧瓶使转移完全。加碳酸钠使溶液呈弱碱性（约需多少？）。水蒸气蒸馏至无油状物馏出（蒸出什么？）。加少许活性炭，煮 5min，趁热抽滤。母液冷却，用浓盐酸酸化至 pH<3（约需多少？）；冷却使结晶析出完全；抽滤、粗产物用热水重结晶；干燥、称重、计算收率、测定产品的熔点。

反式肉桂酸（附图 1）的熔点为 133℃。

附图 1 肉桂酸 IR 谱

【注意事项】

1. 苯甲醛放久了，会因自动氧化而生成较多量的苯甲酸。这不但影响反应的进行，而且苯甲酸混在产品中不易除干净，将影响产品的质量，故本实验所需的苯甲醛要事先蒸馏。

2. 久置的乙酸酐，会因吸潮和水解转变为乙酸，故本实验所需的乙酸酐必须在实验前重新蒸馏。

【思考题】

1. 水分对本实验有何影响？你认为做好本实验的关键何在？

2. 反应完毕后，用氢氧化钠代替碳酸钠进行中和有什么不利？

3. 如果不中和是否可以？为什么？

4. 推测 Perkin 反应的机理，对硝基苯甲醛和丙酐在碳酸钾存在下作用生成什么产物？

实验 103　扁　桃　酸

【实验目的】

1. 掌握扁桃酸的制备。

2. 学习碳烯的反应。

3. 练习利用混合溶剂进行重结晶。

【预习要点】

1. 热源的选择。

2. 冷凝管的选择。

3. 萃取、重结晶等基本操作。

【实验原理】

扁桃酸（mandelic acid，又名苦杏仁酸，系统名为苯基羟乙酸，phenylglycolic acid）【90-64-2】是一种口服药，用于治疗尿路感染，还用作合成血管扩张药环扁桃酸和眼药水羟苄唑的原料。可用苯基二氯乙酮（$C_6H_5COCHCl_2$）或苯基羟乙腈 $[C_6H_5CH(OH)CN]$ 水解获得[❶]。

本实验在相转移催化剂存在下，由三氯甲烷和碱作用生成碳烯，碳烯再与苯甲醛作用生成扁桃酸[❷]。反应过程如下：

$$CHCl_3 + NaOH \longrightarrow Cl_2C: + NaCl + H_2O$$

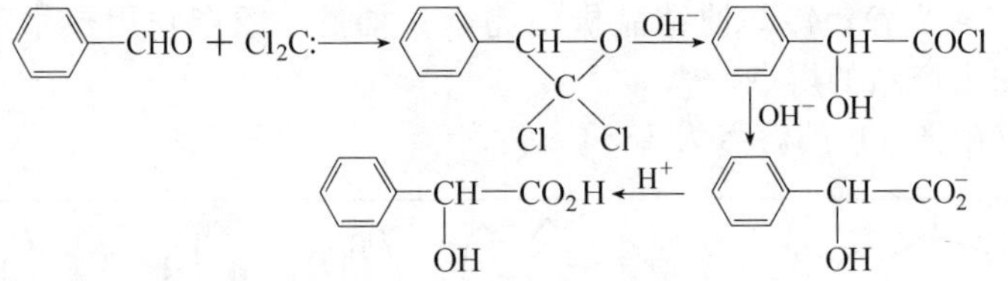

扁桃酸是一种含手性碳的酸，人工合成的为外消旋体，通过与有旋光活性的碱（如麻黄素）作用可以拆分出一对对映异构体。

【仪器与试剂】

三口烧瓶（50mL）；回流冷凝管，温度计，滴液漏斗，磁力搅拌器；分液漏斗；水泵；水浴。苯甲醛；氯仿；四丁基溴化铵（tetrabutylammonium bromide，TBAB）【1643-19-2】；氢氧化钠；乙醚；无水硫酸钠；浓硫酸。

【实验步骤】

在 50mL 三口烧瓶上装滴液漏斗、回流冷凝管和温度计。加入 4.8g（4.6mL，0.045mol）苯甲醛，0.5g TBAB 和 8mL 氯仿。水浴加热至温度达 55℃时，在磁力搅拌下，从滴液漏斗中滴加 17.2g 50%氢氧化钠水溶液，维持反应温度 60～65℃。加毕，在反应温度下保温 1h。然后冷却至室温；向反应液中加 90mL 水稀释，用 2×10mL 乙醚提取水液。乙醚倒入指定回收瓶；水层用 50%硫酸（自配，约需用多少？）酸化至 pH 1～2。用 2×20mL 乙醚提取，合并醚层，用无水硫酸钠干燥。用水浴蒸去乙醚后，再用水泵减压，蒸净

❶ Org. Synth. , 1943, 23, 48.

　Org. Synth. Coll. Vol. Ⅲ, 1955, 538.

❷ 徐克勋. 精细有机化工原料及中间体手册. 北京：化学工业出版社, 1998.

　Singh P R. Experimental of Org. Chem. , 1980 (2)：235.

乙醚，得粗产品；粗产品用 1∶8 乙醇-甲苯重结晶❶，干燥称重，计算收率，测熔点。

扁桃酸（附图 1）为白色固体，熔点 119℃。长期暴露于光线下易变黑和分解。pK_a 值为 3.37，1g 扁桃酸能溶于 6.3mL 水中，水溶液呈酸性。极易溶于乙醇、乙醚等。

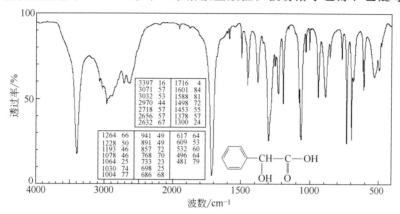

附图 1　扁桃酸 IR 谱

【思考题】

1. 本实验中，碳烯是怎样形成的？碳烯通常有哪些制法？
2. 根据相转移反应原理，写出本反应中离子的转移过程？
3. 本实验中，酸化前后两次用乙醚萃取的目的何在？
4. 为什么本实验自始至终都保持充分搅拌？

实验 104　苯甲醇和苯甲酸

【实验目的】

1. 掌握苯甲醇和苯甲酸的制备。
2. 学习 Cannizzaro（康尼查罗）反应原理。
3. 熟练掌握实验中的萃取、洗涤等基本操作。

【预习要点】

1. Cannizzaro（康尼查罗）反应原理。
2. 萃取、重结晶等基本操作。

【实验原理】

没有 α-氢的醛，如苯甲醛，在强碱作用下，会发生分子间的氧化还原反应，一分子被还原成苯甲醇，另一分子被氧化成苯甲酸，即 Cannizzaro 反应❷，反应式如下：

$$\text{——CHO} \xrightarrow{\text{OH}^-} \text{——CH}_2\text{H} + \text{——CH}_2\text{OH}$$

若一个不含 α-氢的醛和甲醛共存下发生 Cannizzaro 反应，则甲醛优先被氧化，而其他的醛被还原成醇。如：

$$\text{——CHO} \xrightarrow[\text{CH}_2\text{O}]{\text{OH}^-} \text{——CH}_2\text{OH}$$

苯甲酸（benzoic acid，俗称安息香酸，最初由安息香胶制得而得名）【65-85-0】，用于制备苯甲酸钠防腐剂或用于制作杀菌剂、增塑剂等；苯甲醇（benzyl alcohol，又名苄醇）【100-51-6】，

---

❶　用有机溶剂重结晶时必须使用回流装置。

❷　兰州大学，复旦大学化学系有机化学教研室编. 有机化学实验. 王清廉，沈凤嘉修订. 北京：高等教育出版社，1994.

无色液体，稍有芳香气味。用于制备花香油和药物等，也用作香料的定香剂和溶剂。

本实验通过 Cannizzaro 反应，以苯甲醛作为反应物，在浓氢氧化钠的作用下，制备苯甲醇和苯甲酸。其反应式如下：

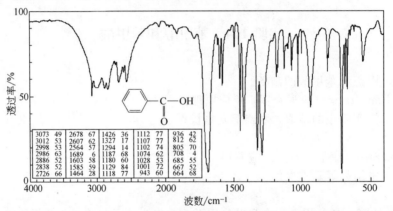

【仪器与试剂】

锥形瓶；分液漏斗；布氏漏斗；抽滤瓶；刚果红试纸；数显熔点仪；折光仪。苯甲醛；氢氧化钾；乙醚；饱和亚硫酸氢钠；饱和碳酸钠；无水硫酸镁；浓盐酸。

【实验步骤】

在 50mL 锥形瓶中，加入由 9g(0.16mol) 氢氧化钾和 9mL 水配成的溶液；冷至室温后，加入 10.5g(约 10mL，0.1mol) 新蒸的苯甲醛，用橡皮塞塞紧，用力振摇使成糊状。放置 24h 以上；向反应物中加入约 30mL 水使溶解，然后转入分液漏斗中；用 3×10mL 乙醚萃取，合并醚层（其中是什么）；水层待处理；将醚层依次用饱和亚硫酸氢钠，饱和碳酸钠及水各 5mL 洗涤；用无水硫酸镁干燥醚层（放置待处理）。乙醚萃取后的水溶液，用浓盐酸酸化至刚果红试纸变蓝（约用多少）；冷却使结晶完全，抽滤，用适量水重结晶。干燥，确定苯甲酸的收率。测熔点。将干燥后的乙醚溶液滤入小烧瓶中，水浴蒸去乙醚后，换空气冷凝管蒸馏收集 204～206℃ 的馏分。确定苯甲醇收率。测折射率。

苯甲酸（附图1）为白色晶体，熔点 122℃，沸点 249℃，密度 $\rho_{20}=1.2295g/mL$，在 100℃ 时升华，微溶于水，溶于乙醇、乙醚等。

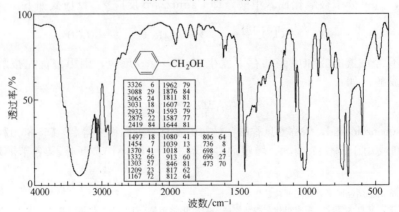

附图 1　苯甲酸 IR 谱

附图 2　苯甲醇 IR 谱

苯甲醇（附图2）为无色液体，稍有芳香气味，沸点201.3℃，折射率 $n_D^{20}=1.5392$，密度 $\rho_{20}=1.04535 \text{g/cm}^3$。稍溶于水，能溶于乙醇、乙醚、苯等。

【注意事项】

本实验要注意合理利用时间，以使实验在短时间内完成。

【思考题】

1. 试比较 Cannizzaro 反应与羟醛缩合反应所用的醛在结构上有何不同。
2. 本实验是根据什么原理分离提纯两种产物的？
3. 本实验中对醚层各次洗涤的目的何在？
4. 醚萃取后的水溶液酸化到中性是否可以？为什么？

实验 105　呋喃甲醇和呋喃甲酸

【实验目的】

1. 掌握呋喃甲醇和呋喃甲酸的制备。
2. 学习 Cannizzaro（康尼查罗）反应原理。
3. 熟练掌握实验中的萃取、洗涤、重结晶等基本操作。

【预习要点】

1. Cannizzaro（康尼查罗）反应原理。
2. 萃取、重结晶等基本操作。

【实验原理】

呋喃甲醛是从谷糠中首先提取出来的一种化合物，俗称糠醛。它能发生很多化学反应，由于本身不含有 α-H，所以，在强碱存在下能够发生康尼查罗反应，生成呋喃甲醇【98-00-0】和呋喃甲酸盐，后者酸化得游离的呋喃甲酸【88-14-2】。

本实验应用 Cannizzaro 反应，以呋喃甲醛作为反应物，在浓氢氧化钠的作用下，制备呋喃甲醇与呋喃甲酸。其反应式如下：

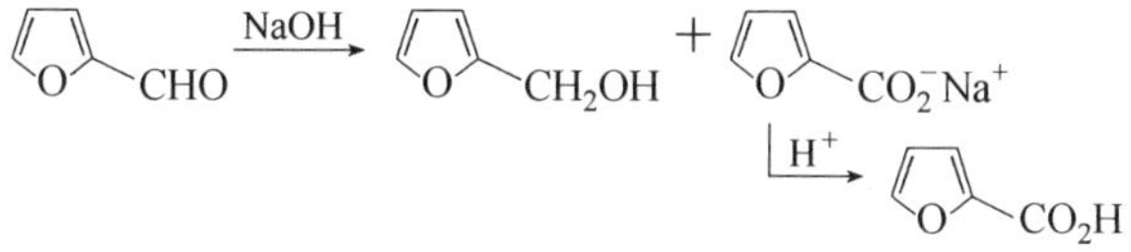

【仪器与试剂】

三口烧瓶；温度计；滴液漏斗；磁力搅拌器；分液漏斗；蒸馏装置；布氏漏斗；抽滤瓶。氢氧化钠或氢氧化钾（43%）；聚乙二醇；呋喃甲醛（新蒸）；盐酸（25%）；乙醚；无水硫酸钠或无水硫酸镁。

【实验步骤】

取43%的氢氧化钠（或相应浓度的氢氧化钾）溶液9mL和2g聚乙二醇（相对分子质量为400，也可以不加）置于小三口烧瓶中，安装温度计和滴液漏斗，在磁力搅拌器搅拌下，用冰水浴冷却体系至约5℃。在不断搅拌下从滴液漏斗慢慢滴入10mL（约11.6g，0.12mol）新蒸馏过的呋喃甲醛，控制滴加速度使体系温度保持在8～12℃之间（若反应温度过高，则反应太快，难以控制。若过低，则反应过慢，呋喃甲醛容易积累，可能导致猛烈反应而使温度过高，使反应物颜色加深）。加完后（约需15min），于室温下继续搅拌约25min，体系呈淡黄色浆状物。在搅拌下加入适量水使固体恰好溶解（约需15mL）。将溶液转入分液漏斗中，用4×10mL乙醚萃取，合并乙醚萃取液，用无水硫酸钠或无水硫酸镁干燥。水浴蒸馏回收乙醚后，蒸馏收集169～172℃的馏分，得呋喃甲醇，称重，确定收率。

水溶液用25%盐酸酸化（约18mL）至 pH 值为2～3，充分冷却，抽滤，固体粗产品用水洗涤1～2次（加水过多会导致产品大量损失）。粗产品可用水重结晶，得白色针状晶体的呋喃甲酸，称重，测定熔点，计算收率。

呋喃甲酸（附图 1）mp 为 133～134℃，100℃时有部分升华，易溶解于水和有机溶剂。

呋喃甲醇（附图 2）为无色液体，bp 为 169～172℃。

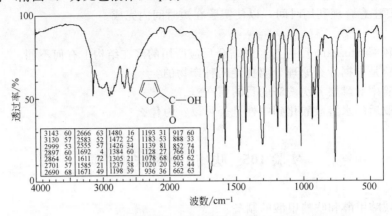

3143	60	2666	63	1480	16	1193	31	917	60
3130	57	2583	52	1472	25	1183	53	888	33
2999	53	2555	57	1426	34	1139	81	852	74
2897	60	1692	4	1384	60	1128	27	766	10
2864	50	1611	72	1305	21	1078	68	605	62
2701	57	1585	21	1237	38	1020	20	593	44
2690	68	1671	49	1198	39	936	36	662	63

附图 1　呋喃甲酸 IR 谱

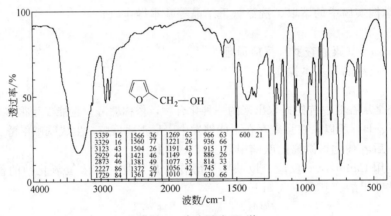

3339	16	1566	36	1269	63	966	63	600	21
3329	16	1560	77	1221	26	936	66		
3123	43	1504	26	1191	43	915	17		
2929	44	1421	46	1149	9	886	26		
2873	46	1381	49	1077	35	814	33		
2227	86	1372	50	1056	42	745	8		
1729	84	1361	47	1010	4	630	66		

附图 2　呋喃甲醇 IR 谱

【思考题】

1. 为什么要使用新鲜的呋喃甲醛呢？长期放置的呋喃甲醛可能含什么杂质？若不先除去这些杂质，对本实验有何影响？

2. 为什么说酸化这一步是影响产率的关键？有哪些方法可以判断酸化是否完成？

实验 106　ε-己内酰胺

【实验目的】

1. 掌握 ε-己内酰胺的制备。

2. 学习 Beckmann（贝克曼）重排的反应机理。

3. 掌握常压、减压蒸馏的各步操作。

【预习要点】

1. Beckmann（贝克曼）重排的反应机理。

2. 常压、减压蒸馏和萃取等基本操作。

【实验原理】

ε-己内酰胺（caprolactam）【105-60-2】是一种重要的高分子单体，经开环可得尼龙-6（聚己内酰胺）。尼龙-6 是模仿丝朊蛋白合成出来的一种多肽，可用于制造合成纤维（绵纶），具有优良的强度和耐磨性。它是目前几大合成纤维之一；也可用作工程塑料的原料，电绝缘性能优越。对酸碱等化学品有一定耐腐蚀性，故可制作精密仪器的齿轮，外壳、软管、耐油容器、电缆护套及纺织工业的设备零件等。

ε-己内酰胺的合成主要由环己酮肟通过 Beckmann 重排反应来完成。而环己酮肟是以环己醇氧化成的环己酮与羟胺作用生成的。本实验以环己醇为原料合成 ε-己内酰胺，反应路线如下：

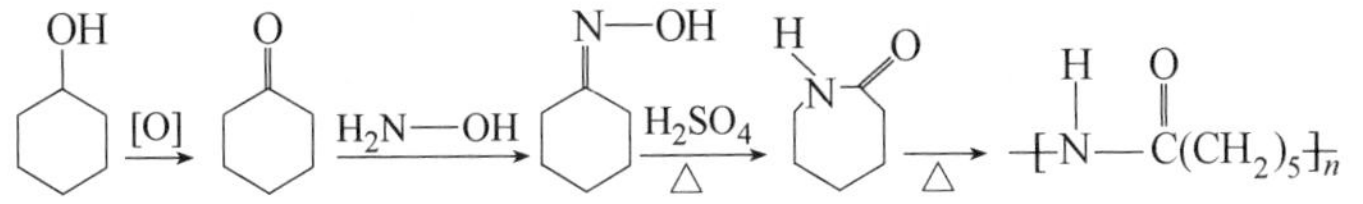

在工业上一般采用环己醇催化氧化来制得环己酮。在实验室则常用试剂氧化，氧化剂可以是重铬酸盐加硫酸，也可以是三氧化铬或二氧化锰等[1]。环己酮和羟胺很容易作用生成环己酮肟。但由于羟胺易氧化，故以盐的形式储存或销售。反应时，必须加入一定量的碱中和，使羟胺游离出来方能使反应进行。中和用的碱可以是 NaOH、Na_2CO_3 或 CH_3CO_2Na，本实验以氢氧化钠中和，使反应进行[2]。

在硫酸催化下，环己酮肟进行 Beckmann 重排生成 ε-己内酰胺[3]。反应机理如下：

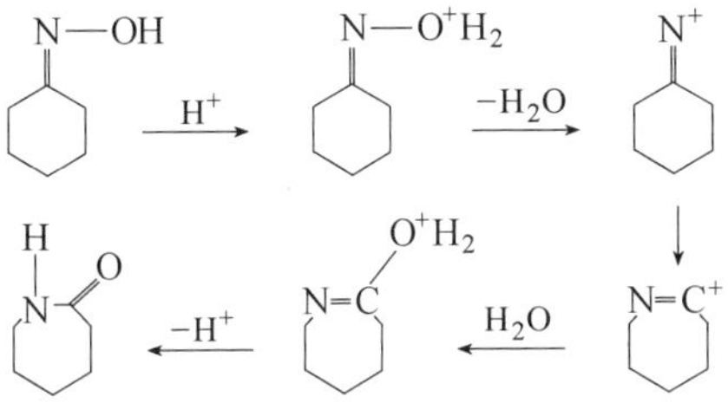

【仪器与试剂】

烧杯（100mL）；圆底烧瓶（100mL）；量筒；磁力搅拌器；温度计；蒸馏装置；分液漏斗；锥形瓶；布氏漏斗；抽滤瓶；热源；滴管；减压蒸馏装置。环己醇；重铬酸钠（$Na_2Cr_2O_7 \cdot 2H_2O$）；浓硫酸；乙醚；无水硫酸钠（适量）；盐酸羟胺；氢氧化钠；氯仿；浓氨水（25%～28%）；石油醚。

【实验步骤】

1. 环己酮

在烧杯中放 5.3g（0.0175mol）重铬酸钠和 30mL 水，再缓缓加入 5mL 浓硫酸，冷却待用（A 液）；取 5g（约 5.2mL，0.05mol）环己醇置于 100mL 圆底烧瓶中，用约 5mL 水洗涤量筒，倒进烧瓶中（B 液）；将冷至室温的 A 液倒入 B 液，迅速剧烈摇动（或使用磁力搅拌器快速搅拌），检验体系温度变化。若温度达 55℃时，可用冷水冷却，使体系不超过此温度；不时摇动（或搅拌）反应体系约 30min[4]，然后加入 100mL 水，将体系改做蒸馏装置；加热蒸馏该体系使产物全部蒸出。在接收瓶中加入足量食盐使饱和；将溶液转入分液漏斗，分出有机层，水层用 10mL 乙醚提取；合并有机层，用无水硫酸钠（或硫酸镁）干燥、蒸馏、收集 150～156℃ 馏分；称重，计算收率。产品用于制环己酮肟。

环己酮（cyclohexanone，附图 1）【108-94-1】：无色液体。密度 $\rho_{20} = 0.9470\text{g/mL}$，沸点 155.7℃，折射率 $n_D^{20} = 1.4507$。

---

[1] 徐克勋. 精细有机化工原料及中间体手册. 北京：化学工业出版社，1998.

[2] Vogel's Textbook of Practical Org. Chem. , 5th. Ed. New York，1989，1259.

[3] Marvel C S, Eck J C. Org. Syn. Coll. Vol. 2，1943，371.

兰州大学，复旦大学化学系有机化学教研室编. 有机化学实验. 王清廉，沈凤嘉修订. 北京：高等教育出版社，1994，222.

[4] 最好保持体系温度在 50℃ 左右。

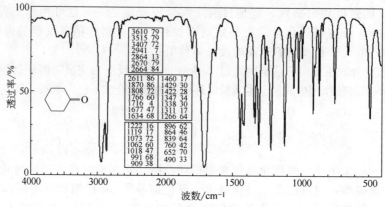

附图1 环己酮 IR 谱

2. 环己酮肟

配制 13% NaOH 11.5g（约 10.5mL），将 2.5g（0.035mol）盐酸胺铵溶于碱中，检查体系的酸碱性；取 2.5g 环己酮置于小锥瓶中，加入羟胺溶液，塞住瓶口剧烈振动 5min，使出现的球状物变成粉状结晶析出；冷却，抽滤，得产品；干燥，确定收率，测定熔点。

环己酮肟（cyclohexanone oxime，附图 2）【100-64-1】：白色结晶固体，熔点 89～90℃。

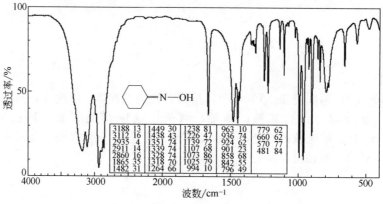

附图2 环己酮肟 IR 谱

3. ε-己内酰胺

取 2.5mL 浓硫酸和 0.5mL 水混合于小烧杯中，然后加入 2g 环己酮肟，搅溶；搅拌下缓缓加热使温度升高到约 120℃时，移去热源，观察温度变化；搅动约 5min 后，反应即告结束，冷却。冷至近室温后，放在冰盐浴中，继续冷却到 0～5℃；取 8mL 浓氨水和 2mL 水混合，冰浴冷却和搅拌下慢慢加入氨水，并维持体系温度决不要超过 20℃；加毕，检验体系酸碱性，此时 pH 约为 8。若偏低可用滴管适当补加几滴浓氨水；小心将溶液转入分液漏斗（勿将固体转入），分出有机层；固体用 5mL 氯仿洗涤并将此氯仿溶液转入分液漏斗中萃取水层；分出水层再用 5mL 氯仿萃取一次，合并有机层，加 10mL 水洗涤；有机层加少量活性炭在室温下搅拌 5min，过滤；滤液在水浴上蒸出氯仿（氯仿倒入回收瓶中），并适当减压蒸净氯仿；趁热向残液中加入约 2mL 石油醚，摇匀，冷却使结晶，抽滤，干燥，称重，计算收率。

ε-己内酰胺（附图 3）：白色晶体或结晶性粉末，熔点为 68～70℃，沸点 140～142℃/1.995kPa。

【思考题】

1. 实验是利用什么原理将产物从反应体系中蒸出的？

2. 怎样检验产物是否从反应体系完全蒸出？

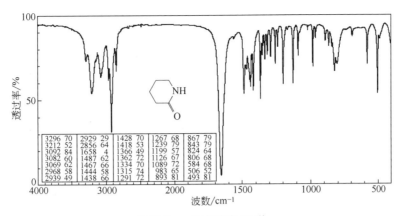

附图 3 ε-己内酰胺 IR 谱

3. 第一次蒸馏后，为什么要在馏出液中加食盐？

4. 干燥后的有机物应用什么热浴蒸馏之。

5. 写出羟胺与环己酮反应的历程？

6. 为什么制环己酮肟时要加入碱？

7. (Z)-苯乙酮肟发生 Beckmann 重排反应时，产物是什么？若重排的基团为手性碳原子，所生成的产物中构型有何变化？

8. 为什么用氨水中和反应体系时，温度不能太高？

实验 107 综合实验——8-羟基喹啉

【实验目的】

1. 掌握 8-羟基喹啉的制备。

2. 学习 Skraup 反应制备喹啉衍生物的反应原理及方法。

3. 练习多步合成。

【预习要点】

1. Skraup 反应原理及方法。

2. 水蒸气蒸馏。

【实验原理】

8-羟基喹啉（8-hydroxyquinoline）【148-24-3】是一种常用的分析试剂，相邻的羟基氧原子和氮原子能与金属离子配位形成配合物，因此广泛应用于金属的测定和分离。8-羟基喹啉又是一种重要的有机合成中间体，尤其在药物合成方面可制取一系列重要的药物，如硫酸盐及其铜配合物为优良的杀菌剂。若经磺化和碘化，可制备成喹碘仿（8-羟基-7-碘-5-喹啉磺酸，抗阿粑病药）。主要是通过 Skraup 反应而来制得❶。

本实验以苯酚为原料，首先通过硝化制备出邻硝基苯酚（同时产生对硝基苯酚，用于制作非那西汀），继而还原得到邻氨基酚。

❶ 兰州大学，复旦大学化学系有机化学教研室编. 有机化学实验. 王清廉，沈凤嘉修订. 北京：高等教育出版社，1994.

邻和对硝基苯酚系可由邻和对硝基氯苯水解或由苯酚硝化❶而得。由于羟基的强活化能力，苯酚在稀硝酸中即可硝化。本实验使用硝酸钠和硫酸作用生成的硝酸作硝化剂使苯酚硝化。邻硝基苯酚加氢或用保险粉或锌粉等做还原剂还原❷可得到邻氨基苯酚。在浓硫酸和氧化剂（如邻硝基苯酚）存在下，邻氨基苯酚与甘油发生 Skraup 反应来合成 8-羟基喹啉，反应过程如下：

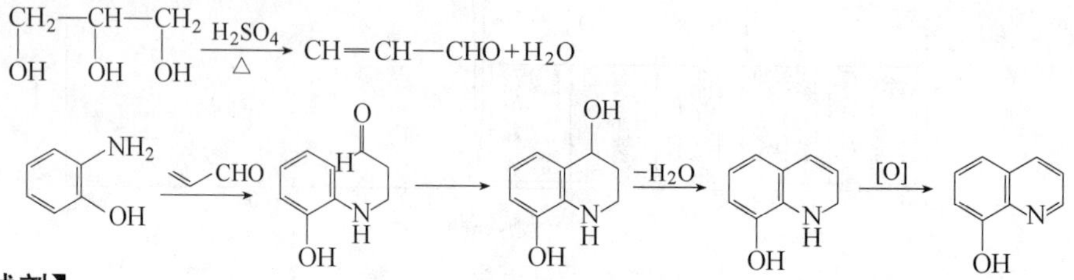

【仪器与试剂】

三口瓶（50mL 和 250mL）；温度计；滴液漏斗；冰浴；磁力搅拌器；吸管；水蒸气蒸馏装置；布氏漏斗；抽滤瓶；烧杯；回流管。苯酚；硝酸钠；硫酸（98%）；浓盐酸（35%～38%）；保险粉（$Na_2S_2O_4$）；氢氧化钠；锌粉；氯化铵；乙醇；无水甘油；活性炭。

【实验步骤】

1. 邻硝基苯酚【88-75-5】和对硝基苯酚【100-02-7】

取 50mL 水于 250mL 三口瓶中，慢慢加入 15mL 浓硫酸，再加入 20.4g（0.24mol）硝酸钠。装上温度计和滴液漏斗，冰浴冷却。取 10.2g（0.11mol）苯酚及 4mL 水配成溶液，当体系温度降至近 15℃时，搅拌下慢慢滴加苯酚的水溶液，维持体系温度在 15～20℃之间。加毕，在 15～20℃之间搅拌 30min；将体系冷至黑色油状物固化，倾去酸液，用冰水洗涤固体三次（若不能固化可使用分液漏斗分出或用吸管将油和水分开）。将固化的油状物用水蒸气蒸馏至无黄色油状物馏出。向残液中加水使体积约为 100mL，再加 7mL 浓盐酸和适量活性炭，微沸 10min。趁热过滤（可用水煮的热布氏漏斗抽滤）。滤液充分冷却（或用滴管慢慢转移到浸在冰浴烧杯中，边加边摇）即得晶体，抽滤干燥。计算收率（产物是什么?），测熔点（产品可用 2%盐酸重结晶❸）；水蒸气蒸出的溶液冷却后得固体。抽滤、干燥、称重、计算收率（产物又是什么? 产品可用适量乙醇-水重结晶）。

邻硝基苯酚（附图 1）为淡黄色晶体。密度 $\rho_{20}=1.495g/mL$，熔点 44.45℃，沸点 214～216℃，溶于乙醇、乙醚和苯等。微溶于冷水，易溶于热水，且能与水蒸气一同挥发。溶于碱（如 NaOH、Na_2CO_3 等）的水溶液而呈黄色，$pK_a=7.17$。

对硝基苯酚（附图 2）为淡黄色或无色晶体。密度 $\rho_{20}=1.481g/mL$，熔点 113.4℃，沸点 279℃（分解），溶于乙醇、乙醚等。稍溶于水，不与蒸气一同挥发，溶于碱的水溶液也呈黄色，$pK_a=7.15$。

本实验合成的邻硝基苯酚用于下面的反应；对硝基苯酚用于制作非那西汀。

2. 邻氨基苯酚（o-aminophenol）【95-55-6】

方法 1 取 4.2g 邻硝基苯酚，75mL 水和 7.2g 氢氧化钠于 200mL 烧杯中搅拌使溶解；温热至 60℃后，加入 18.8g（0.11mol）保险粉，充分搅拌（溶液由橘红色变为淡黄色并有固体析出）；加热体系至 98℃使固体溶解，冷却至近 15℃（不要低于 10℃以免无机盐析出），使产品结晶析出。抽滤，用少量水洗晶体，干燥（因产品易变色，真空干燥器中保存

---

❶ Hart R S. J. Am. Chem. Soc. 1910, 32, 1105. Bhave M D, et al. J. Appl. Chem. Biotechnol. 1976, 26, 167.
　徐克勋. 精细有机化工原料及中间体手册. 北京：化学工业出版社, 1998.
❷ 徐克勋, 精细有机化工原料及中间体手册. 北京：化学工业出版社, 1998.
❸ 残液中析出的物质重结晶时有很多黑色油状物，冷却后又固化，滤出后可与晶体分开，反复用母液重结晶，最后弃去。

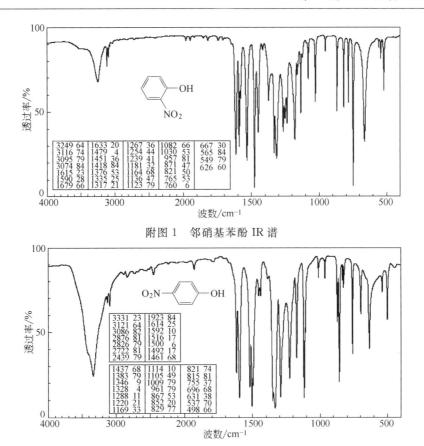

附图 1 邻硝基苯酚 IR 谱

附图 2 对硝基苯酚 IR 谱

有利），确定收率，测定熔点。

方法 2 取 4.2g 邻硝基苯酚、30mL 水、30mL 乙醇、3g 氯化铵和 4.5g（0.069mol）锌粉混合于 100mL 烧瓶中，快速搅拌下回流 1.5h❶；趁热过滤，滤渣与 10mL 乙醇共热，再趁热过滤；合并滤液，蒸馏浓缩至 1/3 体积时，冷却使结晶。抽滤，用少量水洗涤结晶，干燥，确定收率。

邻氨基苯酚（附图 3）是针状结晶，在空气中迅速变棕色或黑色。熔点为 170～174℃，在 50mL 冷水中约溶解 1g，易溶于酸、乙醇和乙醚，不溶于苯。

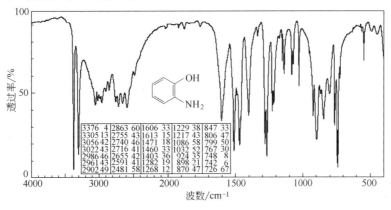

附图 3 邻氨基苯酚 IR 谱

❶ 若体系仍呈黄色，需要适量补充锌粉。

3. 8-羟基喹啉

取 2.2g 邻氨基酚、1.4g 邻硝基苯酚和 4.69g（0.051mol）甘油于 50mL 烧瓶中，充分摇匀后，加入 2.7mL 浓硫酸，装上回流冷凝管。在搅拌下缓缓加热至近沸时，离开热源，反应剧烈放热。待剧烈反应过后，继续加热，回流 1.5h。稍冷，改成水蒸气蒸馏，蒸至不再有有机物馏出为止。用 3.6g 氢氧化钠和 5mL 水配成溶液，逐渐加入到上述残液中，调节 pH 值接近 7 时，再加入适量饱和碳酸钠溶液使 pH 值保持在 7～8 之间。进行第二次水蒸气蒸馏，蒸至无有机物馏出为止。从馏出液中过滤出固体物质，干燥得 8-羟基喹啉，确定收率，测定产物熔点。

8-羟基喹啉（附图 4，附图 5）：白色或淡黄色晶体，熔点 76℃，沸点约 267℃，几乎不溶于水，能溶于乙醇、丙酮、氯仿和无机酸。

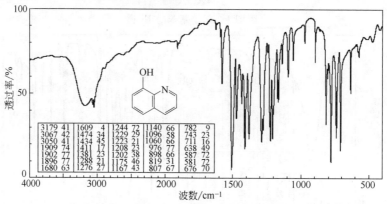

附图 4　8-羟基喹啉 IR 谱

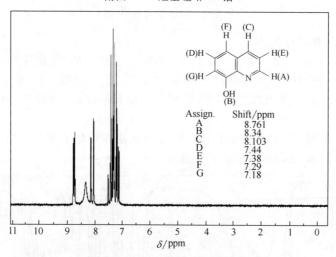

附图 5　8-羟基喹啉 ^{1}H NMR 谱

【思考题】

1. 为什么水蒸气蒸馏能将邻和对硝基苯酚分开？

2. 苯酚硝化法制邻和对硝基苯酚，为什么产率比较低？

3. 邻硝基苯酚和对硝基苯酚也可由氯苯为原料制备，试写出合成路线；与本实验比较，你认为哪一种方法产率会高些？

4. 为什么大多数芳香族硝基化合物都有颜色？在邻硝基苯酚的还原方法（实验步骤 1）中，加入保险粉前的溶液为什么显橘红色？

5. 为什么邻氨基苯酚在空气中极易变颜色？

6. 水蒸气蒸馏 8-羟基喹啉时，为什么体系既不能呈强酸性也不能呈强碱性？写出产物与酸和碱的反应方程式。

7. 写出甘油在硫酸中生成丙烯醛的过程。

实验 108　综合实验——非那西汀

【实验目的】

1. 掌握非那西汀的制备。

2. 练习多步合成。

【预习要点】

硝基还原、氨基酰化、酚羟基烷基化的方法。

【实验原理】

非那西汀（phenacetin，化学名：对乙酰氨基苯乙醚，p-acetophenetidine）【62-44-2】是一种著名的解热镇痛药，作用徐缓而持久。用于发热、头痛、关节痛和神经痛等，是复方阿司匹林的组分之一。

非那西汀的合成方法很多[❶]。成熟的工艺路线是以对硝基氯苯为原料，经醚化、还原和酰化三步反应完成，收率高、成本低；另一条路线是以对硝基苯酚为原料，经还原、酰化和醚化反应制备。

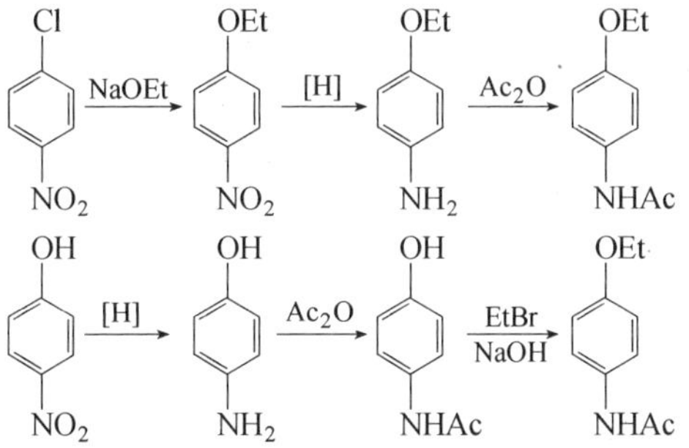

从训练实验技能的角度出发，本实验采用以对硝基苯酚为原料，经还原、酰化和醚化反应制备的方法。以对硝基苯酚（自制于实验107　8-羟基喹啉第一步）为原料，通过加氢或以硫化钠、保险粉、铁粉或锌粉等还原[❷]，很容易得到对氨基苯酚；经酰化制得对乙酰氨基苯酚，酰化剂通常用乙酐，产物中含有二酰化物，但可通过水解而除去[❸]；对乙酰氨基苯酚的乙基化可得到非那西汀。乙基化反应可以由卤代烷和酚钠作用完成，也可用硫酸二乙酯在碱性条件下与酚作用实现。本实验使用溴乙烷和对乙酰氨基苯酚钠在乙醇中反应制备。

【仪器与试剂】

回流装置；布氏漏斗；抽滤瓶；熔点仪；圆底烧瓶。对硝基苯酚；氯化铵；铁粉或硫化钠；碳酸氢钠；乙酸酐；溴乙烷（自制）；钠；无水乙醇；甲醇。

【实验步骤】

1. 对氨基苯酚（p-aminophenol）【123-30-8】

方法 1　混合 2.1g（0.015mol）对硝基苯酚、1g 氯化铵、20mL 水和 3g 铁粉，充分搅拌回流 1.5h。趁热抽滤。滤渣用少量沸水洗涤 2 次，滤液冷却至近室温时，用冰水浴冷却

---

❶ Oliver Kammand C. S. Marvel. Org. Syn. Coll. Vol. 1，1943，29.

❷ 徐克勋. 精细有机化工原料及中间体手册. 北京：化学工业出版社，1998.

❸ Liomiere Bull. Soc. Chim. France，1905，33（3）：785.
　 Fierz-Dvia，Kuster，Helv. Chim. Acta，1939，22：94.

滤出固体，干燥称重，确定收率。测定产物的熔点。产物直接用于下步反应。

方法 2 混合 2.1g 对硝基酚，6g 硫化钠（含量 40%）和 5mL 水于圆底烧瓶中，搅拌回流 2h。趁热过滤，向滤液中加入由 4.2g 碳酸氢钠和 40mL 水组成的溶液。冷却使结晶析出完全。过滤出产品，干燥确定收率。产物可用水重结晶，粗产物（或湿物）可直接用于下步反应。

对氨基苯酚（附图 1）为片状结晶。遇光和空气变灰褐色，商品常带粉红色，熔点 186℃（极纯者 189～190℃）。微溶于水和乙醇，不溶于苯和氯仿。

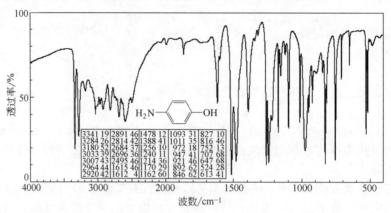

附图 1 对氨基苯酚 IR 谱

2. 对乙酰氨基苯酚（*p*-acetamidophenol）【103-90-2】

取对氨基苯酚 1.4g 和 5mL 水混合成悬浮液后，再加入 1.4mL（约 1.5g，0.015mol）乙酐，用力摇匀。加热回流，使固体完全溶解后，再继续回流 10min。冷却结晶，过滤，水洗，干燥，确定收率，测定熔点。若熔点差别较大，可在室温下将产物用 3% 稀碱溶解，然后再加酸使之沉淀。

对乙酰氨基苯酚（附图 2）为白色结晶，熔点 169～171℃。不溶于水和乙醚，溶于乙醇。

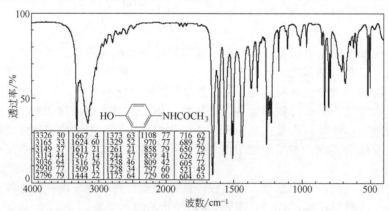

附图 2 对乙酰氨基苯酚 IR 谱

3. 非那西汀——对乙酰氨基苯乙醚

将 3mL 无水乙醇和 0.12g 金属钠放入 25mL 圆底烧瓶中，回流使金属钠溶解完全。冷却体系后，加入 0.75g 对乙酰氨基苯酚，摇匀；从冷凝管上端加入 1g（0.009mol）溴乙烷，加热回流 30min。从冷凝管上端滴加 5mL 水（若有固体析出可再加热使溶），然后冷却使结晶；过滤，少量水洗涤晶体，用甲醇重结晶，确定收率，测定熔点。

非那西汀（附图 3，附图 4）为白色结晶。无臭、味微苦。熔点为 130～135℃，不溶于水，微溶于热水（1g/82mL），溶于乙醇和氯仿等。

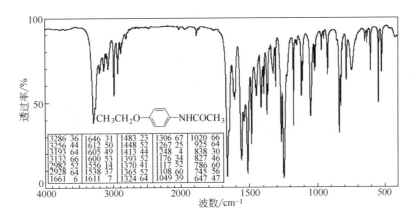

附图 3　非那西汀 IR 谱

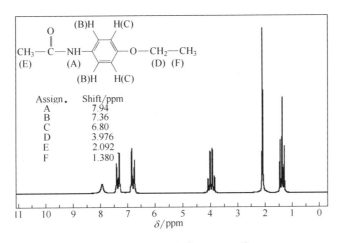

附图 4　非那西汀 ^{1}H NMR 谱

【思考题】

1. 把硝基化合物还原成胺有哪些方法，比较各方法的优缺点？

2. 在对硝基苯酚的还原方法 2 中，母液中加入碳酸氢钠的目的是什么？

3. 对氨基苯酚的乙酰化除用乙酐外，还可用何物质做为酰化试剂？为什么本实验中主要得到氨基的酰化产物而不是羟基的酰化产物？酰化反应时，加入水的目的何在？

4. 为什么双乙酰化副产物能通过碱性水解转化成主产物？

5. 为什么从母液中分出的结晶都要用少量溶剂洗涤？

6. 用 Williamsen 反应合成醚时，对所用的卤烃有何要求？为什么醚化完成后还要加入一定量的水？

实验 109　综合实验——2,4-二氯苯氧乙酸及其含量测定

【实验目的】

1. 掌握 2,4-二氯苯氧乙酸的制备。

2. 了解各种氯化反应的原理及操作方法。

3. 练习多步合成。

4. 进一步熟练容量法在有机化合物测定中的应用。

【预习要点】

各种氯化反应的原理及操作方法。

【实验原理】

2,4-二氯苯氧乙酸［(2,4-dichlorophenoxy) acetic acid，又名 2,4-滴，2,4-D acid］【94-75-7】是一种农药，可用作除草剂，用来防除谷类作物田中的双子叶杂草；又可用作植物生长调节剂：用于防止番茄等的早期落花，落果，并可形成无籽果实；又能防止白菜在储运期间的脱叶，促进作物早熟增产，加速插条的生根等，通常以钠盐、铵盐的粉剂，或酯类乳剂或液剂，油膏等使用。合成路线有两条：一是用苯酚先氯化再与氯乙酸在碱条件下作用而成[1]；二是以苯酚和氯乙酸先作用然后再氯化而成[2]：

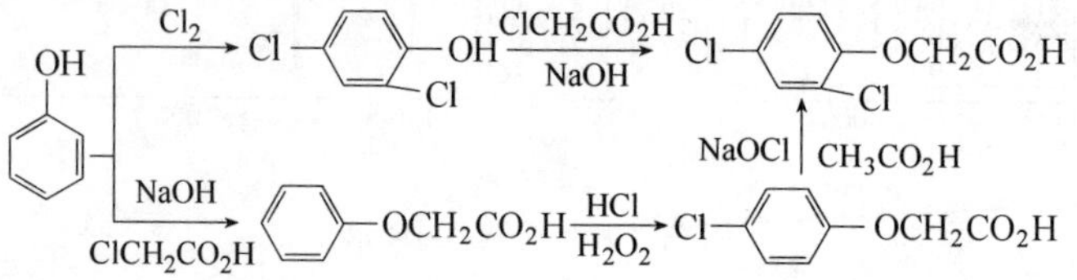

为了了解各种氯化反应的原理及操作方法；本实验采用第二种路线，且分两步氯化的方法合成 2,4-二氯苯氧乙酸。即在碱存在下，氯乙酸和苯酚作用生成苯氧乙酸[3]，后者首先通过双氧水氧化氯化氢来进行氯化得到对氯苯氧乙酸[4]，继而在弱酸条件下用次氯酸钠氯化制得 2,4-二氯苯氧乙酸[5]。反应中所得到的两个中间体苯氧乙酸和对氯苯氧乙酸也是重要的化工产品，前者既可以作为一种杀菌剂，又是制造染料、药物和杀虫剂的原料；后者是一种植物生长调节剂，又名防落素，可减少农作物的落花和落果。

将产品溶于乙醇，利用羧基所呈现的酸性，用标准碱溶液滴定它的含量。

【仪器与试剂】

烧杯；三口瓶；磁力搅拌器；熔点仪；温度计；回流管；滴液漏斗；水浴；布氏漏斗；抽滤瓶；锥形瓶；刚果红试纸；分液漏斗。氯乙酸；苯酚；碳酸钠；氢氧化钠溶液（30%）；浓盐酸；冰醋酸；浓盐酸；过氧化氢（33%）；氯化铁；次氯酸钠（活性氯含量10%）。

中性乙醇（预先用标准 NaOH 溶液滴定至对酚酞呈微红色），NaOH 标准溶液（0.1mol/L）[6]；酚酞（PP）指示剂：0.2%乙醇溶液。

【实验步骤】

1. 苯氧乙酸（phenoxyacetic acid）【122-59-8】

将 6mL 饱和碳酸钠搅拌下加到由 1.9g（0.02mol）氯乙酸和 2mL 水组成的溶液中，检验 pH 值。另取 1.4g（0.015mol）苯酚溶于 3g 氢氧化钠溶液，检验 pH 值。将酚钠溶液转入氯乙酸钠溶液中，并用少量水洗涤容器，检验 pH 值。搅拌下加热至近沸态反应 30min，检验 pH 值；若 pH 值低于 8，可补加几滴 30%的氢氧化钠，再反应 5min。冰浴中冷却，使反应体系降温至室温以下后，加浓盐酸酸化到 pH 值为 3。继续冷却使结晶完全析出。抽

---

[1] Ebel E, et al. J. Chem. Educ. 1947, 24, 449.
  A. Ghosh, J. India Chem. Soc. 1951, 28, 155.

[2] 兰州大学，复旦大学化学系有机化学教研室编. 有机化学实验. 王清廉，沈凤嘉修订. 北京：高等教育出版社，1994.

[3] Van Alphen. Rec. Trav. Chim. 1927, 49, 148.
  徐克勋. 精细有机化工原料及中间体手册. 北京：化学工业出版社，1998.

[4] Koelsch C F. J. Am. Chem. Soc., 1931, 53, 304.
  Vig. O P. India J. Chem.：Sec. B, 1979, 18：69.

[5] Ebel E, et al. J. Chem. Educ, 1947, 24, 449.
  A. Ghosh, J. India Chem. Soc. 1951, 28：155.
  兰州大学，复旦大学化学系有机化学教研室编. 有机化学实验. 王清廉，沈凤嘉修订. 北京：高等教育出版社，1994.

[6] 若时间允许，建议此溶液由同学自行配制并标定，基准物可选用邻苯二甲酸氢钾。

滤，水洗结晶 2~3 次，干燥、称重、计算收率。测定粗产品的熔点，粗产品可不经纯化直接用于制备对氯苯氧乙酸，也可以在水中重结晶后使用。

苯氧乙酸（附图 1）为无色片状或针状结晶，熔点 99℃，沸点 285℃（略带分解），微溶于水，溶于乙醇、乙醚、乙酸和苯。

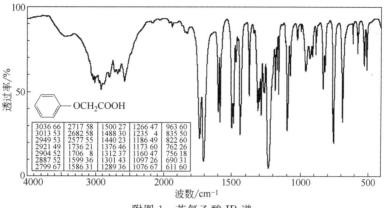

附图 1　苯氧乙酸 IR 谱

2. 对氯苯氧乙酸［(*p*-chlorophenoxy) acetic acid］【122-88-3】

取 2g 苯氧乙酸，6.5mL 冰醋酸于 50mL 三口瓶中，装温度计，回流管和滴液漏斗，开动磁力搅拌并水浴加热。当内温达 45℃时，加入 0.01g 氯化铁和 6.5mL 浓盐酸。继续升温至 60℃时，缓缓滴加 2mL 33％双氧水（观察内温变化）。加毕，在 70℃下保温 20min（若有结晶可适当升温使溶解）。冷却、结晶、抽滤、用适量水洗涤结晶三次。粗品用 1:3 的乙醇-水重结晶，计算收率，产品测熔点后用于制备 2,4-D。

对氯苯氧乙酸（附图 2）为无色针状结晶，熔点为 159℃，微溶于水，溶于乙醇、乙醚等。

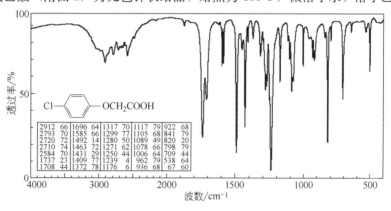

附图 2　对氯苯氧乙酸 IR 谱

3. 2,4-二氯苯氧乙酸（2,4-D）

在 100mL 锥瓶中加 1g 对氯苯氧乙酸，12mL 冰醋酸，搅拌使溶。用冰浴冷至 20℃以下，搅拌下慢慢滴加由 5mL 次氯酸钠和 14mL 水组成的溶液；加毕，使体系自然升至室温保持 5min，加入 50mL 水。将反应液用 1:1 的盐酸酸化至刚果红试纸变蓝（需几毫升？请自己估算并配制）。转入分液漏斗用 2×25mL 乙醚提取，弃去水层（在上层还是下层？）。醚层用 15mL 水洗涤（洗去什么？）配制 15mL 10％碳酸钠水溶液（$d_4^{20}=1.103$），小心地将碳酸钠倒入醚中，轻轻摇后（注意放气），静止分层。回收醚层，水层用浓盐酸酸化至刚果红试纸变蓝，冷却，抽滤，水洗两次，干燥，计算收率，测定熔点（粗品可用四氯化碳重结晶）。

2,4-D（附图3）为白色晶体，熔点为141℃。难溶于水，溶于乙醇、乙醚和丙酮等有机溶剂，能溶于碱。

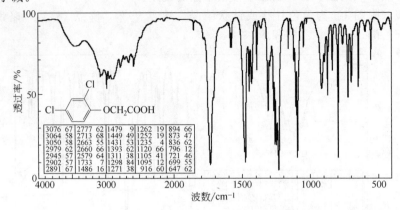

附图3　2,4-二氯苯氧乙酸IR谱

4. 2,4-D 纯度测定

在天平上准确称取 2,4-D 0.2g，置于 250mL 锥形瓶中，加适量（约 30mL）中性乙醇使之溶解，滴加 2～3 滴酚酞指示剂，以 NaOH 标准溶液滴定至微红色出现并持续 30s 不褪色，即为终点。记录所耗 NaOH 溶液体积，计算分析结果。平行测定 3 份。

【思考题】

1. 在苯氧乙酸制备中有醚键生成，这个反应叫什么？该实验的亲核取代反应是在碱条件下进行的，若碱大大过量，对实验是否有利？为什么在该反应进行过程中，pH 值会降低？

2. 写出使用过氧化氢来氧化氢氯酸而实现氯化反应的历程。该反应所使用的冰醋酸起什么作用？所用的三氯化铁又起什么作用？为什么本实验的氯原子选择进入对位？

3. 根据所学过的知识，总结氯化反应的方法。

4. 为什么 2,4-二氯苯氧乙酸的制备反应结束后，先要加入一定量水，然后再进行酸化和萃取。若不加水直接酸化和萃取是否可以？

5. 你认为本实验有何改进的地方，请提出你的建议。

实验 110　止 咳 酮

【实验目的】

1. 掌握止咳酮的制备。

2. 熟悉 Claisen 缩合反应。

3. 熟悉 β-二羰基化合物的烷基化及酮式分解。

4. 练习多步合成。

【预习要点】

1. Claisen 缩合反应。

2. β-二羰基化合物的烷基化及酮式分解。

3. 常压、减压蒸馏。

【实验原理】

止咳酮❶为 4-苯基-2-丁酮与亚硫酸氢钠的粉末状加成物，具有止咳，祛痰作用。4-苯基-2-

---

❶　徐克勋. 精细有机化工原料及中间体手册. 北京：化学工业出版社，1998.

Bestmann H J, et al. Chem. Ber. 1962，95：1513.

Abe K, et al. Chem. Lett., 1977，645.

丁酮是由氯化苄与乙酰乙酸乙酯作用，再成酮分解而成或由苯甲醛和丙酮的缩合产物经选择加氢得到❶。

本实验的目的在于训练所涉及的几个典型反应：Claisen 缩合反应，β-二羰基化合物的烷基化及酮式分解等。反应路线如下：

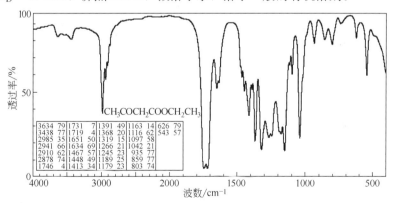

普通乙酸乙酯中含微量乙醇，使用金属钠先与乙醇作用生成乙醇钠，后者催化乙酸乙酯使发生 Claisen 缩合反应，生成乙酰乙酸乙酯。随着反应的进行，不断释放出乙醇，从而使反应进行到底。在醇钠存在下，乙酰乙酸乙酯和氯化苄发生烷基化，继而酮式分解得到 4-苯基-2-丁酮。

【仪器与试剂】

圆底烧瓶（50mL）；冷凝管；干燥管；热源；橡皮塞；分液漏斗；减压蒸馏装置；折光仪；三口烧瓶；回流管；滴液漏斗；磁力搅拌器；蒸馏装置；水浴；温度计；试管。金属钠；二甲苯；乙酸乙酯；乙酸；氯化钠；氯化苄；无水甲醇；浓盐酸；氢氧化钠；焦亚硫酸钠或亚硫酸氢钠。

【实验步骤】

1. 乙酰乙酸乙酯（ethyl acetoacetate）【141-97-9】

取干燥的 50mL 圆底烧瓶放 15mL 二甲苯和 2g（0.087mol）钠，装上冷凝管，干燥管，加热至微沸约 3min，停止加热。拆去冷凝管，用橡皮塞塞紧圆底烧瓶，用力振摇，即得钠砂（呈米粒状）。钠砂沉降后，小心倾出二甲苯（倒入回收瓶），迅速加入 30mL（约 27g，0.31mol）乙酸乙酯，装上回流管和干燥管，自行反应过后，缓缓加热回流至钠砂溶完。将体系冷却至室温后，用 50％的乙酸中和（pH6～7）（约需多少？）❷。将溶液转入分液漏斗，加入等体积的饱和食盐水，振摇，分出有机层用无水氯化钙干燥。滤出干燥剂，在水浴上蒸出乙酸乙酯，然后进行减压蒸馏，收集 85～88℃/3.99kPa（或 80～82℃/2.66kPa）馏分；称重，计算收率，测折射率。

乙酰乙酸乙酯（又名 β-丁酮酸乙酯，附图 1）为无色透明液体。有果香味，$\rho_{20}=1.035$g/mL，折射率 $n_{\mathrm{D}}^{20}=1.4192$，沸点 180℃，微溶于水，溶于一般的有机溶剂。

附图 1　乙酰乙酸乙酯 IR 谱

---

❶　Inglis, Roberts, Org. Syn. Coll. Vol. 1, 1941, 235.

❷　中和时要用力振摇以免有固体结成大块，不利于溶解。为此，可一次加入计算量或略少的乙酸，并用力摇动，检验 pH 值后，若不足，可再补加乙酸。

2. 4-苯-2-丁酮（4-phenyl-2-butanone）【2550-26-7】及止咳酮（antitussone）

在 50mL 干燥的三口烧瓶中，加 4.5mL 甲醇和 0.55g（0.0234mol）钠，装上回流管，自行剧烈反应过后，若钠未作用完，可适当加热使溶完。反应毕，冷至室温后从滴液漏斗中加入 3mL 乙酰乙酸乙酯，再加入 2.7mL（3g，0.023mol）氯化苄，然后回流 30min。稍冷后，慢慢加入 12g 10%氢氧化钠水溶液（自配），加毕测定体系 pH 值。电磁搅拌下加热使体系回流 30min 后冷却，降至 40℃以下，慢慢滴加浓盐酸（约需多少？）调 pH 1~2。加热回流 30min，观察现象。改回流装置为蒸馏装置，在水浴上加热蒸出低沸点物。体系冷却后转入分液漏斗，分出有机层即为粗品 4-苯-2-丁酮，可直接用于下步反应（也可用减压蒸馏精制，收集 132~140℃/5.32kPa 馏分）。在水浴上温热使粗品溶于 10mL 乙醇中备用；在装有搅拌器、回流管和温度计的 50mL 三口烧瓶中加 9mL 水和 1.8g 焦亚硫酸钠（或 2.0g 亚硫酸氢钠），搅拌下加热至 70~80℃使溶解，然后在搅拌下，慢慢从回流管上端将粗产品的乙醇溶液加入体系中，回流 30min。冷却结晶，过滤，并用少量乙醇洗涤结晶两次；粗品用 70%乙醇重结晶，确定收率。用少量产品（0.05g）于两支试管中，加 1mL 水观察溶解度，然后分别加稀盐酸或稀氢氧化钠，观察现象并解释之。

4-苯-2-丁酮（附图 2）为无色透明液体，沸点 235℃，$\rho_{20}=0.9879\text{g/mL}$，折射率 $n_D^{20}=1.5122$。不溶于水，溶于醇、醚和其他有机溶剂。

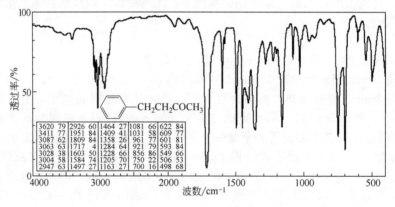

附图 2　4-苯-2-丁酮 IR 谱

【思考题】

1. 什么叫 Claisen 缩合反应，写出乙酰乙酸乙酯发生逆 Claisen 缩合反应的历程。

2. Claisen 反应常用醇钠作催化剂，为什么本实验采用金属钠？本实验对乙酸乙酯有什么要求？

3. 缩合反应结束并中和后，加入饱和氯化钠的目的何在？

4. 乙酰乙酸乙酯烃化后的产物若在浓碱中（如 40%NaOH）水解得到什么产物？

5. 为什么烃化时要先用醇钠和乙酰乙酸乙酯混合后再加氯化苄，能否将乙酰乙酸乙酯和氯苄同时加到醇钠中？

6. 烃化产物水解后蒸出的低沸点物可能是什么？

7. 在饱和亚硫酸氢钠中，都有哪些醛、酮能生成加成物？

8. 写出用亚硫酸氢钠加成物提纯分离醛、酮的步骤。

9. 写出止咳酮在酸（或碱）中分解的方程式。

实验 111　苯 佐 卡 因

【实验目的】

1. 掌握苯佐卡因的制备。

2. 了解氨基的保护。

3. 了解酸和醇的酯化反应。

4. 练习多步合成。

【预习要点】

1. 氨基的保护。

2. 酸和醇的酯化反应。

【实验原理】

苯佐卡因（化学名为对氨基苯甲酸乙酯）【94-09-7】是局部麻醉药中结构最简单的一种，麻醉力不太强，但作用持久而毒性小，主要用作皮肤病的止痒；创伤，粘膜溃疡和痔疮等的止痛。一般制成软膏或栓剂应用。合成路线主要由以下几种：

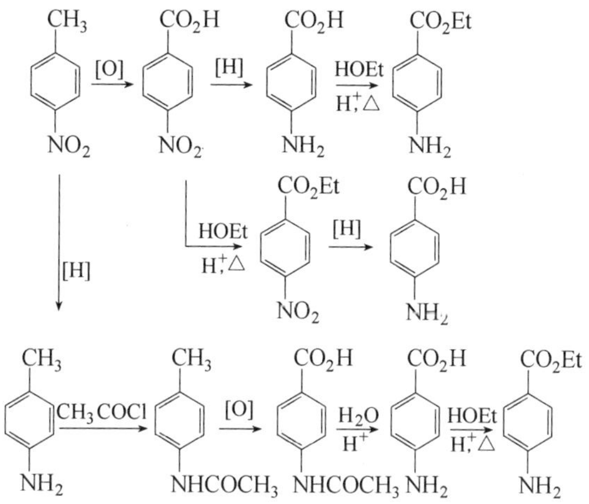

从训练实验操作的角度考虑，本实验采用第三条路线。即以对硝基甲苯为原料，首先在少量氯化铵存在下，用铁粉进行还原得到对甲苯胺[1]；对甲苯胺经氨基保护后氧化和水解获得对氨基苯甲酸[2]；对氨基苯甲酸在酸催化剂存在下和乙醇酯化得到对氨基苯甲酸乙酯[3]。

【仪器与试剂】

三口烧瓶（100mL）；搅拌器；回流管；热源；pH 试纸；布氏漏斗；抽滤瓶；分液漏斗；圆底烧瓶；回流管；烧杯；石蕊试纸。铁粉；对硝基甲苯；氯化铵；苯；碳酸钠；浓盐酸；乙酸酐；高锰酸钾；乙酸钠；硫酸；氢氧化钠（20％）；乙酸；乙醇（95％）；乙醚；无水硫酸镁。

【实验步骤】

1. 对甲苯胺【106-49-0】

在 100mL 三口烧瓶中装搅拌器和回流管，加入 14g（0.25mol）铁粉、1.8g 氯化铵和 40mL 水，搅拌下小火加热 15min。停止加热，稍冷，加入 8.2g（0.06mol）对硝基甲苯，回流 1.5h。冷至室温后，检验体系的 pH 值，加入 2.5mL 5％碳酸钠水溶液。加入 40mL 苯，充分振摇，然后抽滤，滤渣用 10mL 苯洗涤。从滤液中分出有机层，水层用 3×10mL 苯萃取。合并苯层。用 60mL 5％稀盐酸分三次萃取苯层，合并盐酸层，苯层倒入指定回收瓶；配制 15mL 20％氢氧化钠，分批加到盐酸萃取液中，冷却使沉淀完全。抽滤，滤液用 20mL 苯萃取后和沉淀一并加至圆底烧瓶中，水浴蒸去苯，再蒸馏收集 198～201℃馏分，冷却后得固体，测定熔点，确定收率。

---

[1]　徐克勋. 精细有机化工原料及中间体手册. 北京：化学工业出版社，1998，p3-398.

[2]　*Ibid*. p3-437，p3-516.

[3]　*Ibid*. p3-529.

对甲苯胺（附图 1）为无色晶体，通常在水-醇中重结晶时，得到含一分子结晶水的晶体，蒸馏时则得到无水物，熔点为 44～45℃，密度为 1.046g/cm³，沸点 200.3℃，稍溶于水，溶于乙醇、乙醚等，能溶于无机酸中并生成盐。能与水蒸气一同挥发。

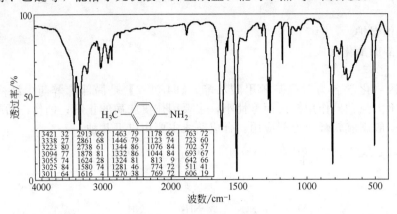

附图 1　对甲苯胺 IR 谱

2. 对氨基苯甲酸【150-13-0】

取 3.0g 对甲苯胺和 3.5mL（3.9g，0.038mol）乙酐混合于 25mL 圆底烧瓶中，装上回流管，摇动使溶解后，回流 20min。趁热将反应液倒入 50mL 冷水中，冷却抽滤，用水洗涤结晶三次，得对甲基乙酰苯胺。产物可干燥，确定收率，测定熔点（纯品熔点为 154℃），粗品可用于下步反应；将制备的粗产物置于 250mL 烧杯中，加 90mL 水、3.0g 结晶乙酸钠和 11g（0.07mol）高锰酸钾，不断搅拌下，加热至约 85℃搅拌反应 40min。趁热过滤（若滤液呈紫色，可加少量乙醇加热至紫色消失再过滤），并用少量热水洗涤沉淀，合并滤液，冷却，检验溶液酸碱性。滤液用 20%硫酸酸化至 pH1～2，冷却，过滤，收集产品对乙酰氨基苯甲酸，纯品熔点 250～252℃（本步产品可干燥后称重，确定收率），粗品可直接进行下步反应；将上步产物置于 100mL 圆底烧瓶中，加 20mL 浓盐酸和 20mL 水加热回流 30min。将反应液冷却，加入 20mL 水；然后用 20%氢氧化钠（约需多少？请自己配制）中和至石蕊试纸刚好变蓝（切勿用碱过量）。根据溶液总体积，每 30mL 溶液加入 1mL 乙酸，冰浴冷却使之结晶收集产品，干燥，确定收率（水解收率和三步反应的总收率），测定产品熔点。

对氨基苯甲酸（附图 2）为无色针状晶体，熔点为 187～188℃。在光和空气中放置易变黄，稍溶于冷水，溶于热水，乙醇和乙醚。

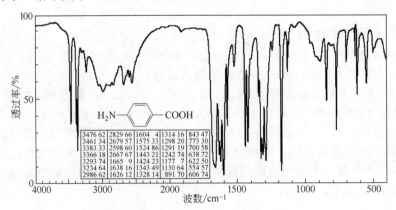

附图 2　对氨基苯甲酸 IR 谱

3. 对氨基苯甲酸乙酯

在 50mL 烧瓶中加 2g 对氨基苯甲酸和 25mL 乙醇，摇溶后，在冰浴冷却下，加 2mL 浓硫酸。(有固体生成，是什么?)摇匀，在水浴上加热回流 1h(不时加以摇动)。反应混合物冷却，分批加入 10%碳酸钠溶液(约使用多少?)中和至中性。再加少量碳酸钠溶液使体系 pH 值达到 9 左右，此时有固体生成(是什么?)。将液体转入分液漏斗，残留的固体，用 45mL 乙醚分若干次洗涤，并将醚转入同一分液漏斗。充分振摇，分出醚层用无水硫酸镁干燥，水浴蒸出乙醚，残留物用乙醇-水重结晶(确定水醇的比例，此操作应在回流装置中进行)。放置使自然冷却结晶，过滤，得苯佐卡因，干燥，确定收率。

苯佐卡因(附图 3)为白色结晶。遇光易变黄，熔点为 91～92℃，沸点 183～184℃ (1.87kPa)。不溶于水，易溶于乙醇和乙醚。

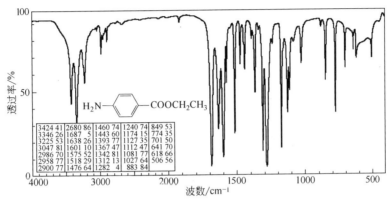

附图 3　对氨基苯甲酸乙酯 IR 谱

【思考题】

1. 为什么还原反应完毕后，反应液常显碱性? 加入碳酸钠溶液的目的何在?

2. 本还原实验是如何分离有机物和无机物的? 又是如何分离未作用原料和产物的?

3. 在什么情况下有机反应需要对某些官能团或某些位置进行保护，举例说明保护基在合成中的应用?

4. 氧化结束后，若溶液显紫色，加入乙醇为何能除去颜色?

5. 酰胺的水解完成后，加入碱进行中和时，为什么还要加入乙酸?

6. 为什么酯化后的中和反应使用碳酸钠而不使用氢氧化钠?

7. 以对硝基甲苯为原料制苯佐卡因，可以有几条路线，写出这些路线及各路线所涉及的反应条件。根据你所具有的知识，你认为哪条路线收率最好?

8. 你认为本实验有哪些可改进的地方? 说明你的理由。

3.3　配位化合物的制备

实验 112　三草酸合铁(Ⅲ)酸钾制备及其光化学性质

【实验目的】

1. 制备标题配合物，加深对铁(Ⅱ)和铁(Ⅲ)化合物性质的了解。

2. 了解光化学反应的原理。

【预习要点】

1. 预习关于铁化合物的重要性质。

2. 查阅有关光化学的综述、进展方面的文献资料。

【实验原理】

三草酸合铁(Ⅲ)酸钾水合物(potassium trioxalatoferrate)【5936-11-8】为绿色单斜

晶体。密度 $2.138g/cm^3$。加热至 $100℃$ 时失去全部结晶水，$230℃$ 时分解。溶于水，在 $100g$ 水中的溶解度为 $4.7g$。难溶于醇、醚、酮等有机溶剂。因其具有光敏活性，故为早期工程晒图材料。本实验制备纯的三草酸合铁（Ⅲ）酸钾晶体，首先用硫酸亚铁铵与草酸作用制备出草酸亚铁：

$$FeSO_4 + H_2C_2O_4 \Longrightarrow FeC_2O_4 \downarrow + H_2SO_4$$

草酸亚铁在草酸钾与草酸的存在下，以过氧化氢为氧化剂，得到铁（Ⅲ）与草酸配合物：

$$2FeC_2O_4 \cdot 2H_2O + H_2O_2 + 3K_2C_2O_4 + H_2C_2O_4 \Longrightarrow 2K_3[Fe(C_2O_4)_3] \cdot 3H_2O + H_2O$$

改变溶剂极性并加少量盐析剂后，可析出三草酸合铁（Ⅲ）酸钾晶体。

所制得的三草酸合铁（Ⅲ）酸钾，在光化学研究上常作为测定光量子效率的试剂，光化学反应是由光子供给能量来进行的化学反应。对于三草酸合铁（Ⅲ）配离子而言，它对于光量子的作用存在较为直观的定量关系。在紫外线的作用下，一个配离子吸收一个光量子后，就得到一个活化配离子（激发态），激发态进一步发生离子的电子转移，结果使中心离子 $Fe(Ⅲ)$ 变为 $Fe(Ⅱ)$，$C_2O_4^{2-}$ 被氧化成 CO_2，反应过程可由下式表示：

$$2[Fe(C_2O_4)_3]^{3-} \xrightarrow{2h\nu} 2[Fe(C_2O_4)_3]^{3-*} \longrightarrow 2Fe^{2+} + CO_2 + 5C_2O_4^{2-}$$

配离子吸收光量子数越多，则产生的 Fe^{2+} 亦越多。我们知道，赤血盐溶液遇 Fe^{2+} 即产生深蓝色滕氏蓝沉淀。早期的晒图工艺就是依据此原理进行操作的，将含有 $[Fe(C_2O_4)]^{3-}$ 的溶液浸于晒图纸上，将图形盖住后曝光，然后将晒图纸浸入赤血盐溶液中，即发生下列反应：

$$3Fe^{2+} + 2[Fe(CN)_6]^{3-} \Longrightarrow Fe_3[Fe(CN)_6]_2 \downarrow（蓝）$$

晾干后就成为蓝底白线的蓝图。

【仪器与试剂】

台秤，高压汞灯（250W），抽滤装置等；$(NH_4)_2Fe(SO_4)_2 \cdot 6H_2O(s)$，$H_2SO_4$（1mol/L），$H_2C_2O_4$（饱和），$K_2C_2O_4$（饱和），$KNO_3$（300g/L），$H_2O_2$（3%），$K_3[Fe(CN)_6]$（5%），乙醇（95%），乙醇-丙酮混合液（1+1，体积比），冰，晒图纸，硫酸纸。

【实验步骤】

1. 配合物的制备

（1）草酸亚铁的制备

在 200mL 烧杯中加入 5g 硫酸亚铁铵固体，15mL 水和 3~5 滴酸加热溶解后，加入 25mL 饱和草酸溶液，加热至沸，搅拌片刻。停止加热，静置。待黄色晶体 FeC_2O_4 沉淀后倾析，弃去上层清液，加入 20~30mL 水，搅拌并温热，静置，弃去上层清液。

（2）三草酸合铁（Ⅲ）酸钾的制备（附图1）

在上述草酸亚铁沉淀中加入 10mL 饱和草酸钾溶液，水浴加热至 313K，用滴管慢慢加入 20mL 3% H_2O_2 溶液，恒温在 313K 左右（观察此时有何现象？），边加边搅拌，加完后将溶液加热至沸，加入 8mL 饱和草酸溶液，趁热过滤，滤液中加入 10mL 乙醇，混匀后冰水冷却，观察是否有晶体析出。若无晶体出现，可往其中滴加几滴 KNO_3 溶液，至有晶体出现。晶体完全析出后抽滤（最好在布氏漏斗上覆以黑纸避光），抽干后，用乙醇-丙酮的混合液 10mL 淋洗滤饼，抽干混合液。固体产品置于一表面皿上，置暗处晾干。称重，计算产率。

2. 配合物光化学活性试验

在一张 60mm×60mm 硫酸纸上用碳素笔描画一些几何图形，待墨干后备用。另取上述制得的产品，配成 1% 的溶液，刷涂到与硫酸纸同样大小的描图纸上（若无描图纸，可用复印纸代替），置暗处令其稍干（无液渍），与硫酸纸叠合在一起，置于汞灯光源下曝光 5min，若无汞灯光源，置阳光下直晒亦可（不过时间略长），尔后，取赤血盐溶液刷涂于曝光过的晒图纸上，观察晒图纸上出现的图像，写出对应的反应方程式。

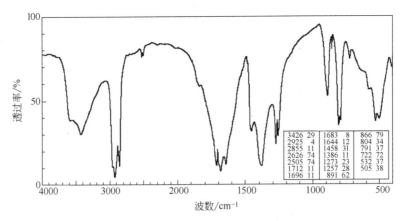

附图1　三草酸合铁（Ⅲ）酸钾IR谱（KBr压片）

【思考题】

1. 请拟出该配合物的另一合成路线及操作步骤。

2. KNO₃溶液的加入为什么会使产物结晶的速度加快？原理是什么？往体系中加固体硝酸钾可以吗？

实验113　三氯化六氨合钴（Ⅲ）的合成与组成测定

【实验目的】

1. 掌握标题化合物的制备方法。

2. 加深对多氧化态金属离子电对、电极电势变化的理解。

3. 了解沉淀滴定法和碘量法。

【预习要点】

1. 预习《元素无机化学》钴化合物的性质。

2. 配合物形成后对相关电对电极电势的影响。

3. 碘量法测定钴，酸碱滴定法测定氨及摩尔法测定氯的原理和操作方法。

【实验原理】

在水溶液中，电对 Co(Ⅲ)/Co(Ⅱ) 的相应电极电势分别为 $\varphi_A^\ominus = 1.84V$ 及 $\varphi_B^\ominus = 0.17V$，因而在通常情况下，水溶液中 Co(Ⅱ) 是稳定的。按照配位场理论，六配位八面体场中，d^6 构型的 Co^{3+} 在强场中的稳定化能要比 d^7 构型的 Co^{2+} 大，因而它们的六配位配合物往往是三价稳定性高于二价配合物的稳定性。或者讲，生成六配位的低自旋配合物后，增加了 Co^{2+} 的还原性。以钴的六氨配合物为例，$\varphi_{Co(NH_3)_6^{3+}/Co(NH_3)_6^{2+}}^\ominus = 0.1V$，说明在水合状态下不稳定的 Co^{3+} 变为氨配合物后稳定性大为提高。事实上，空气中的氧即可将 $[Co(NH_3)_6]^{2+}$ 氧化为 $[Co(NH_3)_6]^{3+}$：

$$2[Co(NH_3)_6]^{2+} + \frac{1}{2}O_2 + H_2O =\!\!=\!\!= 2[Co(NH_3)_6]^{3+} + 2OH^-$$

但在实际制备中，很少用鼓空气于体系中的方法来进行氧化过程，这主要是因为氨的挥发性的缘故。常使用不致引入杂质的 H_2O_2 作氧化剂。本实验利用活性炭的选择催化作用，在有过量氨和氯化铵存在下，以过氧化氢为氧化剂氧化 Co(Ⅱ) 溶液，制备标题化合物：

$$2[Co(H_2O)]Cl_2 + 10NH_3 + 2NH_4Cl + H_2O_2 =\!\!=\!\!= 2[Co(NH_3)_6]Cl_3 + 4H_2O$$

为了除去产物中混有的催化剂，可将产物溶解在酸性溶液中，过滤除去活性炭，然后在高浓度盐酸存在下使产物结晶析出。

三氯化六氨合钴（Ⅲ）【10534-89-1】为橙黄色单斜晶体，密度 $\rho_{25} = 2.096g/cm^3$。加热

至215℃时失去1分子氨。不溶于乙醇、氨水，稍溶于水，溶于浓氨水。293K下在水中的饱和溶解度为0.26mol/L。在水溶液中，$K_{不稳}=2.2\times10^{-14}$。在室温下基本不为强碱或强酸所破坏，只有在煮沸的条件下，才为过量强碱以下式所分解：

$$2[Co(NH_3)_6]Cl_3+6NaOH \Longrightarrow Co(OH)_3+12NH_3+6NaCl$$

本实验利用上述反应对配合物的组成进行测定。①用过量标准酸吸收反应中逸出的氨，再用标准碱返滴剩余的酸，从而测定出氨的含量；②过滤出$Co(OH)_3$后，滤液中的Cl^-与Ag^+标准液作用，定量生成AgCl沉淀，由Ag^+标准液的消耗量可以确定样品中Cl^-的含量；③滤出的钴（Ⅲ）氢氧化物，在酸性介质中与KI作用，定量析出I_2，用标准$Na_2S_2O_3$溶液滴定，可计算Co的含量。

$$Co(OH)_3+3H^++I^- \Longrightarrow Co^{2+}+1/2I_2+3H_2O$$

$$I_2+2S_2O_3^{2-} \Longrightarrow 2I^-+S_4O_6^{2-}$$

【仪器与试剂】

台秤，抽滤装置，酸式滴定管，碱式滴定管，长颈漏斗，天平等。HCl(6mol/L，浓)，标准HCl(0.5mol/L)，标准NaOH(0.5mol/L)，标准$Na_2S_2O_3$(0.1mol/L)，标准$AgNO_3$(0.1mol/L)，HNO_3(6mol/L)，$KCrO_4$(5%)，$NH_3\cdot H_2O$(浓)，NaOH(10%)，H_2O_2(6%)，淀粉溶液(1%)，pH试纸，$CoCl_2\cdot6H_2O$(s)，NH_4Cl(s)，KI(s)，活性炭。

【实验步骤】

1. 三氯化六氨合钴（Ⅲ）的制备

在100mL锥形瓶中加入6g $CoCl_2\cdot6H_2O$ (s)、4g NH_4Cl和7mL水，温热溶解后加入0.1~0.2g活性炭。冷却，往体系中加14mL浓$NH_3\cdot H_2O$，在低于283K的温度下，缓缓加入14mL 6% H_2O_2。之后，将反应容器置于60℃左右的水浴上，恒温，搅拌20min。用

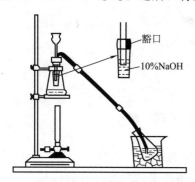

附图1　测氨装置

冰水冷却，抽滤。将沉淀转移到含有2mL浓盐酸的50mL沸水中，溶解完全后，趁热过滤。弃去固体（活性炭），往滤液中慢慢加入7mL浓盐酸，冰水冷却。抽滤，用少量乙醇洗涤晶体。于105℃下烘干后称量，计算产率。

2. 产物组成的测定

（1）氨含量测定

在分析天平上准确称取0.2~0.3g三氯化六氨合钴（Ⅲ）样品，置于250mL三角瓶中，加80~100mL水溶解。在另一三角瓶中用移液管准确加入40.00mL 0.5mol/L标准HCl溶液，将三角瓶置于冰水浴中，系统装置如附图1所示。安全漏斗下端固定于一盛有4mL左右10%NaOH溶液的小试管内，使漏斗柄浸入试管液面下2~3mm，整个过程中漏斗柄的出口不能暴露在液面上。试管口的塞子要多钻出一个连通孔，以便试管内与锥形瓶连通。往样品溶液中加入10mL 10%NaOH溶液，塞紧锥形瓶口。以盛有标准HCl溶液的锥形瓶为接受器，将氨导管插入该接受器液面下20~30mm。确认装置密封性合乎要求后，加热样品溶液，初用大火，至沸后改为小火，保持微沸状态约1h。蒸出全部氨以后，拔掉氨导管，停止加热，用少量水将导管内外可能沾附的溶液洗入锥形瓶内，以甲基红1%为指示剂，用0.5mol/L标准NaOH溶液滴定剩余盐酸，从而求出样品中氨的含量。

（2）氯含量测定

将蒸出氨的样品溶液以中速定量滤纸过滤，并用水洗涤滤纸及沉淀数次，沉淀供钴含量测定之用。滤液承接于250mL锥形瓶中以6mol/L HNO_3酸化至pH=5~6，以5% K_2CrO_4为指示剂，用标准0.1mol/L $AgNO_3$滴定其中Cl^-含量，从而计算出样品中氯的百分含量。

（3）钴含量测定

将得到的三价氢氧化物沉淀连同滤纸一并转移至 250mL 碘量瓶中，加 50mL 水，用玻璃棒将滤纸尽可能搅碎，加入 1g 固体 KI，摇荡使其溶解，再加入 12mL 左右的 6mol/L HCl 酸化，置暗处约 10min，反应如下：

$$2Co(OH)_3 + 2I^- + 6H^+ \Longrightarrow 2Co^{2+} + I_2 + 3H_2O$$

用 0.1mol/L 标准 $Na_2S_2O_3$ 滴定析出的 I_2，至滴定溶液为浅黄色时，加 2mL 1% 淀粉指示剂，继续滴定至蓝色刚好消失为止。依据消耗的标准硫代硫酸钠的体积和浓度，即可计算出样品中钴的百分含量。

根据上述分析结果，求出产品（附图 2）的实验式。

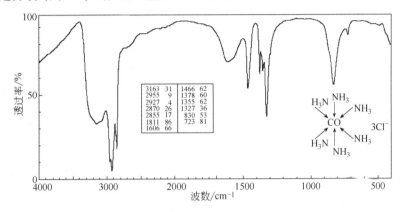

附图 2　三氯化六氨合钴（Ⅲ）IR 谱

【思考题】

1. 在制备过程中水浴上加热 20min 的目的是什么？能否加热至沸？
2. 制备过程需用 7mL 浓盐酸，为什么？
3. 在用 NaOH 滴定过量 HCl 时，为何不用酚酞作指示剂，而用甲基红？
4. 测定 Cl^- 余量时，HNO_3 酸化试液酸度为何不能过大？

实验 114　设计实验——EDTA-Ca 钠盐的制备

【实验目的】

1. 了解一种药用配合物的制备方法。
2. 学习用红外光谱表征化合物的操作方法和 IR 谱的解析。
3. 进一步熟练结晶操作。

【预习要点】

1. 查阅文献，了解药物开发的一般方法和程序。
2. 有关 EDTA 的结构与性质。

【实验原理】

EDTA 钙钠盐 $EDTA \cdot CaNa_2 \cdot 4H_2O$ 【62-33-9】为白色或乳白色结晶或颗粒状粉末。无臭，无味或微臭，微具咸味，在空气中易吸湿潮解，易溶于水。几乎不溶于有机溶剂。30℃时 0.1mol/L 水溶液 pH 值约为 7。在作为药品使用时，又称为解铅乐、依地钙、依地酸钙钠等；工业品作为微量元素营养剂；用于食品工业，是一种良好的食品抗氧化防褐变剂；在农牧业方面主要用作叶面微肥。

本品能与多种金属离子相结合，生成稳定的水溶性的金属配合物。临床上凡是稳定常数大于钙的金属，皆可取代钙而与 EDTA 结合，形成配合物。本品对铅的配位作用最强，在儿童急性铅中毒脑病用药后，尿中铅元素的排泄量增加 20～60 倍。对无机铅中毒效果好（但对四乙基铅中毒无效），对钴、铜、铬、镉、锰及放射性元素（如镭、钇、铀、钍等）均有解毒作用，但对锶无效。本品与汞的络合力不强，很少用于汞中毒的解毒。胃肠道吸收差，不宜口服给药。静注后在体内不被破坏，迅速自尿排出，一小时内约排出 50%，24h 排出 95% 以上。本品因本身含钙，故在配合时，不与钙配合而与其他金属离子配合从而不致产生低钙。每日允许摄入量为 0～2.5mg/kg[❶]。

一般制法[❷]：在煮沸的 EDTA-2Na 溶液中加入比等摩尔略少一点的碳酸钙，待二氧化碳放尽时，趁热过滤，然后结晶而制得。

【仪器与试剂】

红外分光光度计；红外线干燥箱；玛瑙研钵；旋转蒸发仪；其余为常规玻璃仪器。EDTA（来自于实验 47）；Na_2CO_3；轻质 $CaCO_3$；乙醇（95%）；KBr。

【实验步骤】

本实验为限时实验。时间 4.5h。要求同学依据背景资料和提供的设备、试剂条件，自拟方案，在规定时间内独立完成标题化合物的制备，并用 KBr 压片，测定产品的红外光谱（附图 1）。

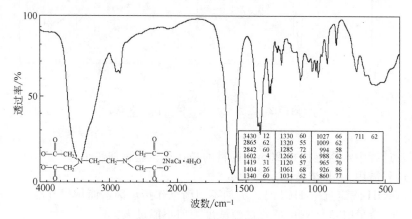

附图 1　EDTA-Ca 钠盐 IR 谱（KBr 压片）

【思考题】

1. 可否用 EDTA 二钠盐进行儿童铅中毒的救治？

2. 如果在 KBr 压片时，样品加入的量较多，对于谱图的获得有何影响？

3. 归属你的样品 IR 谱各吸收峰对应的振动。

实验 115　四氯合铜二乙基铵盐及其热致变色

【实验目的】

制备四氯合铜二乙基铵盐，了解四氯合铜二乙基铵盐的热致变色原理。

【预习要点】

1. 预习冰盐浴的使用方法，抽滤及其洗涤操作。

2. 查阅有关热致变色的材料与方法。

【实验原理】

在高于或低于一定温度区间而发生颜色变化的材料叫做热致变色（thermochromic）材

---

❶　FAO/WHO, 1985.

❷　张天秀，王成中，王建成. 食品抗氧化剂 EDTA 钙钠盐制备工艺新探 [J]. 食品科技，1998，(04)：44-45.

料。颜色随温度连续变化的现象称为连续热致变色，而只在某一特定温度下发生颜色变化的现象称为不连续热致变色。能随温度升降，反复发生颜色变化的称为可逆热致变色，而随温度变化只能发生一次颜色变化的称为不可逆致变色。热致变色材料已在工业和高新技术领域得到广泛应用。例如，利用可逆热致变色对仪器或反应器的温度变化发出警告色，制造变色茶杯和玩具等。热致变色的原理很复杂，无机化合物的热致变色多与晶体结构有关；无机配合物则与配位结构或水合程度有关；而有机分子的异构化也可以引起热致变色。本实验首先以二乙基胺盐酸盐与氯化铜为原料合成四氯合铜二乙基铵盐（diethylamonium copper tetrachloride），然后观察其随温度变化而发生的变化。四氯合铜二乙基铵盐在温度较低时，由于氯离子与二乙基铵离子中氢原子之间有较强的氢键作用和晶体场稳定作用而处于扭曲的平面正方形结构。当温度升高，分子内振动加剧，其扭曲的平面正方形结构逐渐转变为扭曲的正四面体结构，颜色也相应地由亮绿色转变为黄色。四氯合铜二乙铵盐的合成方程式如下：

$$CuCl_2 \cdot 2H_2O + 2(Et_2NH)_2HCl \longrightarrow (Et_2NH_2)_2CuCl_4 + 2H_2O$$

【仪器与试剂】

锥形瓶，直径 2~3mm 毛细管，抽滤瓶，布氏漏斗，吹风机，提勒管。二乙胺盐酸盐；结晶氯化铜；异丙醇；3A 分子筛；无水乙醇。

【实验步骤】

在小锥瓶中用 24mL 异丙醇溶解 5.5g（0.05mol）二乙胺盐酸盐。在另一个小锥瓶中用 5mL 无水乙醇在温热下溶解 2.8g（0.017mol）含二个结晶水的氯化铜。然后将两溶液混合均匀，并加入 6 粒 3A 分子筛，将体系在冰盐浴中冷却，逐渐析出亮绿色针状结晶。抽滤，用少量异丙醇洗涤，产物放入干燥器保存，防止吸潮。

取少量上述样品，装入一沸点管外管中并敦实，毛细管口用凡士林封堵，以防吸潮。将毛细管用橡皮筋固定在温度计上，并使样品部位和温度计水银球平齐。像测定沸点一样将样品置于提勒管中加热观察。当温度升到 40~55℃时，注意观察变色现象，并记录变色温度。然后取出温度计，室温下观察随温度的降低颜色的变化，并记录变色温度。

取一粒晶体，观察其颜色，小心用吹风机的热风加热 1~2min，观察随温度升降颜色反复发生变化的可逆热致变色现象。

【思考题】

1. 解释本实验发生颜色变化的原理。

2. 在反应体系中加入 3A 分子筛的目的是什么？

实验 116　设计实验——固相反应制备 Cr(Ⅲ) 草酸根配合物

【实验目的】

1. 了解固相反应的实质、原理与影响因素。

2. 通过改变溶剂极性，掌握一种配合物结晶析出的方法。

3. 进一步熟练给定化学样品组分表征的一般操作方法，特别是样品预处理。

【预习要点】

1. 草酸及其盐的性质、物性数据。

2. 查阅文献，了解 Cr(Ⅲ) 与 Oxo^{2-} 间形成配合物的情况。

3. 了解 Cr(Ⅲ) 的容量分析方法；以及本书 2.8.2 节内容。

【实验原理】

所谓固相反应（solid phase reaction），是指所有包含固相物质参加的化学反应，包括固-固相反应、固-气相反应和固-液相反应等。固相反应也可以发生在单一固相内部，如均相反应。这种没有液相或气相参与，由固体物质之间直接作用所发生的反应称为纯固相反应。

实际生产过程中所发生的固相反应，往往有液相和/或气相参与，这就是所谓的广义固相反应，即由固体反应物出发，经过一系列物理化学变化而生成固体产物的过程。

通常，固相反应开始的温度远低于反应物熔点或系统的低共熔温度，往往相当于一种反应物开始呈现显著扩散作用的温度。因而对于大多数固相反应而言，扩散过程是控制反应速率的关键。只是在一些特殊的场合下，如高度分散体系，其他化学过程才可能成为反应的控速步骤。了解和研究固相反应对于固体材料的制取和应用都有重要意义。研究固相反应机理和过程要比液相和气相反应困难得多，到目前为止，人们除了对少数几个简单体系有比较深入的了解外，对大多数复杂体系往往只能根据经验来控制反应过程。

以重铬酸钾及草酸钾为原料，在过量草酸存在下，$Cr(VI)$ 被还原为 $Cr(III)$，同时为过量草酸根离子所配合，生成配合比分别为 2 和 3 的草酸根螯合物。其中 Oxo^{2-} 配位数为 2 的物种，属于与水分子混配并具有顺反异构的配合物，分别是顺式二水二草酸根合铬（III）酸钾和反式二水二草酸根合铬（III）酸钾。而配合比为 3 的物种，正是本实验要制备的目的化合物。

三草酸根合铬（III）酸钾三水合物 $K_3Cr(C_2O_4)_3 \cdot 3H_2O$ [potassium tris (oxalato) chromate (III), trihydrate]【15275-09-9，无水物 14217-01-7】，为暗绿色单斜晶系结晶。288K 下在水中的溶解度为 20g/100g。其晶体沿着三个结晶轴具有蓝色、蓝绿色、红色的多色性。其呈现的颜色往往取决于投射的光线。这是该化合物最重要的外观特征。

样品成分分析所依据的主要反应如下：

$$ClO_3^- + Cr(C_2O_4)_3^{3-} \longrightarrow CO_2 + Cr(VI)$$
$$Cr(VI) + Fe^{2+} \longrightarrow Cr(III) + Fe^{3+}$$
$$Cr(C_2O_4)_3^{3-} + Ca^{2+} \longrightarrow CaC_2O_4 \downarrow + Cr(III)$$
$$CaC_2O_4 + H^+ + KMnO_4 \longrightarrow CO_2 + Mn^{2+}$$

注意过量氧化剂的消除，否则势必干扰分析测定。

【仪器与试剂】

分析天平，抽滤装置，研钵，烘箱，余为常规玻璃仪器；重铬酸钾【7778-50-9】，每人 5.0g；草酸钾【6487-48-5】；草酸【6153-56-6】；氯酸钠【7775-09-9】；乙醇（95%）；乙醚；$CaCl_2 \cdot 6H_2O$；$0.1mol/L \frac{1}{5} KMnO_4$ 标准溶液；（1＋5）H_2SO_4 溶液；HCl（浓）；$NaNO_2$（2mol/L）；脲；0.1mol/L $(NH_4)_2FeSO_4$ 标准溶液；邻二氮菲-亚铁指示剂。

【实验步骤】

本实验要求同学根据提供的物质条件，自拟方案，独立完成如下内容。

1. 固相合成法获得三水合三草酸根合铬（III）酸钾固体样品。提示：各研细原料的混合均匀程度对于产品的构成影响极大。另外，若起始反应速度很慢（特别是室温较低情况下），可往体系中用微量进样器加 $20\mu L$ 纯水引发之。

2. 对获得的三水合三草酸根合铬（III）酸钾进行重结晶。

3. 用过量氯酸钠溶液氧化样品，并设法消除过量氧化剂；用标准 $(NH_4)_2FeSO_4$ 溶液滴定 $Cr(VI)$ 含量。测定条件自行确定。

4. 用 Ca^{2+} 沉淀草酸根离子，用标准 $KMnO_4$ 溶液滴定样品中草酸根含量。根据测定结果，推测配合物组成。

实验 117　由蚕砂出发制取叶绿素铜钠盐

【实验目的】

1. 从蚕砂制取叶绿素铜钠盐。

2. 了解叶绿素铜钠盐的产生原理。

【预习要点】

1. 预习本试验的原理及其操作部分。

2. 查阅文献报道的有关制取方法。

3. 查阅 GB 3262，了解叶绿素铜钠盐的各项指标及鉴定方法。

【实验原理】

蚕砂（又称蚕粪）是丰富的农副产品资源。其主要成分有：粗蛋白 13.47%～14.45%，粗脂肪 2.18%～2.29%，粗纤维 15.79%～16.24%，可溶无氮物 56.92%～57.44%（其中果胶占 12% 左右），灰分 9.85%～9.95%，叶绿素约 1%，还含有少量类胡萝卜素、叶黄素和三十烷醇等。

叶绿素（chlorophyl）【479-61-8】是一种天然色素，在医药、食品及日用品工业中有广泛的用途。以往，提取叶绿素都是以某些植物的鲜叶为原料。现已发现，叶绿素在蚕砂中的含量是鲜叶中的数十倍，用蚕砂作提取叶绿素的原料，除了来源广、方法简易、收率高、成本低廉外，残余的蚕砂还可再综合利用，从中提取其他许多有用的成分。

通常所说的叶绿素是指由多种含镁卟啉化合物共存的混合物。文献报道有 a、b、c、d 等结构，其中最主要是 a、b 两种，结构式如下：

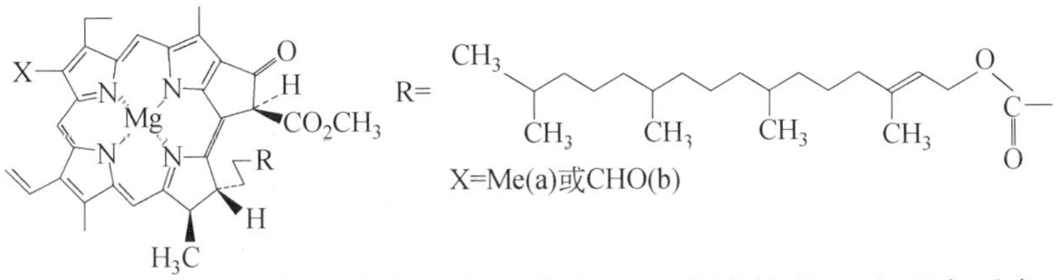

叶绿素一旦离开活性植物体，就变得很不稳定，且水溶性差。这两点对色素应用来说，是极为不利的。把叶绿素转化成叶绿素铜钠盐（copper sodium chlorophyllate）【11006-34-1】，基本上解决了这两个问题，因而叶绿素铜钠盐作为一种天然色素，逐渐在许多方面得到广泛应用。叶绿素铜钠盐也有 a 型和 b 型。b 型中的—CHO 在多步反应中易被氧化，大多数情况下，也是以钠盐形式存在。

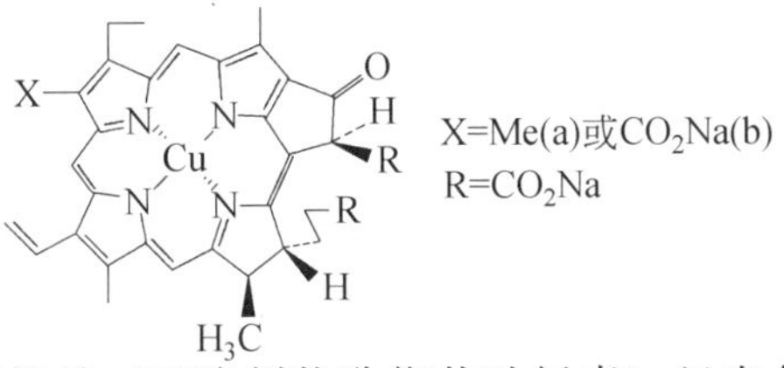

将蚕砂中萃取的叶绿素粗晶（无溶剂物称糊状叶绿素）经皂化、置铜、纯化和成盐等几步后，就可得到叶绿素铜钠盐成品。目前，叶绿素铜钠盐尚未见熔点的文献值。其纯度鉴别，主要看吸光度 $E_{1cm}^{1\%} 405nm$（用 1cm 比色皿，405nm 的光测出的十万分之一浓度物质的消光值，再乘以 1000 换算成的百分消光值），即在规定的条件下，吸光度值越大，叶绿素铜钠盐含量越高。1982 年颁布的国家标准（GB 3262—82）中共有 9 大指标〔pH 值，$E_{1cm}^{1\%}$ 405nm，消光比值（$E_{1cm}^{1\%} 405nm/E_{1cm}^{1\%} 630nm$），总铜含量，游离铜含量，砷含量，铅含量，干燥失重和硫酸灰分〕，其中要求 $E_{1cm}^{1\%} 405nm$ 不得低于 568。

【仪器与试剂】

721 型分光光度计，锥瓶，抽滤瓶，布氏漏斗，1000mL 分液漏斗，三口烧瓶，磁力搅拌器、温度计和滴液漏斗。

蚕砂；95% 乙醇；固体氢氧化钠；石油醚（90～120℃）；1∶1 盐酸；丙酮。5% 的氢氧化钠乙醇溶液；10% 的 $CuSO_4$。

【实验步骤】

取 100g 粒度为 40 目的干蚕砂（含水量不高于 10%）放入锥形瓶中，加 40mL 水浸润，放置 2h 使膨润，中间翻动数次。加 95％乙醇 250mL，在 40℃水浴保温搅拌 1h，冷却过滤，滤渣再重复萃取 2 次，合并萃取液，加约 6g NaOH。待 NaOH 全溶后，60℃左右搅拌 1h，再在该温度下减压浓缩至原体积的一半。冷至室温后，转移到 1000mL 分液漏斗中，用等体积的石油醚（90～120℃或用 120 号溶剂汽油）洗涤浓缩液 3 次，以除去浓缩液中的脂溶性杂质。将洗好的浓缩液转入三口烧瓶中，安装搅拌器、温度计和滴液漏斗，在 60℃水浴上搅拌滴加 1∶1 的盐酸，中和浓缩液到 pH 7。再滴加 10％的 $CuSO_4$ 水溶液 3mL。最后，用 1∶1 的盐酸调 pH 值至 2～3，60℃保温搅拌 1h。有黑色黏稠物出现，将其收集，用 50℃去离子水洗涤黑色黏稠物，经多次洗涤至洗涤水呈无色，于 60℃烘箱中烘干。再用酒精和石油醚各洗 3 次，每次 10mL，60℃下烘干。按固体物质量的 1.5 倍加丙酮溶解。过滤，搅拌下向滤液中慢慢滴加 5％的氢氧化钠乙醇溶液，直到溶液滴在滤纸上后，看扩散的液体没有颜色为止，表明完全成盐（没有成盐时，扩散的液体为绿色）。过滤，烘干，即得到墨绿色的叶绿素铜钠盐约 0.8g。

按 GB 3262 规定的方法，将得到的叶绿素铜钠盐配成溶液，测定其消光值。

【思考题】

1. 向萃取液中加 NaOH 的目的是什么？

2. 水洗涤黑色黏稠物是能除去那些可能的物质？

3. 用石油醚洗涤浓缩液时会不会将叶绿素洗去？

3.4　由天然产物出发提取纯物质

一切动植物体及其代谢的物质，几乎都是有机物质组成的。了解这些物质的结构及其在生命体中的作用对于人们了解生命运动的原理具有十分重要的意义。为了了解组成生命体的各种物质的结构及其性能，首先要采取措施获得纯粹的化合物。所以，天然化合物的提取，也是有机化学以及相关学科的重要研究内容。提取天然化合物的方法与过程几乎涵盖了有机化学实验操作的所有内容。一般地对于生物碱的提取通常采用酸性溶剂萃取，然后使用碱性物质中和酸，释放出生物碱；而酸性物质的提取则要使用碱性溶剂萃取，然后使用酸中和，从而释放出天然酸性化合物。结合以下实验的内容可以了解到各种天然化合物的一般提取方式。

实验 118　从茶叶中提取咖啡因

【实验目的】

1. 从茶叶中提取咖啡因。

2. 了解从茶叶中提取咖啡因的原理，学习索氏提取器的使用以及从茶叶中提取咖啡因的方法。

【预习要点】

1. 预习本实验的原理及其操作部分。

2. 预习 2.4.8 节的索氏提取器使用方法。

3. 查阅文献报道的有关提取方法。

【实验原理】

咖啡因（caffeine）是一种生物碱，又名咖啡碱，化学名为 1,3,7-三甲基-2,6-二氧嘌呤，结构式为：

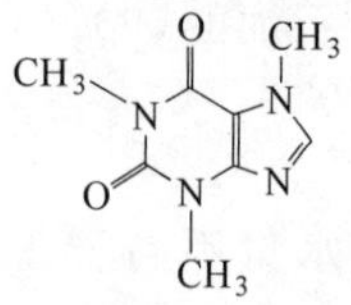

含结晶水的咖啡因是无色针状结晶，味苦，在冷水和乙醇中的溶解度约为 2%，在氯仿中溶解度为 12.5%，也能溶于苯中。咖啡因在 100℃ 时开始失去结晶水，120℃ 时升华，178℃ 时迅速升华。无水咖啡因的熔点为 234.5℃。咖啡因具有刺激心脏、兴奋大脑神经和利尿等作用，因此可作为中枢神经兴奋药。它是复方阿司匹林的组分之一。咖啡因广泛存在于自然界的多种植物(如茶叶、咖啡)中，可通过从植物中提取获得，但目前主要通过人工合成获得。

本实验通过脂肪提取器，从茶叶中提取咖啡因。茶叶中约含咖啡因 1%～5%，还含有丹宁酸(鞣酸)12% 以及一些色素、蛋白质、纤维素等。利用溶剂（这里使用乙醇，也可使用氯仿或苯等）对茶叶连续提取，然后蒸去溶剂可得粗产品，再通过升华即可得到纯咖啡因。

【仪器与试剂】

索氏提取器；蒸发皿；圆底烧瓶；蒸馏头；接收管；冷凝管。茶叶（研碎）；95% 乙醇；氧化钙。

【实验步骤】

取 10g 茶叶研碎放于脂肪提取器的纸套中，上面用一小块滤纸堵口，放进提取器中，在圆底烧瓶中加 100mL 乙醇，连续加热提取至提取液颜色变淡为止(2～3h)。改成蒸馏装置，蒸出大部分乙醇，残液剩下约 15mL。将其转移至蒸发器中，加入 3g 研细的生石灰（脱水及中和酸性物质），搅拌，在蒸汽浴上挥发至干。在酒精灯火焰上小火烘炒片刻除去全部水分，用玻棒将残渣刮起并研细，均匀而薄薄地铺在蒸发皿底部，上部放一张带有小孔的滤纸，再盖上一玻璃漏斗，并堵上颈孔。缓缓地小火加热(勿使火焰停在局部)使升华。稍冷后，将升华物质取出。将残渣翻动一下，再加热(可加大火焰)使升华完全，合并两次升华物，测定熔点(粗产品不纯时可用热水重结晶)。

【思考题】

1. 升华法可以提纯哪些物质？

2. 升华操作为什么要在三相点以下的温度进行？

3. 本实验加入生石灰的目的是什么？

实验 119 从槐花米中提取芦丁

【实验目的】

1. 从槐花米中提取芦丁。

2. 通过实验学习黄酮类物质在植物中的存在形式及其提取方法；了解从植物中提取黄酮类物质的原理。

【预习要点】

1. 预习本实验的原理及其操作部分。

2. 查阅文献，了解不同植物中的黄酮类物质的提取方法。

【实验原理】

黄酮类物质指的是一类存在于植物界并具有以下基本结构的黄色色素，它们的分子中都有一个酮基并且显黄色，所以称为黄酮。基本结构如下：

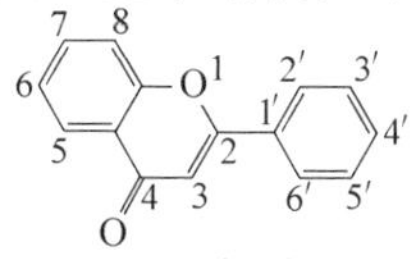

许多中草药成分中含黄酮类化合物，而且都带有羟基，还可能带有烃基，烃氧基等，其中以 $3,5,7,3',4'$-几个位置上有羟基或甲氧基的机会最多，这 5 个位置上有羟基的为槲皮素。芦丁(rutin：槲皮素-3-O-D-葡萄糖-O-L-鼠李核)是槲皮素的糖苷，结构如下：

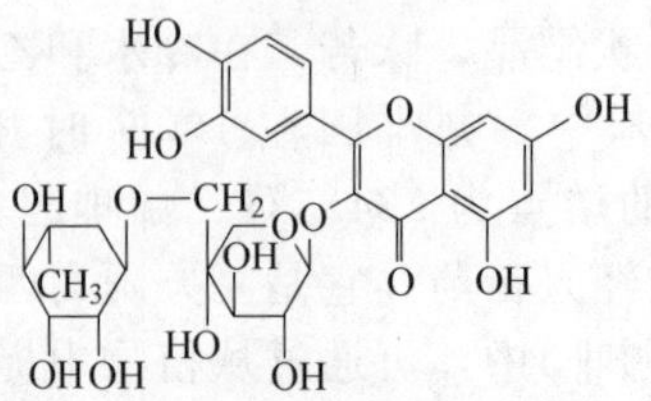

芦丁为淡黄色针状结晶物质。含 3 个结晶水的芦丁熔点为 174～170℃，无水物的熔点为 188℃。不溶于乙醇、氯仿、石油醚、乙酸乙酯、丙酮等溶剂；易溶于碱呈黄色，酸化后又析出。芦丁有调节毛细管壁的渗透性作用，临床上用作毛细管止血药，可作为高血压症的辅助治疗药物，具有增强心脏收缩、减少心脏搏动次数的功能，是高原缺氧人群的最佳医疗保健品。它广泛存在于槐花（12%～20%）、荞麦叶（8%）等当中。槐花米是槐系豆科槐属植物的花蕾，是提取芦丁的主要原料。除有效成分芦丁外，还含有槲皮素、皂甙、白桦脂醇、槐二醇以及槐花米甲素、槐花米乙素、槐花米丙素和多糖黏液质等。本试验使用石灰水提取芦丁。

【仪器与试剂】

烧杯；温度计；抽滤瓶；布氏漏斗；1000mL 分液漏斗；三口烧瓶；搅拌器；温度计和滴液漏斗。槐花米；饱和石灰水；15%盐酸。

【实验步骤】

称取 5g 槐花米研成粉末状，置于烧杯中，加入 50mL 饱和石灰水溶液，搅拌加热至沸 15min 后，抽滤，滤渣再用 50mL 饱和石灰水溶液煮沸 10min，抽滤，合并两次滤液，用 15%盐酸调节滤液 pH 值为 3～4，放置 1～2h，使沉淀完全，抽滤，沉淀用蒸馏水洗涤 2～3 次。得到芦丁粗产品。将粗芦丁和 50mL 水共热至沸，不断搅拌下慢慢加入饱和石灰水溶液使沉淀溶解，趁热过滤，滤液用 15%盐酸调节 pH 值为 4～5，静置 0.5h，芦丁以浅黄色结晶析出，抽滤，产品用水洗涤 1～2 次，烘干后称重，并测定熔点。

【思考题】

1. 在加酸析出晶体时为什么要注意调节 pH 值，pH 值过大或过小对实验有何影响？

2. 以芦丁在槐花米中的含量为 12%计，算一算本次实验中产品的收率，分析影响收率的原因。

实验 120　从黄连中提取黄连素

【实验目的】

1. 从黄连中提取黄连素。

2. 了解提取黄连素的原理，学习提取黄连素的原理和方法。

【预习要点】

1. 预习本实验的原理及其操作部分。

2. 查阅文献，了解文献中有关黄连素的提取方法。

【实验原理】

黄连素（俗称小檗碱，berberine）为黄色针状结晶，纯净的黄连素熔点约 145℃。微溶于水和乙醇，较易溶于热水和热乙醇中，几乎不溶于乙醚。它是中国名药材之一的黄连根茎中所含的主要有效成分，具有清热燥湿、泻火解毒，抗菌消炎等药理作用，临床上用于治疗湿热痞满、消化道感染等疾病。黄连素存在下列三种互变异构体：

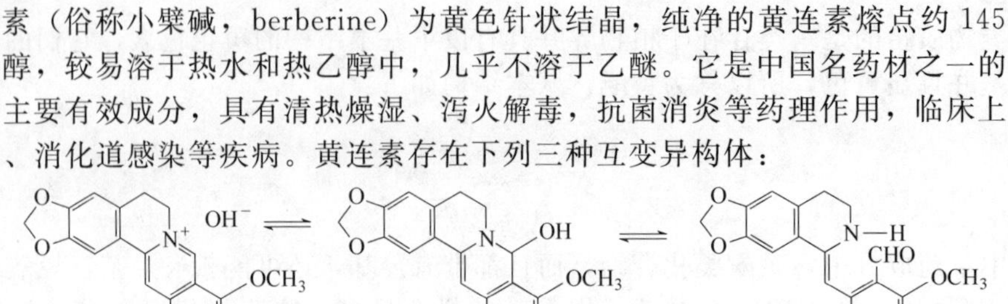

在自然界，黄连素多以季铵碱的形式存在。黄连素的盐酸盐、氢碘酸盐、硫酸盐、硝酸盐均难溶于冷水，易溶于热水，其各种盐的纯化都比较容易。而通常得到纯净的黄连素晶体比较困难。本实验使用乙醇浸泡提取黄连素。

【仪器与试剂】

圆底烧瓶；球形冷凝管；试管；分液漏斗等。黄连；乙醇；1%乙酸；盐酸；石灰乳。

【实验步骤】

取 10g 黄连粉碎后放入烧瓶中，加入 100mL 乙醇，加热回流 0.5h，然后静置浸泡 1h。抽滤，滤渣重复上述操作处理两次(采用脂肪提取器可以节省时间和溶剂，提高效率)，合并三次所得滤液，减压浓缩直到残留液呈棕红色糖浆状，回收蒸出的乙醇。向残留液中加入 1%乙酸约 40mL，加热溶解，滤除不溶物。然后向滤液中滴加浓盐酸，直至溶液变混浊为止，约需浓盐酸 10mL，静置冷却，即有黄色针状结晶析出，过滤，用冰水洗涤结晶两次，再用丙酮洗涤一次以便加速干燥，烘干后得黄连素盐酸盐重约 1g，在 200℃ 左右熔化。

将黄连素盐酸盐加热水至刚好溶解，煮沸，用石灰乳调节 pH=8.5～9.8，稍冷后滤去不溶性杂质，滤液继续冷却到室温以下，即有针状体的黄连素析出，抽滤，将结晶在 50～60℃ 下干燥，测定熔点。

【思考题】

1. 黄连素为何种生物碱类的化合物？

2. 为何要用石灰乳来调节 pH 值，用强碱氢氧化钾（钠）行不行？为什么？

3. 减压浓缩的操作能否使用油泵减压？

实验 121　由黄花烟草叶片出发制取烟碱苦味酸盐

【实验目的】

1. 由黄花烟叶出发制取烟碱苦味酸盐。

2. 通过实验学习由黄花烟叶出发制取烟碱苦味酸盐的方法，了解从烟叶中提取烟碱的原理。

3. 熟悉萃取、重结晶以及低沸点易燃液体蒸馏的操作技术。

【预习要点】

1. 预习 2.3.4 熔点测定部分、2.4.5 萃取部分、2.4.1 固-液分离部分、2.4.7 液体的干燥部分以及本试验的原理及其操作部分内容。

2. 查阅文献，了解文献中有关烟碱的提取方法。

【实验原理】

烟碱又叫尼古丁（nicotinum），是存在于烟叶中的主要生物碱，其结构式如下：

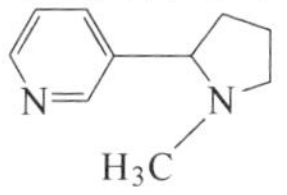

烟碱是由两个杂环构成的，它是一种无色油状液体，沸点 bp 246℃。能够溶解于水和许多有机溶剂。由于烟碱结构中的叔胺基团可以质子化而形成盐，所以存在于烟叶中的烟碱常与有机酸结合在一起。本实验用稀碱浸提烟叶，然后用有机溶剂(如乙醚、氯仿)萃取，经浓缩得到油状的烟碱粗产物。粗产物中的烟碱常转化成双苦味酸盐而得到纯化，并通过测定熔点而得到鉴定。纯烟碱双苦味酸盐的熔点 mp 222～223℃，双苦味酸盐的结构式如下：

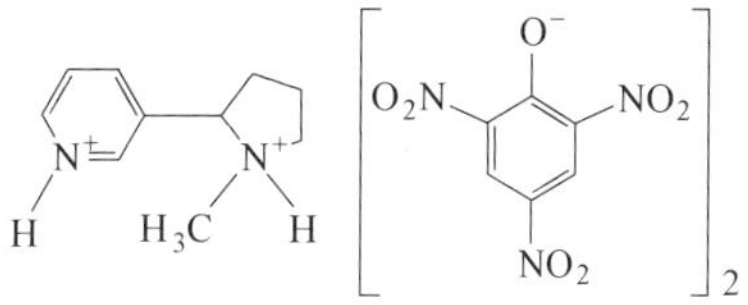

【仪器与试剂】

台式天平，分液漏斗，烧杯，锥形瓶，普通玻璃漏斗，圆底烧瓶，直型冷凝管，接液管，熔点测定装置，抽滤装置，量筒等。甲醇，乙醚，乙醇，苦味酸，无水硫酸钠，氢氧化钠，烟叶，沸石。

【实验步骤】

称取 8.5g 烟叶研碎，与 100mL 5%氢氧化钠溶液混合于烧杯中，常温搅拌 15min，抽滤收集滤液，滤渣用 30mL 水混合再充分搅拌后抽滤。合并两次的滤液。用 3×25mL 乙醚萃取，合并乙醚萃取液，用无水硫酸钠干燥。干燥后的乙醚溶液在水浴上加热进行蒸馏，蒸尽乙醚，残留物用 1mL 水和 4mL 甲醇溶解，过滤除去不溶解物。并用 5mL 甲醇洗涤过滤用的滤纸和不溶解物。滤液中加入 10mL 苦味酸盐的甲醇饱和溶液，即有淡黄色固体析出，过滤得到烟碱的双苦味酸盐粗产物。粗产物用 50%乙醇-水溶液重结晶（先用 2mL 溶剂加热溶解，从冷凝管上端补加溶剂至回流条件下固体恰好溶解为止）。产物干燥后测定熔点。

【注意事项】

实验中使用的乙醚沸点低、易燃易爆，要远离火源，注意安全！

【思考题】

1. 烟碱又叫尼古丁，在农业上有什么用途，其化学名称是什么？

2. 用分液漏斗萃取时有哪些注意事项？

实验 122　银杏叶中黄酮类有效成分的提取

【实验目的】

1. 从银杏叶中提取银杏黄酮。

2. 了解银杏黄酮的提取原理。

3. 学习银杏黄酮的提取方法。

【预习要点】

1. 预习本实验的原理及其操作部分。

2. 查阅文献，了解文献中有关银杏黄酮的提取方法。

【实验原理】

银杏是一种落叶乔木，种子又名“白果”，果仁可以吃，也可以入药，是传统的滋补药物和食物。银杏叶提取物中的黄酮对于治疗冠心病和周边血管疾病、心绞痛、神经系统障碍、头晕、耳鸣、记忆损失以及支气管哮喘等疾病有显著疗效。

银杏叶中的化学成分很多，主要有黄酮类、萜内酯类、聚戊烯醇类，此外还有酚类、生物碱和多糖等药用成分。目前银杏叶的开发主要提取银杏内酯和黄酮类等药用成分。黄酮类化合物由黄酮醇及其苷、双黄酮、儿茶素三类组成，它们具有广泛的生理活性。黄酮类化合物的结构较复杂，其中黄酮醇及其苷的结构表示如下：

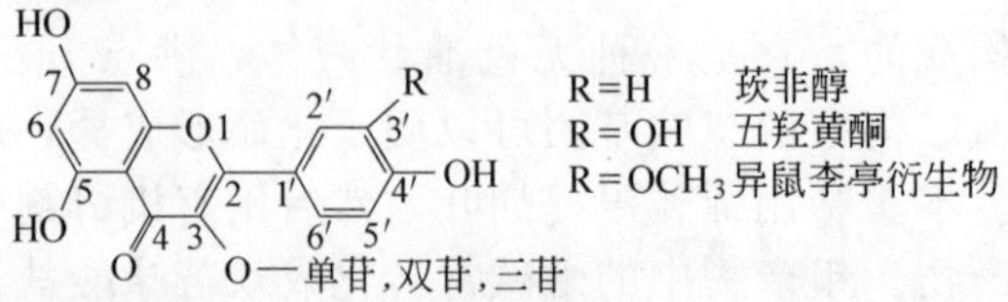
HO
7
8
6
5
O1
2
3
4
HO
O
2′
3′
R
1′
4′
OH
6′
5′
O—单苷,双苷,三苷
R=H　　莰非醇
R=OH　五羟黄酮
R=OCH3异鼠李亭衍生物

提取银杏叶有效成分的方法有多种，主要有水蒸气蒸馏法、有机溶剂萃取法和超临界流体萃取法。本实验采取的是溶剂萃取法。

【仪器与试剂】

索氏提取器，蒸馏装置一套，水泵。

银杏叶 25g；95%乙醇；二氯甲烷；无水硫酸钠。

【实验步骤】

称取干燥的银杏叶粉末 25g，放进索氏提取器的滤纸袋，圆底烧瓶中加入适量 95％的乙醇，连续提取 3h，待银杏叶颜色变浅，停止提取。将提取物转入蒸馏装置，减压蒸去溶剂（回收再用）得膏状粗提取物。将粗提取物加 120mL 水搅拌，转入分液漏斗，用二氯甲烷萃取（3×60mL），萃取液用无水硫酸钠干燥，蒸去二氯甲烷，残留物干燥，称量，计算收率。也可以用 D101 树脂和聚酰胺树脂 1∶1 混合装柱，然后用 70％乙醇洗脱，经浓缩得到精制品。

【思考题】

银杏黄酮类化合物含有那些官能团？

实验 123　从黑胡椒中提取胡椒碱

【实验目的】

1. 从黑胡椒中提取胡椒碱。
2. 了解胡椒碱的提取原理。
3. 学习胡椒碱的提取方法。

【预习要点】

1. 预习相关内容以及本试验的原理和操作部分。
2. 查阅文献，了解文献中有关胡椒碱的提取方法。

【实验原理】

胡椒碱（piperine）是胡椒（black pepper）的主要有效成分之一，其化学结构属于桂皮酰胺类。黑胡椒中含有大约 10％的胡椒碱，其结构如下：

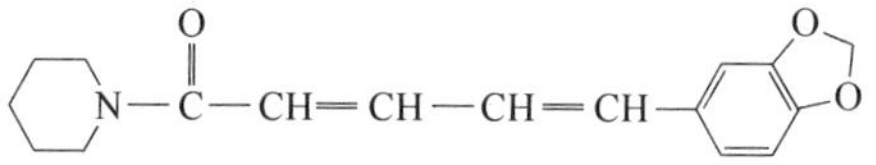

胡椒碱为浅黄色针状结晶，熔点 129～131℃。已有研究证明，这类化合物具有镇静、催眠、抗惊厥、骨骼肌松弛和抗抑郁等多方面的作用。黑胡椒具有香味和辛辣味，是菜肴调料中的佳品。其中成分除胡椒碱外，还有少量胡椒碱的几何异构体佳味碱（chavicin）、挥发油等。本实验用乙醇提取胡椒碱。在粗萃取液中，除了含有胡椒碱和佳味碱外，还有胡椒酸和其他酸性树脂类物质。为了防止这些杂质与胡椒碱一起析出，把稀的氢氧化钾醇溶液加至浓缩的萃取液中使酸性物质成为钾盐而留在溶液中，以避免胡椒碱与酸性物质一起析出，而达到提纯胡椒碱的目的。

【仪器与试剂】

圆底烧瓶，球形冷凝管，蒸馏装置一套，试管，分液漏斗等。黑胡椒；95％乙醇；2mol/L 氢氧化钾乙醇溶液；丙酮。

【实验步骤】

将磨碎的黑胡椒 15g 与 95％乙醇 150mL 一起回流 3h（由于沸腾混合物中有大量的黑胡椒碎粒，因此应小心加热，以免暴沸），稍冷后过滤。蒸馏浓缩滤液至残留物约为 15mL，然后加入 15mL 温热的 2mol/L 氢氧化钾乙醇溶液，充分搅拌，过滤除去不溶物质。将滤液转移到另一烧杯，置于热水浴中，搅拌下慢慢滴加约 15mL 水，溶液出现浑浊并有黄色结晶析出。经冰水浴冷却，过滤出黄色固体粗胡椒碱，用丙酮重结晶，得浅黄色针状结晶，测定熔点。

【思考题】

1. 胡椒碱应归入哪一类天然化合物？
2. 加入氢氧化钾乙醇于浓缩残留物中的用途是什么？

第四篇 物质基本物理量测定及性质

4.1 气体压力的测量与真空技术

4.1.1 气体压力的测量

化学实验中根据不同的需要用福廷式气压计、U形管水银压力计、精密数字压力计或压力表测量气体压力。分别介绍如下。

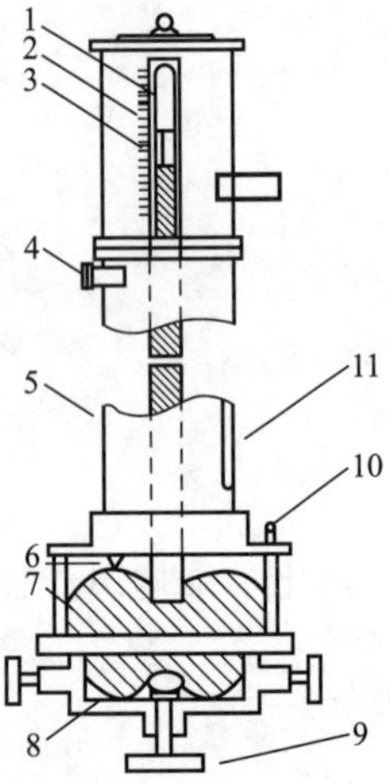

（1）福廷式气压计

福廷（Fortin）式气压计（图 4.1-1）是实验室里最常用的气压计。它是一种以水银柱平衡大气压力，以水银柱高度指示大气压力的测量仪器。不能应用于对反应系统压力的测量。气压计外层为一黄铜管，铜管上部有一长方形的孔，以便观察水银柱高度，铜管内有一长约 90cm 的玻璃管，内盛水银，其上端封闭，下部开口插在水银槽中。

在黄铜管上装有刻度标尺、游标等。

气压计的下部外层由一铜管和一短玻璃筒构成，内装气压计的水银槽。水银槽的下部为一羊皮制的袋，在黄铜管的下部装有调节螺栓，旋转调节螺栓可使皮袋折上放下以改变槽中水银面高度。

在水银槽的上部装有一象牙针，尖向下。其垂直尖端系黄铜标尺刻度零点。在读气压时，必先使槽中水银面恰好与针尖相接触。

福廷式气压计的使用方法

① 首先观察附属温度计，记录温度。

② 调节水银槽中的水银面。旋转调节螺栓使槽内水银面升高，这时利用水银槽后面的白磁片的反光，可以看到水银面与象牙针的间隙。再旋转调节螺栓至间隙恰好消失为止。

图 4.1-1 福廷式气压计

1—玻璃管；2—黄铜标尺；
3—游标尺；4—调节螺栓；
5—黄铜管；6—象牙针；
7—汞槽；8—羚羊皮袋；
9—调节汞面的螺栓；
10—气孔；11—温度计

③ 调节游标。转动控制游标的螺栓，使游标的底部恰与水银柱凸面顶端相切。

④ 读数方法。

整数部分的读法。先看游标的零线在刻度尺的位置，如恰与标尺上某一刻度相吻合，则该刻度即为气压计读数。如果游标零线在两个刻度之间，则气压计读数的整数部分由下刻度决定。

小数部分的读法。从游标上找出一根与标尺上某一刻度线相吻合的刻度线，此游标对应的读数即为小数部分。

⑤ 读数后转动气压计底部的调节螺栓，使水银面下降到与象牙针完全脱离。

⑥ 做仪器误差、温度、海拔高度和纬度等项校正。

福廷式气压计的校正方法 水银气压计的刻度是以 0℃、纬度 45°的海平面高度为标准的。从气压计上直接读出的数值至少需经仪器误差校正后才能应用。而在精密的测量中，还要求对温度、纬度和海拔高度等进行校正。

① 仪器误差校正。大气压的读数值应首先对仪器误差加以校正。仪器误差是由于仪器本身不准确而造成的。仪器在出厂时有这项仪器卡片。若校正值是正值则加在气压计的读数上，是负值则减去这个值。

② 温度校正。见表 4.1-1。温度的变化引起水银密度的变化及铜套管的热胀冷缩而影响读数，因此精密的测定需要作温度校正，因为水银的膨胀系数比铜管的膨胀系数大，所以若温度高于 0℃，经仪器误差校正后的气压值应减去温度的校正值，而温度低于 0℃，应加上温度校正值。校正后数值相当于 0℃水银柱高度。

表 4.1-1　气压计读数的温度校正值

温度/℃	读数/mmHg				
	740	750	760	770	780
15	1.81	1.83	1.86	1.88	1.91
16	1.93	1.96	1.98	2.01	2.03
17	2.05	2.08	2.10	2.13	2.16
18	2.17	2.20	2.23	2.26	2.29
19	2.29	2.32	2.35	2.38	2.41
20	2.41	2.44	2.47	2.51	2.54
21	2.53	2.56	2.60	2.63	2.67
22	2.65	2.69	2.72	2.76	2.79
23	2.77	2.81	2.84	2.88	2.92
24	2.89	2.93	2.97	3.01	3.05
25	3.01	3.05	3.09	3.13	3.17
26	3.13	3.17	3.21	3.26	3.30
27	3.25	3.29	3.34	3.38	3.42
28	3.37	3.41	3.46	3.51	3.55
29	3.49	3.54	3.58	3.63	3.68
30	3.61	3.66	3.71	3.75	3.80

注：1. 若室温低于 15℃或高于 30℃，则按式（4.1-1）算出校正值。

2. 1mmHg＝133.322Pa。

一般铜管由黄铜制成，气压计的温度校正值可用式（4.1-1）表示

$$p_0 = \frac{1+\beta t}{1+\alpha t}p = p - p\frac{\alpha t - \beta t}{1+\alpha t} \tag{4.1-1}$$

式中，p 为气压计读数；p^0 为将读数校正到 0℃时的数值；t 为气压计的温度，℃；$\alpha = 0.0001819$，是水银在 $0\sim35$℃之间的平均体膨胀系数；$\beta = 0.0000184$，为黄铜的线膨胀系数。

表中的数值是根据式（4.1-1）计算得到的 $\left[p\dfrac{\alpha t - \beta t}{1+\alpha t} \text{值（以 mm 为单位）} \right]$。若温度 t 或气压计读数 p 不是整数，可采用四舍六入五成双法或插入法。

③ 海拔高度和纬度校正。重力加速度随高度和纬度而改变，因此水银的重量受到影响。若考虑高度 H 和纬度 λ 对气压的影响，则校正值等于校正到 0℃的水银柱高度乘以 $(1-2.6\times10^{-3}\cos 2\lambda - 3.14\times10^{-7}H)$ 此项校正值甚小，在一般实验中可不计算。

（2）U 形管水银压力计

U 形管水银压力计（U-tube mercury manometer）是实验室常用的测量气体压力的装置，有开口和闭口两种。开口 U 形管水银压力计的测压范围为 133.3Pa～101.325kPa。U 形管的一端连至待测压力的系统，另一端连至已知压力的基准系统（图 4.1-2），管内装以水银，在 U 形管后面是垂直紧靠着的刻度标尺。所测得的两水银柱的高度差是待测压力系统与基准系统间的压差。

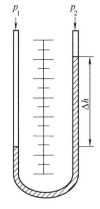

图 4.1-2　U 形管压力计

计算待测压力的关系式为：

$$p_1 = p_2 + \rho g \Delta h \tag{4.1-2}$$

式中，Δh 为两管内水银柱高度之差，mm；ρ 为水银之密度，g/L；g 为重力加速度，m/s^2。

U 形管水银压力计可用来测量两气体压力差、气体绝对压力（基准系统为很接近于零的压力）和系统的真空度（基准系统为大气压）。

U 形管水银压力计校正方法：U 形管水银压力计的读数也需作温度校正（因水银的密度随温度而变化，刻度尺的长度也有变化），即对水银的体膨系数和标尺的线膨胀系数加以校正。校正公式为：

$$\Delta h_0 = \frac{1+\beta t}{1+\alpha t} \Delta h = \Delta h - \Delta h \frac{\alpha t - \beta t}{1+\alpha t} \tag{4.1-3}$$

式中，Δh_0 为将读数校正到 0℃时的读数；Δh 为压力计读数；t 为测量时温度，℃；$\alpha =$ 0.0001819，是水银在 0~35℃间的平均体胀系数；β 为刻度尺的线胀系数。木制标尺线胀系数数量级为 10^{-6}，可以忽略不记。

对精密的测量也要作纬度和海拔高度的校正。

（3）精密数字压力计

实验室经常用 U 形管汞压力计测量从真空到外界大气压这一区间的压力。虽然这种方法原理简单、形象直观，但由于汞的毒害以及不便于远距离观察和自动记录，因此这种压力计逐渐被数字式电子压力计所取代。数字式电子压力计具有体积小、精确度高、操作简单、便于远距离观测和能够实现自动记录等优点，目前已得到广泛的应用。主要由压力传感器、测量电路和电性指示器三部分组成。压力传感器主要由波纹管、应变梁和半导体应变片组成。

精密数字压力计可分为如下几种。

低真空检测仪表。适用于负压测量及饱和蒸气压测定实验，可替代 U 形型水银压力计。

绝压检测仪表。适用于绝压测量和对大气压进行实时显示，可替代水银气压计。

微压检测仪表。适用于正、负微压测量及最大气泡法测量表面张力实验，替代玻璃 U 形管压力计。

不同型号的精密数字压力计，其测量范围、使用方法、注意事项可参考使用说明书。

4.1.2 真空技术

真空是指压力小于 101.325×10^3 Pa 的气体的给定空间。真空状态下气体的稀薄程度通常以压力值（单位 Pa）表示。

在化学实验中通常根据真空度的获得和测量方法的不同，将真空区域划分为以下五个范围。

粗真空：101.325×10^3~133.322×10 Pa

低真空：133.322×10~133.322×10^{-3} Pa

高真空：133.322×10^{-3}~133.322×10^{-8} Pa

超高真空：133.322×10^{-8}~133.322×10^{-12} Pa

极高真空：$< 133.322 \times 10^{-12}$ Pa

真空技术，一般包括真空的获得、测量、检漏以及系统的设计与计算等。它已发展成为一门独立的科学技术，广泛应用于科学研究、工业生产的各个领域中。因此学会使用真空技术是一项重要的基本的实验技能。

在一些实验中，常常要求体系内部的压力小于外界大气压，甚至要求体系有较高的真空度。为了获得真空，就必须设法将气体分子从容器中抽出。凡是能从容器中抽出气体，使气体压力降低的装置均可称为真空泵。如循环水式真空泵、机械泵、扩散泵、吸附泵、钛泵等。机械泵和油扩散泵是化学实验常用的真空泵。由热偶规管和电离规管组装成的复合真空计是实验室普遍使用的真空度测量仪器。

习惯上用汞柱压力计上汞柱的高度（mm）来计算真空度，并定义1mm汞柱高为1torr，torr与Pa两单位之间的换算关系为：

$$1torr = 133.3224Pa$$

(1) 真空的获得和测量

① 当系统的真空度要求不高时，比如说抽滤操作、旋转蒸发仪的溶剂回收过程，可以使用循环水式真空泵作为负压源。具体操作及原理参见2.4.1节。

② 单级旋片式机械泵。系统的真空度只要求 $1.3 \times 10^{-1} \sim 1.3 Pa$（$10^{-2} \sim 10^{-3}$ torr）时，用机械泵抽真空就可达到目的。单级旋片式油封机械泵的基本工作原理如图4.1-3所

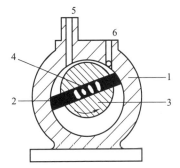

示。单级泵只有一个工作室，泵主要由定子1、旋片2、转子3组成。转子偏心地装在定子缸内，转子槽（位于转子圆柱直径部位）中紧嵌着两块旋片，由弹簧4的弹力作用而紧贴于缸壁，将定子上进气口5和出气口6分隔在两个部分内。当转子在定子缸内旋转时，将进气口方面容积逐渐扩大而吸入气体，同时逐渐缩小出气口方面容积，将已吸入气体压缩，从出气口排出，这样周而复始就达到了抽气的目的。整个机件浸没在真空泵油（饱和蒸气压很低）中，以油作封闭液和润滑剂。

图 4.1-3 单级旋片式
机械泵结构示意
1—定子；2—旋片；3—转子；
4—弹簧；5—进气口；6—出气口

实验室普遍使用的 ZX 型旋片式真空泵是双级泵，它由两个工作室组成，两室前后串联，以相等速度同向旋转。双级泵极限真空度优于单级泵。

操作方法和注意事项如下。

a. 开始抽气时，要断续启动电机，观察运转方向是否正确，如正确，则正式连续运转。

b. 泵正常工作后，泵温如超过 75℃，采取降温措施，如用风扇吹风。

c. 运转过程中应注意有无噪声。正常情况下，只有轻微阀片起闭声。

d. 停泵时，先将泵与真空系统隔断，打开进气活塞，然后停机。

e. 使用时操作人员不能离开现场。如泵突然停止工作或停电，要立即将真空系统封闭并打开进气活塞。

f. 机械泵不能用于抽有腐蚀性、对泵起化学反应或含有颗粒尘埃的气体，也不能直接抽含有可凝性蒸气（如水蒸气）的气体。如要抽出这些气体，要在泵的进气口前接上吸收瓶。

③ 玻璃油扩散泵。要求真空度优于 $1.3 \times 10^{-1} Pa$（10^{-3} torr）时，需用扩散泵。扩散泵有汞扩散泵和油扩散泵两种。图4.1-4是玻璃油扩散泵的工作原理和结构示意图。高分子质量、低饱和蒸气压的硅油被电炉加热沸腾，油蒸气通过中心导管从顶部喷口高速喷出，在喷口处形成低压。待抽气体分子经入口处被吸到高速喷出的硅油蒸气流里并被带下。硅油蒸气冷凝后循环使用。被硅油蒸气夹带下来的气体分子在底部逐渐浓

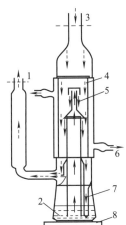

图 4.1-4 扩散泵工作原理
1—机械泵；2—硅油；3—通待
抽真空部分；4—被抽气体；
5—油蒸气；6—冷却水；
7—冷凝油回入；8—电炉

集，并被机械泵抽走。所以使用扩散泵时一定要以机械泵为前级泵，扩散泵本身不能抽真空。扩散泵用的硅油易氧化，使用中要注意防止硅油氧化。

操作方法及注意事项

a. 使用扩散泵前，先要用机械泵将系统真空度抽至 $1.3Pa$（$10^{-1}torr$），扩散泵才能开始工作。

b. 开始工作，先打开冷却水，然后接通电炉加热油泵。可用调压变压器逐渐加高电压，直至油沸腾并正常回流为止。加热温度不宜过高，以延长油的使用期（硅油在高温下易裂解）。

c. 停用扩散泵时，先断电炉电源，待泵油停止沸腾不回流时停止通冷却水，再关扩散泵进出口活塞，最后关机械泵。

d. 要经常检查冷却水接口是否接妥，冷却水管有无裂缝，防止冷却水冲出，使加热中的玻璃油泵因骤冷而破裂引起事故。

④ 复合真空计。常用的真空测量量具是热偶真空规和电离真空规。前者用于测量 $1.3\times10^{-1}\sim13.3Pa$（$10^{-3}\sim10^{-1}torr$）范围内的压力；后者用于测量 $1.3\times10^{-6}\sim1.3\times10^{-1}Pa$（$10^{-8}\sim10^{-3}torr$）范围内的压力。这两种真空规都是相对真空规，它们所示的压力值是经绝对真空规（如麦克劳林真空规）校正过的压力值。复合真空计是将热偶真空规与电离真空规组装在一起的真空测量仪器，它的量程范围为 $13.3\times10^{-5}\sim1.3Pa$（$10^{-7}\sim10^{-1}torr$）。

热偶真空规　其结构示于图 4.1-5。当气体压力低于某一定值时，气体的热导率 K 与压力 p 有 $K=bp$ 的正比关系（式中，b 为一比例系数）。热偶真空规就是基于这个原理设计的。测量时，将热偶规连入真空系统内。如恒定加热丝上加热的电流不变，则热偶温度将取决于规内气体的热导率。而热偶的热电势又是随温度而变化的。因此当与热偶规相连的真空系统的压力降低时，气体导热系数减小，加热丝的温度升高，热偶热电势就随之增高，只要检测热偶热电势即可确定系统的真空度。

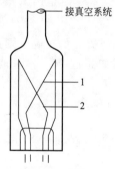

图 4.1-5　热偶真空规
1—加热丝；2—电偶丝

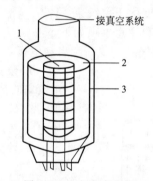

图 4.1-6　电离真空规
1—灯丝；2—栅极；3—收集极

在使用一个新的热偶规以前要对它的加热电流进行标定。方法是将未开封的热偶规通过四芯电缆线与复合真空计连接，使规管垂直，然后打开复合真空计电源开关，将"加热-测量"开关拨在"测量"位置，调节电流调节，使电流表示满刻度，待稳定 3min 不变后，将开关拨到"加热"位置，从电表第三行刻度中读得加热电流值，反复测定三次，其平均值就是该热偶规管的工作电流。

电离真空规　其结构示于图 4.1-6。电离真空规实际上是三个极管。将电离真空规连入真空系统内。测量时，规管灯丝通电后发射电子，电子向带正电压的栅极运动并与气体分子碰撞，使气体分子电离，电离所产生的正离子又被收集极吸引形成离子流。此离子流 I_+ 与气体的压力 p 呈线性关系：

$$I_+=SI_e p$$

式中，S 为规管灵敏度；I_e 为发射电流。对一定规管，S 和 I_e 为定值，所以测得 I_+ 即可确定系统的真空度。

用电离真空规测量真空度，当待测系统的压力低于 $1.3×10^{-1}$ Pa（$1×10^{-3}$ torr）时才可使用，否则会烧坏规管。

（2）真空系统连接的基本知识和检漏方法

图 4.1-7 是常用的真空系统与真空泵的连接方式示意图。黑线表示玻璃管道，为使抽气速率较大，管道设计得短而粗。"×"是真空磨口活塞，一般能在 $1.33×10^{-4}$ Pa 真空度下使用不漏气。真空脂是一种真空涂敷材料（真空涂敷材料还有真空泥、真空蜡等），用在磨口接头（图 4.1-8）。通常冷阱（图 4.1-9）装在扩散泵与机械泵之间或扩散－泵与待抽真空部分之间。作用是使可凝性蒸气通过时冷凝成液体。

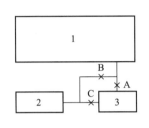

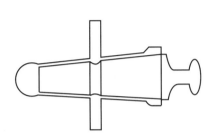

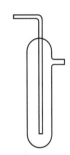

图 4.1-7　真空系统与泵的连接方式　　　　　图 4.1-8　真空磨口活塞　　　　图 4.1-9　冷阱
1—真空系统；2—机械泵；3—扩散泵

检查真空系统是否漏气是安装真空系统的重要环节。高频火花真空测定仪是最常用的小型玻璃真空装置检漏的仪器，由仪器产生的高频高压电，经放电簧放出高频火花。使用时将插头插入 220V 交流电源，按住手撳开关，此时在放电管端应看到紫色火花，并听到蝉鸣声（仪器调节正常时放电管移近金属物应产生不少于 3 条火花线，长度不短于 20mm，否则要重新调节）。在对准真空系统玻璃壁时，如玻璃有细小漏孔就会产生明亮光点。还可根据紫色火花对准的玻璃壁内产生的不同颜色辉光来估计被测系统的真空度，在数百帕到 $1.3×10^{-1}$ Pa（数托到 10^{-3} torr）范围内玻璃管壁内部有辉光，真空度优于 $1.3×10^{-1}$ Pa（10^{-3} torr）时系统内没有辉光，呈淡蓝色荧光。

通常可先开机械泵几分钟，当真空度达 $1.3~13.3$ Pa（$10^{-2}~10^{-1}$ torr）时，用高频火花测定仪检测，可以看到红色辉光。然后关机械泵与系统相连的活塞，10min 后再用高频火花测定仪检查，观察颜色是否变化。如果变化表明系统漏气。检查漏气的具体部位，可关闭某些活塞逐段进行。漏气砂孔可用真空泥涂封，漏孔若较大就要拆下重新封接。通常活塞及磨口接头处易漏，如有漏气就需用真空脂重新涂敷。涂用前要用乙醇、丙酮等有机溶剂仔细清洗干净，涂层要薄而均匀。如涂敷后仍无效，就需要更换活塞或接口。

（3）真空系统安全操作要点

① 使用真空泵要严格按照操作规程操作。机械泵是系统的初抽泵，也是扩散泵的初级泵，不能过早使用扩散泵。

② 旋转真空系统的磨口活塞时，要用两手配合操作：左手握住活塞本体，右手稍向内轻轻拧转活塞，用力不能过大，以防活塞附近管道断裂。

③ 在拧转活塞以改变系统内液体压力计液面高度时要细心缓慢，防止液体因压力骤变而喷到系统内沾污系统。

④ 操作中要防止空气猛烈冲入系统，也不要使系统中压力不平衡的部分突然接通，以防系统破裂。

⑤ 系统的较大玻璃容器外部最好套上网罩，防止因内外压力悬殊可能引起的爆炸。

⑥ 玻璃真空系统容易破碎，且焊封颇为费事，因此操作使用过程中要十分认真、仔细，千万不能粗枝大叶，马马虎虎。

实验 124 纯液体饱和蒸气压的测定

【实验目的】

1. 明确气-液两相平衡的概念和液体饱和蒸气压的定义，了解纯液体饱和蒸气压与温度之间的关系。

2. 测定环己烷在不同温度下的饱和蒸气压，并求在实验温度范围内的平均摩尔汽化热。

3. 熟悉和掌握真空泵、恒温槽和气压计的构造和使用。

【预习要点】

气-液两相平衡的概念和液体饱和蒸气压的定义；克劳休斯-克拉贝龙方程。

【实验原理】

液体在密闭的真空容器中蒸发，当液体上方蒸气的浓度不变时，即气-液两相平衡时的压力，称为饱和蒸气压或液体的蒸汽压。当液体的饱和蒸气压与大气压相等时，液体就会沸腾，此时的温度就叫该液体的正常沸点。而液体在其他各压力下的沸腾温度称为沸点。

当纯液体与其蒸气之间建立平衡：

$$X(l) \Longleftrightarrow X(g) \quad (p, T) \tag{1}$$

热力学上可以证明，平衡时 p 与 T 有如下关系：

$$\frac{\mathrm{d}p}{\mathrm{d}T} = \frac{\Delta S}{\Delta V} \tag{2}$$

式中，$\mathrm{d}p$ 和 $\mathrm{d}T$ 表示由纯物质组成的两相始终呈平衡的体系中 p 和 T 的无限小变化；而 ΔS 和 ΔV 系指在恒定的 p 和 T 下由一相转变到另一相时 S 和 V 的变化。因相变（1）是恒温恒压可逆过程，ΔG 为零，故 ΔS 可用 $\Delta H/T$ 代替

$$\frac{\mathrm{d}p}{\mathrm{d}T} = \frac{\Delta H}{T \Delta V} \tag{3}$$

式（2）和式（3）均称为克拉贝龙（Clapeyron）方程式。

当在讨论蒸气压小于 101.325kPa 范围内的气-液平衡时，可以引进两个合理的假设：一是液体的摩尔体积 V_l 与气体的摩尔体积 V_g 相比可略而不计，则 $\Delta V = V_g$；二是蒸气可看成是理想气体，则 ΔH_v 与温度无关，在实验温度范围内可视为常数。由此得到：

$$\frac{\mathrm{d}p}{\mathrm{d}T} = \frac{\Delta H_v}{T V_g}$$

$$\frac{\mathrm{d}\ln p}{\mathrm{d}(1/T)} = -\frac{\Delta H_v}{R} \times \frac{RT}{p V_g} = -\frac{\Delta H_v}{R} \tag{4}$$

式（4）不定积分后得克劳修斯-克拉贝龙（Clausius-Clapeyron）方程式

$$\lg p = -\frac{\Delta H_v}{2.303R} \times \frac{1}{T} + C \tag{5}$$

式中，p 为液体在温度 $T(K)$ 时的饱和蒸气压；C 为积分常数。

实验测得各温度下的饱和蒸气压后，以 $\lg p$ 对 $1/T$ 作图，可得一直线，其斜率 m 为：

$$m = -\frac{\Delta H_v}{2.303R} \tag{6}$$

由此即可求得平均摩尔汽化热 ΔH_v。

测定饱和蒸气压的主要方法如下。

① 静态法。在一定温度下，直接测量饱和蒸气压。此法适用于具有较大蒸气压的液体。

② 动态法。测量沸点随施加的外压力而变化的一种方法。液体上方的总压力可调，而且用一个大容器的缓冲瓶维持给定值，汞压力计测量压力值，加热液体待沸腾时测量其温度。

③ 饱和气流法。在一定温度和压力下，用干燥气体缓慢地通过被测纯液体，使气流为该液体的蒸气所饱和。用吸收法测量蒸气量，进而计算出蒸气分压，此即该温度下被测纯液

体的饱和蒸气压。该法适用于蒸气压较小的液体。

本实验采用静态法测定环己烷在不同温度下的饱和蒸气压。所用仪器是等压计（也叫等位计），如附图 1 所示。

管 4 中盛待测液体，本实验为环己烷，管 2、3 中液体可以认为是管 4 中液体蒸发后冷凝而成，当然与管 2 中是同一种纯液体。管 2、3 之间的这部分液体具有两方面作用：一是隔绝空气浸入管 2 与管 4 之间的气体空间，当该空间只有被测纯物质气体所充满时，气-液达平衡，此时气相所具有的压力才是饱和蒸气压；另一个作用是用作测量的标度，当管 2 与管 4 之间气体部分纯粹是被测物质的蒸气时，调节管 3 上面压力使管 3 与管 2 液面处于同一水平面，此时管 3 上面的压力与饱和蒸气压相等，通过测定此时管 3 上面的压力就可以

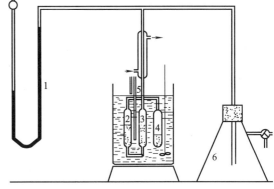

附图 1　纯液体饱和蒸气压测定装置示意
1—U 形水银压力计；2—等压计左支管；3—等压计中管；
4—等压计右支管；5—温度计；6—缓冲瓶

达到测定饱和蒸气压的目的。平衡管 3 上面与系统连接，系统压力由开口水银 U 形压力计测定，由压力计读出压力差 Δh，则系统内的压力可由式（7）求得：

$$p = p^0 - \Delta h \rho g \tag{7}$$

式中，p^0 为大气压，Pa；ρ 为水银密度，13.6kg/m³；g 为重力加速度。

【仪器与试剂】

饱和蒸汽压测定成套装置。

环己烷（分析纯）。

【实验步骤】

1. 装样

将等压计内装入适量环己烷。

2. 检漏

首先转动缓冲瓶上的三通活塞，使真空泵与大气相通，插上电源插头，泵开始工作后，再转动三通活塞使泵与系统相通，将体系内空气抽出。系统压力逐渐降低，抽至 U 形压力计压力差约 6700Pa（相当于 Δh 约 500mmHg），转动三通活塞使系统与大气及泵隔绝，而让泵与大气相通。观察 U 形压力计内水银面是否有变动，若无变化就表示系统不漏气，可以停泵进行下面的实验操作；若有变化，则说明漏气，应仔细检查各接口处，漏气处重新密封，直至不漏气为止。本实验用精密压力差测量仪代替 U 形管压力计。

3. 驱赶空气

首先接通冷凝水，然后缓慢加热水浴，同时开启搅拌器匀速搅拌，其目的是使等压计内外温度平衡。随着温度升高，管 4 中的液体逐渐被增大的蒸气压压入管 3 中（附图 1），并

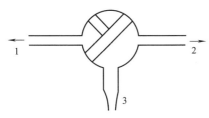

附图 2　三通活塞工作状态示意
1—接系统；2—通大气；3—接真空泵

开始有气泡由管 4 向管 3 放出，气泡逸出的速度以一个一个地逸出为宜，不能成串成串地冲出，为此可用进气活塞（三通活塞）来加以调节，也可以通过调节电加热器功率来控制。不过，用活塞调节易于控制，调节效果迅速，但必须细心操作，严防进气速度过快致使系统空气倒灌入管 4 中；为了使系统压力增加或减少速度能缓慢进行，可将三通活塞中与大气相通的口拉成毛细管状，如附图 2 所示。

调节电加热器功率虽也可以达到控制的目的，但由于热扩散滞后现象，对初学者，操作起来易出现超调。将两种方法结合使用效果最佳。管2和管4上面的压力开始时包括两部分：一是环己烷的蒸气压；二是一部分空气的压力。在测定时必须将其中的空气驱赶干净后，才能保证该液面上的压力纯粹为环己烷的蒸气压，否则所测得的将是空气与环己烷蒸气的混合压力。为此可用下述方法将其中的空气排净：按上述方法控制，使管2、4之间的空气不断随环己烷蒸气经管3逸出，如此保持2min以上，根据经验可知残留的空气分压已降至实验误差以下，不影响测试结果，可认为已排净空气。如想确切知道空气是否完全排净，可用下法加以验证（实验操作时该步骤可免做）。恒定某一温度，保持上述排气状态1~2min后，通过进气活塞调节，使管3、4液面在同一水平面上，记下此时U形水银压力计两水银柱压力差 $\Delta h'$，然后再重新保持排气1~2min，按同样的方法再读一次U形水银压力计压差 $\Delta h''$，重新操作，直至邻近两次所读压力，差相差无几 [不大于 ±67Pa（±0.5mmHg）]，即表示管2、4间空气完全排净。

4. 测定

管4上面空气排净后即可进行测定。缓慢加热水浴，保证匀速搅拌，当温度上升到所需温度时停止加热，待温度变化较慢时（因热传递滞后，停止加热后水浴温度还要继续上升，当升至最高温度时，温度变化最慢，蒸气压变化最小，管4和管2液面变化最小，读取数据准确、方便），调节进气活塞使管2、3液面处在同一水平面，立即记下温度和压力计读数。在调节进气活塞时切不可太快，以免空气倒灌入管4上方。如果发生空气倒灌，则需要重新驱赶空气。测完第一个温度点的蒸气压后，开通加热器，重复上述操作，依次测10~12个温度点的数据。低温区（313K以下），每次升高4~5K测1次；高于313K，每次升高2~3K测1次。

实验完毕后，关闭所有电源，将体系放入空气，整理好仪器装置，但不要拆装置。

另外，也可以沿温度降低方向测定。温度降低，环己烷饱和蒸气压减小。为了防止空气倒灌，必须在测定过程中始终开启真空泵以使系统减压。降温的方法可用在烧杯中加冷水的方法来达到。其他操作与上面相同。

【数据处理】

实验所测数据记录的参考格式如下。

室温_____K；大气压_____Pa。

沸点 /K	辅助温度计读数/K	校正后沸点/K	左支汞高 /m	右支汞高 /m	压差 Δh /Pa	蒸气压 /Pa	lg$p$	$(1/T)/K^{-1}$

1. 温度读数的校正公式：

$$T_{校}=T+1.64\times10^{-4}(T-T')(T-T_2)K \tag{8}$$

式中，$T_{校}$ 为校正后温度，K；T 为实测温度，K；T' 为温度计在液面处读数，K；T_2 为用来温度校正用的辅助温度计读数，K，辅助温度计水银球应在测量温度计露出水面部分水银柱中间处。

2. 液体蒸气压的计算。对本实验所用的开口U形水银压力计，可利用式（7）计算每个温度点环己烷的饱和蒸气压 p。

如果所使用的是闭口压力计，则：

$$p=\rho g\Delta h \tag{9}$$

式中，p 为液体蒸气压，Pa；Δh 为闭口压力计两支汞柱差，m。

3. 作 $\lg p$-$1/T$ 图，求 ΔH_v 及正常沸点。以 $\lg p$ 对 $1/T$ 作图，从所得直线图中求出斜率 m，利用式(6)可计算出在本实验温度区间环己烷的平均摩尔汽化热 ΔH_v。

正常沸点的求得有如下两种方法。

① 计算法。将已求得的 ΔH_v 值代回式(6)，利用该式及实验数据计算出 C 值，再将 C 值代回式(6)，以 $p=101.325\text{kPa}$ 之值代入此式，即可计算得到正常沸点 $T_{\text{正常}}$。

② 作图法。利用所作的 $\lg p$-$1/T$ 直线图外推至 $\lg p=\lg 1.001325\times 10^5$ 处，从图中查出对应的 $1/T$ 值，从而求得 $T_{\text{正常}}$。

4. 结果要求及文献值。

① 结果要求。所作图表符合规范，实验所得 $\lg p$-$1/T$ 图的线性关系良好。由此求出的平均摩尔汽化热的相对误差应在 3% 以内，正常沸点为 353.7K±1K。

② 文献值。环己烷在 308.2～353.2K 范围内蒸气压如附表 1 所示。

附表 1 环己烷在 308.2～353.2K 范围内蒸气压

T/K	308.2	313.2	318.2	323.2	328.2	333.2	338.2	343.2	348.2	353.2
p/Pa	20065	24625	29971	36237	43503	51889	61515	72501	84980	99085

按上述文献值中的 p 和 T 值用最小二乘法处理，得此温度区间平均摩尔汽化热

$$\Delta H_v=32.06\text{kJ/mol}$$

【注意事项】

1. 真空泵在开启或停止时，应当使泵与大气相通，尤其是在抽好气之后停止之时，因系统内压力低，以防油泵中的油倒流。

2. 本实验真空系统几乎全由玻璃器具构成，其中还有水银压力计，又共用同一个真空泵，实验中特别要细心，认真按正确的操作方法进行实验。

3. 升温、降温时要随时注意调节进气活塞，使系统压力与饱和蒸气压基本相等，这样才能保证不发生剧烈沸腾，也不至于空气倒灌入管 4 和管 2 中。

4. 本实验关键在于：当管 3、4 中液面平齐时立即读数，这时既要读沸点温度，还要读辅助温度计温度，同时还要读出 U 形压力计两支水银柱高度，并且要及时调节升温变压器。因此，同组人员必须注意力集中，还要配合密切，严防实验事故的发生。

【思考题】

1. 在停止抽气时，若先拔掉电源插头会有什么情况出现？

2. 本实验的主要误差来源是什么？

3. 本实验方法能否用于测定溶液的蒸气压？为什么？

4. 在实验过程中若放入空气过多，会出现什么情况？为什么一旦开始实验，空气就不能再进入管 2 和管 4 的上方？

5. 缓冲瓶有什么作用？

6. 汽化热与温度有无关系？

7. 克劳修斯-克拉贝龙方程在什么条件下才能用？

实验 125　最大气泡法测定溶液表面张力

【实验目的】

1. 同浓度正丁醇溶液的表面张力，计算吸附量。

2. 大气泡法测定溶液表面张力的原理和技术。

3. 液界面的吸附作用，计算表面层被吸附分子的截面积及吸附层的厚度。

【预习要点】

　　表面张力的概念；最大气泡法测定溶液表面张力的原理；气-液界面的吸附作用。

【实验原理】

　　从热力学观点来看，液体表面缩小是一个自发过程，这是使体系总自由能减小的过程，欲使液体产生新的表面 ΔS，就需对其做功，其大小应与 ΔS 成正比：

$$-W' = \sigma \Delta S \tag{1}$$

如果 ΔS 为 $1 m^2$，则 $-W' = \sigma$ 是在恒温恒压下形成 $1 m^2$ 新表面所需的可逆功，所以 σ 称为比表面吉布斯自由能，其单位为 J/m^2。也可将 σ 看为作用在界面上每单位长度边缘上的力，称为表面张力，其单位是 N/m。在定温下纯液体的表面张力为定值，当加入溶质形成溶液时，表面张力发生变化，其变化的大小决定于溶质的性质和加入量的多少。水溶液表面张力与其组成的关系大致有三种情况：

　　① 随溶质浓度增加表面张力略有升高；

　　② 随溶质浓度增加表面张力降低，并在开始时降得快些；

　　③ 溶质浓度低时表面张力就急剧下降，于某一浓度后表面张力几乎不再改变。

　　以上三种情况溶质在表面上的浓度与体相中的都不相同，这种现象称为溶液表面吸附。根据能量最低原理，溶质能降低溶剂的表面张力时，表面层中溶质的浓度比溶液内部大；反之，溶质使溶剂的表面张力升高时，它在表面层中的浓度比在内部的浓度低。在指定的温度和压力下，溶质的吸附量与溶液的表面张力及溶液的浓度之间的关系遵守吉布斯（Gibbs）吸附方程：

$$\Gamma = -\frac{c}{RT}\left(\frac{d\sigma}{dc}\right)_T \tag{2}$$

　　式中，Γ 为溶质在表层的吸附量；σ 为表面张力；c 为吸附达到平衡时溶质在介质中的浓度。

　　当 $\left(\dfrac{d\sigma}{dc}\right)_T < 0$ 时，$\Gamma > 0$ 称为正吸附；当 $\left(\dfrac{d\sigma}{dc}\right)_T > 0$ 时，$\Gamma < 0$ 称为负吸附。通过实验若能测得表面张力与溶质浓度的关系，则可作出 σ-c 或 $\ln c$ 曲线，并在此曲线上任取若干点作曲线的切线，这些切线的斜率就是与其相应浓度的 $\left(\dfrac{\partial\sigma}{\partial c}\right)_T$ 或 $\left(\dfrac{\partial\sigma}{\partial\ln c}\right)_T$，将此值代入式（2）便可求出在此浓度时的溶质吸附量 Γ。吉布斯吸附等温式应用范围很广，但上述形式仅适用于稀溶液。

　　引起溶剂表面张力显著降低的物质叫表面活性物质，被吸附的表面活性物质分子在界面层中的排列，决定于它在液层中的浓度，这可由附图1看出。（a）和（b）是不饱和层中分

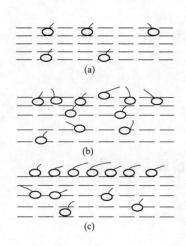

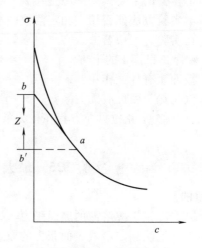

附图1　被吸附的分子在界面上的排列　　　　　附图2　表面张力和浓度关系

子的排列，（c）是饱和层分子的排列。当界面上被吸附分子的浓度增大时，它的排列方式在改变着，最后，当浓度足够大时，被吸附分子盖住了所有界面的位置，形成饱和吸附层，分子排列方式如附图（c）所示。这样的吸附层是单分子层，随着表面活性物质的分子在界面上愈益紧密排列，则此界面的表面张力也就逐渐减小。如果在恒温下绘成曲线 $\sigma=f(c)$（表面张力等温线），当 c 增加时，σ 在开始时显著下降，而后下降逐渐缓慢下来，以致 σ 的变化很小，这时 σ 的数值恒定为某一常数（附图 2）。利用图解法进行计算十分方便，如附图 2 所示，经过切点 a 作平行于横坐标的直线，交纵坐标于 b' 点。以 Z 表示切线和平行线在纵坐标上截距间的距离，显然 Z 的长度等于 $c\left(\dfrac{\mathrm{d}\sigma}{\mathrm{d}c}\right)_T$，即：

$$Z=-c\left(\frac{\mathrm{d}\sigma}{\mathrm{d}c}\right)_T \tag{3}$$

将式（3）代入式（2），得

$$\Gamma=-\frac{c}{RT}\left(\frac{\partial\sigma}{\partial c}\right)_T=\frac{Z}{RT} \tag{4}$$

以不同的浓度对其相应的 Γ 可作出曲线，$\Gamma=f(c)$ 称为吸附等温线。

根据朗格缪尔（Langmuir）公式：

$$\Gamma=\Gamma_\infty\frac{kc}{1+kc} \tag{5}$$

Γ_∞ 为饱和吸附量，即表面被吸附物铺满一层分子时的 Γ，上式可以写为如下形式

$$\frac{c}{\Gamma}=\frac{kc+1}{k\Gamma_\infty}=\frac{c}{\Gamma_\infty}+\frac{1}{k\Gamma_\infty} \tag{6}$$

以 c/Γ 对 c 作图，得一直线，该直线的斜率为 $1/\Gamma_\infty$。

由所求得的 Γ_∞ 代入

$$S=\frac{1}{\Gamma_\infty N_0} \tag{7}$$

可求被吸附分子的截面积（N_0 为阿伏加德罗常数）。

若已知溶质的密度 ρ，分子量 M，就可计算出吸附层厚度 d：

$$d=\frac{\Gamma_\infty M}{\rho} \tag{8}$$

测定溶液的表面张力有多种方法，较为常用的有最大气泡法和扭力天平法。本实验使用最大气泡法测定溶液的表面张力，其测量方法基本原理如下（参见附图 3）。

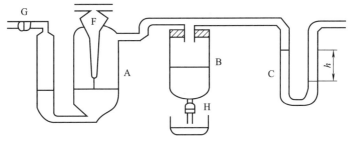

附图 3　最大气泡法的仪器装置

A 为表面张力仪，其中间玻璃管 F 下端一段直径为 0.2～0.5mm 的毛细管；B 为充满水的抽气瓶；
C 为 U 形压力计，内盛密度较小的水或酒精、甲苯等，作为工作介质，以测定微压差；G、H 为活塞

将待测表面张力的液体装于表面张力仪中，使管 F 的端面与液面相切，液面即沿毛细管上升，打开抽气瓶的活塞缓缓抽气，毛细管内液面上受到一个比瓶 A 中液面上大的压力，当此压力差——附加压力（$\Delta p=p_{大气}-p_{系统}$）在毛细管端面上产生的作用力稍大于毛细管口液体的表面张力时，气泡就从毛细管口脱出，此附加压力与表面张力成正比，与气泡的曲

率半径成反比，其关系式为：

$$\Delta p = \frac{2\sigma}{R} \tag{9}$$

式中，Δp 为附加压力；σ 为表面张力；R 为气泡的曲率半径。

如果毛细管半径很小，则形成的气泡基本上是球形的。当气泡开始形成时，表面几乎是平的，这时曲率半径最大；随着气泡的形成，曲率半径逐渐变小，直到形成半球形，这时曲率半径 R 和毛细管半径 r 相等，曲率半径达最小值，根据式（9）这时附加压力达最大值。气泡进一步长大，R 变大，附加压力则变小，直到气泡逸出。

根据式（9），$R = r$ 时的最大附加压力为：

$$\Delta p_{最大} = \frac{2\sigma}{r} \quad 或 \quad \sigma = \frac{r}{2} \Delta p_{最大} \tag{10}$$

实际测量时，使毛细管端刚与液面接触，则可忽略气泡鼓泡所需克服的静压力，这样就可直接用式（10）进行计算。

当用密度为 ρ 的液体作压力计介质时，测得与 Δp 最大相适应的最大压力差为 $\Delta h_{最大}$，则：

$$\sigma = \frac{r}{2} \rho g \Delta h_{最大} \tag{11}$$

当将 $\frac{r}{2}\rho g$ 合并为常数 K 时，则式变为：

$$\sigma = K \Delta h_{最大} \tag{12}$$

式中的仪器常数 K 可用已知表面张力的标准物质测得。

【仪器与试剂】

DMPY-2C 表面张力测定仪 1 套；吸耳球 1 个；移液管（50mL 和 1mL）各 1 个；烧杯（500mL）1 个。

正丁醇（化学纯）；蒸馏水。

【实验步骤】

1. 准备与检漏

将表面张力仪中容器和毛细管先用洗液洗净，再顺次用自来水和蒸馏水漂洗，烘干后按附图 3 连好。

将水注入抽气管中。往管 A 中用移液管注入 50mL 蒸馏水，用吸耳球由 G 处抽气，调节液面，使之恰好与细口管尖端相切。然后关紧活塞 G，再打开活塞 H，这时管 B 中水流出，使体系内的压力降低，当压力计中液面指示出若干厘米的压差时，关闭活塞 H，停止抽气。若 2～3min 内，压力计液面高度差不变，则说明体系不漏气，可以进行实验。

2. 仪器常数的测量

开活塞 H 对体系抽气，调节抽气速度，使气泡由毛细管尖端成单泡逸出，且每个气泡形成的时间为 10～20s（数显微压差测量仪为 5～10s）。若形成时间太短，则吸附平衡就来不及在气泡表面建立起来，测得的表面张力也不能反映该浓度之真正的表面张力值。当气泡刚脱离管端的一瞬间，压力计中液面差达到最大值，记录压力计两边最高和最低读数，连续读取三次，取其平均值。再由附录中，查出实验温度时，水的表面张力 σ，则可以由式（13）计算仪器常数

$$K = \frac{\sigma_{水}}{\Delta h_{最大}} \tag{13}$$

3. 表面张力随溶液浓度变化的测定

在上述体系中，用移液管移入 0.100mL 正丁醇，用吸耳球打气数次（注意打气时，务必使体系成为敞开体系。否则，压力计中的液体将会被吹出），使溶液浓度均匀，然后调节

液面与毛细管端相切，用测定仪器常数的方法测定压力计的压力差。然后依次加入 0.200mL、0.200mL、0.200mL、0.500mL、0.500mL、1.00mL、1.00mL 正丁醇，每加一次测定一次压力差 $\Delta h_{最大}$。正丁醇的量一直加到饱和为止，这时压力计的 Δh 最大值几乎不再随正丁醇的加入而变化。

【数据处理】

1. 实验数据记录及计算仪器常数 K 和溶液表面张力 σ（附表1）。

附表 1 不同浓度溶液的表面张力值

正丁醇加入量/mL	溶液浓度	压力差 Δh/mmHg				K 或 σ
		1	2	3	平均值	
0						
0.100						
0.300						
0.500						
0.700						
1.200						
1.700						

2. 根据上述计算结果，绘制 $\sigma\text{-}c$ 等温线。
3. 由 $\sigma\text{-}c$ 等温线作不同浓度的切线求 Z，并求出 Γ、c/Γ。
4. 绘制 $\Gamma\text{-}c$、$c/\Gamma\text{-}c$ 等温线，求 Γ_∞ 并计算 S 和 d。

【注意事项】

1. 仪器系统不能漏气。
2. 所用毛细管必须干净、干燥，应保持垂直，其管口刚好与液面相切。
3. 读取压力计的压差时，应取气泡单个逸出时的最大压力差。

【思考题】

1. 毛细管尖端为何必须调节至恰与液面相切？否则对实验有何影响？
2. 最大气泡法测定表面张力时为什么要读最大压力差？如果气泡逸出的很快，或几个气泡一齐出，对实验结果有无影响？

4.2 物质密度的测定

密度是物质的重要物理性质。古人最早就是利用密度来鉴别物质的种属和组成的。在基础化学实验中，通常要进行物质的密度测量操作。通过这种操作，我们可以获取所研究体系的更多信息。

4.2.1 液体密度的测定

测定液体密度的方法有密度计法、密度瓶法和韦氏天平法。密度计法和韦氏天平法测定液体的密度所依据的原理是阿基米德定律。

（1）密度计法

实践中通常使用的密度计形式如图 4.2-1。它是一支中空的玻璃浮柱，上部有标线，下部为一重锤，内装铅粒。根据溶液相对密度的不同而选用相适应的密度计。按量程分为轻表和重表两类。轻表用于密度小于水的液体密度测定，重表则用于常温下密度大于水的液体密度的测定。它们之间的区别由刻度方面即可区分。酒度计就是专用于酒精浓度测定的一种轻表，只是其将刻度尺上的数字直接转换为与密度相关联的酒精（体积分数）罢了。一般密度计的标称温度为$20℃$，

图 4.2-1 液体密度计

分度值为 $0.001g/cm^3$。

密度计法简单易行，但准确度不如密度瓶法。操作过程：将待测试样注入清洁、干燥的量筒（容积为 250mL 或 500mL，依试样量而定）内，不得有气泡，将量筒置于 20℃ ± 0.1℃ 的恒温水浴中。待温度恒定后，将清洁、干燥的密度计缓缓地放入试样中，其下端应离筒底 2cm 以上，不能与筒壁接触，密度计的上端露在液面外的部分所沾液体不得超过 2～3 分度，待密度计在试样中稳定后，读出密度计弯月面下缘的刻度（标有读弯月面上缘刻度的密度计除外），即为 20℃ 试样的密度。

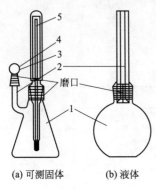

(a) 可测固体　　**(b) 液体**

图 4.2-2　密度瓶
1—瓶体；2—毛细管；3—侧孔；
4—罩；5—温度计

（2）密度瓶法

简易密度瓶法的代表是用容量瓶测体积，天平测质量。但这种方法不为国家标准所认可。应使用专门的带有温度计的密度瓶（图 4.2-2）来测定。符合 GB/T 4472 要求的密度瓶体积为 25～50mL，配套磨口温度计分度值为 0.1℃。密度瓶（gravity bottle）是一种可精确度量体积的玻璃或金属（不锈钢者称为 pycnometer）容器，它可以用于测定液体特别是粉末和颗粒物的密度，它也可以用于测定多孔疏松物的密度，但多孔疏松物样品必须经过研磨以使所有的孔打开。

密度瓶法液体密度测定的操作步骤：洗净并干燥密度瓶，带塞称量，质量 m_0。用新煮沸并冷却至约 20℃ 的纯水注满密度瓶，不得带入气泡，装好后立即浸入 20℃ ±0.1℃ 的恒温水浴中，恒温，保持 20min，取出，用滤纸除去溢出毛细管的水，擦干后称量，质量 m_w。将密度瓶里的水倾出，清洗、干燥后称量。以试样代替水，同上操作，即得试样与瓶的质量和 m_s。于是，液体试样的密度计算式：

$$\rho = \frac{m_s - m_0 + A}{m_w - m_0 + A} \times \rho_0 \tag{4.2-1}$$

式中，ρ_0 为在 20℃ 时蒸馏水的密度，g/cm^3；A 为浮力校正，$A = \rho_1 V$；ρ_1 是干燥空气在 20℃、101.325kPa 时的密度；V 是所取试样的体积，亦即密度瓶体积，mL；但一般情况下，A 的影响很小，可忽略不计。

密度计法测定简便，准确度不好，不能作为仲裁方法；而密度瓶法测定液体密度的操作殊为烦琐。利用 U 形振荡管测量原理，欧洲一些仪器公司如奥地利的 Anton Paar 公司和意大利的 Mettler-Toledo 公司先后开发了数字式便携密度计、一体化密度/折射率测定仪，如图 4.2-3 所示。这样一来，人们在进行流体密度的测定工作时，就变得非常轻松了。这类仪器具有自动进样功能，同时内置恒温元件，无需外接水浴。测定时操作者所需要做的工作就是将流体特别是液体样品准备好，置于一个小烧杯中即可。从图中可以看出，该类仪器所需样品量比较少，这样对于微量样品，比如较难获得的生物工程样本，就显得非常有意义。另外，均具有多种内置接口，可连接计算机、实验室信息管理系统（LIMS）或者打印机，以便数据的记录和共享。

所谓 U 形振荡管测量原理（the oscillating U-tube principle），是由奥地利 Graz 大学的 Hans Stabinger、Hans Leopold 于 1968 年共同发明的测量流体密度的方法。基本原理如下：将样品放入装有计数器的材质、尺寸一定的 U 形管内，然后 U 形管受到电磁激发开始振荡，像音叉一样，振荡也会产生音律。记录振荡频率，在一段时间和某一振幅内可以得到稳定频率的信号波。每次测量，振荡的频率会随着样品变化而不同，这一切都取决于样品的密度。通过频率的差异，并使用简单的如空气、水或其他标准密度物质进行标定，就可以精确地测定样品密度值。同时通过内置的公式计算各种相关参数，比如浓度值就可由密度计算得出。

(a) 梅特勒RE50密度折光计　　　　　　　　(b) 梅特勒DA100M密度计

图 4.2-3　数字式密度计

4.2.2　固体密度的测定

固体密度的测定方法和原理，读者已于中等教育阶段学习掌握。本书只介绍固体粉末物料密度的测定方法。

对于固体粉末物料，有真密度（true density）和表观密度（apparent density，视密度，又称"假密度"）之分。真密度 ρ_t 是指粉体质量（m）除以不包括颗粒内外空隙的体积（真体积 V_t）求得的密度（kg/m³），$\rho_t = m/V_t$。表观密度有时也称为堆积密度，表示当包括颗粒之间的空隙时，单位颗粒群体积内颗粒的质量，kg/m³。在基础化学实验中，我们更感兴趣的是如何测定真密度。材料学家尤其是建筑材料专家对于表观密度的关注度较高。

测定粉体材料的真密度是把材料磨细到尽可能无封闭气孔❶存在的颗粒后，用测量试样的干燥质量和真体积的办法得到真密度。用密度瓶和已知密度的液体测定磨细后材料的体积。试验中应仔细地控制液体的温度。实质上仍是密度瓶法，也是国家标准规定的大多数粉体材料密度测定的方法。其具体操作过程及结果表示如下。

准确称取一定量干燥试样 m_1，转移入干燥洁净密度瓶中，向密度瓶中加入一定量的抽过气的纯水或其他已知密度的液体（对试样浸润要好，挥发度低）至瓶内试样全部淹没在液体中为止，然后置于真空装置中，抽真空至剩余压力不大于 2500Pa（18.75mmHg）（此真空度值残压，是对水而言的。工作液体不同，值也不同。应略高于液体在该温度下的饱和蒸气压）。在此真空度下保持 30min 以上。抽真空的目的就是要使颗粒间和开口孔中夹杂的气体尽快逸出。真空装置通常是真空干燥器（vacuum desiccators），如果测定用附温密度瓶之温度计过长，则不加温真空干燥箱（vacuum drying cabinets）也是不错的选择。然后取出密度瓶将液体完全充满密度瓶，经沉淀过夜，再经 20℃±0.1℃恒温后称量 m_2，尔后倒空和洗净密度瓶，盛满液体，经 20℃±0.1℃恒温后称量 m_3。

则试样的密度计算公式为：

$$\rho = \frac{m_1}{m_1 + m_3 - m_2} \rho_0 \tag{4.2-2}$$

式中，ρ 为试样真密度，g/cm³；ρ_0 为选用液体在测试温度下的密度，g/mL。

因为，$m_1 + m_3 - m_2 =$ 试样占据同体积液体的质量（g）。所以：

$$\frac{试样占据同体积液体质量（g）}{液体的密度（g/mL）} = 试样真体积$$

m_2 的液体质量小于 m_3 的液体质量，由于试样占据了同体积液体的空间，所以 m_2 相对

---

❶　颗粒粒度至少在 0.063mm 以下，即−250 目。

m_3 瓶中少装了一定量的液体。因此，有：

$$真密度 = \frac{试样干燥质量}{试样真体积} = \frac{试样干燥质量}{\dfrac{试样占据同体积液体的质量}{液体密度}}$$

$$\rho = \frac{m_1}{(m_1 + m_3 - m_2)/\rho_0} = \frac{m_1}{m_1 + m_3 - m_2}\rho_0$$

测定粉体物料密度所用的密度瓶最好是附温密度瓶，容积以 50mL 或 25mL 为宜。样品应预先研细过 250 目分样筛，然后于 110℃±5℃ 干燥。一般称取样品质量原则以样品自然堆积体积不超过密度瓶容积的 1/3 为宜。恒温装置最好使用超级恒温水浴，某些情况下也可以用多孔水浴槽来代替。测定时一般平行测两份。

实验 126　密度瓶法测定酱油的相对密度

【实验目的】

1. 学习密度瓶法液体密度测定操作方法，掌握其一般操作规程。
2. 进一步熟悉分析天平的使用。
3. 通过操作过程体会测量精确度的重要意义。

【预习要点】

1. 本书之 4.2 液体密度测定部分有关原理与操作。
2. 查阅有关酿造方面文献资料，了解液状食品质量控制方法。

【实验原理】

密度是液态食品的一项重要物理指标。各种液态食品都有其一定的密度，当其组成成分及其浓度发生改变时，其密度也发生改变，故测定液态食品的相对密度可以检验食品的纯度和浓度。比如，正常的牛乳在 20℃ 时的平均密度为 1.032g/mL，其变动范围为 1.028～1.034g/mL。根据测定样品的密度值，人们就可以判断所检牛乳是否被不法商贩稀释过。尽管正常牛乳的检测指标绝不仅密度这一项，比如还有折射率（在 20℃ 时，其折光指数范围为 1.3428～1.3458）、酸度等。由于密度指标易于为普通人群所接受，所以食品理化检测中，密度是液状物质的首选测定项目。

测定液体密度的传统方法是密度瓶法，其原理是密度瓶具有一定的容积，在定温下，用同一密度瓶分别称量等体积的样品和已知密度参考液体的质量，两者之比即为样品的相对密度。相关的详细原理可参见本书之 4.2 节中液体密度测定部分。

酱油是以蛋白质原料和淀粉质原料为主，经微生物酶的催化作用，酿造而成的色香味体协调、营养物质丰富的调味食品。酿造食品是经过复杂的生物化学变化酿制而成的，都不同程度地含有多种营养物质，如蛋白质、糖类、脂肪、维生素、矿物质等。据分析，每 100g 酱油中含有可溶性蛋白质 2～8g，其中氨基酸约占 60%，且氨基酸品种齐全，比例适当；每 100g 酱油中含有糖 5～20g，还有较多的钙、磷、铁和丰富的磷脂，多种有机酸。酱油的品种，由于原料不同，工艺不同，地区的差异，其风味各异。根据世界各地的习惯，大致可分为三大类，欧美一些国家以蛋白质水解液为主；东南亚一些国家和我国广东、福建等地以海产小鱼、虾为原料酿造鱼露；我国大部分地区和日本均以大豆蛋白质为主要原料酿造酱油。本实验供试样品即属于大豆蛋白酿造酱油。

酱油水分约占 65%，其余为固形物❶。主要包括食盐、可溶性蛋白质、氨基酸、糖、糊精、色素、维生素、矿物质。这些固形物有的是发酵过程中产生的，有的则是直接加入的。

---

❶ 液体分散系的一个重要指标。将酱油加热，水分及挥发性物质蒸发后，残留的不挥发物质称为酱油固形物。

从固形物中减去食盐含量，即得无盐固形物。无盐固形物是酱油的主成分，可占总固形物的 50% 以上。酱油的无盐固形物浓度越高，其质量越好。通过测定酱油的密度，可以间接了解样品中总固形物的含量。

【仪器与试剂】

密度瓶（25mL）；注射器（25mL）；分析天平；鼓风电热烘箱；超级恒温水浴等常规实验仪器。

大豆酿造酱油。

【实验步骤】

1. 把密度瓶用纯水洗净，置于 110℃±5℃ 烘箱中烘干。冷却后精确称量其质量，m_0。

2. 用注射器向密度瓶中注入煮沸 30min 并冷却到 20℃ 以下的蒸馏水，盖上毛细管瓶塞，置于 20℃±0.1℃ 水浴中浸 20min，使瓶内水的温度达到 20℃，用滤纸条吸去毛细管溢出的水后取出。用滤纸小心把瓶外擦干，置分析天平上称量，得 m_w。

3. 倾净密度瓶水分，置于 110℃±5℃ 烘箱中烘干，冷却。注射器用酱油润洗三遍。用注射器向密度瓶中注入酱油，按与步骤 2 相同的方法操作，得 m_s。

4. 结果计算。使用式（4.2-1）计算测定样品的密度。

【注意事项】

1. 如果实验室内室温高于 20℃，测定温度亦即超级恒温水浴温度可设定为 30℃，查出 30℃ 下水的密度值，代入式（4.2-1）中计算；

2. 市场上部分酱油是 HCl 催化水解法制造的。这种酱油通过添加人工色素和其他添加剂，在化学组成方面几近酿造酱油，通过密度测定不易区分。但由于豆粕水解过程中产生疏水性的 L-氨基酸和肽，使得水解液味道很苦。通过品尝酱油的味道，基本可以鉴别是否属于酿造品。

【思考题】

1. 若实验所用的纯水中，溶有一些 CO_2，会对测定结果造成什么影响？

2. 盛有样品或纯水的密度瓶，从恒温槽中取出后未及时称量，对实验结果有何影响？

实验 127　浸液法测定粉体真密度

【实验目的】

1. 学习浸液法测定固体粉末密度操作方法，掌握其一般操作规程。

2. 进一步熟悉分析天平的使用。

3. 通过操作过程体会测量精确度的重要意义。

【预习要点】

1. 本书 4.2 固体密度测定部分有关原理与操作。

2. 查阅有关粉体科学文献资料，了解粉体工程的一般概念。

【实验原理】

真密度是材料的一项重要物性指标。测定粉体真密度的传统方法是密度瓶法，其原理是利用排水法测定粉体的真体积 V，再根据粉体质量计算其真密度。本实验即是利用密度瓶法分别测定轻质碳酸钙和重质碳酸钙粉体的真密度。相关的测定原理可参见本书之 4.2 节中固体密度测定部分。

轻质碳酸钙，又称沉淀碳酸钙，简称轻钙，是将石灰石等原料煅烧生成石灰和二氧化碳，再加水消化石灰生成石灰乳，通入二氧化碳碳化石灰乳生成碳酸钙沉淀，经脱水、干燥和粉碎制得。或者由碳酸钠和氯化钙进行复分解反应生成碳酸钙沉淀，经脱水、干燥和粉碎制得。重质碳酸钙简称重钙，是用机械方法直接粉碎天然的方解石、石灰石、白垩、贝壳等制得。可以看出，轻钙是通过化学方法制成的，重钙则主要通过机械破碎、研磨分选的方法得到的。

所谓轻钙和重钙，并非轻重之分。它们的真实密度分别为 $2.4\sim2.6g/cm^3$ 和 $2.6\sim2.9g/cm^3$，差别不大，其主要区别在于表观密度不同，即同等质量的粉末，自然堆砌的体积相差较大。工业上用沉降体积将其区分，即在无水乙醇中单位质量的碳酸钙粉末自然沉降堆积在一起的体积。通常轻钙的沉降体积都是在 $2.5mL/g$ 以上，而重质碳酸钙因矿石晶形不同，化学组成不同而有所不同，一般为 $1.2\sim1.9mL/g$。普通轻钙的颗粒在充分分散开来的情况下呈枣核形，长径 $5\sim12\mu m$，短径为 $1\sim3\mu m$，平均粉粒当量直径为 $2\sim3\mu m$。在轻钙生成并经脱水、干燥后，往往众多粒子凝聚在一起形成所谓的"二次团粒"，使得表观颗粒尺寸比较大。所以测定轻钙粉粒的密度时，要预先研磨至全部通过 250 目筛。

【仪器与试剂】

附温密度瓶（50mL）；研钵；注射器（50mL）；分样筛（250 目）；分析天平；鼓风电热烘箱；超级恒温水浴；循环水式真空泵；真空干燥器等常规实验仪器。

轻质 $CaCO_3$；重质 $CaCO_3$（-250 目）。

【实验步骤】

1. 重质碳酸钙密度的测定

① 调节超级恒温水浴温度为 20℃±0.1℃；用注射器往密度瓶内注入纯水，直至完全充满为止。置于恒温水浴中恒温，待密度瓶温度计示数与超级恒温水浴温度一致后，再保持 15min。取出密度瓶，用滤纸快速擦干密度瓶外壁水分，注意不要使纸纤维粘附在瓶壁上！盖上毛细管罩帽。在分析天平上称其质量 m_3。

② 取下温度计和毛细管罩帽，倾净密度瓶水分，将其置于110℃±5℃鼓风电热烘箱干燥。在分析天平上准确称取 15g 已于 110℃±5℃烘干 2h 的重质 $CaCO_3$，质量 m_1。全部转移入密度瓶中，用注射器往密度瓶内注入纯水，直至全部淹没固体。轻轻摇荡密度瓶，使固体颗粒表面所附肉眼可见气泡消去。把密度瓶放入真空干燥器中，用循环水式真空泵抽真空，待真空度稳定后，保持 30min，保证使粉末颗粒内微孔中气体全部释出。缓缓撤去真空，取出密度瓶，装上温度计。用注射器通过毛细管向其中注入纯水至满。盖上毛细管罩帽。静置 8h 以上。

③ 然后，按与①相同的条件操作，测定含样品和水的密度瓶质量 m_2。

2. 轻质碳酸钙密度的测定

按与步骤 1 之②、③同样的方法操作。不同之处在于，轻钙样品需要预先研磨并过 250 目筛，然后烘干。

3. 结果计算

使用式（4.2-2）分别计算测定样品的真密度。

【注意事项】

1. 如果实验室内室温高于 20℃，测定温度亦即超级恒温水浴温度可设定为 30℃，查出 30℃下水的密度值，代入式（4.2-2）中计算。

2. 市场上部分轻质碳酸钙是经过表面改性的。这种轻钙在水中分散性较差，不宜用作本实验样品。

【思考题】

1. 若实验所用的纯水中，溶有一些 CO_2，会对测定结果造成什么影响？

2. 重质碳酸钙在测定前为何不用研磨、过筛？

4.3　热力学量的测定

热力学量主要包括温度、压力、体积以及各种热力学函数的改变量如 ΔU、ΔH、ΔS、ΔG、ΔA 等。一般可直接测定的热力学量有温度、压力、体积等，热力学函数的改变量多是通过实验间接进行测量。下面简单介绍温度的测量和控制以及量热技术，间接测量可参考燃烧热测定等实验。

4.3.1 温度的测量

温度是表征体系中物质内部大量分子、原子平均动能的一个宏观物理量。物体内部分子、原子平均动能的增加或减少，表现为物体温度的升高或降低。物质的物理化学特性，都与温度有密切的关系，温度是确定物体状态的一个基本参量，温度对化学反应的影响普遍存在。因此，温度的准确测量和控制在科学实验中十分重要。实验时应根据不同需要选用符合测量要求的温度计。

(1) 水银温度计

水银温度计是根据水银体积随温度变化来反映温度高低的。它的优点是：水银容易提纯、热导率大、比热小、膨胀系数较均匀、不易附着在玻璃壁上、不透明、便于读数等。水银温度计适用范围为 $238.15 \sim 633.15K$（水银的熔点为 $234.45K$，沸点为 $629.85K$），如果用石英玻璃作管壁，充入氮气或氩气，最高使用温度可达到 $1073.15K$。如果水银中掺入 8.5% 的铊则可以测量到 $213.2K$ 的低温。其测量误差的主要来源有：玻璃可能发生形状和体积的变化；使用和标定温度计的方式不同。

为消除测温时可能引起的误差，使用前根据需要做读数校正和露茎校正。

① 读数校正包括零点校正、$95℃$ 以下的校正（比较法）和 $95 \sim 300℃$ 的校正。

零点校正 作零点校正时可用冰点仪。最简单的冰点仪是颈部接橡皮管的漏斗，漏斗内盛用纯水制成的冰与少量纯水。冰要经过粉碎，压紧，被纯水浸没，并从橡胶管放出多余的水。将已预冷的待校温度计（事先预冷到 $-3 \sim -2℃$），垂直插入冰中，使零线高出冰表面 $5mm$，$10min$ 后开始读数，每隔 $1 \sim 2min$ 读一次，直到温度计的可见移动停止为止。由三次顺序读数的相同数据得出零点校正值 $\pm \Delta t$。

95℃ 以下的校正（比较法） 选用二级标准温度计与待校温度计作比较（二级标准温度计共 7 支组成一套，其刻度范围为：$-30 \sim 20℃$；$0 \sim 50℃$；$50 \sim 100℃$；$100 \sim 150℃$；$150 \sim 200℃$；$200 \sim 250℃$；$250 \sim 300℃$）。校正在玻璃水浴恒温槽中进行，将标准温度计与待测温度计悬入（全浸）浴槽中。两水银球应在同一水平面上，槽温控制在被校温度上下不超过 $0.1℃$。待温度稳定 $10min$ 后，记录两温度计的读数。测出 $5 \sim 6$ 对校正数据，将被校温度计读数作横坐标，相应的标准温度计读数为纵坐标作图，即得被校温度计读数校正曲线。使用时用内插法即可查得各校正值。注意分段标定所选标准温度计应是同一套的。

95 ～ 300℃ 的校正 在油浴恒温槽内进行，与前所述比较法相同，以相应的标准温度计作读数标准。

② 露茎校正。水银温度计有"全浸"与"非全浸"两种。"全浸"指测量温度时，只有温度计全部水银柱浸在介质内时，所示温度才正确。"非全浸"指温度计的水银球及部分毛细管浸在加热介质中。如果一支温度计原来全浸没标定刻度而在使用时未完全浸没的话，则由于器外温度与被测体温度的不同，必然会引起误差。由于水银的膨胀系数比玻璃大，因此如果体系温度比外部环境温度高，露出部分的水银柱受冷后会收缩更多一些，温度计的读数就比水银柱全部浸入体系时低。这种误差需要通过露茎校正消除。

校正值按下式计算：

$$\Delta t - kn(t_{观} - t_{环}) \tag{4.3-1}$$

式中，$k=0.000164$，是水银对玻璃的相对膨胀系数；$t_{观}$ 为待校测量温度计读数；$t_{环}$ 为附在测量温度计上辅助温度计的读数；n 为以刻度表示的测量温度计水银柱露在空气中的长度。

露茎校正后的温度为

$$t_{校} = t_{观} + \Delta t \tag{4.3-2}$$

安装时，注意辅助温度计水银球要固定在露出水银柱部分的中点。

使用水银温度计的注意事项

① 根据需要对温度计做读数校正或露茎校正。

② 温度计应尽可能垂直浸在被测体系内。待体系温度与温度计之间的热传导达到平衡后方可进行读数。

③ 为防止水银在毛细管上附着，读数前应用手指轻轻弹动温度计。

④ 读数时视线应与水银柱面位于同一水平面上。

⑤ 防止骤冷骤热，以免引起温度计破裂。还要防止强光、射线直接照射在水银柱上。

⑥ 水银温度计为易碎玻璃仪器，且毛细管中水银有毒，故绝不允许作搅拌棒、支柱等它用；要十分小心，避免与硬物相碰。万一温度计破损，水银洒出，掉在地上、桌上或水槽等地方，应尽可能用吸汞管将汞珠收集起来，再用能成汞齐的金属片（如 Zn、Cu）在汞溅落处多次扫过。最后用硫黄粉覆盖在汞溅落的地方，并摩擦之，使汞变为 HgS；也可用浓 $FeCl_3$ 溶液使汞氧化，生成 $[HgCl_4]^{2-}$ 从而使汞被固定。

图 4.3-1　下降式
贝克曼温度计
（a）最高刻度；
（b）毛细管末端

（2）贝克曼温度计

贝克曼（Beckmann）温度计是一种能够精确测量温差的温度计，见图 4.3-1。有些实验，如燃烧热、凝固点降低法测分子量等，要求测量的温度准确到 $0.002℃$，显然一般的水银温度计不能满足要求，但贝克曼温度计可以达到此测量精度要求。它不能测量温度的绝对值，但可以很精确地测量温差。它与普通温度计的区别在于下端有一个大的水银球，球中的水银量根据不同的起始温度而定，它是借助于温度计顶端的储汞槽来调节的，刻度范围只有 $5\sim6℃$，每摄氏度又分为 100 等分。借助于放大镜可以读准到 $0.01℃$，估计到 $0.002℃$。调节时只要把一定的水银移出或移入毛细管顶端的汞储槽就可以了。显然，被测体系的温度越低，水银量就要越大。

贝克曼温度计的调节方法如下。

① 接通水银柱。通过甩和温热水银球的方法使上下水银接通，中间任何地方不准断开。

② 调节水银量。首先测量（或估计）a 到 b 一段长度所对应的温度。将贝克曼温度计与另一支普通温度计插入盛水的烧杯中，加热烧杯，贝克曼温度计中的水银柱就会上升，由普通温度计可以读出 a 到 b 段长度所对应的温度值，设 $B℃$。

把温度计的水银球插入比待测温度高出 $5℃+B℃$（沸点升高的确定）或高出 $B℃$（对凝固点降低的测定）的水中（水的温度可由一只水银温度计量出）待平衡后，迅速将贝克曼温度计取出，用甩或轻轻震动的方法使水银在毛细管与储槽接点处断开，把多余的水银移到储汞槽处。

③ 验证所调温度。把调好的贝克曼温度计断开水银丝后，插入 $t℃$ 的水中，检查水银柱是否落在预先确定的刻度内，如不合适，应检查原因，重新调节。

由于不同温度下水银密度不同，因此在贝克曼温度计上每 100 小格未必真正代表 $1℃$，因此在不同温度范围内使用时，必须作刻度的校正，校正值见表 4.3-1。

贝克曼温度计下端水银球的玻璃很薄，中间的毛细管很细，价格较贵。因此，使用时要特别小心，不要同任何硬的物件相碰，不要骤冷、骤热，用完后必须立即放回盒内，不可任意放置。

（3）其他液体温度计

其他液体温度计也是利用液体热胀冷缩的原理指示温度。水银温度计测量的下限为 238.15K，更低的温度必须用其他方法测量。最简单的方法就是将水银温度计中的水银改用凝固点更低的液体，而其结构不变。常用的液体含有 8.5%铊汞齐（可测至 213K）、甲苯

表 4.3-1 贝克曼温度计读数校正值

调整温度/℃	读数 1℃相当的温度/℃	调整温度/℃	读数 1℃相当的温度/℃
0	0.9936	55	1.0093
5	0.9953	60	1.0104
10	0.9969	65	1.0115
15	0.9985	70	1.0125
20	1.0000	75	1.0135
25	1.0015	80	1.0144
30	1.0029	85	1.0153
35	1.0043	90	1.0161
40	1.0056	95	1.0169
45	1.0069	100	1.0176
50	1.0081		

（可测至 173K）和戊烷（可测至 83K）等。普通的酒精温度计也属于这一类，但酒精在各温度范围内体积膨胀线性不好，准确度较差，一般仅在精确度要求不高的工作中使用。有机溶剂组成的温度计还常常加入一些有色物质，以便于观察。

（4）电阻温度计

电阻温度计是利用物质的电阻随温度变化的特性制成的测温仪器。任何物体的电阻都与温度有关，因此都可以用来测量温度。但是，能满足温度测量要求的物体并不多。在实际应用中，不仅要求有较高的灵敏度，而且要求有较高的稳定性和重现性。目前，按感温元件的材料来分，用于电阻温度计的材料有金属导体和半导体两大类。金属导体有铂、铜、镍、铁和铑铁合金。目前大量使用的材料为铂、铜和镍。铂制成的为铂电阻温度计，铜制成的为铜电阻温度计等，都属于定型产品。半导体有锗、碳和热敏电阻（氧化物）等。

铂电阻温度计 铂容易提纯，化学稳定性高，电阻温度系数稳定且重现性很好。所以，铂电阻与专用精密电桥或电位差计组成的铂电阻温度计有极高的精确度，被选定为 13.81～903.89K 温度范围的标准温度计。

铂电阻温度计用的纯铂丝，必须经 933.35K 退火处理，绕在交叉的云母片上，密封在硬质玻璃管中，内充干燥的氦气，成为感温元件，用电桥法测定铂丝电阻。

热敏电阻温度计 由金属氧化物半导体材料制成的电阻温度计也叫热敏电阻温度计，热敏电阻的电阻值会随着温度的变化而发生显著的变化，它是一个对温度变化极其敏感的元件。它对温度的灵敏度比铂电阻、热电偶等其他感温元件高得多。目前，常用的热敏电阻能直接将温度变化转换成电性能，如电压或电流的变化，测量电性能变化就可得到温度变化结果。

热敏电阻与温度之间并非线性关系，但当测量温度范围较小时，可近似为线性关系。实验证明，其测定温差的精度足以和贝克曼温度计相比，而且还具有热容量小、响应快、便于自动记录等优点。现在，实验中已用此种温度计制成的温差测量仪代替贝克曼温度计。以免除大量使用汞所存在的安全隐患。

（5）热电偶温度计

两种不同金属导体构成一个闭合线路，如果连接点温度不同，回路中将会产生一个与温差有关的电势，称为温差电势，这种现象在物理学上被命名为塞贝克效应（Seebeck effect）[1]。这样的一对金属导体称为热电偶（thermocouple，如图 4.3-2 所示），可以利用其温差电势测定温度。但也不是任意两种不同材料的导体都可做热电偶，对热电偶材料的要求

---

[1] 或称热电第一效应。发现这种效应的是 Thomas Johann Seebeck（1780～1831）。效应的实质在于两种金属接触时会产生接触电势差，该电势差取决于金属的电子逸出功和有效电子密度这两个基本因素。

是，物理性质、化学性质稳定，在测定的温度范围内不发生蒸发和相变现象，不发生化学变化，不易氧化、还原，不易腐蚀；热电势与温度成简单函数关系，最好是呈线性关系；微分热电势要大，电阻温度系数要比电导率高；易于加工，重复性好；价格便宜。不同材质的热电偶使用温度及热电势系数见表 4.3-2。可根据被测体系的具体情况选择使用。例如，易受还原的铂-铂铑热电偶不应在还原气氛中使用。在测量高温体系时不能用低量程的热电偶。

表 4.3-2　热电偶基本参数

材质及组成	新分度号	旧分度号	使用温度范围/K	热电势系数/(mV/K)
铁-康铜(CuNi40)		FK	0~1073	0.0540
铜-康铜	T	CK	73~573	0.0428
镍铬 10-考铜(CuNi43)		EA-2	273~1073	0.0695
镍铬-考铜		NK	273~1073	
镍铬-镍硅	K	EU-2	273~1573	0.0410
镍铬-镍铝(NiAl2Si1Mg2)			273~1373	0.0410
铂-铂铑 10	S	LB-3	273~1873	0.0064
铂铑 30-铂铑 6	B	LL-2	273~2073	0.00034
钨铼 5-钨铼 20		WR	273~473	

在实际应用中热电偶一个接点放在待测系统（温度为 t）中，即所谓"热端"，另一接点放在储有冰水的保温瓶或在室温环境中（温度为 t_0），即所谓"冷端"。检测仪表常用电位差计、数字电压表或直流毫伏表。图 4.3-3 是测定步冷曲线方法绘制合金相图所用铜-康铜热电偶测温安装示意。这些热电偶可用相应的金属导线熔接而成。铜和康铜熔点较低，可蘸以松香或其他非腐蚀性的焊药在煤气焰中熔接。但其他几种热电偶则需要在氧焰或电弧中熔接。焊接时，先将两根金属线末端的一小部分拧在一起，在煤气灯上加热至 200~300℃，沾上硼砂粉末，然后让硼砂在两金属丝上熔成一硼砂球，以保护热电偶丝不被氧化，再利用氧焰或电弧使两金属熔接在一起。

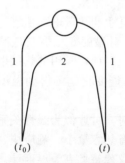

图 4.3-2　热电偶原理图
1—金属 A；2—金属 B

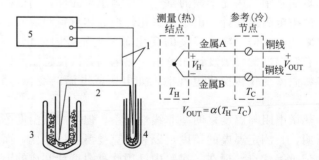

$$V_{OUT} = \alpha(T_H - T_C)$$

图 4.3-3　用铜-康铜热电偶测步冷曲线的测温安装示意
1—铜；2—康铜；3—冰槽；4—合金；5—电位差计

反映被测体系温度的热电势与热电偶两端的温度有关。测量仪表一般是在冷端温度 0℃的情况下分度的。但在使用时，冷端温度往往不是 0℃，而且冷端温度也时有波动，所以要采取措施作热电偶冷端温度补偿。常用的冷端温度补偿有以下三种。

① 补偿导线法。通常用一种导线（称补偿导线）将热电偶的冷端延伸到温度稳定的地方（不超过 100℃）或延伸到冷端温度自动补偿装置。这种导线在一定温度范围（0~100℃）内具有与所连热电偶相同的热电性能。

② 冷端温度高于 0℃，但恒定于 t_0℃，所测得之热电势要小于该热电偶的测得值。此时

真实温度可用式修正：

$$V(T,0℃)=V(T,t_0)+V(t_0,0)$$

式中，$V(T,t_0)$ 为热电偶工作时冷端温度为 t_0 时测得的热电势；$V(t_0,0)$ 为该热电偶冷端温度为 $0℃$，在 $t_0℃$ 下的热电势。

③ 冷端温度补偿器。补偿电桥法，即利用不平衡电桥产生的电势来补偿热电偶冷端温度变化而引起的热电势变化值。将这种不平衡电桥串联在热电偶测量回路中作冷端温度补偿器，使用起来很方便。

有时为了使温差电势增大，增加测量精确度，可将几个热电偶串联成热电堆使用，热电堆的温差电势等于各个电偶热电势之和。如图 4.3-4。

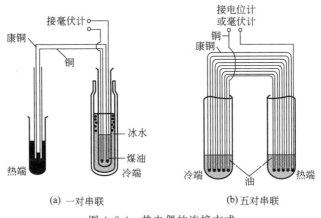

(a) 一对串联　　　　　　　　(b) 五对串联

图 4.3-4　热电偶的连接方式

温差电势可以用电位差计或毫伏计测量。精密的测量可使用灵敏检流计或电位差计。使用热电偶温度计测定温度，就得把测得的电动势换算成温度值，因此就要做出温度与电动势的校正曲线。

热电偶的校正方法

① 利用纯物质的熔点或沸点进行校正。由于纯物质发生相变时的温度是恒定不变的，因此，挑选几个已知沸点或熔点的纯物质分别测定其加热或步冷曲线（V-T 关系曲线），曲线上水平部分所对应的热电势差（mV）即相应于该物质的熔点或沸点，据此作出 V-T 曲线，即为热电偶温度计的工作曲线。在以后的实际测量中，只要使用的是这套热电偶温度计，就可使用这条工作曲线确定待测体系的温度。

用固体基准物质的熔点标定热电偶的装置，原则上与用作测量的相同。所不同之处只是测量时将热电偶的热端或连同热端套管插入待测体系中，而标定时是将固体基准物质样品装入样品管（为防止氧化，可在金属基准物质上撒一些石墨粉），将热电偶热端连同套管插入样品管中。标定开始将样品管放在管式炉中加热，以热电偶的玻璃套管搅拌样品，使其各处的组成和温度均匀一致。待温度比熔点高出 $50℃$ 时，停止加热。在样品自动缓慢冷却时，每隔 1min 用电位差计测热电势 1 次，直测到热电势-时间曲线平台以下，热电势不变处就是熔点温度。记录这个热电势值。用同样的方法测定其他基准物质与熔点温度所对应的热电势值。然后以所测几个基准物质的熔点为横坐标，熔点所对应的热电势为纵坐标，作热电偶的热电势-温度曲线，即被标定热电偶的工作曲线。

② 利用标准热电偶校正。将待校热电偶与标准热电偶（电势与温度的对应关系已知）的热端置于相同的温度处，进行一系列不同的温度点的测定，同时读取热电势差（mV），借助于标准热电偶的电动势与温度的关系而获得待校热电偶温度计的一系列 V-T 关系，制作工作曲线。高温下，一般常用铂-铂铑为标准热电偶。

使用热电偶温度计应注意的问题

① 易氧化的金属热电偶（铜-康铜）不应插在氧化气氛中，易还原的金属热电偶（铂-铂铑）则不应插在还原气氛中。

② 热电偶可以和被测物质直接接触的，一般都直接插在被测物中；如不能直接接触的，则需将热电偶插在一个适当的套管中，再将套管插在待测物中，在套管中加适当的石蜡油，以便改进导热情况。

③ 冷端的温度需保证准确不变，一般放在冰水中。

④ 接入测量仪表前，需先小心判别其"＋"、"－"端。

⑤ 选择热电偶时应注意，在使用温度范围内，温差电势与温度最好为线性关系。并且选温差电势的温度系数大的热电偶，以增加测量的灵敏度。

⑥ 为正确反映所测体系的温度，热电偶应与被测物直接接触，且放置在一定部位。若不能直接接触可根据被测体系情况和温度高低，采用不同材料制成的保护套管。为改善导热情况，可在套管内注入耐温液体。

精密数字温度计

上述介绍的温度计均属于接触式温度计，测温时必须将温度计触及被测体系，使温度计与体系达成热平衡，两者的温度相等。在某些场合，必然会对测温体系造成扰动，另外有些反应体系确实也不方便使用接触式温度计。现在，发展了新型非接触式温度计。其主要模式是利用电磁辐射的波长分布或强度变化与温度间的函数关系，来制作测温元件。

红外辐射测温所依据基础：一切温度高于绝对零度的物体都在不停地向周围空间发出红外辐射能量。物体的红外辐射能量的大小及其按波长的分布，与它的表面温度有着十分密切的关系。因此，通过对物体自身辐射的红外能量的测量，便能准确地测定它的表面温度。将物体发射的红外线具有的辐射能转变成电信号，红外线辐射能的大小与物体本身的温度相对应，根据转变成电信号大小，可以确定物体（如热浴）的温度。红外线辐射测温计通常由光学系统，光电探测器，信号放大器及信号处理、显示输出等部分组成。

目前国内生产的精密数字温度计有不同的型号。所谓精密数字温度计，其共同点是与贝克曼温度测量精度一致，即千分之一摄氏度左右。但不同的是采用先进的电子技术和精密的感温元件，操作方便，简捷快速，可以数字显示，可以利用计算机实现自动控制。

4.3.2 温度的控制

物质的物理化学性质，如黏度、密度、蒸气压、表面张力、折射率等都随温度而改变，要测定这些性质必须在恒温条件下进行。一些物理化学常数如平衡常数、化学反应速率常数等也与温度有关，这些常数的测定也需恒温，因此，掌握恒温技术非常必要。

恒温控制可分为两类，一类是利用物质的相变点温度来获得恒温，如液氮（77.3K）、干冰（194.7K）、冰-水（273.15K）、$NaSO_4 \cdot 10H_2O$（305.6K）、沸水（373.15K）、沸点的萘（491.2K）等。这些物质处于相平衡时构成一个"介质浴"，将需要恒温的研究对象置于这个介质浴中，就可以获得一个高度稳定的恒温条件，如果介质是纯物质，则恒温的温度就是该介质的相变温度，而不必另外精确标定。其缺点是恒温温度不能随意调节。另外一类是利用电子调节系统进行温度控制，如电冰箱、恒温水浴、高温电炉等。此方法控温范围宽、可以任意调节设定温度。

电子调节系统种类很多，但从原理上讲，它必须包括三个基本部件，即变换器、电子调节器和执行系统。变换器的功能是将被控对象的温度信号变换成电信号；电子调节器的功能是对来自变换器的信号进行测量、比

图 4.3-5　电子调节器工作示意

较、放大和运算，最后发出某种形式的指令，使执行系统进行加热或制冷（见图 4.3-5）。电子调节系统按其自动调节规律可以分为断续式双位置控制和比例-积分-微分（PID）控制

两种，简介如下。

4.3.2.1　断续式双位置控制

实验室常用的电烘箱、电冰箱、高温电炉和恒温水浴等，大多采用这种控制方法。变换器的形式有多种，简单介绍如下。

（1）双金属膨胀式

利用不同金属的线膨胀系数不同，选择线膨胀系数差别较大的两种金属，线膨胀系数大的金属棒在中心，另外一个套在外面，两种金属内端焊接在一起，外套管的另一端固定，见图 4.3-6。在温度升高时，中心的金属棒便向外伸长，伸长长度与温度成正比。通过调节触点开关的位置，可使其在不同温度区间内接通或断开，达到控制温度的目的。其缺点是控温精度差，一般有几摄氏度的范围。

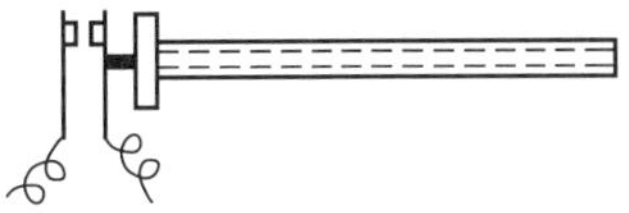

图 4.3-6　双金属膨胀式温度控制器示意

（2）水银接触温度计

若控温精度要求在 1K 以内，实验室多用水银接触温度计（导电表）作变换器（图 4.3-7）。接触温度计的控制主要是通过继电器来实现的。该温度计的下半段类似于一支水银温度计，上半段是控制用的指示装置，温度计的毛细管内有一根金属丝和上半段的螺母相连，它的顶部放置一磁铁，当转动磁铁时，螺母即带动金属丝沿螺杆向上或向下移动，由此来调节触针的位置。在接点温度计中有两根导线，这两根导线的一端与金属丝和水银柱相连，另一端则与温度的控制部分相连。控温器是电子继电器，实际上是一个自动开关，它与接触式温度计相配合，当被控体系的温度低于接触式温度计所设定的温度时，水银柱与触针不接触，继电器由于没电流通过或电流很小，这时继电器中的电磁铁磁性消失，衔铁靠自身弹力自动弹开，将加热回路接通进行加热。反之则停止加热，这样交替地导通、断开、加热与停止加热，使反应体系达到恒定温度的效果。控温精度一般达 ±0.1℃，最高可达 ±0.05℃。

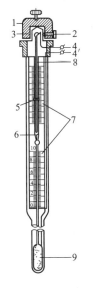

图 4.3-7　接触温度计的构造

1—调节帽；2—调节固定螺丝；3—磁铁；
4—螺杆引出线；4′—水银槽引出线；
5—标铁螺母；6—触针；7—刻度板；
8—螺丝杆；9—水银槽

（3）动圈式温度控制器

温度控制表、双金属膨胀类变换器不能用于高温，而动圈式温度控制器可用于高温控制。采用能工作于高温的热电偶作为变换器，动圈式温度控制器的原理如图 4.3-8 所示。

插在电炉中的热电偶将温度信号变为电信号，加于动圈式毫伏表的线圈上。该线圈用张丝悬挂于磁场中，热电偶的信号可使线圈有电流通过而产生感应磁场，与外磁场作用使线圈转动。当张丝扭转产生的反力矩与线圈转动的力矩平衡时，转动停止。此时动圈偏转的角度与热电偶的热电势成正比。动圈上装有指针，指针在刻度板上指出了温度数值。指针上装有铝旗，在刻度板后装有前后两半的检测线圈和控温指针，可机械调节左右移动，用于设定所需的温度。加热时铝旗随指示温度的指针移动，当上升到所需温度时，铝旗进入检测线圈，与线圈平行切割高频磁场，产生高频涡流电流使继电器断开而停止加热；当温度降低时，铝旗走出检测线圈，使继电器闭合又开始加热。这样使加热器断、续工作。炉温升至给定温度时，加热器停止加热，低于给定温度时再开始加热，温度起伏大，控温精度差。

4.3.2.2　比例-积分-微分控制（PID）

随着科学技术的发展，要求控制恒温和程序升温或降温的范围日益广泛，要求的控温精

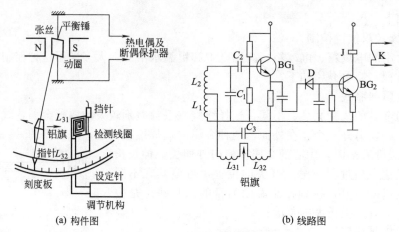

图 4.3-8　动圈式温度控制器

度也大大提高，在通常温度下，使用上述的断续式双位置控制器比较方便，但是由于只存在通、断两个状态，电流大小无法自动调节，控制精度较低，特别在高温时精度更低。20 世纪 60 年代以来，控温手段和控温精度有了新的进展，广泛采用 PID 调节器，使用可控硅控制加热电流随偏差信号大小而作相应变化，提高了控温精度。

可控硅自动控温仪仍采用动圈式测量机构，但其加热电压按比例（P）、积分（I）和微分（D）调节，达到精确控温的目的。

PID 调节中的比例调节是调节输出电压与输入量（偏差电压）的比例关系。比例调节的特点是在任何时候输出和输入之间都存在一一对应的比例关系，温度偏差信号越大，调节输出电压越大，使加热器加热速度越快；温度偏差信号变小，调节输出电压变小，加热器加热速率变小；偏差信号为 0 数时，比例调节器输出电压为零，加热器停止加热。这种调节速度快，但不能保持恒温，因为停止加热会使炉温下降，下降后又有偏差信号，再进行调节，使温度总是在波动。为改善恒温情况而再加入积分调节。积分调节是调节输出量与输入量随时间的积分成比例关系，偏差信号存在，经长时间的积累，就会有足够的输出信号。若把比例调节、积分调节结合起来，在偏差信号大时，比例调节起作用，调节速度快，很快使偏差信号变小；当偏差信号接近零时，积分调节起作用，仍能有一定的输出来补偿向环境散发的热量，使温度保持不变。微分调节是调节输出量与输入量变化速度之间的比例关系，即微分调节是由偏差信号的增长速度的大小来决定调节作用的大小。不论偏差本身数值有多大，只要这偏差稳定不变，微分调节就没有输出，不能减小这个偏差，所以微分调节不能单独使用。控温过程中加入微分调节可以加快调节过程，在温差大时，比例调节使温差变化，这时再加入微分调节，根据温差变化速度输出额外的调节电压，加快了调节速度。当偏差信号变小，偏差信号变化速率也变小时，积分调节发挥作用，随着时间的延续，偏差信号越小，发挥主要作用的就愈是积分调节，直到偏差为 0 温度恒定。所以 PID 调节有调节速度快、稳定性好、精度高的自动调节功能。

实验室常用的可控硅自动控温仪有两种。一种是各部分装在一起成一台完整的仪器，只要把热电偶连上就可以使用了。另外一种是由两部分组成：XCT-191 动圈式温度指示调节仪和 ZK-1 型可控硅电压调节器，用时要根据炉子的功率配上合适的可控硅，根据说明书连在一起。电路情况和操作步骤参阅说明书。另外，随着科学技术的发展，控温更精确的智能控温仪也被研发出来，并广泛的应用到各个领域。

4.3.2.3　超级恒温浴槽

恒温浴槽由浴槽（内放恒温介质）、温度调节器（感温元件）、控温仪、加热器、搅拌器和温度计等部件组成（如图 4.3-9）。其恒温是靠加热器和电子控制元件进行的。各部件简介如下。

① 浴槽和恒温介质。通常选 10～20L 玻璃槽，现今不锈钢材质者居多。恒温温度在

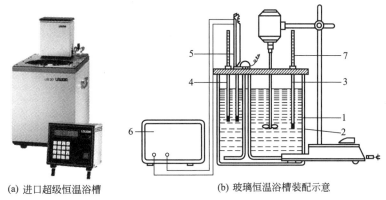

(a) 进口超级恒温浴槽　　　　(b) 玻璃恒温浴槽装配示意

图 4.3-9　恒温浴槽

1—浴槽；2—加热器；3—搅拌器；4—温度计；

5—感温元件（热敏电阻探头）；6—恒温控制器；7—贝克曼温度计

100℃以下大多采用水浴。使用前加入纯水至浴槽容积的 3/4 左右。恒温在 50℃以上的水浴面上可加一层石蜡油。超过 100℃的恒温用液体石蜡作恒温介质。槽内一般放蒸馏水，如恒温的温度超过了 100℃可采用液体石蜡和甘油。温度控制的范围不同，水浴槽中介质也不同，一般来说：－60～30℃时用乙醇或乙醇水溶液；0～90℃时用水；80～160℃时用甘油或甘油水溶液；70～200℃时用液体石蜡、硅油等。

② 温度计。通常用 1/10 或 1/5 刻度的温度计测量恒温槽内温度。在测试其灵敏度曲线时，要用贝克曼温度计。

③ 加热器。加热炉丝的功率大小是根据恒温槽的容积和所需温度高低确定的。为改善控温、恒温的灵敏度，组装的恒温槽可用调压变压器改变炉丝的加热功率。

④ 搅拌器。搅拌器是恒温槽不可缺少的部件。利用电动搅拌器剧烈的搅拌使恒温槽内温度趋于均匀。

⑤ 控温系统。控温系统有两种：一种是利用温度调节器和继电器相配合，以达到控温目的；另一种是利用传感器和温度指示控制仪相配合而达到控温目的。

继电器与接点温度计、加热器配合用，才能使恒温槽的温度得到控制。实验室恒温槽常用的是电子管继电器和晶体管继电器。

电子管继电器的工作原理如下：当接点温度计断开时，电子管的栅极电压能使电子管处于导通状态，因此板流很大，它流过继电器线圈使继电器衔铁吸下，触点闭合，电加热器就通电而加热。当接点温度计接通时，电子管的栅极电压很负，它能使电子管处于截止状态，板流很小，继电器衔铁将脱开，触点断开，电加热器就停止加热。

传感器　在第二种控温系统中，测温传感器是控制恒温和恒温灵敏度的主要部件，其工作原理是可以把温度的微小变化变成电讯号传于控制仪。

恒温槽的灵敏度　由于恒温槽的温度控制装置属于二位置通断类型，升降温时都会出现温度传递的滞后现象。因此恒温槽的控温有一个波动范围。而且搅拌效果的优劣也会影响到槽内各处温度的均匀性。灵敏度是衡量恒温槽好坏的主要标志。控制温度的波动范围越小，槽内各处的温度越均匀，恒温槽的灵敏度就越高。它与感温元件、继电器直接有关，与搅拌器的效率、加热器的功率和各部件的布局情况也有关。

恒温槽灵敏度的测定是在指定的温度下，用贝克曼温度计测量温度随时间的变化，然后作出温度-时间曲线图（灵敏度曲线）。灵敏度 t_s 可由下式求得：

$$t_s = \pm \frac{t_2 - t_1}{2}$$

式中，t_2 为波峰温度的平均值；t_1 为波谷温度的平均值。

4.3.3　量热技术

量热法是热力学实验的一个基本方法，是测定在一定条件下物理化学过程的燃烧热、溶解热和中和热等热效应。

测量热效应的仪器称为量热计，它由绝热容器、介质、温度计和搅拌器等组成。量热过程在量热计中进行，根据量热计温度的变化，可算出这一过程的热效应。

由热力学第一定律：

$$\Delta U = Q_V = C_V \Delta T$$

$$\Delta H = Q_p = C_p \Delta T$$

在量热过程中为求得 ΔH 或 ΔU，必先求得 C_p 或 C_V 以及 ΔT。C_p 是卡计的热容，是一个不易算出的量，为此要在与待测热量接近相等的 ΔT 范围内，对量热系统输入一个已知的热量 $Q_{已知}$，则：

$$Q_{已知} = C \Delta T_1$$

由后面所述的作图法求得 ΔT_1，即可算出 C，即量热计热容，介质为水时也称水当量。测量热效应在这个量热计中进行，求得温度变化值 ΔT_2，由：

$$C \Delta T_2 = Q_{待测}$$

可算出待测的热效应 $Q_{待测}$。

显然，要得到可靠的热效应数据，主要应测得：第一，量热计热容 C，所以要对量热计作标定；第二，温度改变值，所以要测定热效应前后温差。下面分别予以讨论。

（1）量热计的标定

常用两种方法。一种方法是令一已知热效应的过程在量热计中进行，此已知热效应即为标准热效应 $Q_{标}$。若温度改变值为 $T_{标}$，则：

$$C = Q_{标} / T_{标}$$

在测定燃烧热时可用苯甲酸作为标准物质。

另一种方法为通电加热法。通电所产生的热量使量热温度上升 ΔT，由焦耳定律可得：

$$C = \frac{Q}{\Delta T} = \frac{0.239 UIt}{\Delta T}$$

式中，I 为电流强度，A；U 为电压，V；t 为通电时间，s。

（2）精确测定 ΔT

在标定量热计的热容和测定热效应时，都要精确计量温度以确定量热计温度改变值，通常要求用贝克曼温度计测定。实际使用的量热计往往不是很好的绝热容器，与环境的热交换和搅拌器运转带入热量等因素使测得的 ΔT 值不准确，所以一般在测定 ΔT 后还要用雷诺曲线校正法作温度校正。在测定热效应时若选用绝热良好的量热计，例如测定燃烧热所用的绝热式量热计，它与环境几乎不发生热交换，可不做 ΔT 校正。

通常所用的量热计有氧弹卡计和绝热式量热计两种。氧弹卡计在量热计外再套上恒温外套以减少与环境的热交换，但仍达不到绝热要求。绝热式量热计是在量热计外再套上绝热外套，通过自动控温调节使外套始终与内部温度相同而造成反应的绝热条件，杜绝热交换而使结果可靠，不需再做校正。

这两种量热计的主体部分是发生热化学反应的容器——氧弹，也就是燃烧室。燃烧反应在氧弹中进行，放出的能量使量热计温度升高，测量量热计在反应前后温度变化就可以算得待测样品的恒容燃烧热。为了确定量热计的热容，需用已知燃烧热的物质作标准标定量热计。

实验 128　置换法测定摩尔气体常数 R

【实验目的】

1. 熟练掌握理想气体状态方程在多组分混合气体条件下的应用。

2. 掌握气体分压定律。

3. 练习测量气体体积的操作和分析天平的使用。

【预习要点】

预习气体分压定律，有效数据运算规则；预习检查气密性的操作及原理。

【实验原理】

活泼金属例如镁与稀硫酸反应，置换出氢气：

$$Mg + H_2SO_4 \Longrightarrow MgSO_4 + H_2 \uparrow$$

准确称取一定质量（m_{Mg}）的金属镁，使其与过量的稀硫酸作用，在一定的温度和压力下，用量气管测定因氢气的发生所造成的体积改变 ΔV，由理想气体状态方程计算出摩尔气体常数 R。

【仪器与试剂】

分析天平，量气管（用 50mL），滴定管夹，橡皮管，小试管，蝴蝶夹。

镁条，H_2SO_4（3mol/L），甘油。

【实验步骤】

1. 镁条的称取

准确称取三份已擦去表面氧化物的镁条，每份质量为 0.030～0.035g（准至 0.0001g）。

2. 装置安装

将橡皮管一端接量气管，另一端接长颈漏斗，由漏斗注入水，使量气管液面略低于刻度"0"的位置。上下移动漏斗以赶尽橡皮管和量气管内的气泡，然后按附图 1 所示将小试管与量气管另一端连接，并将塞子塞紧。

3. 检查装置的气密性

将漏斗上移或下移一段距离，若量气管内液面随之有明显上升或下降，说明装置漏气，应重复检查各接口处是否严密，并设法矫正。若将漏斗上移或下移一段距离，量气管内液面只在初始时刻稍有升或降，以后便维持不变，即表明不漏气。

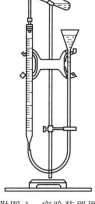

4. 气体常数 R 的测定

① 取下反应试管，用另一长颈漏斗注入 3～5mL 3mol/L 硫酸，取出漏斗，注意切勿使酸沾污试管壁。把一镁条用甘油湿润后贴于试管内壁，不得使镁条与酸接触。重新把反应试管接上，用塞子塞紧。检查量气管液面是否处于"0"刻度以下，再次检查装置气密性。

附图 1　实验装置图

② 上下移动漏斗，微调其位置，使漏斗液面与量气管液面保持同一水平，记下量气管液面位置 V_1。将反应试管底部略为提高，使酸与镁条接触，这时反应产生的氢气进入量气管，管中的水被压入漏斗中。为避免量气管内压力过大，可适当下移漏斗，使两边液面大体保持同一水平。

③ 反应完毕，待反应试管冷却至室温后，再次移动漏斗，微调其位置，使其液面与量气管内液面处于同一水平，记录量气管中液面位置 V_2，3min 后，再记录液面位置，直至两次读数一致，即表明管中气体温度已与室温相同。

④ 记录室温 T，并由气压计读出当时大气压 p^0。

【数据处理】

根据镁与稀硫酸反应方程式中计量系数关系可求出一定质量（m_{Mg}）的金属镁完全反应所置换出氢气的物质的量 n_{H_2}。由于 n_{H_2} 的产生，使得气体体积的改变为 $\Delta V = V_2 - V_1$。设反应前量气管内液面在刻度 V_1 时，液面上部，包括反应试管中封入的气体总量为 n_0，体积为 V_0，反应前后温度均为 T。反应后，量气管中气体的总体积为 $V_0 + \Delta V$，总压力为 p，应用理想气体状态方程，则有：

$$pV_0 = n_0RT \tag{1}$$

$$p\Delta V = (n_{H_2} + n_{H_2O})RT \tag{2}$$

尽管反应前封入的气体在反应后会充满全部空间，但经过这样处理后，式（2）中便不再包括这部分气体的影响。

对于总压力为 p，总体积为 ΔV，温度为 T 的体系，总物质的量（$n_{H_2} + n_{H_2O}$）仍为氢气与水蒸气二组分气体。因 n_{H_2O} 不可知，所以，选出其中的氢气作为处理对象。

查表可得温度 T 时水的饱和蒸气压 $p^0_{H_2O}$，应用分压定律可得：

$$p_{H_2} = p^0 - p^0_{H_2O}$$

此时 n_{H_2} 摩尔氢气将充满体积 ΔV，故应用理想气体状态方程，则有：

$$p_{H_2}\Delta V = n_{H_2}RT$$

$$R = \frac{p_{H_2}V}{n_{H_2}T}$$

根据此式，选用正确的单位，即可算出 R。

【思考题】

1. 实验中检查体系气密性的根据是什么？为什么要检查气密性？

2. 读取量气管内液面刻度时，为何要使量气管和小漏斗液面保持同一水平面？对于保持所选定的关系，在不同温度这种水平面是不是唯一确定的？

3. 反应前量气管液面上部及试管内封入的气体对实验有否影响？为什么？

4. 反应后，可能会有部分水从漏斗溢出，对实验有否影响？为什么？

5. 若镁条过重或量气管中水所占体积不大，对实验会造成什么影响？

实验 129 化学反应热效应的简易测定

【实验目的】

1. 测定锌和硫酸铜反应的热效应，了解测定反应热效应的一般原理和方法。

2. 学习温度计、秒表的使用和简单的作图方法。

【预习要点】

1. 预习热力学有关内容。

2. 预习有关作图方法和计算机作图法。

【实验原理】

化学反应中常伴随有能量的变化。一个恒温化学反应所吸收或放出的热量称为化学反应的热效应。一般把恒温恒压下的热效应又称为焓变（ΔH）。同一反应，若反应温度或压力不同，则热效应也不一样。

热效应通常可以由实验测得。量热计是测定反应热效应常用的仪器。本实验采用普通保温杯和分刻度为 $0.1℃$ 的温度计作为简易量热计，以锌和硫酸铜置换反应为例，来说明热效应的测定过程。

$$Zn(s) + CuSO_4 =\!=\!= Cu(s) + ZnSO_4$$

这个反应是一个放热反应。整个体系可近似当作封闭体系来处理，通过测定体系温度的变化 ΔT 和溶液的质量，就可以计算出体系的热量。

化学反应所产生的热量，除了使反应溶液的温度升高外，还使简易量热计的温度升高，所以要测定反应热，必须预先知道溶液的比热容和量热计的热容。由于是采用的硫酸铜稀溶液，故可以把它的比热容视为水的比热容 $[c = 4.184J/(g \cdot K)]$，而量热计的热容（J/K）可用下法测得：往盛有一定质量 $m(g)$ 水（温度为 T_1）的量热计中，迅速加入相同质量的热水（温度为 T_2），测得混合后的水温为 T_3，则：

$$热水失热 = cm(T_2 - T_3)$$
$$冷水得热 = cm(T_3 - T_1)$$
$$量热计得热 = (T_3 - T_1) C_p'$$

根据热量平衡得到：

$$cm(T_2 - T_3) = cm(T_3 - T_1) + (T_3 - T_1)C_p'$$
$$C_p' = \frac{cm(T_2 + T_1 - 2T_3)}{T_3 - T_1}$$

严格地说，简易量热计并非绝热体系。因此，在测量温度变化时会碰到下述问题，即当冷水温度正在上升时，体系和环境已发生了热交换，这就使人们不能观测到最大的温度变化。这一困难，可用外推作图法予以消除，即根据实验所测得的数据，以温度对时间作图（附图1），将曲线 AB 和 CD 线段分别延长，再做垂线 EF，与曲线交于 G 点，且使 CEG 和 BFG 所围面积相等，此时 E 和 F 对应的 T 值之差即为外推校正后的温差 ΔT。

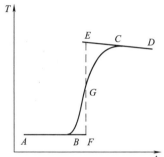

附图 1　温度对时间曲线

反应所放出的总热量为：

$$Q = (C_p + C_p')\Delta T = (cV\rho + C_p')\Delta T$$

式中，V 为硫酸铜溶液的体积，L；ρ 为溶液的密度，kg/L，近似等于水的密度；ΔT 为体系温度的变化，K；C_p 为溶液的热容，kJ/K。

反应的热效应为：

$$\Delta H = \frac{Q}{n} = \frac{(C_p + C_p')\Delta T}{n}$$

式中，n 为反应体系中硫酸铜的物质的量，mol；ΔH 为反应热，kJ/mol。

【仪器与试剂】

温度计（分刻度为 0.1℃），保温杯，分析天平，秒表，容量瓶（250mL），移液管（50mL）。

$CuSO_4 \cdot 5H_2O(s)$，Zn 粉。

【实验步骤】

1. 硫酸铜溶液的配制

用"递减法"在分析天平上称取配制 250mL 0.2mol/L 硫酸铜溶液所需的 $CuSO_4 \cdot 5H_2O$ 晶体，用 250mL 容量瓶配制成硫酸铜溶液。

2. 量热计热容的测定

用移液管移取 100.0mL 蒸馏水，放入干燥的量热计中。盖好盖子，搅拌几分钟后观察温度，若连续 3min 温度不变，可认为体系达到热平衡状态，记下温度 T_1。

再取 100.0mL 蒸馏水，放入小烧杯中，把此烧杯置于高于室温 20℃ 的热水浴中，放置 10~15min 后，准确读出热水的温度 T_2（为了节省时间，在其他准备工作之前就把蒸馏水置于热水浴中），迅速将此热水倒入保温杯中，盖好盖子，同时按动秒表计时，每隔 30s 记录一次温度，当温度升到最高点后，再延续测定 3min。用温度对时间作图求得 T_3。

3. 反应热效应的测定

用台秤称取 3.0g 锌粉。

用移液管移取 100.0mL 硫酸铜溶液，放入干燥的量热计中。盖好盖子，搅拌使其达到热平衡后，记录温度作为反应的起始温度。

迅速倒入 Zn 粉搅拌，同时按动秒表计时，每隔 30s 记录一次温度，当温度升到最高点后，再延续测定 3min。用温度对时间作图求得温度改变值 ΔT。

【数据记录和处理】

（1）量热计热容的计算

冷水温度 T_1/K	
热水温度 T_2/K	
冷热水混合后温度 T_3/K	
冷（热）水的质量 m/g	
水的比热容 c/[J/(g·K)]	
量热计热容 C_p'/(J/K)	

（2）反应热效应的计算

反应前的温度 T_1'/K	
反应后的温度 T_2'/K	
ΔT/K	
$CuSO_4$ 溶液的体积 V/mL	
溶液的比热容 c/[J/(g·K)]	
溶液的热容 C_p/(J/K)	
反应放出的总热量 Q/kJ	
反应的热效应 ΔH/(kJ/mol)	

【思考题】

1. 如何计算反应过程的热效应？

2. 在测定量热计热容时，使用一支温度计先后测定冷水、热水的温度好，还是使用两支温度计先后测定冷水、热水的温度好？它们各有什么利弊？

3. 试分析本实验结果产生误差的原因，你认为影响本实验结果的主要因素是什么？

实验 130　燃烧热测定

【实验目的】

1. 学会用氧弹热量计测定有机物燃烧热的方法。

2. 明确燃烧热的定义，了解恒压燃烧热与恒容燃烧热的差别。

3. 掌握用雷诺法和公式法校正温差的两种方法。

4. 掌握压片技术，熟悉高压钢瓶的使用方法。学会用精密电子温差测量仪测定温度的改变值。

【预习要点】

有机物燃烧热的基本概念；恒压燃烧热与恒容燃烧热；校正温差的方法。

【实验原理】

有机物的燃烧焓 $\Delta_c H_m^0$ 是指 1mol 的有机物在 p^0 时完全燃烧所放出的热量，通常称燃烧热。燃烧产物指定该化合物中 C 变为 $CO_2(g)$，H 变为 $H_2O(l)$，S 变为 $SO_2(g)$，N 变为 $N_2(g)$，Cl 变为 $HCl(aq)$，金属都成为游离状态。

燃烧热的测定，除了有其实际应用价值外，还可用来求算化合物的生成热、化学反应的反应热和键能等。

量热方法是热力学的一个基本实验方法。热量有 Q_p 和 Q_V 之分。用氧弹热量计测得的是恒容燃烧热 Q_V；从手册上查到的燃烧热数值都是在 298.15K、101.325kPa 条件下，即标准摩尔燃烧焓，属于恒压燃烧热 Q_p。由热力学第一定律可知，在不做其他功的条件下，$Q_V = \Delta U$；$Q_p = \Delta H$。若把参加反应的气体和反应生成的气体都作为理想气体处理，则它们之间存在以下关系：

$$\Delta H = \Delta U + \Delta(pV)$$
$$Q_p = Q_V + \Delta nRT$$

式中，Δn 为反应前后生成物和反应物中气体的物质的量之差；R 为气体常数；T 为反应的热力学温度（量热计的外桶温度，环境温度）。

在本实验中，设有 $m(g)$ 物质在氧弹中燃烧，可使 $W(g)$ 水及量热器本身由 T_1 升高到 T_2，令 C 代表量热器的热容，Q_V 为该有机物的恒容摩尔燃烧热，则：

$$|Q_V| = (C+W)(T_2-T_1)M/m$$

式中，M 为该有机物的摩尔质量。

该有机物的燃烧热则为：

$$\Delta_c H_m = \Delta_r H_m = Q_p = Q_V + \Delta nRT = -M(C+W)(T_2-T_1)/m + \Delta nRT$$

由上式，我们可先用已知燃烧热值的苯甲酸，求出量热体系的总热容量 $(C+W)$ 后，再用相同方法对其他物质进行测定，测出温升 $\Delta T = T_2 - T_1$，代入上式，即可求得其燃烧热。

【仪器与试剂】

氧弹热量计，1 套；容量瓶（1000mL，500mL）各 1 个；氧气钢瓶；氧气减压阀；万用电表；压片机；直尺；剪刀。

苯甲酸，萘，引燃专用丝。

【实验步骤】

测定热量计的水当量（即总热容量）

1. 压片

用电子台秤预称取 $0.9 \sim 1.1g$ 的苯甲酸，在压片机上压成圆片。样片压得太紧，点火时不易全部燃烧；压得太松，样品容易脱落。将压片制成的样品放在干净的滤纸上，小心除掉有污染和易脱落部分，然后在电子分析天平上精确称量。

2. 装氧弹

① 截取 20cm 的镍铬燃烧丝，在直径约 3mm 的玻璃棒上，将其中段绕成螺旋形 $5 \sim 6$ 圈。

② 将氧弹盖取下放在专用的弹头座上，用滤纸擦净电极及不锈钢坩埚。先放好坩埚，然后用镊子将样品放在坩埚正中央。将准备好的燃烧丝两端固定在电极上，并将螺旋部分紧贴在样品的上表面，然后小心旋紧氧弹盖。用万用表检查两电极间的电阻值，一般不应大于 200。

3. 充氧气（在教师指导下进行）

检查氧气钢瓶上的减压阀，逆时针旋转使其处于松开状态（松开即是关闭减压阀），再打开（逆时针）氧气钢瓶上的总开关。然后轻轻拧紧减压阀螺杆（拧紧即是打开减压阀），使氧气缓慢进入氧弹内。待减压阀上的减压表压力指到 $1.8 \sim 2.0MPa$ 之间时停止，使氧弹和钢瓶之间的气路断开。充气完毕关闭（顺时针）氧气钢瓶总开关，并拧松压阀螺杆。

4. 安装热量计

热量计包括外筒、搅拌马达、内筒和控制面板等。

先放好内筒，调整好搅拌，注意不要碰壁。将氧弹放在内筒正中央，接好点火插头，加入 3000mL 水。安装完毕。再次用万用表检查电路是否畅通。

5. 数据测量

打开搅拌，待温度基本稳定后开始记录数据，整个数据记录分为如下三个阶段。

① 初期。这是样品燃烧以前的阶段。在这一阶段观测和记录周围环境和量热体系在试验开始温度下的热交换关系。每隔 1min 读取温度 1 次，共读取 6 次。

② 主期。从点火开始至传热平衡称为主期。

在读取初期最末 1 次数值的同时，按下点火开关即进入主期。此时每 0.5min 读取温度 1 次，直到温度不再上升而开始下降的第 1 次温度为止。

③ 末期。这一阶段的目的与初期相同，是观察在试验后期的热交换关系。此阶段仍是每 0.5min 读取温度 1 次，直至温度停止下降为止（约共读取 10 次）。若外桶温度高于内桶温度，则温度会一直上升。

停止观测温度后，从热量计中取出氧弹，缓缓旋开放气阀，在 5min 左右放尽气体，拧开并取下氧弹盖，氧弹中如有烟黑或未燃尽的试样残余，试验失败，应重做。实验结束，用干布将氧弹内外表面和弹盖擦净，最好用热风将弹盖及零件吹干或风干。

萘的燃烧热的测定

称取 0.8～1g 萘，用同样的方法进行测定。

【数据处理】

1. 用雷诺法校正温差。具体方法见 4.3 热力学量的测定。

2. 用公式法校正温差。

① 测量结果按下列公式计算：

$$K = (Qa + gb)/[(T - T_0) + \Delta t]$$

式中，K 为量热体系的热容量，J/℃；Q 为苯甲酸的热值，J/g；a 为苯甲酸的质量，g；g 为燃烧丝的热值，J/g；b 为实际消耗的引火丝质量，g；T 为直接观测到的主期的最终温度；T_0 为直接观测到的主期的最初温度；Δt 为热量计热交换校正值。

② 热量计热交换校正值 Δt，用奔特公式计算：

$$\Delta t = m(v + v_1)/2 + v_1 r$$

式中，v 为初期温度变率；v_1 为末期温度变率；m 为在主期中每 0.5min 温度上升不小于 0.3℃ 的间隔数，第一间隔不管温度升高多少度都计入 m 中；r 为在主期每半分钟温度上升小于 0.3℃ 的间隔数。

③ 记录及计算示例。

室温：22.3℃；外筒温度：22.5℃；内筒温度：21.8℃；苯甲酸热值：26465J/g。

初　　期	主　　期	末　　期
0——0.848	1——1.090	1——2.860
1——……	2——1.930	2——2.859
2——0.849	3——2.390　　$m=3$	3——2.858
3——……	4——2.610	4——2.857
4——0.850	5——2.722	5——2.856
5——……	6——2.782	6——2.855
6——0.851	7——2.817	7——2.854
7——……	8——2.837	8——2.853
8——0.852	9——2.849　　$\gamma=12$	9——2.852
9——……	10——2.856	10——2.851
10——0.853 点火	11——2.860	
	12——2.861	
	13——2.862	
	14——2.862	
	15——2.861	

$$v = (0.848 - 0.853)/10 = -0.0005$$
$$v_1 = (2.861 - 2.851)/10 = 0.001$$
$$\Delta t = (-0.0005 + 0.001) \times 3/2 + 0.001 \times 12 = 0.01275$$

$$a=1.1071g$$
$$gb=33.44J$$
$$K=(26465\times1.107+33.44)/(2.861-0.853+0.01275)=14515J/℃$$

④ 萘的燃烧热按下列公式计算：

$$Q_V=[(T-T_0+\Delta t)K-gb]/G$$

式中，Q_V 为用氧弹热量计测得的恒容燃烧热，J/g；G 为样品萘的质量，g；其余符号的意义同前。

3. 引火丝燃烧值：镍铬丝为 $-3242J/g$ 或 $1.4J/cm$；铁丝为 $-6694J/g$ 或 $2.9J/cm$；苯甲酸燃烧热为 $-26460J/g$。

4. 作苯甲酸和萘燃烧的雷诺温度校正后，由 ΔT 计算体系的热容量和萘的恒容燃烧热 Q_V，并计算其恒压燃烧热 Q_p；再用公式法计算体系的热容量和萘的恒容燃烧热 Q_V，并计算其恒压燃烧热 Q_p。并分别比较测定结果的相对百分误差。

5. 文献值

恒压燃烧焓	kcal/mol	kJ/mol	J/g	测定条件
苯甲酸	-3226.87	-3226.9	-26410	$p^0,20℃$
萘	-5153.85	-5153.8	-40205	$p^0,20℃$

【注意事项】

1. 试样在氧弹中燃烧产生的压力可达 14MPa。因此在使用后应将氧弹内部擦干净，以免引起弹壁腐蚀，减少其强度。

2. 氧弹、量热容器、搅拌器在使用完毕后，应用干布擦去水迹，保持表面清洁干燥。

3. 氧气遇油脂会爆炸。因此氧气减压器、氧弹以及氧气通过的各个部件，各连接部分不允许有油污，更不允许使用润滑油。如发现油垢，应用乙醚或其他有机溶剂清洗干净。

4. 坩埚在每次使用后，必须清洗和除去碳化物，并用纱布清除黏着的污点。

【思考题】

1. 固体样品为什么要压成片状？如何测定液体样品的燃烧热？

2. 根据误差分析，指出本实验的最大测量误差所在。

3. 如何用萘的燃烧热数据来计算萘的标准生成热？

4. 如何利用燃烧热测定，实验测定苯的稳定化能？

实验 131　设计实验——测定苯的稳定化能

【实验目的】

1. 使学生了解设计性实验的基本要求。

2. 使学生了解液体物质燃烧热的测定方法。

3. 测定苯的稳定化能，并与理论值比较。

【预习要点】

固体物质燃烧热测定的原理和方法；苯的稳定化能的概念及其与苯、环己烯、环己烷等物质燃烧热之间的关系。

【实验原理】

见实验 130 固体物质燃烧热测定的原理和方法。通过燃烧热测定已经掌握了固体物质燃烧热测定的原理和方法，掌握了氧弹式量热计的使用方法。在此基础上进一步学习液体物质燃烧热的测定方法。结合基础理论，设计实验，并通过测定苯等液体物质的燃烧热，实验测定苯的稳定化能，并与理论值比较。本实验可采用计算机控制和进行数据处理。

【仪器与试剂】

学生自己拟定。

【实验步骤】

学生自己拟定。

【结果与讨论】

独立撰写。

附：设计性实验的基本要求

设计性实验分为两类。一类是根据实验的基本内容和基本要求，在完成基本实验的基础上，利用实验室现有仪器设备，由学生查阅资料，阅读文献，自己设计实验方案，自己配制标准溶液，独立撰写实验报告。这类实验一定要带有综合性。所谓综合性，要求至少涵盖每一分支的主要内容。这类实验只给定题目，指导思想，由学生独立完成。这类实验还包括：把一些新的实验方法和技术移植到基本物化实验中；或者用先进的电子仪器对经典实验进行改造，提高测量精度；或者用计算机控制实验条件、记录和处理实验数据等。

这类实验要求在教师指导下进行。时间不做限制。要求有可靠的理论基础，完整的实验方案，具体的操作步骤和数据处理方法。要求写出规范的实验报告。实验报告要在学生中相互交流，取长补短，互相学习。最后由指导教师写出评语，给出成绩。

另一类提高实验是基本实验以外的其他实验，由学生自己选作。实验题目、操作步骤、仪器药品等均已给定，但由学生自己准备，并做出实验数据，写出实验报告。有些设备仪器并非现成，需要自制，同样具有一定难度，目的是提高学生的科研素质，培养学生的科研能力。

4.4 电化学测量方法

在各种电化学测量中，有两种最重要的方法，一是对消法测电池的电动势，二是惠斯登电桥测电导。测电导实际上是测电阻。最重要的技术是各种电极的制备。很多电化学测定归根结底都是把这两种电信号转变成各种物理量信号。

4.4.1 对消法

对消法测电池的电动势采用电位差计。电位差计是按照对消法测量原理而设计的一种平衡式电学测量装置。电位差计由三个回路组成：工作回路、标准回路和测量回路。用直流电位差计测量电动势时，有如下两个明显的优点。

① 在两次平衡中检流计都指零，没有电流通过（比检流计能分辨的更小一些的电流不考虑在内），也就是说，电位差计既不从标准电池中吸取能量，也不从被测线路中吸取能量。因此，不论标准电池还是被测电动势（电压），它们的电源内部和连接导线，都没有电阻压降。电位差计不从标准电池吸取能量，表明标准电池的电动势在测量中仅作为电动势的参考标准，即测量时仅利用标准电池电动势的数值。电位差值不从被测线路吸取能量，表明测量时没有改变被测对象的状态，即被测电动势（电压）能高度准确地保持其原有数值。

② 由于标准电池的电动势 E_s 的值十分准确，并且具有高度的稳定性，而电阻元件也可以制造得具有很高的准确度，因此被测电动势的数值就具有很高的测量准确度。

对消法和电位差计详见各种教科书。

4.4.2 惠斯登电桥法

惠斯登电桥法测定电解质溶液的电导，实际上是测定它的电阻，因为电导是电阻的倒数。

测定电解质溶液的电阻时（将待测溶液放在如图 4.4-1 的 R_X 电导池中），如用直流电通过电极，则会引起电极的变化，因此要采用较高频率的交流电，其频率在 $1000\sim2500\,Hz$ 范围，即测量要用交流平衡电桥。图 4.4-1 是交流平衡电桥的电路图。S 是信号发生器（振荡器）所提供的交流电源，电阻 R_{AC} 和 R_{BC} 可由 C 的位置计算出来。未知电阻 R_X 的电导池位于电桥的左上侧，精密可变电阻 R_S 则在右上侧，示零器 Z 用来指示 D 和 C 之间有无电流通过，可由一对普通耳机构成（耳朵可以灵敏地响应 1000Hz 左右的频率），也可采用将电桥输出经放大检流后用直流检流计指零的方法；或者用示波器作示零装置。

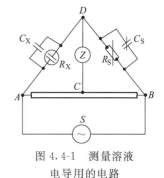

图 4.4-1　测量溶液电导用的电路

通过调节触点 C 直到 CD 间无电流检出（桥路平衡），便可测出来未知电阻 R_X，此时桥路的电阻应符合关系式：

$$R_X = \frac{R_{AC}}{R_{BC}} \times R_S$$

式中，$\dfrac{R_{AC}}{R_{BC}}$ 称为比例臂，由准确电阻组成，可选择 $\dfrac{R_{AC}}{R_{BC}} = 0.1$、$1.0$ 或 10 等；R_S 可以是一个带刻度盘的可调电阻或精密的多位数字电阻箱。

当测量很高的电阻时，由于电导池两极之间存在着极间电容（加上接线的分步电容，用 C_X 表示）的影响，降低了测量的灵敏度。在实际工作中，为了补偿这种影响，常在 R_S 两端加上一个可变电容 C_S。

4.4.3　电极的种类及其选择

测量电导的电极，通常用两个平行的铂片组成的光亮电极或铂片上覆盖一层细粉状铂的铂黑电极。前者用于测量较小的电导率（$0.1 \sim 10\mu\Omega^{-1}$/cm）；后者用于测量较大的电导率（$10 \sim 10^5 \mu\Omega^{-1}$/cm），因为它的表面比较大，降低了电流密度，减少或消除了极化。在测量低电导率溶液时，铂黑对电解质有强烈的吸附作用，出现不稳定的现象，这时宜用光亮铂电极。

为了测量溶液的电导，配制溶液的水应是高纯的水。要求除 H^+ 和 OH^- 外不含其他物质，其电导率应小于 $1 \times 10^{-6}\Omega^{-1}$/cm。通常将这种高纯水称为电导水。一般纯水中含有一定量的 CO_2、痕量的 NH_3 和有机物，使水的电导值较大。所以将这些杂质除尽才能符合电导水的要求。常用制备电导水的方法有重蒸馏法和离子交换法两种。

目前已广泛采用离子交换法制备纯水。即用大型离子交换柱生产的水作为原料水，将其通过实验室小型混合树脂交换柱，用电导率仪测量水的电导率，若合格即可收集作为电导水用。

制备电导水时，要注意收集器和储水瓶都应十分清洁，电导水应保存在有碱石灰吸收管的硬质玻璃瓶内，一般保存期只有 10 天。

电化学测量中常用的其他电极有如下几种。

① 金属-盐溶液电极。

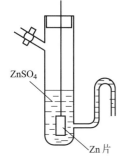

图 4.4-2　Zn 电极

锌电极　先用稀硫酸洗掉锌表面的氧化层，后用纯水冲洗，再将其浸入饱和 $Hg_2(NO_3)_2$ 溶液中 $3 \sim 5$s 后取出，用镊子夹住一小块滤纸轻轻擦拭电极表面（用过的滤纸要收集专门处理），然后用纯水洗净。把此汞齐化的锌电极用滤纸拭干后插入电极管内并塞紧，将电极管的虹吸管管口浸入盛有指定浓度 $ZnSO_4$ 溶液的烧杯内，用针筒自支管抽气，将溶液吸入电极管至浸没电极，停止抽气，夹紧支管夹子。注意虹吸管内不能有气泡。制备好的锌电极如图 4.4-2 所示。

铜电极　将铜电极在 6mol/L HNO_3 溶液内浸洗后，用水冲洗、纯水淋洗，然后将此铜电极作阴极，另取一铜电极为阳极，在镀铜溶液（100mL 水中溶解 15g $CuSO_4 \cdot 5H_2O$，5g

H_2SO_4 和 5g C_2H_5OH）内电镀。电镀条件：电流密度 25mA/cm² 左右；电镀时间 20～30min。待铜电极表面有一层紧密镀层后，取出用水冲洗，纯水淋洗，插入电极管内，与上面锌电极半电池一样，使电极管内吸入足够指定浓度的 $CuSO_4$ 溶液。

② 金属-难溶盐电极。Ag-AgCl 电极是常用的参比电极。其电极体系可表示为：

$$Ag,\ AgCl(s)\ |\ KCl(aq)$$

电极反应为：

$$Ag+Cl^- \rightleftharpoons AgCl+e$$

Ag—AgCl 电极在实验室制备较容易。制备方法如下：用金相砂纸将银棒打磨光洁，用纯水冲洗干净后作阳极，另用铂电极作阴极，在 1mol/L HCl 溶液中进行电解。先在电流密度为 2～4mA/cm² 的条件下电解 20～30min，再加大电流密度至 5～7mA/cm²，电解 20～30min。此时银电极上已镀上一层 AgCl。取出后浸在 0.1mol/L KCl 溶液中，于暗处陈化 24h，即可使用。AgCl 遇光易分解，所以不用时也要浸在 0.1mol/L KCl 溶液中，在暗处存放。

③ 甘汞电极的性质和使用。甘汞电极是应用最广泛的参比电极。其结构如图 4.4-3，电极体系可表示为：

$$Hg,Hg_2Cl_2(s)\ |\ KCl(l)$$

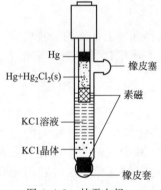

电极反应为：

$$2Hg+2Cl^- \rightleftharpoons Hg_2Cl_2+2e$$

盐桥管内 KCl 溶液浓度可以是饱和、1mol/L 和 0.1mol/L 三种，分别称为饱和甘汞电极、摩尔甘汞电极和 0.1mol/L 甘汞电极。

饱和甘汞电极虽然有较大的温度系数，但 KCl 溶液的浓度只要温度一定就是常数，而且浓的 KCl 溶液是很好的盐桥溶液，所以是实验室最常用的电极。25℃时饱和甘汞电极的电极电位为 0.2415V，与温度的关系式可表示为

$$\varphi=0.2415-7.6\times10^{-4}(t-25)$$

图 4.4-3　甘汞电极

图中标注：Hg；Hg+Hg₂Cl₂(s)；KCl溶液；KCl晶体；橡皮塞；素磁；橡皮套

市售饱和甘汞电极使用注意事项：

a. 使用前检查盐桥管内 KCl 溶液是否浸没电极，如溶液不够，则应添加；

b. 使用时取下电极侧管的橡皮塞及电极下端的橡皮套，并要排除管内气泡；

c. 电极不能长时间地浸在待测液中，以免待测液受到 KCl 溶液的污染或电极内部被待测液污染。

④ 盐桥的制备。实验中常将电池中两种溶液隔开，然后以盐桥跨接，以消除溶液接界处的电位差。盐桥中的电解质常是 KCl 或 NH_4NO_3（或者 KNO_3），这取决于电池的性质。

将洁净的玻璃管弯曲成 U 形，加琼脂于饱和 KNO_3 或 KCl 的溶液中，使琼脂的含量为 3％。加热使琼脂溶解，趁热将玻璃一端插入溶液内，另端接一较长橡皮管，用洗耳球将溶液吸入玻管内，冷却后即成盐桥。但需注意，盐桥中不得有空气，否则会增加电阻。在使用盐桥时，也需注意盐桥的两端管口是否有气泡。盐桥管口要平，要充满凝胶，不能出现凸凹不平的现象。

盐桥不能长久使用，应不断更换。实验完毕，盐桥应插在饱和 KNO_3 或 KCl 的溶液中。

具体操作请参见实验 132 原电池电动势和电极电势的测定。

实验 132　原电池电动势和电极电势的测定

【实验目的】

1. 测定 Cu-Zn 原电池的电动势及 Cu、Zn 电极的电极电势。

2. 学会几种电极和盐桥的制备方法。

3. 掌握可逆电池电动势的测量原理和 EM-3C 型数字式电位差计的操作技术。

【预习要点】

对消法测定电池电动势的基本原理和方法；盐桥的制备方法。

【实验原理】

凡把化学能转变为电能的装置称为化学电源（或电池、原电池）。电池是由两个电极和连通两个电极的电解质溶液组成的。如附图 1 所示。

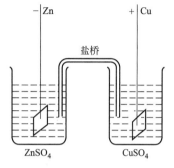

把 Zn 片插入 $ZnSO_4$ 溶液中构成 Zn 电极，把 Cu 片插在 $CuSO_4$ 溶液中构成 Cu 电极。用盐桥（其中充满电解质）把这两个电极连接起来就成为 Cu-Zn 电池。可逆电池应满足如下条件。

① 电池反应可逆，亦即电池电极反应可逆。

② 电池中不允许存在任何不可逆的液接界。

③ 电池必须在可逆的情况下工作，即充放电过程必须在平衡态下进行，亦即允许通过电池的电流为无限小。

附图 1 Zn-Cu 电池示意图

因此在制备可逆电池、测定可逆电池的电动势时应符合上述条件，在精确度不高的测量中，常用正负离子迁移数比较接近的盐类构成"盐桥"来消除液接电位。用电位差计测量电动势也可满足通过电池电流为无限小的条件。

在电池中，每个电极都具有一定的电极电势。当电池处于平衡态时，两个电极的电极电势之差就等于该可逆电池的电动势，按照我们常采用的习惯，规定电池的电动势等于正、负电极的电极电势之差。即：

$$E = \varphi_+ - \varphi_- \tag{1}$$

式中，E 是原电池的电动势。φ_+、φ_- 分别代表正、负极的电极电势。其中：

$$\varphi_+ = \varphi_+^\ominus - \frac{RT}{ZF} \ln \frac{\alpha_{氧化}}{\alpha_{还原}} \tag{2}$$

$$\varphi_- = \varphi_-^\ominus - \frac{RT}{ZF} \ln \frac{\alpha_{氧化}}{\alpha_{还原}} \tag{3}$$

在式（2）、式（3）中：φ_+、φ_- 分别代表正、负电极的标准电极电势；$R = 8.134 J/(mol \cdot K)$；$T$ 是绝对温度；Z 是反应中得失电子的数量；$F = 96500C$，称法拉第常数；$\alpha_{氧化}$ 为参与电极反应的物质的还原态的活度。

对于 Cu-Zn 电池，其电池表示式为：

$$Zn | ZnSO_4(m_1) \| CuSO_4(m_2) | Cu$$

其电极反应为：$\begin{cases} 负极反应 \quad Zn \longrightarrow Zn^{2+}(\alpha_{Zn^{2+}}) + 2e \\ 正极反应 \quad Cu^{2+}(\alpha_{Cu^{2+}}) + 2e \longrightarrow Cu \end{cases}$

其电池反应为：$\quad Zn + Cu^{2+}(\alpha_{Cu^{2+}}) \longrightarrow Cu + Zn^{2+}(\alpha_{Zn^{2+}})$

其电动势为：$$E = \varphi_{Cu^{2+},Cu} - \varphi_{Zn^{2+},Zn} \tag{4}$$

$$\varphi_{Cu^{2+},Cu} = \varphi_{Cu^{2+},Cu}^\ominus - \frac{RT}{2F} \ln \frac{1}{\alpha_{Cu^{2+}}} \tag{5}$$

$$\varphi_{Zn^{2+},Zn} = \varphi_{Zn^{2+},Zn}^\ominus - \frac{RT}{2F} \ln \frac{1}{\alpha_{Zn^{2+}}} \tag{6}$$

在式（5）和式（6）中，Cu^{2+}、Zn^{2+} 的活度可由其浓度 m_i 和相应电解质溶液的平均活度系数 $\gamma_\pm$ 计算出来。

$$\alpha_{Cu^{2+}} = m_2 \gamma_\pm \tag{7}$$

$$\alpha_{Zn^{2+}} = m_1 \gamma_\pm \tag{8}$$

如果能由实验确定 $E = \varphi_{Cu^{2+},Cu}$ 和 $E = \varphi_{Zn^{2+},Zn}$，则其相应的标准电极电势 $\varphi^{\ominus}_{Cu^{2+},Cu}$ 和 $\varphi^{\ominus}_{Zn^{2+},Zn}$ 即可被确定。

怎样测定 Cu 电极和 Zn 电极的电极电势呢？既然电池的电动势等于正、负极的电极电势之差，那么我们可以选择一个电极电势已经确知的电极，如 Ag-AgCl 电极，让它与 Cu 电极组成电池，该电池的电动势为：

$$E = \varphi_{Cu^{2+},Cu} - \varphi_{AgCl,Ag} \tag{9}$$

因为电动势 E 可以测量，$\varphi_{AgCl,Ag}$ 已知，所以 $\varphi_{Cu^{2+},Cu}$ 可以被确定，进而可由式（5）求出 $\varphi^{\ominus}_{Cu^{2+},Cu}$。

用同样方法可以确定 Zn 电极的电极电势 $\varphi_{Zn^{2+},Zn}$ 和标准电极电势 $\varphi^{\ominus}_{Zn^{2+},Zn}$，让 Zn 电极与 Ag-AgCl 电极组成电池 $Zn|ZnSO_4(m_1)\|KCl(1mol/kg)|AgCl\text{-}Ag$：该电池的电动势为：

$$E = \varphi_{AgCl,Ag} - \varphi_{Zn^{2+},Zn} \tag{10}$$

测量 E，$\varphi_{AgCl,Ag}$ 已知，进而可由式（6）求出 $\varphi^{\ominus}_{Zn^{2+},Zn}$。

本实验测得的是实验温度下的电极电势 φ_T 和标准电极电势 $\varphi^{\ominus}$，为了比较方便起见，（和附录中列出的 $\varphi^{\ominus}_{298}$ 比较），可采用下式求出 298K 时的标准电极电势 $\varphi^{\ominus}_{298}$，即

$$\varphi^{\ominus}_T = \varphi^{\ominus}_{298} + \alpha(T-298) + \frac{1}{2}\beta(T-298)^2 \tag{11}$$

式中，α、β 为电池中电极的温度系数。对 Cu-Zn 电池来说：

Cu 电极：$\alpha = 0.016 \times 10^{-3}\,V/K$，$\beta = 0$

Zn 电极：$\alpha = 0.0100 \times 10^{-3}\,V/K$，$\beta = 0.62 \times 10^{-6}\,V/K^2$

关于电位差计的测量原理和 EM-3C 型数字式电位差计的使用方法，见它们的使用说明。

测定电池电动势这个方法有非常广泛的应用。例如：平衡常数、解离常数、络合物稳定常数、难溶盐的溶解度、两状态间热力学函数的改变、溶液中的离子活度、活度系数，离子的迁移数、溶液的 pH 值等均可以通过测定电动势的方法求得。在分析化学中，电位滴定这一分析方法也是基于测量电动势的方法。

【仪器与试剂】

EM-3C 型数字式电位差计，毫安表，恒温槽一套，镀 AgCl 池，Cu、Zn 电极，Ag-AgCl 电极，Pt 电极，镀 Cu 池，镀 Ag 池。氨水，0.1mol/kg ZnSO$_4$ 溶液，0.1mol/kg CuSO$_4$ 溶液，1mol/kg KCl 溶液，1mol/L HCl 溶液，6mol/L H$_2$SO$_4$ 溶液，饱和 Hg$_2$(NO$_3$)$_2$ 溶液，镀 Cu 溶液，镀 Ag 溶液，琼脂，KCl（分析纯）。

【实验步骤】

1. 制备 Zn 电极

取一锌条（或 Zn 片）放在稀硫酸中，浸数秒钟，以除去锌条上可能生成的氧化物，之后用蒸馏水冲洗，再浸入饱和硝酸亚汞溶液中数秒钟，使其汞齐化，用镊子夹住湿滤纸擦拭 Zn 条，使 Zn 条表面有一层均匀的汞齐。最后用蒸馏水洗净之，插入盛有 0.1mol/L ZnSO$_4$ 的电极管内即为 Zn 电极。将 Zn 极汞齐化的目的是使该电极具有稳定的电极电位，因为汞齐化能消除金属表面机械应力不同的影响。

2. 制备 Cu 电极

取一粗 Cu 棒（或 Cu 片），放在稀 H$_2$SO$_4$ 中浸泡片刻，取出用蒸馏水冲洗，把它放入镀 Cu 池内作阴极。另取一 Cu 丝或 Cu 片，作阳极进行电镀。电镀的线路如附图 2 所示。

调节滑线电阻，使阴极上的电流密度为 25mA/cm^2（电流密度是单位面积上的电流强

度）。电流密度过大，会使镀层质量下降。电镀 20min 左右，取出阴极，用蒸馏水洗净，插入盛有 0.1mol/kg CuSO₄ 的电极管内即成 Cu 电极（也可用洁净的 Cu 丝经处理后直接作 Cu 电极）。

镀 Cu 液的配方：100mL 水中含有 15g CuSO₄·5H₂O，5g H₂SO₄，5g C₂H₅OH。

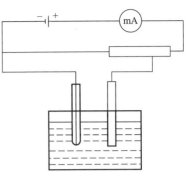

附图 2 电镀（解）线路

若用一纯 Cu 棒，用稀 H₂SO₄ 浸洗处理，擦净后用蒸馏水洗净，亦可直接作为 Cu 电极。

3. 制备 Ag-AgCl 电极

把洗净的 Ag 丝插入镀 Ag 溶液内作为阴极，另取一 Ag 丝（或 Pt 片）作阳极进行电镀。电镀线路与附图 2 相同。调节滑线电阻，使阴极电流密度不大于 10mA/cm²，电镀约 0.5h。取出阴极，用蒸馏水洗净。

镀 Ag 溶液的配方：3g AgNO₃，6g KI，7mL NH₃ 水配成 100mL 溶液。

用上述新镀的 Ag 丝作阳极，铂作阴极，在 1mol/L HCl 中进行电镀。电镀线路仍与附图 2 相同。调节滑线电阻，使阳极电流密度为 2mA/cm²，电镀约 0.5h，这时阳极变成紫褐色。取出阳极，用蒸馏水洗净之，插入盛有 1mol/kg KCl 的电极管中，即为我们所使用的 Ag-AgCl 电极。其电极电势 $\varphi_{AgCl,Ag}=0.2353V$。此电极不用时，把它插入稀 HCl 或 KCl 的溶液中，保存在暗处（已镀好）。

4. 制备饱和 KCl 盐桥

在 1 个锥形瓶中，加入 3g 琼脂和 100mL 蒸馏水，在水浴上加热直到完全溶解，再加入 30g KCl，充分搅拌 KCl 后，趁热用滴管将此溶液装入 U 形管内，静置，待琼脂凝结后即可使用。不用时放在饱和 KCl 溶液中（已制备好）。

5. 测量 Cu-Zn 电池的电动势

用盐桥把 Cu 电极和 Zn 电极连接起来，把该电池的 Zn 极（负极）与电位差计的负极接线柱相接，Cu 极（正极）与电位差计的正极接线柱相连。每隔 3min 测一次电动势 E。每测一次后都要将开关扳向标准，对电位差计进行校准。若连续测量的几次数据不是朝一个方向变动，或在 15min 内，其变动小于 0.5mV，可以认为其电动势是稳定的，取最后几次连续测量的平均值作为该电池的电动势。

6. 测量 Zn 电极与 Ag-AgCl 电极所组成的电池的电动势

用盐桥连接这两个电极，同步骤 5 的方法测量其电动势。在这个电池中，Ag-AgCl 电极是正极，Zn 电极为负极。

7. 测量 Cu 电极与 Ag-AgCl 电极所组成的电池的电动势

用盐桥连接这两个电极，同步骤 5 的方法测量其电动势。在该电池中 Ag-AgCl 电极为负极，Cu 电极为正极。

【数据处理】

1. 数据记录

① 电池电动势。

电　池	电池反应	电　动　势				平　均
		计算值	测　得　值			
			(1)	(2)	(3)	
Cu-Zn 电池 Cu-AgCl/Ag Zn-AgCl/Ag						

② 电极电势和标准电极电势。

电 极 名 称	电极电势 φ		标准电极电势 $\varphi^{\ominus}$	
	理论值	实验值	理论值	实验值

2. 计算 Zn 电极的电极电势 $\varphi_{Zn^{2+},Zn}$ 和标准电极电势 $\varphi^{\ominus}_{Zn^{2+},Zn}$。由实验步骤 6 所得的电动势 E，并利用 $\varphi_{AgCl,Ag}=0.2353V$，计算 Zn 电极的电极电势 $\varphi_{Zn^{2+},Zn}$，计算 Zn 电极的标准电极电势 $\varphi^{\ominus}_{Zn^{2+},Zn}$。

3. 计算 Cu 电极的电极电势 $\varphi_{Cu^{2+},Cu}$ 和标准电极电势 $\varphi^{\ominus}_{Cu^{2+},Cu}$。由实验步骤 7 所得的电动势 E 及 $\varphi_{AgCl,Ag}=0.2353V$，计算 Cu 电极的电极电势 $\varphi_{Cu^{2+},Cu}$，再计算 Cu 电极的标准电极电势 $\varphi^{\ominus}_{Cu^{2+},Cu}$。

4. 计算 Cu-Zn 电池的电动势 E。该电池的电动势 E 为：

$$E=\varphi_{Cu^{2+},Cu}-\varphi_{Zn^{2+},Zn}$$

由上面已经确定的 φ 值可以计算 E，并将其与实验步骤 5 的测量值作比较，计算它们之间的相对误差。

5. 文献值

$$\varphi^{\ominus}_{Cu^{2+},Cu}=0.337V（298K）$$

$$\varphi^{\ominus}_{Zn^{2+},Zn}=0.7628V（298K）$$

有关电解质的平均活度系数 $\gamma_{\pm}$

电解质溶液	0.1mol/kg CuSO$_4$	0.1mol/kg ZnSO$_4$
$\gamma_{\pm}$	0.1600	0.150

【注意事项】

1. 因 $Hg_2(NO_3)_2$ 为剧毒物质，所以在将 Zn 电极汞齐化时所用的滤纸不能随便乱扔，做完实验后应立即将其收集，专门处理。另外盛 $Hg_2(NO_3)_2$ 的瓶塞要及时盖好。

2. 标准电池属精密仪器，使用时一定要注意，切记不能倒置。

3. 在测量电池电动势时，尽管采用的是对消法，但在对消点前，测量回路将有电流通过，所以在测量过程中不能一直按下电键按钮，否则回路中将一直有电流通过，电极就会产生极化，溶液的浓度也会发生变化，测得的就不是可逆电池电动势，所以应按一下调一下，直至平衡。

【思考题】

1. 对消法测电动势的基本原理是什么？为什么用伏特表不能准确测定电池电动势？

2. 电位差计、标准电池、检流计及工作电池各有什么作用？

3. 如何维护和使用标准电池及检流计？

4. 参比电极应具备什么条件？它有什么作用？

5. 盐桥有什么作用？应选择什么样的电解质作盐桥？

6. 如果电池的极性接反了，会有什么结果？工作电池、标准电池和未知电池中任一个没有接通会有什么结果？

7. 利用参比电极可测电池电动势，简述电动势法测定活度及活度系数的步骤。此参比电极应具备什么条件？

实验 133　弱酸电离常数的测定

【实验目的】

1. 学会测定弱酸电离常数和电离度。
2. 学会 pH 计的正确使用方法。

【预习要点】

1. 预习溶液中离子平衡有关内容。
2. 预习酸度计的使用方法及原理。

【实验原理】

乙酸为弱电解质，在水溶液中部分电离，存在下列电离平衡：

$$HAc \rightleftharpoons H^+ + Ac^-$$

其电离常数：

$$K_{HAc} = [H^+][Ac^-]/[HAc]$$

式中，$[H^+]$、$[Ac^-]$、$[HAc]$ 分别为 H^+、Ac^-、HAc 的平衡浓度。

若乙酸的起始浓度为 c_0，电离度为 α；则平衡时：

$$[H^+] = [Ac^-] = c_0\alpha, \quad [HAc] = c_0(1-\alpha)$$

$$K_{HAc} = c_0\alpha^2/(1-\alpha) = [H^+]^2/(c_0 - [H^+])$$

当 $\alpha < 5\%$ 时，$K_{HAc} = [H^+]^2/c_0$

在一定温度下，用 pH 计测出给定溶液的 pH 值，即可求出溶液的 K 值及 α。

【仪器与试剂】

pHS-2 酸度计，分析天平，碱式滴定管（50mL），吸量管（10mL）；移液管（25mL）NaOH(s)，邻苯二甲酸氢钾，36%乙酸，酚酞指示剂，未知一元弱酸。

【实验步骤】

1. 0.1mol/L NaOH 溶液的配制与标定

配制 300mL 0.1mol/L NaOH 溶液，用邻苯二甲酸氢钾标定其浓度。

2. 0.1mol/L 乙酸溶液的配制

用 36%乙酸配制 0.1mol/L 乙酸溶液 250mL。

3. 乙酸溶液的标定

准确移取 25.00mL 乙酸溶液于锥形瓶中，以酚酞作指示剂，用标准 NaOH 溶液标定。

乙酸体积/mL			
标准 NaOH 浓度/(mol/L)			
滴定前滴定管读数/mL			
滴定后滴定管读数/mL			
标准 NaOH 用量/mL			
乙酸浓度/(mol/L)			
平均浓度/(mol/L)			

4. 按下表配制不同浓度的乙酸溶液，测定 pH 值。

编　号	乙酸体积/mL	水体积/mL	乙酸起始浓度/(mol/L)	pH 值	α	K
1	5.0	45.0				
2	10.0	40.0				
3	20.0	30.0				
4	30.0	20.0				
5	50.0	0.0				

5. 未知弱酸电离常数的测定

取 10.00mL 未知一元弱酸溶液，用标准 NaOH 溶液滴定至终点；然后，再加入 10.00mL 该弱酸溶液，混合均匀，测定其 pH 值及该弱酸的电离常数。

【思考题】

1. 乙酸的起始浓度是如何获得的？用甲基红作指示剂可以吗？

2. 测定 pH 值时，为什么要按从稀到浓的次序？

3. 如何计算未知一元弱酸的电离常数？其测定原理是什么？

实验 134 难溶电解质溶度积的测定

【实验目的】

1. 了解电位法测定难溶电解质溶度积的原理及方法。

2. 学习用图解法求氯化铅的溶度积。

【预习要点】

1. 预习氧化还原反应及原电池、电极等的内容。

2. 预习酸度计使用方法。

【实验原理】

用电位法测定难溶电解质的溶度积时，需选用两支电极与相应溶液组成原电池；通过测定电池的电动势，即可求出难溶电解质的溶度积。

原电池： $(-)$ 饱和甘汞电极 $\parallel KX(c) \mid PbCl_2(s) + Pb$ $(+)$

$$\varphi_{PbCl_2/Pb} = \varphi^{\ominus}_{PbCl_2/Pb} - \frac{0.0591}{2}\lg[Cl^-]^2$$

$$\varphi^{\ominus}_{PbCl_2/Pb} = \varphi^{\ominus}_{Pb^{2+}/Pb} + \frac{0.0591}{2}\lg K_{sp}$$

$$E(电动势) = \varphi_{PbCl_2/Pb} - \varphi_{甘汞}$$

$\varphi^{\ominus}_{Pb^{2+}/Pb}$ 及 $\varphi_{甘汞}$ 数值可从有关手册中查得；在一定条件下，测出电池电动势，即可算出 K_{sp}。为了减少误差，可通过改变体系的浓度，求得相应的 E，作图，从直线在纵坐标上的截距求得 K_{sp}。

【仪器与试剂】

pH 计，双界面甘汞电极，铅电极，分析天平；$Pb(NO_3)_2$（0.1mol/L），HNO_3（2.0mol/L），KCl（A.R.），$Pb(NO_3)_2$（A.R.），HCl（2.0mol/L）。

【实验步骤】

1. 溶液的配制

用 50mL 容量瓶配制 1.000mol/L 的 KCl 溶液。

2. 电极的活化

将铅电极插入 2mol/L 的 HNO_3 中，当电极表面有气泡产生时，将电极取出，先用自来水冲洗，再用蒸馏水洗净，用滤纸擦干备用。

3. 电动势的测定

① 将铅电极和双接界甘汞电极安装在电极架上，铅电极接 pH 计的正极，甘汞电极接 pH 计的负极，pH-mV 选择开关置于 mV 挡（$PbCl_2$-KCl 体系使用 mV 挡，余者使用mV 挡）。

② 在 100mL 干燥烧杯中，准确加入 50.00mL 蒸馏水，用移液管移入 1.00mL 1.00mol/L KCl 溶液，滴入 1 滴 0.1mol/L 的 $Pb(NO_3)_2$ 溶液，搅拌均匀后，将电极插入该溶液，测定电动势 E_1。

③ 再移取 1.00mL 1.00mol/L KCl 溶液，于同一烧杯中，搅拌均匀后，测定电动势 E_2。

如此重复，分别测得电动势 E_3、E_4、E_5 填入下表。

测定次数				
KCl 的累计体积/mL				
浓度/(mol/L)				
lg[Cl⁻]				
E/V				

【数据处理】

以 lg[Cl⁻] 对 E 作图。

【注意事项】

为了减少对测定体系中［Cl⁻］的影响，实验使用双接界甘汞电极，外管内装有 0.1mol/L 的 KNO_3 溶液。

【思考题】

1. 测定电动势时，待装溶液烧杯是否必须预先干燥？
2. 实验误差主要来源于哪些方面？
3. KCl 溶液是否必须为 1.000mol/L？

实验 135　用电导率仪测定电离平衡常数

【实验目的】

1. 了解溶液电导、电导率、摩尔电导率等基本概念。
2. 掌握用电桥法测量溶液电导的原理和方法。
3. 测定溶液的电导，了解浓度对弱电解质电导的影响，测定弱电解质的电离平衡常数。

【预习要点】

溶液电导、电导率、摩尔电导率等基本概念；惠斯登电桥；浓度对弱电解质电导的影响。

【实验原理】

电导、电导率与电导池常数：导体可分为两类：一类是金属导体，它的导电性是自由电子定向运动的结果；另一类则是电解质导体，如酸、碱、盐等电解质溶液，其导电性则是离子定向运动的结果。对于金属导体，其导电能力的大小通常以电阻 R（resistance）表示，而对于电解质溶液的导电能力则常以电导 G（electric conductance）表示。溶液本身的电阻 R 和电导 G 的关系为：

$$G = \frac{1}{R} \tag{1}$$

由欧姆定律（Ohm's law）

$$U = IR \tag{2}$$

则有

$$G = \frac{I}{U} \tag{3}$$

式中，I 为通过导体的电流；U 为外加电压。电阻的单位为欧姆，用 Ω 表示。电导的单位为西门子（Siemens），用 S 或 Ω^{-1} 表示。导体的电阻 R 与其长度 l 成正比，而与其截面积

A 成反比。

$$R=\rho\frac{l}{A} \tag{4}$$

式中，ρ 是比例常数，表示在国际单位制（SI）中长 1m，截面积为 $1m^2$ 导体所具有的电阻，称为电阻率（resistivity），单位是 $1m^2$。由式（4）取倒数，并令 $\kappa=1/\rho$ 可得

$$G=\kappa\frac{A}{l} \tag{5}$$

κ 称为电导率（eletrolytic conductivity），也是比例常数，表示长 1m，截面积为 $1m^2$ 导体的电导。对溶液来说，它表示电极面积为 $1m^2$，两极距离为 1m 时溶液的电导。单位为 Ω^{-1}/m 或 S/m。对于某一电导池，用来测定的电极往往是成品电极，两极之间的距离 l 和电流通过电解质时镀有铂黑的电极面积 A 是固定的，即 l/A 是固定的，称 l/A 为电导池常数，以 K_{cell} 表示，单位是 m^{-1}。则式（5）可表示为：

$$\kappa=K_{cell}G \tag{6}$$

虽然 l 和 A 是固定的，但很难直接准确测量。因此，通常是把已知电导率的溶液（常用一定浓度的 KCl 溶液）注入电导池，用平衡电桥法测其电导 G，则可求出电导池常数。K_{cell} 已知后，用相同的方法和同一电导池来测未知溶液的电导。

电导的测定 电导的测定在实验中实际上是测定电阻。随着实验技术的不断发展，目前已有不少测定电导和电导率的成品仪器，这些仪器可把测出的电阻值换算成电导值在仪器上反映出来。如果是用配套固定的电极，可直接反映出电导率值。但其测量原理都是一样的，和物理学上测电阻用的韦斯顿（Wheatstone）电桥类似。

测量导体的电导是以补偿法为基础的，即将一未知电阻与一已知电阻相比较的方法，求得导体对电流的电阻值。其原理如附图 1 所示。

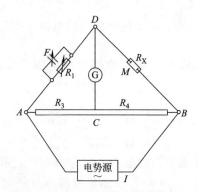

附图 1 补偿法原理线路图

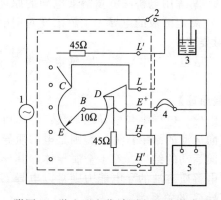

附图 2 学生型电位计测电阻时线路图
1—振荡器；2—电键；3—电导池；4—耳机；5—电阻箱

AB 是均匀滑线电阻，沿滑线 AB 移动接触点 C，找出当零点指示仪器指示无电流通过时，即 D、C 两点电位相等，因此 AD 区域间的电位降应等于 AC 区域间的电位降；同样，BD 和 BC 区域间的电位降亦相等。

自电源出来的电流强度为 I，在 A 点电流分为两支，设沿 ACB 电路电流强度为 I_1，沿 ADB 电路电流强度为 I_2，此时：

$$V_{AC}=I_1 l_{AC}P \qquad V_{AD}=R_L I_2 \tag{7}$$
$$V_{BC}=I_1 l_{BC}P \qquad V_{BD}=R_X I_2 \tag{8}$$

式中，V 为电位降；l 为滑线臂长；P 为单位滑线长之电阻。

因为：

$$V_{AC}=V_{AD} \qquad V_{BC}=V_{BD}$$

所以有：
$$I_1 l_{AC} P = R_1 I_2 \tag{9}$$
$$I_1 l_{BC} P = R_X I_2 \tag{10}$$

式（9）÷式（10）：
$$\frac{R_1}{R_X} = \frac{l_{AC}}{l_{BC}} \quad 或 \quad R_X = \frac{l_{BC}}{l_{AC}} R_1 \tag{11}$$

式中，l_{BC}、l_{AC}、R_1 均可直接从仪器上读出，由此可以计算出 R_X，其倒数 R_X 即为待测导体的电导 G。

如果是采用学生型电位计右半部分作为电桥（即学生型电桥），其原理如附图 2 所示。

主要部分是一个电阻为 10Ω 的均匀金属丝 LH，E 点在 LH 上可滑动接触点，滑线 LH 分有 1000 刻度，旋动 B 可读出与 LE 相应的刻度，设计刻度为 A，于是可计算出 LE/HE 之比值，亦即：
$$R_X = \frac{A}{1000 - A} R_1 \tag{12}$$

为了测定更精确，可以将接触点由 LH 移到 $L'H'$，H 与 H' 之间、L 与 L' 之间各有一个 45Ω 的电阻，在电桥平衡时：
$$R_X = \frac{4500 + A}{5500 - A} R_1 \tag{13}$$

这样灵敏度提高 10 倍。

摩尔电导率、电离度及电离常数：摩尔电导率（molar conductivity）是指把含 1mol 电解质的溶液全部置于相距为 1m 的两电极间时所具有的电导，用 Λ_m 表示。此时，溶液的摩尔电导率：
$$\Lambda_m = \kappa V_m \tag{14}$$

V_m 是 1mol 电解质溶液的体积，单位是 m^3/mol。若溶液的浓度为 c（mol/m^3），则：
$$\Lambda_m = \kappa V_m = \frac{\kappa}{c} \tag{15}$$

Λ_m 的单位为 $S \cdot m^2/mol$。Λ_m 随溶液浓度而改变，溶液越稀，Λ_m 越大。因为当溶液无限稀释时，电解质分子全部电离，此时，摩尔电导率最大，这一最大值称为极限摩尔电导率，以 Λ_m^∞ 表示之。Λ_m 要小于 Λ_m^∞，弱电解质溶液 Λ_m 与 Λ_m^∞ 之比象征着电解质的电离程度或称其为电离度，以 α 表示之，即：
$$\alpha = \frac{\Lambda_m}{\Lambda_m^\infty} \tag{16}$$

1-1 型电解质在溶液中建立平衡时：
$$AB \Longrightarrow A^+ + B^-$$

设未离解时 AB 的浓度为 c，其电离度为 α，则平衡时：
$$c_{AB} = c(1 - \alpha) \tag{17}$$
$$c_{A^+} = c_{B^-} = \alpha c \tag{18}$$

根据质量作用定律，AB 电离常数为：
$$K_c = \frac{\frac{c}{c^\ominus} \alpha^2}{1 - \alpha} \tag{19}$$

对弱电解质：
$$\alpha = \frac{\Lambda_m}{\Lambda_m^\infty}$$
$$K_c = \frac{\frac{c}{c^\ominus} \Lambda_m^2}{\Lambda_m^\infty (\Lambda_m^\infty - \Lambda_m)} \tag{20}$$

在实验中如能测出不同浓度 c 时的电导，再由电导求出摩尔电导率，并从文献查出 Λ_m^∞，则可根据式（20）计算弱电解质的电离常数。

浓度对电导的影响　科尔劳乌施（Kohlrausch）根据实验结果发现，在浓度极稀时强电解质的 Λ_m 与 $\sqrt{c}$ 几乎成线性关系

$$\Lambda_m = \Lambda_m^\infty (1 - \beta\sqrt{c}) \tag{21}$$

式中，β 在一定温度下，对于一定的电解质和溶剂来说是一个常数。

但对于电解质来说，如 CH_3COOH、NH_4OH 等，直到溶液稀释至 $0.005mol/L$ 时，摩尔电导率 Λ_m 与 $\sqrt{c}$ 仍然不成线性关系。

【仪器与试剂】

学生型电位计（或其他电桥装置）1 台；压触电键 1 个；蜂鸣器（或示波器）1 台；电阻箱 1 个；双刀开关 1 个；直流电源（根据配套要求，有的需要交流电源）。

铂黑电极 1 对；20mL 移液管 5 个；电导池管 5 个；恒温水浴 1 套；电导水；$0.0200mol/L$ KCl；$0.1000mol/L$、$0.0500mol/L$、$0.0250mol/L$、$0.0125mol/L$ CH_3COOH。

【实验步骤】

1. 连接线路

在阅读并熟悉测电导原理的前提下，对用学生型电位计作电桥装置者可按附图 2 所示方法连接。对用其他电桥装置的可按附图 1 所示原理图连接（采用示波器和采用耳机作为平衡零点指示器时，在线路连接具体操作上稍有区别，但基本原理是一样的）。经指导教师检查后可开始实验。

2. 温度控制

在连接线路的同时，调节恒温水浴至 $298.2K \pm 0.1K$。洗净 5 个电导池管，并烘干。

3. 电导池常数 K_{cell} 的测定

取一个烘干凉下来的电导池管放入 $298.2K$ 恒温槽中。用 $0.0200mol/L$ KCl 溶液冲洗 20mL 移液管和铂黑电极 2~3 次。然后用 20mL 移液管吸取 40mL $0.0200mol/L$ KCl 溶液放入电导池中，插入铂黑电极并接上电路，使液面超过电极 1~2cm。恒温 15min 后测该溶液的电阻 R_X。

合上双刀开关，蜂鸣器发生嗡嗡声后，旋转圆盘使指针指于 500；调节电阻箱，断续压下压触电键，当耳机声音很小后，再来调节旋盘使耳机直到没有声音为止。记下此时电阻箱的电阻 R 和旋盘上 A 的刻度。此操作可重复 2~3 次。

4. 不同浓度 CH_3COOH 溶液电导率的测定

可以用容量瓶和移液管事先把 $0.1000mol/L$ CH_3COOH 以电导水分别稀释成 $0.05500mol/L$、$0.0250mol/L$ 和 $0.0125mol/L$ 不同浓度的溶液备用。也可以边测定边稀释（见后）。

取出上述实验用的铂黑电极，用电导水冲洗干净，再用 $0.1000mol/L$ CH_3COOH 溶液洗 3 次。另取一干净电导池管浸入恒温槽，用移液管移取 40mL $0.1000mol/L$ KCl 溶液注入电导池管（移液管应先用 $0.1000mol/L$ KCl 洗 3 次），放入电极，保持液面超过电极 1~2cm，恒温 15min，按上法测其电阻 R_X，并重复测定 2~3 次。

按同样方法测定 $0.0500mol/L$（将 $0.1000mol/L$ CH_3COOH 取出一半，加入等量电导水，以下类推）、$0.0250mol/L$ 和 $0.0125mol/L$ CH_3COOH 的电阻。

实验完毕，倒出 CH_3COOH 溶液，将电极用蒸馏水冲洗后浸入蒸馏水中，洗净所有用过的玻璃仪器，关掉开关，整理好仪器。

（本实验如用示波器代替蜂鸣器，同学们应首先在指导教师指导下，熟悉示波器的原理、应用和操作方法，然后对上述实验步骤略作改动。）

【数据处理】

（1）电导池常数 K_{cell} 测定数据

室温＿＿＿K；实验温度＿＿＿K；大气压＿＿＿Pa。

电阻 R_X/Ω	
电导池常数/m^{-1}	

（2）CH_3COOH 溶液的电离常数测定数据

CH_3COOH /(mol/L)	次数	R_X/Ω	电导率 κ /(Ω^{-1}/m)	摩尔电导率 $\Lambda_m/(S \cdot m^2/mol)$	电离度 α	电离常数 K_c
0.1000	1 2					
0.0500	1 2					
0.0250	1 2					
0.0125	1 2					$K_{c_{平}}=$

由实验步骤 3 的测量数据，用式(12)（其中 R_1 为变阻箱的读数，A 为转动旋盘的读数）计算 0.0200mol/L KCl 溶液的电导 G，并由式（6）计算电导池常数，K_{cell} 值取几次测量平均值（KCl 溶液的 K 值请查本书附录）。

由实验步骤 4 的测量数据，用式(2)计算不同浓度 CH_3COOH 溶液的电导 G，并由式(6)和式(5)计算各个不同浓度下 CH_3COOH 的电导率和摩尔电导率。

已知醋酸溶液在 298K 无限稀释时的摩尔电导率 $\Lambda_m^\infty = 0.0390 S \cdot m^2/mol$，利用式(16)计算在各个不同浓度时的电离度 α。

利用式(19)或式(20)计算各个醋酸浓度时的电离常数 K_c，取其平均值，并与文献值比较，计算相对误差（文献值 $K_c = 1.772 \times 10^{-5}$）。

以醋酸溶液的摩尔电导率 Λ_m 对醋酸浓度的平方根 $\sqrt{c}$ 作图。

【结果要求及文献值】

结果要求：298.2K 时 CH_3COOH 的电离常数 K_c 应在 $1.700 \times 10^{-5} \sim 1.800 \times 10^{-5}$ 范围内（附表1）。

附表1　不同温度时 CH_3COOH 的电离平衡常数

温度/K	278.2	288.2	298.2	308.2	323.2
$K_c \times 10^5$	1.698	1.746	1.754	1.730	1.630

注：摘自《化学便览》基础编Ⅱ，1966：1055。

所列表、CH_3COOH 的 $\sqrt{c}$ 图要规范。

【注意事项】

温度对电导的影响较大，所以在整个实验过程中必须保证在同一温度下进行，恒温槽温度控制尤其值得注意。并保持换溶液后恒温足够时间后再进行测定。

本实验核心是电极，由于铂黑玻璃电极极易损坏，在实验中，尤其是在冲洗时注意不要碰损铂黑或电极其他部位，用毕后及时将电极洗净并浸泡在蒸馏水中。

为了预防可能发生的极化，电极表面应镀以细微的铂粒（铂黑）。镀铂黑电路如附图3所示，先把滑线电阻放在最小，然后慢慢增大直到电极附近放出气泡为止。每分钟改变电流

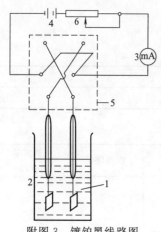

附图 3　镀铂黑线路图

1—铂电极；2—电镀池；3—毫安计；
4—蓄电池；5—双刀开关；
6—可调电位器

方向一次，直至电极表面镀上一层薄薄的铂黑为止。然后用蒸馏水仔细冲洗，再在稀 H_2SO_4（10％）溶液中电解几分钟，此时以铂黑电极为阴极，另取铂丝为阳极，目的是把吸附在铂黑电极上的氯还原为 HCl 后溶于水中，镀完后再用蒸馏水冲洗。多次用过的铂黑电极，在使用中如果发现不正常，可浸入 10％的 HNO_3 或 HCl 中 2min，然后用蒸馏水冲洗再进行测量，如情况并无改善，则铂黑必须重新电镀。镀前先将铂黑电极在王水中电解数分钟，每分钟改变电流方向一次，铂黑即行溶解。铂先恢复光亮，用铬酸钾和浓 H_2SO_4 的混合溶液浸洗，使其彻底洁净，再用蒸馏水冲洗，即可镀上铂黑。使用铂黑电极时必须小心，不能用手或其他物品接触铂黑，以免脱落。用完后浸入蒸馏水中。

在测定过程中，应避免连续长时间使压触电键处于接触状态，尤其当耳机声音较大时，尽量以少而短促的弹压方式使电键触通进行测定。

稀释溶液的水一定要用电导水。

【思考题】

1. 什么叫溶液的电导、摩尔电导率和电导率？
2. 溶液的电导率、摩尔电导率与浓度的关系怎样？
3. 为什么要测电导池常数？如何测定？
4. 为什么测定溶液电导要用交流电？在什么情况下可用市电，甚至直流电源？
5. 交流电桥平衡的条件是什么？
6. 影响溶液电导的因素主要有哪些？实验中应采取哪些相应措施来防止这些因素的影响？
7. 电极在不使用时，应把它浸在蒸馏水中，为什么？
8. 在实验过程中，不小心触动了电极，为什么会对最后的结果有影响？

实验 136　界面移动法测离子迁移数

【实验目的】

1. 加深理解迁移数的基本概念。
2. 用界面移动法测定 HCl 水溶液中离子迁移数，掌握其方法与技术。
3. 观察在电场作用下离子的迁移现象。

【预习要点】

离子的电迁移现象；迁移数的基本概念。

【实验原理】

离子的迁移数有多种测定方法，如希托夫法（Hittorf）、电动势法、界面移动法等，其中界面移动法是一种比较简便的方法。其测量原理是在一个垂直的管子中有 $M'A$、MA、MA'三种溶液，其中 MA 为被测的一对离子，$M'A$、MA'为指示溶液。为了防止因重力作用将三种溶液互相混合，应把密度大的放在下面。为使界面保持清晰，M'的迁移速度应比 M 小，A'的迁移速度应比 A 小。附图 1 中的界面 b 向阳极移动，界面 a 向阴极移动。如果在通电后的某一时刻，a 移至 a'，b 移至 b'，距离 aa'、bb'与 M^+、A^- 的迁移速度有关，若溶液是均匀的，ab 间的电位梯度是均匀的，则：

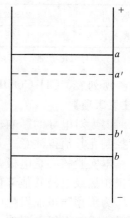

附图 1　界面移动示意图

$$\frac{aa'}{bb'} = \frac{V_+}{V_-} \tag{1}$$

正、负离子的迁移数可用下式表示：

$$t_+ = \frac{V_+}{V_+ + V_-} = \frac{aa'}{aa' + bb'} \tag{2}$$

$$t_- = \frac{V_-}{V_+ + V_-} = \frac{bb'}{aa' + bb'} \tag{3}$$

式中，t_+、t_-分别为正、负离子迁移数；V_+、V_-分别为正、负离子迁移的体积。测定 aa、bb' 即可求出 t_+、t_-。

另一种方法是使用一种指示剂溶液，只观察一个界面的移动，求算离子迁移数。当有 96500C 的电量通过溶液时，亦即 1mol 电子通过溶液时，假设有 n_+ 的 M^+ 向阴极移动，n_- 的 A^- 向阳极移动，那么，一定有 $n_+ + n_- = 1mol$。由离子迁移数的定义可知，此时的 n_+ 即为 t_+，n_- 即为 t_-。

设 V_0 是含有 MA 物质的量为 1mol 的溶液的体积，当有 1mol 的电子通过溶液时，界面向阴极移动的体积为 t_+V_0，如经过溶液电量为 Q，那么，界面向阴极移动体积为

$$V = \frac{Q}{F} t_+ V_0 \tag{4}$$

$$t_+ = \frac{FV}{QV_0} \tag{5}$$

又

$$V_0 = \frac{1}{c} \tag{6}$$

式中，c 为 MA 溶液的浓度。

$$Q = It \tag{7}$$

式中，I 为电流强度；t 为通电时间。

将式（6）、式（7）代入式（5）中得到

$$t_+ = \frac{cFV}{It} \tag{8}$$

本实验是采用第二种方法测定 HCl 溶液中的 H^+、Cl^- 的迁移数。迁移管是一支有刻度的玻璃管，下端放 Cd 棒作阳极，上端放铂丝作阴极（附图 2），迁移管上部为 HCl 溶液，下部为 $CdCl_2$ 溶液。二者具有共同的阴离子，HCl 溶液中加有甲基橙可以形成清晰界面。因为 Cd^{2+} 淌度（U）较小，即：

$$U_{Cd^{2+}} < U_{H^+} \tag{9}$$

通电时，H^+ 向上迁移，Cl^- 向下迁移，在 Cd 阳极上 Cd 氧化，进入溶液生成 $CdCl_2$，逐渐顶替 HCl 溶液，在管中形成界面。由于溶液要保持电中性，且任一截面都不会中断传递电流，H^+ 迁移走后的区域，Cd^{2+} 紧紧地跟上，离子的移动速度（v）是相等的，$v_{Cd^{2+}} = v_{H^+}$ 由此可得：

$$U_{Cd^{2+}} \frac{dE'}{dL} = U_{H^+} \frac{dE}{dL} \tag{10}$$

结合式（9）和式（10）得：

$$\frac{dE'}{dL} > \frac{dE}{dL} \tag{11}$$

即在 $CdCl_2$ 溶液中电位梯度是较大的，因此若 H^+ 因扩散作用落入 $CdCl_2$ 溶液层。它就不仅比 Cd^{2+} 迁移得快，而且比界面上的 H^+ 也要快，能赶回到 HCl 层。同样若任何 Cd^{2+} 进入低电位梯度的 HCl 溶液，它就要减速，一直到它们重新又落后于 H^+ 为止，这样界面在通电过程中保持清晰。

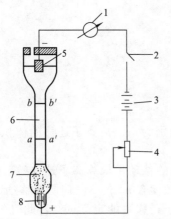

附图 2　界面移动法测定迁移数装置

1—毫安表；2—开关；3—电源；
4—可变电阻；5—Pt 电极；6—HCl；
7—CdCl₂；8—Cd 电极

【仪器与试剂】

直流稳压电源；直流毫安表；电迁移法迁移数测定仪 1 套。

HCl 溶液（0.05mol/L）；CdCl₂ 溶液（0.01mol/L）；甲基橙指示剂。

【实验步骤】

洗净界面移动测定管，先放置 CdCl₂ 溶液，然后小心放置有甲基橙的 HCl 溶液，按附图 2 装好仪器。关上开关，使通过电流为 5～10mA，直至实验完毕。

随电解进行 Cd 电极不断失去电子而变成 Cd^{2+} 溶解下来，由于 Cd^{2+} 的迁移速度小于 H^+，因而过一段时间后（约 20min），在迁移管下部就会形成一个清晰的界面，界面以下是中性的 CdCl₂ 溶液呈橙色；界面以上是酸性的 HCl 溶液呈红色，从而可以清楚地观察到界面，且渐渐向上移动。每隔 10min 读一次刻度数据，记下相应的时间和界面迁移体积数据以及电流值，共读 8 套数据。

【数据处理】

数据记录：

迁移时间/(t/s)	
迁移体积/(V/m³)	
通电电流 /(I/A)	

作出 V-It 关系图，由直线斜率求出 dV/d(It)

根据公式（12）和公式（13）求出 H^+、Cl^- 的迁移数

$$t_+ = cF\frac{dV}{d(It)} \qquad (12)$$

$$t_- = 1 - t_+ \qquad (13)$$

【注意事项】

1. 测定管要洗净，以免其他离子干扰。

2. 甲基橙不能加得太多，否则会影响 HCl 溶液的浓度。

3. 通过后由于 CdCl₂ 层的形成电阻加大，电流会渐渐变小，因此若实验中使用的不是恒电流设备，应不断调节电流使其保持不变。

【思考题】

1. 迁移数有哪些测定方法？各有什么特点？

2. 迁移数与哪些因素有关？本实验关键何在？应注意什么？

3. 测量某一电解质离子迁移数时，指示离子（本实验中为镉离子）应如何选择？指示剂应如何选择？

实验 137　镍电极极化曲线的测定

【实验目的】

1. 掌握金属钝化行为的基本特征和测量方法。

2. 测量镍在硫酸溶液中的钝化行为。

3. 了解氯离子对镍钝化行为的影响。

【预习要点】

不可逆电极的电动势及其测定方法。

【实验原理】

当电极电势高于热力学平衡电势时，金属作为阳极将发生下面电化学溶解过程：

$$M \longrightarrow M^{n+} + ne^-$$

电化学反应过程，这种电极电势偏离其热力学电势的现象称为极化。当金属上超电势不大时，阳极过程的速率随电极电势而逐渐增大，这是金属的正常溶解。但当电极电势正到某一数值时，其溶解速度达到最大，而后随着电极电势的变正，阳极溶解速度反而大幅度降低，这种现象称为金属的钝化现象。

研究金属的阳极溶解及钝化过程通常采用控制电位法。对于大多数金属来说，其阳极极化曲线大都具有附图 1 所示的形式。从恒电位法测定的极化曲线可以看出，它有一个"负坡度"区域的特点。具有这种特点的极化曲线是无法用控制电流的方法测定的。因为同一个电流 I 可能相应于几个不同的电极电势，因而在控制电流极化时，体系的电极电势可能发生振荡现象，即电极电势将处于一种不稳定状态。控制电位技术测得的阳极极化曲线（附图 1）通常分为如下四个区域。

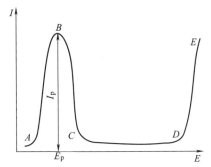

附图 1　阳极钝化曲线示意图
I_p—致钝电流；E_p—致钝电位；AB 段—活性溶解区；BC 段—活化钝化过渡区；CD 段—钝化区；DE 段—过钝化区

① 活性溶解区（AB 段）。电极电位从初值开始逐渐往正变化，相应极化电流逐渐增加，此时金属进行正常的阳极溶解。

② 过渡钝化区（BC 段）。随着电极电势增加到 B 点，极化电流达到最大值 I_p。若电极电位继续增加，金属开始发生钝化现象，即随着电势的变正，极化电流急剧下降到最小值。通常 B 点的电流 I_p 称为致钝电流，相应的电极电位 E_p 称为致钝电位。在极化电流急剧下降到最小值的转折点（C 点）电位称为 Flade 电位。

③ 稳定钝化区（CD 段）。在此区域内金属的溶解速度维持最小值，且随着电位的改变极化电流基本不变。此时的电流密度称为钝态金属的稳定溶解电流密度，这段电位区称钝化电位区。

④ 过钝化区（DE 段）。此区域阳极极化电流随着电极电势的正移又急剧上升。

金属的阳极极化过程是一复杂过程，包括活化溶解过程、钝化过程和过钝化过程等。它的机理还不是很清楚，以下描述可能对分析结果有所帮助。金属 Me 活化溶解是：

$$Me + H_2O \longrightarrow MeOH^+ + H^+ + 2e$$
$$MeOH^+ + H^+ \longrightarrow Me^{2+} + H_2O$$

它的电流决定于中间物 $MeOH^+$ 形成速度。$MeOH^+$ 将快速转变为 Me^{2+}。同时，Me 阳极溶解可能同时发生：

$$Me + H_2O \longrightarrow MeOH + H^+ + 2e$$

产物 MeOH 按以下反应发生钝化过程。

$$MeOH + H_2O \longrightarrow Me(OH)_2 + H^+ + e$$
$$Me(OH)_2 \longrightarrow MeO + H_2O$$

钝化过程与活化溶解过程不同。它的双单电子串联过程，反应速度决定于表面 $Me(OH)_2$ 的形成速度。随后快速转变为 MeO，形成钝化层，阻滞 Me 继续溶解。溶液中 H^+ 离子会与钝化层物质产生化学反应，发生过钝化过程，即：

$$MeO + 2H^+ \longrightarrow Me^{2+} + H_2O$$

溶液中阴离子 A^-（如 Cl^-）也能与钝层发生化学反应：

$$MeO + 2A^- \Longrightarrow MeA_2 + 2OH^-$$

产生可溶性 MeA_2，破坏钝化层，促使 Me 的活化溶解。

控制电位方法测量阳极极化曲线，一般采用三电极体系——研究电极、辅助电极和参比电极。该方法是将研究电极的电势恒定地维持在所需值，然后测量对应电势下的电流。由于电极表面状态在未建立稳定状态之前，电流会随时间而变化，因此，实际测量时又有稳态技术和动态技术的区别。

① 稳态技术。将电极电势较长时间地维持在某一定恒定值，测量该电势下电流的稳定值。如此逐个测量各个电极电势的稳定电流值，即可得到完整的极化曲线。

② 动态技术。控制电极电势以一定的速度连续地扫描，记录相应电极电势下瞬时电流值，以瞬时电流值与相应的电极电势作图，得到阳极极化曲线。所采用的电极电势扫描速度需要根据体系的性质选定。一般来说，电极表面建立稳态的速度要慢，这样才能使测定的动态极化曲线与使用稳态技术接近。

阳极钝化曲线的主要试验数据是致钝电流 I_p，Flade 电位或致钝电位 E_p，钝化电位等。一般来说，致钝电流 I_p 与硫酸浓度和温度有关，而且动态测量时，I_p 还与电极电位扫描速度有关。

【仪器与试剂】

电化学参数测试仪（CHI-660B）；电解池；氢气；丙酮；硫酸；氯化钾；参比电极（饱和甘汞电极）；辅助电极（Pt 电极）；研究电极（镍电极）；金相砂纸；石蜡。

【实验步骤】

测量镍在 0.1mol/L 硫酸溶液中的阳极极化曲线

① 将研究电极（Ni 电极）用金相砂纸磨至镜面光亮，然后在丙酮中清洗除油，电极面积为 $0.2cm^2$（用石蜡封多余面积），再用被测硫酸浸泡几分钟，除去氧化膜。

② 洗净电极池，注入待测硫酸溶液，然后将研究电极、辅助电极、参比电极、盐桥装入电极池内，通氢气 15min，除氧气。

③ 调整恒电位仪，使初始电位位于 $-0.4V$（相对于饱和甘汞电极），终止电位位于 $-1.4V$（相对于饱和甘汞电极），控制电极电位扫描速度为 8mV/s、6mV/s、5mV/s、3mV/s，分别测量单程阳极极化曲线。

测量氯离子对阳极钝化的影响

更换新研究电极，重复上述步骤。控制扫描起、始电位范围与上述步骤一样，电位扫描速度控制为 3mV/s，分别测定下面溶液的阳极极化曲线，以考察氯离子对镍钝化的影响：

① 0.1mol/L H_2SO_4 + 0.02mol/L KCl

② 0.1mol/L H_2SO_4 + 0.1mol/L KCl

③ 0.1mol/L H_2SO_4 + 0.2mol/L KCl

【结果讨论】

求出各极化曲线（即 I-φ 曲线）上致钝电流 I_p，Flade 电位，致钝电位 E_p，钝化电位（区）。离子浓度的极化曲线，讨论所得实验结果及曲线的意义。

【思考题】

通过阳极极化曲线的测定，对极化过程和极化曲线的应用有何进一步理解？若要对某种进行阳极保护，应首先测定哪些参数？

实验 138 氢超电势的测定

【实验目的】

1. 测量氢在光亮铂电极上的活化超电势，求得塔菲尔公式中的两个常数 a、b。
2. 了解超电势的种类和影响超电势的因素。
3. 掌握测量不可逆电极电势的实验方法。

【预习要点】

超电势；塔菲尔公式；超电势的种类和影响超电势的因素；不可逆电极电势的测定方法。

【实验原理】

一个电极，当没有电流通过时，它处于平衡状态。此时的电极电势称为可逆电极电势，用 $\varphi_{可逆}$ 表示。在有明显的电流通过电极时，电极的平衡状态被破坏，电极电势偏离其可逆电极电势。通电情况下的电极电势称为不可逆电极电势，用 $\varphi_{不可逆}$ 表示之。

某一电极的可逆电极电势与不可逆电极电势之差，称为该电极的超电势，超电势用 η 表示。即：

$$\eta = |\varphi_{可逆} - \varphi_{不可逆}| \tag{1}$$

超电势的大小与电极材料、溶液组成、电流密度、温度、电极表面的处理情况有关。

超电势由三部分组成：电阻超电势、浓差超电势和活化超电势。分别用 η_R、η_C、η_E 表示。

η_R 是电极表面的氧化膜和溶液的电阻产生的超电势。

η_C 是由于电极表面附近溶液的浓度与中间本体的浓度差而产生的。

η_E 是由于电极表面化学反应本身需要一定的活化能引起的。

对于氢电极 η_R 和 η_C 比 η_E 小得多，在实验时，η_R 和 η_C 可设法减小到可忽略的程度，因此通过实验测得的是氢电极的活化超电势。附图1为氢超电势与电流密度对数的关系图。

1905年，塔菲尔总结了大量的实验结果，得出了在一定电流密度范围内，超电势与通过电极的电流密度 j 的关系式，称为塔菲尔公式：

$$\eta = a + b\ln j（或 \eta = a + b'\lg j） \tag{2}$$

式中，η 为电流密度为 j 时的超电势；a、b 为常数，V。a 的物理意义是在电流密度 j 为 $1A/cm^2$ 时的超电

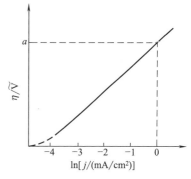

附图1 氢超电势与电流密度对数的关系图

势。a 的大小与电极材料、电极的表面状态、电流密度、溶液组成和温度有关，它基本上表征着电极的不可逆程度，a 值越大，在给定电流密度下氢的超电势也越大。铂电极属于低超电势金属，a 值在 $0.1\sim0.3V$ 之间。b 为超电势与电流密度对数的线性方程式中的斜率，如附图1所示。b 值受电极性质的影响较小，对于大多数金属来说相差不多，在常温下接近于 $0.05V$。

理论和实验都已证实，电流密度 j 很小时，η 和 $\ln j$ 的关系不符合塔菲尔公式。

本实验是测量氢在光亮铂电极上的超电势。实验装置如附图2所示。

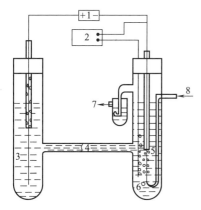

附图2 测定氢超电势的装置图

1—精密稳流电源；2—数字电压表；

3—辅助电极；4—HCl溶液；

5—待测电极；6—参比电极；

7,8—氢气

待测电极5与辅助电极3构成一个电解池。可调节精密稳流电源来控制通过电解池的电流大小。当有不同的电流密度通过被测电极时，其电极电势具有不同的数值。

待测电极5与参比电极6构成一个原电池，借助于

数字电压表2来测量此原电池的电动势。参比电极具有稳定不变的电极电势，而被测电极的电极电势则随通过其上的电流密度而改变。当通过被测电极的电流密度改变时，由数字电压表2所测得的原电池电动势的改变，表征着被测电极不可逆电极电势的改变。

【仪器与试剂】

PZ8型直流数字电压表1台，YP-1A精密直流稳流电源1台，氢气发生器装置1套，恒温槽装置1套，电极管，光亮铂电极，参比电极（Ag-AgCl电极），辅助电极。

电导水(重蒸馏水)，1mol/L HCl，浓 HNO_3（化学纯）。

【实验步骤】

将电极管中各电极取出，妥善放置（内有水银，切勿倒放），电极管先用水荡洗，再用蒸馏水、电导水各洗2~3遍，最后用电解液（1mol/L HCl）洗2~3次（每次量要少），然后倒入一定量电解液，H_2 出口处用电解液封住。

将 Ag-AgCl 参比电极从1mol/L HCl 溶液中取出，插入电极管内。

光亮铂电极和辅助电极（都是铂丝）的处理如下。

每学期由指导教师认真处理一次以后，以后学生使用只需将上次用过的铂电极在浓硝酸中浸泡2~3min，以蒸馏水、电导水依次冲洗之，即可用于测定。

将电极管放入恒温槽内恒温（25~35℃）。并将 H_2 发生器接通电源，以3A电流电解，产生 H_2，待 H_2 压力达到一定程度后，调节旋夹，控制 H_2 均匀放出。

测量　接好线路后，用数字电压表（使用方法见本书物理化学实验规范 PZ8 型数字电压表的使用）测电解电流为0时原电池的电动势数次，测定可逆电动势偏差在1mV以下，调节精密稳流电源，使其读数为0.3mA，在此电流下电解15min，测量原电池的电动势。用同样方法分别测定电流为0.5mA、0.7mA、0.9mA、1.2mA、1.5mA、1.8mA、2.1mA、2.5mA时原电池的电动势，每个电流密度重复测3次，在大约3min内，其读数平均偏差应小于2mV，取其平均值，计算其超电势。

实验结束后，应记下被测电极的面积，并使仪器设备一律复原。

【数据处理】

（1）数据记录

室温_____；气压_____。

测定次数	电流强度 I /mA	电流密度 j /(A/cm²)	电位/V	超电势 η	$\ln j$

电极面积＝　　　　cm²　　　　$a=$　　　　$b=$

（2）计算不同电流密度 j 的超电势 η 值。

（3）将电流强度 I 换算成电流密度 j，并取对数求 $\ln j$。

（4）以 η 对 $\ln j$ 作图，连接线性部分。

（5）求出直线斜率 b，并将直线延长，在 $\ln j = 0$ 时读取 a 值（或将数据代入塔菲尔公式求算常数 a 值）。写出超电势与电流密度的经验式。

【注意事项】

被测电极在测定过程中，应始终保持浸在 H_2 的气氛中，H_2 气泡要稳定地、一个一个地吹打在铂电极上，并密切注意测定过程中铂电极的变化。如铂电极表面吸附一层小气泡，或变色或吸附了一层其他物质，应立即停止实验，重新处理电极，一切从头开始。产生这种情况的原因很可能是电极漏汞造成的，应及时请指导教师处理。

产生 H_2 的装置应使 H_2 达到一定压力，方能保证 H_2 均匀放出。凡做本实验的学生，一进实验室应首先打开 H_2 发生器的电源，让电解水的反应开始，然后，再按实验步骤做好准备工作。

【思考题】

1. 根据塔菲尔公式，b 的理论值以 $\ln j$ 或 $\lg j$ 时应分别是多少？

2. 电极管中三个电极的作用分别是什么？

3. 影响超电势的因素有哪些？

4. 用什么方法可以最大限度地减小电阻超电势 η_1 和浓差超电势 η_2？

5. 本实验测的是阴极超电势，还是阳极超电势？如果万一开始时将被测电极接在直流稳压电源的"＋"极上，实验会出现什么情况？

实验 139　设计实验——电极材料与电催化性能

【实验目的】

1. 使学生受到一次较全面的、严格的、系统的科研训练，了解科学研究的一般方法。

2. 使学生尽早接触科学研究工作，亲身体验科学研究的艰苦性和长期性。

3. 培养学生的创新意识、创新精神和创新能力。

【预习要点】

电极材料的组成与电催化性能之间的相互关系；镍、镍钼合金及镍钼铅合金等多种析氢电极的电沉积技术；稳态极化曲线；金属离子的析出电势；氢在电极上的析出机理[1]。

【实验原理】

一般认为在析氢反应历程中可能出现的表面步骤主要有下列三种：

$$M + H_2O + e \longrightarrow M-H + OH^- \tag{1}$$

$$M-H + M-H \longrightarrow 2M + H_2 \tag{2}$$

$$M-H + H_2O + e \longrightarrow M + H_2 + OH^- \tag{3}$$

在任何一种反应历程中必然包括电化学步骤（1）和至少一种脱附步骤：复合脱附步骤（2）或电化学脱附步骤（3），因此析氢反应存在两种最基本的反应历程。至于反应究竟按哪一种反应历程进行，与催化剂表面吸附氢键（M—H）的强弱有关。若催化剂表面吸附热很低，则吸附氢键弱，导致催化剂表面 M—H 覆盖度低，催化活性也就低；反之，若吸附热很高，则生成的 M—H 键太强，不易进一步断裂生成反应最终产物 H_2。因此中间强度的 M—H 吸附键将是有效的催化剂。

从析氢反应机理分析可知，氢原子与电极表面形成的化学键强度适中是优良电催化剂应

[1]　傅献彩等编. 物理化学. 第 4 版. 北京：高等教育出版社，668-672.

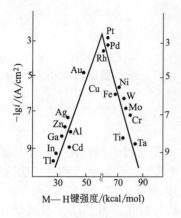

附图 1 金属-氢原子键强度
1cal=4.184J

具有的"能量因素"。从金属表面吸附氢键 M—H 的测量数据来看（附图 1），贵金属铂和钯具有适中的结合强度，活性测试也表明 Pt 和 Pd 是优良的析氢电极材料，但这些贵金属大量用于氯碱工业是不可能的。对于金属表面吸附氢键 M—H 较强的金属，由于中间态的能量很低，氢原子在电极表面形成 M—H 吸附键的速度较快，即电化学步骤(1)是一个快速反应步骤。同时由于吸附氢键 M—H 较强，原子氢也不易脱离金属表面，这样复合脱附步骤(2)或电化学脱附步骤(3)的反应速度较慢，成为整个反应的速度决定步骤。若在这些吸附氢键 M—H 较强的金属中，加入少量吸附氢键 M—H 较弱的金属，形成多元金属合金。由于元素之间的"协同效应"和 d 电子相互作用，可以调节这些多元金属合金对氢原子的吸附强度，从而降低整个析氢反应的活化能，提高整个过程的反应速度，减小析氢反应的过电位。

除电催化剂的"能量因素"外，影响材料电催化性能的主要因素还有"几何因素"。这类因素包括催化剂的比表面积和表面状况，如缺陷的性质和表面浓度、各种晶面的暴露程度等。一般来说，"几何因素"主要由电催化剂的制备方法决定，因此同一种材料，若制备技术及工艺不同，得到的析氢阴极的电催化性能相差很大。

本实验希望学生对以下电极材料（参考）进行析氢反应活性的研究：

① 工业上使用的铁或低碳钢材料；

② 镀镍电极；

③ 镍-钼合金电极；

④ 镍-钼-铅合金电极；

⑤ 学生自己设计电催化剂组成。

【仪器与试剂】

电化学阻抗综合测试仪，X 射线衍射仪，电化学晶振石英微天平。硫酸镍，氯化镍，钼酸铵，硝酸铅，氢氧化钠，Hg/HgO 参比电极，铁或低碳钢材料，泡沫镍（辅助电极），其他化学试剂。

【实验步骤】

1. 查阅析氢电催化材料的有关文献，制定详细的研究计划。

2. 选择合适的电沉积基底预处理工艺。

3. 设计制备不同组分电极的镀液配方和制备工艺（查阅有关资料或参考附表 1、附表 2）。

附表 1　不同类型镀镍溶液的配方与工艺条件

镀液成分(g/L)与工艺条件	瓦特镀液	全氯化物镀镍	硫酸盐-氯化物镀镍	全硫酸盐镀镍
硫酸镍 $NiSiO_4 \cdot 6H_2O$	250～350		195	300
氯化镍 $NiCl_2 \cdot 6H_2O$	30～60	200	174	
硼酸 H_3BO_3	30～40	30	40	40
温度/℃	45～65	55～70	46	46
pH	3～5	2.0	1.5	3～5
阴极电流/(A/dm²)	2.5～10	2.5～10	2.5～10	2.5～10

4. 沉积不同活性组分的析氢电极。

5. 用电化学晶振石英微天平研究活性组分沉积过程的动力学规律，用电化学阻抗综合

附表 2　**Ni-Mo 合金和 Ni-Mo-Pb 合金电极的制备条件**

镀液成分与工艺条件	Ni-Mo	Ni-Mo-Pb
硫酸镍 $NiSiO_4 \cdot 6H_2O$/(mol/L)	0.150～0.350	0.150～0.350
钼酸铵（NH_4）$_2MoO_6$/(mol/L)	0.100～0.150	0.100～0.150
酒石酸钾/(mol/L)	0.150～0.200	0.150～0.200
硝酸铅/(mol/L)		0.001～0.0001
温度/℃	40～60	40～60
pH(氨水调节)	11	11
阴极电流/(mA/cm²)	20～80	20～80

测试仪研究沉积层的结构。

　　6. 电催化性能测量。稳态极化测量在三电极体系中进行，研究电极为工作电极，泡沫镍为辅助电极，Hg/HgO 为参比电极。在 1mol/L NaOH 溶液中，用电化学综合测试仪测定不同温度和不同电流密度条件下各种电极的析氢电位。

【结果与讨论】

　　1. 不同电极材料电催化析氢性能评价

　　在 1mol/L NaOH 水溶液中，氢电极相对于氧化汞电极的可逆电位 F(mV) 与温度 T 的关系为：

$$F = -925.82 + 0.278(T - 298) \tag{4}$$

　　氢电极的可逆电位与实验条件下析氢电极的极化电位之差即析氢电极的过电位。可用过电位表示析氢电析的活性，过电位越低则电极的析氢活性越高。也可用极化电位去比较析氢电极的活性，相同实验条件下，析氢极化电位越正则电极的析氢活性越高。

　　2. 不同电极材料析氢反应动力学参数的求算

　　用研究电极的过电位作纵坐标、电流密度的对数为横坐标作图，得到不同析氢电极材料的极化曲线图。一般来说，析氢极化曲线在不同电流密度区间析氢电极过程的速度控制步骤是不同的。在低电流密度区，电化学步骤是速度控制步骤，描述阴极电化学极化的关系式为：

$$\eta = -\frac{2.3RT}{\alpha nF}\lg i^0 + \frac{2.3RT}{\alpha nF}\lg j \tag{5}$$

而 Tafel 方程：

$$\eta = a + b\lg j \tag{6}$$

比较以上两式，可知：

$$a = -\frac{2.3RT}{\alpha nF}\lg i^0 \tag{7}$$

$$b = \frac{2.3RT}{\alpha nF} \tag{8}$$

由极化曲线可得到 a 和 b 的值，从而可求出阴极传递系数 α 和交换电流密度 i^0。

　　3. 不同电极材料析氢反应活化能的计算

　　交换电流密度 i^0 和析氢反应活化能之间存在以下关系：

$$\lg i^0 = A - \frac{E_0}{2.3RT} \tag{9}$$

　　式中，A 为常数，以不同温度下 $\lg i^0$ 对 $1/T$ 作图，由直线斜率可以求得不同电极材料上析氢反应的表面活化能 E_0。

　　4. 从实验得到的过电位 η、a 和 b 的值、阴极传递系数 α、交换电流密度 i^0 及析氢反应的表面活化能 E_0 等结果，评价所研制的电极材料。从电极材料的组成、结构和性能之间的相互关系，讨论影响材料电催化性能的各种因素。

4.5 化学动力学实验

化学动力学的基本内容是测定反应级数、速率常数。具体地说就是跟踪某一个反应物或产物浓度随时间的变化，测定 c-t 曲线。为了方便、快速、准确，常将浓度信号转变为电信号、压力、体积、旋光度、电导率等，然后进行数据处理。

实验140 过二硫酸根氧化碘离子反应动力学参数的简易测定

【实验目的】

1. 了解浓度、温度和催化剂对化学反应速率的影响。
2. 学习测定过二硫酸铵与碘化钾反应的平均反应速度的方法。
3. 利用实验数据计算反应级数、反应速率常数和反应的活化能。

【预习要点】

1. 了解化学反应速率的表示方法。
2. 预习浓度、温度和催化剂对化学反应速率的影响。
3. 理解反应速率常数的意义、活化能的意义、速率常数。
4. 恒温水浴槽的使用。

【实验原理】

在水溶液中，过二硫酸铵与碘化钾的反应为：

$$(NH_4)_2S_2O_8 + 3KI = (NH_4)_2SO_4 + K_2SO_4 + KI_3$$

其离子反应方程式为：

$$S_2O_8^{2-} + 3I^- = 2SO_4^{2-} + I_3^- \tag{1}$$

该反应的平均反应速率与反应物浓度的关系为：

$$v = \frac{\Delta c_{S_2O_8^{2-}}}{\Delta t} \approx k c_{S_2O_8^{2-}}^m c_{I^-}^n$$

$c_{S_2O_8^{2-}}$ 和 $c_{I^-}^n$ 分别为两种离子初始浓度。为了能测出反应在 Δt 时间内 $S_2O_8^{2-}$ 浓度的改变量 $\Delta c_{S_2O_8^{2-}}$，需要在混合 $(NH_4)_2S_2O_8$ 和 KI 溶液的同时，加入一定体积已知浓度的 $Na_2S_2O_3$ 溶液和淀粉溶液，这样在反应（1）进行的同时还进行着另一反应：

$$2S_2O_3^{2-} + I_3^- = S_4O_6^{2-} + 3I^- \tag{2}$$

反应（2）几乎瞬间完成，而反应（1）比反应（2）慢得多。因此，反应（1）生成的 I_3^- 立即与 $S_2O_3^{2-}$ 反应，生成无色 $S_4O_6^{2-}$ 和 I^-，而观察不到碘与淀粉呈现的特征蓝色。当 $S_2O_3^{2-}$ 消耗尽，反应（2）终止，但反应（1）还在进行，则生成的微量 I_3^- 遇淀粉呈蓝色。即蓝色的出现标志反应（2）的停止。

对比反应（1）和（2），从反应开始到溶液出现蓝色这一段时间 Δt 里，$S_2O_8^{2-}$ 浓度减少的量等于 $S_2O_3^{2-}$ 浓度减少量的一半。则有：

$$-\Delta c_{S_2O_8^{2-}} = \frac{1}{2}\Delta c_{S_2O_3^{2-}}$$

因此，只要记录从反应开始到溶液出现蓝色所需的时间 Δt，即可据 $\Delta c_{S_2O_3^{2-}}$（即 $Na_2S_2O_3$ 的初始浓度）得出 $\Delta c_{S_2O_8^{2-}}$，从而计算出反应（1）的平均反应速率。

固定 $c_{S_2O_3^{2-}}$，通过改变 $c_{S_2O_8^{2-}}$ 和 I^- 的初始浓度，测定相应的反应速率，即可确定出速率方程和反应级数，进而求出反应速率常数。

根据阿伦尼乌斯公式，以 lgk 对 $1/T$ 作图，得一直线。由直线斜率即可求出反应的活化能 E_a。

【仪器与试剂】

多孔恒温水浴槽，烧杯，250mL 锥形瓶，25mL 量筒 5 个，秒表 1 只，温度计 1 只（273～423K）；$KI(0.20mol/L)$，$Na_2S_2O_3(0.010mol/L)$，$(NH_4)_2S_2O_8(0.20mol/L)$，$Cu(NO_3)_2(0.02mol/L)$，$KNO_3$（0.20mol/L），$(NH_4)_2SO_4$（0.20mol/L），淀粉溶液（0.2%），冰。

【实验步骤】

1. 浓度对化学反应速率的影响

在室温下用量筒分别量取 KI、$Na_2S_2O_3$ 及淀粉溶液（用量按附表 1 中的 1 号实验）加入 250mL 锥形瓶中，混合均匀。再用另一量筒量取所需的 $(NH_4)_2S_2O_8$ 溶液，迅速倒入上述锥形瓶中，同时启动秒表，边搅拌、边仔细观察，待溶液刚出现蓝色时，立即停止秒表，记录反应时间 Δt。按附表 1 中 2～5 号的试剂量重复上述操作，将实验结果记入表中。

附表 1　浓度对反应速率影响

实验编号		1	2	3	4	5
试剂用量/mL	KI	20.0	20.0	20.0	10.0	5.0
	$Na_2S_2O_3$	8.0	8.0	8.0	8.0	8.0
	淀粉溶液	2.0	2.0	2.0	2.0	2.0
	KNO_3	0	0	0	10.0	15.0
	$(NH_4)_2SO_4$	0	10.0	15.0	0	0
	$(NH_4)_2S_2O_8$	20.0	10.0	5.0	20.0	20.0
混合液中反应物的起始浓度/(mol/L)	$(NH_4)_2S_2O_8$					
	KI					
	$Na_2S_2O_3$					
反应时间 Δt/s						
$\Delta c_{S_2O_8^{2-}}$/(mol/L)						
反应速率 v/[mol/(L·s)]						

2. 温度对化学反应速率的影响

按附表 1 实验编号 4 的药品用量，将反应锥形瓶置于恒温水浴槽中，调整恒温水浴温度，在高于室温 10℃、20℃、30℃ 的条件下进行实验。其他操作步骤同步骤 1。

实验编号	4	6	7
反应温度 T/℃			
反应时间 Δt/s			
反应速率 v/[mol/(L·s)]			

3. 催化剂对化学反应速率的影响

按实验编号 4 的药品用量进行实验，在 $(NH_4)_2S_2O_8$ 溶液加入 KI 混合液之前，先在混合液中加入 2 滴 $Cu(NO_3)_2$ 溶液，搅匀，其他操作同步骤 1，记录反应时间。

根据以上数据，分别求反应的级数、活化能。

【思考题】

1. 有些反应混合液中为什么需要加入 KNO_3、$(NH_4)_2SO_4$？

2. 取 $(NH_4)_2S_2O_8$ 试剂的量筒没有专用，对实验有何影响？

3. $(NH_4)_2S_2O_8$ 缓慢加入 KI 等混合溶液中，对实验有何影响？

4. 催化剂 $Cu(NO_3)_2$ 为何能够加快该化学反应的速率？

5. 从电对的标准电极电势差值来看，似乎 $(NH_4)_2S_2O_8$ 氧化 $Na_2S_2O_3$ 成为 $S_4O_6^{2-}$，本身还原为 SO_4^{2-} 的反应推动力更大一些（相对于氧化 I^-）。但事实上，这个反应的速度如此之小，甚至可以为人们所忽略。你能够从结构的观点来解释这种现象吗？

实验 141 二级反应——乙酸乙酯皂化反应

【实验目的】

1. 测定乙酸乙酯皂化反应的速率常数。
2. 了解二级反应的特点，学会用图解法求二级反应的速率常数。
3. 熟悉电导率仪的使用。

【预习要点】

二级反应的特点，积分法求二级反应的速率常数；电导率仪的使用方法。

【实验原理】

乙酸乙酯皂化反应，是双分子反应，其反应式为：

$$CH_3COOC_2H_5 + Na^+ + OH^- \rule[0.5ex]{1.5em}{0.4pt}\ CH_3COO^- + Na^+ + C_2H_5OH$$

在反应过程中，各物质的浓度随时间而改变。不同反应时间的 OH^- 的浓度，可以用标准酸滴定求得，也可以通过间接测量溶液的电导率而求出。为了处理方便起见，令 $CH_3COOC_2H_5$ 和 $NaOH$ 起始浓度相等，用 a 表示。设反应进行至某一时刻 t 时，所生成的 CH_3COONa 和 C_2H_5OH 浓度为 x，则此时 $CH_3COOC_2H_5$ 和 $NaOH$ 浓度为 $a-x$。即：

$$CH_3COOC_2H_5 + Na^+ + OH^- \rule[0.5ex]{1.5em}{0.4pt}\ CH_3COO^- + Na^+ + C_2H_5OH$$

$$
\begin{array}{lcccc}
t=0 & a & a & & 0 & & 0 \\
t=t & a-x & a-x & & x & & x \\
t\to\infty & (a-x)\to 0 & (a-x)\to 0 & & x\to a & & x\to a
\end{array}
$$

上述反应是一典型的二级反应。其反应速率可用下式表示：

$$\frac{dx}{dt} = k(a-x)^2 \tag{1}$$

式中，k 为二级反应速率常数。将上式积分得：

$$k = \frac{1}{ta} \times \frac{x}{a-x} \tag{2}$$

从式（2）中可以看出，原始浓度 a 是已知的，只要能测出 t 时的 x 值，就可以算出反应速度常数 k 值。或者将式（2）写成

$$\frac{1}{a} \times \frac{x}{a-x} = kt \tag{3}$$

以 $\frac{1}{a} \times \frac{x}{a-x}$ 对 t 作图，是一条直线，斜率就是反应速率常数 k。k 的单位是 $L/(mol \cdot min)$。如果知道不同温度的反应速率常数 $k(T_1)$ 和 $k(T_2)$，按阿伦尼乌斯（Arrhenius）公式可计算出该反应的活化能

$$E = \ln\frac{k(T_1)}{k(T_2)} = \frac{E}{R} \times \frac{T_2 - T_1}{T_2 T_1} \tag{4}$$

电导法测定速率常数的原理如下。

首先假定整个反应体系是在接近无限稀释的水溶液中进行的，因此可以认为 CH_3COONa 和 $NaOH$ 是全部电离的，而 $CH_3COOC_2H_5$ 和 C_2H_5OH 认为完全不电离。在此前提下，本实验用测量溶液电导的变化来取代测量浓度的变化。显然，参与导电的离子有 Na^+、OH^- 和 CH_3COO^-，而 Na^+ 在反应前后浓度不变，OH^- 的迁移率比 CH_3COO^- 的迁移率大得多。随着时间的增加，OH^- 不断减少，CH_3COO^- 不断增加，所以，体系的

电导值不断下降。

当 $t=0$ 时体系总电导率为 κ_0

$$\kappa_0 = \kappa_{a,NaOH} + \kappa_{a,CH_3COOC_2H_5} = a\Lambda^a_{m,NaOH} \tag{5}$$

式中，$\kappa_{a,NaOH}$ 为反应起始时，浓度为 a 的 NaOH 的电导率；$\Lambda^a_{m,NaOH}$ 为此时的摩尔电导率；$\kappa_{a,CH_3COOC_2H_5}$ 为反应起始时 $CH_3COOC_2H_5$ 的电导率，与 NaOH 相比可忽略。同理有（忽略 C_2H_5OH 的贡献）

$t=\infty$ 时
$$\kappa_\infty = a\Lambda^a_{m,CH_3COONa} \tag{6}$$

$t=t$ 时
$$\kappa_t = x\Lambda^x_{m,CH_3COONa} + (a-x)\Lambda^{a-x}_{m,NaOH} \tag{7}$$

式中，Λ^a_{m,CH_3COONa} 为反应终了 CH_3COONa 的摩尔电导率；Λ^x_{m,CH_3COONa} 为反应进行到 t 时 CH_3COONa 的摩尔电导率；$\Lambda^{a-x}_{m,NaOH}$ 为 t 时 NaOH 的摩尔电导率。

严格地讲，摩尔电导率与浓度是有关的，但按前面假设，可近似认为：

$$\Lambda^a_{m,NaOH} = \Lambda^{a-x}_{m,NaOH} = \Lambda^\infty_{m,NaOH} = \lambda^\infty_{m,Na^+} + \lambda^\infty_{m,OH^-} \tag{8}$$

$$\Lambda^a_{m,CH_3COONa} = \Lambda^x_{m,CH_3COONa} = \Lambda^\infty_{m,CH_3COONa} = \lambda^\infty_{m,CH_3COO^-} + \lambda^\infty_{m,Na^+} \tag{9}$$

式中，$\Lambda^\infty_{m,NaOH}$、$\Lambda^\infty_{m,CH_3COONa}$ 分别表示 NaOH 和 CH_3COONa 溶液无限稀释时的摩尔电导率；Λ^∞_m 是各离子的无限稀释摩尔电导率。

由式（5）与式（6）得：

$$\kappa_0 - \kappa_\infty = a(\Lambda^a_{m,NaOH} - \Lambda^a_{m,CH_3COONa}) \tag{10}$$

将式（8）和式（9）代入后得：

$$\kappa_0 - \kappa_\infty = a(\lambda^\infty_{m,OH^-} - \lambda^\infty_{m,CH_3COO^-}) \tag{11}$$

类似处理可得：

$$\kappa_0 - \kappa_t = x(\lambda^\infty_{m,OH^-} - \lambda^\infty_{m,CH_3COO^-}) \tag{12}$$

$$\kappa_t - \kappa_\infty = (a-x)(\lambda^\infty_{m,OH^-} - \lambda^\infty_{m,CH_3COO^-}) \tag{13}$$

式（12）÷式（13）得：

$$\frac{\kappa_0 - \kappa_t}{\kappa_t - \kappa_\infty} = \frac{x}{a-x} \tag{14}$$

将式（14）代入式（3）并整理后得：

$$k = \frac{1}{ta} \times \frac{\kappa_0 - \kappa_t}{\kappa_t - \kappa_\infty} \quad \text{或} \quad \frac{\kappa_0 - \kappa_t}{\kappa_t - \kappa_\infty} = akt \tag{15}$$

利用式（15），从实验中测得反应进行到 t 时的 κ_t，起始浓度 a、κ_0 以及终了 κ_∞，就可以利用计算法或作图法求算出反应速率常数 k。

【仪器与试剂】

恒温槽，电导仪（DDS-11A），直形电导池，超级恒温水浴槽，叉形电导池，移液管，容量瓶；NaOH（0.0200mol/L，0.0100mol/L），$CH_3COOC_2H_5$（0.0200mol/L），CH_3COONa（0.0100mol/L）。

【实验步骤】

1. 电导仪的调节

DDS-11A 型电导仪的原理和使用方法参见仪器使用说明书。

2. κ_0 的测定

在调节电导率仪的同时，开启恒温槽，控制温度在 298.2K±0.1K。用 0.0100mol/L

NaOH 溶液 40mL 注入干净的直形电导池中，插入干净的电极，以液面高于电极 1～2cm 为适，浸入已调控好的恒温槽中恒温约 10min，接上电极，接通电导仪，测定其电导率，即为 κ_0。

3. κ_t 的测定

用移液管分别吸取 20mL 0.0200mol/L 的 NaOH 和 20mL 0.0200mol/L 的 $CH_3COOC_2H_5$ 溶液（新鲜配制），注入干燥的 A 池和 B 池。并塞紧塞子，放到恒温槽内恒温 10min。同时，将电极用蒸馏水洗净，小心用滤纸将电极上挂的少量水吸干（不要碰着铂黑）后插入 A 池。然后倾斜电导池，让 B 池内的溶液和 A 池内的溶液来回混合均匀，同时在开始混合时按下秒表，开始记录时间。接通电极及电导仪准备连续测量。由于该反应有热效应，开始反应时温度不稳定，影响电导率值。因此，第一个电导率数据可在反应进行到 6min 时读取，以后每隔 3min 测定一次，30min 以后可间隔 5min 测定一次，测定 13～15 组数据即可停止。

4. κ_∞ 的测定

有如下两种方法可以用来测定 κ_∞。

第一种方法是将反应体系放置 4～5h，让反应进行完全，然后在同样的条件下测定溶液电导率，即为 κ_∞。

第二种方法是将新鲜配制的 0.0100mol/L CH_3COONa 溶液，注入干净的电导池，以同一电极在相同实验条件下测定其电导率，即为 κ_∞。

5. 活化能的测定

调节恒温槽的温度，控制在 308.2K±0.1K，重复以上实验步骤操作，分别测定该温度下的 κ_0、κ_∞ 和 κ_t。

实验结束后，关闭电源，取出电极，用蒸馏水冲洗干净后浸泡在蒸馏水中。

【数据处理】

1. 将 t、κ_t、κ_0、κ_∞、$\kappa_0-\kappa_t$、$\kappa_t-\kappa_\infty$、$\dfrac{\kappa_0-\kappa_t}{\kappa_t-\kappa_\infty}$ 填入记录表中。

室温＿＿＿K；实验温度＿＿＿K；大气压＿＿＿kPa。

t/min	$\kappa_t/(S/m)$	$\kappa_0-\kappa_t/(S/m)$	$\kappa_t-\kappa_\infty/(S/m)$	$\dfrac{\kappa_0-\kappa_t}{\kappa_t-\kappa_\infty}$
6				
9				
12				
⋮				
60				

2. 以 $\dfrac{\kappa_0-\kappa_t}{\kappa_t-\kappa_\infty}$ 对 t 作图，得一直线。

3. 由直线斜率计算反应速率常数 k 和半衰期 $t_{1/2}$。

4. 由 298.2K、308.2K 所求出的 k（298.2K）、k（308.2K），按式（4）计算活化能 E。

5. 结果要求及文献值

① 结果要求：图表符合规范要求，$\dfrac{\kappa_0-\kappa_t}{\kappa_t-\kappa_\infty}-t$ 作图应线性良好。

$$k(298.2K)=(6\pm1)L/(mol\cdot min)，\quad k(308.2K)=(10\pm2)L/(mol\cdot min)$$

② 文献值： $\lg k=-1780T^{-1}+0.00754T+4.53$

【注意事项】

1. 分别向叉形电导池 A 池、B 池注入 NaOH 和 $CH_3COOC_2H_5$，分开恒温。

2. 溶液必须新鲜配制，而且所用 NaOH 和 $CH_3COOC_2H_5$ 溶液的浓度必须相等。

3. 实验过程中要很好地控制恒温槽温度，使其温度波动限制在 ±0.1K 以内。

4. 混合使反应开始时同时按下秒表计时，保证计时的连续性，直至实验结束（读完 κ_t）。

5. 保护好铂黑电极，电极插头要插入电导仪上电极插口内（到底），一定要固定好。

【思考题】

1. 为什么要使 NaOH 和 $CH_3COOC_2H_5$ 两种溶液浓度相等？如何配制指定浓度的溶液？
2. 如果 NaOH 和 $CH_3COOC_2H_5$ 起始浓度不相等，应怎样计算 k 值。
3. 用作图外推求 κ_0 与测定相同浓度 NaOH 所得 κ_0 是否一致？
4. 如果 NaOH 与 $CH_3COOC_2H_5$ 溶液为浓溶液，能否用此法 k 求值？为什么？
5. 为何本实验要在恒温条件下进行？而且反应物在混合前必须预先恒温？

实验 142　旋光法测定蔗糖转化反应的速率常数

【实验目的】

1. 测定蔗糖转化反应的速率常数和半衰期。
2. 了解旋光仪的基本原理，掌握旋光仪的使用方法。

【预习要点】

蔗糖转化反应的动力学特征；旋光仪的基本原理和使用方法。

【实验原理】

蔗糖转化的反应式为：

$$C_{12}H_{22}O_{11} + H_2O \xrightarrow{H^+} C_6H_{12}O_6 + C_6H_{12}O_6$$

（蔗糖）　　　　　　（葡萄糖）　（果糖）

在纯水中此反应的速度极慢，通常需要在 H^+ 催化作用下进行，该反应为二级反应。但是由于水是大量存在的，尽管有部分水分子参加了反应，但仍可认为在反应过程中水的浓度是恒定的，而 H^+ 起催化作用，其浓度也保持不变。因此，蔗糖转化反应可看作是一级反应。一级反应的速率方程表达式如下：

$$-\frac{dc}{dt} = kc \tag{1}$$

积分可得：

$$\ln c = -kt + \ln c_0 \tag{2}$$

式中，c 为反应时间为 t 时的反应物浓度；c_0 为反应物起始浓度；t 为反应时间；k 为反应速率常数。

当 $c = 1/2c_0$ 时，时间 t 可用 $t_{1/2}$ 表示，即反应的半衰期：

$$t_{1/2} = \frac{\ln 2}{k} = \frac{0.693}{k} \tag{3}$$

由式（2）可以看出，$\ln c$ 对 t 作图，为一直线，直线的斜率为反应速率常数 k。若要直接测量不同时刻的反应物浓度，非常困难，但蔗糖及其转化产物都有旋光性，而且旋光能力不同，故可以利用系统在反应过程中旋光度的变化来度量反应的进程。

测量旋光性所用的仪器称为旋光仪。溶液的旋光度与溶液中所含旋光物质的旋光能力、溶剂性质、溶液的浓度、样品管长度、光源及温度等均有关系。当其他条件固定时，旋光度 α 与反应物浓度 c 呈线性关系。即：

$$\alpha = Kc \tag{4}$$

式中，K 为比例系数，与旋光物质的本性有关。

蔗糖是右旋物质，而反应产物混合物中，葡萄糖是右旋的，果糖是左旋的，但其旋光能力较葡萄糖大,所以从总体上反应产物呈左旋性质。随着反应的进行,系统的右旋角不断减小,反应至某一瞬间,系统的旋光度恰好等于零,而后就变成左旋,直到蔗糖转化完毕,这时左旋角达到最大值 α_∞。则:

$$\alpha_0 = K_{反} c_0 \quad (蔗糖尚未分解 \ t=0) \tag{5}$$

最后溶液的旋光度为 α_∞。则:

$$\alpha_\infty = K_{产} c_0 \quad (蔗糖全部转化 \ t=\infty) \tag{6}$$

式中,$K_{反}$、$K_{产}$ 分别表示反应物与产物之比例系数;c_0 为反应物的起始浓度,亦是生成物最后的浓度。当时间为 t 时,蔗糖的浓度为 c_t,旋光度为 α_t。

则

$$\alpha_t = K_{反} c_t + K_{产}(c_0 - c_t) \tag{7}$$

由式(5)和式(6)得

$$c_0 = \frac{\alpha_0 - \alpha_\infty}{K_{反} - K_{产}} = K'(\alpha_0 - \alpha_\infty) \tag{8}$$

$$c_t = \frac{\alpha_t - \alpha_\infty}{K_{反} - K_{产}} = K'(\alpha_t - \alpha_\infty) \tag{9}$$

可见反应开始与终了时旋光度之差,代表蔗糖的浓度变化。代入式(2)得:

$$\ln(\alpha_t - \alpha_\infty) = -kt + \ln(\alpha_0 - \alpha_\infty) \tag{10}$$

若以 $\ln(\alpha_t - \alpha_\infty)$ 对 t 作图为一直线,从直线斜率可求出反应速率常数 k。

对于一级反应,因速率常数与反应物起始浓度无关,反应速率常数的测定可以从任一时刻开始。

【仪器与试剂】

自动旋光仪(WZZ 型),恒温水浴锅,温度计,烧杯,量筒等常规玻璃仪器。

蔗糖,HCl 溶液(4mol/L)。

【实验步骤】

1. 了解和熟悉 WZZ 型旋光仪的使用方法(见仪器说明书)

2. 反应速率常数的测定

配制浓度约为 20%(质量分数)的蔗糖溶液 25mL,如有浑浊应过滤。然后将 25mL 蔗糖溶液与 2.5mL 浓度为 4mol/L 的 HCl 溶液混合,并迅速以此混合液荡洗盛液管 2 次,然后装满盛液管。揩去管外的溶液,将盛液管安置在旋光仪的暗室中,开始测定旋光度。以开始时刻为 t_0,每隔 2min 读数 1 次,20min 后每隔 3min 读数 1 次,再读 7 个数据即可。然后关闭电源。

测 α_∞:将盛液管取出,将反应液倒在烧杯里,连同原液一起在烧杯中用水浴加热,约 30min。水浴温度不要超过 50℃,冷至室温测得旋光度 α_∞。

【数据处理】

1. 数据记录

时间/min	旋光度 α	$\alpha_t - \alpha_\infty$	$\ln(\alpha_t - \alpha_\infty)$	室温/℃
0				
2				
4				
6				
⋮				

2. $\ln(\alpha_t - \alpha_\infty)$ 对 t 作图，画出有代表性的直线。

3. 求出反应速率常数和半衰期。

【注意事项】

1. 反应液酸度很大，一定要擦净后再放入旋光仪暗箱内，以免腐蚀仪器。实验结束后，将盛液管洗净。

2. 每隔 20min 记 1 次室温，取平均值，作为测量温度，并在不读数时，打开暗箱散热，读数前 0.5min 盖上。

【思考题】

1. 本实验是否需要校正仪器零点？为什么？

2. 在混合蔗糖和 HCl 溶液时，总是把 HCl 溶液加到蔗糖溶液中，而不把蔗糖溶液加入 HCl 溶液中，为什么？

3. 如果所用蔗糖不纯，对实验有什么影响？

实验 143　复杂反应——丙酮碘化反应

【实验目的】

1. 了解丙酮碘化反应的机理及动力学方程式，测定用酸作催化剂时丙酮碘化反应的速率常数及活化能。

2. 明确所测物理量（透光率）与该反应速率常数之间的关系。

3. 了解分光光度计的结构，掌握其使用方法。

【预习要点】

复杂反应的动力学特点；透光率与反应速率常数之间关系的推导。

【实验原理】

$$CH_3-\overset{\overset{O}{\|}}{\underset{A}{C}}-CH_3 + I_2 \xrightarrow{H^+} CH_3-\overset{\overset{O}{\|}}{\underset{E}{C}}-CH_2I + I^- + H^+$$

一般认为该反应是按以下两步进行的：

$$CH_3-\overset{\overset{O}{\|}}{\underset{A}{C}}-CH_3 \underset{}{\overset{H^+}{\rightleftharpoons}} CH_3-\overset{\overset{OH}{\|}}{\underset{B}{C}}=CH_2 \qquad 第一步$$

$$CH_3-\overset{\overset{OH}{\|}}{\underset{B}{C}}=CH_2 + I_2 \longrightarrow CH_3-\overset{\overset{O}{\|}}{\underset{E}{C}}-CH_2I + H^+ + I^- \qquad 第二步$$

第一步是丙酮的烯醇化反应，它是一个很慢的可逆反应；第二步是烯醇的碘化反应，它是一个快速且趋于进行到底的反应。因此，丙酮碘化反应的总速率是由丙酮的烯醇化反应的速率决定，丙酮的烯醇化反应的速率取决于丙酮及氢离子的浓度，如果以碘化丙酮浓度的增加来表示丙酮碘化反应的速率，则此反应的动力学方程式可表示为：

$$\frac{dc_E}{dt} = kc_A c_{H^+} \tag{1}$$

式中，c_E 为碘化丙酮的浓度；c_{H^+} 为氢离子的浓度；c_A 为丙酮的浓度；k 表示丙酮碘化反应总的速率常数。

由第二步反应可知：

$$\frac{dc_E}{dt} = -\frac{dc_{I_2}}{dt} \tag{2}$$

因此，如果测得反应过程中各时刻碘的浓度，就可以求出 dc_E/dt。由于碘在可见光区有一个比较宽的吸收带，所以可利用分光光度计来测定丙酮碘化反应过程中碘的浓度，从而求出反应的速率常数。若在反应过程中，丙酮的浓度远大于碘的浓度且催化剂酸的浓度也足够大时，则可把丙酮和酸的浓度看作不变，把式（1）代入式（2）积分得：

$$c_{I_2} = -kc_A c_{H^+} t + B \tag{3}$$

按照朗伯-比尔（Lambert-Beer）定律，某指定波长的光通过碘溶液后的光强为 I，通过蒸馏水后的光强为 I_0，则透光率可表示为：

$$T = \frac{I}{I_0} \tag{4}$$

并且透光率与碘的浓度之间的关系可表示为

$$\lg T = -\varepsilon d c_{I_2} \tag{5}$$

式中，T 为透光率；d 为比色槽的光径长度；ε 是取以 10 为底的对数时的摩尔吸光系数。将式（3）代入式（5）得

$$\lg T = k\varepsilon d c_A c_{H^+} t + B' \tag{6}$$

由 $\lg T$ 对 t 作图可得一直线，直线的斜率为 $k\varepsilon d c_A c_{H^+}$。式中 εd 可通过测定一已知浓度的碘溶液的透光率，由式（5）求得，当 c_A 与 c_{H^+} 浓度已知时，只要测出不同时刻丙酮、酸、碘的混合液对指定波长的透光率，就可以利用式（6）求出反应的总速率常数 k。

由两个或两个以上温度的速率常数，就可以根据阿伦尼乌斯（Arrhenius）关系式估算反应的活化能。

$$E_a = 2.303R \frac{T_1 T_2}{T_2 - T_1} \lg \frac{k_2}{k_1} \tag{7}$$

或

$$E_a = \frac{RT_1 T_2}{T_2 - T_1} \ln \frac{k_2}{k_1} \tag{8}$$

为了验证上述反应机理，可以进行反应级数的测定。根据总反应方程式，可建立如下关系式：

$$V = \frac{dc_E}{dt} = kc_A^\alpha c_{H^+}^\beta c_{I_2}^\gamma$$

式中，α、β、γ 分别表示丙酮、氢离子和碘的反应级数。若保持氢离子和碘的起始浓度不变，只改变丙酮的起始浓度，分别测定在同一温度下的反应速率，则：

$$\frac{V_2}{V_1} = \left[\frac{c_A(2)}{c_A(1)}\right]^\alpha \qquad \alpha = \lg \frac{V_2}{V_1} \div \lg \left[\frac{c_A(2)}{c_A(1)}\right] \tag{9}$$

同理可求出 β、γ：

$$\beta = \lg\left(\frac{V_3}{V_1}\right) \div \lg \left[\frac{c_{H^+}(2)}{c_{H^+}(1)}\right] \qquad \gamma = \lg\left(\frac{V_4}{V_1}\right) \div \lg \left[\frac{c_{I_2}(2)}{c_{I_2}(1)}\right] \tag{10}$$

【仪器与试剂】

721 型分光光度计或紫外可见分光光度计；容量瓶（50mL）3 只；容量瓶（100mL）2 只；比色皿；移液管（10mL）3 只。

碘溶液（含 4%KI）（0.03mol/L）；标准盐酸溶液（1mol/L）；丙酮溶液（2mol/L）。

【实验步骤】

方法一：手动采集数据

1. 求 εd 值

取 0.03mol/L 的碘溶液 10mL 注入 100mL 容量瓶中，用二次蒸馏水稀释到刻度，摇匀。取此碘溶液注入恒温比色皿，置于光路中，以纯水为参比，测其透光率，利用式（5）求出 εd 值。

2. 测定丙酮碘化反应的速率常数

取一洗净的 100mL 容量瓶，注入约 50mL 二次蒸馏水，在一洗净的 50mL 容量瓶中用移液管移入 5mL 2mol/L 的丙酮溶液，加入少量二次蒸馏水，盖上瓶塞。另取一洗净的 50mL 容量瓶，用移液管量取 5mL 0.03mol/L 碘溶液，取 5mL 1mol/L 的盐酸溶液注入该瓶中，盖上瓶塞。将丙酮溶液倒入盛有酸和碘混合液的容量瓶中，用二次蒸馏水洗涤盛有丙酮的容量瓶 3~4 次。洗涤液均倒入盛有混合液的容量瓶中，用二次蒸馏水稀释至刻度，振荡均匀，迅速倒入比色皿少许，洗涤三次倾出。然后再倒满比色皿，用擦镜纸擦去残液，置于暗箱光路中，测定透光率，并同时开启停表，作为反应起始时间。以后每隔 3min 读一次透光率，直到透光率达到 100% 为止。

3. 测定各反应物的反应级数

各反应物的用量如下：

编　号	2mol/L 丙酮溶液	1mol/L 盐酸溶液	0.03mol/L 碘溶液
2	10mL	5mL	5mL
3	5mL	10mL	5mL
4	5mL	5mL	2.5mL

测定方法同步骤 2。

方法二：微机自动采集数据（带恒温装置）

1. 调节恒温槽控制温度 25.0℃±0.1℃ 或 30.0℃±0.1℃。

2. 启动紫外分光光度计，预热 30min。

3. 打开微机：启动成功后调出数据采集程序中的 STRTGY1.GNI 待采集数据用。

4. 实验准备

① 在一洁净的 50mL 容量瓶中注入 50mL 蒸馏水，放恒温槽中恒温备用。

② 在一洁净的 5mL 容量瓶中移入 5mL I_2 溶液，用蒸馏水稀释至刻度，放恒温槽中恒温备用。

③ 在一洁净的 50mL 容量瓶中移入 5mL I_2 溶液＋5mL HCl，放恒温槽中恒温备用。

④ 在一洁净的 50mL 容量瓶中先加入少量蒸馏水，再移入 5mL 丙酮溶液，放恒温槽中恒温备用。

5. 数据测量

① 分光光度计调零：将挡光杆放入光路中，盖好上盖，若仪器显示不是 0.000，可调节仪器右侧 "零点调节" 钮，使指示 0.000。

② 将比色皿装满蒸馏水，用吸水纸擦干外部，放入光路中底座上，盖好上盖，调透光率为 100%，稳定几分钟后，把比色皿倒空。

③ 将恒温好的丙酮溶液倒入装有 I_2＋HCl 混合液的容量瓶中，用蒸馏水洗涤丙酮瓶三次，洗涤液倒入混合液中，再用恒温蒸馏水稀释至刻度，摇匀，迅速倒入比色皿少许，洗涤三次，再倒满比色皿，擦干外部，放光路中，盖好上盖。

④ 鼠标单击 "Start"，屏幕上显示透光率随时间变化的曲线。待反应完毕（透光率至 100%），单击 "Stop"，倒空比色皿。

6. 测 εd 值

将恒温好的 I_2 溶液洗比色皿三次，然后倒满，用吸水纸擦干外部，放入光路中，测量 25.0℃±0.1℃ 或 30.0℃±0.1℃ 时的透光率，记下此值；再将恒温槽升温到 30.0℃±0.1℃ 或 35.0℃±0.1℃，记下此温度下的透光率，倒空比色皿。

7. 调出数据采集程序中的 STRTGY2.GNI 待采集数据用。鼠标箭头放 "Start" 上待用。重复步骤 4 中①、②、③、④，步骤 5 中②、③、④，测量 30.0℃±0.1℃或 35.0℃±0.1℃时的透光率随时间变化的曲线。

8. 实验完毕，切断电源，将玻璃仪器洗干净。

9. 从微机调出所测数据，记下后退出程序，关机。

【注意事项】

1. 温度影响反应速率常数，实验时体系始终要恒温。

2. 实验所需溶液均要准确配制。

3. 混合反应溶液时要在恒温槽中进行，操作必须迅速准确。

【数据处理】

1. 把实验数据填入下表。

$c_{I_2} =$ _____； $T =$ _____； $\lg T =$ _____； $\varepsilon d =$ _____。

时间 t/min	透光率 T		$\lg T$	
	25.0℃	35.0℃	25.0℃	35.0℃

2. 将 $\lg T$ 对时间 t 作图，得一直线，求直线的斜率，并求出反应的速率常数。

3. 利用 25.0℃及 35.0℃时的 k 值求丙酮碘化反应的活化能。

4. 由实验步骤 3、4 中测得的数据，分别以 $\ln T$ 对 t 作图，得到四条直线。求出各直线斜率，即为不同起始浓度时的反应速率，代入式（8）、式（9）可求出 α、β、γ。

【结果讨论】

虽然在反应中，从表观上看除 I_2 外没有其他物质吸收可见光，但实际上反应体系中却还存在着一个次要反应，即溶液中存在着 I_2、I^- 和 I_3^- 的平衡：

$$I_2 + I^- \rightleftharpoons I_3^-$$

其中，I_2 和 I_3^- 都吸收可见光。因此反应体系的吸光度不仅取决于 I_2 的浓度而且与 I_3^- 的浓度有关。根据朗伯-比尔定律知，含有 I_3^- 和 I_2 的溶液的总消光度 E 可以表示为 I_3^- 和 I_2 两部分消光度之和：

$$E = E_{I_2} + E_{I_3^-} = E_{I_2} dc_{I_2} + E_{I_3^-} dc_{I_3^-} \tag{11}$$

而摩尔消光系数 ε_{I_2} 和 $\varepsilon_{I_3^-}$ 是入射光波长的函数。在特定条件下，即波长 $\lambda = 565$nm 时 $E_{I_2} = E_{I_3^-}$，所以式（11）就可变为

$$E = E_{I_2} d(c_{I_2} + c_{I_3^-}) \tag{12}$$

也就是说，在 565nm 这一特定的波长条件下，溶液的消光度 E 与总碘量（$I_2 + I_3^-$）成正比。因此常数 εd 就可以由测定已知浓度碘溶液的总消光度 E 来求出了。所以本实验必须选择工作波长为 565nm。

【思考题】

1. 本实验是将丙酮溶液加到盐酸和碘的混合液中，但没有立即计时，而是当混合物稀释至 50mL，摇匀倒入恒温比色皿测透光率时才计时，这样做是否影响实验结果？为什么？

2. 影响本实验结果的主要因素是什么？

实验 144 过氧化氢催化分解反应

【实验目的】

1. 测定过氧化氢分解的反应速度常数。

2. 了解用体积法研究动力学的基本原理。

3. 了解实验测定活化能 E 的原理和方法。

【预习要点】

一级反应的动力学特征；反应技术的测定方法。

【实验原理】

过氧化氢在没有催化剂时，分解反应进行得很慢，加入催化剂时能促进分解。过氧化氢分解的化学计量式如下：

$$H_2O_2 \longrightarrow H_2O + \frac{1}{2}O_2$$

很多物质都能对这一反应起催化作用，如铂、银、铅、二氧化锰、三氯化铁以及三氯化铁和氯化铜的混合物等。本实验是以三氯化铁和氯化铜混合物作催化剂，研究 H_2O_2 分解反应的动力学。其中 $CuCl_2$ 是助催化剂，单独使用它，并不能催化该反应。

在本实验条件下，过氧化氢的分解是一级反应。若以 a 表示 H_2O_2 的起始浓度，x 表示在时刻 t 时已经分解掉的 H_2O_2 的浓度，则剩余的 H_2O_2 的浓度为 $a-x$，于是有：

$$\frac{dx}{dt} = k_1(a-x)$$

积分上式：
$$\ln(a-x) = -k_1 t + \ln a$$

式中，k_1 为反应速率常数，它的大小表征着反应速率的快慢。$\ln a$ 为积分常数，可由 $t=0$、$x=0$ 这一边界条件得出。

在 H_2O_2 的催化分解中，t 时刻 H_2O_2 的浓度 c_t 可通过测量在相应的时间内分解放出的氧气的体积得出。因分解过程中放出氧气的体积与分解了的 H_2O_2 的浓度成正比，其比例常数为定值。令 V_∞ 表示 H_2O_2 全部分解放出的氧气体积，V_t 表示 H_2O_2 在 t 时刻分解放出的氧气的体积，则：

$$c_0 \propto V_\infty, \quad c_t \propto V_\infty - V_t$$

式中，c_0、c_t 分别代表 H_2O_2 在 $t=0$ 和 $t=t$ 时的浓度。将上面关系式代入一级反应速率方程的定积分表达式，则有：

$$\lg \frac{c_t}{c_0} = \lg \frac{V_\infty - V_t}{V_\infty} = -\frac{k_1 t}{2.303}$$

或者：
$$\lg(V_\infty - V_t) = -k_1 t/2.303 + \lg V_\infty$$

根据上式，如果以 $\lg(V_\infty - V_t)$ 对 t 作图得一直线，即可验证该反应是一级反应。此时由直线的斜率可求出反应速率常数 k_1。

V_∞ 可由实验得出或公式算出。

计算公式如下：按 H_2O_2 分解反应的化学计量式，$1mol\ H_2O_2$ 放出 $0.5mol\ O_2$。在酸性溶液中以 $KMnO_4$ 标准溶液滴定 H_2O_2 溶液，V_∞（m^3）则等于：

$$V_\infty = M_{H_2O_2} V_{H_2O_2} RT/p$$

式中，$M_{H_2O_2}$ 为 H_2O_2 的起始浓度，mol/L；$V_{H_2O_2}$ 为 H_2O_2 溶液的体积，m^3；p 为氧气的分压，即大气压减去实验温度下水的饱和蒸气压，Pa；T 为实验的热力学温度，K；R 为气体常数，取 $8.314J/(K \cdot mol)$。

由于这种方法需用 $KMnO_4$ 滴定 H_2O_2 的浓度，比较麻烦，所以一般都用实验法直接获得。如果我们改变分解反应的温度，求得不同温度下的反应速率常数 k_1，则根据阿伦尼乌斯公式，有：

$$\frac{d\ln k}{dT} = \frac{E}{RT^2}$$

积分后可知，若以 $\ln k$ 对 $1/T$ 作图，由斜率则可求得在该反应温度范围内的平均活化能。

体积法是研究化学反应动力学的基本方法之一。只要反应过程中体系的体积发生明显的变化，一般都可用这种方法研究该反应的动力学。

【仪器与试剂】

恒温槽，秒表。混合液（0.05mol/L $FeCl_3$-0.005mol/L $CuCl_2$-0.4mol/L HCl）；0.2mol/L H_2O_2。

【实验步骤】

1. 实验装置图如附图 1 所示。实验前需检查测量系统是否漏气，为此，打开活塞 A，拔开塞子 B，提高水准瓶 C，使量气管 D 内的水面升至上部，关闭活塞 A，把水准瓶放在桌面上。塞紧塞子 B，打开活塞 A，任水面自由下落，若降至某一位置保持静止，则证明系统不漏气，即可开始实验。

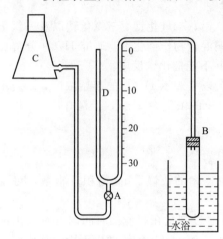

附图 1 过氧化氢分解装置

2. 拔开塞子 B，打开活塞 A，提高水准瓶 C，使 D 管内的水平面升至量气管 0 刻度以上，关闭 A。再调节 A，使 D 管内的水面恰在刻度 0 的位置。移取 20mL H_2O_2 溶液注入 B，加入 10mL 混合液，随即把塞子塞紧。此时 H_2O_2 已开始分解，不断调节活塞 A，使量气管内两壁的水面保持相同，当气体放出速度趋于稳定后（约 10min），记下 D 管内水平面的刻度，同时打开秒表，每 5min 记录一次 D 管内水面的位置。记录 8~10 个数据。

为得到 H_2O_2 全部分解后的体积 V_∞，将测得 8~10 个 V_t 后的试管瓶放在 80℃ 水浴中加热，并不断摇动，待反应管内不再有气泡放出为止。取出反应管，仍放回原恒温槽内恒温后，读取量气管内水面刻度，即 V_∞ 数值。

本实验可用来求 H_2O_2 分解反应的活化能，改变反应温度，分别测定 25℃、30℃、35℃、40℃ 等温度下的速率常数，方法同上。

【数据处理】

1. 可按下列格式记录实验数据。

室温_____；大气压_____；恒温槽温度_____；$V_\infty=$_____。

时间 t/min	体积 V_t/mL	$V_\infty-V_t$/mL	$\lg(V_\infty-V_t)$

2. 以 $\lg(V_\infty-V_t)$ 为纵坐标，时间 t 为横坐标作 $\lg(V_\infty-V_t)$-t 图。由直线斜率计算分解反应的速率常数 k（min^{-1}）。

【注意事项】

1. 气体的体积受温度和压力影响较大，在实验中要保证所测得的 V_t 和 V_∞ 都是在相同的温度和压力下的数据。

2. 要真正搞清楚动力学方程中 V_t、V_∞ 的含义，这样，在进行数据处理时就不会出现错误。

【思考题】

反应速率常数与哪些因素有关？为什么在每次读取 V_t 或 V_∞ 时，一定要调整量气管两壁的水面相平？

实验 145 连续流动法研究催化反应动力学

【实验目的】

1. 测量 ZnO 催化剂对甲醇分解反应的催化活性，了解反应温度对催化反应的影响。

2. 了解动力学实验中流动法的特点与关键，掌握分析处理实验数据的方法。

【预习要点】

流动法的特点与关键；流动法分析处理实验数据的方法。

【实验原理】

参与反应过程，但其数量及化学性质在反应前后没有改变的物质称为催化剂。催化剂使反应速度改变的现象称为催化作用。有催化剂参加的反应为催化反应。常用催化剂的制法有沉淀法、浸渍法、热分解法等。浸渍法是制备催化剂常用的方法。它是在多孔性载体上浸渍含有活性组分的盐溶液，再经干燥、焙烧、还原等步骤而成，活性物质被吸附于载体的微孔中，催化反应就在这些微孔中进行，使用载体可使催化剂的催化表面积加大，机械强度增加，活性组分用量减少。载体对催化剂性能的影响很大，应据需要对载体的比表面、孔结构、耐热性及形状等加以选择。Al_2O_3、SiO_2、活性炭等都可作为载体。

ZnO 催化剂的制法是：将 10～20 目的活性氧化铝浸泡在硝酸锌的饱和溶液中（氧化铝与纯硝酸锌的重量比为 1∶2.4），24h 后烘干，将烘干物移至马弗炉中升温到有 NO_2 放出时停止加热升温，待硝酸锌分解完毕再升温至 600℃，灼热 3h，自然冷却即可。

目前，催化剂的制备还属于一种技艺，因此需要对制得的催化剂在使用条件下作出对其活性及选择性的评价，催化剂的活性大小表现为催化剂存在时反应速率增加的程度。复相催化时，反应在催化剂表面进行，所以催化剂比表面（单位重量催化剂所具有的表面积）的大小对活性起主要作用。评价测定催化剂活性的方法大致可分为静态法和流动法两种。静态法是指反应物不连续加入反应器，产物也不连续移去的实验方法；流动法则相反，反应物不断稳定地进入反应器发生催化反应，离开反应器后再分析其混合物的组成。使用流动法时，当流动的体系达到稳定状态后，反应物的浓度就不随时间而变化。流动法操作难度较大，计算也比静态法麻烦，保持体系达到稳定状态是其成功的关键，因此各种实验条件（温度、压力、流量等）必须恒定，另外，应选择合理的流速，流速太大时反应物与催化剂接触时间不够，来不及反应就流出，太小则气流的扩散影响显著，有时会引起副反应。

本实验采用流动法测量 ZnO 催化剂在不同温度下对甲醇分解反应的催化活性。近似认为无副反应发生（即有单一的选择性），反应式为：

$$CH_3OH \xrightarrow{\text{催化剂，温度}} CO + 2H_2O \tag{1}$$

催化活性以单位重量催化剂在指定条件下使 100g 甲醇分解掉的质量（g）来表示。若以恒量的甲醇蒸气送入体系，催化剂的活性越大则产物中的一氧化碳和氢气越多。

反应在附图 1 所示的实验装置中进行。氮气的流量由毛细管流量计监视，氮气流经预饱和器及饱和器（均装有液态甲醇），在饱和器温度下达到甲醇蒸气的吸收平衡。混合气进入管式炉中的反应管与催化剂接触而发生反应，流出反应器的混合物中有氮气和未分解的甲醇，产物一氧化碳及氢气。流出气前进时为冰盐冷却剂制冷，甲醇蒸气被冷凝截留在捕集器中，最后由湿式气体流量计测得的是氮气、一氧化碳、氢气的流量。如若反应管中无催化剂则测得的是氮气的流量。根据这两个流量便可计算出反应产物一氧化碳及氢气的体积，据此可算出催化剂的活性大小。

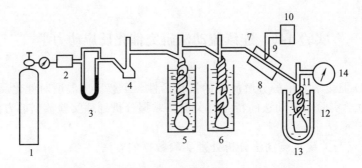

附图1　连续流动法测量氧化锌催化剂活性的实验装置

1—氮气钢瓶；2—稳流阀；3—毛细管流量计；4—缓冲瓶；5—预饱和器；
6—饱和器；7—反应管；8—管式炉；9—热电偶；10—自动控温仪；
11—捕集器；12—冰盐冷剂；13—杜瓦瓶；14—湿式气量计

【仪器与试剂】

实验装置（如附图1所示），计时钟；甲醇，Al_2O_3 载体，ZnO 催化剂（实验室自制），纯氮气（工业）。

【实验步骤】

1. 检查装置各部件是否接妥，调节预饱和器温度为 $43.0℃\pm0.1℃$；饱和器温度为 $40.0℃\pm0.1℃$；保温容器中放入冰盐水。

2. 开启氮气钢瓶（参阅附录有关说明），通过稳流阀调节气体流量在 $(100\pm5)mL/min$ 内（观察湿式流量计），记下毛细管流量计的压差。

3. 将空反应管放入炉中，开启控温仪使炉子升温到380℃。在炉温恒定、毛细管流量计压差不变的情况下，每5min记录湿式气体流量计读数一次，连续记录30min。

4. 用天平称取4g催化剂，取少量玻璃棉置于反应管中，为使装填均匀，一边向管内装催化剂，一边轻轻转动管子，装完后再于上部覆盖少量玻璃棉以防松散，催化剂的位置应处于反应管的中部。

5. 将装有催化剂的反应管装入炉中，热电偶刚好处于催化剂的中部，控制毛细管流量计的压差与空管时完全相同，待其不变及炉温恒定后，重复步骤3的测量。

6. 调节控温仪使炉温升至450℃，不换管，重复步骤5的测量。经教师检查数据后停止实验。

【数据处理】

1. 实验数据

实验条件	气体流量 V/L					
	5min	10min	15min	20min	25min	30min
无催化剂						
ZnO(380℃)						
ZnO(450℃)						

2. 以流量 V（L）对时间 t（min）作图，得三条直线。一条为空管时的 $V\text{-}t$ 线，第二、三条为装入催化剂后炉温分别为380℃及450℃时的 $V\text{-}t$ 线。

3. 由三条直线分别求出 30min 内通入 N_2 的体积和分解反应所增加的体积（V_{N_2} 和 V_{H_2+CO}）。

4. 计算 30min 内不同温度下，催化反应中分解掉甲醇的质量 $m'_{CH_3OH(g)}$。由分解反应

$$CH_3OH \xrightarrow{\text{催化剂,温度}} CO + 2H_2O \qquad (2)$$

可得分解掉的甲醇体积为：

$$V_{CH_3OH} = \frac{1}{3} V_{CO+H_2} \qquad (3)$$

由理想气体状态方程：

$$p_{\text{大气压}} V_{CH_3OH} = n_{CH_3OH} RT \qquad (4)$$

求出分解掉的甲醇摩尔数 n_{CH_3OH}。式中，T 为湿式气体流量计上指示的温度。

分解掉的甲解质量为：

$$m'_{CH_3OH} = n_{CH_3OH} M \qquad (5)$$

5. 计算 30min 内进入反应管的甲醇质量 m_{CH_3OH}

① 近似认为体系的压力为实验时的大气压，在 40℃ 下 N_2 吸收甲醇蒸气后与液态甲醇达到吸收平衡，因此：

$$p_{\text{体系}} = p_{\text{大气压}} = p_{CH_3OH} + p_{N_2} \qquad (6)$$

式中，p_{CH_3OH} 为 40℃ 时的甲醇的饱和蒸气压；p_{N_2} 为体系中 N_2 分压，即：

$$p_{N_2} = p_{\text{大气压}} - p_{CH_3OH}$$

40℃ 时的甲醇的饱和蒸气压可以通过下面方法求得：

查阅有关的物理化学手册，由克劳修斯-克拉佩龙方程：

$$\frac{d\ln p}{dT} = \frac{\Delta_{vap} H_m}{RT^2} \qquad (7)$$

查阅有关数据后计算得到，由经验式：

$$\lg p = A - \frac{B}{C+t} \qquad (8)$$

计算得到。对于甲醇，$A = 7.89750$，$B = 1474.08$，$C = 229.13$，使用温度范围 $-14 \sim 65℃$，蒸气压 p 的单位为 mmHg。

② 根据道尔顿分压定律有下式：

$$\frac{p_{N_2}}{p_{CH_3OH}} = \frac{x_{N_2}}{x_{CH_3OH}} = \frac{n_{N_2}}{n_{CH_3OH}} \qquad (9)$$

式中，n_{N_2} 为 30min 内进入反应管的 N_2 的物质的量，可用无催化剂时 30min 内通入 N_2 的体积计算；将 p_{N_2}、p_{CH_3OH} 代入式（9）可得 30min 内进入反应管的甲醇物质的量 n_{CH_3OH}。

进入反应管的甲醇质量：$\qquad m_{CH_3OH} = n_{CH_3OH} M$

6. 以每克催化剂使 100g 甲醇所分解掉的质量（g）表示实验条件下 ZnO 催化剂的活性，并比较不同温度下的差别。

$$\text{催化活性} = \frac{m'_{CH_3OH}}{m_{CH_3OH}} \times \frac{100}{m_{ZnO}} \qquad (10)$$

【注意事项】

1. 实验中应确保毛细管流量计的压差在有无催化剂时均相同。
2. 在体系达到稳定状态后测量值才有意义。

【思考题】

1. 为什么氮的流速要始终控制不变？
2. 预饱和器温度过高或过低会对实验产生什么影响？
3. 冰盐冷却器的作用是什么？

4. 试评论本实验评价催化剂的方法的优缺点。

实验 146　催化剂活性与选择性

【实验目的】
1. 了解化学反应的活性选择性和收率的概念和测定方法。
2. 熟悉并掌握小型高压釜的使用方法。
3. 熟悉气相色谱的原理和方法。

【预习要点】
化学反应的活性选择性和收率的概念；气相色谱的原理和方法。

【实验原理】
催化剂活性和选择性的定量表达
若以某反应物进料的物质的量为基准，则定义如下：

$$x（转化率）=\frac{已转化的某反应物的物质的量}{某反应物进料的物质的量}\times100\%$$

$$s（选择性）=\frac{转化为目的产物的物质的量}{已转化的某反应物的物质的量}\times100\%$$

$$y（产率）=\frac{转化为目的产物的物质的量}{某反应物进料的物质的量}\times100\%$$

时空产率：在一定条件下（温度、压力、进料组成、进料空速均一定），单位时间内，单位体积或单位质量的催化剂所得产物数量。将时空产率乘以反应器所填装的催化剂的体积或质量，直接给出单位时间生产的产物数量，也可计算完成一定的生成任务所需催化剂的体积或质量。

对于流动体系，常适用空速和接触时间的概念。定义空速为，单位时间单位催化剂上所流经的反应物的量，用符号 VVH 表示，单位为 s^{-1}。

$$VVH=F/V$$

式中，F 为单位时间反应物的进料体积，反应物的体积速率；V 为催化剂床层体积。

当反应物以蒸气送入时，空速是按反应物的气体流量速率计算，称为气体时空速率（GHSV）；当反应物以液体进料时，这个相应的数量称为液体的时空速率（LHSV），简称液体空速；若按反应物的质量流速除以催化剂的质量所得的比值，称之为质量时空速率（WHSV），简称质量空速。对于特定的操作条件，对于给定的转化率，空速等于单位时间能处理的相当于反应器体积那么多倍的反应物。由此空速可以用作催化剂活性的指示。对给定的转化率，空速最高的催化剂是活性最高的。

接触时间 θ 定义为空速的倒数，即：

$$\theta=1/VVH$$

单位为时间 s、min、h 等。

应该指出，这样定义的接触时间或停留时间，由于反应过程中物质的量的改变，温度及压力梯度的影响，都可能发生反应混合物体积的改变，因此并不相当于真实的反应物停留时间。

实验室各种反应器间最本质性的差别是间歇式和连续体系之间的差异。进行动力学研究，多使用连续反应器。初步筛选催化剂又必须在较高压力下进行，多使用高压釜。在这种条件下，催化剂的活性，通常直接按给定的反应条件和反应时间下的转化率来评价。不论使用什么反应器，在进行活性评价时，最核心的问题是要消除浓度梯度，温度梯度，外扩散和内扩散的影响，这样才能获得真实的信息。但反应器的类型不同，分析和处理数据的方法也不同，下面以苯部分加氢制环己烯为例，给出间歇式小型高压釜评价催化剂活性选择性和收率方法。

【仪器与试剂】

WDF-0.25 高压反应釜，热导池检测器（TCD）气相色谱仪，量筒，秒表。

苯，环己烯，环己烷，丙酮，$RuCl_3 \cdot xH_2O$，ZrO_2，$ZnSO_4 \cdot 7H_2O$，$FeSO_4 \cdot 7H_2O$，$LaCl_3 \cdot xH_2O$，$NaBH_4$。

【实验步骤】

催化剂制备方法

在室温条件下，称取定量的活性组分 $RuCl_3 \cdot xH_2O$ 和定量的助剂前体，放入 250mL 烧杯（已加入磁子），加入定量蒸馏水使其溶解。将烧杯放在磁力搅拌器上，以适中的速度开始搅拌。称取适量的 ZrO_2 加入溶液中，并继续搅拌 30min。称取一定量的 $NaBH_4$ 固体。用定量的蒸馏水溶解后慢慢滴加到上述溶液中，滴加完毕，继续搅拌 5min 后停止搅拌，静置后，将上层液倒出后加水放置或直接放置备用。具体用量由教师根据需要确定。

催化剂加氢性能测试

小型高压釜示意图见附图 1。

流程说明：氢气由钢瓶经阀 b、三通 d，由气相阀 e 控制进反应釜，釜内需放空的气体由阀 c 经出气管 6 出气；苯由加料罐 8 利用氢气压入，取样出液则经液相阀 f 由出液口 9 出液；反应釜冷却水由管 4 进入，由电磁阀控温开关冷却水。

首先按照要求将高压反应釜的聚四氟乙烯套筒及各管路清洗干净。将定量的催化剂、水、反应改性剂 $ZnSO_4 \cdot 7H_2O$ 于高压反应釜中在 5.0MPa 氢气压力下，搅拌条件下加热升温。当温度升至 140℃时，加入定量的苯开始计时，并不断补加 H_2 维持 5.0MPa。分别在 5min、10min、15min 取样。

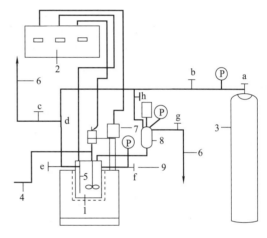

附图 1　小型高压釜示意

1—高压反应釜及电加热套；2—反应釜控制器；
3—氢气瓶；4—冷却水进水管；5—测温管；
6—放空；7—电机；8—加料罐；
9—出液口；a～h—阀门

【数据处理】

校正因子的计算：准确取一定量的苯、环己烯、环己烷，配成标准混合溶液，三者物质的量百分数分别为 P_1、P_2、P_3；进样 $0.2\mu L$，进行色谱分析，定性，并用数据处理机计算相应面积 A_1、A_2、A_3；以苯为标准（校正因子 $f_1 = 1$），据公式（1）求校正因子 f_2、f_3。

$$P_i = \frac{A_i f_i}{\sum\limits_i A_i f_i} \times 100\% \tag{1}$$

产物分析：在相同仪器条件下，对产品进行分析，得到各峰面积，据公式（1）求各物质含量 P_i。则

$$转化率（x_苯）= \frac{转化了的苯物质的量}{投入苯的物质的量} \times 100\% = 1 - P_1$$

$$产率（y_{环己烯}）= \frac{生成环己烯的物质的量}{投入苯的物质的量} \times 100\% = P_2$$

$$\text{选择性}(s_{\text{环己烯}}) = \frac{\text{生成环己烯的物质的量}}{\text{转化了的苯物质的量}} \times 100\% = \frac{\text{产率}}{\text{转化率}} \times 100\%$$

4.6 无机物及其在水溶液中的性质

从反应规模方面区分，本节所安排的实验内容均属于微型实验。对于在试管中进行的微型实验而言，除了在物料的取用方面有别于常量实验之外，取用手法也有其特点，这些手法，可见本书 2.6.1 节的描述。

编者认为，就化学人才的基础知识巩固、基本素质培养角度而言，这类实验相对于那些由若干有限反应为基础的制备、测定类实验，对于实验者整体水平进步的作用权重，要更大一些。如果说前者的着重点在于以提高基本操作技能为目的，后者实际上在综合素养提高方面为学习者提供了一个合适的切入点和平台。另外需要特别指出的是，这类实验往往是常量实验必要的先导和预判步骤。

在进行这类微型无机反应操作时，有如下几点事项是操作者需要密切注意的。

① 仔细观察过程中的现象是实验者应具备之最基本习惯。本部分实验操作过程中这一基本习惯和作风，对于我们发现问题、解决问题能力的提高，相较于其他因素诸如技能、手法及熟练程度等，所起的作用和影响都要显著得多。要实现这类实验所应达到的目的，操作者的观察细致深入程度是最首要因素。须知解决问题的能力是建立在具备发现各种问题的能力基础之上的。在操作本类实验的过程中，我们要求同学在观察方面应达到"洞察秋毫"之程度。惟其如此，才能了解到在一般教本中很少描述的有趣实验现象及结果。化学史表明，重大发现往往建立在一些被较少报道的事实基础之上。

② 实验过程中，思考的深度和广度是左右学习者进步速度的基石。对于一个确定的微型反应体系，需要我们思考的主要方面有：反应物料加入量的选择；反应物料的加料顺序；反应过程中预期与非预期结果、现象的化学基础理论诠释；其他因素对于所选定体系的影响等。在实验项目与内容编排中，我们有意识的写进一些诸如"解释现象"、"写出反应式"等要求提示语句，以期通过这些提示培养同学的思维习惯。但仅有这些提示还是远远不够的，过程中需要同学做到更深更广程度的思维，尤其是当遇到非预期结果和现象出现时。思考深度与广度建立于对基本理论的理解与掌握基础之上。在遇到需要阐释的现象与结果时，应从化学热力学、动力学、电化学以及物质结构等角度出发，进行分析。比如，实验中经常需要使用湿润 KI-淀粉试纸来判定体系中是否有 Cl_2、Br_2 逸出。按照预期，某些体系往往不具备使 Cl_2 逸出的条件，如浓 HCl 与 $Fe_2O_3 \cdot x H_2O$ 相作用。但由于空气中 O_2 的存在、HCl 挥发后溶于试纸表面水，使得空气 O_2 的氧化能力提高，以及在酸性介质 I^- 还原速度加快，导致在现象观察中发现湿润 KI-淀粉试纸有变蓝的阳性反应。假使没有认真地思考，也许实验者就会得出一些不正确的结论。再如，实验 150 中 H_2O_2 的稳定性实验结果的解释，就需要实验者分别从 H_2O_2 的热力学不稳定性出发，探讨 H_2O_2 分子轨道对称性等分子参数对动力学稳定性的影响；由 Fe 的原子化热出发可以解释 Fe 对 H_2O_2 的催化作用较弱，由 Fe_2O_3 缺陷与吸附对于 H_2O_2 分子前线轨道变形作用及对称性匹配问题，可以得出 Fe_2O_3 对 H_2O_2 的分解催化作用较强的结论。至于 Cl_2 与 SO_2 均可使品红溶液褪色，机理不同导致的最终结果迥异，则必须由品红的分子结构，及作用后产物的分子 MO 能级变化予以说明。

③ 既然为微型实验，那么，在物料取用量方面就必须遵循微型实验的原则。这不仅仅是节约和环保方面的要求，更是获得正确结果的必须条件。事实上，许多本类实验结果的获得，与体系总物料量之间的关系并不明显，关键在于各反应物之间的物质量比例。比如实验 153 中，用黄血盐 $K_4Fe(CN)_6$ 溶液与 Fe(Ⅲ) 作用生成普鲁士蓝（Prussian blue）【14038-43-8】沉淀时，正确的物料物质量比例为 Fe(Ⅲ)：$K_4Fe(CN)_6 = 4 : 3$，如若比例不当，比

如说，加入的 $K_4Fe(CN)_6$ 溶液过量，则体系中黄血盐的黄色必然干扰对沉淀形态的观察，致使结果表述错误。另外，如果往试管中加入的液体试剂体积过大，也会影响到物料混合的均匀性，毕竟装有大量液体的试管的振摇操作并不方便。

④ 反应物料的加料顺序对于最终反应结果的影响是至关重要的。因为这涉及反应物相对过量条件的确定，以及不同反应物过量条件下可能引起的副反应情况的不同。比如，实验 149 中，碘酸钾的氧化性实验，给定的加料顺序为：KIO_3 溶液＋3mol/L H_2SO_4＋淀粉溶液，再加 0.1mol/L $NaHSO_3$。如果将顺序调为 0.1mol/L $NaHSO_3$＋3mol/L H_2SO_4＋淀粉溶液，再加 KIO_3 溶液，则会因为 SO_2 的逸出，使 KIO_3 溶液的还原现象很不明显；再如实验 153 中，Fe(Ⅱ) 的还原性实验，其中给定的加料顺序为 $FeSO_4$ 加 2mol/L 的 H_2SO_4 酸化，再加 $KMnO_4$ 溶液，因为在 $KMnO_4$ 溶液的滴加过程中，体系中 Fe(Ⅱ) 一直保持过量，所以我们观察到的现象很可能是 $KMnO_4$ 溶液的紫色褪去，和 Fe(Ⅲ) 部分水解离子黄色的出现；假如将顺序调整为 $KMnO_4$ 溶液＋2mol/L 的 H_2SO_4 酸化，再逐滴滴加 $FeSO_4$ 的溶液，可能观察到的现象为：溶液首先由紫色转变为深玫瑰红色 [疑为 Mn(Ⅴ) 物种]，继而呈较短时间的玫瑰红色 [疑为 Mn(Ⅲ)]，继续滴加 Fe(Ⅱ)，则体系最后呈现的颜色则为 Fe(Ⅲ) 和 Mn(Ⅱ) 的混合色。当然，后者现象的呈现，必须建立在实验者仔细观察的基础上。

⑤ 加热反应的操作，除非需要高温灼烧或煮沸溶液，推荐用沸水浴方式对试管反应体系实施加热，特别是在水溶液反应体系情况下。这样做的主要原因是基于安全方面的考虑。而且就水溶液反应体系而言，直接加热所能达到的体系温度并不比水浴加热达到的温度高许多。

⑥ 涉及沉淀生成及性状鉴定的反应，必要的沉淀离心分离与洗涤操作绝不可省略。否则，大量其他物种（包括溶剂水）的存在，势必要对后续沉淀的进一步处置反应造成干扰和影响。很显然，一个未经离心分离的 CoS 沉淀体系，向其中加入浓盐酸，以观察沉淀对于浓盐酸的溶解性，在含有大量水情况下，这个目的很难达到。

⑦ 需时刻注意共存的物质对于研究体系的影响。正如②和⑥所述，它们的存在必须纳入我们的注意视角。最普遍的是空气以及溶于反应液体中的 O_2、CO_2 对研究对象的影响。所以有时候，实验用水必须预先脱氧、脱除 CO_2。

实验 147　水溶液中的离子平衡

【实验目的】

1. 进一步掌握溶液中同离子效应。
2. 学会配制缓冲溶液并熟悉其性质。
3. 熟悉溶度积规则。

【预习要点】

预习电离平衡、水解平衡、沉淀溶解平衡等有关内容。

【实验药品】

$MgCl_2$，$CuSO_4$，Na_3PO_4，Na_2HPO_4，NaH_2PO_4，$ZnSO_4$，$Al_2(SO_4)_3$，K_2CrO_4，$MnSO_4$，$AgNO_3$，$NaHCO_3$，NaOH 均为（0.1mol/L），HAc（0.1mol/L，1mol/L），HNO_3（6mol/L），$NH_3 \cdot H_2O$（2mol/L），$CaCl_2$（0.5mol/L），NaCl（0.1mol/L，2mol/L），$(NH_4)_2C_2O_4$(1mol/L)，$Pb(NO_3)_2$(0.1mol/L)，NaAc(1.0mol/L，s)，10% NH_4SCN，含铁硫酸锌溶液。甲基橙指示剂，精密 pH 试纸（3～8），$SnCl_2$(s)，$Bi(NO_3)_3$(s)，$FeCl_3 \cdot 6H_2O$(s)。

【实验步骤】

1. 共同离子效应

① 取 2 支小试管，分别加入 1mL 0.1mol/L 的 HAc 溶液及 1 滴甲基橙指示剂，混合均

匀，溶液呈何色？在一支试管中加入固体 NaAc，对比指示剂颜色的变化为；说明试管颜色不同的原因。

② 取 2 支小试管，分别加入 5 滴 0.1mol/L 的 $MgCl_2$ 溶液，在其中 1 支试管中加入 5 滴饱和 NH_4Cl 溶液，另 1 支试管中加入 5 滴水，然后，分别在 2 支试管中加入 5 滴 2mol/L 的氨水，观察 2 支试管发生的现象有何不同，解释原因，写出反应方程式。

2. 缓冲溶液的配制及性质

① 用 1mol/L HAc 及 1mol/L NaAc 溶液配制 pH＝4.0 的缓冲溶液 10mL，应如何配制？用精密 pH 试纸检验其 pH 是否符合标准。

② 将缓冲溶液分成两份，1 份加入两滴 0.1mol/L HCl 溶液；1 份加入两滴 0.1mol/L NaOH 溶液，测定它们的 pH 值各为多少？

③ 取 2 支小试管，各加入 5mL 蒸馏水，分别加入与上述实验相同量的 HCl 和 NaOH 溶液，测定它们的 pH 值各为多少。

比较上述实验结果，计算说明缓冲溶液的缓冲作用。

3. 盐的水解和影响水解平衡的因素

① 用 pH 试纸检测 0.1mol/L Na_3PO_4、Na_2HPO_4、NaH_2PO_4 溶液的酸碱性，说明原因。

② 将少量 $SnCl_2$、$Bi(NO_3)_3$、$FeCl_3$ 固体分别加入盛有少量蒸馏水的试管中，有何现象？用 pH 试纸检测溶液的酸碱性，滴加 1mol/L 的相应的酸（应分别使用什么酸？），沉淀是否溶解？将溶液分别加热，又有何现象？解释实验现象，写出有关方程式。

③ 取两支试管，1 支加 1mL 0.1mol/L $Al_2(SO_4)_3$ 溶液，另 1 支试管加 1mL 0.1mol/L $NaHCO_3$ 溶液．用 pH 试纸分别测试它们的 pH 值，写出它们水解方程式；然后将 $NaHCO_3$ 溶液倒入 $Al_2(SO_4)_3$ 溶液中．观察有何现象？写出方程式并加以说明。

4. 溶度积规则

① 沉淀的生成和溶解在 3 支试管中，分别加入几滴 0.1mol/L $CuSO_4$、$ZnSO_4$、$MnSO_4$ 溶液，滴加 0.1mol/L Na_2S，观察沉淀颜色，设计实验，比较硫化物溶解度的大小，写出具体实验步骤及相应反应方程式。

设法制取 CaC_2O_4 和 AgCl 沉淀，根据所给试剂，设计实验将它们溶解；写出具体实验步骤及相应反应方程式。

② 分步沉淀及沉淀转化 在试管中，加入 5 滴 0.1mol/L 的 NaCl 和 K_2CrO_4 溶液，边振荡边滴加 $AgNO_3$ 溶液，观察现象，离心分离，在沉淀中加入 2mol/L 的 NaCl 溶液，观察沉淀颜色的变化，写出相应反应方程式。

在盛有少量 0.1mol/L 的 $Pb(NO_3)_2$ 溶液的试管中，滴加 0.1mol/L 的 Na_2SO_4 溶液，观察现象，再滴加 0.1mol/L K_2CrO_4 溶液，观察沉淀颜色的改变，写出相应反应方程式。

5. 自拟实验

除去 $ZnSO_4$ 溶液中的 Fe^{3+}，并检验 Fe^{3+} 是否除尽。写出实验步骤及相应的方程式。

【思考题】

1. 分步沉淀适用于哪些混合离子体系？

2. 根据实验，说明实验室应如何配制 $SnCl_2$、$Bi(NO_3)_3$ 及 $FeCl_3$ 溶液？

实验 148　氧化-还原反应与电化学

【实验目的】

1. 实验电极电势与氧化-还原反应方向的关系。

2. 了解介质和反应物浓度对氧化-还原反应的影响。

【预习要点】

预习化学原理中氧化-还原有关内容。

【仪器与试剂】

离心机，毫安表，酸度计（pH-mV 计）等。

KI，KBr，$FeCl_3$，$CuSO_4$，$ZnSO_4$，$FeSO_4$，KIO_3，Na_2SO_3，$H_2C_2O_4$，HCl 均为 0.1mol/L；$KMnO_4$（0.01mol/L），Na_2SO_4（1mol/L），氨水（2mol/L），NaOH（2mol/L，6mol/L），CCl_4，浓磷酸，溴水，铜粒，锌粒，铁粒，H_2SO_4（2mol/L），$CuSO_4$（0.05mol/L），酚酞（0.2%）。

【实验步骤】

1. 电极电势的相对位置

① 往试管中加入 0.5mL 0.1mol/L 的 KI 溶液，滴加几滴 0.1mol/L 的 $FeCl_3$ 溶液，摇匀后，滴加 CCl_4，观察现象，写出反应方程式。

在 2 支试管中，一个用 KBr 代替 KI，另一个用溴水代替 $FeCl_3$ 溶液，做同样试验；根据试验结果，定性比较 Br_2/Br^-、I_2/I^-、Fe^{3+}/Fe^{2+} 电对的电极电势的相对高低，指出哪一个是最强的氧化剂，哪一个是最强的还原剂？

② 根据所给试剂设计一系列试验，比较锌、铜、铁在电位序中的相对位置。

2. 浓度对电极电势的影响

① 在 0.1mol/L 的 $FeCl_3$，溶液中，滴加浓磷酸，振荡并观察现象；再往溶液中滴加 0.1mol/L 的 KI 溶液，混匀后，加入 CCl_4，观察有无变化？与实验步骤 1.① 比较。

② 在 50mL 烧杯中加入 25mL 0.1mol/L $ZnSO_4$ 溶液，插入饱和甘汞电极和用砂纸打磨过的锌电极，组成原电池。将甘汞电极与 pH 计的"＋"极相连，锌电极与"－"极相接。将 pH 计的 pH-mV 开关扳向"mV"挡，量程开关扳向 0～7，用零点调节器调零点，将量程开关扳到 7～14，按下读数开关，测定原电池的电动势 E（electromotive force，EMF）（Ⅰ）。已知饱和甘汞电极的 $\varphi^{\ominus} = 0.2415V$，计算 $\varphi_{Zn^{2+}/Zn}$（虽然本实验所用的 $ZnSO_4$ 溶液浓度 0.1mol/L，但温度、活度因子等因素会影响所测数值）。

在另 1 个 50mL 烧杯中，加入 25mL 0.005mol/L $CuSO_4$ 溶液，插入铜电极，与（Ⅰ）中的锌电极组成原电池，两烧杯间用饱和 KCl 盐桥连接，将铜电极接"＋"极，锌电极接"－"极，用 pH 计测定原电池的电动势 E(Ⅱ)，计算 $\varphi_{Cu^{2+}/Cu}$ 和 $\varphi^{\ominus}_{Cu^{2+}/Cu}$。

向 0.005mol/L $CuSO_4$ 溶液中滴入过量 2mol/L 氨水至生成深蓝色透明溶液，再测定原电池的电动势 E(Ⅲ)，计算 $\varphi_{[Cu(NH_3)_4]^{2+}/Cu}$。

比较两次测得的铜-锌原电池的电动势和铜电极电极电势的大小，你能得出什么结论？

从以上实验，总结浓度对电极电势的影响。

3. 酸度对电极电势的影响

① 在 3 支试管中，均加入 2 滴 0.01mol/L 的 $KMnO_4$ 溶液，再分别加入 0.5mL 2mol/L 的 H_2SO_4、水以及 6mol/L 的 NaOH 溶液，然后在 3 支试管中逐滴滴加 0.1mol/L 的 Na_2SO_3 溶液，观察 3 支试管中的反应体系颜色变化，写出反应方程式。

② 溶液 pH 对氧化-还原反应方向的影响　将 0.1mol/L 的 KIO_3 溶液与，0.1mol/L 的 KI 溶液混合，观察有无变化。再滴入几滴 2mol/L 的 H_2SO_4 溶液，观察有何变化。再加入 2mol/L 的 NaOH 溶液使溶液呈碱性，观察又有何变化。写出反应方程式并解释之。

通过以上实验，总结酸度对电极电势的影响。

4. 温度对氧化-还原反应速率的影响

在 A、B 两支试管中各加入 1mL 0.01mol/L 的 $KMnO_4$ 溶液和 3 滴 2mol/L H_2SO_4 溶液；在 C、D 两支试管中各加入 1mL 0.1mol/L 的 $H_2C_2O_4$ 溶液。将 A、C 两试管放在水浴

中加热几分钟后取出，同时将 A 中溶液倒入 C 中，将 B 中溶液倒入 D 中，观察 C、D 两试管中的溶液哪一个先褪色，并解释之。

5. 电解

在点滴板上的凹穴中，加入 1mol/L 的 Na_2SO_4 溶液，将电池两极用导线连接，插入凹穴溶液中，滴入 1 滴酚酞，几分钟后观察现象，写出电解反应式。

6. 金属的腐蚀

取 2 支试管，各加入 2～3mL 0.1mol/L HCl 溶液，然后分别加入一粒大小相近的纯锌和粗锌，观察气泡产生情况。比较它们腐蚀速度的快慢。

再取一根铜丝，插入上述盛有纯锌粒的试管中，观察铜丝与锌粒未接触时以及接触时情况有何不同。

【思考题】

1. 通过实验，总结哪些因素影响电极电势？怎样影响？

2. 按照平衡电极电势的概念，本实验某部分内容的设计与操作可能存在一些不当。你发现了吗？该当如何改进？写出你的改进方案。

3. 如何将化学反应设计为原电池，使化学能转变为电能？

实验 149　卤　　素

【实验目的】

1. 试验和掌握卤素的氧化性和卤素离子的还原性。

2. 学习氯气、次氯酸盐和氯酸盐的氧化性。

3. 了解氯、溴和氯酸钾的安全操作。

4. 学习卤素离子的分离和鉴定方法。

【预习要点】

1. 预习《元素无机化学》卤素单质及其有关化合物的性质。

2. 预习有关卤素单质和化合物使用的安全知识。

【仪器与试剂】

离心机等。NaCl，KBr，KI，$Na_2S_2O_3$，$NaHSO_3$，KIO_3，$MnSO_4$，$AgNO_3$，$BaCl_2$ 均为 0.1mol/L；H_2SO_4（浓，3mol/L），HCl（浓，2mol/L），NaOH(2mol/L)，氯水，溴水，碘水，硫代乙酰胺(thioacetamide)【62-55-5】水溶液（5％），CCl_4，品红(fuchsine)【632-99-5】溶液，NaClO 溶液，KI(s)，KBr(s)，NaCl(s)，MnO_2(s)，$KClO_3$(s)，CaF_2(s)，HNO_3(6mol/L)，淀粉溶液，透明胶带。醋酸铅试纸，KI-淀粉试纸。

【实验步骤】

1. 卤素单质在水中的溶解性

在三支试管中分别加入氯水，溴水，碘水各 1mL，再沿试管壁分别滴入 CCl_4 各 0.5mL，观察有机相和水相的颜色。充分振荡后，再观察有机相和水相的颜色有何变化，并比较卤素单质在水中和 CCl_4 中的溶解性。

2. 卤素单质的歧化

在一试管中加入 0.5mL 溴水，0.5mL CCl_4 和几滴 2mol/L 的 NaOH 溶液，充分振荡后，观察现象，写出反应方程式。

在一试管中加入 0.5mL 碘水，0.5mL CCl_4 和几滴 2mol/L 的 NaOH 溶液，充分振荡后，观察现象，写出反应方程式。

3. 卤素单质氧化能力比较

向两支试管中分别加入 0.5mL 0.1mol/L KI 溶液，0.5mL CCl_4，然后向其中一支试管中逐滴滴入氯水，另一支试管中逐滴滴入溴水，边滴加边振荡。观察 CCl_4 层呈现的颜色，并写出反应方程式。

取一支试管，分别加入 0.5mL 0.1mol/L KBr 溶液和 0.5mL CCl_4，再滴加少量氯水，充分振荡后，观察 CCl_4 层中颜色。

取一支试管，加入 0.5mL 0.1mol/L KBr 溶液和 2 滴 0.1mol/L KI 溶液，再加入 0.5mL CCl_4，然后逐滴滴入氯水，边滴加边振荡。仔细观察 CCl_4 层的颜色。氯水过量后，又有何变化，写出与之相关的反应方程式。

取两支试管，各加入碘水数滴，然后分别滴加 0.1mol/L 的 $Na_2S_2O_3$ 溶液和硫代乙酰胺❶水溶液，观察现象。

取两支试管，各加入氯水数滴，然后分别滴加 0.1mol/L 的 $Na_2S_2O_3$ 溶液和硫代乙酰胺水溶液，观察现象。设法检验产物。

根据以上实验结果，比较卤素氧化能力的相对大小。

4. 卤化氢的制备及其还原性

往盛有少量 KI 固体的试管中加入 0.5mL 浓硫酸，观察反应物的颜色和状态。把湿的醋酸铅试纸放在管口以检验气体产物。反应式如下：

$$8KI + 9H_2SO_4 =\!=\!= 8KHSO_4 + H_2S\uparrow + 4I_2 + 4H_2O$$
$$H_2S + Pb(Ac)_2 =\!=\!= PbS\downarrow + 2HAc$$

往盛有少量 KBr 固体的试管中加入 0.5mL 浓硫酸，观察反应物的颜色和状态。把湿的 KI-淀粉试纸放在管口以检验气体产物。反应式：

$$2KBr + 3H_2SO_4 =\!=\!= 2KHSO_4 + SO_2\uparrow + Br_2 + 2H_2O$$
$$Br_2 + 2KI =\!=\!= I_2 + 2HBr$$

往盛有少量 NaCl 固体的试管中加入 0.5mL 浓硫酸，观察反应物的颜色和状态。把湿的 KI-淀粉试纸放在管口，检验气体产物。写出相应的反应方程式。

往盛有少量 NaCl 和 MnO_2 固体混合物的试管中加入 1mL 浓硫酸，稍加热，观察现象。从气体的颜色和气味来判断反应产物。写出相应的反应方程式。

在一块玻璃片上粘贴一层宽透明胶带，用小刀用力在胶带上写字或画画（字迹必须穿透胶带），然后在刻字或画画的地方涂一层糊状的 CaF_2，把玻璃片放在通风橱内，在 CaF_2 层上滴浓硫酸，放置 3h 后，用水洗去剩余物并用小刀刮去胶带，观察玻璃片表面有无变化。

通过以上几组实验，说明氯、溴、碘离子的还原性的相对强弱。

5. 卤素含氧酸盐的性质

① 氯酸钾的氧化性。取一支试管，加入少量 $KClO_3$ 晶体，然后加入约 0.5mL 浓盐酸溶液，观察产生的气体颜色。反应式：

$$8KClO_3 + 24HCl =\!=\!= 9Cl_2 + 8KCl + 6ClO_2❷（黄）+ 12H_2O$$

取一支试管，加入少量 $KClO_3$ 晶体，再加入约 1mL 水使之溶解（中性介质），然后加 5 滴 0.1mol/L KI 溶液和 0.5mL CCl_4，摇动试管，观察水溶液层或 CCl_4 层颜色有何变化。再加入 1mL 3mol/L 的 H_2SO_4 后（酸性介质），摇动试管，观察水溶液层或 CCl_4 层颜色有何变化，写出反应式。

② 碘酸钾的氧化性。在试管中加入 0.5mL 0.1mol/L KIO_3 溶液，5 滴 3mol/L H_2SO_4 和 5 滴可溶性淀粉溶液，再滴加 0.1mol/L $NaHSO_3$，边滴加边振荡，观察现象。写出反应式。

---

❶　参见本书 2.2.4 中均匀沉淀部分。硫代乙酰胺常作为 H_2S 的前驱体使用。在水溶液中，特别是有 H^+ 存在时，水解产生 H_2S。常温尤其是 <15℃ 时，水解较慢，此时可水浴加热促进 H_2S 产生。

❷　chlorin dioxide【10049-04-4】。室温为赤黄色气体，具有与氯、硝酸相似的刺激性气味。熔点 -59.5℃。沸点 10℃。液态时呈红棕色，密度 3.09g/L（11℃）。固态系赤黄色晶体。有毒。具爆炸性、腐蚀性。溶于水同时水解为亚氯酸（$HClO_2$）和氯酸，溶于碱溶液生成亚氯酸盐和氯酸盐。对热不稳定。见光分解。能被硫酸溶液吸收。

6. 次氯酸盐的氧化性

① 次氯酸盐与浓盐酸的反应。取 NaClO 溶液 0.5mL，加入浓盐酸约 0.5mL，观察氯气的产生。写出反应式。

② 次氯酸盐与 $MnSO_4$ 溶液的反应。取 NaClO 溶液约 1mL，加入 4～5 滴 0.1mol/L $MnSO_4$ 溶液，观察棕色 MnO_2 沉淀的生成。写出反应式。

③ 次氯酸盐与 KI 溶液的反应。取约 0.5mL KI 溶液，慢慢滴加 NaClO 溶液，加酸酸化，观察 I_2 的生成。写出反应式。

④ 次氯酸盐与品红溶液的反应。取约 0.5mL 品红溶液，滴加 NaClO 溶液，观察品红褪色。

7. 卤素离子的鉴定

取 3 支试管，向第 1 支试管中加入 0.1mol/L NaCl 10 滴，向第 2 支试管中加入 0.1mol/L KBr 10 滴，向第 3 支试管中加入 0.1mol/L KI 10 滴，分别用 6mol/L 的 HNO_3 酸化，再各滴加 0.1mol/L $AgNO_3$ 溶液几滴，观察现象，并根据沉淀的颜色判断每一试管中的卤素离子，写出反应式。

【注意事项】

1. 溴水有较强的腐蚀性，应避免与皮肤接触。溴蒸气对气管、肺、眼、鼻、喉等都有很强的刺激作用，所以，进行有溴产生的实验时，用量应尽可能少并且应有吸收装置，或在通风橱内进行。

2. HF 气体有剧毒和强腐蚀性，人体吸入会引起中毒。故有 HF 气体产生的实验应在通风橱内进行。氢氟酸能灼伤皮肤，故移取氢氟酸溶液时，应带橡皮手套进行操作。

3. 氯气是有强烈刺激性气味且剧毒的气体，它被人体吸入后，会刺激呼吸系统，进行氯气有关的实验时，用量应尽可能少并且应有吸收装置，或在通风橱内进行。

【思考题】

1. 卤素在极性溶剂（例如水）和非极性溶剂（如 CCl_4）中的溶解情况如何？它们在极性溶剂和非极性溶剂中的颜色是否相同？

2. 在进行碘酸钾的氧化性实验时，如在试管中先加入 $NaHSO_3$ 溶液和其他试剂，然后再加入 KIO_3 溶液，实验现象有何不同？为什么？

3. 能否用 KBr、KI 固体分别与浓 H_2SO_4 反应来制备 HBr 气体和 HI 气体？

4. 用 $AgNO_3$ 鉴定卤素离子时，为什么要加入稀 HNO_3？向未知试液中加入 $AgNO_3$ 试剂，若无沉淀生成，能否证明其中不存在卤素离子？若有沉淀生成，能否确定其中必有卤离子？

实验 150　过氧化氢与硫的化合物

【实验目的】

1. 掌握过氧化氢的化学性质。

2. 掌握硫化氢、硫代酸盐的还原性，二氧化硫的氧化-还原性。

3. 掌握硫的含氧酸及其盐的性质。

4. 实验并了解重金属硫化物的难溶性。

5. 掌握硫的含氧化合物离子的鉴定方法。

【预习要点】

预习有关过氧化氢、硫化氢、硫代酸盐、硫的含氧酸及其盐的性质。

【仪器与试剂】

$K_2Cr_2O_7$，$AgNO_3$，$FeSO_4$，$Hg(NO_3)_2$，$BaCl_2$，$Na_2S_2O_3$，Na_2SO_3，KI，Na_2SO_4，$MnSO_4$，$Pb(NO_3)_2$，Na_2S 均为 0.1mol/L；$KMnO_4$（0.01mol/L），H_2SO_4（1mol/L，

2mol/L，浓），HCl（1mol/L，6mol/L，浓），HNO_3（6mol/L，浓），NaOH（2mol/L，40%），$NH_3 \cdot H_2O$（2mol/L），$CuSO_4$（s，0.1mol/L），H_2O_2（3%，30%），硫代乙酰胺（5%），Na_2O_2（s），碘水，氯水，品红溶液，无水乙醇，乙醚，淀粉（1%），pH试纸，$Pb(Ac)_2$试纸，三氧化二铁（s），Fe(s)，Cu(s)，$K_2S_2O_8$（s），蔗糖。

【实验步骤】

1. 过氧化氢的制备和性质

① 过氧化氢的制备。取少量 Na_2O_2(s) 于试管中，加入少量蒸馏水溶解后放入冰水中冷却，并加以搅拌，检验溶液的酸碱性。再向试管中滴加用冰水冷却过的 1mol/L 的 H_2SO_4，至溶液呈酸性为止（目的是什么？）写出化学反应式。

② 过氧化氢的鉴定。取以上制得的 H_2O_2 溶液，加入约 0.5mL 乙醚，并加入少量 1mol/L 的 H_2SO_4 酸化，再加入 2~3 滴 0.1mol/L 的 $K_2Cr_2O_7$ 溶液，振荡试管，观察水层和乙醚层颜色的变化，写出化学反应式。

③ 过氧化氢的性质。

a. 酸性 在一试管中加入少量 40% 的 NaOH 溶液，滴加约 1mL 30% 的 H_2O_2，1mL 无水乙醇，振动试管，观察现象，写出化学反应式。

b. 氧化性 取少量 3% H_2O_2 溶液，以 1mol/L 的 H_2SO_4 酸化，滴加 0.1mol/L 的 KI 溶液，观察现象，写出化学反应式。

在少量 0.1mol/L 的 $Pb(NO_3)_2$ 溶液中滴加硫代乙酰胺溶液，离心分离后弃去清液，往沉淀中逐滴滴加 3% H_2O_2 溶液，并用玻璃棒搅拌溶液，观察现象，写出化学反应式。

c. 还原性 取少量 3% H_2O_2 溶液，以 1mol/L 的 H_2SO_4 酸化，滴加数滴 0.01mol/L 的 $KMnO_4$ 溶液，观察现象，写出化学反应式。

在少量 0.1mol/L 的 $AgNO_3$ 溶液中滴加 2mol/L 的 NaOH 溶液至棕色沉淀生成，再滴加少量 3% H_2O_2 溶液，观察现象。另取 0.1mol/L 的 $AgNO_3$ 溶液，加入少量 3% H_2O_2 溶液，现象有何不同？试解释之，并写出化学反应式。

④ 介质酸碱性对 H_2O_2 性质的影响。在 3% H_2O_2 溶液中加入 2mol/L 的 NaOH 溶液数滴，再加入 0.1mol/L 的 $MnSO_4$ 溶液数滴，观察现象，写出化学反应式。溶液静止后倾去清液，向沉淀中加入少量 1mol/L 的 H_2SO_4 溶液后，滴加 3% H_2O_2，现象又有何不同？写出化学反应式并予以解释。

⑤ 过氧化氢的动力学稳定性。加热约 2mL 3% 的 H_2O_2 溶液，有什么现象发生？写出化学反应式。

在少量 3% 的 H_2O_2 溶液中分别加入少量铁粉、三氧化二铁，观察现象，比较结果之不同，揭示其内在原因。写出化学反应式。

通过以上实验，简单总结 H_2O_2 的化学性质及实验室保存方法。

2. 硫化氢的性质

向两支试管中分别加入 0.01mol/L 的 $KMnO_4$ 和 0.1mol/L 的 K_2CrO_7 溶液，用稀 H_2SO_4 酸化，分别滴加饱和 H_2S 水溶液，观察溶液颜色变化及白色硫沉淀的析出，写出化学反应式。

3. 难溶硫化物的生成与溶解

向 4 支离心试管中分别加入 0.1mol/L 的 $FeSO_4$ 溶液、0.1mol/L 的 $Pb(NO_3)_2$ 溶液、0.1mol/L 的 $CuSO_4$ 溶液、0.1mol/L 的 $Hg(NO_3)_2$ 溶液，再分别加入 5% 的硫代乙酰胺水溶液，观察产生沉淀的颜色❶，写出化学反应式。分别将沉淀离心分离，弃去清液，进行如下操作。

往 FeS 沉淀中加入 1mol/L 的 HCl，沉淀是否溶解？再加 2mol/L 的 $NH_3 \cdot H_2O$ 以中和

---

❶ 若沉淀生成较慢，可用水浴加热，至 60~70℃。

HCl，观察 FeS 沉淀能否重新生成？写出化学反应式。

往 PbS 沉淀中加入 6mol/L 的 HCl，沉淀是否溶解？如不溶解离心分离，弃去清液，再往沉淀中加入 6mol/L 的 HNO$_3$，再观察沉淀是否溶解？写出化学反应式。

往 CuS 沉淀中加入 1mol/L 的 HCl，沉淀是否溶解？如不溶解离心分离，弃去清液，再往沉淀中加入 6mol/L 的 HNO$_3$，并在水浴中加热，再观察沉淀是否溶解？写出化学反应式。

用蒸馏水把 HgS 沉淀洗净，离心分离，弃去清液，加入 0.5mL 浓 HNO$_3$，沉淀是否溶解？如不溶解，再加入 3 倍于浓 HNO$_3$ 体积的浓 HCl，搅拌，观察有现象？写出化学反应式。

4. 二氧化硫的制备和性质

取一带支管的试管，加入 2g NaHSO$_3$ 固体，再注入约 4mL 的浓硫酸，用塞子塞住试管口。检验试管支管口生成气体的酸碱性。然后再把气体分别导入盛有 0.5mL 5% 的硫代乙酰胺水溶液、5 滴 0.01mol/L KMnO$_4$ 和 0.5mL 1mol/L 的 H$_2$SO$_4$ 的混合溶液、1mL 的品红溶液的试管中。观察现象，写出反应方程式。

5. 硫的含氧酸及其盐

① 亚硫酸及其盐的性质。在 0.1mol/L 的 Na$_2$SO$_3$ 溶液中，加入 2mol/L 的 H$_2$SO$_4$ 使溶液呈酸性，观察现象。分别将湿润的 pH 试纸和品红试纸伸入试管内，观察现象。然后在溶液中滴加数滴 0.01mol/L 的 KMnO$_4$ 水溶液，观察现象。

② 硫酸的性质。在一试管中加入 5mL 浓硫酸，然后加入少量 CuSO$_4$·5H$_2$O 晶体，放置几分钟后观察现象，并解释之。

取两支试管，分别加入 1mol/L 的 H$_2$SO$_4$ 溶液和 2mL 浓硫酸，然后分别投入一小块铜片，观察现象并比较两反应有何不同？加热后现象如何？

在一试管中加入少许蔗糖，滴加浓硫酸，观察现象。

③ 硫代硫酸钠的性质。向盛有 0.5mL 0.1mol/L Na$_2$S$_2$O$_3$ 溶液的试管中滴加碘水，观察现象，写出反应方程式。

向盛有 0.5mL 0.1mol/L Na$_2$S$_2$O$_3$ 溶液的试管中滴加数滴氯水，设法检验反应中生成的 SO$_4^{2-}$。写出反应方程式。

向 0.5mL 0.1mol/L Na$_2$S$_2$O$_3$ 溶液中滴加 1mol/L 的 HCl 溶液，微热，观察现象，写出反应方程式。

在一试管中加入 5 滴 0.1mol/L 的 AgNO$_3$ 溶液，逐滴加入 Na$_2$S$_2$O$_3$ 溶液至过量，观察现象，写出反应方程式。

④ 过二硫酸盐的氧化性。把 2mL 1mol/L 的 H$_2$SO$_4$ 和 2mL 水、1 滴 0.1mol/L 的 MnSO$_4$ 溶液混合均匀，分成两份；在第一份中加 1 滴 0.1mol/L 的 AgNO$_3$ 溶液和少量 K$_2$S$_2$O$_8$ 固体，水浴加热，观察溶液颜色有何变化？在第二份中只加少量固体 K$_2$S$_2$O$_8$，水浴加热，观察溶液颜色有何变化。比较这两支试管中反应情况有何不同，并解释之。写出反应方程式。

向盛有 0.5mL 0.1mol/L KI 溶液和 1mL 1mol/L H$_2$SO$_4$ 的试管中加入少量固体 K$_2$S$_2$O$_8$，观察溶液颜色有何变化，写出反应方程式。

6. 几种离子的鉴定

① S^{2-} 的鉴定。取一只试管，加入 0.5mL 0.1mol/L Na$_2$S 溶液，再加入 1mL 1mol/L HCl，将湿 Pb(Ac)$_2$ 试纸靠近试管口，微热，试纸变黑，表明有 S^{2-} 存在。

② SO$_3^{2-}$ 的鉴定。取一只试管，加 2 滴 1mol/L H$_2$SO$_4$ 和 1 滴碘水、1 滴淀粉溶液，然后滴加 0.1mol/L Na$_2$SO$_3$ 溶液，蓝色消失表明有 SO$_3^{2-}$ 存在。

③ $S_2O_3^{2-}$ 的鉴定。向盛有 5 滴 0.1mol/L $Na_2S_2O_3$ 溶液的试管中滴加 5 滴 0.1mol/L $AgNO_3$ 溶液，观察沉淀颜色由白→黄→棕→黑的变化，这是 $S_2O_3^{2-}$ 的特征反应。

④ SO_4^{2-} 的鉴定。向一试管中加入 5 滴 0.1mol/L Na_2SO_4 溶液，再滴加 0.1mol/L $BaCl_2$ 溶液，有白色沉淀生成。用滴管吸去上层清夜，往沉淀中加 1mol/L 的 HCl 0.5mL，并加热，白色沉淀不溶解表明有 SO_4^{2-}。

【思考题】

1. 在水溶液中，$Na_2S_2O_3$ 和 $AgNO_3$ 反应，为什么有时生成 Ag_2S 沉淀，有时却生成 $Ag(S_2O_3)_2^{3-}$ 配离子？

2. 长期放置 H_2S、Na_2SO_3 和 Na_2S 溶液会产生什么变化？

3. 用一简便的方法区分固体 Na_2S、Na_2SO_3、Na_2SO_4、$Na_2S_2O_3$、$K_2S_2O_8$。

4. 在实验室如何制备 H_2O_2 和 $Na_2O_2 \cdot 8H_2O$？反应条件如何？

5. 为什么 H_2O_2 既可作氧化剂又可作还原剂？什么条件下 H_2O_2 可将 Mn^{2+} 氧化为 MnO_2？在什么条件下 MnO_2 又能将 H_2O_2 氧化而产生 O_2？

实验 151　铬和锰的化合物

【实验目的】

1. 试验并掌握铬和锰的各种主要氧化态化合物的生成和性质。

2. 试验并掌握铬和锰的各种氧化态间的转化条件。

【预习要点】

预习《元素无机化学》中铬和锰的有关内容。

【仪器与试剂】

离心机等。

$Cr_2(SO_4)_3$，$BaCl_2$，$MnSO_4$，Na_2S，$AgNO_3$，$Pb(NO)_3$，Na_2SO_3，K_2CrO_4，$FeSO_4$，$K_2Cr_2O_7$ 均为 0.1mol/L；HCl（2mol/L，浓），HNO_3（2mol/L），NaOH（2mol/L，6mol/L），NH_4Cl（饱和），$KMnO_4$（s，0.1mol/L），H_2SO_4（2mol/L，浓），H_2O_2（3%），$NH_3 \cdot H_2O$（2mol/L），MnO_2（s），$NaBiO_3$（s），$(NH_4)_2Cr_2O_7$（s），$KMnO_4$（s），Na_2SO_3（s），$PbAc_2$（s），$K_2Cr_2O_7$（s），CrO_3（s），$Ca(OH)_2$（s），酒精，乙醚，溴水。

【实验步骤】

1. Cr（Ⅲ）化合物的性质

① 铬（Ⅲ）的水解作用。往盛有 0.5mL 左右的 0.1mol/L 硫酸铬溶液中加入 0.1mol/L Na_2S，观察产物的颜色和状态，并设法证明产物是 $Cr(OH)_3$ 而不是 Cr_2S_3。写出反应方程式，解释上述现象。

② 铬（Ⅲ）的还原性。往盛有 0.5mL 左右的 0.1mol/L 硫酸铬溶液中加入过量的 2mol/L NaOH 溶液，直至沉淀溶解为止。往清液中逐滴加入 3% H_2O_2 溶液，微热，溶液的颜色有何变化？写出反应方程式。如果再用 2mol/L H_2SO_4 酸化该溶液（必要时可再加入数滴 H_2O_2 溶液），溶液的颜色又有何变化？由此说明酸碱介质对此反应的影响。

③ 氢氧化铬（Ⅲ）的酸碱性。往分别盛有 0.5mL 左右的 0.1mol/L 硫酸铬溶液的两支试管中滴加 2mol/L $NH_3 \cdot H_2O$ 至沉淀完全。观察产物的颜色。离心分离，弃去清液，即得到两份沉淀。往一份沉淀上加 2mol/L HCl，有何变化？往另一份沉淀上加 2mol/L NaOH，沉淀是否溶解？把所得到的溶液煮沸，又有何变化？写出反应方程式，解释上述现象。

2. Cr（Ⅳ）化合物的性质

① 三氧化铬的生成和性质。在离心管中加入 2mL 饱和 K_2CrO_4 溶液，放在冰水中冷

却，慢慢加入浓硫酸。观察红色 CrO_3 晶体的生成。

取米粒大小 CrO_3 固体一粒于点滴板凹穴中，往晶体上加几滴酒精。由于猛烈反应后而发生燃烧。反应式：

$$4CrO_3 + C_2H_5OH === 2Cr_2O_3 + 2CO_2\uparrow + 3H_2O$$

② 重铬酸钾的氧化性。往盛有 0.5mL 的 0.1mol/L 重铬酸钾溶液中加入 0.5mL 2mol/L H_2SO_4 溶液，然后把溶液分成两份。往一份溶液中加入 0.5mL 0.1mol/L $FeSO_4$ 溶液，往另一份溶液中加 Na_2SO_3 固体，溶液的颜色有何变化？写出反应方程式。

③ 微溶性铬酸盐的生成及溶解。在三支试管中加入少量 0.1mol/L K_2CrO_4 溶液，再分别加入 0.1mol/L 的 $AgNO_3$、$BaCl_2$、$Pb(NO)_3$ 溶液。观察溶液的颜色和状态。写出反应式，并试验这些铬酸盐沉淀能溶于什么酸中。

以 $K_2Cr_2O_7$ 溶液代替 K_2CrO_4 溶液，作同样的试验，有什么现象？试用 CrO_4^{2-} 与 $Cr_2O_7^{2-}$ 间的平衡关系说明这一实验结果，并写出反应方程式。

④ 过氧化铬的生成和分解。在少量 0.1mol/L $K_2Cr_2O_7$ 溶液中，加入稀 H_2SO_4 酸化，再加入少量乙醚，然后滴入 3% H_2O_2 溶液，摇匀，观察由于生成过氧化铬 CrO_5 溶于乙醚而呈现蓝色。但不稳定，慢慢分解，乙醚层蓝色逐渐褪去。反应式：

$$Cr_2O_7^{2-} + 4H_2O_2 + 2H^+ === 2CrO_5 + 2CO_2 + 5H_2O$$
$$CrO_5 + 2H^+ \longrightarrow Cr^{3+} + 2O_2\uparrow + H_2O$$

⑤ 重铬酸铵的热分解。取少量（约 50mg）研细的 $(NH_4)_2Cr_2O_7$，堆放在石棉网中央成小丘状，用酒精灯在其下面加热，观察反应现象与产物颜色，写出反应式。

⑥ CrO_4^{2-} 与 $Cr_2O_7^{2-}$ 在溶液中的平衡和转化。往盛有 0.5mL 0.1mol/L $K_2Cr_2O_7$ 溶液中滴加入 2mol/L NaOH 溶液，溶液的颜色有何变化？

再往盛有 0.5mL 0.1mol/L $K_2Cr_2O_7$ 溶液中滴加 2mol/L H_2SO_4 溶液，溶液的颜色有何变化？再滴加 2mol/L NaOH 溶液，溶液的颜色有何变化？写出反应方程式。

3. 棉布的无机"染色"

在一只小烧杯中，用 25mL 蒸馏水溶解 2.5g K_2CrO_4，在另一只小烧杯中，用 25mL 蒸馏水溶解 2.5g 醋酸铅。

取一块白棉布，先浸于 $PbAc_2$ 溶液中，然后取出并挤出多余的液体，再将棉布浸于 K_2CrO_4 溶液中，则在棉布上有黄色的 $PbCrO_4$ 沉淀生成。

将沉积有 $PbCrO_4$ 的棉布迅速通过煮沸的氢氧化钙液，则棉布的颜色变为橘黄色。这是由于碱式 $PbCrO_4$ 生成之故。反应式：

$$K_2CrO_4 + PbAc_2 === 2KAc + PbCrO_4$$
$$PbCrO_4 + Ca(OH)_2 === CaCrO_4 + Pb_2(OH)_2CrO_4$$

4. 锰的化合物

① $Mn(OH)_2$ 的生成和性质。在四支试管中分别加入 0.1mol/L $MnSO_4$ 溶液，把 2mol/L 的 NaOH 溶液在液面下缓缓滴入，制得 $Mn(OH)_2$ 沉淀，注意观察产物的颜色。将其中一支试管振荡，使沉淀与空气接触，观察沉淀颜色的变化，其余三支试管分别加 2mol/L 的 HCl 溶液，2mol/L 的 NaOH 溶液和饱和 NH_4Cl 溶液，观察沉淀是否溶解。写出反应式。

② $Mn(II)$ 氧化。在 3mL 2mol/L 的 HNO_3 中加入少量 0.1mol/L $MnSO_4$ 溶液，1 滴 $AgNO_3$ 溶液，再加入少量 $NaBiO_3$ 固体，水浴加热，观察紫红色 MnO_4^- 生成，写出反应式。

在 6mol/L 的 NaOH 和溴水的混合溶液中，滴加 0.1mol/L $MnSO_4$ 溶液，观察现象，写出反应式。

取少量 $KMnO_4$ 溶液于试管中，逐滴加入 0.1mol/L $MnSO_4$ 溶液，观察产物的生成。写出反应式。

③ Mn(Ⅳ)化合物的性质。在试管加入少量 MnO_2 粉末和约 5mL 2mol/L H_2SO_4 溶液，然后加入 1mol/L 的 Na_2SO_3 溶液，不断摇动试管。观察现象，写出反应式。

取少量 MnO_2 固体于试管中，加入 2mL 浓盐酸，观察反应产物的颜色和状态。把此溶液加热，颜色有何变化？有何气体产生？说明 $MnCl_2$ 的不稳定性。反应式：

$$MnO_2 + 4HCl \longrightarrow MnCl_4 + 2H_2O$$
$$MnCl_4 \longrightarrow MnCl_2 + Cl_2\uparrow$$

④ Mn(Ⅶ)化合物的性质。

a. $KMnO_4$ 的氧化性 取少量 $KMnO_4$ 固体于试管中，加热，观察现象，检验放出的气体，继续加热至无气体放出，将产物冷却后加水，观察现象，写出反应式。

取少量 0.1mol/L 的 $KMnO_4$ 于三支试管中，再分别向其中加入稀 H_2SO_4 溶液、6mol/L NaOH 溶液和蒸馏水，然后加入少量 0.1mol/L Na_2SO_3 溶液。观察反应现象、比较它们的产物有何不同？写出离子反应式。

b. Mn_2O_7 的生成和性质 取绿豆大小的 $KMnO_4$ 固体于干燥试管中，小心缓慢地加入数滴冷却过的浓硫酸，振荡，观察现象。用玻璃棒蘸取上述混合物，去碰酒精灯的灯芯，观察现象。在浓硫酸中加入少量 $KMnO_4$ 固体，生成含 MnO_3^+ 的亮绿色溶液；若加入较大量的 $KMnO_4$ 固体，则生成棕色油状物 Mn_2O_7。将该棕色油状物分为两份，一份放入蒸发皿中，再加入几滴 95％酒精，观察到什么现象？另一份微热，观察有什么物质生成。后者稍受热即产生爆炸性分解，且遇有机物易燃烧，溶于水则成为紫色高锰酸，写出反应式。说明上述现象。

$$2KMnO_4 + H_2SO_4(浓) \longrightarrow Mn_2O_7 + K_2SO_4 + H_2O$$

注意本实验中取用 $KMnO_4$ 固体量一定要少，否则会引起爆炸。

【思考题】

1. 怎样实现 $Cr^{3+} \rightleftharpoons CrO_4^{2-}$，$CrO_4^{2-} \rightleftharpoons Cr_2O_7^{2-}$，$MnO_2 \rightleftharpoons MnO_4^{2-}$，$MnO_4^{2-} \rightleftharpoons MnO_4^-$，$MnO_4^- \rightleftharpoons Mn^{2+}$ 等氧化态之间的互相转化？主要途径和条件是什么？

2. 如何分离 Cr^{3+} 与 Al^{3+}，Mn^{2+} 与 Mg^{2+}？

实验 152 ⅠB 和 ⅡB 元素性质

【实验目的】

1. 试验铜、银、锌、镉、汞的氢氧化物、氨配合物及硫化物的生成和性质。
2. 试验并掌握 Cu(Ⅰ) 与 Cu(Ⅱ)、Hg(Ⅰ) 与 Hg(Ⅱ) 的相互转化。
3. 掌握相关金属离子的鉴定方法。

【预习要点】

预习铜、锌分族的有关内容。

【仪器与试剂】

离心机等。$AgNO_3$，$CuSO_4$，$CdSO_4$，$CoCl_2$，$Hg(NO_3)_2$，NaCl，KBr，$Na_2S_2O_3$，$HgCl_2$，$ZnSO_4$，$SnCl_2$，$K_4[Fe(CN)_6]$，KSCN 均为 0.1mol/L；$CuCl_2$(0.1mol/L，1mol/L)，KSCN(1mol/L)，KI(0.1mol/L，2mol/L)，HCl(2mol/L，6mol/L，浓)，H_2SO_4(1mol/L)，HNO_3(2mol/L，6mol/L，浓)，NaOH(2mol/L，6mol/L，40％)，$NH_3\cdot H_2O$(2mol/L，6mol/L，浓)，HAc(2mol/L)，硫代乙酰胺（5％），葡萄糖（10％），铜屑，汞，$NH_4Cl(s)$，$NaCl(s)$。

【实验步骤】

1. Cu^{2+}、Ag^+、Zn^{2+}、Cd^{2+}、Hg^{2+} 与 NaOH 的反应

分别取浓度为 0.1mol/L 的 $CuSO_4$、$AgNO_3$、$ZnSO_4$、$CdSO_4$、$Hg(NO_3)_2$ 溶液于试管

中，依次加入 2mol/L NaOH 溶液，观察沉淀的颜色和形态，再试验这些沉淀与酸、碱的作用。

列表比较 Cu^{2+}、Ag^+、Zn^{2+}、Cd^{2+}、Hg^{2+} 与 NaOH 反应的产物及产物的性质有何不同。

再取一支试管，加入 0.1mol/L 的 $CuSO_4$ 1mL，然后滴加 2mol/L NaOH，加热，有何现象？写出反应式。

2. Cu^{2+}、Ag^+、Zn^{2+}、Cd^{2+}、Hg^{2+} 与氨的反应

分别取浓度为 0.1mol/L 的 $CuSO_4$、$AgNO_3$、$ZnSO_4$、$CdSO_4$、$Hg(NO_3)_2$ 溶液于试管中，依次加入 2mol/L $NH_3 \cdot H_2O$ 溶液，观察所生成产物的颜色及形态，加入过量氨水又发生什么变化？写出反应式。

3. Cu^{2+}、Ag^+、Zn^{2+}、Cd^{2+}、Hg^{2+} 与 H_2S 的反应

分别取浓度为 0.1mol/L 的 $CuSO_4$、$AgNO_3$、$ZnSO_4$、$CdSO_4$、$Hg(NO_3)_2$ 溶液于试管中，依次加入 5％硫代乙酰胺溶液，观察所生成产物的颜色及形态。离心分离，弃去清液，试验这些硫化物能否溶于 2mol/L 的 HAc，若不溶，再试验它们能否溶于 6mol/L HCl，若不溶，再试验它们能否与 6mol/L HNO_3 作用，最后将不溶于 HNO_3 的沉淀与王水进行反应，写出反应式，参考这几种硫化物的溶度积常数，解释上述实验现象。

4. Cu^{2+}、Ag^+、Hg^{2+} 与 KI 的反应

① 取少量 0.1mol/L $CuSO_4$ 溶液于试管中，滴加 KI 溶液，观察有何变化？再滴加少量的 0.1mol/L $Na_2S_2O_3$ 溶液，以除去反应中生成的碘，观察 CuI 的颜色，反应式：

$$2Cu^{2+} + 4I^- \xrightarrow{\hspace{1cm}} 2CuI\downarrow + I_2$$

② 取少量 0.1mol/L $AgNO_3$ 溶液于试管中，加入 KI 溶液，观察产物颜色及形态。

③ 取少量 0.1mol/L $Hg(NO_3)_2$ 溶液于试管中，加入 KI 溶液，即生成稳定的 HgI_4^{2-}，呈无色溶液，往溶液中滴加 NaOH 溶液至碱性，即成"奈斯勒试剂"，可用以检出 NH_4^+。奈斯勒试剂加入数滴 NH_4Cl 溶液，可观察到红棕色沉淀生成，反应式：

$$NH_4^+ + 2HgI_4^{2-} + 4OH^- \xrightarrow{\hspace{1cm}} \left[O \overset{\displaystyle Hg}{\underset{\displaystyle Hg}{\diagup \diagdown}} NH_2 \right] I + 7I^- + 3H_2O$$

5. 铜、银化合物的氧化-还原性

(1) 氧化亚铜的生成和性质

取少量 $CuSO_4$ 溶液于试管中，加入过量 6mol/L NaOH 溶液，使最初生成的沉淀完全溶解，在此溶液中加入数滴 10％的葡萄糖溶液，摇匀，微热，观察现象。

离心分离并用蒸馏水洗涤沉淀，往沉淀中加入 1mol/L H_2SO_4，观察有何变化，反应式：

$$2Cu(OH)_4^{2-} + C_6H_{12}O_6 \xrightarrow{\hspace{1cm}} Cu_2O\downarrow + C_6H_{11}O_7^- + 3OH^- + 3H_2O$$
$$2Cu_2O + 4H^+ \xrightarrow{\hspace{1cm}} 2Cu\downarrow + 2Cu^{2+} + H_2O$$

(2) 银镜反应

取一支试管先用浓 HNO_3 洗，再依次用自来水和蒸馏水洗，以确保管壁洁净。加入 1mL $AgNO_3$ 溶液，滴加 2mol/L $NH_3 \cdot H_2O$ 至所生成的沉淀刚好溶解为止。然后再加入几滴 10％葡萄糖溶液，并把试管在水浴中加热，观察试管壁上银镜的生成，反应式：

$$2Ag(NH_3)_2^+ + C_5H_{11}O_5CHO + 2OH^- \xrightarrow{\hspace{1cm}} 2Ag\downarrow + C_5H_{11}O_5COO^- + NH_4^+ + 3NH_3 + H_2O$$

6. 卤化银沉淀与银(Ⅰ)配合物间的关系

取 $AgNO_3$ 溶液于试管中，加入数滴 NaCl 溶液，观察有何现象。继而滴加 6mol/L $NH_3 \cdot H_2O$，观察沉淀是否溶解？再加入数滴 KBr 溶液，观察又有何变化？继续加入

$Na_2S_2O_3$ 溶液，观察沉淀是否溶解？再加入数滴 KI 溶液，又有何变化？

通过实验比较 AgCl、AgBr、AgI 三者溶解度的大小，$Ag(NH_3)_2^+$、$Ag_2(S_2O_3)^{3-}$ 配离子稳定性的大小，并写出有关反应式。

7. Hg（Ⅰ）与 Hg（Ⅱ）的相互转化

① 取少量 $HgCl_2$ 溶液，逐滴加入 $SnCl_2$ 溶液，即生成白色 Hg_2Cl_2 沉淀，继续加入过量 $SnCl_2$ 溶液，并搅拌，然后放置片刻，Hg_2Cl_2 又会被还原为 Hg 单质，该反应常用于 Hg^{2+} 和 Sn^{2+} 的鉴定，反应式：

$$2HgCl_2 + SnCl_2 =\!=\!= Hg_2Cl_2\downarrow + SnCl_4$$

$$Hg_2Cl_2 + SnCl_2 =\!=\!= 2Hg\downarrow + SnCl_4$$

② 取少量 $Hg(NO_3)_2$ 溶液，加入数滴 0.1mol/L NaCl 溶液，观察有何变化。

③ 取 $Hg(NO_3)_2$ 溶液，加入一滴 Hg，振荡试管，把清液转移到另一试管中（余下的汞回收）。将清液分成两份，其中一份中加入 NaCl 溶液数滴，观察 Hg_2Cl_2 沉淀的生成，并与上步②对比，写出反应式，另一份在下一实验使用。

④ 在上面实验所得的 $Hg_2(NO_3)_2$ 溶液中滴加氨水，观察反应现象，反应式：

$$Hg_2(NO_3)_2 + 2NH_3 =\!=\!= H_2N\!-\!Hg\!-\!NO_3\downarrow + Hg\downarrow + NH_4NO_3$$

⑤ 取少量 0.1mol/L $Hg(NO_3)_2$ 溶液，滴加适量和过量 2mol/L KI 溶液，观察反应现象并与 $Hg_2(NO_3)_2$ 和 KI 的反应相对比。写出反应式。

8. Cu（Ⅰ）与 Cu（Ⅱ）的相互转化

(1) 氧化亚铜的生成和性质

见步骤 5.(1)。

(2) 氯化亚铜的生成和性质

在 5mL 1mol/L 的 $CuCl_2$ 溶液中，加入固体 NaCl 至溶液颜色发生变化。在溶液中加入少量铜屑，加热，直到溶液呈棕黄色，将此溶液迅速倾入 50mL 的已除氧纯水中，观察产物的颜色和状态，将沉淀带水用吸管分成三份，一份加浓盐酸，一份加浓氨水，一份倒入表面皿中并暴露在空气中，观察现象，写出反应式。

(3) 碘化亚铜的生成和性质

见步骤 4.①中实验。

9. 离子鉴定

(1) Cu^{2+} 鉴定

取几滴含 Cu^{2+} 试液，加入 6mol/L 的 HAc 溶液酸化，再滴加几滴 0.1mol/L 的 $K_4[Fe(CN)_6]$ 溶液，有红棕色 $Cu_2[Fe(CN)_6]$ 沉淀生成，说明溶液中有 Cu^{2+} 存在。写出反应方程式。

(2) Ag^+ 鉴定

取几滴含 Ag^+ 试液，加入几滴盐酸溶液，离心分离，在沉淀中加入过量氨水，白色沉淀溶解，再加硝酸溶液酸化，又有白色沉淀生成，说明溶液中有 Ag^+ 存在。写出反应方程式。

(3) Zn^{2+} 鉴定

在 0.1mol/L $Hg(NO_3)_2$ 溶液中，逐滴加入 1mol/L 硫氰化钾溶液，最初生成白色 $Hg(SCN)_2$ 沉淀，再继续加入过量 KSCN，沉淀即溶解生成无色的 $Hg(SCN)_4^{2-}$ 配离子，在该溶液中加入锌盐溶液，并用玻棒摩擦试管，观察白色 $Zn[Hg(SCN)_4]$ 沉淀的生成，这些反应可鉴定 Zn^{2+}，写出反应方程式。

(4) Cd^{2+} 鉴定

取几滴含 Cd^{2+} 试液，调节溶液酸度约为 0.3mol/L（可先在 Cd^{2+} 试液中加入氨水至碱性，然后再加盐酸溶液中和至近中性，再加入溶液总体积的 1/6 的 2mol/L 的 HCl 即可），然后加入 5％硫代乙酰胺溶液几滴，在沸水浴中加热，生成黄色硫化物沉淀，说明溶液中有 Cd^{2+} 存在。

（5）Hg_2^{2+} 鉴定

取几滴含 Hg_2^{2+} 试液于试管中，加入 2 滴 2mol/L 的 HCl 溶液，若有白色沉淀生成，再滴加氨水，沉淀变为灰黑色，说明溶液中有 Hg_2^{2+} 存在。

（6）Hg^{2+} 鉴定

在 2 支试管中加入 0.1mol/L $Hg(NO_3)_2$ 溶液中，逐滴加入 1mol/L 硫氰化钾溶液至过量，在该溶液中分别加入锌盐或钴盐溶液，并用玻棒摩擦试管，观察白色 $Zn[Hg(SCN)_4]$ 和蓝色 $Co[Hg(SCN)_4]$ 沉淀的生成，这些反应可鉴定 Hg^{2+}、Zn^{2+} 和 Co^{2+}。

【注意事项】

1. 汞在常温下为液体，易挥发。汞蒸气吸入人体内，会引起慢性中毒，因此不能让汞暴露在空气中，要用水将汞封起来保存。由于汞的密度很大，储存容器必须质地牢固，取用时最好用具有弯嘴的滴管，将滴管深入到瓶底，以免带出过多的水分。取用汞时不能直接倾倒，以免洒落在桌面上或地上。一旦洒落，应用滴管或锡纸将汞滴尽量收集起来，然后在有残存汞的地方撒上一层硫黄粉，摩擦，使汞转化呈难挥发的硫化汞。或喷洒浓 $FeCl_3$ 溶液。

2. 汞蒸气的检验。人在汞蒸气浓度为 $0.01g/m^3$ 的空气中停留 1～2h，就会发生汞中毒的症状。可以用白色的 CuI 试纸悬挂在室内检验汞蒸气，在室温为 288K 时，若 3h 内试纸明显变化，就表示室内汞蒸气超过允许含量。

CuI 试纸的制备。取一定量 10％的 $CuSO_4$ 和 10％的 KI 混合，待 CuI 沉淀后，弃去上层清液，用 10％ $Na_2S_2O_3$ 洗去沉淀中的 I_2，再用蒸馏水洗涤数次，用乙醇把 CuI 调成糊状，每 50mL 糊状物加 1 滴 HNO_3，搅拌均匀，涂在纸上，避光晾干，即得 CuI 试纸。

3. 含汞废水应处理后方可排放。

4. 镉的化合物进入人体后会引起中毒，发生肠胃炎、肾炎、上呼吸道炎症等，严重的镉中毒会引起极痛苦的"骨痛病"，因此，要严防镉的化合物进入口中，含镉废水应倒入指定的回收容器中，集中处理后方可排放。

【思考题】

1. 进行银镜反应时为什么要把 Ag^+ 变成银氨配离子？镀在试管上的银镜怎样洗掉？

2. 锌盐、镉盐、汞盐与氨水作用有何不同？

3. 综合比较ⅠA与ⅠB族元素化合物的酸碱性、稳定性、溶解性，价态变化和生成配合物的能力。

4. 综合比较ⅡA与ⅡB族元素化合物的酸碱性、稳定性、溶解性，价态变化和生成配合物的能力。

5. 根据实验结果，比较 Cu(Ⅰ) 与 Cu(Ⅱ) 化合物的稳定性。为何向 $Cu(NO_3)_2$ 溶液中加入 KI 就生成 CuI 沉淀，而 KCl 的加入则不出现 CuCl 沉淀？

6. 写出 $Hg_2(NO_3)_2$ 溶液与 H_2S 溶液、NaOH、KI、$NH_3 \cdot H_2O$ 的反应式并与 $Hg(NO_3)_2$ 溶液的类似反应相对比。

实验 153　铁、钴、镍

【实验目的】

1. 试验了解铁(Ⅱ)、钴(Ⅱ)、镍(Ⅱ)的还原性。

2. 试验了解铁(Ⅲ)、钴(Ⅲ)、镍(Ⅲ)的氧化性变化规律。

3. 试验并了解铁、钴、镍的配合物在定性分析中的应用。

【预习要点】

预习《无机化学》有关铁、钴、镍的内容，着重＋2和＋3两种氧化态稳定性的变化规律和互相转化条件及有关配合物的性质和重要反应。

【仪器与试剂】

离心机等。

$K_4[Fe(CN)_6]$，$K_3[Fe(CN)_6]$，$CoCl_2$，$NiSO_4$，$(NH_4)_2Fe(SO_4)_2$，$FeSO_4$，KI，$FeCl_3$，Na_2CO_3，$CuSO_4$ 均为 0.1mol/L；$KMnO_4$（0.01mol/L），HCl（2mol/L，浓），H_2SO_4（1mol/L），HAc（2mol/L），氨水（2mol/L，6mol/L，浓），KSCN（0.1mol/L，1mol/L），NH_4F(1mol/L)，NaOH(2mol/L，40%)，硫代乙酰胺（5%），$NaNO_2$（饱和），H_2O_2(3%)，溴水，CCl_4，戊醇，二乙酰二肟（1%乙醇溶液），淀粉溶液，$FeSO_4 \cdot 7H_2O$（固），广泛 pH 试纸，碘化钾-淀粉试纸，$(NH_4)_2Fe(SO_4)_2 \cdot 6H_2O$（固），KCl（固），$NH_4Cl$（固），铜片，铁屑，活性炭。

【实验步骤】

1. 铁(Ⅱ)、钴(Ⅱ)、镍(Ⅱ) 化合物性质

(1) 铁(Ⅱ)、钴(Ⅱ)、镍(Ⅱ) 的还原性

在一支试管中加入几滴溴水，然后加入过量的 0.1mol/L $(NH_4)_2Fe(SO_4)_2$ 溶液，观察溶液颜色的变化。再滴加 0.1mol/L 的 KI 溶液，最后加入几滴淀粉溶液，以检验铁(Ⅲ)的生成。有何现象发生？写出反应式。

另取两支试管，分别加入 0.1mol/L 的 $CoCl_2$ 和 $NiSO_4$ 的溶液，然后分别加入溴水，观察有何变化，并与上述试验进行比较。由此可得出什么结论？结合电极电势图，解释所得出的结论。

(2) 铁(Ⅱ)、钴(Ⅱ)、镍(Ⅱ)氢氧化物的生成和性质

$Fe(OH)_2$ 的生成和性质　在一支试管中加入 1mL 蒸馏水和几滴稀硫酸，煮沸赶去溶于其中的空气，然后加入少量 $(NH_4)_2Fe(SO_4)_2 \cdot 6H_2O$ 晶体。在另一试管中加入 2mL 2mol/L NaOH 溶液，小心煮沸，以赶去空气，冷却后，用滴管吸取 2mL NaOH 溶液，插入 $(NH_4)_2Fe(SO_4)_2$ 溶液（直至试管底部），慢慢放出 NaOH 溶液（整个操作过程都要避免将空气带进溶液中），观察白色 $Fe(OH)_2$ 沉淀的生成。摇荡后放置一段时间，观察沉淀的颜色有无变化。重复上述试验制取白色 $Fe(OH)_2$ 沉淀后，立即加入 2mol/L 的 HCl 溶液，观察现象，写出上述过程所涉及的反应方程式。

$Co(OH)_2$ 的生成和性质　在 $CoCl_2$ 溶液中滴加 2mol/L NaOH 溶液，直至生成粉红色 $Co(OH)_2$ 沉淀。将此沉淀分为三份，一份振荡后放置一段时间，第二份加入数滴 3% H_2O_2 溶液或几滴溴水，第三份加入 2mol/L 的 HCl 溶液，观察各有何现象。写出上述过程所涉及的反应方程式。

$Ni(OH)_2$ 的生成和性质　取一支试管，加入 0.1mol/L 的 $NiSO_4$ 溶液，再加入 2mol/L NaOH 溶液，观察亮绿色 $Ni(OH)_2$ 沉淀产生。将沉淀分为三份，一份滴加数滴 3% H_2O_2 溶液，第二份加入数滴溴水，第三份加入 2mol/L 的 HCl 溶液，观察各有何现象。写出上述过程所涉及的反应方程式。

$$2Ni(OH)_2 + Br_2 + 2OH^- \xrightarrow{\quad\quad} 2NiO(OH)\downarrow(棕黑色) + 2Br^- + 2H_2O$$

根据实验结果比较 $Fe(OH)_2$、$Co(OH)_2$ 和 $Ni(OH)_2$ 的稳定性。

2. 铁(Ⅲ)、钴(Ⅲ)、镍(Ⅲ)氧化物水合物的生成和性质

(1) $Fe_2O_3 \cdot xH_2O$ 的生成和性质

取 $FeCl_3$ 溶液加 NaOH 溶液制得 $Fe_2O_3 \cdot xH_2O$ 沉淀。将沉淀分为三份，一份滴加浓盐酸，并用 KI-淀粉试纸检验有无氯气产生；另一份加入过量的浓 NaOH 溶液；第三份加入

2mol/L 的 HCl 溶液，观察各有何现象。写出上述过程所涉及的反应方程式。

（2）$Co_2O_3 \cdot xH_2O$ 的生成和性质

取 $CoCl_2$ 溶液加 NaOH 溶液和 H_2O_2 以制得 $Co_2O_3 \cdot xH_2O$ 沉淀。然后加入浓盐酸，观察现象，并用 KI-淀粉试纸检查所放出的气体。将溶液加水稀释，观察颜色有何变化？

$$2CoO(OH) + 6H^+ + 6Cl^- \Longrightarrow 2[Co(H_2O)_2Cl_2] + Cl_2$$

（3）$Ni_2O_3 \cdot xH_2O$ 的生成和性质

取 $NiSO_4$ 溶液加 NaOH 和 Br_2 以制得 $Ni_2O_3 \cdot xH_2O$ 沉淀，然后加入浓盐酸，观察现象，并检查所放出的气体。

根据上述实验结果，比较三价氧化物水合物氧化性的强弱和递变规律，并说明三价氢氧化物的颜色与二价氢氧化物有何不同？

3. 铁盐的性质

（1）铁的的还原性

在 $CuSO_4$ 溶液中加入少量纯 Fe 屑。观察现象，写出反应式。

（2）Fe(Ⅱ) 的还原性

取 0.1mol/L 的 $FeSO_4$ 溶液两份，一份加几滴 1mol/L 的 H_2SO_4 后，再加几滴 0.01mol/L 的 $KMnO_4$ 溶液。另一份滴加几滴溴水，观察现象，写出反应式。

（3）Fe(Ⅲ) 的氧化性

取 0.1mol/L 的 $FeCl_3$ 溶液三份，一份加入一小块 Cu 片，放置；另一份加 0.1mol/L 的 KI 溶液，第三份加 5% 硫代乙酰胺溶液，观察现象，写出反应式。

（4）铁盐的水解

在一试管中加少量的 $FeSO_4 \cdot 7H_2O$ 晶体，用大量水溶解，检验溶液的 pH 值，解释并写出反应式。

在一试管中加少量 0.1mol/L 的 $FeCl_3$ 溶液，再加入几滴 0.1mol/L 的 Na_2CO_3 溶液，观察现象，写出反应式。

4. 铁、钴、镍的配合物

（1）铁的配合物

试验亚铁氰化钾 $K_4[Fe(CN)_6]$ 溶液与 $FeCl_3$ 溶液的反应。观察深蓝色沉淀或溶胶（普鲁士蓝）的生成（鉴定 Fe^{3+} 的反应）。

试验铁氰化钾 $K_3[Fe(CN)_6]$ 溶液与 $(NH_4)_2Fe(SO_4)_2$ 溶液的反应。观察深蓝色沉淀或溶胶（藤氏蓝，Turnbull's blue）的生成（鉴定 Fe^{2+} 的反应）。

在 $FeCl_3$ 溶液中加入 KSCN 溶液，观察血红色 $Fe(SCN)_x^{3-x}$ 的生成。然后再加入 0.1mol/L NH_4F 溶液，观察有何变化？试加以解释。

分别试验铁氰化钾 $K_3[Fe(CN)_6]$ 溶液和亚铁氰化钾 $K_4[Fe(CN)_6]$ 溶液与 2mol/L NaOH 溶液的作用，观察现象。

（2）钴的配合物

在 $CoCl_2$ 溶液中加入 0.5mL 戊醇，再滴加 1mol/L KSCN 溶液，振荡，观察水相和有机相的颜色变化。该反应用来鉴定 Co^{2+}。

在少量 $CoCl_2$ 溶液中加入少量醋酸酸化，再加少量 KCl 固体和少量 $NaNO_2$ 溶液，微热，观察黄色 $K_3[Co(NO_2)_6]$ 沉淀生成，这个反应可用来鉴定 K^+。

在少量 $CoCl_2$ 溶液中加入少许 NH_4Cl 固体，然后滴加浓氨水，观察黄褐色 $[Co(NH_3)_6]Cl_2$ 络合物的生成：

$$CoCl_2 + 6NH_3 \cdot H_2O \Longrightarrow [Co(NH_3)_6]Cl_2 + 6H_2O$$

静置一段时间或加几滴 3% H_2O_2，观察配合物颜色的改变：$[Co(NH_3)_6]Cl_2$ 不稳定，有活性炭存在时，在空气中或遇 H_2O_2 易被氧化为橙红色的 $[Co(NH_3)_6]Cl_3$。

（3）镍的配合物

在 $NiSO_4$ 溶液中滴加 $6mol/L$ $NH_3 \cdot H_2O$，观察沉淀的生成，再加 $6mol/L$ $NH_3 \cdot H_2O$ 至沉淀刚好溶解（注意不要过量）观察产物的颜色。然后把溶液分成四份，一份加 $1mol/L$ 的 H_2SO_4，一份加 $2mol/L$ 的 $NaOH$ 溶液，一份加水稀释，一份加热，观察有何现象？写出与之相应的反应方程式。

在 2 滴 $0.1mol/L$ $NiSO_4$ 溶液中，加入 5 滴 $2mol/L$ $NH_3 \cdot H_2O$，再加入 1 滴 1％二乙酰二肟溶液，观察鲜红色沉淀生成。此反应可用以鉴定 Ni^{2+}。

5. 氯化钴（Ⅱ）水合离子颜色的变化

用玻棒蘸取 $0.1mol/L$ $CoCl_2$ 溶液在白纸上写上字，晾干后，放在火边小心烘干。观察字迹变蓝。$Co(H_2O)_6^{2+}$ 是粉红色，无水 $CoCl_2$ 是蓝色。

6. 检验 Fe^{3+}、Co^{2+}、Ni^{2+}

已知溶液中含有 Fe^{3+}、Co^{2+}、Ni^{2+} 三种离子，设计一方案，分别检出它们。

【思考题】

1. 综合实验结果，比较二价铁、钴、镍的还原性的大小和三价铁、钴、镍的氧化性的大小。

2. 为什么在碱性介质中，二价铁极易被空气中的氧氧化成三价铁？

3. 怎么从 $Fe_2O_3 \cdot xH_2O$、$Co_2O_3 \cdot xH_2O$ 和 $Ni_2O_3 \cdot xH_2O$ 制得 $FeCl_3$、$CoCl_2$ 和 $NiCl_2$？

4. 怎样鉴别 Fe^{2+}、Fe^{3+}、Co^{2+}、Ni^{2+}？

5. 比较 $Fe_2O_3 \cdot xH_2O$、$Al(OH)_3$、$Cr_2O_3 \cdot xH_2O$ 的性质。怎样利用这些性质把 Fe^{3+}、Al^{3+}、Cr^{3+} 从混合溶液中分离出来？

4.7 结构性质实验

实验 154 超细粒子的粒度分析

【实验目的】

1. 了解胶体分散体系的基本特性。

2. 了解胶体分散体系在动力性质、光学性质、电学性质等方面的特点以及如何利用这些特点对胶体进行粒度大小、带电情况方面的研究并应用于实践。

3. 了解激光粒度仪分析胶体、纳米，超细粒子粒度分布所依据的原理、计算公式，测定范围和使用方法。

【预习要点】

胶体分散体系的基本特性；胶体分散体系动力性质、光学性质和电学性质；激光粒度仪原理、计算公式，测定范围和使用方法。

【实验原理】

各类粉体材料颗粒的大小测定通常根据胶体的光学性质，即丁达尔效应，而散射光强度的定量关系由瑞利公式给出：

$$I = kI_0 = \frac{24\pi \overline{N}V^2}{\lambda^4}\left(\frac{n_2^2 - n_1^2}{n_2^2 + 2n_1^2}\right)^2 I_0 \tag{1}$$

式中，I 和 I_0 分别为入射光和散射光的强度；λ 是入射光波长；n_1 和 n_2 分别为分散介质和分散相的折射率；$\overline{N}$ 为胶体粒子浓度（单位体积中胶体粒子的个数）；V 是单个粒子的体积。

由式（1）可以看出，散射光强度与单个粒子的体积的二次方成正比，与入射光波长的四次方成反比。因此胶粒体积越大光散射越强，波长越短的光散射越强。在可见光中，蓝光和紫光的波长最短，有较长的散射，而红光波长最大，大部分透过溶液，因此，在入射光对面，可以看到红色的光，而在侧面会观察到近于蓝紫色的光。对于纯液体，可以认为 $n_1 = n_2$，即无散射现象。对于真溶液，n_1 和 n_2 相差不大，溶质离子体积 V 很小，所以散射光也相当弱。

通过测定散射光的强弱，可以比较两种胶体粒子的相对大小和浓度的相对比值，若两个浓度相同的溶胶，则有：

$$\frac{I_1}{I_2} = \frac{r_1^3}{r_2^3} \tag{2}$$

式中，I_1、I_2 为散射光强度；r_1、r_2 为球形粒子的半径。若溶胶粒子的大小相同，而浓度不同，则有：

$$\frac{I_1}{I_2} = \frac{c_1}{c_2} \tag{3}$$

式中，I_1、I_2 为散射光强度；c_1、c_2 为溶胶浓度。这正是乳光计所依据的原理。

激光粒度仪是利用激光所特有的单色性、准直性等特点，根据颗粒对光的散射现象，按照光散射理论作为仪器的测量基础而设计的实验室测试仪器。其他条件固定，则有：

$$\frac{V_1}{V_2} = \frac{\sqrt{I_1}}{\sqrt{I_2}} \tag{4}$$

式中，V 为胶粒的体积；I 为散射光强度。

激光粒度仪依据全量程米氏散射理论，充分考虑到被测颗粒和分散介质的折射率等光学性质，根据激光照射在颗粒上产生的散射光能量反演出颗粒群的粒度大小和粒度分布规律。

激光粒度仪主要由激光器、样品池、光电探测器和计算机系统等部分组成，其结构如附图 1 所示。

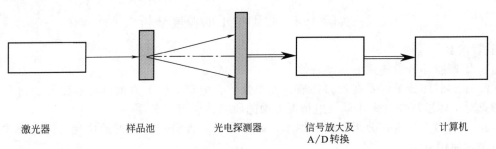

激光器　　　　　样品池　　　　　光电探测器　　　　　信号放大及　　　　　计算机
　　　　　　　　　　　　　　　　　　　　　　　　　　A/D 转换

附图 1　激光粒度仪测量原理

被测颗粒放入样品池使之成为悬浮状态，当 He-Ne 激光器发出的激光束通过样品池时将会产生散射光，散射光的分布与被测颗粒的直径 D、颗粒的相对折射率 m 和散射角 θ 有关。散射光由光电探测器接收，并经放大和 A/D 转换后经 RS232 或 USB 接口送入计算机，经数据处理和计算后就可以显示或打印出被测颗粒的粒径分布，各种平均直径及比表面积等参数。

粒度分布具有微分分布、累积分布、标准分级、R-R 分布、自定义分级和按目分级等多种形式。在 $0.02 \sim 1000 \mu m$ 内默认分级 120 级，在量程范围内从 1～120 级可自定义分级。测试结果可同时以粒度分布图形和粒度数据图表表示。根据 D10、D50、D90、平均粒径和比表面积等特征参数，以及四个自定义参数，可根据需要输入，给出样品的比表面积。重量比表面积与体积比表面积可以互换。附表 1 给出了常用介质的折射率，可供选用。

附表 1　常用介质折射率

名　称	折射率	波长/nm	名　称	折射率	波长/nm
丙酮	1.359	589	正庚烷	1.388	589
四氯化碳	1.460	589	正己烷	1.375	589
蓖麻油	1.477	589	异丙醇	1.378	589
三氯甲烷	1.446	589	亚麻油	1.478	589
环己烷	1.427	589	甲醇	1.329	589
萘烷	1.47~1.48	589	丁酮	1.379	589
n-癸烷	1.410	589	聚二乙醇	1.47	589
二甘醇	1.447	589	二甲基硅油	1.40	589
二乙醚	1.353	589	乙苯基硅油	1.42~1.53	589
乙醇	1.361	589/687	甲苯	1.496	589
乙苯	1.496	589	三氯乙烯	1.477	589
乙二醇	1.432	589	水	1.333	589
氟塑料 112	1.413	589	对二甲苯	1.495	589
丙三醇	1.475	589	橄榄油	1.468	589

【仪器与试剂】

Rise-2006 型激光粒度分析仪，恒稳磁力搅拌，烧杯，量筒等常规玻璃仪器。

$RuCl_3 \cdot xH_2O$，ZrO_2，$ZnSO_4 \cdot 7H_2O$，$FeSO_4 \cdot 7H_2O$，$LaCl_3 \cdot xH_2O$，$NaBH_4$，$NiSO_4 \cdot 7H_2O$，丙酮。

【实验步骤】

1. 待测样品纳米级非晶合金的制备

① 化学还原法。在室温条件下，称取定量的活性组分 $RuCl_3 \cdot xH_2O$ 和定量的助剂前体，放入 250mL 烧杯，加入定量水使其溶解。将烧杯放在磁力搅拌器上，以适中的速度开始搅拌。称取适量的 ZrO_2 加入溶液中，并继续搅拌 30min。称取一定量的 $NaBH_4$ 固体。用水溶解后慢慢滴加到上述溶液中，滴加完毕，继续搅拌 5min 后停止搅拌，静置后，将上层液倒出后加水放置或直接放置备用。具体用量由教师根据需要确定。

② 沉淀法一。在室温条件下，称取定量的活性组分 $RuCl_3 \cdot xH_2O$ 和定量的助剂前体，放入 250mL 烧杯，加水使其溶解。将烧杯放在磁力搅拌器上，以适中的速度开始搅拌。称取适量的 ZrO_2 加入溶液中，并继续搅拌 30min。称取一定量的 NaOH 配成溶液。慢慢滴加到上述溶液中，滴加完毕，继续搅拌 5min 后停止搅拌，静置后，将上清液倾出后加水放置或直接放置备用。具体用量由教师根据需要确定。

③ 沉淀法二。$RuCl_3 \cdot xH_2O$ 和过渡金属 M（M＝Zn、La）的可溶性盐分别作为活性组分和助剂前体，ZrO_2 为分散剂，NaOH 作沉淀剂，充分反应后抽滤，85℃烘干，350℃焙烧、氢气还原，得到双助剂 Ru-La-Zn/ZrO_2 催化剂，保存于水中。具体用量由指导教师根据实际情况提供。

2. 测定操作

① 开机预热 15~20min。主要是考虑到激光的输出要到 15min 以后才能达到稳定，如果环境温度偏低，预热时间要长些，最长不超过 30min。

② 运行颗粒粒度测量分析系统，设置测试信息。测量开始，首先要安装颗粒粒度分析软件，输入用户名和密码，进入颗粒粒度分析软件，建立文件。测试前，具体设置的信息及设置方法可参见软件帮助文件。

③ 基准测量。设置好测试信息后，向样品池中倒入分散介质。分散介质液面刚好没过

进水口上侧边缘，打开排水阀，当看到排水管有液体流出时关闭排水阀（排出循环系统的气泡），开启循环泵，使循环系统中充满液体。点快捷按钮上的 ↗ 或通过［测试菜单］-［进入测量］，点"测量开始"，使测试软件进入基准测量状态。点 ↗ 按钮，系统自动记录前 10 次基准的测量平均结果，刷新完 10 次后，按下 下步 按钮，系统进入动态测试状态。

基准测量是粒度测量的关键，基准好比一个平台，加入样品后，就在这个平台的基础上向上增加。对基准来说，稳定是最重要的。如果基准是变化的，在加入样品后，就无法判断是样品的波动还是基准的波动，从而对测量造成影响。

④ 动态测量。基准测量后，系统会出现一个动态工具条，点动态工具条的 下步 ，即进入动态测量状态。在基准稳定的情况下，动态窗口的粒度分布图没有蓝色的粒度分布图线，粒度分布表中的数据是静止的。

关闭循环泵和搅拌，抬起搅拌面板，将适量样品（根据遮光比控制加入样品的量）放入样品池中，如有必要可加入相应的分散剂。启动超声和搅拌，根据样品的特性选择合适的搅拌速度和超声时间，使被测样品在样品池中分散均匀。超声时间（一般为 1min～9min 50s），根据被测样品的分散难易程度选择。等到分散达到要求后，启动循环泵，选择合适的循环速度让样品循环到样品窗中，这时在软件窗口上就会出现动态刷新的粒度分布图和粒度分布表。如果加入样品的遮光比超过 0.1，则会显示测量结果（如果遮光比小于 0.1，则被认为是正常的基准波动），测试软件窗口显示测试数据，当数据稳定时存储（定时存储或随机存储）测试数据。

测量中必须注意遮光比的选择。遮光比就是颗粒的光学浓度，即颗粒散射到探测器上的光强和。高的遮光比会提高测量的信噪比，但是遮光比太高会造成多重散射的现象，影响测量结果，所以在测量稳定的基础上，选择较小的遮光比。

⑤ 保存结果。见附图 2 界面，动态测量过程中不断刷新的测量结果并没有保存到文件中。如果要保存，可进行随机存储和定时存储，随机存储可以点动态工具条上的 随机 （随机存储）、［测试菜单］-［随机存储］或 F1 键，定时存储可以点动态工具条上的 定时 （定时存储）、［测试菜单］-［定时存储］或 F2 键。随机存储是点一下按钮保存一个测量结果，定时存储是系统出现一个提示输入间隔时间的对话框，输入间隔的时间（s），系统会自动按所设定的间隔时间（s）存储记录结果。

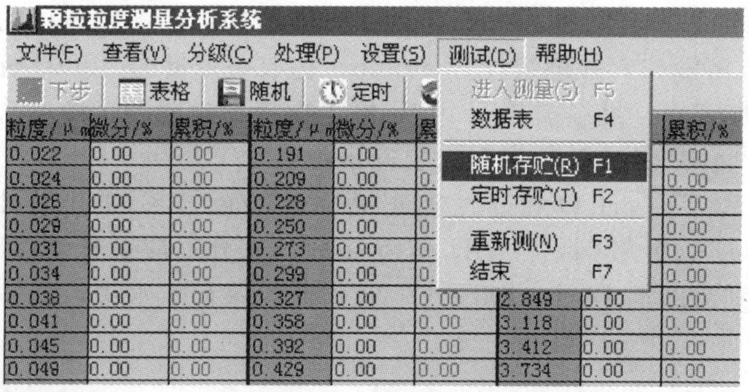

附图 2　存储界面

"数据表"按键是在测量状态下显示各个探测元的光强的变化的具体数据，与显示增加光强对应，供维修人员调试维修时使用。

数据存储完毕，打开排水阀，被测液排放干净后关闭排水阀，加入清水或其他液体冲洗循环系统，重复冲洗至测试软件窗口粒度分布无显示时说明系统冲洗完毕；如果选择有机溶剂作为介质时，要清洗掉粘在循环系统内壁上的油性物质。

⑥ 对存储后的测量结果可以进行平均、统计、比较和模式转换等操作。

⑦ 结果浏览。窗体的布局见附图 3 浏览界面。

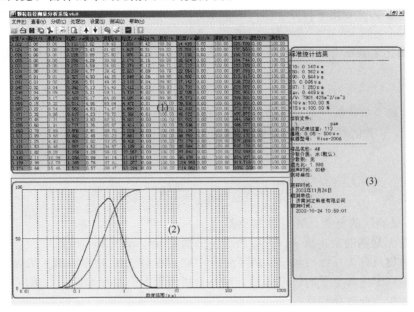

附图 3　浏览界面

在粒度分布图中点鼠标右键会弹出一个菜单，能够将粒度分布图和粒度分布表保存成 .BMP 文件，便于与 office 等软件交互。保存的默认文件夹为安装目录下的"\ 图片"子目录。

⑧ 统计信息。通过［文件菜单］-［保存］，可对浏览的测试结果进行保存。通过［文件菜单］-［另存为］，可对浏览的测试结果进行另存。

⑨ 分级转换。软件支持多种分级格式：对数方图、自定义分级分布、R-R 分布和国际筛分分布，支持中英文报告格式的打印，见附图 4。

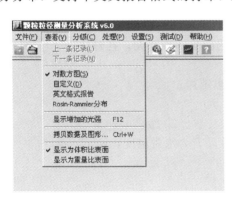

附图 4　数据处理与结果打印

将实验结果以两种形式表示，给出粒度分布表与粒度分布图，并对结果进行分析讨论。将客户名改为实验者姓名，作为正式实验报告交指导教师。

实验 155　配合物磁矩的测定

【实验目的】

1. 了解磁化率的意义及磁化率和分子结构的关系。

2. 掌握（GOUY）古埃法测定物质的磁化率。

【预习要点】

磁化率的意义及磁化率和分子结构的关系；测定物质的磁化率的古埃法。

【实验原理】

物质的磁化率表征着物质的磁化能力。将物质置于外加磁场 $\bar{H}$ 中，该物质内部的磁感应强度为：

$$\vec{B} = (1 + 4\pi\chi)\vec{H} \tag{1}$$

式中，χ 称为单位磁化率（单位体积），是物质一种宏观磁性质。化学上常用单位质量磁化率 χ_m 或摩尔磁化率 χ_M 来表示物质的磁性质。它们的定义是：

$$\chi_m = \frac{\chi}{\rho} \tag{2}$$

$$\chi_M = M\chi_m = \frac{M\chi}{\rho} \tag{3}$$

式中，ρ 是物质的密度；M 是摩尔质量。

由于 χ 是无量纲的量，故 χ_m 和 χ_M 的单位分别是 m^3/kg 和 m^3/mol。

$\chi_M < 0$ 的物质称为反磁性物质。原子分子中电子自旋已配对的物质一般是反磁性物质。反磁性的产生在于内部电子的轨道运动，在外磁场作用下产生拉摩运动，感应出一个诱导磁矩。磁矩的方向与外磁场相反。

$\chi_M > 0$ 的物质称为顺磁性物质。顺磁性一般是具有自旋未配对电子的物质。因为电子自旋未配对的原子或分子具有分子磁矩（亦称永久磁矩）μ_m，由于热运动，μ_m 指向各个方向的机会相同，所以该磁矩的统计值等于 0，在外磁场作用下一方面分子磁矩会按着磁场方向排列，其磁化方向与外磁场方向相同，其磁化强度与外磁场成正比。另一方面物质内部电子的轨道运动也会产生拉摩运动，感应出诱导磁矩，其磁化方向与外磁场方向相反。所以顺磁性物质的摩尔磁化率 χ_M 是摩尔顺磁化率 χ_μ 和摩尔反磁化率 χ_o 两部分之和。

$$\chi_M = \chi_\mu + \chi_o \tag{4}$$

但由于 $\chi_M \gg |\chi_o|$，故顺磁性物质 $\chi_M > 0$，且近似地把 χ_μ 当作 χ_M，即：

$$\chi_M = \chi_\mu \tag{5}$$

除反磁性物质和顺磁性物质外，还有少数物质的磁化率特别大，且磁化程度与外磁场之间并非正比关系，称为铁磁性物质。

顺磁磁化率 χ_μ 和分子磁矩的关系，一般服从居里定律。

$$\chi_\mu = \frac{N\mu_m^2}{3kT} \tag{6}$$

式中，N 为阿伏加德罗常数；k 为玻耳兹曼常数；T 为绝对温度，K。

由于 $\chi_M = \chi_\mu$，因此：

$$\chi_M = \frac{N\mu_m^2 M}{3kT} \tag{7}$$

由式（7）可得：

$$\mu_m = \sqrt{\frac{3k\chi_M T}{N}} = \frac{1}{\mu_B}\sqrt{\frac{3k\chi_M T}{N}}(\mu_B) = 2.828\sqrt{\chi_M T}(\mu_B) \tag{8}$$

式中，χ_M 为摩尔磁化率；μ_m 为分子磁矩；μ_B 为玻耳磁子，$\mu_B = 0.9274 \times 10^{-23} J/T$。

式（8）将物质的宏观磁性质 χ_M 和其微观性质 μ_M 联系起来了。因此只要实验测得 χ_M，代入式（8）就可算出分子磁矩 μ_m。

物质的分子磁矩 μ_m 和它所包含的未成对电子数 n 的关系：物质的顺磁性主要来自于和电子自旋相关的磁矩（由于化学键使其轨道"冻结"）。电子有两个自旋状态。如果原子、分子或离子中有两个自旋状态的电子数不相等，则该物质在外磁场中就呈现顺磁性。这是由于每一个轨道上成对电子自旋所产生的磁矩是相互抵消的。所以只有尚未成对电子的物质才具有分子磁矩，它在外磁场中表现为顺磁性。

物质的分子磁矩 μ_m 和它所包含的未成对电子数 n 的关系可用下式表示：

$$\mu_m = \sqrt{n(n+2)}(\mu_B) \tag{9}$$

由式（9）得：

$$n = -1 + \sqrt{1 + \mu_m^2} \tag{10}$$

由实验测定 χ_M，代入式（8），求出 μ_m，再代入式（9）求出未成对的电子数 n。理论值与实验值一定有误差，这是由于轨道磁矩完全被冻结的缘故。

根据未成对电子数判断络合物的配键类型：由式（10）算出的未成对电子数 n，对于研究原子或离子的电子结构，判断络合物的配键类型是很有意义的。

本实验采用古埃磁天平法测定物质的 χ_M，将圆柱形样品管悬挂在天平的一个臂上，使样品管下端处于电磁铁两极中心，亦即磁场强度 H 最强处。样品应足够长，使其上端所处的磁场强度 H。可忽略不计。

这样，圆形样品管就处在一个不均匀磁场中，则磁场对样品作用力 f 为：

$$f = \int_H^{H_o} (\chi - \chi_{空}) AH \frac{\partial H}{\partial S} dS \tag{11}$$

式中，A 为样品截面积；$\chi_{空}$ 为空气的磁化率；S 为样品管轴方向；$\frac{\partial H}{\partial S}$ 为磁场强度梯度；H 为磁场中心强度；H_o 为样品顶端磁场强度。

假定空气的磁化率可以忽略，且 $H_o = 0$，式（11）积分得：

$$f = \frac{1}{2} \times H^2 A$$

由天平称得装有被测样品的样品管和不装样品的空样品管，在加与不加磁场时的重量变化，求出：

$$f_1 = \Delta m_{空管} g$$
$$f_2 = \Delta m_{样品+空管} g$$

显然作用于样品的力 $f = f_2 - f_1$，于是有：

$$\frac{1}{2} \chi H^2 A = (\Delta m_{样品+空管} - \Delta m_{空管}) g \tag{12}$$

由于 $\chi_M = \frac{M\chi}{\rho}$，$\rho = \frac{m}{hA}$，则有：

$$\chi_M = \frac{2(\Delta m_{样品+空管} - \Delta m_{空管}) ghM}{mH^2} = \frac{(\Delta m_{样品+空管} - \Delta m_{空管}) hM\alpha}{m} \tag{13}$$

式中，$\Delta m_{样品+空管}$ 为装有样品的样品管加磁场时的质量减去装有样品的样品管不加磁场时的质量，kg；$\Delta m_{空管}$ 为不装有样品的空样品管加磁场时的质量减去其不加磁场时的质量，kg；g 为重力加速度，m/s^2；M 为样品摩尔质量，mol/kg；h 为样品实际高度，cm；m 为样品在无磁场时的实际质量，kg；$\alpha = \frac{2g}{H^2}$。

g 为常数，且当电磁铁励磁电流 I 一定时，则磁场强度 H 一定，即 $I =$ 常数时，$H =$ 常数，则 $\alpha =$ 常数。

用已知磁化率的标准样品，测定出 $\Delta m_{样品+空瓶}$、$\Delta m_{空管}$、m 和 h，通过式（13）可求出该励磁电流下的 α。

本实验用硫酸亚铁铵 $(NH_4)_2SO_4 \cdot FeSO_4 \cdot 6H_2O$ 为标准样品，已知其单位质量磁化率为：

$$\chi_m = \frac{9500}{T+1} \times 10^{-8}$$

式中，T 为绝对温度。

【仪器与试剂】

古埃磁天平，玻璃样品管 1 支，温度计 1 支，电吹风 1 个，装样品工具（角匙、小漏斗、竹针）。

硫酸亚铁铵 $(NH_4)_2SO_4 \cdot FeSO_4 \cdot 6H_2O$，$FeSO_4 \cdot 7H_2O$，$K_4Fe(CN)_6 \cdot 3H_2O$。

【实验步骤】

1. $\Delta m_{空管}$ 的测定

小心将一个清洁、干燥的空样品管挂在古埃天平的挂钩上，使样品管底部与磁极中心平齐，准确称得空样品管质量。接通冷却水，打开励磁电流开关，使稳压器预热 15min 后，由小到大慢慢旋转调节器，使电流表指示 3A（即对电磁铁输入 3A 的电流）。此时电磁铁产生一个稳定的磁场，在外加磁场下称取空样品管的质量。将电流缓慢降至零。再由小到大旋转调节器，使电流表指向 3A，再称重量。若与上一次测得数值接近，就取它们的平均值作为加磁场时空样品管重量。

再把调节器旋转至零，断开电源开关，再称其空管重量，与第一次称重取平均值，作为不加磁场时空样品管重量。

2. 用硫酸亚铁铵标定 α 值

取下空样品管，将研细的 $(NH_4)_2SO_4 \cdot FeSO_4 \cdot 6H_2O$ 装入样品管（通过 1 漏斗）。装填时，不断将样品管底部敲击桌面，使粉末样品均匀填实。样品装至 12～15cm 左右，用直尺准确测量样品高度 h（精确至 1mm）。将管挂在磁天平挂钩上，用上法（即实验步骤 1，加磁场时电流仍准确为 3A）。准确称量加磁场前后的重量，最后记录测定时的温度。测定完毕，将样品管中的 $(NH_4)_2SO_4 \cdot FeSO_4 \cdot 6H_2O$ 倒入回收瓶中。样品管洗净、干燥备用。

3. 测定 $FeSO_4 \cdot 7H_2O$ 的磁化率 χ_m

在同一样品管中，装入 $FeSO_4 \cdot 7H_2O$，重复实验步骤 2。

4. 测定 $K_4Fe(CN)_6 \cdot 3H_2O$ 的磁化率 χ_m

在同一样品管中，装入 $K_4Fe(CN)_6 \cdot 3H_2O$ 重复上述 2 的实验步骤。

【数据处理】

1. 由 $(NH_4)_2SO_4 \cdot FeSO_4 \cdot 6H_2O$ 的质量磁化率和实验数据计算 α 值。

2. 由 $FeSO_4 \cdot 7H_2O$ 和 $K_4Fe(CN)_6 \cdot 3H_2O$ 的测定数据计算它们的 χ_m，判断是顺磁物质还是反磁性物质。若是顺磁性物质，计算分子磁矩 μ_m 和未成对电子数 n。

3. 讨论 $FeSO_4 \cdot 7H_2O$ 和 $K_4Fe(CN)_6 \cdot 3H_2O$ 的配键类型。

【思考题】

1. 从理论上讲，不同励磁电流下测得的样品的摩尔磁化率 χ_M 是否相同？

2. 本实验计算公式做了哪些近似？

实验 156 偶极矩的测定

【实验目的】

1. 用溶液法测定乙酸乙酯的偶极矩。

2. 了解偶极矩与分子电性质的关系。

3. 掌握溶液法测定偶极矩的主要实验技术。

【预习要点】

偶极矩的概念；偶极矩与分子电性质的关系；溶液法测定偶极矩的实验技术。

【实验原理】

分子结构可以近似地看成是由电子云和分子骨架（原子核及内层电子）所构成。由于空间构型的不同，其正负电荷中心可以是重合的，也可以不重合。前者称为非极性分子，后者称为极性分子。

1912 年德拜（Petrus Josephus Wilhelmus Debye，1884～1966）提出"偶极矩（dipole moment）"μ 的概念来度量分子极性的大小，其定义是：

$$\vec{\mu} = qd \tag{1}$$

式中，q 是正负电荷中心所带的电量；d 为正负电荷中心之间的距离；$\vec{\mu}$ 是一个向量，其方向规定为从正到负。因分子中原子间的距离的数量级为 10^{-10} m，电荷的数量级为 10^{-20} C，所以偶极矩的数量级是 10^{-30} C·m。

通过偶极矩的测定，可以了解分子结构中有关电子云的分布和分子的对称性，可以用来鉴别几何异构体和分子的立体结构等。

极性分子具有永久偶极矩，但由于分子的热运动，偶极矩指向某个方向的机会均等。所以偶极矩的统计值等于零。若将极性分子置于均匀的电场 E 中，则偶极矩在电场的作用下，趋向电场方向排列。这时我们称这些分子被极化了。极化的程度可用摩尔转向极化度 $P_{转向}$ 来衡量。

$P_{转向}$ 与永久偶极矩 $\vec{\mu}^2$ 的值成正比，与绝对温度 T 成反比。

$$P_{转向} = \frac{4}{3}\pi N \times \frac{\vec{\mu}^2}{3KT} = \frac{4}{9}\pi N \times \frac{\vec{\mu}^2}{KT} \tag{2}$$

式中，K 为玻耳兹曼常数；N 为阿伏加德罗常数。

在外电场作用下，不论极性分子或非极性分子，都会发生电子云对分子骨架的相对移动，分子骨架也会发生形变。这称为诱导极化或变形极化。用摩尔诱导极化度 $P_{诱导}$ 来衡量。显然 $P_{诱导}$ 可分为两项，即电子极化度 $P_{电子}$ 和原子极化度 $P_{原子}$，因此 $P_{诱导} = P_{电子} + P_{原子}$。$P_{诱导}$ 与外电场强度成正比，与温度无关。

如果外电场是交变场，极性分子的极化情况则与交变场的频率有关。当处于频率小于 10^{10} s^{-1} 的低频电场或静电场中，极性分子所产生的摩尔极化度 P 是转向极化、电子极化和原子极化的总和。

$$P = P_{转向} + P_{电子} + P_{原子} \tag{3}$$

当频率增加到 10^{12}～10^{14} 的中频（红外频率）时，电子的交变周期小于分子偶极矩的松弛时间，极性分子的转向运动跟不上电场的变化，即极性分子来不及沿电场方向定向，故 $P_{转向} = 0$，此时极性分子的摩尔极化度等于摩尔诱导极化度 $P_{诱导}$。当交变电场的频率进一步增加到 $> 10^{15}$ s^{-1} 的高频（可见光和紫外频率）时，极向分子的转向运动和分子骨架变形都跟不上电场的变化。此时极性分子的摩尔极化度等于电子极化度 $P_{电子}$。

因此，原则上只要在低频电场下测得极性分子的摩尔极化度 P，在红外频率下测得极性分子的摩尔诱导极化度 $P_{诱导}$，两者相减得到极性分子摩尔转向极化度 $P_{转向}$，然后代入式（2）就可算出极性分子的永久偶极矩 μ 来。

极化度的测定　克劳修斯、莫索和德拜从电磁场理论得到了摩尔极化度 P 与介电常数 ε 之间的关系式：

$$P = \frac{\varepsilon - 1}{\varepsilon + 2} \times \frac{M}{\rho} \tag{4}$$

式中，M 为被测物质的分子量；ρ 为该物质的密度；ε 可以通过实验测定。

但式（4）是假定分子与分子间无相互作用而推导得到的。所以它只适用于温度不太低的气相体系，对某些物质甚至根本无法获得气相状态。因此后来提出了用一种溶液法来解决这一困难。溶液法的基本想法是，在无限稀释的非极性溶剂的溶液中，溶质分子所处的状态和气相时相近，于是无限稀释溶液中溶质的摩尔极化度 P_2^∞，就可以看作为式（4）中的 P。

海德斯特兰首先利用稀溶液的近似公式。

$$\varepsilon_{溶} = \varepsilon_1(1 + \alpha X_2) \tag{5}$$

$$\rho_{溶} = \rho_1(1 + \beta X_2) \tag{6}$$

再根据溶液的加和性，推导出无限稀释时溶质摩尔极化度的公式：

$$P = P_2^\infty = \lim_{x^2 \to 0} P^2 = \frac{3\alpha\varepsilon_1}{(\varepsilon_1 + 2)^2} \times \frac{M_1}{\rho_1} + \frac{\varepsilon_1 - 1}{\varepsilon_1 + 2} \times \frac{M_2 - \beta M_1}{\rho_1} \tag{7}$$

上述式（5）、式（6）、式（7）中，$\varepsilon_{溶}$、$\rho_{溶}$ 是溶液的介电常数和密度；M_2、X_2 是溶质的分子量和摩尔分数；ε_1、ρ_1、M_1 分别是溶剂的介电常数、密度和分子量；α、β 是分别与 $\varepsilon_{溶}$-X_2 和 $\rho_{溶}$-X_2 直线斜率有关的常数。

上面已经提到，在红外频率的电场下，可以测得极性分子摩尔诱导极化度 $P_{诱导} = P_{电子} + P_{原子}$。但是在实验上由于条件的限制，很难做到这一点。所以一般总是在高频电场下测定极性分子的电子极化度 $P_{电子}$。

根据光的电磁理论，在同一频率的高频电场作用下，透明物质的介电常数 ε 与折射率 n 的关系为：

$$\varepsilon = n^2 \tag{8}$$

习惯上用摩尔折射度 R_2 来表示高频区测得的极化度，而此时，$P_{转向} = 0$，$P_{原子} = 0$，则：

$$R_2 = P_{电子} = \frac{n^2 - 1}{n^2 + 2} \times \frac{M}{\rho} \tag{9}$$

在稀溶液情况下，还存在近似公式：

$$n_{溶} = n_1(1 + \gamma X_2) \tag{10}$$

同样，从式（9）可以推导得无限稀释时，溶质的摩尔折射度的公式：

$$P_{电子} = R_2^\infty = \lim_{X_2 \to 0} R_2 = \frac{n_1^2 - 1}{n_1^2 + 2} \times \frac{M_2 - \beta M_1}{\rho} + \frac{6n_1^2 M_1 \gamma}{(n_1^2 + 2)^2 \rho_1} \tag{11}$$

式（10）、式（11）中，$n_{溶}$ 是溶液的折射率；n_1 是溶剂的折射率；γ 是与 $n_{溶}$-X_2 直线斜率有关的常数。

1. 偶极矩的测定

考虑到原子极化度通常只有电子极化度的 $5\% \sim 15\%$，而且 $P_{转向}$ 又比 $P_{原子}$ 大得多，故常常忽视原子极化度。

从式（2）、式（3）、式（7）和式（11）可得：

$$P_2^\infty - R_2^\infty = \frac{4}{9} \pi N \frac{\mu^2}{KT} \tag{12}$$

上式把物质分子的微观性质偶极矩和它的宏观性质介电常数、密度、折射率联系起来，分子的永久偶极矩 $\mu(C \cdot m)$ 就可用下面简化式计算：

$$\mu = 0.01281\sqrt{(P_2^\infty - R_2^\infty)T} = 0.04274 \times 10^{30}\sqrt{P_2^\infty - R_2^\infty} \tag{13}$$

在某种情况下，若需要考虑 $P_{原子}$ 影响时，只需对 R_2^∞ 作部分修正就行了。

上述测求极性分子偶极矩的方法称为溶液法。溶液法测溶质偶极矩与气相测得的真实值间存在偏差。造成这种现象的原因是由于非极性溶剂与极性溶质分子相互间的作用——"溶剂化"作用。这种偏差现象称为溶剂法测量偶极矩的"溶剂效应"。

此外测定偶极矩的方法还有多种，如温度法、分子束法、分子光谱法及利用微波谱的斯诺克法等。这里就不一一介绍了。

2. 介电常数的测定

介电常数是通过测定电容计算而得的。

我们知道，如果在电容器的两个极板间充以某种电解质，电容器的电容量就会增大。如果维持极板上的电荷量不变，那么充电解质的电容器二板间电势差就会减少。设 C_0 为极板间处于真空时的电容量，C 为充以电解质时的电容量，则 C 与 C_0 之比值 ε 称为该电解质的介电常数：

$$\varepsilon = \frac{C}{C_0} \tag{14}$$

早在 1837 年，法拉第就解释了这一现象，认为这是由于电解质在电场中极化而引起的。极化作用形成一反向电场，因而抵消了一部分外加电场。

测定电容的方法一般有电桥法、拍频法和谐振法，后二者为测定介电常数所常用，抗干扰性能好，精度高，但仪器价格较贵。本实验中采用电桥法，选用的仪器为 PGM-1A 型小电容测定仪。

但小电容测量仪所测之电容 C_x 包括了样品的电容 $C_{样}$ 和整个测试系统中的分布电容 C_d 之和，即：

$$C_x = C_{样} + C_d \tag{15}$$

显然，$C_{样}$ 值随介质而异，而 C_d 对同一台仪器而言是一个定值，称为仪器的本底值。如果直接将 C_x 值当作 $C_{样}$ 值来计算，就会引进误差。因此，必须先求出 C_d 值，并在以后的各次测量中给予扣除。

测求 C_d 的方法如下：用一个已知介电常数的标准物质测得电容 $C'_{标}$：

$$C'_{标} = C_{标} + C_d \tag{16}$$

再测电容池中不放样品时的电容：

$$C'_{空} = C_{空} + C_d \tag{17}$$

式（16）、式（17）中 $C_{标}$、$C_{空}$ 分别为标准物质和空气的电容。近似地可将 $C_{空} = C_0$，则：

$$C'_{标} - C'_{空} = C_{标} - C_0 \tag{18}$$

因：

$$\varepsilon = \frac{C_{标}}{C_0} \approx \frac{C_{标}}{C_{空}} \tag{19}$$

由式（17）、式（18）、式（19）可得

$$C_0 = \frac{C'_{标} - C'_{空}}{\varepsilon_{标} - 1} \tag{20}$$

$$C_d = C'_{空} - C_0 = C'_{空} - \frac{C'_{标} - C'_{空}}{\varepsilon_{标} - 1} \tag{21}$$

【仪器与试剂】

小电容测定仪，电容池，阿贝折光仪，超级恒温水浴，容量瓶（10mL），移液管（5mL，带刻度），烧杯（10mL），干燥器，电吹风，电子天平。

环己烷，乙酸乙酯。

【实验步骤】

1. 溶液配制

将 5 个干燥的容量瓶编号，分别称量空瓶重。在 2～5 号空瓶内分别加入 0.5mL、1.0mL、1.5mL 和 2.0mL 的乙酸乙酯再称重。然后在 1～5 号的 5 个瓶内加环己烷至刻度，再称重。操作时应注意防止溶质、溶剂的挥发以及吸收极性较大的水汽。为此，溶液配好后

应迅速盖上瓶塞，并置于干燥器中。

2. 折射率的测定

用阿贝折光仪测定环己烷及各配制溶液的折射率。每个样品平行测定 2 次，每次读取两个读数，这些数据之间相差不能超过 0.0003。

3. 介电常数的测定

电容 C_0 和 C_d 的测定本实验采用环己烷作为标准物质。其介电常数的温度公式为：

$$\varepsilon_{环己烷} = (2.052 \sim 1.55) \times 10^{-3} t \tag{22}$$

式中，t 为测定时的温度，℃。

插上小电容测量仪的电源插头，打开电源开关、预热 10min。

用配套的测试线将数字小电容测量仪上的"电容池座"插座与电容池上的"Ⅱ"插座相连，将另一根测试线的一端插入数字小电容测量仪的"电容池"插座，另一端暂时不接。

待数显稳定后，按下校零按钮，数字表头显示为零。

在电容池样品室干燥、清洁的情况下（电容池不清洁时，可用己醚或丙酮冲洗数次，并用电吹风吹干），将测试线未连接的一端插入电容池上的"Ⅰ"插座，待数显稳定后，数字表头指示的便为空气电容值 $C'_{空}$。

拔出电容池"Ⅰ"插座一端的测试线，打开电容池的上盖，用移液管量取 1mL 环己烷注入电容池样品室（注意样品不可多加，样品过多会腐蚀密封材料），每次加入的样品量必须相同。待数显稳定后，按下校零按钮，数字表头显示为零。将拔下的测试线的一端插入电容池上的"Ⅰ"插座，待数显稳定后，数字表头显示的便为环己烷的电容值。吸去电容池内的环己烷（倒在回收瓶中），重新装样，再次测量电容值，两次测量电容的平均值即为 $C'_{环己烷}$。

用吸管吸出电容池内的液体样品，用电吹风对电容池吹气，使电容池内液体样品全部挥发，至数显的数字与 $C'_{空}$ 的值相差无几（<0.05pF），才能加入新样品，否则需再吹。

将 $C'_{空}$、$C'_{环己烷}$ 值代入式（20）、式（21），可解出 C_0 和 C_d 值。

溶液电容的测定　与测纯环己烷的方法相同。重复测定时，不但要吸去电容池内的溶液，还要用电吹风将电容池样品室和电极吹干。然后复测 $C'_{空}$ 值，以检验样品室是否还有残留样品。再加入该浓度溶液，测出电容值。两次测定数据的差值应小于 0.05pF，否则要继续复测。所测电容读数取平均值，减去 C_d，即为溶液的电容值 $C_{溶}$。由于溶液浓度易挥发而改变，故加样时动作要迅速。

【数据处理】

（1）计算环己烷的密度 ρ_1 和各溶液的密度 $\rho_{溶}$ 及摩尔分数 X_2

$$M_{环己烷} = 153.8$$
$$M_{CH_3COOC_2H_5} = 88.11$$

编号 项目	1	2	3	4	5
瓶的质量/g					
瓶+酯的质量/g					
瓶+溶液的质量/g					
瓶容积/mL					
酯重/g					
环己烷的质量/g					
溶液的质量/g					
密度 ρ/(g/mL)					
摩尔分数 X_2					

（2）计算环己烷及各溶液的折射率 n

折射率＼编号	1	2	3	4	5
n_1					
n_2					
n					

（3）计算 C_0、C_d 及各溶液的介电常数 ε

电容及介电常数＼编号	空气	1	2	3	4	5
C_1'						
C_2'						
C'						
ε						

$C_0 =$

$C_d =$

作 $\varepsilon\text{-}X_2$ 图，由直线斜率求得 α；作 $\rho\text{-}X_2$ 图，由直线斜率求得 β；作 $n\text{-}X_2$ 图，由直线斜率求得 γ。将 ρ_1、ε_1、α、β 值代入式（7），求得 P_2^∞。将 ρ_1、ε_1、β、γ 值代入式（11），求得 R_2^∞。将 P_2^∞、R_2^∞ 值代入式（13）计算乙酸乙酯的永久偶极矩 μ。

【注意事项】

1. 本实验所用试剂均易挥发，配制溶液时动作应迅速，以免影响浓度。
2. 测定电容时，应防止溶液的挥发及吸收空气中极性较大的水汽，影响测定值。
3. 测折射率时，样品滴加要均匀，用量不能太少，滴管不要触及棱镜，以免损坏镜面。
4. 电容池各部件的连接应注意绝缘。

【思考题】

1. 试分析本实验中误差的主要来源，如何改进？
2. 准确测定溶质摩尔极化度和摩尔折射度时，为什么要外推至无限稀释？
3. 属于什么点群的分子有偶极矩？

第五篇 综合提高型实验

本部分所安排的实验项目，原系郑州大学实验教学中心为高年级学生开设的限选课部分内容，实验原理和操作方法涉及传统的所有化学二级学科。在本质上，每一个实验题目就相当于一项化学学科的科研课题。素材大部分源于中心教师的一些科研项目。课程目的在于及早对学生进行科研能力的培养与训练，提高专业素质；通过开放实验的实践与学习，使学生养成创新思维习惯；依据认知心理学理论，最大限度地提高实验课的学习效率。学生通过此类实验的练习，应初步掌握了解本专业科学研究的一般过程，为独立开展科研活动打下相应的基础。

本篇共编入实验项目 13 个，供不同条件实验室选用。每个项目仅给出背景知识，不给出具体的操作步骤，要求学生自行查阅相关文献，设计方案，经指导教师审核同意（除非方案存在安全隐患或明显错误，一般并不做大的修改）。自己选用规定的仪器，自己配制和标定标准溶液，自己根据所设计的方案独立完成实验，自己分析和解决问题。当然，这些项目的展开顺序则由指导教师确定，并不存在按序进行关系。

一般来说，完成这类实验，同学需按照如下顺序开展工作。

① 查阅文献，并写出文献综述；内容及深度与开题报告相当。

② 拟定实验方案（包括实验所用的仪器和药品种类及用量、操作步骤、产物鉴定表征项目、实验相关理化数据、安全注意事项等）。注意：实验方案可能因实际情况变化，应在实验过程中及时修订。

③ 实验方案提交指导教师，审查其可行性、安全性。

④ 指导教师通过后进入实验室开展实验，并独立完成规定工作内容。

⑤ 以研究论文形式提交完整实验报告。

实验 157 负载型杂多酸催化剂制备与酯化反应应用

【基本背景】

羧酸酯是一类重要的精细化工产品，广泛应用于香料、日化、食品、医药、饲料等行业。传统的羧酸酯合成方法是由醇和有机酸在浓硫酸或磷酸（基本不使用浓盐酸，为什么?）催化下酯化。相对于磷酸，浓硫酸具有价格低廉，催化活性高等优点，但也存在如下缺点：①易使有机物炭化氧化，产生焦质，使酯化产物颜色变深，影响产品精制和原料回收；②严重腐蚀设备，增加固定资产投资和生产成本；③三废处理麻烦，污染环境。为此，国内外科学家积极探索能代替浓硫酸进行酯化的新型催化剂。近来的研究结果表明，杂多酸作为酯化反应的催化剂具有独特的优点，即具有比传统无机酸（硫酸、硝酸、盐酸、磷酸）更强的酸性和更高的催化活性，而且不腐蚀设备，不污染环境，可用于均相和多相反应，有可能代替硫酸用作酯化反应的催化剂。

杂多酸（heteropolyacids，HPAs）是由杂原子（如 P、Si、Ge 等）和过渡金属（如 Mo、W、V 等）通过氧原子桥连接配位而成的配合化合物。在杂多酸中，杂多阴离子的结构类型有四面体型、八面体型、二十面体型三类。四面体型又有 1:12 系列的 Keggin 结构 $[如 (X^{n+}M_{12}O_{40})^{n-6}]$ 和 Dawson 结构 $[如 (X^{n+2}M_{18}O_{62})^{2n+2}]$。八面体型的杂阴离子有 1:6 系列 $[如 (Fe^{VI}M_6O_{24})^{6-}]$ 和 1:9 系列两个系列。二十面体的杂多阴离子主要是 1:12 系列 $[如 Silverton 结构的 (X^{n+}Mo_{12}O_{42})^{n-12}]$。在杂多酸这几种结构中，Keggin 结构的杂多酸是最容易生成而又被广泛深入研究的杂多化合物，其通式可写为 $H_n[XM_{12}O_{40}]$，缩写为 XM_{12}（其中 $X=P$、Si、Ge 等，$M=W$、Mo 等）。在 Keggin 结构中，杂多阴离子 $[XM_{12}O_{40}]^{n-}$ 的结构为一级结构，是由 12 个 MO_6 八面体围绕一个中心 XO_4 四面体所构成。杂多阴离子与反荷阳离子组成二级结构。反荷阳离子、杂多阴离子和结构水在三维空间形成三级结构。杂多酸分子中含有很多水合质子，是很强的质子酸。酸强度测定实验结果表明，杂多酸的酸性强于通常的无机酸。一般认为，HPAS 成为酸催化剂的最重要的原因来自于球形 HPA 分子表面上的低电荷密度，由于电荷是非定域的，质子的活动性和活动范围相当大，因而有很强的 Brönsted 酸性，当以固体或在非水溶液中使用时，大概比硫酸的酸性还要高 100 倍。

杂多酸除在水溶液中有很强的酸性外，在有机溶剂中，也可解离出质子，显示出很强的酸性。如杂多酸在丙酮中的酸强度次序为：$H_3PW_{12}O_{40} > H_4PW_{11}O_{40} > H_3PMo_{12}O_{40} \approx H_4SiW_{12}O_{40} > H_4PMo_{11}VO_{40} \approx H_4SiMo_{12}O_{40} \geqslant HCl$、$HNO_3$。

作为质子酸，杂多酸的酸催化反应机理总是 H^+ 首先进攻，从而产生正碳离子盐或碳正离子，进而亲核试剂进攻生成产物。生成的正碳离子盐易与杂多酸阴离子形成较为稳定的离子对，降低了反应的活化能，从而有利于反应的进行。因此，在以杂多酸为催化剂的酯化反应中，质子是催化酯化反应的活性中心。

杂多酸作为酯化催化剂可分为两类。①非固定化杂多酸催化剂：杂多酸直接加入反应溶液，与反应物进行作用。②固定化杂多酸催化剂：将杂多酸经过一定处理，固定在某一载体上，然后把带有杂多酸的载体加入反应溶液中，进行催化反应。非固定化杂多酸的催化反应催化剂目前主要采用 $H_3PW_{12}O_{40}$、$H_4SiW_{12}O_{40}$、$H_4GeW_{12}O_{40}$、$H_3PMo_{12}O_{40}$ 和 $H_4SiMo_{12}O_{40}$ 等杂多酸，其催化性能一般随其酸强度的增大而升高。这类催化反应又可分为均相和"假液相"。在均相酯化反应中，杂多酸溶于反应物酸和醇，形成均匀的液相反应体系。在"假液相"酯化反应中，杂多酸大多以固体形式稳定存在，但固体杂多酸具有沸石一样的笼型结构，体相内的杂多阴离子间有一定空隙，有些极性分子可进出，因此，在固体杂多酸表面上发生的变化，可迅速地扩及体相内的各处，使固体杂多酸和浓溶液像催化剂一样，也具有均相催化反应的特点，形成"假液相"均相反应体系。非固定化杂多酸催化酯化反应显示了活性高，选择性好和操作条件温和等优点，但也存在生产能力低，工艺设备庞大，催化剂的分离和回收再利用困难等缺点。将杂多酸固定在某一载体上形成的固定化杂多酸催化剂解决了催化剂的回收和循环使用问题，已成为杂多酸催化剂应用中的研究和开发热点。

杂多酸固载化后，不仅能在液相氧化和酸催化酯化反应中把催化剂从反应介质中很方便地分离出来，而且还为这类均相催化反应的多相化，甚至利用催化蒸馏新工艺等创造应有的条件。可以使生产工艺大大简化，获得更广泛的应用。当然，固载后的杂多酸结构、酸性、氧化-还原性都将受到载体材料性质的影响，这是杂多酸固载化需要研究解决的问题。已研究过的 HPAS 的载体，除了通常的金属氧化物如 SiO_2、Al_2O_3、TiO_2 外，还有活性炭、离子交换树脂等。Izumi 和 Urabe 早期的工作就已定性地显示出 HPAs 对活性炭具有很高的亲和力。当活性炭在高浓度的 HPA 溶液中浸渍和干燥后，磷钨（PW_{12}）酸不从活性炭上脱落，即使 HPA 很容易溶解在水、甲醇和丙酮之中，浸渍过 HPAs 的活性炭即使在 Soxhlet 抽提器中用甲醇长期抽提，固载在活性微孔之内的 HPAS 也不能被抽提出来。Schwegler 等人指出，PW_{12} 酸和 SiW_{12} 酸等 HPAs 能强烈地吸附在各种活性炭上，但吸附量和吸附强度因活性炭以及 HPA 的种类而不同，在测定一系列吸附等温线的基础上还试图探讨 HPA 和活性炭的作用本质。虽然对引起 HPAS 在活性炭上强吸附的键型未予肯定，但认为是库仑作用，且部分吸附是不可逆的。通过电镜研究还指出，依负载量的不同，HPAS 可以有 3 种分布形式，即单层、多层和隔离分散。

活性炭作为催化剂载体和别的相比，除了有高的比表面积和在很广的 pH 值范围内十分稳定的特点外，由于制备时采用的活化方法，活性炭的氧化程度可以很不一样，其表面化学远比氧化物的复杂的多，在极限情况下，可以制得主要含酸性基团（约 400℃ 活化，含大量具有氢醌的芳烃），具有还原性的 L-活性炭（亲水的）；和主要含碱性基团（＞800℃ 活化，含大量醌型结构和双键），具有氧化性能的 H-活性炭（憎水的）。在通常的活性炭表面上，既有各种酸性基团，如羧基、羟基、酚羟基和羰基等，也有碱性基团，尽管它们的本质尚不十分清楚，但已可认为具有和 Pyrone❶ 或 Chromene❷ 及类似的结构。因此，以活性炭为载体时，杂多酸在活性炭表面上的吸附作用本质和氧化物载体相比还很不清楚。加上活性炭本身孔结构的特点，甚至连吸附作用的本质是物理的（孔结构、表面积大小）还是化学的（表面化学）也还存在着争论。从 HPAS 的化学性质以及活性炭的表面化学来分析，吸附作用更像是由活性炭的表面化学决定的。

【试剂与原料】

$Na_2WO_4 \cdot 2H_2O$，$Na_2SiO_3 \cdot 9H_2O$，HNO_3，HCl，乙醚，乙酸，乙醇。

颗粒活性炭（北京光华木材厂）。

【基本要求】

1. 制备 $SiW_{12}HPA$。之所以用钨系杂多酸作酯化催化剂，是因为它不像钼、钒系杂多酸那样具有显著的氧化-还原特征。

2. 用活性炭对于所得到的钨系杂多酸实施固载化。

3. 以固载杂多酸为催化剂，乙酸和乙醇为原料，合成乙酸乙酯。并与硫酸催化法比较，表征所制得的催化剂活性。

实验 158 透明氧化铁黄的制备

【基本背景】

铁黄（yellow iron oxide；iron yellow）【20344-49-4】，分子式 $Fe_2O_3 \cdot H_2O$ 或 $FeOOH$。作为一种黄色耐候性好的无机颜料，在生产和日常生活中具有广泛的用途。它的工业制备方法大致为：用空气于碱性介质在晶种存在下氧化硫酸亚铁，得到的沉淀经水洗，干燥脱水后即为铁黄颜料。但这种方法所得铁黄往往因为粒子尺寸较大，对于可见光多发生反射作用，因此在高档汽车漆、仪器漆中，应用就受到限制。如果设法制得粒子直径较小的颜料，比如直径在 $10\sim100nm$ 颗粒，而这个尺寸范围正好是可见光发生衍射的条件，分散在介质中制成连续的膜层时具透明的着色效果。由于微小的粒径，使得其对光的散射和吸收特性明显不同于传统的氧化铁颜料，具有鲜艳的着色性，而改变了传统氧化铁颜料色彩暗的性能。这种颜料就称为透明颜料。它们在涂料中的光学表现与以分子形态存在的有机染料相似，但因其组成大多为无机物，因而又具备了较好的耐候性，这一点正是有机染料所难以具备的。

透明氧化铁（transparent iron oxide，micronized iron oxide，简称透铁）颜料是指原级粒子❸尺寸小于 100nm 的超微细氧化铁粒子，透明氧化铁颜料的制备方法有多种，它们各有

---

❶

❷

❸ primary particle。又称初级粒子和一次粒子。利用各种化学反应方法得到的最初粒子（晶粒）。一次粒子的大小为 $0.005\sim1\mu m$，比筛分的极限小得多，在介质中有相当高的稳定性。

优缺点。相转移法制备超微粒子是在 20 世纪 80 年代初首先由日本学者伊藤征司郎等人提出来，并用这种方法制备出了氧化铁（Ⅲ）、氧化钛（Ⅳ）、氧化铬（Ⅲ）、氧化钴（Ⅱ）及氧化铝等金属氧化物超微粒子。我国张启超等先后采用离子交换法和胶溶法制备了超微粒子氧化铁。罗益民等用胶溶法对纳米级 α-FeOOH 细粉的制备与表征进行了研究。将 α-FeOOH 加热脱水，就可以得到氧化铁红。

本实验先用标准 HCl 溶液溶解铁黄样品，然后以标准碱滴定剩余的盐酸。但由于 Fe^{3+} 的水解，如不采取措施的话，在用碱滴定剩余酸时，必然连同 Fe^{3+} 一起被滴定。因此，需要对 Fe^{3+} 实施掩蔽，使用的掩蔽剂为氟离子，利用 F^- 与 Fe^{3+} 生成稳定配合物 FeF_6^{3-} 这一特征，可使 Fe^{3+} 直到 pH＝9～10 不水解。Fe(Ⅲ) 含量的测定用经典的重铬酸钾法。

【试剂与原料】

钛白副产 $FeSO_4 \cdot 7H_2O$，还原铁粉，$NaClO_3$，$FeCl_3 \cdot 6H_2O$，$NH_3 \cdot H_2O(1+1)$，十二烷基苯磺酸钠 2％，四氯化碳，pH 试纸，中速定量滤纸等。

标准 $K_2Cr_2O_7$（0.1mol/L），$SnCl_2$，$HgCl_2$，硫磷混酸，二苯胺磺酸钠指示剂，标准 HCl（0.5mol/L），酚酞指示剂，NaOH(s)，NH_4HF_2(s)，NaF(s)。

【基本要求】

1. 对于选用的钛白副产 $FeSO_4 \cdot 7H_2O$ 进行净化除杂，得到纯净的符合要求的硫酸亚铁溶液。

2. 参照参考文献，用相转移法制备透明氧化铁黄。

3. 用容量法测定铁黄样品中羟基（—OH）和 Fe(Ⅲ) 含量，证实铁黄的最简化学式。

实验 159　DL-苏氨酸的化学合成

【基本背景】

DL-苏氨酸（称为 β-羟基-α 氨基-丁酸，Thr）【36676-50-3】为白色结晶或结晶性粉末，无臭，味稍甜。熔点约 229～230℃（分解），$M_r=119.12$；分子式 。等电点 pH＝6.16；溶于水，在 100mL 水中溶解度（298K）为 20.1g，353K 下为 55.0g。难溶于乙醇（298K 时 95％ 乙醇中的溶解度为 0.07g/100g）等有机溶剂。L-苏氨酸熔点约 256℃。CA 登录号【72-19-5】，生理效果为 DL-型的两倍。人体能利用的也主要是 L-氨基酸。苏氨酸是人体必需氨基酸之一。

DL-苏氨酸的主要生产方法如下。

1. 蛋白质水解法提取生产 L-苏氨酸。在用发酵法制备氨基酸之前，所有氨基酸都是利用水解蛋白质法制备。苏氨酸主要以 L 型存在于血粉、角蹄、玉米麸质粉、棉籽饼、丝胶等天然蛋白质中，可将上述蛋白质经水洗、搅碎、干燥、酸解得水解液，经浓缩得浓缩液，用活性炭脱色、上柱，接收液作纸层析，收集苏氨酸部分。此法缺点主要有：操作复杂，需处理大量洗脱液；最主要的是苏氨酸在这些蛋白质中含量较低，尤其是提取目标氨基酸时，其他氨基酸作为废料处理掉，造成资源的浪费。

2. 发酵法。苏氨酸发酵所用的产生菌为变异性菌株 *P-Rettegeri AXRIG-10*，发酵过程为典型的控制代谢发酵。发酵法因对菌种的生产能力和发酵设备及发酵条件要求都较高，因而生产往往受到限制。

3. 酶法。酶法的优点是专一性高、产品单一、易于精制，近年来很受重视。但酶法生产 L-苏氨酸的报道还不多。L-苏氨酸可以用 *Pseudomonas* 或从细菌中所得的苏氨酸醛缩酶转化甘氨酸和乙醛，得 L-苏氨酸。酶法生产 L-苏氨酸，所需酶难以获得，因而也受到限制。

4. 化学合成法制备 DL-苏氨酸。选用不同的原料和试剂，工艺路线也不同。根据文献资料 DL-苏氨酸的制备大体有以下几条路线。

① 以反丁烯-2-酸（巴豆酸）为原料的方法。

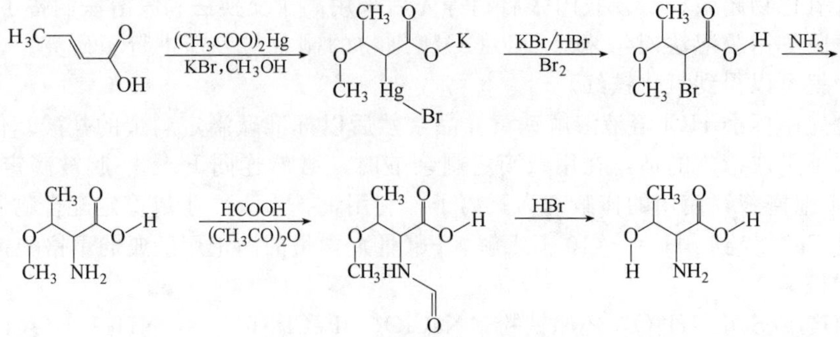

由工艺路线示意可见，采用反丁烯-2-酸为原料，虽说原料易得，但该路线较长，分步操作，分步处理，过程繁杂，并且要用大量的易燃易爆物（如乙醚、丙酮等），因而，一般不采用此路线。

② 以乙酰乙酸乙酯为原料法。由于用此反应还原生成的产物中别苏氨酸较多，故需用乙酐和氯化亚砜作用，使其反转，即得 DL-苏氨酸。

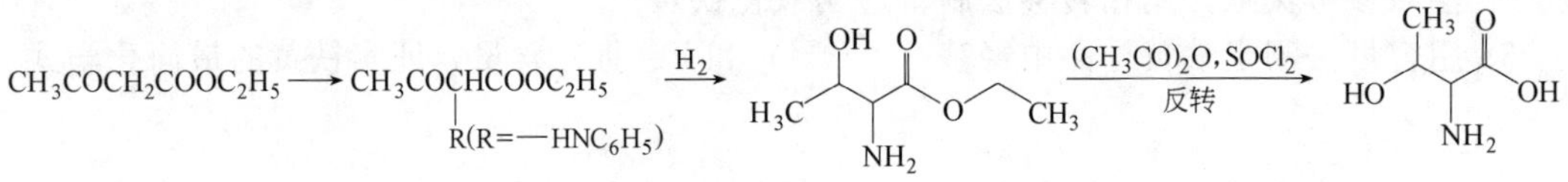

③ 以甘氨酸为原料。目前，苏氨酸的化学合成多采用甘氨酸铜路线，即下图所示方法。此法合成路线短，所得的 DL-苏氨酸收率高，是一种工业化化学合成方法。

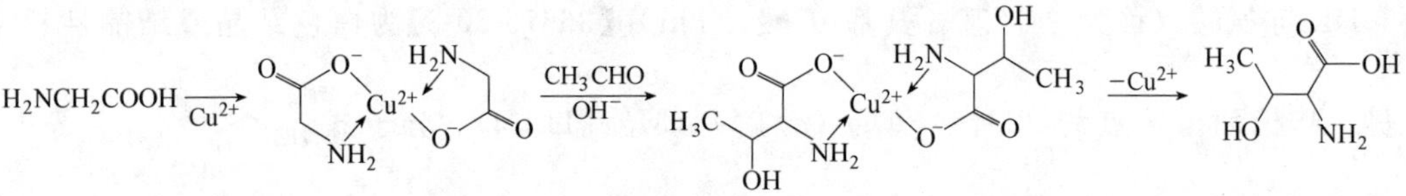

由工艺路线示意图可知，甘氨酸铜配合物在碱性介质中与乙醛作用后，将得到 DL-苏氨酸铜及 DL-别苏氨酸铜的混合物。但由于后者的溶解度大，可以留在溶液中，苏氨酸铜则因溶解度小而析出，将沉淀过滤得苏氨酸铜，脱铜则得 DL-苏氨酸。

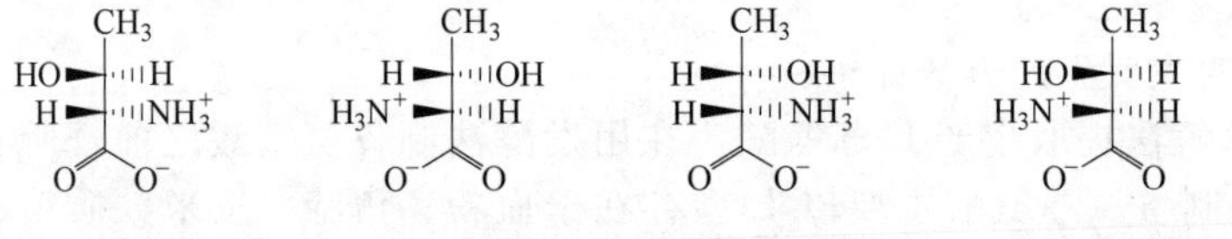

| L-苏氨酸 | D-苏氨酸 | L-别苏氨酸 | D-别苏氨酸 |
| L-Threonine | D-Threonine | L-alloThreonine | D-alloThreonine |

【仪器、试剂与原料】

常规玻璃仪器，电子台秤，天平，水力喷射真空泵，离心机，微波炉等。

甘氨酸，$CuSO_4 \cdot 5H_2O$，氢氧化钠，工业乙醇，丙酮，浓盐酸，浓氨水，乙醛，硫酸肼溶液，硫酸，硫化钠等。

【基本要求】

1. 首先制备 $Cu(OH)_2$，溶于过量甘氨酸溶液。$Cu(OH)_2$ 的制备可参见本书实验 76。

2. 利用甘氨酸铜螯合物中 Cu^{2+} 的模板效应，在碱性介质中与乙醛缩合，得到苏氨酸铜。

3. 用化学方法对苏氨酸铜进行脱铜，获得苏氨酸。本实验不要求同学进行拆分。干燥称重，计算收率（以甘氨酸计）。样品进行 IR 分析，并与标准图谱（附图 1）进行比较。若条件具备，亦可进一步作 ^{13}C NMR 谱（附图 2）。

4. 进一步设计方案，拟出拆分实验步骤。

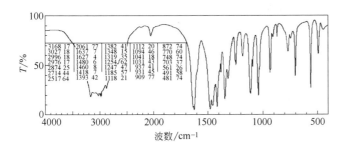

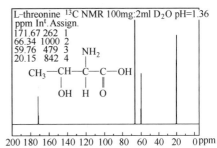

附图 1　L-苏氨酸 IR 谱（KBr 压片）

附图 2　L-苏氨酸 ^{13}C NMR 谱
（pH1.36，D_2O）

实验 160　乳酸亚铁制备

【基本背景】

乳酸亚铁（ferrous lactate）【5905-52-2】，相对分子质量 288.04，其晶体示性式为 $[CH_3CH(OH)COO]_2Fe \cdot 3H_2O$，是一种优良的铁质食品营养添加剂。具有易吸收，对胃肠无刺激性，无副作用，而又不影响食品的外观色泽及风味，效果优于硫酸亚铁。日本、美国等国家广泛用于糖果、巧克力、饼干、面包、点心、通心粉等食品。美国食品和药物管理局（FDA，1985 年）将本品列为一般公认的安全物质。作为补铁营养强化剂，乳酸亚铁最大的特点在于人体极易吸收（乳酸盐的通性），并且几无异味，对食品的感官性能和风味无影响。用作药物对防治和治疗缺铁性贫血，有显著效果。乳酸亚铁是食品和饲料添加剂，也是治疗贫血的药物。成人每日需要量 16mg，婴儿为 6mg。作为铁强化剂，美国规定面粉中的用量为 3mg/100g，面包中的用量为 2mg/100g，奶粉中为 6mg/100g。所以目前国内的用量很大。

乳酸亚铁为浅绿色或微黄色结晶，具有特殊气味和微甜铁味。易潮解。暴露在空气中颜色变深。在光照下促进氧化。铁离子与其他食品添加剂反应易着色。易溶于柠檬酸，成绿色溶液。溶于水，2.5g/100mL 煮沸的冷水或 8.3g/100mL（沸水），水溶液带绿色，呈弱酸性。几乎不溶于乙醇。一般生产工艺采用铁粉法和硫酸亚铁法两种。铁粉法用乳酸与还原铁粉（三氧化二铁用氢气或一氧化碳 600℃ 还原得到）反应而得。硫酸亚铁法用乳酸钙（直接由发酵乳酸过程中碳酸钙中和得到）与硫酸亚铁或氯化亚铁反应而得。

国家标准 GB 6781—86 规定的乳酸亚铁技术指标为：总铁（以 Fe 计）$\geqslant$18.9%；亚铁（以 Fe^{2+} 计）$\geqslant$18.0%；水分（不包括结晶水）$\leqslant$2.5%；钙盐（以 Ca^{2+} 计）$\leqslant$1.2%；重金属（以 Pb 计）$\leqslant$0.002%；砷（以 As 计）$\leqslant$0.0001%。

【仪器、试剂与原料】

常规玻璃仪器，电子台秤，天平，水力喷射真空泵，离心机，微波炉等。

钛白副产硫酸亚铁(s)，乳酸溶液，氧化钙(s)，抗坏血酸(s)，还原铁粉，30% 过氧化氢，浓硫酸，工业乙醇，丙酮，浓盐酸，浓硝酸，硫酸亚铁铵（A.R.，s），硫酸铁铵（A.R.，s），KI(s)，$KMnO_4$(s)，1% 淀粉液指示剂，二苯胺磺酸钠指示剂，磷酸等。

【基本要求】

1. 完成钛白副产硫酸亚铁的精制，产品总量不低于 0.25mol（所需粗品及相关物料用量需仔细计算！当然在生产上，可以直接使用纯化过的溶液进行下一步反应。但在这里，出于对基本操作训练的目的，最好得到精制的七水硫酸亚铁晶体），备用。

2. 由石灰乳与乳酸作用得到乳酸钙溶液。具体产出量请依据七水硫酸亚铁的总量来确定；但一定要注意所得乳酸钙溶液的浓度必须合理，否则势必要影响到后继乳酸亚铁的结晶！

3. 在抗坏血酸的存在下，实现乳酸钙与硫酸亚铁的复分解反应，得到乳酸亚铁溶液；减压浓缩，然后自行组装真空冷冻干燥装置，进行冷冻干燥，获得晶体产品。

4. 测定样品中的总铁含量、亚铁含量。并作 IR 分析，与标准谱（附图 1）对照。

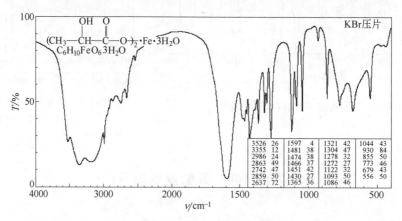

附图 1 乳酸亚铁 IR 谱（KBr 压片）

实验 161 水垢样品成分分析

【基本背景】

垢是在受热面和传热表面上形成的附着物，是由水中或介质中沉淀或发生某些作用而生成的。依据组成分类，在热交换系统和锅炉中出现的水垢主要由以下几种类型：碳酸盐垢、硫酸盐垢、硅酸盐垢、磷酸盐垢等。其中硫酸盐垢、硅酸盐垢、磷酸盐垢极少单独出现。硫酸盐垢实际上不是单一的垢种，它一般与其他垢种同时存在，且通常所占的比例较少，约在1/3 以下。但是由于其不溶于盐酸、硝酸、硫酸以及其他有机酸，也不溶于络合剂，垢中有硫酸盐存在时就变得极难清除，因此在许多文献和书籍中常将其作为单独垢种列出。与硫酸盐垢相同，硅酸盐垢也不是单一的垢种，在垢中的含量较低，一般仅为 20％左右，当硅酸盐含量在 20％以上或含 20％以上二氧化硅时，就将其称作硅垢，以与易溶垢相区别。磷酸盐垢常见于水质处理过程中，在循环冷却水中投加聚磷酸盐作为缓蚀剂或阻垢剂，而聚磷酸盐在水中会水解成正磷酸盐，使水中有 PO_4^{3-} 存在，它与钙离子结合会生成溶解度很低的磷酸钙析出，附着在基体表面上，就形成磷酸钙垢。所以，在日常生活和低压锅炉中出现的垢，大多是以碳酸盐垢为主要成分的混合垢。在家用的茶壶、电热饮水器中结的垢大都是碳酸盐水垢。低压锅炉和热水锅炉中沉积的垢绝大多数也是碳酸盐垢。

碳酸盐垢多为白色或灰白色，有时由于伴有腐蚀的发生，会染上腐蚀产物的颜色。氧充足时，以三氧化二铁为主，呈粉红色、红褐色；氧供应不足时，以四氧化三铁为主，呈灰白色或灰色。碳酸盐垢质硬而脆，附着牢固，难以剥离，其断口呈颗粒状，比较厚且当夹杂有腐蚀产物或其他杂质时，断口处可观察到层状沉积。

碳酸盐垢是所有垢种中最易溶于稀酸的，常见的无机酸与有机酸均可以将其溶解，并产生大量二氧化碳气体，这是其主要特征。碳酸盐垢在常温稀盐酸中可全部溶解。其另一个特点是，在 850～900℃下灼烧时，水垢质量损失近 40％，这主要是由于碳酸盐分解的缘故。

通过观察水垢溶解后的少量残渣及注意垢样灼烧时的气味，可了解垢中所含杂质大致类别。如果残渣呈白色是硅酸盐，如果呈黑褐色是腐蚀产物。灼烧时如果嗅到焦烟气味是有机碳或碳水化合物。

【基本要求】

垢样的制备与处理：在研钵中放入垢样研细至 140~170 目（颗粒直径在 0.1mm 左右），称取 4 份试样，2 份用于化验，2 份用于灼烧减量的测定。每份试样以 0.5g 为宜，过多不利于灼烧，也难以分离洗涤。

将用于化验的 2 份试样分别置于 2 个 100mL 烧杯中。加入 10mL 水润湿，再加入 10mL 10%（质量分数）盐酸盖上表面皿使之在室温下溶解，待反应较慢时，用玻璃棒轻轻搅动使之溶解。如含有部分磷酸盐或铁的腐蚀产物时，可加热助溶。

灼烧减量的测定：碳酸盐垢中以碳酸钙为主，在灼烧时碳酸钙可失重 44% 而变成氧化钙。如含有氢氧化镁，则在灼烧时可失重 41% 而变成氧化镁。具体方法是将 2 组试样在烘箱中烘去表面水分，各称取 0.5g 置于已恒重的坩埚中，在 850℃ 下灼烧 2h，冷却后称重，以相差 0.3mg 以内为恒重。两份试样的测试结果相差 <0.1% 为合格。

氧化钙与氧化镁含量测定：由于试样已全部溶解，可直接测定经盐酸溶解的试液中的钙、镁量，对大量碳酸盐垢测定的经验表明，这种垢中 90% 以上是碳酸钙，如果水中硅酸盐及硫酸盐含量较低且设备不发生严重腐蚀时，其含量可达 95% 左右。因此可用 EDTA 二钠盐滴定试样，将与之作用的物质折算为钙，再另取试样加入氢氧化钠，使镁以氢氧化镁沉淀形式除去，从而分别测出钙、镁含量。具体实验操作步骤，请同学们自行设计并独立完成。

实验 162 卡尔·费休法测定植物油脂中水含量

【基本背景】

食品中水分的测定方法很多，通常可分为直接法和间接法。其中，直接法是利用水分本身的物理性质、化学性质来测定水分，主要有直接干燥法、真空干燥法、蒸馏法、卡尔·费休法、电测法、近红外分光光度法、气相色谱法、核磁共振法等；间接法是利用食品的相对密度、折射率、电导、介电常数等物理性质测定水分。实际工作中可根据食品样品性质选用不同的测定方法。

卡尔·费休（Karl Fischer）法的基本原理，是利用碘氧化二氧化硫成硫酸时，需要定量的 H_2O 存在，即：

$$I_2 + SO_2 + 2H_2O \Longrightarrow 2HI + 2H_2SO_4$$

上述反应是可逆的，为了使反应向右进行完全，必须用碱性物质将生成的酸吸收，采用吡啶可满足要求，其反应为：

$$C_5H_5N \cdot I_2 + C_5H_5N \cdot SO_2 + C_5H_5N + H_2O \longrightarrow 2C_5H_5\overset{H}{\underset{|}{N}}-I + C_5H_5\overset{SO_2}{\underset{O}{N}}$$

生成的 $C_5H_5\overset{SO_2}{\underset{O}{N}}$ 很不稳定，能与水发生副反应消耗一部分水，因而干扰测定，其反应式为：

$$C_5H_5\overset{SO_2}{\underset{O}{N}} + H_2O \longrightarrow C_5H_5N \cdot HSO_4H$$

为此可加入 CH_3OH 使其与 $C_5H_5\overset{SO_2}{\underset{O}{N}}$ 反应，而消除水的副反应：

$$C_5H_5\overset{SO_2}{\underset{O}{N}} + CH_3OH \longrightarrow C_5H_5N \cdot HSO_4CH_3$$

由上述讨论可知，滴定时的标准溶液是含有 I_2、SO_2、C_5H_5N 及 CH_3OH 的混合液，称为费氏试剂，滴定总反应为：

$$I_2+SO_2+3C_5H_5N+CH_3OH+H_2O \longrightarrow 2C_5H_5N \cdot HI+C_5H_5N \cdot HSO_4CH_3$$

反应一旦发生则使碘的棕色褪去，稍过量的费休氏试剂即显红棕色，指示终点到达。

【仪器与试剂】

蒸馏装置，分析天平，其他常规玻璃仪器等。

植物油样品，I_2，SO_2（来自于钢瓶，经过干燥），吡啶（C_5H_5N），甲醇，苯，CaO，Mg 等。

【基本要求】

1. 配制费氏试剂，注意甲醇的微量水分需用 CaO+Mg 回流方法除去。吡啶中的微量水分用苯恒沸蒸馏方法除去。

2. 标定费氏试剂，称取定量纯水于甲醇中进行标定。

3. 测定市场上取来的油脂样品（如现场加工之小磨油）中的水含量。

实验 163　化学放大法测定地表水中微量 Mn^{2+}

【基本背景】

锰是一种人体必需的微量元素，具有许多重要的生理功能。近年来发现人体缺锰可能与癌肿和心血管疾病有关，但过量的锰进入人体会中毒。

在 pH2.8～3.0 的缓冲溶液中，用过量的高碘酸（periodic acid）【10450-60-9】把 Mn^{2+} 氧化至高锰酸根，再用钼酸铵（ammonium molybdate）【12027-67-7】掩蔽未反应的高碘酸。随后加入碘化钾，使之与上述反应生成的碘酸根和高锰酸根进行反应，用硫代硫酸钠溶液滴定释放出来的碘，以确定 Mn^{2+} 的含量。反应方程式如下：

$$2Mn^{2+}+5IO_4^-+3H_2O = 2MnO_4^-+5IO_3^-+6H^+$$
$$2MnO_4^-+10I^-+16H^+ = 5I_2+2Mn^{2+}+8H_2O$$
$$IO_3^-+5I^-+6H^+ = 3I_2+3H_2O$$
$$I_2+2S_2O_3^{2-} = 2I^-+S_4O_6^{2-}$$

Fe^{3+} 对测定会产生干扰作用，可选择适当的掩蔽剂来消除之。

【仪器与试剂】

分析天平，恒温水浴锅，移液管及常规玻璃仪器等。

pH＝2.8～3.0 的缓冲溶液，高碘酸钾，硼砂，HF，NH_4F，NH_4HF_2，NaF，柠檬酸铵，酒石酸铵，盐酸羟胺，KI，$Na_2S_2O_3 \cdot 5H_2O$；淀粉指示剂，抗坏血酸，三乙醇胺。

【基本要求】

1. 配制必需的各种溶液，并按要求对标准溶液标定之。

2. 取一定量地表水样品，进行 Mn^{2+} 含量的测定。

3. 以所取样品为基底，考察不同含量 Fe^{3+} 存在时对结果的影响。同时与掩蔽后的测定结果进行比较。

实验 164　腈 菌 唑

【基本背景】

腈菌唑［myclobutanil；α-Butyl-α-(4-chlorophenyl)-1H-1,2,4-triazole-1-propanenitrile］【88671-89-0】，化学名称为 1-[2-氰基-2-(4-氯苯)己基]-1,2,4-三唑或 2-(4-氯苯)-2-[1-(1,2,4-三唑)甲基]己腈，是一种含三唑环的化合物，这类化合物在农药杀菌剂中占有重要地位，已开发应用的三唑类杀菌剂有十几种；一些抗病毒医药中，也有含三唑环的化合物，如三唑核苷。腈菌唑是高效、广谱、低毒的三唑类杀菌剂的代表品种之一，其 LD_{50} 为 1470mg/kg，毒性很低，符合目前发展绿色农业的需要。在光照下，腈菌唑在水中的半衰期 （DT_{50}）为 222 天，塘水中为 25 天，粉砂土壤中为 66 天，在 pH5～9、28℃时可 28 天不水解，在厌氧条件下不降解，对眼、皮肤无刺激。Ames 试验、微核及精子畸形试验呈阴性。腈菌唑可通过下面的反应制备：

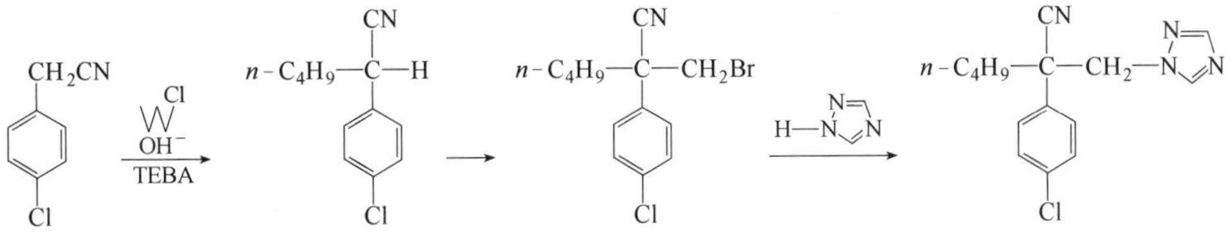

通过 4-氯苯乙腈和正氯丁烷直接进行 α-位烷基化，可以很方便获得 2-(4-氯苯基) 己腈。通常，反应需要在强碱性（如 NaOH 等）介质中进行，而且反应温度高，时间长，副反应也比较多，产率不高。如果在相转移催化剂（如氯化三乙基苄基铵、溴化四丁基铵等）存在下，可以用氢氧化钠作缚酸剂，在较短时间、较低温度下获得较高的产率。

由于空间位阻，2-(4-氯苯) 己腈的烷基化反应要比 4-氯苯乙腈的难一些，所以需要反应活性相对比较高的溴代烷，即使在碱和相转移催化剂存在下，还要选用极性较大的二甲基亚砜溶剂，才比较容易使 2-(4-氯苯) 己腈与二溴甲烷作用生成 2-溴甲基-2-(4-氯苯) 己腈。

1-H-1,2,4-三唑的氮原子上的氢有一定酸性，遇强碱可以失去氢而变成氮负离子，它与 2-溴甲基-2-(4-氯苯) 己腈发生反应生成腈菌唑｛1-[2-氰基-2-(4-氯苯) 己基]-1,2,4-三唑｝或 2-(4-氯苯)-2-[1-(1,2,4-三唑) 甲基] 己腈。

腈菌唑纯品为无色针状结晶，熔点 68～69℃。沸点 202～208℃（133.3Pa）。溶解性（25℃）：水 142mg/L，溶于醇、芳烃、酯、酮（50～100g/L），不溶于脂肪烃。

【仪器、试剂与原料】

元素分析仪，四口瓶，温度计，回流冷凝器，机械搅拌，滴液漏斗，减压蒸馏装置一套，三口瓶，分液漏斗等。

4-氯苯乙腈，正氯丁烷，氯化三乙基苄基铵（TEBA），甲苯，氢氧化钠，盐酸，二甲基亚砜，二溴甲烷，1-H-1,2,4-三唑，金属钠，甲醇等。

【基本要求】

根据提供的物质条件，完成以下工作内容。

1. 合成 2-(4-氯苯基) 己腈 [2-(4-chlorophenyl)hexanenitrile]；纯品为无色透明液体，沸点 170℃±2℃/1333Pa。不溶于水，溶于甲苯等有机溶剂。

2. 制备 2-溴甲基-2-(4-氯苯) 己腈 [2-bromomethyl-2-(4-chlorophenyl)hexanenitrile]；纯品为无色透明黏稠液体，久置后渐渐凝固，沸点 203～207℃/1333Pa。不溶于水，溶于甲苯等有机溶剂。

3. 合成腈菌唑。重结晶后，进行元素分析。

实验 165 磺 胺

【基本背景】

磺胺（对氨基苯磺酰胺，p-Aminobenzenesulfonamide；Sulfanilamide）【63-74-1】现代医学中常用的一类抗菌消炎药，磺胺类衍生物药物品种繁多，如磺胺噻唑、磺胺嘧啶、磺胺胍、长效磺胺等。磺胺可以由苯胺为原料，经氨基酰化保护、氯磺化、继而氨解和水解获得。若氨解时采用取代的胺就得到磺胺类衍生物。

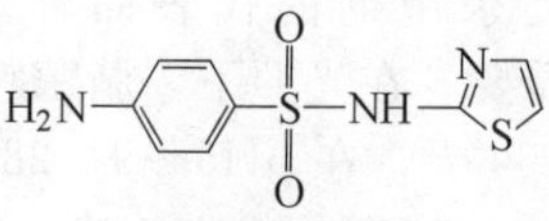

磺胺噻唑(ST) 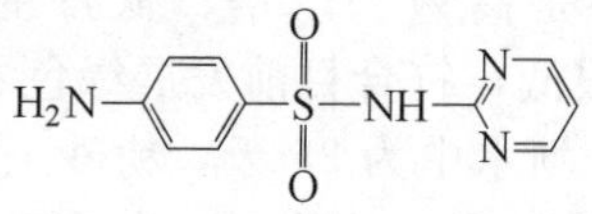　　　　　　　　磺胺嘧啶(SP)

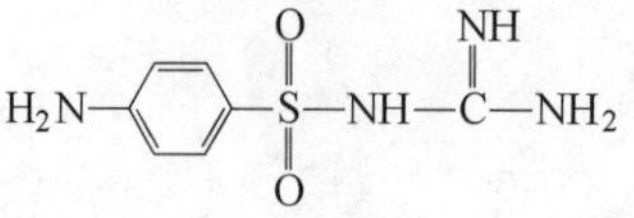

磺胺胍(SG) 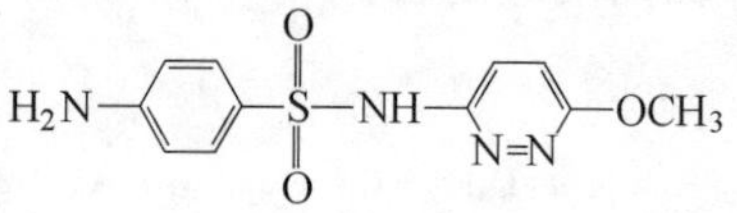　　　　　　　　　长效磺胺(SMP)

芳香族伯胺的芳环和氨基都容易起反应，在有机合成上为了保护氨基，往往先把氨基进行酰化，然后进行其他反应，最后水解除去酰基。在氨基上引入酰基，可通过胺与酰氯、酸酐或羧酸等试剂作用实现，其中以酰氯反应最激烈，醋酸酐次之，羧酸反应最慢。使用羧酸作酰基化剂时，为了加快反应速度，可以加入一定量的三氯化磷作脱水剂。用冰醋酸作乙酰化试剂时，也可以采用恒沸脱水的方法促使反应进行。本实验采用冰醋酸作乙酰化试剂，制备乙酰苯胺：

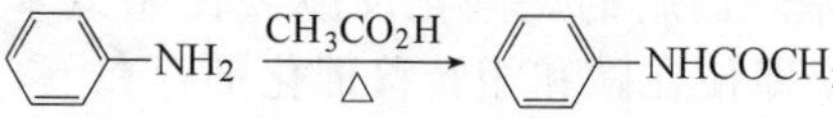

乙酰苯胺发生亲电取代反应时，由于乙酰氨基的邻对位定位效应和空间位阻作用，使新进入的取代基优先进入对位。氯磺酸可以作为磺化试剂在芳环引入磺酸基，但当氯磺酸过量时，能使磺酸基转化成磺酰氯：

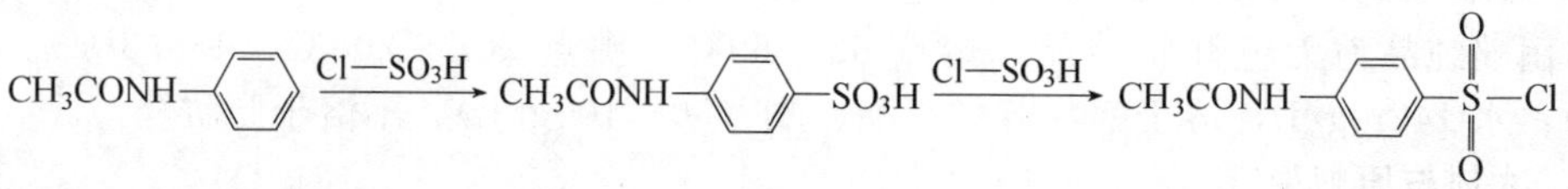

对乙酰氨基苯磺酰氯的酰氯基容易发生各种反应，若经过氨解与水解等反应就转变为对氨基苯磺酰胺（磺胺）：

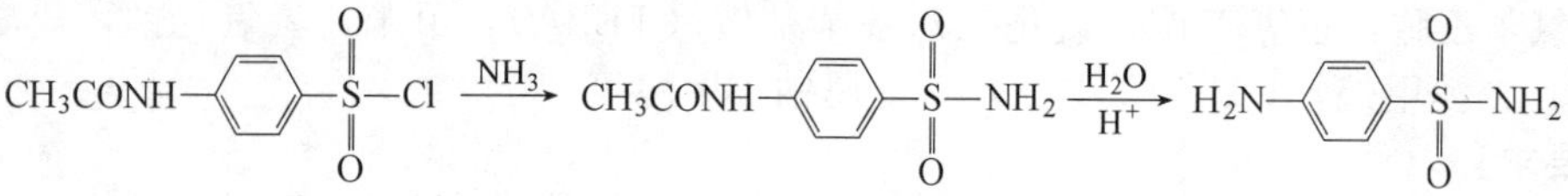

【仪器、试剂与原料】

圆底烧瓶，分馏柱，抽滤瓶，布氏漏斗，球形冷凝管，气体吸收装置，烧杯等常规玻璃仪器。

苯胺，冰醋酸，锌粉，氯磺酸，浓氨水（28％），10％盐酸，碳酸钠。

【基本要求】

1. 合成乙酰苯胺纯品，并测定其熔点。

2. 由乙酰苯胺和氯磺酸制备乙酰氨基苯磺酰氯。

3. 对乙酰氨基苯磺酰氯氨解、水解得到对氨基苯磺酰胺。测定纯品的 [1] ^{1}H NMR 以及 IR（KBr 压片法）[2]。

---

❶ ^{1}H NMR 标准谱参见：

http：//riodb01. ibase. aist. go. jp/sdbs/cgi-bin/img_ disp. cgi? disptype = disp3&imgdir = hsp&fname = HSP02945&sdbsno = 1526

❷ IR 标准谱参见：

http：//riodb01. ibase. aist. go. jp/sdbs/cgi-bin/IMG. cgi? imgdir=ir&fname=NIDA6351&sdbsno=1526

实验 166　催化氧化法由葡萄糖制取葡萄糖酸盐

【基本背景】

葡萄糖酸及其盐作为食品添加剂、营养增补剂、配合剂、脱脂剂及洗涤助剂，在日常生活和工农业生产中有十分重要的作用。通过葡萄糖酸盐的形式，我们可以将 Ca、Mg、Cu、Fe、Zn 等人体所必需的元素添加到膳食和药剂中，供给一定的营养缺乏患者。因此，一些种类的葡萄糖酸盐是重要的食品添加剂和营养增补剂。

葡萄糖酸和葡萄糖酸盐的生产目前在我国主要是通过发酵法生产葡萄糖酸钙，再将葡萄糖酸钙进行酸化生成葡萄糖酸、然后再制成各种葡萄糖酸盐。该法设备庞大，投资费用很高，并且副产品多，产品分离纯化比较困难，因而生产成本较高。除此之外化学接触氧化法、电解氧化法和空气催化氧化法等，也有应用。其中空气催化氧化法具有工艺过程简单、反应条件温和、原料转化率高对设备无特殊要求等特点。常用的催化剂大多是以 Pd/C 为基础的单金属或多金属催化剂。基本工艺流程如下所示。

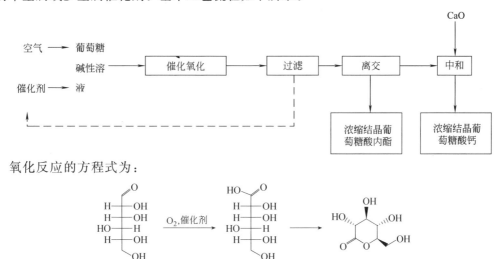

氧化反应的方程式为：

葡萄糖酸内酯系葡萄糖酸-δ-内酯（glucono-δ-lactone；D-glucono-1,5-lactone）【90-80-2】的简称。纯品为白色结晶粉末，无臭或略带气味。熔点 117.8℃，相对密度 1.760。易溶于水，并缓慢水解，在水中溶解度为 59g/100mL，稍溶于乙醇，在乙醇中为 1g/100mL，不溶于乙醚。新配制的 1％溶液 pH 值为 2.5。在水溶液中水解形成葡萄糖酸与其内酯的平衡溶液。葡萄糖酸内酯与其他酸性原料相比，因其在低温下不易反应，经加热才能变成葡萄糖酸，然后与碳酸氢钠反应产生 CO_2 气泡，发泡均匀、细小，且风味好。通常用于饼干、炸面圈、面包等。尤其适用于蛋糕，用量约为小麦粉的 0.13％，或为碳酸氢钠的 2.12 倍。亦适用于配制发酵粉，用量占总酸味剂的 50％～70％。若它与其他添加剂配伍使用，效果将更佳。另外一个重要的用途为蛋白凝固剂。用作凝固大豆蛋白、牛乳蛋白。在豆乳中添加 0.25％～0.3％，与硫酸钙相比，由于葡萄糖酸内酯为水溶性，在豆乳中混合均匀，做成的豆腐细腻，市场上的内酯豆腐即为此物。

葡萄糖酸的锌、亚铁和铜盐是 1983 年国际 FAO/WHO（世界粮农和世界卫生组织）专家委员会所推荐的对人体完全无害的食品添加剂。而葡萄糖酸钙（calcium gluconate hydrate）【299-28-5】，作为补钙强化剂，是钙片的主要原料。系白色结晶性或颗粒性粉末。熔点 201℃（分解）。溶于水（3g/100mL，20℃），易溶于沸水（20g/100mL），水溶液 pH 值为 6～7。不溶于乙醇及其他有机溶剂。

葡萄糖酸锌（zinc gluconate）【4468-02-4】，为白色结晶或颗粒状粉末；易溶于水，不溶于乙醇、氯仿和乙醚。是良好的营养强化剂，能提高人体免疫力，改善味觉和食欲，并能改善性功能，对婴幼儿、青少年的生长发育具有明显的促进作用。片剂适用于小儿厌食症、各种皮肤痤疮、复发性阿弗口腔溃疡等缺锌性疾病。根据药理试验及文献报道，葡萄糖酸锌主要由小肠吸收，分布于肝脏、肾、脾、胰及中枢神经系统、骨骼和头发中，主要由粪便排泄。在体内解离成锌离子和葡萄糖酸，参与核糖核酸和脱氧核糖核酸的合成，因而可促进创口愈合，促进生长，促进体内含锌酶功能。

葡萄糖酸亚铁（ferrous gluconate）【299-29-6】是重要的抗贫血药。其片剂主要用于各种原因引起的缺铁性贫血，如营养不良、慢性失血、月经过多、妊娠、儿童生长期等所引起的缺铁性贫血。通常以二水合物形式存在。分子式 $C_{12}H_{22}FeO_{14} \cdot 2H_2O$；$M_r = 482.17$。黄灰色或浅绿黄色细粉或颗粒。易溶于水（10g/100mL 温水），几乎不溶于乙醇。5%水溶液对石蕊呈酸性，水溶液加葡萄糖可使其稳定。稍有焦糖似的气味。药理作用与药代动力学：主要作用于造血系统，铁元素作为机体生化过程所需的物质，为造血提供原料，参与血红蛋白和红细胞的合成。$Fe(II)$ 经十二指肠吸收，进入血液，生成 $Fe(III)$，并与血浆中的运铁蛋白的球蛋白结合，成为血清铁。血清铁以运铁蛋白为载体，转运到机体各储铁组织，并供骨髓造血使用。

葡萄糖酸铜（copper gluconate）【527-09-3】，为浅蓝色细粉。熔点 155～157℃。极易溶于水，极难溶于乙醇。分子式 $C_{12}H_{22}CuO_{14}$；$M_r = 453.84$。主要用作营养增补剂。

【仪器、试剂与原料】

分析天平，循环水式真空泵，恒温水浴槽，磁力搅拌器，红外分光光度计，真空干燥箱，旋转蒸发仪，三口烧瓶，洗气瓶等常规玻璃仪器。

工业葡萄糖，$PdCl_2$，活性炭，甲醛，水合肼，NaOH，CaO，硫酸亚铁，硫酸锌，硫酸铜，EDTA 等容量分析用试剂。

732 型强酸性阳离子交换树脂。

【基本要求】

根据提供的物质条件，完成以下工作内容。

1. 制备用于空气氧化的 Pd/C 催化剂，使成还原态。

2. 用工业葡萄糖为原料，空气氧化，制得葡萄糖酸-δ-内酯和葡萄糖酸钙，并用 IR 表征之❶。

3. 由葡萄糖酸钙出发，分别制备葡萄糖酸锌、葡萄糖酸亚铁和葡萄糖酸铜产品。必要时，测定其中金属含量。

实验167　绿色催化酯化反应及其动力学

【基本背景】

有机酸与醇的酯化反应是合成香料、食品添加剂、增塑剂、润滑剂等许多具有广泛用途的精细化工产品的方法之一。该类反应的条件之一，要求在酸催化剂作用下进行。传统方法酸催化剂主要采用 H_2SO_4、HCl 等无机酸，在溶液条件下合成酯类。本实验选择对羟基苯甲酸和正丁醇的酯化反应，作为研究对象。反应产物为对羟基苯甲酸酯（以下简称尼泊金丁酯，Nipagin B）【94-26-8】。反应式：

---

❶　葡萄糖酸-δ-内酯的 IR 参见：

http://riodb01.ibase.aist.go.jp/sdbs/cgi-bin/IMG.cgi? imgdir=ir&fname=NIDA197&sdbsno=2533

葡萄糖酸钙的 IR 参见：

http://riodb01.ibase.aist.go.jp/sdbs/cgi-bin/IMG.cgi? imgdir=ir&fname=NIDA7317&sdbsno=1979

$$\text{HO}-\!\!\!\bigcirc\!\!\!-\text{COOH} + n\text{-}C_4H_9OH \xrightarrow{\text{催化剂}} \text{HO}-\!\!\!\bigcirc\!\!\!-\text{COOC}_4H_9 + H_2O$$

尼泊金丁酯是近年来发达国家采用的比较安全和有效的防腐剂，广泛用于食品、化妆品及药物等行业中。我国目前使用的防腐剂仍以苯甲酸钠为主，而在国际上有些国家已禁用苯甲酸钠作防腐剂。因此，尼泊金酯类将成为我国重点开发和生产的食品防腐剂之一，其国内的市场需求量也将迅速增加，对于其制备方法的研究也将日益增多，其中的重要方法之一是用固体催化剂代替传统的溶液催化剂（浓硫酸）进行催化酯化。用固体杂多酸代替浓H_2SO_4、HCl 等无机酸催化剂合成酯类的基础研究已趋成熟，该方法具有催化剂可回收反复使用、无环境污染、反应温度较低、酯化选择性和转化率高和对设备无腐蚀等优点。这是一种典型绿色催化剂和环境友好反应的实例。本实验以负载磷钨杂多酸、硅钨杂多酸为酸催化剂合成尼泊金丁酯，并与传统的无机酸（如硫酸、硫酸铁等）催化剂进行比较。进一步研究以磷钨杂多酸、硅钨杂多酸为催化剂由对羟基苯甲酸和正丁醇的反应动力学，确定其反应级数及动力学方程，求得反应活化能。尼泊金丁酯纯品为白色结晶性粉末，微有特殊气味，相对分子质量 194.22，能溶于醇、醚、氯仿，微溶于水，熔点 68～69℃。

有文献报道，该反应对酸、醇分别均为一级反应，总反应为二级反应，动力学积分式为：

$$f(x)-\frac{1}{a-b}\ln\frac{b(a-x)}{a(b-x)}=kt$$

式中，a、b 分别为对羟基苯甲酸和正丁醇的起始浓度；x 为时间 t 时对羟基苯甲酸的转化数。

在一定温度下，定时取样测定对羟基苯甲酸的转化率 x，代入方程并由 $f(x)$ 与时间 t 作图，如果实验结果 $f(x)$-t 呈线性关系，则此反应被证明是二级反应，即用尝试法来确定反应级数。

在不同的温度下作 $f(x)$-t 图，由直线斜率可求得不同温度下的速率常数 k，利用阿伦尼乌斯（Arrhennius）关系式求得反应的活化能 E_a。

【仪器与试剂】

三口烧瓶，分水器，球形冷凝管，水蒸气蒸馏装置，带夹套的反应瓶，超级恒温水浴，磁力搅拌器，自动电位滴定仪，熔点测定仪，红外分光光度计。

对羟基苯甲酸，正丁醇，环己酮或丙酮，浓硫酸，硫酸铁，磷钨酸 $H_7[P(W_2O_{12})_6]\cdot 2H_2O$，硅钨酸 $H_8[Si(W_2O_7)_6]_2H_2O$，负载磷钨酸（制法参见实验157）。

【基本要求】

1. 分别用硫酸、硫酸铁、磷钨杂多酸、硅钨杂多酸和负载磷钨酸为催化剂进行对羟基苯甲酸丁酯的合成实验。借由分水器中放出水量，判断反应终点。自行确定重结晶条件并完成操作。

2. 测定产品的熔点，测其红外光谱❶。比较各催化剂所合成产品的产率、产品色泽、产品熔点等。

3. 用恒温烧杯作反应器，测定各催化剂对于酯化反应的动力学参数，求出反应活化能，经比较后，得出结论。

---

❶　尼泊金丁酯的 IR 谱参见：

http：//riodb01.ibase.aist.go.jp/sdbs/cgi-bin/IMG.cgi? imgdir＝ir&fname＝NIDA60919&sdbsno＝1785（KBr 压片）

http：//riodb01.ibase.aist.go.jp/sdbs/cgi-bin/IMG.cgi? imgdir＝ir&fname＝NIDA6440&sdbsno＝1785（CCl₄ 溶液）

实验 168　微乳液法制备 TiO₂ 光催化剂

【基本背景】

TiO₂（titanium dioxide）【13463-67-7】，由于具有良好的化学稳定性、抗磨损性、低成本、无毒等特性而成为最具应用潜力的光催化剂，其在太阳能转换和储存、二氧化碳还原、有害复杂有机物降解等方面具有广泛的应用。

特别值得注意的是超细 TiO₂（ultrafine titanium dioxide）。当 TiO₂ 的粒径达到纳米级时，会产生不同于体相的表面效应、隧道效应、电荷转移加速效应和尺寸量子效应等微观效应，从而对 TiO₂ 的光催化性能产生极为重要的影响，使光催化效能获得大幅提高。

由于超细 TiO₂ 具有很多优异的性能，如何制备、应用和开发超细 TiO₂ 成为国内外科技界研究的热点之一。目前超细 TiO₂ 粉体的主要制备方法如下。①溶胶凝胶法。基本原理是，将钛醇盐或钛的无机盐水解，然后使溶质聚合凝胶化，再将凝胶干燥，焙烧，最后得到超细 TiO₂。②水热反应法。在高温高压的水溶液中，许多化合物表现出与常温下不同的性质。如溶解度增大、离子活度增强、化合物晶体结构易转型等。水热反应正是利用了化合物在高温高压水溶液中的特殊性质，制备出超细 TiO₂ 的。③强迫水解法。钛盐溶液直接强迫水解是制备超细 TiO₂ 最简单的方法。④醇盐水解法。利用钛醇盐能溶于有机溶剂并可能发生水解，生成氢氧化物或氧化物沉淀的特性，制备超细 TiO₂ 的一种方法。⑤均匀沉淀法。⑥微乳液法。微乳液通常是由表面活性剂、助表面活性剂、有机溶剂和水（或电解质溶液）组成的透明的、各向同性的热力学稳定体系。微乳液制备超细颗粒的特点在于：粒子表面包裹一层表面活性剂分子，使粒子间不易团聚；通过选择不同的表面活性剂分子可对粒子表面进行修饰，并控制微粒的大小。由于化学反应被限制在水核内，最终得到的颗粒粒径将受水核大小的控制。

【仪器与试剂】

多功能光化学反应仪，超声波细胞粉碎机，马弗炉，真空烘箱，磁力搅拌器，离心机，紫外可见分光光度计，红外光谱仪，X 射线衍射仪（可选），差热分析仪（可选），分析天平，旋转蒸发仪，玛瑙研钵，余为常规玻璃仪器。

TiCl₃ 溶液，NH₃·H₂O，十六烷基三甲基溴化铵（CTAB），正丁醇，环己烷，丙酮，甲基橙（或工业染色废水），硝酸银。

【基本要求】

1. 以 TiCl₃ 溶液为起始原料，用微乳液法制备 TiO₂ 的前驱体——水合物，其间可利用空气中的 O₂ 完成对 Ti(Ⅲ) 的氧化。

2. 煅烧前驱体，用 X 射线衍射仪、差热分析仪、红外光谱❶仪对制得 TiO₂ 的晶型、晶粒度，热稳定性，光谱特征进行表征。

3. 考察样品对于工业染色废水（或模拟染色水甲基橙溶液）光降解性能，判断指标以吸光度为据。

实验 169　手性 1,1′-联-2-萘酚

【基本背景】

众所周知，手性是构成生命世界的重要基础，而光学活性物质的合成则是合成化学家为创造有功能价值物质（如手性医药、农药、香料、液晶等）所面临的挑战，因此手性合成已

---

❶ 参见：http://riodb01.ibase.aist.go.jp./sdbs/cgi-bin/IMG.cgi？imgdir=ir&fname=NIDA71065&sdbsno=40172

经成为当前有机化学研究中的热点和前沿领域之一。在各种手性合成方法中，不对称催化是获得光学物质最有效的手段之一，因为使用很少量的光学纯催化剂就可以产生大量所需要的手性物质，并且可以避免无用对映异构体的生成，因此它又符合绿色化学的要求。1,1′-联-2-萘酚由于空间位阻作用，两个环相连的单键不能自由旋转而产生手性，可以拆开成光学异构体。在众多类型的手性催化剂中，以光学纯的1,1′-联-2-萘酚（BINOL）及其衍生物为配体的金属配合物应用最广泛。

本实验以2-萘酚为原料，通过氧化偶联得到1,1′-联-2-萘酚，继而用氯化苄与辛克宁❶将外消旋体拆开成光学异构体，这一方面可以加深对立体化学知识的理解，另一方面可对分子识别的概念有具体的认识。2-萘酚的氧化偶联反应方程式以及 N-苄基氯化辛克宁的结构如下：

【仪器、试剂与原料】

红外光谱仪，数字熔点仪，自动数字旋光仪，圆底烧瓶或锥形瓶，回流冷凝管，磁力搅拌器，抽滤瓶，布氏漏斗，分液漏斗等。

2-萘酚，$FeCl_3 \cdot 6H_2O$，甲苯，辛可宁，氯化苄，乙腈，盐酸，乙酸乙酯，N,N-二甲基甲酰胺，乙醇。

【基本要求】

1. 合成（±）-1,1′-联-2-萘酚，并重结晶得到纯品。（±）-1,1′-联-2-萘酚〔（＋/－）-1,1′-binaphthalene-2,2′-diol〕【602-09-5】为白色针状晶体，熔点为216～218℃。

2. 拆分（±）-1,1′-联-2-萘酚，分别得到（S）-1,1′-联-2-萘酚和（R）-1,1′-联-2-萘酚的纯品。测定它们的旋光活性，并设法用现代谱学技术予以表征。

它们的具体性状如下。

（S）-1,1′-联-2-萘酚〔S-（－）-2,2′-dihydroxy-1,1′-binaphthyl〕【18531-99-2】，熔点为208～210℃，$[\alpha]_D^{27}=-35.5°$（c=1.0，THF）。其 IR 谱（KBr 压片）参见：http://riodb01.ibase.aist.go.jp/sdbs/cgi-bin/ir_disp.cgi？imgdir＝ir2&fname＝IR200584806TK&sdbsno＝50422。质谱参见：http://riodb01.ibase.aist.go.jp/sdbs/cgi-bin/img_disp.cgi？disptype＝disp1&imgdir＝ms&fname＝MS200201223WA&sdbsno＝50422。

（R）-1,1′-联-2-萘酚〔（R）-（＋）-2,2′-dihydroxy-1,1′-dinaphthyl〕【18531-94-7】，为无色柱状晶体，熔点208～210℃；$[\alpha]_D^{27}=＋35.5°$（c=1.0，THF）。其 IR 谱（KBr 压片）参见：http://riodb01.ibase.aist.go.jp/sdbs/cgi-bin/ir_disp.cgi？imgdir＝ir2&fname＝IR200382450TK&sdbsno＝50435。$CDCl_3$ 中的 ^1H NMR：http://riodb01.ibase.aist.go.jp/sdbs/cgi-bin/img_disp.cgi？disptype＝disp3&imgdir＝hpm&fname＝HR200300334TS&sdbsno＝50435。

---

❶　又称弱金鸡纳碱；系统名称 4-喹啉基（5-乙烯基-1-氮杂双环〔2.2.2〕辛烷-2-基）甲醇，{4-Quinolyt(5-vinyl-1-azabicyclo〔2.2.2〕oct-2-yl)methanol；Cinchonine}【118-10-5】。mp 256～266℃。比旋光度224°（c＝0.5，乙醇）。不溶于水。

附 录

1. 化学实验中常用基本物理常数

类　别	量 的 名 称	符　号	数　值
普通常数	真空中光速	c	2.99792458×10^8 m/s
	普朗克常数	h	6.626176×10^{-34} J·s
	万有引力常数	G	6.672×10^{-11} N·m^2/kg^2
	重力加速度	g	9.80665 m/s^2
电磁常数	基本电荷	e	1.602189×10^{-19} C
	磁通量子	ψ_0	2.067851×10^{-15} Wb
	玻尔磁子	$\mu_B = eh/2m_e c$	9.274078×10^{-24} J/T
	核磁子	$\mu_N = eh/2m_p c$	5.050824×10^{-27} J/T
原子常数	精细结构常数		7.297351×10^{-3}
	里德伯常数	$R_\infty = m_e c^2/2h$	1.09737318×10^7/m
	玻尔半径	a_0	$0.52917706 \times 10^{-10}$ m
	哈特利能量	E_h	27.2116 eV
	环流量子	h/m_e	7.27389×10^{-4} J·s/kg
	电子质量	m_e	9.10953×10^{-31} kg
	质子质量	m_p	1.672649×10^{-27} kg
	中子质量	m_n	1.674954×10^{-27} kg
物理化学常数	阿伏加德罗常数	N_A 或 L	6.022045×10^{23}/mol
	原子质量单位	amu	1.660566×10^{-27} kg
	法拉第常数	$F = N_A e$	9.648456×10^4 C/mol
	摩尔气体常数	R	8.31441 J/(K·mol)
	玻耳兹曼常数	k	1.380662×10^{-23} J/K
	理想气体在标准状态下的摩尔体积	V_m	22.4138 L
	标准大气压	—	101325 Pa

2. 基础化学实验部分常用基本玻璃仪器、用具简介

仪　器	规　格	一 般 用 途	使用注意事项
离心试管(centrifugal-tube)	分有刻度和无刻度,以容积表示。如 25mL、15mL、10mL、5mL	少量沉淀的分离和辨认	不能直接用火加热,否则容易破裂

仪　器	规　格	一　般　用　途	使用注意事项
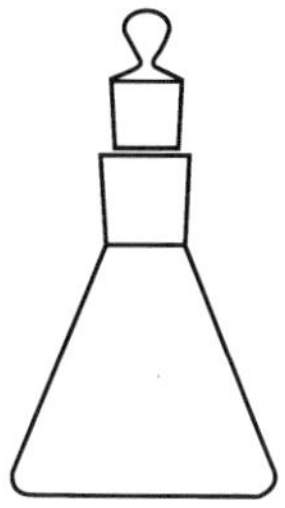 碘量瓶(iodine flask)	以容积表示。如250mL、100mL	用于碘量法分析	(1)塞子及瓶口边缘的磨砂部分应注意勿擦伤,以免产生漏隙 (2)滴定时打开塞子,用蒸馏水将瓶口及塞子上的碘洗入瓶中
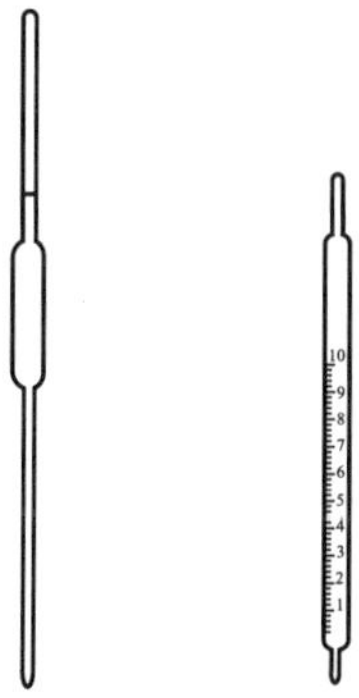 (a)移液管　(b)吸量管 (transfer pipette)　(measuring pipette)	以所量的最大容积表示 　移液管:如 100mL、50mL、10mL、2mL 　吸量管:如 10mL、5mL、1mL	用于精确量取一定体积的液体	不能加热,使用前洗涤干净,用待吸液润洗
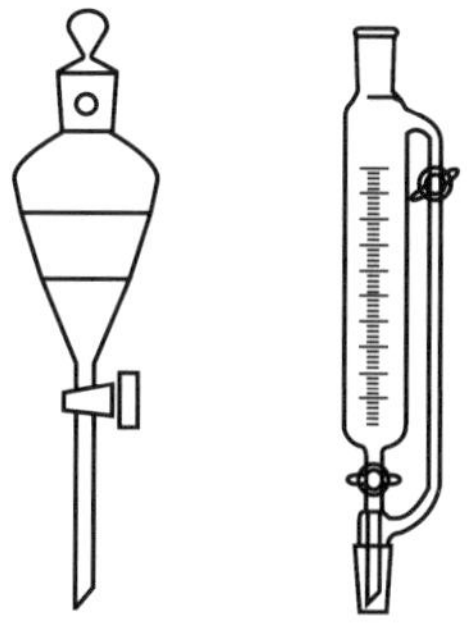 分液漏斗和滴液漏斗 (separatory funnel)	以容积和漏斗形状(筒形、球形、梨形)表示。如100mL 球形分液漏斗、50mL 筒形滴液漏斗	(1)往反应液中滴加较多的液体 (2)分液漏斗用于互不相溶的液-液分离	活塞要涂凡士林,用橡皮筋固定,防止滑出跌碎,萃取时,振荡初期应放气数次,长期不用时,磨口处垫一张纸
 布氏漏斗和吸滤瓶 (filter flask and büchner funnel)	布氏漏斗以直径表示。如 10cm、8cm、6cm 吸滤瓶以容积表示。如 500mL、100mL	减压过滤	壁厚,不能直接加热,否则破裂

仪 器	规 格	一般用途	使用注意事项
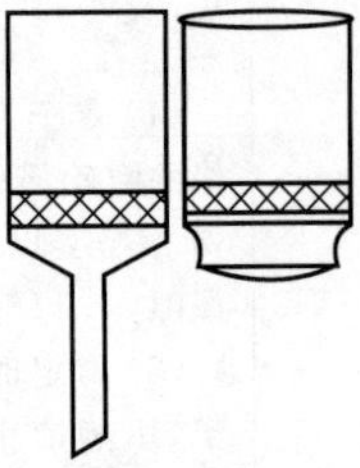 玻璃砂(滤)漏斗 (glass sand funnel)	按容量分： （1）10cm³、20cm³、30cm³ 滤板 1～6# （2）35cm³、60cm³、140cm³、500cm³ 滤板 1～6#	过滤重量分析中烘干需称量的沉淀	必须抽滤，不能骤冷骤热，不能过滤氢氟酸、碱等，用毕，立即洗净
 干燥器 (desiccator)	以直径表示。如 18cm、10cm	(1)定量分析时,将灼烧的坩埚置于其中冷却 (2)存放样品,以免吸收水分	(1)底部放干燥剂;盖磨口涂凡士林 (2)灼烧过物体放入干燥器前温度不能过高,放入物体后,间隔一定时间要开盖以免盖子跳起 (3)常检查干燥剂是否失效
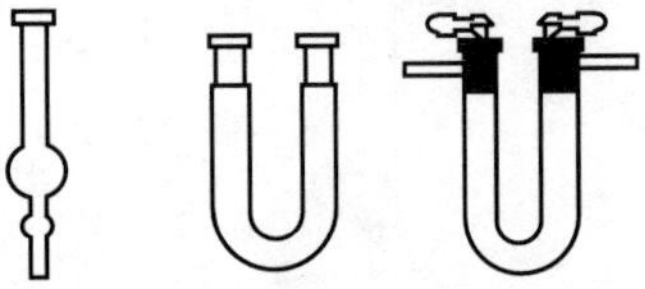 干燥管 (drying tube)	有直形磨口、弯形磨口和普通磨口之分。磨口的还按塞子大小分为几种规格。如 14# 磨口直形、19# 磨口弯形	干燥气体或从混合气体中除去某种气体	干燥剂置于球形部分,不宜过多,具有阀的干燥管,不用时,将阀关闭
 洗气瓶(gas-washing bottle)	玻璃质,多种形状,按容积分,有 125cm³、250cm³、500cm³、1000cm³ 等规格	净化气体,反接时,也可作安全瓶或缓冲瓶用	接法要正确(进气管通入液体) 洗涤液注入容器高度不少于 1/3,不超过1/2
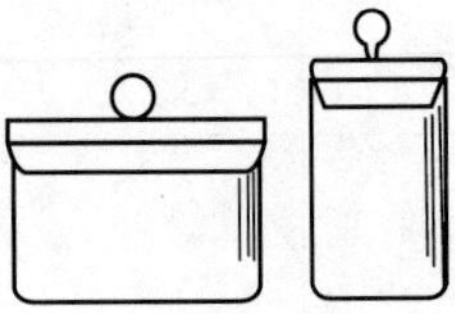 称量瓶(weighing bottle) (a)　　(b)	分扁形(a)和高形(b)	要求准确称取一定量的固体样品时用	(1)不能直接用火加热 (2)盖与瓶配套,不能互换 (3)称量时不可直接用手拿
 梨形瓶 (furrow-shaped flask)	按容量分,并注明标准口的大小,如:25/19、50/19、25/14、50/14 等	反应,蒸馏,回流以及接受液体等使用	

续表

仪　器	规　格	一　般　用　途	使用注意事项
 两口烧瓶 (two-necked flask)	按容量分,并注明标准口的大小,如:50/19×24、150/19×24、50/14×19 等	反应使用,可同时连接滴液漏斗,回流冷凝管或温度计等任意两种仪器	
 三口烧瓶 (three-necked flask)	按容量分,并注明标准口的大小,如:50/14×14×19、250/19×19×24 等	反应使用,可同时连接滴液漏斗,回流冷凝管或温度计等仪器	
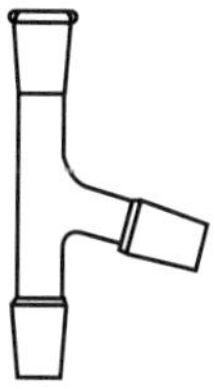 蒸馏头 (distilling head)	注明标准口的大小,如:14×19×19、14×19×24 等	蒸馏用	(1)不能直接用火加热 (2)盖与瓶配套,不能互换 (3)称量时不可直接用手拿
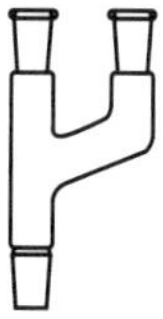 Y 形管 (Y-shaped tube)	注明标准口的大小,如:19×19×19	连接用,以增加标准口数目	
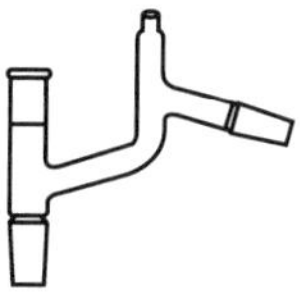 克氏蒸馏头 (Claisen distilling head)	注明标准口的大小,如:14×19×19×19	减压蒸馏用	
 蒸馏弯头 (distilling head)	注明标准口的大小,如:19×19	蒸馏用	

仪　器	规　格	一般用途	使用注意事项
接受管 （receiver pipe）	注明标准口的大小，如：19×19	蒸馏用，也可以减压	
三尾接受管 （three-tailed receiver pipe）	注明标准口的大小，如：19×19×19×19	减压蒸馏用	
分水器 （water separatory utensil）	按容积分，注明标准口的大小，如：50/19×19	用于分出反应的生成水	（1）不能直接用火加热 （2）盖与瓶配套，不能互换 （3）称量时不可直接用手拿
A形接头 （A-shaped connector）	按标准口的大小分，先上后下：如：14×19、19×14	用于变换标准口	
通气管 （vent-plug）	注明标准口的大小，如：19	连接导气管用	
空心塞 （air stopper）	注明标准口的大小，如：19、24	密封用	

仪　器	规　格	一般用途	使用注意事项
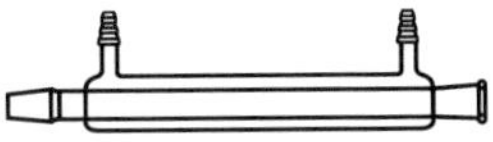 直型冷凝管 (distilling condenser)	注明长度及标准口的大小,如:100/19×19	蒸馏用,馏出液温度小于140℃	
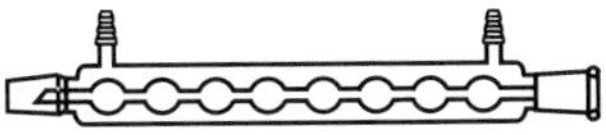 球型冷凝管 (reflux condenser)	注明长度及标准口的大小,如:100/19×19	回流用,馏出液温度小于140℃	(1)不能直接用火加热 (2)盖与瓶配套,不能互换 (3)称量时不可直接用手拿
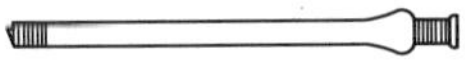 空气冷凝管 (air condenser)	注明长度及标准口的大小,如:100/19×19	蒸馏或回流用,馏出液温度高于140℃	
 搅拌器套管 (stirring thimble)	注明标准口的大小,如:14、19、24	在上口加橡皮管,插入搅拌棒并加润滑剂,构成搅拌器。也可以将温度计固定而用作温度计套管	
 研　钵 (mortar)	材料:玻璃、玛瑙、铁、瓷等 规格:以钵口径表示。如12cm、9cm	研磨固体物质	(1)放入物质量不能超过容积的1/3 (2)根据物质的性质选用不同材质的研钵 (3)小心使用,尽量不要敲击,不能烘烤
 表面皿 (watch glass)	以直径表示,如15cm、12cm、9cm	盖在蒸发皿或烧杯上,以免液体溅出或灰尘落入	不能用火直接加热,直径要大于所盖容器

仪　器	规　格	一般用途	使用注意事项
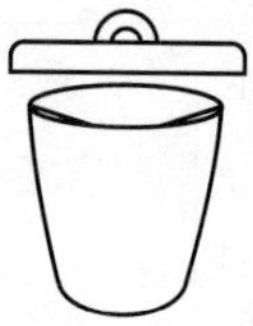 坩埚（crucible）	材料：瓷质、石英、银、铁、镍、铂等 规格：以容积表示。如50mL、40mL、30mL	用于灼烧固体	（1）根据物质性质选用不同材质的坩埚 （2）灼烧时放在泥三角上，直接用火加热，不需用石棉网 （3）取下的灼热坩埚不能直接放在桌上，要放在石棉网上 （4）灼热的坩埚不能骤冷
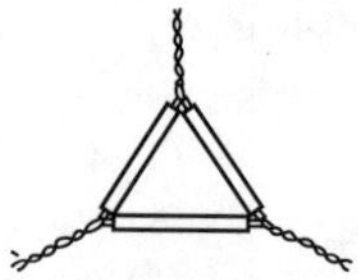 泥三角 （wire triangle）	材料：瓷管和铁丝规格有大小之分	用于盛放加热的坩埚和小蒸发皿	（1）灼烧的泥三角不要滴上冷水，以免瓷管破裂 （2）选择泥三角时，要使搁在上面的坩埚所露出的上部，不超过本身高度的1/3
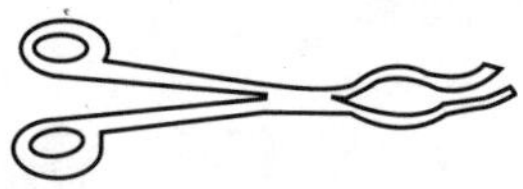 坩埚钳 （crucible tongs）	材料：铁或铜合金，表面常镀镍或铬	夹持坩埚和坩埚盖	（1）不能和化学药品接触，以免腐蚀 （2）放置时，令其头部朝上 （3）夹持高温坩埚时，钳尖需预热
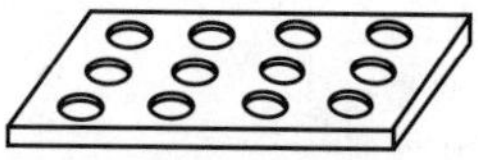 点滴板 （spot plate）	材料：白色或黑色瓷板	用于点滴反应，一般不需分离的沉淀反应，尤其是显色反应	（1）不能加热 （2）不能用于含氢氟酸和浓碱溶液的反应
 水浴埚 （water bath）	铜、铝制品，有大、中、小之分，还有电热控温	用于间接加热，如水浴、油浴等 用于粗略控温实验	加热器皿没入埚中2/3注意补充水，防止烧干；用后洗净
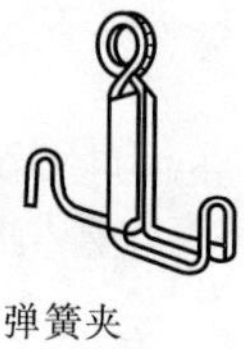 弹簧夹 （pinch clamp） 　螺旋夹 （screw clamp）	铁质，自由夹又叫弹簧夹，止水夹、皮管夹。螺旋夹又叫节流夹	在蒸馏水储瓶、制气或其他实验装置中关闭气体的通路。螺旋夹还可以控制气体的流量	（1）应使胶管夹在自由夹的中间部位 （2）在蒸馏水储瓶的装置中，被夹持的胶管应经常变动受夹部位

3. 常见无机化合物性质

3.1 常见单质的电导率、热导率、密度、熔点和沸点

元素符号	原子序数	$\kappa/[10^6/(cm \cdot \Omega)]$	$\lambda/[W/(cm \cdot K)]$	$\rho/(g/mL)$	$t_m/℃$	$t_b/℃$
Ag	47	0.63	4.29	10.5	961	2163
Al	13	0.377	2.34	2.702	660.25	2467
As	33	0.0345	0.502	5.72	808	603
B	5	1.0×10^{-12}	0.274	2.34	2300	4002
Ba	56	0.03	0.184	3.59	729	1898
Be	4	0.313	2.01	1.848	1278	2970
Bi	83	0.00867	0.0787	9.75	271.52	1564
Br	35	—	0.00122	3.119	−7.1	59.25
C	6	0.00061	1.29	2.26	3500	4827
Ca	20	0.298	2.01	1.55	839	1484
Cd	48	0.138	0.968	8.65	321.18	765
Ce	58	0.0115	0.114	6.77	798	3426
Cl	17	—	0.000089	3.214g/L	−100.84	−33.9
Cr	24	0.0774	0.937	7.19	1857	2672
Cu	29	0.596	4.01	8.96	1084.6	2567
F	9		0.000279	1.696g/L	−219.52	−188.05
Fe	26	0.0993	0.802	7.874	1535	2750
H	1		0.001815	0.0899g/L	−258.975	−252.732
He	2	—	0.00152	0.1785g/L	−272.05	−268.785
Hg	80	0.0104	0.0834	13.546	−38.72	357
I	53	8.0×10^{-16}	0.00449	4.93	113.5	185.4
K	19	0.139	1.024	0.862	63.35	759
Li	3	0.108	0.847	0.534	180.7	1342
Mg	12	0.226	1.56	1.738	649	1090
Mn	25	0.00695	0.0782	7.43	1244	1962
N	7	—	0.0002598	1.2506g/L	−209.86	−195.65
Na	11	0.21	1.41	0.971	98	883
Ni	28	0.143	0.907	8.9	1453	2732
O	8	—	0.0002674	1.429g/L	−222.65	−182.82
P	15	1.0×10^{-17}	0.00235	1.82	44.3	280
Pb	82	0.0481	0.353	11.35	327.6	1740
S	16	5.0×10^{-24}	0.00269	2.07	115.36	444.75
Si	14	2.52×10^{-12}	1.48	2.33	1410	2355
Sn	50	0.0917	0.666	7.31	232.06	2270
Ti	22	0.0234	0.219	4.54	1660	3287
V	23	0.0489	0.307	6.11	3456	3409
Zn	30	0.166	1.16	7.13	419.73	907
Zr	40	0.0236	0.227	6.51	1852	4377

注：κ 为电导率，$10^6/(cm \cdot \Omega)$；λ 为热导率，$W/(cm \cdot K)$；ρ 为密度，g/mL，除注明者外，均指在 300K 状态下；t_m 为熔点，℃，在 1 个大气压（101.325kPa）下的测定值；t_b 为沸点，℃，在 1 个大气压（101.325kPa）下的测定值。

3.2 常见无机化合物的一般性质

分子式	颜色	形态	M_r	$\rho/(g/mL)$	$t_m/℃$	$t_b/℃$	溶解度(水)/(g/100mL)
AgBr	苍黄	—	187.77	6.473	432.0	分解>1300.0	0.00037(100℃)
AgCN	白	六方	133.89	3.95	分解>320.0	—	0.000023(20℃)
AgCl	白	立方	143.32	5.56	455.0	1550.0	0.000089(10℃),0.0021(100℃)
AgI	苍黄	六方	234.77	6.010(14.6℃)	558.0	1506.0	难溶
	黄	四面体		5.683(300℃)	146.0转变为β型		
AgNO₃	无色	正交	169.87	4.352(19.0℃)	212.0	分解>444.0	122.0(0℃),952.0(190℃)
AlCl₃	白色至无色	六方	133.34	熔融2.44,液态1.31(200.0℃)	—	升华>177.8,分解>262.0	69.9(15℃)
AlCl₃·6H₂O	无色	正交	241.43	2.398	分解>100.0	—	83.0(20℃)
Al(OH)₃	白	单斜	78.00	2.42	300.0℃失水	—	难溶
Al₂(SO₄)₃	白	粉末	342.14	2.71	分解>770.0	—	31.3(0℃),98.1(100℃)
BaCO₃(α)	白	六方	197.34	4.43	1740.0	分解	0.002(20℃),0.006(100℃)
BaCO₃(β)	—	—	197.34		转为α在982.0	—	0.0022(18℃),0.0065(100℃)
BaCO₃(γ)	白	正交	197.34	4.43	转为β在811.0	分解>1450.0	0.0022(18℃),0.0065(100℃)
BaCl₂·2H₂O	无色	单斜	244.27	3.097(24.0℃)	113.0℃失H₂O	—	58.7(100℃)
Ba(NO₃)₂	无色	立方	261.34	3.24(23.0℃)	592.0	分解	8.7(20℃),34.2(100℃)
Ba(OH)₂·8H₂O	无色	单斜	315.47	2.18(16.0℃)	78.0	78.0℃失8H₂O	5.6(15℃),94.7(78℃)
BaSO₄	白	正交(单斜)	233.39	4.50(15.0℃)	1580.0	1149.0℃转变为单斜	0.000246,0.000413(100℃)
CO₂	无色	气体	44.01	1.977g/L(0℃)	—	升华-78.5	0.348(0℃),0.097(40.0℃)
CO	无色	有毒气体	28.01	1.250g/L(0℃)	-199.0	-191.5	3.5mL(0℃),2.32mL(20.0℃)

分子式	颜色	形态	M_r	$\rho/(g/mL)$	$t_m/℃$	$t_b/℃$	溶解度(水)/(g/100mL)
CaC_2O_4	无色	立方	128.10	2.2(4.0℃)	分解	—	0.00067(13℃),0.0014(95℃)
$CaCO_3 \cdot 6H_2O$	无色	单斜	208.16	1.771(0℃)	—	—	—
$CaCl_2$	无色	立方	110.99	2.15	782.0	>1600.0	74.5(20℃),1591.0(100℃)
$Ca(ClO)_2$	白	粉末或平面片状	142.98	2.35	分解>100.0	—	分解
$Ca(NO_3)_2$	无色	立方	164.09	2.504(18.0℃)	561.0	—	121.2(18℃),376.0(100℃)
CaO	无色	立方	56.08	3.25~3.38	2614.0	2850.0	0.131(10℃,分解),0.07(80℃,分解)
$Ca(OH)_2$	无色	六方	74.09	2.24	580.0℃ 失 H_2O	分解	0.077(100℃)
$Ca(H_2PO_4)_2 \cdot H_2O$	无色	单斜	252.07	2.220(16.0℃)	109.0℃ 失 H_2O	分解>203.0	1.8(30℃),热水中分解
$Ca_3(PO_4)_2$	白	无定形粉末	310.18	3.14	1670.0		0.002,热水中分解
$Ca(H_2PO_2)_2$	灰白	单斜	170.06	—	分解	—	15.4,12.5(100℃)
$CaSO_4$	无色	正交,单斜	136.14	2.960	单斜 1450.0	正交转为单斜 1193.0	0.209(30℃),0.1619(100℃)
		立方,三斜	136.14	2.61	转为正交 >200.0	—	
CeO_2	棕-白	立方	172.12	7.132(23.0℃)	约 2600.0	—	难溶
$CuCl_2$	棕黄	粉末	134.45	3.386	620.0	>993.0℃ 分解为 CuCl	70.6(0℃),107.9(100℃)
$Cu(NO_3)_2 \cdot 6H_2O$	蓝	结晶,潮解	295.65	2.074	26.4℃ 失 $3H_2O$	—	243.7(0℃)
Cu_2O	红	八面体,立方	143.09	6.0	1235.0	—	难溶
CuO	黑	单斜	79.55	6.3~6.49	1326.0	—	难溶
$Cu(OH)_2$	蓝	胶质,结晶,粉末	97.56	3.368	分解	—	难溶,热水中分解
$CuSO_4$	绿,白	正交	159.60	3.603	分解>200.0	—	14.3(0℃),75.4(100℃)
$CuSO_4 \cdot 5H_2O$	蓝	三斜	249.68	2.284	110.0℃ 失 $4H_2O$	150.0℃ 失 $5H_2O$	31.6(0℃),203.3(100℃)
$FeCl_2 \cdot 4H_2O$	蓝-绿	单斜,潮解	198.81	1.93	—	—	160.1(0℃),415.5(100℃)
$FeCl_3$ 或 Fe_2Cl_6	黑绿	六方	162.21	2.898	306.0	分解>315.0	74.4(0℃),535.7(100℃)

分子式	颜色	形态	M_r	$\rho/(g/mL)$	$t_m/℃$	$t_b/℃$	溶解度（水）/(g/100mL)
$FeCl_3 \cdot 6H_2O$	棕黄	结晶，潮解，块状	270.30	—	37.0	280.0～285.0	91.9(20℃)
$Fe(NO_3)_2 \cdot 6H_2O$	绿	正交	287.65	—	60.5	—	83.5(20℃)，166.7(61℃)
$Fe(NO_3)_3 \cdot 9H_2O$	无色-浅黄	单斜，潮解	404.00	1.684	47.2	分解＞125.0	138.0(20℃)
FeO	黑	立方	71.85	5.7	1369.0±1.0	—	难溶
Fe_2O_3	红-褐到黑	三角	159.69	5.24	1565.0	—	难溶
Fe_3O_4	黑	立方	231.54	5.18	1594.0±5.0	—	难溶
	红-黑	粉末					
$Fe_2(SO_4)_3$	浅紫	正交，吸湿	399.87	3.097(18.0℃)	分解＞480.0	—	溶，热水中分解
$FeSO_4 \cdot 7H_2O$	蓝-绿	单斜	278.01	1.898	64.0	300.0℃失$7H_2O$	15.65,48.6(50℃)
HBr	无色	气体	80.91	3.5g/L(0℃)	−88.5	−67.0	221.0(0℃)，130.0(100℃)
	浅黄	液体		2.77(−67.0℃)			
HCl	无色	气体或液体，有毒	36.46	1.00045g/L(气)，1.187(−84.9℃,液)	−114.8	−84.9	82.3(0℃)，56.1(60℃)
HCN	无色	液体或气体，有毒	27.03	0.901g/L(气)，0.699(22.0℃,液)	−14.0	26.0	溶
HI	无色	气体	127.91	5.66g/L(0℃)	−50.8	—	42.5mL(0℃)
	淡黄	液体		2.85(−4.7℃)			
H_2O	无色	液体或六方	18.01528	1.000(4.0℃)，0.9168(0℃)	0.00	100.00	—
H_2O_2	无色	液体	34.01	1.4067	−0.41	—	完全混溶
H_2S	无色	气体，易燃液体	34.08	1.539g/L(0℃)	−85.5	−60.7	437.0mL(0℃)，186.0mL(40℃)
	黄	针状晶体		2.57(−20.0℃)			

分子式	颜色	形态	M_r	$\rho/(g/mL)$	$t_m/℃$	$t_b/℃$	溶解度(水)/(g/100mL)
H_3BO_3	无色	三斜	61.83	1.435 (15.0℃)	169.0±1.0 转为 HBO_2	300.0℃ 失 $1.5H_2O$	6.35(30℃), 27.6(100℃)
$HClO_4$	无色	液体,不稳定	100.46	1.764 (22.0℃)	−112.0	—	完全混溶
HNO_3	无色	液体	63.01	1.5027	−41.60	83.0	易溶
H_3PO_4	无色	液体或正交,潮解	98.00	1.834 (18.0℃)	42.35	213.0℃ 失 $\frac{1}{2}H_2O$	548.0
H_2SO_4	无色	液体	98.07	1.841 (96%~98%)	10.36(100%) 3.0(98%)	330.0±0.5 (100%)	溶,放热
Hg_2Cl_2	白	四方	472.09	7.150	升华>400.0	—	0.00020, 0.001(43℃)
$KAl(SO_4)_2 \cdot 12H_2O$	无色	立方,八面体	474.38	1.757 (20.0℃)	92.5	200.0℃ 失 $12H_2O$	11.4(20℃)
KBr	无色	立方,微吸湿	119.00	2.75	734.0	1435.0	53.48(0℃), 102.0(100℃)
K_2CO_3	无色	单斜,吸湿	138.21	2.428 (19.0℃)	891.0	分解	112.0(20℃), 156.0(100℃)
$KHCO_3$	无色	单斜	100.12	2.17	100.0~ 200.0,分解	—	22.4,60.0(60℃)
$KClO_3$	无色	单斜	122.55	2.32	356.0	分解>400.0	7.1(20℃), 57.0(100℃)
KCl	无色	立方	74.55	1.984	770.0	升华>1500.0	34.4,56.7 (100℃)
$K_2Cr_2O_7$	红	单斜,三斜	294.18	2.676	241.6 三斜→单斜	分解 >500.0	4.9(0℃), 102.0(100℃)
KI	无色 或白	立方或粒 状晶体	166.00	3.13	681.0	1330.0	127.56, 208.0(100℃)
$KMnO_4$	红紫	正交	158.03	2.703	分解<240.0	—	6.38(20℃), 25.0(65℃)
KNO_3	无色	正交,三角	101.10	2.109 (16.0℃)	129.0 转变成三角, 熔点 334.0	分解>400.0	13.3(0℃), 247.0(100℃)
KOH	白	正交,潮解	56.11	2.044	360.4±0.7	1320.0~ 1324.0	107.0(15℃), 178.0(100℃)
K_3PO_4	无色	正交,潮解	212.27	2.564 (17.0℃)	1340.0	—	90.0(30℃)
KH_2PO_4	无色	四方,潮解	136.09	2.338	252.6	—	33.0,83.5(20℃)

分子式	颜色	形态	M_r	$\rho/(g/mL)$	$t_m/℃$	$t_b/℃$	溶解度（水）/(g/100mL)
K_2HPO_4	白	无定形，潮解	174.18	—	分解	—	167.0(20℃)
$MgCO_3$	白	—	84.31	3.009	分解>350.0	—	0.0106
$MgCl_2$	白	闪光六方结晶	95.21	2.316~2.33	714.0	1412.0	54.25(20℃)，72.7(100℃)
$Mg(NO_3)_2 \cdot 6H_2O$	无色	单斜，潮解	256.41	1.6363	89.0	分解>330.0	125.0
$Mg(OH)_2$	无色	六方片状晶体	58.32	2.36	350.0℃ 失 H_2O	—	0.0009(18℃)，0.004(100℃)
MgO	无色	立方	40.30	3.58	2852.0	3600.0	0.0086(30℃)
$MgSO_4$	无色	正交	120.36	2.66	分解>1124.0	—	73.8(100℃)
MnO_2	黑	正交	86.94	5.026	—	—	难溶
	棕黑	粉末					
NO_2	无色	固体	46.01	1.4494 (20.0℃)	−11.20	21.2	溶，分解
	黄	液体					
	棕	气体					
$(NH_4)_2CO_3 \cdot H_2O$	无色	立方	114.10	—	分解>58.0	—	100.0(15℃)，热水中分解
NH_4HCO_3	无色	正交，单斜	79.06	1.58	107.5	升华	11.9(0℃)，热水中分解
NH_4Cl	无色	正交	53.49	1.527	升华>340.0	520.0	29.7(0℃)，75.8(100℃)
NH_4HF_2	—	正交，四方，潮解	57.04	1.50	125.6	—	易溶
$NH_4Fe(SO_4)_2 \cdot 12H_2O$	浅紫	立方，八面体	482.18	1.71	39.0~41.0	230.0℃ 失 $12H_2O$	124.0，400.0(100℃)
NH_4NO_3	无色	正交	80.04	1.725	169.6	—	118.3(0℃)，871.0(100℃)
$(NH_4)_3PO_4 \cdot 3H_2O$	白	斜方	203.13	—	—	—	26.1
$NH_4H_2PO_4$	无色	四方	115.03	1.803(19.0℃)	190.0	—	22.7(0℃)，173.2(100℃)
$(NH_4)_2HPO_4$	无色	单斜	132.06	1.619	分解>155.0	分解	57.5(10℃)，106.70(70℃)
$(NH_4)_2SO_4$	无色	正交	132.13	1.769(50.0℃)	分解>235.0	—	70.6(0℃)，103.8(100℃)
$NaAlO_2$	白	无定形粉末，吸湿	81.97	—	1800.0	—	溶
$Na_2B_4O_7$	—	结晶	201.22	2.367	741.0	分解>1575.0	1.06(0℃)，8.79(40℃)

分子式	颜色	形态	M_r	$\rho/(g/mL)$	$t_m/℃$	$t_b/℃$	溶解度（水）/(g/100mL)
$Na_2B_4O_7 \cdot 10H_2O$	无色	单斜,风化	381.37	1.73	75.0	320.0℃ 失 $10H_2O$	2.01(0℃), 170.0(100℃)
$NaBH_4$	白	立方	37.83	1.074	分解 400.0	—	55.0
$NaBr$	无色	立方,吸湿	102.89	3.203	747.0	1390.0	116.0(50℃), 121.0(100℃)
$Na_2C_2O_4$	无色	结晶	134.00	2.34	分解> (250.0~270.0)	—	3.7(20℃), 6.33(100℃)
Na_2CO_3	白	粉末,吸湿	105.99	2.532	851.0	分解	7.1(0℃), 45.5(100℃)
$Na_2CO_3 \cdot 10H_2O$	白	单斜	286.14	1.44(15.0℃)	32.5~34.5	33.5℃ 失 H_2O	21.52(0℃), 421.0(104℃)
$NaHCO_3$	白	单斜,菱形晶体	84.01	2.159	—	—	6.9(0℃), 16.4(60℃)
$NaCl$	无色	立方	58.44	2.165	801.0	1413.0	35.7(0℃), 39.12(100℃)
$NaClO_3$	无色	立方,三角	106.44	2.490(15.0℃)	248.0~261.0	分解	79.0(0℃), 230.0(100℃)
$NaClO_4$	白	正交,潮解	122.44	—	分解>482.0	分解	20.0(20℃)
$NaNO_3$	无色	三角	84.99	2.261	306.8	分解>380.0	92.1,180.0(100℃)
$NaOCl$	—	仅在溶液中	74.44	—	—	—	—
$NaOH$	白	潮解	40.00	2.130	318.4	1390.0	42.0(0℃), 347.0(100℃)
Na_2O_2	黄-白	粉末	77.98	2.805	分解>460.0	分解>657.0	分解
$Na_3PO_4 \cdot 12H_2O$	无色	三角	380.12	1.62(20.0℃)	分解> (73.3~76.7)	100.0℃ 失 $12H_2O$	1.5(0℃), 157.0(70℃)
$NaH_2PO_4 \cdot 2H_2O$	无色	正交	156.01	1.91	60.0	—	94.0
$Na_2HPO_4 \cdot 7H_2O$	无色	单斜,斜方	268.07	1.679	48.1℃ 失 $5H_2O$	—	104.0(40℃)
$Na_2HPO_4 \cdot 12H_2O$	无色	正交,单斜,风化	358.14	1.52	35.1℃ 失 $5H_2O$	100.0℃ 失 $12H_2O$	4.15,87.4(34℃)
$Na_4P_2O_7$	白	结晶	265.90	2.534	880.0	—	3.16(0℃), 40.26(100℃)
Na_2S	白	结晶,潮解	78.04	1.856(14.0℃)	1180.0	—	15.4(10℃), 57.2(90℃)
Na_2SO_4	无色	单斜	142.04	—	884.0	—	溶,42.0~45.0(100℃)

续表

分子式	颜色	形态	M_r	ρ/(g/mL)	t_m/℃	t_b/℃	溶解度（水）/(g/100mL)
$Na_2SO_4 \cdot 10H_2O$	无色	单斜,风化	322.19	1.464	32.38	100.0℃ 失10H_2O	11.0(0℃), 92.7(30℃)
$Na_2SO_4 \cdot 7H_2O$	白	正交,四方	268.14	—	—	—	19.5(0℃), 44.0(20℃)
$NaHSO_4$	无色	三斜	120.06	2.435(13.0℃)	>315.0	分解	28.6, 100.0(100℃)
$Na_2S_2O_3$	无色	单斜	158.10	1.667	—	—	50.2(100℃)
Na_2SiO_3	无色	单斜	122.06	2.4	1088.0	—	溶
$Na_2SiO_3 \cdot 9H_2O$	无色	正交,风化	284.20	—	40.0~80.0	100.0℃ 失6H_2O	易溶
	红	发荧光					
$Ni(CO)_4$	无色	易燃挥发性液体或针状晶体	170.73	1.32(17.0℃)	−25.0	43.0	0.018(20℃)
$Ni(NO_3)_2 \cdot 6H_2O$	绿	单斜,潮解	290.79	2.05	56.7	136.7	238.5(0℃)
PCl_5	黄-白	四方,发烟	208.24	—	—	升华>162.0	分解
PCl_3	无色	发烟液体	137.33	1.574(21.0℃)	−112.0	—	分解
P_2O_5（或 P_4O_{10}）	白	单斜或粉末,易溶解	141.94	2.39	580.0~585.0	升华>300.0	分解
$Pb(NO_3)_2$	无色	立方,单斜,有毒	331.23	4.53(20.0℃)	分解>470.0	—	37.65(0℃), 127.0(100℃)
PbO_2	深褐	四方	239.20	9.375	分解>290.0	—	难溶
PbO	黄	四方	223.20	9.53	886.0	1516.0	0.0017(20℃)
		正交		8.0	886.0	1472.0	0.0023
Pb_2O_3	橙黄-黄	粉末	462.40	—	分解>370.0	—	热水中分解
SO_2	无色	气体或液体,窒息气味	64.06	—	−72.7	−10.0	22.8(0℃), 0.58(90℃)
SO_3	—	光滑纤维,针状,稳定,变体	80.06	1.97(20.0℃)	16.8	44.8	分解
SiC	无色-黑	六方,立方	40.10	3.217	升华>2700.0	—	难溶
SiO_2	无色	立方,四方	60.08	2.32	1723.0±5.0	2230.0	难溶
		无定形玻璃态		2.19	—		
		正交		2.26	1703.0		
		六方		2.635~2.660	1610.0		
$SnCl_2$	白	正交	189.60	3.95	246.0	652.0	83.9(0℃), 259.8(15℃),分解

分子式	颜色	形态	M_r	$\rho/(g/mL)$	$t_m/℃$	$t_b/℃$	溶解度（水）/(g/100mL)
SnCl₄	无色	液体，立方固体	260.50	液体 2.226	−33.0	114.1	水解
SnO	黑	立方（四方）	134.69	6.446(0℃)	—		难溶
SnO₂	白	四方，立方，正交	150.69	6.95	1630.0	升华＞(1800.0～1900.0)	难溶
ZnCl₂	白	六方，潮解	136.29	2.91	283.0	732.0	432.0，615.0(100℃)
Zn(NO₃)₂·6H₂O	无色	四方	297.48	2.065(14.0℃)	36.4	(105.0～131.0)失 6H₂O	184.3(20℃)
Zn(OH)₂	无色	正交	99.39	3.053	分解＞125.0	—	0.001
ZnO	白	六方	81.38	5.606	1975.0	—	难溶
ZnSO₄	无色	正交	161.44	3.54	分解＞600.0	—	53.8(20℃)
ZrO₂	无色-黄-棕	单斜	123.22	5.89	约 2700.0	约 5000.0	难溶

注：1. M_r 为相对分子质量；ρ 为密度，g/mL，除注明者外，均指在 25.0℃ 状态下，其后面括号内若标有其他数值，则表示在该温度下测得的该物质密度；t_m 为熔点，℃，在标准大气压（101.325kPa）下的测定值；t_b 为沸点，℃，在标准大气压（101.325kPa）下的测定值。

2. 溶解度大多数是在冷水中测得（一般为 25.0℃），其他温度标注在溶解度值后的括号里。一般未标注温度的前面为冷水中溶解度值，后面为热水中溶解度值。200.0℃ 失 H₂O 表示在 200.0℃ 失 1 分子结晶水。

3. "分解＜320.0" 表示低于 320.0℃ 时分解；"分解 320.0" 表示在 320.0℃ 时分解；"分解＞320.0" 表示在高于 320.0℃ 时分解。"140.0 爆炸" 表示大于 140.0℃ 时发生爆炸。"升华 177.8" 表示在 177.8℃ 时升华；"升华＞177.8" 表示在高于 177.8℃ 时升华。"转变 175.0" 表示在 175.0℃ 时发生晶型转变。

4. 立方表示立方晶体；六方表示六方晶体；单斜表示单斜晶体；八面体表示八面体晶体；三斜表示三斜晶体；三角表示三角晶体；菱形表示菱形晶体；斜方表示斜方晶体；斜六表示斜方六面体晶体；正交表示正交晶体；四方表示四方晶体；四面体表示四面体晶体。

3.3　常见无机化合物的标准热力学数据

分子式	状态	$\Delta_f H^\ominus/(kJ/mol)$	$\Delta_f G^\ominus/(kJ/mol)$	$S^\ominus/[J/(mol \cdot K)]$	$C_p^\ominus/[J/(mol \cdot K)]$
AgBr	cr	−100.4	−96.9	107.1	52.4
AgCl	cr	−127.0	−109.8	96.3	50.8
AgI	cr	−61.8	−66.2	115.5	56.8
AgNO₃	cr	−124.4	−33.4	140.9	93.1
Ag₂O	cr	−31.1	−11.2	121.3	65.9
AlCl₃	cr	−704.2	−628.8	110.7	91.8
Al₂O₃	cr	−1675.7	−1582.3	50.9	79.0
B₂O₃	cr	−1273.5	−1194.3	54.0	—
BaCl₂	cr	−858.6	−810.4	123.7	75.1
BaCO₃	cr	−1216.3	−1137.6	112.1	85.3
Ba(NO₃)₂	cr	−992.1	−796.6	213.8	151.4
Ba(OH)₂	cr	−944.7	—	—	—

续表

分子式	状态	$\Delta_f H^\ominus$/(kJ/mol)	$\Delta_f G^\ominus$/(kJ/mol)	$S^\ominus$/[J/(mol·K)]	$C_p^\ominus$/[J/(mol·K)]
BaSO₄	cr	−1473.2	−1362.2	132.2	101.8
CO	g	−110.5	−137.2	197.7	29.1
CO₂	g	−393.5	−394.4	213.8	37.1
CaCl₂	cr	−795.4	−748.8	108.4	72.9
CaCO₃(方解石)	cr	−1207.6	−1129.1	91.7	83.5
CaCO₃(霰石)	cr	−1207.8	−1128.2	88.0	82.3
Ca(NO₃)₂	cr	−938.2	−742.8	193.2	149.4
CaO	cr	−634.9	−603.3	38.1	42.0
Ca(OH)₂	cr	−985.2	−897.5	83.4	87.5
CaSO₄	cr	−1434.5	−1322.0	106.5	99.7
CeO₂	cr	−1088.7	−1024.6	62.3	61.6
CuCl	cr	−137.2	−119.9	86.2	48.5
CuCl₂	cr	−220.1	−175.7	108.1	71.9
Cu(NO₃)₂	cr	−302.9	—	—	—
CuO	cr	−157.3	−129.7	42.6	42.3
CuSO₄	cr	−771.4	−662.2	109.2	—
Cu₂O	cr	−168.6	−146.0	93.1	63.6
FeCl₂	cr	−341.8	−302.3	118.0	76.7
FeCl₃	cr	−399.5	−334.0	142.3	96.7
FeO	cr	−272.0	—	—	—
Fe₂O₃	cr	−824.2	−742.2	87.4	103.9
Fe₃O₄	cr	−1118.4	−1015.4	146.4	143.4
FeSO₄	cr	−928.4	−820.8	107.5	100.6
H₃BO₃	cr	−1094.3	−968.9	88.8	81.4
HBr	g	−36.3	−53.4	198.7	29.1
HCl	g	−92.3	−95.3	186.9	29.1
HClO	g	−78.7	−66.1	236.7	37.2
HClO₄	l	−40.6	—	—	—
HNO₃	l	−174.1	−80.7	155.6	109.9
	g	−135.1	−74.7	266.4	53.4
H₂O	l	−285.8	−237.1	70.0	75.3
	g	−241.8	−228.6	188.8	33.6
H₂O₂	l	−187.8	−120.4	109.6	89.1
	g	−136.3	−105.6	232.7	43.1
H₃PO₄	l	−1271.7	−1123.6	150.8	145.0
H₂S	g	−20.6	−33.4	205.8	34.2
H₂SO₄	l	−814.0	−690.0	156.9	138.9
HgCl₂	cr	−224.3	−178.6	146.0	—

分子式	状态	$\Delta_f H^\ominus/(kJ/mol)$	$\Delta_f G^\ominus/(kJ/mol)$	$S^\ominus/[J/(mol \cdot K)]$	$C_p^\ominus/[J/(mol \cdot K)]$
Hg_2Cl_2	cr	−265.4	−210.7	191.6	—
KBr	cr	−393.8	−380.7	95.9	52.3
$KBrO_3$	cr	−360.2	−271.2	149.2	105.2
KCl	cr	−436.5	−408.5	82.6	51.3
$KClO_3$	cr	−397.7	−296.3	143.1	100.3
$KClO_4$	cr	−432.8	−303.1	151.0	112.4
KCN	cr	−113.0	−101.9	128.5	66.3
K_2CO_3	cr	−1151.0	−1063.5	155.5	114.4
KH_2PO_4	cr	−1568.3	−1415.9	134.9	116.6
KI	cr	−327.9	−324.9	106.3	52.9
$KMnO_4$	cr	−837.2	−737.6	171.7	117.6
KNO_3	cr	−494.6	−394.9	133.1	96.4
KOH	cr	−424.8	−379.1	78.9	64.9
K_3PO_4	cr	−1950.2	—	—	—
K_2SO_4	cr	−1437.8	−1321.4	175.6	131.5
K_2SiF_6	cr	−2956.0	−2798.6	226.0	—
$MgCl_2$	cr	−641.3	−591.8	89.6	71.4
$MgCO_3$	cr	−1095.8	−1012.1	65.7	75.5
$Mg(NO_3)_2$	cr	−790.7	−589.4	164.0	141.9
MgO	cr	−601.6	−569.3	27.0	37.2
$Mg(OH)_2$	cr	−924.5	−833.5	63.2	77.0
$MgSO_4$	cr	−1284.9	−1170.6	91.6	96.5
MnO_2	cr	−520.0	−465.1	53.1	54.1
NH_3	g	−45.9	−16.4	192.8	35.1
NH_4Cl	cr	−314.4	−202.9	94.6	84.1
NH_4NO_3	cr	−365.6	−183.9	151.1	139.3
$(NH_4)_2SO_4$	cr	−1180.9	−901.7	220.1	187.5
NO_2	g	33.2	51.3	240.1	37.2
N_2O	g	82.1	104.2	219.9	38.5
N_2O_3	l	50.3	—	—	—
	g	83.7	139.5	312.3	65.6
N_2O_5	g	11.3	115.1	355.7	84.5
$NaBF_4$	cr	−1844.7	−1750.1	145.3	120.3
$NaBH_4$	cr	−188.6	−123.9	101.3	86.8
NaBr	cr	−361.1	−349.0	86.8	51.4

分子式	状态	$\Delta_f H^{\ominus}$/(kJ/mol)	$\Delta_f G^{\ominus}$/(kJ/mol)	$S^{\ominus}$/[J/(mol·K)]	$C_p^{\ominus}$/[J/(mol·K)]
NaCl	cr	−411.2	−384.1	72.1	50.5
NaClO$_3$	cr	−365.8	−262.3	123.4	—
NaClO$_4$	cr	−383.3	−254.9	142.3	—
NaCN	cr	−87.5	−76.4	115.6	70.4
Na$_2$CO$_3$	cr	−1130.7	−1044.4	135.0	112.3
NaF	cr	−576.6	−546.3	51.1	46.9
NaHSO$_4$	cr	−1125.5	−992.8	113.0	—
NaNO$_3$	cr	−467.9	−367.0	116.5	92.9
NaOH	cr	−425.6	−379.5	64.5	59.5
Na$_2$B$_4$O$_7$	cr	−3291.1	−3096.0	189.5	186.8
Na$_2$HPO$_4$	cr	−1748.1	−1608.2	150.5	135.3
Na$_2$O	cr	−414.2	−375.5	75.1	69.1
Na$_2$O$_2$	cr	−510.9	−447.7	95.0	89.2
Na$_2$SO$_3$	cr	−1100.8	−1012.5	145.9	120.3
Na$_2$SO$_4$	cr	−1387.1	−1270.2	149.6	128.2
Na$_2$SiO$_3$	cr	−1554.9	−1462.8	113.9	—
PCl$_3$	l	−319.7	−272.3	217.1	—
	g	−287.0	−267.8	311.8	71.8
PCl$_5$	cr	−443.5	—	—	—
	g	−374.9	−305.0	364.6	112.8
Pb(NO$_3$)$_2$	cr	−451.9	—	—	—
PbO(黄)	cr	−217.3	−187.9	68.7	45.8
PbO(红)	cr	−219.0	−188.9	66.5	45.8
PbO$_2$	cr	−277.4	−217.3	68.6	64.6
PbSO$_4$	cr	−920.0	−813.0	148.5	103.2
SO$_2$	l	−320.5	—	—	—
	g	−296.8	−300.1	248.2	39.9
SO$_3$	cr	−454.5	−374.2	70.7	—
	l	−441.0	−373.8	113.8	—
	g	−395.7	−371.1	256.8	50.7
SiO$_2$(α)	cr	−910.7	−856.3	41.5	44.4
SiO$_2$(α)	g	−322.0	—	—	—
SnCl$_2$	cr	−325.1	—	—	—
SnCl$_4$	l	−511.3	−440.1	258.6	165.3
	g	−471.5	−432.2	365.8	98.3
SnO$_2$	cr	−577.6	−515.8	49.0	52.6
TiO$_2$	cr	−944.0	888.8	50.6	55.0

分子式	状态	$\Delta_f H^\ominus/(kJ/mol)$	$\Delta_f G^\ominus/(kJ/mol)$	$S^\ominus/[J/(mol \cdot K)]$	$C_p^\ominus/[J/(mol \cdot K)]$
$ZnCl_2$	cr	-415.1	-369.4	111.5	71.3
$Zn(NO_3)_2$	cr	-483.7	—	—	—
ZnO	cr	-350.5	-320.5	43.7	40.3
$ZnSO_4$	cr	-982.8	-871.5	110.5	99.2
ZrO_2	cr	-1100.6	-1042.8	50.4	56.2

注：本表中的标准热力学数据是以温度25.0℃（298.15K）处于标准状态的1mol纯物质为基准的。物质状态表示符号为：g表示气态，l表示液态，cr表示晶体。

3.4　难溶化合物的溶度积常数

分　子　式	$K_{sp}^\ominus$	分　子　式	$K_{sp}^\ominus$
$AgBr$	5.0×10^{-13}	$Fe(OH)_3$	4.0×10^{-38}
$AgBrO_3$	5.50×10^{-5}	FeS	6.3×10^{-18}
$AgCl$	1.8×10^{-10}	Hg_2Cl_2	1.3×10^{-18}
$AgCN$	1.2×10^{-16}	$Hg_2(OH)_2$	2.0×10^{-24}
Ag_2CO_3	8.1×10^{-12}	$HgS(红)$	4.0×10^{-53}
$Ag_2C_2O_4$	3.5×10^{-11}	$HgS(黑)$	1.6×10^{-52}
Ag_2CrO_4	1.2×10^{-12}	$MgCO_3$	3.5×10^{-8}
AgI	8.3×10^{-17}	$Mg(OH)_2$	1.8×10^{-11}
Ag_3PO_4	1.4×10^{-16}	$MnCO_3$	1.8×10^{-11}
Ag_2S	6.3×10^{-50}	$Mn(OH)_4$	1.9×10^{-13}
$AgSCN$	1.0×10^{-12}	$MnS(粉红)$	2.5×10^{-10}
Ag_2SO_4	1.4×10^{-5}	$MnS(绿)$	2.5×10^{-13}
$Al(OH)_3(无定形)$	4.57×10^{-33}	$NiCO_3$	6.6×10^{-9}
$AlPO_4$	6.3×10^{-19}	NiC_2O_4	4.0×10^{-10}
Al_2S_3	2.0×10^{-7}	$Ni(OH)_2(新)$	2.0×10^{-15}
$BaCO_3$	5.1×10^{-9}	$\alpha\text{-}NiS$	3.2×10^{-19}
$BaSO_4$	1.1×10^{-10}	$\beta\text{-}NiS$	1.0×10^{-24}
$Be(OH)_2(无定形)$	1.6×10^{-22}	$\gamma\text{-}NiS$	2.0×10^{-26}
$Bi(OH)_3$	4.0×10^{-31}	$PbCl_2$	1.6×10^{-5}
$BiPO_4$	1.26×10^{-23}	$PbCO_3$	7.4×10^{-14}
$CaCO_3$	2.8×10^{-9}	$Pb(OH)_2$	1.2×10^{-15}
$CaC_2O_4 \cdot H_2O$	4.0×10^{-9}	$Pb(OH)_4$	3.2×10^{-66}
CaF_2	2.7×10^{-11}	PbS	1.0×10^{-28}
$Ca(OH)_2$	5.5×10^{-6}	$PbSO_4$	1.6×10^{-8}
$Ca_3(PO_4)_2$	2.0×10^{-29}	$Pd(OH)_2$	1.0×10^{-31}
$CaSO_4$	3.16×10^{-7}	$Pd(OH)_4$	6.3×10^{-71}
$CaSiO_3$	2.5×10^{-8}	PdS	2.03×10^{-58}
$CdCO_3$	5.2×10^{-12}	Sb_2S_3	1.5×10^{-93}
CdS	8.0×10^{-27}	$Sn(OH)_2$	1.4×10^{-28}
$CuBr$	5.3×10^{-9}	$Sn(OH)_4$	1.0×10^{-56}
$CuCl$	1.2×10^{-6}	SnO_2	3.98×10^{-65}

续表

分 子 式	$K_{sp}^{\ominus}$	分 子 式	$K_{sp}^{\ominus}$
CuCN	3.2×10^{-20}	$ZnCO_3$	1.4×10^{-11}
$CuCO_3$	2.34×10^{-10}	$Zn(OH)_2$(无定型)	2.09×10^{-16}
CuI	1.1×10^{-12}	$Zn_3(PO_4)_2$	9.0×10^{-33}
$Cu(OH)_2$	4.8×10^{-20}	α-ZnS	1.6×10^{-24}
Cu_2S	2.5×10^{-48}	β-ZnS	2.5×10^{-22}
CuS	6.3×10^{-36}	$ZrO(OH)_2$	6.3×10^{-49}
$FeCO_3$	3.2×10^{-11}		
$Fe(OH)_2$	8.0×10^{-16}		

3.5 某些无机化合物在部分有机溶剂中的溶解度

化学式	溶解度/(g/100g)			化学式	溶解度/(g/100g)		
	甲醇	乙醇	丙酮		甲醇	乙醇	丙酮
AgBr	7.0×10^{-7}	1.6×10^{-8}	—	KSCN	—	—	20.8
AgCl	6.0×10^{-6}	1.5×10^{-6}	1.3×10^{-6}	$MgCl_2$	16.0	5.6	—
AgI	2.0×10^{-7}	6.0×10^{-9}	—	$MgSO_4$	0.3	0.025	—
$AgNO_3$	3.8	2.1	0.44	$MgSO_4 \cdot 7H_2O$	43.0	—	—
$BaCl_2$	2.2	—	—	$MnCl_2$	—	—	—
$Ba(NO_3)_2$	0.06	1.8×10^{-3}	5.0×10^{-3}	$MnSO_4$	0.13	0.01	—
$CaCl_2$	29.2	25.8	0.01	$(NH_4)_2CO_3$	—	—	—
$Ca(NO_3)_2$	138.0	51.0	16.9	NH_4Cl	3.3	0.6	—
$CaSO_4$	—	—	—	NH_4NO_3	17.1	2.5	—
$CuCl_2$	57.5	55.5	2.96	NaCl	1.5	0.1	3.0×10^{-5}
$CuSO_4$	1.5	1.1	—	NaF	0.42	0.1	1.0×10^{-4}
$CuSO_4 \cdot 5H_2O$	15.6	—	—	$NaNO_3$	0.43	0.04	—
$FeCl_3$	150.0	145.0	62.9	NaOH	31.0	17.3	—
$Fe_2(SO_4)_3 \cdot 9H_2O$	—	12.7	—	NaSCN	35.0	20.0	7.0
H_3BO_3	—	11.0	0.5	$NiCl_2$	—	10.0	—
HCl(气体)	88.7	69.5	—	$NiCl_2 \cdot 6H_2O$	—	53.7	—
KBr	2.1	0.46	0.03	$Pb(NO_3)_2$	1.4	0.04	—
KCN	4.91	0.88	—	$SnCl_2$	—	—	56.0
KCl	0.5	0.03	9.0×10^{-5}	$ZnCl_2$	—	—	43.3
KI	16.4	1.75	2.35	$ZnSO_4 \cdot 7H_2O$	5.9	—	—
KOH	55.0	39.0	—				

3.6 水的各种数据

水在不同温度下的密度、黏度、介电常数值

温度 $t/℃$	密度 $\rho/(g/mL)$	黏度 $\eta/(10^{-3}Pa\cdot s)$	介电常数 $\varepsilon/(F/m)$
0	0.99984	—	87.90
5	0.999965	1.5188	85.90
10	0.999700	1.3097	83.95
15	0.999099	1.1447	82.04
20	0.998203	1.0087	80.18
25	0.997044	0.8949	78.36

温度 $t/℃$	密度 $\rho/(g/mL)$	黏度 $\eta/(10^{-3}Pa \cdot s)$	介电常数 $\varepsilon/(F/m)$
30	0.995646	0.8004	76.58
35	0.99403	0.7208	74.85
40	0.99222	—	73.15
45	—	—	71.50
50	0.98804	—	69.88
55	—	—	68.30
60	0.98320	—	66.76
65	—	—	65.25
70	0.97777	—	63.78
75	—	—	62.34
80	0.97179	—	60.93
85	—	—	59.55
90	0.96531	—	58.20
95	—	—	56.88
100	0.95836	—	55.58

水在不同温度下的饱和蒸气压

温度 $t/℃$	饱和蒸气压 $/10^3Pa$	温度 $t/℃$	饱和蒸气压 $/10^3Pa$	温度 $t/℃$	饱和蒸气压 $/10^3Pa$
0	0.61129	125	232.01	250	3973.6
5	0.87260	130	270.02	255	4320.2
10	1.2281	135	312.93	260	4689.4
15	1.7056	140	361.19	265	5082.3
20	2.3388	145	415.29	270	5499.9
25	3.1690	150	475.72	275	5943.1
30	4.2455	155	542.99	280	6413.2
35	5.6267	160	617.66	285	6911.1
40	7.3814	165	700.29	290	7438.0
45	9.5898	170	791.47	295	7995.2
50	12.344	175	891.80	300	8583.8
55	15.752	180	1001.9	305	9205.1
60	19.932	185	1122.5	310	9860.5
65	25.022	190	1254.2	315	10551
70	31.176	195	1397.6	320	11279
75	38.563	200	1553.6	325	12046
80	47.373	205	1722.9	330	12852
85	57.815	210	1906.2	335	13701
90	70.117	215	2104.2	340	14594
95	84.529	220	2317.8	345	15533
100	101.32	225	2547.9	350	16521
105	120.79	230	2795.1	355	17561
110	143.24	235	3060.4	360	18655
115	169.02	240	3344.7	365	19809
120	198.48	245	3648.8	370	21030
124	224.96	249	3907.0		

4. 常见有机化合物的性质

4.1 常用有机化合物的一般性质

分子式及名称	M_r	$\rho/(g/mL)$	$t_m/℃$	$t_b/℃$	n_D^t
CS₂ 二硫化碳	76.13	1.2632	−111.5	46.3	1.6319
HCHO 甲醛	30.03	0.815	−92.0	−21.0	
HCO₂H 甲酸	46.03	1.220	8.4	100.7	1.3714[20]
HCONH₂ 甲酰胺	45.04	1.1334	2.5	—	1.4472[20]
CH₂ ═ CCl₂ 1,1-二氯乙烯	96.94	1.218	−122.1	37.0	1.4249[20]
CH₃CN 乙腈	41.05	0.7857	−45.7	81.6	1.3442[20]
CH₂ ═ CH₂ 乙烯	28.05	—	−169.0	−103.7	—
C₂H₄O 环氧乙烷	44.06	—	−111.0		1.3597
CH₃CHO 乙醛	44.05	—	−121.0	20.8	1.3316[20]
HCO₂CH₃ 甲酸甲酯	60.05	0.9742	−99.0	31.5	1.3433[20]
CH₃CO₂H 乙酸	60.05	1.0492	16.6	117.9	1.3716[20]
C₂H₅Cl 氯乙烷	64.51	0.8978	−136.4	12.3	1.3676[20]
CH₃CH₃ 乙烷	30.07	—	−183.3	−88.6	—
CH₃CH₂OH 乙醇	46.07	0.7893	−117.3	78.5	1.3611[20]
HOCH₂CH₂OH 乙二醇	62.07	1.1088	−11.5	198.0	1.4318[20]
C₂H₅NH₂ 乙胺	45.08	0.6829	−81.0	16.6	1.3663[20]
CH₃COCH₃ 丙酮	58.08	0.7899	−95.35	56.2	1.3588[20]
HCO₂C₂H₅ 甲酸乙酯	74.08	0.9168	−80.5	54.5	1.3598[10]
CH₃CO₂CH₃ 乙酸甲酯	74.08	0.9330	−98.1	57.0	1.3595[20]
CH₃CONHCH₃ N-甲基乙酰胺	73.09	0.9517[25]	28.0	204.0~206.0	1.4301[20]
HCON(CH₃)₂ N,N-二甲基甲酰胺	73.09	0.9487	−60.5	149.0~156.0	1.4305[20]
HOCH₂CH(OH)CH₂OH 甘油,丙三醇	92.09	1.2613	20.0	—	1.4746[20]
C₄H₄O 呋喃	68.08	0.9514	−85.6	31.4	1.4214[20]
(CH₃CO)₂O 乙酸酐	102.09	1.0820	−73.1	139.55	1.39006[20]
C₄H₈O 四氢呋喃	72.11	0.8892	−108.0	67.0	1.4050[20]
C₂H₅OC₂H₅ 乙醚	74.12	0.7138	−116.2	34.5	1.3526[20]

分子式	M_r	$\rho/(g/mL)$	$t_m/℃$	$t_b/℃$	n_D^t
$(CH_3)_3CNH_2$ 叔丁胺	73.14	0.6958	−67.5	44.4	1.3784[20]
$(OC_4H_3)CHO$ 糠醛	96.09	1.1594	−38.7	161.7	1.5261[20]
$CH_3COCH_2COOCH_3$ 乙酰乙酸甲酯	116.12	1.0762	27.0～28.0	171.7	1.4184[20]
$1,2,4-(NO_2)_3C_6H_3$ 1,2,4-三硝基苯	213.11	—	61.2		—
C_6H_5Cl 苯基氯	112.56	1.1058	−45.6	132.0	1.5241[20]
$C_6H_5NO_2$ 硝基苯	123.11	1.2037	5.7	210.8	1.5562[20]
$C_6H_5SO_3Cl$ 苯磺酰氯	176.62	—	14.5	d 251.0～252.0	1.5518
$C_6H_5SO_3H$ 苯磺酸	158.17		65.0～66.0	—	
$C_6H_5NH_2$ 苯胺	93.13	1.0217	−6.3	184.0	1.5863[20]
$CH_3COCH_2COOC_2H_5$ 乙酰乙酸乙酯	130.14	1.0368[10]	−39.0	180.8	1.4492[17]
$C_6H_{12}N_4$ 六亚甲基四胺	140.19	1.331[−5]	sub. 285.0～295.0	sub.	—
$C_6H_{12}O_6$ 葡萄糖（平衡混合物）	180.16		146.0		
C_6H_5COCl 苯甲酰氯	140.57	1.2120	—	197.2	1.5537[20]
C_6H_5CHO 苯甲醛	106.12	1.0415[10]	−26.0	178.0	1.5463[20]
$C_6H_5CO_2H$ 苯甲酸	122.12	1.2659[15]	122.1	249.0	1.0504[12]
$C_6H_5CH_2Cl$ 苄基氯	126.59	—	−39.0	179.3	1.5391[20]
$C_6H_5COCH_3$ 苯乙酮	120.12	1.0281	20.5	202.6	1.5372[20]
$C_6H_5CH\!=\!CHCO_2H$ 反式肉桂酸	148.16	1.2475[4]	135.0～136.0	300.0	—
$C_6H_5CO_2C_2H_5$ 苯甲酸乙酯	150.18	1.0468	−34.6	213.0	1.5007[20]
$(C_6H_5CO)_2O$ 苯甲酸酐	226.23	1.98915	42.0～43.0	360.0	1.5767[15]

注：M_r 为相对分子质量；ρ 为密度，g/mL，除注明者外，均指在 20.0℃状态下，其上角标若有其他数值，则表示在该温度下测得的密度；t_m 为熔点，在标准大气压（101.325kPa）下的测定值，单位为℃；t_b 为沸点，在大气压（101.325kPa）下的测定值，单位为℃；n_D^t 为折射率，是用 D 光线（波长 589nm），温度为 t（℃）时测得的折射率，数据的上角标为测定时的温度，未标温度的均表示在 25.0℃测定；溶解性只说明该物质可溶解的一些常规溶剂，没有给出溶解度的具体数据；d 表示分解（decomposition），d 217.0 表示在 217.0℃时分解，217.0 d 表示在高于 217.0℃时分解；sub. 表示升华（sublimation），sub. 322.0 表示在 322.0℃时升华，322.0 sub. 表示在高于 322.0℃时升华。

4.2 常见有机化合物的标准热力学数据

名称	分子式	状态	$\Delta H_f^\ominus/(kJ/mol)$	$\Delta G_f^\ominus/(kJ/mol)$	$S^\ominus/[J/(mol·K)]$	$C_p^\ominus/[J/(mol·K)]$
四氯化碳	CCl_4	l	−128.2	—	—	130.7
二硫化碳	CS_2	l	89.0	64.6	151.3	76.4
		g	116.6	67.1	237.8	45.4
三氯甲烷	$CHCl_3$	l	−134.5	−73.7	201.7	114.2
		g	−103.1	6.0	295.7	65.7

续表

名称	分子式	状态	$\Delta H_f^{\ominus}$/(kJ/mol)	$\Delta G_f^{\ominus}$/(kJ/mol)	$S^{\ominus}$/[J/(mol·K)]	$C_p^{\ominus}$/[J/(mol·K)]
二氯甲烷	CH_2Cl_2	l	−124.1	—	177.8	101.2
		g	−95.6	—	270.2	51.0
甲醛	CH_2O	g	−108.6	−102.5	218.8	35.4
甲酸	CH_2O_2	l	−424.7	−361.4	129.0	99.0
		g	−378.6	—	—	—
氯甲烷	CH_3Cl	g	−81.9	—	234.6	40.8
碘甲烷	CH_3I	l	−12.3	—	163.2	126.0
		g	14.7	—	254.1	44.1
甲烷	CH_4	g	−74.4	−50.3	186.3	35.3
甲酰胺	CH_3NO	l	−254.0	—	—	—
甲醇	CH_3OH	l	−239.1	−166.6	126.8	81.1
		g	−201.5	−162.6	239.8	43.9
甲硫醇	CH_3SH	l	−46.4	−7.7	169.2	90.5
		g	−22.3	−9.3	255.2	50.3
四氯乙烯	C_2Cl_4	l	−50.6	3.0	266.9	143.4
四氟乙烯	C_2F_4	cr	−820.5	—	—	—
		g	−658.9	—	300.1	80.5
三氯乙酸	$C_2HCl_3O_2$	cr	−503.3	—	—	—
乙炔	C_2H_2	g	228.2	210.7	200.9	43.9
草酸	$C_2H_2O_4$	cr	−821.7	—	109.8	91.0
		g	−723.7	—	—	—
乙腈	C_2H_3N	l	31.4	77.2	149.6	91.4
		g	64.3	81.7	245.1	52.2
乙烯	C_2H_4	g	52.5	68.4	219.6	43.6
乙醛	C_2H_4O	l	−191.8	−127.6	160.2	89.0
		g	−166.2	−132.8	263.7	55.3
环氧乙烷	C_2H_4O	l	−77.8	−11.8	153.9	88.0
		g	−52.6	−13.0	242.5	47.9
乙酸	C_2H_4O	l	−484.5	−389.9	159.8	123.3
		g	−432.8	−374.5	282.5	66.5
甲酸甲酯	C_2H_4O	l	−386.1	—	—	119.1
		g	−355.5	—	285.3	64.4
溴乙烷	C_2H_5Br	l	−90.1	−25.8	198.7	100.8
		g	−61.9	−23.9	286.7	64.5
氯乙烷	C_2H_5Cl	l	−136.5	−59.3	190.8	104.3
		g	−112.2	−60.4	276.0	62.8
		g	−7.7	19.2	306.0	66.9
乙烷	C_2H_6	g	−83.8	−31.9	229.6	52.6

名称	分子式	状态	$\Delta H_f^{\ominus}/(\text{kJ/mol})$	$\Delta G_f^{\ominus}/(\text{kJ/mol})$	$S^{\ominus}/[\text{J}/(\text{mol·K})]$	$C_p^{\ominus}/[\text{J}/(\text{mol·K})]$
二甲醚	C_2H_6O	g	−184.1	−112.6	266.4	64.4
乙醇	C_2H_6O	l	−277.7	−174.8	160.7	112.3
		g	−235.1	−168.5	282.7	65.4
二甲亚砜	C_2H_6OS	l	−204.2	−99.9	188.3	153.0
乙二醇	$C_2H_6O_2$	l	−455.3	—	163.2	148.6
		g	−387.5		303.8	82.7
乙胺	C_2H_7N	l	−74.1	—	—	130.0
		g	−47.5	36.3	283.8	71.5
丙烯酸	$C_3H_4O_2$	l	−383.8	—	—	145.7
丙烯	C_3H_6	l	1.7			
		g	20.0			
丙酮	C_3H_6O	l	−248.1	—	·199.8	126.3
		g	−217.3	—	297.6	75.0
丙醛	C_3H_6O	l	−215.3	—	—	—
		g	−185.6	—	304.5	80.7
乙酸甲酯	$C_3H_6O_2$	l	−445.8			141.9
		g	−411.9		324.4	86.0
丙三醇	$C_3H_8O_3$	l	−668.5		206.3	218.9
		g	−582.7		—	—
呋喃	C_4H_4O	l	−62.3		177.0	115.3
		g	−34.9		267.2	65.4
乙酸酐	$C_4H_6O_3$	l	−624.4	—	—	—
		g	−572.5	—		—
四氢呋喃	C_4H_8O	l	−216.2	—	204.3	124.0
		g	−184.2		302.4	76.3
乙酸乙酯	$C_4H_8O_2$	l	−479.3	—	257.7	170.7
		g	−444.1			—
乙醚	$C_4H_{10}O$	l	−279.3		172.4	175.6
		g	−252.1		342.7	119.5
叔丁胺	$C_4H_{11}N$	l	−150.6	—	—	192.1
		g	−120.9			
吡啶	C_5H_5N	l	100.2	—	—	132.7
		g	140.4			
氯苯	C_6H_5Cl	l	11.0	—	—	150.1
硝基苯	$C_6H_5NO_2$	l	12.5	—	—	185.8
		g	67.5			—
苯	C_6H_6	l	49.0			136.3
		g	82.6	—	—	—

名称	分子式	状态	$\Delta H_f^\ominus/(kJ/mol)$	$\Delta G_f^\ominus/(kJ/mol)$	$S^\ominus/[J/(mol\cdot K)]$	$C_p^\ominus/[J/(mol\cdot K)]$
苯	C_6H_6	g	58.8	—	—	—
苯酚	C_6H_6O	cr	−165.1	—	144.0	127.4
		g	−96.4	—	—	—
氢醌	$C_6H_6O_2$	cr	−364.5	—		136.0
		g	−265.3	—		—
苯胺	C_6H_7N	l	31.3	—		191.9
		g	87.5	−7.0	317.9	107.9
苯甲醛	C_7H_6O	l	−87.0	—	221.2	172.0
		g	−36.7	—	—	—
苯甲酸	$C_7H_6O_2$	cr	−385.2	—	167.6	146.8
		g	−294.1	—	—	—
水杨酸	$C_7H_6O_3$	cr	−589.9	—		—
		g	−494.8	—		—
甲苯	C_7H_8	l	12.4	—		157.3
		g	50.4	—		—
苄醇	C_7H_8O	l	−160.7	—	216.7	217.9
		g	−100.4	—		—

5. 物质水溶液的性质

5.1 常见酸、碱水溶液的密度与溶解度

盐　酸

含量/%	密度 $\rho/(g/mL)$	溶解度/(g/100mL)	含量/%	密度 $\rho/(g/mL)$	溶解度/(g/100mL)
1	1.0032	1.003	22	1.1083	24.38
2	1.0082	2.006	24	1.1187	26.85
4	1.0181	4.007	26	1.1290	29.35
6	1.0279	6.167	28	1.1392	31.90
8	1.0376	8.301	30	1.1492	34.48
10	1.0474	10.47	32	1.1593	37.10
12	1.0574	12.69	34	1.1691	39.75
14	1.0675	14.95	36	1.1789	42.44
16	1.0776	17.24	38	1.1885	45.16
18	1.0878	19.58	40	1.1980	47.92
20	1.0980	21.96			

硫 酸

含量/%	密度 ρ/(g/mL)	溶解度/(g/100mL)	含量/%	密度 ρ/(g/mL)	溶解度/(g/100mL)
1	1.0051	1.005	65	1.5533	101.0
2	1.0181	2.024	70	1.6105	112.7
3	1.0184	3.055	75	1.6692	125.2
4	1.0250	4.100	80	1.7272	138.2
5	1.0317	5.159	85	1.7786	151.2
10	1.0661	10.66	90	1.8144	163.3
15	1.1020	16.53	91	1.8195	165.6
20	1.1394	22.79	92	1.8240	167.8
25	1.1783	29.46	93	1.8279	170.2
30	1.2185	36.56	94	1.8312	172.1
35	1.2599	44.10	95	1.8337	174.2
40	1.3028	52.11	96	1.8355	176.2
45	1.3476	60.64	97	1.8364	178.1
50	1.3951	69.76	98	1.8361	179.9
55	1.4553	79.49	99	1.8342	181.6
60	1.4983	89.90	100	1.8305	183.1

硝 酸

含量/%	密度 ρ/(g/mL)	溶解度/(g/100mL)	含量/%	密度 ρ/(g/mL)	溶解度/(g/100mL)
1	1.0036	1.004	65	1.3913	90.43
2	1.0091	2.018	70	1.4134	98.94
3	1.0146	3.044	75	1.4337	107.5
4	1.0201	4.080	80	1.4521	116.2
5	1.0256	5.128	85	1.4686	124.8
10	1.0543	10.54	90	1.4826	133.4
15	1.0842	16.26	91	1.4850	135.1
20	1.1150	22.30	92	1.4873	136.8
25	1.1469	28.67	93	1.4892	138.5
30	1.1800	35.40	94	1.4912	140.2
35	1.2140	42.49	95	1.4932	141.9
40	1.2463	49.85	96	1.4952	143.5
45	1.2783	57.52	97	1.4974	145.2
50	1.3100	65.50	98	1.5008	147.1
55	1.3393	73.66	99	1.5056	149.1
60	1.3667	82.00	100	1.5129	151.3

乙 酸

含量/%	密度 ρ/(g/mL)	溶解度/(g/100mL)	含量/%	密度 ρ/(g/mL)	溶解度/(g/100mL)
1	0.9996	0.9996	65	1.0666	69.33
2	1.0012	2.002	70	1.0685	74.80
3	1.0025	3.008	75	1.0696	80.22
4	1.0040	4.016	80	1.0700	85.60
5	1.0055	5.028	85	1.0689	90.86
10	1.0125	10.13	90	1.0661	95.95
15	1.0195	15.29	91	1.0652	96.93
20	1.0263	20.53	92	1.0643	97.92
25	1.0326	25.82	93	1.0632	98.88
30	1.0384	31.15	94	1.0619	99.82
35	1.0438	36.53	95	1.0605	100.7
40	1.0488	41.95	96	1.0588	101.6
45	1.0534	47.40	97	1.0570	102.5
50	1.0575	52.88	98	1.0549	103.4
55	1.0611	58.36	99	1.0524	104.2
60	1.0642	63.85	100	1.0498	105.0

发 烟 硫 酸

SO₃ 含量/%	密度 ρ/(g/mL)	溶解度/(g/100mL)	SO₃ 含量/%	密度 ρ/(g/mL)	溶解度/(g/100mL)
1.54	1.860	2.8	10.07	1.900	19.1
2.66	1.865	5.0	10.56	1.905	20.1
4.28	1.870	8.0	11.43	1.910	21.8
5.44	1.875	10.2	13.33	1.915	25.5
6.42	1.880	12.1	15.95	1.920	30.6
7.29	1.885	13.7	18.67	1.925	35.9
8.16	1.890	15.4	21.34	1.930	41.2
9.43	1.895	17.7	25.65	1.935	49.6

碳 酸 钠

含量/%	密度 ρ/(g/mL)	溶解度/(g/100mL)	含量/%	密度 ρ/(g/mL)	溶解度/(g/100mL)
1	1.0086	1.009	12	1.1244	13.49
2	1.0190	2.038	14	1.1463	16.05
4	1.0398	4.159	16	1.1682	18.50
6	1.0606	6.364	18	1.1905	21.33
8	1.0816	8.653	20	1.2132	24.26
10	1.1029	11.03			

氢氧化钠

含量/%	密度 ρ/(g/mL)	溶解度/(g/100mL)	含量/%	密度 ρ/(g/mL)	溶解度/(g/100mL)
1	1.0095	1.010	26	1.2848	33.40
2	1.0207	2.041	28	1.3064	36.58
4	1.0428	4.171	30	1.3279	39.84
6	1.0648	6.389	32	1.3490	43.17
8	1.0869	8.695	34	1.3696	46.57
10	1.1089	11.09	36	1.3900	50.04
12	1.1309	13.57	38	1.4101	53.58
14	1.1530	16.14	40	1.4300	57.20
16	1.1751	18.80	42	1.4494	60.87
18	1.1972	21.55	44	1.4685	64.61
20	1.2191	24.38	46	1.4873	68.42
22	1.2411	27.30	48	1.5065	72.31
24	1.2629	30.31	50	1.5253	76.27

氨　水

含量/%	密度 ρ/(g/mL)	溶解度/(g/100mL)	含量/%	密度 ρ/(g/mL)	溶解度/(g/100mL)
1	0.9939	9.94	16	0.9362	149.8
2	0.9895	19.79	18	0.9295	167.3
4	0.9811	39.24	20	0.9229	184.6
6	0.9730	58.38	22	0.9164	201.6
8	0.9651	77.21	24	0.9101	218.4
10	0.9575	95.75	26	0.9040	235.0
12	0.9501	114.0	28	0.8980	215.4
14	0.9430	132.0	30	0.8920	267.6

氢氧化钾

含量/%	密度 ρ/(g/mL)	溶解度/(g/100mL)	含量/%	密度 ρ/(g/mL)	溶解度/(g/100mL)
1	1.0083	1.008	28	1.2695	35.55
2	1.0175	2.035	30	1.2905	38.72
4	1.0359	4.144	32	1.3117	41.97
6	1.0544	6.326	34	1.3331	45.33
8	1.0730	8.548	36	1.3549	48.78
10	1.0918	10.92	38	1.3769	52.32
12	1.1108	13.33	40	1.3991	55.96
14	1.1229	15.82	42	1.4215	59.70
16	1.1493	19.70	44	1.4443	63.55
18	1.1688	21.04	46	1.4673	67.50
20	1.1884	23.77	48	1.4907	71.55
22	1.2083	26.58	50	1.5143	75.72
24	1.2285	29.48	52	1.5382	79.99
26	1.2489	32.47			

5.2 常见无机物水溶液密度与质量分数

名称	相对密度 $t/℃$	浓度/%（质量分数）					
		10	20	30	40	50	60
$AgNO_3$	20	1.088	1.1194	1.32	1.474	1.668	1.916
$BaCl_2$	20	1.092	1.164				
$Ba(NO_3)_2$	18	1.086					
$Ba(OH)_2$	18	1.077	1.213	1.36			
$CaCl_2$	20	1.083	1.177	1.282	1.396		
$Ca(NO_3)_2$	18	1.077	1.164	1.259			
$Ca(OH)_2$	20	1.061	1.126	1.200			
CrO_3	15	1.076	1.163	1.26	1.371	1.505	1.663
$CuCl_2$	20	1.096	1.205				
$Cu(NO_3)_2$	20	1.087	1.289				
$CuSO_4$	20	1.107					
$CuSO_4$	40	1.099					
$FeCl_2$	18	1.092	1.200				
$FeCl_3$	20	1.085	1.124	1.182	1.291	1.4117	1.551
$FeK_4(CN)_6$	20	1.086	1.097				
$FeK_3(CN)_6$	20	1.054	1.077	1.113			
$Fe(NH_4)_2(SO_4)_2(CN)_6$	16.5	1.083	1.118				
$FeSO_4$	18	1.101	1.146	1.215			
H_3AsO_4	15	1.065	1.141	1.227	1.330	1.448	1.593
$HClO_4$	15	1.060	1.128	1.207	1.299	1.410	1.593
HF	20	1.036	1.070	1.102	1.128	1.155	
H_2SiF_6	17.5	1.082	1.173	1.272			
KCl	20	1.063	1.133				
$KCNS$	18	1.049	1.104	1.162	1.220	1.285	1.335
K_2CO_3	20	1.090	1.190	1.298	1.414	1.540	
$K_2Cr_2O_7$	20	1.070					
$KHCO_3$	15	1.067					
KNO_3	20	1.063	1.133				
KOH	15	1.092	1.188	1.290	1.399	1.514	
K_2SO_4	20	1.082					
$MgCl_2$	20	1.082	1.171	1.269			
$MgSO_4$	20	1.103	1.220				
$MnCl_2$	18	1.086	1.185	1.299			

名称	相对密度 t/℃	浓度/%（质量分数）					
		10	20	30	40	50	60
$Mn(NO_3)_2$	18	1.079	1.172	1.278	1.399	1.538	
$MnSO_4$	15	1.102	1.220	1.356			
$NaCl$	20	1.071	1.148				
$NaClO_3$	18	1.068	1.145	1.237			
$NaCO_3$	30	1.099	1.209	1.327			
$NaCrO_4$	18	1.091	1.194				
$NaCr_2O_7$	15	1.070	1.138	1.207	1.279	1.342	
$NaOH$	20	1.109	1.219	1.328	1.430	1.525	
Na_2S	18	1.115					
Na_2SO_3	19	1.095					
$Na_2S_2O_3$	20	1.083	1.174	1.274	1.383		
Na_2SO_4	20	1.091	1.195				
$NaNO_3$	20	1.067	1.143	1.226	1.317		
$NaNO_2$	15	1.067	1.139				
$NaClO_4$	18	1.066	1.140	1.223			
Na_2HAsO_4	14	1.098					
Na_3AsO_4	17	1.113					
Na_3PO_4	15	1.108					
NaH_2PO_4	25	1.073					
NH_4Cl	20	1.029	1.057				
NH_4NO_3	20	1.040	1.083	1.128	1.175	1.226	
$(NH_4)_2CO_3$	15	1.033	1.067	1.101	1.129		
$(NH_4)_2SO_4$	20	1.057	1.115	1.172	1.228	1.282	
$NiNO_3$	18	1.088	1.191	1.311			
$Pb(NO_3)_2$	18	1.092	1.203	1.329			
$ZnCl_2$	20	1.082	1.187	1.293	1.417	1.568	1.749
$ZnSO_4$	18	1.107	1.234	1.383			
$NaC_2H_3O_2$	20	1.0495					

5.3 弱酸、弱碱的解离常数

无机酸在水溶液中的解离常数（25℃）

名称	化学式	K_a	pK_a
硼酸	H_3BO_3	$5.8\times10^{-10}(K_1)$	9.24
		$1.8\times10^{-13}(K_2)$	12.74
		$1.6\times10^{-14}(K_3)$	13.80
氢氰酸	HCN	6.2×10^{-10}	9.21

名称	化学式	K_a	pK_a
碳酸	H_2CO_3	$4.2 \times 10^{-7}(K_1)$	6.38
		$5.6 \times 10^{-11}(K_2)$	10.25
次氯酸	HClO	3.2×10^{-8}	7.50
氢氟酸	HF	6.61×10^{-4}	3.18
磷酸	H_3PO_4	$7.52 \times 10^{-3}(K_1)$	2.12
		$6.31 \times 10^{-8}(K_2)$	7.20
		$4.4 \times 10^{-13}(K_3)$	12.36
氢硫酸	H_2S	$1.3 \times 10^{-7}(K_1)$	6.88
		$7.1 \times 10^{-15}(K_2)$	14.15
亚硫酸	H_2SO_3	$1.23 \times 10^{-2}(K_1)$	1.91
		$6.6 \times 10^{-8}(K_2)$	7.18
硫酸	H_2SO_4	$1.0 \times 10^{3}(K_1)$	-3.0
		$1.02 \times 10^{-2}(K_2)$	1.99
硅酸	H_2SiO_3	$1.7 \times 10^{-10}(K_1)$	9.77
		$1.6 \times 10^{-12}(K_2)$	11.80

有机酸在水溶液中的解离常数（25℃）

名称	化学式	K_a	pK_a
甲酸	HCOOH	1.8×10^{-4}	3.75
乙酸	CH_3COOH	1.74×10^{-5}	4.76
草酸	$(COOH)_2$	$5.4 \times 10^{-2}(K_1)$	1.27
		$5.4 \times 10^{-5}(K_2)$	4.27
三氯乙酸	CCl_3COOH	2.0×10^{-1}	0.70
丙酸	CH_3CH_2COOH	1.35×10^{-5}	4.87
丙二酸	$HOCOCH_2COOH$	$1.4 \times 10^{-3}(K_1)$	2.85
		$2.2 \times 10^{-6}(K_2)$	5.66
反丁烯二酸（富马酸）	$HOCOCH = CHCOOH$	$9.3 \times 10^{-4}(K_1)$	3.03
		$3.6 \times 10^{-5}(K_2)$	4.44
顺丁烯二酸（马来酸）	$HOCOCH = CHCOOH$	$1.2 \times 10^{-2}(K_1)$	1.92
		$5.9 \times 10^{-7}(K_2)$	6.23
酒石酸	$HOCOCH(OH)CH(OH)COOH$	$1.04 \times 10^{-3}(K_1)$	2.98
		$4.55 \times 10^{-5}(K_2)$	4.34
苯酚	C_6H_5OH	1.1×10^{-10}	9.96
苯甲酸	C_6H_5COOH	6.3×10^{-5}	4.20
水杨酸	$C_6H_4(OH)COOH$	$1.05 \times 10^{-3}(K_1)$	2.98
		$4.17 \times 10^{-13}(K_2)$	12.38

无机碱在水溶液中的解离常数（25℃）

名　　称	化 学 式	K_b	pK_b
氢氧化铝	$Al(OH)_3$	$1.38\times10^{-9}(K_3)$	8.86
氢氧化银	$AgOH$	1.10×10^{-4}	3.96
氢氧化钙	$Ca(OH)_2$	3.72×10^{-3}	2.43
		3.98×10^{-2}	1.40
氨水	NH_3+H_2O	1.78×10^{-5}	4.75
肼(联氨)	$N_2H_4+H_2O$	$9.55\times10^{-7}(K_1)$	6.02
		$1.26\times10^{-15}(K_2)$	14.9
羟氨	NH_2OH+H_2O	9.12×10^{-9}	8.04
氢氧化铅	$Pb(OH)_2$	$9.55\times10^{-4}(K_1)$	3.02
		$3.0\times10^{-8}(K_2)$	7.52
氢氧化锌	$Zn(OH)_2$	9.55×10^{-4}	3.02

有机碱在水溶液中的解离常数（25℃）

名称	化学式	K_b	pK_b
甲胺	CH_3NH_2	4.17×10^{-4}	3.38
尿素	$CO(NH_2)_2$	1.5×10^{-14}	13.82
乙胺	$CH_3CH_2NH_2$	4.27×10^{-4}	3.37
乙二胺	$H_2N(CH_2)_2NH_2$	$8.51\times10^{-5}(K_1)$	4.07
		$7.08\times10^{-8}(K_2)$	7.15
三乙胺	$(C_2H_5)_3N$	5.25×10^{-4}	3.28
叔丁胺	$C_4H_9NH_2$	4.84×10^{-4}	3.315
苯胺	$C_6H_5NH_2$	3.98×10^{-10}	9.40
苄胺	C_7H_9N	2.24×10^{-5}	4.65
吡啶	C_5H_5N	1.48×10^{-9}	8.83
六亚甲基四胺	$(CH_2)_6N_4$	1.35×10^{-9}	8.87
8-羟基喹啉(20℃)	$8-HO—C_9H_6N$	6.5×10^{-5}	4.19

5.4　标准电极电势

酸　表

电极过程	$\varphi_A^{\ominus}/V$	电极过程	$\varphi_A^{\ominus}/V$
$SiO_2+4H^++4e\rightleftharpoons Si+2H_2O$	-0.857	$MnO_2+4H^++2e\rightleftharpoons Mn^{2+}+2H_2O$	1.224
$TiO_2+4H^++2e\rightleftharpoons Ti^{2+}+2H_2O$	-0.502	$O_2+4H^++4e\rightleftharpoons 2H_2O$	1.229
$H_3PO_2+2H^++2e\rightleftharpoons H_3PO_2+H_2O$	-0.499	$Fe_3O_4+8H^++2e\rightleftharpoons 3Fe^{2+}+4H_2O$	1.23
$H_3PO_3+3H^++3e\rightleftharpoons P+3H_2O$	-0.454	$Cr_2O_7^{2-}+14H^++6e\rightleftharpoons 2Cr^{3+}+7H_2O$	1.232
$H_3PO_4+2H^++2e\rightleftharpoons H_3PO_3+H_2O$	-0.276	$2HNO_2+4H^++4e\rightleftharpoons N_2O+3H_2O$	1.297
$V_2O_5+10H^++10e\rightleftharpoons 2V+5H_2O$	-0.242	$HBrO+H^++2e\rightleftharpoons Br^-+H_2O$	1.331
$CO_2+2H^++2e\rightleftharpoons HCOOH$	-0.199	$HCrO_4^-+7H^++3e\rightleftharpoons Cr^{3+}+4H_2O$	1.350
$SnCl_4^{2-}+2e\rightleftharpoons Sn+4Cl^-$ (1mol/L HCl)	-0.19	$ClO_4^-+8H^++8e\rightleftharpoons Cl^-+4H_2O$	1.38

电极过程	$\varphi_A^{\ominus}/V$	电极过程	$\varphi_A^{\ominus}/V$
$CH_3COOH+2H^++2e = CH_3CHO+H_2O$	−0.12	$2ClO_4^-+16H^++14e = Cl_2+8H_2O$	1.39
$CO_2+2H^++2e = CO+H_2O$	−0.12	$CeO_2+4H^++e = Ce^{3+}+2H_2O$	1.4
$SnO_2+4H^++4e = Sn+2H_2O$	−0.117	$BrO_3^-+6H^++6e = Br^-+3H_2O$	1.423
$2H^++2e = H_2$	0.0000	$ClO_3^-+6H^++6e = Cl^-+3H_2O$	1.451
$S+2H^++2e = H_2S(水溶液,aq)$	0.142	$PbO_2+4H^++2e = Pb^2+2H_2O$	1.455
$Sn(OH)_3^-+3H^++2e = Sn^{2+}+3H_2O$	0.142	$2ClO_3^-+12H^++10e = Cl_2+6H_2O$	1.47
$HCHO+2H^++2e = CH_3OH$	0.19	$2BrO_3^-+12H^++10e = Br_2+6H_2O$	1.482
$PbO+4H^++2e = Pb+H_2O$	0.25	$HClO+H^++2e = Cl^-+H_2O$	1.482
$S_2O_6^{2-}+4H^++2e = 2H_2SO_3$	0.564	$MnO_4^-+8H^++5e = Mn^{2+}+4H_2O$	1.507
$CH_3OH+2H^++2e = CH_4+H_2O$	0.59	$2HClO+2H^++2e = Cl_2+2H_2O$	1.611
$NO_3^-+3H^++2e = HNO_2+H_2O$	0.934	$NiO_2+4H^++2e = Ni^{2+}+2H_2O$	1.678
$IO_3^-+6H^++6e = I^-+3H_2O$	1.085	$MnO_4^-+4H^++3e = MnO_2+2H_2O$	1.679
$2IO_3^-+12H^++10e = I_2+6H_2O$	1.195	$PbO_2+SO_4^{2-}+4H^++2e = PbSO_4+2H_2O$	1.691

碱 表

电极过程	$\varphi_B^{\ominus}/V$	电极过程	$\varphi_B^{\ominus}/V$
$P+3H_2O+3e = PH_3+3OH^-$	−0.89	$CuCNS+e = Cu+CNS^-$	−0.27
$Fe(OH)_2+2e = Fe+2OH^-$	−0.877	$HO_2+H_2O+e = OH+2OH^-$	−0.24
$NiS(\alpha)+2e = Ni+S^{2-}$	−0.83	$CrO_4^{2-}+4H_2O+3e = Cr(OH)_3+5OH^-$	−0.13
$2H_2O+2e = H_2+2OH^-$	−0.828	$Cu(NH_3)_2^++e = Cu+2NH_3$	−0.12
$Cd(OH)_2+2e = Cd+2OH^-$	−0.809	$2Cu(OH)_2+2e = Cu2O+2OH^-+H_2O$	−0.080
$FeCO_3+2e = Fe+CO_3^{2-}$	−0.756	$O_2+H_2O+2e = HO_2+OH^-$	−0.076
$CdCO_3+2e = Cd+CO_3^{2-}$	−0.74	$Tl(OH)_3+2e = TlOH+2OH^-$	−0.05
$Co(OH)_2+2e = Co+2OH^-$	−0.73	$AgCN+e = Ag+CN^-$	−0.017
$HgS+2e = Hg+S^{2-}$	−0.72	$MnO_2+H_2O+2e = Mn(OH)_2+2OH^-$	−0.05
$Ni(OH)_2+2e = Hg+S^{2-}$	−0.72	$NO_3^-+H_2O+2e = NO_2+2OH^-$	0.01
$Ag_2S+2e = 2Ag+S^{2-}$	−0.69	$HOSO_5+4H_2O+8e = Os+9OH^-$	0.02
$AsO_2+2H_2O+3e = As+4OH^-$	−0.68	$Rh_2O_3+3H_2O+6e = 2Rh+6OH^-$	0.04
$AsO_4^{2-}+2H_2O+2e = AsO_2+4OH^-$	−0.67	$ScO_4^{2-}+H_2O+2e = SeO_3^{2-}+2OH^-$	0.05
$Fe_2S_3+2e = 2FeS+S^{2-}$	−0.67	$Pd(OH)_2+2e = Pd+2OH^-$	0.07
$SbO^{2-}+2H_2O+3e = Sb+4OH^-$	−0.66	$S_4O_6^{2-}+2e = 2S_2O_3^{2-}$	0.08
$CoCO_3+2e = Co+CO_3^{2-}$	−0.64	$HgO(r)+H_2O+2e = Hg+2OH^-$	0.098
$Cd(NH_3)_4^{2+}+2e = Cd+4NH_3$	−0.597	$N_2H_4+4H_2O+2e = 2NH_4OH+2OH^-$	0.1
$ReO_4^-+2H_2O+3 e = ReO_2+4OH^-$	−0.594	$Ir_2O_3+3H_2O+6e = 2Ir+6OH^-$	0.1

电极过程	$\varphi_B^{\ominus}/V$	电极过程	$\varphi_B^{\ominus}/V$
$ReO_4^- + 4H_2O + 7e = Re + 8OH^-$	-0.584	$Co(NH_3)_6^{3+} + e = Co(NH_3)_6^{2+}$	0.1
$2SO_3^{2-} + 3H_2O + 4e = S_2O_3^{2-} + 6OH^-$	-0.58	$Mn(OH)_3 + e = Mn(OH)_2 + OH^-$	0.1
$ReO_2 + 3H_2O + 4e = Re + 6OH^-$	-0.576	$Pt(OH)_2 + e = Pt + 2OH^-$	0.15
$TeO_3^{2-} + 3H_2O + 4e = Te + 6OH^-$	-0.57	$Co(OH)_3 + e = Co(OH)_2 + OH^-$	0.17
$Fe(OH)_3 + e = Fe(OH)_3 + OH^-$	-0.56	$PbO_2 + H_2O + 2e = PbO(r) + 2OH^-$	0.248
$O_2 + e = O_2^-$	-0.56	$IO_2^- + 3H_2O + 6e = I^- + 6OH^-$	0.26
$Cu_2S + 2e^- = 2Cu + S^{2-}$	-0.54	$PuO_2(OH)_2 + e = PuO_2OH + OH^-$	0.26
$HPbO_2^- + H_2O + 2e = Pb + 3OH^-$	-0.54	$Ag(SO_3)_2^{2-} + e = Ag + 2SO_3^{2-}$	0.30
$PbCO_3 + 2e = Pb + CO_3^{2-}$	-0.506	$ClO_3^- + H_2O + 2e = ClO_2^- + 2OH^-$	0.33
$S + 2e = S^{2-}$	-0.48	$Ag_2O + H_2O + 2e = Ag + 2OH^-$	0.344
$Ni(NH_3)_6^{2+} + 2e = Ni + 6NH_3(aq)$	-0.47	$ClO_4^- + H_2O + 2e = ClO_3^- + 2OH^-$	0.36
$NiCO_3 + 2e = Ni + CO_3^{2-}$	-0.45	$Ag(NH_3)_2^+ + e = Ag + 2NH_3$	0.373
$Bi_2O_3 + 3H_2O + 6e = 2Bi + 6OH^-$	-0.44	$TeO_4^{2-} + H_2O + 2e = TeO_3^{2-} + 2OH^-$	0.4
$Cu(CN)_2^- + e = Cu + 2CN^-$	-0.47	$O_2^- + H_2O + e = OH^- + HO_2^-$	0.4
$Hg(CN)_4^{2-} + 2e = Hg + 4CN^-$	-0.37	$O_2 + 2H_2O + 4e = 4OH^-$	0.401
$SeO_3^{2-} + 3H_2O + 4e = Se + 6OH^-$	-0.366	$Ag_2CO_3 + 2e = 2Ag + CO_3^{2-}$	0.47
$Cu_2O + H_2O + 2e = 2Cu + 2OH^-$	-0.385	$NiO_2 + 2H_2O + 2e = Ni(OH)_2 + 2OH^-$	0.49
$Tl(OH) + e = Tl + OH^-$	-0.345	$IO^- + H_2O + 2e = I^- + 2OH^-$	0.49
$Ag(CN)_2^- + e = Ag + 2CN^-$	-0.31	$2AgO + H_2O + 2e = Ag_2O + 2OH^-$	0.57
$MnO_4^{2-} + 2H_2O + 2e = MnO_2 + 4OH^-$	0.60	$HO_2^- + H_2O + 2e = 3OH^-$	0.88
$BrO_3^- + 3H_2O + 6e = Br^- + 6OH^-$	0.61	$ClO^- + H_2O + 2e = Cl^- + 2OH^-$	0.89
$ClO_2^- + H_2O + 2e = ClO^- + 2OH^-$	0.66	$FeO_4^{2-} + 2H_2O + 3e = FeO_2^- + 4OH^-$	0.9
$H_3IO_6^{2-} + 2e = IO_3^- + 3OH^-$	0.7	$ClO_2 + e = ClO_2^-$	1.16
$2NH_2OH + 2e = N_2H_4 + 2OH^-$	0.73	$O_3 + H_2O + 2e = O_2 + 2OH^-$	1.24
$2Ag_2O_3 + H_2O + 2e = AgO + 2OH^-$	0.74	$OH \cdot + e = OH^-$	2.0
$BrO^- + H_2O + 2e = Br^- + 2OH^-$	0.76		

25℃水溶液中几种有机化合物标准电极电势

电对	$\varphi_A^{\ominus}/V$	电对	$\varphi_A^{\ominus}/V$（支持电解质）
葡萄糖酸盐/葡萄糖	-0.470	葡糖氧化酶 ox/red	-0.062
$NADP^+/NADPH$	-0.320	邻苯二酚/邻苯醌	0.600(PBS)
$NAD^+/NADH$	-0.317	对苯醌/对苯二酚	0.699
$FAD^+/FADH$	-0.200	茶碱 ox/red	1.008($HCOONH_4$)
乙醛/乙醇	-0.197		

5.5 常用 pH 缓冲溶液的配制和 pH 值

溶液名称	配 制 方 法	pH 值
氯化钾-盐酸	13.0mL 0.2mol/L HCl 与 25.0mL 0.2mol/L KCl 混合均匀后,加水稀释至100mL	1.7
氨基乙酸-盐酸	在 500mL 水中溶解氨基乙酸 150g,加 480mL 浓盐酸,再加水稀释至 1L	2.3
一氯乙酸-氢氧化钠	在 200mL 水中溶解 2g 一氯乙酸后,加 40g NaOH,溶解完全后再加水稀释至 1L	2.8
邻苯二甲酸氢钾-盐酸	把 25.0mL 0.2mol/L 的邻苯二甲酸氢钾溶液与 6.0mL 0.1mol/L HCl 混合均匀,加水稀释至100mL	3.6
邻苯二甲酸氢钾-氢氧化钠	把 25.0mL 0.2mol/L 的邻苯二甲酸氢钾溶液与 17.5mL 0.1mol/L NaOH 混合均匀,加水稀释至100mL	4.8
六亚甲基四胺-盐酸	在 200mL 水中溶解六亚甲基四胺 40g,加浓 HCl 10mL,再加水稀释至 1L	5.4
磷酸二氢钾-氢氧化钠	把 25.0mL 0.2mol/L 的磷酸二氢钾与 23.6mL 0.1mol/L NaOH 混合均匀,加水稀释至100mL	6.8
硼酸-氯化钾-氢氧化钠	把 25.0mL 0.2mol/L 的硼酸-氯化钾与 4.0mL 0.1mol/L NaOH 混合均匀,加水稀释至100mL	8.0
氯化铵-氨水	把 0.1mol/L 氯化铵与 0.1mol/L 氨水以 2:1 比例混合均匀	9.1
硼酸-氯化钾-氢氧化钠	把 25.0mL 0.2mol/L 的硼酸-氯化钾与 43.9mL 0.1mol/L NaOH 混合均匀,加水稀释至100mL	10.0
氨基乙酸-氯化钠-氢氧化钠	把 49.0mL 0.1mol/L 氨基乙酸-氯化钠与 51.0mL 0.1mol/L NaOH 混合均匀	11.6
磷酸氢二钠-氢氧化钠	把 50.0mL 0.05mol/L Na_2HPO_4 与 26.9mL 0.1mol/L NaOH 混合均匀,加水稀释至100mL	12.0
氯化钾-氢氧化钠	把 25.0mL 0.2mol/L KCl 与 66.0mL 0.2mol/L NaOH 混合均匀,加水稀释至100mL	13.0

5.6 常用各种指示剂

酸碱指示剂

名　称	pH 范围	酸色	碱色	pK_a	浓　　度
甲基紫(第一次变色)	0.13~0.5	黄	绿	0.8	0.1%水溶液
甲酚红(第一次变色)	0.2~1.8	红	黄	—	0.04%乙醇(50%)溶液
甲基紫(第二次变色)	1.0~1.5	绿	蓝	—	0.1%水溶液
百里酚蓝(第一次变色)	1.2~2.8	红	黄	1.65	0.1%乙醇(20%)溶液
甲基紫(第三次变色)	2.0~3.0	蓝	紫	—	0.1%水溶液
甲基黄	2.9~4.0	红	黄	3.3	0.1%乙醇(90%)溶液
溴酚蓝	3.0~4.6	黄	蓝	3.85	0.1%乙醇(20%)溶液
甲基橙	3.1~4.4	红	黄	3.40	0.1%水溶液

名　称	pH 范围	酸色	碱色	pK_a	浓　度
溴甲酚绿	3.8～5.4	黄	蓝	4.68	0.1%乙醇(20%)溶液
甲基红	4.4～6.2	红	黄	4.95	0.1%乙醇(60%)溶液
溴百里酚蓝	6.0～7.6	黄	蓝	7.1	0.1%乙醇(20%)
中性红	6.8～8.0	红	黄	7.4	0.1%乙醇(60%)溶液
酚红	6.8～8.0	黄	红	7.9	0.1%乙醇(20%)溶液
甲酚红(第二次变色)	7.2～8.8	黄	红	8.2	0.04%乙醇(50%)溶液
百里酚蓝(第二次变色)	8.0～9.6	黄	蓝	8.9	0.1%乙醇(20%)溶液
酚酞	8.2～10.0	无色	紫红	9.4	0.1%乙醇(60%)溶液
百里酚酞	9.4～10.6	无色	蓝	10.0	0.1%乙醇(90%)溶液
靛胭脂红	11.6～14.0	蓝	黄	12.2	25%乙醇(50%)溶液

混合酸碱指示剂

指示剂名称	浓　度	组成	变色点 pH 值	酸色	碱色
甲基黄	0.1%乙醇溶液	1:1	3.28	蓝紫	绿
亚甲基蓝	0.1%乙醇溶液				
甲基橙	0.1%水溶液	1:1	4.3	紫	绿
苯胺蓝	0.1%水溶液				
溴甲酚绿	0.1%乙醇溶液	3:1	5.1	酒红	绿
甲基红	0.2%乙醇溶液				
溴甲酚绿钠盐	0.1%水溶液	1:1	6.1	黄绿	蓝紫
氯酚红钠盐	0.1%水溶液				
中性红	0.1%乙醇溶液	1:1	7.0	蓝紫	绿
亚甲基蓝	0.1%乙醇溶液				
中性红	0.1%乙醇溶液	1:1	7.2	玫瑰	绿
溴百里酚蓝	0.1%乙醇溶液				
甲酚红钠盐	0.1%水溶液	1:3	8.3	黄	紫
百里酚蓝钠盐	0.1%水溶液				
酚酞	0.1%乙醇溶液	1:2	8.9	绿	紫
甲基绿	0.1%乙醇溶液				
酚酞	0.1%乙醇溶液	1:1	9.9	无色	紫
百里酚酞	0.1%乙醇溶液				
百里酚酞	0.1%乙醇溶液	2:1	10.2	黄	绿
茜素黄	0.1%乙醇溶液				

氧化-还原指示剂

名 称	氧化型颜色	还原型颜色	φ_{ind}/V	浓度
二苯胺	紫	无色	+0.76	1%浓硫酸溶液
二苯胺磺酸钠	紫红	无色	+0.84	0.2%水溶液
亚甲基蓝	蓝	无色	+0.532	0.1%水溶液
中性红	红	无色	+0.24	0.1%乙醇溶液
喹啉黄	无色	黄	—	0.1%水溶液
淀粉	蓝	无色	+0.53	0.1%水溶液
孔雀绿	棕	蓝		0.05%水溶液
劳氏紫	紫	无色	+0.06	0.1%水溶液
邻二氮菲-亚铁	浅蓝	红	+1.06	1.485g 邻二氮菲+0.695g 硫酸亚铁溶于 100mL 水
酸性绿	橘红	黄绿	+0.96	0.1%水溶液
专利蓝 V	红	黄	+0.95	0.1%水溶液

配位指示剂

名称	In 本色	MIn 颜色	浓度	适用 pH 值范围	被滴定离子	干扰离子
铬黑 T	蓝	葡萄红	与固体 NaCl 混合物(1:100)	6.0~11.0	Ca^{2+},Cd^{2+},Hg^{2+},Mg^{2+},Mn^{2+},Pb^{2+},Zn^{2+}	Al^{3+},Co^{2+},Cu^{2+},Fe^{3+},Ga^{3+},In^{3+},Ni^{2+},$Ti(Ⅳ)$
二甲酚橙	柠檬黄	红	0.5% 乙醇溶液	5.0~6.0	Cd^{2+},Hg^{2+},La^{3+},Pb^{2+},Zn^{2+}	—
				2.5	Bi^{2+},Zn^{2+}	
茜素	红	黄	—	2.8	Th^{4+}	—
钙试剂	亮蓝	深红	与固体 NaCl 混合物(1:100)	>12.0	Ca^{2+}	—
酸性铬紫 B	橙	红	—	4.0	Fe^{3+}	—
甲基百里酚蓝	灰	蓝	1%与固体 KNO₃ 混合物	10.5	Ba^{2+},Ca^{2+},Mg^{2+},Mn^{2+},Sr^{2+}	Bi^{3+},Cd^{2+},Co^{2+},Hg^{2+},Pb^{2+},Sc^{3+},Th^{4+},Zn^{2+}
溴酚红	红	橙黄	—	2.0~3.0	Bi^{3+}	—
	蓝紫	红		7.0~8.0	Cd^{2+},Co^{2+},Mg^{2+},Mn^{2+},Ni^{3+}	—
	蓝	红		4.0	Pb^{2+}	—
	浅蓝	红		4.0~6.0	Re^{3+}	—
铝试剂	酒红	黄	—	8.5~10.0	Ca^{2+},Mg^{2+}	—
	红	蓝紫		4.4	Al^{3+}	—
	紫	淡黄		1.0~2.0	Fe^{3+}	—
偶氮胂Ⅲ	蓝	红	—	10.0	Ca^{2+},Mg^{2+}	—

吸附指示剂

名　称	被滴定离子	滴定剂	起点颜色	终点颜色	浓　度
荧光黄	Cl^-,Br^-,SCN^-	Ag^+	黄绿	玫瑰	0.1%乙醇溶液
	I^-			橙	
二氯(P)荧光黄	Cl^-,Br^-	Ag^+	红紫	蓝紫	0.1%乙醇(60%～70%)溶液
	SCN^-		玫瑰	红紫	
	I^-		黄绿	橙	
曙红	Br^-,I^-,SCN^-	Ag^+	橙	深红	0.5%水溶液
	Pb^{2+}	MoO_4^{2-}	红紫	橙	
溴酚蓝	Cl^-,Br^-,SCN^-	Ag^+	黄	蓝	0.1%钠盐水溶液
	I^-		黄绿	蓝绿	
	TeO_3^{2-}		紫红	蓝	
溴甲酚绿	Cl^-	Ag^+	紫	浅蓝绿	0.1%乙醇溶液(酸性)
二甲酚橙	Cl^-	Ag^+	玫瑰	灰蓝	0.2%水溶液
	Br^-,I^-			灰绿	
罗丹明6G	Cl^-,Br^-	Ag^+	红紫	橙	0.1%水溶液
	Ag^+	Br^-	橙	红紫	
品红	Cl^-	Ag^+	红紫	玫瑰	0.1%乙醇溶液
	Br^-,I^-		橙		
	SCN^-		浅蓝		
刚果红	Cl^-,Br^-,I^-	Ag^+	红	蓝	0.1%水溶液
甲基红	F^-	Ce^{3+}	黄	玫瑰红	—
		$Y(NO_3)_3$			

荧光指示剂

名称	pH值变色范围	酸　色	碱　色	浓　度
曙红	0～3.0	无荧光	绿	1%水溶液
水杨酸	2.5～4.0	无荧光	暗蓝	0.5%水杨酸钠水溶液
2-萘胺	2.8～4.4	无荧光	紫	1%乙醇溶液
1-萘胺	3.4～4.8	无荧光	蓝	1%乙醇溶液
奎宁	3.0～5.0	蓝	浅紫	0.1%乙醇溶液
	9.5～10.0	浅紫	无荧光	
2-羟基-3-萘甲酸	3.0～6.8	蓝	绿	0.1%其钠盐水溶液
喹啉	6.2～7.2	蓝	无荧光	饱和水溶液
2-萘酚	8.5～9.5	无荧光	蓝	0.1%乙醇溶液
香豆素	9.5～10.5	无荧光	浅绿	—

5.7 配合物稳定常数

金属-常见无机配体配合物的稳定常数

配位体	金属离子	配位体数目 n	$\lg\beta_n$
NH₃	Ag⁺	1,2	3.24,7.05
	Cu²⁺	1,2,3,4,5	4.31,7.98,11.02,13.32,12.86
	Hg²⁺	1,2,3,4	8.8,17.5,18.5,19.28
	Ni²⁺	1,2,3,4,5,6	2.80,5.04,6.77,7.96,8.71,8.74
	Zn²⁺	1,2,3,4	2.37,4.81,7.31,9.46
Cl⁻	Ag⁺	1,2,4	3.04,5.04,5.30
	Cd²⁺	1,2,3,4	1.95,2.50,2.60,2.80
	Zn²⁺	1,2,3,4	5.3,11.70,16.70,21.60
F⁻	Al³⁺	1,2,3,4,5,6	6.11,11.12,15.00,18.00,19.40,19.80
	Fe³⁺	1,2,3,5	5.28,9.30,12.06,15.77
SCN⁻	Ag⁺	1,2,3,4	4.6,7.57,9.08,10.08
	Hg²⁺	1,2,3,4	9.08,16.86,19.70,21.70
S₂O₃²⁻	Ag⁺	1,2	8.82,13.46
	Cd²⁺	1,2	3.92,6.44
	Cu⁺	1,2,3	10.27,12.22,13.84
	Hg²⁺	2,3,4	29.44,31.90,33.24

注：离子强度都是在有限的范围内，$I \approx 0$。

金属-常见有机配体配合物的稳定常数

配位体	金属离子	配位体数目 n	$\lg\beta_n$
乙二胺四乙酸 (EDTA) $[(HOOCCH_2)_2NCH_2]_2$	Ag⁺	1	7.32
	Al³⁺	1	16.11
	Ba²⁺	1	7.78
	Be²⁺	1	9.3
	Bi³⁺	1	22.8
	Ca²⁺	1	11.0
	Cd²⁺	1	16.4
	Co²⁺	1	16.31
	Co³⁺	1	36.0
	Cr³⁺	1	23.0
	Cu²⁺	1	18.7
	Fe²⁺	1	14.83
	Fe³⁺	1	24.23
	Hg²⁺	1	21.80
	Mg²⁺	1	8.64
	Mn²⁺	1	13.8
	Ni²⁺	1	18.56
	Pb²⁺	1	18.3
	Sn²⁺	1	22.1
	Sr²⁺	1	8.80
	TiO²⁺	1	17.3
	Zn²⁺	1	16.4

配位体	金属离子	配位体数目 n	$\lg\beta_n$
磺基水杨酸 (5-sulfosalicylicacid) $HO_3SC_6H_3(OH)COOH$	Al^{3+}(0.1mol/L)	1,2,3	13.20,22.83,28.89
	Be^{2+}(0.1mol/L)	1,2	11.71,20.81
	Cd^{2+}(0.1mol/L)	1,2	16.68,29.08
	Co^{2+}(0.1mol/L)	1,2	6.13,9.82
	Cr^{3+}(0.1mol/L)	1	9.56
	Cu^{2+}(0.1mol/L)	1,2	9.52,16.45
	Fe^{2+}(0.1mol/L)	1,2	5.9,9.9
	Fe^{3+}(0.1mol/L)	1,2,3	14.64,25.18,32.12
	Mn^{2+}(0.1mol/L)	1,2	5.24,8.24
	Ni^{2+}(0.1mol/L)	1,2	6.42,10.24
	Zn^{2+}(0.1mol/L)	1,2	6.05,10.65
酒石酸 (tartaric acid) $(HOOCCHOH)_2$	Ba^{2+}	2	1.62
	Bi^{3+}	3	8.30
	Ca^{2+}	1,2	2.98,9.01
	Cd^{2+}	1	2.8
	Co^{2+}	1	2.1
	Cu^{2+}	1,2,3,4	3.2,5.11,4.78,6.51
	Fe^{3+}	1	7.49
	Hg^{2+}	1	7.0
	Mg^{2+}	2	1.36
	Mn^{2+}	1	2.49
	Ni^{2+}	1	2.06
	Pb^{2+}	1,3	3.78,4.7
	Sn^{2+}	1	5.2
	Zn^{2+}	1,2	2.68,8.32
硫脲 (thiourea) $H_2NC(=S)NH_2$	Ag^+	1,2	7.4,13.1
	Bi^{3+}	6	11.9
	Cd^{2+}	1,2,3,4	0.6,1.6,2.6,4.6
	Cu^+	3,4	13.0,15.4
	Hg^{2+}	2,3,4	22.1,24.7,26.8
	Pb^{2+}	1,2,3,4	1.4,3.1,4.7,8.3

EDTA 的 lg$\alpha_{Y(H)}$ 值

pH 值	lg$\alpha_{Y(H)}$	pH 值	lg$\alpha_{Y(H)}$	pH 值	lg$\alpha_{Y(H)}$	pH 值	lg$\alpha_{Y(H)}$	pH 值	lg$\alpha_{Y(H)}$
0.0	23.64	2.5	11.90	5.0	6.45	7.5	2.78	10.0	0.45
0.1	23.06	2.6	11.62	5.1	6.26	7.6	2.68	10.1	0.39
0.2	22.47	2.7	11.35	5.2	6.07	7.7	2.57	10.2	0.33
0.3	21.89	2.8	11.09	5.3	5.88	7.8	2.47	10.3	0.28
0.4	21.32	2.9	10.84	5.4	5.69	7.9	2.37	10.4	0.24
0.5	20.75	3.0	10.60	5.5	5.51	8.0	2.27	10.5	0.20
0.6	20.18	3.1	10.37	5.6	5.33	8.1	2.17	10.6	0.16
0.7	19.62	3.2	10.14	5.7	5.15	8.2	2.07	10.7	0.13
0.8	19.08	3.3	9.92	5.8	4.98	8.3	1.97	10.8	0.11
0.9	18.54	3.4	9.70	5.9	4.81	8.4	1.87	10.9	0.09
1.0	18.01	3.5	9.48	6.0	4.65	8.5	1.77	11.0	0.07
1.1	17.49	3.6	9.27	6.1	4.49	8.6	1.67	11.1	0.06
1.2	16.98	3.7	9.06	6.2	4.34	8.7	1.57	11.2	0.05
1.3	16.49	3.8	8.85	6.3	4.20	8.8	1.48	11.3	0.04
1.4	16.02	3.9	8.65	6.4	4.06	8.9	1.38	11.4	0.03
1.5	15.55	4.0	8.44	6.5	3.92	9.0	1.28	11.5	0.02
1.6	15.11	4.1	8.24	6.6	3.79	9.1	1.19	11.6	0.02
1.7	14.68	4.2	8.04	6.7	3.67	9.2	1.10	11.7	0.02
1.8	14.27	4.3	7.84	6.8	3.55	9.3	1.01	11.8	0.01
1.9	13.88	4.4	7.64	6.9	3.43	9.4	0.92	11.9	0.01
2.0	13.51	4.5	7.44	7.0	3.32	9.5	0.83	12.0	0.01
2.1	13.16	4.6	7.24	7.1	3.21	9.6	0.75	12.1	0.01
2.2	12.82	4.7	7.04	7.2	3.10	9.7	0.67	12.2	0.005
2.3	12.50	4.8	6.84	7.3	2.99	9.8	0.59	13.0	0.0008
2.4	12.19	4.9	6.65	7.4	2.88	9.9	0.52	13.9	0.0001

6. 常见二元恒沸混合物的组成和沸腾温度

混合物的组分		760mmHg(101.3kPa)时的沸点/℃		质量百分比/%	
第一组分(t_b/℃)	第二组分	第二组分单组分	共沸物	第一组分	第二组分
水 (100)	甲苯	110.8	84.1	19.6	81.4
	苯	80.2	69.3	8.9	91.1
	乙酸乙酯	77.1	70.4	8.2	91.8
	正丁酸丁酯	125	90.2	26.7	73.3
	异丁酸丁酯	117.2	87.5	19.5	80.5
	苯甲酸乙酯	212.4	99.4	84.0	16.0
	2-戊酮	102.25	82.9	13.5	86.5

混合物的组分		760mmHg(101.3kPa)时的沸点/℃		质量百分比/%	
第一组分(t_b/℃)	第二组分	第二组分单组分	共沸物	第一组分	第二组分
水 (100)	乙醇	78.4	78.1	4.5	95.5
	正丁醇	117.8	92.4	38	62
	异丁醇	108.0	90.0	33.2	66.8
	仲丁醇	99.5	88.5	32.1	67.9
	叔丁醇	82.8	79.9	11.7	88.3
	苄醇	205.2	99.9	91	9
	烯丙醇	97.0	88.2	27.1	72.9
	甲酸	100.8	107.3(最高)	22.5	77.5
	硝酸	86.0	120.5(最高)	32	68
	氢碘酸	34	127(最高)	43	57
	氢溴酸	−67	127(最高)	52.5	47.5
	盐酸	−84	110(最高)	79.76	20.24
	乙醚	34.5	34.2	1.3	98.7
	丁醛	75	68	6	94
	三聚乙醛	115	91.4	30	70
乙酸乙酯(77.1)	二硫化碳	46.3	46.1	7.3	92.7
己烷(69)	苯	80.2	68.8	95	5
	氯仿	61.2	60.0	28	72
丙酮(56.5)	二硫化碳	46.3	39.2	34	66
	异丙醚	69.0	54.2	61	39
	氯仿	61.2	65.5	20	80
四氯化碳(76.8)	乙酸乙酯	77.1	74.8	57	43
环己烷(80.8)	苯	80.2	77.8	45	55

主要参考书目

[1] 刘寿长, 张建民, 徐顺. 物理化学实验与技术. 郑州: 郑州大学出版社, 2004.

[2] 徐琰, 何占航. 无机化学实验. 郑州: 郑州大学出版社, 2002.

[3] 宋毛平, 刘宏民, 王敏灿. 有机化学实验. 郑州: 郑州大学出版社, 2004.

[4] 冶保献, 刘金霞. 分析化学实验. 郑州: 河南科学技术出版社, 1998.

[5] 王秋长, 赵鸿喜, 张守民, 李一峻. 基础化学实验. 北京: 科学出版社, 2003.

[6] 南京大学《无机及分析化学实验》编写组. 无机及分析化学实验. 北京: 高等教育出版社, 2006.

[7] 徐家宁, 朱万春, 张忆华, 张寒琦. 基础化学实验 (下册): 物理化学和仪器分析实验. 北京: 高等教育出版社, 2006.

[8] 复旦大学等. 物理化学实验 (第三版). 北京: 高等教育出版社, 2004.

[9] 张济新, 邹文樵. 实验化学原理与方法. 北京: 化学工业出版社, 1999.

[10] 北京大学化学系有机教研室. 有机化学实验. 北京: 北京大学出版社, 1990.

[11] 韩广甸, 樊如霖, 李述文. 有机制备化学手册. 北京: 化学工业出版社, 1977.

[12] 兰州大学, 复旦大学化学系有机化学教研室编, 王清廉, 沈凤嘉修订. 有机化学实验. 北京: 高等教育出版社, 1994.

[13] 武汉大学化学与分子科学学院实验中心. 分析化学实验. 武汉: 武汉大学出版社, 2003.

[14] 曹素忱, 周端凡, 肖慧俐. 化学试剂与精细化学品合成基础 (无机分册). 北京: 高等教育出版社, 1991.

[15] 罗代暄, 吴培成, 杨国栋, 何汉文. 化学试剂与精细化学品合成基础 (有机分册). 北京: 高等教育出版社, 1991.

[16] 夏玉宇. 化学实验室手册. 北京: 化学工业出版社, 2004.

[17] 徐克勋. 精细有机化工原料及中间体手册. 北京: 化学工业出版社, 1998.

[18] 北京大学化学系分析化学教学组. 基础分析化学实验. 北京: 北京大学出版社, 1998.

[19] 方禹之. 分析科学与分析技术. 上海: 华东师范大学出版社, 2002.

[20] 耿信笃. 现代分离科学理论导引. 北京: 高等教育出版社, 2001.

[21] 李梦龙. 化学数据速查手册. 北京: 化学工业出版社, 2003.